Teil 1

PHYSIK

Chris Oxlade, Corinne Stockley
und Jane Wertheim

Gestaltung: Chris Scollen,
Stephen Wright und Roger Berry

Weitere Mitarbeiter: Iain Ashman, Anne Sharples
und Camilla Luff

Wissenschaftliche Berater:
Tom Petersen, John Hawkins
und Dr. John Durell

Illustriert von:
Kuo Kang Chen, Guy Smith
und Caroline Ewen

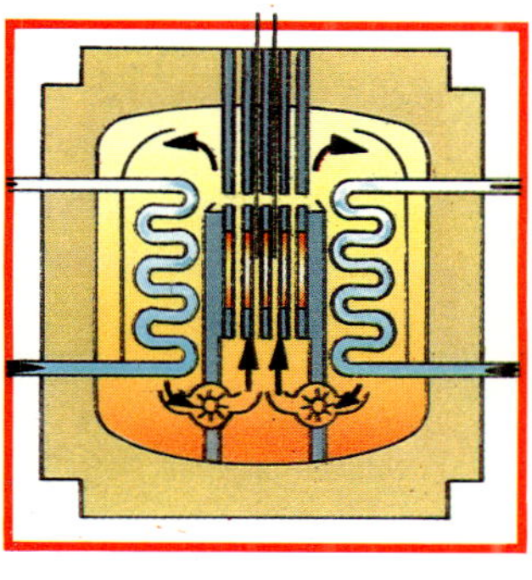

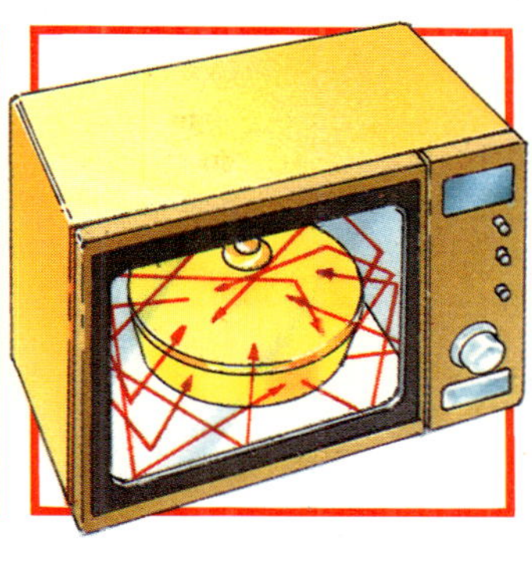

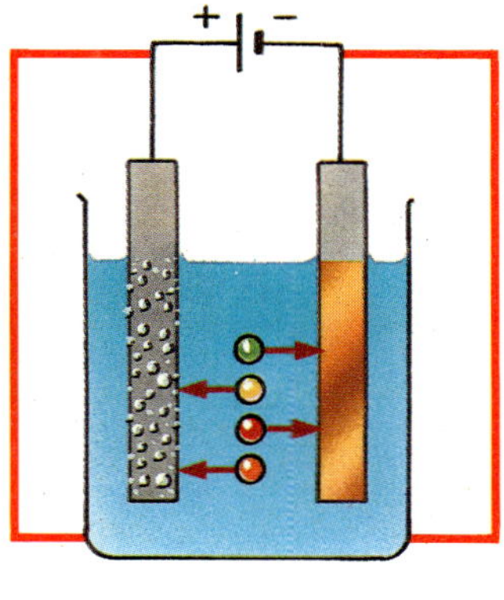

Inhalt Teil 1

Wir danken den folgenden Organisationen für die Genehmigung, ihre Illustrationen zu benutzen:
British Standards Institution (S. 88), NASA (S. 93), National Remote Sensing Center (S. 45),
Royal Marsden Hospital (S. 40), Toshiba (Seite 1 und 45), UK Atomic Energy Authority (Seite 1, 94 und 95)

Zu Teil 1

Dieses Buch unterteilt die Physik in sechs farblich unterschiedlich gekennzeichnete Hauptgebiete. Ein schwarzweißer Teil enthält allgemeine Informationen zur Physik.

Blaue Ecken

Mechanik und allgemeine Physik

Gelbe Ecken

Wärmelehre

Rote Ecken

Wellenlehre

Grüne Ecken

Elektrizität und Magnetismus

Rosa Ecken

Atomphysik

Schwarze Ecken

Allgemeine Informationen – Tabellen und Schaubilder sowie Angaben zur Auswertung der Ergebnisse von Experimenten

Physik ist die Wissenschaft von den Eigenschaften der Materie, den unterschiedlichen Formen der Energie und den Wechselwirkungen von Materie und Energie in unserer Welt. Die fünf farblich unterschiedlich gekennzeichneten Teilbereiche der Physik sind nachstehend näher definiert.

Physik

Mechanik und allgemeine Physik. Umfaßt die Grundbegriffe der Physik, wie z.B. Kräfte, Energie und Stoffeigenschaften.

Elektrizität und Magnetismus. Erforscht die Formen und das Wesen dieser beiden Erscheinungen.

Wärmelehre. Befaßt sich mit der Wärmeenergie, ihren Auswirkungen und den Methoden, mit denen sie gemessen und weitergeleitet wird.

Atomphysik. Befaßt sich mit Aufbau und Eigenschaften der Atome sowie Radioaktivität, Kernspaltung und -verschmelzung.

Wellenlehre. Betrifft die Eigenschaften und Auswirkungen der Wellenenergie und untersucht die Natur der Schall- und Lichtwellen sowie elektromagnetischen Wellen.

Atome und Moleküle

Die Griechen glaubten, daß alle Materie aus winzigen Teilchen zusammengesetzt sei, die sie Atome nannten. Seitdem wurde diese Idee ausgebaut und Theorien wie die **kinetische Theorie** entwickelt, die die physikalische Natur und das Verhalten von Stoffen recht genau erklären. Materie kann in drei **„Aggregatzuständen“** vorkommen: fest, flüssig und gasförmig. Der Zustand eines Stoffes hängt von seiner Art, von der Temperatur und vom Druck ab, der auf ihn wirkt. Änderungen des Aggregatzustandes werden durch Änderungen des Drucks oder der Temperatur hervorgerufen (weitere Informationen unter **Änderung des Aggregatzustands** auf Seite 30).

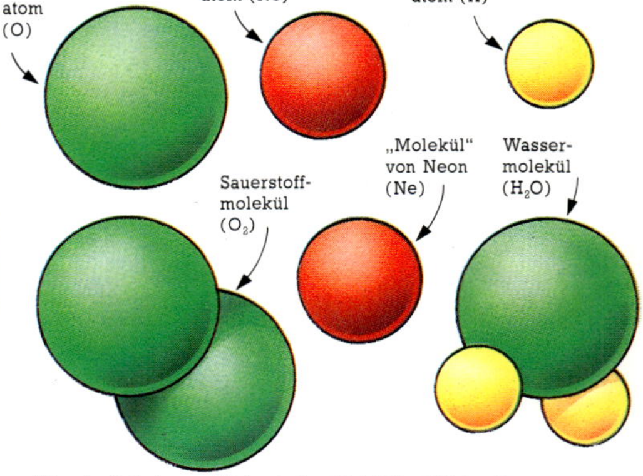

- **Atom**. Das kleinste existierende Teilchen eines chemischen **Elements**, das noch Eigenschaften des Elements bewahrt. Der Aufbau des Atoms wird auf den Seiten 82 bis 83 behandelt. Atome sind extrem klein, mit Durchmessern im Bereich 10^{-25} Meter und Massen im Bereich 10^{-10} Kilogramm. Durch Aufnahme oder Verlust von **Elektronen*** bilden sie **Ionen*** (elektrisch geladene Teilchen, siehe **Ionisation,** Seite 88).

- **Molekül.** Das kleinste noch existierende Teilchen einer chemischen **Verbindung**, das noch ihre Eigenschaften bewahrt. Moleküle können aus einer mehr oder weniger großen Zahl von Atomen bestehen, von zwei (z. B. Sauerstoffgas) bis zu vielen tausend (z. B. Eiweiße), alle zusammengehalten durch **elektromagnetische Kräfte**. Alle Moleküle einer bestimmten reinen Substanz enthalten die gleiche Anzahl von Atomen in der gleichen Anordnung.

Manche Substanzen bilden keine Moleküle üblicher Art:

Ionenverbindungen bestehen aus **Anionen*** und **Kationen*** ▼

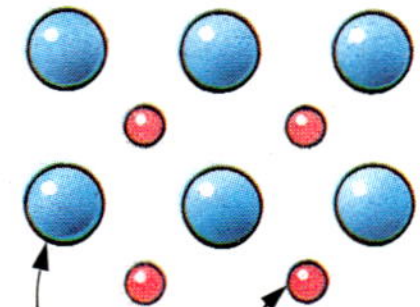

Atomgitter bestehen aus aneinander gebundenen **Atomen** ▼

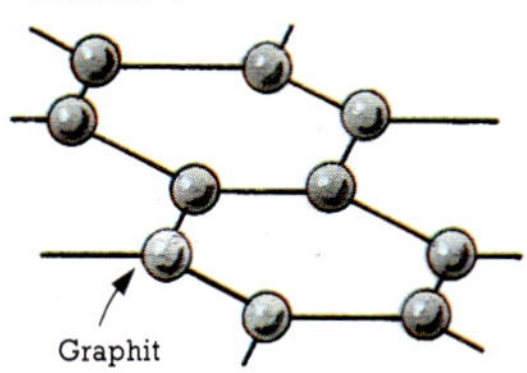

- **Element**. Eine Substanz, deren Atome alle die gleiche Anzahl von **Protonen*** im **Atomkern*** besitzen. Alle Atome desselben Elements haben dieselbe Protonenzahl (siehe **Ordnungszahl**, Seite 82).

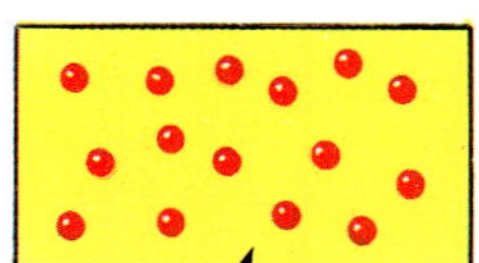

Element 1

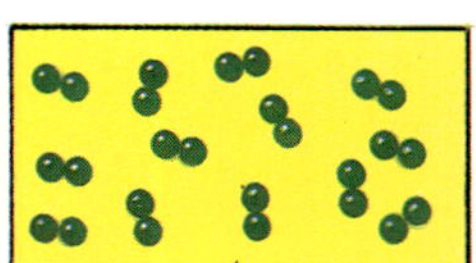

Element 2

- **Verbindung**. Eine Substanz, die in einfache zusammengesetzte Stoffe zerlegt werden kann. Die **Moleküle** einer Verbindung enthalten die **Atome** von zwei **Elementen** oder mehr, durch chemische Bindung zusammengehalten. In einem **Gemisch** von Elementen dagegen sind die Atome nicht chemisch verbunden.

Gemisch von Element 1 und Element 2 – keine chemischen Bindungen

Verbindung von 1 und 2 – die Elemente sind chemisch gebunden

* **Anionen, Kationen**, 88 (**Ionisation**); **Atomkern, Protonen**, 82; **Elektromagnetische Kraft**, 6; **Elektronen**, 83; **Ionen**, 88 (**Ionisation**).

- **Festkörperzustand**. Ein **Aggregatzustand**, in dem ein Stoff ein bestimmtes Volumen und eine bestimmte Form hat und Kräften widersteht, die das ändern wollen.

- **Flüssigkeitszustand**. Ein **Aggregatzustand**, in dem der Stoff fließt und sich der Form eines Gefäßes anpaßt. Er liegt zwischen **Festkörper** und **Gas.**

- **Gaszustand**. Ein **Aggregatzustand**, in dem ein Stoff ein Gefäß völlig ausfüllt. Stoffe im Gaszustand haben eine relativ geringe Dichte.

- **Kritische Temperatur**. Die Temperatur, oberhalb derer sich ein **Gas** nicht durch Druck verflüssigen läßt.

- **Gas**. Ein Stoff im **Gaszustand** <u>oberhalb</u> seiner **kritischen Temperatur**. Er kann daher nur verflüssigt werden, wenn man ihn vorher zu Dampf macht.

- **Dampf**. Ein Stoff im **Gaszustand** <u>unterhalb</u> seiner **kritischen Temperatur**.

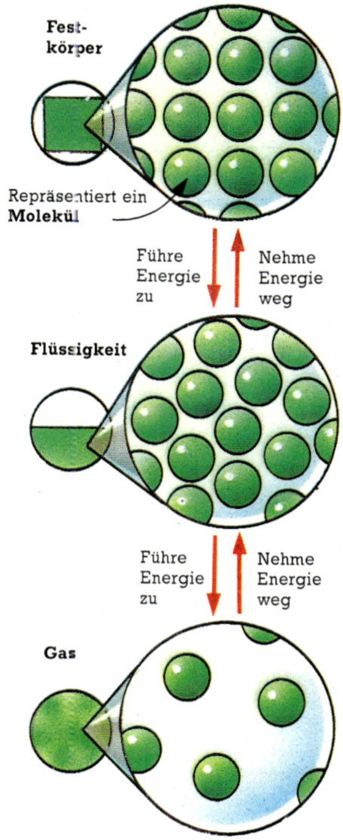

Die kinetische Theorie

Die **kinetische Theorie** ist ein Modell, das die Eigenschaften der Materie in Begriffen der **Molekülbewegung** und damit durch die Größe von deren Energie erklärt (siehe **Energieinhalt**, Seite 9).

- **Brownsche Molekularbewegung**. Die ständige Zufallsbewegung kleiner Teilchen, zum Beispiel von Pollenkörnchen, in Luft oder Wasser. Ursache sind die Zusammenstöße der unsichtbaren Wasser- oder Luft**moleküle** mit den größeren Körnchen.

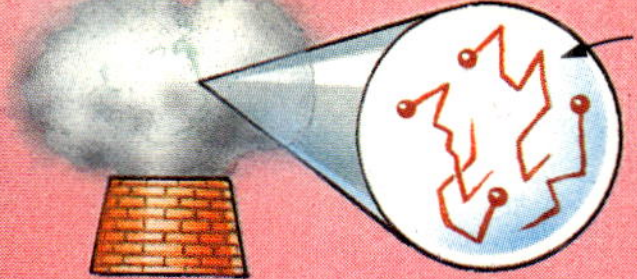

- **Freie Weglänge**. Die durchschnittliche Entfernung, die ein Teilchen eines **Gases** zwischen zwei Zusammenstößen zurücklegt.

- **Diffusion**. Das gegenseitige Durchdringen zweier **Gase** oder **Flüssigkeiten** durch zufällige Bewegung ihrer **Moleküle**. Leichte Moleküle bewegen sich schneller als schwere und diffundieren daher leichter.

Moleküle zweier Gase diffundieren (durchdringen sich gegenseitig) mit der Zeit.

Leichtes Gas diffundiert schneller als schweres Gas.

- **Grahamsches Diffusionsgesetz**. Es besagt, daß bei konstanter Temperatur und Druck die **Diffusions**rate eines **Gases** umgekehrt proportional zur Quadratwurzel seiner Dichte ist.

$$\text{Diffusionsrate}\quad \sqrt{\frac{1}{\text{Gasdichte}}}$$

* **Bindungsenergie**, 8; **Energieinhalt**, 9; **Rotations-**, **Translations-** und **Schwingungsenergie**, 9 (**Kinetische Energie**); **Zwischenmolekulare Kraft**, 7.

Kräfte

Eine **Kraft** beeinflußt Form und Bewegung eines Körpers. Eine einzelne Kraft ändert die Geschwindigkeit (d. h. sie beschleunigt ihn). Zwei gleiche, entgegengesetzt gerichtete Kräfte verändern seine Form oder Größe. Kraft ist eine **Vektorgröße***; sie besitzt eine Stärke und eine Richtung, ihre Maßeinheit ist **Newton**. Die wichtigsten Kräfte sind **Schwerkraft, magnetische, elektrische** und **Kern-Kräfte**. Auf den Seiten 104 bis 107 sind die ersten drei dieser Kräfte genauer erklärt.

Kräfte werden durch Pfeile dargestellt (die Länge zeigt die Größe, der Pfeil die Richtung der Kraft an).

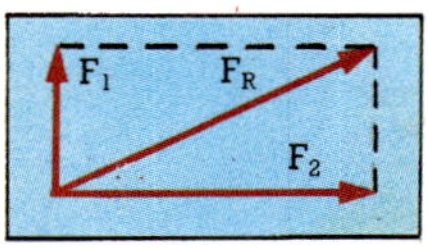

Der Effekt von F_1 und F_2 ist derselbe wie F_R (die **resultierende Kraft**). F_1 und F_2 sind die Komponenten von F_R.

Kraft W zerfällt in zwei **Komponenten.**

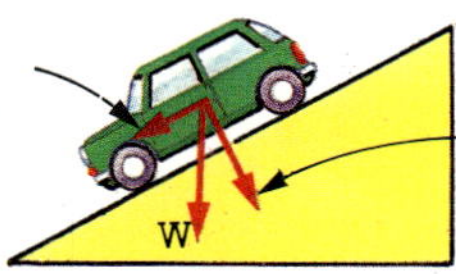

- **Newton** (**N**). Die **SI-Einheit*** der Kraft. Ein Newton ist die Kraft, die nötig ist, um die Masse von 1 Kilogramm um 1 m/s^2 zu beschleunigen.

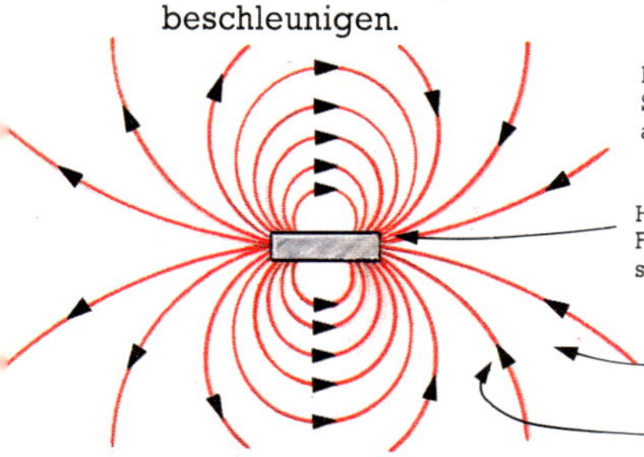

- **Kraftfeld**. Das Gebiet, in dem eine Kraft eine Wirkung zeigt. Die maximale Entfernung, über die eine Kraft wirkt, ist die **Reichweite** der Kraft. Kraftfelder werden durch Linien mit Pfeilen dargestellt, die ihre Stärke und Richtung anzeigen (siehe auch die Seiten 58 und 72).

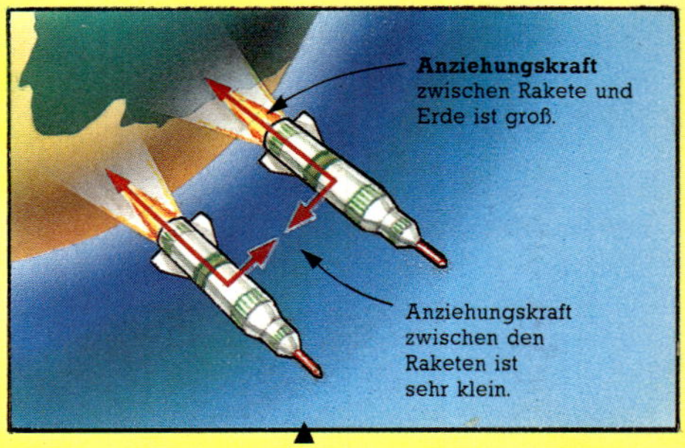

- **Gravitation** oder **Schwerkraft**. Die Anziehungskraft zwischen zwei Objekten, die Masse besitzen (siehe auch Seite 18 und 19). Sie ist sehr klein, es sei denn, eines der Objekte ist sehr massereich.

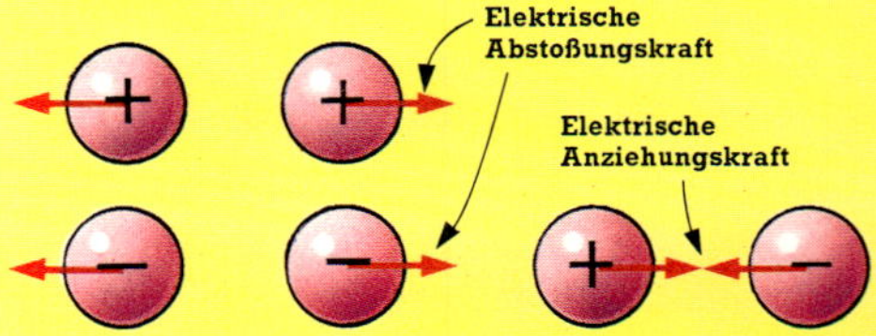

- **Elektrische** oder **elektrostatische Kraft**. Die Kraft zwischen zwei elektrisch geladenen Teilchen (siehe auch Seite 56). Sie ist abstoßend bei gleichen Ladungen, während sich entgegengesetzte Ladungen anziehen.

- **Elektromagnetische Kraft**. Eine Kombination von **elektrischer** und **magnetischer Kraft**, die eng verwandt und schwierig zu trennen sind.

- **Magnetische Kraft**. Eine Kraft zwischen zwei sich bewegenden Ladungen. Diese Ladungen können ein **elektrischer Strom*** sein (siehe auch Seite 70) oder **Elektronen***, die sich auf ihren **Elektronenbahnen*** bewegen.

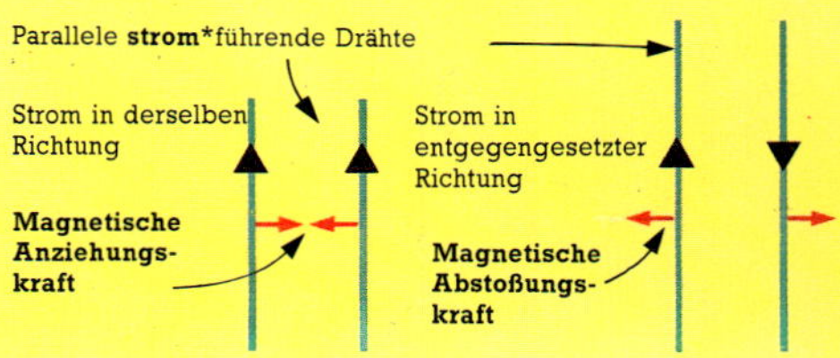

* **Beschleunigung**, 11; **Elektronen, Elektronenbahnen**, 83; **SI-Einheiten**, 96; **Strom**, 60; **Vektoren**, 108.

- **Zwischenmolekulare Kraft (van der Waals-Kraft)**. Die **elektromagnetische Kraft** zwischen zwei Molekülen. Stärke und Richtung der Kraft ändern sich mit der Entfernung der Moleküle voneinander auf bestimmte Weise (siehe Bild rechts). ▶

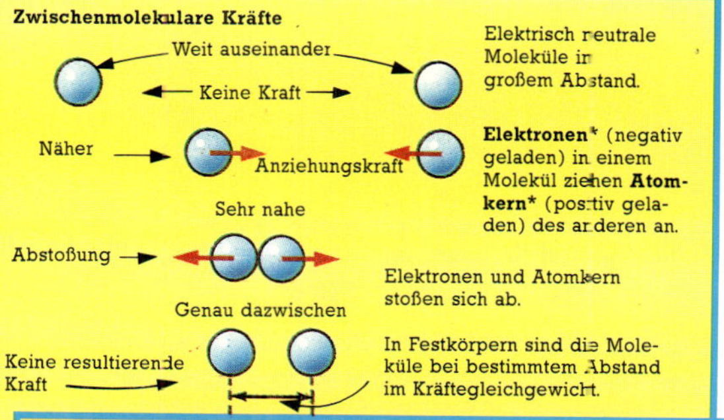

- **Zugkräfte**. Gleichgroße, entgegengerichtete Kräfte, die, an den Enden eines Gegenstandes angreifend, dessen Länge vergrößern. Die **zwischenmolekularen Kräfte** wirken ihnen entgegen.

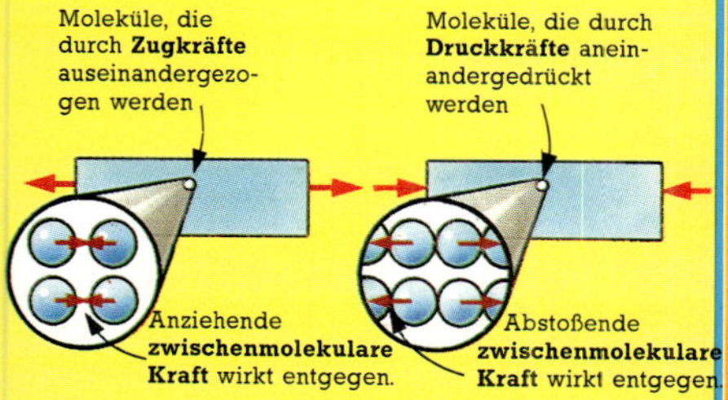

- **Kompressionskraft**. Gleichgroße, entgegengerichtete Kräfte, die, an den Enden eines Gegenstandes angreifend, dessen Länge verkleinern. Auch ihnen wirken die **zwischenmolekularen Kräfte** entgegen.

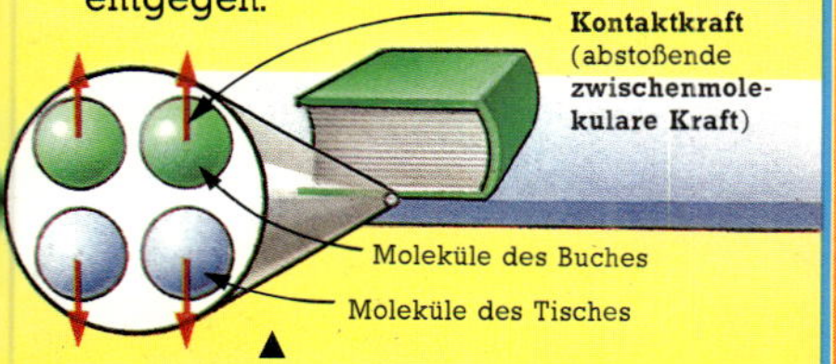

▲

- **Kontaktkraft**. Die abstoßende **zwischenmolekulare Kraft** zwischen den Molekülen zweier Objekte, die sich berühren

- **Kernkraft**. Die Anziehungskraft zwischen den Teilchen eines Atomkerns (den **Protonen*** und **Neutronen***). Sie hindert die **elektrische (Abstoßungs-)Kraft** zwischen den Protonen daran, den Kern zu sprengen (siehe auch Seite 84).

- **Reibungskraft** oder **Reibung**. Die Kraft, die die Bewegung zweier aufeinandergleitender Oberflächen bremst. Sie wird von **zwischenmolekularen Kräften** zwischen den Oberflächenmolekülen hervorgerufen. Es gibt zwei Arten: die **Haftreibung** und die **Gleitreibung.**

- **Haftreibung**. Der maximale Wert der **Reibungskraft** zwischen zwei Oberflächen. Sie tritt auf, wenn die Oberflächen gerade anfangen, sich zu bewegen.

- **Gleitreibung**. Der Wert der **Reibungskraft**, wenn sich die Oberflächen mit konstanter Geschwindigkeit aufeinander bewegen. Sie ist viel kleiner als die **Haftreibung.**

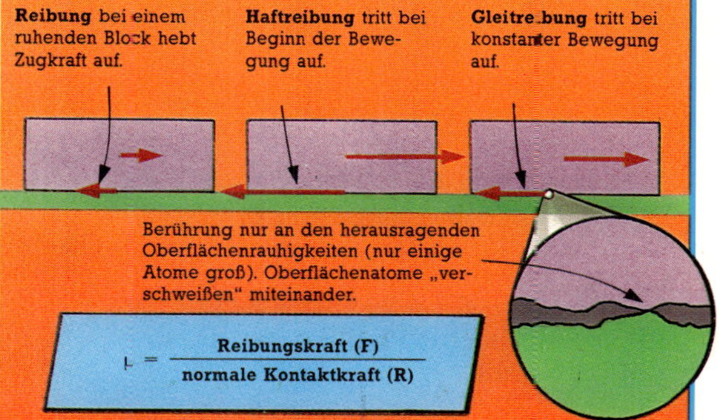

$$\mu = \frac{\textbf{Reibungskraft (F)}}{\textbf{normale Kontaktkraft (R)}}$$

- **Reibungskoeffizient** (μ). Das Verhältnis der **Reibungskraft** zwischen zwei Oberflächen zu der Kraft, mit der sie aufeinandergedrückt werden (der **Normalkraft**). Es gibt zwei Größen, der **Haftreibungskoeffizient** und der **Gleitreibungskoeffizient.**

* **Elektronen**, 83; **Atomkern, Neutronen, Protonen**, 82.

Energie

Arbeit wird geleistet, wenn eine Kraft einen Gegenstand bewegt. **Energie** ist die Fähigkeit, Arbeit zu leisten. Wenn Arbeit von oder an einem Gegenstand geleistet wird, verliert oder gewinnt er Energie. Energie existiert in vielen verschiedenen Formen, die man ineinander umwandeln kann (**Energieumwandlung**), aber sie kann nicht neu geschaffen oder vernichtet werden (**Energieerhaltungssatz**). Die **SI-Einheit*** von Energie und Arbeit ist das **Joule** (**J**).

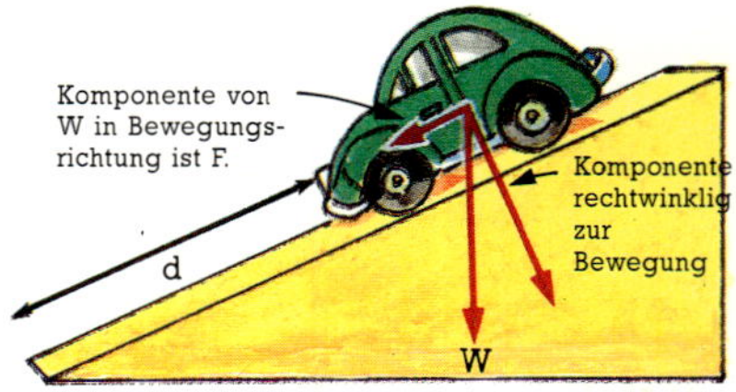

Geleistete Arbeit = **F × d**
mit F = Kraft,
d = Weg.

- **Potentielle Energie** (**P.E.**) oder **Ruheenergie**. Die Energie eines Gegenstandes, die von seiner Lage in einem **Kraftfeld*** abhängig ist. Er besitzt sie, weil Arbeit nötig war, ihn in diese Lage zu bringen: Die Energie wurde „gespeichert". Drei Formen der potentiellen Energie sind **Potentielle Energie im Schwerefeld**, im **elektromagnetischen Feld** und im **Kraftfeld des Atomkerns.**

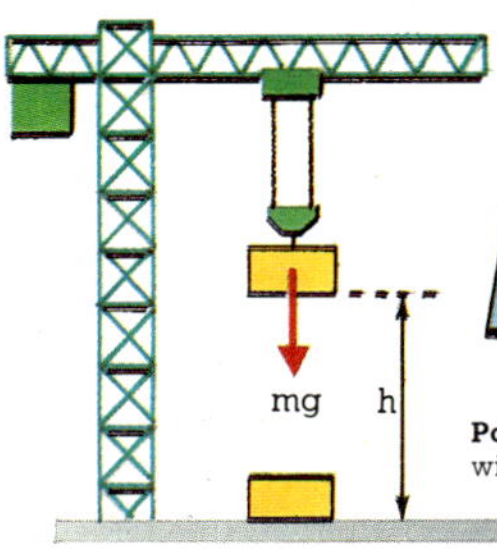

Zuwachs an P.E. im Schwerefeld = geleistete Arbeit = m g h
mit m = Masse;
g = **Fallbeschleunigung***;
h = Höhenunterschied.

Potentielle Energie im Schwerefeld wird am Boden als Null angenommen.

- **Potentielle Energie im Schwerefeld**. Die **potentielle Energie**, die ein Objekt im ◀ **Schwerkraftfeld*** einer anderen Masse besitzt. Wenn das Objekt von dieser Masse entfernt wird (z. B. ein Objekt auf der Erde hochgehoben wird), wird an ihm Arbeit verrichtet und seine **potentielle Energie im Schwerefeld** nimmt zu.

- **Elektromagnetische potentielle Energie.** Die **potentielle Energie** eines Objekts in einem **elektromagnetischen Kraftfeld***.

- **Elastische Spannung**. Ein Beispiel der **molekularen potentiellen Energie**, die von der Stauchung oder Dehnung eines Körpers herrührt. Die Arbeit wurde gegen die **zwischenmolekularen Kräfte*** geleistet. ▶

- **Molekulare potentielle Energie**. Die **potentielle Energie im elektromagnetischen Feld**, die mit der Position der Moleküle zueinander zusammenhängt. Sie steigt, wenn Arbeit gegen die **zwischenmolekularen Kräfte*** geleistet wird.

- **Chemische Energie**. Energie, die etwa in Treibstoffen, Nahrung und in den Chemikalien von Batterien gespeichert ist. Bei chemischen Reaktionen wird sie freigesetzt, zum Beispiel als Wärme bei brennendem Benzin. Dabei ändern sich die **potentiellen Energien im elektromagnetischen Feld** der Atome und Moleküle.

Elastische Spannung wird beim Biegen des Stabes gespeichert.

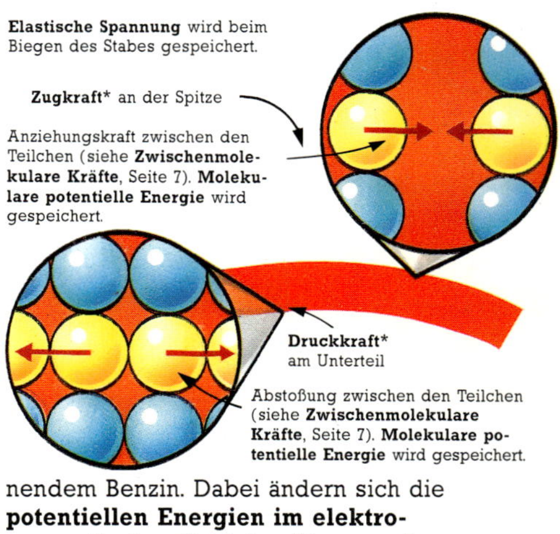

* **Druckkraft**, 7; **Elektromagnetische Kraft, Kraftfeld, Schwerkraft**, 6; **Fallbeschleunigung**, 18; **SI-Einheiten**, 96; **Zugkraft**, 7; **Zwischenmolekulare Kraft**, 7.

- **Potentielle Energie im Kernkraftfeld.** Die in einem **Atomkern*** steckende **potentielle Energie**. Beim **radioaktiven Zerfall*** wird sie freigesetzt.

- **Kinetische Energie (K. E.).** Die Energie, die mit der Bewegung zusammenhängt. Es gibt sie in Form von **Translations-, Rotations- und Schwingungsenergie.**

▶ **Kinetische Energie** zweier durch eine Feder verbundene Körper

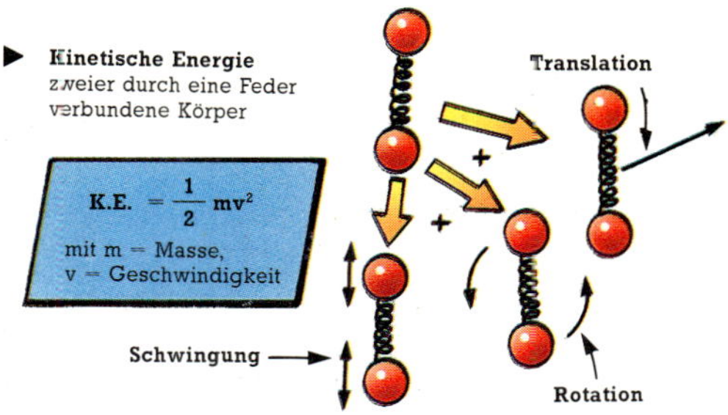

Mechanische Energie eines Pendels ist konstant (bei Vernachlässigung der Reibung). ◀

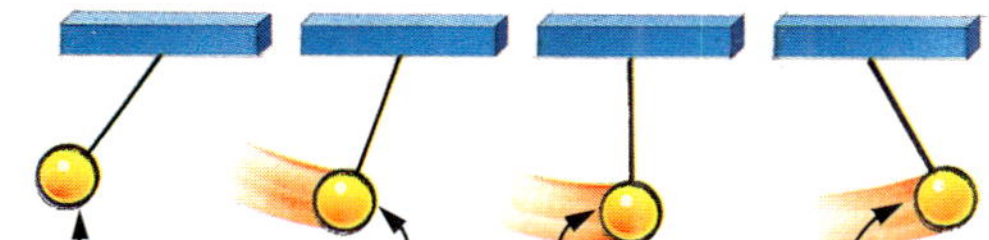

- **Mechanische Energie**. Die Summe von **kinetischer** und **potentieller (Schwerkraft-) Energie** eines Körpers.

- **Innere** oder **thermische Energie.** Die Summe von **kinetischer** und **molekularer potentieller Energie** eines Gegenstandes. Sie steigt mit der Temperatur des Gegenstandes.

▼

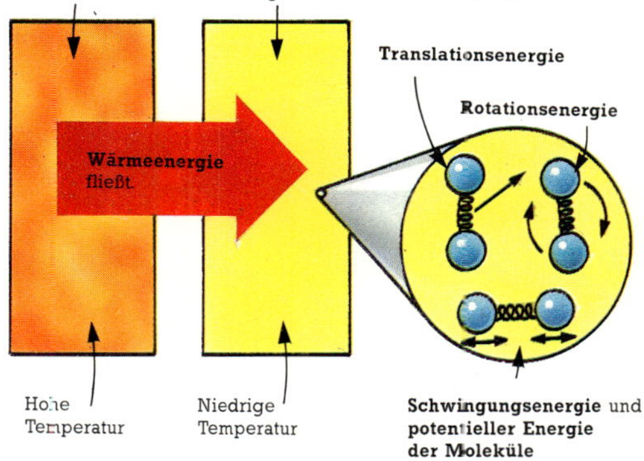

- **Wärmeenergie** oder **Wärme**. Diejenige Energie, die bei einer Temperaturdifferenz von einer Stelle zur anderen fließt (siehe Seiten 28 bis 33). Wenn ein Körper Wärmeenergie aufnimmt, steigt sein **Energiegehalt**.

- **Wellenenergie**. Die mit der Wellenbewegung verbundene Energie. Die Energie einer Wasserwelle setzt sich zum Beispiel aus **potentieller** und **kinetischer Energie** der Wassermoleküle zusammen.

- **Elektrische** und **magnetische Energie**. Die Energiearten, die mit elektrischen Ladungen und Strömen zu tun haben. Sie werden als **elektromagnetische Energie** bezeichnet.

- **Strahlung**. Alle Energie in Form von **elektromagnetischen Schwingungen*** oder Teilchenstrahlen. Siehe auch Seite 28, 86 und 87.

- **Leistung**. Die Rate, mit der Arbeit ausgeführt oder Energie umgewandelt wird. Die **SI-Einheit*** der Leistung ist **Watt (W);** ein Watt entspricht einem Joule pro Sekunde.

▼

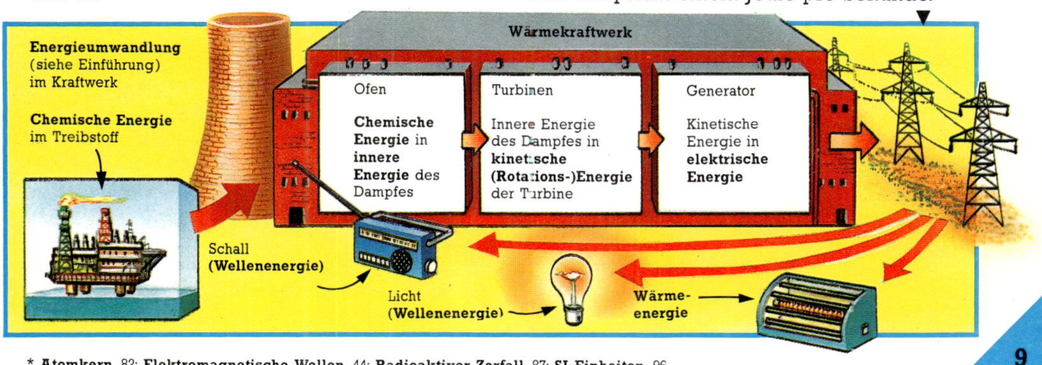

* **Atomkern**, 82; **Elektromagnetische Wellen**, 44; **Radioaktiver Zerfall**, 87; **SI-Einheiten**, 96.

Bewegung

Bewegung ist der Wechsel von Position und Lage eines Objekts. Die Bewegung eines **festen** Körpers (der seine Form nicht verändert) kann bestehen aus **Translation**, d. h. Bewegung des **Massenzentrums** von einer Stelle zur anderen, und **Rotation**, d. h. Drehung um sein Massenzentrum. Die Wissenschaft von der Bewegung heißt **Kinematik.**

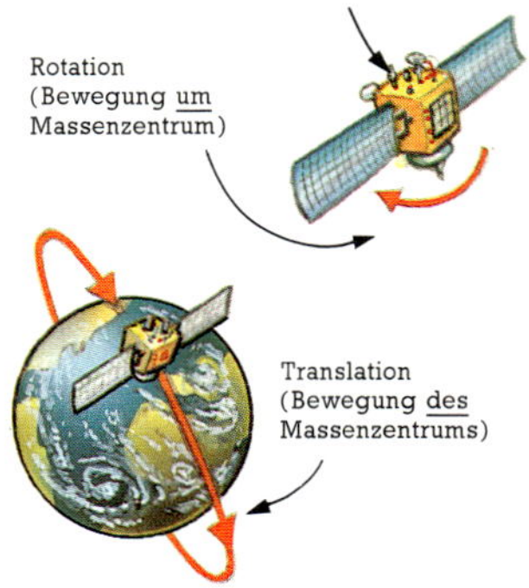

Geradlinige Bewegung

Geradlinige oder **lineare Bewegung** ist die Bewegung auf einer Geraden und die einfachste Form von **Translation** (siehe Einführung). Die lineare Bewegung irgendeines festen Objekts wird beschrieben als Bewegung seines **Massenzentrums.**

- **Massenzentrum**. Der Punkt, in dem scheinbar die gesamte Masse des Körpers vereinigt ist. Das Massenzentrum eines festen Körpers stimmt überein mit dem Schwerpunkt (der Punkt, an dem scheinbar die Schwerkraft der Erde angreift).

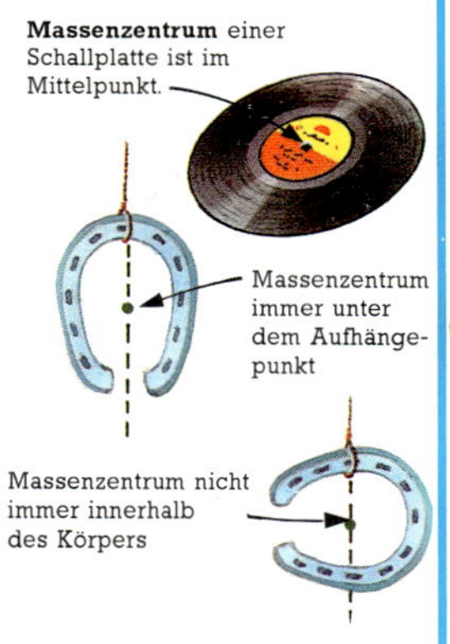

- **Abstand**. Die Entfernung und Richtung eines Objekts von einem bestimmten Bezugspunkt aus. Es ist eine **Vektorgröße***. Die Position eines Objekts kann durch Angabe seines Abstands von einem bestimmten Punkt angegeben werden.

- **Weg**. Die Entfernung, die ein Objekt in einer bestimmten Zeit zurücklegt. Ist sie konstant, spricht man von einer **gleichförmigen Bewegung**. Die **Durchschnittsgeschwindigkeit** eines Objekts ist der zurückgelegte Weg geteilt durch die verbrauchte Zeit. Die **aktuelle Geschwindigkeit** ist die Geschwindigkeit im jeweiligen Moment.

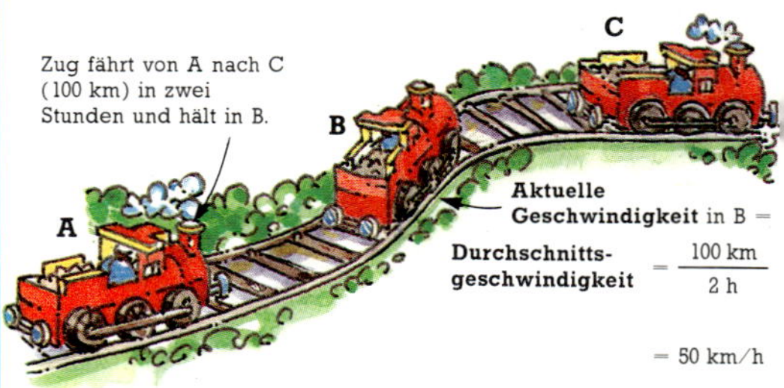

- **Geschwindigkeit**. Die **Schnelligkeit** und Bewegungsrichtung eines Objekts (d. h. der **Abstand**, den es in einer bestimmten Zeit erreicht). Es ist eine **Vektorgröße***.

Graphik des **Wegs** pro Zeiteinheit

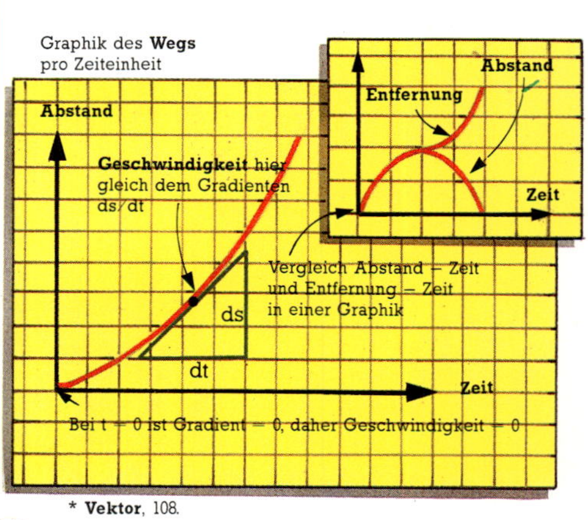

* **Vektor**, 108.

- **Relativgeschwindigkeit**. Die **Geschwindigkeit**, die ein Objekt relativ zu einem sich selbst bewegenden Beobachter hat.

- **Beschleunigung**. Die Änderung der Geschwindigkeit eines Objekts in einer bestimmten Zeitspanne. Sie ist eine **Vektorgröße***. Ein Objekt wird beschleunigt, wenn sich (bei **linearer Bewegung**) seine Geschwindigkeit ändert oder (bei **Kreisbewegung***) seine Bewegungsrichtung. Negative Beschleunigung **(Bremsen)** in einer Bewegungsrichtung entspricht Beschleunigung in der entgegengesetzten. Ein Objekt, dessen Geschwindigkeit sich in gleichen Zeitspannen gleichmäßig ändert, bewegt sich mit **gleichmäßiger Beschleunigung**.

Schaubild der **Geschwindigkeit** gegen die Zeit

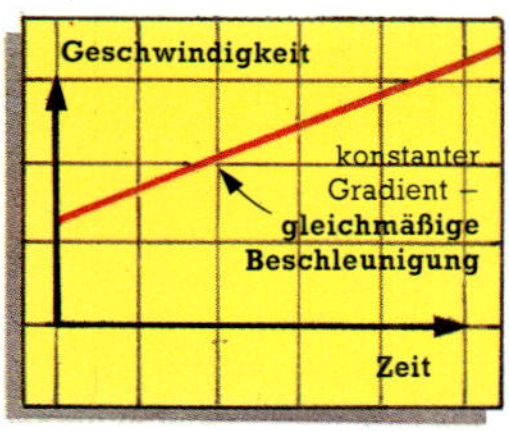

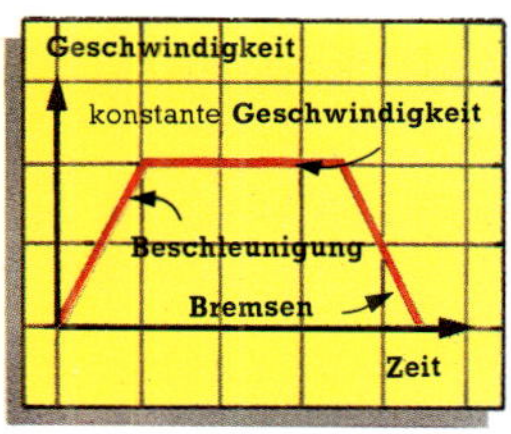

Die in gleichen Zeitintervallen zurückgelegte Entfernung wächst.

Zurückgelegte Entfernung wächst, bleibt konstant, sinkt dann.

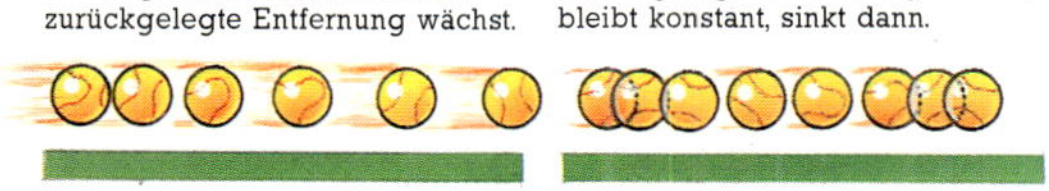

Rotationsbewegung

Rotation ist die Bewegung eines Körpers um sein **Massenzentrum** herum. Bei der Rotation beschreibt jeder Teil des Körpers einen anderen Weg, daher kann der Körper rechnerisch nicht als Ganzes angesehen werden; er muß für die Berechnung in kleine Teile zerlegt und die **Kreisbewegung*** jedes Teils einzeln berechnet werden.

Körper wird in kleine Teile zerlegt, um die Rotation zu berechnen.

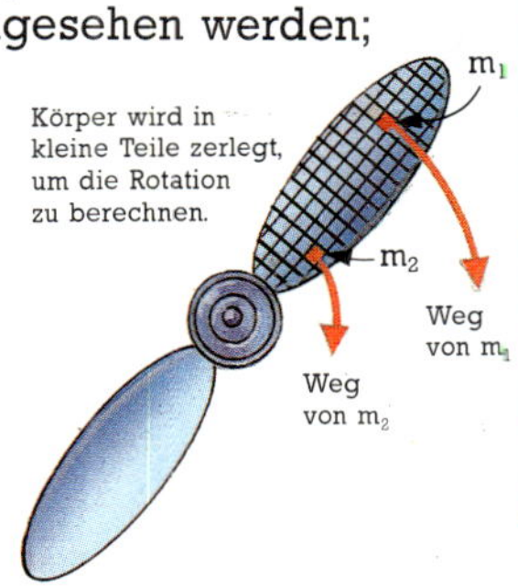

* **Kreisbewegung**, 17; **Vektor**, 108.

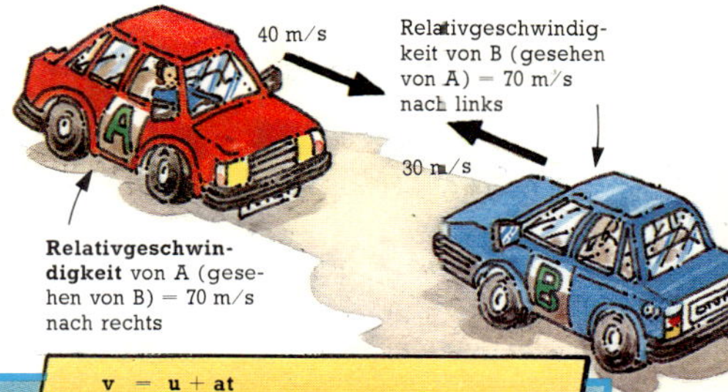

$$v = u + at$$
$$s = \tfrac{1}{2}(u + v)t$$
$$s = ut + \tfrac{1}{2}at^2$$
$$v^2 = u^2 + 2as$$

mit t = Zeit; u = Anfangsgeschwindigkeit bei t = 0; v = Endgeschwindigkeit nach t; s = Abstand nach t
a = Beschleunigung (konstant).

- **Gleichungen der gleichmäßig beschleunigten Bewegung**. Gleichungen zum Berechnen **linearer Bewegungen** mit **gleichmäßiger Beschleunigung**. Bestimmte **Konventionen** müssen beachtet werden. Die Gleichungen enthalten den **Abstand**, hier müssen Richtungsänderungen berücksichtigt werden.

Vorzeichenkonventionen Rechts wird positiv genannt.

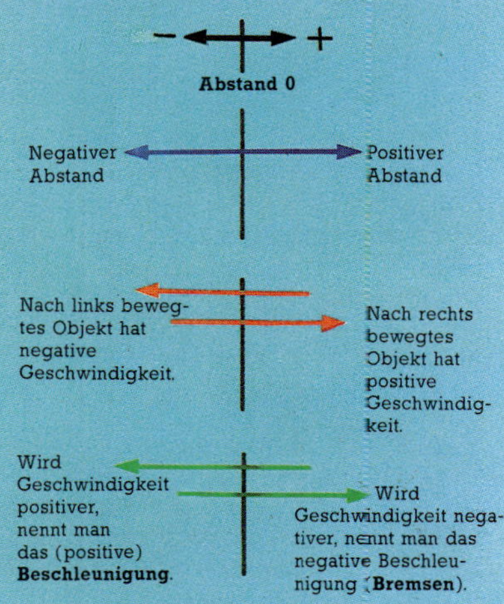

- **Vorzeichenkonvention**. Die Bewegung in entgegengesetzten Richtungen wird üblicherweise mit unterschiedlichen Vorzeichen bezeichnet: Eine Richtung als positiv, die andere als negativ. Wichtig ist das Beachten dieser Regel beim Benutzen der Bewegungsgleichungen (siehe oben).

Dynamik

Dynamik ist die Lehre von den Bewegungen der Körper durch Kräfte, die auf sie wirken. Eine einzelne, auf einen Körper wirkende Kraft ändert dessen Geschwindigkeit und/oder Richtung (**beschleunigt*** ihn). Wenn zwei oder mehr Kräfte wirken und es keine resultierende Kraft gibt, beschleunigt der Körper nicht, sondern ändert nur seine Form.

Zwei gleiche, aber entgegengesetzt gerichtete Kräfte. Keine resultierende Kraft – keine Beschleunigung, aber das Seil dehnt sich. ▸

◂ Ungleiche Kräfte. Seil streckt sich, aber beschleunigt auch durch die resultierende Kraft nach links.

- **Newtonsche Bewegungsgesetze**. Drei von Isaac Newton um 1770 formulierte Gesetze über die Zusammenhänge von Kraft und Bewegung.

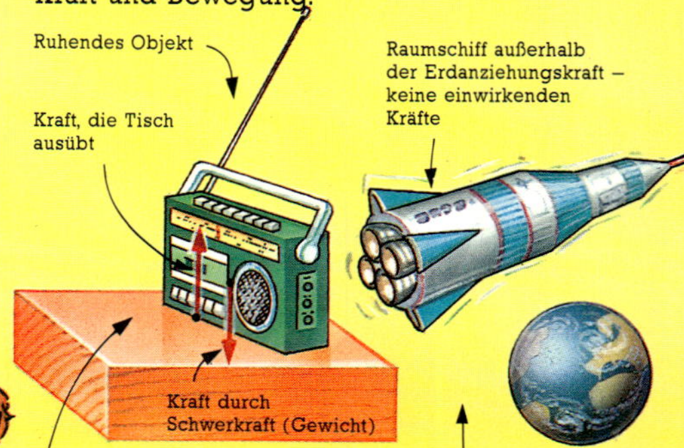

Kräfte auf Objekt gleich – keine resultierende Kraft, daher keine Beschleunigung.

Keine resultierende Kraft – konstant Geschwindigkeit und Richtung

- **1. Newtonsches Gesetz**. Ist ein Körper in Ruhe oder sind seine Geschwindigkeit und Richtung konstant, ist die einwirkende resultierende Kraft gleich Null.

- **Masse**. Ein Ausdruck für die Trägheit eines Objekts. Die zum Beschleunigen eines Körpers um einen bestimmten Betrag nötige Kraft hängt von dessen Masse ab – größere Masse braucht mehr Kraft.

- **Trägheit**. Das Bestreben eines Körpers, sich einer Änderung seiner Geschwindigkeit zu widersetzen (etwa einer Kraft, die ihn beschleunigen will). Sie wird als **Masse** ausgedrückt.

Ein Schiff hat viel größere **Trägheit** (und daher **Masse**) als ein Boot – so braucht man größere Antriebskraft.

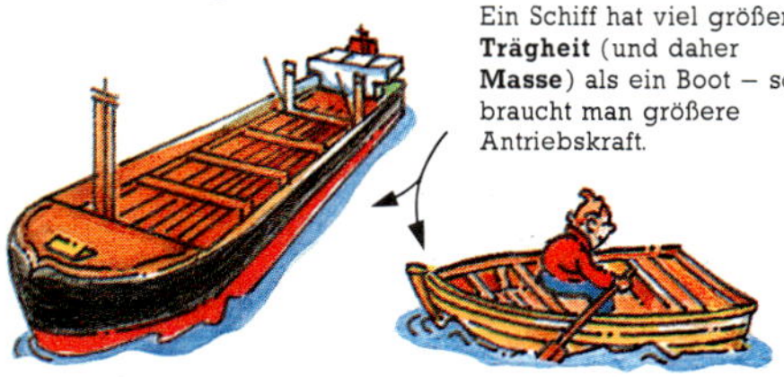

- **Bewegungsgröße**. Die **Masse** eines Körpers, multipliziert mit seiner Geschwindigkeit. Weil diese eine **Vektorgröße*** ist, ist auch die Bewegungsgröße eine. Siehe **Impulssatz**.

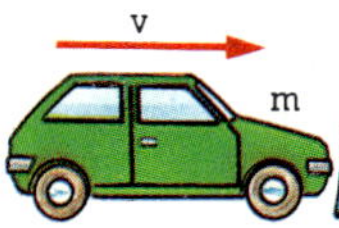

Bewegungsgröße = mv

mit m = Masse,
v = Geschwindigkeit

- **Impuls**. Die auf einen Körper wirkende Kraft multipliziert mit der Zeitdauer der Kraftwirkung. Nach dem **2. Newtonschen Gesetz** ist der Impuls eines Körpers gleich dessen **Bewegungsgröße**. Die gleiche Änderung der Bewegungsgröße kann durch eine kleine, lange Zeit wirkende Kraft oder durch eine große, kurze Zeit wirkende Kraft erzielt werden.

Impuls = Ft

mit F = Kraft, t = Zeit

„Knautschzone" erhöht **Kollisions**dauer – Kraft ist kleiner

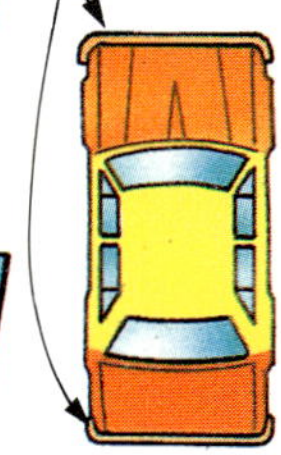

Da Kraft eine Funktion der Änderung der Bewegungsgröße ist, (siehe **2. Newtonsches Gesetz**), gilt:

Impuls = Änderung der Bewegungsgröße

- **Kollision**. Ein Ereignis, bei dem zwei oder mehr Körper Kräfte aufeinander ausüben. Die Definition stimmt nicht ganz mit dem alltäglichen Gebrauch des Wortes überein, denn die Körper müssen sich nicht berühren.

* **Beschleunigung**, 11; **Vektorgrößen**, 108.

2. Newtonsches Gesetz. Wenn sich die Bewegungsgröße eines Körpers ändert, zum Beispiel bei Beschleunigung, muß eine resultierende Kraft auf ihn einwirken. Normalerweise ist die **Masse** des Körpers konstant, dann ist die Kraft proportional zur Beschleunigung. Die Richtung der Beschleunigung stimmt mit der Richtung der Kraft überein.

$$\textbf{Kraft} = \frac{\textbf{Änderung der Bewegungsgröße}}{\textbf{Zeit}}$$

Wenn **Masse** konstant bleibt (wie hier), dann gilt:

$$\textbf{Kraft} = \textbf{Masse} \times \textbf{Beschleunigung}$$

Beispiel: Vom Schläger geschlagener Tennisball (Masse 0,05 kg) ändert seine Bewegungsgröße. Resultierende Kraft ergibt sich aus:

Bewegung nach rechts wird positiv bezeichnet (siehe **Vorzeichenkonvention**, Seite 11).

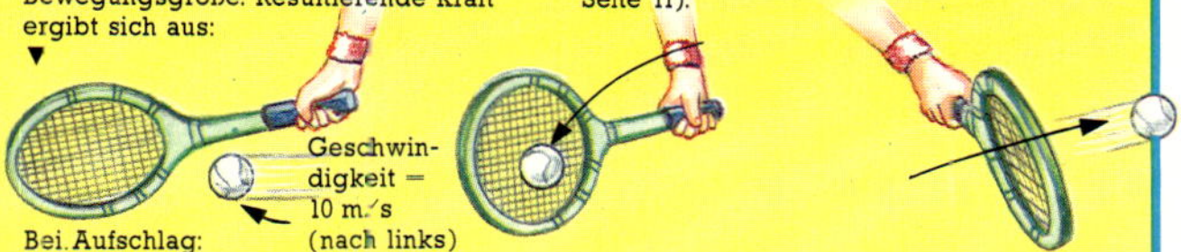

Bei Aufschlag:

$$\text{Kraft} = \frac{\text{Änderung der Bewegungsgröße}}{\text{Zeit}} = \frac{(0.05\times 20) - (0.05\times -10)}{0.01} = 150\ \text{N}$$

oder

$$\text{Kraft} = \text{Masse} \times \text{Beschleunigung} = \frac{\text{Masse} \times \text{Änderung der Geschwindigkeit}}{\text{Zeit}} = \frac{0.05 \times 30}{0.01} = 150\ \text{N}$$

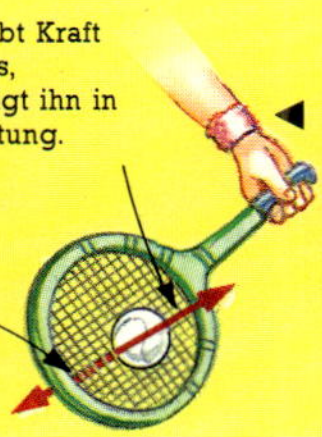

3. Newtonsches Gesetz. Kräfte treten stets in gleichen, einander entgegengesetzt gerichteten Paaren auf, die als **Aktion** und **Reaktion (Gegenkraft)** bezeichnet werden. Wenn also Objekt A Kraft auf Objekt B ausübt, übt B eine gleiche, entgegengesetzt gerichtete Kraft auf A aus. Die Kräfte heben sich nicht gegenseitig auf, weil sie auf verschiedene Objekte wirken.

Impulssatz (Satz von der Erhaltung der Bewegungsgröße). Wenn zwei oder mehr Körper Kräfte aufeinander ausüben (in **Kollision** sind), bleibt ihre gemeinsame **Bewegungsgröße** konstant, falls keine äußeren Kräfte einwirken. Bei sehr kurzer Berührungszeit kann man die Reibung weitgehend vernachlässigen.

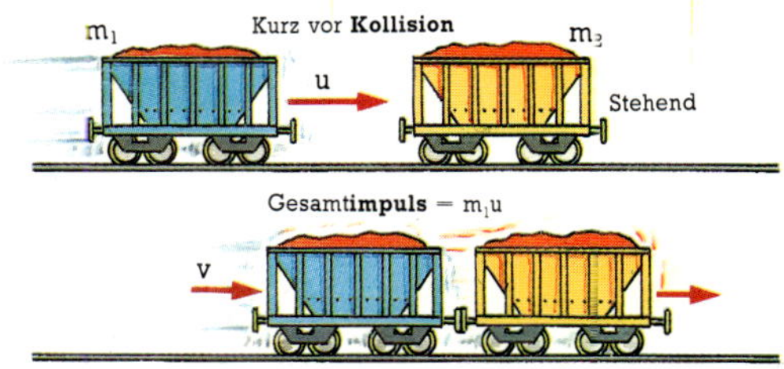

Masse steigt – Geschwindigkeit sinkt, damit Bewegungsgröße gleich bleibt.

Rakete

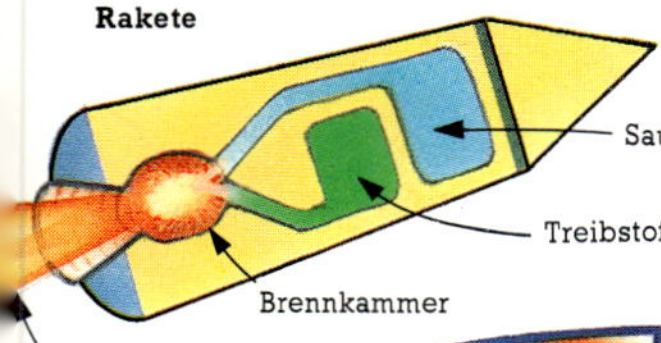

Rakete. Hier wird Treibstoff und Sauerstoff mitgeführt, daraus ein schneller Abgasstrahl erzeugt und durch Düsen ausgestoßen. Die **Masse** des Gases ist klein, aber dank der großen Geschwindigkeit hat es eine hohe **Bewegungsgröße.** Dadurch bekommt die Rakete einen gleichgroßen Impuls in Gegenrichtung (siehe **Impulssatz**).

Düsentriebwerk

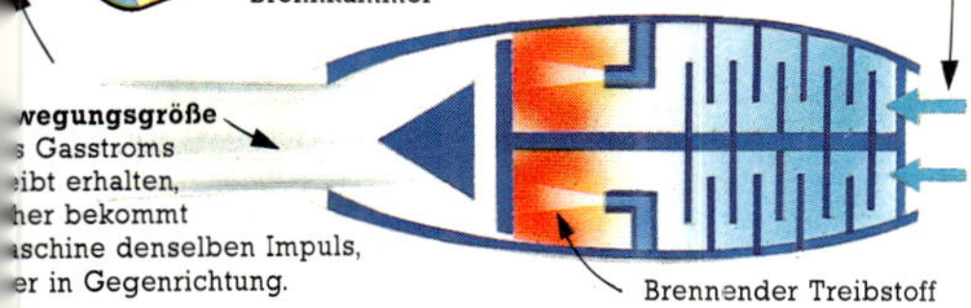

Düsentriebwerk. Maschine, in der Treibstoff mit vorn eingesaugter Luft verbrannt und ein schneller Abgasstrahl erzeugt wird. Das Prinzip ist dasselbe wie bei der **Rakete**, allerdings wird das Gas anders erzeugt und das Düsentriebwerk ist auf Luft angewiesen, arbeitet also nicht im All.

Drehbewegungen

Eine einzelne Kraft erzeugt eine **Beschleunigung*** (siehe **Dynamik**, Seite 12). Bei **linearen Bewegungen** ist das eine **lineare Beschleunigung**. Bei **Drehbewegungen*** erzeugt eine außerhalb der **Drehachse** angreifende Kraft (ein **Drehmoment**) eine **Winkelbeschleunigung*** (schnellere oder langsamere Drehung).

- **Drehmoment**. Ein Maß für die Fähigkeit einer Kraft, einen Körper um eine Achse, die **Drehachse**, rotieren zu lassen. Es wird berechnet aus Größe der Kraft multipliziert mit dem Kraftarm, der Entfernung vom Angriffspunkt der Kraft zur Drehachse (siehe Schaubild rechts). Die **SI-Einheit*** des Drehmoments ist das **Newtonmeter (Nm).**

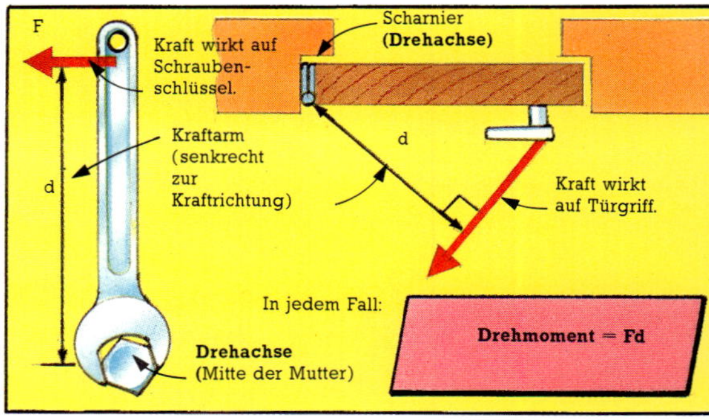

Balkenwaage im **Rotationsgleichgewicht**

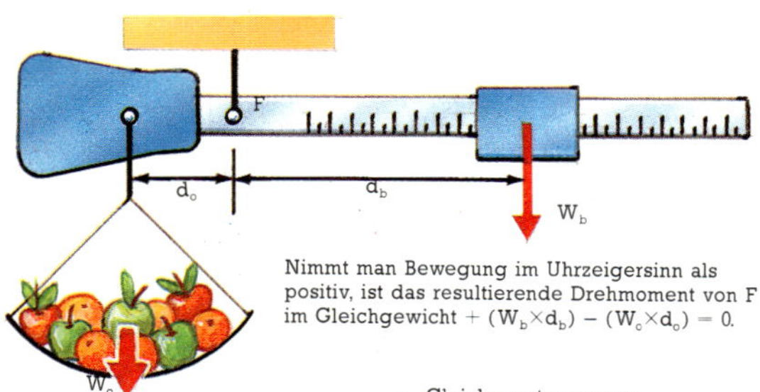

Nimmt man Bewegung im Uhrzeigersinn als positiv, ist das resultierende Drehmoment von F im Gleichgewicht $+(W_b \times d_b) - (W_o \times d_o) = 0$.

Wenn man Drehmomente betrachtet, muß man stets die jeweiligen Drehachsen festlegen und mit einer **Vorzeichenkonvention*** zwischen Drehung im und gegen den Uhrzeigersinn unterscheiden. Alle angreifenden kleinen Drehmomente zusammen ergeben das **resultierende Drehmoment**.

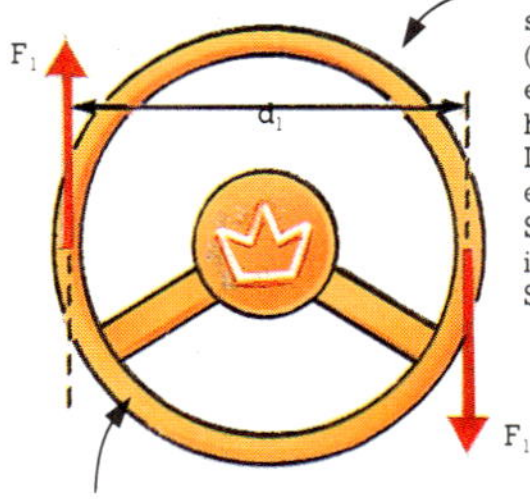

Gleiche, entgegengesetzt gerichtete Kräfte (ein **Kräftepaar**) an einem Steuerrad drehen es.
In diesem Fall wirkt eine Kraft direkt aufs Steuerrad, die andere ist die Gegenkraft der Steuersäule.

Drehmoment des **Kräftepaares** = $F_1 \times d_1$.

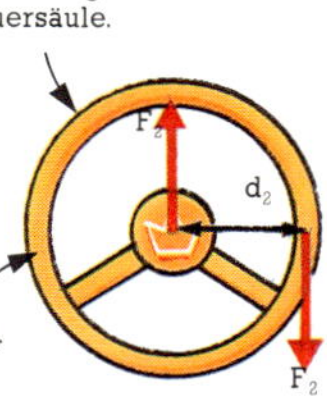

Drehmoment des **Kräftepaares** = $F_2 \times d_2$.

- **Kräftepaar**. Zwei parallele Kräfte, die gleich und entgegengesetzt gerichtet sind, aber nicht auf derselben Geraden angreifen. Sie erzeugen nur eine Drehbewegung, aber keine **Translationsbewegung*** (Bewegung des **Massenzentrums***). Das resultierende Drehmoment ist die Summe der Drehmomente, also der Abstand der Kraftangriffspunkte multipliziert mit der Größe der Kräfte.

Gleichgewicht

Wird ein Körper nicht beschleunigt, ist die **resultierende Kraft** (der gesamte Effekt aller auf ihn wirkenden Kräfte) gleich Null; man sagt, er ist im **Gleichgewicht**. Das kann ein **lineares Gleichgewicht** sein (wenn sein **Massenzentrum*** nicht beschleunigt wird) und/oder ein **Rotationsgleichgewicht** (er wird nicht um die Drehachse beschleunigt). Beide Fälle von Gleichgewicht können **statisch** (keine Bewegung) oder **dynamisch** (in Bewegung) sein.

* **Beschleunigung**, 11; **Lineare Bewegung**, 10; **Massenzentrum**, 10; **Rotationsbewegung**, **Vorzeichenkonvention**, 11; **SI-Einheiten**, 96; **Translationsbewegung**, 10; **Winkelbeschleunigung**, 17.

- **Lineares Gleichgewicht**. Der Zustand eines Körpers, wenn sein **Massenzentrum*** nicht beschleunigt wird, also weder seine Geschwindigkeit noch seine Bewegungsrichtung sich ändern. Die resultierende Kraft auf einen Körper im Gleichgewicht muß Null sein (siehe auch **3. Newtonsches Gesetz**, Seite 13).

Flugzeug in der Luft ▶ in **dynamischem linearen Gleichgewicht** und **statischem Rotationsgleichgewicht** – konstante Geschwindigkeit in gerader Linie.

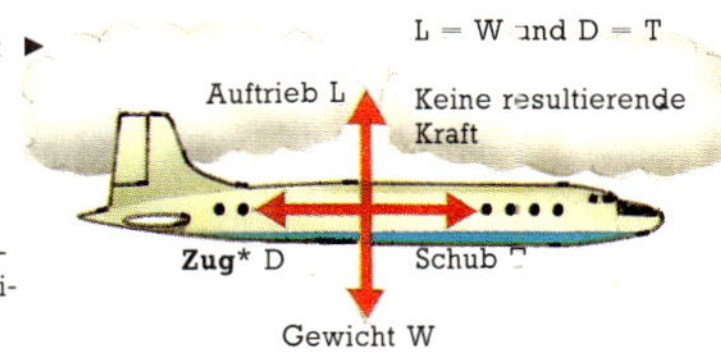

Flugzeug am ▶ Boden im **statischen Gleichgewicht (linear** und **Rotation**).

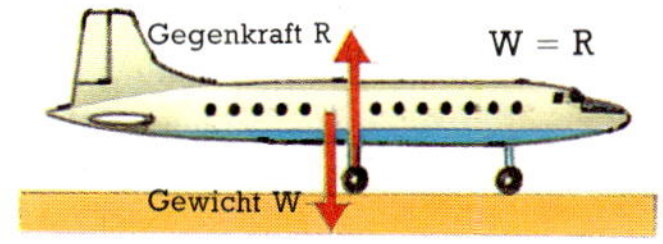

- **Rotationsgleichgewicht**. Der Zustand eines ▶ Körpers, an dem keine **Winkelbeschleunigung*** angreift, der sich also mit konstanter **Winkelgeschwindigkeit*** dreht. Ist ein Körper im Rotationsgleichgewicht, ist das resultierende Drehmoment an jeder Achse gleich Null.

Wippe im **statischen Rotationsgleichgewicht**, denn 800 × 1 = 400 × 2

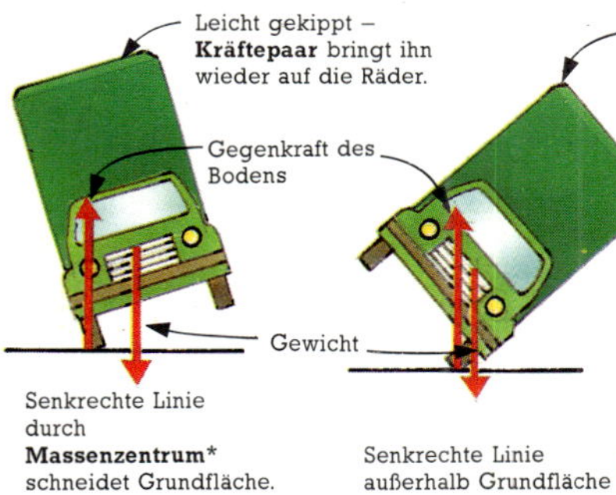

Ein tief liegender **Schwerpunkt*** und eine breite Grundfläche machen einen Rennwagen kippsicher.

◀ • **Umstürzen**. Tritt ein, wenn die senkrechte Linie durch das **Massenzentrum*** eines Körpers nicht durch die Grundfläche des Körpers läuft. In diesem Fall tritt ein **Kräftepaar** aus Gewicht und Gegenkraft auf und dreht den Körper weg (siehe Bild links).

- **Stabiles Gleichgewicht**. Ein Zustand, bei dem ein etwas aus seinem Gleichgewicht gebrachter Körper von selbst wieder dahin zurückkehrt. Das geschieht, wenn beim Bewegen des Körpers sein **Schwerpunkt*** angehoben wird.

- **Instabiles (labiles) Gleichgewicht**. Ein Zustand, bei dem ein etwas aus dem Gleichgewicht gebrachter Körper diesen Zustand noch vergrößert. Das geschieht, wenn beim Bewegen des Objekts dessen **Schwerpunkt*** gesenkt wird.

- **Indifferentes Gleichgewicht**. Ergibt sich, wenn ein etwas aus dem Gleichgewicht gebrachter Körper in der neuen Lage verharrt. Das geschieht, wenn der **Schwerpunkt*** in derselben Höhe bleibt.

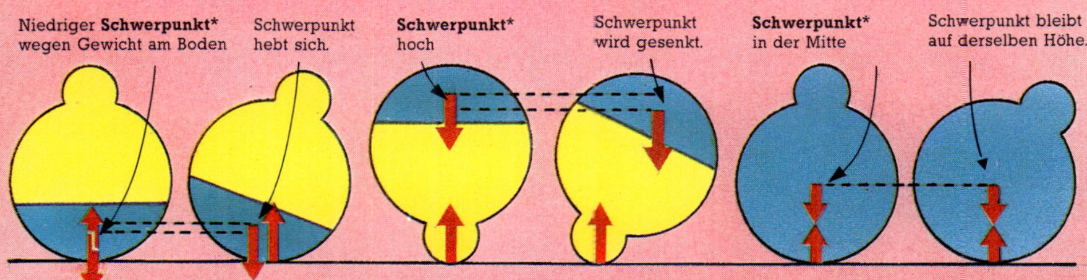

Gewicht und Gegenkraft des Bodens bilden Kräftepaar, das Spielzeug wieder aufrichtet.

Gewicht und Gegenkraft bilden **Kräftepaar**, durch das Spielzeug vollends umkippt.

Gewicht und Gegenkraft auf derselben Linie – kein Kräftepaar, Spielzeug bleibt in neuer Lage.

* **Massenzentrum**, 10; **Winkelbeschleunigung**, **Winkelgeschwindigkeit**, 17; **Zugkraft**, 19 **(Grenzgeschwindigkeit)**.

Kreis- und Pendelbewegungen

Alle Bewegungen, die sich in konstanten Abständen wiederholen, heißen **periodische Bewegungen**. Beispiele: Objekte, die **Kreisbewegungen** beschreiben, das Schwingen des Pendels und die Vibration der Moleküle. **Wellenbewegung*** wird die periodische Bewegung von Teilchen oder Kraftfeldern genannt.

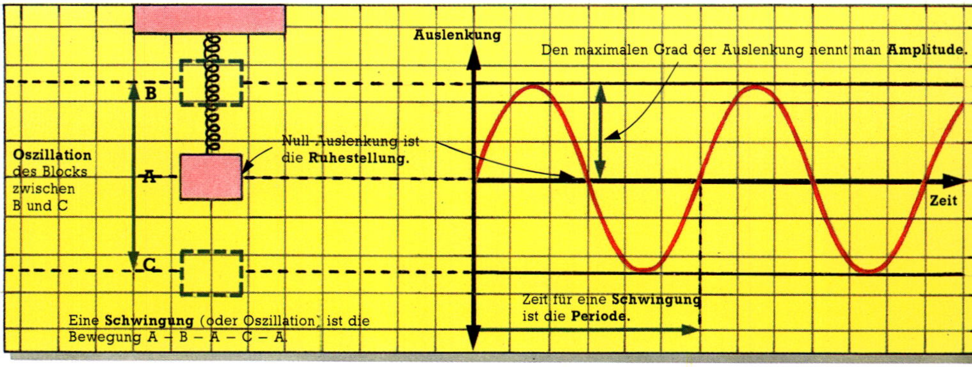

- **Schwingung**. Die Bewegung von einem Punkt zum anderen und zurück. Zum Beispiel eine Umdrehung eines sich drehenden Objekts

- **Oszillation**. Periodische Bewegung zwischen zwei Extremen, z. B. eine Masse, die an einer Feder auf- und abschwingt. In einem oszillierenden System gibt es einen ständigen Wechsel zwischen **kinetischer*** und **potentieller* Energie**. Die Gesamtenergie des Systems (die Summe dieser beiden Energien) bleibt bis auf die **Dämpfung** konstant.

- **Periode (T)**. Die Zeitdauer einer vollständigen Schwingung. Z. B. beträgt die Periode der Erddrehung um ihre Achse 24 Stunden

- **Frequenz (f)**. Die Anzahl der Schwingungen pro Sekunde einer bestimmten Bewegung. Die **SI-Einheit*** der Frequenz ist **Hertz (Hz)** und entspricht einer Schwingung pro Sekunde.

$$f = \frac{1}{T}$$

mit f = **Frequenz**,
T = **Periode**

- **Ruhestellung**. Die Stellung, um die ein Objekt **oszilliert**, und in der es nach Abklingen der Schwingung zur Ruhe kommt. Z. B. hat ein Pendel seine Ruhestellung erreicht, wenn es senkrecht hängt. Als Position eines schwingenden Teilchens wird seine Ruhestellung genommen.

- **Amplitude**. Die maximale Entfernung eines **schwingenden** Körpers von seiner **Ruhestellung**.

- **Dämpfung**. Schwächung der Amplitude einer **Schwingung** durch Energieverlust. Z. B. dämpfen Stoßdämpfer am Auto dessen Schwingungen nach einem Schlagloch.

Dämpfung in einem **schwingenden** System

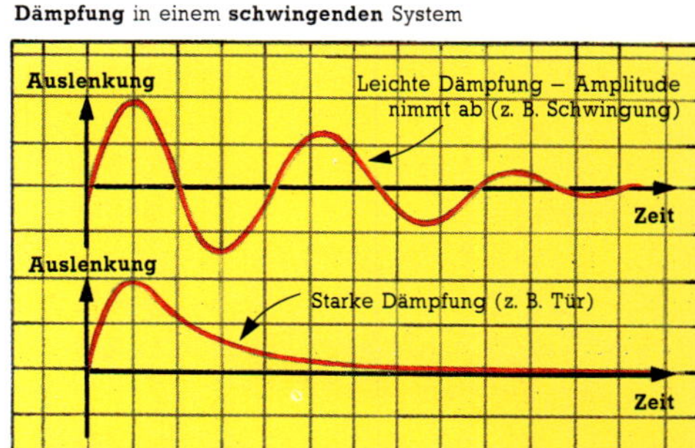

* **Kinetische Energie**, 9; **Potentielle Energie**, 8; **SI-Einheiten**, 96; **Wellenbewegung**, 34.

- **Natürliche Schwingungen**. Die Schwingungen eines Systems, das nach dem Start unbeeinflußt bleibt. Natürliche **Periode** und natürliche **Frequenz** bleiben bei kleiner **Dämpfung** konstant.

- **Erzwungene Schwingungen**. Die Schwingungen eines Systems, auf das in regelmäßigen Abständen eine antreibende Kraft ausgeübt wird. Das System schwingt dann mit der **Frequenz** der treibenden Kraft, nicht mit seiner eigenen natürlichen Frequenz.

- **Resonanz**. Das Verhalten eines Systems, wenn die **Frequenz** der treibenden Kraft mit der natürlichen Frequenz des Systems übereinstimmt. Dann schwingt es mit einer besonders großen **Amplitude.**

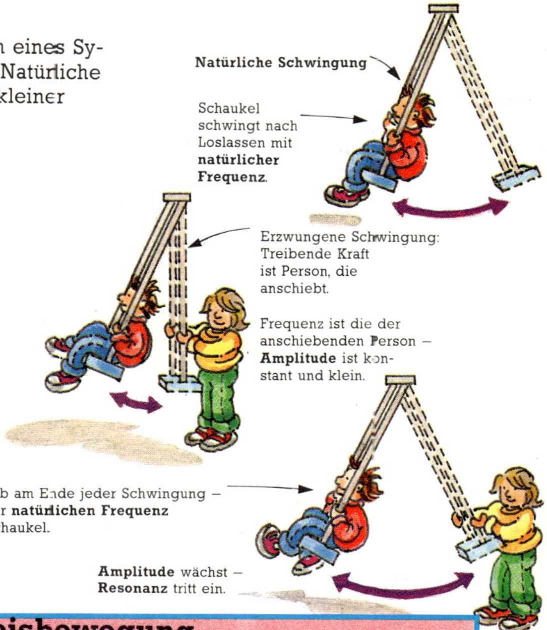

Kreisbewegung

Gleichförmige Kreisbewegung ist die Bewegung eines Körpers auf einem Kreis mit konstanter Geschwindigkeit. Weil die Richtung sich ständig ändert, wird der Körper ständig in Richtung zum Kreismittelpunkt beschleunigt **(Zentripetalbeschleunigung)**; es muß also eine Kraft vorhanden sein, die in Richtung Zentrum wirkt. Kreisbewegung kann mit Hilfe der Größe **Winkelgeschwindigkeit** beschrieben werden.

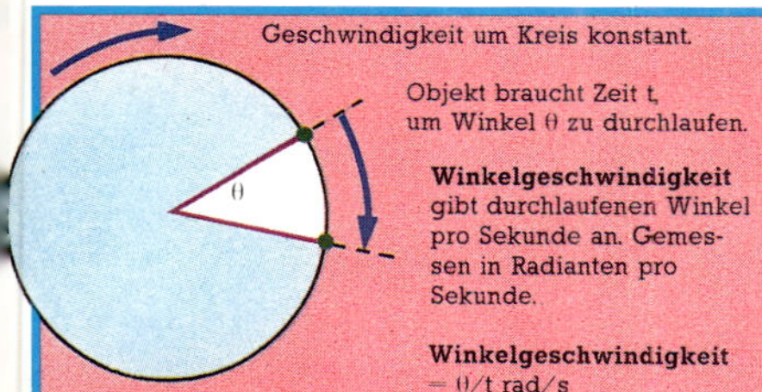

Winkelbeschleunigung erzeugt Änderung der Winkelgeschwindigkeit.

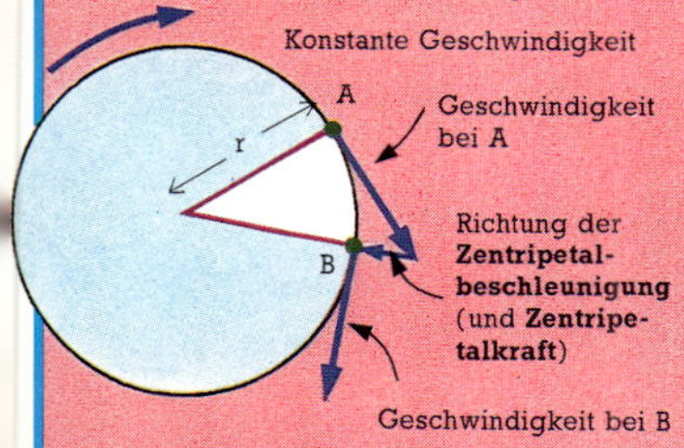

$$a = \frac{v^2}{r}$$

mit a = Zentripetalbeschleunigung; v = Geschwindigkeit um den Kreis; r = Radius des Kreises

- **Zentripetalbeschleunigung (a).** Die Beschleunigung eines sich auf einem Kreis bewegenden Körpers (siehe oben) in Richtung zum Kreismittelpunkt.

- **Zentripetalkraft**. Die Kraft, die einen Körper in Richtung Kreismittelpunkt zieht, so eine **Zentripetalbeschleunigung** erzeugt und den Körper auf einer Kreisbahn hält.

- **Zentrifugalkraft**. Die gleich große, entgegengesetzt gerichtete Gegenkraft (also keine wirkliche Kraft im üblichen Sinne, siehe **2. Newtonsches Gesetz**, Seite 13) zur **Zentripetalkraft.**

Gravitation

Gravitation ist die **Anziehungskraft*** (siehe auch Seite 104), die zwischen allen Körpern im All vorhanden ist. Sie wird in der Nähe massereicher Körper wie Planeten bemerkbar; diese werden zudem durch diese Kraft auf ihrer Bahn gehalten. Die Schwerkraftwirkung eines Planeten auf ein Objekt wird als **Gewicht** des Objekts bezeichnet.

- **Newtons Gravitationsgesetz**. Es besagt, daß zwischen zwei Körpern eine Gravitation besteht, deren Stärke von der Größe ihrer Masse und ihrer Entfernung zueinander abhängt. Die **Gravitationskonstante (G)** hat einen Wert von $6{,}7 \times 10^{-11}$ Nm^2kg^{-2}; dieser kleine Wert bedeutet, daß Gravitationskräfte vernachlässigbar klein sind, wenn nicht einer der beteiligten Körper eine sehr große Masse besitzt.

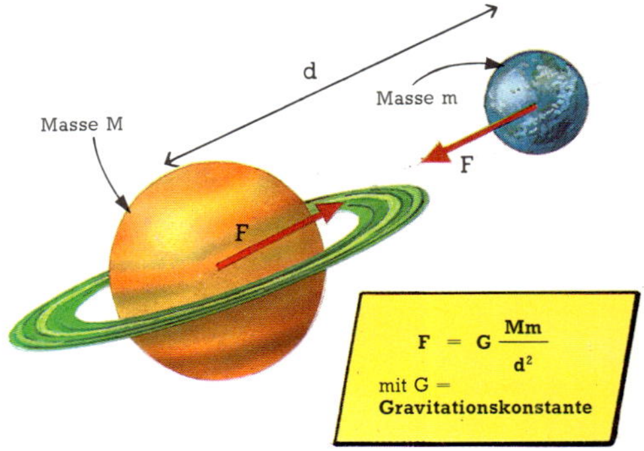

- **Gewicht**. Die Gravitationskraft eines massereichen Körpers (z. B. eines Planeten) auf einen anderen Körper. Das Gewicht des Körpers ist nicht konstant, sondern hängt ab von der Entfernung zum Planeten und dessen Masse. Daher ist zwar die Masse, nicht aber das Gewicht eines Körpers unabhängig von seiner Position.

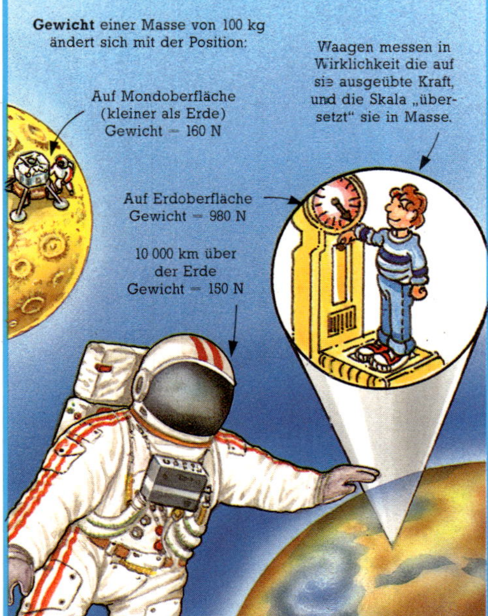

- **Schwerebeschleunigung (Fallbeschleunigung) (g)**. Die **Beschleunigung*** durch die Schwerkraft. Ihr Wert ist für jede Masse an einem Ort gleich, auf der Erdoberfläche etwa $9{,}8\ m/s^2$; sie nimmt oberhalb der Erdoberfläche nach **Newtons Gravitationsgesetz** ab. Der Wert von $9{,}8\ m/s^2$ wird als Beschleunigungseinheit benutzt (die **g-Kraft, g).**

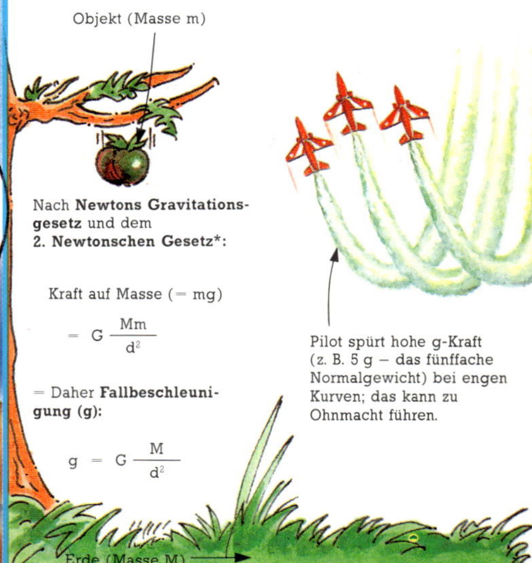

* **Beschleunigung**, 11; **Schwerkraft**, 6; **2. Newtonsches Gesetz**, 13.

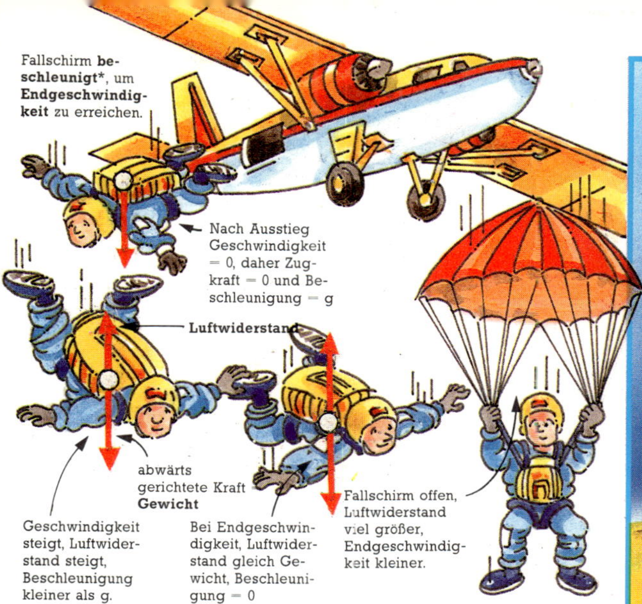

- **Endgeschwindigkeit**. Die maximale, konstante Geschwindigkeit, die ein durch Gas oder Flüssigkeit fallendes Objekt erreicht. Wenn die Geschwindigkeit steigt, steigt auch der Widerstand der Luft oder Flüssigkeit und kann gleich dem **Gewicht** des Körpers werden.

- **Fluchtgeschwindigkeit**. Die Mindestgeschwindigkeit, die ein Objekt ohne zusätzlichen Antrieb braucht, um die Gravitation eines Planeten zu überwinden. Bei der Erde etwa 40 000 km/h.

- **Schwerelosigkeit**. Tritt ein, wenn keine Schwerkräfte auf ein Objekt wirken.

- **Wahre Schwerelosigkeit**. Schwerelosigkeit, weil das Objekt in einer schwerkraftfreien Zone ist.

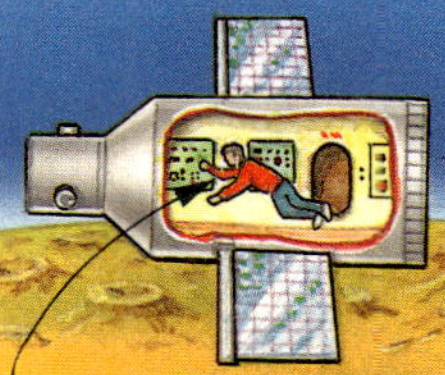

Astronaut **fällt frei** im selben Maß wie das ihn umgebende Raumschiff und ist daher **scheinbar schwerelos**.

- **Scheinbare Schwerelosigkeit**. Wenn sich ein Objekt so verhält, als ob keine Schwerkraft darauf wirken würde. Sie tritt ein, wenn zwei Körper unabhängig in gleichem Maß **beschleunigt*** werden.

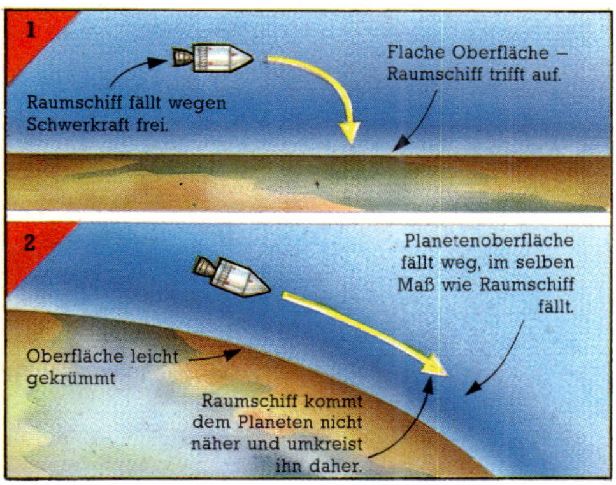

- **Freier Fall**. Die ungehinderte Bewegung eines Objekts, wenn darauf Gravitationskraft wirkt und wenn nicht hemmende Kräfte einwirken, wie etwa Luftwiderstand.

- **Geostationäre Umlaufbahn**. Die Bahn eines Satelliten, der sich in derselben Richtung und mit derselben Geschwindigkeit wie die Erde auf ihr bewegt und daher ständig über einem Punkt der Erdoberfläche (genauer: des Äquators) stillzustehen scheint. **Periode*** also 24 Stunden.

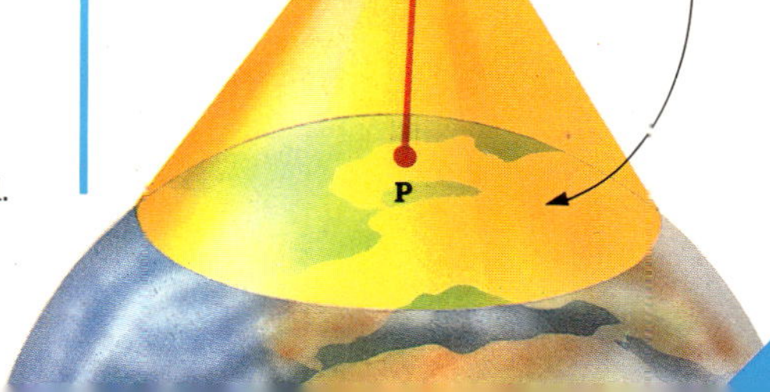

* **Beschleunigung**, 11; **Periode**, 16.

Maschinen

Eine **Maschine** ist eine Vorrichtung, um mit einer Kraft (dem **Kraftaufwand**) eine andere Kraft, genannt **Last**, zu überwinden. Zum Beispiel braucht man nur eine kleine Kraft am Zugseil eines **Flaschenzugs**, um ein großes angehängtes Gewicht zu heben.

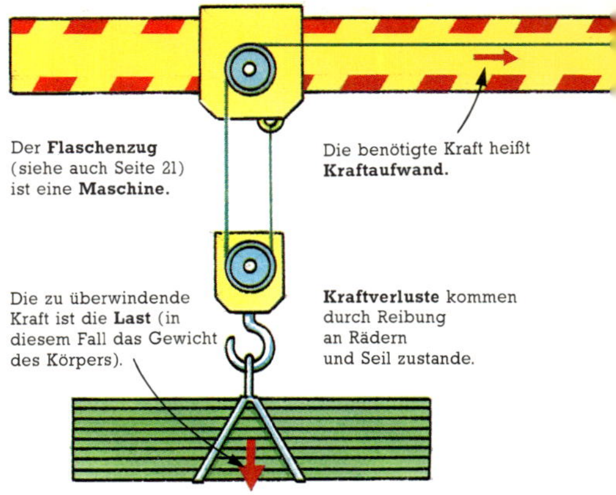

- **Ideale Maschine**. Eine theoretische Maschine, bei der die **Kraftverluste** gleich Null sind. Maschinen, bei denen die Kraftverluste im Vergleich zur Nutzbarkeit klein sind, können als ideale Maschinen angesehen werden.

- **Kraftverluste**. Die Kraft, die notwendig ist, um **Reibungskräfte** zwischen den sich bewegenden Teilen einer Maschine zu überwinden und sie zu heben.

- **Mechanischer Wirkungsgrad** (**M.W.**). Last geteilt durch Kraftaufwand. Ein Mechanischer Wirkungsgrad größer als Eins bedeutet, daß die überwundene Last größer als der dazu nötige Kraftaufwand ist. Der Mechanische Wirkungsgrad der **idealen Maschine** ist immer der gleiche; derjenige von realen Maschinen steigt geringfügig mit der Last, weil dann der **Kraftverlust** prozentual kleiner ist.

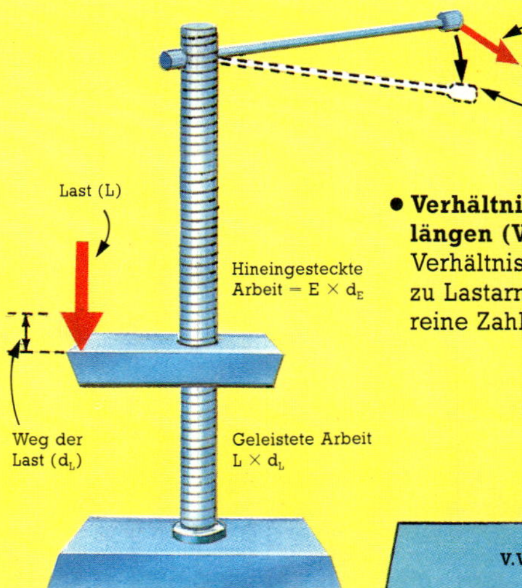

- **Verhältnis der Weglängen (V.W.)**. Das Verhältnis von Kraftarm zu Lastarm. Es ist eine reine Zahl.

$$\text{M.W.} = \frac{L}{E}$$

$$\text{V.W.} = \frac{d_E}{d_L}$$

$$\text{Wirkungsgrad} = \frac{\text{geleistete Arbeit}}{\text{hineingesteckte Arbeit}} \times 100 = \frac{L \times d_L}{E \times d_E} \times 100$$

$$= \text{M.W.} \times \frac{1}{\text{V.W.}} \times 100$$

$$\text{Wirkungsgrad} = \frac{\text{M.W.}}{\text{V.W.}} \times 100$$

- **Wirkungsgrad**. Die an der Last geleistete **Arbeit** (Kraft × Weg – siehe Seite 8) dividiert durch die Arbeit zur Erzeugung des Kraftaufwands, ausgedrückt in Prozenten. Alle realen Maschinen besitzen Wirkungsgrade unter 100 % wegen der **Kraftverluste**. Nur die **ideale Maschine** hat einen Wirkungsgrad von 100 %.

Bei einer **idealen Maschine** (100 % Wirkungsgrad):

$$\text{M.W.} = \text{V.W.}$$

* **Reibungskraft**, 7.

Beispiele von Maschinen

Hydraulische Presse

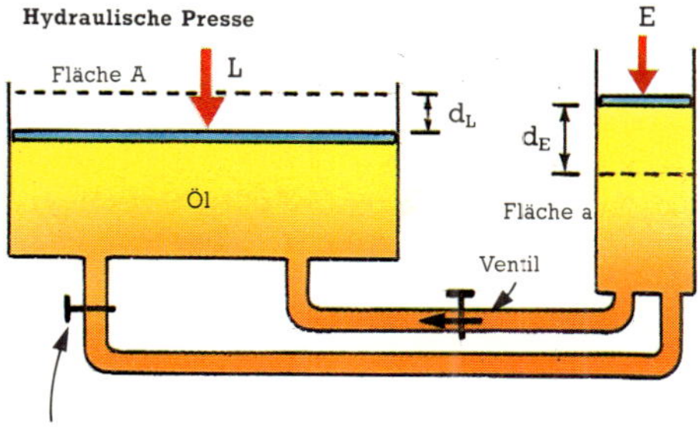

Ventil beim Arbeiten der Presse geschlossen – nur zum Druckabbau geöffnet.

Volumen der bewegten Flüssigkeit $= a \times d_E = A \times d_L$
daher **V.W.** $(d_E/d_L) = A/a$

- **Hydraulische Presse** zum Erzeugen hoher Drücke: Ein kleiner und ein großer Zylinder sind über ein Rohr miteinander verbunden und beide mit Flüssigkeit gefüllt.

Hebel

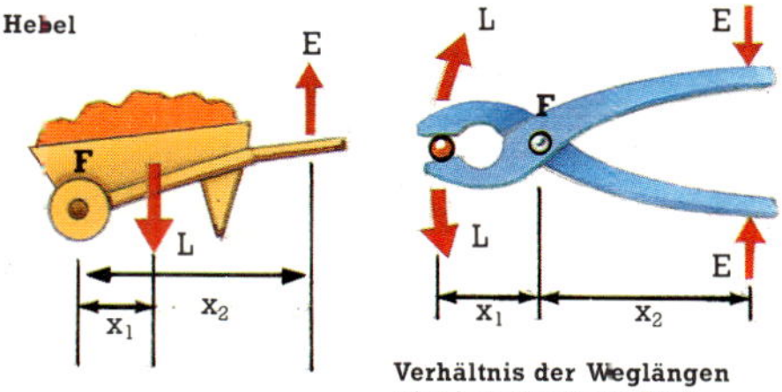

Für Gleichgewicht
$L \times X_1 = E \times X_2$

Verhältnis der Weglängen wird berechnet aus **Drehmomenten*** und Annahme, daß **M.W.** = **V.W.** (siehe **Wirkungsgrad**)

daher M.W. $= \frac{L}{E} = \frac{X_2}{X_1}$

daher V.W. $= \frac{X_2}{X_1}$

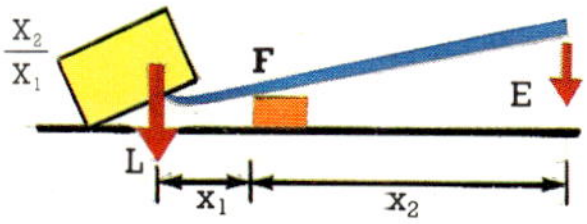

- **Hebel**. Jeder starre Gegenstand, der um eine Achse (**F**) bewegt werden kann. Last und Kraft können auf dieselben oder unterschiedliche Enden einwirken.

Flaschenzüge

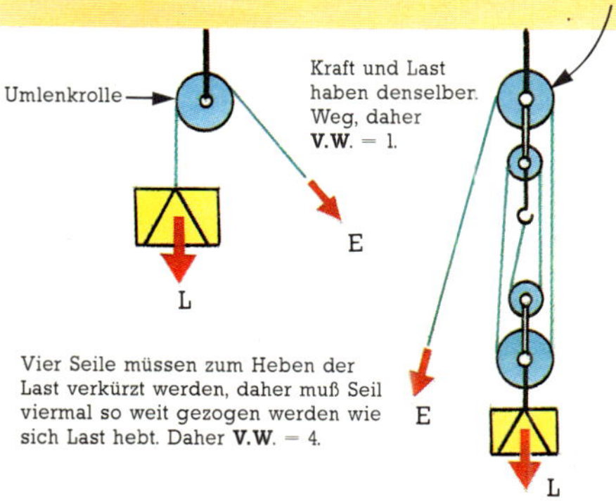

Kraft und Last haben denselben Weg, daher **V.W.** = 1.

Vier Seile müssen zum Heben der Last verkürzt werden, daher muß Seil viermal so weit gezogen werden wie sich Last hebt. Daher **V.W.** = 4.

- **Flaschenzüge**. Ein Seil oder eine Kette laufen über Räder; sie erzeugen aus kleiner Kraft und langem Weg eine große Kraft zum Lastenheben.

Getriebe

Doppelt so viele Zähne des angetriebenen Rades bedeutet, es muß sich doppelt so oft drehen.

Daher ist V.W. = Zahl der Zähne des angetriebenen Rades / Zahl der Zähne am Antriebsrad.

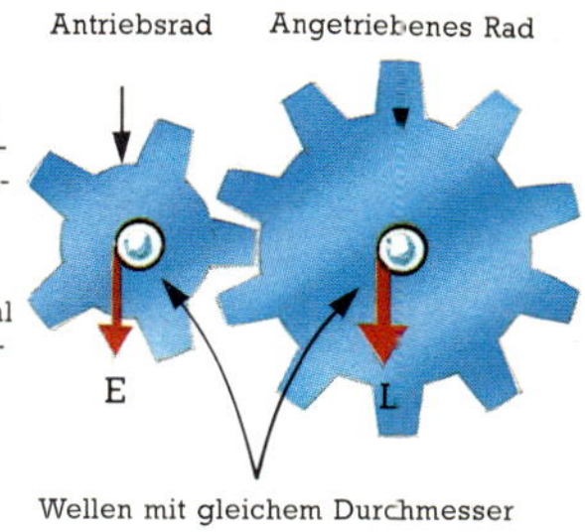

- **Getriebe**. Eine Kombination von Zahnrädern, um Bewegung zwischen zwei Wellen zu übertragen.

Schiefe Ebene

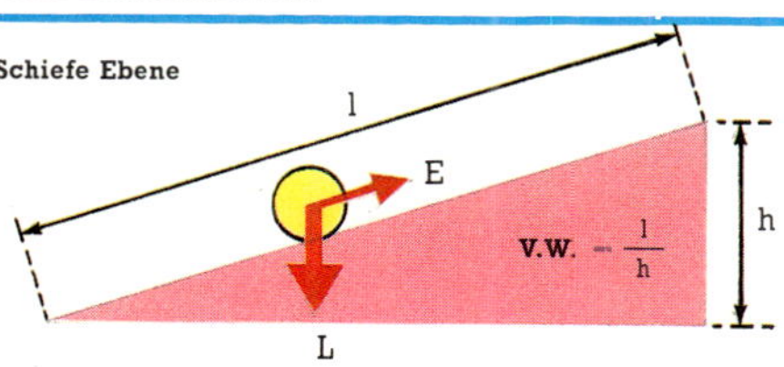

- **Schiefe Ebene**. Eine geneigte Fläche. Es ist leichter, ein Objekt über eine schiefe Ebene hochzuziehen, als es senkrecht zu heben.

Wagenheber

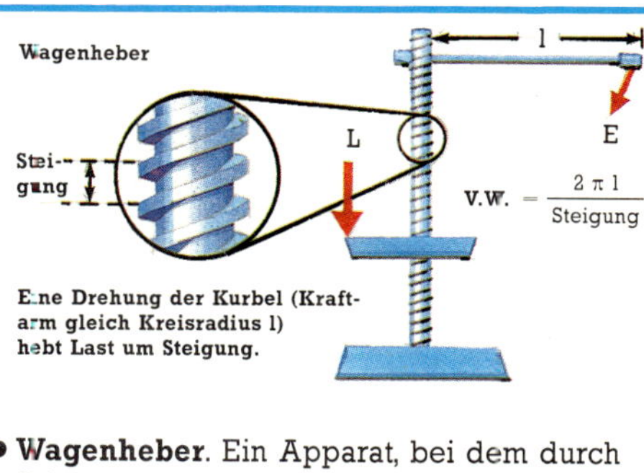

Eine Drehung der Kurbel (Kraftarm gleich Kreisradius l) hebt Last um Steigung.

- **Wagenheber**. Ein Apparat, bei dem durch Schraubendrehung eine Last gehoben wird. Die **Steigung** ist der Abstand von zwei Schraubenwindungen.

* **Gleichgewicht, Drehmoment**, 14.

Eigenschaften der Moleküle

Viele Eigenschaften der Materie lassen sich aus dem Verhalten der Moleküle erklären, vor allem aufgrund der zwischen ihnen wirkenden Kräfte **(zwischenmolekulare Kräfte*)**. Zu diesen unten beschriebenen Eigenschaften gehören **Elastizität, Oberflächenspannung** und **Viskosität**. Siehe auch Seiten 4, 5, 24 und 25.

- **Elastizität**. Die Fähigkeit eines Materials, nach dem Einwirken von verformenden Kräften (z. B. **Druck- oder Zugkräfte***) wieder in die alte Form zurückzukehren. Solche Materialien heißen **elastisch**; Stoffe ohne diese Fähigkeit nennt man **plastisch**. Elastizität ist das Resultat **zwischenmolekularer Kräfte*** – wenn ein Körper gestreckt oder gestaucht wird, entfernen sich seine Moleküle voneinander oder sie nähern sich. Dadurch entsteht eine Anziehungskraft bzw. eine Abstoßungskraft, so daß die Moleküle bei Wegfall der verformenden Kraft in ihre alte Lage zurückkehren. Allerdings geschieht das nur, solange diese Kräfte nicht zu stark sind. Ab einem bestimmten Punkt (abhängig vom jeweiligen Stoff) wird jeder Stoff plastisch (siehe **Elastizitätsgrenze** und **Streckgrenze**).

- **Hookesches Gesetz**. Wenn eine Verformungskraft auf ein Objekt wirkt, ist die **Dehnung** proportional zur angreifenden **Spannung** (dem Zug, siehe Bild unten). Wenn die Dehnung allerdings steigt, wird irgendwann die **Proportionalitätsgrenze** erreicht, und das Hooke-Gesetz gilt dann nicht mehr (siehe Schaubild Seite 23). ▶

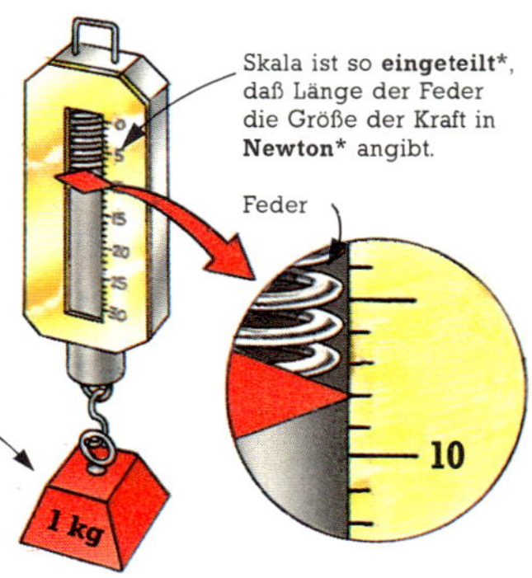

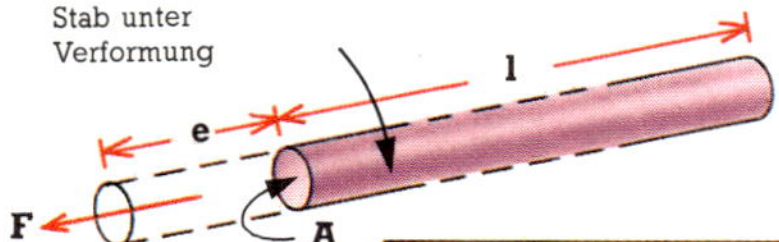

Dehnung ist definiert als Verlängerung pro Längeneinheit.

Dehnung $= \frac{e}{l}$

mit e = Längenänderung
l = Länge

Spannung $= \frac{F}{A}$

mit F = angelegte Kraft
A = Querschnittsfläche

Spannung ist definiert als Kraft pro Fläche.

- **Elastizitätsgrenze**. Der Punkt, gleich nach der **Proportionalitätsgrenze** (siehe **Hooke-Gesetz**), an dem ein Material seine **Elastizität** verliert, also auch nach Wegfall der Verformungskraft nicht wieder seine alte Form annimmt. Es kehrt zu einer ähnlichen Form und Größe zurück, hat aber eine bleibende Dehnung erfahren (nach erneuter Verformung kehrt es elastisch zu dieser neuen Form zurück). Die **kritische Schubspannung** eines Stoffes ist die Größe der Spannung an der Elastizitätsgrenze. Siehe Schaubild Seite 23.

* **Kalibration**, 346; **Kompressionskraft, Zwischenmolekulare Kräfte**, 7; **Newton**, 6; **Zugkraft**, 7.

• **Streckgrenze (Fließpunkt)**. Der gleich nach der **Proportionalitätsgrenze** folgende Punkt, wo die Verformungskräfte eine dauernde Deformation des Materials hervorrufen. In einem **dehnbaren** Stoff ändert sich die innere Struktur – Bindungen zwischen Molekülschichten brechen auf, und die Schichten verschieben sich

Spannungs-Dehnungs-Kurve für ein **dehnbares** Material (siehe **Streckgrenze**) ▼

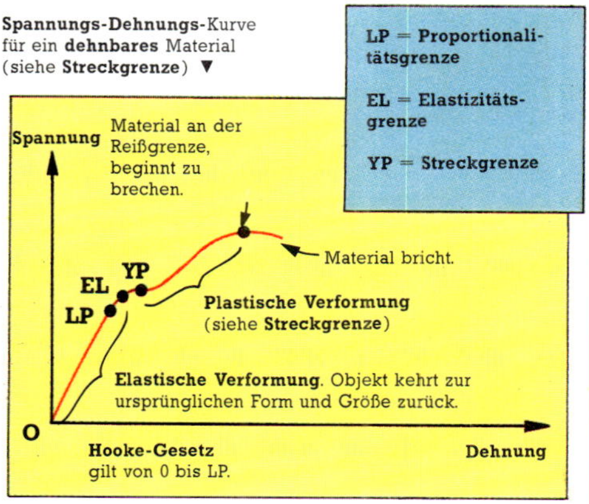

gegeneinander. Dies wird **plastische Deformation** genannt (das Material wird **plastisch**). Nehmen die Kräfte weiter zu, geht dieser Vorgang weiter bis zum Bruch. Ein sprödes Material hingegen bricht schon an der Streckgrenze. Die **Zerreißspannung** eines Stoffes ist die Größe der **Dehnung** an der Streckgrenze.

• **Viskosität**. Die Leichtigkeit, mit der eine Flüssigkeit fließt. Sie hängt von der Größe der **Reibungskräfte*** zwischen verschiedenen aufeinandergleitenden Molekülschichten ab.

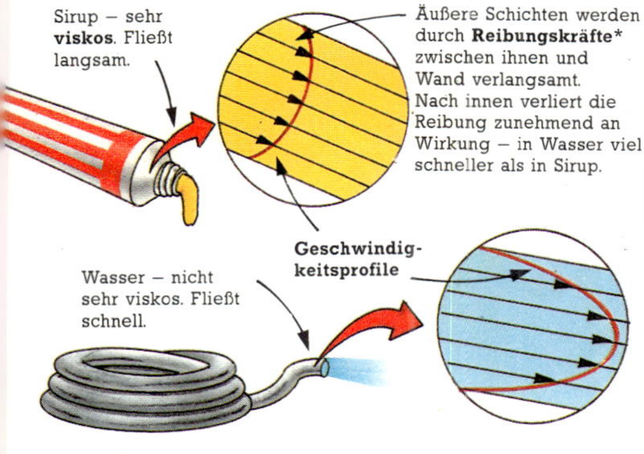

• **Oberflächenspannung**. Die scheinbar vorhandene Haut einer Flüssigkeitsoberfläche, die durch **zwischenmolekulare Kräfte*** erzeugt wird; sie versuchen, die Oberfläche auf die kleinstmögliche Fläche zu verkleinern.

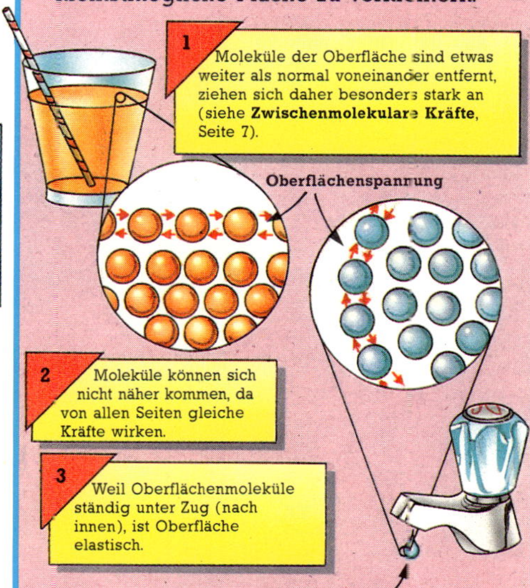

Durch Oberflächenspannung erzeugter Tropfen

• **Adhäsion. Die zwischenmolekularen Anziehungskräfte*** zwischen verschiedenen Substanzen.

Kapillarkräfte sind das Resultat von **Adhäsion** oder **Kohäsion**.

• **Kohäsion. Zwischenmolekulare Kräfte*** zwischen den Molekülen innerhalb einer Substanz.

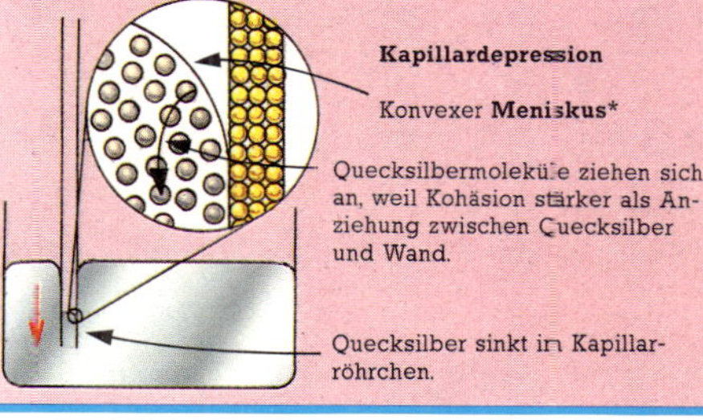

* **Meniskus**, 346; **Reibungskraft, Zwischenmolekulare Kräfte**, 7.

Dichte

Die **Dichte** ϱ eines Objekts hängt sowohl von der Masse seiner Moleküle wie von seinem Volumen ab (siehe Formel rechts). Wenn also eine Substanz eine höhere Dichte als eine andere hat, haben die gleichen Volumen beider Substanzen unterschiedliche Massen (die erste eine größere als die zweite). Entsprechend nehmen die gleichen Massen unterschiedliche Volumen ein.

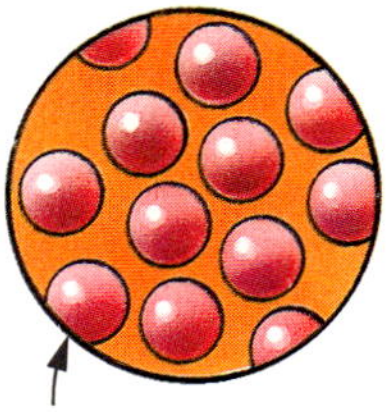

Objekt A. Schwere Moleküle, dichtgepackt. Hohe **Dichte.**

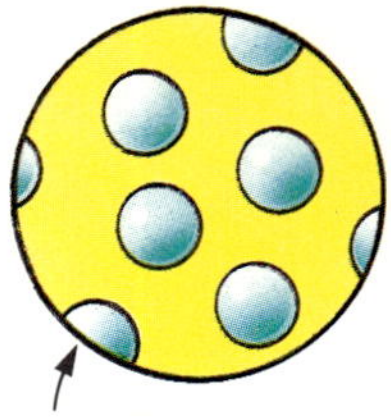

Objekt B, leichte Moleküle, locker gepackt. Niedrige Dichte.

$$\varrho = \frac{m}{v}$$

mit ϱ = Dichte,
m = Masse,
v = Volumen

Daher $m = \varrho \times v$

v ist gleich für Objekt A und B, daher hat Objekt A größere Masse.

Die **SI-Einheit*** der Dichte ist kg/m^3.

- **Relative Dichte (spezifisches Gewicht).** Die Dichte einer Substanz bezogen auf die Dichte von Wasser ($1000\ kg/m^3$). Sie zeigt an, wieviel leichter oder schwerer als Wasser ein Stoff ist, daher brauchen die Werte keine Einheiten. Man erhält sie durch Division der Masse irgendeines Volumens der Substanz durch die Masse desselben Volumens von Wasser.

- **Pyknometer**. Eine Flasche, die, vollständig gefüllt, ein genau bekanntes Volumen einer Flüssigkeit enthält (bei konstanter Temperatur). Sie wird zur Dichtemessung von Flüssigkeiten benutzt (durch Messen der Masse von Flasche plus Flüssigkeit, Abziehen der Masse der Flasche und Dividieren durch Volumen der Flüssigkeit).

- **Überlaufgefäß**. Ein Gefäß, mit dem man das Volumen eines unregelmäßig geformten Körpers messen kann, um seine Dichte zu bestimmen. Das Volumen des verdrängten Wassers ist gleich dem Volumen des Körpers. Seine Dichte ist dann seine Masse geteilt durch dieses Volumen.

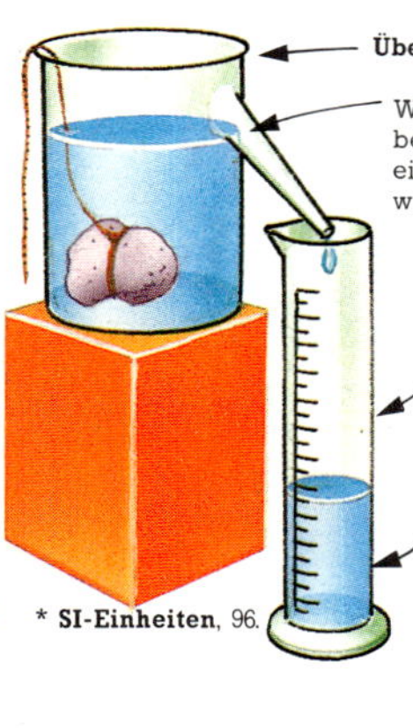

Druck

Druck ist die Kraft, die ein Festkörper, eine Flüssigkeit oder ein Gas auf die Oberfläche eines anderen Stoffes (fest, flüssig oder gasförmig) ausübt.

$$\text{Druck} = \frac{\text{Kraft}}{\text{Fläche}}$$

Die **SI-Einheit*** des Drucks ist **Pascal** (**Pa**).

* **SI-Einheiten**, 96.

Objekte in Flüssigkeiten

Ein Körper in einer Flüssigkeit spürt eine aufwärts gerichtete Kraft, den **Auftrieb**. Nach dem **Archimedischen Prinzip** ist er gleich dem Gewicht der vom Körper verdrängten Flüssigkeit. Außerdem ist bei einem schwebenden Körper das Gewicht der verdrängten Flüssigkeit (Auftrieb) gleich seinem eigenen Gewicht (schwebend heißt ruhend an irgendeinem Punkt in der Flüssigkeit, Schwebebedingung). Ob ein Objekt in einer Flüssigkeit sinkt, aufsteigt oder schwebt hängt nur von seiner Dichte ab.

Unterseeboote demonstrieren die beiden Prinzipien (rechts). Ändern des Wasser/Luftverhältnisses in den Ballasttanks ändert Dichte (Dichte eines Objekts aus unterschiedlichen Stoffen ist gleich der durchschnittlichen Dichte der Stoffe). Siehe unten.

Archimedisches Prinzip

Auftrieb = Gewicht der verdrängten Flüssigkeit

Schwebende Körper

Schwebebedingung

U = W

mit U = Auftrieb,
W = Gewicht des Objekts

Gewicht = Masse (m) × Fallbeschleunigung (g)

Masse = Dichte (ϱ) × Volumen (v)

Daher ist Gewicht (des Objekts oder der verdrängten Flüssigkeit) = ϱvg

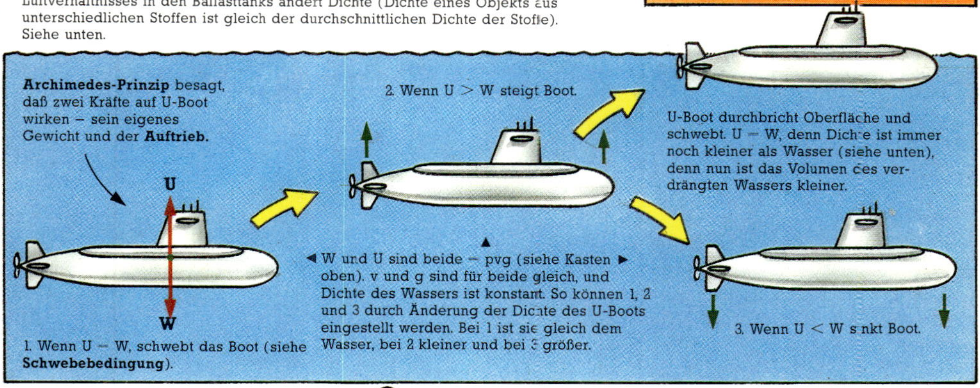

- **Barometer**. Ein Instrument zum Messen des **Luftdrucks** (siehe Bild links). Es gibt mehrere verbreitete Formen.

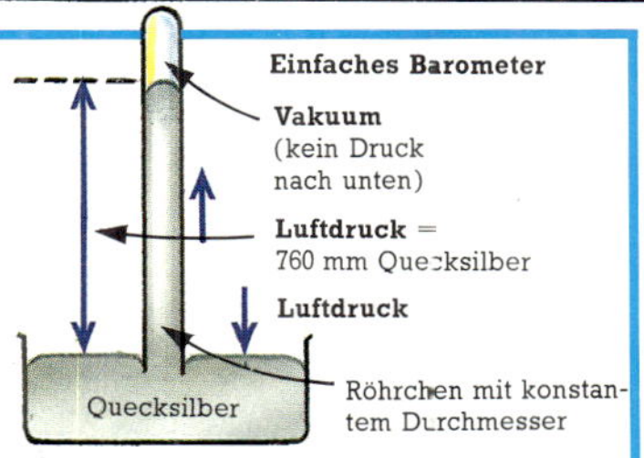

- **Manometer**. Ein U-förmiges, mit einer Flüssigkeit gefülltes Rohr. Es wird zum Messen von Druckunterschieden in Flüssigkeiten benutzt.

Manometer

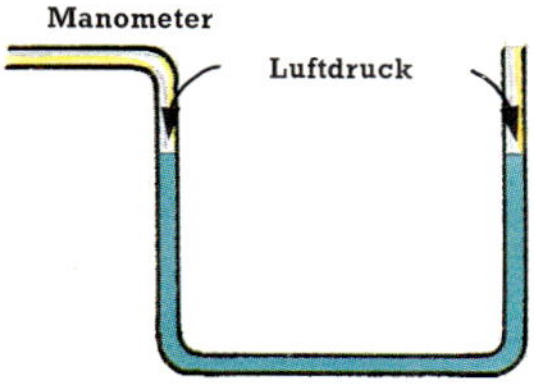

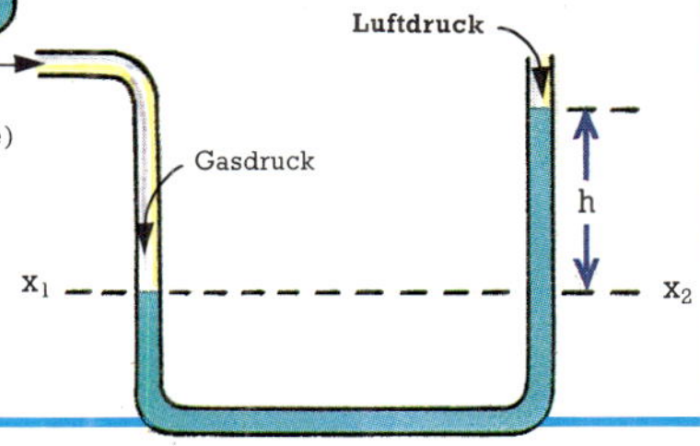

Druck an x_1 und x_2 (gleiche Höhe) muß gleich sein.

Daher Gasdruck = Druck bei x_2

= Luftdruck + Druck der Flüssigkeit h

- **Spindel**. Ein Instrument, um aus der Eintauchtiefe eines geeichten Glaskörpers die Dichte von Flüssigkeiten zu messen. Ist die Flüssigkeit sehr dicht, schwebt die Spindel oben, weil nur ein kleines Volumen durch ihr Gewicht verdrängt werden muß.

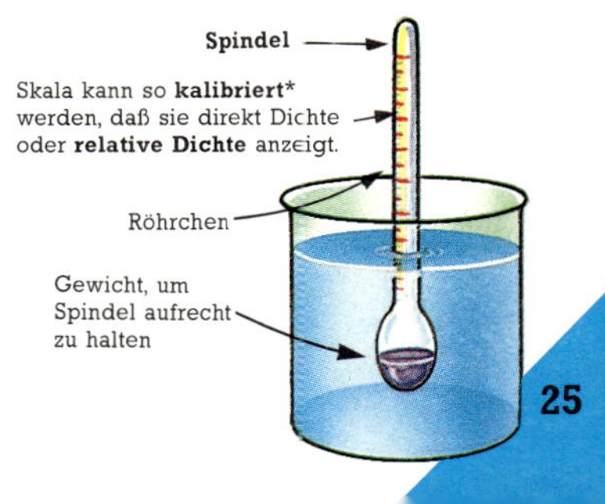

* **Kalibrieren**, 346.

Temperatur

Die **Temperatur** eines Körpers ist ein Maß dafür, wie heiß er ist. Sie wird mit **Thermometern** gemessen, die in verschiedenen Temperaturskalen **kalibriert*** sein können. Die international anerkannten sind die **Kelvin-Skala** und die **Celsius-Skala.**

- **Thermometer**. Ein Meßinstrument für Temperatur. Es gibt viele Bauformen, aber alle arbeiten durch Messen einer Stoffeigenschaft, die sich mit der Temperatur ändert. **Flüssigkeitsthermometer** etwa messen das Volumen einer Flüssigkeit (sie sind so **kalibriert***, daß Änderung dieses Volumens als Temperaturänderung angezeigt wird).

- **Flüssigkeitsthermometer**. Eine übliche Thermometer-Bauform, die die Temperatur als Ausdehnung einer Flüssigkeit in einer feinen Glasröhre **(Kapillarröhrchen)** mißt. Eine Glaskugel enthält einen Vorrat der Flüssigkeit, die meist Quecksilber oder gefärbter Alkohol ist. Diese reagieren gut auf Temperaturänderungen – Quecksilber wird mehr für höhere, Alkohol mehr für tiefe Temperaturen benutzt.

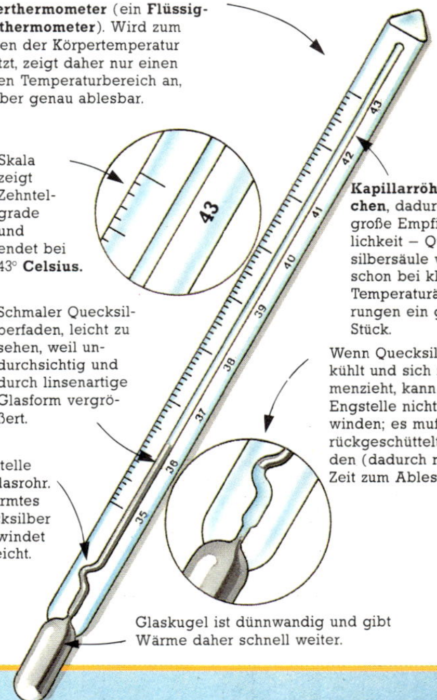

Wie **Fixpunkte** zum **Kalibrieren*** der **Celsius-Skala** eines **Thermometers** benutzt werden.

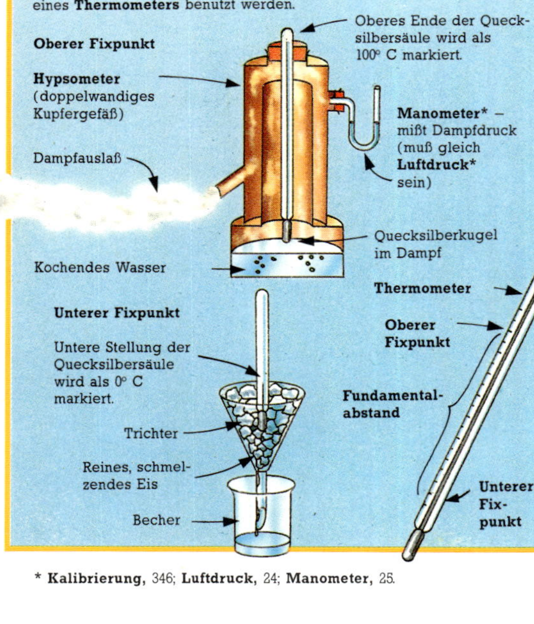

- **Fixpunkt**. Eine Temperatur, bei der bestimmte, leicht zu reproduzierende Stoffveränderungen stattfinden und gegen die daher alle Temperaturen gemessen werden können. Beispiele sind der **Eispunkt** des Wassers (die Temperatur, bei der Eis schmilzt) und der **Dampfpunkt** (die Temperatur von Wasserdampf über siedendem Wasser bei normalem **Luftdruck***). Um ein Thermometer zu **kalibrieren***, braucht man zwei Fixpunkte – einen oberen und einen unteren. Der Abstand zwischen ihnen heißt **Fundamentalabstand.**

* **Kalibrierung,** 346; **Luftdruck,** 24; **Manometer,** 25.

• **Maximum- und Minimum-Thermometer.** Spezielles **Flüssigkeitsthermometer**, das die höchste und tiefste gemessene Temperatur festhält. Es enthält Metall- bzw. Glasstäbchen (siehe Bild), die von dem **Meniskus*** der Flüssigkeitssäule verschoben und bei deren Zurückweichen steckengelassen werden. Mit einem Magneten bzw. durch Umdrehen des Instruments bringt man sie nach Ablesen wieder in die alte Lage.

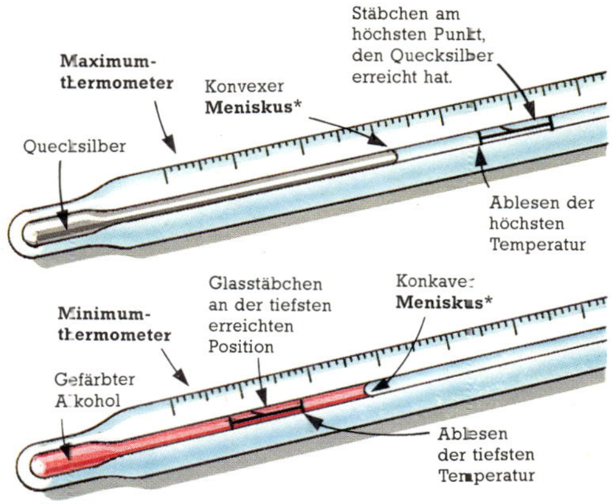

Andere Thermometer-Bauformen

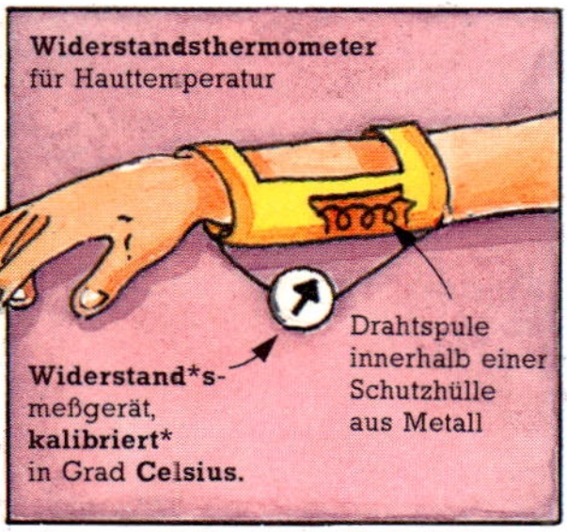

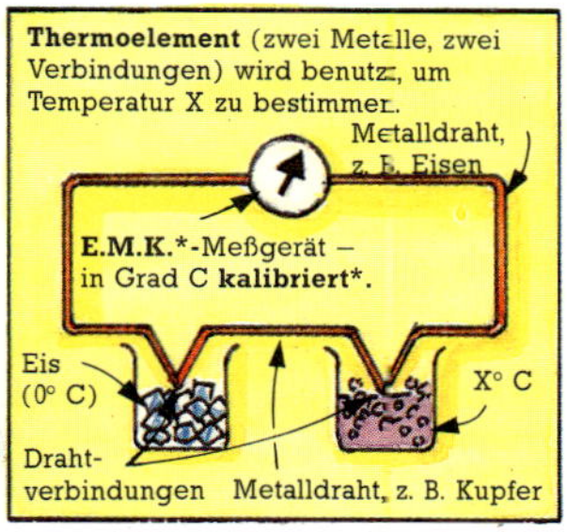

• **Widerstandsthermometer.** Mißt die Temperatur durch **Veränderung*** des Widerstands in einem Draht. Ähnliche Instrumente, z. B. unter den Tragflächen eines Flugzeugs, messen Veränderung in **Thermistoren.**

• **Thermoelement.** Nutzt die von Metallverbindungen produzierte **E.M.K.*** zum Messen von Temperaturunterschieden.

• **Absolute (oder thermodynamische) Temperaturskala.** Eine Standard-Temperaturskala mit der Einheit **Kelvin (K).** Ihr Nullpunkt liegt bei der niedrigsten theoretisch möglichen Temperatur, dem **absoluten Nullpunkt.** Es ist unmöglich, eine noch tiefere Temperatur zu erreichen, denn das würde ein negatives Volumen (siehe Schaubild) erfordern, was es nicht gibt.

• **Celsius-Skala (°C).** Eine Standard-Temperaturskala, die in der Unterteilung mit der **absoluten Skala** übereinstimmt, deren Nullpunkt und 100 Grad-Punkt aber auf die **Fixpunkte Eispunkt** und **Dampfpunkt** gelegt sind.

• **Fahrenheit-Skala (°F).** Eine alte Skala, deren Werte 32° bzw. 212° auf **Eispunkt** bzw. **Dampfpunkt** gelegt sind. Wird nur noch in angelsächsischen Ländern gelegentlich verwendet.

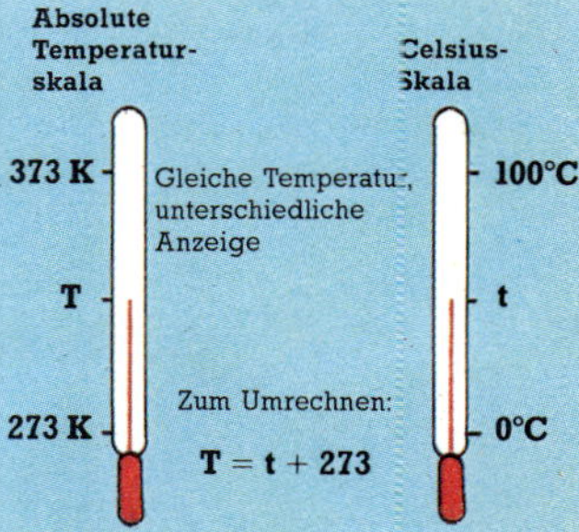

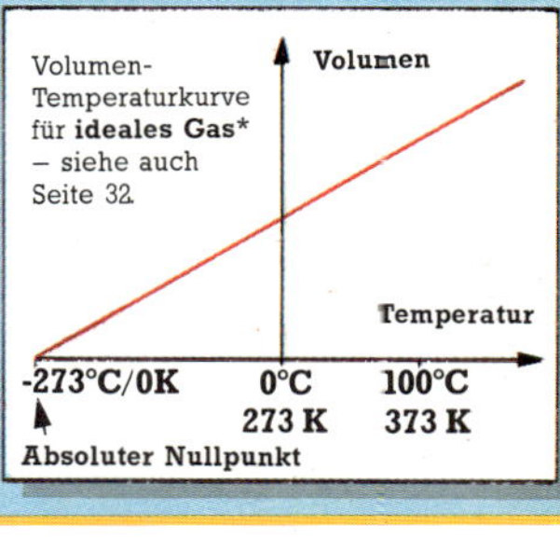

* Elektromotorische Kraft (EMK), 60; Ideales Gas, 33; Kalibrierung, 346; Meniskus, 346; Widerstand, 62; Thermistor, 65.

Die Ausbreitung von Wärme

Wo immer eine Temperaturdifferenz besteht, breitet sich die **Wärmeenergie** (siehe Seite 9) durch **Wärmeleitung, Konvektion** oder **Wärmestrahlung** vom heißeren zum kälteren Punkt aus. Dadurch erhöht sich der **Energieinhalt*** der kühleren Atome und ihre Temperatur steigt, während die Atome der heißeren Stelle Energie verlieren und ihre Temperatur sinkt. Das geht solange, bis die Temperaturen gleich sind – dieser Zustand heißt **thermisches Gleichgewicht**.

- **Wärmeleitung**. Die Art, wie in Festkörpern (in geringem Maße auch in Flüssigkeiten und Gasen) Wärme übertragen wird. In guten **Leitern** ist die Wärmeleitung schnell, vor allem bewirkt durch die Bewegung **freier Elektronen*** (Elektronen, die nicht fest an ein Atom gebunden sind), aber auch durch die Schwingungen der Atome – siehe **Isolatoren** (schlechte Leiter).

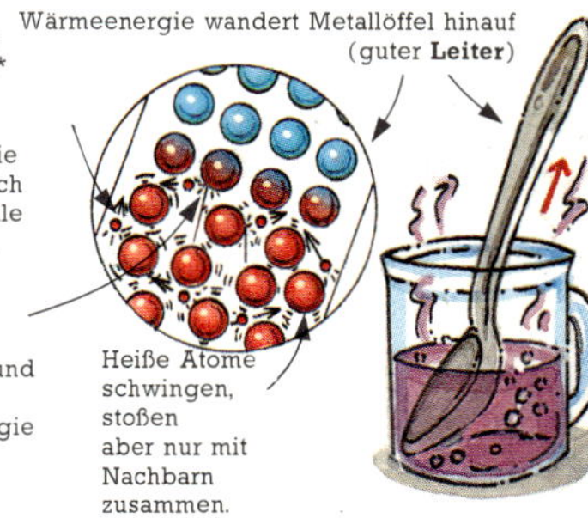

- **Isolatoren**. Stoffe wie Holz und viele Flüssigkeiten und Gase, in denen die Wärmeleitung sehr langsam verläuft (sie sind schlechte **Leiter**). Weil sie keine freien **Elektronen*** besitzen, wird die Wärmeenergie nur durch die Atomschwingungen und Zusammenstöße übertragen.

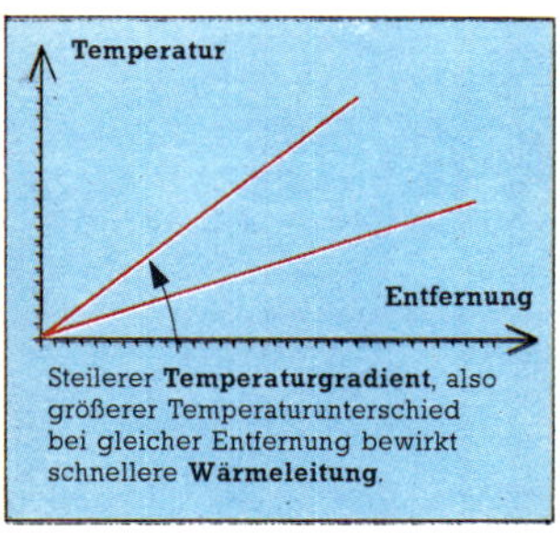

Steilerer **Temperaturgradient**, also größerer Temperaturunterschied bei gleicher Entfernung bewirkt schnellere **Wärmeleitung**.

$$\textbf{Temperaturgradient} = \frac{t_2 - t_1}{x}$$

mit t_1, t_2 = Temperaturen an den Punkten 1 und 2; x = Abstand

$$\textbf{Größe des Wärmestroms pro Fläche} = k\,\frac{t_2 - t_1}{x}$$

mit k = **Wärmeleitfähigkeit** des Metalls

- **Wärmeleitfähigkeit**. Ein Maß dafür, wie gut ein Stoff die **Wärme leitet** (siehe auch Seite 114). Die Größe des Wärmestroms durch einen Körper hängt von dessen Wärmeleitfähigkeit und vom **Temperaturgradienten**, dem Temperaturunterschied, ab. Je größer Wärmeleitfähigkeit und Temperaturunterschied, desto schneller der Energiestrom.

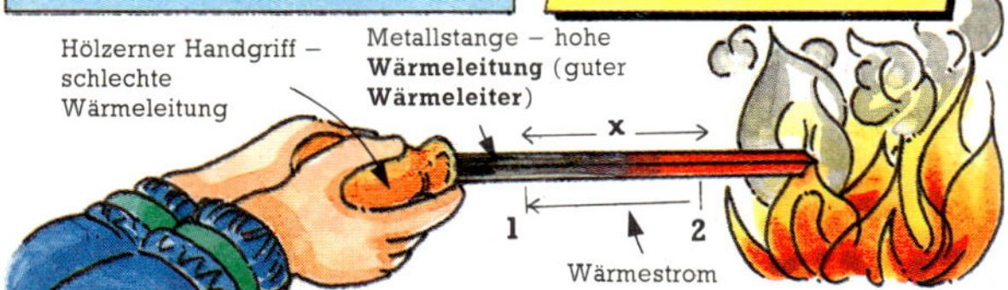

- **Konvektion**. Eine Art von Wärmeübertragung in Flüssigkeiten und Gasen. Wenn eine Flüssigkeit (oder ein Gas) erwärmt wird, dehnt sie sich aus, wird dünner und steigt auf. Kühlere, dichtere Flüssigkeit sinkt und nimmt ihren Platz ein. So entsteht ein **Konvektionskreislauf**.

Küstenwind erzeugt durch **Konvektionskreislauf**

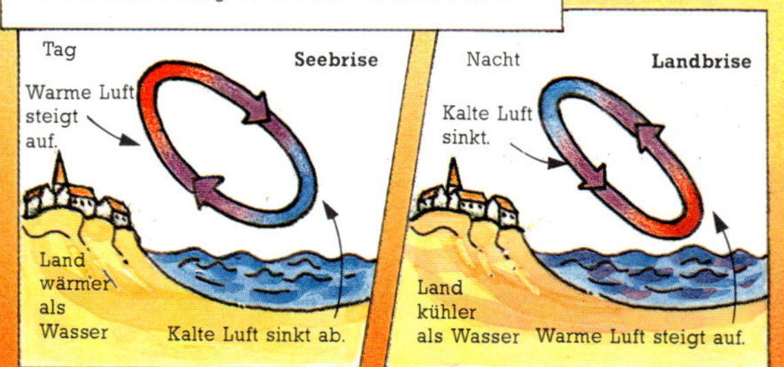

* **Elektronen**, 83; **Energieinhalt, Kinetische Energie**, 9.

• **Wärmestrahlung**. Eine Art, wie Wärmeenergie von der heißeren zur kühleren Stelle ohne Beteiligung eines **Mediums*** fließt. Im Gegensatz zu **Wärmeleitung** und **Konvektion** funktioniert sie auch im Vakuum. Das Wort Wärmestrahlung wird auch oft zur Bezeichnung der Wärmeenergie selbst benutzt. Sie kann sich als **Elektromagnetische Welle***, hauptsächlich **Infrarote Strahlung***, ausbreiten. Wenn diese Wellen auf einen Körper treffen, absorbiert dieser einen Teil ihrer Energie, vergrößert dadurch seinen **Energieinhalt*** und so seine Temperatur. Siehe auch **Lesliescher Würfel** unten. ▶

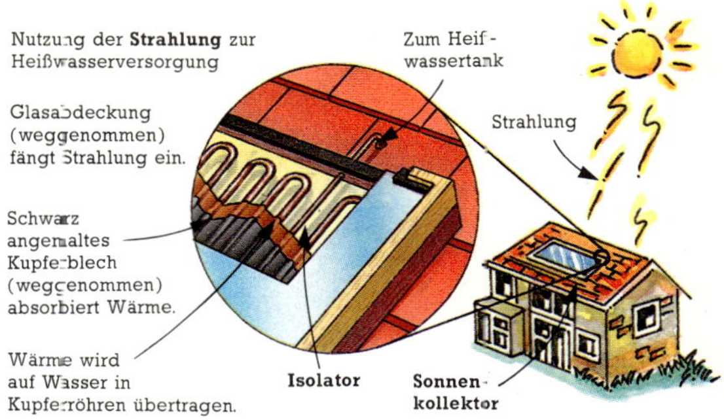

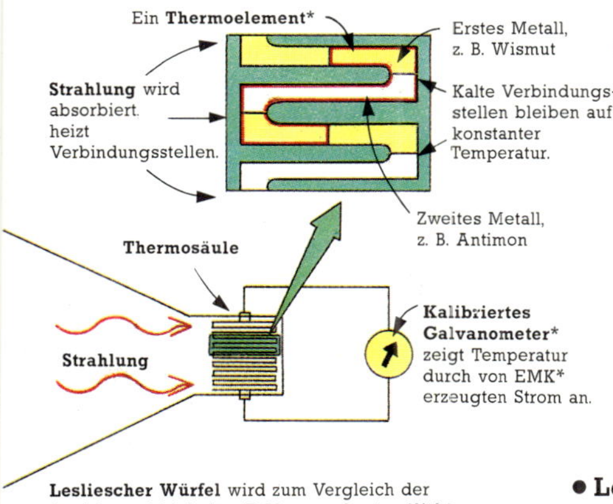

• **Thermosäule**. Ein Gerät zum Messen von **Strahlungs**stärken. Es besteht aus zwei oder mehr an den Enden verbundenen **Thermoelementen*** (meist über 50). Die Strahlung fällt auf die Verbindungsstellen einer Seite und die Temperaturdifferenz zwischen den heißen Stellen und den kalten auf der anderen Seite erzeugt eine **EMK***, deren Größe ein Maß für die absorbierte Strahlung ist.

Lesliescher Würfel wird zum Vergleich der **Strahlungs**fähigkeit – Zahlen von bester (1) bis schlechtester (4) Oberfläche.

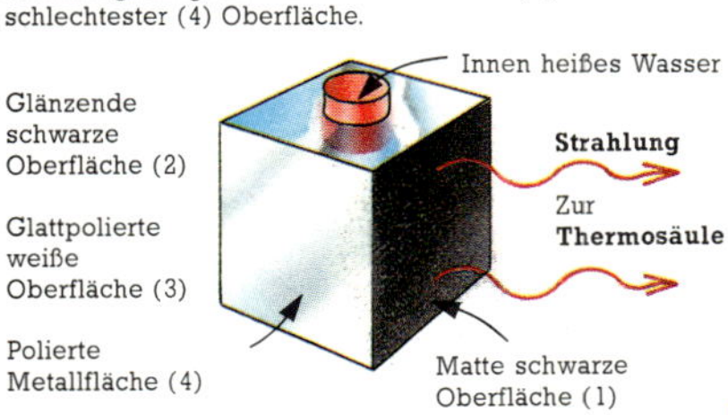

• **Lesliescher Würfel.** Ein dünnwandiger, hohler Würfel (guter **Wärmeleiter**) mit unterschiedlichen Außenwänden. Er wird benutzt, um die unterschiedliche Fähigkeit von Oberflächen zum **Abstrahlen** und Absorbieren von Wärme zu demonstrieren. Er wird mit einem idealen **Schwarzen Körper** verglichen, der alle auf ihn fallende Strahlung verschluckt und gleichzeitig der beste Strahler ist.

• **Treibhauseffekt.** Die Erwärmung durch eine in einem geschlossenen Raum eingefangene **Strahlung,** z. B. einem Treibhaus. Die Objekte darin absorbieren die Sonnenstrahlung und senden Strahlung niedrigerer Energie aus, die nicht durchs Glas hinaus kann. Kohlendioxid in der Lufthülle wirkt ebenso wie das Glas, und weil seine Menge zunimmt, heizt sich die Erde langsam auf.

• **Thermosflasche.** Ein Gefäß, das die Temperatur seines Inhalts konstant hält. Es besteht aus zwei ineinandergestellten Glasgefäßen, zwischen denen Vakuum besteht (stoppt Wärmeübertragung durch **Leitung** und **Konvektion**) und deren Oberflächen verspiegelt sind (stoppt **Wärmestrahlung**).

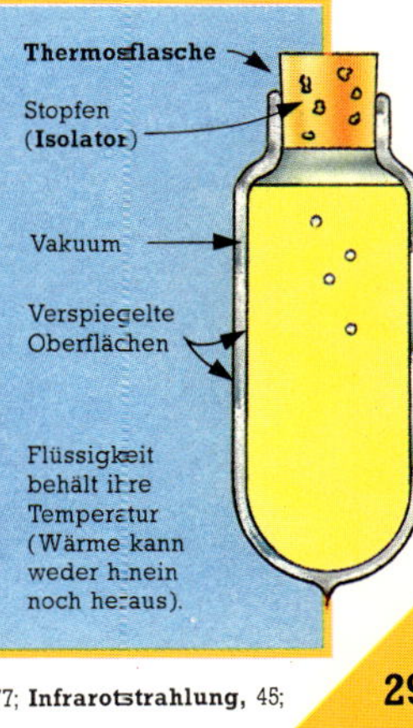

* **Elektromagnetische Wellen,** 44; **Elektromotorische Kraft (EMK),** 60; **Energieinhalt,** 9; **Galvanometer,** 77; **Infrarotstrahlung,** 45; **Kalibrierung,** 346; **Medium,** 346; **Thermosäule,** 27.

Auswirkungen der Wärmeübertragung

Wenn ein Objekt **Wärmeenergie** (siehe Seite 28–29) aufnimmt oder abgibt, steigt oder sinkt sein **Energieinhalt***. Dadurch steigt bzw. sinkt seine Temperatur (wie stark, hängt von der **spezifischen Wärmekapazität** des Objekts ab) oder es **ändert** sich sein **Zustand**.

- **Wärmekapazität (C)**. Die Wärmemenge, die nötig ist, um die Temperatur eines Körpers um 1 Grad zu ändern. Sie ist eine Eigenschaft des Körpers und hängt sowohl von seiner Masse wie seinem Material ab, daher ist ihr Wert für jeden Körper unterschiedlich.

$$Q = C\,(t_2 - t_1)$$

mit Q = abgegebene oder aufgenommene Wärmeenergie.
C = **Wärmekapazität**; t_1 und t_2 = Temperaturen

Die **SI-Einheit* der Wärmekapazität** ist Joule pro Kelvin (J/K).

- **Spezifische Wärmekapazität (c)**. Die Wärmemenge, die nötig ist, um die Temperatur von 1 kg eines Körpers um 1 Grad zu ändern. Sie hängt nur von der Substanz ab; jeder Stoff hat einen bestimmten Wert. Dieser ändert sich nur, wenn dabei eine **Zustandsänderung** stattfindet. Siehe auch Seite 114.

$$Q = mc\,(t_2 - t_1)$$

mit m = Masse;
c = **spezifische Wärmekapazität.**
Q, t_1 und t_2 wie oben.

Die **SI-Einheit*** der **spezifischen Wärmekapazität** ist Joule pro Kilogramm und Kelvin (J/kg K)

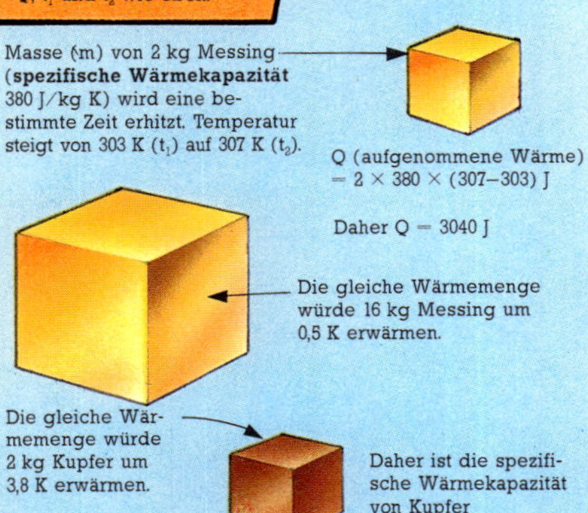

Zustandsänderungen

Eine Zustandsänderung ist die Umwandlung von einem Aggregatzustand (fest, flüssig oder gasförmig) in einen anderen (siehe auch Seite 4). Während sich ein Aggregatzustand ändert, bleibt die Temperatur konstant, denn die gesamte hineingesteckte oder abgegebene Energie wird benutzt, um Molekülbindungen aufzubrechen bzw. zu schließen. Diese Energie nennt man **latente Wärme (L)** – siehe Schaubilder Seite 31. Die **spezifische latente Wärme (l)** einer Substanz ist ein fester Wert, nämlich die Energiemenge, um den Zustand von 1 kg der Substanz zu ändern.

- **Verdampfung**. Die Zustandsänderung von flüssig zu gasförmig bei einer Temperatur, die **Verdampfungs-** oder **Siedepunkt** heißt (die Flüssigkeit **siedet** dort). In weiterem Sinne wird das Wort gebraucht für jede Zustandsänderung, die zu einem Gas oder Dampf führt, also auch für **Verdunstung** und **Sublimation.**

- **Gefrieren**. Die Zustandsänderung, die von flüssig zu fest führt. Sie geschieht am **Gefrierpunkt** der Flüssigkeit (andersherum heißt diese Temperatur **Schmelzpunkt**).

- **Schmelzen**. Die Zustandsänderung von fest zu flüssig bei der **Schmelzpunkts**-Temperatur des Festkörpers.

- **Kondensation**. Die Zustandsänderung von Gas oder Dampf zu Flüssigkeit.

* **Energieinhalt**, 9; **SI-Einheiten**, 96.

• **Verdunstung**. Die Umwandlung einer Flüssigkeit in Dampf durch das Entweichen von Molekülen an der Oberfläche. Sie findet bei allen Temperaturen statt, ihre Geschwindigkeit steigt mit folgenden Faktoren: Ansteigen der Temperatur, Vergrößerung der Oberfläche oder Sinken des Umgebungsdrucks. Sie nimmt auch zu, wenn der Dampf durch einen Luftstrom immer gleich von der Flüssigkeitsoberfläche entfernt wird. Die **latente Wärme** (siehe **Zustandsänderung**) für die Verdunstung wird der Flüssigkeit entnommen, die dann wiederum ihre Umgebung abkühlt.

• **Sublimation**. Die Umwandlung eines Stoffes vom Festkörper direkt in Gas, bzw. umgekehrt, ohne daß der Zustand flüssig durchlaufen wird.

Trockeneis (festes Kohlendioxid) **sublimiert**.

Zustandsänderungen. Temperatur bleibt konstant (siehe Schaubild unten).

Änderungen durch Kühlen. Wärme, die sonst verlorenginge (sinkende Temperatur), dient statt dessen (als **latente Wärme**) zum Knüpfen von Bindungen zwischen Molekülen.

Änderungen durch Erwärmen. Hineingesteckte Wärme, die sonst die Temperatur erhöht hätte, dient statt dessen (als **latente Wärme**) zum Aufbrechen von Bindungen.

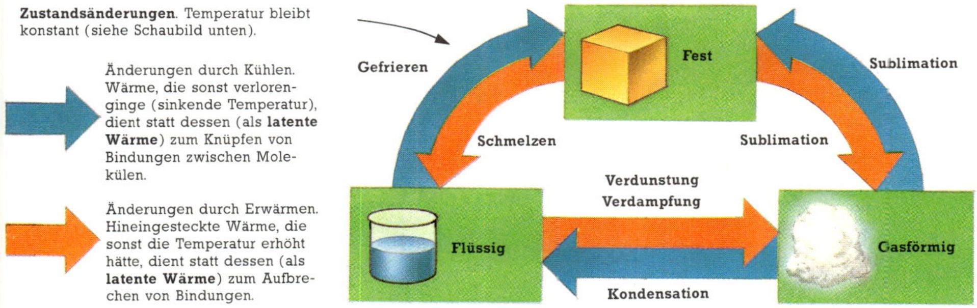

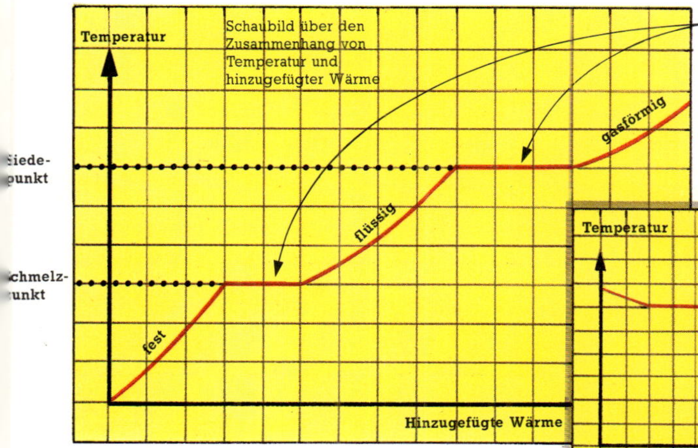

Temperatur konstant während der Zustandsänderung. Wärme **(latente Wärme)** dient zum Aufbrechen der Molekülbindungen.

Abkühlungskurve zeigt Sinken der Temperatur mit Abkühlungszeit für heißen Körper. ▼

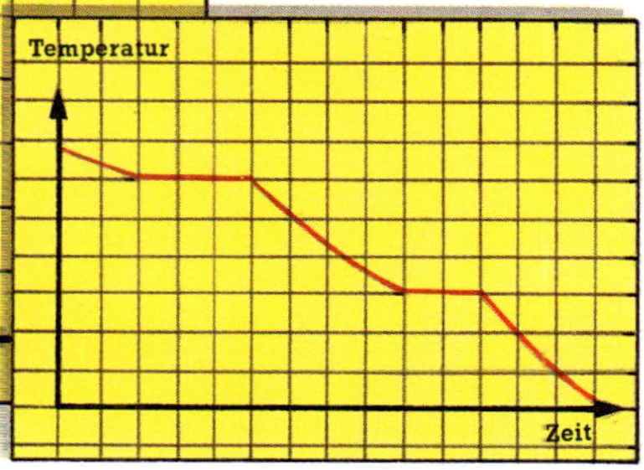

• **Spezifische Verdampfungswärme.** Die aufgenommene Wärmeenergie, wenn 1 kg eines Stoffes am Siedepunkt vom flüssigen in den gasförmigen Zustand übergeht. Bei Umkehrung des Vorgangs wird dieselbe Wärmeenergie wieder frei.

• **Spezifische Schmelzwärme.** Die aufgenommene Wärmeenergie, wenn 1 kg eines Stoffes am **Schmelzpunkt** vom festen in den flüssigen Zustand übergeht. Bei Umkehrung des Vorgangs wird dieselbe Wärmeenergie wieder frei. Siehe auch Seite 114.

$Q = ml$

mit Q = vom Körper aufgenommene oder abgegebene Wärmeenergie; m = Masse; l = **spezifische latente Wärme.**

Die **SI-Einheit*** der **spezifischen latenten Wärme** ist Joule pro Kilogramm (J/kg).

* **SI-Einheiten**, 96.

Ausdehnung beim Erhitzen

Die meisten Stoffe dehnen sich beim Erwärmen aus – ihre Moleküle bewegen sich schneller und entfernen sich weiter voneinander. Die Größe dieser Ausdehnung hängt von den **zwischenmolekularen Bindungen*** ab. Festkörper dehnen sich wegen ihrer vergleichsweise festen Bindungen bei derselben Wärmemenge am wenigsten, Gase am stärksten aus.

Wärmeausdehnung der Körper muß beim Hausbau berücksichtigt werden.

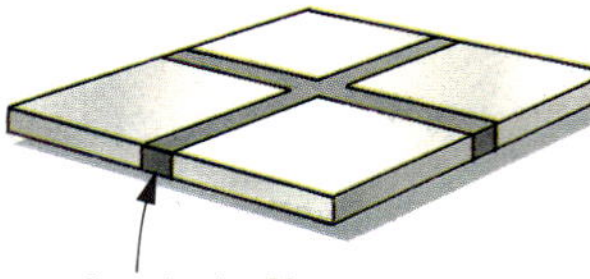

Gummiartige Masse zwischen Gehwegplatten

- **Bimetallstreifen**. Ein Gegenstand, der die Wärmeausdehnung eines Festkörpers anzeigt. Er besteht aus zwei zusammengenieteten Streifen aus verschiedenen Metallen. Bei Temperaturänderung ändern beide Metalle ihr Volumen, aber unterschiedlich stark, daher biegt sich der Streifen. Solche Streifen werden in **Thermostaten** benutzt.

Thermostat (Temperaturregler)

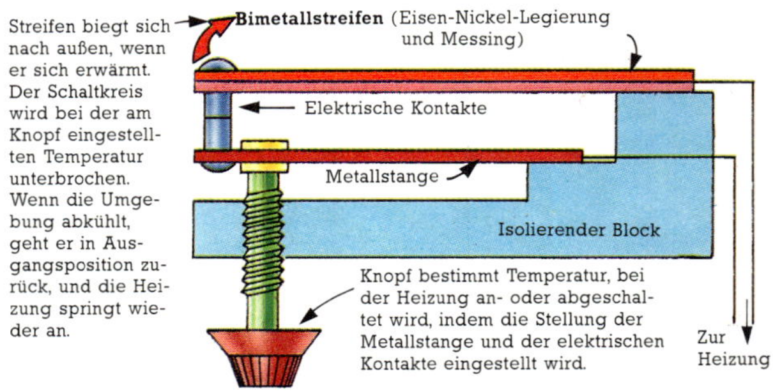

- **Linearer Ausdehnungskoeffizient** (α). Ein Maß dafür, um welchen Teil seiner Originallänge sich ein Stoff beim Erwärmen um 1K ausdehnt.

- **Oberflächen- oder Flächenausdehnungskoeffizient** (β). Ein Maß dafür, um welchen Teil seiner Originalfläche sich ein Stoff beim Erwärmen um 1K ausdehnt.

Für Festkörper oder Flüssigkeiten:

Für Flüssigkeit ist nur der **kubische Ausdehnungskoeffizient** sinnvoll. Er ist **wirklich** oder **scheinbar** (siehe Seite 33), und daher auch die Volumenänderung in der Formel.

$$\text{Ausdehnungskoeffizient (linear, Oberfläche oder kubisch)} = \frac{\text{Änderung in (Länge, Fläche oder Volumen)}}{\text{Original- (Länge, Fläche oder Volumen)} \times \text{Temperatursteigerung}}$$

Für Gase:

$$\text{Kubischer Ausdehnungskoeffizient} = \frac{\text{Volumenänderung bei konstantem Druck}}{\text{Volumen bei } 0^\circ\text{ C (273 K)} \times \text{Temperatursteigerung}}$$

- **Kubischer Ausdehnungskoeffizient** (γ). Ein Maß dafür, um welchen Teil seines Originalvolumens sich ein Stoff beim Erwärmen um 1K ausdehnt. Bei konstantem Druck ist dieser Wert für alle **idealen Gase** gleich. Weil Gase sich vergleichsweise stark ausdehnen, wird als Originalvolumen immer das bei 0° C genommen, damit Vergleiche möglich sind. Bei Festkörpern und Flüssigkeiten mit ihrer geringen Ausdehnung ist das nicht nötig.

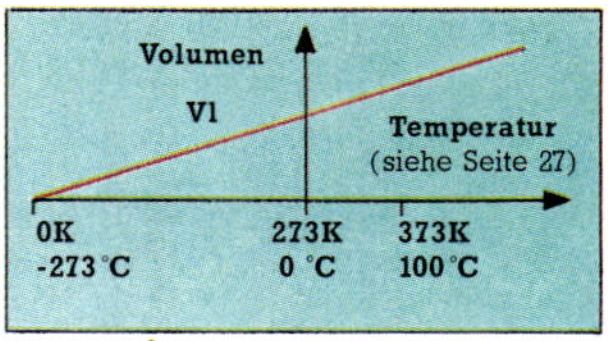

◀ Änderungen des Volumens mit der Temperatur bei **idealem Gas** (konstanter Druck). Aufgetragen ist das **Gay-Lussacsche Gesetz** (Volumen steigt proportional mit Temperatur).

Vom Nullvolumen an sind es 273 Temperaturschritte zum Volumen bei 0° C (V1).

Gerade steigt proportional, daher steigt das Gasvolumen für jedes Kelvin um $^{1}/_{273}$ seines Volumens V1.

Daher für ein **ideales Gas:**

$$\text{Kubischer Ausdehnungskoeffizent} = \frac{1}{273\text{ K}}$$

* **Zwischenmolekulare Kräfte**, 7.

- **Realer oder Absoluter kubischer Ausdehnungskoeffizient**. Ein genaues Maß für den Teil ihres Volumens, um den sich eine Flüssigkeit bei Temperaturerhöhung um 1K ausdehnt.

- **Scheinbarer kubischer Ausdehnungskoeffizient**. Ein Maß für den Teil ihres Volumens, um den sich eine Flüssigkeit bei Temperaturerhöhung um 1K scheinbar ausdehnt. Die zugeführte Wärme dehnt auch das Gefäß geringfügig aus, daher stimmt dessen Kalibrierung nicht mehr genau.

- **Anormale Ausdehnung**. Das Phänomen, daß einige Flüssigkeiten sich zusammenziehen statt ausdehnen, wenn die Temperatur innerhalb eines bestimmten Bereichs ansteigt (etwa Wasser zwischen 0° C und 4° C).

Verhalten von Gasen

Alle Gase verhalten sich ähnlich, und es gibt mehrere **Gasgesetze**, die dieses Verhalten beschreiben (siehe unten). Ein ideales Gas ist ein theoretisches Modell, das per Definition bei allen Drücken und Temperaturen exakt dem **Boyle-Mariotteschen Gesetz** gehorcht, aber auch den anderen beiden Gesetzen. Bei normalen Drücken und Temperaturen verhalten sich reale Gase annähernd ideal (je höher die Temperatur und je niedriger der Druck, desto besser), daher können diese Gesetze meist angewendet werden.

Abkürzungen

P = Druck
V = Volumen
T = **absolute Temperatur***
R = **Gaskonstante***

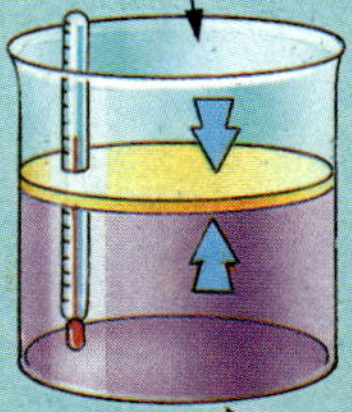

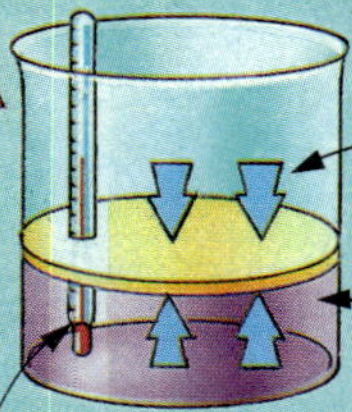

$V \sim \frac{1}{P}$ oder

PV = konstant

Boyle-Mariottesches Gesetz. Das Volumen einer bestimmten Gasmenge bei konstanter Temperatur ist umgekehrt proportional zum Druck. Wenn der Druck zum Beispiel erhöht wird, verringert sich das Volumen proportional – die Moleküle rücken näher aneinander. Der Druck des Gases auf die Wände steigt im selben Maß wie der aufs Gas ausgeübte (die Moleküle treffen häufiger auf die Behälterwände).

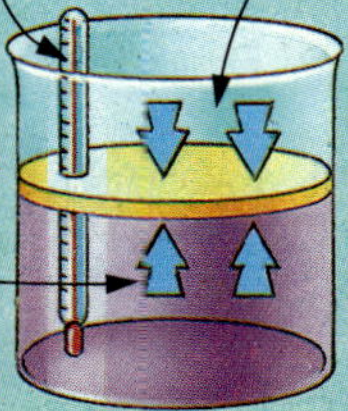

$P \sim T$ oder

$\frac{P}{T}$ = konstant

Gay-Lussacsches Gesetz. Der Druck einer bestimmten Gasmenge bei konstantem Volumen ist proportional der **absoluten Temperatur***. Wenn zum Beispiel die Temperatur steigt, aber das Volumen konstant gehalten wird, steigt der Druck im Gas proportional – die Moleküle bewegen sich schneller und treffen öfter auf die Behälterwände. Der aufs Gas auszuübende Druck, der das Volumen konstant hält, ist gleich dem vom Gas ausgeübten.

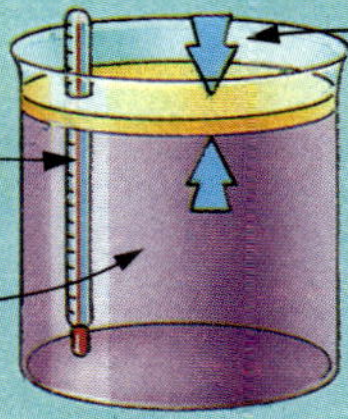

Charlessches Gesetz. Das Volumen einer bestimmten Gasmenge bei konstantem Druck ist proportional der **absoluten Temperatur***. Wenn zum Beispiel die Temperatur steigt und der Druck konstant gehalten wird, steigt das Volumen proportional (etwa in einem expandierbaren Gefäß) – die Moleküle bewegen sich schneller und weiter. Druck des Gases bleibt ebenso wie der ausgeübte Druck konstant (Moleküle treffen gleich oft auf Behälterwände – sie haben mehr Raum, aber größere Energie).

$V \sim T$ oder

$\frac{V}{T}$ = konstant

Das **Ideale Gasgesetz** kombiniert alle anderen Gesetze:

Für ein **Mol*** eines Gases:

$\frac{PV}{T} = R$ oder $PV = RT$

* **Absolute Temperaturskala**, 27; **Mol**, 96.

Wellen

Schaubild von Auslenkung gegen Zeit der **Schwingung** eines Teilchens

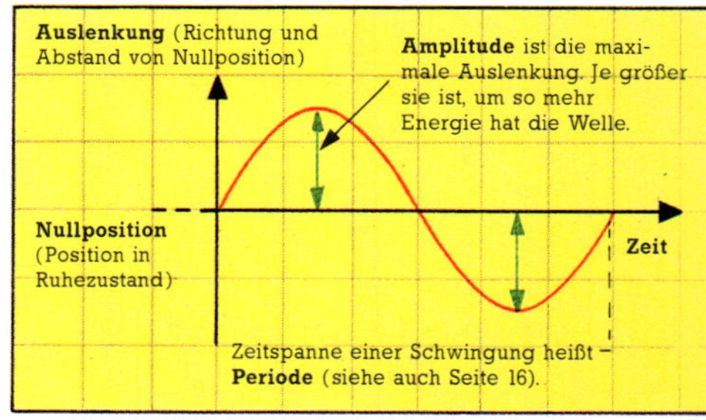

Alle **Wellen** transportieren Energie, ohne dabei das **Medium*** dauerhaft zu versetzen, durch das sie sich fortpflanzen. Sie werden auch **fortschreitende Wellen** genannt, weil die Energie von einer Quelle in die Umgebung wandert (aber siehe auch **stehende Wellen**, Seite 43). Es gibt zwei Hauptarten, **mechanische Wellen**, etwa Schallwellen, und **elektromagnetische Wellen** (siehe Seite 44). In jedem Fall ist die **Wellenbewegung** regelmäßig und wiederholt sich ständig (siehe dazu **periodische Bewegungen**, Seite 16) in Form von **Schwingungen** – regelmäßigem Wechseln zwischen zwei Extremen. Bei mechanischen Wellen schwingen Teilchen (Moleküle), und bei elektromagnetischen Wellen sind es elektrische und magnetische Kraftfelder.

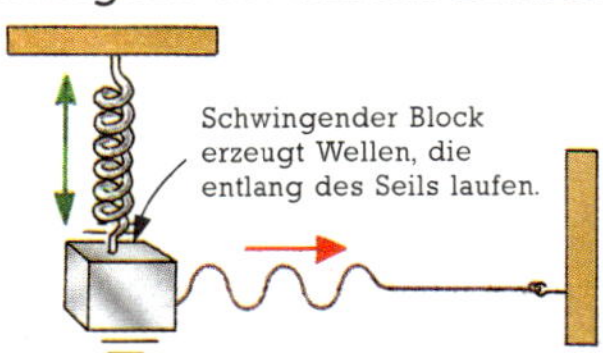

Wellen sind **Transversalwellen** – Schwingungen rechtwinklig zur Wellenrichtung.

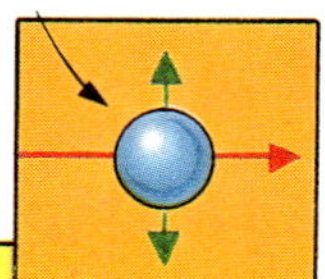

Auslenkung/Abstand-Schaubild „eingefrorener Augenblick", für Teil des Seils ▼

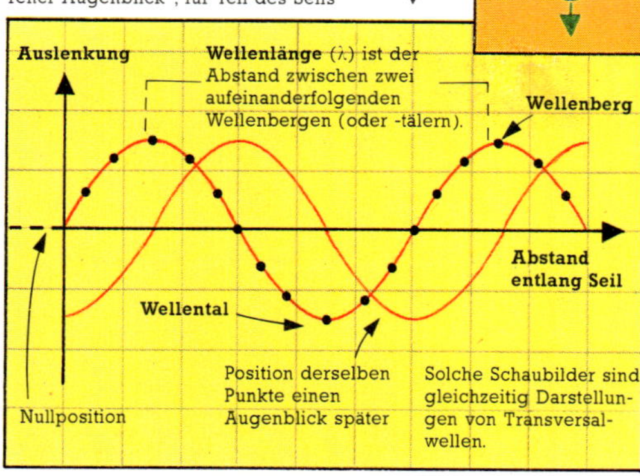

- **Transversalwellen**. Wellen, bei denen die Schwingungen rechtwinklig zur Richtung der Energiefortpflanzung liegen, z. B. Wasserwellen (Schwingung von Teilchen) und alle **elektromagnetischen Wellen*** (Schwingungen von Feldern – siehe Einführung).

- **Wellenberge** oder **Peaks**. Punkte, an denen die Wellen maximale positive Auslenkungen des **Mediums*** verursachen.

- **Wellentäler**. Punkte, an denen die Wellen maximale negative Auslenkungen des **Mediums*** verursachen. Die Wellenberge und -täler etwa von Wasserwellen lassen sich direkt beobachten.

- **Wellenfront**. Eine Linie oder ein Schnitt durch eine fortschreitende Welle, die alle Punkte mit gleicher Schwingungsposition verbindet. Wellenfronten stehen normalerweise rechtwinklig zur Ausbreitungsrichtung und können alle Formeln besitzen, es gibt z. B. **kreisförmige** und **gerade** Wellenfronten.

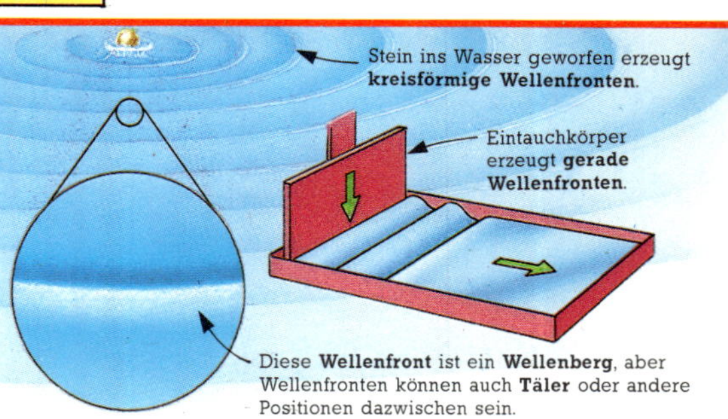

* **Elektromagnetische Wellen**, 44; **Medium**, 346.

- **Longitudinalwellen**. Wellen, in denen die Schwingungen in der Ausbreitungsrichtung verlaufen, z. B. Schallwellen. Es sind stets **mechanische Wellen** (siehe Einleitung), also Teilchen, die schwingen.

In **Longitudinalwellen** schwingen Teilchen innerhalb der Ausbreitungsrichtung. ▼

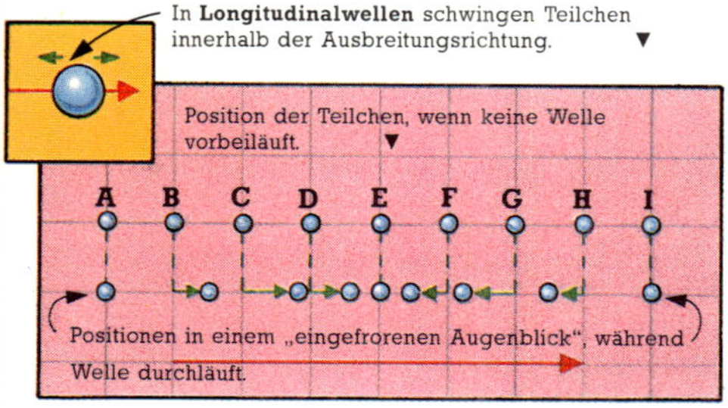

Schaubild der obigen Teilchen in einem „eingefrorenen Augenblick". In diesem Fall ist Schaubild kein Abbild der Welle (siehe zweites Bild, Seite 34). ▼

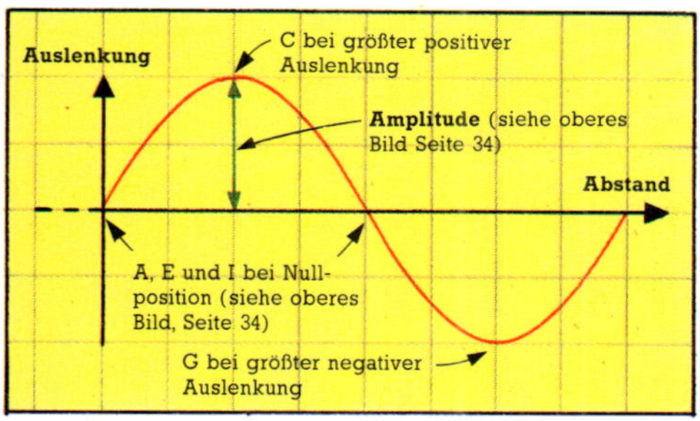

Schaubild des Drucks oder der Dichte gegen den Abstand für **Longitudinalwellen** zeigt **Verdichtungen** und **Verdünnungen.** ▼

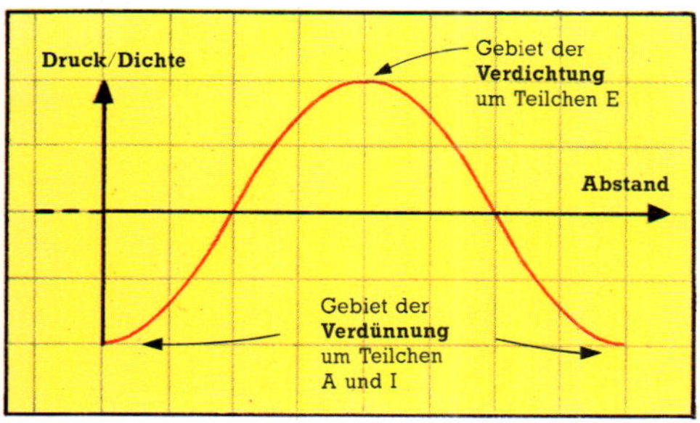

- **Verdichtungen**. Gebiete entlang einer **Longitudinalwelle**, wo Druck und Dichte der Moleküle höher sind, als wenn keine Welle vorbeiliefe.

- **Verdünnungen**. Gebiete entlang einer **Longitudinalwelle**, wo Druck und Dichte der Moleküle niedriger sind, als wenn keine Welle vorbeiliefe.

- **Ausbreitungsgeschwindigkeit**. Der Weg, den eine Welle pro Sekunde zurücklegt. Sie ist abhängig vom **Medium***, durch das die Welle läuft.

$$\textbf{Ausbreitungsgeschwindigkeit} = \frac{\textbf{Weg der Welle}}{\textbf{Zeit}}$$

$$= \frac{\text{Zahl der Wellen, die Punkt passieren} \times \text{Wellenlänge}}{\text{Zeit}}$$

$$= \textbf{Frequenz} \times \textbf{Wellenlänge}$$

Also:

$$v = f\lambda$$

mit v = **Ausbreitungsgeschwindigkeit**, f = **Frequenz**, λ = **Wellenlänge**.

- **Frequenz** (f). Die Zahl der Schwingungen, die bei einer laufenden Welle pro Sekunde an einem Punkt vorbeikommen (siehe auch Seite 16).

- **Abschwächung**. Die Abnahme der Amplitude (siehe oberes Bild Seite 34) einer Welle, die durch Material läuft und dabei Energie verliert. In der Nähe der Quelle sind die Amplituden größer als weit entfernt, es findet also eine allgemeine **Dämpfung*** der Welle statt.

Schaubild einer **abgeschwächten** Welle

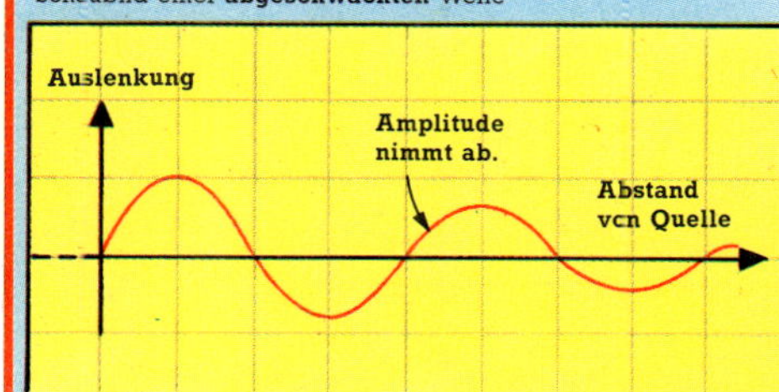

- **Wellenenergie**. Ein Maß für die von einer Welle transportierte Energie. Sie ist definiert als Menge der Energie, die pro Sekunde auf eine bestimmte Fläche fällt. Sie hängt von **Frequenz** und **Amplitude** der Welle ab.

* **Dämpfung**, 16; **Medium**, 346.

Spiegelung, Brechung und Beugung

Ein Hindernis oder eine Änderung der Umgebung bewirkt, daß eine Welle **gespiegelt (reflektiert)**, **gebrochen** oder **gebeugt** wird. Dies sind unterschiedliche Änderungen der Wellenlaufrichtung und oft auch des Aussehens der **Wellenfront***. Nähere Einzelheiten zu Spiegelung und Brechung von Lichtwellen auf Seite 46–53.

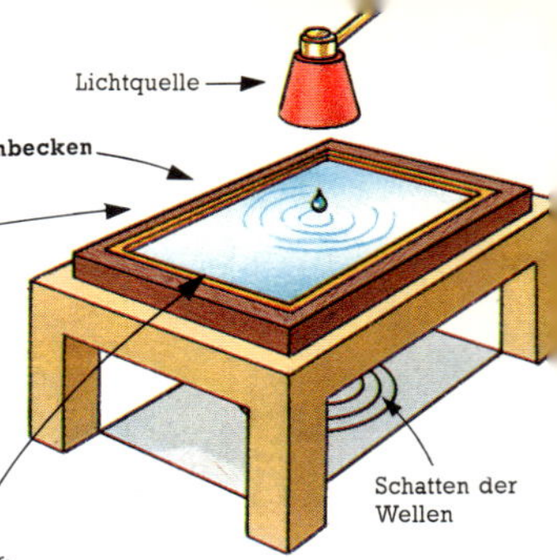

- **Wellenbecken**. Ein wassergefülltes Becken zur Demonstration der Eigenschaften von Wasserwellen.

- **Reflexion (Spiegelung)**. Die Änderung der Wellenlaufrichtung durch Kontakt mit einer Grenze zwischen zwei **Medien***. Eine solche Welle heißt **reflektierte Welle**. Die Form ihrer Wellenfront hängt von der **einfallenden Wellenfront** und von der Form der Grenze ab. Näheres über die Reflexion von Lichtwellen auf Seite 46–49.

Beispiele **reflektierter Wellen**

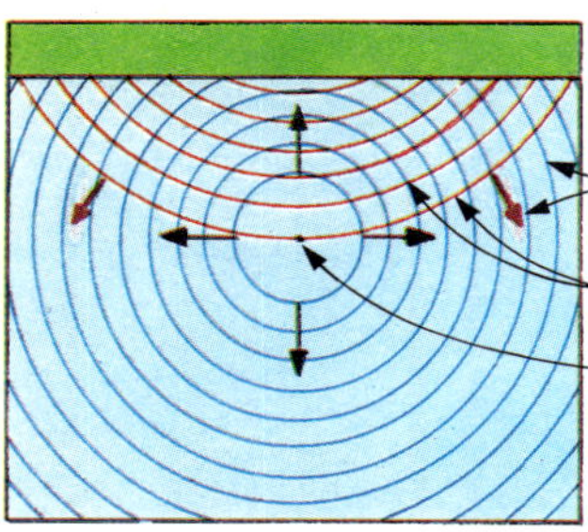

Kreisförmige Wellenfront trifft auf gerade Grenze und erzeugt kreisförmige Wellenfront.

Kreisförmige Wellenfront trifft auf konkave Grenze und erzeugt gerade Wellenfront (z. B. mit Schiff in dieser Entfernung).

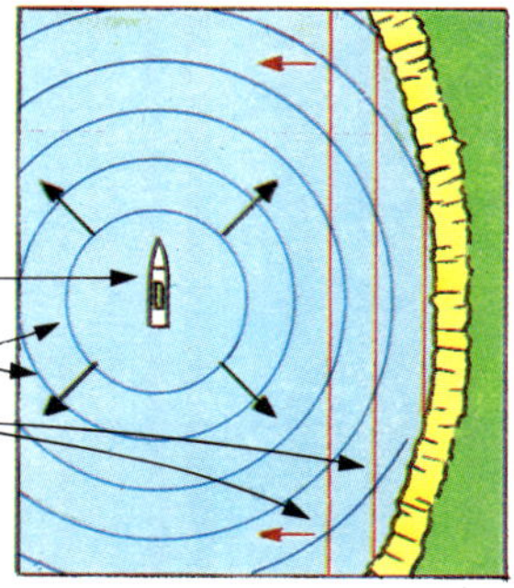

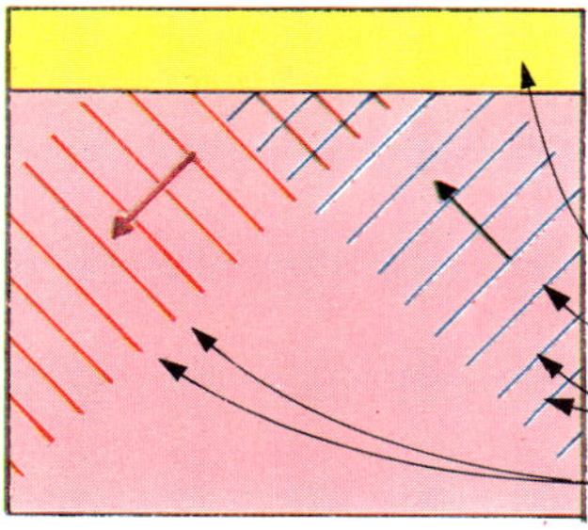

Gerade Wellenfront trifft auf gerade Grenze und erzeugt gerade Wellenfront.

- **Einfallende Welle**. Eine Welle, die auf die Grenze zwischen zwei **Medien*** trifft. Ihre Wellenfront heißt **einfallende Wellenfront**.

- **Beugung (Diffraktion)**. Der Effekt, der eintritt, wenn eine Welle auf ei Hindernis trifft oder dur eine kleine Öffnung läu Ihr Grad hängt von der Größe von Hindernis oc Öffnung im Verhältnis z **Wellenlänge*** ab. Je ve gleichsweise kleiner Hi dernis oder Öffnung, de sto größer die Beugung

* **Medium**, 346; **Wellenfront, Wellenlänge**, 34.

● **Brechung** (**Refraktion**). Die Änderung der Laufrichtung einer Welle bei Eintritt in ein anderes **Medium***, in dem sie mit unterschiedlicher Geschwindigkeit läuft. Die **Wellenlänge*** einer gebrochenen Welle hängt von der Geschwindigkeitsänderung ab, dagegen bleibt die **Frequenz*** konstant. Weitere Einzelheiten über die Refraktion von Lichtwellen auf Seite 50–53.

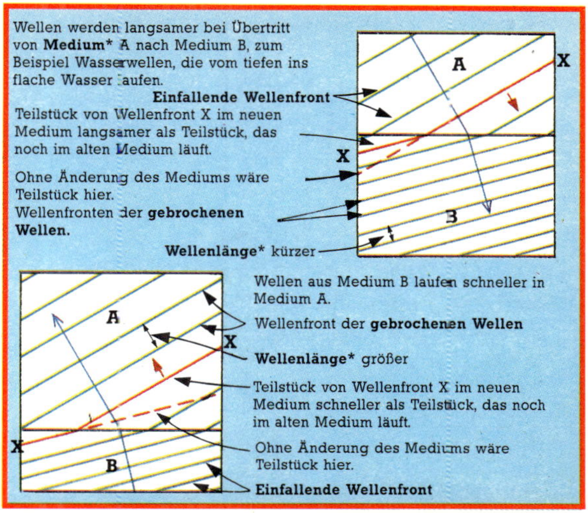

Andere Beispiele:

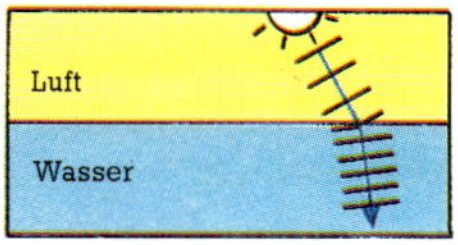

Wellen werden langsamer bei Übertritt in dichteres Medium.

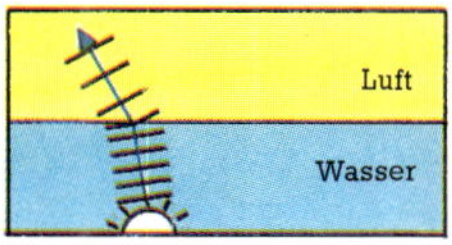

Sie werden schneller bei Übertritt in dünneres Medium.

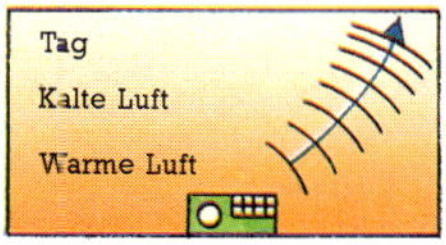

So werden Wellen langsamer bei Übertritt in ein kühleres Medium (kühler bedeutet ▶

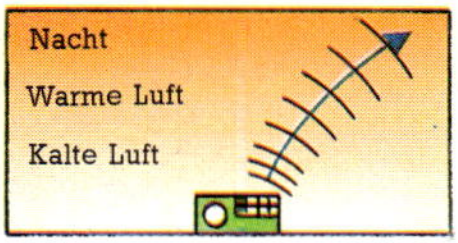

dichter). Sie werden schneller bei Eintritt in ein wärmeres Medium.

● **Brechungsindex** (**n**). Eine Zahl, die die Größe der Brechung eines bestimmten **Mediums*** im Vergleich zum vorherigen Medium angibt. Man erhält sie durch Dividieren der Laufgeschwindigkeit der einfallenden Welle im ersten Medium durch die Geschwindigkeit der gebrochenen Welle im zweiten Medium (gekennzeichnet durch Indizes, siehe Formel). Der **absolute Brechungsindex** eines Stoffes vergleicht die Lichtgeschwindigkeit darin mit der im Vakuum. Näheres dazu siehe Seite 50.

Brechungsindex des **Mediums*** 2 im Verhältnis zu Medium 1.

$$ {}^{1}n_{2} = \frac{v_1}{v_2} $$

mit v_1, v_2 = Geschwindigkeiten im ersten und zweiten **Medium***.

Beugung von Wellen (Schallwellen) um ein Hindernis

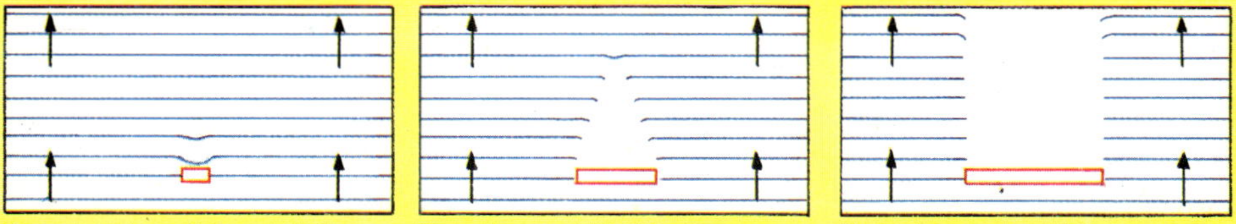

Hindernis klein verglichen mit **Wellenlänge*** (Wellenlänge von Schall etwa 2 m) – viel Beugung, daher gibt es keinen „Wellenschatten".

Hindernis etwa gleich Wellenlänge – etwas Beugung, ein kleiner Schatten (also ein Gebiet ohne Wellen) bildet sich.

Hindernis groß gegen Wellenlänge – praktisch keine Beugung, großer Wellenschatten.

Beugung von Wasserwellen, die durch einen Spalt laufen.

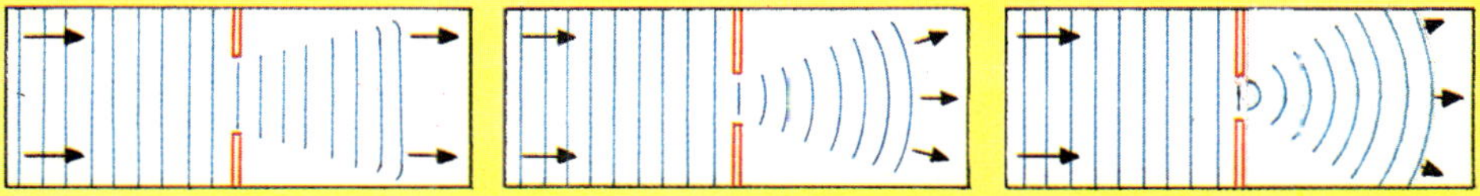

Öffnung groß verglichen mit **Wellenlänge*** – wenig Beugung

Öffnung etwa gleich Wellenlänge – etwas Beugung

Öffnung klein gegen Wellenlänge – viel Beugung

* **Frequenz,** 35; **Medium,** 346; **Wellenlänge,** 34.

Welleninterferenz

Wenn zwei oder mehr Wellen in der gleichen oder in unterschiedlichen Richtungen im gleichen Gebiet laufen, überlagern sich Wellenberge und -täler an bestimmten Punkten (siehe **Gesetz der Superposition**, Seite 39). Diese Erscheinung heißt **Interferenz**. Wenn man, zum Beispiel in einem Wellenbecken, Interferenz demonstriert, benutzt man stets **kohärente Wellen**, also solche, die von gleicher Wellenlänge und Frequenz sind und in gleicher **Phase** oder mit konstanter **Phasendifferenz** schwingen. Dadurch entsteht ein gleichmäßiges, auswertbares **Interferenzmuster** (siehe Bild Seite 39). Nicht-kohärente Wellen würden ein unübersichtliches Bild geben.

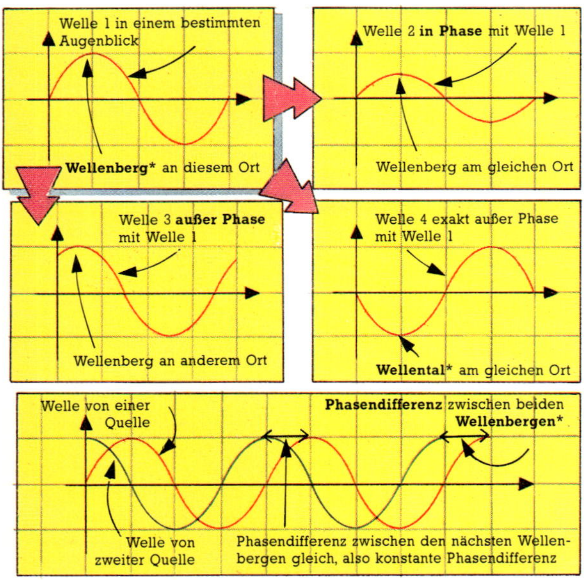

- **Phase**. Zwei Wellen sind **in Phase**, wenn sie die gleiche Wellenlänge haben und zur selben Zeit entsprechende Schwingungszustände (etwa einen **Wellenberg***) durchlaufen. Ist das nicht der Fall, sind sie **außer Phase;** besonders dann, wenn ihre Auslenkungen genau entgegengesetzt sind (etwa Wellenberg zu **Wellental***). Die **Phasendifferenz** zwischen zwei Wellen ist die Entfernung (gemessen in Winkelgraden) von zwei entsprechenden Schwingungszuständen der beiden Wellen voneinander. Für Wellen in Phase ist sie 0°, für Wellen genau außer Phase 180°.

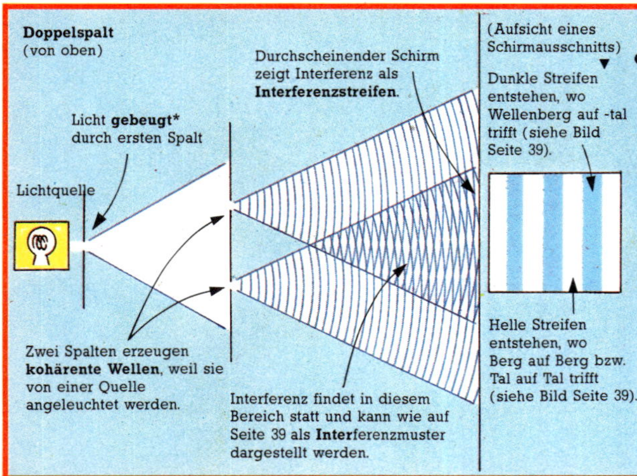

- **Doppelspalt**. Eine Anordnung von zwei schmalen, parallelen Öffnungen, mit deren Hilfe zwei Quellen von **kohärentem** Licht erzeugt werden (siehe Einleitung). Man benutzt sie, weil kohärente Lichtwellen (zum Studium der Interferenz) sich nicht so leicht erzeugen lassen wie andere kohärente Wellen; Licht ist normalerweise inkohärent. Das Interferenzmuster des am Doppelspalt **gebeugten*** Lichts bildet auf einem Sichtschirm helle und dunkle Linien, die **Interferenzstreifen**.

* **Diffraktion, Wellenbecken**, 36; **Wellenberge, Wellentäler**, 34.

• **Gesetz der Superposition.** Wenn sich zwei oder mehr Wellen an einem Punkt **überlagern**, ist die resultierende Auslenkung gleich der (positiven oder negativen) Summe der Auslenkungen der einzelnen Wellen.

Konstruktive Interferenz

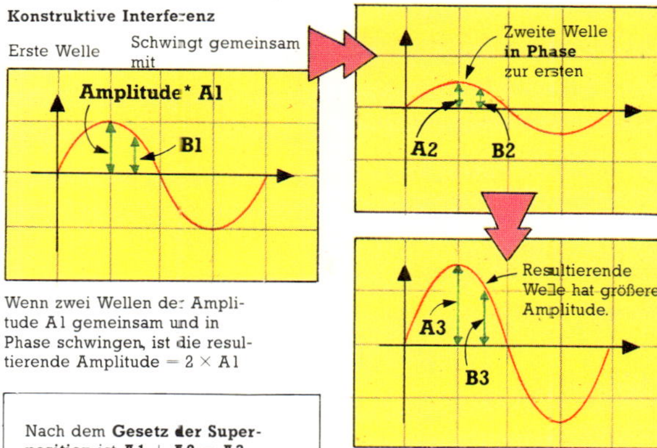

Wenn zwei Wellen der Amplitude A1 gemeinsam und in Phase schwingen, ist die resultierende Amplitude = 2 × A1

• **Konstruktive Interferenz.** Die Steigerung der Unruhe (Verstärkung), die aus der **Überlagerung** von zwei Wellen **in Phase** resultiert.

Nach dem **Gesetz der Superposition** ist **A1 + A2 = A3**
Das gilt für die Auslenkung jedes Punktes, z. B. B1 + B2 = B3

Destruktive Interferenz

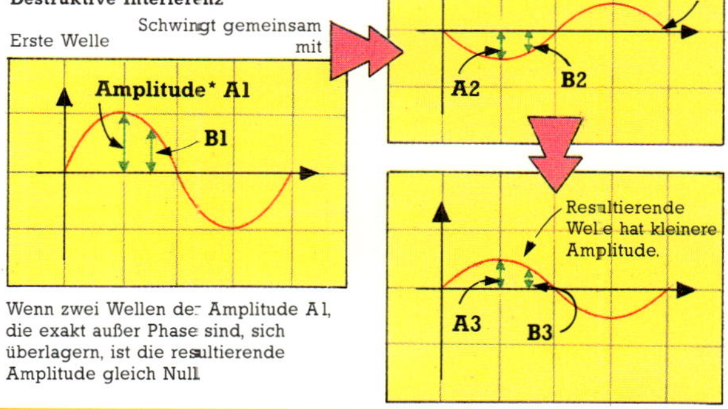

Wenn zwei Wellen der Amplitude A1, die exakt außer Phase sind, sich überlagern, ist die resultierende Amplitude gleich Null.

• **Destruktive Interferenz.** Die Schwächung der Unruhe, die aus der **Überlagerung** von zwei Wellen resultiert, die exakt **außer Phase** sind.

• **Wellenknoten, Wellenbäuche, Schwingungslinien.** Wenn sich konstante Wellen überlagern, entstehen die **Wellenberge***, **-täler*** und Nullflächen an denselben Stellen. Diese Stellen heißen **Wellenbäuche** bei maximaler (positiver oder negativer) Auslenkung (Verdünnung bzw. Verdichtung bei **Longitudinalwellen**, Seite 35), und **Wellenknoten** bei minimaler Auslenkung. Verbindet man die Knoten und Bäuche gleicher Phase miteinander, so erhält man **Schwingungslinien**. Mathematisch gesehen sind sie Hyperbeln.

Interferenzmuster eines „eingefrorenen Augenblicks" (nicht alle Schwingungslinien sind eingezeichnet)

Zwei Quellen (**S1** und **S2**) erzeugen **kohärente Wellen**, in diesem Fall **in Phase**.

Wellenberg* (oder **Verdichtung**)

Wellental* (oder **Verdünnung**)

Schwingungslinie der Bäuche

Schwingungslinie der Knoten. Wenn Wellen gleiche Amplitude haben, ist hier die Auslenkung an allen Orten gleich Null.

Schwingungslinien der Bäuche bedeuten unruhiges Wasser, lauten Schall oder helles Licht (siehe auch Bild **Doppelspalt** Seite 38).

Schwingungslinien der Knoten bedeuten ruhiges Wasser, gedämpften Schall oder Dunkelheit (siehe auch Bild **Doppelspalt** Seite 38).

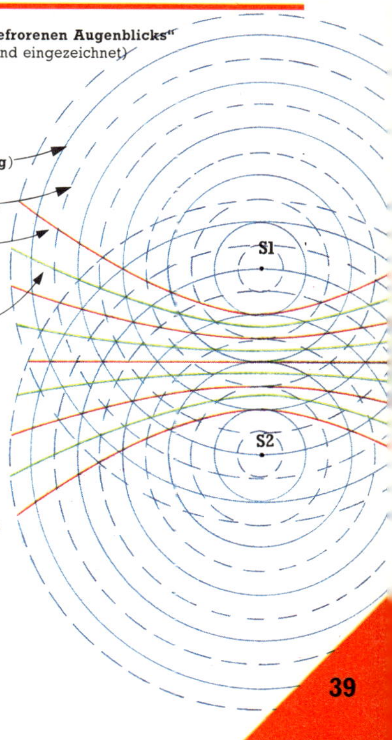

* **Amplitude**, 34; **Verdichtungen, Verdünnungen**, 35; **Wellenberge, Wellentäler**, 34.

Schallwellen

Schallwellen, auch **akustische Wellen** genannt, sind **Longitudinalwellen**. In ihnen schwingen Teilchen in Laufrichtung der Welle hin und her und erzeugen abwechselnd **Verdichtungen*** und **Verdünnungen***. Sie können durch Festkörper, Flüssigkeiten und Gase laufen und kommen in einem großen **Frequenz***bereich vor. Schallwellen mit Frequenzen etwa zwischen 20 und 20 000 **Hertz*** (dem **Hörbereich**) können vom menschlichen Ohr wahrgenommen werden; in diesem Bereich spielt sich das ab, was man gemeinhin Schall nennt (Näheres zur Schallwahrnehmung auf Seite 42–43). Schallwellen höherer bzw. niedrigerer Frequenz heißen **Ultraschall** bzw. **Infraschall**. Die Lehre vom Schall heißt **Akustik**.

- **Ultraschall**. Schall, der aus **Ultraschallwellen** mit **Frequenzen*** oberhalb des menschlichen **Hörbereichs** (über 20 000 **Hertz***) besteht. Er hat viele Anwendungsbereiche.

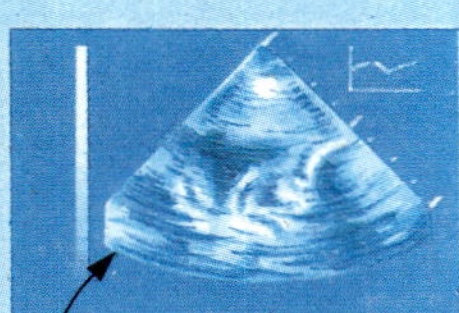

Bild vom Baby im Mutterbauch

Ultraschall wird bei der **Ultraschalluntersuchung** des Körperinneren benutzt (durch **Echos**, Seite 41).

Knochen, Fett und Muskel reflektieren die **Ultraschallwellen** unterschiedlich. Die reflektierten Wellen (**Echos**) werden in elektrische Signale umgewandelt, die auf einem Fernsehschirm ein Bild zeichnen.

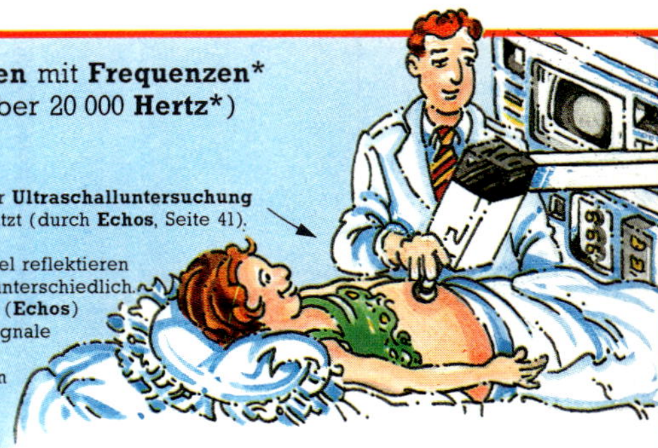

- **Infraschall**. Schall, der aus **Infraschallwellen** mit **Frequenzen*** unterhalb des Hörbereichs (unter 20 **Hertz***) besteht. Er hat nur wenige Anwendungsbereiche, denn er kann schädigend auf Menschen wirken.

Verhalten von Schallwellen

- **Schallgeschwindigkeit**. Die Geschwindigkeit, mit der Schallwellen sich ausbreiten. Sie hängt von Art und Temperatur des **Mediums*** ab, durch das sie laufen. Bei trockener Luft und 0° C liegt ihr Wert bei 331 m/s, mit steigender Temperatur steigt er auch.
- **Unterschallgeschwindigkeit**. Geschwindigkeit unterhalb der des Schalls im gleichen **Medium*** und unter denselben Bedingungen.
- **Überschallgeschwindigkeit**. Geschwindigkeit oberhalb der des Schalls im gleichen **Medium*** und unter denselben Bedingungen.

Normales Verkehrsflugzeug fliegt mit **Unterschallgeschwindigkeit**.

Concorde kann mit **Überschallgeschwindigkeit** fliegen.

- **Überschallknall**. Ein lauter Knall, den man hört, wenn eine **Schockwelle** (siehe unten rechts) von einem Flugzeug mit **Überschallgeschwindigkeit** eintrifft.

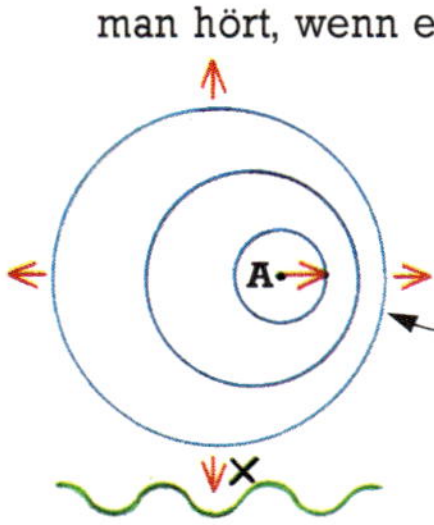

Während Flugzeug (A) fliegt, erzeugt es **Longitudinalwellen*** in der Luft, also Bereiche höheren und niedrigeren Luftdrucks (**Verdichtungen*** und **Verdünnungen***).

Wellenfronten* breiten sich vom Flugzeug aus.

Mensch bei X hört Wellen, ähnlich wie Schall der Motoren.

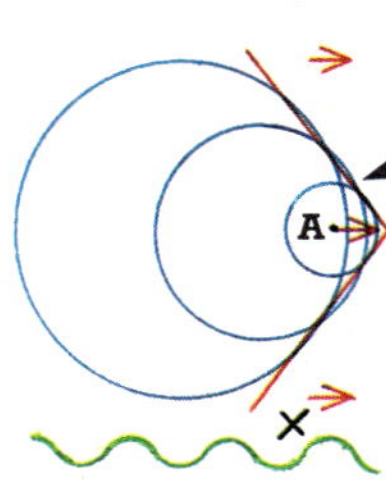

Überschallflugzeug (A) überholt beim Fliegen immer wieder die Wellenfronten und erzeugt gleichzeitig neue; sie überlappen sich. Dadurch entsteht ein besonders hoher Luftdruck (**Schockwelle**) vorn am Flugzeug, der nicht weglaufen kann, etwa wie Bugwellen eines Schiffes (wenn Schiff schneller läuft als Wasserwellen, die es erzeugt).

Mensch bei X hört Schallwelle als plötzlich lauten **Überschallknall**.

* **Frequenz**, 35; **Hertz**, 16 (**Frequenz**); **Longitudinalwellen**, 35; **Medium**, 346; **Verdichtungen**, **Verdünnungen**, 35; **Wellenfront**, 34.

• **Echo**. Eine Schallwelle, die an einer Fläche reflektiert wurde und nach dem Originalschall eintrifft. Echos, besonders von Ultraschallwellen, werden oft benutzt, um Objekte aufzuspüren und ihre Position zu bestimmen (durch Messen der Zeit, die Echo braucht). Diese Technik wird unter verschiedenen Namen angewendet, die mit der jeweiligen Anwendung zusammenhängen.

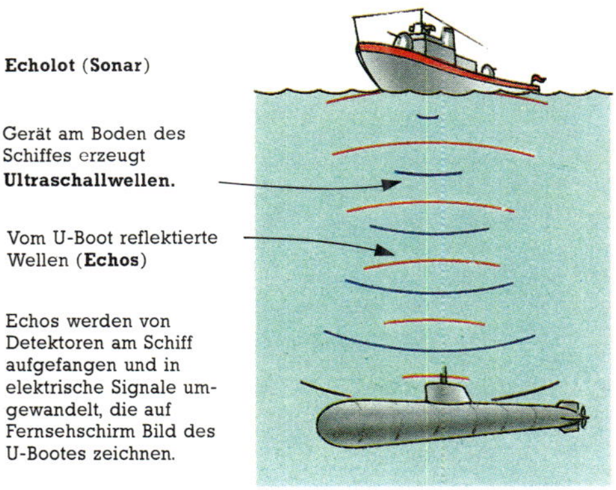

Ultraschalluntersuchung (siehe Seite 40) ist ein Beispiel.
Andere sind das **Echolot** (**Sonar**), mit dem von Schiffen aus die Wassertiefe und Unterwasserobjekte erkannt werden können. **Echoortung** wenden einige Tiere an, um im Dunkeln ihren Weg zu finden und Hindernisse zu vermeiden.

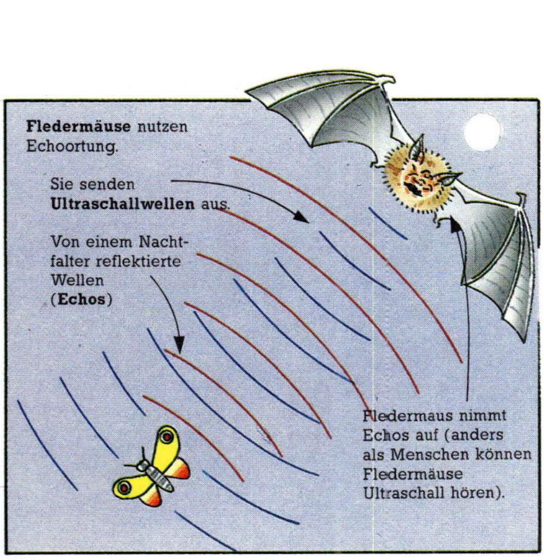

• **Raumhall**. Die Erscheinung, daß ein Schall länger anzuhalten scheint, als er wirklich erzeugt wurde. Er tritt auf, wenn das **Echo** so kurze Zeit nach dem Originalschall eintrifft, daß das Ohr beides nicht mehr einzeln wahrnimmt. Je öfter der Schall reflektiert wird, desto stärker „hallt“ der Raum.

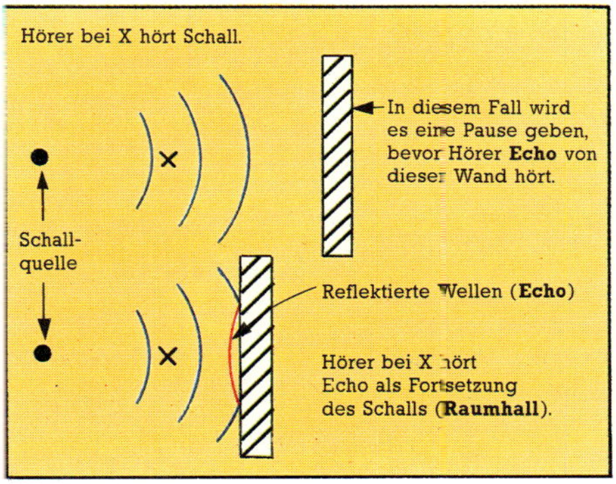

• **Doppler-Effekt**. Die **Frequenz***änderung, die der Hörer wahrnimmt, wenn sich Schallquelle und Hörer relativ zueinander bewegen. Wenn die Entfernung zwischen ihnen dabei sinkt, hört er Schall mit höherer Frequenz als wirklich ausgesandt. Wenn die Entfernung ansteigt, scheint die Frequenz niedriger zu sein.

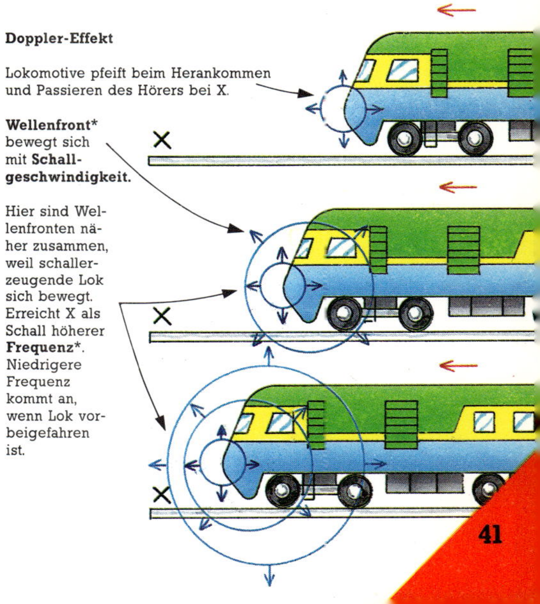

* **Frequenz**, 35; **Wellenfront**, 34.

Wahrnehmung von Schall

Mit den Ohren wahrgenommener Schall kann gefallen oder mißfallen. Wenn die Wellenform einer **Schallwelle** (siehe Seite 40–41) regelmäßig ist, wird der Schall meist als wohltönend beurteilt. Wenn die Wellen dagegen unregelmäßig und durcheinander eintreffen, nennt man so etwas **Geräusch**. Jeder Schall hat eine bestimmte **Lautstärke** und **Tonhöhe**, und viele Töne, besonders in der Musik, kommen von **stehenden Wellen**.

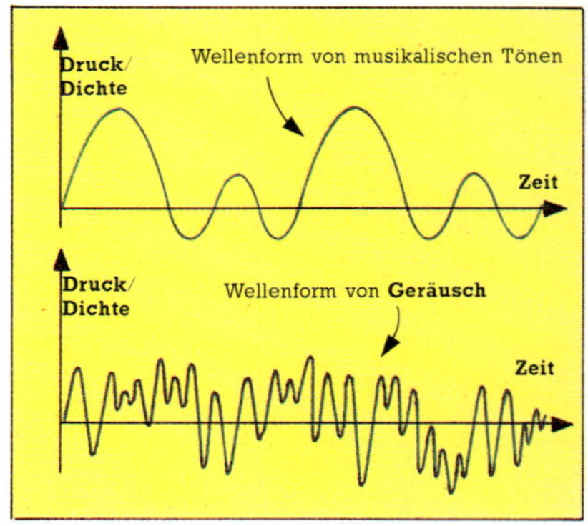

- **Lautstärke**. Die Intensität der Wahrnehmung, wenn Schallwellen aufs Ohr treffen. Sie ist subjektiv, je nach der Empfindlichkeit des Ohrs, aber sie ist direkt abhängig von der **Wellenenergie***. Sie wird oft in **Dezibel** (**dB**)gemessen, aber oft wird die Lautstärke auch in **Phon** angegeben; dieses Maß berücksichtigt, daß das Ohr nicht alle **Frequenzen*** gleichstark wahrnimmt.

- **Tonhöhe**. Die wahrgenommene **Frequenz*** einer Schallwelle. Hohe Töne sind Schallwellen hoher Frequenz, tiefe Töne haben niedrige Frequenzen.

- **Schwebungen**. Die regelmäßigen Schwankungen der **Lautstärke**, die man hört, wenn zwei Töne mit geringfügig unterschiedlicher **Frequenz*** gleichzeitig erklingen. Sie sind das Ergebnis von **Interferenz*** zwischen beiden Wellen. Die **Schwebungsfrequenz** ist gleich dem Frequenzunterschied beider Wellen (siehe Bild). Je näher die Frequenzen beieinander, desto langsamer die Schwebung.

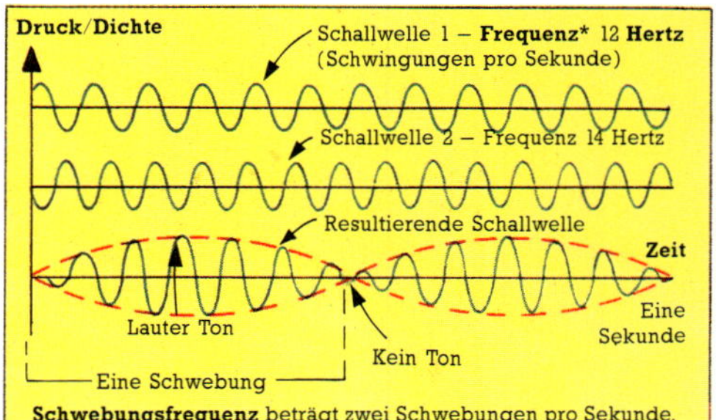

Schwebungsfrequenz beträgt zwei Schwebungen pro Sekunde.

Musikalische Klänge

Alle Musik basiert auf einer Art von **musikalischer Skala** (**Tonleiter**); eine Folge von **Noten** (Töne bestimmter **Tonhöhe**), die von tiefer zu hoher Tonhöhe in bestimmten **Intervallen** (**Frequenzunterschieden**) so geordnet sind, daß sie möglichst angenehme Zusammenklänge ergeben. Was allerdings als angenehm empfunden wird, hängt von der Kultur ab – östliche Musik basiert auf einer anderen Tonleiter als westliche Musik.

Westliche Musik basiert auf der **diatonischen Tonleiter**, die aus 8 **Noten** (weißen Tasten am Klavier) vom niedrigeren (C^1) zum höheren (C^2) C besteht.

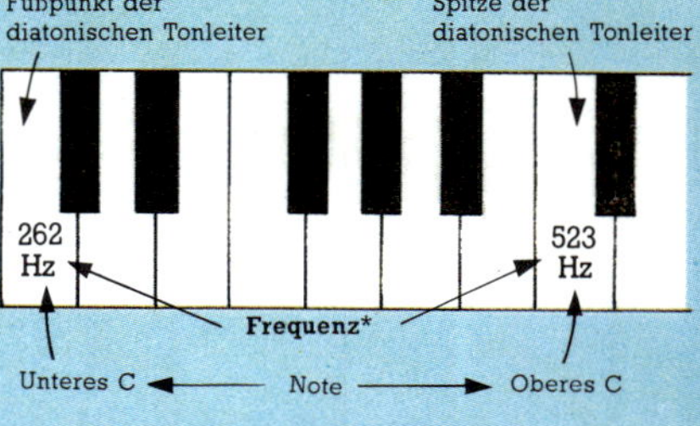

Schwarze Tasten haben **Frequenzen*** außerhalb der Töne der **diatonischen Tonleiter**. Zusammen mit diesen bilden sie die **chromatische Tonleiter**.

* **Frequenz**, 35; **Interferenz**, 38; **Wellenenergie**, 35.

• **Stehende Welle**. Eine Welle, die scheinbar nicht fortschreitet. In Wirklichkeit ist sie keine echte Welle, sondern besteht aus zwei Wellen der gleichen Geschwindigkeit und **Frequenz***, die ständig zwischen zwei Punkten entgegengesetzt zueinander laufen (zum Beispiel den Enden eines Seils). Das ständige Durchdringen der Wellen erzeugt **Interferenz*** – wenn die Wellen **in Phase*** sind, ist die resultierende **Amplitude*** groß, wenn sie **außer Phase*** sind, ist sie klein oder Null. An bestimmten Stellen (den **Knoten**) ist sie immer Null. Amplitude und Frequenz einer stehenden Welle an einem gespannten Draht oder einer Saite beeinflussen die entsprechenden Schallwellen, die sie erzeugt – Länge und Spannung legen die Frequenz und damit die Tonhöhe des entstehenden Tones fest.

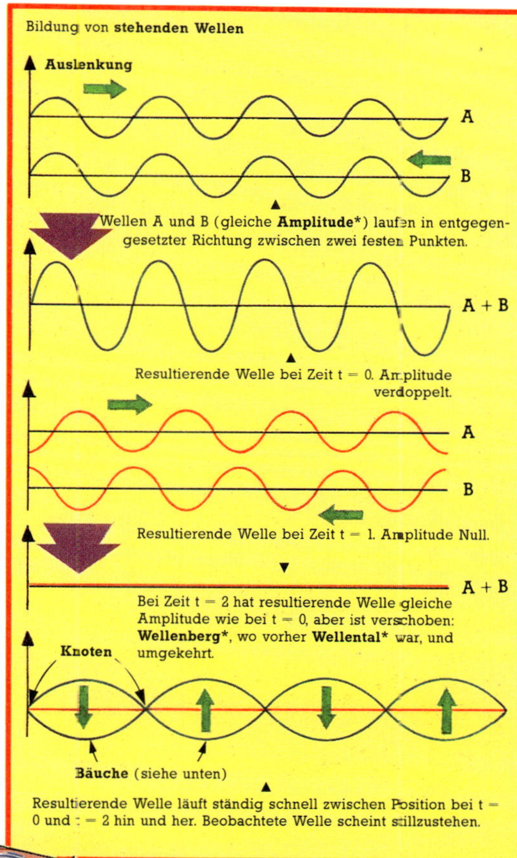

Saitengerät. Gerät zum Demonstrieren **stehender Wellen**. Wenn er angerissen wird, schwingt der Draht, und der Hohlraum verstärkt die Schwingungen, so daß Schall hörbar wird.

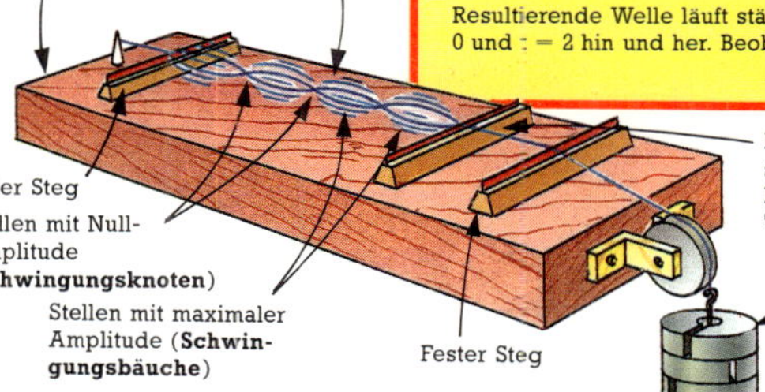

• **Schwingungsarten**. Derselbe Ton hat, auf verschiedenen Instrumenten gespielt, einen unterschiedlichen **Klang**, der für das jeweilige Instrument typisch ist, obwohl er immer noch als der gleiche Ton erkennbar ist. Das kommt daher, weil eine Saite meist nicht nur im Grundton schwingt, sondern zusätzlich bestimmte höhere **Frequenzen***, die **Obertöne**, erzeugt. Diese Obertöne unterscheiden sich in Frequenzen und Stärken von Instrument zu Instrument.

Grundschwingung (Grundton) eines Tones auf einem bestimmten Instrument.

Wenn die Frequenzen der **Obertöne** einfache Vielfache der Grundfrequenz sind, heißen sie auch **Harmonische**. Grundton ist 1. Harmonische.

1. Oberton (2. Harmonische, also verdoppelte Frequenz).

2. Oberton (dies ist die 4. Harmonische; in diesem Fall gibt es keine 3. Harmonische).

Kombinierte Schwingung (alle drei zusammen). Typische Wellenform eines Tones von diesem Instrument.

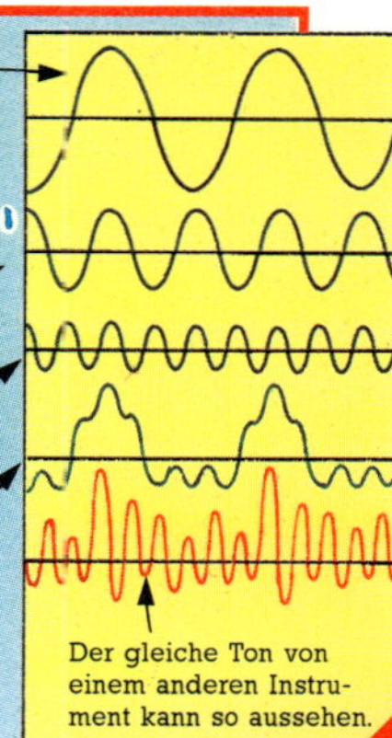

* **Amplitude, Wellenberg, Wellental**, 34; **Frequenz**, 35; **In Phase, außer Phase (Phase), Interferenz**, 38.

Elektromagnetische Wellen

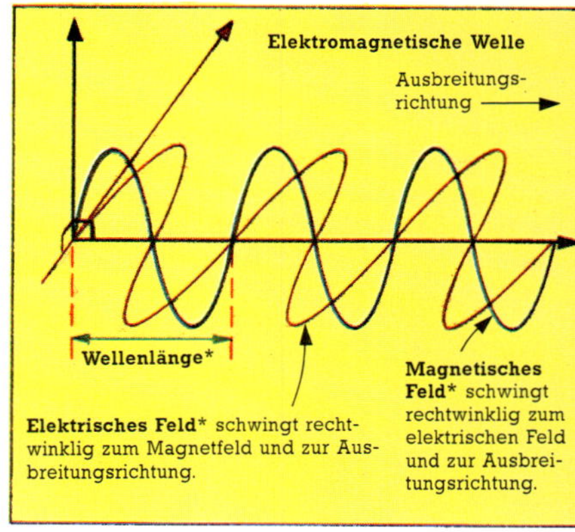

Elektromagnetische Wellen sind **Transversalwellen***. Sie bestehen aus **elektrischen*** und **magnetischen* Feldern**. Sie können in einem weiten **Frequenz***-bereich auftreten, durch alle **Medien*** wandern, einschließlich Vakuum, und erzeugen eine Temperaturerhöhung, wenn sie irgendwo absorbiert werden (siehe **Infrarotstrahlung**). **Radiowellen** und **Röntgenstrahlen** werden erzeugt, wenn freibewegliche **Elektronen*** beschleunigt oder abgebremst werden, etwa als Folge eines Aufpralls. Alle anderen Arten entstehen, wenn Elektronen ihre Bahnen im Atom (siehe Seite 85) verändern. Außer als Welle kann man sie auch als Strom masseloser Teilchen, die **Photonen**, auffassen (siehe **Quantentheorie**, Seite 85).

Elektromagnetisches Spektrum (Bereich der elektromagnetischen Wellen). Untergliedert in fünf **Frequenzbereiche**. In diesen **Frequenz***- und **Wellenlängen***bereichen haben die Wellen ähnliche Eigenschaften.

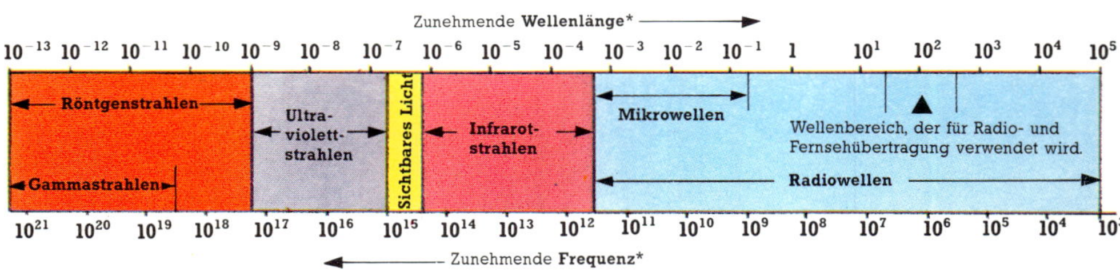

- **Gammastrahlen** (**γ-Strahlen**). Elektromagnetische Wellen, die von **radioaktiven*** Substanzen (siehe Seite 86) ausgestrahlt werden. Sie sind im gleichen **Frequenzbereich** und haben die gleichen Eigenschaften wie **Röntgenstrahlen**, aber entstehen auf andere Art und haben meist höhere Energie.

- **Röntgenstrahlen**. Elektromagnetische Wellen, die Gase **ionisieren***, durch die sie dringen, die **Phosphoreszenz** erzeugen und chemische Veränderungen auf Fotoplatten hervorrufen. Sie werden in **Röntgenröhren*** erzeugt und haben viele Anwendungen.

Röntgendurchleuchtung erzeugt **Röntgenbilder** vom Körperinnern. Die Strahlen durchdringen Gewebe, werden aber von den dichteren Knochen zurückgehalten, daher erscheinen Knochen auf dem Bild.

Menschlicher Ellbogen

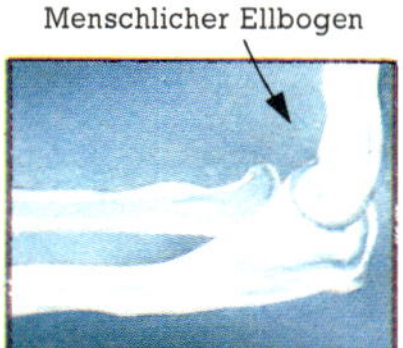

- **Ultraviolettstrahlen** (**UV-Strahlen**). Elektromagnetische Wellen, die zum Beispiel erzeugt werden, wenn ein elektrischer Strom durch ein **ionisiertes*** Gas zwischen zwei **Elektroden*** fließt. Auch die Sonne strahlt sie aus, aber nur wenig davon erreicht die Erdoberfläche (unsere Atmosphäre verschluckt die meisten). Diese kleinen Mengen sind lebensnotwendig, aber größere Mengen lebensgefährlich. UV-Strahlen erzeugen **Fluoreszenz** (diese Eigenschaft wird in **Leuchtstoffröhren*** ausgenutzt) und regen chemische Reaktionen an, wie etwa das Bräunen der Haut.

* **Elektrisches Feld**, 58; **Elektrode**, 66; **Elektronen**, 83; **Leuchtstoffröhre**, 80 **(Entladungsröhre)**; **Frequenz**, 35; **Ionisation**, 88; **Magnetfeld**, 72; **Medium**, 346; **Radioaktivität**, 86; **Röntgenröhre**, 81; **Transversalwellen, Wellenlänge**, 34.

• **Phosphoreszenz**. Eine Eigenschaft einiger Stoffe (**Phosphore**). Ähnlich wie bei **Fluoreszenz** wandeln sie elektromagnetische Strahlen kleiner in Strahlen größerer Wellenlänge um, sie speichern aber einen Teil der so aufgenommenen Energie und **leuchten** noch einige Zeit **nach**.

• **Fluoreszenz**. Die Eigenschaft einiger Stoffe, eingestrahlte elektromagnetische Wellen in Wellen größerer Wellenlängen umzuwandeln, zum Beispiel **Röntgen-** oder **UV-Strahlen** in **sichtbares Licht**. Speziell beim Sichtbarmachen **radioaktiver Strahlen** mittels Fluoreszenz spricht man auch von **Szintigraphie** (**Szintillationen**, siehe Seite 90). Hört die Einstrahlung auf, endet sofort auch die Ausstrahlung von Licht.

• **Infrarotstrahlen** (**IR-Strahlen**). Elektromagnetische Strahlen, die von heißen Objekten ausgesandt werden. Weil sie leicht absorbiert werden, erzeugen sie unter allen elektromagnetischen Strahlen die größte Temperaturerhöhung (siehe Einleitung und **Strahlung** Seite 29). Mit ihnen lassen sich **Wärmebilder** auf bestimmten IR-empfindlichen Filmen erzeugen, die dann z. B. die Temperaturen der Körper abbilden.

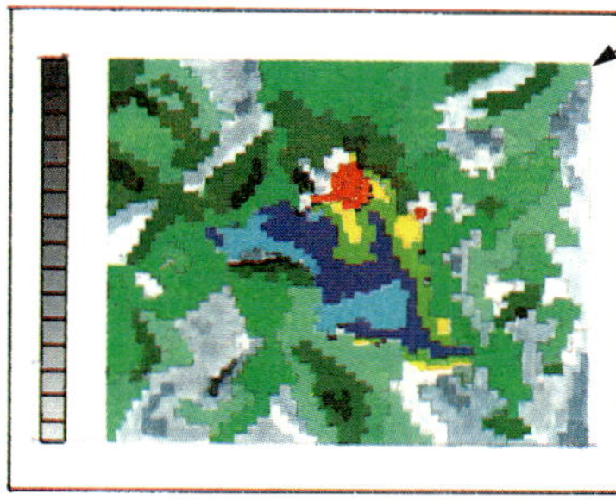

Wärmebild von Seewasser, das zum Kühlen eines **Kernkraftwerks*** benutzt wird (aufgenommen von einem Satelliten).

Das wärmste Wasser erscheint braun, das kälteste blau. Jede Farbe entspricht einem Grad Temperaturdifferenz.

• **Sichtbares Licht**. Elektromagnetische Strahlen, die unser Auge wahrnehmen kann. Sie werden von der Sonne, von **Entladungsröhren*** und von Substanzen erzeugt, die bis zum Glühen erhitzt wurden. Sie rufen chemische Reaktionen hervor, etwa auf einem Fotofilm, und ihre unterschiedlichen **Wellenlängen*** sehen wir als verschiedene Farben (siehe Seite 55).

• **Mikrowellen**. Sehr kurze **Radiowellen**, die etwa im **Radar**gerät benutzt werden, um aus der Laufzeit einer zurückgeworfenen Welle (Echo) die Position eines Gegenstandes zu ermitteln. **Mikrowellenherde** nutzen Mikrowellen, um Speisen schnell gar zu machen.

• **Radiowellen**. Elektromagnetische Strahlen, die entstehen, wenn freibewegliche **Elektronen*** in Antennen durch ein **elektrisches Feld*** zum Schwingen gebracht (und damit beschleunigt) werden. Sie werden zur Übertragung von Nachrichten und Bildern über große Entfernung benutzt.

Eine **Magnetron**röhre erzeugt aus Strom **Mikrowellen.**

Mikrowellen dringen durch Schale, aber nicht durch Metall des Ofens. Sie bringen die Moleküle von Wasser oder Fett zum Schwingen, erzeugen so Hitze, die die Speise gart.

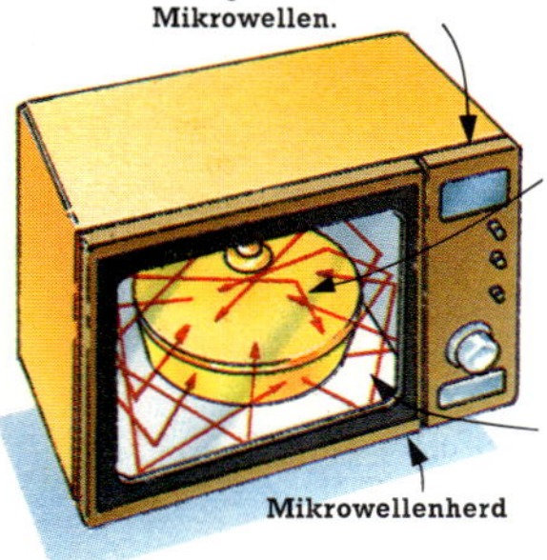

Wellen werden von Ofenwänden reflektiert.

Mikrowellenherd

Radiowellen kurzer **Wellenlänge*** können die Ionosphärenschicht durchdringen und werden zur Kommunikation via Satellit benutzt.

Radiowellen langer **Wellenlänge*** werden von der Ionosphärenschicht reflektiert und dienen zur Nachrichtenübermittlung innerhalb eines Gebiets (Lang- und Mittelwellen) sowie weltweit (Kurzwellen).

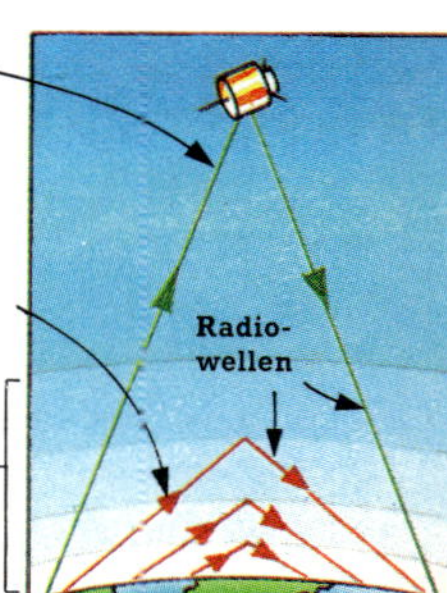

Ionosphäre (Schicht **ionisierten*** Gases in der Lufthülle der Erde)

Erde

* **Elektrisches Feld**, 58; **Elektronen**, 83; **Entladungsröhre**, 80; **Ionisation**, 88; **Kernkraftwerk**, 94; **Wellenlänge**, 34.

Licht

Licht besteht aus **elektromagnetischen Wellen** bestimmter **Frequenzen*** und **Wellenlängen*** (siehe auch Seite 44–45), wird aber meist als **Lichtstrahl** bezeichnet und dargestellt. Ein Lichtstrahl ist normalerweise eine Linie (Pfeil); sie bezeichnet den Weg der Lichtwellen, also die Richtung, in der Energie transportiert wird.

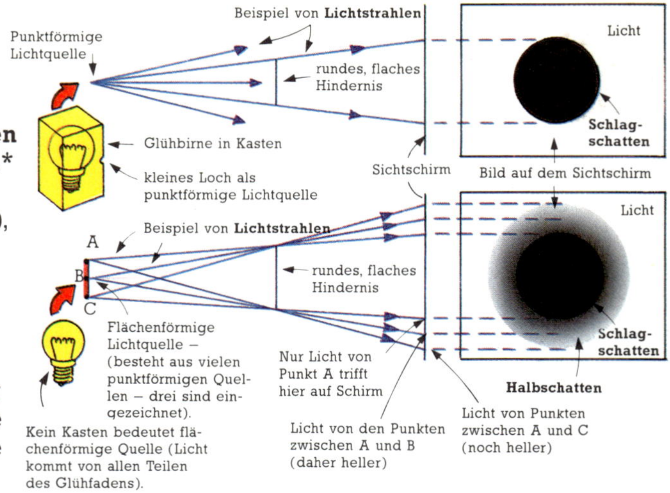

- **Schatten**. Ein Gebiet, das Lichtstrahlen wegen eines Hindernisses auf ihrem Weg nicht erreichen können. Wenn die Lichtquelle punktförmig ist, werden alle Lichtstrahlen gestoppt, es bildet sich ein **Schlagschatten**. Ist die Lichtquelle eher flächenförmig, bildet sich um den Schlagschatten herum ein **Halbschatten** aus.

Reflexion des Lichts

Reflexion (**Spiegelung**) ist die Änderung der Laufrichtung einer Welle beim Auftreffen auf ein Hindernis (siehe Seite 36). Lichtreflexion wird meist mit Spiegeln demonstriert (siehe auch rechts und Seite 48–49). Folgendes sei angemerkt: Wenn in Spiegel- (und **Linsen-***)Diagrammen Objekte und ihre Abbilder gezeichnet sind, sendet das Objekt scheinbar Lichtstrahlen aus. In Wirklichkeit stammen diese Strahlen natürlich von einer Lichtquelle, etwa der Sonne, und werden nur vom Objekt zurückgeworfen.

Einfallender Strahl. Lichtstrahl vor Reflexion (oder **Brechung***)

Einfallswinkel (**i**). Winkel zwischen einfallendem Strahl und der Senkrechten („Einfallslot") durch den Einfallspunkt

Einfallspunkt. Punkt, an dem der **einfallende Strahl** auftritt und zum **reflektierten** (oder **gebeugten***) **Strahl** wird.

Einfallslot (**Normale**). Senkrechte durch einen Punkt, z. B. den **Einfallspunkt**

Reflexionswinkel (**r**). Winkel zwischen reflektiertem Strahl und Einfallslot am Einfallspunkt

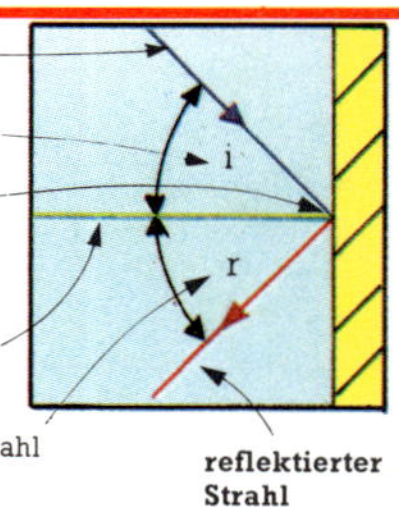

Gesetze der Lichtreflexion

1. Der **reflektierte Strahl** liegt in derselben Ebene wie der **einfallende Strahl** und dem **Einfallslot** (der **Hauptachse**) am **Einfallspunkt**.

2. **Einfallswinkel (i) = Reflexionswinkel (r)**.

- **Gerichtete Reflexion**. Die Reflexion von parallelen **einfallenden Strahlen** (siehe oben), bei der die **reflektierten Strahlen** ebenfalls parallel laufen. Sie tritt auf an sehr glatten Oberflächen, etwa der polierten Fläche eines Spiegels.

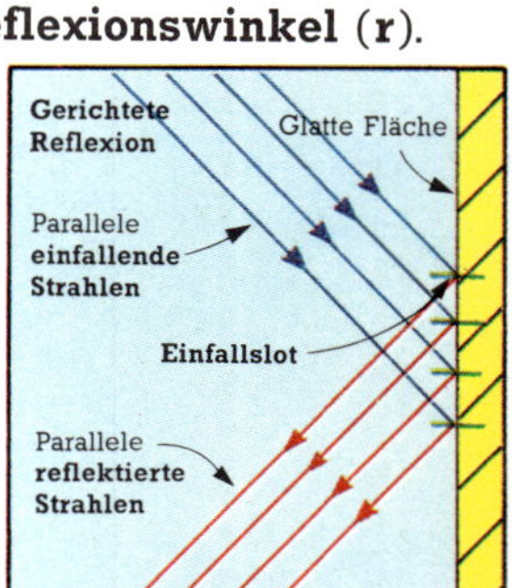

* **Elektromagnetische Wellen**, 44; **Frequenz**, 35; **Linsen**, 52; **gebeugte Strahlen, Beugung**, 50; **Wellenlänge**, 34.

• **Finsternis**. Totales oder teilweises Abschirmen des Lichts von einer Quelle. Das geschieht, wenn ein Objekt sich zwischen Lichtquelle und Beobachter schiebt und einen Schatten wirft. Eine **Sonnenfinsternis** sieht man auf der Erde, wenn der Mond zwischen Erde und Sonne wandert, und eine **Mondfinsternis**, wenn die Erde zwischen Sonne und Mond steht.

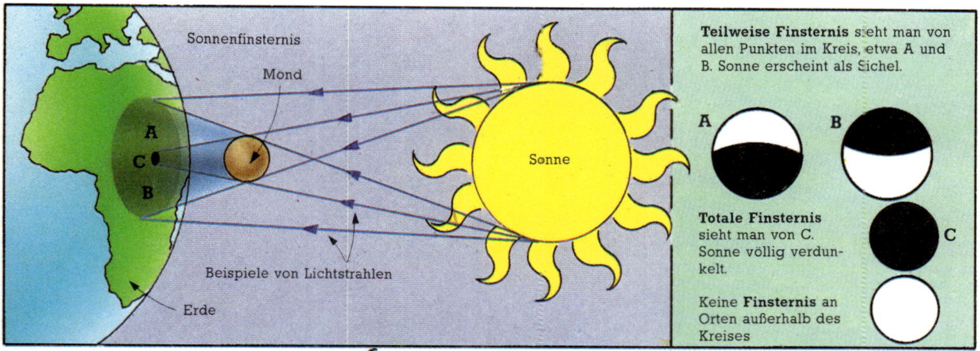

• **Diffuse Reflexion**. Die Reflexion parallel **einfallender Strahlen** an einer rauhen Oberfläche (siehe links), bei der die **reflektierten Strahlen** in unterschiedlichen Richtungen laufen und das Licht gestreut wird. Dies ist die übliche Art der Lichtreflexion, denn die meisten Gegenstände haben rauhe Oberflächen.

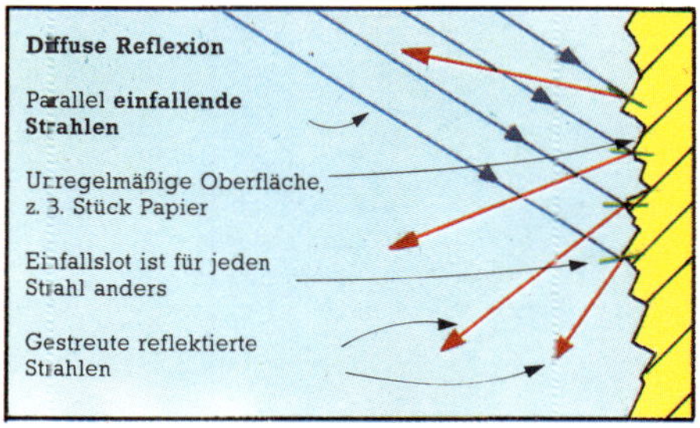

• **Flacher Spiegel** (**Planspiegel**). Ein Spiegel mit flacher Oberfläche (siehe **gekrümmte Spiegel**, Seite 48–49). Das Spiegelbild ist ebenso groß wie das Objekt, in derselben Entfernung „hinter" wie vor dem Spiegel und **seitenverkehrt** (linke und rechte Seite sind vertauscht).

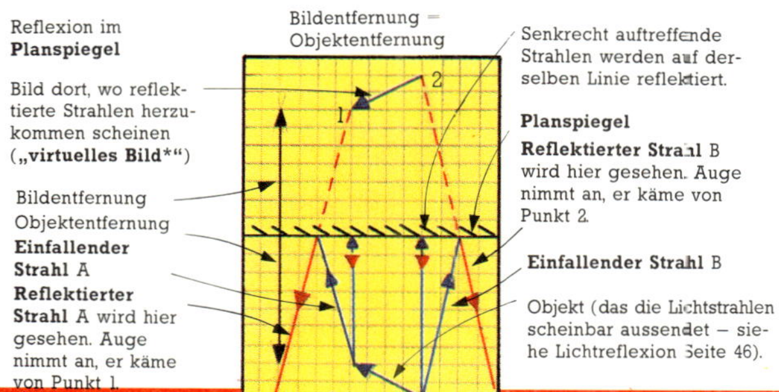

• **Parallaxe**. Die scheinbare Bewegung zweier Objekte relativ zueinander, wie sie einem sich bewegenden Beobachter erscheint. Zum Beispiel scheinen sich zwei Gegenstände, die man aus einem fahrenden Zug beobachtet, aneinander entlang zu bewegen – je größer ihr Abstand voneinander, desto schneller.

* **Virtuelles Bild**, 49 (**Bild**); **Wellenlänge**, 34.

Reflexion des Lichts (Fortsetzung)

Lichtstrahlen werden ebenso von gekrümmten wie von flachen Oberflächen reflektiert und gehorchen dabei den **Reflexionsgesetzen** (siehe Seite 46). Die von **gekrümmten Spiegeln** erzeugten Bilder sind besonders leicht zu beobachten. Es gibt zwei Arten gekrümmter Spiegel – **konkave** (**Hohlspiegel**) und **konvexe Spiegel**. In allen Diagrammen der Lichtreflexion ist das Objekt scheinbar die Quelle der Lichtstrahlen (siehe **Reflexion des Lichts** Seite 46) und bestimmte Punkte (siehe unten) dienen zusammen mit den bekannten Tatsachen über hindurchlaufende Lichtstrahlen zur Konstruktion der reflektierten Strahlen.

Punkte, die zur Konstruktion der reflektierten Strahlen dienen (siehe Seite 52):

Scheitel (**P**). Zentrum eines gekrümmten Spiegels

Krümmungsmittelpunkt (**C**). Mittelpunkt des Kreises, von dem der Spiegel ein Teil ist. Jeder Lichtstrahl, der ihn durchläuft (**Hohlspiegel**) oder auf ihn zuläuft (**Konvexspiegel**), wird in sich selbst reflektiert.

Krümmungsradius (**r**). Entfernung zwischen **Krümmungsmittelpunkt** und **Scheitel**

Öffnung (**Apertur**). Fläche, durch die das auf den Spiegel treffende Licht tritt

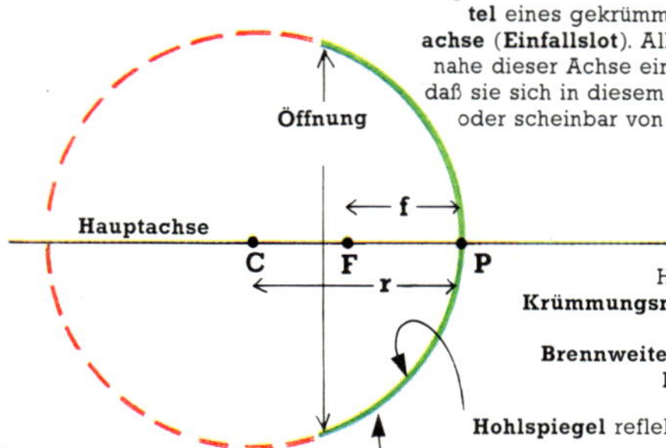

Brennpunkt oder **Fokus** (**F**). Punkt auf halbem Weg zwischen **Krümmungsmittelpunkt** und **Scheitel** eines gekrümmten Spiegels auf der **Hauptachse** (**Einfallslot**). Alle Lichtstrahlen, die auf oder nahe dieser Achse einfallen, werden so reflektiert, daß sie sich in diesem Punkt treffen (**Hohlspiegel**) oder scheinbar von diesem ausgehen (**Konvexspiegel**).

Hauptachse. Gerade durch **Krümmungsmittelpunkt** und **Scheitel**.

Brennweite (**f**). Entfernung zwischen **Brennpunkt** und **Scheitel**

Hohlspiegel reflektiert von dieser Seite.

Konvexspiegel reflektiert von dieser Seite.

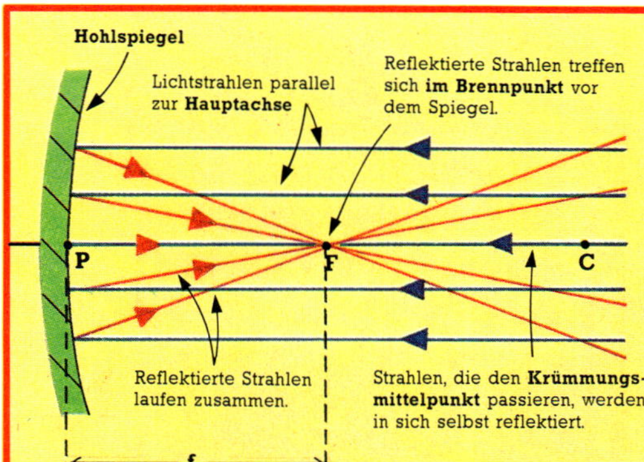

- **Konkav- oder Hohlspiegel**. Ein Spiegel mit nach innen gekrümmter Oberfläche (Teil der Innenseite einer Kugel). Wenn Lichtstrahlen parallel zur **Hauptachse** auf solchen Spiegel fallen, werden sie so reflektiert, daß sie sich im **Brennpunkt** vor dem Spiegel vereinigen. Größe, Position und Art des erzeugten **Bildes** hängen von der Entfernung zwischen Objekt und Spiegel ab.

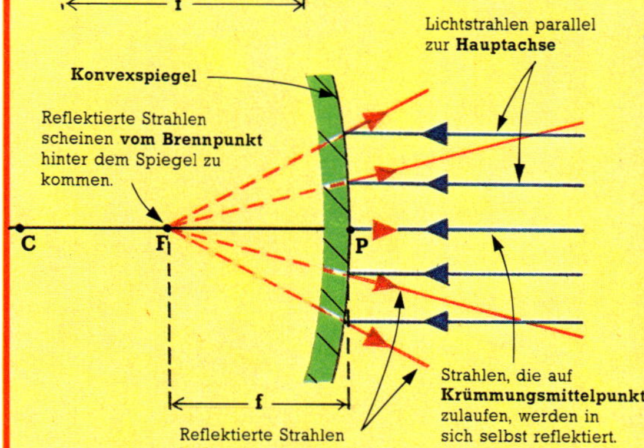

- **Konvexspiegel**. Ein Spiegel mit nach außen gekrümmter Oberfläche (Teil der Außenseite einer Kugel). Wenn Lichtstrahlen parallel zur **Hauptachse** auf solchen Spiegel fallen, werden sie so reflektiert, daß sie vom scheinbaren (virtuellen) **Brennpunkt** hinter dem Spiegel zu kommen scheinen. Die so erzeugten **Bilder** sind stets aufrecht und verkleinert, und einfallende Strahlen sind **virtuelle Bilder** (siehe **Bild**).

Beispiel eines von einem **Hohlspiegel** erzeugten Bildes (Objekt steht im **Krümmungsmittelpunkt**).

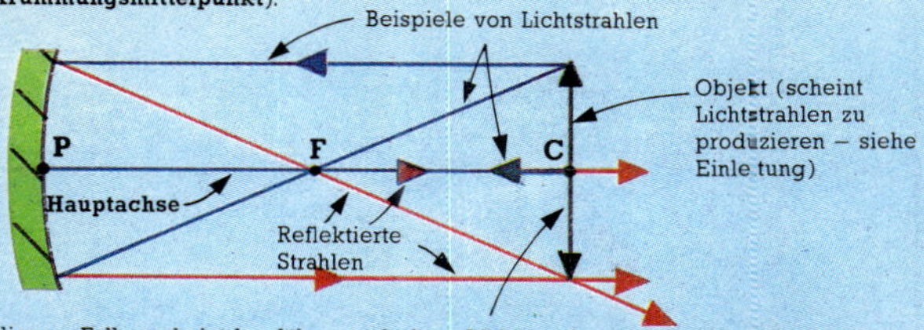

In diesem Fall erscheint kopfüber verdrehtes Bild hier, ist gleich groß wie Objekt und ein **reelles Bild** (reflektierte Strahlen treffen sich dort und laufen dann auseinander).

Von einem **Konvexspiegel** erzeugtes **Bild**

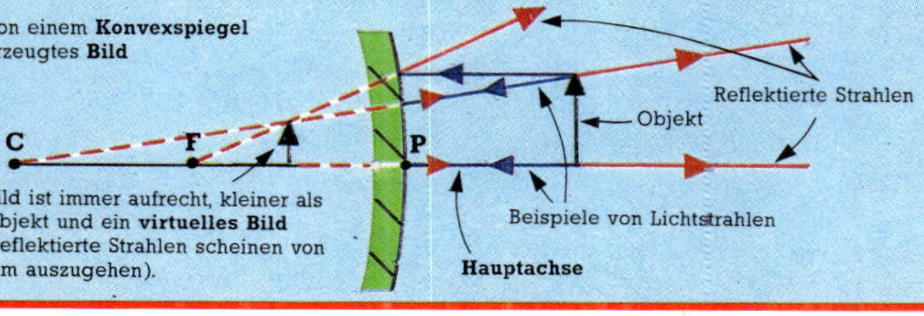

Bild ist immer aufrecht, kleiner als Objekt und ein **virtuelles Bild** (reflektierte Strahlen scheinen von ihm auszugehen).

- **Bild**. Ein Abbild des Objekts an einer anderen Stelle. Ebenso wie ein Objekt nur sichtbar ist, weil Lichtstrahlen von ihm ausgehen, ist ein Bild nur dort zu sehen, von wo die reflektierten Strahlen (ursprünglich vom Objekt) ausgehen (**reelles Bild**), bzw. scheinbar ausgehen (**virtuelles Bild**).

- **Abbildungsgleichung**. Die Verknüpfung zwischen dem Abstand eines Objekts von einem gekrümmten Spiegel oder einer **Linse*** mit dem Abstand seines **Bildes** vom gleichen Punkt und von der **Brennweite** von Spiegel oder Linse. Ein Bild kann an jeder Seite eines Spiegels oder einer Linse entstehen, daher benutzt man eine **Vorzeichenkonvention***, um die wirkliche Position anzugeben.

Abbildungsgleichung:

$$\frac{1}{f} = \frac{1}{v} + \frac{1}{u}$$

mit f = **Brennweite**; v = **Bild**abstand (vom **Scheitel**); u = Objektabstand (vom Scheitel).

Reelles Bild bei positiver Vorzeichenkonvention

1. Alle Abstände werden vom Spiegel aus gemessen.
2. Abstände von Objekten und von **reellen Bildern** sind positiv.
3. Abstände von **virtuellen Bildern** sind negativ.

- **Lineare Vergrößerung**. Verhältnis der Länge eines Objekts zur Länge seines von einem Spiegel oder einer **Linse*** erzeugten Bildes.

$$\text{Lineare Vergrößerung} = \frac{\text{Länge des Bildes}}{\text{Länge des Objekts}}$$

- **Gesetz von der Umkehrbarkeit der Lichtwege**. Legt ein Lichtstrahl während Spiegelung, **Brechung*** und **Beugung*** einen bestimmten Weg zurück, würde ein entgegengesetzt losgeschickter Strahl unter denselben Bedingungen demselben Weg folgen. Parallel zur **Hauptachse** laufende Lichtstrahlen etwa werden von einem **Hohlspiegel** so reflektiert, daß sie sich im **Brennpunkt** treffen. Setzt man in den Brennpunkt eine punktförmige Lichtquelle, so verlassen die Strahlen den Spiegel parallel zur Hauptachse (Scheinwerfer).

Beispiel **linearer Vergrößerung**

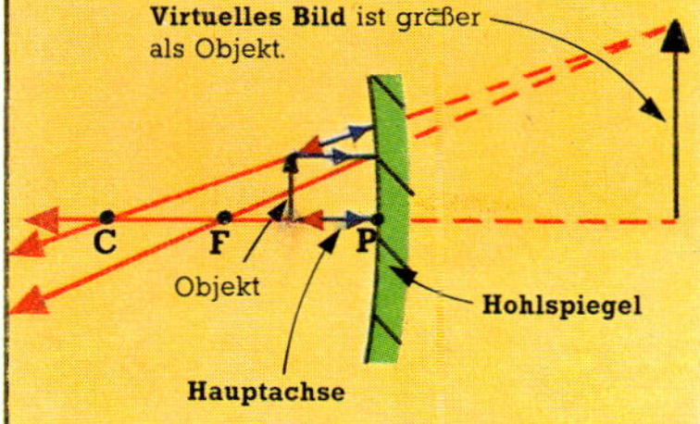

Sphärische Aberration

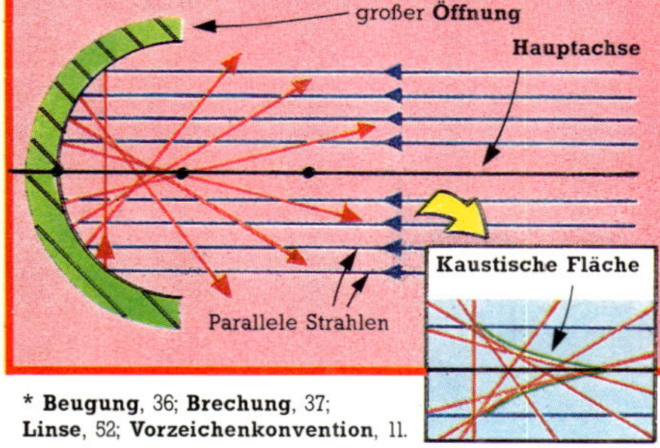

- **Sphärische Aberration**. Dieser Effekt tritt auf, wenn parallel zur **Hauptachse** (aber in unterschiedlichen Abständen von ihr) laufende Lichtstrahlen von einem Hohlspiegel reflektiert werden. Sie treffen sich dann nicht alle im Brennpunkt, sondern an verschiedenen Punkten der Achse, und bilden eine **kaustische Fläche**. Je größer die **Öffnung** (**Apertur**), desto mehr tritt das ein. Das gilt auch für **Linsen*** mit großer Öffnung.

* **Beugung**, 36; **Brechung**, 37; **Linse**, 52; **Vorzeichenkonvention**, 11.

Brechung des Lichts

Brechung (**Refraktion**) nennt man die Richtungsänderung einer Welle, die durch die Änderung ihrer Geschwindigkeit beim Übertritt von einem **Medium*** in ein anderes zustande kommt (siehe Seite 37). Wenn Lichtstrahlen (siehe Seite 46) in ein anderes Medium übertreten, werden sie gebrochen, wie es die **Gesetze der Lichtbrechung** beschreiben. Die neue Laufrichtung hängt davon ab, ob sie in ein dichteres oder dünneres Medium übertreten, ob sie also langsamer oder schneller werden (siehe Schaubild unten).

Brechung an der Grenze zwischen zwei **Medien***

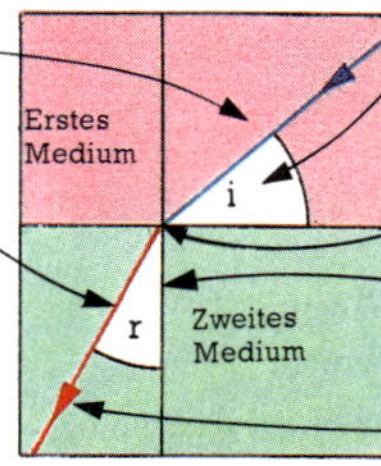

Einfallender Strahl. Licht vor Brechung (oder **Spiegelung***)

Brechungswinkel (**r**). Winkel zwischen **gebrochenem Strahl** und **Hauptachse** am **Einfallspunkt**

Wenn zweites Medium dichter ist, werden Strahlen langsamer und zur **Hauptachse** hin gebrochen. Ist es dünner, wird Strahl schneller und von Hauptachse weg gebrochen.

Einfallswinkel (**i**). Winkel zwischen **einfallendem Strahl** und **Hauptachse** am **Einfallspunkt**

Einfallspunkt. Punkt, an dem der **einfallende Strahl** die Grenze trifft und zum **gebrochenen Strahl** wird (oder **reflektierten***)

Hauptachse. Rechtwinklig zur Grenze durch **Einfallspunkt** laufende Gerade

gebrochener Strahl

Gesetze der Lichtbrechung

1. Der **gebrochene Strahl** liegt in derselben Ebene wie der **einfallende Strahl**, die **Hauptachse** und der **Einfallspunkt.**
2. **Snelliussches Gesetz**. Das Verhältnis von Sinus des **Einfallswinkels** zu Sinus des **Brechungswinkels** ist für jeweils zwei bestimmte **Medien*** eine Konstante. Sie heißt **Brechungsindex** (**n** – siehe Seite 37). Bezogen auf Licht heißt sie auch **optische Dichte** und kann, wie der Brechungsindex in anderen Fällen, aus dem Verhältnis der Lichtgeschwindigkeiten in den beiden Medien bestimmt werden. Siehe auch Bild oben.

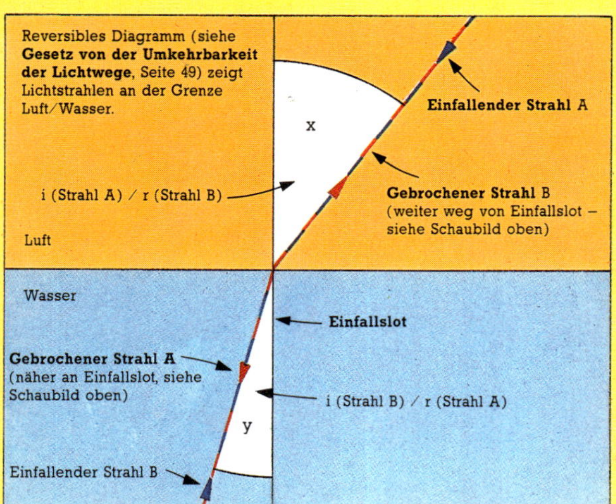

Für jede Laufrichtung wird **Brechungsindex*** des zweiten **Mediums*** relativ zum ersten ${}_1n_2$ geschrieben.

Nach dem **Snellius-Gesetz:**

$$ {}_1n_2 = \frac{\sin i}{\sin r} $$

Medien können auch durch Buchstabenindizes gekennzeichnet werden – ${}_ln_w$ bedeutet Brechungsindex von Wasser relativ zu Luft und ${}_wn_l$ von Luft relativ zu Wasser.

$$ {}_ln_w = \frac{\sin i \text{ (Strahl A)}}{\sin r \text{ (Strahl A)}} = \frac{\sin x}{\sin y} $$

$$ {}_wn_l = \frac{\sin i \text{ (Strahl B)}}{\sin r \text{ (Strahl B)}} = \frac{\sin y}{\sin x} $$

$$ \text{Daher } {}_ln_w = \frac{1}{{}_wn_l} $$

Wenn keine Indizes angegeben sind, ist der Wert der **absolute Brechungsindex***.

* **Absoluter Brechungsindex**, 37 (**Brechungsindex**); **gebrochener Strahl**, **Brechung**, 46; **Medium**, 346.

• Scheinbare Tiefe. Der Ort, an dem ein Objekt in einem **Medium*** zu sein scheint, wenn es von einem anderen Medium aus betrachtet wird. Das Gehirn setzt voraus, daß die Lichtstrahlen auf geraden Linien laufen, in Wirklichkeit aber haben sie beim Grenzübertritt wegen der Brechung ihre Richtung geändert. Daher ist das Objekt nicht dort, wo es sich scheinbar befindet.

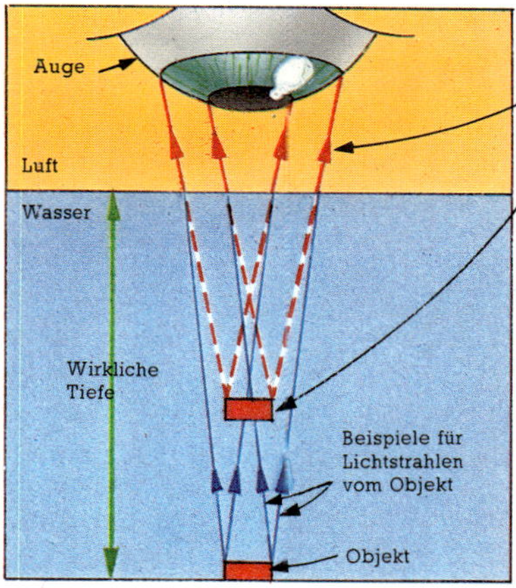

Scheinbare Tiefe

Strahlen werden beim Verlassen des Wassers gebrochen

Gehirn nimmt an, daß Lichtstrahlen geraden Weg genommen haben (gestrichelte Linien), daher wird Objekt hier gesehen.

Aus wirklicher und scheinbarer Tiefe läßt sich der **Brechungsindex*** berechnen.

$${}_{a}n_{w} = \frac{\textbf{wirkliche Tiefe}}{\textbf{scheinbare Tiefe}}$$

$$\left({}_{w}h_{a} = \frac{1}{{}_{a}n_{w}}\right)$$

• Grenzwinkel (c). Der spezielle **Einfallswinkel** eines in ein dünneres **Medium*** eintretenden Strahls, der bewirkt, daß dieser um 90° zum **Einfallslot** gebrochen wird. ▶ Das bedeutet, daß der gebrochene Strahl entlang der Grenzfläche läuft und nicht ins zweite Medium eintritt.

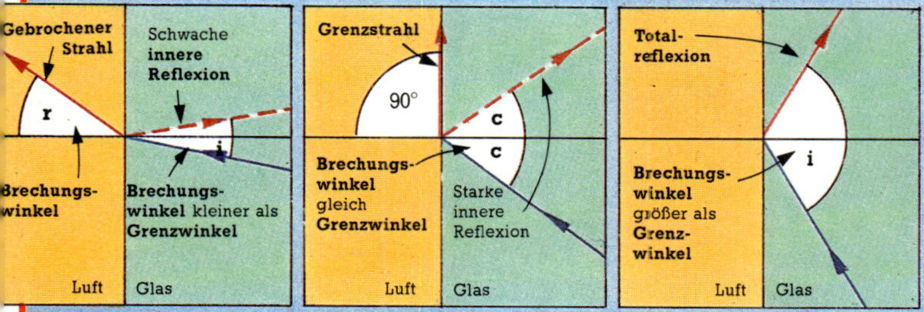

Auch **Grenzwinkel** erlaubt Berechnung des **Brechungsindex***.

$${}_{g}n_{a} = \sin c$$

$$\left({}_{a}n_{g} = \frac{1}{{}_{g}n_{a}}\right)$$

(Beachte: Sinus 90° = 1)

• Totalreflexion. Wenn Licht vom dichteren in dünneres **Medium*** übertritt, findet immer ein gewisses Maß an **Reflexion** ins dichtere Medium zurück statt. Wenn der **Einfallswinkel** größer ist als der **Grenz-** ▶ **winkel**, findet **Totalreflexion** statt, also alles Licht wird ins dichtere Medium reflektiert.

Glasfasern leiten Licht durch **Totalreflexion**. Bündel solcher Fasern finden viele Anwendungen, z. B. in Nachrichtentechnik und Medizin (etwa in **Endoskopen**, mit denen Ärzte ins Körperinnere sehen können).

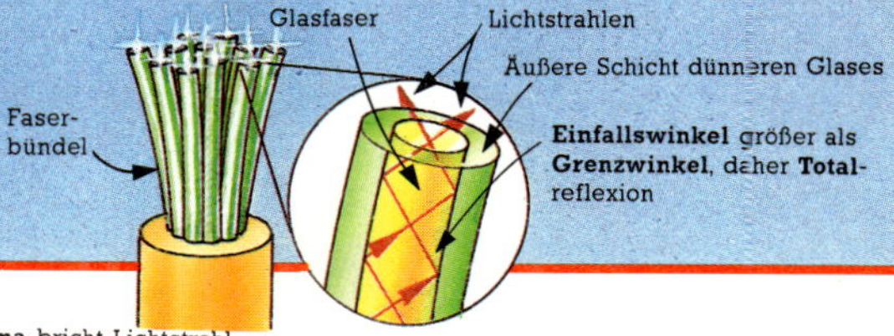

• Prisma. Ein durchsichtiger Körper mit zwei lichtbrechenden Oberflächen in einem bestimmten Winkel zueinander. Prismen werden benutzt, um Licht in Spektralfarben zu zerlegen **(Dispersion*)**; außerdem ändern sie durch Brechung und **Totalreflexion** die Richtung einfallenden Lichts.

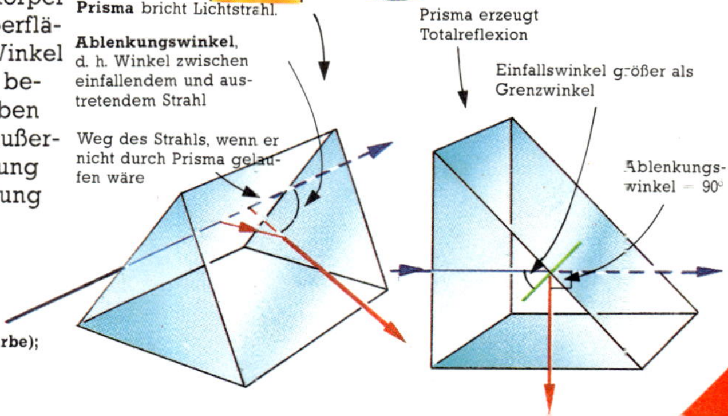

* **Brechungsindex**, 37; **Dispersion**, 54 **(Farbe)**; **Medium**, 346.

Lichtbrechung (Fortsetzung)

Lichtstrahlen werden an gekrümmten Flächen, zum Beispiel **Linsen**, ebenso gebrochen wie an ebenen; die Vorgänge dabei beschreiben die **Brechungsgesetze** (siehe Seite 50). Im Gegensatz zu ebenen Flächen aber werden hier Abbilder erzeugt. Es gibt zwei Linsengrundformen, **konvexe** und **konkave Linsen**, auch **Sammel-** und **Zerstreuungslinsen** genannt. Ihr Lichtbrechungsvermögen hängt von ihrem **Brechungsindex** im Verhältnis zum äußeren **Medium*** ab. In allen Diagrammen der Lichtbrechung ist das Objekt scheinbar die Quelle der Lichtstrahlen (siehe **Reflexion des Lichts** Seite 46), und bestimmte Punkte (siehe unten) dienen zusammen mit den bekannten Tatsachen über hindurchlaufende Lichtstrahlen zur Konstruktion der gebrochenen Strahlen. Die Position von Objekt und seinem Abbild kann mit Hilfe der **Abbildungsgleichung*** bestimmt werden.

Punkte, die zur Diagramm-Konstruktion benutzt werden, siehe Seite 48. Alle gezeigten Linsen gehören zu den dünnen Linsen (d. h. ihre Dicke ist klein gegenüber ihrer **Brennweite**). Obwohl Lichtstrahlen in Wirklichkeit beim Ein- und Austritt gebeugt werden, zeichnet man sie so, als ob sie nur einmal gebrochen würden: an einer senkrechten Linie durch das optische Zentrum der Linse.

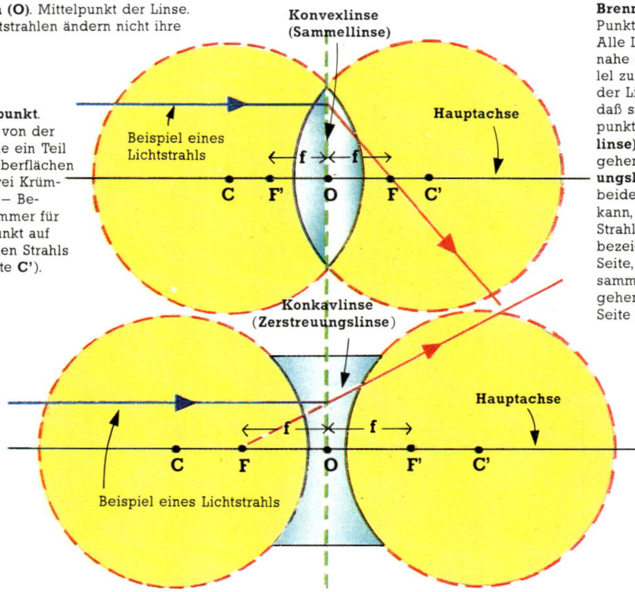

Gläserne **Konvexlinse** in Luft wirkt als **Sammellinse.**

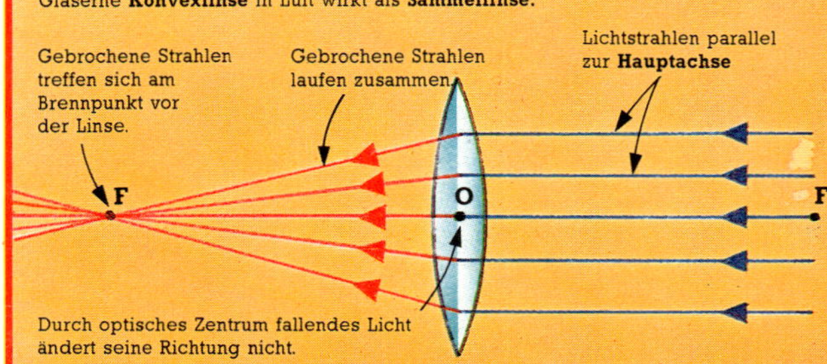

Gläserne Konvexlinse in einem **Medium*** dichter als Glas wirkt als **Zerstreuungslinse.**

- **Sammellinse.** Eine Linse, die auf sie fallende parallele Lichtstrahlen in einem **Brennpunkt** auf der anderen Linsenseite zusammenführt. Sowohl **konkave** als auch **konvexe Linsen** können als Sammellinsen wirken, das hängt von ihrem **Brechungsindex*** relativ zum umgebenden **Medium*** ab.

* **Abbildungsgleichung,** 49; **Brechungsindex,** 37; **Medium,** 346.

- **Konvexlinse.** Eine Linse mit mindestens einer nach außen gekrümmten Fläche. Eine Linse mit einer nach außen und einer nach innen gekrümmten Fläche ist konvex, wenn ihre Mitte dicker ist als ihre Ränder. Eine gläserne Konvexlinse in Luft wirkt als **Sammellinse.** Größe, Position und Art des von ihr erzeugten Bildes (**reell*** oder **virtuell***) hängt davon ab, wie groß der Abstand Linse – Objekt ist.

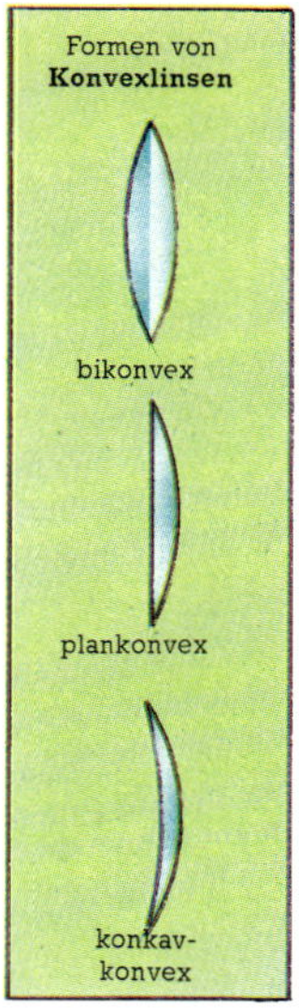

- **Konkavlinse.** Eine Linse mit mindestens einer nach innen gekrümmten Fläche. Eine Linse mit einer nach außen und einer nach innen gekrümmten Fläche ist konkav, wenn ihre Mitte dünner ist als ihre Ränder. Eine gläserne Konkavlinse in Luft wirkt als **Zerstreuungslinse.** Der Abstand des Objekts zur Linse kann variieren, doch das erzeugte Bild ist immer vom gleichen Typ.

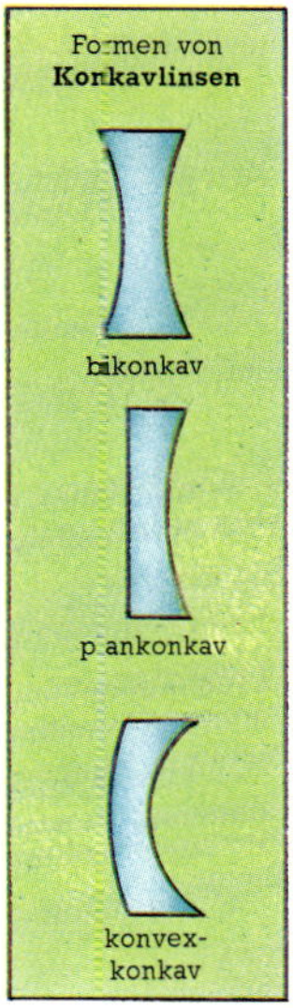

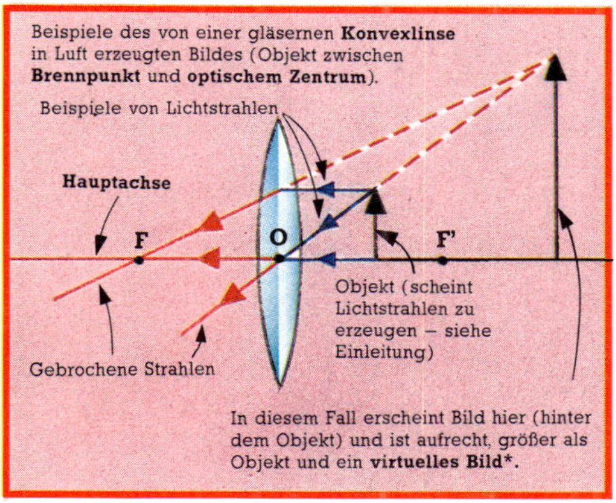

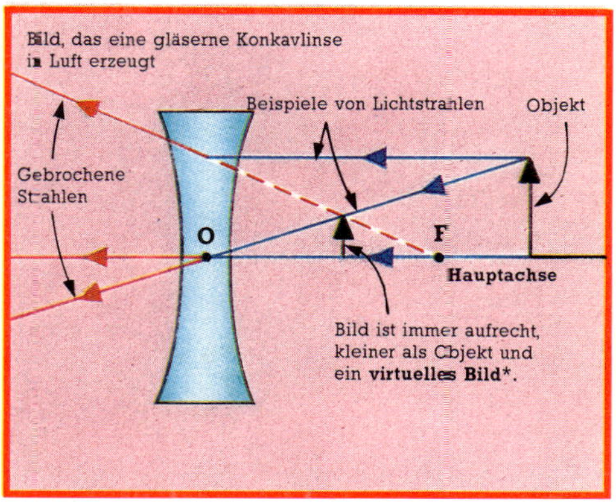

- **Vergrößerung (P).** Ein Maß für die Fähigkeit einer Linse, zu sammeln oder zu zerstreuen, angegeben in **Dioptrien** (wenn **Brennweite** in Metern gemessen wird). Je kürzer die Brennweite, desto stärker vergrößert die Linse.

$$P = \frac{1}{f}$$

mit P = **Vergrößerung** der Linse; f = **Brennweite**

Gläserne **Konkavlinse** in Luft wirkt als **Zerstreuungslinse.**

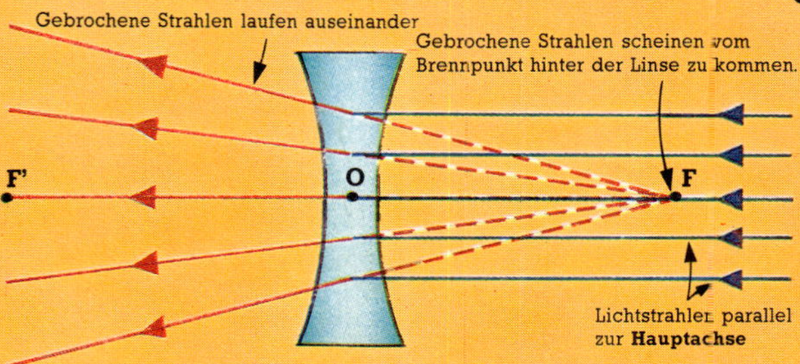

Gläserne Konkavlinse in einem **Medium*** dichter als Glas wirkt als **Sammellinse.**

- **Zerstreuungslinse.** Eine Linse, die auf sie fallende parallele Lichtstrahlen so auseinanderlaufen läßt, als ob sie von einem **Brennpunkt** auf derselben Seite wie Lichteintritt kommen. Sowohl **konkave** als auch **konvexe Linsen** können als Zerstreuungslinsen wirken, das hängt von ihrem **Brechungsindex*** relativ zum umgebenden **Medium*** ab.

* **Brechungsindex,** 37; **Medium,** 346; **Reelles Bild, Virtuelles Bild,** 49 (**Bild**).

Optische Instrumente

Ein **optisches Instrument** erzeugt mit Hilfe von **Linsen*** oder **gekrümmten Spiegeln*** Bilder von entfernten oder kleinen Objekten. Unten einige häufig benutzte optische Instrumente.

- **Kamera.** Ein Gerät, um Bilder auf einem lichtempfindlichen Film festzuhalten. Das vom Kameraobjekt erzeugte Bild ist seitenverkehrt und kopfstehend, aber ein **reelles Bild***.

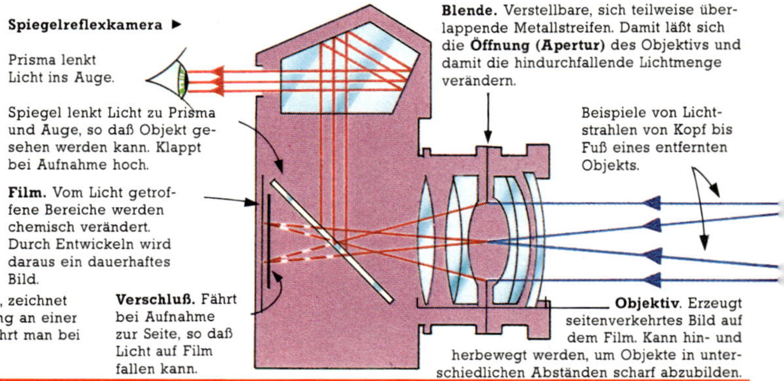

Wie schon auf Seite 52 erwähnt, zeichnet man bei Linsen nur die Brechung an einer Mittelpunktslinie. Ähnlich verfährt man bei Linsensystemen.

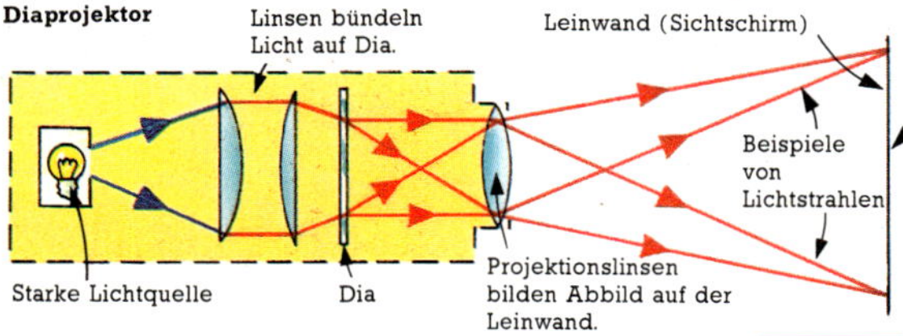

◄ - **Diaprojektor.** Gerät, um von Dias vergrößerte Bilder auf eine Leinwand zu projizieren.

- **Mikroskop.** Gerät, um sehr kleine Gegenstände vergrößert zu betrachten. Es besteht aus mehreren Linsensystemen. Eine einzelne Vergrößerungs**linse*** nennt man **Lupe.**

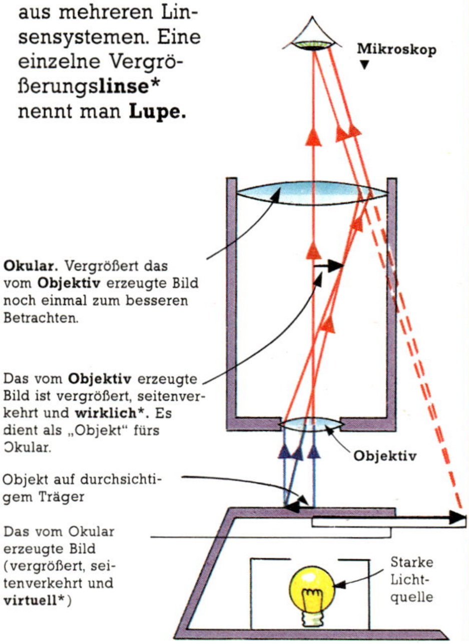

Farbe

Wenn alle verschiedenen **Wellenlängen*** des **sichtbaren Lichts** (siehe Seite 45) gleichzeitig ins Auge fallen, sehen wir weißes Licht. Andererseits kann weißes Licht durch **Brechung*** in diese Wellenlängen aufgespalten werden (**Dispersion**), so daß ein **Spektrum des sichtbaren Lichts** entsteht. Das kann ungewollt geschehen (siehe **chromatische Aberration** oder auch beim Regenbogen) oder beabsichtigt, etwa im **Spektrometer**.

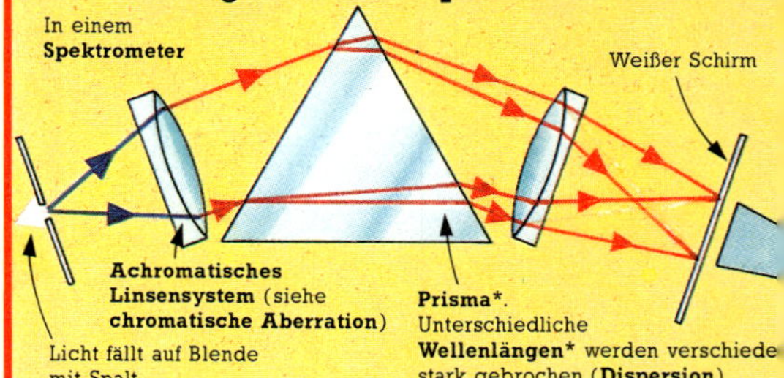

* **Brechung,** 50; **Gekrümmte Spiegel,** 48; **Linsen,** 52; **Prisma,** 51; **Reelles Bild, Virtuelles Bild,** 49; **Wellenlänge,** 34.

● **Teleskop (Fernrohr).** Gerät zum vergrößerten Beobachten weit entfernter (und dadurch kleiner) Objekte

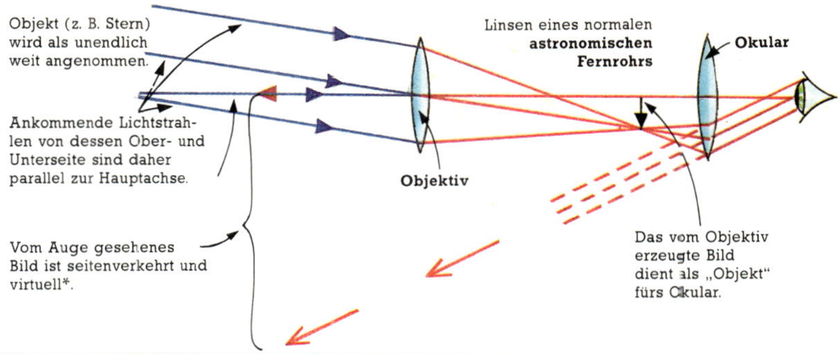

● **Sehwinkel.** Der Winkel am Auge, den die zwei ins Auge treffenden Grenzstrahlen von Ober- und Unterseite eines Gegenstands bilden. Je größer der Winkel, desto größer erscheint der Gegenstand. Vergrößernde optische Geräte, etwa **Mikroskope,** erzeugen ein Bild mit größerem Sehwinkel als der vom Gegenstand selbst erzeugte. Die **Vergrößerung** eines solchen Geräts berechnet sich daher aus dem Verhältnis dieser beiden Winkel.

● **Chromatische Aberration.** Der Rand aus **Farben** (siehe **Spektrum des sichtbaren Lichts** unten links), den manche Gegenstände beim Betrachten durch einfache Linsen haben. Ursache ist die **Dispersion** (siehe **Farbe**). Um sie zu vermeiden, sind in guten Instrumenten Linsen aus unterschiedlichen Gläsern so zusammengestellt, daß die Dispersion möglichst klein ist **(achromatische Objektive und Okulare).**

$$\text{Vergrößerung} = \frac{\textbf{Sehwinkel mit Instrument}}{\textbf{Sehwinkel des Objekts ohne Instrument}}$$

● **Spektrum des sichtbaren Lichts.** In die einzelnen **Wellenlängen*** aufgespaltenes sichtbares (ursprünglich weißes) Licht. Wir nehmen die **Wellenlängen*** als unterschiedliche Farben wahr – siehe **sichtbares Licht** Seite 45.

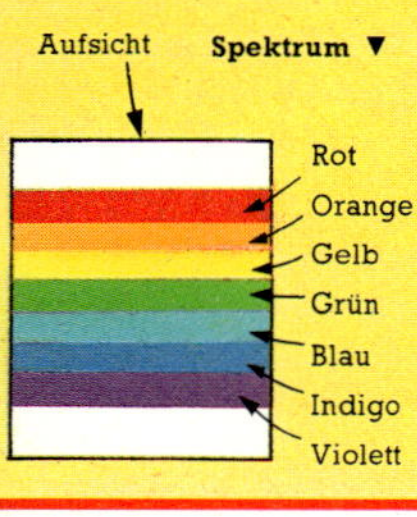

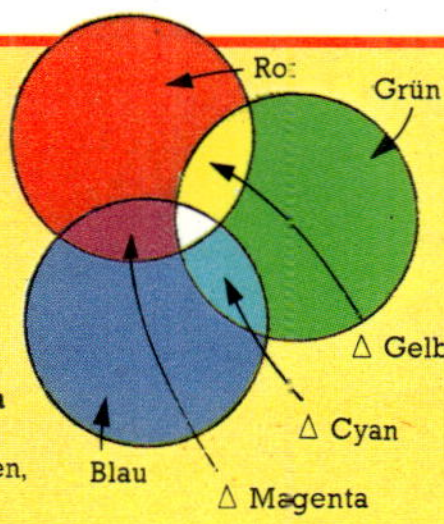

● **Grundfarben.** Licht roter, blauer und grüner Farbe kann nicht durch Mischen anderer Lichtfarben erzeugt werden. In gleichen Teilen additiv gemischt (siehe rechts) ergeben sie Weiß, in unterschiedlichen Anteilen gemischt erzeugen sie jede Farbe des **Spektrums**.

● **Farbmischung.** Läßt man Lichtstrahlen in den **Grundfarben** auf einen weißen Schirm fallen, ergeben sie, je nach Anteil, alle Farben des Spektrums und Weiß (**additive Mischung**). Läßt man weißes Licht durch eine Folie (Filter) in eine der Grundfarben fallen, läßt sie nur diese Farbe durch und hält alle anderen zurück. Mit mehreren Filtern läßt sich jede Farbe ausblenden, bis kein Licht mehr ankommt (= schwarz). Mit schwächeren Filtern lassen sich aus dem Weiß andere Farben erzeugen, die im Spektrum nicht vorkommen (etwa Braun); das nennt man **subtraktive Mischung**.

* **Hauptachse,** 52; **Virtuelles Bild,** 49; **Wellenlänge,** 34.

Statische Elektrizität

Elektrizität ist eine Erscheinung, die durch die Gegenwart oder Bewegung elektrisch geladener Teilchen **(Elektronen*** oder **Ionen*)** hervorgerufen wird, die eine **elektrische Kraft*** erzeugen. Ein Stoff heißt negativ geladen, wenn er einen Überschuß an Elektronen enthält, und eine positive Ladung ist ein Mangel an Elektronen. Ein **elektrischer Strom** (siehe Seite 60) ist die Bewegung von Elektronen durch einen Stoff, also eine Übertragung von Ladung – im Gegensatz zu statischer Elektrizität; dort geht es um Ladungen, die relativ fest in den Stoffen ruhen.

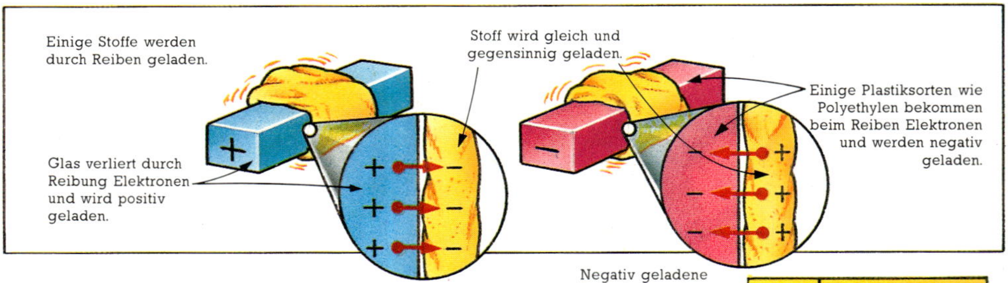

- **Erstes Gesetz der Elektrostatik.** Gleiche Ladungen stoßen sich ab, ungleiche ziehen sich an. Ein geladenes Teilchen zieht ein ungeladenes durch **Induktion** an.

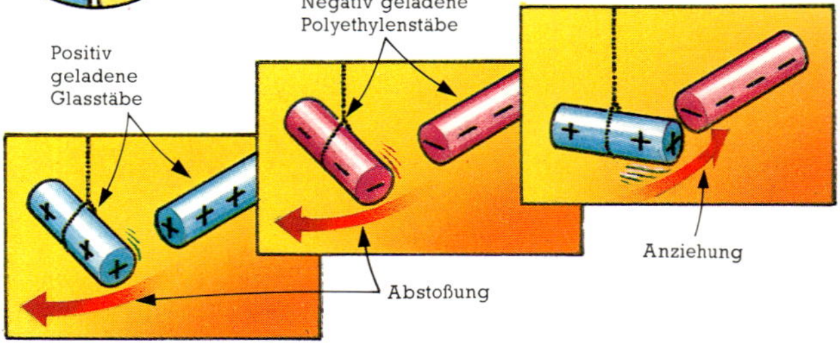

- **Leiter.** Ein Stoff, der große Mengen freibeweglicher Elektronen enthält (siehe **Leitfähigkeit** Seite 62). Er kann daher Elektrizität leiten (z. B. einen **elektrischen Strom**). Gute Leiter sind Metalle, wie etwa Kupfer, Aluminium und Gold.

- **Isolator.** Ein Stoff mit wenigen oder keinen freibeweglichen Elektronen, also ein schlechter **Leiter.** Einige Isolatorstoffe werden durch Reiben etwa mit Wolle elektrisch aufgeladen, weil Elektronen der Oberflächenatome auf die Oberfläche der Wolle übertragen werden, aber die Ladungen dringen nicht ins Stoffinnere.

- **Elektroskop.** Ein Gerät zum Nachweis kleiner Mengen elektrischer Ladung. Ein **Goldblattelektroskop** ist die meistbenutzte Bauform. Wenn Blatt und Stab geladen werden, stoßen sie sich ab, und das Blatt spreizt sich ab; je größer die Ladung, desto mehr. Mit einer Skala ausgerüstet, nennt man es **Elektrometer**.

Goldblattelektroskop

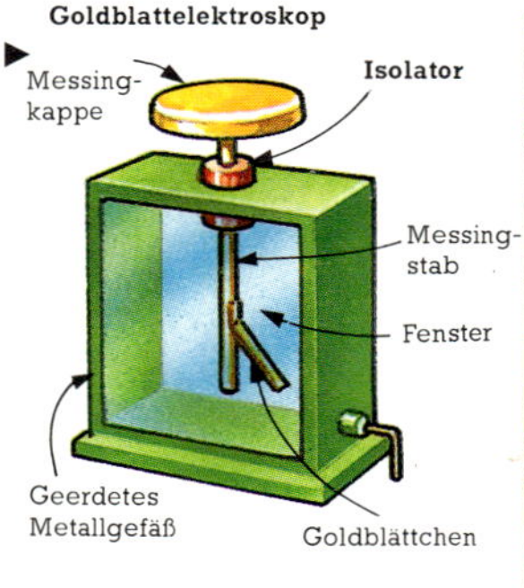

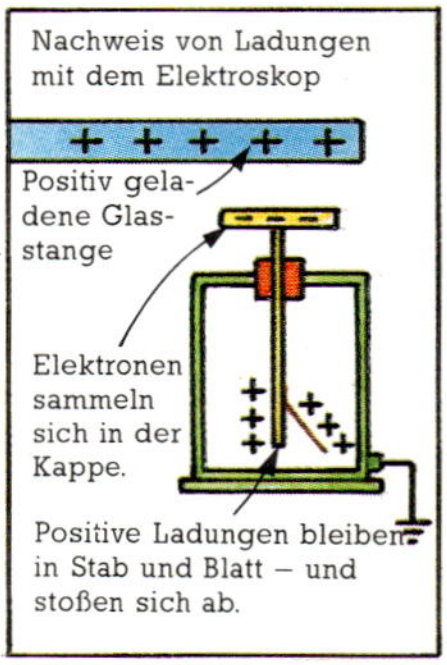

* **Elektrische Kraft**, 6; **Elektronen**, 83; **Ionen**, 88 **(Ionisation)**.

• Induktion. Ein Vorgang, bei dem ein **Leiter** durch ein anderes geladenes Objekt aufgeladen wird, ohne es zu berühren. Üblicherweise sammeln sich Ladungen wegen der Anziehungs- und Abstoßungskräfte an verschiedenen Stellen eines Körpers. Entzieht man eine Ladung (etwa die positive), bleibt der Körper (negativ) aufgeladen zurück.

Aufladen eines **Leiters** durch **Induktion**

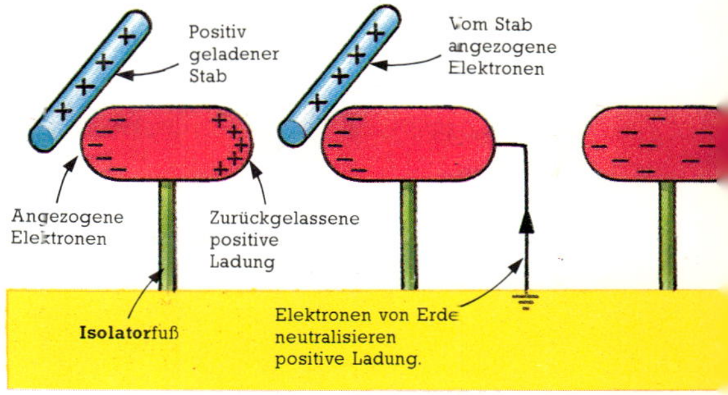

• Probekugel. Eine kleine Kugel aus Metall an einem **isolierenden** Stab. Sie wird zum Übertragen von Ladungen benutzt.

• Ladungsdichte. Die Ladungsmenge pro Flächeneinheit auf der Oberfläche eines Körpers. Sie ist an gekrümmten Stellen größer, daher sammeln sich Ladungen bevorzugt an Spitzen (siehe **Spitzenentladungen**). Nur eine Kugel besitzt konstante Ladungsdichte.

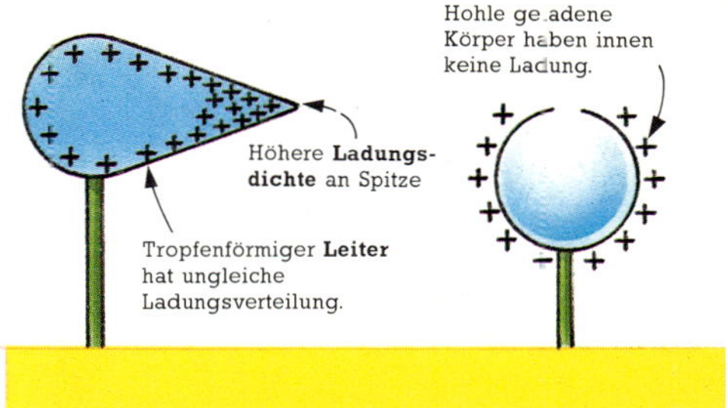

• Spitzenentladung. Die Vorgänge um die Spitze eines positiv geladenen Körpers. Positive Luftionen werden durch die hohe Spitzenladung abgestoßen (siehe **Ladungsdichte**). Sie kollidieren dann mit Luftmolekülen und schlagen aus ihnen Elektronen heraus, so daß noch mehr positive Ionen entstehen. Das Resultat ist ein **elektrischer Wind** aus Luftmolekülen.

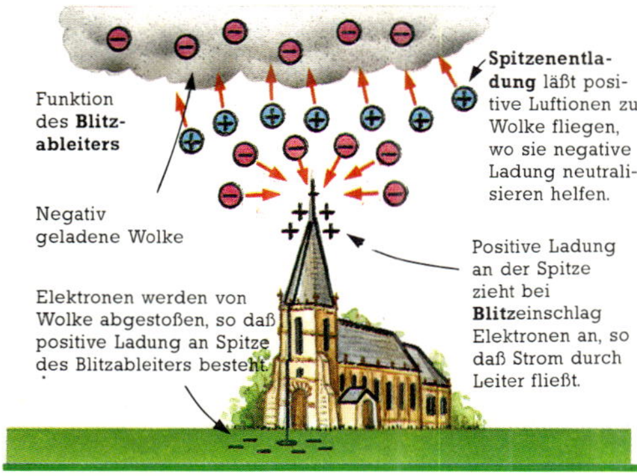

• Blitz. Plötzlicher Stromfluß aus einer Wolke, die durch Aneinandertreffen von Wasser und Luftmolekülen aufgeladen wurde. Ein **Blitzableiter** hilft durch **Spitzenentladung**, die Ladung aus der Wolke aufzufangen und die Elektrizität in die Erde zu leiten, damit sie nicht durchs Gebäude fließt.

• Van de Graaf-Generator. Eine Maschine, die mit Hilfe **mechanischer Energie*** elektrische Ladung erzeugt. Ein bewegliches Band sammelt durch Reibung oder anderswie erzeugte Ladungen und lädt sie (von innen her) an einer isolierten Metallkugel ab.

Van de Graaf-Generator

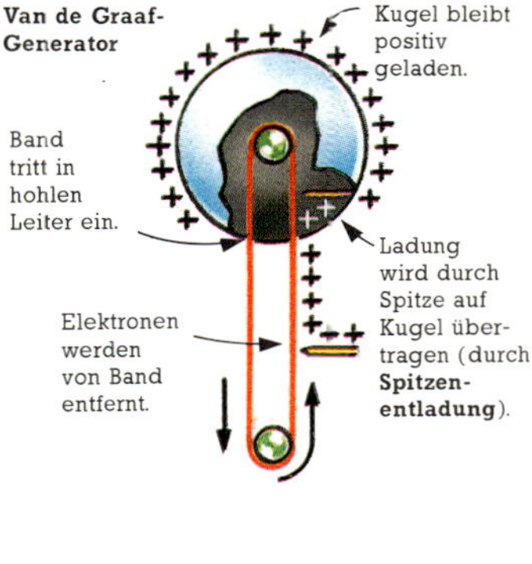

• Elektrophor. Ein Gerät aus einem negativ geladenen **Isolator** und einem Messingplättchen an einem isolierenden Handgriff. Man kann damit mehrere positive aus einer negativen Ladung erzeugen.

* **Mechanische Energie**, 9.

Potential und Kapazität

Ein Unterschied der elektrischen Ladung zweier Punkte erzeugt ein **elektrisches Feld***, also ein **Kraftfeld***, in dem geladene Teilchen eine **elektrische Kraft*** verspüren. Die Stärke eines elektrischen Feldes an einem bestimmten Punkt entspricht der Kraft, die es auf eine positive Einheitsladung ausübt, und seine Richtung ist die Richtung dieser Kraft (siehe auch Seite 104–107). Geladene Teilchen im elektrischen Feld besitzen je nach Lage **potentielle Energie*** (in der Elektrizitätslehre nennt man das **Potential**).

Elektrische Felder zweier entgegengesetzter Ladungen und einer einzelnen Punktladung.

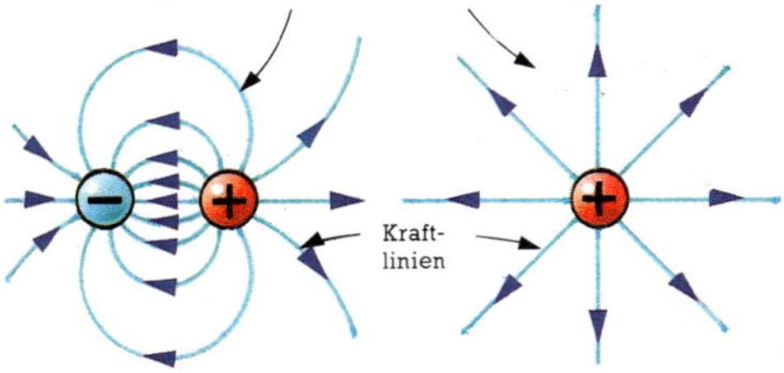

Elektrische Kraft*

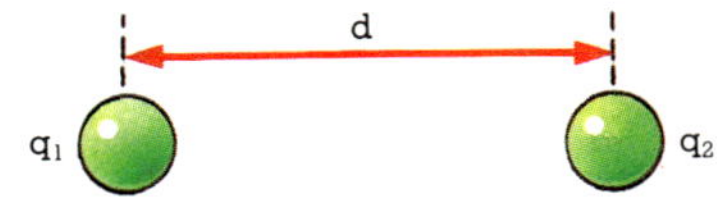

$$F \sim \frac{q_1 q_2}{d^2}$$

mit F = **elektrische Kraft***; q_1 und q_2 = Größe der Ladungen; d = Abstand.

- **Potential.** Die Energie, die eine Ladung in einem elektrischen Feld besitzt, weil eine Kraft auf sie wirkt (ähnlich der **potentiellen Energie*** einer Masse im Schwerefeld durch die **Gravitation***). Die Energie einer Ladung hängt von ihrer Größe und dem Potential ihres Aufenthaltsortes ab. Eine positive Ladung versucht, sich in ein Gebiet mit kleinerem Potential zu bewegen; sie bewegt sich den **Potentialberg** hinunter. Das Potential kann man nicht messen, wohl aber die **Potentialdifferenz** zwischen zwei Punkten. ▼

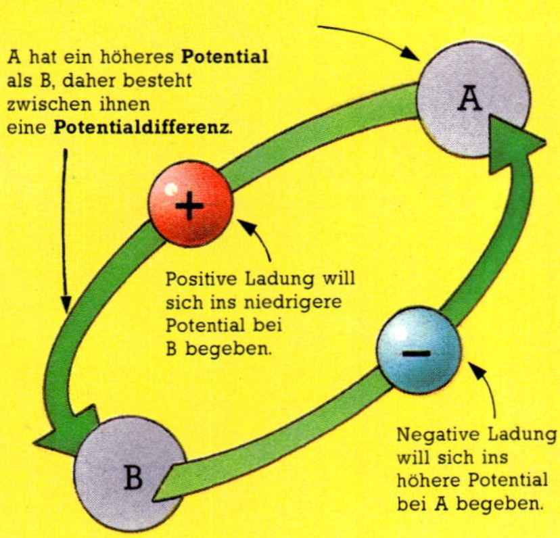

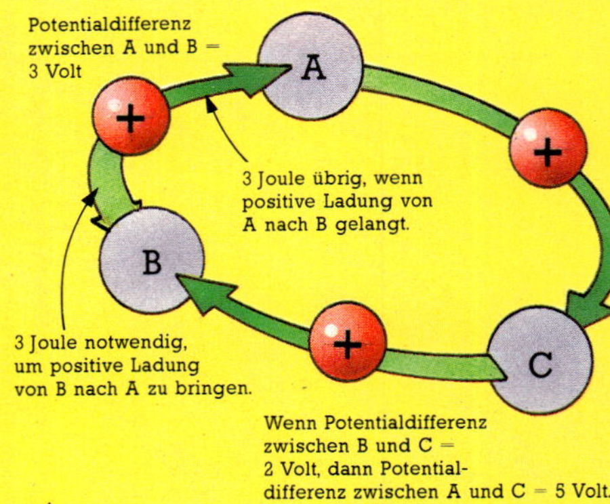

▲

- **Potentialdifferenz**. Der **Potential**unterschied zwischen zwei Punkten. Er entspricht der Energieänderung, wenn eine positive Einheitsladung von einem zum anderen Punkt im elektrischen Feld verschoben wird. Die Einheit der Potentialdifferenz (auch **Spannung** genannt) ist **Volt**. Wenn eine Ladung von 1 **Coulomb*** sich durch 1 Volt bewegt, ist damit eine Energieänderung von 1 Joule verbunden. Als Bezugspunkt wird meist die Verbindung zur Erde gewählt und als Nullpotential angenommen.

- **Äquipotentialfläche.** Eine Fläche, in der das **Potential** konstant ist.

* **Coulomb**, 60; **Elektrische Kraft, Kraftfeld, Gravitation**, 6; **Potentielle Energie**, 8.

Kapazität

Wenn man eine Ladung auf einen **Leiter*** überträgt, ändert sich dessen **Potential. Kapazität** heißt das Verhältnis zwischen zugeführter Ladung und Steigerung des Potentials. Ein Körper hoher Kapazität braucht eine größere Ladung, um sein Potential um denselben Betrag zu steigern wie ein Körper kleiner Kapazität.

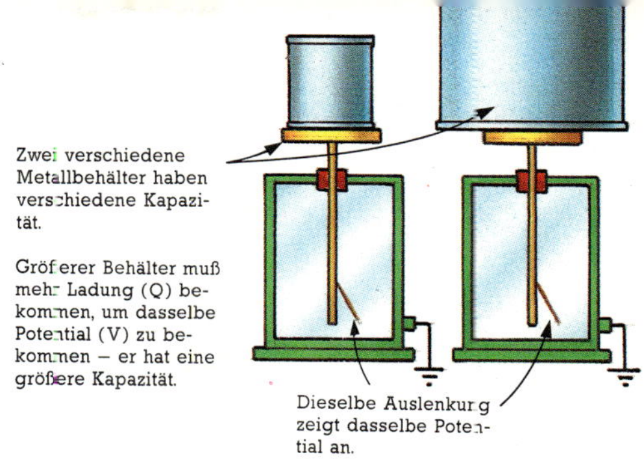

- **Farad**. Die Einheit der Kapazität. Sie ist definiert als die Kapazität eines Körpers, dessen **Potential** um 1 **Volt** steigt bei Hinzufügen einer Ladung von 1 **Coulomb***.

$$C = \frac{Q}{V}$$

mit C = Kapazität, Q = Ladung, V = Potential

- **Kondensator**. Ein Gerät zum Speichern elektrischer Ladungen. Es besteht aus zwei Metallplatten, getrennt durch isolierendes Material, genannt **Dielektrikum**. Die Kapazität eines Kondensators hängt unter anderem vom benutzten Dielektrikum ab.

Kondensator

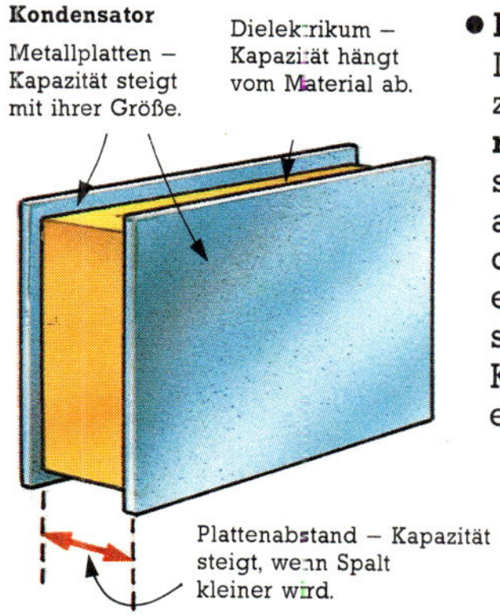

- **Dielektrizitätskonstante**. Das Kapazitätsverhältnis von zwei gleichen **Kondensatoren**, einer mit einem bestimmten **Dielektrikum**, der andere mit Vakuum zwischen den Platten. Der Wert ist also ein Faktor, um wieviel ein bestimmtes Dielektrikum die Kapazität eines Kondensators erhöht.

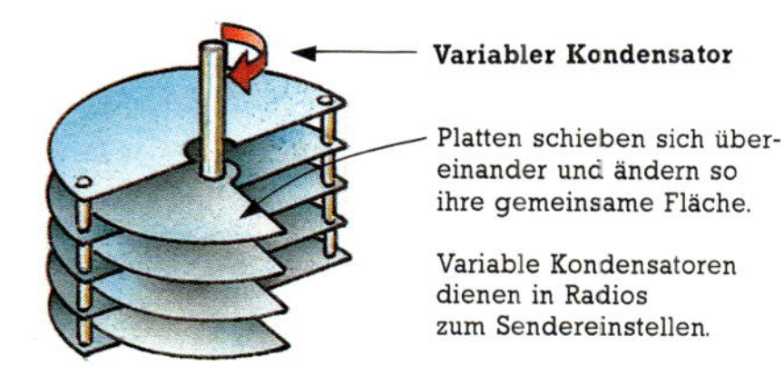

- **Variabler Kondensator (Drehkondensator). Kondensator** aus zwei Paketen von Metallscheiben, mit Luft als **Dielektrikum**, die sich gegeneinander verdrehen lassen. Mit der Überlappungsfläche ändert sich die Kapazität.

- **Papierkondensator**. Ein **Kondensator**, der aus zwei Metallfolien mit dazwischen gelegtem Wachspapier aufgewickelt ist. Polyesterkondensatoren haben Kunststoffolie als **Dielektrikum.**

Papier- oder **Polyesterkondensator**

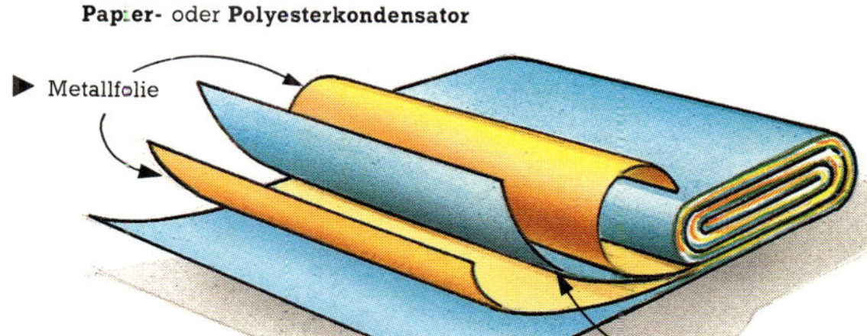

- **Elektrolytkondensator**. Ein **Kondensator** mit einer Paste (Lauge) als **Dielektrikum**, die ihm bei kleinem Volumen hohe Kapazität gibt. Das setzt allerdings voraus, daß er richtig gepolt wird.

- **Leidener Flasche**. Ein **Kondensator** für hohe Spannungen aus einer Glasflasche mit Metallfolie innen und außen. Es war eine der ersten Kondensator-Formen.

* **Coulomb**, 60; **Leiter**, 56.

Elektrischer Strom

Ein **elektrischer Strom** (**I**) ist ein Fluß von **Elektronen** (negativ geladenen Teilchen – siehe Seite 83) durch ein Material, also eine Übertragung elektrischer Ladung. Elektronen bewegen sich nur in einem **elektrischen Feld***, das einen **Potential***unterschied zwischen zwei Punkten erzeugt. Daher braucht man eine **Potentialdifferenz** (eine elektrische **Spannung**), um einen Strom fließen zu lassen. Eine **Schaltung** ist eine geschlossene Drahtschleife, bestehend aus einer Stromquelle und einer oder mehreren elektrischen Komponenten (Bauteilen), durch die Strom fließt.

- **Elektromotorische Kraft** ▶ (**EMK**). Die von einer **Galvanischen Zelle***, einer **Batterie*** oder einem **Generator*** erzeugte **Potentialdifferenz***, die in einer Schaltung einen Strom fließen läßt. Eine **EMK-Quelle** (eine **Spannungsquelle**) hat zwei **Pole** (an die Drähte angeschlossen werden), zwischen denen eine Potentialdifferenz besteht. Eine **Rückspannung** ist eine von einem Bauteil der Schaltung erzeugte, der Spannungsquelle entgegengerichtete Spannung.

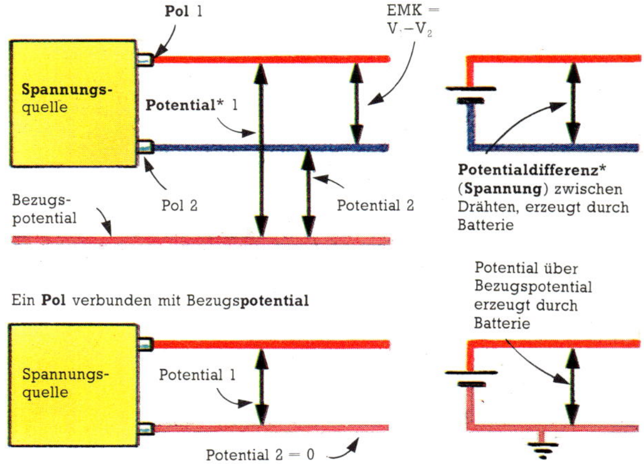

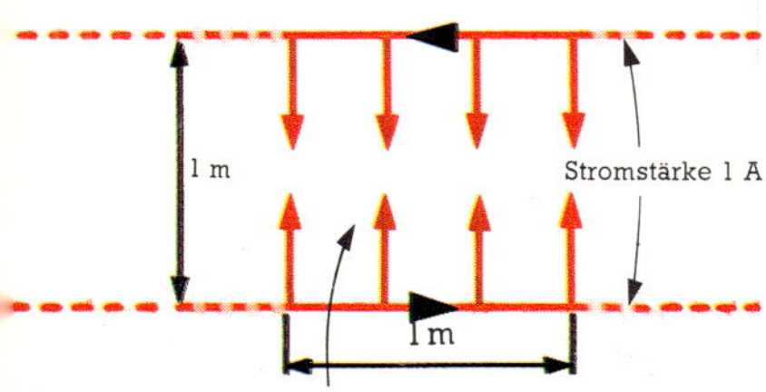

Kraft zwischen jedem Meter Draht = 2×10^{-7} N

- **Ampere (A)**. Die **SI-Einheit*** der Stromstärke. Ein Ampere ist die Stromstärke, die in zwei im Abstand von einem Meter im Vakuum aufgehängten unendlich langen Drähten fließt, wenn sie sich mit einer Kraft von 2×10^{-7} Newton per Meter Draht anziehen (siehe Seite 96). Die Stromstärke wird exakt mit einer **Stromwaage** bestimmt, indem (nach der obigen Definition) die Kraft zwischen stromdurchflossenen Spulen gemessen wird. Damit werden (praktischer zu verwendende) **Amperemeter* kalibriert***.

- **Coulomb**. Die **SI-Einheit*** der elektrischen ▶ Ladung. Sie ist gleich der Ladungsmenge, die durch den Punkt eines Leiters strömt, wenn in diesem Leiter eine Sekunde lang ein **Ampere** fließt.

$$Q = I \times t$$

mit Q = Ladung durch einen Punkt in **Coulomb**; I = Stromstärke; t = Zeit

- **Gleichstrom**. Strom, der stets in eine Richtung fließt. Ursprünglich nahm man an, daß Strom von höherem zu niedrigerem **Potential*** fließt. In Wirklichkeit fließen Elektronen andersherum, aber man hat die Definition beibehalten.

Galvanische Zelle* oder **Batterie*** erzeugt **Spannung** und läßt **Gleichstrom** fließen.

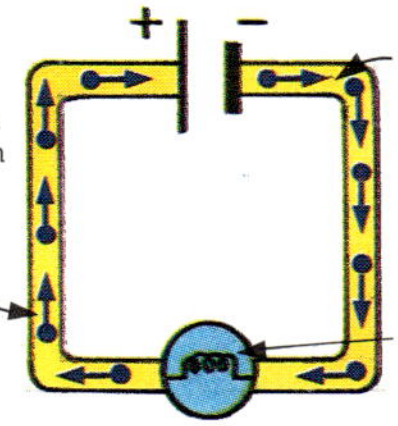

* **Amperemeter**, 77; **Batterie**, 68; **Kalibrierung**, 346; **Elektrisches Feld**, 58; **Elektronen**, 83; **Galvanische Zelle** 68; **Generator**, 78; **Glühlampe**, 64; **Potentialdifferenz**, 58; **SI-Einheiten**, 96.

- **Wechselstrom**. Strom, dessen Richtung in einer Schaltung regelmäßig wechselt. Er wird von einer **Wechselstromquelle** erzeugt. Zeichnet man den Strom gegen die Zeit in einem Schaubild auf, bekommt man die Wellenform des Stroms. Weil Spannung und Stromstärke sich dauernd ändern, gibt man jeweils den **Effektivwert** an (siehe rechts).

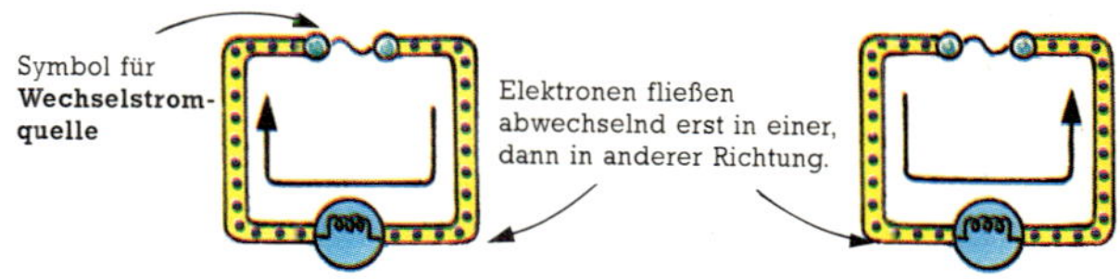

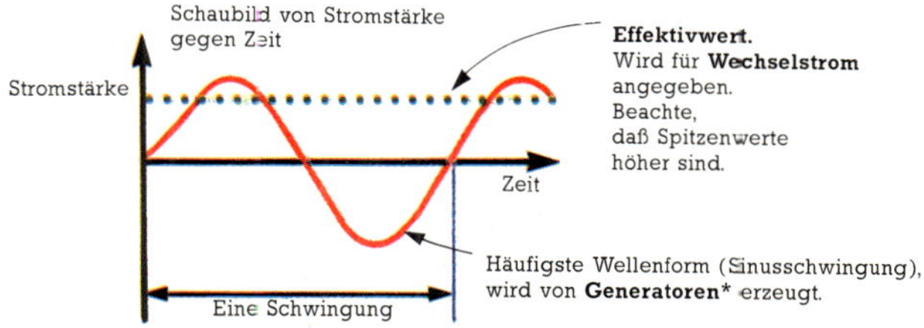

Stromversorgung

Elektrizität für Haushalt und Industrie wird in Kraftwerken von großen **Generatoren*** erzeugt. Sie liefern Wechselstrom mit Frequenzen von 50 (bei uns) oder 60 Hertz (z. B. USA).

Wechselstrom kann, im Gegensatz zu **Gleichstrom**, leicht auf höhere oder niedrigere **Spannungen*** **transformiert** werden (siehe **Transformator**, Seite 79). Dadurch hohe Spannungen und geringe Ströme beim Stromtransport über Fernleitungen möglich.

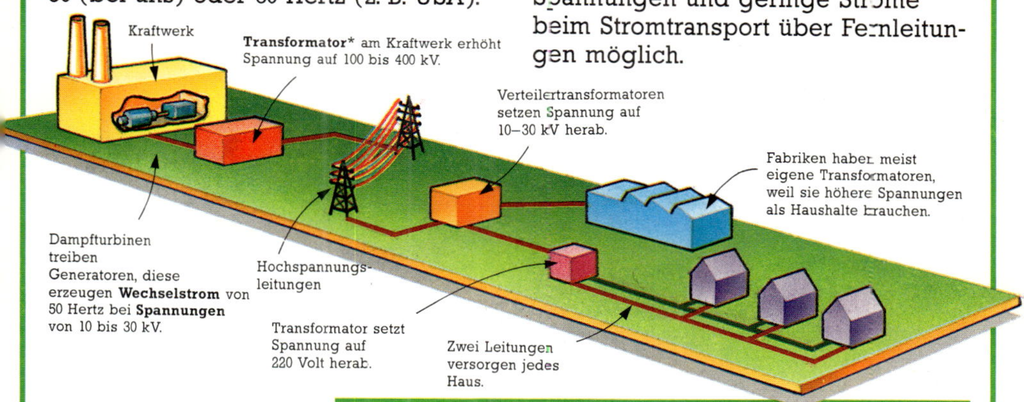

Die gesamte Elektrizität im Haus stammt aus mindestens zwei Leitungen, die vom nächsten Transformator kommen und die **Wechselstrom** führen. Meist ist eine Leitung mit Erde verbunden, so daß nur die andere **Spannung*** gegen Erde führt. In vielen Ländern gibt es noch eine dritte mit Erde verbundene Leitung **(Schutzerde)**, um die Sicherheit zu erhöhen. ▶

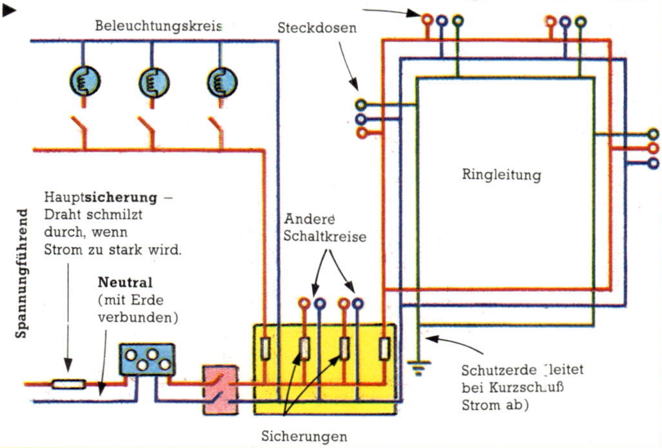

* **Generator**, 78; **Potential, Spannung**, 58; **Transformator**, 79.

Gesetze des Stromflusses

Die Stärke eines in einem Schaltkreis fließenden Stroms hängt nicht nur von der **Spannungs***quelle, sondern auch von den Bauteilen ab. Der **Widerstand** dieser Bauteile und die magnetischen und elektrischen Felder, die sie erzeugen, beeinflussen die Stromstärke.

- **Ohmsches Gesetz**. Bei konstanter Temperatur ist die Stromstärke in einem Gegenstand proportional zur angelegten **Spannung***. Das Verhältnis von Spannung zu Stromstärke heißt **Widerstand** des Objekts. Auf konstante Temperatur muß bei Anwendung des Gesetzes besonders geachtet werden, weil ein Strom den Gegenstand aufheizt und dadurch den Widerstand verändert (siehe auch **Glühlampe***, Seite 64). Für einige Stoffe, etwa **Halbleiter***, gilt das Ohmsche Gesetz nicht.

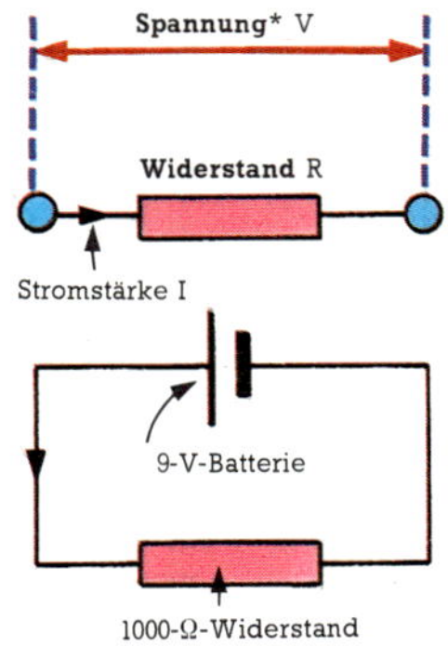

Ohmsches Gesetz:

$V = I \times R$

Beispiel:

Stromstärke I durch **Widerstand** R = V/I
= 9/1000 = 0.009 A
= 9 mA

- **Widerstand (R)**. Die Fähigkeit eines Objekts, den elektrischen Strom zu schwächen. Der Wert hängt vom spezifischen Widerstand des jeweiligen Objektmaterials und von der Form ab. Die Einheit des Widerstands ist **Ohm** (Ω). Elektronen, die sich im Objekt bewegen, stoßen mit Atomen zusammen und übertragen Energie, sie heizen das Objekt so mit Energie aus der **Spannungsquelle** auf.

Die elektrische **Energie***, die durch einen Widerstand verlorengeht, wird in Wärme und manchmal Licht umgesetzt.

Energie = **IV** = I^2R
mit I = Stromstärke;
V = **Spannung***
am Widerstand;
R = Widerstand.

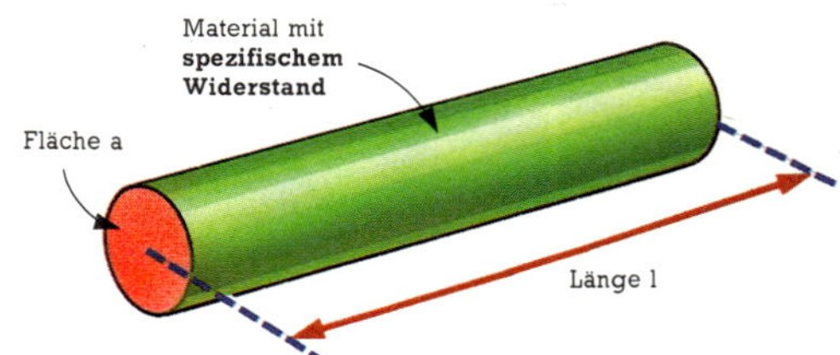

Widerstand ist umgekehrt proportional zur Fläche und proportional zur Länge.

$R = \frac{\varrho l}{a}$

- **Spezifischer Widerstand** (ϱ). Die Fähigkeit eines Stoffes, Strom zu schwächen. Gute **Leiter*** haben einen kleinen **spezifischen Widerstand**, und **Isolatoren*** haben einen großen **spezifischen Widerstand**. Er ist invers zur **Leitfähigkeit** des Stoffes und steigt meist mit der Temperatur. Siehe auch Seite 114.

- **Leitfähigkeit**. Die Fähigkeit eines Stoffes, Strom fließen zu lassen (siehe auch **Leiter** und **Isolator**, Seite 56). Sie ist das Gegenteil des **spezifischen Widerstands**.

- **Widerstand**. Ein Bauteil mit einem bestimmten **Widerstand**swert; wird benutzt, um eine bestimmte **Spannung*** herzustellen. Es gibt sie mit Werten von unter einem Ohm bis zu vielen Millionen Ohm. Meist werden sie aus gepreßtem Kohlenstoff mit bekanntem **spezifischen Widerstand** hergestellt. ▶

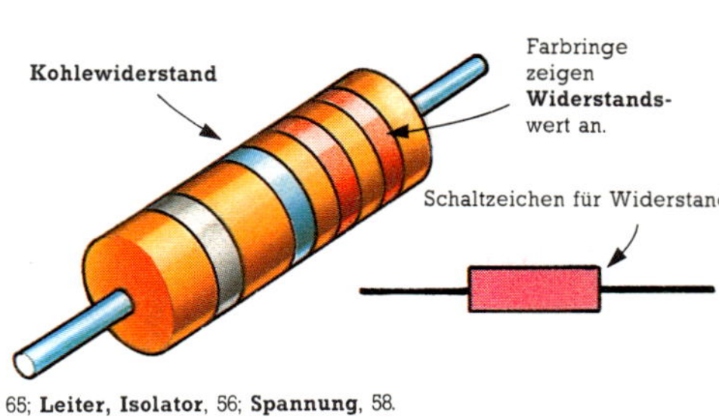

* **Batterie**, 68; **Elektromotorische Kraft** 60; **Energie**, 9; **Halbleiter**, 65; **Leiter, Isolator**, 56; **Spannung**, 58.

● **Innerer Widerstand** (**r**). Der **Widerstand** einer **Galvanischen Zelle*** oder **Batterie*** für den von ihr erzeugten Strom. Er stammt vom Widerstand der Verbindungen in der Zelle und von chemischen Effekten (etwa der **Polarisation***). Er kann bewirken, daß der Strom in einem Schaltkreis kleiner als erwartet ist.

▶ **Innerer Widerstand** ist Teil des **Widerstands** einer Schaltung.

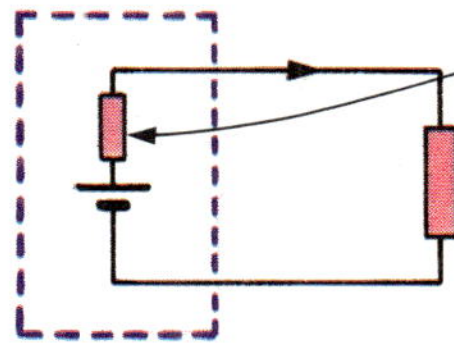

Innerer Widerstand dargestellt durch Widerstandssymbol in der **Zelle***.

Nach dem **Ohmschen Gesetz:**

$$V = I (R + r)$$

Bauformen von **Regelwiderständen**

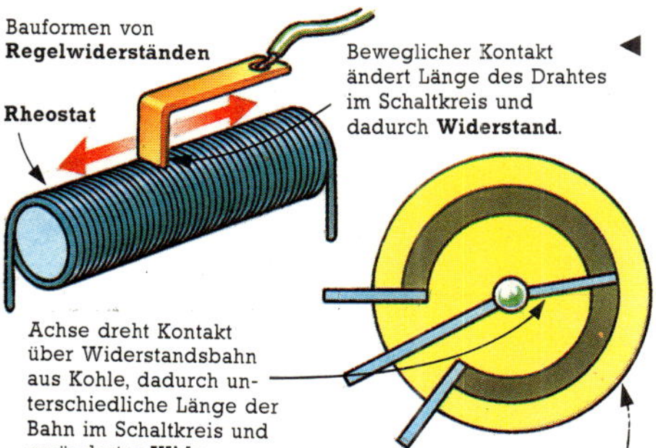

◀ ● **Regelwiderstand**. Ein Bauteil, dessen **Widerstand** mechanisch veränderbar ist. Es besteht entweder aus einer Drahtspule bestimmten **spezifischen Widerstands**, über die ein Schleifer gleitet (für große Ströme) oder aus einer Widerstandsbahn aus Kohle mit einem beweglichen Kontakt. Ein Regelwiderstand kann als **Spannungsteiler** verwendet werden, wenn ein zusätzlicher Anschluß angefügt wird; er heißt dann **Potentiometer.**

● **Spannungsteiler**. Gerät, um eine niedrigere aus einer höheren **Spannung*** zu erzeugen. ▶

Schaltbild eines **Spannungsteilers**

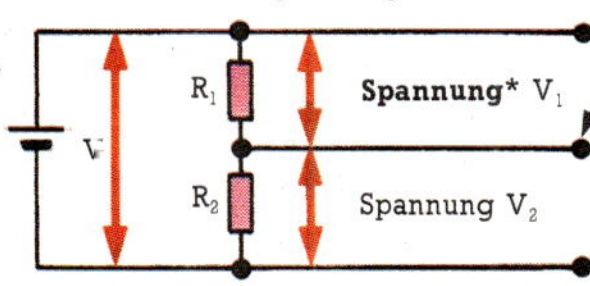

Spannung* an diesem Punkt wird durch Veränderung der **Widerstände** R_1 und R_2 eingestellt.

Wheatstone-Brücke

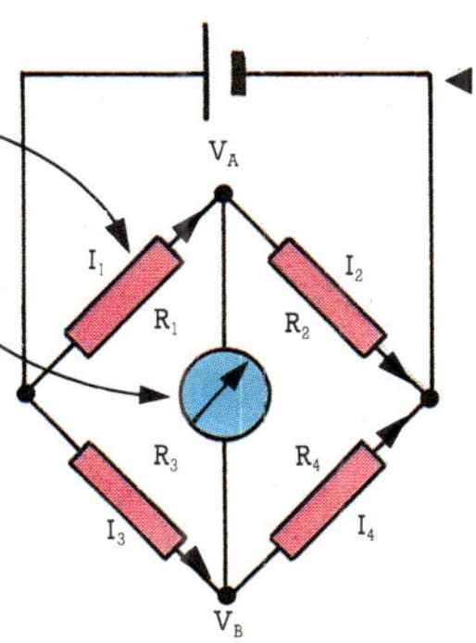

Widerstände R_2, R_3 und R_4 werden verändert, bis kein Strom mehr durch Galvanometer fließt.

Dann ist $V_a = V_b$, $I_1 = I_2$ und $I_3 = I_4$, und es kann gezeigt werden, daß $R_1/R_2 = R_3/R_4$ ist.

Dann läßt sich R_1 berechnen.

◀ ● **Wheatstone-Brücke**. Schaltung zum Messen eines unbekannten Widerstands (siehe Schaubild). Wenn das **Galvanometer*** keinen Strom anzeigt, kann der unbekannte Widerstandswert aus den drei bekannten errechnet werden. Eine Version ist die Schleifdrahtbrücke, in der zwei der Widerstände durch einen 1 Meter langen Draht mit hohem Widerstand ersetzt sind. Die Stellung des Schleifers auf dem Draht gibt das Verhältnis R_3/R_4.

● **Kirchhoffsche Regeln**. Zwei Regeln, die den Stromfluß in einem geschlossenen Stromkreis beschreiben. Die erste besagt, daß der gesamte Strom, der in einen Verzweigungspunkt hineinfließt, gleich dem gesamten herausfließenden ist. Die zweite besagt, daß die Summe der Teilspannungen an den Widerständen gleich der Summe der EMKs (**Spannungen***) aller eingeschalteten Stromquellen ist. ▶

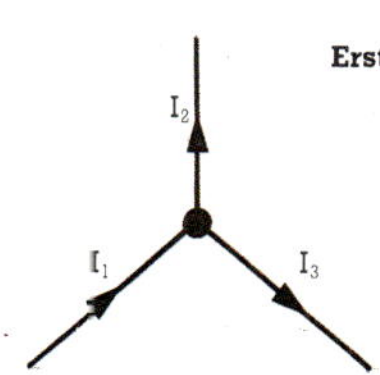

Erste Kirchhoffsche Regel:

$$I_1 = I_2 + I_3$$

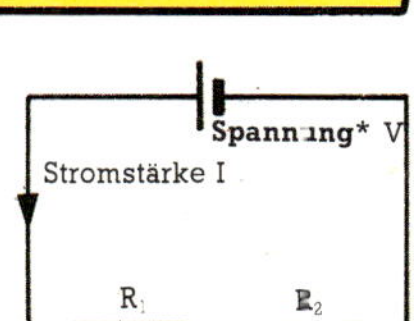

Zweite Kirchhoffsche Regel:

$$V = IR_1 + IR_2$$

* **Batterie, Zelle**, 68; **Galvanometer**, 77; **Polarisation**, 68; **Potential, Spannung**, 58.

Gesetze des Stromflusses

- **Serienschaltung**. Eine Anordnung, bei der der Strom ein Bauteil nach dem anderen durchläuft.

- **Parallelschaltung**. Eine Anordnung, bei der der Stromkreis sich verzweigt und der Strom durch alle Bauteile gleichzeitig fließt.

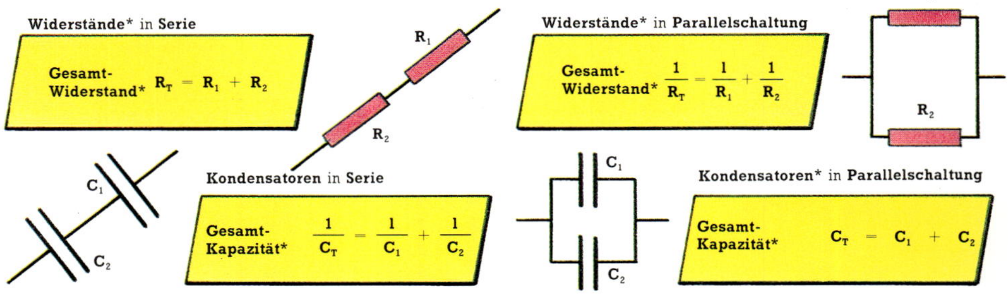

- **Impedanz**. Das Verhältnis von **Spannung*** und **Stromstärke*** in einem Wechselstromkreis, der außer Ohmschen **Widerständen*** auch **Kondensatoren*** (Kapazitäten) und/oder Spulen (Induktivitäten) enthält. Sie sorgen dafür, daß Spannung und Stromstärke nicht mehr gleichzeitig schwingen, sondern **außer Phase** sind.

- **Reaktanz**. Scheinwiderstand eines Wechselstromkreises aus Spulen (Induktivitäten) und **Kondensatoren*** (Kapazitäten), jedoch ohne Ohmsche Widerstände. **Stromstärke** und **Spannung** sind um 90° gegeneinander versetzt.

- **Induktanz**. Scheinwiderstand eines Wechselstromkreises, der nur Spulen (Induktivitäten) enthält.

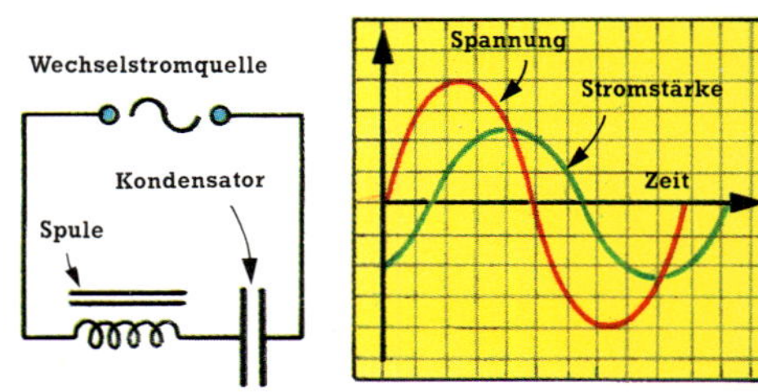

- **Glühbirne**. Ein Wolfram-Glühfaden (Glühwendel) in einem mit Argon- oder Stickstoffgas bei niedrigem Druck gefüllten Glaskolben. Wenn Strom durch den Faden fließt, erhitzt er sich bis zur Weißglut und sendet helles Licht aus. Wolfram wird benutzt, da sein Schmelzpunkt sehr hoch ist; das Gas schützt Wolfram vorm Verdampfen.

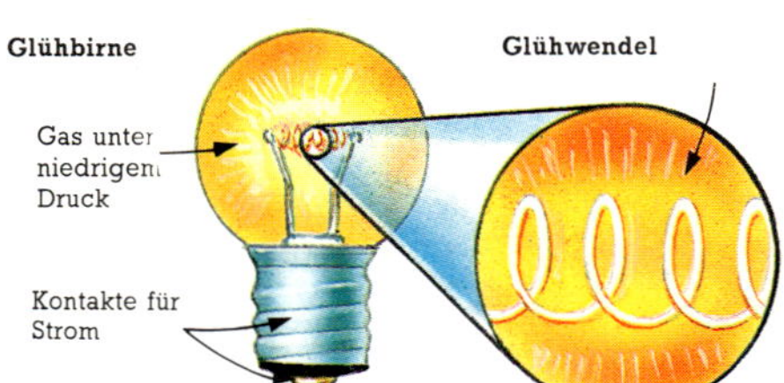

- **Schalter**. Ein normalerweise mechanisches Bauteil (aber siehe auch **Transistor**), mit dem ein Stromkreis geschlossen oder unterbrochen wird. Ein **Relais** wird benutzt, um mit einem schwachen Strom einen starken zu schalten.

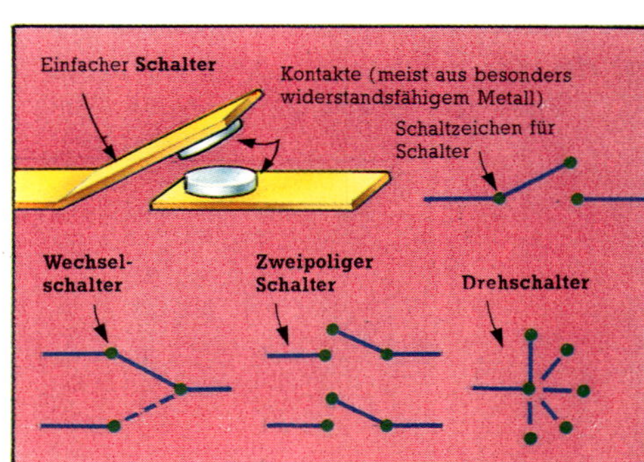

* **Kapazität, Kondensator**, 59; **Potentialdifferenz**, 58; **Relais**, 75; **Spannung**, 60; **Wechselstrom**, 61; **Widerstand**, 62.

Halbleiter

Halbleiter sind Stoffe, deren **spezifischer Widerstand*** zwischen denen von **Isolator** und **Leiter** liegen (siehe Seite 56); er sinkt mit steigender Temperatur und mit steigender Menge von Verunreinigungen (siehe **Dotieren**). Sie werden vielfach in elektronischen Schaltkreisen verwendet (siehe auch Seite 111).

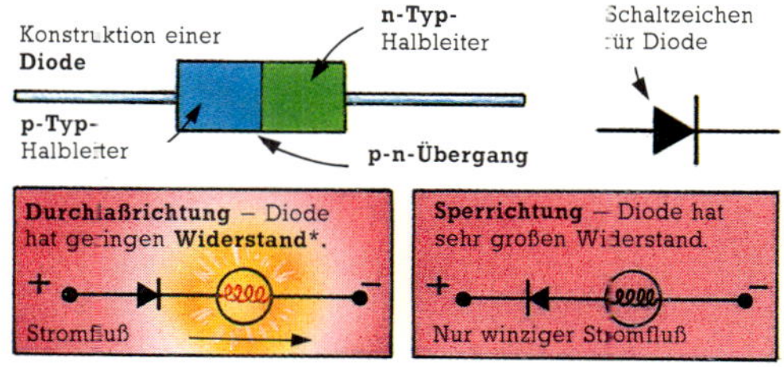

- **Dotieren**. Das Einbringen einer kleinen Menge Fremdstoffe in einen Halbleiter. Je nach Art des Fremdstoffs ist der Halbleiter dann vom **p-Typ** oder **n-Typ**. Kombinationen daraus dienen zur Herstellung von **Dioden** und **Transistoren.**

- **Diode**. Bauteil, zusammengefügt aus einem Stück **p-Typ-Halbleiter** (siehe **Dotieren**) und einem Stück **n-Typ-Halbleiter**. Sie bietet dem Strom in einer Richtung **(Durchlaßrichtung)** sehr kleinen **Widerstand*** und einen großen in der Gegenrichtung **(Sperrichtung).**

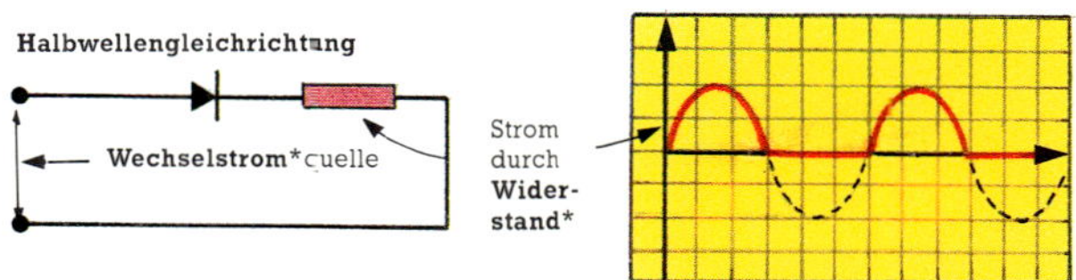

- **Halbwellengleichrichtung**. Mit einer Diode unterdrückt man die eine Fließrichtung des **Wechselstroms***, so daß der Strom im Schaltkreis wie **Gleichstrom*** nur in eine Richtung fließt.

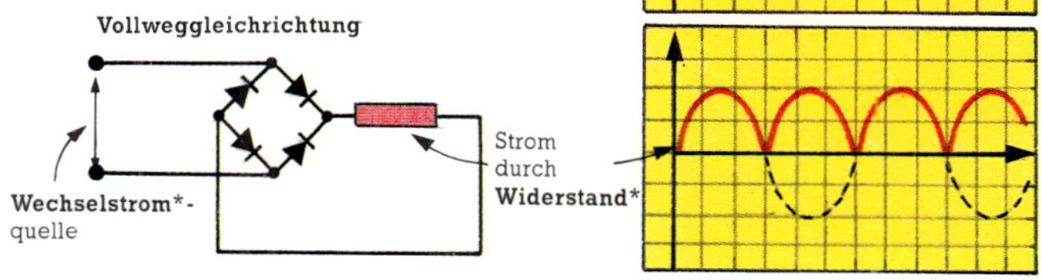

- **Vollweg-Gleichrichtung**. Während bei der **Halbwellengleichrichtung** die eine Hälfte des Stroms unterdrückt wird und so verlorengeht, dreht ein Vollweggleichrichter sie um und macht sie so ebenfalls nutzbar: **Wechselstrom*** wird zu pulsierendem **Gleichstrom***.

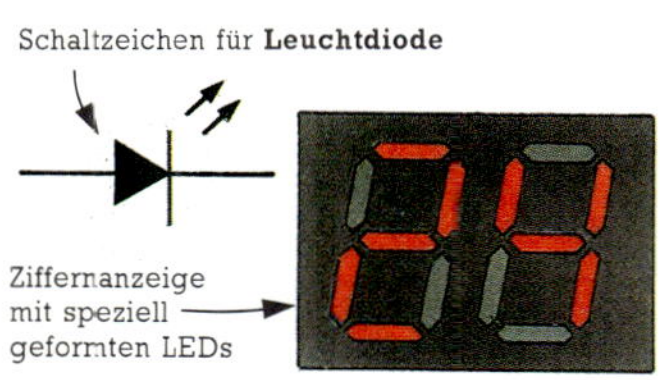

- **Leuchtdiode (LED)**. Eine Diode mit höherem **Widerstand*** als normal, die aber die Energie vor allem in Licht statt nur in Wärme umsetzt.

- **Thermistor**. Ein Halbleiter-Bauteil, dessen **Widerstand*** sich mit der Temperatur ändert; wird benutzt, um elektronisch Temperaturänderungen zu registrieren.

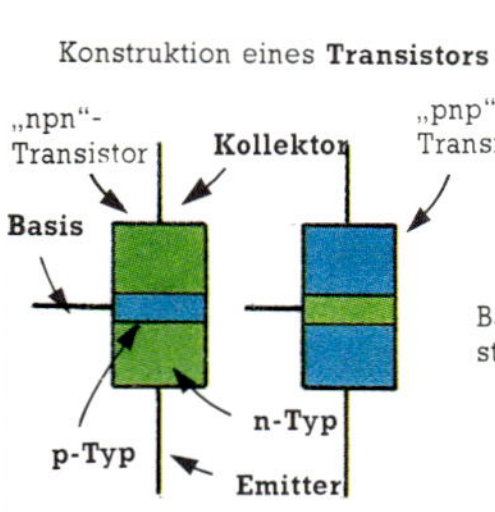

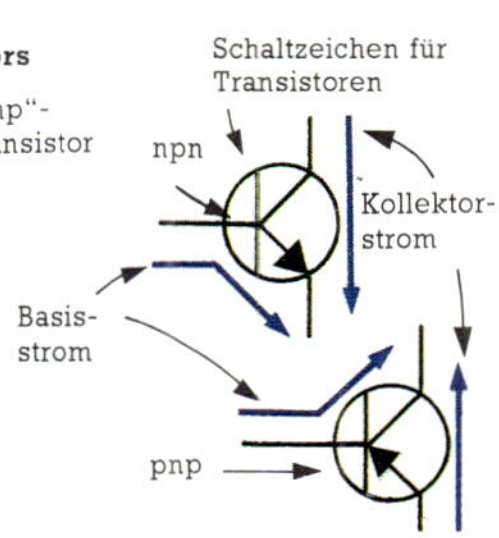

- **Transistor**. Ein Halbleiterbauelement aus einer Kombination beider Halbleitertypen. Er hat drei Anschlüsse, **Basis, Kollektor** und **Emitter** (siehe Bild). Der **Widerstand*** zwischen Kollektor und Emitter ändert sich in weiten Bereichen, wenn in die Basis ein kleiner Strom fließt. Dieser Strom kann also einen weit größeren Kollektor-Emitter-Strom regeln – der Transistor wirkt als elektronischer Schalter und Verstärker.

* **Gleichstrom**, 60; **Wechselstrom**, 61; **Widerstand**, 62.

Elektrolyse

Elektrolyse heißt ein Prozeß, bei dem Strom durch eine **Ionen*** enthaltende Flüssigkeit fließt und diese chemisch zersetzt (**Ionen** sind Atome, die **Elektronen*** verloren oder angelagert haben und dadurch elektrisch geladen sind). Der Strom wird durch die Bewegung der Ionen in der Flüssigkeit geleitet; Chemikalien werden an den Stromzuführungen (Polen) abgelagert. Einige wichtige chemische Stoffe werden industriell durch Elektrolyse hergestellt.

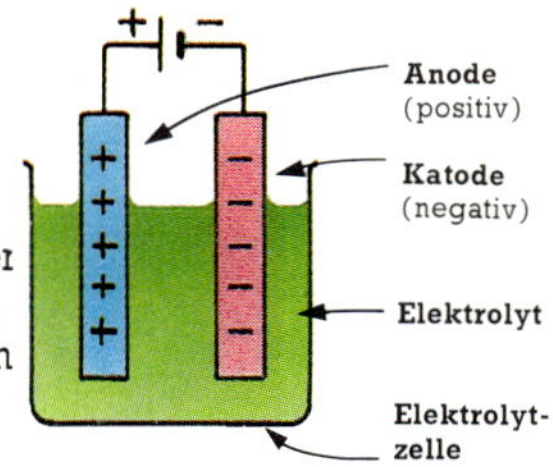

- **Elektrode**. Ein Stück Metall oder leitfähige Kohle, das den Strom in einen **Elektrolyten** zuführt. Man braucht zwei – die **Anode** (positive Elektrode) und die **Katode** (negative Elektrode). Eine **angreifbare Elektrode** verändert sich bei der Elektrolyse selbst chemisch, eine **inerte Elektrode** tut das nicht.

- **Elektrolyte**. Eine Verbindung, die – geschmolzen oder gelöst in Wasser – den Strom leitet. Alle Verbindungen, die aus Ionen bestehen oder beim Auflösen in Wasser in Ionen zerfallen **(Ionisation*)** sind Elektrolyte. Die Leitfähigkeit eines Elektrolyten hängt von der Konzentration an Ionen ab.

- **Elektrolytzelle**. Gefäß, in dem Elektrolyse stattfindet. Es enthält **Elektrolyt** und **Elektroden.**

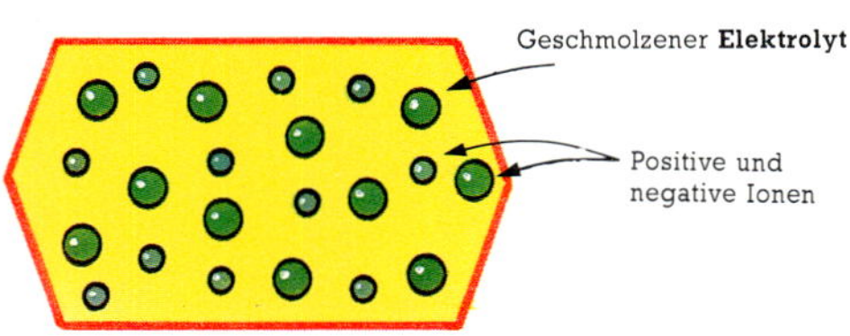

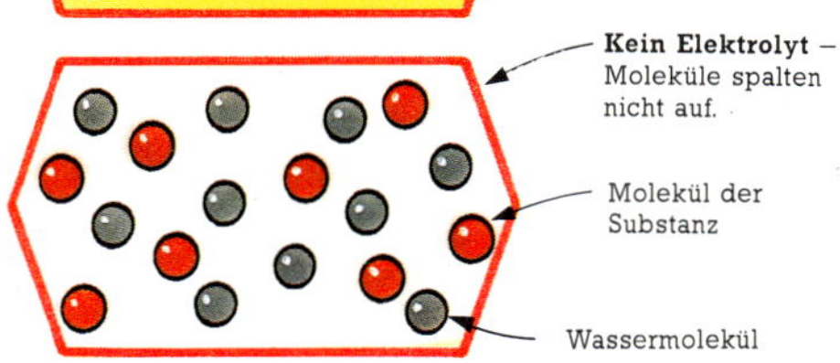

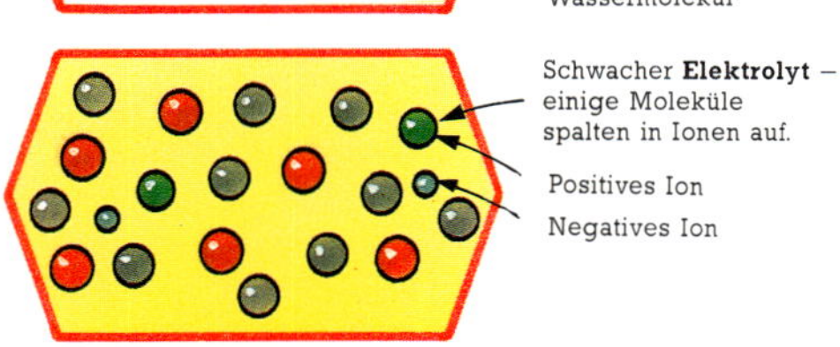

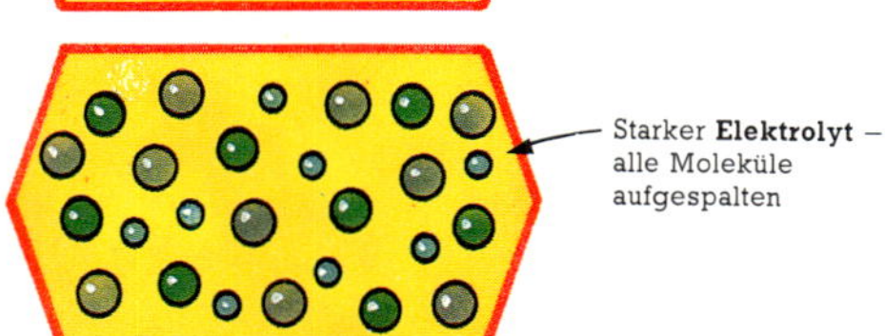

- **Ionentheorie der Elektrolyse**. Eine Theorie zur Erklärung der Vorgänge im **Elektrolyten** und an den **Elektroden** während der Elektrolyse. Sie besagt, daß **Kationen** (positive Ionen) zur **Katode** gezogen werden und die **Anionen** (negative Ionen) zur **Anode** wandern. Dort bekommen oder verlieren sie Elektronen und werden wieder zu Atomen (sie werden **entladen**). Gibt es in der Lösung zwei oder mehr verschiedene Anionen, bzw. Kationen, wird eins bevorzugt entladen. Dies nennt man **bevorzugte Abscheidung.** ▼

Elektrolyse einer Kupfersulfatlösung

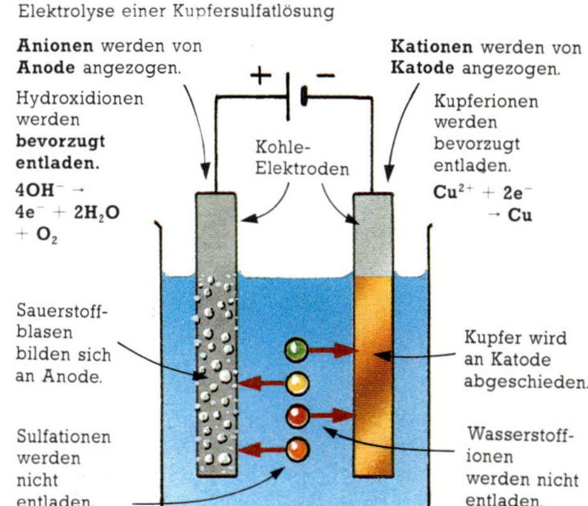

* **Elektronen**, 83; **Ionen**, 88 **(Ionisation)**.

• **Faradaysche Gesetze der Elektrolyse.** Zwei Gesetze, die die Menge der bei der **Elektrolyse** abgeschiedenen Stoffe mit der Menge durchgeflossener Elektrizität verknüpfen. **Faradays erstes Gesetz** besagt, daß die abgeschiedene Substanzmenge proportional zur Elektrizitätsmenge ist (das **elektrochemische Äquivalent** eines Stoffes ist die von 1 Ampere innerhalb 1 Sekunde abgeschiedene Menge). **Faradays zweites Gesetz** sagt aus, daß die abgeschiedene Substanzmenge umgekehrt proportional zur Größe der Ladung ihres Ions ist.

Elektrolyse einer Kupfersulfatlösung mit Kupfer**elektroden (Kupfercoulometer)**

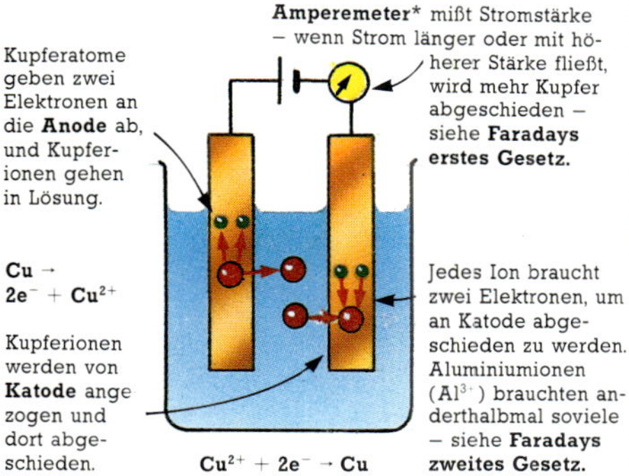

• **Coulometer.** Eine **elektrolytische Zelle**, die zur Untersuchung der Zusammenhänge zwischen der an den **Elektroden** abgeschiedenen Substanzmenge und Menge des durchgeflossenen Stroms dient. Zum Beispiel enthält das **Kupfercoulometer** (unten links) Kupfersulfat und Kupferelektroden.

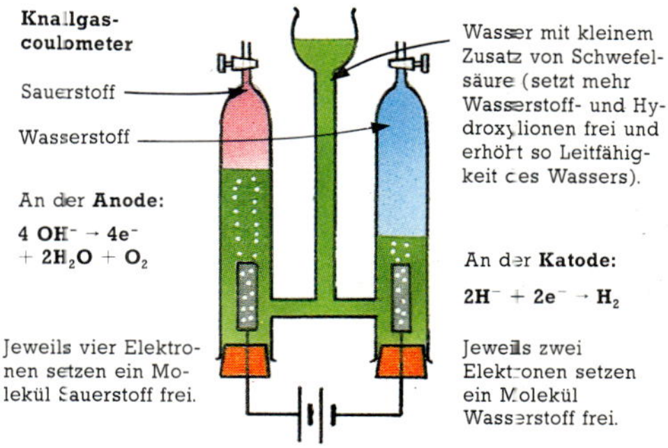

• **Knallgas-Coulometer.** Bauform eines **Coulometers** zum Messen der Volumen (und damit der Massen) bei der Elektrolyse freigesetzter Gase. Elektrolyse angesäuerten Wassers zum Beispiel erzeugt Wasserstoff und Sauerstoff im Verhältnis 2:1 (das beweist nebenbei auch die chemische Zusammensetzung des Wassers, H_2O). ▲

Anwendungen der Elektrolyse

• **Galvanisierung.** Das Überziehen eines Metallgegenstands mit einer dünnen Schicht eines anderen Metalls durch Elektrolyse. Der Gegenstand wird als **Katode** eingesetzt, und das Metall für den Überzug steckt als Ionen im **Elektrolyten.**

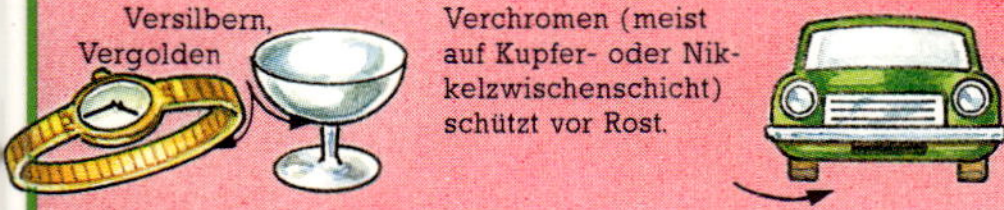

• **Metallraffination.** Methode zum Metallreinigen. Das unreine Metall wird als **Anode** benutzt, von dort wandern dessen Ionen zur **Katode** und schlagen sich dort als reines Metall nieder – die Verunreinigungen sammeln sich als Elektrolyseschlamm am Boden der Zelle.

• **Metallabscheidung.** Viele Metalle stellt man durch Elektrolyse ihrer geschmolzenen Erze her, wie etwa Natrium und vor allem Aluminium. ▼

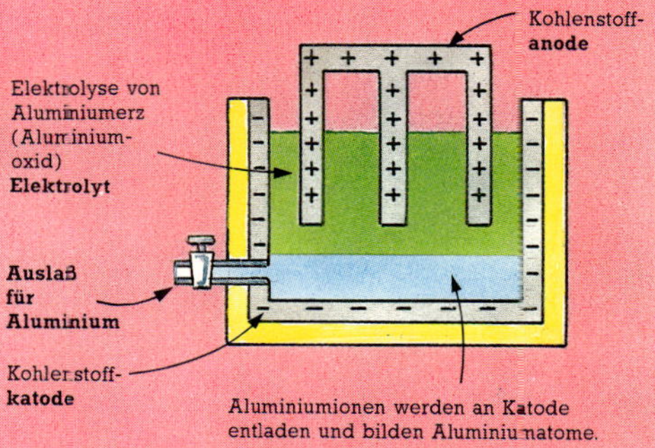

* **Amperemeter**, 77.

Galvanische Zellen und Batterien

Der italienische Wissenschaftler Volta zeigte als erster, daß zwischen zwei verschiedenen Metallen, die in bestimmte Lösungen (**Elekrolyte***) getaucht wurden, eine elektrische **Spannung*** besteht und daß dadurch aus chemischer Energie **Gleichstrom*** erzeugt werden kann. Diese Anordnung nennt man **galvanische Zelle** (oder **Element**). Die (durch chemische Vorgänge erzeugte) Spannung nennt man **elektromotorische Kraft*** (**EMK**); ihre Höhe hängt von der Art der Metalle ab. Mehrere zusammengeschaltete Zellen heißen **Batterie**.

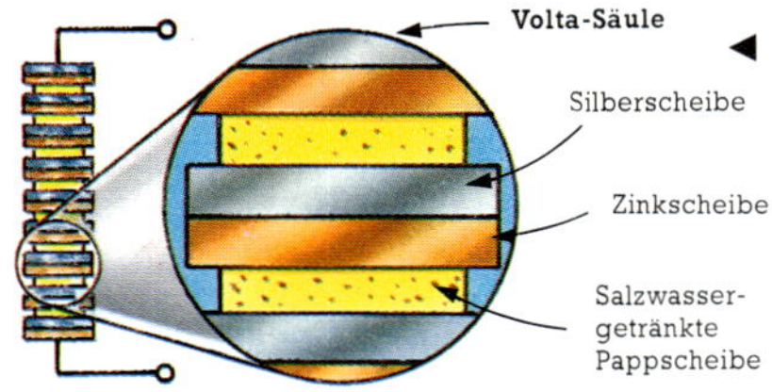

◀ • **Volta-Säule**. Die erste Batterie, bestehend aus einer Säule aus Zink- und Silberscheiben, jeweils getrennt durch salzwassergetränkte Pappscheiben. Diese Anordnung wirkt wie eine Zahl hintereinander geschalteter **einzelner Zellen**.

• **Galvanische Zelle**. Zwei Streifen unterschiedlicher Metalle, die in einen salzigen oder sauren **Elektrolyten*** tauchen (meist Kupfer und Zink und verdünnte Schwefelsäure). Diese einfache Zelle erzeugt nur kurze Zeit Strom, bis **Polarisation** und Bildung von **Lokalelementen** einsetzen. ▶

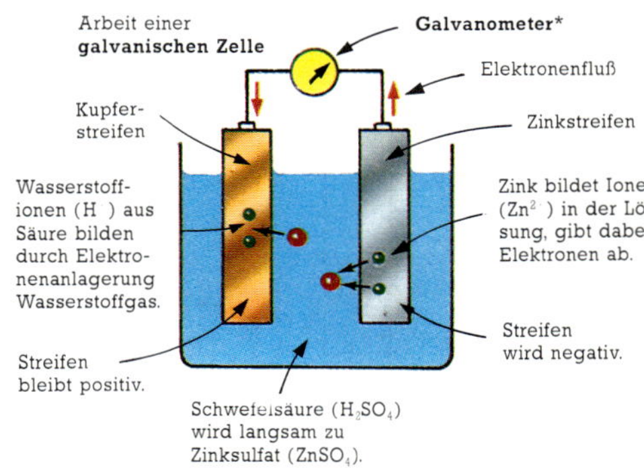

• **Polarisation**. Die Bildung von Wasserstoffbläschen am Kupferstreifen einer galvanischen Zelle. Das verkleinert die **Spannung*** der Zelle, weil die Bläschen den Streifen isolieren und zudem eine **Rückspannung*** erzeugen. Polarisation kann man durch Zugabe eines **Depolarisierungsmittels** vermeiden, das mit dem Wasserstoff zu Wasser reagiert.

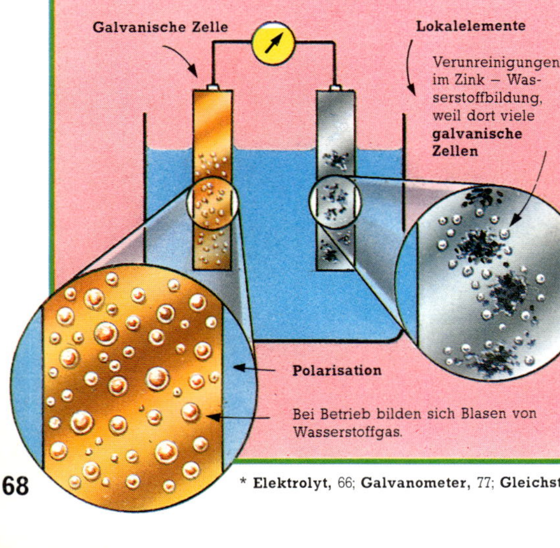

• **Lokalelemente.** Die Entstehung von Wasserstoff am Zinkstreifen der **galvanischen Zelle.** Verunreinigungen (Spuren anderer Metalle) im Zinkstreifen bewirken, daß sich dort kleine galvanische Zellen bilden und durch **Polarisation** Wasserstoff erzeugen. Zusätzlich bildet sich Wasserstoff beim Auflösen des Zinks in der Säure (auch wenn die Zelle nicht arbeitet). Lokalelementbildung kann man verhindern, indem man die Elektrode mit **Amalgam** (einer Quecksilberlegierung) überzieht.

* **Elektrolyt**, 66; **Galvanometer**, 77; **Gleichstrom**, 60; **Rückspannung**, 60 (**EMK**).

● **Kapazität.** Die Fähigkeit einer Zelle, eine bestimmte Zeit Strom zu liefern. Sie wird in **Amperestunden** gemessen. Zum Beispiel sollte eine 10-Amperestundenzelle zehn Stunden lang ein Ampere liefern.

● **Leclanché-Element.** Eine Zelle, in der Polarisation durch Beigabe von Manganoxid (Braunstein) als **Depolarisierungsmittel** verhindert wird. Das vernichtet den Wasserstoff zwar nicht so schnell, wie er gebildet wird, arbeitet aber auch bei unbenutzter Zelle weiter. Die Zelle erzeugt 1,5 Volt **Spannung***.

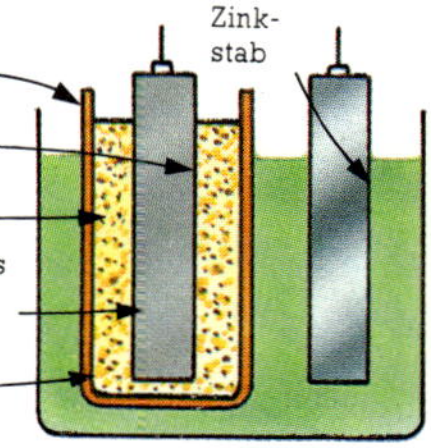

● **Standardelement.** Eine Zelle, die eine genau bekannte, konstante **Spannung*** erzeugt. Sie wird für Labormessungen gebraucht.

● **Primärelement.** Bezeichnung für galvanische Zelle mit begrenzter Nutzungsdauer, weil sich die stromliefernden Chemikalien verbrauchen.

● **Trockenelement.** Bauform des **Leclanché-Elements,** in der die Ammoniumchloridlösung durch Ammoniumchloridpaste ersetzt ist, so daß es umhergetragen werden kann. Es erzeugt 1,5 Volt **Spannung*.** Trockenelemente zersetzen sich wegen der Bildung von **Lokalelementen** langsam, aber halten immerhin einige Monate.

▼

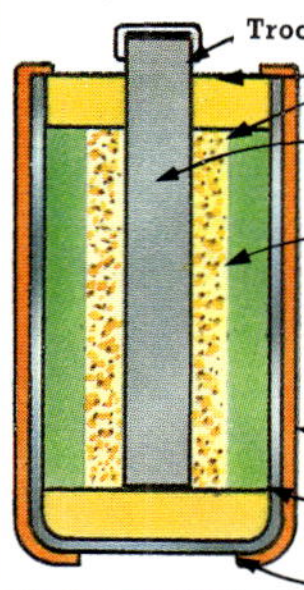

9-V-Batterie (etwa für Radios) enthält sechs **Trockenzellen in Reihe***.

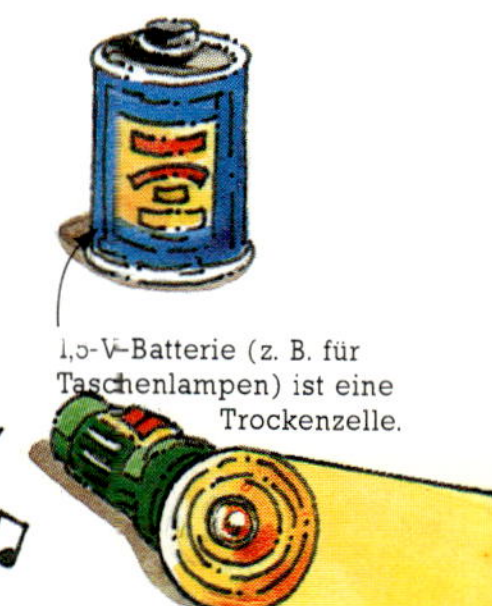

1,5-V-Batterie (z. B. für Taschenlampen) ist eine Trockenzelle.

● **Sekundärzelle.** Auch **Akkumulator** (Akku) genannt. Eine Zelle, die durch Anschluß an eine Stromquelle wieder aufgeladen werden kann. Die wichtigsten sind **Blei-** und **Nickel-Cadmium-Akku.**

● **Nickel-Cadmium-Akku.** Eine Sekundärzelle, die als **Elektrolyt*** Kalilauge enthält. Die Elektroden bestehen aus Nickel- und Cadmiumverbindungen.

● **Bleiakkumulator.** Eine **Sekundärzelle,** in der Platten aus Blei bzw. Bleioxid in verdünnter Schwefelsäure als **Elektrolyt*** hängen. Sie kann wegen ihres niedrigen ▶ **Innenwiderstands*** hohe Stromstärken abgeben und wird zum Anlassen und für Beleuchtung in Autos verwendet.

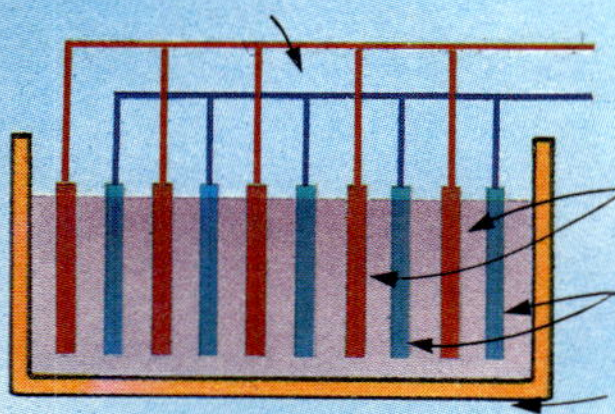

12-V-Batterie (z. B. im Auto) besteht aus sechs **Bleiakkus in Reihe***.

* **Elektrolyt,** 66; **Innenwiderstand,** 63; **Serienschaltung,** 64; **Spannung,** 60.

Magnete

Alle **Magnete** besitzen ein **Magnetfeld*** um sich herum, und zwischen ihnen wirkt wegen der Magnetfelder eine **magnetische Kraft***. **Magnetisierbare** Substanzen werden auch als **magnetisch** bezeichnet (**siehe ferromagnetisch**) und können in einem Magnetfeld magnetisiert werden. Die Bewegung von Ladungen (meist **Elektronen***) erzeugt ebenfalls ein Magnetfeld (siehe **Elektromagnetismus**, Seite 74–76).

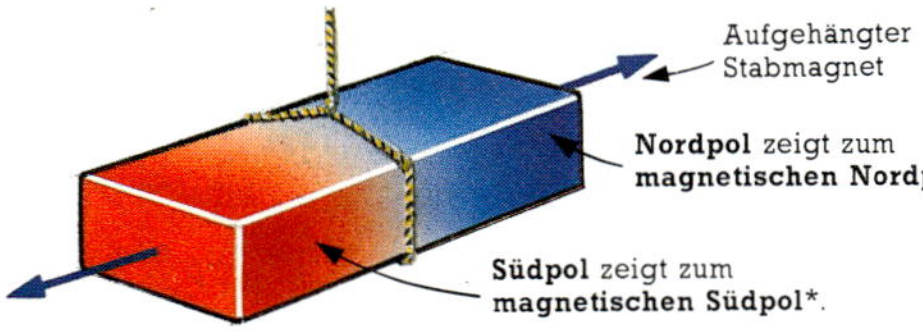

- **Pol.** Ein Punkt im Magneten, an dem die **Magnetkraft*** konzentriert zu sein scheint. Es gibt immer zwei Pole: **Nord- und Südpol** – sie werden identifiziert, indem man einen Stabmagneten freibeweglich aufhängt, er stellt sich dann parallel zum **Magnetfeld*** der Erde. Magnete haben stets gleich viele von beiden Polarten. Das **Erste Gesetz des Magnetismus besagt:** Gleiche Pole stoßen sich ab, ungleiche ziehen sich an.

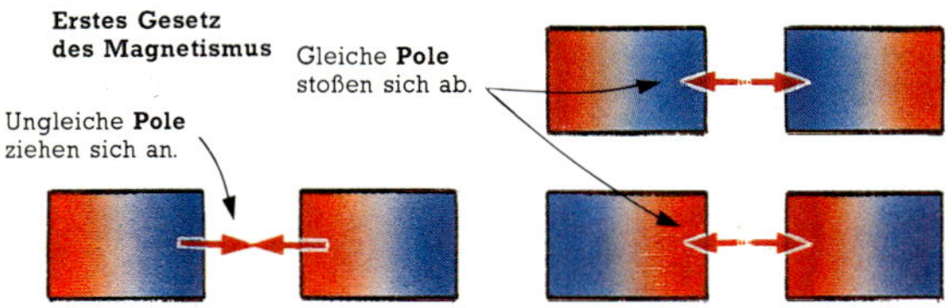

- **Magnetische Achse.** Eine **Nord- und Südpol** eines Magneten verbindende Linie, die Symmetrieachse des **Magnetfelds***

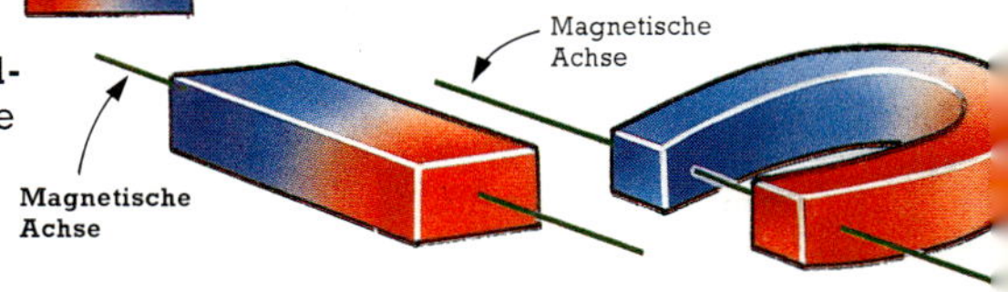

- **Ferromagnetisch** nennt man ein sehr magnetisches Material (es läßt sich also leicht magnetisieren). Eisen, Nickel, Kobalt und einige ihrer Legierungen gehören dazu; sie können magnetisch **hart** oder **weich** sein. **Sintermaterialien** (hergestellt durch Pressen von Pulvergemischen dieser Metalle unter Hitze und Druck zu Festkörpern) können durch Variation der Metallzusammensetzung magnetisch sehr hart oder weich gemacht werden.

- **Hart** ist ein **ferromagnetisches** Material, das nach dem Magnetisieren seine Magnetkraft nicht so leicht wieder verliert, etwa Stahl. Aus solchen Stoffen werden **Dauermagnete** hergestellt.

- **Weich** ist ein ferromagnetisches Material, das nach dem Magnetisieren seine Magnetkraft nicht behält, zum Beispiel reines Eisen. **Restmagnetismus** ist der kleine Rest an Magnetkraft, der in magnetisch weichen Stoffen zurückbleiben kann.

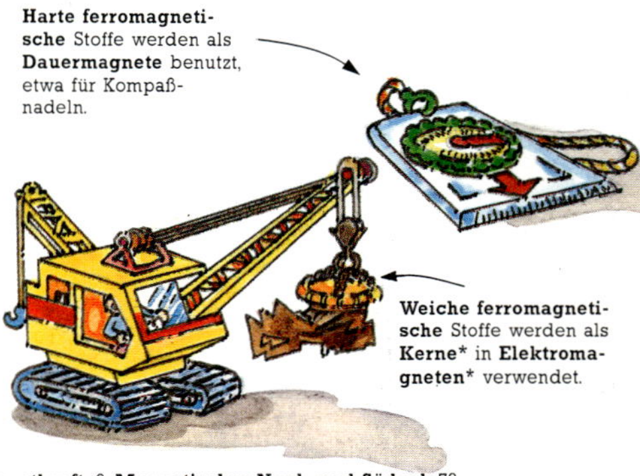

*__Elektromagnet__, 75; __Elektronen__, 83; __Kern__, 74; __Magnetfeld__, 72; __Magnetkraft__, 6; __Magnetischer Nord- und Südpol__, 73.

- **Suszeptibilität.** Maß für die Fähigkeit eines Stoffes, magnetisiert zu werden. **Ferromagnetische** Stoffe haben eine hohe Suszeptibilität.

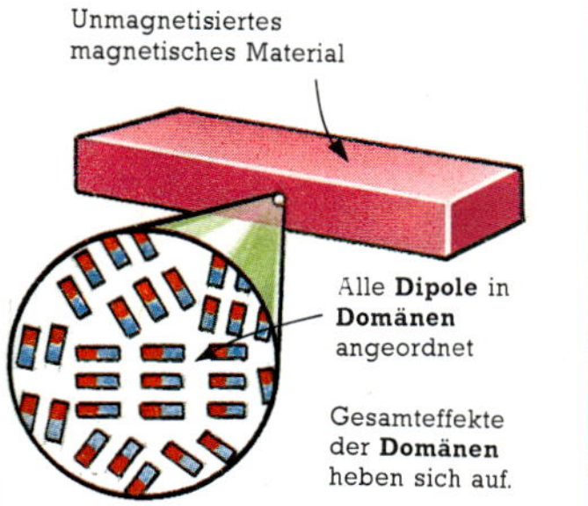

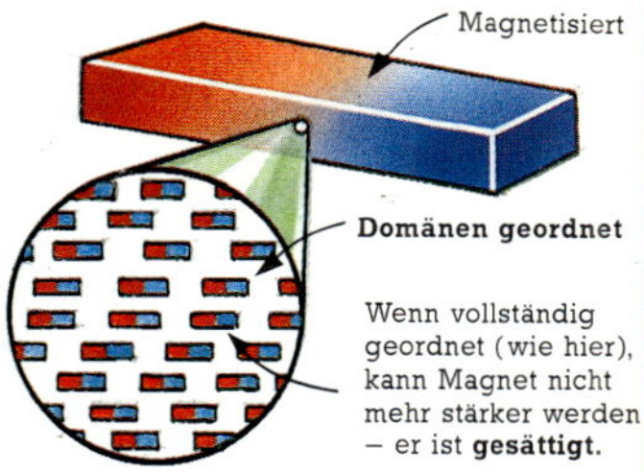

Domänentheorie erklärt, warum zerbrochene Magnete ihre **Pole** behalten.

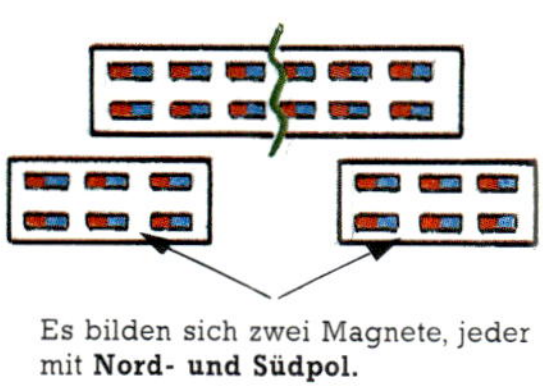

▲

- **Domänentheorie des Magnetismus.** Besagt, daß **ferromagnetische** Stoffe aus **Dipolen** oder **Molekularmagneten** bestehen, die miteinander wechselwirken. Sie sind in Weißschen Bezirken oder **Domänen** angeordnet, innerhalb derer sie alle in dieselbe Richtung zeigen. Ein ferromagnetisches Material wird magnetisiert, wenn alle Domänen **geordnet** sind.

Magnetisierung

Wenn ein Körper magnetisiert wird, werden alle **Dipole** geordnet (siehe **Domänentheorie**). Das geschieht nur, wenn der Körper sich in einem **Magnetfeld*** befindet und wird als **induzierter Magnetismus** bezeichnet.

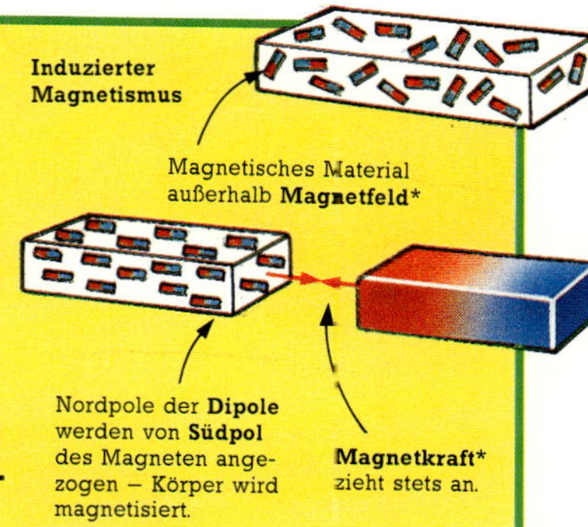

- **Künstliche Magnetisierung eines Körpers.** Ein Körper aus magnetisierbarem Material läßt sich künstlich magnetisch machen, indem man ihn mehrfach entweder mit einem **Pol** eines **Dauermagneten** in ganzer Länge oder mit je einem Pol des Dauermagneten jeweils von der Mitte zum Ende hin bestreicht. Der Magnetismus wird durch das **Magnetfeld*** des Dauermagneten im Körper induziert, ist allerdings nur bei ferromagnetisch **harten** Stoffen dauerhaft.

Methoden zum **künstlichen Magnetisieren** (durch **induzierten Magnetismus**)

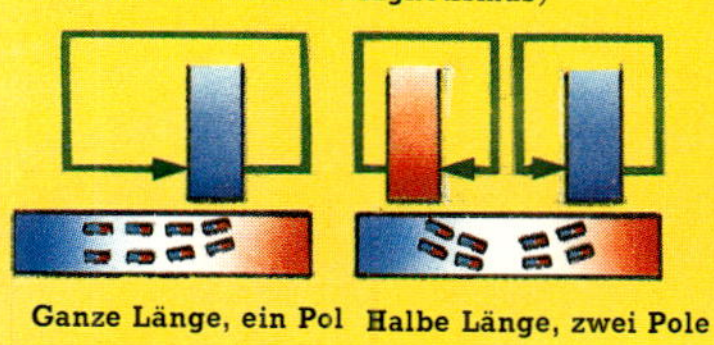

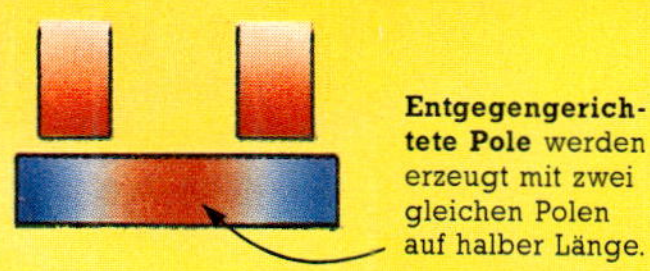

- **Entmagnetisierung.** Das Entfernen des Magnetismus aus einem Körper. Das kann durch Eintauchen in ein schnell wechselndes **Magnetfeld*** geschehen, etwa aus einer Spule mit **Wechselstrom***. Die **Dipole** (siehe **Domänentheorie**) können auch durch Hämmern oder Erhitzen über 700° C wieder durcheinandergeschüttelt werden.

- **Selbst-Entmagnetisierung.** ▶ Verlust des Magnetismus eines Magneten durch Anziehung der **Dipole** (siehe **Domänentheorie**) durch die entgegengesetzten **Pole** des Magneten. Man vermindert es durch Streifen magnetisch weichen Eisens, die man über die Pole legt.

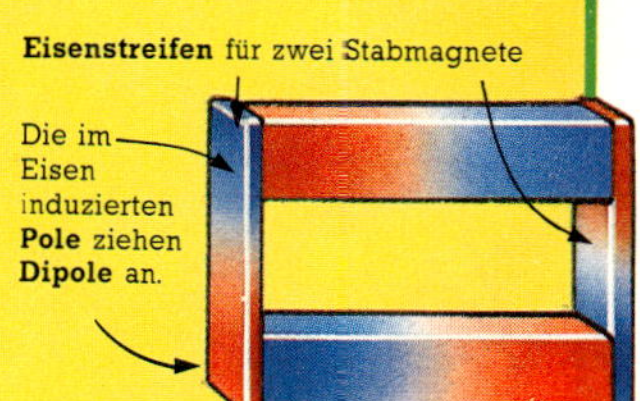

* **Magnetfeld**, 72; **Magnetkraft** 6, ; **Wechselstrom**, 61.

Magnetfelder

Ein **magnetisches Kraftfeld** (**Magnetfeld**) ist das Gebiet um einen **Magneten** (siehe Seite 70), in dem Körper durch **Magnetkräfte*** beeinflußt werden. Stärke und Richtung eines Magnetfeldes werden durch **Magnetfeldlinien** dargestellt.

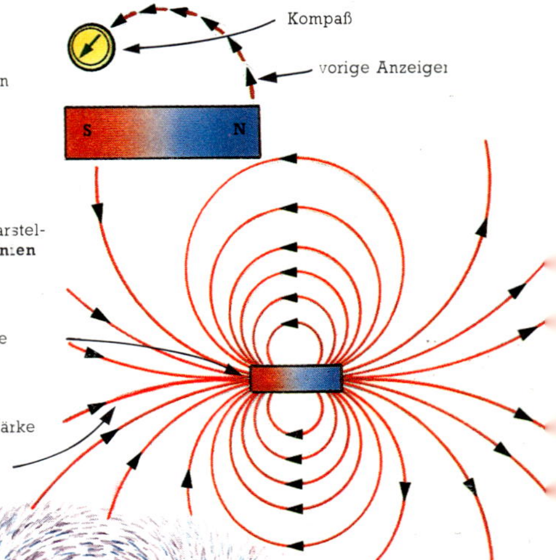

- **Magnetfeldlinien** zeigen die Richtung und Stärke (siehe **magnetische Feldstärke**) eines Magnetfelds um einen Magneten an. Als Feldrichtung gilt die Richtung, in die ein **Nordpol*** gezogen würde. **Magnetfeldlinien** lassen sich darstellen, indem man Eisenfeilspäne auf ein Papier verteilt, unter dem der Magnet liegt, oder indem man die Stellung kleiner **Kompaßnadeln** um den Magneten herum notiert.

- **Magnetische Feldstärke**. Maß für die Stärke eines Magnetfelds an einem Punkt. Sie wird dargestellt durch die Dichte der Kraftfeldlinien und ist normalerweise am höchsten an den **Polen***. ▶

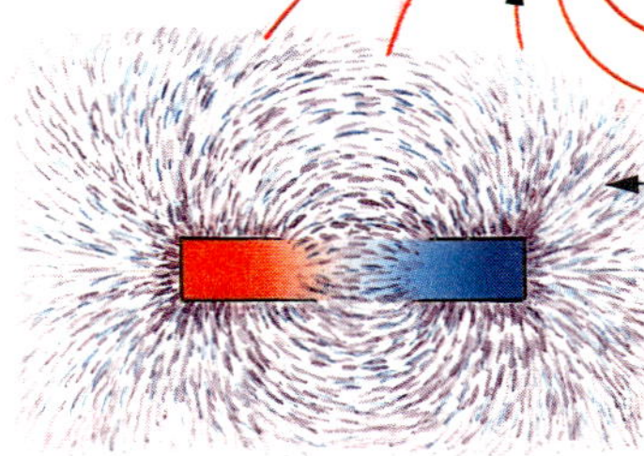

Eisenspäne hängen sich wegen **induziertem Magnetismus*** aneinander.

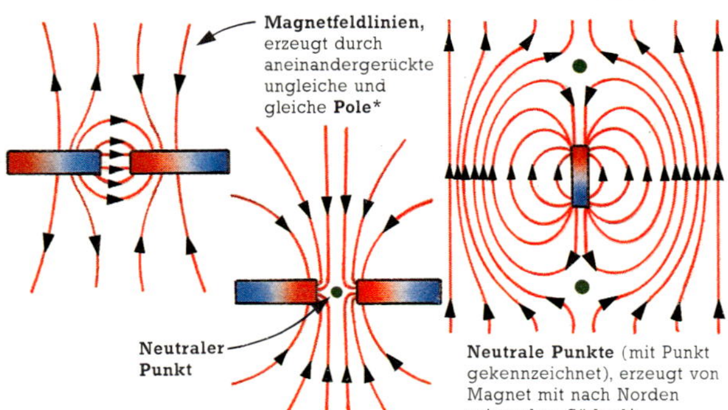

Neutrale Punkte (mit Punkt gekennzeichnet), erzeugt von Magnet mit nach Norden zeigendem **Südpol***

- **Diamagnetismus**. Magnetismus, den einige Stoffe in einem starken Magnetfeld zeigen. Ein Stück diamagnetischen Materials drängt die **Magnetfeldlinien** aus sich heraus und versucht, sich aus dem Feld hinauszubewegen. Der Effekt wird von gestörten **Elektronen*** erzeugt.

▲

- **Neutraler Punkt**. Ein Punkt, an dem die magnetische Feldstärke gleich Null ist. Er tritt auf, wenn zwei oder mehr gegensinnige Magnetfelder sich überschneiden. Ein entlang des **magnetischen Meridians** angeordneter Stabmagnet, dessen **Südpol*** nach Norden weist, hat zwei neutrale Punkte entlang seiner **magnetischen Achse***.

- **Paramagnetismus**. Magnetismus, den einige Stoffe in einem starken Magnetfeld zeigen. Ein Stück paramagnetischen Materials konzentriert die **Magnetfeldlinien** in sich und versucht, sich in das Feld hineinzubewegen. Der Effekt wird von **Dipolen*** erzeugt, die sich zum Teil in Richtung des äußeren Feldes einstellen.

* **Dipol**, 71; **Elektronen**, 83; **Induzierter Magnetismus**, 71; **Magnetkraft**, 6; **Magnetische Achse, Pole**, 70.

Magnetismus der Erde

Die Erde besitzt ein Magnetfeld, als ob sie einen gigantischen Stabmagnet in sich trüge, der etwa vom Nord- zum Südpol reichte, obwohl sich der Winkel zwischen Erdachse und Magnetachse dauernd verändert. Der **Nordpol*** eines Kompasses zeigt zu einem **magnetischer Nordpol** genannten Punkt, der Südpol zum **magnetischen Südpol**.

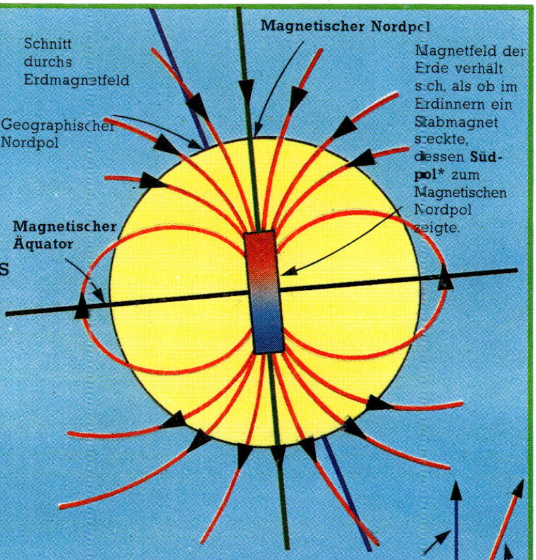

- **Magnetischer Meridian**. Die Vertikalebene des Magnetfelds. In diese Ebene stellt sich auch die **magnetische Achse*** eines Magneten ein, der frei im Erdmagnetfeld aufgehängt ist und dessen **Nordpol*** zum **magnetischen Nordpol** weist.
- **Deklination**. Der Winkel zwischen einer zum geographischen Nordpol gezogenen Linie und einer anderen, die vom gleichen Punkt aus entlang des **magnetischen Meridians** zum **magnetischen Nordpol** gezogen ist. Die Position des magnetischen Nordpols bleibt nicht konstant, daher ändert sich die Deklination mit der Zeit.

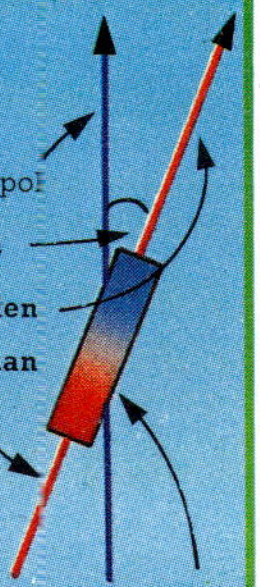

- **Isogonen**. Linien, die Punkte gleicher **Deklination** verbinden. Sie müssen von Zeit zu Zeit neu gezeichnet werden, weil sich die Richtung des Erdmagnetfelds ändert.
- **Inklination**. Der Winkel zwischen einer horizontalen Linie auf der Erdoberfläche und der Richtung des Erdmagnetfelds an diesem Punkt. Sie wird mit einem **Inklinationskompaß** gemessen (siehe Bild).
- **Isoklinen**. Linien, die Punkte gleicher **Inklination** verbinden.

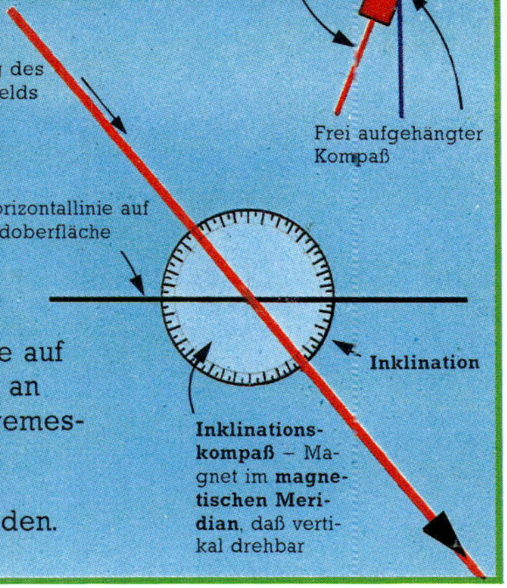

- **Permeabilität**. Maß für die Fähigkeit einer Substanz, das Magnetfeld zu „leiten". Weiches Eisen ist viel permeabler als Luft, daher konzentriert sich das Magnetfeld in ihm.

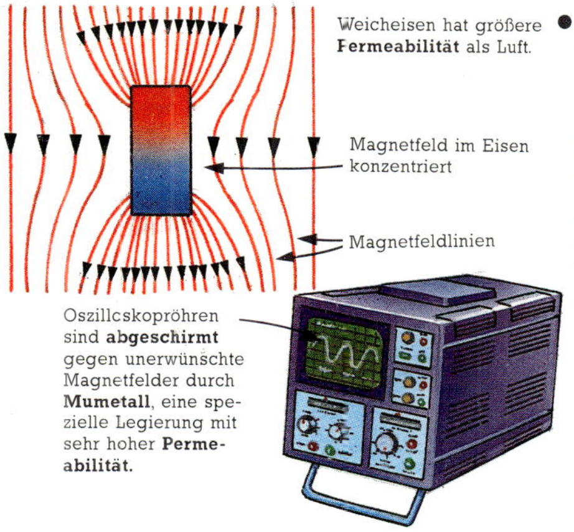

- **Abschirmung**. Die Benutzung von magnetisch weichem Material, um Magnetfelder von einem Punkt fernzuhalten; sie dringen nicht durch solches Material. Wird in empfindlichen Instrumenten, etwa Oszilloskopen, angewendet.

* **Magnetische Achse, Pol**, 70.

Elektromagnetismus

Ein elektrischer Strom, der durch einen Draht fließt, erzeugt ein **Magnetfeld** (siehe Seite 72–73) um diesen Draht, dessen Form von der Form des Drahtes und der Stromstärke abhängt. Dieses Magnetfeld kann ebenso wie das des **Dauermagneten*** gezeichnet werden. Dieser Effekt, Elektromagnetismus genannt, wird in sehr starken Magneten und zum Umwandeln von Strom in Bewegung angewendet.

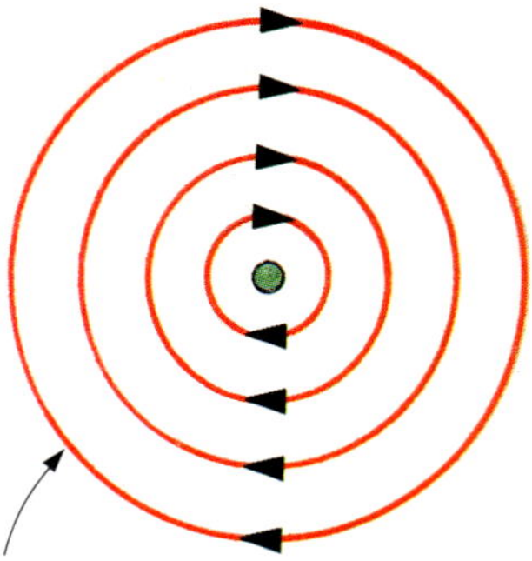

Querschnitt durch das **Magnetfeld** eines ins Papier führenden stromleitenden Drahts

- **Amperesche Regel**. Das Nordende einer Kompaßnadel neben einem stromführenden Draht wird so abgelenkt, daß es zur linken Hand eines (gedachten) Schwimmers weist, der in Richtung des Stroms schwimmt und den Draht ansieht.

Amperesche Regel

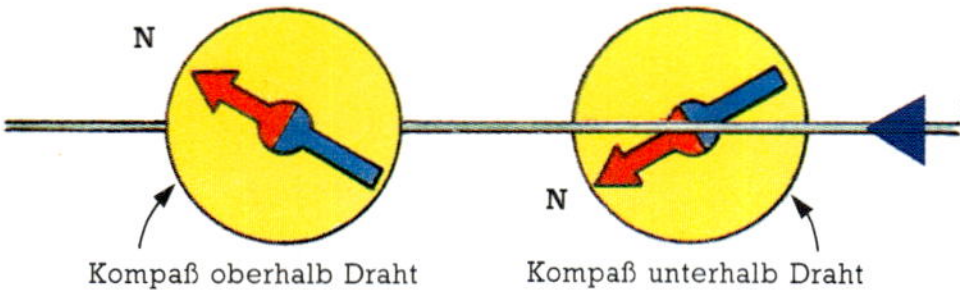

- **Maxwellsche Schraubenregel**. Sie besagt, daß die Richtung des Magnetfelds um einen stromführenden Draht der Drehung einer Schraube entspricht, die in Stromfließrichtung gedreht wird.

Maxwells Schraubenregel

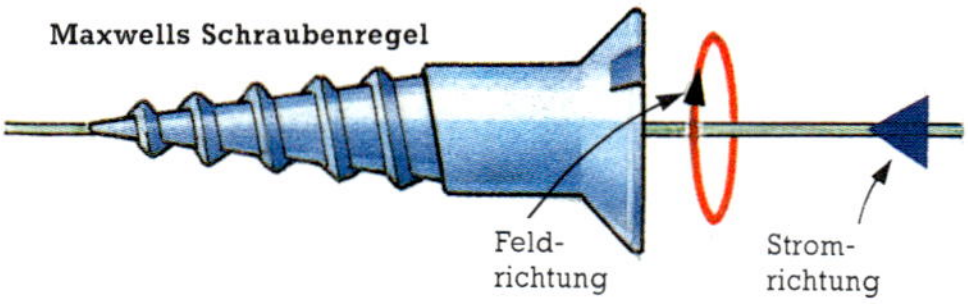

- **Rechte-Hand-Regel**. Die Richtung des Magnetfeldes um einen stromführenden Draht entspricht derjenigen von der Handwurzel zu den Fingerspitzen, wenn der Draht so mit der rechten Hand umspannt wird, daß der Daumen in Stromfließrichtung weist.

Rechte-Hand-Regel

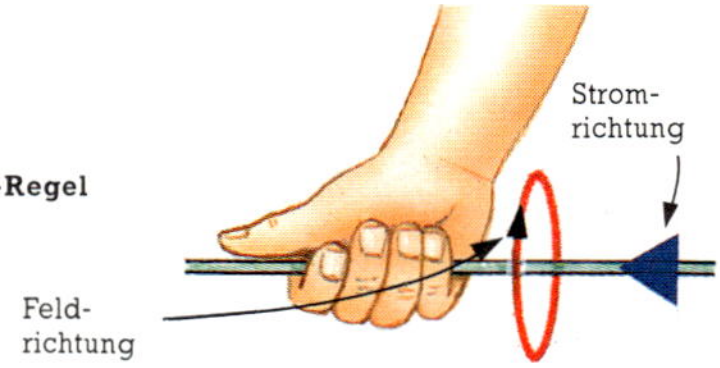

- **Spule**. Eine Anzahl Windungen eines stromführenden Drahtes um einen Kern. Beispiele sind **Flachspule** und **Zylinderspule**.

- **Flachspule**. Eine Drahtspule, deren Länge klein im Vergleich zum Durchmesser ist.

- **Zylinderspule** (**Solenoid**). Eine Spule, deren Länge groß im Vergleich zum Durchmesser ist. Das Magnetfeld einer Zylinderspule entspricht dem eines Stabmagneten. Die Position der **Pole*** hängt von der Stromrichtung ab (siehe Bild).

- **Kern**. Das Material im Zentrum einer **Spule**, das die Stärke des Magnetfelds bestimmt. Weiche **ferromagnetische*** Stoffe, meistens Weicheisen, erzeugen die stärksten Magnetfelder und werden für **Elektromagneten** verwendet.

Zylinderspule ▼

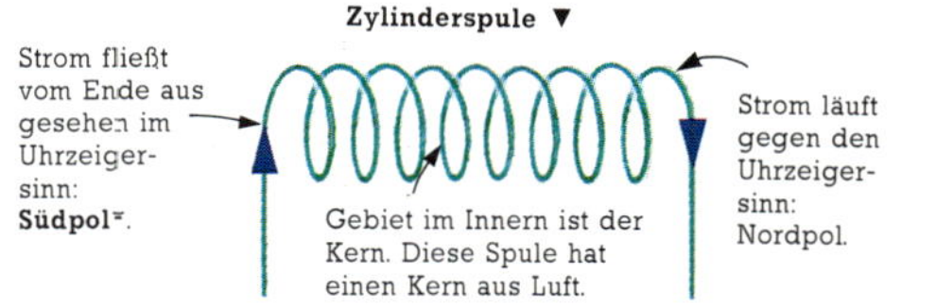

Magnetfeld der oben gezeigten Zylinderspule (längs aufgeschnitten) ▼

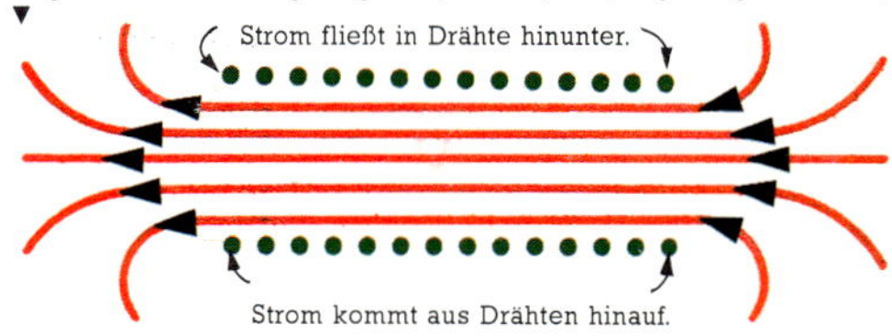

* **Dauermagnet**, 70; **Ferromagnetisch**, 70; **Pol**, 70.

- **Elektromagnet**. Eine **Zylinderspule** mit einem **Kern** aus weichem **ferromagnetischem*** Material. Das ergibt einen Magneten, den man durch Ein- und Ausschalten des Stroms an- und abschalten kann. Meist ist er so konstruiert, daß die beiden **Pole*** nahe beieinanderstehen, dadurch ist das Magnetfeld besonders stark. Einige der vielen Anwendungen werden unten vorgestellt.

Elektromagnet aus zwei **Zylinderspulen** mit **Eisenkern** und Eisenjoch zwischen den Enden

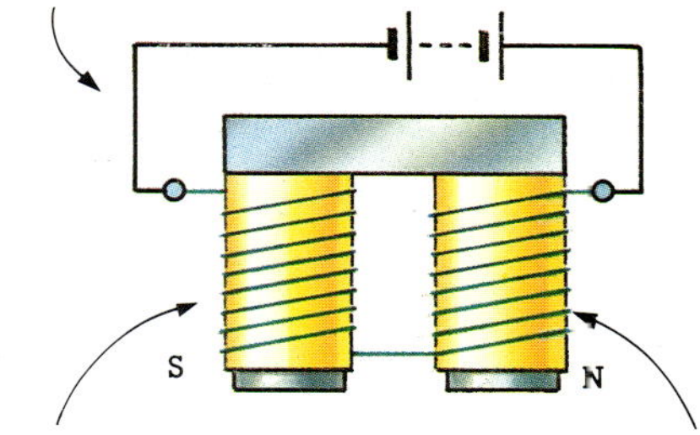

Draht läuft in den Spulen in Gegenrichtung, so daß ungleiche **Pole*** entstehen.

Anwendungen des Elektromagneten

Elektromagnete haben eine Vielzahl von Anwendungen, die alle die Tatsache ausnutzen, daß sie beim Einschalten Metall anziehen und so **elektrische*** in **mechanische Energie*** umwandeln. In zwei der folgenden Beispiele wird daraus dann Schallenergie erzeugt.

- **Elektrischer Summer**. Ein Gerät, das aus ▶ **Gleichstrom*** ein summendes Geräusch erzeugt. Ein Metallbügel wird vom Elektromagneten angezogen, bewegt sich zu ihm und öffnet dabei den Stromkreis des Magneten. Der läßt den Bügel wieder los, und der Vorgang wiederholt sich erneut. Die Hin- und Herbewegung des Bügels ergibt das Summen. Schlägt ein damit verbundener Klöppel gegen eine Glocke, hat man eine **elektrische Klingel.**

Elektrische Klingel

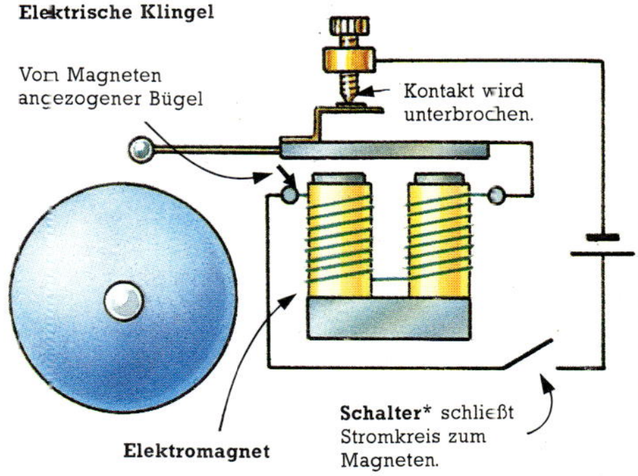

- **Kopfhörer**. Das Gerät, das elektrische Signale in Schall umwandelt. Ein **Dauermagnet*** zieht eine Metallmembran an, aber die Stärke der Anziehung hängt von der wechselnden Stromstärke (den eintreffenden Signalen) durch die Spulen des **Elektromagneten** ab. Dadurch schwingt die Membran und erzeugt so Schall.

- **Relais**. Ein Bauteil, in dem ein **Schalter*** durch einen **Elektromagneten** betätigt wird. Ein schwacher Strom in der **Spule** des Elektromagneten kann dadurch starke Ströme schalten, ohne daß die Schaltkreise direkt verbunden sind.

Kopfhörer

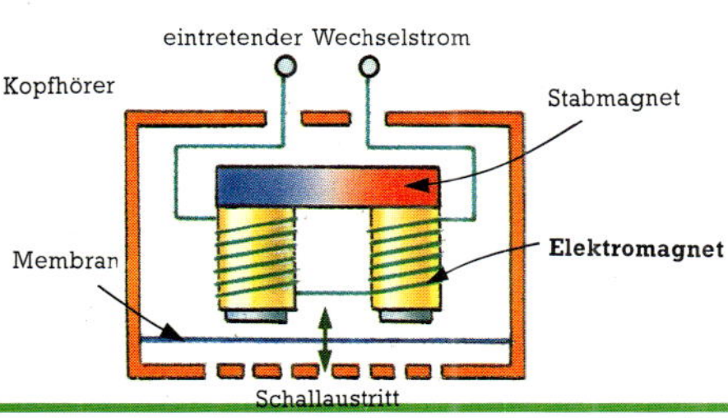

Relais

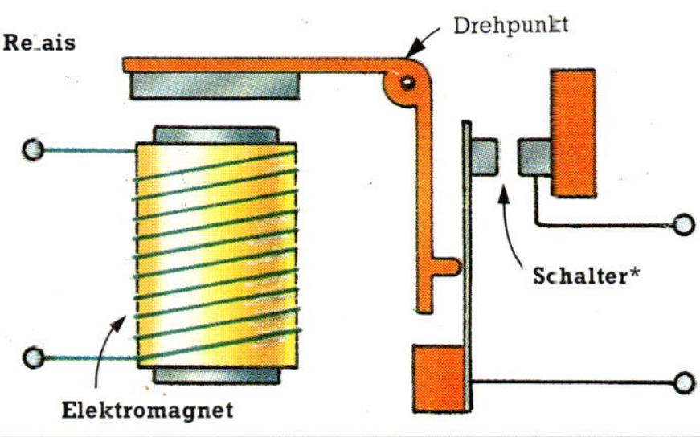

* **Dauermagnet**, 70; **Elektrische Energie**, 9; **Ferromagnetisch**, 70; **Gleichstrom**, 60; **Mechanische Energie**, 9; **Pol**, 70; **Schalter**, 64.

Fortsetzung Elektromagnete – Elektromotor

Ein stromführender Draht in einem Magnetfeld ist einer Kraft ausgesetzt, die ihn bewegen will. Dieser Effekt wird in **Elektromotoren** ausgenutzt, die **elektrische** in **mechanische Energie*** umwandeln. Er kann auch zum Messen der Stromstärke verwendet werden (siehe Seite 77), weil die Größe der Kraft unter anderem von der Stärke des Stroms abhängt.

- **Linke-Hand-Regel**. Die Richtung der Kraft ▶ auf einen stromführenden Draht im Magnetfeld kann mit Hilfe der linken Hand ermittelt werden (siehe Bild).

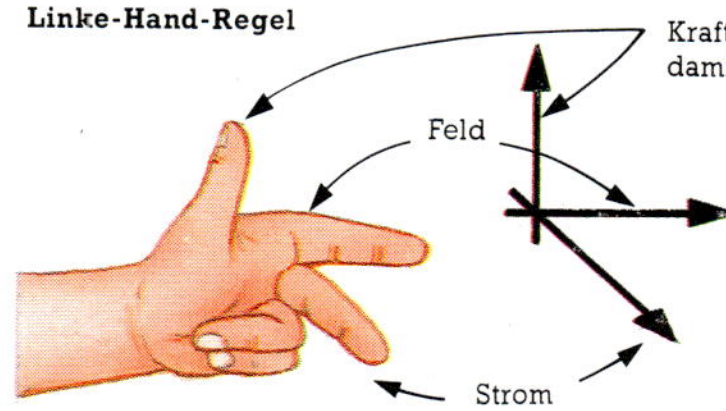

- **Elektromotor**. Ein Gerät, das **elektrische** in **mechanische Energie*** umwandelt. Der einfachste Motor besteht aus einer viereckigen, flachen **Spule***, die beweglich in einem Magnetfeld hängt (siehe Bild). Motoren erzeugen eine **Rückspannung***, die gegen die Antriebsspannung wirkt. Das liegt daran, daß ein arbeitender Motor gleichzeitig einen **Generator*** darstellt (die Bewegung der Spule im Magnetfeld erzeugt die gegengerichtete Spannung).

- **Barlowsches Rad**. Ein Messingrad in einem Magnetfeld. Der Strom tritt in die Achse ein und verläßt es am unteren Rand, der in Quecksilber taucht – der zweite Anschluß. Ähnlich wie ein Elektromotor dreht sich das Rad.

- **Feldwindungen. Spulen***satz an einem Elektromotor, der statt des Dauermagneten ein (besonders starkes) Magnetfeld erzeugt. Dadurch erhält der Motor mehr Kraft.

Einfacher **Elektromotor**

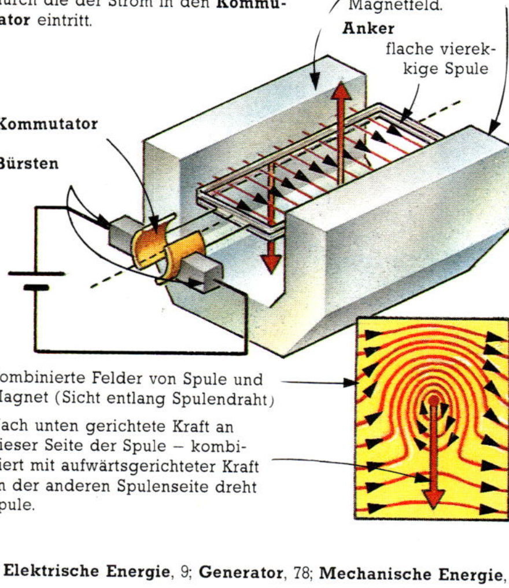

- **Lautsprecher**. Ein Gerät, das elektrische Signale in **Schallwellen*** verwandelt. Er besteht aus einer **Spule*** in einem radialen Magnetfeld (das Feld ist in jedem Punkt zum Zentrum gerichtet). Schwankt der Strom, bewegt sich die Spule mitsamt dem daran befestigten Papptrichter im Feld (siehe Bild). Der Papptrichter bringt die Luft zum Schwingen und erzeugt Schallwellen, die von der Stärke und Frequenz des Stroms abhängen.

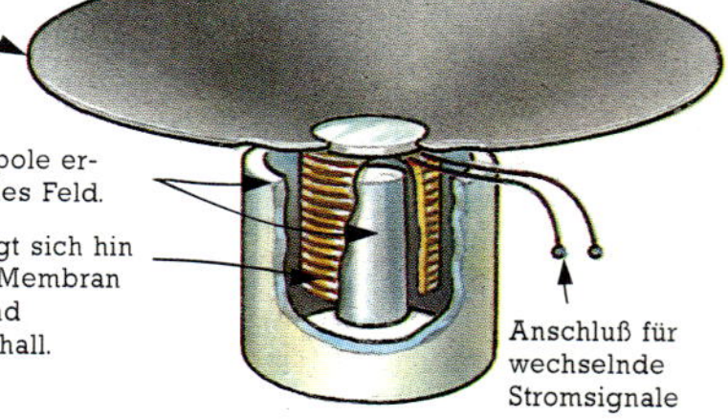

* **Elektrische Energie**, 9; **Generator**, 78; **Mechanische Energie**, 9; **Rückspannung**, 60 (**Spannung**); **Schallwellen**, 40.

Elektrische Meßinstrumente

Strom kann nachgewiesen werden, indem man eine Kompaßnadel neben einen Draht bringt und ihre Ablenkung beobachtet. Dieses Prinzip nutzen **Meßinstrumente** aus, bei denen diese Ablenkung auf einer Skala die Stromstärke anzeigt. Ein Meßinstrument für die Stromstärke kann auch zum Messen der **Spannung*** benutzt werden.

- **Galvanometer**. Ein Gerät zum Messen schwacher **Gleichströme*** durch deren Wirkung auf einen Magneten. Im einfachsten Fall ist es nur ein Kompaß mit einem Draht. Das Drehspulinstrument enthält eine Spule mit Zeiger in einem Magnetfeld; Stromfluß in der Spule dreht diese und der Zeiger wandert über die Skala (siehe Bild).

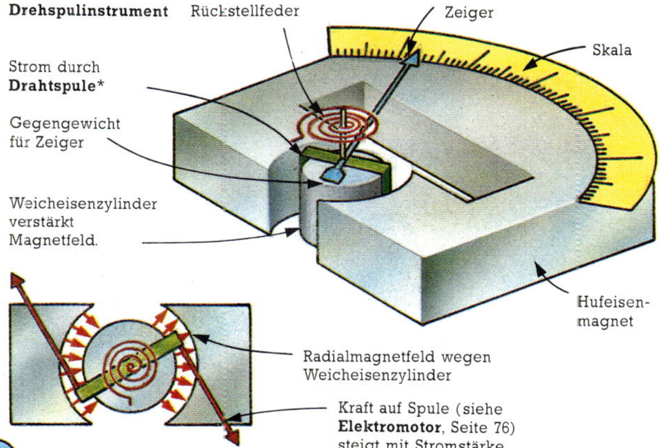

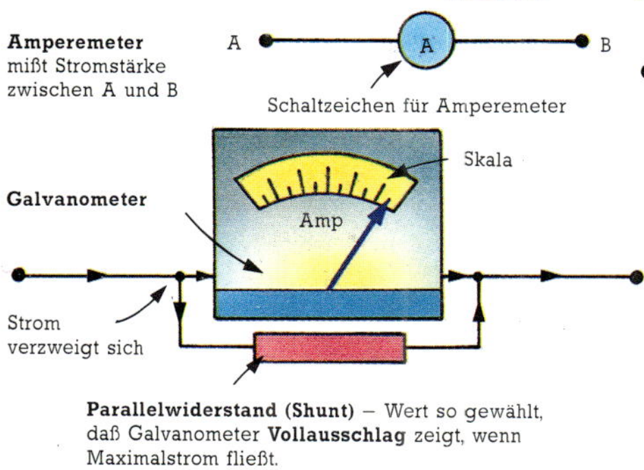

- **Amperemeter**. Ein Gerät zum Messen der Stromstärke. Es ist meist ein **Drehspulinstrument**, das so gebaut ist, daß ein bestimmter Strom (z. B. 1 mA) gerade **Vollausschlag** des Zeigers bewirkt. Mit einem **Parallelwiderstand (Shunt)** kann man noch höhere Stromstärken messen. Dessen Wert ist so gewählt, daß der meiste Strom durch diesen fließt und nur ein Bruchteil (z. B. ein Tausendstel) durchs Instrument.

- **Voltmeter**. Ein Gerät zum Messen der **Spannung*** zwischen zwei Punkten. Es ist ein **Amperemeter** mit einem **in Reihe*** geschalteten **Widerstand***. Eine bestimmte Spannung erzeugt dadurch eine bestimmte Stromstärke (siehe **Ohmsches Gesetz**, Seite 62). Durch Vergrößern des Widerstands lassen sich auch höhere Spannungen messen.

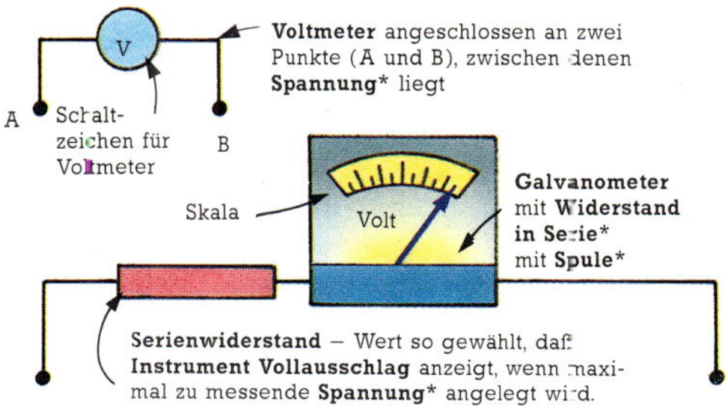

- **Multimeter (Vielfachmeßinstrument)**. Ein mit verschiedenen schaltbaren **Reihen- und Parallelwiderständen** ausgestattetes **Amperemeter**, mit dem Spannungen und Stromstärken in weiten Bereichen meßbar sind.

- **Dreheiseninstrument.** Meßinstrument, in dem der durchfließende Strom zwei Weicheisenstücke mehr oder weniger anzieht, deren Bewegung auf Zeiger übertragen wird.

* **Gleichstrom**, 60; **In Reihe (Serie)**, 64; **Spannung**, 58; **Spule**, 74; **Widerstand**, 62.

Elektromagnetische Induktion

Der englische Physiker Michael Faraday entdeckte, daß nicht nur ein durch ein Magnetfeld fließender Strom Bewegung erzeugt (siehe Seite 76), sondern daß umgekehrt auch in einem durch ein Magnetfeld bewegten **Leiter*** eine **Spannung*** erzeugt wird. Dieser Effekt, die **elektromagnetische Induktion,** tritt auch dann ein, wenn ein ruhender Leiter in einem sich ändernden Magnetfeld liegt.

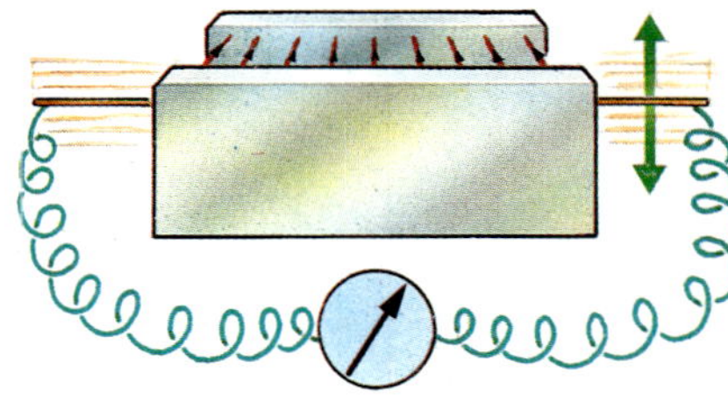

Spannung* induziert im Draht, der durch Magnetfeld bewegt wird, erzeugt Strom, den **Galvanometer*** anzeigt

- **Induktionsgesetz.** Die Größe der in einem **Leiter*** induzierten Spannung ist proportional der Geschwindigkeit, mit der sich das Magnetfeld ändert.

- **Rechte-Hand-Regel.** Gibt die Richtung eines induzierten Stroms aus der Richtung des Magnetfelds und der Bewegung an (siehe Bild; vergleiche auch Seite 76, **Linke-Hand-Regel**)

- **Lenzsche Regel.** Eine induzierte Spannung ist stets so gerichtet, daß sie die induzierende Bewegung zu hemmen versucht. In einem **Elektromotor** ist z. B. die (durch seine **Generator**wirkung) induzierte Spannung der Antriebsspannung entgegengerichtet.

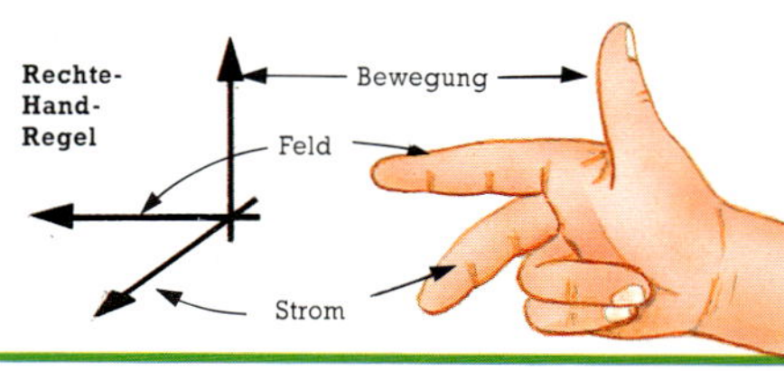

- **Generator (Dynamo).** Gerät zum Erzeugen **elektrischer Energie*** aus **mechanischer***. Im einfachsten Fall (siehe Bild) wird eine Wechselspannung in einer im Magnetfeld rotierenden **Spule*** induziert. Ein **Gleichstrom***generator hat einen **Kommutator***, ebenso wie ein **Elektromotor***, der den erzeugten Strom nur in eine Richtung fließen läßt.

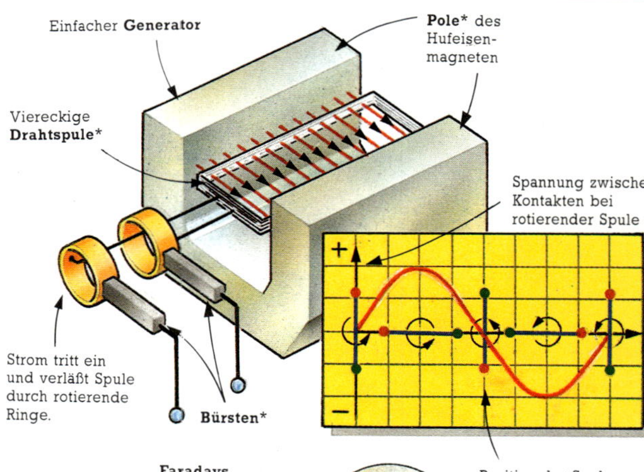

- **Gegenseitige Induktion**. Die Induktion einer sich verändernden Spannung in einer **Spule***, die sich im elektromagnetischen Feld einer anderen Spule befindet, durch die ein sich ändernder Strom fließt. Der Effekt wurde zuerst an **Faradays Eisenring** demonstriert.

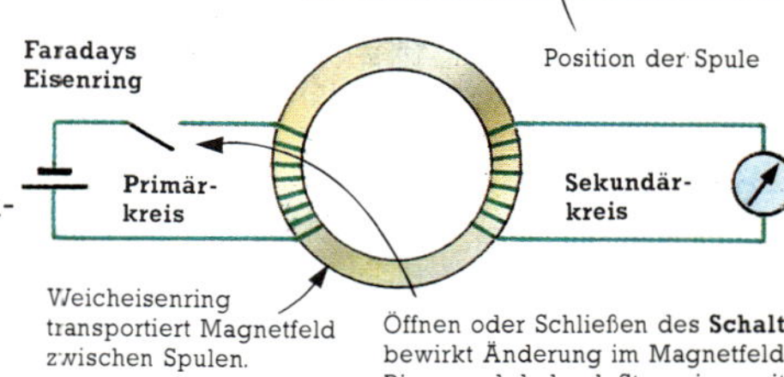

* **Bürsten**, 76; **Elektromotor**, 76; **Galvanometer**, 77; **Gleichstrom**, 60; **Kommutator**, 76; **Leiter**, 56; **Mechanische Energie**, 9; **Pol**, 70; **Schalter**, 64; **Spannung**, 60; **Spule**, 74.

- **Selbstinduktion**. Die Induktion einer Spannung in einer **Drahtspule*** durch eine Änderung des durchfließenden Stroms. Wenn etwa der Strom plötzlich abgeschaltet wird, erzeugt das zusammenbrechende Magnetfeld der Spule im Draht einen Spannungsstoß, entgegengesetzt (siehe **Lenzsche Regel**, Seite 78) und mitunter viel größer als die Originalspannung.

- **Wirbelströme**. Ströme, die in einem Metallstück induziert werden, wenn es sich in einem wechselnden Magnetfeld befindet, auch wenn es nicht Teil eines Schaltkreises ist. Wirbelströme können z. B. im Eisenkern eines **Transformators** unerwünschte Wärme erzeugen.

Transformatoren

Ein **Transformator** besteht aus zwei **Drahtspulen***, die auf denselben **Kern*** aus weichem **ferromagnetischem*** Material gewickelt sind. Er wird benutzt, um die Wechselspannung in einer Spule in eine höhere oder niedrigere Wechselspannung in der anderen Spule umzuformen, z. B. bei der Stromversorgung, Seite 61. In einem gutgebauten Transformator geht kaum Energie verloren.

Einfacher **Transformator**

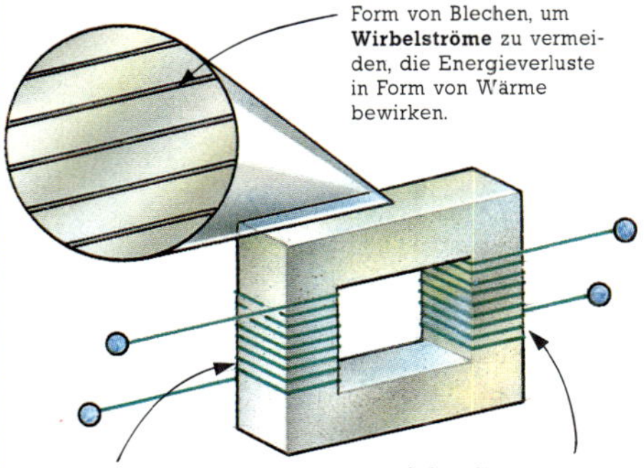

- **Primärspule**. Diejenige **Transformatorspule***, in die ein Wechselstrom eingespeist wird, dessen Spannung geändert werden soll.

- **Sekundärspule**. Die **Transformatorspule**, in der durch einen Wechselstrom in der **Primärspule** ein Wechselstrom anderer Spannung induziert wird. Einige Transformatoren haben zwei oder mehr Sekundärspulen.

- **Windungsverhältnis**. Das Verhältnis zwischen der Zahl der Windungen in der **Primärspule** eines **Transformators** zur Windungszahl der **Sekundärspule.** Dieses Verhältnis entspricht dem Verhältnis der Spannungen in der Primär- und Sekundärspule.

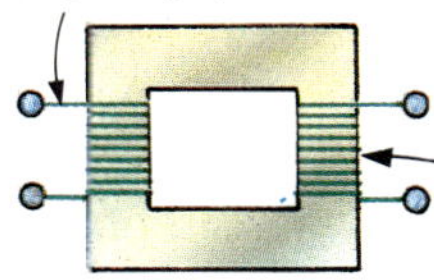

$$\text{Windungsverhältnis} = \frac{N_1}{N_2} = \frac{V_1}{V_2}$$

- **Aufwärts-Transformator**. Ein **Transformator**, in dem die Spannung in der **Sekundärspule** größer ist als in der **Primärspule**. Das **Windungsverhältnis** ist kleiner als eins.

Aufwärts-Transformator

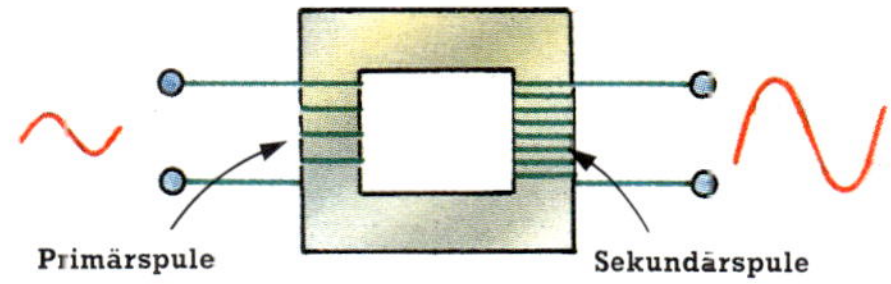

- **Abwärts-Transformator**. Ein **Transformator**, in dem die Spannung in der **Sekundärspule** kleiner ist als in der **Primärspule**. Das **Windungsverhältnis** ist größer als eins.

Abwärts-Transformator

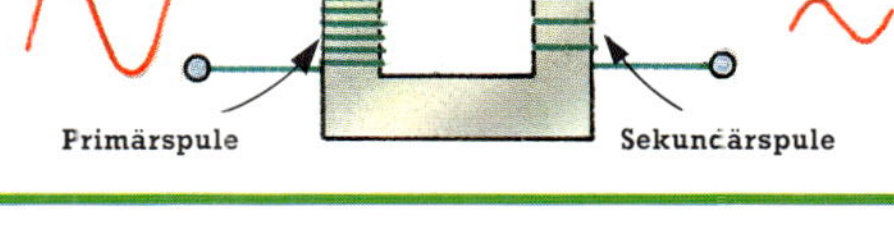

* **Ferromagnetisch**, 70; **Spule, Kern**, 74.

Katodenstrahlen

Ein **Katodenstrahl** ist ein kontinuierlicher Strom aus **Elektronen** (negativ geladenen Teilchen – siehe Seite 83), die durch Gas unter niedrigem Druck oder durch Vakuum fliegen. Er entsteht, wenn Elektronen aus einer **Metallkatode*** austreten und von einer **Anode*** angezogen werden. **Katodenstrahlen** haben eine große Zahl von Anwendungen, von der Erzeugung von **Röntgenstrahlen*** zum **Fernsehen**. Stets bewegen sich die Elektronen in einer speziell geformten Glasröhre (genannt **Elektronenröhre**), die Vakuum oder verdünntes Gas enthält. Meist werden die Strahlen von einer **Elektronenkanone**, einem Bauteil in der Röhre, erzeugt.

- **Elektronenkanone.** Ein Bauteil, das einen ständigen Strom von Elektronen (einen Elektronenstrahl) erzeugt. Es besteht aus einer erhitzten **Katode***, die Elektronen abgibt (das heißt **thermionische Emission)** und einer **Anode***, die sie anzieht, so daß sich ein Strahl bildet.

- **Malteserkreuzröhre**. Eine **Elektronenröhre**, in der ein Elektronenstrahl durch ein Kreuz unterbrochen wird, das einen „Schatten" auf einen **Fluoreszenz***schirm am Ende der Röhre wirft. Das zeigt, daß sich die Elektronen in geraden Bahnen bewegen.

Typische Experimental-Elektronenröhre

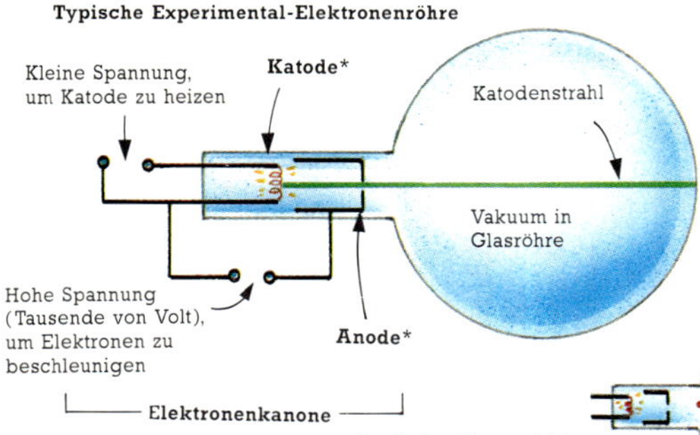

Malteserkreuzröhre

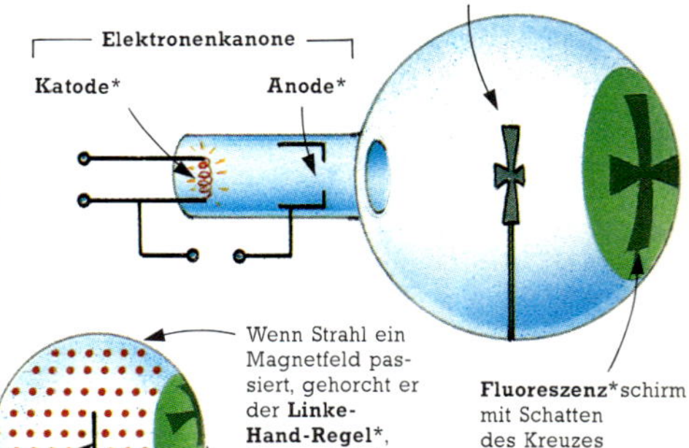

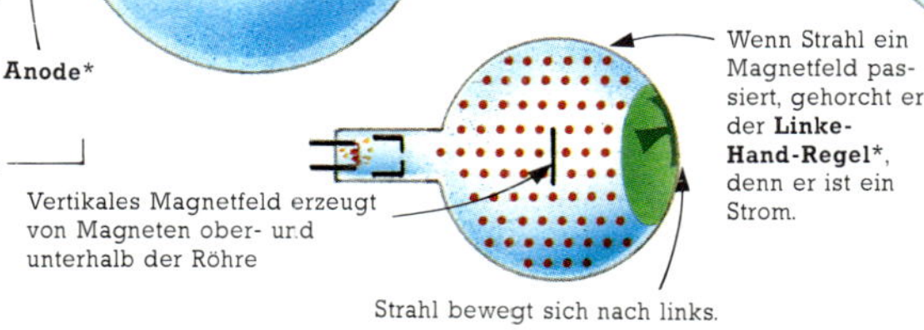

- **Gasentladungsröhre**. Eine gasgefüllte Glasröhre, in der **Ionen*** und Elektronen von **Elektroden*** angezogen werden und mit hoher Geschwindigkeit auf sie zu fliegen. Dabei kollidieren sie mit Gasatomen, die dabei noch mehr Ionen und Elektronen freisetzen und gleichzeitig Licht ausstrahlen. Dessen Farbe hängt vom verwendeten Gas ab, z. B. erzeugt Neon Rotorange (Reklame-Leuchtschriften), Natriumdampf Gelb und Quecksilberdampf Blaugrün (Straßenbeleuchtung). Gasentladungsröhren brauchen fünfmal weniger Strom als andere Leuchtkörper. Eine **Leuchtstoffröhre** ist eine Gasentladungsröhre, gefüllt mit Quecksilberdampf, dessen **ultraviolette Strahlung*** einen Leuchtstoff an der Röhreninnenseite zum Aussenden von **sichtbarem Licht*** anregt (siehe **Fluoreszenz**, Seite 45).

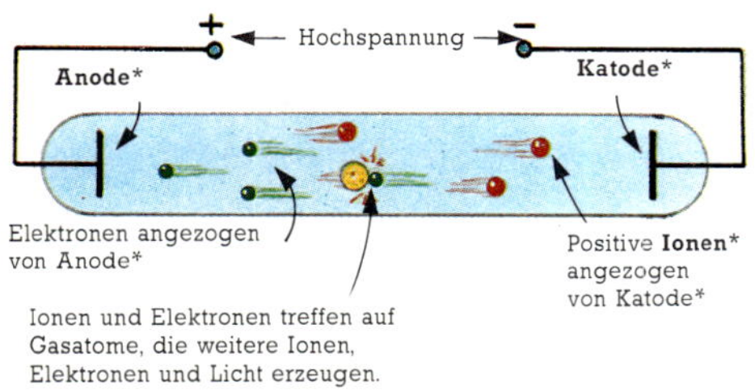

* **Anode, Katode***, 66 **(Elektrode)**; **Fluoreszenz**, 45; **Ionen**, 88; **Linke-Hand-Regel**, 76; **Sichtbares Licht**, 45; **Röntgenstrahlen**, 44; **Ultraviolette Strahlung**, 44.

* **Röntgenröhre**. Eine spezielle **Elektronenröhre**, mit der sich **Röntgenstrahlen*** erzeugen lassen. Ein Katodenstrahl trifft auf ein Plättchen aus Wolfram, das die Elektronen plötzlich abstoppt. Dadurch entstehen die Röntgenstrahlen.

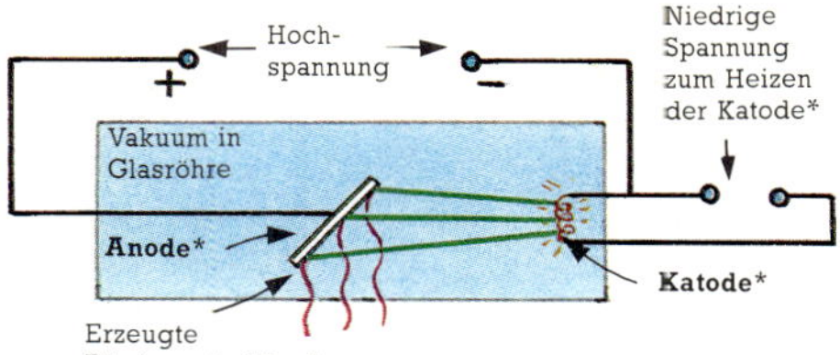

Das Katodenstrahloszilloskop

Das **Katodenstrahloszilloskop** (der **Oszillograph**) ist ein Gerät, um Ströme und **Spannungen*** zu untersuchen. Ein Katodenstrahl aus einer **Elektronenkanone** erzeugt einen leuchtenden Punkt auf einem **Fluoreszenz***schirm. Normalerweise wird der Strahl ständig schnell hin- und her bewegt, so daß auf dem Schirm eine Linie erscheint. Eine zu untersuchende Spannung wird so zugeführt, daß sie den Strahl vertikal ablenkt. Das Bild auf dem Schirm zeigt den zeitlichen Verlauf dieser Spannung.

Komponenten eines **Oszillographen**

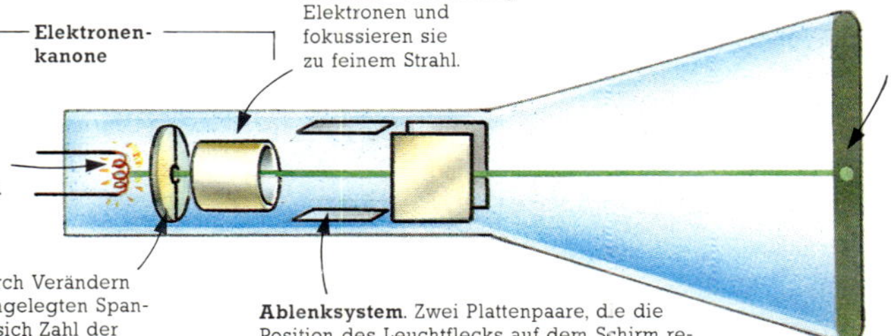

Regelknöpfe des **Oszillographen**

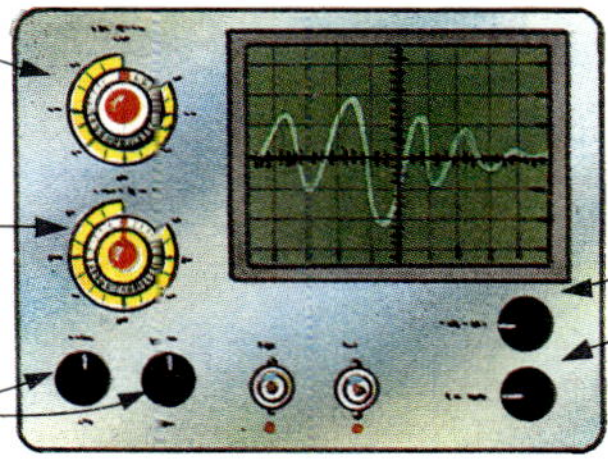

Fernsehen

Fernsehbilder werden von einer **Elektronenröhre** erzeugt. Darin läuft der Elektronenstrahl schnell über den Schirm und verändert dabei ständig, gesteuert vom ankommenden Signal, seine Stärke und damit die Helligkeit des Leuchtflecks. So entsteht das Bild mit hellen und dunklen Teilen.

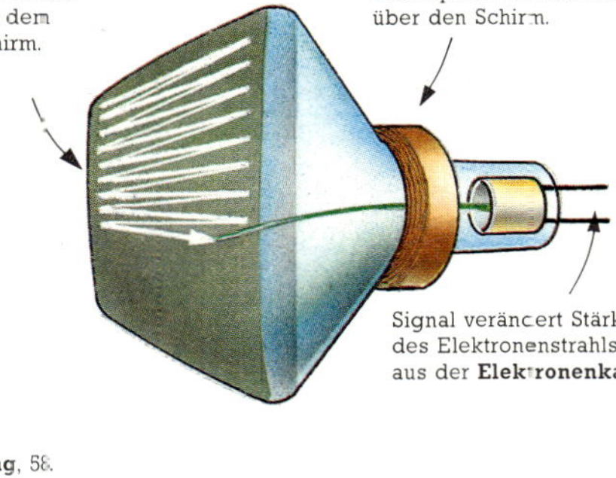

* **Anode***, **Katode***, 66; **Fluoreszenz**, 45; **Röntgenstrahlen**, 44; **Spannung**, 58.

Atomstruktur

Wir haben viel über die Natur des Atoms gelernt (siehe auch Seite 4), seit griechische Philosophen als erste lehrten, daß alle Materie aus winzigen, unteilbaren „Bausteinen" besteht. Heute wissen wir, daß ein Atom nicht unteilbar ist, sondern eine komplexe innere Struktur hat und aus vielen noch kleineren Teilchen (**subatomare Teilchen**) und viel leerem Raum zusammengesetzt ist.

- **Rutherford-Bohr-Atommodell.** Nach diesem von Ernest Rutherford und Niels Bohr 1911 vorgeschlagenen Modell ähnelt ein Atom dem Sonnensystem. Inzwischen hat sich gezeigt, daß es inkorrekt ist (Elektronen haben keine regulären „Bahnen" – siehe **Elektronenschalen**).

Rutherford-Bohr-Atommodell

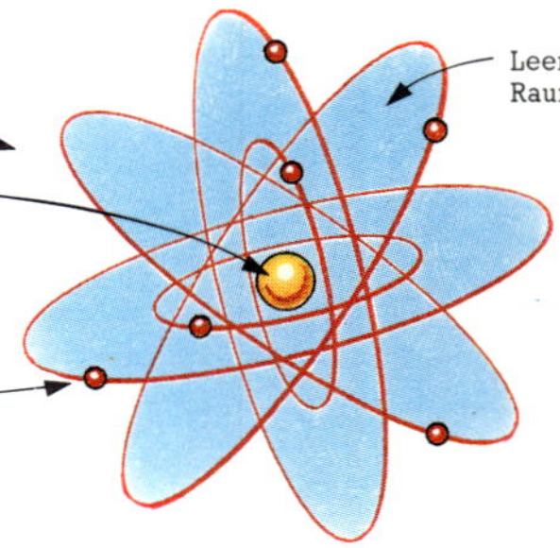

- **Atomkern.** Der zentrale Kern eines Atoms; er besteht aus dicht gepackten **Nukleonen** (**Protonen** und **Neutronen**).

- **Protonen.** Positiv geladene Teilchen im **Atomkern**. Die Zahl der Protonen **(Ordnungszahl)** bestimmt ein Element und ist gleich der Zahl der Elektronen; daher ist ein Atom nach außen neutral.

- **Neutronen.** Elektrisch neutrale Teilchen im **Atomkern**. Die Zahl der Neutronen in Atomen des gleichen Elements kann variieren (siehe **Isotope**).

- **Massenzahl (A).** Die Zahl der **Protonen** und **Neutronen** im Atomkern **(Nukleonen)**. Es ist eine ganze Zahl, ähnlich groß wie die jeweilige **Atommasse**, und wichtig, um **Isotope** zu identifizieren.

- **Ordnungszahl (Z).** Die Zahl der **Protonen** in einem **Atomkern** (und damit die Zahl der **Elektronen** um den Kern herum). Alle Atome mit derselben Ordnungszahl gehören zum gleichen Element (siehe auch **Isotope**).

- **Neutronenzahl (N).** Die Zahl der **Neutronen** in einem **Atomkern**. Siehe auch Bild Seite 87.

Die **Masse** und die **Ordnungszahl** sind oft an das Elementsymbol geschrieben.

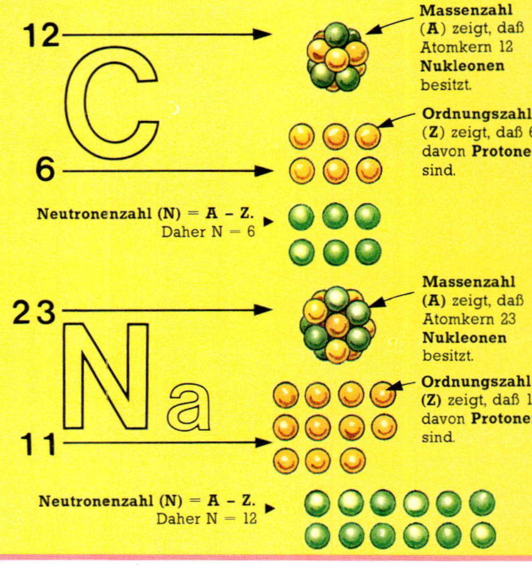

* **Elektrische Kraft**, 6;

• **Elektronen**. Teilchen mit negativer Ladung und sehr kleiner Masse. Sie bewegen sich in der **Elektronenhülle** um den **Atomkern**. Siehe auch **Proton.**

• **Elektronenschalen** oder **Energieniveaus**. Gebiet um einen **Atomkern**, in dem sich die **Elektronen** bewegen. Ein Atom kann bis zu sieben Elektronenschalen haben, genannt die **K-, L-, M-, N-, O-, P-** und **Q-Schale**. Jede kann eine bestimmte Zahl von Elektronen aufnehmen (die ersten vier, von innen aus, 2, 8, 18 und 32 Elektronen). Je weiter die Schale vom Kern entfernt ist, desto höher die Energie ihrer Elektronen (daher der Name Energieniveau). Die **äußere Schale** ist die letzte Schale mit Elektronen. Ist sie voll oder enthält 8 Elektronen, ist das Atom stabil (siehe Seite 84). Die Positionen der Elektronen in ihren Schalen kann nicht zu einer bestimmten Zeit exakt bestimmt werden, aber jede Schale besteht aus **Orbitalen**, oder **Aufenthaltswahrscheinlichkeits-Wolken**. Jedes dieser Gebiete enthält praktisch zu jeder Zeit eines oder beide Elektronen.

Modernes Modell (vereinfacht), Kohlenstoff-12-**Isotop**

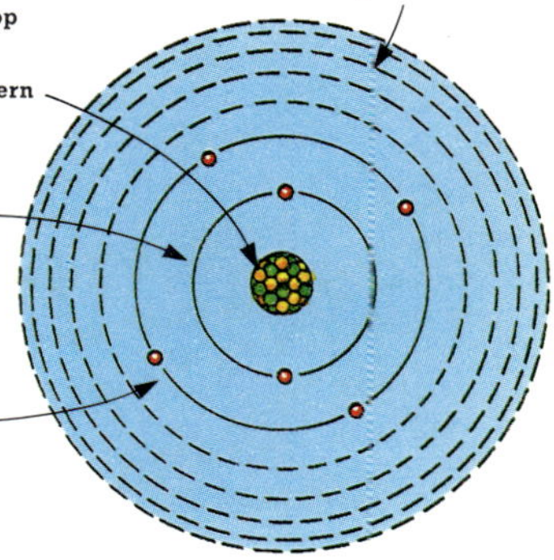

Modernes Modell (komplex), Kohlenstoff-12-**Isotop**

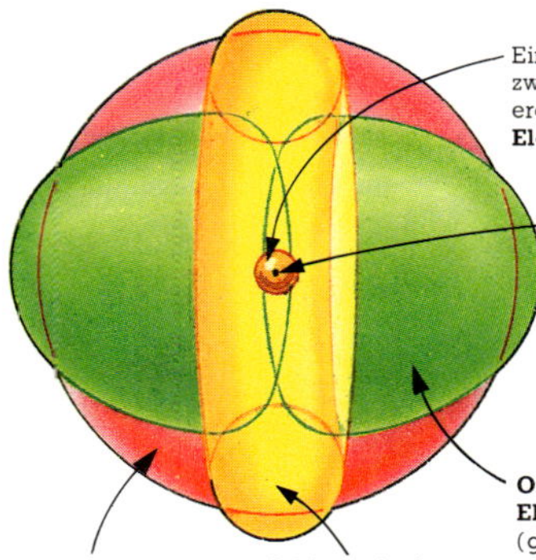

• **Isotope**. Verschiedene Formen desselben Elements mit der gleichen Ordnungszahl, aber unterschiedlichen **Neutronenzahlen** und daher unterschiedlichen **Massenzahlen.** Es gibt Isotope von jedem Element; selbst wenn sie nicht in der Natur vorkommen, können sie doch künstlich hergestellt werden (siehe **Radioisotope**, Seite 86).

Massenzahlen werden zusammen mit den Namen oder Symbolen der Elemente angegeben, um **Isotope** zu bezeichnen:

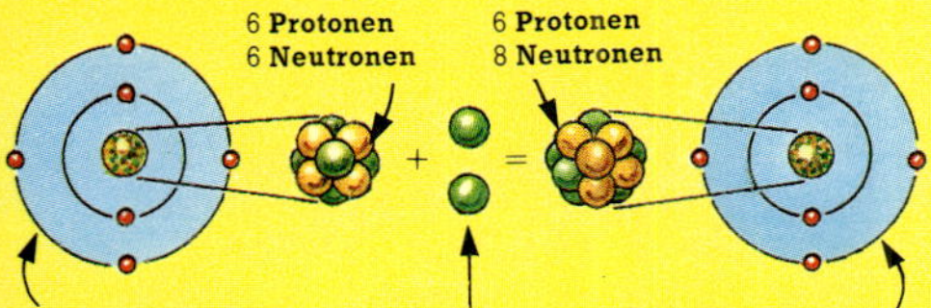

Kohlenstoff-12 oder ^{12}C **Kohlenstoff-14** oder ^{14}C

• **Atommasse** (**Atomgewicht**). Die Masse eines Atoms in **atomaren Masseneinheiten** (**u**). Jede von diesen ist gleich $\frac{1}{12}$ der Masse des Kohlenstoff-12-Atoms (**Isotop**). Daher ist die Atommasse dieses Atoms 12u, aber wenige Werte anderer Atome sind ganze Zahlen, z. B. 26,9815u (Aluminium). Das liegt daran, daß in dieser Größe der Anteil der jeweiligen Isotope im natürlichen Vorkommen der Elemente eingeht. Natürliches Chlor z. B. besteht aus drei Chlor-35-Atomen auf jedes Chlor-37-Atom, die Atommasse des Chlors (35, 453u) ist daher ein Durchschnitt der verschiedenen Massen und Anteile dieser Isotope.

Atomare Energie

Alle Dinge, seien es große Körper oder winzige Teilchen, besitzen einen bestimmten **Energiezustand**, oder Grad an **Potentieller Energie***. Sie sind stets bestrebt, diesen Energiegehalt auf das niedrigst mögliche Maß herabzusetzen, den **Grundzustand**, den Zustand größter Stabilität. In vielen läßt sich das durch Abgeben oder Aufnehmen von Teilen erreichen, und in allen Fällen ist das Ergebnis, daß „überschüssige" Energie abgegeben wird – in großen Mengen, wenn die Teilchen Atome, und noch größeren Mengen, wenn es Atomkerne sind. Je größer die **Bindungsenergie** eines Atoms oder Atomkerns, desto stabiler ist es, desto weniger ist es zu Veränderungen geneigt.

- **Massendefekt**. Die Masse eines Atoms oder Atomkerns ist kleiner als die Summe der Massen seiner Bestandteile, wenn diese voneinander getrennt sind. Die Differenz ist der Massendefekt. Es ist die Masse der **potentiellen Energie***, die beim Zusammenfügen der Teilchen freigesetzt wurde (siehe **Bindungsenergie** und Formel unten).

Einstein zeigte, daß Energie eine Masse besitzt. Daher ergibt jeder Verlust an **potentieller Energie*** einen Massenverlust – die Masse der Energie selbst.

Einsteins Massen-Energie-Formel:

$$E = mc^2$$

mit E = Energie in Joule; m = Masse in Kilogramm; c = 3×10^8 (Zahlenwert der Lichtgeschwindigkeit in m/s).

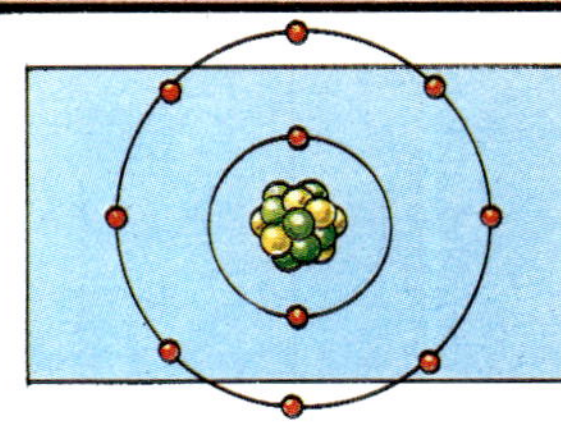

Atome mit **gefüllten Außenschalen***

Größte Stabilität, höchste **B.E.** oder **B.E.** per Nukleon (siehe unten)

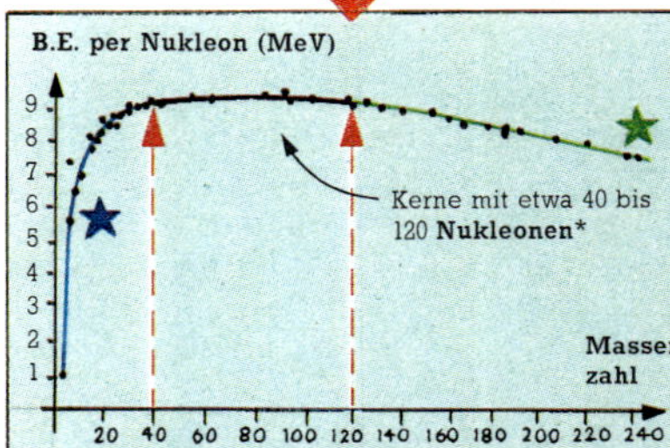

Beachte: die **Bindungsenergie pro Nukleon** (totale B.E. dividiert durch Zahl der Nukleonen) ist ein besseres Maß für die Stabilität des Kerns – totale B.E. eines Kerns kann höher als die eines anderen sein, aber seine B.E. pro Nukleon ist niedriger – siehe rechts.

- **Bindungsenergie** (**B.E.**). Die Energie, die nötig ist, um ein Atom oder einen Atomkern in die Bestandteile zu spalten (siehe Seite 82–83). Die **Potentielle Energie*** eines Atoms oder Kerns ist kleiner als die gesamte potentielle Energie seiner Teile, wenn sie voneinander getrennt sind. Das liegt daran, daß die Teile einen niedrigeren (gemeinsamen) **Energiezustand** finden (siehe Einleitung und **Kernkraft**), wenn sie sich zusammenfügen und daher dabei Energie abgeben. Die Bindungsenergie ist ein Maß für den Unterschied der potentiellen Energien. Je größer sie ist, desto niedriger ist das Energiepotential des Atoms oder Kerns und desto größer ist die Stabilität. Die Bindungsenergie ist von Atom zu Atom und von Kern zu Kern unterschiedlich.

- **Kernkraft**. Die starke Anziehungskraft, welche die Teilchen (**Nukleonen***) des Atomkerns zusammenhält und die abstoßende **elektrische Kraft*** zwischen den **Protonen*** überwindet. Ihr Effekt variiert mit der Größe des Kerns (siehe Bild), weil die Kraft nur zwischen unmittelbar benachbarten Nukleonen wirkt. Je größer die Anziehungskraft im Kern, desto höher ist seine **Bindungsenergie** (desto mehr Energie wurde beim Zusammenfügen der Teilchen abgegeben).

* **Außenschale**, 83 (**Elektronenschalen**); **Elektrische Kraft**, 6; **Massenzahl**, 82; **Nukleonen**, 82; **Potentielle Energie**, 8; **Protonen**, 82.

- **Quantentheorie**. Sie besagt, daß Energie nur in Form kleiner einzelner „Pakete“, genannt **Quanten** (Einzahl **Quantum**), vorkommt statt als gleichmäßiger Strom. Ursprünglich war sie auf **elektromagnetische Wellen***energie beschränkt; inzwischen wendet man sie auf alle Energieformen (siehe Seite 8–9) an. Elektromagnetische Quanten heißen auch **Photonen**. Die Energie eines Photons ist proportional der **Frequenz*** der ausgesandten elektromagnetischen Strahlung (siehe Seite 44–45).

Von einem **Quantum (Photon)** transportierte Energie:

$$E = hf$$

mit E = Energie in Joule; h = **Plancksches Wirkungsquantum** (Konstante, 6,63 × 10^{-34} Js^{-1}); f = **Frequenz*** in Hertz.

Elektronenvolt (eV). Einheit der atomaren Energie, gleich der **kinetischen Energie***, die ein Elektron aufnimmt, das eine **Potentialdifferenz*** von 1 Volt durchfliegt.

$$1\ eV = 1.6 \times 10^{-19}\ J$$

Megaelektronenvolt (MeV). Einheit der Kernenergie, entspricht 1 Million eV.

$$1\ MeV = 1.6 \times 10^{-13}\ J$$

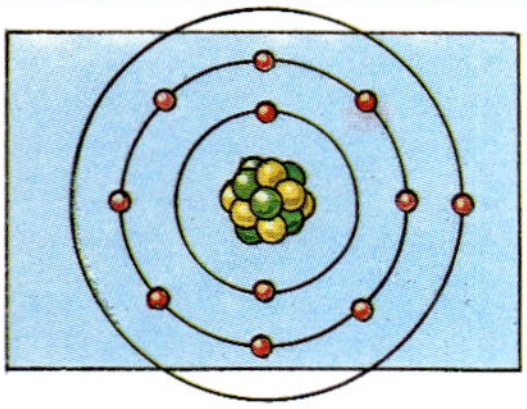

Wenige Elektronen* in äußerer Elektronenschale, also fast volle Außenschale, d. h. nur ein oder zwei Elektronen fehlen.

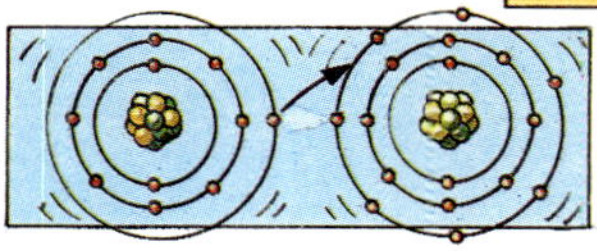

Zusammenbringen von instabilen Atomen mit anderen instabilen Atomen läßt sie miteinander reagieren – Elektronentransfer also Rekombinationen finden statt.

Eine Änderung des Energiezustands von Atom oder Kern heißt **Übergang**. Änderung der chemischen Eigenschaften (z. B. anderes Element) heißt **Elementumwandlung (Transmutation).**

Resultat ist immer Freisetzung von „überschüssiger“ Energie. Teilchen bekommen größere Stabilität – Gesamt-B.E. oder B.E. pro Nukleon höher als zuvor. Energie wird als Wärme und **kinetische** Teilchen**energie*** frei.

Weniger stabil, kleine B.E. oder B.E. pro Nukleon.

Meist finden Atome mit wenig äußerer Hilfe in den niedrigeren Energiezustand. Es reicht, instabile Atome zusammenzubringen. Oder durch spontane Radioaktivität. Notfalls kann man mit etwas Hitze (Anfangsenergie) nachhelfen.

Wenige **Nukleonen*** und dadurch relativ große Oberfläche. Nur wenige Nukleonen (im Vergleich zur Gesamtzahl) verspüren „ziehende“ **Kernkraft** von ihren Nachbarn, daher ist Gesamteffekt der Kernkraft klein.

Aufheizen von Teilchen verleiht ihnen hohe **kinetische Energie***, dadurch können zwei bei Kollision verschmelzen (siehe **Fusion**, Seite 93).

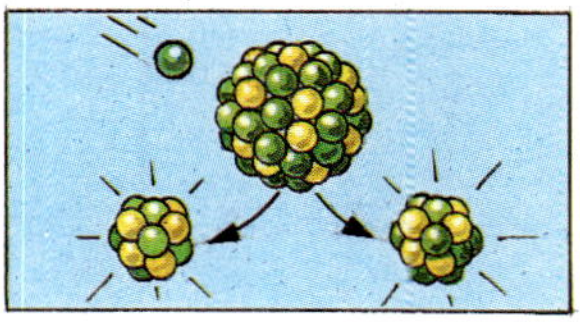

Beschießen von Kern mit sehr schnellen Teilchen spaltet ihn (siehe **Kernspaltung**, Seite 92).

oder

Sehr große Zahl Nukleonen. Daher mehr **Protonen*** – **elektrische Abstoßungskraft*** hat größeren Effekt, Gesamteffekt der Kernkraft ist kleiner.

Einige schwere Kerne stoßen spontan Teilchen aus (siehe **Radioaktivität**, Seite 86).

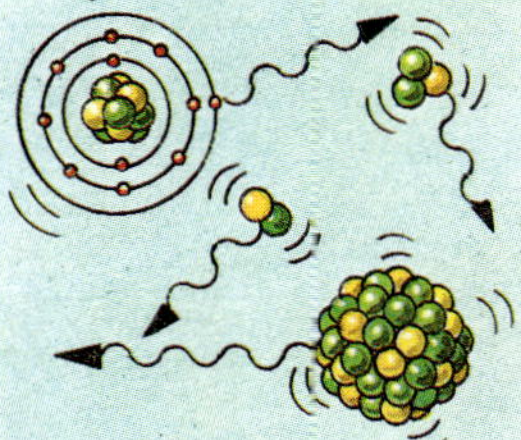

Wenn nicht genug Energie zugeführt, wird ungenutzte in Form von **Photonen** (siehe **Quantentheorie**) zurückgestrahlt. In Atomen fallen Elektronen auf niedrigere Elektronenschalen, und Typ **(Frequenz*)** der ausgesandten Photonen hängt von Elektronenschalen ab, zwischen denen sie sich bewegen.
Röntgenstrahlen* (höchste Frequenz und Energie) bei inneren Schalen, **UV-Strahlung*** bei Schalen weiter außen usw. (siehe Spektrum, Seite 44). Bei Kernen werden immer **Gamma-strahlen*** ausgesandt (viel mehr Energie im Spiel).

* **Elektrische Kraft**, 6; **Elektromagnetische Wellen**, 44; **Elektronen**, 83; **Frequenz**, 16, 35; **Gammastrahlung**, 44, 86; **Kinetische Energie**, 9; **Nukleonen**, 82; **Potentialdifferenz**, 58; **Protonen**, 82; **Röntgenstrahlung**, 44; **Ultraviolette (UV-)Strahlung**, 44.

Radioaktivität

Radioaktivität ist die Eigenschaft einiger instabiler **Atomkerne** (siehe Seiten 82 und 84), plötzlich unter Aussendung von **Strahlung*** in Kerne anderer Elemente zu zerfallen; das nennt man **radioaktiven Zerfall**. Dabei werden drei Arten von Strahlung ausgesandt – Ströme von **Alpha-Teilchen (Alphastrahlen)**, Ströme von **Beta-Teilchen (Beta-Strahlen)** und **Gamma-Strahlen**. Mehr über Nachweis und Anwendung der Strahlung auf Seiten 88–91.

- **Radioisotope** oder **radioaktive Isotope**. Jede radioaktive Substanz (alle Substanzen sind praktisch **Isotope**, siehe Seite 83). Es gibt einige natürlich vorkommende Radioisotope; die meisten existieren noch, weil sie sehr lange **Halbwertszeiten** (z. B. Uran-238) haben. Obwohl eines, Kohlenstoff-14, ständig durch **kosmische Strahlung** (siehe **Hintergrundstrahlung**) neu gebildet wird. Andere Radioisotope werden durch **Kernspaltung*** erzeugt, und noch mehr werden in Kernreaktoren durch Bestrahlen von Atomkernen mit sehr schnellen Teilchen (von **Protonen*** bis Urankernen) hergestellt. Diese werden in **Teilchenbeschleunigern** (z. B. **Zyklotronen**) auf hohe Geschwindigkeiten gebracht.

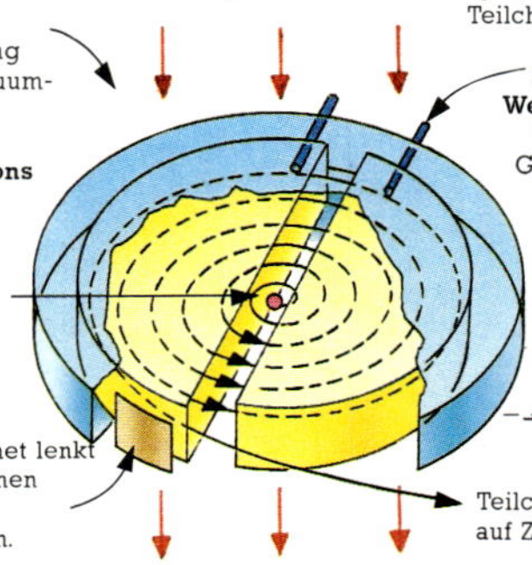

- **Alpha-(α)-Teilchen**. Positiv geladene Teilchen, die einige radioaktive Atomkerne aussenden (siehe **Alpha-Zerfall**). Sie sind relativ schwer (zwei **Protonen*** und zwei **Neutronen***), bewegen sich relativ langsam und haben eine geringe Fähigkeit, Materie zu durchdringen.

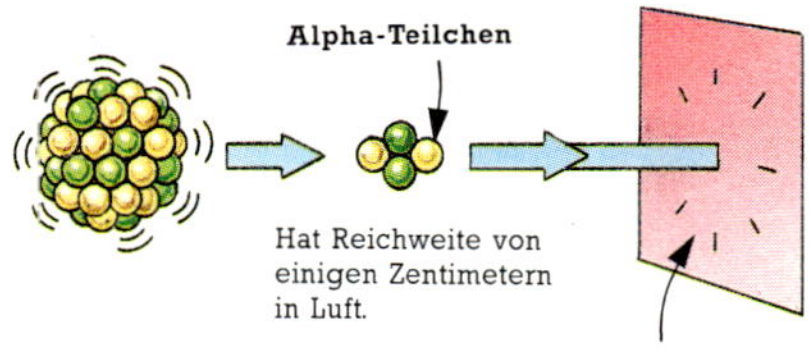

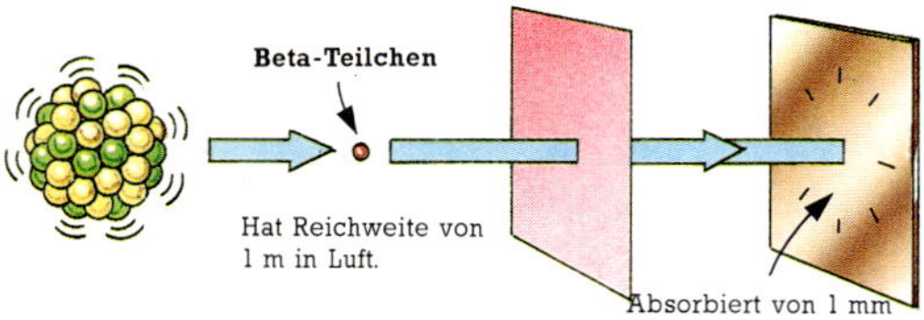

- **Beta-(β)-Teilchen**. Teilchen, die von einigen radioaktiven Kernen fast mit Lichtgeschwindigkeit ausgesandt werden. Es gibt zwei Arten – **Elektronen*** und **Positronen;** diese haben dieselbe Masse wie Elektronen, aber eine positive Ladung. Siehe **Beta-Zerfall.**

- **Gamma-(γ)-Strahlen**. Unsichtbare **elektromagnetische Wellen** (siehe Seite 44). Sie haben die höchste Durchdringungskraft und werden meistens, allerdings nicht immer, von radioaktiven Kernen nach einem **Alpha- oder Beta-Teilchen** ausgesandt. Im Körper können radioaktive Strahlen zu Krebs und Erbschäden führen.

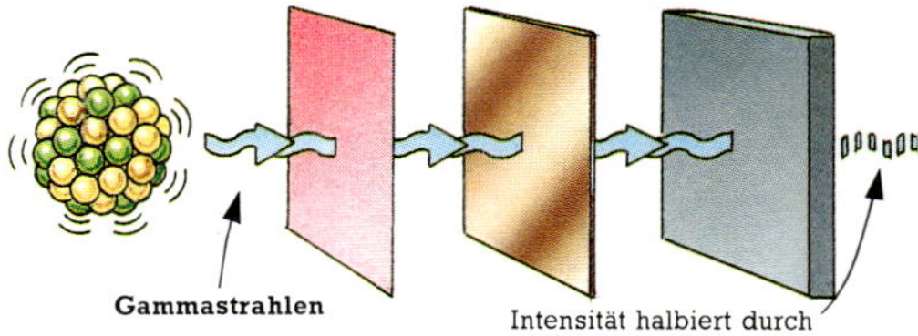

* **Elektrisches Feld**, 58; **Elektronen**, 83; **Kernspaltung**, 92; **Magnetfeld**, 72; **Neutronen**, 82; **Protonen**, 82; **Strahlung**, 9.

• **Radioaktiver Zerfall**. Das spontane Auseinanderplatzen eines radioaktiven Atomkerns. Dabei fliegen Teile davon als **Alpha-** oder **Beta-Teilchen**, gewöhnlich gefolgt von **Gammastrahlen**. Wenn ein Kern solche Teilchen ausstößt, wird Energie frei (siehe Seite 84), und ein anderer Kern (bzw. Atom) bildet sich. Ist dieser auch radioaktiv, geht der Zerfallsprozeß weiter, bis ein stabiler, also nicht-radioaktiver Kern erreicht ist. Solch eine Serie von Zerfällen nennt man eine **Zerfallsreihe.**

• **Halbwertszeit** ($T^{1/2}$). Die Zeitspanne, in der genau die Hälfte aller Atome einer radioaktiven Probe zerfallen ist. Nur diese Zeit kann genau gemessen werden – es ist unmöglich, den Zerfall eines einzelnen Atoms vorherzusagen, denn Atome zerfallen völlig zufällig und unerwartet. Keine zwei Substanzen haben dieselbe Halbwertszeit, und die Spanne ist immens, von Bruchteilen einer Mikrosekunde bis zu Uran-233 mit 4,5 $\times 10^9$ Jahren.

Die Stärke des **radioaktiven Zerfalls** wird in **Becquerel (Bq)** gemessen. Ein Becquerel entspricht einem **Zerfall** pro Sekunde. Eine ältere Einheit, das **Curie**, entspricht $3{,}7 \times 10^{10}$ Becquerel.

Zerfallsreihe, zeigt **radioaktiven Zerfall** von Thorium-232 zu stabilem Blei-208. ▼

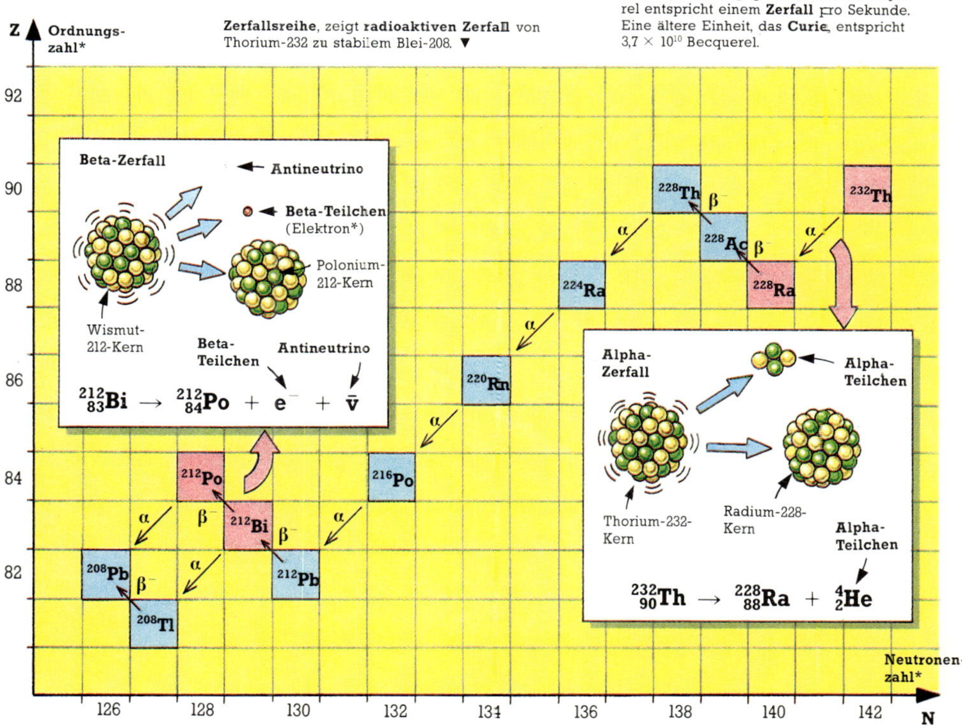

• **Alpha-(α)-Zerfall**. Der Verlust eines **Alpha-Teilchens** durch einen radioaktiven Kern. Das senkt dessen **Ordnungszahl*** um zwei und die **Massenzahl*** um vier, und so entsteht ein neuer Kern.

• **Beta-(β)-Zerfall**. Der Verlust eines **Beta-Teilchens** durch einen radioaktiven Kern. Ein Elektron (β^- oder e^-) wird ausgestoßen (zusammen mit einem anderen Teilchen namens **Antineutrino**), wenn ein **Neutron*** in ein **Proton*** zerfällt. Das **Positron** (β^+ oder e^+) wird ausgestoßen (zusammen mit einem **Neutrino**), wenn ein **Proton** in ein **Neutron** zerfällt. Beta-Zerfall erhöht oder erniedrigt also die **Ordnungszahl*** um eins, während die **Massenzahl*** konstant bleibt.

* **Elektronen**, 83; **Massenzahl, Neutronenzahl, Neutronen, Protonen**, 82; **Ordnungszahl**, 82.

Aufspüren und Messen der Radioaktivitä

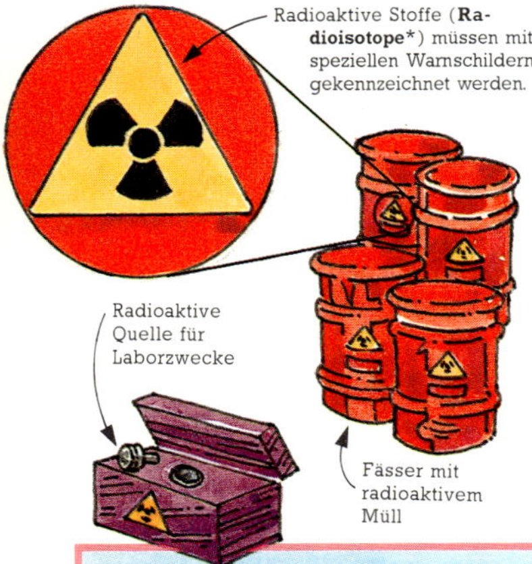

Es gibt eine Menge von Vorrichtungen, um die von radioaktiven Substanzen **(Radioisotopen*)** ausgesandte Strahlung aufzuspüren und zu messen. Einige werden vor allem in Laboratorien eingesetzt (um künstlich hergestellte Radioisotope zu untersuchen); andere haben ein breiteres Anwendungsspektrum (z. B. für Überwachungszwecke aus Sicherheitsgründen) und können auch **Hintergrundstrahlung** entdecken. Die meisten Geräte messen die Strahlung durch Nachweis der von ihr verursachten **Ionisation** – siehe **Geigerzähler** und **Pulselektroskop**, rechts, und **Nebel-** und **Blasenkammer**, Seite 90.

- **Hintergrundstrahlung**. Die auf der Erde stets in geringen Mengen vorhandene radioaktive Strahlung; sie stammt aus natürlichen und nicht-natürlichen Quellen. Eine erwähnenswerte Quelle ist Kohlenstoff-14, das von Pflanzen und Tieren aufgenommen wird. Es wird ständig durch **kosmische Strahlung** (aus dem Weltall) in der Lufthülle aus stabilem Stickstoff-14 erzeugt. Diese kosmische Strahlung besteht aus extrem energiereichen Teilchenströmen.

- **Ionisation**. Die Erzeugung von **Ionen** (elektrisch geladenen Teilchen), die eintritt, wenn Atome (elektrisch neutral) **Elektronen*** verlieren oder aufnehmen und dabei **Kationen** (positive Ionen) oder **Anionen** (negative Ionen) bilden. Bei Strahlung ionisieren **Alpha-** und **Beta-Teilchen*** die Atome der von ihnen durchquerten Substanzen und erzeugen meist Kationen. Das liegt an ihrer hohen Energie, die meist ein Elektron oder mehr aus den Atomen herausschlägt. Auch **Gammastrahlen*** können Atome ionisieren.

Ionisation

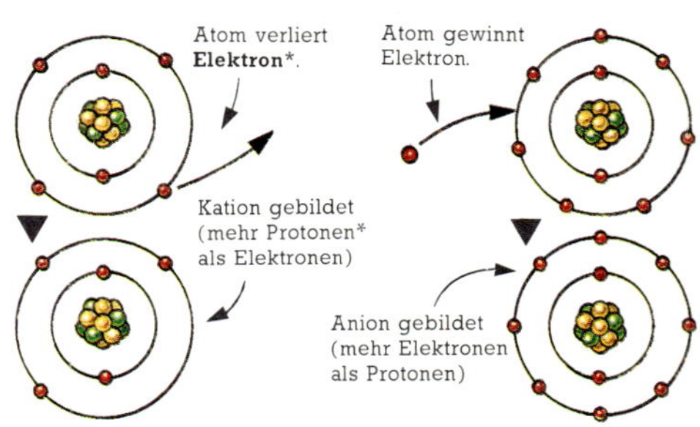

Ionisation durch Strahlung

* **Alphateilchen, Betateilchen**, 86; **Elektronen**, 83; **Gammastrahlen**, 86; **Protonen**, 82; **Radioisotope**, 86.

Nachweisgeräte

• **Geigerzähler**. Ein Gerät, bestehend aus **Geiger-Müller-Röhre, Anzeige** bzw. **Zähler** und oft einem Lautsprecher. Die Röhre ist ein gasgefüllter Zylinder mit zwei **Elektroden*** – seine Wand dient als **Katode*** und ein durch die Mitte gespannter Draht als **Anode***. Er zeigt Strahlung an, indem er die davon verursachten Stromimpulse zwischen den Elektroden registriert. Sie kommen von der **Ionisation**, die die Strahlung im Gas (üblicherweise verdünntes Argon plus einer Spur Brom) verursacht. Die Stromstöße werden von einem elektronischen Zähler ausgewertet und in Durchschnittsanzahl der Pulse pro Sekunde angezeigt.

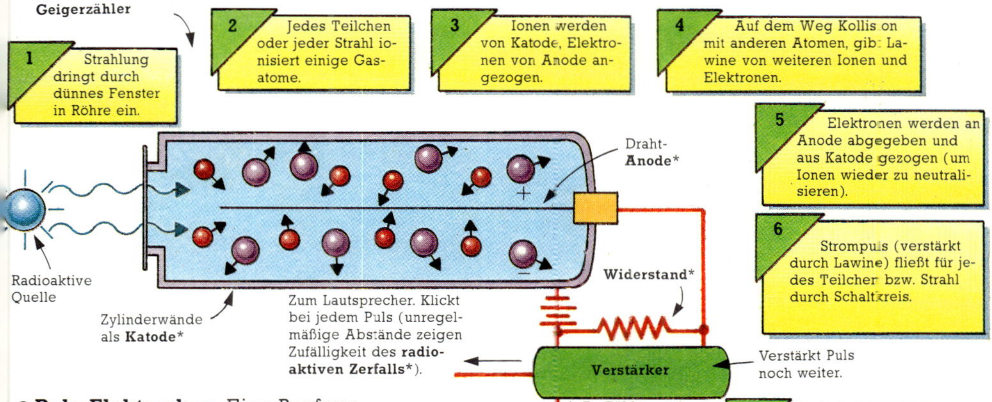

• **Puls-Elektroskop**. Eine Bauform des **Goldblatt-Elektroskops***. Die Wände einer luftgefüllten Kammer um die Kappe bilden die **Katode***, und eine seitliche **Anode*** ist in der Nähe des Blättchens. Sie zieht **Elektronen*** aus der Kappe, so daß diese positiv geladen wird (das Blättchen hebt sich vom Stab, weil beide negativ geladen sind, aber nicht weit genug, um die Anode zu berühren, bevor die radioaktive Quelle eingeführt wird). Das Blättchen zeigt die Strahlung durch Hin- und Herbewegung bei jeder **Ionisation** an.

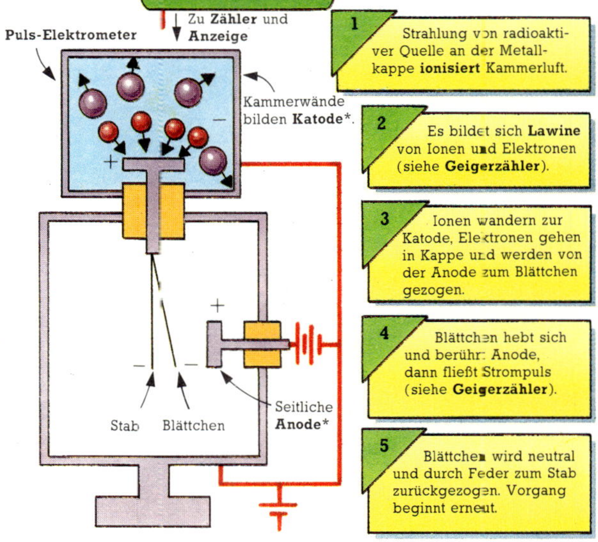

• **Dosimeter**. Ein Gerät, das alle mit Strahlung Beschäftigten tragen müssen. Es enthält ein Stück Fotofilm (der durch Strahlung geschwärzt wird). Er wird regelmäßig entwickelt und zeigt durch den Grad seiner Schwärzung die Strahlungsmenge, die der Beschäftigte in der Zwischenzeit „eingesammelt" hat.

* **Anode, Katode, Elektrode**, 66; **Elektronen**, 83; **Goldblattelektroskop**, 56; **Radioaktiver Zerfall**, 87; **Widerstand**, 62.

Nachweisgeräte (Fortsetzung)

- **Nebelkammer**. Ein Gerät, das die Bahnen von **Alpha-** und **Beta-Teilchen*** als Spuren sichtbar macht. Das geschieht, wenn der Dampf in der Kammer (Alkohol- oder Wasserdampf) durch Kühlung (in einem von zwei möglichen Verfahren, siehe unten) in **übersättigten** Dampf verwandelt wird. Das ist Dampf unterhalb der Temperatur, bei der er kondensieren sollte, der aber nicht kondensiert, weil es an Staubkörnchen oder anderen Teilen mangelt, um die sich Tropfen bilden könnten.

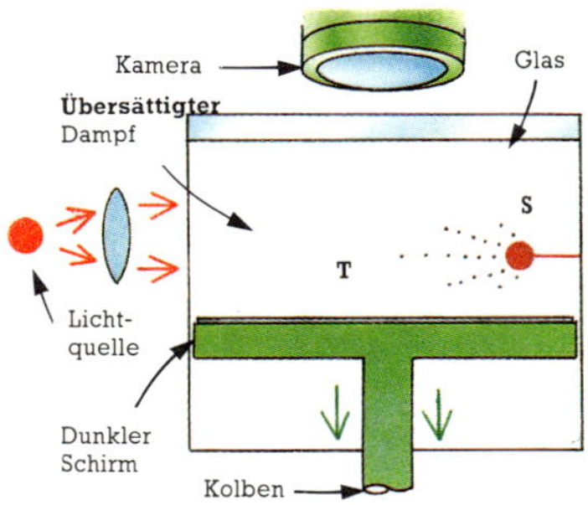

Wilsonkammer. Dampf durch plötzliche Volumenvergrößerung (Ziehen eines Kolbens) abgekühlt.

1 Strahlung aus Quelle (S) erzeugt **Ionisation*** im Dampf.

2 Gebildete Ionen wirken wie Staubkörnchen, d. h. Dampf kondensiert an ihnen.

3 Spuren von flüssigen Tröpfchen (T) bleiben dort zurück, wo Dampf kondensiert (lang genug sichtbar für Foto).

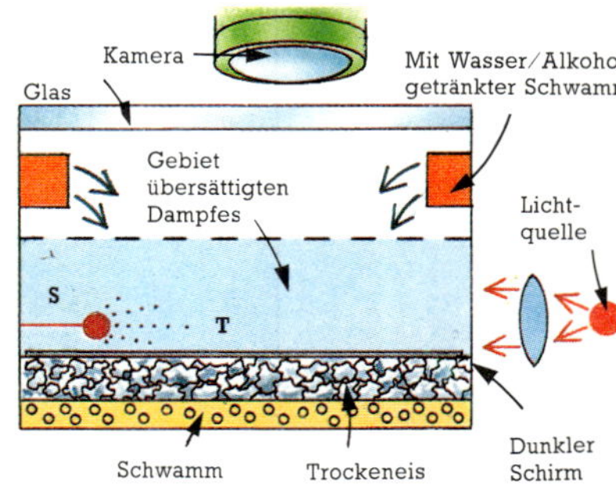

Diffusionskammer. Dampf wird durch Schicht Trockeneis (festes Kohlendioxid) gekühlt und **diffundiert*** nach unten.

Nebelkammerspuren (in unregelmäßigen Abständen erzeugt, zeigt Zufälligkeit des **radioaktiven Zerfalls***.)

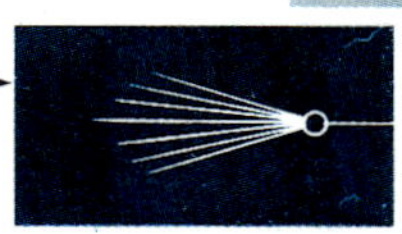

Spuren der schweren **Alpha-Teilchen*** sind kurz, gerade und dick.

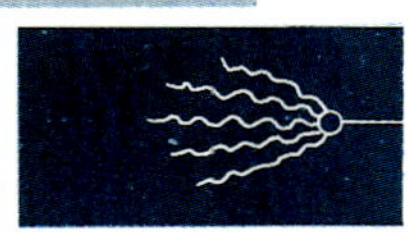

Spuren der leichten **Beta-Teilchen*** sind lang, gewellt und dünn.

Gammastrahlen* erzeugen selbst keine Spuren, können aber **Elektronen*** aus einzelnen Atomen schießen. Diese fliegen dann davon und hinterlassen Spuren wie Beta-Teilchen.

- **Blasenkammer**. Ein Gerät, das wie eine Nebelkammer, Teilchenspuren sichtbar macht. Es enthält **überhitzte** Flüssigkeit (gewöhnlich Wasserstoff oder Helium) – Flüssigkeit, die über ihren Siedepunkt erhitzt ist, aber nicht siedet, weil sie unter Druck steht. Wenn dieser Druck plötzlich verringert wird, können eindringende radioaktive Teilchen die Flüssigkeitsatome **ionisieren***. An diesen Stellen siedet die Flüssigkeit und hinterläßt eine Spur von Bläschen.

- **Szintillationszähler**. Ein Gerät zum Nachweis von **Gammastrahlen***. Es besteht aus einem **Szintillationskristall** und einer **Fotovervielfacher**röhre. Der Kristall besteht aus einem **Leuchtstoff*** (z. B. Natriumjodid). Leuchtstoffe senden Lichtblitze aus **(Szintillationen)**, wenn sie von Strahlung getroffen werden.

Szintillationszähler

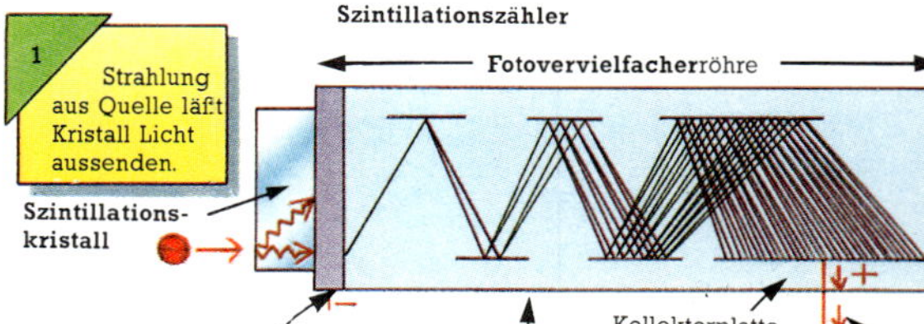

1 Strahlung aus Quelle läßt Kristall Licht aussenden.

2 Lichtempfindliches Material mit negativer Ladung. Sendet **Elektronen*** aus, wenn es von Licht getroffen wird.

3 Wichtigster Teil der Röhre **(Elektronenvervielfacher)**. Elektronen werden durch elektrisches Feld beschleunigt und setzen beim Aufprall jeweils noch mehr Elektronen frei.

4 Starker Strompuls wird für jeden **Gammastrahl*** erzeugt und **angezeigt** bzw. **gezählt** (siehe **Geigerzähler**, Seite 89).

Blasenkammerspuren. Meist gekrümmt, denn in der Kammer herrscht starkes Magnetfeld zur besseren Identifikation der Teilchen.

* **Alphateilchen, Betateilchen**, 86; **Diffusion**, 5; **Elektronen**, 83; **Gammastrahlen**, 86; **Ionisation**, 88; **Leuchtstoff**, 45 **(Fluoreszenz); Radioaktiver Zerfall**, 87.

Anwendungen der Radioaktivität

Die von **Radioisotopen*** (radioaktiven Stoffen) ausgesandte Strahlung kann zu vielen Dingen verwendet werden, besonders in der Medizin, Industrie und zu archäologischen Forschungen.

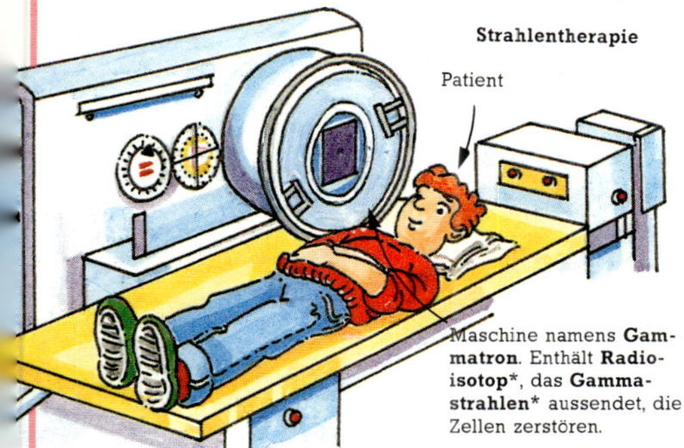

- **Radiologie**. Die Erforschung der Radioaktivität und der **Röntgenstrahlen***, besonders in Hinblick auf medizinische Anwendungen.

- **Strahlentherapie**. Die Anwendung von Strahlung, die von **Radioisotopen*** ausgesandt wird, um Krankheiten zu behandeln. Alle lebenden Zellen sind empfindlich gegen Strahlung, daher ist es möglich, Krebszellen durch sorgfältig dosierte Strahlung zu töten.

- **Radioaktive Tracer-Methoden**. Eine Methode, um den Weg eines Stoffes durch ein Objekt zu verfolgen, und während seiner Bewegung die Konzentration zu messen. Man macht dies durch Einführen von **Radioisotopen*** in die Substanz und Verfolgen der ausgesandten Strahlung. Das verwendete Radioisotop nennt man **Tracer** und die Substanz heißt dann **markiert**. In der medizinischen Diagnostik z. B. können hohe Konzentrationen eines Radioisotops in einem bestimmten Organ die Gegenwart von Krebszellen anzeigen. Die verwendeten Radioisotope haben stets kurze **Halbwertszeiten*** und zerfallen in harmlose Substanzen.

- **Gamma-Radiographie**. Die Herstellung einer **Radiographie** (ähnlich einer Fotografie) mit Hilfe von **Gammastrahlen*** (siehe auch **Röntgenaufnahmen**, Seite 44). Viele Anwendungen, darunter industrielle Qualitätskontrolle.

- **Radiokohlenstoff – Altersbestimmung**. ▶ Eine Methode, um das Alter von Überresten von Lebewesen festzustellen. Alle Lebewesen enthalten eine kleine Menge Kohlenstoff-14 (ein aus der Atmosphäre aufgenommenes **Radioisotop***), das auch nach dem Tod des Lebewesens weiter strahlt. Diese Strahlung nimmt langsam ab (**Halbwertszeit*** von 5730 Jahren), daher kann aus der Strahlungsstärke die seit dem Tod vergangene Zeit berechnet werden.

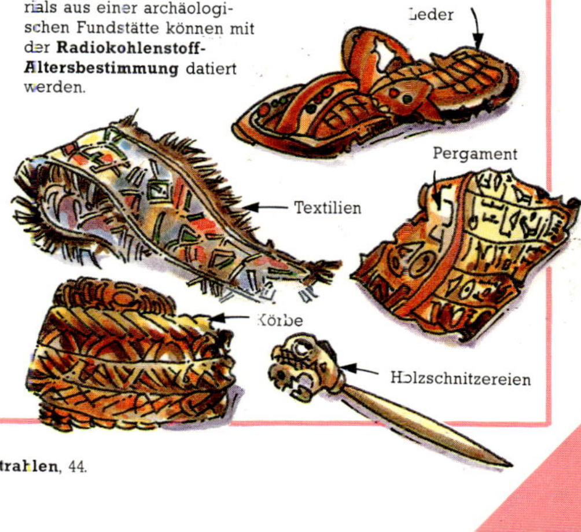

* **Gammastrahlen**, 86; **Halbwertszeit**, 87; **Radioisotope**, 86; **Röntgenstrahlen**, 44.

Kernspaltung und Kernverschmelzung

Im **Atomkern** (siehe Seite 82) sind gewaltige Energiemengen gespeichert (siehe Seite 84–85). **Kernspaltung** und **Kernverschmelzung (Fusion)** sind zwei Methoden, diese Energie freizusetzen. Beides sind **Kernreaktionen** (Reaktionen, die den Atomkern verändern).

- **Kernspaltung**. Der Prozeß, bei dem ein schwerer, instabiler Atomkern in zwei (oder mehr) leichtere, etwa gleich große Atomkerne aufspaltet, wobei zwei oder drei **Neutronen* (Spaltneutronen)** und eine große Energiemenge frei werden (siehe auch Seite 84). Die beiden leichteren Kerne heißen **Spaltprodukte**, und viele von ihnen sind **radioaktiv***. Kernspaltung läßt man in **Kernreaktoren*** ablaufen (siehe **induzierte Spaltung**), um Wärme zu erzeugen. In der Natur findet sie nur gelegentlich statt **(spontane Spaltung).**

Induzierte Spaltung von Uran-235

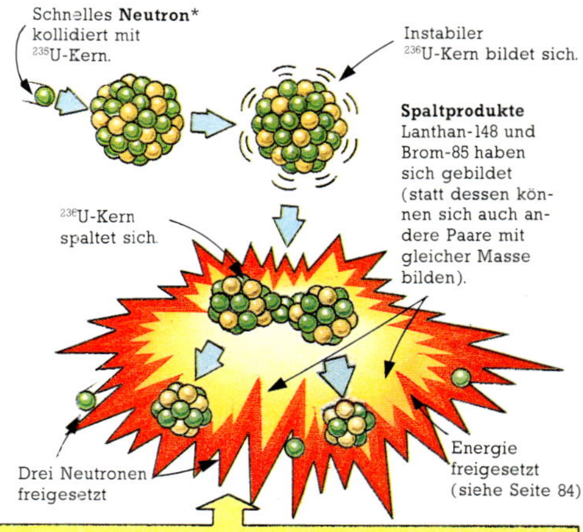

Reaktionsgleichung für Kernreaktion oben rechts (siehe **Masse** und **Ordnungszahl**, Seite 82)

$$^{235}_{92}\mathrm{U} + {}^{1}_{0}\mathrm{n} \rightarrow {}^{236}_{92}\mathrm{U} \rightarrow {}^{148}_{57}\mathrm{La} + {}^{85}_{35}\mathrm{Br} + 3\,{}^{1}_{0}\mathrm{n} + \textbf{Energie}$$

- **Spontane Spaltung**. Natürlich eintretende Kernspaltung, also ohne Eingriff des Menschen. Das kann unter bestimmten Umständen dem Atomkern eines schweren Elements geschehen, etwa dem **Isotop*** Uran-238, aber die Wahrscheinlichkeit ist klein gegenüber dem einfacheren Prozeß des **Alpha-Zerfalls***.

Induzierte Spaltung erzeugt **Kettenreaktion.**

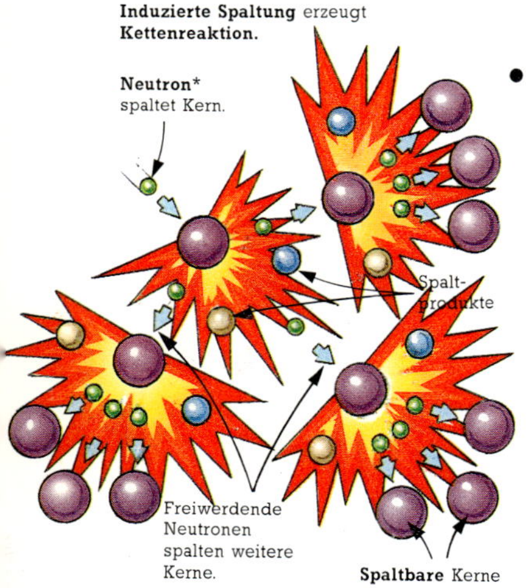

- **Induzierte Spaltung**. Spaltung eines Kerns, der künstlich instabil gemacht wurde, etwa durch Beschuß mit einem schnellen Teilchen (meist einem **Neutron***), das er absorbiert. Nicht alle Kerne können so gespalten werden; die dazu fähigen wie die **Isotope*** Uran-235 und Plutonium-239 heißen **spaltbar**. Gibt es in einem Stoff viele spaltbare Atomkerne (siehe auch **thermischer Reaktor** und **Brutreaktor**, Seite 95), werden die durch induzierte Spaltung freiwerdenden Neutronen weitere Kerne spalten, dabei noch mehr Neutronen freisetzen usw. Das nennt man **Kettenreaktion**. In einem **Kernreaktor*** läuft eine sorgfältig kontrollierte Kettenreaktion ab, in einer **Atombombe** verläuft sie ungeregelt und sehr schnell.

* **Alpha-Zerfall**, 87; **Isotope**, 83; **Kernreaktor**, 94; **Neutronen**, 82; **Radioaktivität**, 86.

- **Kritische Masse**. Die notwendige Mindestmenge an **spaltbarer** Substanz, um eine **Kettenreaktion** zu unterhalten (siehe **induzierte Spaltung**). In kleineren **unterkritischen Massen** ist das Verhältnis von Oberfläche zu Volumen zu hoch, und so entweichen zu viele der bei den ersten Spaltungen freiwerdenden **Neutronen*** nach außen, ohne weitere Spaltungen bewirkt zu haben. Spaltbares Material muß stets in unterkritischen Massen gehalten werden.

- **Atombombe**. Bombe, in der zwei unterkritische Massen (siehe oben) durch eine Zündungsexplosion zusammengebracht werden. Die einsetzende **Kettenreaktion** (siehe **induzierte Spaltung**) setzt riesige Energiemengen frei.

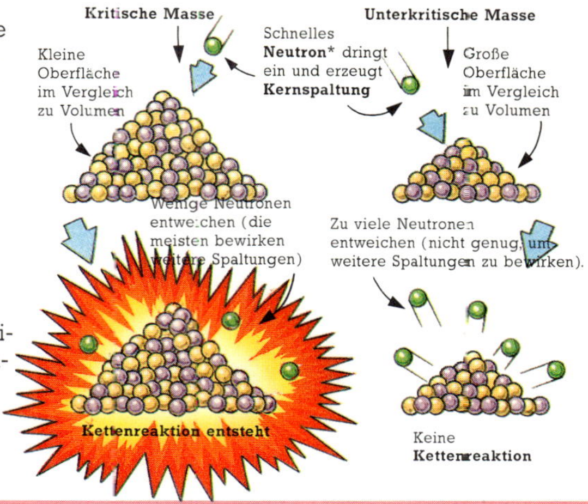

- **Kernverschmelzung (Kernfusion)**. Die Kollision und Kombination zweier leichterer Atomkerne, bei der ein schwererer, stabilerer Atomkern gebildet wird, wobei gewaltige Energiemengen frei werden (siehe auch Seite 84). Im Gegensatz zur **Kernspaltung** hinterläßt diese Reaktion keine **radioaktiven*** Produkte. Kernfusion benötigt Temperaturen von vielen Millionen Grad, um den Atomkernen genug **kinetische Energie*** für die Vereinigung bei der Kollision zu geben (wegen der hohen Temperatur nennt man Fusionsreaktionen auch **thermonukleare Reaktionen**). In der Natur finden sie im Zentrum der Sonne (und anderer Sterne) statt. Es wird daran geforscht, diese Reaktion in **Fusionsreaktoren*** kontrolliert zur Energiegewinnung ablaufen zu lassen.

- **Wasserstoffbombe**. Eine Bombe, in der Tritium und Deuterium (Wasserstoff**isotope***) unkontrolliert fusionieren. Eine **Atombombe** dient als Zünder, um die nötigen hohen Temperaturen zu erzeugen. Die freiwerdende Energie ist etwa 30mal so groß wie die einer vergleichbaren Atombombe.

Beispiel einer **Kernfusion (D-T-Reaktion** – siehe auch **Fusionsreaktor**, Seite 94).

Reaktionsgleichung für linke Reaktion (siehe **Masse** und **Ordnungszahl**, Seite 82)

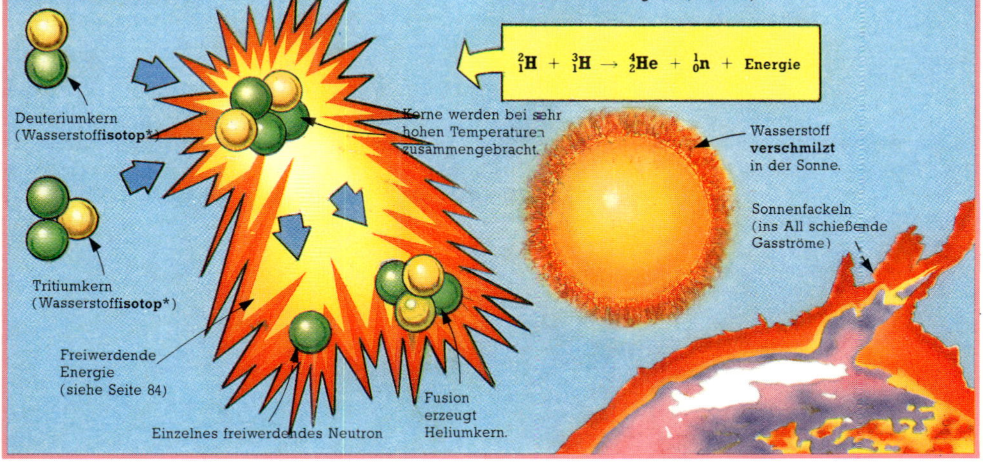

* **Fusionsreaktor**, 94; **Isotope**,83; **Kinetische Energie**, 9; **Neutronen**, 82; **Radioaktivität**, 86.

Energie aus Kernreaktionen

Kern-reaktoren werden auch zum Antrieb von Schiffen und U-Booten verwendet.

Ein **Kernreaktor** ist eine Maschine, die Kernenergie in Wärme umwandelt. Es gibt prinzipiell den **Kernspaltungsreaktor** und den **Kernfusionsreaktor** (der allerdings noch weit von seiner Verwirklichung entfernt ist). Alle heute arbeitenden **Kernkraftwerke** enthalten einen Kernspaltungsreaktor, und jedes produziert, auf die Masse an Brennmaterial bezogen, viel mehr Energie (Strom) als andere Arten von Kraftwerken. Allerdings auch gefährlichen, jahrtausendelang strahlenden Abfall und die Gefahr eines großen Unfalls mit radioaktiver Verseuchung weiter Gebiete.

- **Spaltungsreaktor** erzeugt durch **Kernspaltung*** Wärme. Es gibt zwei Arten – **thermische Reaktoren** und **Schnelle Brüter** (siehe nächste Seite); beide arbeiten mit Uranbrennstoff. Er liegt in langen Röhren **(Brennstäben)** im **Reaktorkern**. Die Geschwindigkeit der **Kettenreaktion*** (und damit der Energieerzeugung) wird durch **Kontrollstäbe** geregelt. Siehe Bild unten.

Schaubild eines **Spaltreaktors** und Kernkraftwerks

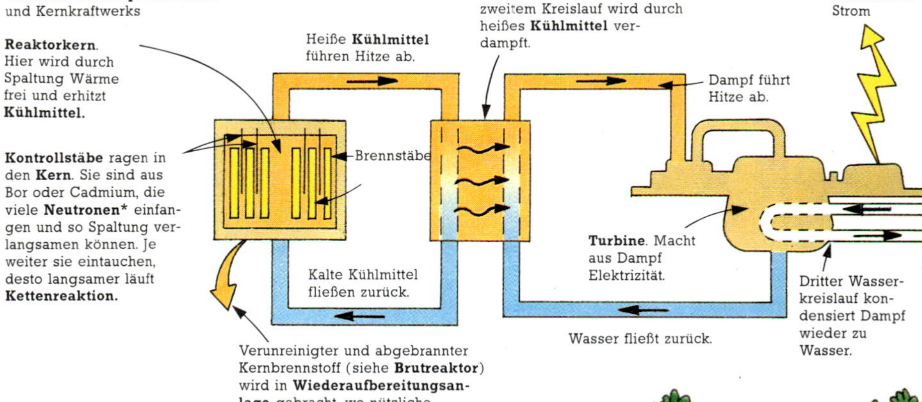

- **Fusionsreaktor**. Art von **Kernreaktor**, bei dem die Wärme durch **Kernverschmelzung*** gewonnen wird. Trotz jahrelanger Forschung bisher noch nicht gebaut. Wahrscheinlich wird er die Kerne der Wasserstoff**isotope*** Deuterium und Tritium verschmelzen – bekannt als **D-T-Reaktion** (siehe Bild Seite 93). Es gibt noch einige schwierige Probleme zu lösen, aber er würde viermal soviel Energie pro Brennstoffmenge erzeugen wie ein **Spaltreaktor**. Zudem ist Wasserstoff verbreitet, Uran aber rar, gefährlich und teuer zu gewinnen.

Gefährlicher **radioaktiver*** Müll aus **Spaltreaktoren** muß sicher verwahrt werden. Zur Zeit lagert man ihn in Salzbergwerken.

* **Isotope**, 83; **Kernspaltung**, 92; **Kettenreaktion**, 92 **(Induzierte Spaltung)**; **Neutronen**, 82; **Radioaktivität**, 86.

Typen von Spaltreaktoren

- **Thermischer Reaktor**. Ein **Spaltreaktor**, der einen **Moderator** um die Brennstäbe herum hat. Das ist ein Stoff mit leichten Atomkernen, etwa Graphit oder Wasser. Er dient dazu, die schnellen **Neutronen*** abzubremsen, die bei den ersten Spaltungen im Natururan frei werden. Sie stoßen mit den leichten Kernen zusammen (die selbst keine Neutronen absorbieren) und verlangsamen sich dadurch auf etwa 2200 m/s. Diese langsamen Neutronen haben eine größere Chance, weitere Spaltungen einzuleiten (und die **Kettenreaktion*** fortzusetzen). Schnelle Neutronen werden eher von den häufigsten Atomkernen eingefangen – denen des Uran**isotops*** 238 (siehe **Brutreaktor**), während langsame Neutronen fliegen, bis sie Uran-235-Kerne finden. Diese werden durch Neutronen jeder Geschwindigkeit gespalten, sind aber im Natururan nur wenig vertreten (heute arbeitet man aber oft mit künstlich angereichertem Uran U-235).

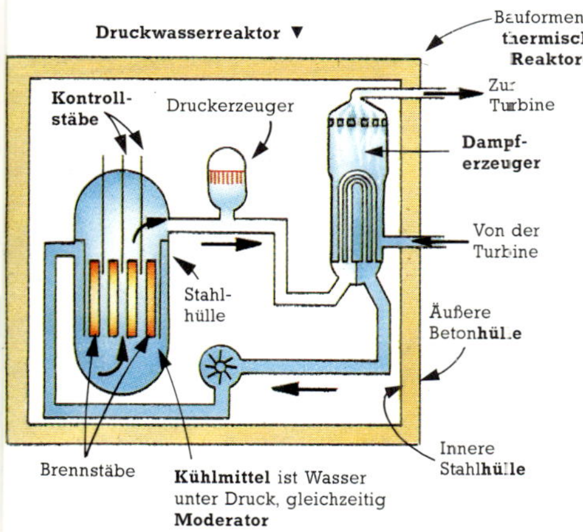

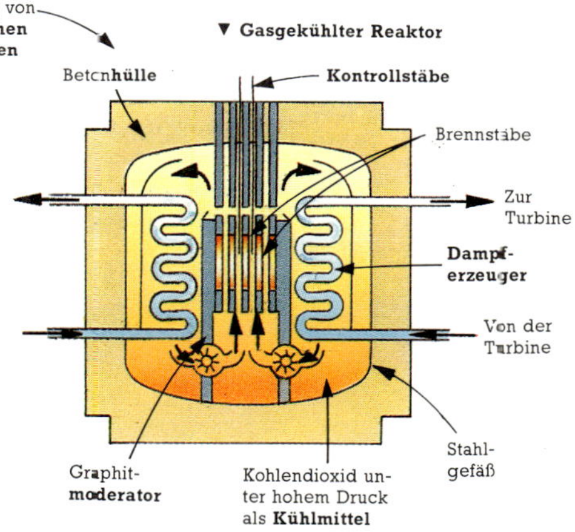

- **Brutreaktor** oder **Schneller Brüter**. Ein **Spaltreaktor**, in dem die **Spaltneutronen*** nicht abgebremst werden (fliegen mit etwa 2×10^7 m/s). Der Brennstoff ist stets mit U-235 (siehe **thermischer Reaktor**) und Plutonium-239 angereichert. Beide werden durch schnelle Neutronen gespalten, im Gegensatz zu Uran-238; dieses fängt nur die Neutronen ein. Dabei wird es zu Uran-239, das wiederum zu Plutonium-239 **radioaktiv zerfällt***. Die Reaktoren heißen auch Brüter, weil man diesen Prozeß in einem Mantel aus Uran-238 um den Kern ablaufen läßt und so zusätzliches Plutonium-239 gewinnt, das sich als Brennstoff (aber auch für Bomben) eignet. Brutreaktoren haben einen dichter gepackten Kern und höhere Arbeitstemperatur als thermische Reaktoren. Sie arbeiten auch effizienter und nutzen den Brennstoff besser aus, bergen allerdings auch höhere Unfallgefahren.

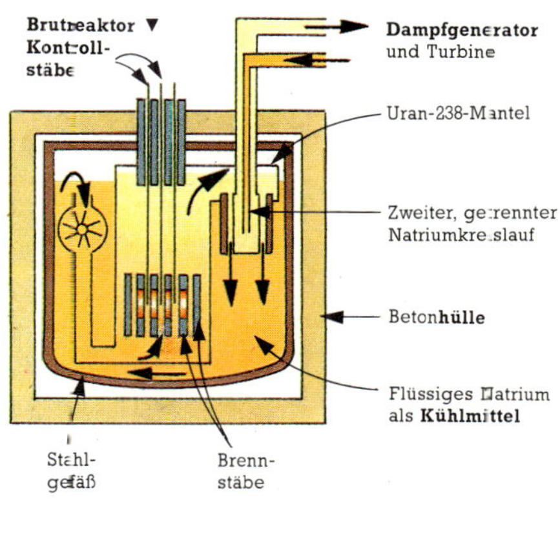

* **Isotope**, 83; **Kettenreaktion**, 92 (**Induzierte Spaltung**); **Neutronen**, 82; **Radioaktiver Zerfall**, 87.

Größen und Maßeinheiten

Zu den **physikalischen Größen** gehören etwa **Masse***, **Kraft*** und **Strom***. Sie sind alle auf irgendeine Art meßbar und haben daher jeweils ihre eigene Maßeinheit. Diese beruhen auf internationalen Übereinkommen und werden daher gemeinsam **Internationales Einheitensystem** oder **SI-Einheiten** (abgekürzt vom französischen „Système International d'Unités") genannt. Man unterscheidet **Basisgrößen** und **abgeleitete Größen**.

- **Basisgrößen**. Ein Satz von physikalischen Größen, von denen alle anderen Größen abgeleitet werden können (siehe Tabelle der abgeleiteten Größen auf der nächsten Seite). Jede Basisgröße hat ihre eigene SI-Basiseinheit, mit diesen Basiseinheiten können alle abgeleiteten Einheiten definiert werden.

Basisgröße	Symbol	SI-Basiseinh.	Abkürzungen
Masse	m	Kilogramm	kg
Länge	l	Meter	m
Zeit	t	Sekunde	s
Stromstärke	I	Ampere	A
Temperatur	T	Kelvin	K
Substanzmenge	-	Mol	mol
Lichtstärke	-	candela	cd

SI Basiseinheiten

- **Kilogramm** (**kg**). Die SI-Einheit der Masse. Sie entspricht der Masse des Internationalen Kilogrammprototyps, einem in Sèvres bei Paris aufbewahrten zylindrischen Metallblock.

- **Meter** (**m**). Die SI-Einheit der Länge. Es entspricht der Länge von 1 650 763,73 **Wellenlängen*** einer bestimmten, vom Krypton-86-Isotop ausgesandten Strahlung.

- **Sekunde** (**s**). Die SI-Einheit der Zeit. Sie entspricht der Dauer von 9 192 631 770 **Perioden*** einer bestimmten, vom Cäsium-133-Atom ausgesandten Strahlung.

- **Ampere** (**A**). Die SI-Einheit des elektrischen Stroms (siehe auch Seite 60). Sie entspricht der Größe eines Stroms, der durch zwei parallele, unendliche lange Drähte im Vakuum fließt, und eine Kraft von 2×10^{-7} N pro Meter zwischen den Drähten erzeugt.

- **Kelvin** (**K**). Die SI-Einheit der Temperatur. Es entspricht 1/273,16 der Temperatur des **Tripelpunkts** von Wasser (der Punkt, an dem Eis, Wasser und Dampf gemeinsam existieren können) auf der **absoluten Temperaturskala***.

- **Mol** (**mol**). Die SI-Einheit der Menge einer Substanz (sie unterscheidet sich von der Masse dadurch, daß es hier um die Zahl der Atome bzw. Moleküle der Substanz geht). Sie entspricht derjenigen Menge einer Substanz, die $6{,}02 \times 10^{23}$ (dies ist die **Avogadro-Zahl**) Teilchen entält.

- **Candela** (**cd**). Die SI-Einheit der Lichtstärke. Sie entspricht der Stärke des Lichts, das von $^{1}/_{600\,000}$ Quadratmeter eines **Schwarzen Körpers*** mit der Temperatur erstarrenden Platins bei einem Druck von 101 325 Nm^{-2} ausgesandt wird.

Prefixe

Eine bestimmte SI-Einheit kann für den üblichen Gebrauch zu groß oder zu klein sein, zum Beispiel ist der Meter zu groß, um die Dicke von Papier zu messen. Daher werden bestimmte Standardteile und -vervielfachungen der SI-Einheiten benutzt und durch einen Vorsatz (Prefix) vor der Einheit angezeigt (siehe Tabelle unten). Zum Beispiel ist der Millimeter (mm) der tausendste Teil eines Meters.

Die Standardteile und -vervielfachungen benutzen meist Potenzen von 10^3, zum Beispiel 10^3, 10^6, 10^{-3}.

Teil	Prefix	Symbol
10^{-3}	milli-	m
10^{-6}	mikro-	µ
10^{-9}	nano-	n

Vielfache	Prefix	Symbol
10^3	kilo-	k
10^6	mega-	M
10^9	giga-	G

Andere übliche Teile und Vielfache

Teil oder Vielfaches	Prefix	Symbol
10^2	hekto-	h
10^1	deka-	da
10^{-1}	dezi-	d
10^{-2}	zenti-	c

* **Absolute Temperaturskala**, 27; **Kraft**, 6; **Masse**, 12; **Periode**, 16; **Schwarzer Körper**, 29; **Strom**, 60; **Wellenlänge**, 34.

- **Abgeleitete Größen**. Andere als die Basisgrößen, die durch diese oder durch andere abgeleitete Größen definiert werden, und oft besondere Namen tragen. Die abgeleiteten Größen haben abgeleitete SI-Einheiten, die durch die SI-Basiseinheiten definiert werden. Das geschieht durch Definitionsgleichungen.

Abgeleitete Größe	Symbol	Definitionsgleichung	abgeleitete SI-Einheit	Name der Einheit	Abkürzung
Geschwindigkeit	v	$v = \frac{\text{Entfernung}}{\text{Zeit}}$	ms^{-1}	-	-
Beschleunigung	a	$a = \frac{\text{Geschwindigkeit}}{\text{Zeit}}$	ms^{-2}	-	-
Kraft	F	F = Masse × Beschleunigung	$kg\ ms^{-2}$	Newton	N
Arbeit	W	W = Kraft × Weg	Nm	Joule	J
Energie	E	Fähigkeit, Arbeit zu leisten	Joule	-	-
Leistung	P	$P = \frac{\text{geleistete Arbeit}}{\text{Zeit}}$	Js^{-1}	Watt	W
Fläche	A	hängt von der Form ab (siehe Seite 101)	m^2	-	-
Volumen	V	hängt von der Form ab (siehe Seite 101)	m^3	-	-
Dichte	ϱ	$\varrho = \frac{\text{Masse}}{\text{Volumen}}$	$kg\ m^{-3}$	-	-
Druck	P	$P = \frac{\text{Kraft}}{\text{Fläche}}$	Nm^{-2}	Pascal	Pa
Periode	T	Zeit für eine Schwingung	s	-	-
Frequenz	f	Zahl der Schwingungen pro Sekunde	s^{-1}	Hertz	Hz
Impuls (Kraftstoß)	-	Impuls = Kraft × Zeit	Ns	-	-
Bewegungsgröße	-	Bewegungsgr. = Masse × Geschwindigk.	$kg\ s^{-1}$	-	-
Elekrische Ladung	Q	Q = Strom × Zeit	As	Coulomb	C
Potentialdifferenz	V	$V = \frac{\text{übertragene Energie}}{\text{Ladung}}$	JC^{-1}	Volt	V
Kapazität	C	$C = \frac{\text{Ladung}}{\text{Potentialdifferenz}}$	CV^{-1}	Farad	F
Widerstand	R	$R = \frac{\text{Potentialdifferenz (Spannung)}}{\text{Strom}}$	VA^{-1}	Ohm	Ω

Gleichungen, Symbole und Schaubilder

Alle **physikalischen Größen** (siehe Seiten 96/97) und ihre Einheiten können durch **Symbole** dargestellt werden und hängen normalerweise in bestimmter Art von anderen Größen ab. Daher besteht zwischen ihnen ein Zusammenhang, der in Form einer **Gleichung** beschrieben und in einem **Schaubild** dargestellt werden kann.

Gleichungen

Eine **Gleichung** beschreibt den Zusammenhang zwischen zwei oder mehr physikalischen Größen. Sie kann als **Wortgleichung** oder als **Symbolgleichung** geschrieben werden, letzteres besonders dann, wenn viele Größen beteiligt sind, weil man dann leichter damit arbeiten kann. Allerdings muß man die Bedeutung der Symbole vorher eindeutig festlegen.

Wortgleichung

$$\text{Dichte} = \frac{\text{Masse}}{\text{Volumen}}$$

Symbolgleichung

$$Q = m \times c \times (t_2 - t_1) \text{ oder } Q = mc(t_2 - t_1)$$

mit Q = freiwerdende Wärmeenergie; m = Masse; c = spezifische Wärmekapazität; t_1 und t_2 = Temperaturen.

Schaubilder

Ein **Schaubild** ist die visuelle Darstellung der Beziehung zwischen zwei Größen. Es zeigt, wie eine Größe von der anderen abhängt. Die Punkte im Schaubild zeigen die Ergebnisse eines Experiments oder, falls bekannt, die Ergebnisse einer Gleichung. Die beiden dargestellten Größen nennt man **Variable**.

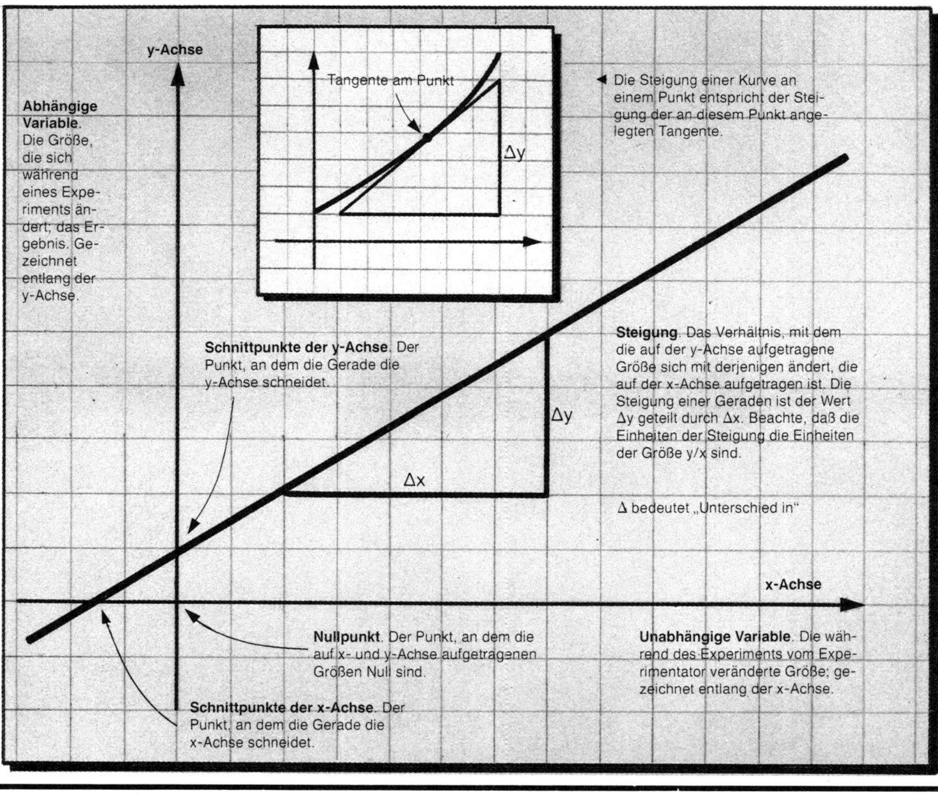

Symbole

Symbole benutzt man, um **physikalische Größen** darzustellen. Der Wert einer physikalischen Größe setzt sich stets aus ihrer numerischen Größe und ihrer Maßeinheit zusammen. Daher bedeutet ein Symbol stets eine Zahl und eine Einheit.

Symbole bedeuten Zahl und Einheit

$m = 2{,}1$ kg $\qquad s = 400 \text{ J kg}^{-1} \text{ K}^{-1}$

„Strom durch einen Widerstand = I" (man braucht also nicht sagen I Ampere, weil die Einheit schon in I eingeschlossen ist).

Ein Symbol dividiert durch seine Einheit ist eine reine Zahl.

$m = 2{,}1$ kg bedeutet, daß $m/\text{kg} = 2{,}1$

Diese Bezeichnungen werden für Tabellen und die Achsen von Schaubildern benutzt.

Jede Zahl in dieser Spalte ist eine Länge in Metern.

/m	t^2/s^2
0.9	3.6
1.0	4.0
1.1	4.4
1.2	4.8

Jede Zahl in dieser Spalte ist das Quadrat einer Zeit, gemessen in Sekundenquadrat.

Jede Zahl auf dieser Achse ist eine Kraft in Newton.

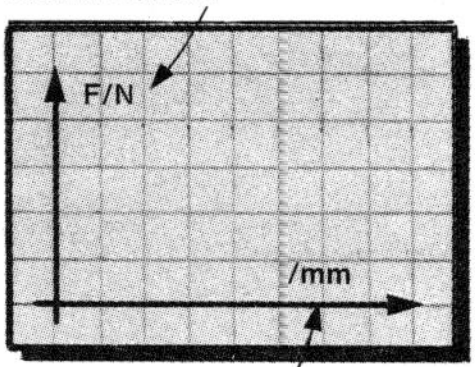

Jede Zahl auf dieser Achse ist eine Länge in Millimetern.

Zeichnen von Schaubildern

1. Die Größe, die während eines Experiments variiert wird, sollte auf der x-Achse aufgetragen werden und die sich dadurch verändernde Größe auf der y-Achse.

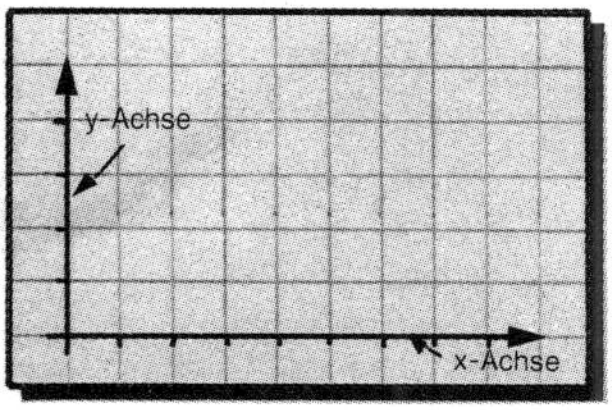

2. Die Maßstäbe der Achsen sollten so gewählt werden, daß die Werte leicht zu finden sind (vermeide Unterteilungen in Vielfache von drei).

3. Die Achsen sollten mit den Symbolen der Größe und der verwendeten Einheit bezeichnet werden, zum Beispiel Länge/mm.

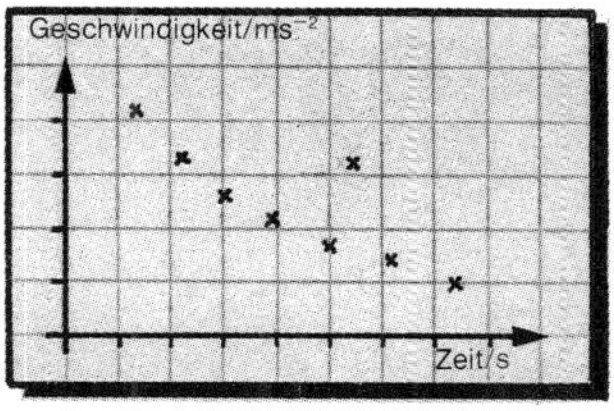

4. Punkte auf dem Bild sollten mit Bleistift mit einem x oder einem o markiert werden.

5. Eine geschwungene Kurve oder eine Gerade sollte so gezogen werden, daß sie die meisten Punkte berührt (weil die meisten physikalischen Größen in einem

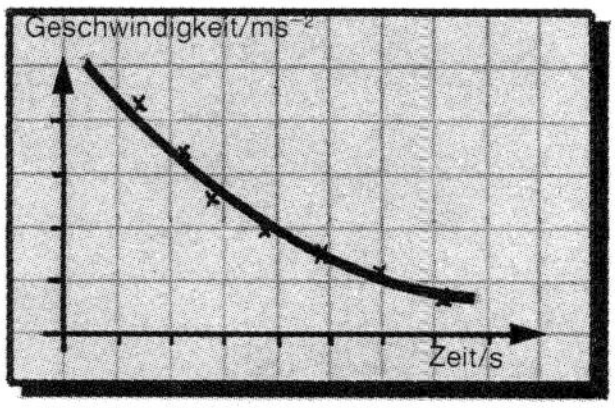

bestimmten festen Verhältnis zueinander stehen). Allerdings gibt es wegen der Meßungenauigkeiten meist keine glatte Kurve, die **genau** alle Punkte verbindet.

Auswerten von Schaubildern

Eine Gerade, die durch den Nullpunkt geht, zeigt, daß die beiden aufgetragenen Größen einander direkt proportional sind (wird z. B. eine verdoppelt, nimmt auch die andere den zweifachen Wert an). ►

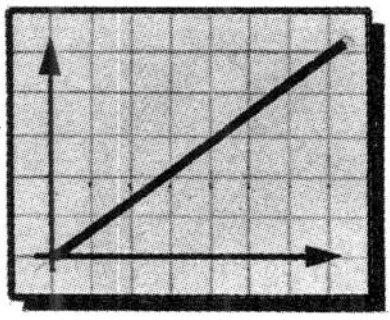

Der Grad der Abweichung der Punkte von einer glatten Kurve ist ein Maß für Unsicherheiten der erhaltenen Werte durch Meßungenauigkeiten und experimentelle Fehler (die es bei jedem Versuch gibt). ►

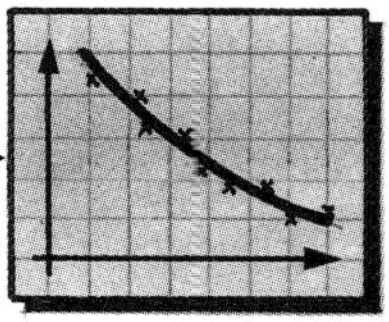

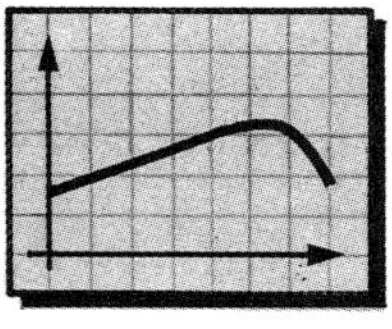

◄ Das Schaubild zeigt den Bereich (der gerade Teil der Kurve), in dem zwei Größen linear sind (die eine ändert sich immer um einen bestimmten Wert, wenn sich die andere um einen bestimmten Betrag verändert).

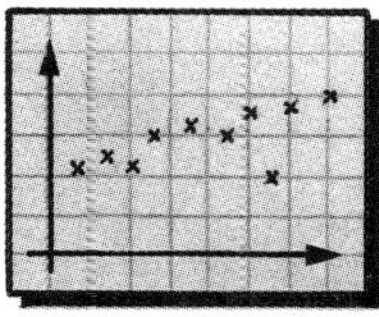

◄ Einzelne Punkte, die weitab der Kurve liegen, deuten meist auf einen Fehler bei diesem Teil des Versuchs hin. Man sollte sie allerdings nicht einfach übersehen, sondern den Teil des Versuchs möglichst nochmals messen.

Meßmethoden

Längenmessungen

Die Methode zum Messen einer Länge hängt von der Größe der zu messenden Strecke ab. Ein Metermaß nimmt man für Längen von mehr als 50 mm. Der kleinste Teilstrich ist 1 mm, so kann man damit Längen höchstens auf 0,5 mm genau ablesen. Kleinere Strecken ergäben einen unakzeptablen Meßfehler (siehe dazu Seite 103). Genauer geht das mit einer Nonius-Skala. Für sehr kleine Strecken (bis zu 0,01 mm) nimmt man eine Mikrometerschraube.

- **Nonius-Skala**. Eine kurze Hilfsskala, verschiebbar neben einer festen Skala, mit der eine bessere Ablesung der Zwischenwerte möglich ist. Sie wird in Meßgeräten wie der **Schieblehre** verwendet.

So benutzt man die **Noniusskala**:

1. Lese genau die Stellung der Null-Linie der Noniusskala ab — in unserem Beispiel 8,3 cm.

2. Finde den Teilstrich der Noniusskala, der exakt auf einen Teilstrich der festen Skala fällt — in unserem Beispiel 2.

3. Addiere diese Zahl zum vorher abgelesenen Wert. Der endgültige Meßwert ist also 8,32 cm.

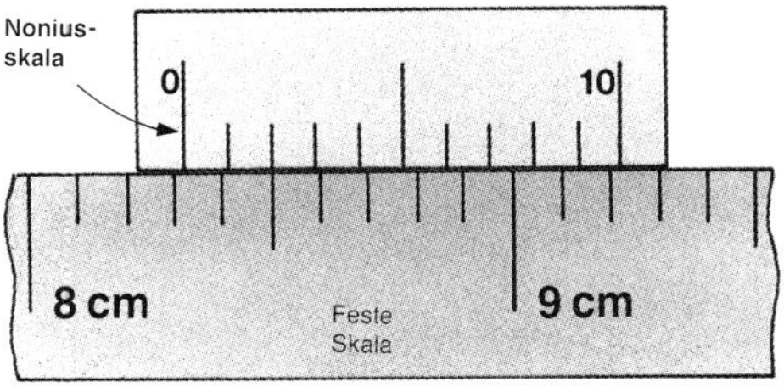

- **Schieblehre**. Ein mit Noniusskala ausgerüstetes Meßinstrument für Längen zwischen 10 und 100 mm.

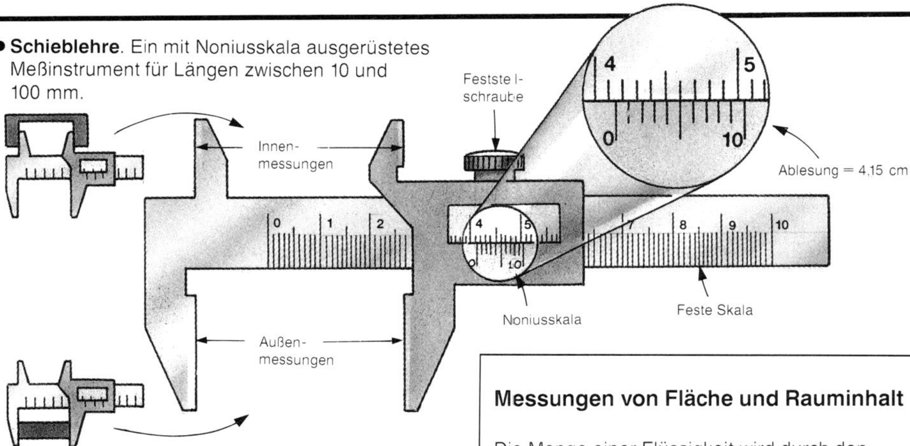

Anwendung der Schieblehre:

1. Schließe die Meßfühler und kontrolliere, ob die Nullpunkte von Nonius- und fester Skala übereinanderliegen. Wenn nicht, notiere die Differenz (das ist der **Nullpunktsfehler***).

2. Drücke die Meßfühler innen oder außen gegen den zu messenden Gegenstand.

3. Fixiere die Skala mit der Feststellschraube.

4. Lese die Skala ab.

5. Addieren bzw. Subtrahieren des Nullpunktsfehlers (siehe 1) gibt das korrekte Resultat.

Messungen von Fläche und Rauminhalt

Die Menge einer Flüssigkeit wird durch den Rauminhalt bestimmt, den sie in ihrem Gefäß einnimmt. Das innere Volumen des Gefäßes nennt man **Fassungsvermögen**. Seine **SI-Einheit*** ist der **Liter (l)**, entsprechend 10^{-3} m^3. 1 ml entspricht 1 cm^3. Die Menge einer Flüssigkeit bestimmt man mit einem Meßgefäß.

Beispiele von Volumenmeßgefäßen

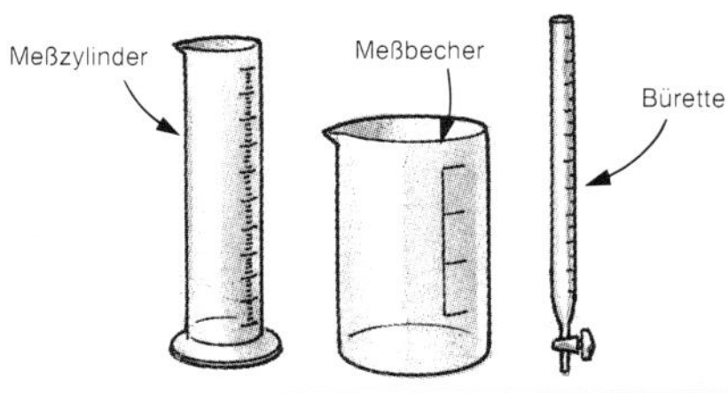

* **SI-Einheiten**, 96; **Nullpunktsfehler**, 102.

- **Mikrometerschraube**. Ein Instrument für exakte Messungen bis zu 30 mm.

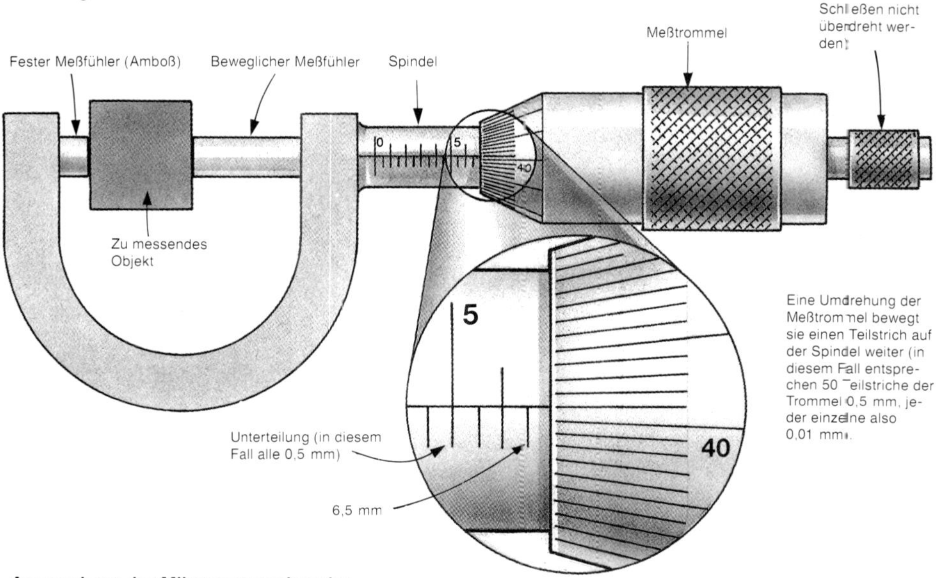

Anwendung der Mikrometerschraube

1. Prüfe die Unterteilung der Meßtrommel (siehe Bild).

2. Schließe die Fühler mit Hilfe der Ratsche vollständig. Die Nullpunkte von Spindel und Meßtrommel sollten übereinstimmen. Wenn nicht, notiere den **Nullpunktsfehler***.

3. Drücke mit Hilfe der Ratsche die Meßfühler ans Meßobjekt.

4. Notiere die Anzeige des höchsten sichtbaren Teilstrichs auf der Spindel (im Beispiel 6,5 mm).

5. Notiere den Teilstrich der Meßtrommel auf den der Spindelmaßstab zeigt (im Beispiel 0,41 mm).

6. Addieren der beiden Werte und addieren bzw. subtrahieren des Nullpunktsfehlers (siehe 2) gibt das korrekte Resultat (im Beispiel 6,91 mm).

Oberfläche und Rauminhalt eines regelmäßig geformten Festkörpers werden aus Längenmessungen am Körper berechnet (s. unten).

Für unregelmäßig geformte Körper siehe **Überflußgefäß**, Seite 24.

Regelmäßiger Körper	Quader 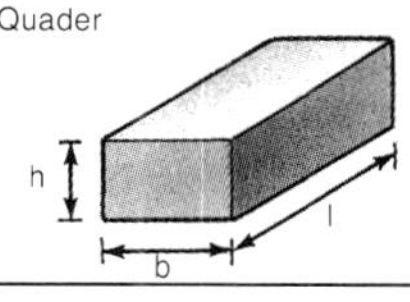	Kugel 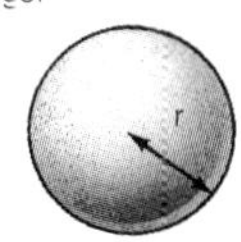	Zylinder 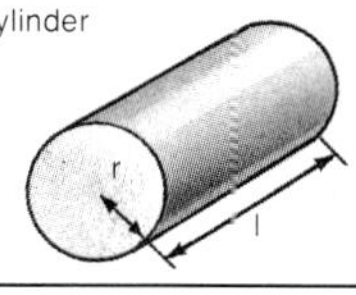
Messung mit Schieblehre oder Mikrometerschraube	h = Höhe b = Breite l = Länge	r = Radius	r = Radius l = Länge
Volumen des Körpers berechnet nach	v = lbh	$v = 4/3\ \pi r^3$	$v = \pi r^2 l$
Oberfläche a berechnet nach	a = 2bl + 2hl + 2hb Oberseite Seiten Endstücke	$a = 4\pi r^2$	$a = 2\pi rl + 2\pi r^2$ Gewölbte Fläche Endstücke

* **Nullpunktsfehler**, 102.

Genauigkeit und Meßfehler

Alle Messungen sind mit Fehlern behaftet, darunter nicht nur durch Sorglosigkeit verursachte (etwa falsches Ablesen der Skala). Die häufigsten sind Parallaxenfehler, Nullpunktsfehler und Ablesefehler. Daher sollte das Meßergebnis in einer Form angegeben werden, aus der die Größe der Ungenauigkeit zu ersehen ist.

- **Parallaxenfehler**. Dieser Fehler tritt auf, wenn das ablesende Auge nicht genau senkrecht über der Skala ist.

Parallaxenfehler beim Ablesen eines Metermaßes

Korrekte Ablesung von 31,45, wenn Auge senkrecht über Markierungsstrich

Parallaxenfehler — Ablesung 31, 40

Parallaxenfehler — Ablesung 31,50

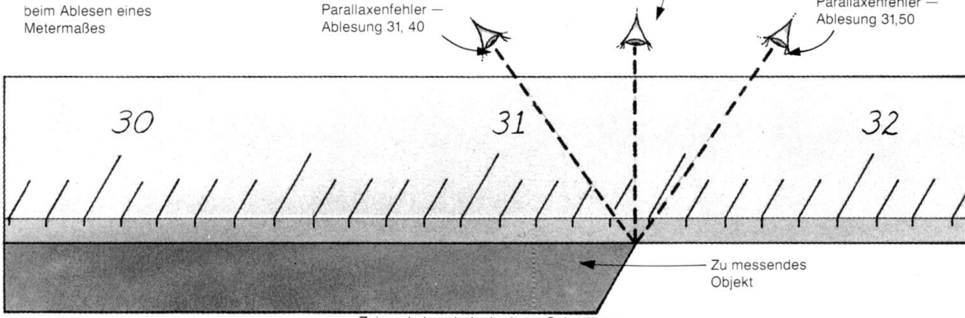

Zu messendes Objekt

Zeigerskalen sind mit einem Spiegel ausgestattet. Richtiges Ablesen ist möglich, wenn das Spiegelbild des Zeigers genau vom Zeiger selbst verdeckt wird.

Um Parallaxenfehler beim Ablesen von Flüssigkeitsspiegeln zu vermeiden, muß das Auge genau an der unteren oder oberen Kante des **Meniskus*** sein.

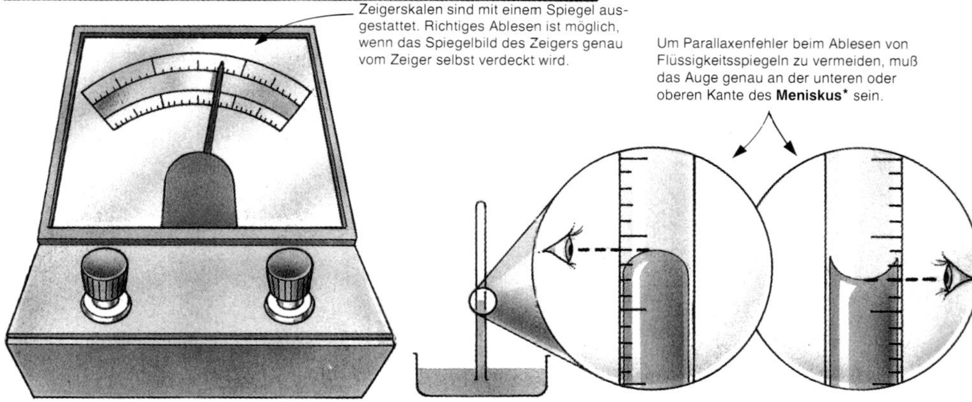

- **Nullpunktsfehler**. Dieser Fehler tritt auf, wenn ein Instrument nicht genau auf Null steht, wenn es das sollte. In solchem Fall justiert man es oder notiert den falschen Nullwert und addiert bzw. subtrahiert ihn später.

Anzeige der geschlossenen **Schieblehre*** ist 0,2 mm. Dies ist der **Nullpunktsfehler**.

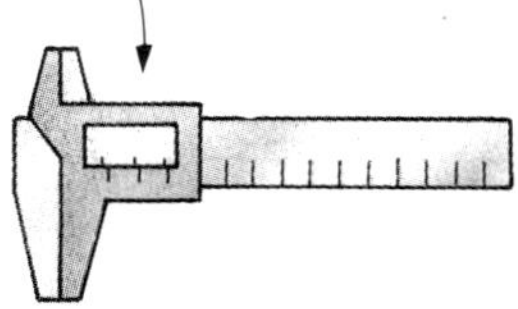

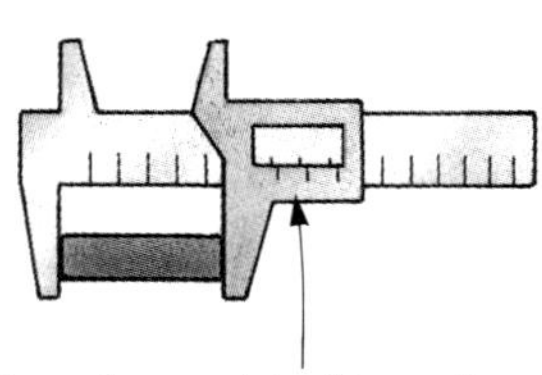

0,2 mm müssen von jeder Ablesung abgezogen werden (in diesem Beispiel ist Ablesung 53,9, aber wirkliche Länge 53,9—0,2 = 53,7 mm).

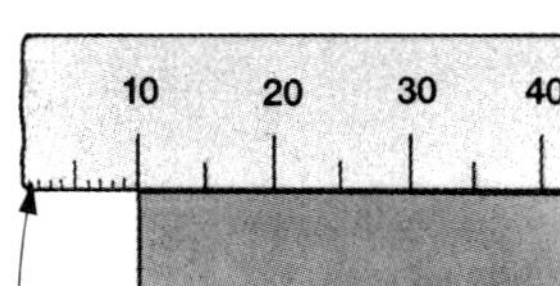

Beim Zollstock wird ein Nullpunktsfehler leicht durch einen beschädigten Anfang verursacht. Dann sollte man von der 10-mm-Linie ausgehen und von allen Ergebnissen 10 mm abziehen.

* **Meniskus,** 346; **Schieblehre,** 100.

- **Ablesefehler**. Der Fehler, der durch Schätzen des Ergebnisses zustandekommt, wenn der Meßwert zwischen den Skalenstrichen liegt.

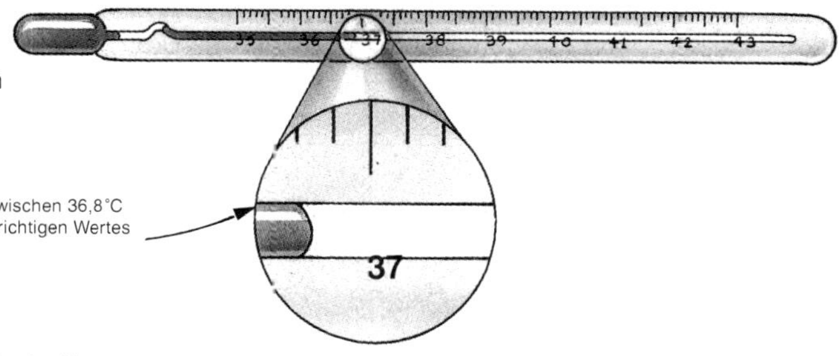

Anzeige des Thermometers liegt zwischen 36,8 °C und 36,9 °C. Beste Schätzung des richtigen Wertes ist die Mitte, also 36,85 °C.

Signifikante Dezimalstellen

Die Zahl der **signifikanten Dezimalstellen** eines Wertes ist die Zahl der Ziffern — ohne vorangesetzte oder angehängte Nullen (aber siehe unten) — und unter Vernachlässigung des Kommas. Sie sind ein Hinweis auf die Meßgenauigkeit des angegebenen Wertes.

Eine Ablesung von 3704 mm hat vier signifikante Dezimalstellen. Sie kann geschrieben werden als:

3 704 mm

3.704 m

0.003 704 km

1. signifikante Dezimalstelle

4. signifikante Dezimalstelle

Beachte, daß die vorstehenden Nullen keine signifikanten Dezimalstellen sind, sondern die Größenordnung anzeigen.

Die Anzahl der angegebenen signifikanten Dezimalstellen ist ein Maß für die Genauigkeit der Messung oder Ablesung.

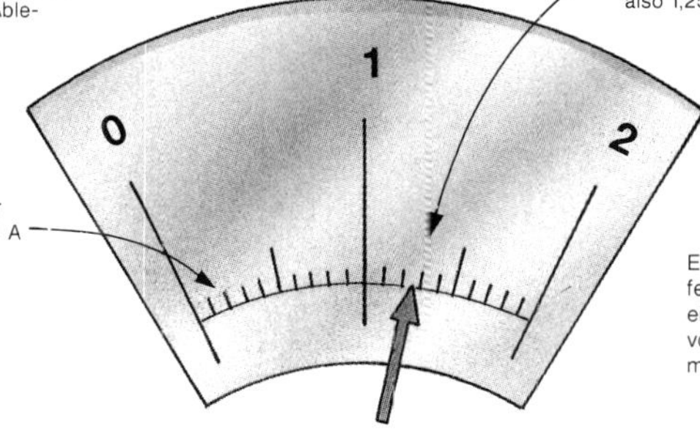

Beste Schätzung ist halber Teilstrich, also 1,25 A.

Drei angegebene signifikante Dezimalstellen zeigen an, daß Messung auf 0,05 A genau ist.

Kleinste Unterteilung der Amperemeterskala = 0,1 A

Eine Angabe mit mehr Ziffern, etwa 1,2518 A, täuscht eine bessere Genauigkeit vor als mit dieser Skala möglich.

- **Abrunden**. Dadurch kann man die Zahl der angegebenen Ziffern verringern. Die letzte signifikante Dezimalstelle wird weggelassen und je nach deren Wert die vorletzte Ziffer verändert.

7,3925	(auf 5 Dezimalstellen genau angegeben)
= 7,393	(abgerundet auf 4 Dezimalstellen)
= 7,39	(abgerundet auf 3 Dezimalstellen)
= 7,4	(abgerundet auf 2 Dezimalstellen)
= 7	(abgerundet auf 1 Dezimalstelle)
0,08873	(auf 4 Dezimalstellen genau angegeben)
= 0,0887	(abgerundet auf 3 Dezimalstellen)
= 0,089	(abgerundet auf 2 Dezimalstellen)
= 0,09	(abgerundet auf 1 Dezimalstelle)

Beachte, daß

29,000	auf 5 Dezimalstellen genau angegeben ist
= 29,0	(auf 3 Dezimalstellen genau)
= 29	(auf 2 Dezimalstellen genau)
= 30	(auf 1 Dezimalstelle genau)

In diesem Fall ist die Null keine signifikante Ziffer, muß aber angegeben werden (siehe unten).

Bei großen Zahlen wie 283 000 ist es unmöglich zu sagen, wieviele der Ziffern signifikant sind (die ersten drei müssen es auf alle Fälle sein), weil die Nullen zur Angabe der Größenordnung nötig sind. Das vermeidet man durch den Gebrauch der **Potenzschreibweise** (siehe Seite 109).

Felder und Kräfte

Diese Tabelle ist eine Übersicht über die drei Kräfte, die normalerweise in der Physik vorkommen (außer **Kernkraft**). In den allermeisten Fällen hat man es mit der **elektromagnetischen Kraft** zu tun, zum Beispiel beim Kontakt zweier Körper; sie ist eine Kombination von **elektrischer** und **magnetischer Kraft**. Näheres zu diesen und anderen Kräften auf Seiten 6 und 7.

Schwerkraft (siehe auch Seiten 6 und 18)

Art der Kraft. Beachte, daß eine Kraft nur zwischen zwei Massen, Ladungen oder elektrischen Strömen existieren kann und ihre Größe an beiden Seiten gleich ist (siehe **Drittes Newtonsches Gesetz,** Seite 13). Beachte auch, daß die Kraft nur zwischen zwei gleichartigen Objekten wirkt, etwa zwei Massen, nicht z. B. zwischen einer Masse und einem Strom.

Kraft wirkt zwischen zwei massereichen Objekten. Sie ist immer anziehend.

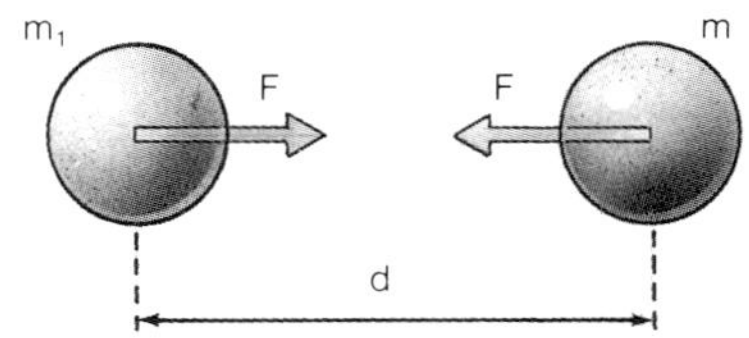

$$F = G\,\frac{m_1\,m}{d^2}$$

$G = 6{,}7 \times 10^{-11}\ \mathrm{Nm^2kg^{-2}}$

G ist die **Gravitationskonstante*.** Ihr sehr kleiner Wert führt dazu, daß die Kraft nur spürbar ist, wenn eines der Objekte sehr groß (etwa ein Planet) ist.

Beschreibung einer Kraft als Kraftfeld. Das **Kraftfeld** ist das Gebiet um ein Objekt (Masse, Ladung oder elektrischer Strom), in dem dessen Wirkungen (gravitations-, elektrische oder magnetische) nachweisbar sind — siehe auch Seite 6.

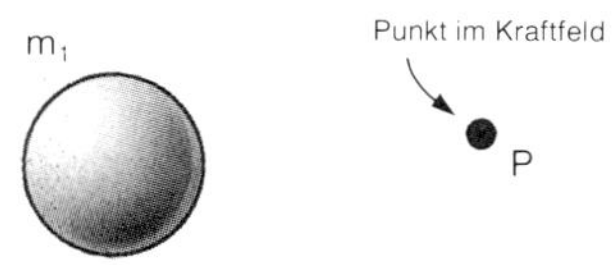

Masse m_1 produziert ein **Gravitationsfeld** im umgebenden Raum (siehe **Feldstärke,** Seite 106).

Eine zweite Masse spürt eine Anziehungskraft (Schwerkraft), wenn sie an irgendeinen Punkt (z. B. P) im Feld von m_1 gebracht wird.

Eine Masse produziert und wird beeinflußt von einem Gravitationsfeld.

Feldrichtung. Sie kann durch Beobachtung des Einflusses eines Kraftfeldes auf ein hineingebrachtes Objekt (Masse, Ladung oder Strom) bestimmt werden.

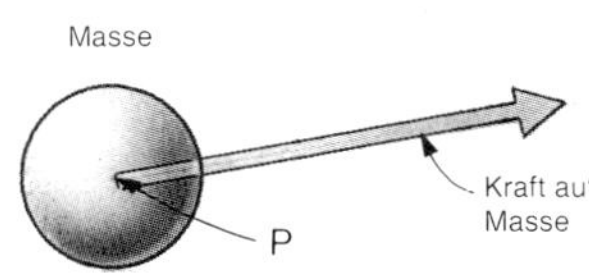

Die Richtung des Gravitationsfeldes bei P ist die Richtung der Kraftwirkung auf eine Masse am Punkt P.

* **Gravitationskonstante**, 18 (**Newtons Gravitationsgesetz**)

Elektrische Kraft (siehe auch Seiten 6 und 58)

Kraft wirkt zwischen zwei Ladungen. Sie ist anziehend bei entgegengesetzten Ladungen, also eine negativ und die andere positiv, und abstoßend bei gleichartigen Ladungen.

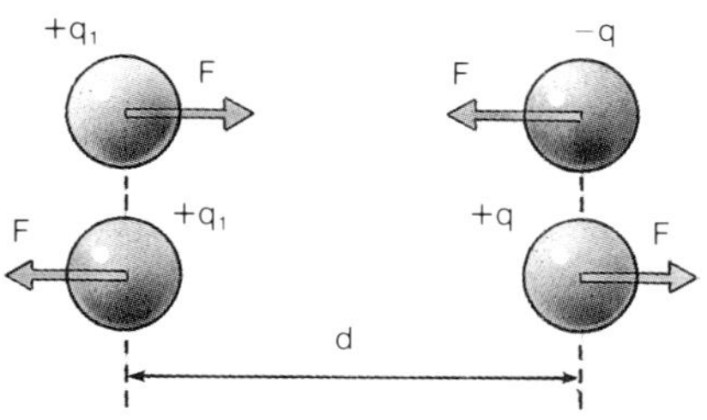

$$F = K_E \frac{q_1 q}{d^2}$$

In Luft $K_E = 9 \times 10^9\ Nm^2C^{-2}$

Der sehr große Wert führt dazu, daß es sehr schwierig ist, entgegengesetzte Ladungen zu trennen.

Magnetische Kraft (siehe auch Seiten 6 und 70)

Kraft wirkt zwischen zwei Objekten, in denen elektrischer Strom fließt. Bei gleicher Fließrichtung Anziehung, bei entgegengesetzter Abstoßung.

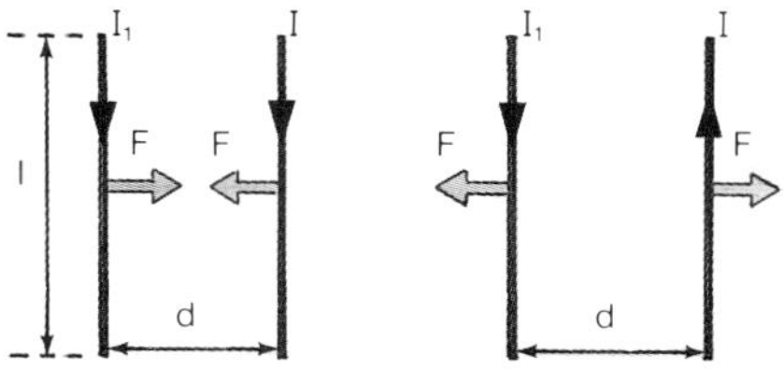

$$F = K_B \frac{I_1 \cdot I \cdot l}{d}$$

In Luft $K_B = 2{,}7 \times 10^{-7}\ NA^{-2}$

Der kleine Wert bedeutet, daß die magnetische Kraft sehr schwach im Verhältnis zur elektrischen Kraft ist.

Ladung q_1 produziert ein **elektrisches Feld*** im umgebenden Raum (siehe **Feldstärke,** Seite 106).

Eine zweite Ladung spürt eine elektrische Kraft, wenn sie an irgendeinen Punkt (z. B. P) im elektrischen Feld von q_1 gebracht wird.

Eine Ladung produziert und wird beeinflußt von einem elektrischen Kraftfeld.

Strom I_1 produziert ein **magnetisches Feld*** im umgebenden Raum (siehe **Feldstärke,** Seite 106).

Ein zweiter Strom spürt eine magnetische Kraft, wenn er an irgendeinen Punkt (z. B. P) im Feld von I_1 gebracht wird.

Ein elektrischer Strom produziert und wird beeinflußt von einem Magnetfeld.

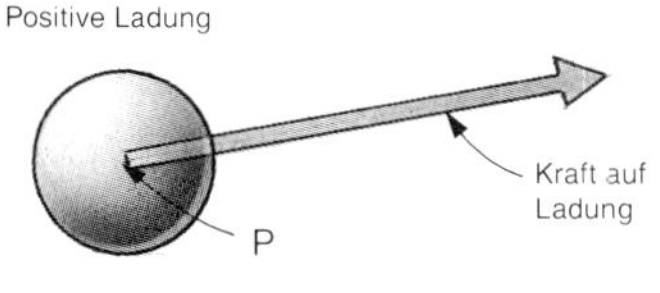

Die Richtung des elektrischen Feldes bei P ist die Richtung der Kraftwirkung auf eine positive Ladung am Punkt P.

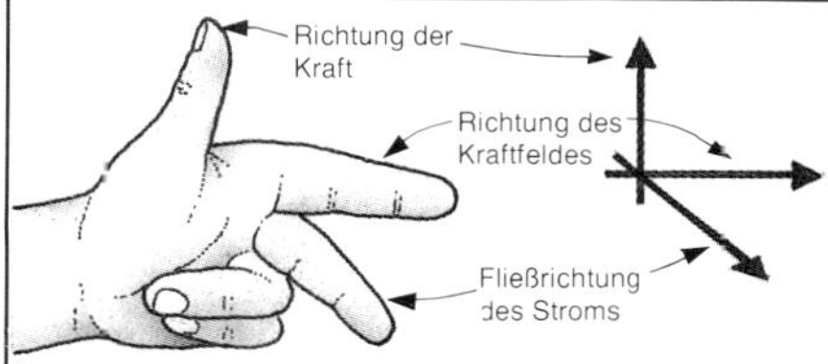

Die Richtung eines Magnetfeldes am Punkt P kann man durch die **Dreifingerregel*** ermitteln.

*Dreifingerregel, 76; Elektrisches Feld, 58; Magnetfeld, 72.

Felder und Kräfte (Fortsetzung)

Gravitation

Feldstärke. Sie wird gemessen durch die Wirkung eines Kraftfeldes auf ein hineingebrachtes Objekt (Masse, Ladung oder elektrischen Strom).

Um die Feldstärke g des Gravitationsfeldes der Masse m_1 am Punkt P zu messen, wird eine Testmasse m nach P gebracht und die Schwerkraft F auf sie gemessen. Dann ist

$$g = \frac{\text{Schwerkraft (F)}}{\text{Masse (m)}} \quad \text{oder} \quad F = mg$$

Durch Verknüpfung mit der Schwerkraftgleichung (Seite 104) erhält man für die Feldstärke g in der Entfernung d von der Masse m_1

$$g = G\frac{m_1}{d^2}$$

Darstellung durch Feldlinien. Feldlinien (oder **Kraftlinien**) werden stets benutzt, um Stärke und Richtung eines Feldes darzustellen (siehe Kasten unten). Feldlinien kreuzen sich niemals, denn dann hätte das Feld an einem Punkt unterschiedliche Richtungen.

Die Linien eines **Gravitationsfeldes** enden stets an einer Masse.

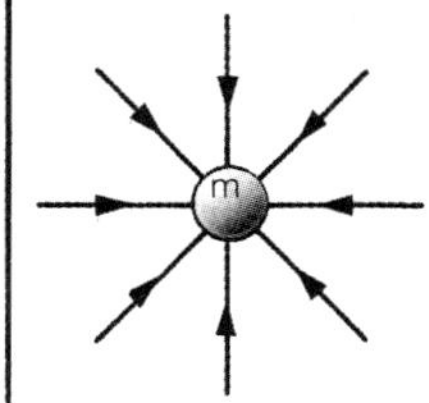

Gleichmäßiges Gravitationsfeld (z. B. an der Oberfläche eines Planeten)

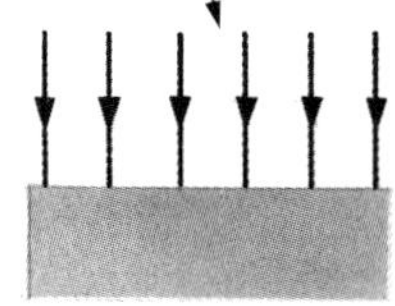

Potentielle Energie (siehe auch Seite 8). Sie hängt ab von der **Feldstärke** und dem Objekt (seiner Masse in einem **Gravitationsfeld** bzw. seiner elektrischen Ladung in einem **elektrischen Feld***). Das **Potential*** an einem Punkt des Feldes ist die Energie pro Einheit (der Masse oder Ladung) und nur vom Feld selbst abhängig. Normalerweise interessiert nur der Unterschied der Potentiale, die **Potentialdifferenz*** zwischen zwei Punkten. Das Potential kann durch einen Bezugspunkt definiert werden. Das Potential eines Punktes ist dann der Unterschied der Potentiale zwischen diesem Punkt und dem Bezugspunkt.

Die Potentialdifferenz zwischen zwei Punkten eines Gravitationsfeldes entspricht der notwendigen Arbeit, die gegen die Schwerkraft geleistet werden muß, um eine Einheitsmasse zwischen den Punkten zu bewegen.

$$\text{Potentialdifferenz im Gravitationsfeld} = \frac{\text{geleistete Arbeit}}{\text{Masse}}$$

Gravitationspotential sinkt, wenn Punkt entlang der Feldlinien in Feldrichtung (Pfeilrichtung) wandert.

Potential an P_1 höher als an P_2

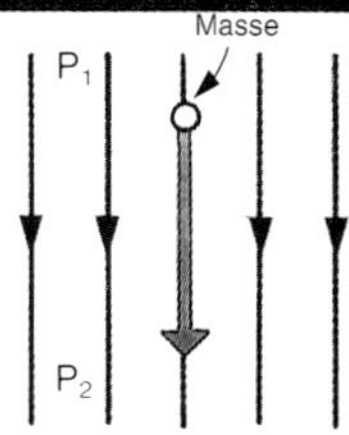

Starkes Feld (hohe Liniendichte)

Schwaches Feld (niedrige Liniendichte)

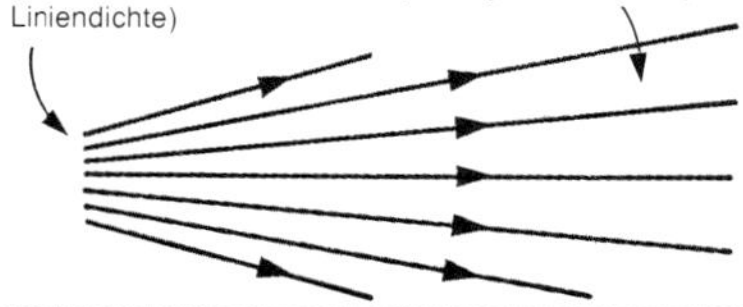

Gleichförmiges Feld hat konstante Stärke und Richtung

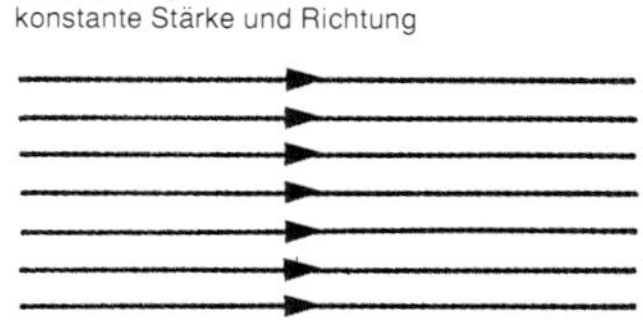

* **Elektrisches Feld**, **Potential**, **Potentialdifferenz**, 58.

Elektrische Kraft	Magnetische Kraft

Elektrische Kraft

Um die Feldstärke E am Punkt P eines elektrischen Feldes um die Ladung q_1 zu messen, wird eine positive Test-Ladung an diesen Punkt gebracht und die elektrische Kraft F auf sie gemessen. Dann ist

$$E = \frac{\text{elektrische Kraft (F)}}{\text{Ladung (q)}} \quad \text{oder} \quad F = q\,E$$

Durch Verknüpfung mit der Gleichung für die elektrische Kraft (Seite 105) erhält man die Feldstärke E im Abstand d von der Ladung q_1:

$$E = K_E \frac{q_1}{d^2}$$

Magnetische Kraft

Um die Feldstärke B eines durch I_1 erzeugten Magnetfeldes am Punkt P zu messen, wird ein Leiter der Länge l, durch den ein Strom I fließt, am Punkt P plaziert und die magnetische Kraft F gemessen. Dann gilt:

$$B = \frac{\text{Magnetische Kraft (F)}}{\text{Strom (I)} \times \text{Länge (l)}} \quad \text{oder} \quad F = B \cdot I \cdot l$$

Durch Verknüpfung mit der Gleichung für die Magnetkraft (Seite 105) erhält man die Feldstärke B im Abstand d vom Strom I_1:

$$B = K_B \frac{I_1}{d}$$

Elektrische Feldlinien beginnen stets an einer positiven und enden an einer negativen Ladung.

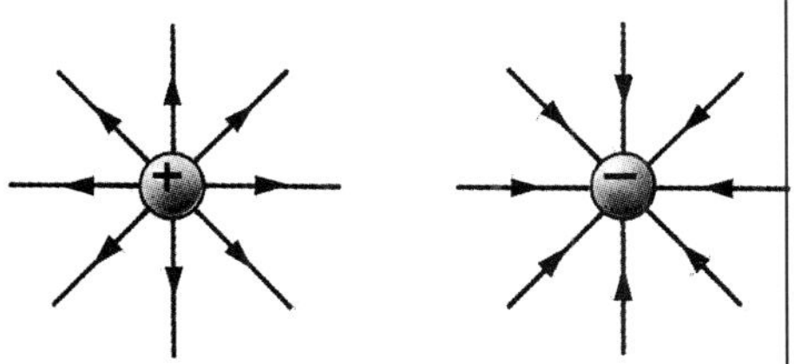

Magnetfeldlinien* haben weder Anfang noch Ende, sondern sind stets Schleifen, denn einzelne Nord- oder Südpole existieren nicht. Das ist ein grundlegender Unterschied zum Gravitations- und elektrischen Feld.

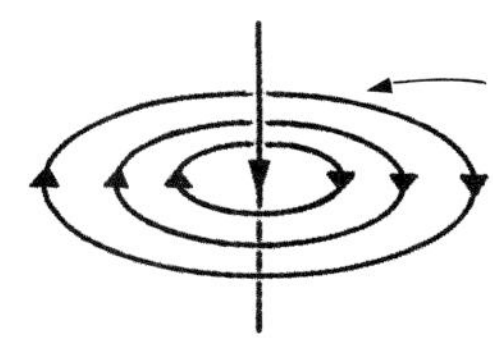

Kreisförmige Feldlinien um einen stromdurchflossenen Draht.

Die Potentialdifferenz zwischen zwei Punkten eines elektrischen Feldes entspricht der notwendigen Arbeit, die gegen die Kraft des Feldes geleistet werden muß, um eine Ladung positiv zwischen den Punkten zu bewegen.

$$\text{Potentialdifferenz im elektrischen Feld} = \frac{\text{geleistete Arbeit}}{\text{Ladung}}$$

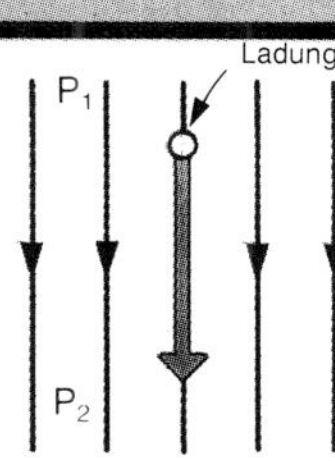

Elektrisches Potential sinkt, wenn Punkt entlang der Feldlinien in Feldrichtung (Pfeilrichtung) wandert.

Elektrisches Potential an P_1 höher als an P_2

Das magnetische Potential ist viel schwieriger zu definieren als das des elektrischen oder Schwerkraftfelds, weil die Feldlinien kreisförmig verlaufen. Wenn sich ein Punkt im obigen Bild auf einer der Kreislinien bewegt, kehrt er an den Ausgangspunkt zurück, der dasselbe Potential besitzt, obwohl er sich entlang der Feldlinien bewegt hat. Dadurch ist ein Magnetfeld schwer zu berechnen.

Nicht-gleichförmiges Feld

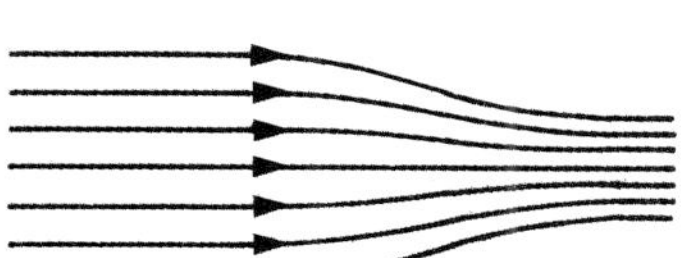

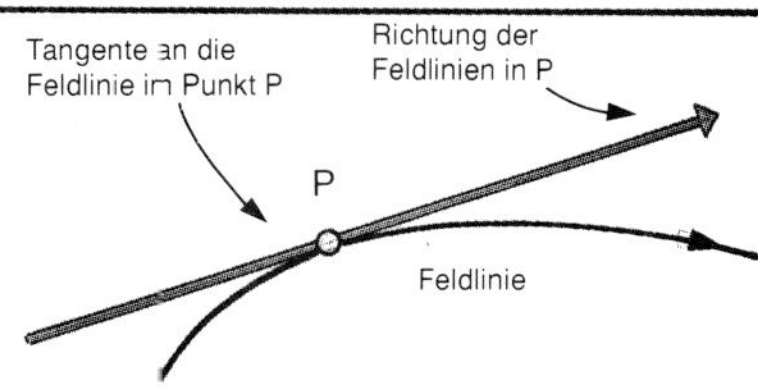

* **Magnetfeldlinien**, 72.

Vektoren und Skalare

Alle physikalischen Größen sind entweder **Skalare** oder **Vektorgrößen,** je nachdem, ob sie außer dem Betrag noch eine Richtung besitzen.

- **Skalargröße.** Jede Größe, die durch Angabe ihres Betrags vollständig bestimmt ist, also z. B. Masse, Zeit, Energie, Dichte.

- **Vektorgröße.** Jede Größe, für die außer dem Betrag noch eine Richtung angegeben werden muß, z. B. Kraft, Abstand, Weg und Beschleunigung. Gewöhnlich stellt man sie durch einen Pfeil dar. Die Länge zeigt die Stärke (nach einem bestimmten Maßstab) und der Pfeil die Richtung an.

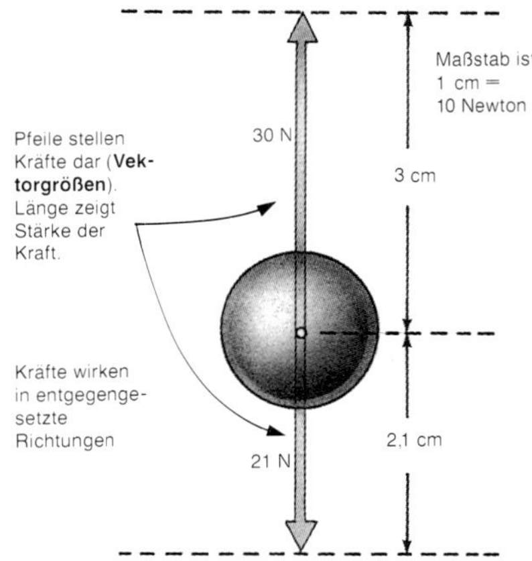

- **Parallelogramm-Regel.** Rechenoperation, die zum Addieren zweier **Vektorgrößen** benutzt wird. Die beiden Vektoren werden von einem Punkt aus so gezeichnet, daß sie zwei Seiten eines Parallelogramms formen; dieses wird dann vervollständigt. Die Diagonale entspricht dann der Summe der Vektoren.

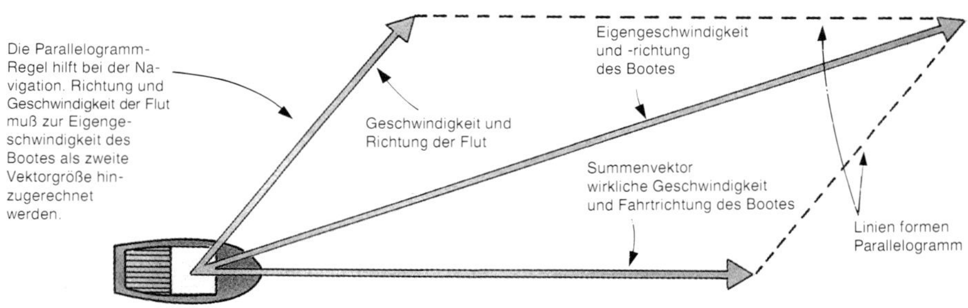

- **Vektorzerlegung.** Die Methode, eine **Vektorgröße** in zwei andere Vektoren, die **Komponenten,** zu zerlegen. Normalerweise bilden die Komponenten einen rechten Winkel. Dann repräsentiert jede Komponente den vollständigen Effekt des Vektors in dieser Richtung.

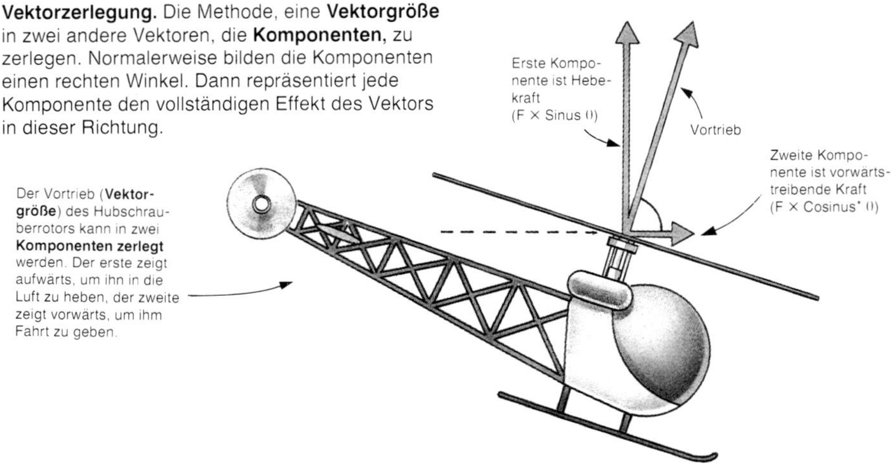

Zahlen

Sehr große und sehr kleine Zahlen (z. B. 10 000 000 oder 0,000 001) sind umständlich zu schreiben und schwer zu lesen. Daher wird dafür die **Potenzschreibweise** benutzt. Dabei wird die Stellung des Dezimalpunkts durch die Potenz von 10 dargestellt.

1 000 000	$= 10^{6}$	oder zehn hoch sechs
100 000	$= 10^{5}$	oder zehn hoch fünf
10 000	$= 10^{4}$	oder zehn hoch vier
1 000	$= 10^{3}$	oder zehn hoch drei
100	$= 10^{2}$	oder zehn hoch zwei
10	$= 10^{1}$	oder zehn hoch eins
1	$= 10^{0}$	oder zehn hoch null (stets = 1)
0.1	$= 10^{-1}$	oder zehn hoch minus eins
0.01	$= 10^{-2}$	oder zehn hoch minus zwei
0.001	$= 10^{-3}$	oder zehn hoch minus drei
0.0001	$= 10^{-4}$	oder zehn hoch minus vier
0.00001	$= 10^{-5}$	oder zehn hoch minus fünf
0.000001	$= 10^{-6}$	oder zehn hoch minus sechs

Ein negativer Index bedeutet „Eins durch...", also $10^{-3} = 1/10^{3} = 1/1000$. Das gilt auch für Einheiten, z. B. heißt kg m^{-3} dasselbe wie kg/m^{3} oder kg pro m^{3}.

Wenn man Potenzzahlen multipliziert, werden die Indizes addiert, z. B. $10^{5} \times 10^{-3}$ (= $100000 \times 1/1000 = 10^{5-3} = 10^{2} = 100$

- **Standardschreibweise.** Eine Art, Zahlen so darzustellen, daß immer nur eine Ziffer vor dem Komma steht, gefolgt von einer Potenzzahl, die die Größenordnung angibt (siehe auch **Signifikante Dezimalstellen** Seite 103).

Beispiele von Zahlen in **Standardschreibweise**

56342	$5{,}6342 \times 10^{4}$
4000	4×10^{3} (Nullen nicht signifikant)
23,3	$2{,}33 \times 10^{1}$
0,98	$9{,}8 \times 10^{-1}$
0,00211	$2{,}11 \times 10^{-3}$

- **Größenordnung.** Ein Wert, der innerhalb einer Zehnerpotenz stimmt. Es ist wichtig, eine ungefähre Vorstellung der Größenordnung einiger physikalischer Größen zu haben, damit man sofort sieht, ob ein Rechenergebnis ungefähr stimmt. Die Masse eines Menschen beträgt zum Beispiel etwa 60 kg. Ein errechnetes Gewicht von 50 kg oder 70 kg wäre also annehmbar, käme aber 6 kg oder 600 kg heraus, muß das Resultat falsch sein.

Typische Größenordnungen

Objekt	Masse/kg
Erde	5×10^{24}
Auto	5×10^{3}
Mensch	5×10^{1}
Zuckertüte	1
Orange	2×10^{-1}
Golfball	5×10^{-2}
Tischtennisball	2×10^{-3}
Proton	2×10^{-27}
Elektron	10^{-30}

Objekt	Länge/m
Radius der Milchstraße	10^{19}
Radius des Sonnensystems	10^{11}
Radius der Erde	5×10^{6}
Höhe des Mount Everest	10^{4}
Größe eines Menschen	2
Dicke von Papier	10^{-4}
Wellenlänge des Lichts	5×10^{-7}
Radius des Atoms	10^{-10}
Radius des Atomkerns	10^{-14}

Objekt	Zeit/s
Alter der Erde	2×10^{17}
Zeit seit Auftreten des Menschen	10^{13}
Lebenszeit eines Menschen	2×10^{9}
Ein Jahr	3×10^{7}
Ein Tag	9×10^{4}
Zeit zwischen zwei Herzschlägen	1
Kameraverschlußzeit	10^{-2}
Halbwertszeit von Polonium-214	1.5×10^{-4}
Zeit, in der Licht 1 m zurücklegt	3×10^{-9}

Objekt	Energie/J
Von der Sonne pro Sekunde abgegebene Energie	10^{26}
Energie, die beim San Franzisko-Erdbeben (1906) frei wurde	3×10^{17}
Energie, die durch Zerfall von 1 g Uran frei wird	10^{11}
Energie eines Blitzes	10^{9}
Energie eines Feuers von 1 kW pro Stunde	4×10^{6}
Kinetische Energie eines Golfballs	20

Schaltzeichen

Diese Tabelle zeigt die wichtigsten Bauteile von elektrischen Schaltungen (siehe auch Seiten 60 bis 65).

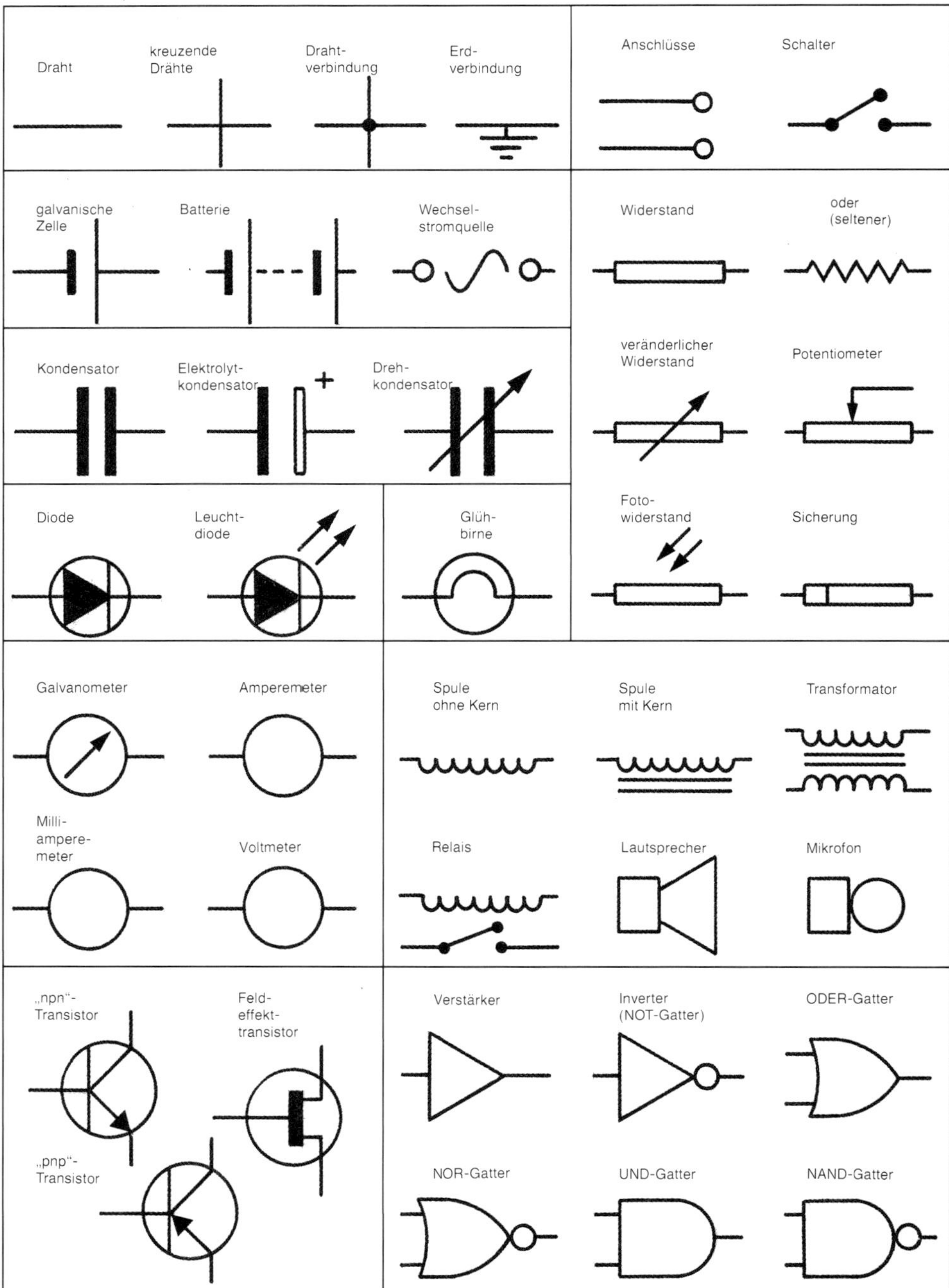

Transistoren und Gatter

Transistoren* können benutzt werden, um elektrische Signale (etwa von einem Mikrofon) zu verstärken und dienen außerdem als elektronische Schalter. Daher werden sie in komplexen Schaltungen, etwa Computern, verwendet. Dort haben sie die viel größeren und langsameren Elektronenröhren und **Relais*** verdrängt.

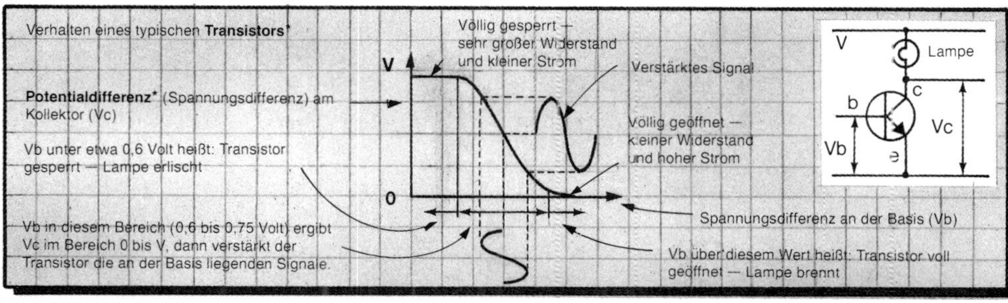

Logikgatter

Die beiden Transistor-Zustände „offen“ und „gesperrt“ werden benutzt, um die Zahlen 0 und 1 darzustellen. Die dafür benutzten Schaltungen heißen digital (andere Schaltungen nennt man analog). Kombinationen mit Schaltungen aus Transistoren und anderen Bauteilen können logische Operationen ausführen.

Wahrheitstabelle für einfache logische Operation

In	NOT
0	1
1	0

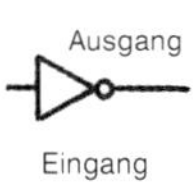

A	B	OR	NOR
0	0	0	1
0	1	1	0
1	0	1	0
1	1	1	0

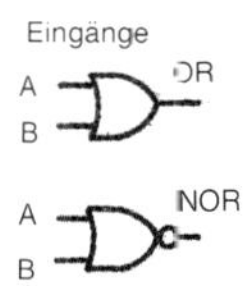

A	B	UND	NAND
0	0	0	1
0	1	0	1
1	0	0	1
1	1	1	0

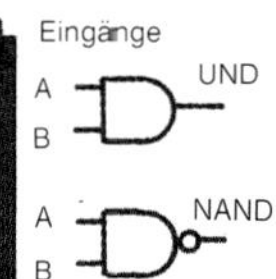

Kombinationen solcher Gatter mit anderen Transistorschaltungen können mathematische Operationen, etwa Additionen, ausführen. Solche Schaltungen werden **Integrierte Schaltkreise** genannt; sie können Tausende von Bauteilen auf einem winzigen Siliziumplättchen enthalten.

Computer

Dank der integrierten Schaltungen lassen sich viele tausend Logikgatter auf einem kleinen Plättchen, genannt Mikrochip, vereinigen. Die ganze CPU (siehe unten) eines Computers kann auf einem Chip Platz finden.

Typisches Computersystem

Diskettenlaufwerke sind Beispiele von **Eingabe-Ausgabe-Geräten.** Sie können viel mehr Daten als der Speicher im Computer aufbewahren und bewahren sie auch, wenn der Computer abgeschaltet ist (die Information in dessen RAM-Speicher ist dann verloren).

Geräte wie Tastatur und Bildschirm sind ebenfalls **Eingabe- und Ausgabegeräte**, mit denen Daten in den Rechner eingegeben und auf denen sie ausgegeben werden. Sie sind die Verbindungen des Computers zur Außenwelt.

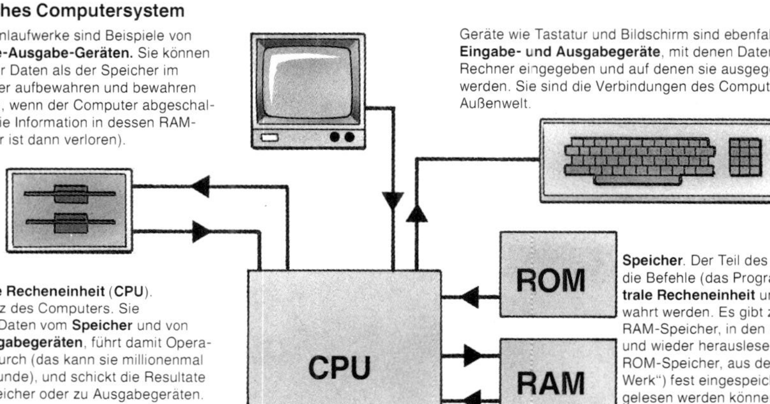

Zentrale Recheneinheit (**CPU**). Das Herz des Computers. Sie holt die Daten vom **Speicher** und von den **Eingabegeräten**, führt damit Operationen durch (das kann sie millionenmal pro Sekunde), und schickt die Resultate zum Speicher oder zu Ausgabegeräten.

Speicher. Der Teil des Computers, in dem die Befehle (das Programm) für die **Zentrale Recheneinheit** und die Daten aufbewahrt werden. Es gibt zwei Arten, den RAM-Speicher, in den man Daten schreiben und wieder herauslesen kann, und den ROM-Speicher, aus dem nur vorher („ab Werk“) fest eingespeicherte Daten ausgelesen werden können

* **Potentialdifferenz**, 58; **Relais**, 75; **Transistor**, 65

Elemente

Element	Symbol	Ordnungszahl	Atomgewicht*
Actinium	Ac	89	227
Aluminium	Al	13	27
Americium	Am	95	243
Antimon	Sb	51	122
Argon	Ar	18	40
Arsen	As	33	75
Astat	At	85	210
Barium	Ba	56	137
Beryllium	Be	4	9
Blei	Pb	82	207
Bor	B	5	11
Brom	Br	35	80
Cadmium	Cd	48	112
Calcium	Ca	20	40
Cäsium	Cs	55	133
Cer	Ce	58	140
Chlor	Cl	17	35.5
Chrom	Cr	24	52
Dysprosium	Dy	66	162
Eisen	Fe	26	56
Erbium	Er	68	167
Europium	Eu	63	152
Fluor	F	9	19
Francium	Fr	87	223
Gadolinium	Gd	64	157
Gallium	Ga	31	70
Germanium	Ge	32	73
Gold	Au	79	197
Hafnium	Hf	72	178.5
Helium	He	2	4
Holmium	Ho	67	165

Element	Symbol	Ordnungszahl	Atomgewicht*
Indium	In	49	115
Iridium	Ir	77	192
Jod	J	53	127
Kalium	K	19	39
Kobalt	Co	27	59
Kohlenstoff	C	6	12
Krypton	Kr	36	84
Kupfer	Cu	29	64
Lanthan	La	57	139
Lithium	Li	3	7
Lutetium	Lu	71	175
Magnesium	Mg	12	24
Mangan	Mn	25	55
Molybdän	Mo	42	96
Natrium	Na	11	23
Neodym	Nd	60	144
Neon	Ne	10	20
Neptunium	Np	93	237
Nickel	Ni	28	59
Niob	Nb	41	93
Osmium	Os	76	190
Palladium	Pd	46	106
Phosphor	P	15	31
Platin	Pt	78	195
Plutonium	Pu	94	242
Polonium	Po	84	210
Praseodym	Pr	59	141
Promethium	Pm	61	147
Protactinium	Pa	91	231
Quecksilber	Hg	80	201

Element	Symbol	Ordnungszahl	Atomgewicht*
Radium	Ra	88	226
Radon	Rn	86	222
Rhenium	Re	75	186
Rhodium	Rh	45	103
Rubidium	Rb	37	85
Ruthenium	Ru	44	101
Samarium	Sm	62	150
Sauerstoff	O	8	16
Scandium	Sc	21	45
Schwefel	S	16	32
Selen	Se	34	79
Silber	Ag	47	108
Silicium	Si	14	28
Stickstoff	N	7	14
Strontium	Sr	38	88
Tantal	Ta	73	181
Technetium	Tc	43	99
Tellur	Te	52	128
Terbium	Tb	65	159
Thallium	Tl	81	204
Thorium	Th	90	232
Thulium	Tm	69	169
Titan	Ti	22	48
Uran	U	92	238
Vanadium	V	23	51
Wasserstoff	H	1	1
Wismut	Bi	83	209
Wolfram	W	74	184
Xenon	Xe	54	131
Ytterbium	Yb	70	173
Yttrium	Y	39	89
Zink	Zn	30	65
Zinn	Sn	50	119
Zirkonium	Zr	40	91

* **Atomgewicht**, 83.

Nützliche Konstanten

Größe	Symbol	Wert
Lichtgeschwindigkeit im Vakuum	c	$2{,}998 \times 10^{8}$ m s^{-1}
Ladung des Elektrons	e	$1{,}602 \times 10^{-19}$ C
Masse des Elektrons	m_e	$9{,}109 \times 10^{-31}$ kg
Masse des Protons	m_p	$1{,}673 \times 10^{-27}$ kg
Masse des Neutrons	m_n	$1{,}675 \times 10^{-27}$ kg
Avogadro-Zahl	N_A	$6{,}023 \times 10^{23}$ mol^{-1}
Faraday-Konstante	F	$9{,}65 \times 10^{4}$ C mol^{-1}
Gravitationskonstante	G	$6{,}670 \times 10^{-11}$ Nm^{2} kg^{-2}
Gaskonstante	R	8,314 J mol^{-1} K^{-1}

Nützliche Zahlenwerte

Größe	Wert
Fallbeschleunigung	9,81 m s^{-2}
Dichte des Wassers	$1{,}00 \times 10^{3}$ kg m^{-3}
Dichte von Quecksilber	$13{,}6 \times 10^{3}$ kg m^{-3}
Gefrierpunkt des Wassers	273 K
Siedepunkt des Wassers	373 K
Normaler Luftdruck	$1{,}01 \times 10^{5}$ Pa
Länge des irdischen Tages	$8{,}64 \times 10^{4}$ s

Eigenschaften von Substanzen

(Dichte, spezifische Wärmekapazität und spezifischer Widerstand ändern sich mit der Temperatur. Die Werte sind hier für Zimmertemperatur (20° C) angegeben.)

Substanz	Dichte / 10^3 kg m^{-3}	Elastizitätsmodul / 10^{10} Nm^{-2}	spezifische Wärmekapazität / J kg^{-1} K^{-1}	spezifische Schmelzwärme / 10^4 J kg^{-1}	Linearer Ausdehnungskoeffizient / 10^{-6} K^{-1}	Wärmeleitfähigkeit / W m^{-1} K^{-1}	spezifischer Widerstand / 10^{-8} pm
Aluminium	2,70	7,0	908	40,0	25	242	2,67
Antimon	6,62	7,8	210	16,5	11	19	44
Arsen	5,73	—	335	—	6,0	—	33,3
Blei	11,3	1,6	127	2,5	29	36	20,6
Cadmium	8,65	5,0	230	5,5	30	96	—
Eisen (Guß-)	7,60	11,0	460	21,0	12	71	10,3
Eisen (Schmiede-)	7,85	21,0	—	—	—	—	—
Gallium	5,93	—	377	—	19	34	17,4
Germanium	5,40	—	324	—	5,7	59	$4{,}6 \times 10^7$
Gold	19,3	8,0	128	6,7	14	300	2,20
Iridium	22,4	—	135	—	6,5	59	5,2
Kobalt	8,70	—	435	24,0	12	93	6,4
Konstantan	8,90	—	420	—	16	23	49
Kupfer	8,89	11,0	385	20,0	16	383	1,72
Magnesium	1,74	4,1	1030	30,0	26	154	4,24
Messing	8,6 (etwa)	9,0	389	?	19	109	8 (etwa)
Molybdän	10,1	—	301	—	5,0	142	5,7
Nickel	8,80	21,0	456	29,0	13	59	6,94
Palladium	12,2	—	247	15,0	12	74	10,7
Platin	21,5	17,0	135	11,5	9,0	71	10,5
Quecksilber	13,6	—	139	1,2	12	9	95,9
Selen	4,79	—	324	35,0	26	0,24	10^{12} (etwa)
Silicium (amorph)	2,35	11,3	706	—	2,5	175	10^{10} (etwa)
Silber	10,5	7,7	234	10,5	19	414	1,63
Stahl (Fluß-)	7,80	22,0	450	—	12	46	15 (etwa)
Tantal	16,60	19,0	151	—	6,5	56	13,4
Tellur	6,2	—	201	—	17	50	$1{,}6 \times 10^5$
Wasser	1,00	—	4200	33,4	33,4	0,2	—
Wismut	9,78	3,2	112	5,5	14	9	117
Wolfram	19,3	39,0	142	—	4,3	185	5,5
Zink	7,10	8,0	387	10,5	11	111	5,92
Zinn	7,3	5,3	225	5,8	23	63	11,4

Teil 2

CHEMIE

Jane Wertheim, Chris Oxlade und Dr. John Waterhouse

Herausgegeben von Tony Potter und Corinne Stockley

Fachliche Berater:
J. Raffan, MA, R. Michaelis, B.Sc., und A. Alder, B.Sc.

Gestaltet von:
Anne Sharples, Roger Berry, Sue Mims und Simon Gooch

Illustriert von:
Kuo Kang Chen, Kim Blundell, Guy Smith, Chris Lyon, Jeremy Gower und Mark Franklin

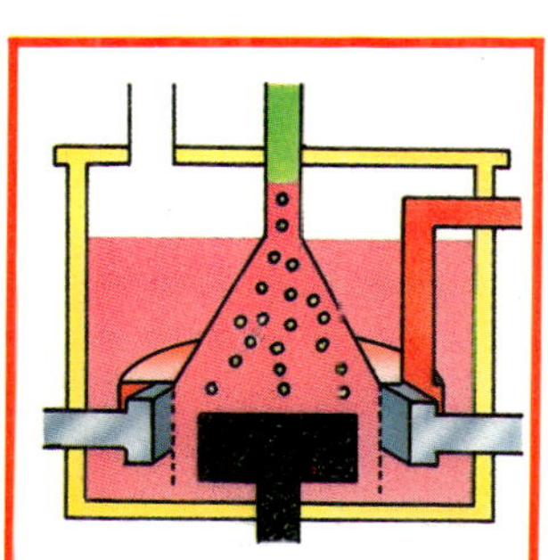

Inhalt Teil 2

Wir danken der British Standards Institution für die Genehmigung zum Abdruck des Symbols auf Seite 150.

Zu Teil 2

Dieses Buch unterteilt die Chemie in vier farblich unterschiedlich gekennzeichnete Hauptgebiete. Ein schwarzweißer Teil enthält allgemeine Informationen zur Chemie.

Rote Ecken

Physikalische Chemie

Blaue Ecken

Anorganische Chemie

Grüne Ecken

Organische Chemie

Gelbe Ecken

Umweltchemie

Schwarze Ecken

Allgemeiner Teil mit Namen der Verbindungen und Formeln, Eigenschaften der Elemente, Angaben zu chemischen Apparaten und Methoden, Nachweistechniken und Analysen

Chemie ist die Wissenschaft, die sich mit den Eigenschaften, der Zusammensetzung und der Umwandlung aller Stoffe beschäftigt. Die in diesem Buch farblich unterschiedlich gekennzeichneten vier Gebiete der Chemie sind nachstehend näher definiert.

Chemie

Physikalische Chemie.
Befaßt sich mit dem Aufbau, den Eigenschaften und dem Verhalten der Stoffe. Beinhaltet die Gesetze der Chemie.

Anorganische Chemie.
Untersucht die Elemente im periodischen System, ihre Eigenschaften und Verbindungen (mit Ausnahme der kohlenstoffhaltigen Verbindungen).

Organische Chemie.
Beschäftigt sich mit den kohlenstoffhaltigen Verbindungen, ihrem Aufbau und ihrer Einteilung.

Umweltchemie.
Erklärt die wechselseitigen Beziehungen der natürlich vorkommenden Stoffe und ihre Auswirkung auf die Umwelt.

Physikalische Chemie

Physikalische Chemie ist der Teil der Chemie, der sich mit dem Verhalten der Stoffe bei **chemischen Reaktionen** unter verschiedenen Bedingungen beschäftigt und ermittelte Erkenntnisse in allgemeingültige Gesetze zusammenfaßt. Sie untersucht:

1. Feste Stoffe, Flüssigkeiten und Gase, die Umwandlungen dieser Zustände ineinander, die Ursachen dieser Umwandlungen und ihre Abhängigkeit von der Struktur der Materie (s. a. **Zustandsarten der Materie** Seiten 120–121, **Atome und Moleküle** Seiten 124–125, die **kinetische Theorie** Seite 123 und **Gasgesetze** (Seiten 142–143).

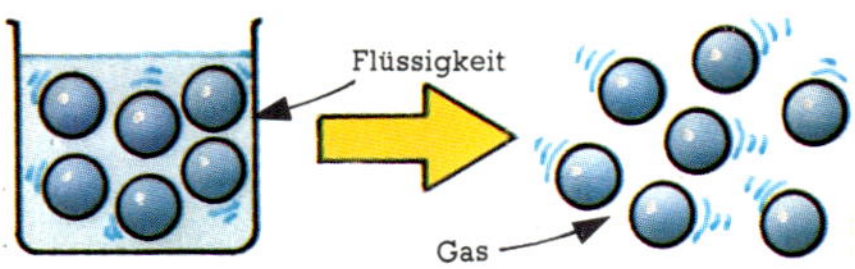

2. Die physikalische und chemische Zusammensetzung der Stoffe – ihre Bausteine und ihre Bindungen (s. a. **Elemente, Verbindungen, Gemenge** Seiten 122–123, **Atome und Moleküle** Seiten 124–125, **Chemische Bindung** Seiten 130–134 und **Kristalle** Seiten 135–137).

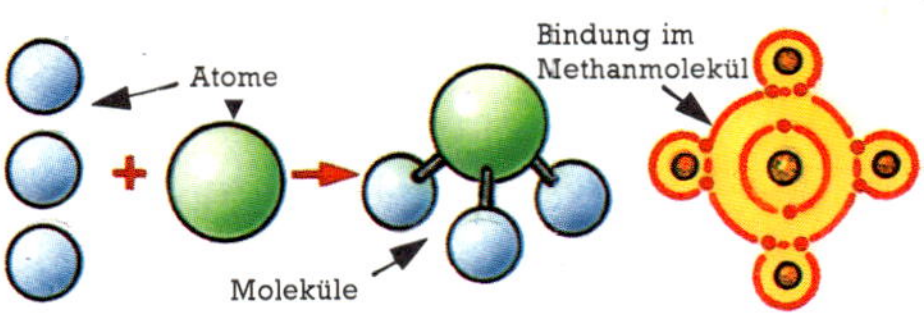

3. Der Aufbau der Atome, der Atomkerne und ihre Umwandlung (s. a. **Bau der Atome** und **Radioaktivität** Seiten 126–129).

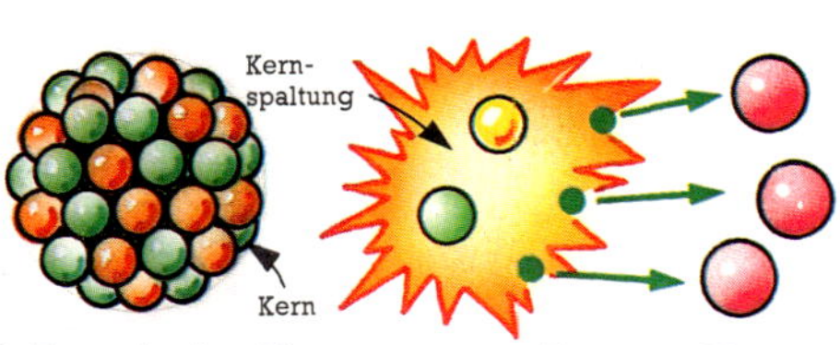

4. Quantitative Messungen an Atomen. Vergleich der Werte von Gasen, Flüssigkeiten und fester Stoffe (s. a. **Atommassen** Seiten 138–139).

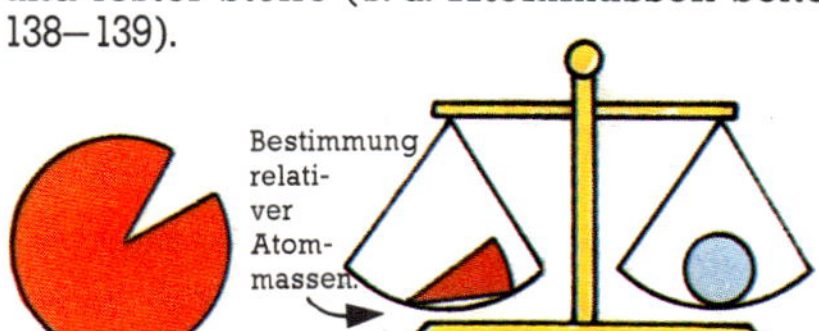

5. Typische Reaktionen chemischer Stoffe (s. a. **Säure und Basen** Seite 150–152 und **Salze** Seiten 153–155). ►

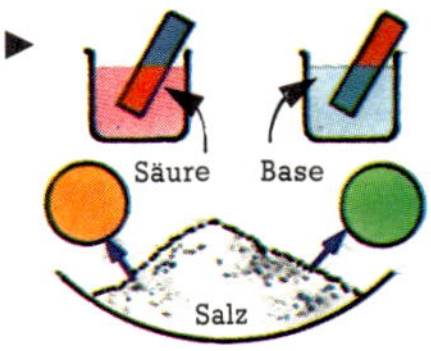

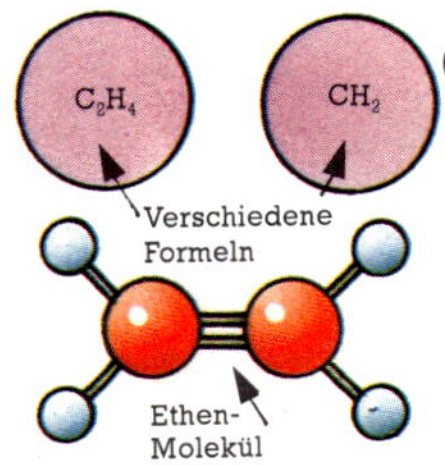

6. Symbole, Beschreibung chemischer Vorgänge (s. a. **Symbole, Formeln,** ◄**Namen und Gleichungen** Seiten 140–141).

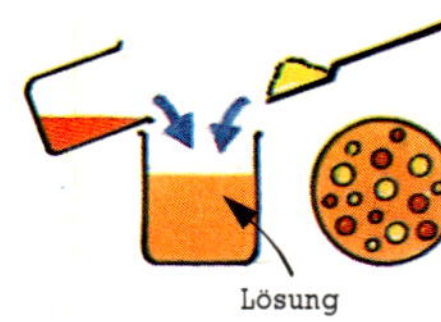

7. Wie sich Substanzen vermischen (s. a. **Lösungen und Löslichkeit** Seiten 144–145).

8. Umwandlungen bei chemischen Prozessen (s. a. **Energie und chemische Reaktion** Seiten 146–147). Massenverhältnisse bei chemischen **Reaktionsgeschwindigkeiten** (s. a. Seiten 160–161). Spezielle Reaktionen (s. a. **Oxidation und Reduktion** (Seiten 148–149) und **Gleichgewichtsreaktionen** (reversible Reaktionen, s. a. Seiten 162–163.)

▼

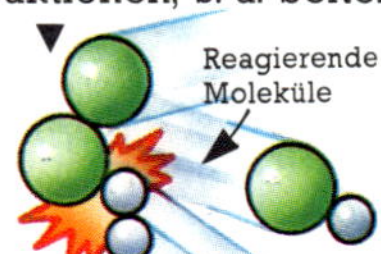

9. Die Wirkung der elektrischen Ladung und die Gewinnung elektrischer Energie aus chemischen Reaktionen (s. a. **Elektrolyse** Seiten 156–157). ◄**Reaktivität** (Seiten 158–159).

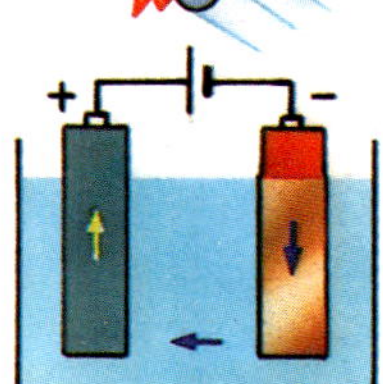

Elektrolyse

10. Die verschiedenen Ebenen der Reaktivierung und ihre Erklärungen (s. a. **Reaktivität** Seiten 158–159). ►

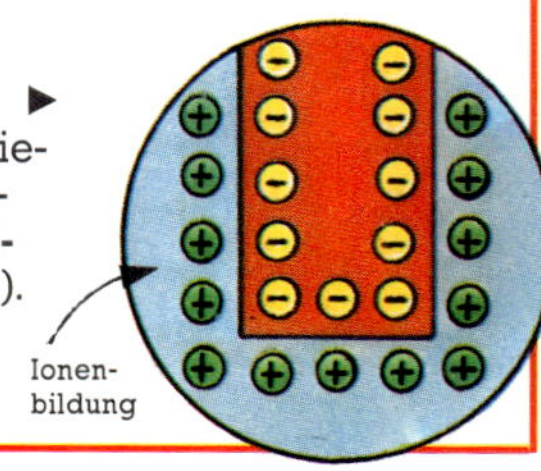

Eigenschaften und Veränderungen

- **Physikalische Eigenschaften**. Alle Eigenschaften, die ein Stoff hat, außer den Eigenschaften, die direkt zu einer **chemischen Reaktion** gehören. Man unterscheidet: **qualitative Eigenschaften** und **quantitative Eigenschaften**.

- **Qualitative Eigenschaften**. Eigenschaften der Stoffe, die nicht mit Zahlenwerten erfaßbar sind. Eigenschaften wie Geruch, Geschmack oder Farbe.

Qualitative Eigenschaften werden zur Beschreibung der Stoffe benutzt.

- **Quantitative Eigenschaften**. Eigenschaften, die gemessen und in Zahlenwerten und Einheiten angegeben werden können, z. B. Schmelzpunkt, Siedepunkt, **Masse***, Härte und **Dichte***.

Dichte* (hängt ab von der **Masse*** der Partikel und ihrem Abstand voneinander).

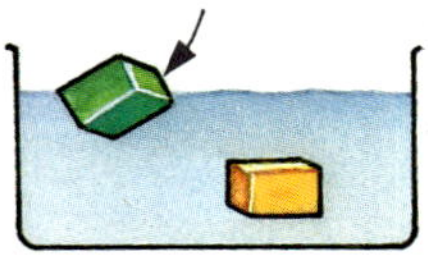

Härte (hängt ab von der Art der **Bindung*** und der Struktur des Stoffes).

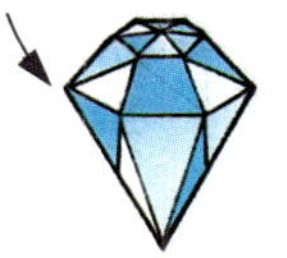

Plastizität und **Elastizität*** (hängen ab von der Art der **Bindung*** und der Struktur des Stoffes).

Schmelzpunkt (hängt ab von der Art der **Bindung*** und der Struktur des Stoffes).

Siedepunkt (hängt ab von der Art der **Bindung*** und der Struktur des Stoffes).

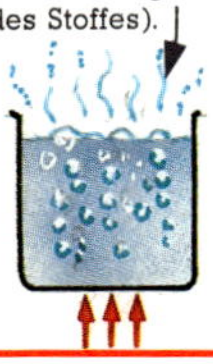

Löslichkeit

Leitfähigkeit* (hängt ab von der Beweglichkeit der Ladungsträger).

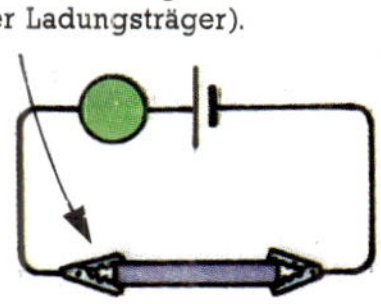

- **Physikalische Umwandlung**. Eine Umwandlung, bei der eine physikalische Eigenschaft eines Stoffes verändert wird. Die Umwandlung ist in der Regel umkehrbar.

Eine physikalische Umwandlung einer Flüssigkeit in einen festen Zustand erfolgt unter Energieabgabe (s. a. **kinetische Theorie** Seite 123).

- **Chemische Eigenschaften**. Eigenschaften, die das Verhalten der Stoffe bei **chemischen Reaktionen** beschreiben.

Chemische Eigenschaften hängen von der **Elektronenkonfiguration**, der **Bindung*** und der Struktur ab.

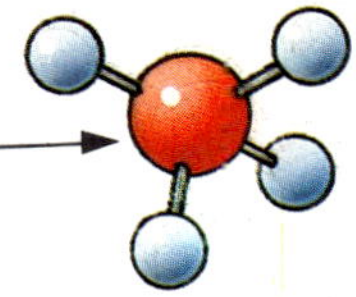

- **Chemische Reaktion**. Eine Umwandlung, bei der die chemischen Eigenschaften eines Stoffes verändert werden, bei der ein **neuer Stoff** aus den **Reaktanten** entsteht.

- **Reaktant**. Substanz, die zu Beginn einer **chemischen Reaktion** vorhanden ist.

- **Produkt**. Substanz, die bei einer **chemischen Reaktion** entsteht.

Das **Rosten*** des Eisens ist eine **chemische Reaktion**.

Eisen, Wasser und Sauerstoff aus der Luft sind die **Reaktanten**.

Rost* ist das Produkt.

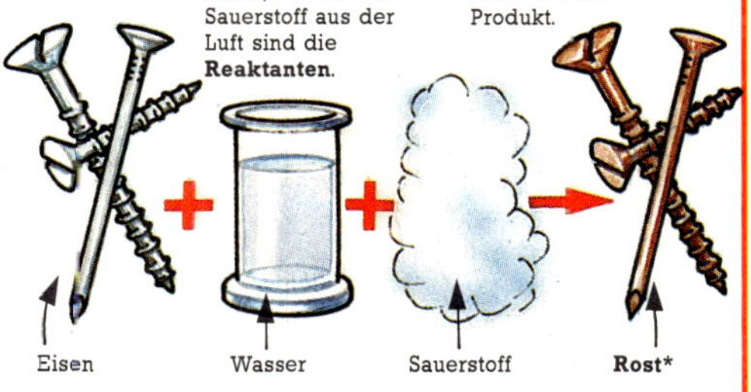

Die Reaktion verläuft sehr langsam. Viele Reaktionen verlaufen viel heftiger.

- **Reagenz**. Eine Substanz, die man zum Auslösen einer **chemischen Reaktion** benutzt. Sie ist auch ein **Reaktionspartner**. Gebräuchliche **Reagenzien** in den Laboratorien sind Salzsäure, Schwefelsäure und Natronlauge.

* **Bindung**, 130; **Dichte**, 344; **Elastizität**, 344; **Leitfähigkeit**, 344; **Masse**, 345; **Rost**, 174; **Rosten**, 209.

Aggregatzustände

Materie kann in drei Aggregatzuständen auftreten: **fest, flüssig** und **gasförmig.** Man kann die Materie von einem Zustand in einen anderen überführen. Diese Zustandsänderungen treten normalerweise auf, wenn man der Materie Wärme zuführt oder sie abkühlt (s. a. **kinetische Theorie** Seite 123).

- **Fest**. Die Materie hat eine feste **Form** und ein festes **Volumen***.

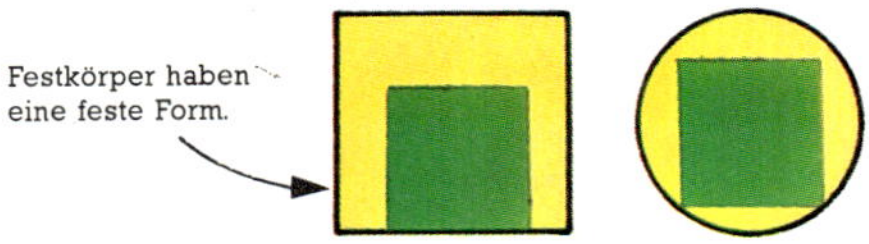

- **Flüssig**. Die Materie hat ein festes **Volumen***, aber keine feste Form.

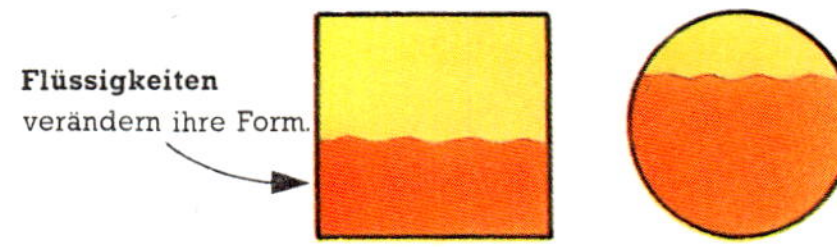

- **Gasförmig**. Weder das **Volumen*** ist fest noch die **Form**. Ein Gas füllt immer den ganzen zur Verfügung stehenden Raum aus.

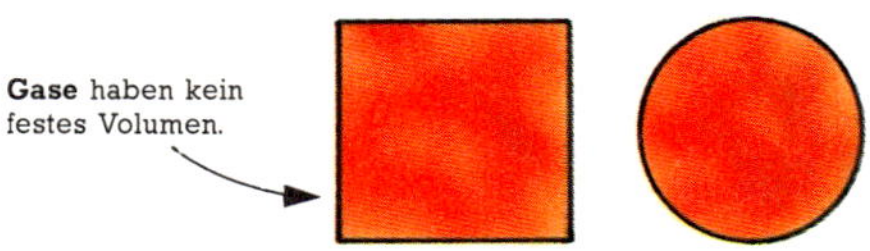

- **Dampf**. Spezieller Gaszustand, bei dem man das Gas allein durch Druckerhöhung verflüssigen kann.

- **Phase**. Teil eines Gemenges von Stoffen, die nicht miteinander reagieren. Das Gemenge von Wasser und Sand hat zwei Phasen.

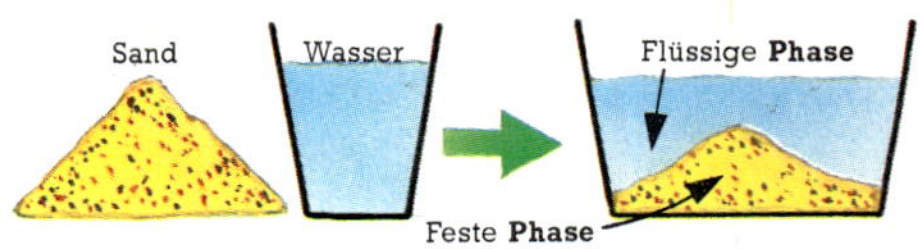

- **Fluide**. Substanzen, die fließen können; **Gase** oder **Flüssigkeiten**.

Änderungen des Aggregatzustandes

Änderungen der Aggregatzustände. Das sind **physikalische Umwandlungen*** der Stoffe. Sie treten auf, wenn der Energiezustand der Partikel durch Erwärmung oder Abkühlung der Stoffe verändert wird (s. a. **kinetische Theorie** Seite 123).

- **Schmelzen.** Übergang eines Stoffes vom **festen Aggregatzustand** in den **flüssigen,** in der Regel durch Erwärmung. Die Temperatur, bei der der Übergang erfolgt, nennt man **Schmelzpunkt,** es ist dieselbe Temperatur wie der **Erstarrungspunkt** (s. a. **Erstarren** Seite 121). Beim Schmelzpunkt können der flüssige und der feste Aggregatzustand gleichzeitig bestehen. Der Schmelzpunkt erhöht sich mit steigendem Druck.

- **Schmelze. Flüssiger** Aggregatzustand eines Stoffes, der bei Zimmertemperatur **fest** ist.

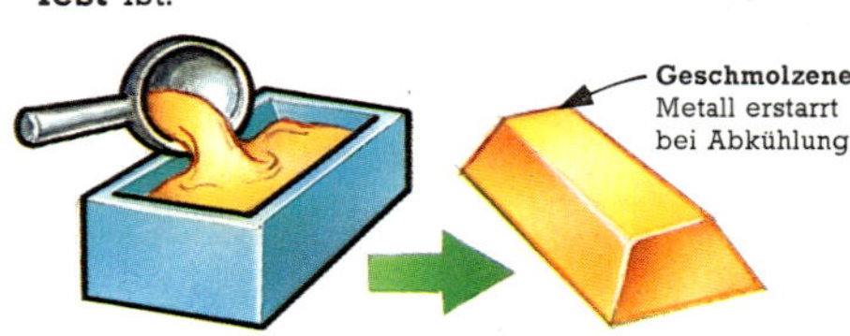

- **Erstarren**. Übergang vom **flüssigen** in den **festen** Aggregatzustand beim Unterschreiten des Schmelzpunktes.

* **Physikalische Umwandlungen**, 119; **Volumen**, 345.

- **Gefrieren**. Übergang vom **flüssigen** zum **festen** Aggregatzustand bei Abkühlung. Man benutzt den Ausdruck **Gefrieren** statt **Erstarren**, wenn der Übergang bei Temperaturen erfolgt, mit denen wir täglich umgehen.

Wasser **gefriert** bei 0 °C (273 K).

- **Umwandlung**. Gibt es von einem Stoff verschiedene **feste** Aggregatzustände, so kann man durch Schmelzen und Erstarren den festen Stoff von einer **Modifikation** in eine andere überführen. Man spricht dann von einer Umwandlung.

Umwandlung der Modifikation bei Schwefel.

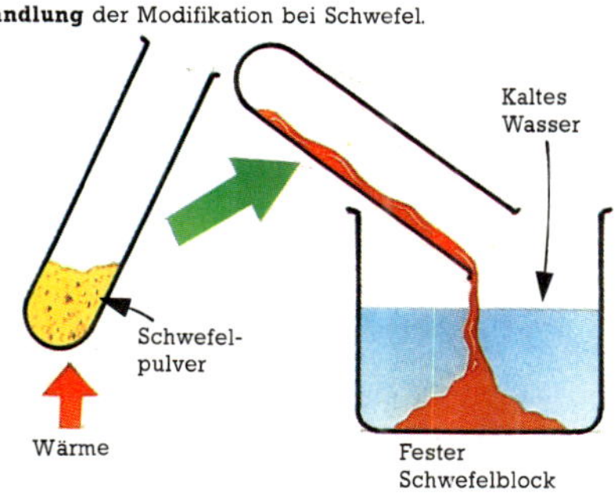

- **Sieden**. Übergang vom **flüssigen** in den **gasförmigen** Aggregatzustand, bei dem nicht nur an der Oberfläche, sondern auch im Inneren der Flüssigkeit Dampf entsteht. Die Temperatur bei der die Flüssigkeit siedet, nennt man **Siedepunkt**. Druckerhöhung erhöht den Siedepunkt.

Wasser **siedet** bei 100 °C (373 K).

- **Verdunsten**. Übergang vom **flüssigen** in den **gasförmigen** Aggregatzustand als Dampf bei Temperaturen unterhalb des **Siedepunktes**. Eine Flüssigkeit, die schnell verdunstet, heißt **flüchtig***.

Salz* kristallisiert aus einer wässrigen Lösung, wenn das Wasser verdampft ist.

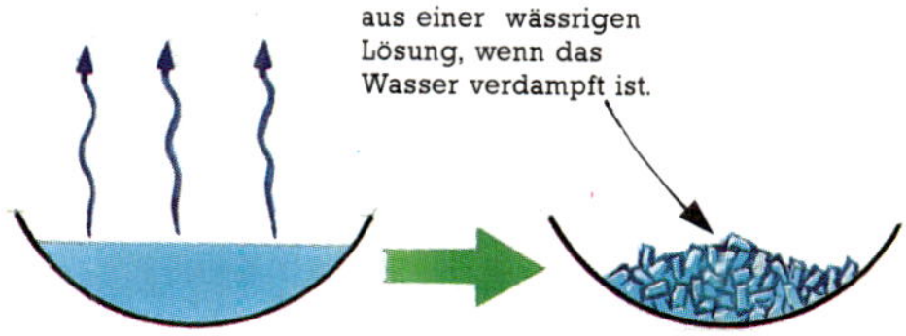

- **Verflüssigung**. Übergang vom gasförmigen in den **flüssigen** Aggregatzustand durch Druckerhöhung oder Abkühlung von Stoffen, die bei Zimmertemperatur und atmosphärischem Druck gasförmig sind.

Einige **Gase** werden für den Transport **verflüssigt**.

- **Kritische Temperatur**. Temperatur, oberhalb der sich ein **Gas** nicht durch Druckerhöhung alleine **verflüssigen** läßt.

- **Kondensation**. Übergang vom **gasförmigen** in den **flüssigen** Aggregatzustand durch Abkühlung.

Wasserdampf **kondensiert** am kalten Spiegel.

- **Sublimation**. Übergang vom **gasförmigen** in den **festen** Aggregatzustand ohne **flüssigen** Aggregatzustand und umgekehrt (s. a. Abbildung Seite 162).

- **Verdampfung**. Übergang vom **flüssigen** oder **festen** Aggregatzustand in den **gasförmigen** (**Sublimieren**, **Sieden**, **Verdunsten**).

* **Flüchtig**, 345; **Salz**, 143.

Elemente, Verbindungen, Gemenge

Elemente, **Verbindungen** und **Gemenge** sind die drei Formen, in denen chemische Stoffe vorkommen. Alle Stoffe sind aus den Elementen zusammengesetzt, die meisten sind Zusammensetzungen aus zwei oder mehr Elementen.

- **Element.** Stoff, den man nicht mehr durch chemische Reaktionen in andere Stoffe zerlegen kann. Es gibt zur Zeit 106 bekannte Elemente, geordnet im **periodischen System** (s. a. Seiten 164–165). Alle anderen Stoffe sind aus Elementen zusammengesetzt. Die meisten Elemente sind bei Zimmertemperatur fest oder gasförmig.

- **Chemisches Symbol.** Kurzzeichen für ein Atom eines Elementes in **Formeln*** und **Gleichungen** (s. a. Seiten 140–141). Das Zeichen besteht in der Regel aus dem ersten oder aus zwei Buchstaben des meist griechischen oder lateinischen Namens des Elementes (s. a. **Eigenschaften der Elemente** Seite 212 und **Symbole und Formeln** ab Seite 226 und **Stoffe und ihre Formeln** ab Seite 354).

- **Verbindung**. Kombination von zwei oder mehr Elementen, die durch Bindungskräfte zusammengehalten werden. Die physikalischen und chemischen Eigenschaften einer Verbindung sind andere als die der Elemente, aus denen sie zusammengesetzt ist. Die Stoffmengen, die sich miteinander verbinden, stehen immer in einem festen Verhältnis zueinander, z. B. beim Wasser verbinden sich H + H + O zu H_2O. Verbindungen sind nur durch chemische Reaktionen wieder in ihre Elemente zu zerlegen.

- **Binäre Verbindung**. Verbindung aus nur zwei verschiedenen Elementen.

- **Gemisch**. Mischung von zwei oder mehr **Elementen** und/oder Verbindungen, die nicht miteinander chemisch verbunden sind. Die gemischten Substanzen können in beliebigen Gewichtsverhältnissen vermengt werden. Meistens kann man die Mischung durch physikalische Methoden wieder in ihre Bestandteile zerlegen.

- **Synthese**. Prozeß, bei dem eine chemische **Verbindung** durch eine Reihe chemischer Reaktionen aufgebaut wird. Bei der **Eisen(III)-chloridsynthese** z. B. leitet man Chlorgas über heißes Eisen.

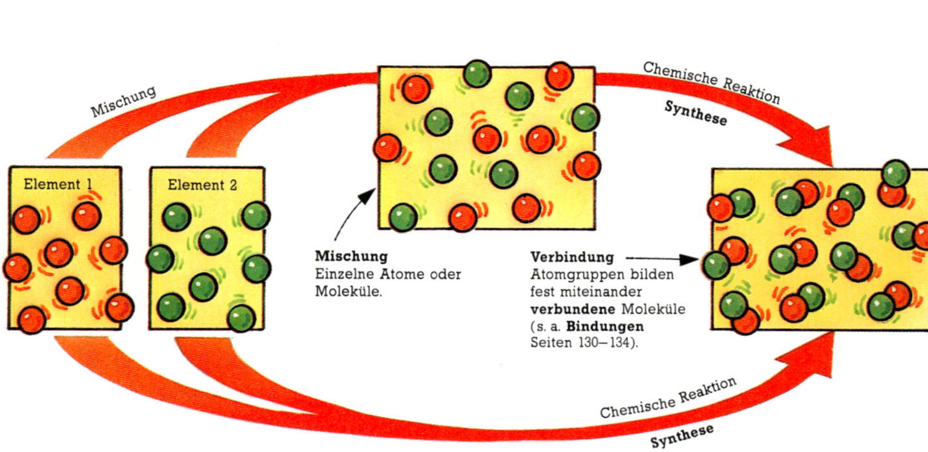

* **Formeln,** 140.

● **Homogene Stoffe**. Bei homogenen Stoffen sind auch mit stärksten Vergrößerungen keine verschiedenen Stoffe zu erkennen. Alle noch so kleinen Proben haben immer die gleiche Zusammensetzung.

● **Heterogene Stoffe**. Bei einem heterogenen Stoff kann man erkennen, daß er aus verschiedenen Stoffen zusammengesetzt ist. Kleine Proben sind unterschiedlich zusammengesetzt.

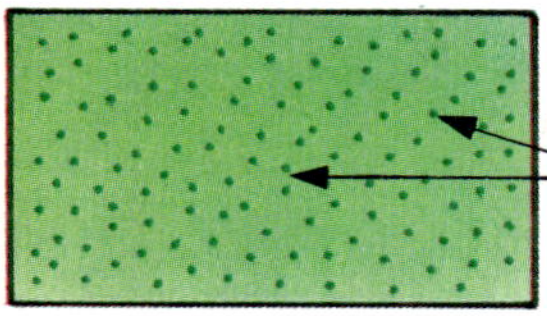

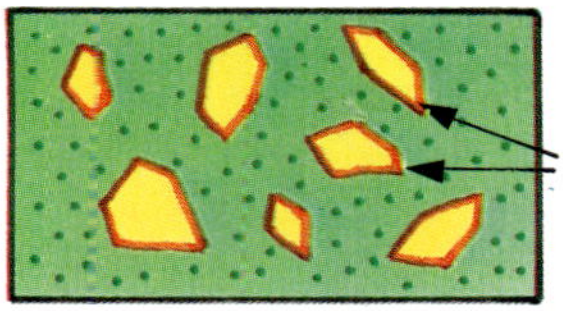

● **Rein**. Ein Stoff ist rein, wenn er nur aus einem Element oder einer **Verbindung** besteht. Er hat keinerlei Beimengungen irgendeines anderen Stoffes. Ist das nicht der Fall, enthält er auch nur Spuren eines anderen Stoffes, so ist der Stoff verunreinigt. Man bezeichnet den Stoff dann als **unrein**.

Kinetische Theorie

Die **kinetische Theorie** erklärt das Verhalten der festen Stoffe, Flüssigkeiten und Gase und die **Änderungen der Aggregatzustände*** als Folge der Eigenbewegung der Atome und Moleküle, aus denen die Stoffe zusammengesetzt sind.

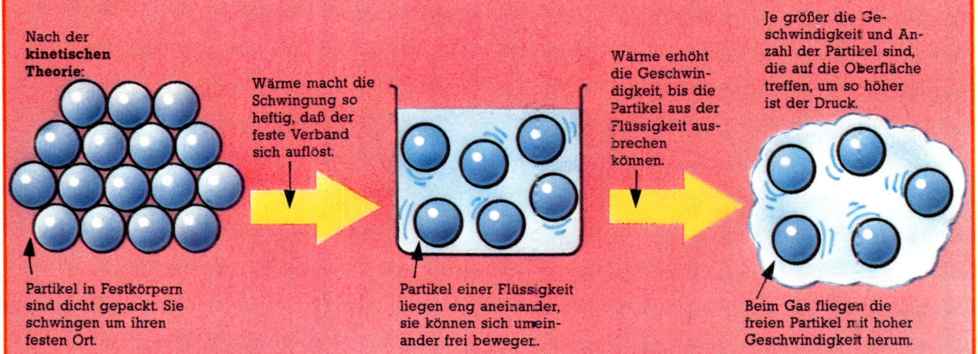

● **Brownsche Molekularbewegung**. Ungeordnete Zickzackbewegung kleiner sichtbarer Partikel in einem **Gas** (oder einer **Flüssigkeit**) als Folge von Stößen der Moleküle, z. B. Rauch in der Luft.

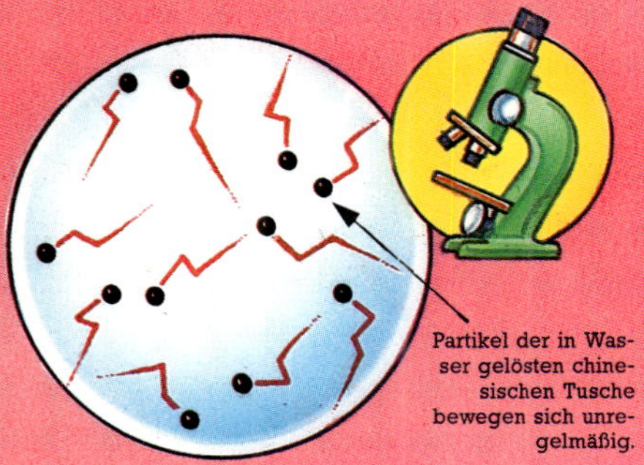

● **Diffusion**. Prozeß, bei dem sich Flüssigkeiten oder Gase ohne mechanische Hilfe vermischen. Diffusion stützt die kinetische Theorie; ohne Bewegung keine Diffusion. Gase diffundieren schneller als Flüssigkeiten. Nur **mischbare*** Stoffe können diffundieren.

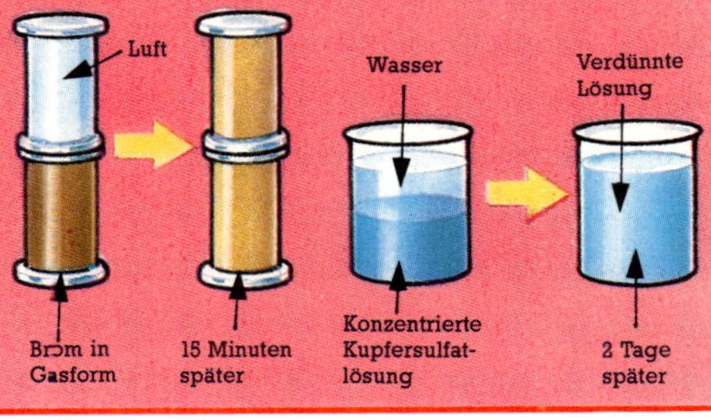

* **Änderung des Aggregatzustandes**, 120; **Mischbar**, 145.

Atome und Moleküle

Vor über 2000 Jahren nahmen die Griechen an, daß alle Stoffe aus kleinsten Teilchen bestehen. Sie nannten sie **Atome**. Spätere Theorien erweiterten die Vorstellung um die Idee vom **Molekül** als Zusammenschluß von Atomen. **Anorganische*** Moleküle bestehen meist aus nur wenigen Atomen, die **organischen*** können jedoch aus Hunderten von Atomen zusammengesetzt sein.

- **Atom.** Kleinstes Partikel eines Elementes, das alle Eigenschaften des chemischen Elementes verkörpert. Die Atome fast aller Elemente können sich miteinander zu Atomgruppen verbinden, die man **Moleküle** nennt. Die Atome selber bestehen wieder aus drei kleineren Teilchen (s. a. **Struktur der Atome** Seite 126).

- **Molekül.** Kleinstes Partikel einer Verbindung. Moleküle bestehen aus zwei oder mehr **Atomen** und sind die Träger aller Eigenschaften der Verbindung. Es gibt Moleküle mit mehr als tausend Atomen. Bei **Ionenverbindungen*** gibt es keine einzelnen Moleküle, die Ionen bilden ein Kristallgitter.

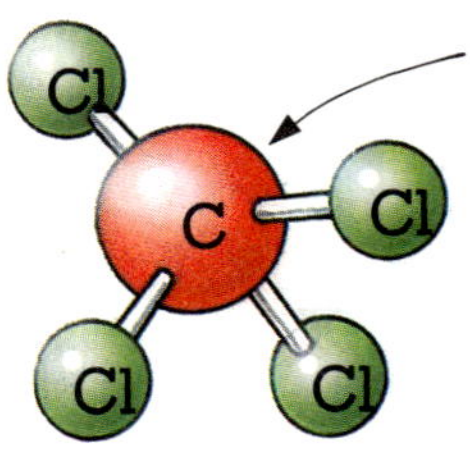

Tetrachlormethan (CCl_4). Das **Molekül** besteht aus vier **Atomen** Chlor und einem **Atom** Kohlenstoff.

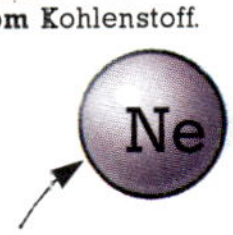

Das Neon ist ein Edelgas, es kommt nur atomar vor.

- **Atomigkeit.** Zahl der **Atome** in einem **Molekül** (aus der chemischen **Formel*** zu entnehmen).

Helium

Ein **Atom** alleine hat die **Atomigkeit** eins und heißt **einatomig**.

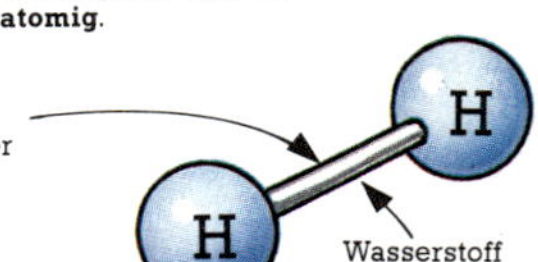

Ein **Molekül** mit der **Atomigkeit** zwei heißt **zweiatomig**.

Wasserstoff

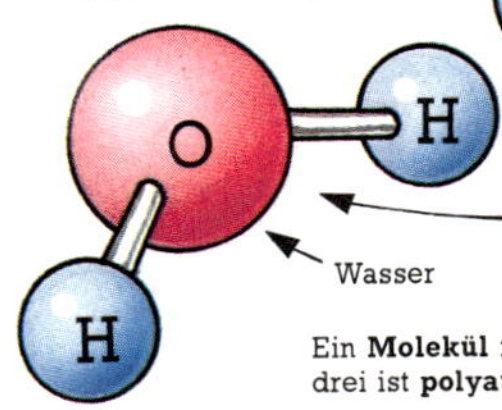

Ein **Molekül** mit der **Atomigkeit drei** heißt **dreiatomig**.

Wasser

Ein **Molekül** mit einer **Atomigkeit** über drei ist **polyatomig**.

- **Daltons Atomtheorie.** John Daltons Theorie, veröffentlicht 1808, versucht mit noch heute richtigen Ideen das Verhalten der **Atome** zu erklären.

4. **Atome** verschiedener Elemente haben verschiedene Eigenschaften und verschiedene Massen.

1. Alle Materie ist aus **Atomen** zusammengesetzt.

2. **Atome** können nicht geschaffen, nicht vernichtet oder geteilt werden (heute widerlegt, s. a. **Radioaktivität** Seite 128).

3. Alle **Atome** desselben Elementes haben die gleichen Eigenschaften und dieselbe Masse (heute widerlegt, s. a. **Isotope** Seite 127).

5. Zu einer chemischen Verbindung vereinigen sich zwei oder mehrere Elemente stets in einem festen Gewichtsverhältnis (einem Verhältnis ganzer Zahlen).

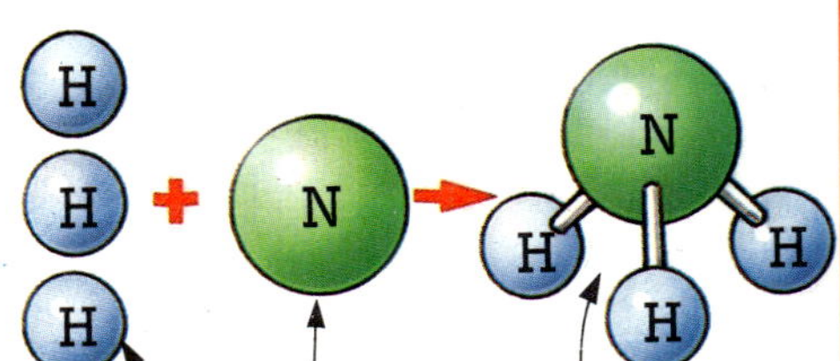

3 Wasserstoffatome

1 Stickstoffatom

1 Ammoniakmolekül

* **Anorganisch,** 166; **Formel,** 140; **Ionenverbindung,** 131; **Organisch,** 190.

- **Dimer**. Stoff mit **Molekülen**, die zusammengesetzt sind aus zwei Molekülen eines **monomeren*** Stoffes.

Dinitrogen-tetraoxid (dimer) setzt sich zusammen aus zwei Molekülen Stickstoffdioxid (**monomer***).

$$\underset{\text{Stickstoffdioxid}}{NO_2} + \underset{\text{Stickstoffdioxid}}{NO_2} \longrightarrow \underset{\text{Dinitrogentetraoxid}}{N_2O_4}$$

- **Trimer**. Stoff mit Molekülen, zusammengesetzt aus drei **monomeren*** Molekülen.
- **Makromoleküle**. **Moleküle** aus einer großen Zahl von Atomen. Es sind **organische*** Moleküle mit einer sehr großen **relativen Molekülmasse***.

Grundgesetze der Chemie

Drei Gesetze der Chemie wurden im späten 18. und frühen 19. Jahrhundert aufgestellt. Zwei stammen aus Daltons Atomtheorie und das dritte, das **Gesetz der multiplen Proportionen**, wurde aus ihr hergeleitet. Diese Gesetze waren für die Entwicklung der Atomtheorie sehr wichtig.

- **Gesetz von der Erhaltung der Masse**. Bei chemischen Reaktionen kann Masse weder erzeugt noch vernichtet werden. Dieses Gesetz wurde von dem Franzosen Antoine Lavoisier 1774 formuliert. ▶

- **Gesetz von den konstanten Proportionen**. Alle **Moleküle** einer Verbindung enthalten dieselben Elemente im gleichen Massenverhältnis. Das Gesetz wurde von dem Franzosen Joseph Proust 1799 entwickelt.

- **Gesetz der multiplen Proportionen** Verbinden sich zwei Elemente A und B in mehr als einem Massenverhältnis, so stehen die Mengen des Stoffes A, die sich mit der gleichen Menge des Stoffes B verbinden, im Verhältnis kleiner ganzer Zahlen.

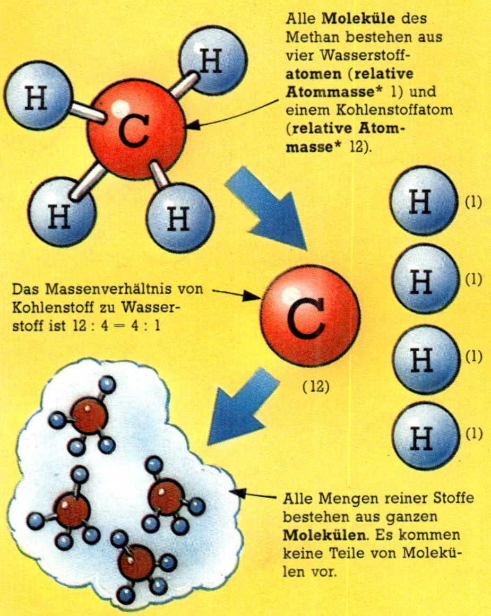

Alle Mengen von Methan enthalten Kohlenstoff und Wasserstoff im Mengenverhältnis 3:1.

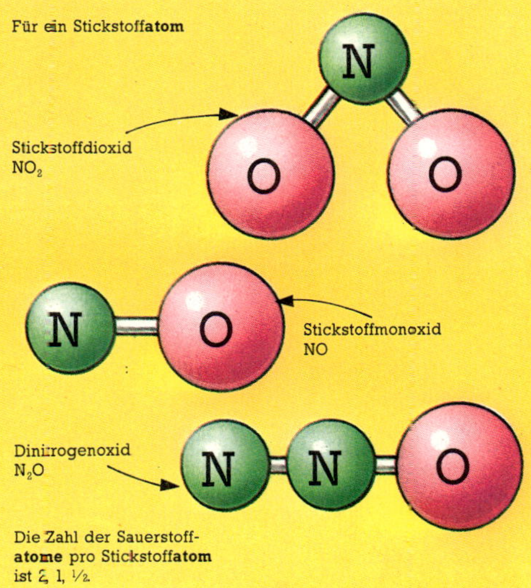

Das Massenverhältnis des Sauerstoffes ist 4 : 2 : 1

* **Monomer,** 200; **Organische Chemie,** 190; **Relative Atommasse,** 138; **Relative Molekülmasse,** 138.

Bau der Atome

Daltons Atomtheorie (s. a. Seite 124) nimmt an, daß das Atom das kleinstmögliche Teilchen der Materie ist. Experimente haben jedoch gezeigt, daß ein Atom aus einem Atomkern besteht, der aus noch kleineren Partikeln besteht, den Protonen und den Neutronen, und aus einer Hülle, in der sich Elektronen mit hoher Geschwindigkeit um den Kern herum bewegen.

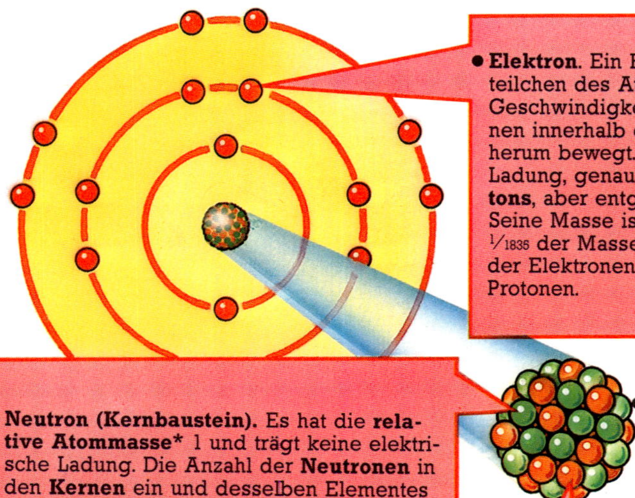

- **Elektron**. Ein Elektron ist ein Elementarteilchen des Atoms, das sich mit großer Geschwindigkeit auf geschlossenen Bahnen innerhalb einer Schale um den Kern herum bewegt. Es trägt eine negative Ladung, genau so groß wie die des **Protons**, aber entgegengesetzter Polarität. Seine Masse ist sehr klein, sie ist nur $1/1835$ der Masse des **Protons**. Die Anzahl 2 der Elektronen ist gleich der Anzahl der Protonen.

- **Neutron (Kernbaustein).** Es hat die **relative Atommasse*** 1 und trägt keine elektrische Ladung. Die Anzahl der **Neutronen** in den **Kernen** ein und desselben Elementes kann verschieden sein (s. a. **Isotope** Seite 127).

- **Proton (Kernbaustein)**. Es hat die **relative Atommasse*** 1 und eine positive elektrische Ladung gleicher Größe, aber entgegengesetzter Polarität wie das Elektron. Ein Atom hat genau so viele Protonen wie Elektronen, deshalb ist es nach außen neutral.

- **Atomkern**. Auch **Kern** oder **Nukleus** genannt. Er enthält fast die ganze Masse des Atoms. Er besteht aus den **Nukleonen** Proton und Neutron. Die Anzahl der Neutronen ist etwa gleich der Anzahl der Protonen. Bei größeren Kernen überwiegt die Anzahl der Neutronen. Sie sind sehr dicht gepackt; der Durchmesser des Kerns ist kleiner als $1/10000$ des Atomdurchmessers.

- **Elektronenhülle**. Auch **Hülle** genannt. Die Elektronenhülle ist ein vereinfachtes Modell für die **Elektronenanordnung** um den Kern herum. Sie ist unterteilt in Schalen mit verschiedenen Abständen vom Kern. Innerhalb der Schale kreisen die **Elektronen** mit sehr hohen Geschwindigkeiten auf kreisförmigen oder ellipsenförmigen Bahnen um den Kern herum. Jede Schale kann eine bestimmte Anzahl von **Elektronen** aufnehmen.

Die ersten drei Elektronenschalen

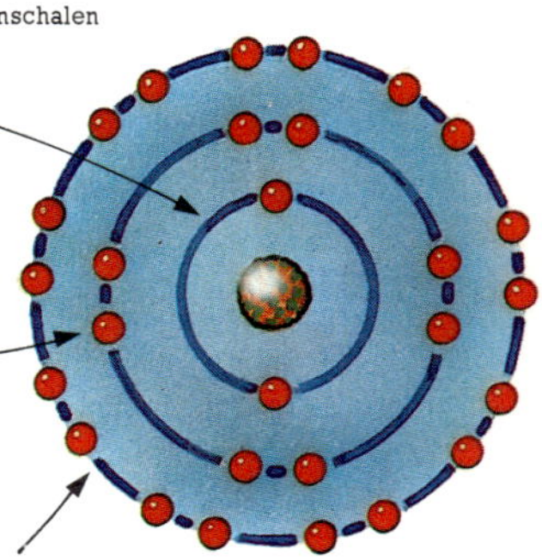

Die erste Schale ist die K-Schale. Sie ist mit 1 oder 2 **Elektronen** besetzt.

Die zweite Schale, die L-Schale, kann bis zu 8 **Elektronen** aufnehmen, aber erst, wenn die erste Schale mit 2 Elektronen besetzt ist.

Die dritte Schale, die M-Schale, kann bis zu 18 **Elektronen** aufnehmen, aber erst, wenn die erste und zweite Schale besetzt sind, und mehr als 8 erst, wenn auf der 4. Schale 2 Elektronen sind.

* **Relative Atommasse,** 138.

- **Orbital.** Aufenthaltsraum eines oder zweier **Elektronen.** Jede **Schale** besteht aus einem oder mehreren Orbitalen unterschiedlicher Form.

- **Außenschale.** Die am weitesten vom **Kern** entfernte **Schale,** die noch mit einem **Elektron** besetzt ist. Die Zahl der Elektronen auf der Außenschale bestimmt die chemischen Eigenschaften und die Zugehörigkeit zu einer **Gruppe** im **periodischen System** (s. a. Seiten 164–165).

- **Elektronenanordnung (Elektronenkonfiguration).** Kombination von Zahlen, die die Anordnung der Elektronen auf den Schalen beschreibt. Man setzt die Anzahl der **Elektronen** hintereinander, innen beginnend.

Das Natriumatom hat die **Elektronenkonfiguration** 2.8.1.

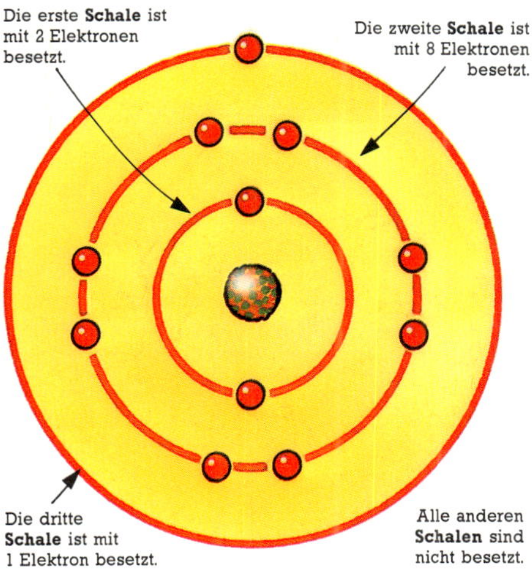

- **Edelgasanordnung (Edelgaskonfiguration).** Die **Edelgase*** haben eine besonders stabile **Elektronenanordnung** und sind sehr reaktionsträge. Andere Atome können eine edelgasähnliche Anordnung der Elektronen erlangen, indem sie sich Elektronen mit anderen Atomen teilen (s. a. **kovalente Bindung** Seite 132), Elektronen aufnehmen oder abwerfen (s. a. **Ionenbindung** Seite 130). Die erste Schale hat Edelgasanordnung, wenn sie 2 Elektronen enthält; alle anderen Schalen haben Edelgasanordnung, wenn sie als Außenschale 8 Elektronen enthalten (Oktett).

- **Ordnungszahl.** Alle Elemente werden durchnumeriert. Als Ordnungszahl ist die Zahl der **Protonen** im **Kern** des Atoms gewählt. Die Ordnungszahl bzw. die Zahl der Protonen bestimmt die Zugehörigkeit zu einem Element, unabhängig von der Anzahl der **Neutronen.**

- **Massenzahl.** Summe der Anzahl der **Protonen** und der Anzahl der **Neutronen** im Kern. Die Massenzahl der Atome eines Elementes kann variieren, weil die Anzahl der Neutronen verschieden sein kann.

Ordnungszahl und **Massenzahl** werden oft an das chemische Symbol gesetzt.

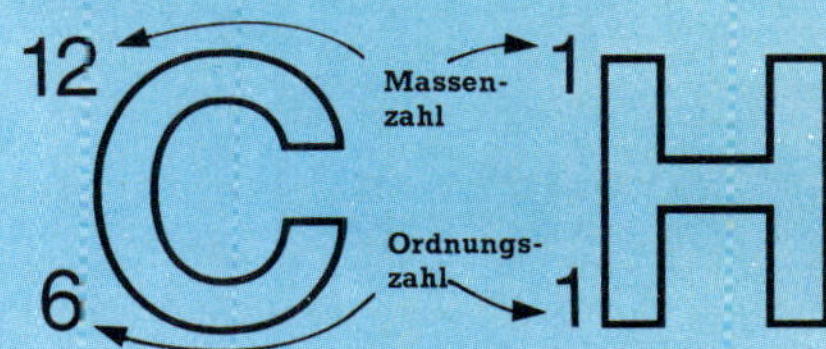

Anzahl der **Protonen** = **Ordnungszahl** = 6

Anzahl der **Elektronen** = 6 = Anzahl der **Protonen**

Anzahl der **Neutronen** = **Massenzahl** = **Ordnungszahl** = 6

Anzahl der Protonen = 1

Anzahl der Neutronen = 0

Massenzahl und **Ordnungszahl** sind gleich. **Wasserstoffkerne** bestehen nur aus einem Proton.

- **Isotope.** Atome desselben Elementes mit unterschiedlichen Massenzahlen, d. h. Atome mit gleicher Anzahl von **Protonen,** aber verschiedener Anzahl von **Neutronen.** Um Isotope zu unterscheiden, schreibt man die **Massenzahl** hinter den Namen des Elementes oder hinter das Symbol. Man unterscheidet sie auch an den **hochgestellten Massenzahlen** vor den Symbolen.

Drei Isotope des Kohlenstoffes

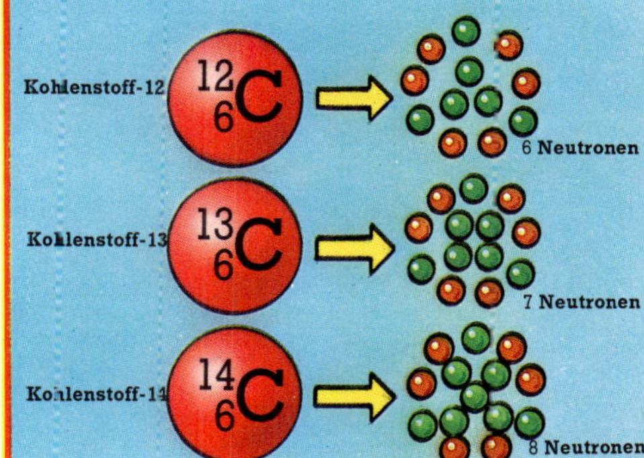

* **Edelgase,** 189.

Radioaktivität

Wenn sich ein **Atomkern** verändert, sendet er Strahlen und Partikel aus, und es bildet sich der **Kern*** eines anderen Elementes. Elemente, bei denen das von alleine geschehen kann, heißen radioaktive Elemente. Ihre **Kerne*** sind instabil, im allgemeinen sind **Kerne*** mit großer **Massenzahl*** und **Kerne*** mit einem ungünstigen **Protonen*-Neutronen*-Verhältnis** radioaktiv. Radioaktive Strahlung in großer Dosis ist gefährlich. Sie kann eine tödliche Wirkung haben.

- **Radioisotope**. Auch als **radioaktive Isotope*** bezeichnet. Radioaktives **Isotop*** eines Elementes. Das Atom ist meist dann ein Radioisotop, wenn die Anzahl der **Neutronen***, verglichen mit der Anzahl der **Protonen***, zu groß ist. Isotope mit **Ordnungszahlen*** größer als 83 haben instabile Atomkerne.

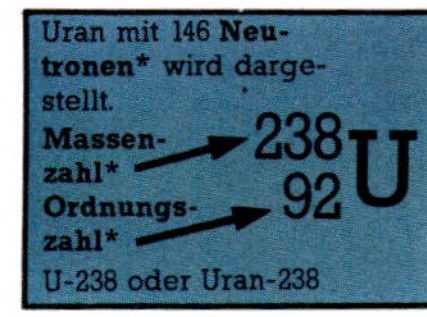

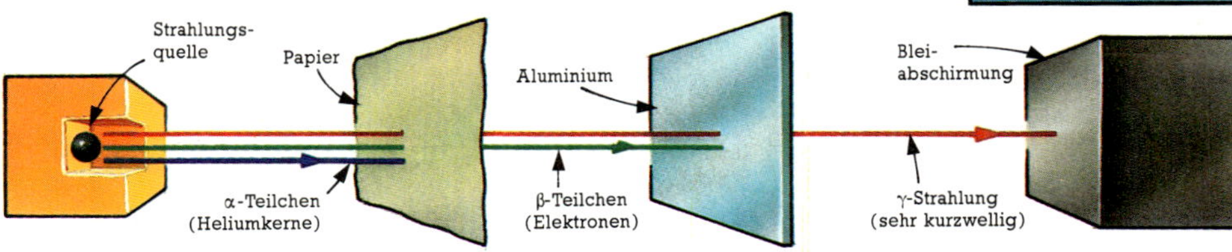

- **Alphateilchen** (**α-Teilchen**). Vom **Kern*** eines **Radioisotops** ausgesandtes Teilchen. Es ist ein Heliumkern aus zwei **Protonen*** und zwei **Neutronen*** mit der **relativen Atommasse*** 4 und einer zweifach positiven Ladung. Es ist relativ langsam und hat nur eine geringe Reichweite, in Gasen nur einige Zentimeter.

- **Betateilchen**. (**β-Teilchen**). Mit hoher Geschwindigkeit aus dem **Kern*** eines **Radioisotopes** emittierte Elektronen. Sie entstehen, wenn sich im Kern ein **Neutron*** in ein **Proton*** und ein Elektron umwandelt. Das β-Teilchen trägt eine negative Ladung und hat eine größere Reichweite als das α-Teilchen.

- **Gammastrahlung** (**γ-Strahlung**). Strahlung, die bei der Aussendung von **Alphateilchen** oder **Betateilchen** auftritt. Es ist eine einer sehr harten Röntgenstrahlung ähnliche Strahlung mit großer Reichweite und Durchdringungsfähigkeit. Sie geht noch durch Aluminiumbleche hindurch.

- **Radioaktiver Zerfall**. Die zeitliche Abnahme der Menge der Radionuklide und der Strahlungsintensität durch die **Umwandlung** der Radionuklide in stabile (nicht-radioaktive) **Kerne***.

- **Kernumwandlung.** Zerfallen eines stabilen **Atomkernes** in zwei Teile, in einen anderen Kern und 1 **Alphateilchen** oder 1 **Betateilchen.** Die **Ordnungszahl*** ändert sich, so daß ein neues Element entsteht. Die Umwandlung ist beendet, wenn der neue **Kern*** stabil ist. Ist er es nicht, so zerfallen auch die neuen Kerne, bis ein stabiler Atomkern auftritt (s. a. **Zerfallsreihen** Seite 129).

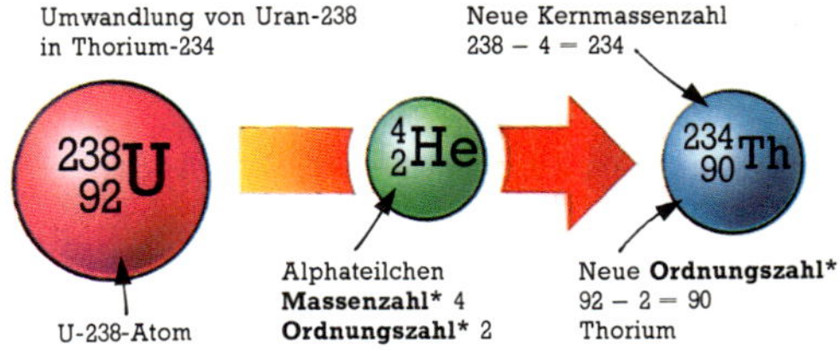

Die Kernumwandlung kann mit Symbolen beschrieben werden:

$$^{238}_{92}U \rightarrow {}^{234}_{90}Th + {}^{4}_{2}He$$

* **Kern,** 126; **Isotope,** 127; **Massenzahl,** 127; **Neutron,** 126; **Ordnungszahl,** 127; **Proton,** 126; **Relative Atommasse,** 138.

- **Zerfallsreihen**. Sie treten immer dann auf, wenn bei der Umwandlung eines Radionuklides als neuer **Kern*** wieder ein Radionuklid entsteht, sie enden erst dann, wenn ein stabiler Kern vorliegt.

Zerfallsreihe des Plutoniums-242 bis zum Uran-234

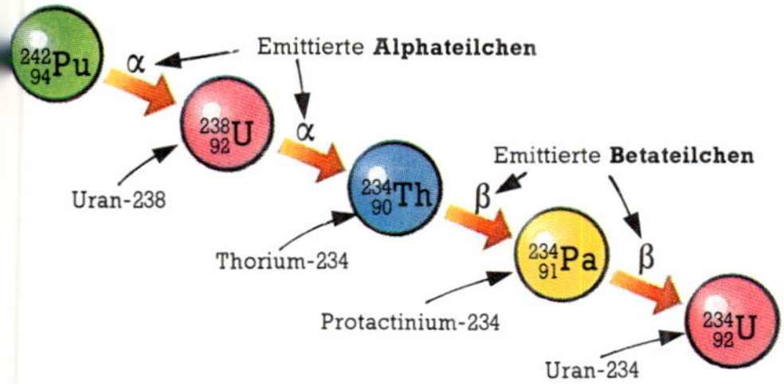

- **Becquerel**. Einheit der **radiologischen Aktivität**. Ein Becquerel (Bq) liegt vor, wenn in einer Sekunde ein Zerfallsakt stattfindet (1 Curie = $3{,}7 \times 10^{10}$ Bq).

- **Halbwertszeit**. Die Zeit, innerhalb der bei einer beliebigen Menge und beliebiger radiologischer Aktivität die Hälfte der Radionuklide zerfallen ist. Nach Ablauf einer Halbwertszeit ist die radiologische Aktivität auf die Hälfte abgesunken. Die Halbwertszeit variiert erheblich, z. B. für Uranium-238 ist sie 4 500 000 000 Jahre, für Radium-221 nur 30 Sekunden.

Radioaktive Zerfallskurve

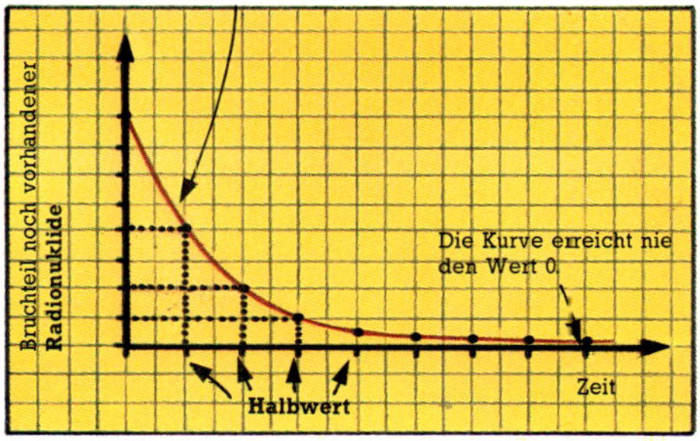

Anwendung der Radioaktivität

- **Kernspaltung. Kernumwandlung**, die eingeleitet wird durch Neutronenbeschuß. Die Kerne spalten sich, es entstehen zwei neue kleinere Kerne und bei jeder dieser Spaltungen auch 2 bis 3 Neutronen. Eine große Menge Energie wird frei. Die **Neutronen*** dringen in andere Kerne ein und lösen eine neue Spaltung aus, so erhält man eine **Kettenreaktion**. Die kontrollierte Kernspaltung findet ihre Anwendung in den Kernkraftwerken. Eine unkontrollierte Kettenreaktion führt zu der Explosion bei einer Atombombe.

Spaltung von Uran-235

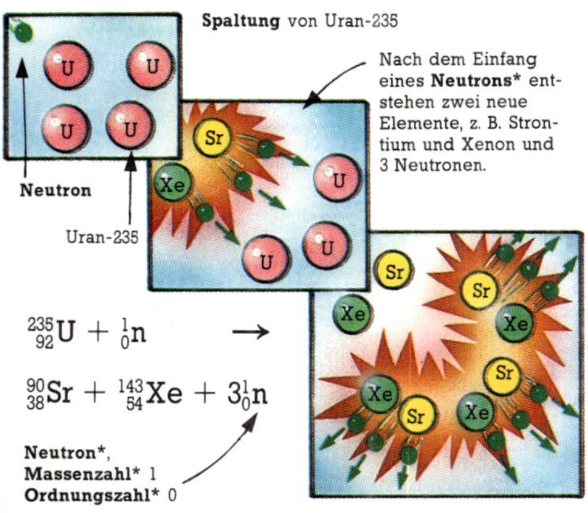

$$^{235}_{92}\mathrm{U} + ^{1}_{0}\mathrm{n} \rightarrow$$

$$^{90}_{38}\mathrm{Sr} + ^{143}_{54}\mathrm{Xe} + 3^{1}_{0}\mathrm{n}$$

Neutron*, **Massenzahl*** 1 **Ordnungszahl*** 0

- **Kernverschmelzung**. Vereinigung zweier kleiner **Kerne*** zu einem größeren **Kern***. Die Verschmelzung kann nur bei extrem hoher Temperatur erfolgen. Man gewinnt dabei gewaltige Mengen Energie. Es wird versucht, in einem großen internationalen Forschungsprojekt Fusionsreaktoren zu konstruieren.

- **Radiographie**. Eine Methode, einer sich bewegenden Substanz **Radioisotope** beizufügen und durch Messung der Strahlung die Bewegung oder ihren Aufenthalt zu beobachten.

- **Radiocarbonmethode**. Dient der Altersbestimmung. Alle lebenden Wesen haben einen sehr kleinen, aber stets gleichen Prozentsatz **radioaktiven Kohlenstoffes** C-14 in ihrem Körper. Stirbt das Lebewesen, so wird aus dem Abklingen der Radioaktivität mit Hilfe der Halbwertszeit das Sterbedatum und damit das Alter fossiler Funde bestimmt.

Altersbestimmung bei organischen Funden.

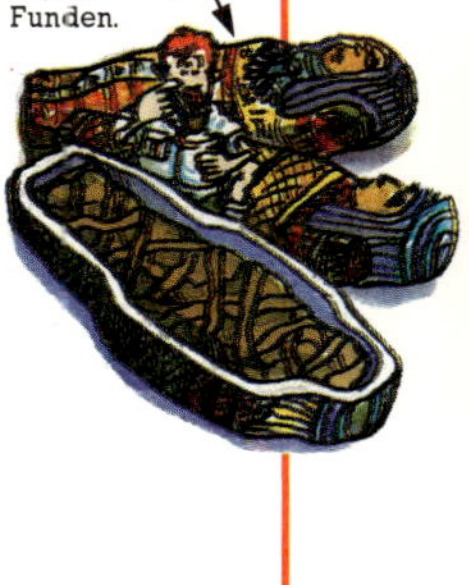

- **Radiologie**. Lehre von den Röntgenstrahlen und Strahlen radioaktiver Stoffe und deren Anwendung in der Medizin, der Biologie und in der Technik.

* **Kern**, 126; **Massenzahl**, 127; **Neutron**, 127; **Ordnungszahl**, 127.

Chemische Bindung

Wenn chemische Substanzen miteinander reagieren, so bilden sich immer auf den **äußeren Schalen* Edelgaskonfigurationen**. Soll ein Atom in der **äußeren Schale*** eine edelgasähnliche **Außenschale*** erhalten, so kann es Elektronen abgeben, aufnehmen oder auch mit einem anderen Atom ein gemeinsames Elektronenpaar benutzen. Man sagt, daß die Atome durch eine Bindung zusammengehalten werden. Die wichtigsten Bindungen sind die **Ionenbindung***, die **kovalente Bindung*** und die **Metallbindung***.

- **Valenzelektronen**. Ein Elektron der äußeren Atomschale. Valenzelektronen sind an den Bindungen beteiligt. Sie können auch abgegeben oder aufgenommen worden sein wie bei der **Ionenbindung*** oder der **Metallbindung***.

Ionen

Ein **Ion** ist ein elektrisch geladenes Atom, das dadurch entsteht, daß es entweder ein oder mehrere Elektronen seiner **äußeren Schale*** abgibt oder aufnimmt. Das Ion ist entweder ein **Kation** oder ein **Anion**.

- **Kation**. Ion mit positiver Ladung. Es entsteht, wenn ein Atom bei der **Reaktion Elektronen** abgibt, es überwiegt dann die positive **Kernladung***. Wasserstoff und die Metalle neigen zur Bildung von Kationen. Sie haben auf der **äußeren Schale*** höchstens 3 Elektronen. Sie sind leichter abzugeben als 5 oder mehr Elektronen aufzunehmen.

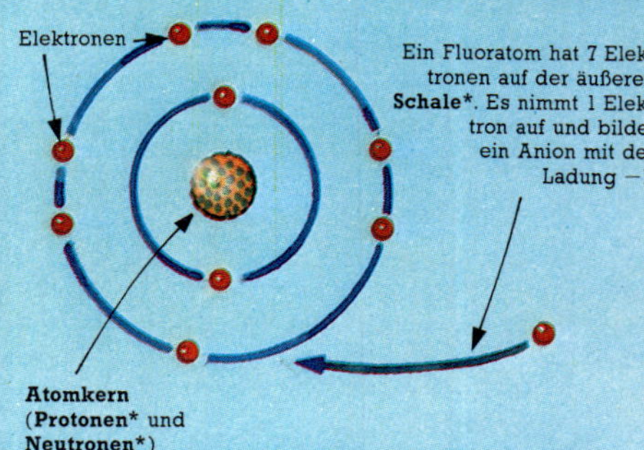

Fluoridion, geschrieben: F^-

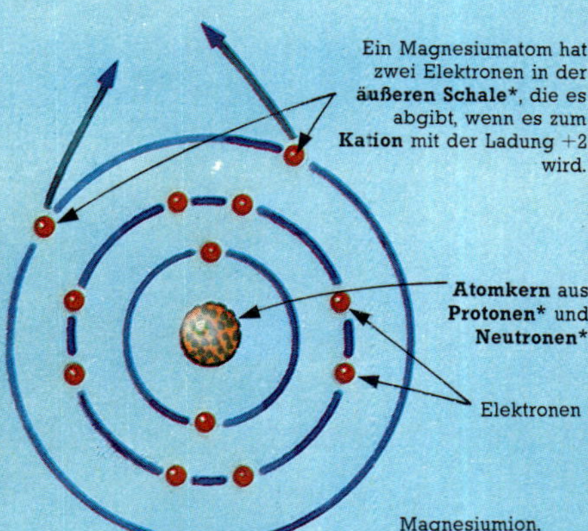

Magnesiumion, geschrieben: Mg^{2+}

- **Anion**. Ein Ion mit negativer Ladung entsteht, wenn ein Atom während einer Reaktion Elektronen aufnimmt, es hat dann mehr Elektronen als **Protonen***. Nichtmetalle neigen zur Bildung von Anionen. Sie haben 5, 6, oder 7 Elektronen auf der **äußeren Schale***. Sie füllen leichter die Schale zur Edelgasanordnung auf als daß sie alle Elektronen abwerfen. Auch Atomgruppen können Anionen bilden.

- **Ionisation**. Prozeß bei der Entstehung der Ionen. Das geschieht entweder durch Abwerfen oder Aufnehmen von Elektronen ▶ oder beim Spalten von Molekülen in Lösungen.

Ionisation (Dissoziation) von Salzsäure in Wasser erzeugt Wasserstoffionen und Chloridionen.

$$HCl \rightarrow H^+(aq) + Cl^-(aq)$$

Kovalente Bindung* im Salzsäuremolekül. — Einzelne Ionen, in der Lösung entstanden.

* **Äußere Schale, Außenschale,** 127; **Ionenbindung,** 131; **Kern, Kernladung,** 126; **Kovalente Bindung,** 132; **Metallbindung,** 134; **Neutron,** 126; **Proton,** 126.

Ionenbindung

Wenn zwei Elemente miteinander reagieren und sich **Anionen** und **Kationen** bilden, so ziehen sie sich der entgegengesetzten Ladung wegen an. Durch die Anziehungskräfte halten sie zusammen. Diese Art der Bindung ist die **Ionenbindung**. Elemente aus Gruppen im **periodischen System**, die weit auseinanderstehen, neigen zu dieser **Bindungsart**, z. B. Natrium und Chlor (Kochsalz) oder Magnesium und Sauerstoff (Magnesiumoxid).

- **Ionenverbindung**. Eine Verbindung, deren Atome oder Atomgruppen durch eine Ionenbindung zusammengehalten werden. Sie hat keine einzelnen Moleküle, sondern durch die allseitigen Anziehungskräfte bilden sich riesige **Ionengitter* (Kristalle)**. Ionenverbindungen haben einen hohen Schmelz- und Siedepunkt. Die Bindungskräfte sind groß, und eine große Energie ist zum Trennen der Ionenbindung nötig. In der **Schmelze*** und in **wäßriger Lösung*** leiten sie den elektrischen Strom, da sie dann frei bewegliche Ionen haben.

Natrium und Chlor verbinden sich zu Kochsalz, einer **Ionenverbindung**.

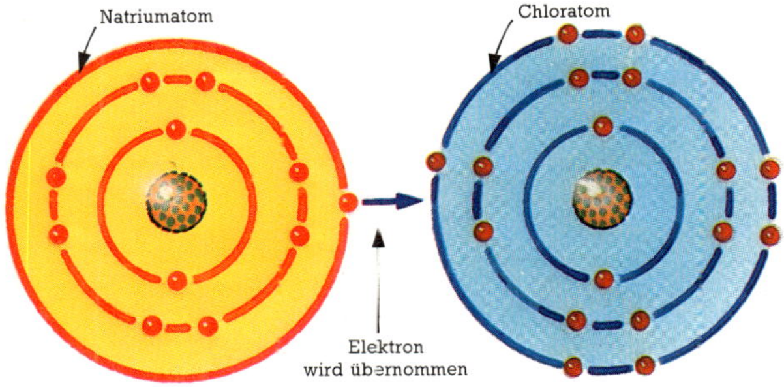

1 Elektron in der **Außenschale***

7 Elektronen in der **Außenschale***

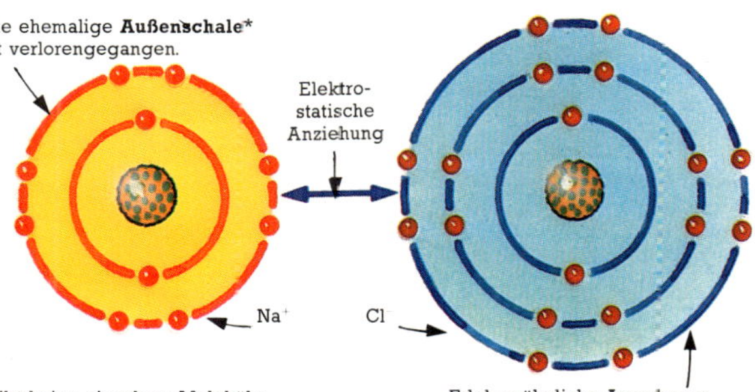

Edelgasähnliche Anordnung

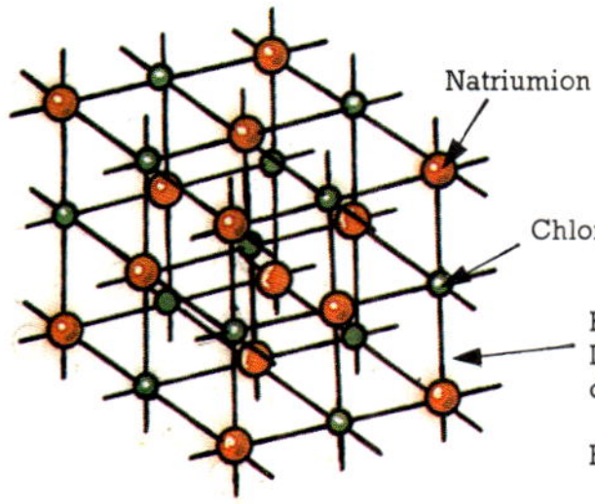

Es gibt keine einzelnen Moleküle. Die Formel läßt das Zahlenverhältnis der Ionen erkennen.

Hier $Na^+ : Cl^-$ wie 1:1

Die Formel des Natriumchlorids ist NaCl oder Na^+Cl^-.

- **Wertigkeit (Elektrovalenz)**. Die Anziehungskraft zwischen Ionen ist abhängig von der Größe der beiden Ladungen. Die Ionen verbinden sich stets in solchen Verhältnissen, daß die Gesamtladung der Verbindung (der Moleküle) Null ist.

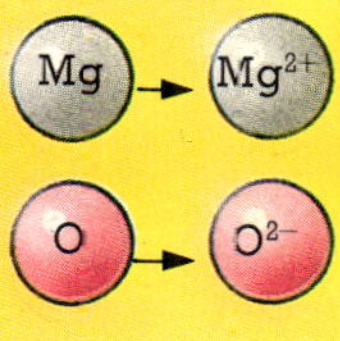

Elemente der Gruppen II und VI des periodischen Systems sind **zweiwertig** (**bivalent**). Sie haben die Ladung −2 oder +2.

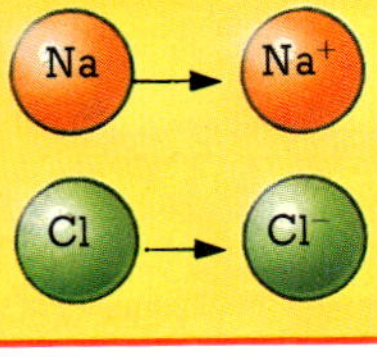

Die Elemente der Gruppe I und VII des periodischen Systems sind **einwertig** (**monovalent**). Sie haben die Ladung −1 oder +1.

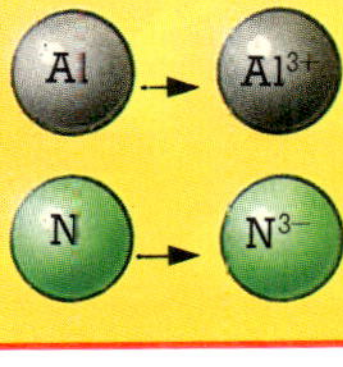

Elemente der Gruppen III und V des periodischen Systems sind **dreiwertig** (**trivalent**). Sie haben die Ladung −3 oder +3.

* **Außenschale**, 127; **Ionengitter**, 137; **Schmelze**, 120; **Wäßrige Lösung**, 144.

Kovalente Bindung

Kovalente Bindung. Bei einer kovalenten Bindung gibt es Elektronenpaare, die den **Außenschalen*** zweier Atome angehören, so daß beide **Außenschalen*** eine Edelgaskonfiguration erhalten. Kovalente Bindungen zwischen Atomen sind sehr fest. Kovalente Verbindungen sind bei Raumtemperatur im allgemeinen Flüssigkeiten und Gase (s. a. **Molekülgitter** Seite 137). Schmelz- und Siedepunkt sind niedrig, da die Anziehungskräfte zwischen den Molekülen klein sind. Es wird nur wenig Energie benötigt, um die Anziehungskräfte zwischen den Molekülen zu überwinden. Da es keine frei beweglichen Ionen gibt, sind kovalente Bindungen nicht elektrisch leitend.

- **Einfachbindung**. Kovalente Bindung, bei der ein gemeinsames Elektronenpaar den **Außenschalen*** zweier Atome angehört.

Ein Chlormolekül hat eine **Einfachbindung**.

Chloratome haben 7 Elektronen auf der **Außenschale***.

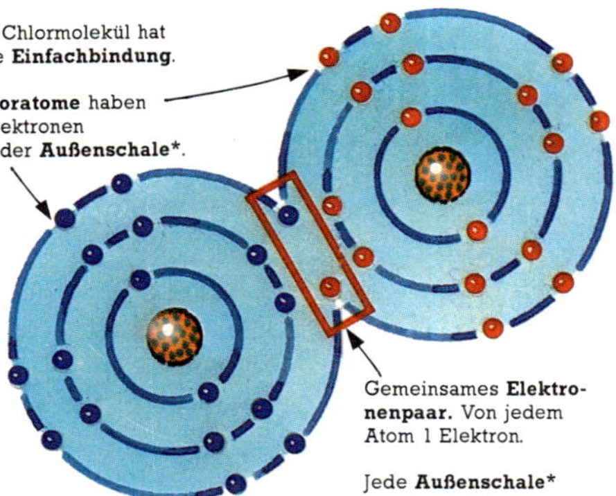

Gemeinsames **Elektronenpaar.** Von jedem Atom 1 Elektron.

Jede **Außenschale*** hat eine Edelgaskonfiguration (s. a. Seite 13).

Eine **Einfachbindung** erkennt man an einem einfachen Strich in der Valenzstrichformel Cl-Cl.

- **Doppelbindung**. Kovalente Bindung mit zwei gemeinsamen Elektronenpaaren, die den **Außenschalen*** zweier Atome angehören.

Ein Sauerstoffmolekül hat eine Doppelbindung.

Sauerstoffatome haben je 6 Elektronen auf der **Außenschale***.

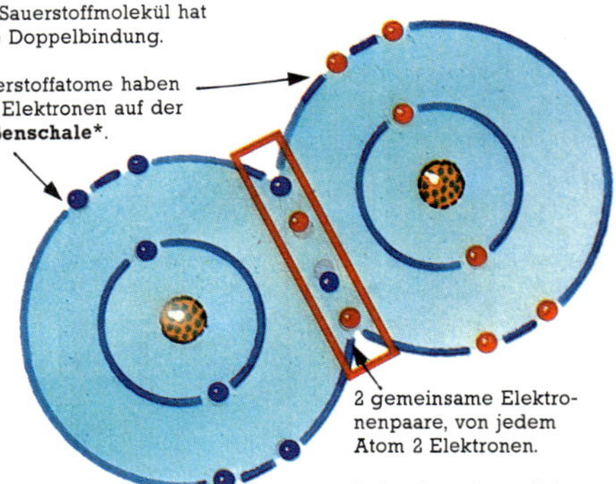

2 gemeinsame Elektronenpaare, von jedem Atom 2 Elektronen.

Jedes Atom hat auf der **Außenschale*** eine Edelgaskonfiguration.

Eine **Doppelbindung** erkennt man an der Doppellinie in der Valenzstrichformel O = O.

- **Dreifachbindung**. Kovalente Bindung, in der drei Elektronenpaare den **Außenschalen*** zweier Atome angehören.

Das Stickstoffmolekül hat eine **Dreifachbindung**.

Stickstoffatome mit je 5 Elektronen in der **Außenschale***.

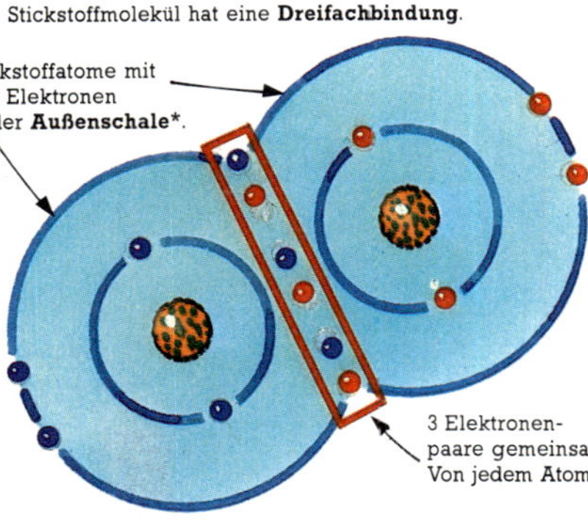

3 Elektronenpaare gemeinsam. Von jedem Atom 3.

Jedes Atom hat auf der **Außenschale*** eine Edelgaskonfiguration.

Eine **Dreifachbindung** erkennt man in der Valenzstrichformel an der dreifachen Linie N ≡ N.

- **Koordinative Bindung**. Kovalente Bindung, bei der das gemeinsame Elektronenpaar von nur einem Atom stammt.

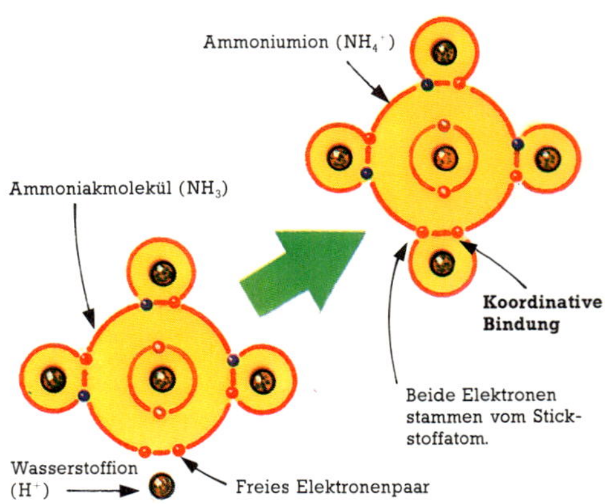

* **Außenschale**, 127.

- **Bindigkeit.** Zahl **kovalenter Bindungen**, die ein Atom in einer Verbindung eingegangen ist. Die maximale Zahl ist gleich der Anzahl der Wasserstoffatome, die sich mit dem Atom verbinden können. Die Bindigkeit der meisten Elemente ist konstant.

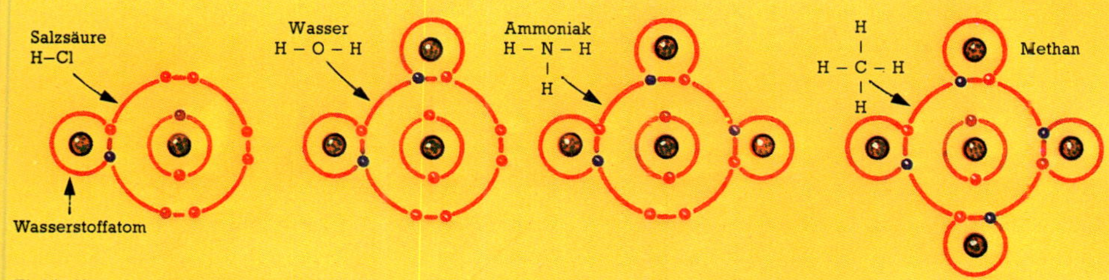

Einbindig
1 Elektron oder 7 Elektronen in der **Außenschale***.

Zweibindig
2 oder 6 Elektronen in der **Außenschale***.

Dreibindig
3 oder 5 Elektronen in der **Außenschale***.

Vierbindig
4 Elektronen in der **Außenschale***.

- **Freies Elektronenpaar.** Elektronenpaar in der **Außenschale*** eines Atoms, das keine **kovalente Bindung** eingegangen ist (s. a. **Ammoniakmoleküle** (Seite 132).

- **Elektronegativität.** Fähigkeit eines Atoms, Elektronen von benachbarten Atomen innerhalb eines Moleküls zu sich herüberzuziehen. Werden Atome mit verschiedener Elektronegativität zusammengebracht, entsteht eine **polare Bindung** (s. a. Seite 134). Schwach elektronegative Atome werden auch als elektropositiv bezeichnet.

- **Polare Bindung. Kovalente Bindung**, bei der die Elektronen dem einen Atom näher sind als dem anderen. Das Molekül ist **polarisiert**. Die Atome haben unterschiedliche **Elektronegativität.**

- **Polares Molekül.** Molekül mit verschiedener elektrischer Ladung an den Enden, die dadurch bewirkt wird, daß die **polaren Bindungen** und die manchmal **freien Elektronenpaare** ungleich verteilt sind. Flüssigkeiten mit polaren Molekülen sind **polarisierte Lösungsmittel***, sie können **Ionenverbindungen*** lösen. **Nichtpolare Moleküle** haben keine unterschiedlichen Ladungen an den Enden.

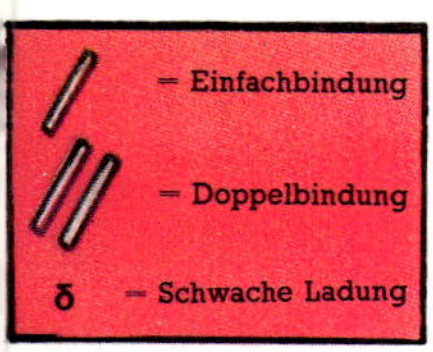

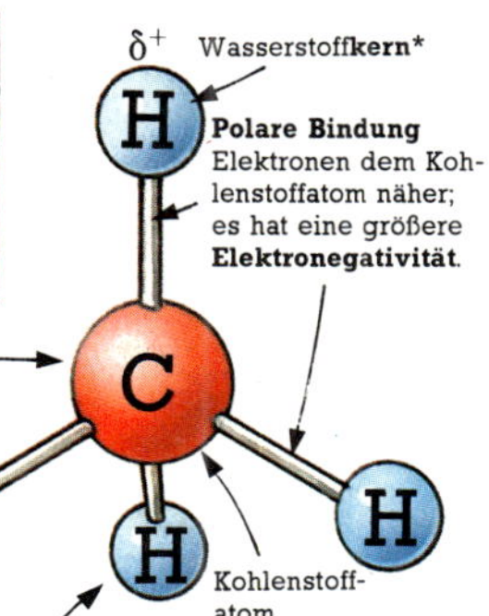

Die Wasserstoffatome in jeder Bindung haben eine schwach positive Ladung. Die tetraederartige Anordnung der Ladung bewirkt, daß das Molekül keine Polarität besitzt (**unpolar**).

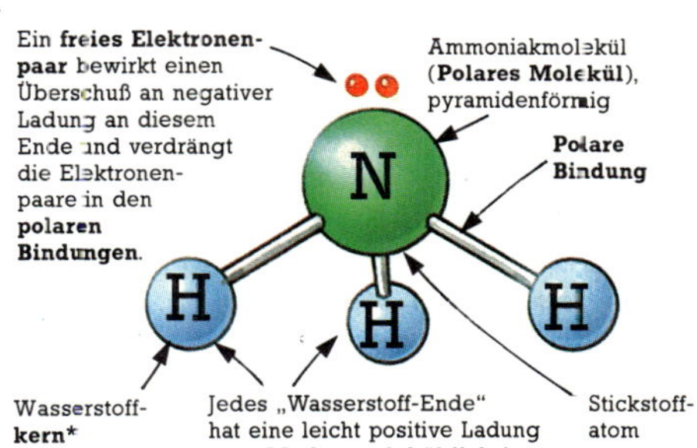

Kohlenstoffdioxidmolekül (**unpolar**) **linear** (Atome in einer Reihe).

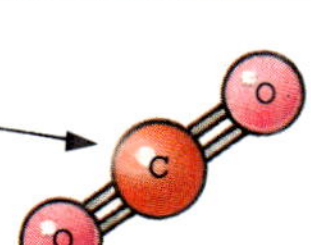

Wassermolekül (**polar**). **V-fömige Anordnung** der Atome verdrängt die Elektronenpaare.

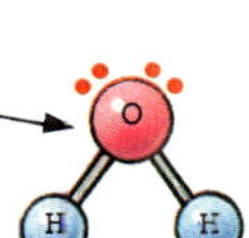

Bortrichloridmolekül (**unpolar**) ist **trigonal** (dreieckig). Alle Atome liegen in einer Ebene (planar).

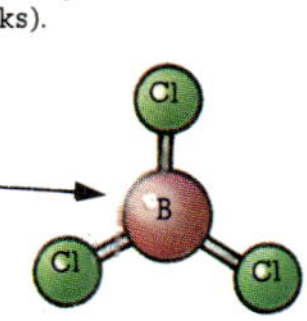

- **Isomerie.** Moleküle mit übereinstimmender Anzahl von Atomen jedes Elementes, aber verschiedener Anordnung. **Isomere*** haben die gleiche **Summenformel***. Ihre **Strukturformeln*** sind jedoch unterschiedlich.

* **Außenschale,** 127; **Ionenverbindung,** 131; **Kern,** 126; **Polarisiertes Lösungsmittel,** 144; **Polares Lösungsmittel,** 144; **Strukturformel,** 140; **Summenformel,** 140.

Metallbindung

Metallbindung (Metallische Bindung). Bewirkt den Zusammenhalt von Partikeln in einem riesigen **Metallgitter*.** Das Gitter besteht aus positiven Metallionen **(Kationen*)** mit **Valenzelektronen*,** die sich frei zwischen den Ionen bewegen. Die Elektronen verhindern die gegenseitige Abstoßung der Ionen und sind ein Grund dafür, daß Metalle den elektrischen Strom und die Wärme gut leiten. Die Kräfte zwischen den Elektronen und den Ionen sind groß; deshalb haben Metalle hohe Schmelz- und Siedepunkte. Man benötigt große Energiemengen, um die Aggregatzustände zu ändern. Über andere Bindungsarten s. a. Seiten 130–133.

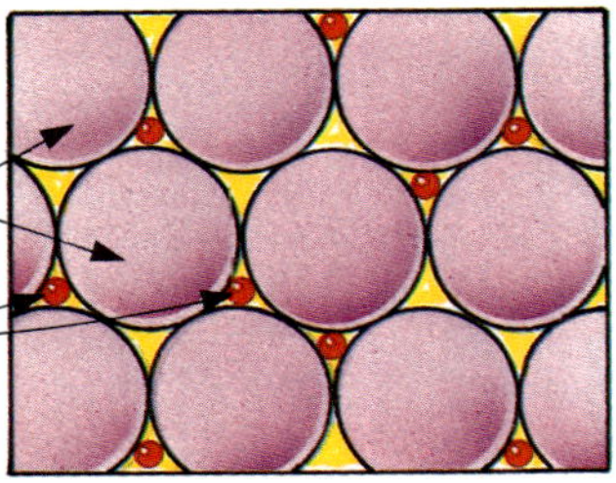

- **Freie Elektronen**. Anteil der **Valenzelektronen*** aller Atome in einem **Metallgitter***. Die freien Elektronen gehören der Gesamtheit der Atome an, nicht einem einzelnen, sie können sich innerhalb des Gitters frei bewegen, sie bilden den elektrischen Strom und leiten die Wärme.

Innermolekulare Kräfte

- **Van-der-Waal-Kräfte**. Schwache Anziehungskraft zwischen Molekülen, verursacht durch die ungleichmäßige Verteilung und Bewegung der Elektronen der Atome in den Molekülen. Die Anziehungskraft ist etwa zwanzigmal geringer als die der **Ionenbindung***. Es ist die Kraft, die das **Molekülgitter*** zusammenhält, z. B. Jod ▶ und festes Kohlendioxid.

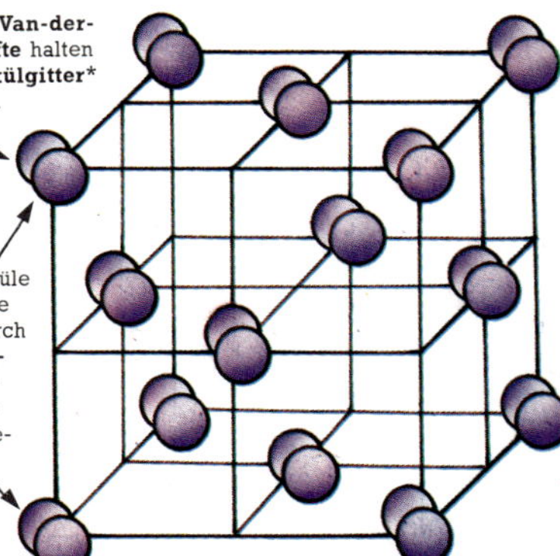

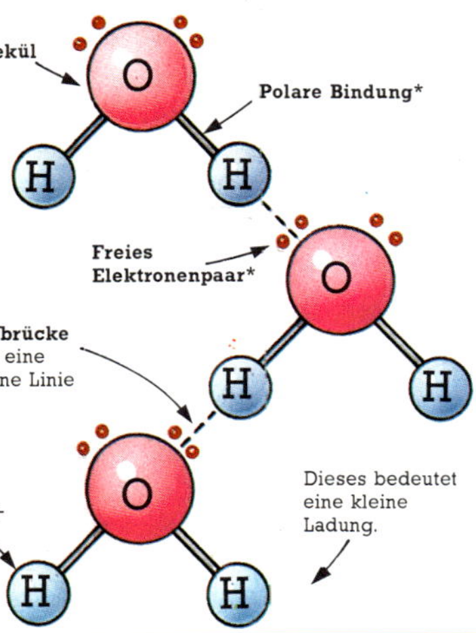

◀● **Wasserstoffbindung**. Auch **Wasserstoffbrücke** genannt. Anziehungskraft zwischen **polaren Molekülen*** mit Wasserstoff und **freien Elektronenpaaren*** anderer Moleküle. Der **polaren Bindung*** wegen hat das Wasserstoffatom leichte positive Ladung und wird deshalb von einem **freien Elektronenpaar*** angezogen. **Wasserstoffbrücken** sind verantwortlich für den hohen Schmelz- und Siedepunkt bei Wasser gegenüber Stoffen aus **unpolaren Molekülen***. **Wasserstoffbrücken** und **Van-der-Waal-Kräfte** sind bei der Trennung der Moleküle zu überwinden.

* **Freies Elektronenpaar,** 133; **Ionenbindung,** 131; **Kation,** 130; **Kovalente Bindung,** 132; **Metallgitter,** 137; **Molekülgitter,** 137; **Polare Bindung,** 133; **Polare Moleküle,** 133; **Unpolare Moleküle,** 133; **Valenzelektronen,** 130.

Kristalle

Kristalle sind feste Stoffe mit regulären geometrischen Formen, gebildet durch eine reguläre Anordnung der Partikel. Die Partikel können Atome, Ionen oder Moleküle sein, und es kann nur eine einzige Bindungsart oder es können auch mehrere verschiedene vorliegen. Die Kanten sind gerade und die Oberflächen eben. Stoffe, die Kristalle bilden, bezeichnet man als **kristallin**. Feste Stoffe ohne reguläre Form bezeichnet man als **amorph.**

- **Kristallisation**. Prozeß, bei dem sich Kristalle bilden. Das kann geschehen durch Abkühlen einer **Schmelze***, durch **Sublimieren*** beim Übergang vom Gas zum Festkörper, durch Einbringen eines **Kristallkeims** in eine **übersättigte Lösung*** oder eine **gesättigte Lösung*** und anschließende Abkühlung oder Einbringen in ein Vakuum. Die letzte Methode ist die am meisten angewandte; man erreicht damit, daß der Anteil des **Lösungsmittels*** abnimmt, die Lösung **übersättigt*** wird und sich die gelösten Partikel dem Kristallkeim regulär anlagern. Mit der Kristallisation kann man reine Stoffe gewinnen (s. a. Seite 221).

Methoden der **Kristallisation**

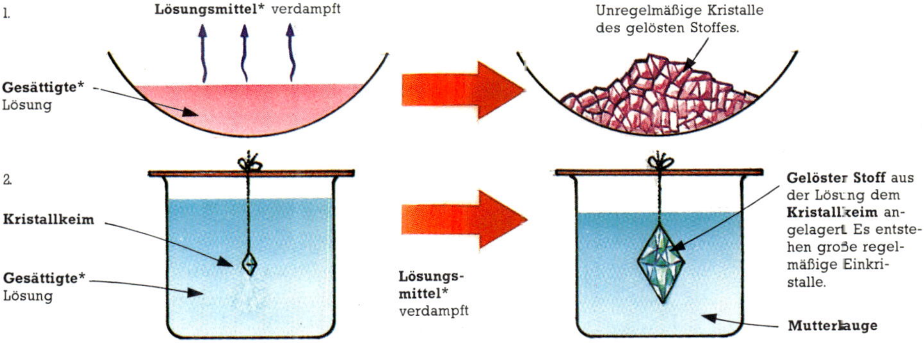

- **Kristallkeim**. Kleiner Kristall eines Stoffes, eingesetzt in die Lösung, in der derselbe Stoff gelöst ist. Es ist die Basis, von der aus der Kristall während der **Kristallisation** wächst und die Form des Kristalls übernimmt.

- **Kristallwasser**. Wasser, das im Kristall bestimmter **Salze*** eingelagert ist. Die Zahl der eingelagerten Wassermoleküle pro Molekül des Kristalls ist normalerweise konstant und wird oft in der chemischen **Formel*** angegeben. Das Kristallwasser kann durch Erhitzen ausgetrieben werden. Kristalle mit Kristallwasser nennt man **hydratisiert***. ▶

- **Mutterlauge**. Flüssigkeit, die nach dem Auskristallisieren einer chemischen Verbindung zurückbleibt.

Hydratisiertes* Kupfer-(II)-sulfat

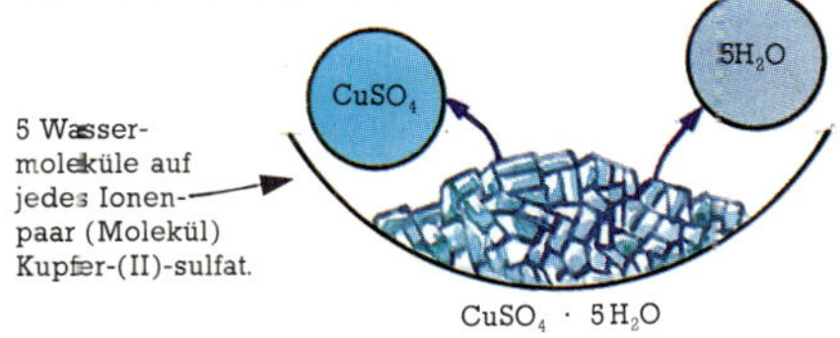

Hydratisiertes* Natriumsulfat

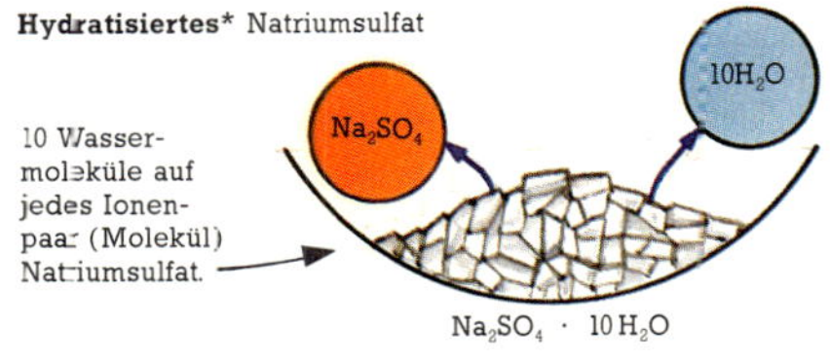

* **Formel**, 140; **Gesättigte Lösung**, 144; **Hydrat, Hydratisiert**, 155; **Lösung, Lösungsmittel**, 144; **Salz**, 153; **Schmelze**, 120; **Sublimieren**, 121; **Übersättigte Lösung**, 145.

Kristalle – Formen und Strukturen

Kristalle (s. a. Seite 135) haben verschiedene Formen und Größen. Das hängt ab von der Anordnung und der Art der Bindung der Partikel (Atome, Moleküle, Ionen). Die räumliche Anordnung der Partikel und die reguläre Art, in der sie zusammengefügt sind, wird **Kristallgitter** genannt. Die Form eines einzelnen Kristalls hängt ab vom Kristallgitter und wie dieses Gitter entlang der **Spaltebenen** gespalten werden kann. Die wichtigsten Basisformen der Kristalle sind:

- **Polymorphie.** Eigenschaft eines Stoffes, mehrere Kristallarten bilden zu können, die sich in Form und Eigenschaften unterscheiden. Das liegt an den verschiedenen Anordnungen in den eizelnen Kristallen. Der Übergang von einer Kristallform zur anderen erfolgt oft bei einer festliegenden Temperatur, dem **Umwandlungspunkt.** Bei Elementen nennt man die Polymorphie **Allotropie**.

- **Allotropie**. Eigenschaft einiger Elemente, mehr als eine Kristallform zu bilden (Spezialfall der **Polymorphie**). Die verschiedenen **allotropen** Formen entstehen durch Umordnung der Atome im Kristall.

- **Monotropie**. Eine **Allotropie**, bei der es nur eine stabile Kristallform gibt. Die anderen Formen sind instabil und haben keinen **Umwandlungspunkt**.

- **Enantiotropie. Polymorphie** mit zwei stabilen Kristallformen. Eine oberhalb des **Umwandlungspunktes** und eine unterhalb.

Schwefel zeigt **Enantiotropie**. Es hat zwei **allotrope** Kristallformen.

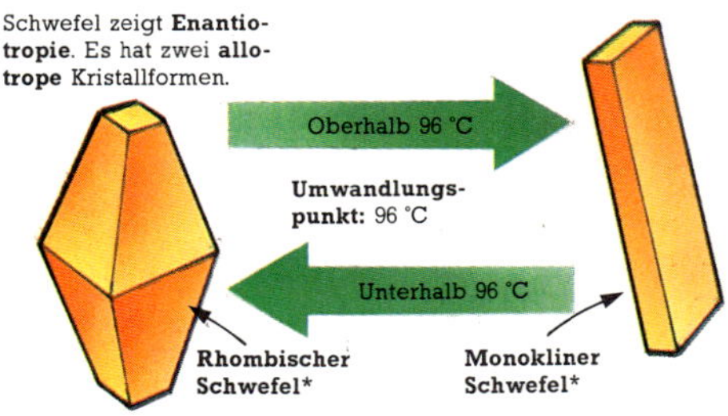

- **Umwandlungspunkt**. Temperatur, bei der die Umwandlung eines festen Stoffes von einer Modifikation in eine andere übergeht.

- **Isomorphie**. Haben verschiedene Stoffe die gleiche Kristallform, so nennt man sie **isomorph**.

- **Spaltebene**. Ebene, entlang der ein Kristall gespalten werden kann. Es entstehen bei der Spaltung wieder ebene Oberflächen. Versucht man eine Trennung in einer anderen Ebene, so wird der Kristall zertrümmert.

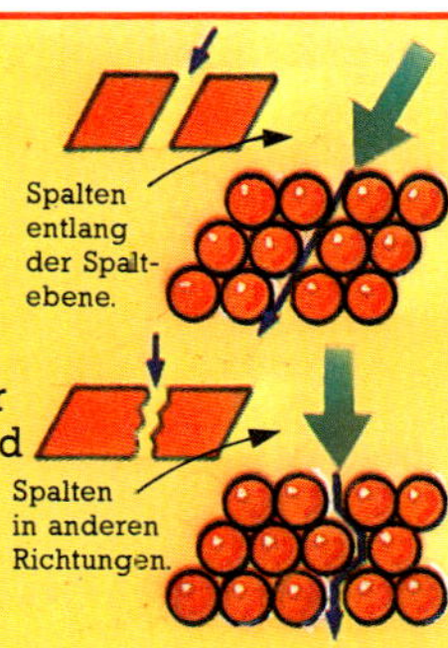

- **Kristallstrukturanalyse**. Bestimmung der Kristallstruktur mit Hilfe von Röntgenstrahlen. Gebeugte Röntgenstrahlen erzeugen ein **Beugungsbild**, aus dem man die Struktur des Kristalls abliest.

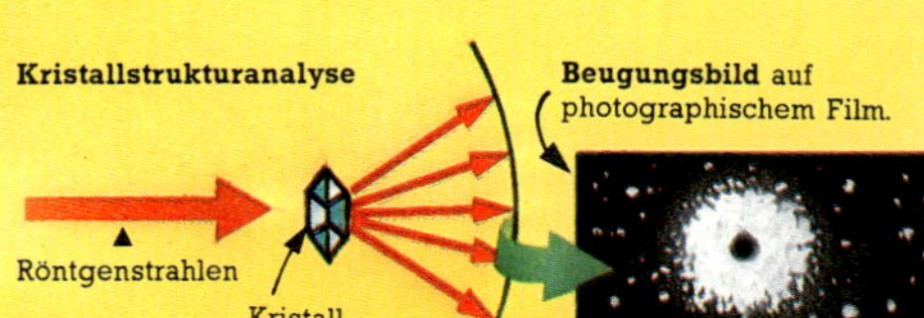

* **Monokliner Schwefel, Rhombischer Schwefel,** 184.

Kristallgitter

- **Atomgitter**. Kristallgitter, das aus Atomen bsteht, die durch die **kovalente Bindung*** zusammengehalten werden, z. B. Diamanten. Kristalle mit Atomgittern sind sehr hart, haben einen hohen Schmelz- und Siedepunkt. ▶

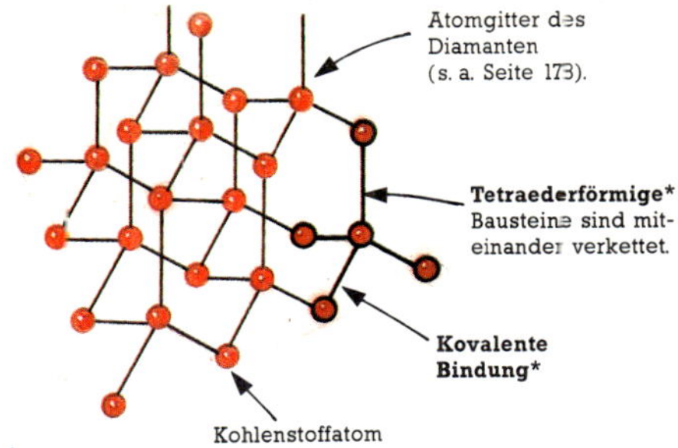

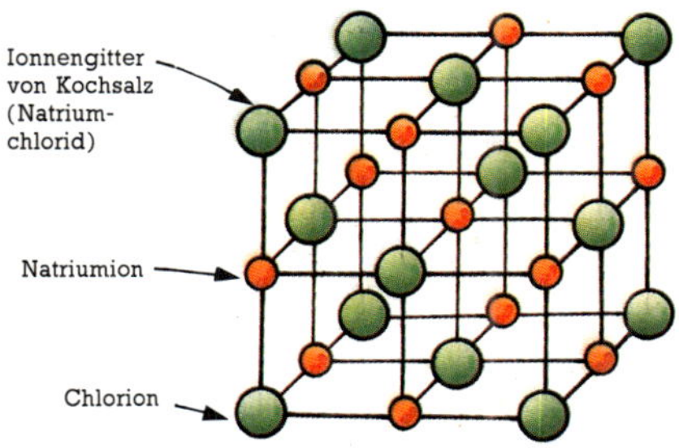

- **Ionengitter. Kristallgitter**, das aus Ionen besteht und durch **Ionenbindungen*** zusammengehalten wird, z. B. Natriumchlorid. Die Ionenbindung ist sehr fest; deshalb haben die Stoffe einen hohen Schmelz- und ◀ Siedepunkt.

- **Metallgitter. Kristallgitter**, das aus Metallatomen besteht und durch die **Metallbindung*** zusammengehalten wird, z. B. Zink. Die **freien Elektronen*** bewegen sich zwischen den Metallionen und bewirken die gute Leitfähigkeit für Strom und Wärme. Die Atomschichten lassen sich gegeneinander gleitend verschieben. Deshalb sind Metalle **dehnbar*** und **geschmeidig***. ▶

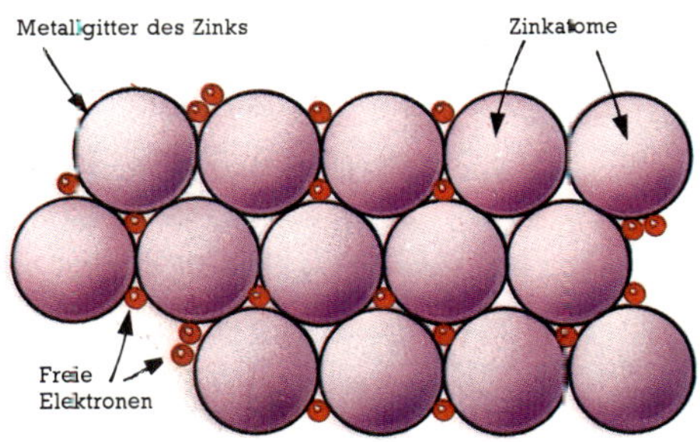

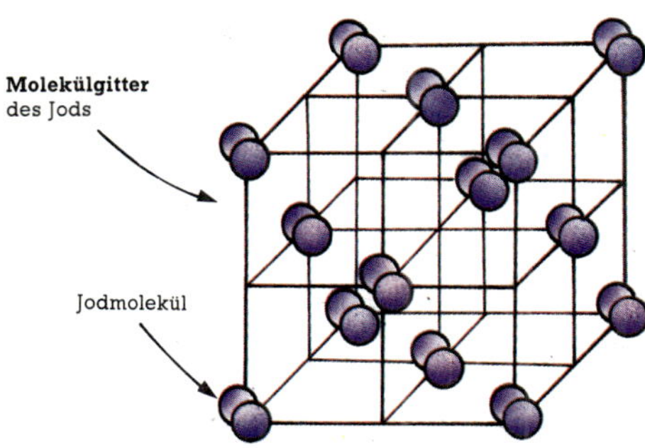

- **Molekülgitter, Kristallgitter,** das aus Molekülen besteht und durch schwache intermolekulare Kräfte zusammengehalten wird (s. a. Seite 134), z. B. Jod. Die intermolekularen Kräfte müssen beim Zerlegen des Kristalls überwunden werden, nicht aber die **kovalenten Bindungen*** in den Molekülen. Deshalb hat der Kristall, verglichen mit dem Ionengitter, einen niedrigen Schmelz- ◀ und Siedepunkt.

Bei Kristallen, deren Partikel gleich groß sind, z. B. in **Metallgittern**, sind verschiedene Anordnungen möglich. Die häufigsten Anordnungen sind: ▶

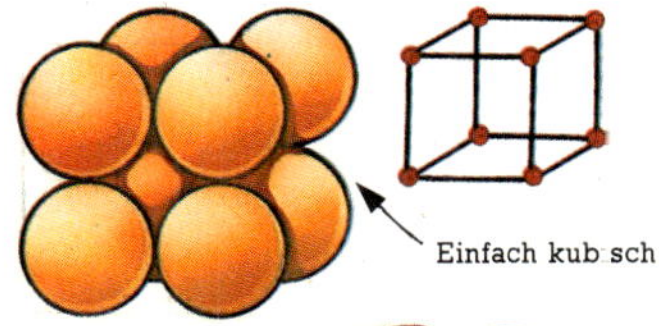

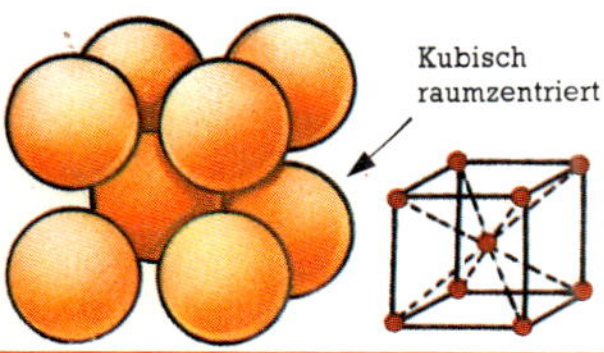

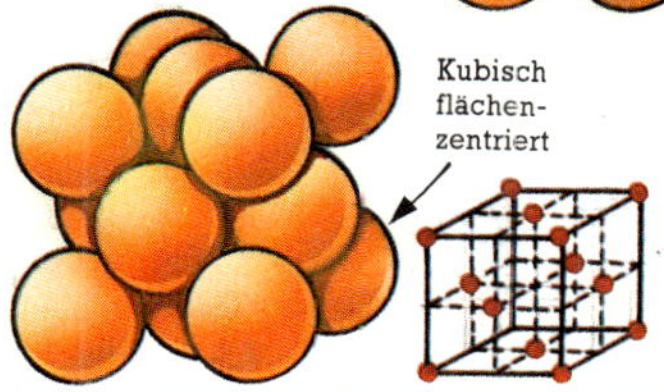

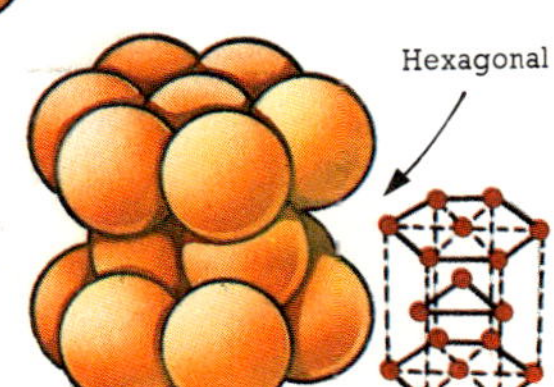

* **Dehnbar,** 134; **Freie Elektronen,** 134; **Geschmeidig,** 345; **Ionenbindung, Ionenverbindung,** 131; **Kovalente Bindung,** 132; **Metallbindung,** 134; **Tetraederförmig,** 133.

Atommassen

Mit einem Durchmesser von 10^{-7} Millimeter und einer Masse um 10^{-22} Gramm sind die Atome so klein, daß es extrem schwer ist, ihre Daten messend zu erfassen. Ihre Massen werden deshalb bezogen auf eine vereinbarte Masse, um ihnen einen anschaulichen handzuhabenden Wert zu geben. Da viele Millionen Atome in kleinsten Mengen der Stoffe vorhanden sind, benutzt man das Mol als Mengeneinheit. Die Atom- und Molekülmassen werden mit **Massenspektrometern** bestimmt.

- **Relative Atommasse (A_r)** oder **Atomgewicht.** Durchschnittliche Masse eines Atoms eines Elementes geteilt durch 1/12 der Masse des Kohlenstoffatomes C-12 (Durchschnittliche Masse, da Isotopengemisch betrachtet wird, s. a. **Isotope*** Seite 127). Da die relative Atommasse ein Verhältnis zweier Massen ist, hat sie keine Einheit (s. a. **Zahlenwert** Seiten 212–213).

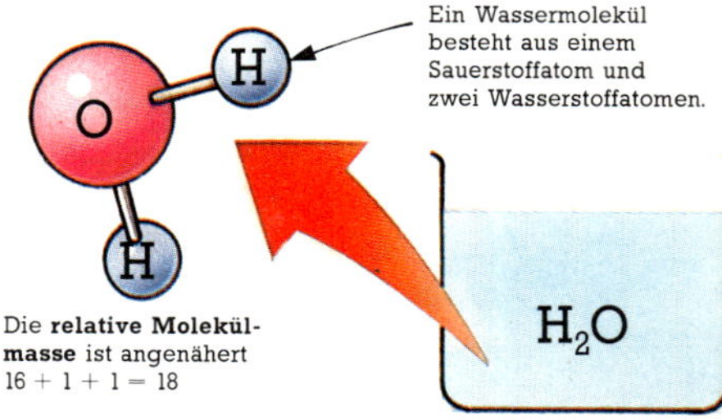

Die **relative Molekülmasse** ist angenähert 16 + 1 + 1 = 18

Von **relativer Molekülmasse** spricht man auch bei **Ionenverbindungen***, obwohl sie keine Moleküle haben.

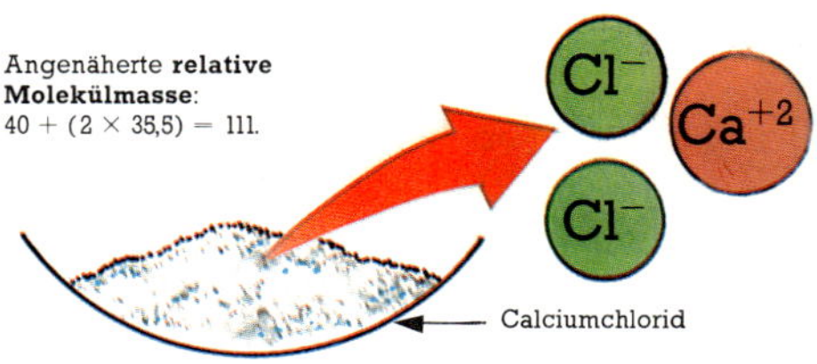

Angenäherte **relative Molekülmasse**: 40 + (2 × 35,5) = 111.

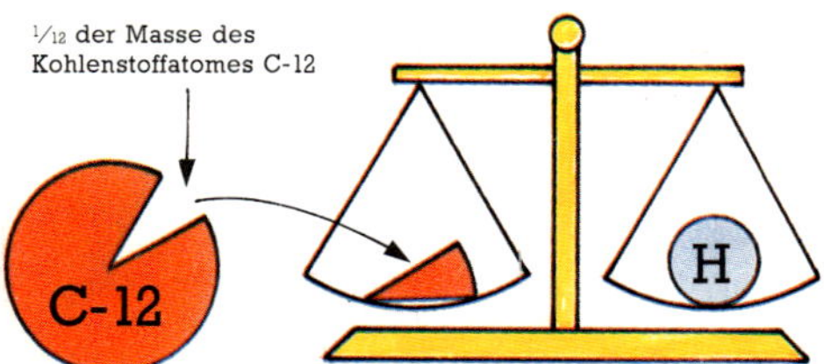

Wasserstoff hat eine **relative Atommasse** von angenähert 1.

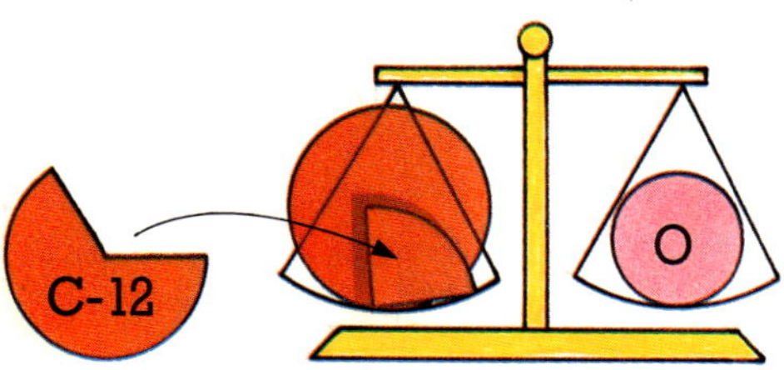

Sauerstoff hat eine **relative Atommasse** von angenähert 16.

▲

- **Relative Molekülmasse (M_r)** oder **Molekülgewicht**. Masse des Moleküls eines Elements oder einer Verbindung dividiert durch 1/12 der Masse des Kohlenstoff-C-12-Atoms (s. a. **Isotope***). Die relative Molekülmasse hat keine Einheit, sie ist gleich der Summe der relativen Atommassen der Atome, aus denen das Molekül zusammengesetzt ist

- **Relative Isotopenmasse**. Masse des ▶ Atoms eines speziellen **Isotops*** dividiert durch 1/12 der Masse des Kohlenstoffatoms C-12. Es ist nahezu dieselbe Zahl wie die **Massenzahl*** des **Isotops***.

- **Isotopenhäufigkeit**. Verhältnis der Anzahl ▶ der **Isotope*** eines Elementes zur Gesamtzahl der Atome. Zusammen mit der **relativen Isotopenmasse** kann man mit ihr die **relative Atommasse** berechnen.

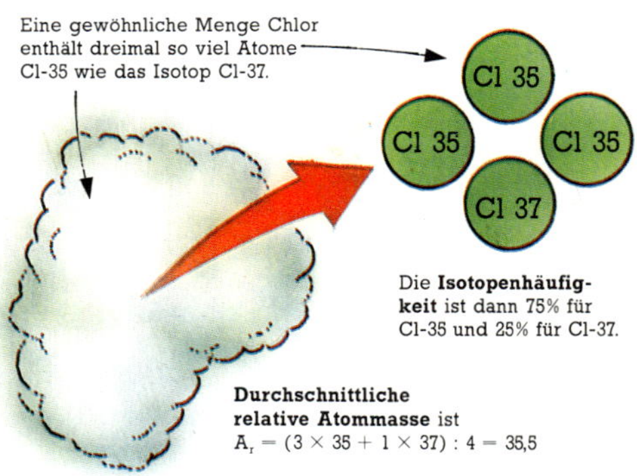

Die **Isotopenhäufigkeit** ist dann 75% für Cl-35 und 25% für Cl-37.

Durchschnittliche relative Atommasse ist $A_r = (3 \times 35 + 1 \times 37) : 4 = 35{,}5$

* **Ionenverbindung,** 131; **Isotope,** 127; **Massenzahl,** 127.

• **Mol.** Chemische Einheit der Stoffmenge. Ein Mol eines Stoffes enthält stets genauso viele Partikel wie Atome in 12 Gramm des C-12-**Isotops*** des Kohlenstoffes enthalten sind.

Jedes Mol Kupfer besteht aus N-Atomen.

Jedes Mol Sauerstoff besteht aus N-Molekülen.

Ein Mol Kochsalz besteht aus 1 Mol Na^+-Ionen und 1 Mol Cl^--Ionen.

• **Avogadrokonstante (N).** Zahl der in einem Mol eines Stoffes befindlichen Partikel, $N = 6{,}02 \times 10^{23}\ mol^{-1}$.

• **Molmasse**. Masse von einem Mol eines Stoffes. Es ist die **relative Atom-** oder **Molekülmasse** in Gramm.

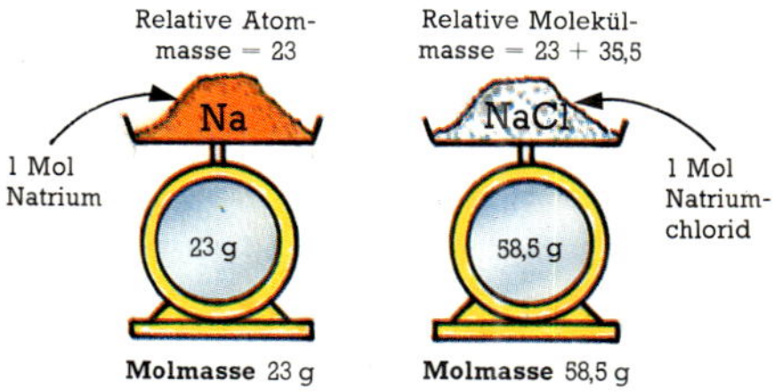

• **Molvolumen (V_m).** Das Volumen von einem Mol eines Stoffes. Molvolumina von Flüssigkeiten und festen Stoffen sind verschieden. Gase haben bei gleichem Druck und gleicher Temperatur stets das gleiche Molvolumen. Unter **Normalbedingungen*** ist das Molvolumen aller Gase 22,4 dm^3. Bei Raumtemperatur 20 °C und einem Normaldruck von 101 325 **Pascal*** ist das Molvolumen V_m = 24 dm^3.

Bei festen Stoffen und Flüssigkeiten hängt das **Molvolumen** von der Größe und Anordnung der Partikel ab. ▼

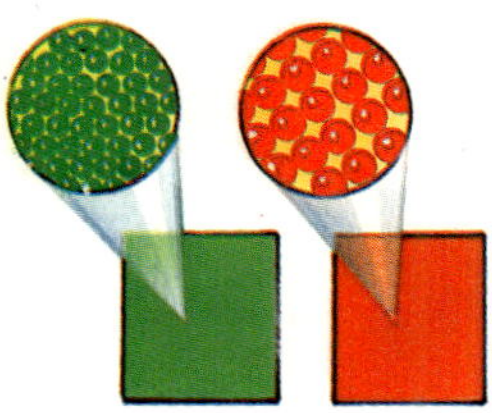

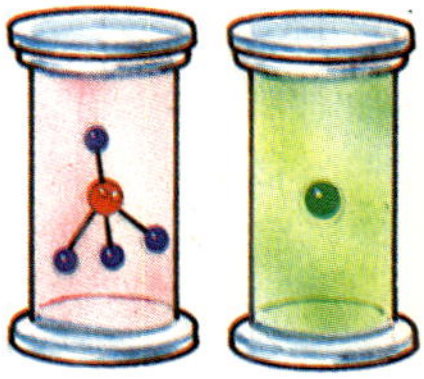

Alle Gase haben bei gleichen Druck- und Temperaturbedingungen gleiche Molvolumina. ▲

• **Konzentration**. Maß für die Menge des **gelösten Stoffes*** in einer **Lösung**, angegeben in Massenprozenten, Volumenprozenten oder der **Molarität**, stets bezogen auf die fertige **Lösung**.

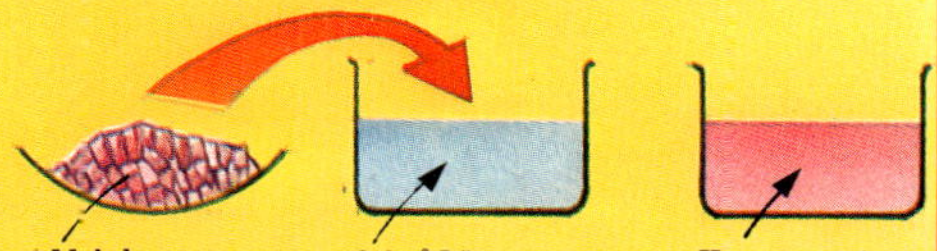

Konzentration ist die Zahl der Mole des **gelösten Stoffes*** in jedem Liter der Lösung (Molarität).

• **Molarität. Konzentration** angegeben in Mol des gelösten Stoffes pro dm^3 der Lösung. Man bezeichnet eine Lösung mit M-Molen pro dm^3 als M-molare Lösung. Eine 3-molare Lösung hat 3 Mol des gelösten Stoffes in 1 dm^3 der Lösung.

Eine 2-molare Kupfersulfatlösung enthält 2 Mol Kupfersulfat in jedem Liter Lösung (Molarität).

• **Molare Lösung**. Eine Lösung, die ein Mol des gelösten Stoffes in jedem Liter der Lösung gelöst hat. Man nennt sie auch **einmolare Lösung** (s. a. **Molarität**).

Eine **einmolare** Kupfersulfatlösung enthält ein Mol Kupfersulfat in jedem Liter.

• **Standardlösung**. Lösung mit bekannter **Konzentration**. Sie wird bei der **Maßanalyse*** gebraucht.

* **Gelöster Stoff s. a. Lösungsmittel,** 144; **Isotope,** 127; **Maßanalyse,** 222; **Normalbedingung,** 143; **Pascal,** 228.

Formeln, Namen, Gleichungen

Die meisten Namen der Verbindungen werden aus den Namen der Elemente gebildet, aus denen sie zusammengesetzt sind. Informationen über die chemische Zusammensetzung und über die Struktur einer Verbindung wird durch die **Formel** gegeben, die aus den **Symbolen*** der Elemente besteht. Aus den chemischen **Gleichungen** kann man sowohl die Ausgangsstoffe und die Produkte einer chemischen Reaktion erkennen als auch ihren Ablauf.

Formeln

- **Verhältnisformel.** Eine Formel, die erkennen läßt, welche Elemente die Verbindung aufbauen und in welchem Verhältnis die Elemente vorkommen. Sie läßt nicht erkennen, wie viele Atome dem Molekül angehören und welche **Bindungsart*** die Atome zusammenhält (s. a. Seiten 130–134).

- **Molekülformel (Summen-, Bruttoformel).** Formel für ein Molekül eines Elementes oder einer Verbindung. Sie zeigt, welche Atome das Molekül aufbauen und in welcher Anzahl sie auftreten. Über die **Bindungsart*** sagt die Formel nichts aus (s. a. Seiten 130–134).

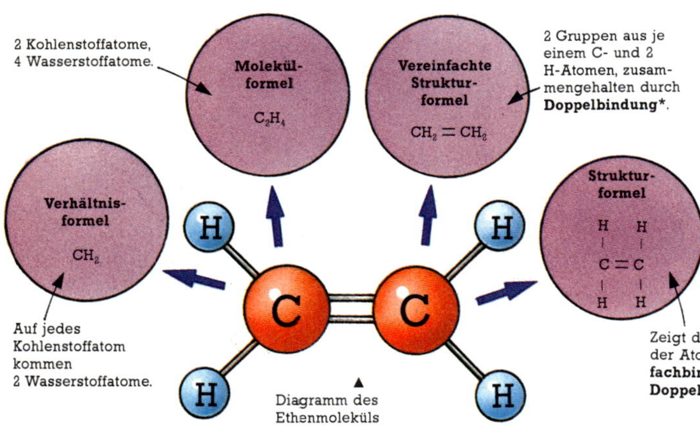

▲ Diagramm des Ethenmoleküls

- **Stereoformel** oder **dreidimensionale Strukturformel.** Formel, die die dreidimensionale Anordnung der Atome und die **Bindungsarten*** erkennen läßt (s. a. die **stereochemische Formel des Methans** Seite 190).

- **Vereinfachte Strukturformel.** Eine Formel, die eine Folge von Atomgruppen und die **Bindungsart*** zwischen diesen Gruppen erkennen läßt (z. B. **Carboxylgruppe*** -COOH, s. a. **Bindungsarten*** Seiten 130–134).

- **Strukturformel (Konstitutionsformel).** Formel, aus der die Anordnung aller Atome eines Moleküls und alle **Bindungsarten*** zwischen ihnen erkennbar sind.

- **Prozentuale Zusammensetzung**. Die Zusammensetzung eines Moleküls, ausgedrückt in prozentualen Massenanteilen der einzelnen Elemente.

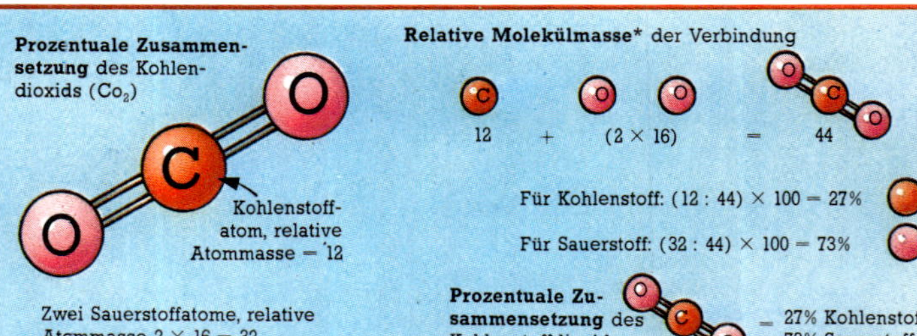

* **Bindungsart,** 130; **Carboxylgruppe,** 195; **Doppelbindung,** 132; **Einfachbindung,** 132; **Relative Molekülmasse,** 138; **Symbole,** 122.

Namen

- **Trivialname**. Name, den man einer Verbindung irgendwann einmal gegeben hat; oft auch Handelsname. Er gibt normalerweise keinen Aufschluß darüber, aus welchen Elementen die Verbindung aufgebaut ist, z. B. Kochsalz oder Kalk.

- **Traditioneller Name**. Meist historischer Name einer Verbindung, der aus dem Namen der Elemente abgeleitet ist, ohne eine quantitative Aussage oder einen Strukturhinweis. Einige traditionelle Namen sind auch **systematische Namen.**

- **Systematischer Name.** Ein Name, der zeigt, welche Elemente eine Verbindung hat, wie viele Atome von jedem Element vorhanden sind und welche **Oxidationsstufe*** bei verschiedenen Möglichkeiten vorliegt. Auch die Bindungsarten kann man aus dem systematischen Namen herleiten. In einigen Fällen ist der systematische Name vereinfacht. Einige systematische Namen stimmen mit den **traditionellen** überein (s. a. **Namen organischer Verbindungen** Seite 214).

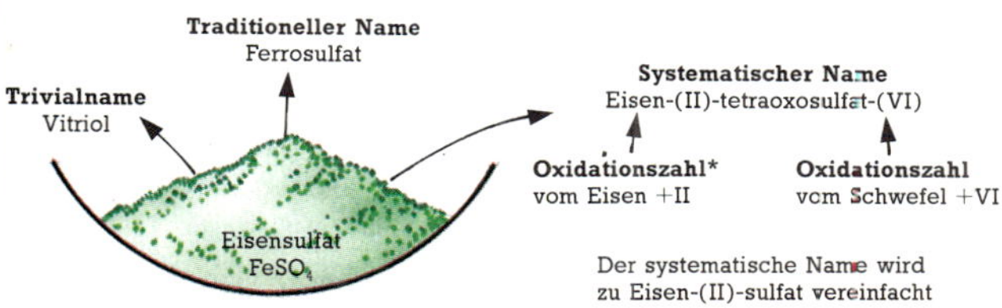

Der systematische Name wird zu Eisen-(II)-sulfat vereinfacht

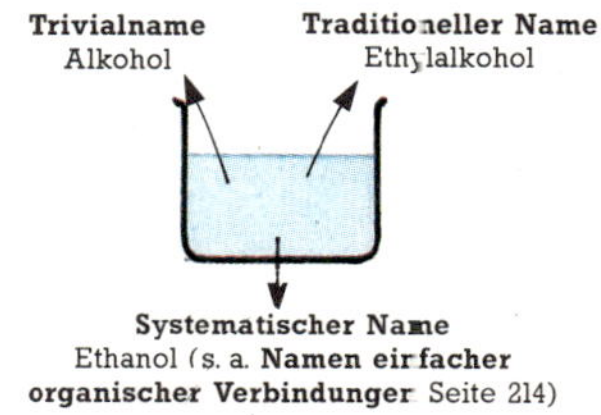

Gleichungen

- **Wortgleichung**. Gleichung, in die an der Reaktion beteiligten Stoffe mit ihrem Namen eingesetzt sind, z. B.:

Natrium + Wasser → Natronlauge + Wasserstoff

Die Namen der Stoffe können durch ihre Formeln ersetzt werden (s. a. gegenüberliegende Seite).

$$Na + H_2O \rightarrow NaOH + H_2$$

- **Ausgeglichene Gleichung**. Auf beiden Seiten einer Gleichung muß die Anzahl der Atome für jedes Element gleich sein nach dem **Gesetz von der Erhaltung der Masse***. Gase liegen oft in molekularer Form vor; man schreibt die Gleichungen so, daß nur ganze Moleküle vorkommen. Ihre Anzahl wird vor ihre Formel geschrieben:

$$2Na + 2H_2O \rightarrow 2NaOH + H_2$$

- **Ionengleichung**. Eine Gleichung, die nur ▶ zeigt, was mit den Ionen während der Reaktion geschieht.

$$2Na(f) + 2H_2O(fl) \rightarrow 2NaOH(aq) + H_2(g)$$

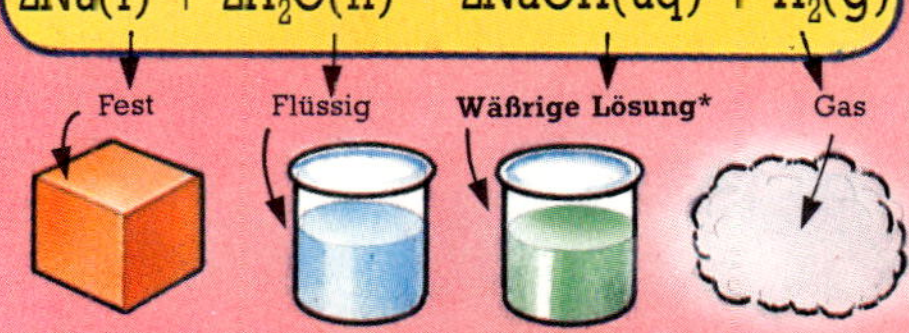

▲

- **Zustandssymbol**. Buchstaben, in Klammern hinter den Formeln, zeigen den **Aggregatzustand*** in der Reaktion an.

- **Ionenerhaltung**. Es gibt Ionen, die bei einer chemischen Reaktion erhalten bleiben. Bei **Ionengleichungen** fehlen sie.

Bei der Reaktion

$$NaOH(aq) + HCl(aq) \rightarrow NaCl(aq) + H_2O(fl)$$

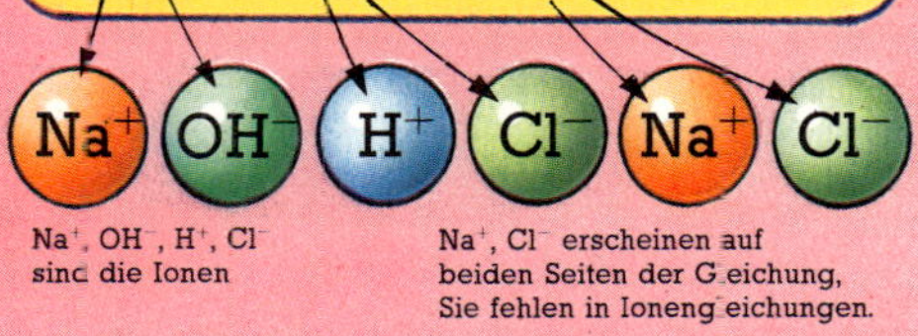

Na^+, OH^-, H^+, Cl^- sind die Ionen

Na^+, Cl^- erscheinen auf beiden Seiten der Gleichung, Sie fehlen in Ionengleichungen.

Die Ionengleichung

$$OH^-(aq) + H^+(aq) \rightarrow H_2O(fl)$$

* **Aggregatzustand,** 120; **Gesetz von der Erhaltung der Masse;** 125; **Oxidationsstufe, Oxidationszahl,** 149; **Wäßrige Lösung,** 144.

Gasgesetze

Die Moleküle eines Gases fliegen einzeln mit großer Geschwindigkeit ungeordnet umher (s. a. **kinetische Theorie** Seite 123). Das eigentliche Volumen aller Gasmoleküle ist viel kleiner als das Volumen, welches das Gas gerade einnimmt. Die Kräfte zwischen den Molekülen sind sehr klein. Das gilt für alle Gase, sie verhalten sich ähnlich. Die Gasgesetze beschreiben das Verhalten der Gase.

Symbole in den **Gasgesetzen**

p = Druck

T = Temperatur in **Kelvin**

V = Volumen

c = **Konstante***

- **Boyle-Mariotte-Gesetz**. Bei konstanter Temperatur und abgeschlossener Gasmenge ist das Produkt aus Druck p und Volumen V konstant (Druckzunahme bewirkt Volumenverminderung).

- **Gay-Lussac-Gesetz**. Bei konstantem Druck und abgeschlossener Gasmenge ist die Volumenänderung proportional der Temperaturänderung (Erhöhung der Temperatur bewirkt Volumenzunahme).

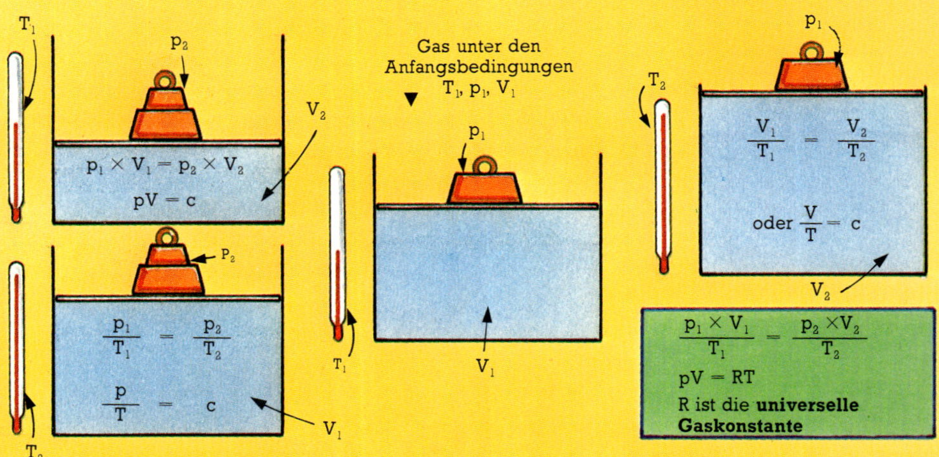

- **Amontons-Gesetz**. Bei konstantem Volumen und abgeschlossener Gasmenge ist die Änderung des Drucks proportional der Temperaturänderung (Temperaturzunahme bewirkt Druckzunahme).

- **Universelle Gasgleichung**. Die universelle Gasgleichung faßt die drei Gasgesetze für ideale Gase zu einem Gesetz zusammen. Es gilt für eine abgeschlossene Gasmenge.

- **Ideales Gas**. Ein ideales Gas muß 3 Eigenschaften haben.
  1. Die Moleküle haben kein Eigenvolumen.
  2. Stöße der Gasmoleküle untereinander erfolgen elastisch.
  3. Zwischen den Molekülen wirken keine Kräfte.

  Kein reales Gas erfüllt diese Bedingungen. Man nähert sich idealen Gasen, wenn man kleine Moleküle und große Abstände hat.

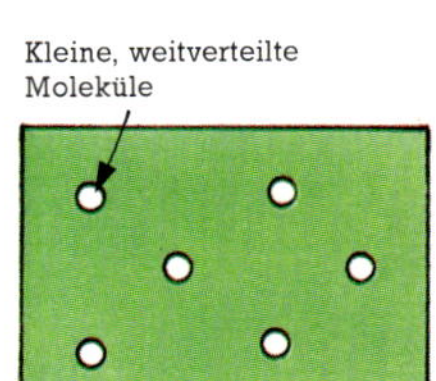

Verhält sich wie ein **ideales Gas**.

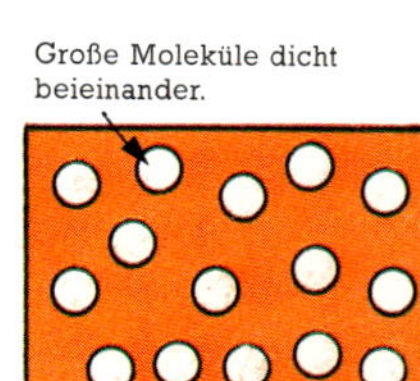

Reales Gas. Verhält sich nicht wie ein **ideales Gas**.

* **Konstante**, 344.

- **Partialdruck**. Druck eines einzelnen Gases in einer Mischung von Gasen. Es ist der Druck, den das Gas hätte, wenn es unter sonst gleichen Bedingungen alleine im gleichen Raum wäre.

- **Partialdrucksatz von Dalton**. Der Gesamtdruck eines nichtreagierenden Gasgemisches ist gleich der Summe der Partialdrücke aller Einzelgase.

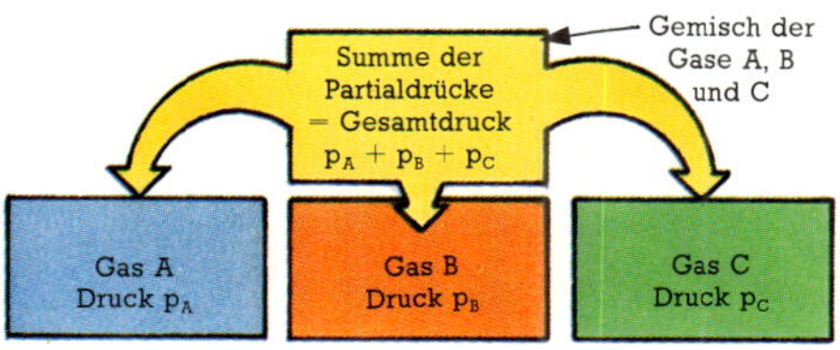

- **Diffusionsgesetz von Graham**. Sind die Temperatur und der Druck konstant, so ist das Verhältnis der **Diffusionsgeschwindigkeiten*** $V_1 : V_2$ umgekehrt proportional dem der Quadratwurzeln aus den Dichten $\varrho_1 : \varrho_2$. Die Dichte eines Gases ist groß, wenn die Moleküle groß sind. Kleine leichte Moleküle bewegen sich schneller als schwere, deshalb diffundiert ein Gas mit geringerer Dichte schneller als eines mit größerer.

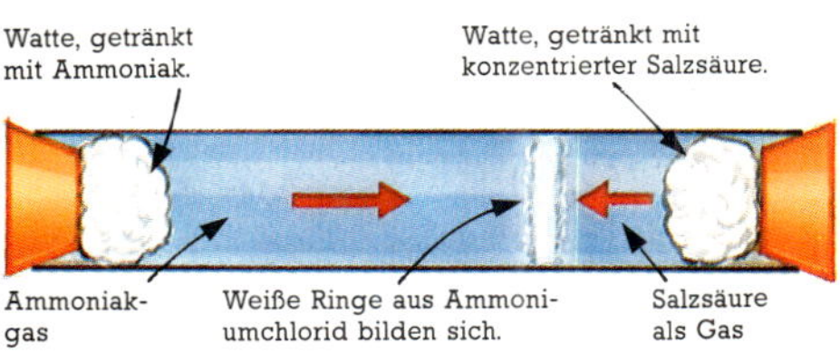

Leichte Ammoniakmoleküle diffundieren schneller als die Salzsäuremoleküle. Die Gase treffen sich in der rechten Hälfte des Rohres.

$$\text{Diffusionsgeschwindigkeit} \sim \text{(proportional)} \frac{1}{\sqrt{\text{Dichte des Gases}}}$$

- **Relative Dampfdichte**. Dichte eines Gases bezogen auf die Dichte von Wasserstoff. Sie wird berechnet aus dem Quotienten der Dichte des Gases und der Dichte von Wasserstoff. Sie hat keine Einheit.

$$\textbf{Relative Dampfdichte} = \frac{\text{Dichte des Gases}}{\text{Dichte des Wasserstoffes}}$$

- **Gasvolumengesetz**. Reagieren zwei Gase miteinander bei gleicher Temperatur und gleichem Druck und setzen sich ihre Volumina vollständig um, so reagieren ihre Volumina im Verhältnis kleiner ganzer Zahlen.

$$2CO(g) + O_2(g) \rightarrow 2CO_2(g)$$

Das Volumenverhältnis ist 400 : 200 : 400 oder 2 : 1 : 2.

- **Satz des Avogadro**. Gleiche Volumina aller Gase enthalten bei gleichem Druck und gleicher Temperatur die gleiche Anzahl von Molekülen.

- **Normalbedingungen**. International vereinbarte Standardbedingungen (Normaltemperatur und Normaldruck) für den Zustand eines Gases, unter denen seine Eigenschaften bestimmt werden (Volumen, Dichte).

Normaltemperatur
0 °C oder 273,16 K (**Kelvin**)
Normaldruck 101 325 **Pascal***

- **Kelvin (K)**. Einheit der Temperatur aus der absoluten Temperaturskala. 1 Kelvin ist gleich einem Grad der **Celsius***skala (°C). Die niedrigste Temperatur 0 °K ist der **absolute Nullpunkt**. Er entspricht −273,16 °C. Es ist ein errechneter Nullpunkt, an dem ein ideales Gas das Volumen 0 annehmen müßte.

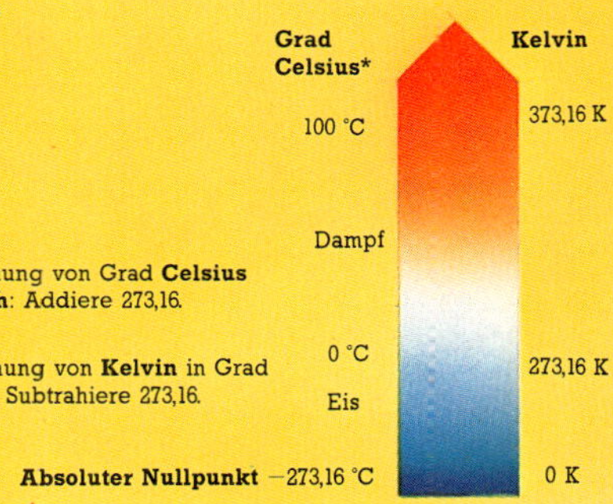

Umrechnung von Grad **Celsius** in **Kelvin**: Addiere 273,16.

Umrechnung von **Kelvin** in Grad **Celsius**: Subtrahiere 273,16.

* **Celsius**, 344; **Diffusionsgeschwindigkeit, Diffusion**, 123; **Gemenge**, 122; **Pascal**, 228.

Lösungen und Löslichkeit

Wird ein Stoff in eine Flüssigkeit gegeben, so kann verschiedenes geschehen. Wenn sich die Atome, Moleküle oder Ionen des Stoffes gleichmäßig verteilen (sich lösen), so nennt man die Mischung eine **Lösung**. Falls nicht, so erhält man ein **Kolloid**, eine **Suspension** oder einen **Niederschlag**. Wie gut sich ein Stoff löst, hängt von seinen Eigenschaften, den Eigenschaften des Lösungsmittels und anderen Faktoren wie Temperatur und Druck ab.

- **Lösungsmittel**. Flüssigkeit, in der die gelöste Substanz gelöst wird.

- **Gelöster Stoff**. Stoff, der sich im Lösungsmittel verteilt hat.

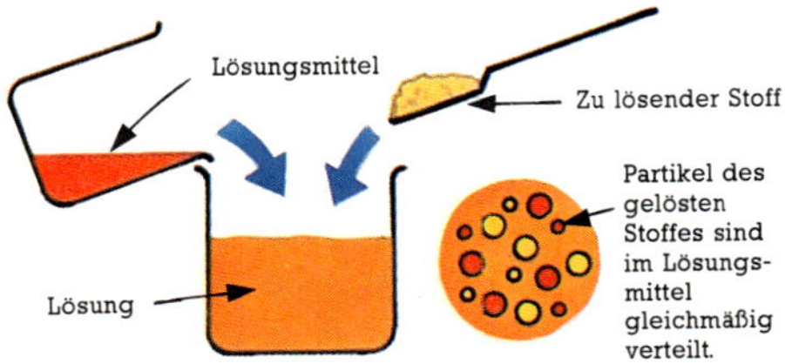

- **Solvatation**. Prozeß, bei dem sich Moleküle des Lösungsmittels Molekülen des gelösten Stoffes anlagern. Ist das Lösungsmittel Wasser, so sagt man **Hydration**. Ob Solvatation stattfindet, hängt davon ab, wie groß die Kraft zwischen den Molekülen des Lösungsmittels und denen der gelösten Stoffe ist.

- **Polare Lösungsmittel**. Lösungsmittel mit **polaren Molekülen***. Polare Lösungen lösen **Ionenverbindungen***. Eine **Solvatation** tritt dabei auf, da die geladenen Enden der Lösungsmittelmoleküle die Ionen anziehen. Wasser ist das häufigste polare Lösungsmittel.

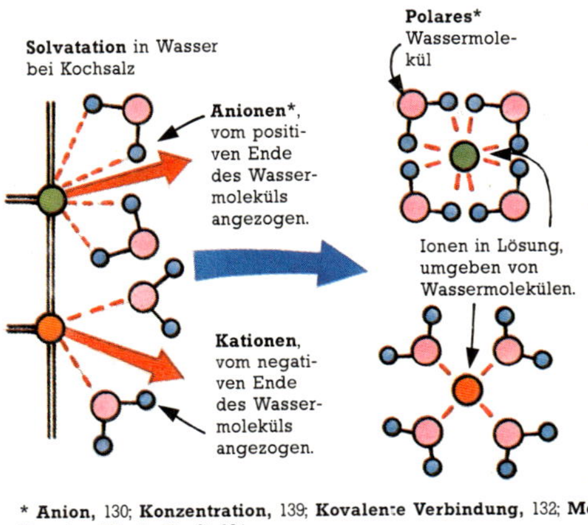

- **Nichtpolares Lösungsmittel**. Flüssigkeit mit **nichtpolaren Molekülen***. Es löst **kovalente Verbindungen***. Die gelösten Moleküle werden aus ihrem **Molekülgitter*** durch die Moleküle des Lösungsmittels herausgezogen. Viele organische Flüssigkeiten sind nichtpolare Lösungsmittel.

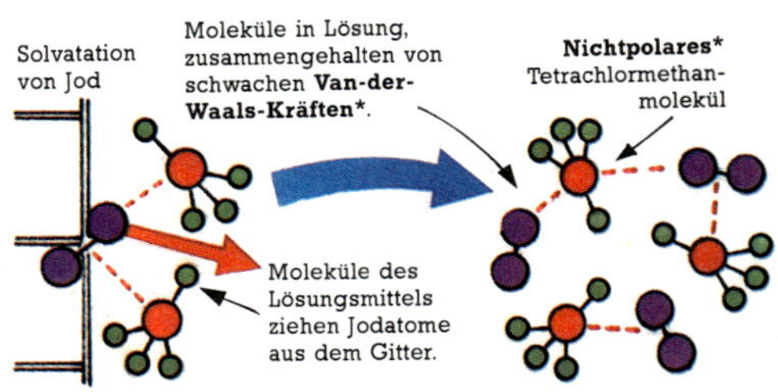

- **Wäßriges Lösungsmittel**. Lösungsmittel, das Wasser enthält. **Polare*** Wassermoleküle bilden polares Lösungsmittel.

- **Wäßrige Lösung**. Lösung in einem wäßrigen Lösungsmittel.

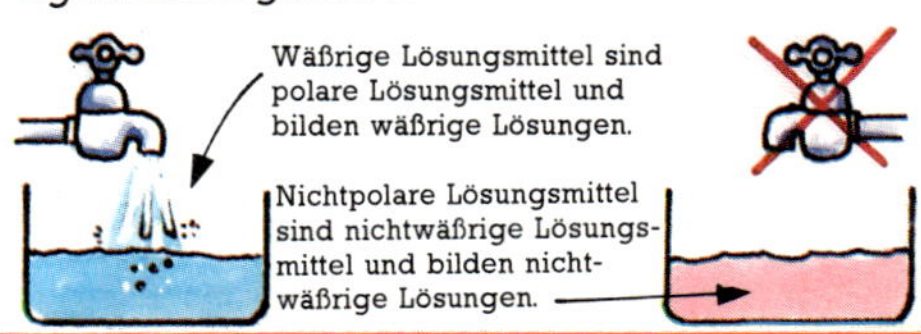

- **Verdünnte Lösung**. Lösung mit geringer **Konzentration*** des **gelösten Stoffes**.

- **Konzentrierte Lösung**. Lösung mit hoher Konzentration des **gelösten Stoffes**.

- **Gesättigte Lösung**. Lösung, die keinen **gelösten Stoff** mehr aufnehmen kann. Der nichtgelöste Stoff bleibt als Bodensatz liegen. Erhöht man die Temperatur, so gehen weitere Moleküle in die Lösung, bis die Lösung wieder gesättigt ist.

* **Anion**, 130; **Konzentration**, 139; **Kovalente Verbindung**, 132; **Molekülgitter**, 137; **Nichtpolare Moleküle**, 133; **Polare Moleküle**, 133; **Van-der-Waals-Kraft**, 134.

- **Löslichkeit**. Maximale Menge eines Stoffes, die in einer bestimmten Menge Lösungsmittel gelöst werden kann.

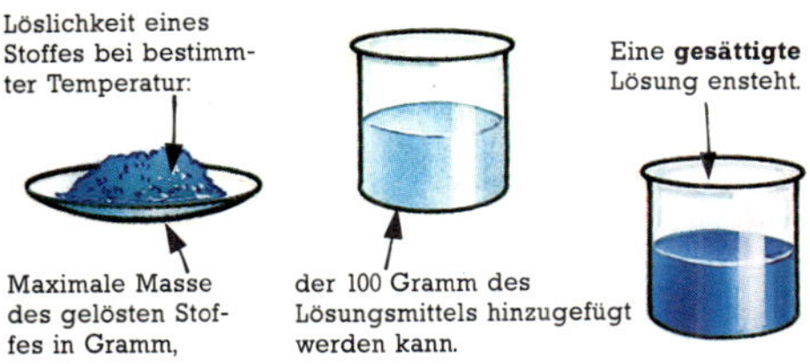

Die Löslichkeit fester Stoffe steigt im allgemeinen mit der Temperatur, während die Löslichkeit eines Gases abnimmt.

Die Änderung der Löslichkeit mit der Temperatur ist aus dem **Löslichkeitsgraphen** zu ersehen.

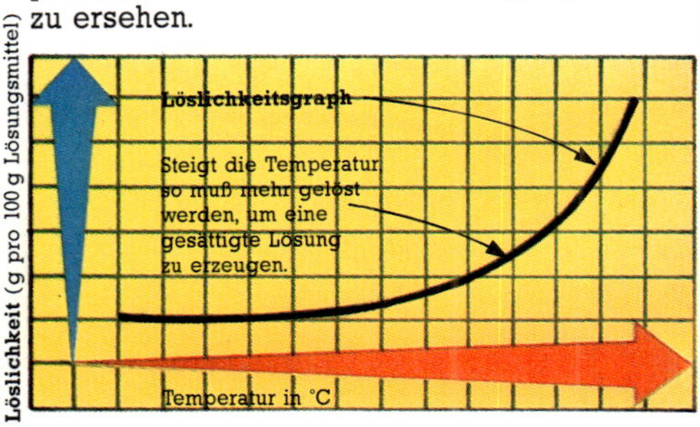

- **Löslich**. Bezeichnung eines Stoffes, der sich leicht im **Lösungsmittel** verteilt. Der Gegensatz ist **unlöslich**.

- **Übersättigt**. Bezeichnung für eine Lösung mit mehr gelöstem Stoff als in der **gesättigten** bei gleicher Temperatur. Man erhält die übersättigte Lösung, wenn man unter die Temperatur abkühlt, bei der die gesättigte Lösung vorliegt und keine Partikel in der Lösung sind, an die sich **Kristalle*** anlagern können. Die Lösung ist instabil; kommen **Kristalle*** oder Staubpartikel hinein, bilden sich sofort **Kristalle***, und es entsteht die gesättigte Lösung.

- **Ausfällen**. Entsteht ein unlöslicher Stoff bei einer Reaktion in einer Lösung, so fällt er als Niederschlag aus.

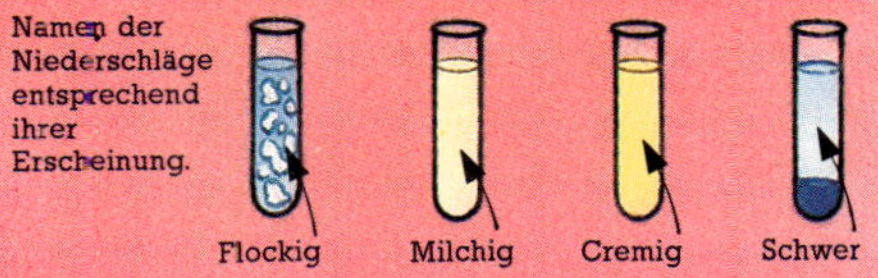

Die Reaktion unten bildet einen dichten, weißen Niederschlag von Silberchlorid.

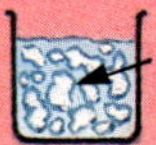

$$AgNO_3(aq) + NaCl(aq) \rightarrow AgCl(\downarrow) + NaNO_3(aq)$$

Silbernitrat — Natriumchlorid — Symbol bedeutet Niederschlag

- **Mischbar***. Zwei Flüssigkeiten, die ineinander diffundieren, sind **mischbar***. Gegensatz: nicht mischbar.

- **Suspension**. Unlösliche kleine Feststoffteilchen (Gruppen von Atomen, Molekülen oder Ionen) in einer Lösung fein verteilt.

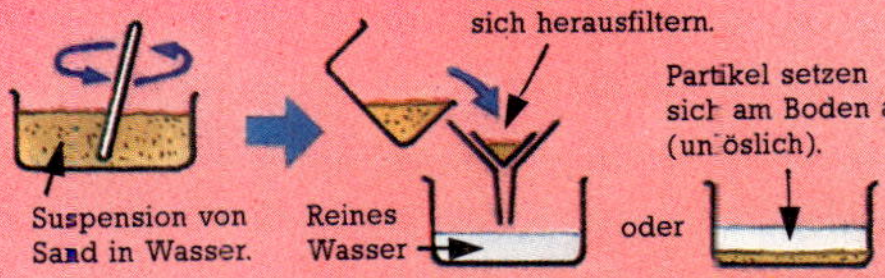

- **Kolloid**. Fein verteilte extrem kleine unlösliche Feststoffteilchen in einem anderen Stoff. Die Teilchen sind größer als Moleküle, aber kleiner als Teilchen einer Suspension. Kolloide liegen zwischen **homogenen*** und **inhomogenen*** Stoffen.

Emulsion. Kolloid aus winzigen Flüssigkeitsteilchen einer Flüssigkeit in einer anderen, z. B. Salatdressing.

Schaum. Kolloid aus Gasblasen in Flüssigkeit.

Nebel. Kolloid, winzige Flüssigkeitsteilchen in Gas.

Rauch. Kolloid, winzige Festkörperteilchen in einem Gas.

* **Homogen; Inhomogen**, 123; **Kristalle s. a. Kristallisation**, 135; **Mischbar s. a. Mischung**, 122.

Energie und chemische Reaktionen

Chemische Reaktionen sind von Energieänderungen begleitet, von elektrischer Energie oder Lichtenergie, die meisten jedoch von Wärmeenergieänderungen. Die verschiedenen Moleküle werden von unterschiedlichen Bindungsenergien zusammengehalten. Entstehen neue Moleküle, so kann Energie freigesetzt werden, oder es muß Energie zugeführt werden. Die **Thermochemie** beschreibt diese Vorgänge.

- **Enthalpieänderung** oder **Wärmetönung** (ΔH – gesprochen „Delta h"). Energiemenge, die bei einer chemischen Reaktion zugeführt oder gewonnen wird. Es ist die Differenz zwischen der Gesamtenthalpie der Ausgangsstoffe und der Gesamtenthalpie der Produkte.

Enthalpieänderung = Gesamtenthalpie der Produkte − Gesamtenthalpie der Ausgangsstoffe

Die Enthalpieänderung wird hinter die Reaktionsgleichung geschrieben. Sie wird durch **Kalorimetrie*** bestimmt. Sie entsteht beim Aufbau oder beim Zerlegen von Molekülen während der Reaktion (s. a. **Bindungsenergie**).

$$2H_2(g) + O_2(g) \rightarrow 2H_2O(g) \quad \Delta H = -488 \text{ kJ}$$

Der Wert der **Wärmetönung** gilt nur für die in der Gleichung angegebene Zahl von **Molen*** und die **Aggregatzustände**.

J ist die Einheit der Energie (**Joule***). 1 kJ = 1000 J

- **Enthalpie (H)**. Die in einem Stoff vorhandene Energiemenge. Man kann sie nicht direkt messen, aber ihre Änderung bei chemischen Reaktionen kann ermittelt werden.

- **Energieniveau-Diagramm**. Diagramm, aus dem man die **Energieänderungen** einer Reaktion ablesen kann.

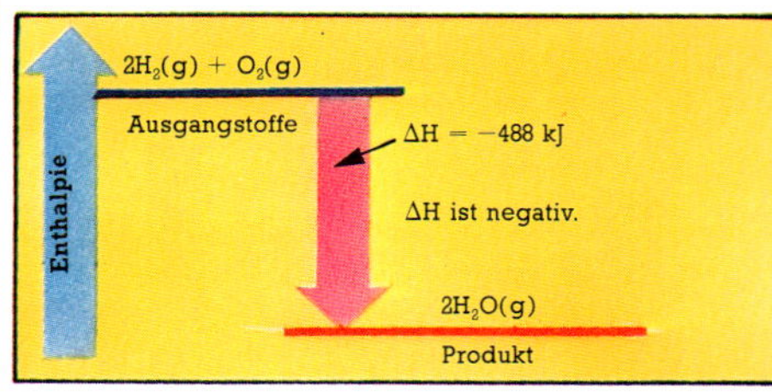

- **Standardenthalpie** (ΔH^0). **Enthalpieänderung** einer Reaktion, gemessen unter **Normalbedingungen*** (**Normaltemperatur** und **Normaldruck**) für 1 **Mol***. Bei Lösungen bezogen auf die Konzentration 1 **Mol*** dm^{-3}.

Spezielle Enthalpieänderungen

- **Verbrennungswärme**. Wärmeenergiemenge, die bei der vollständigen Verbrennung eines **Mols*** eines Stoffes in Sauerstoff abgegeben wird. Die Verbrennungswärme wird in einem **Kalorimeter*** bestimmt, das als **kalorimetrische* Bombe** bezeichnet wird.

Kalorimetrische* Bombe

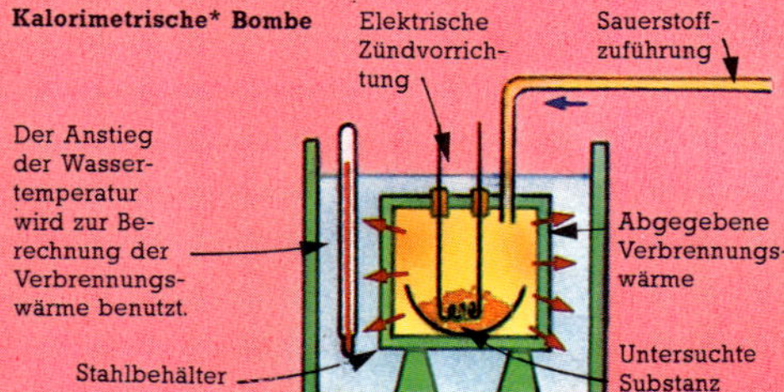

- **Neutralisationswärme**. Wärmeenergiemenge, die auftritt, wenn ein **Mol*** Wasserstoffionen (H^+) durch ein **Mol*** Hydroxidionen (OH^-) **neutralisiert*** wird. Wenn eine Säure und eine Base vollständig **ionisiert*** sind, ist die Neutralisationswärme −57 kJ. Die **Ionengleichung*** für die Neutralisation ist

$$H^+(aq) + OH^-(aq) \rightarrow H_2O(fl) \quad \Delta H = 57 \text{kJ}$$

Wasserstoffion – Hydroxidion – Wassermolekül

Bei **schwachen Säuren*** und **schwachen Blasen*** ist die **Neutralisationswärme*** kleiner. Ein Teil der Energien wird noch zur **Ionisation*** der Moleküle benötigt.

* **Ionengleichung**, 141; **Ionisation**, 130; **Joule**, 228; **Kalorimetrie**, 344; **Mol**, 139; **Neutralisation**, 151; **Normalbedingungen**, 143; **Schwache Base**, 152; **Schwache Säure**, 152

● **Exotherme Reaktion**. Chemische Reaktion, bei der Wärme an die Umgebung abgegeben wird.

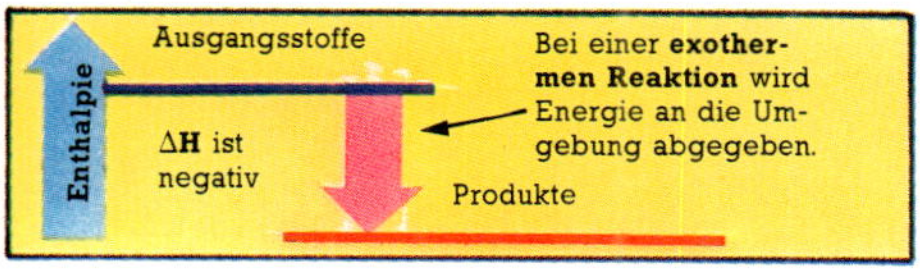

● **Endotherme Reaktion**. Chemische Reaktion, bei der Wärme aus der Umgebung zugeführt werden muß.

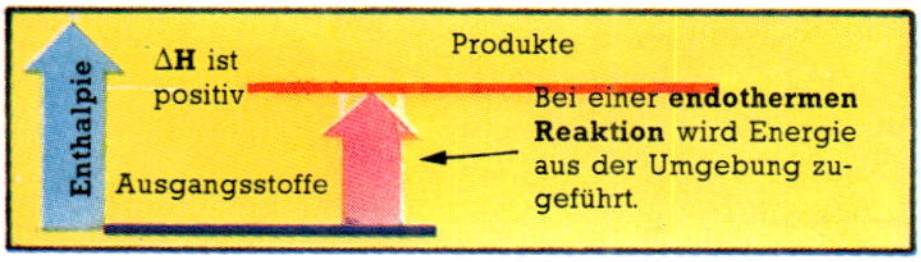

● **Bindungsenergie**. Maß für die Stärke einer **kovalenten Bindung***. Die Bindungsenergie muß zugeführt werden, um die Bindung zu lösen, und wird abgegeben, wenn sie entsteht. Verschiedene Bindungsenergien bei Ausgangs- und Endstoffen begründen die Energieänderungen.

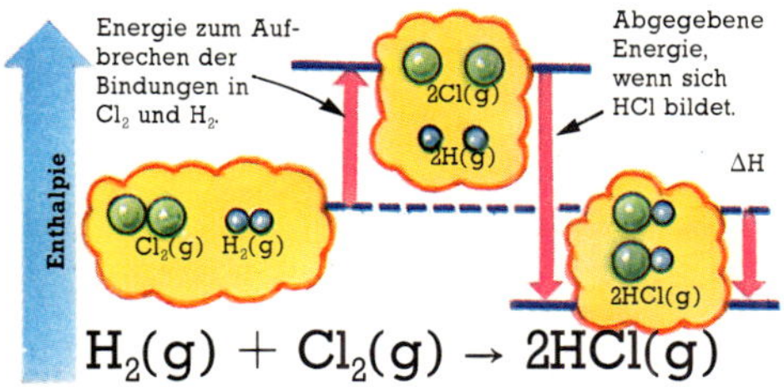

● **Satz von der Erhaltung der Energie**. Bei einer chemischen Reaktion kann keine Energie erzeugt oder vernichtet werden. In einem **abgeschlossenen System*** ist die Summe der Energien konstant.

● **Heßscher Satz (Gesetz der konstanten Wärmesummen)**. Die Reaktionswärme eines chemischen Gesamtvorganges wird durch den Anfangs- und Endzustand eindeutig bestimmt; unabhängig von der Qualität und Reihenfolge der Teilvorgänge. Als Energiekreislauf dargestellt:

Nach dem Heßschen Satz

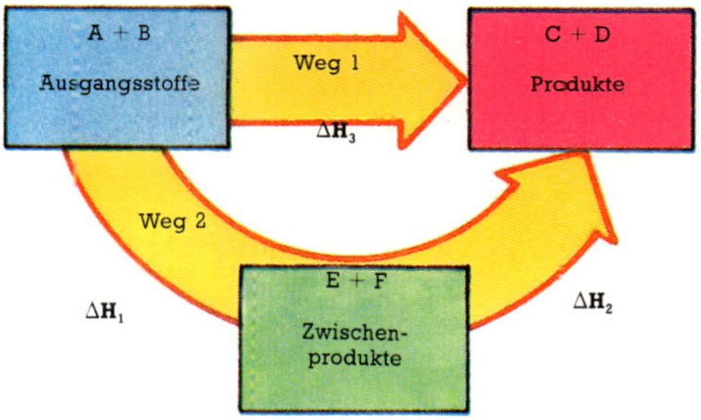

ΔH_1 für die Reaktion A + B → E + F	+	ΔH_2 für die Reaktion E + F → C + D	=	ΔH_3 für die Reaktion A + B → C + D

Der Heßsche Satz dient der Berechnung der **Enthalpieänderungen**, die nicht direkt gemessen werden können, z. B. bei der **Synthese** von Methan.

● **Molare Lösungswärme**. Wärmemenge, die benötigt oder freigesetzt wird, wenn ein **Mol*** eines Stoffes in einem so großen Volumen eines **Lösungsmittels*** gelöst wird, daß weitere Verdünnung keine Lösungswärme mehr produziert.

● **Molare Schmelzwärme**. Wärmemenge, die benötigt wird, um ein **Mol*** eines festen Stoffes beim Schmelzpunkt in die flüssige Phase zu überführen. Die Energie muß aufgewendet werden, um die Bindungskräfte im **Kristallgitter*** des festen Stoffes zu überwinden.

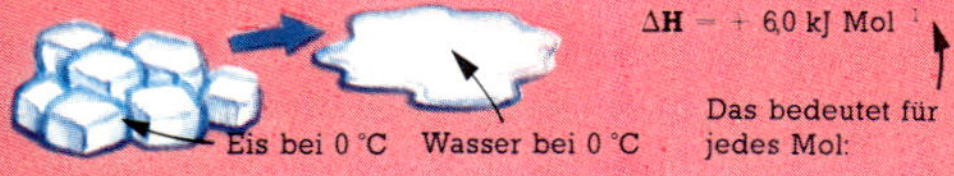

● **Molare Verdampfungswärme**. Wärmemenge, die benötigt wird, um ein **Mol*** einer Flüssigkeit bei ihrem Siedepunkt in Dampf zu überführen.

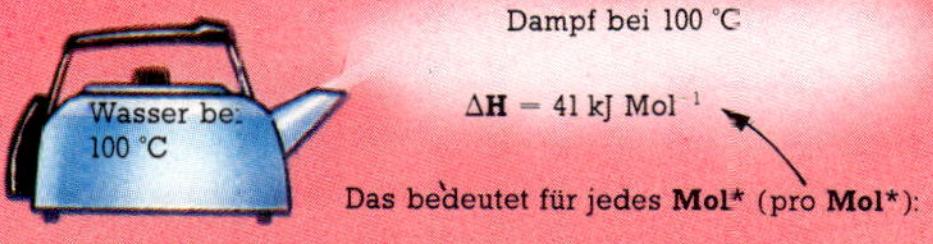

● **Molare Bildungswärme**. Wärmemenge, die aufgebracht oder gewonnen wird, wenn ein **Mol*** einer Verbindung aus ihren Elementen aufgebaut wird.

C (Graphit) + $O_2(g)$ → $CO_2(g)$ ΔH = 394 kJ
Kohlenstoff — Sauerstoff — Kohlendioxid

* **Abgeschlossenes System**, 162; **Kristallgitter**, 136; **Kovalente Bindung**, 132; **Lösungsmittel**, 144; **Mol**, 139.

Oxidation und Reduktion

Die Begriffe **Oxidation** und **Reduktion** bezogen sich ursprünglich auf die Aufnahme und Abgabe von Sauerstoff durch andere Stoffe. Heute ist dieser Begriff ausgedehnt auf die Abgabe und Aufnahme von Wasserstoff und Elektronen. Oxidations- und Reduktionsvorgänge schließen stets Übergänge von Elektronen ein, das bedeutet, daß die **Oxidationszahl** eines oder mehrerer Elemente jeweils verändert wird.

- **Oxidation**. Chemische Reaktion, die nach einem der folgenden Gleichungsschemen verläuft.

1. Element oder Verbindung nimmt Sauerstoff auf.

$$2CuO(f) + C(f) \rightarrow CO_2(g) + 2Cu(f)$$

Oxidationsmittel (CuO) – Oxidiertes Element (C) – Kohlenstoff nimmt Sauerstoff auf.

2. Eine Verbindung verliert Wasserstoff.

$$Cl_2(g) + H_2S(g) \rightarrow 2HCl(g) + S(f)$$

Oxidationsmittel (Cl_2) – Oxidierte Verbindung (H_2S) – Schwefelwasserstoff gibt Wasserstoff ab.

3. Ein Atom oder ein Ion gibt Elektronen ab.

$$Cl_2(g) + 2Na(f) \rightarrow 2Na^+Cl^-(f)$$

Oxidationsmittel (Cl_2) – Oxidiertes **Atom** (Na) – Natrium gibt Elektronen ab.

Ein der Oxidation unterzogener Stoff wird oxidiert, und seine **Oxidationszahl** wird erhöht. Oxidation ist das Gegenteil von **Reduktion.**

- **Oxidationsmittel**. Stoff, der Elektronen aufnimmt und damit die Oxidation eines anderen Stoffes bewirkt. Das Oxidationsmittel wird bei der Reaktion **reduziert**.

- **Reduktion**. Chemische Reaktion, die nach einem der folgenden Gleichungsschemen erfolgt.

1. Eine Verbindung gibt Sauerstoff ab.

$$2CuO(f) + C(f) \rightarrow CO_2(g) + 2Cu(f)$$

Reduzierte Verbindung (CuO) – Reduktionsmittel (C) – Kupfer-(II)-oxid gibt Sauerstoff ab.

2. Element oder Verbindung nimmt Wasserstoff auf.

$$Cl_2(g) + H_2S(g) \rightarrow 2HCl(g) + S(f)$$

Reduziertes Element (Cl_2) – Reduktionsmittel (H_2S) – Chlor nimmt Wasserstoff auf.

3. Ein Atom oder ein Ion nimmt Elektronen auf.

$$Cl_2(g) + 2Na(f) \rightarrow 2Na^+Cl^-(f)$$

Reduziertes Atom (Cl_2) – **Reduktionsmittel** (Na) – Chlor nimmt Elektronen auf.

Ein Stoff, der einer Reduktion unterzogen wird, wird reduziert. Seine **Oxidationszahl** wird kleiner. **Reduktion** ist das Gegenteil von Oxidation.

- **Reduktionsmittel**. Stoff, der Elektronen abgibt und dadurch die **Reduktion** eines anderen Stoffes bewirkt. Das Reduktionsmittel wird bei der Reduktion **oxidiert**.

- **Redoxreaktion**. Chemische Reaktion, bei der **Oxidation** und **Reduktion** gleichzeitig erfolgen. Diese Prozesse geschehen stets gleichzeitig, da ein **Oxidationsmittel** während der Oxidation reduziert wird und auch ein **Reduktionsmittel** stets oxidiert. Die gleichzeitige Oxidation und Reduktion desselben Elementes in einer Reaktion nennt man **Disproportionierung**.

$$Fe(f) + CuSO_4(aq) \rightarrow FeSO_4(aq) + Cu(f)$$

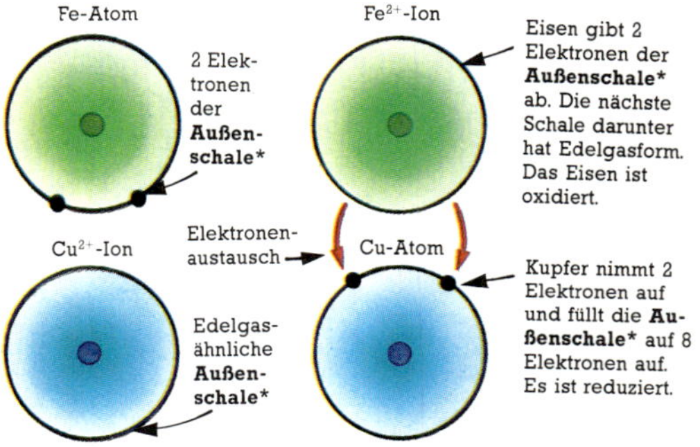

* **Außenschale**, 127.

- **Oxidationszahl**. Zahl der Elektronen, die von einem Atom beim Entstehen einer Verbindung abgegeben werden. Gewöhnlich ist die **Oxidationszahl** gleich der Ladungszahl des Ions. Die Oxidationszahl wird bei Oxidation größer, bei Reduktion kleiner.

Sauerstoff wird reduziert. Oxidationszahl wird kleiner. → −II

$$2Mg(f) + O_2(g) \rightarrow 2MgO(f)$$

0 → +II

Magnesium wird oxidiert. **Oxidationszahl** wird größer.

Diese Regeln helfen, die **Oxidationszahl** eines Elementes zu berechnen.

1. **Oxidationszahl** eines unverbundenen Elementes ist Null.

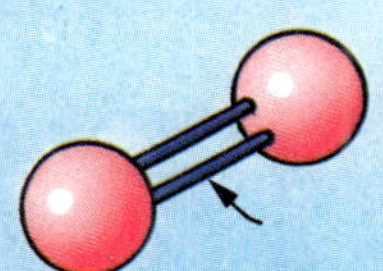

Die **Oxidationszahl** von Sauerstoff ist Null. Kein Elektron ist aufgenommen oder abgegeben.

2. Die **Oxidationszahl** eines Elementes in einer Ionenverbindung ist gleich der elektrischen Ladungszahl des Ions.

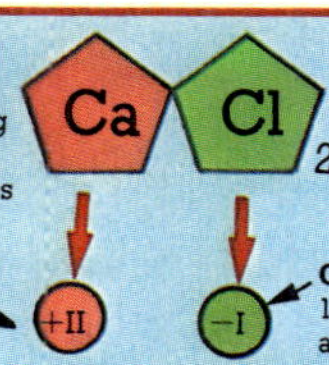

Calciumchlorid bildet ein **Ionengitter***.

Oxidationszahl 2 Elektronen abgegeben.

Oxidationszahl 1 Elektron aufgenommen.

Oxidationszahl der Elemente in einer **kovalenten Verbindung*** kann man finden, wenn man eine Ionenverbindung annimmt, und berechnet, welche Ladungszahl die Ionen haben würden.

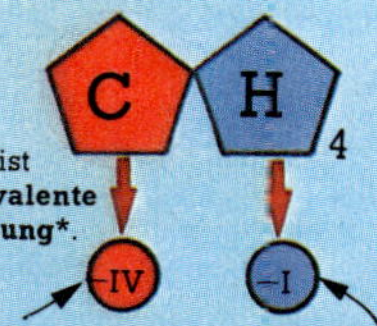

Methan ist eine **kovalente Verbindung***.

Oxidationszahl **Oxidationszahl**

3. Die Summe der **Oxidationszahlen** aller Atome eines Moleküls ist gleich Null.

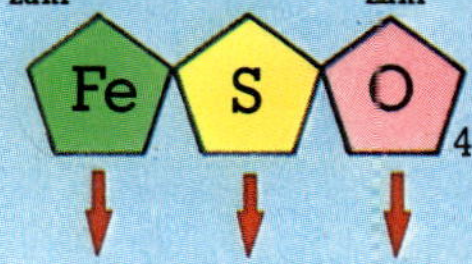

Eisen-(II)-sulfat
Summe der **Oxidationszahlen** = (+II) + (+VI) + (4x (−II)) = 0

4. Die **Oxidationszahl** des Sauerstoffes in einer Verbindung ist normalerweise −II, aber in **Peroxiden** z. B. ist sie −I.

5. Die **Oxidationszahl** von Wasserstoff ist gewöhnlich +I. Bei Metallhydriden ist sie −I.

- **Oxidationsstufe**. Bezeichnung für die **Oxidationszahl** in chemischen Formeln und Namen. Absoluter Betrag der **Oxidationszahl**: Sie wird in römischen Ziffern hinter den Namen des Elementes gesetzt. Man braucht die Bezeichnung nur, wenn mehr als eine Oxidationsstufe vorkommt.

Eisen-(III)-chlorid	Blei-(IV)-oxid
Oxidationsstufe III **Oxidationszahl** +III	Oxidationsstufe IV **Oxidationszahl** +IV

- **Redoxpotential**. Maß für die Oxidations- und Reduktionswirkung einer Substanz; Maß für die Fähigkeit, Elektronen innerhalb einer Lösung abzugeben. Ein starkes Reduktionsmittel, das leicht Elektronen abgibt, hat ein hohes negatives Redoxpotential. Ein starkes Oxidationsmittel, das leicht Elektronen aufnimmt, hat ein hohes positives Redoxpotential. Redoxpotentiale sind **Elektrodenspannungen***.

- **Redoxreihe**. Liste von Stoffen nach ihren **Redoxpotentialen** geordnet. Sie beginnt mit dem Stoff, der das größte **Redoxpotential** hat. Jeder Stoff oxidiert einen Stoff, der in der Reihe weiter oben steht, und er reduziert einen Stoff, der in der Reihe unter ihm steht. Je weiter die Stoffe in der Reihe von einander entfernt stehen, um so leichter oxidieren und reduzieren sie einander. Die Redoxreihe ist eine **elektrochemische Reihe***.

* **Elektrochemische Reihe**, 159; **Elektrodenspannungen**, 158; **Ionengitter**, 137; **Kovalente Verbindung**, 132.

Säuren und Basen

Alle Chemikalien sind entweder **sauer**, **basisch** oder **neutral**. In reinem Wasser sind einige Wassermoleküle in **Ionen** zerlegt. In ein Wasserstoffion (**Proton***) und ein Hydroxidion; das Wasser ist **neutral**. Einige Verbindungen lösen sich oder reagieren in Wasser und bilden dabei Wasserstoffionen oder Hydroxidionen, bis ein Gleichgewicht erreicht ist. Diese Verbindungen nennt man **Säuren** oder **Basen**.

- **Säure**. Verbindung, die beim Lösen in Wasser Wasserstoffionen H^+ (**Proton***) abspaltet (**dissoziiert**), die sich jeweils einem Wassermolekül anlagern und **Hydroxoniumionen** H_3O^+ bilden. Dieses Ion kann nur in wäßriger Lösung existieren, so daß eine Säure ihre Eigenschaften nur in wäßriger Lösung hat.

Einige Säuren sind ätzend; auf den Flaschen findet man ein warnendes Symbol.

- **Sauer**. Verbindung mit der Eigenschaft einer Säure.

Askorbinsäure   Ameisensäure   Schwefelsäure in **Bleiakkumulatoren***

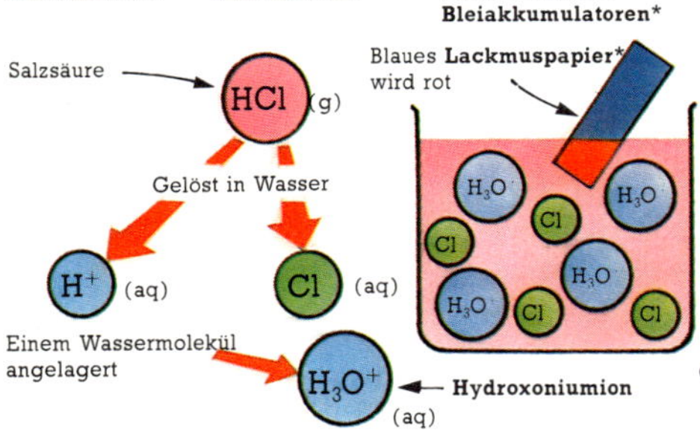

Gelöste Säuren haben einen sauren Geschmack und einen **pH-Wert*** kleiner als 7. Sie reagieren mit Metallen, die in der **elektrochemischen Reihe*** über H stehen, unter Wasserstoffbildung.

$$H_2SO_4(aq) + Mg(f) \rightarrow MgSO_4(aq) + H_2(g)$$

Säure   Metall   **Salz***   Wasserstoff

Gelöste **starke Säuren*** reagieren mit Karbonaten unter Bildung von Kohlendioxidgas. Säuren können durch Basen neutralisiert werden.

- **Hydroxoniumion (H_3O^+)** oder **Oxoniumion**. Ion, das sich bildet, wenn sich ein Wasserstoffion einem Wassermolekül anlagert. Findet in einer Lösung mit Hydroxoniumionen eine Reaktion statt, so nimmt nur das Wasserstoffion an der Reaktion teil. Man kann sich im allgemeinen ein Hydroxoniumion als Wasserstoffion vorstellen.

▼

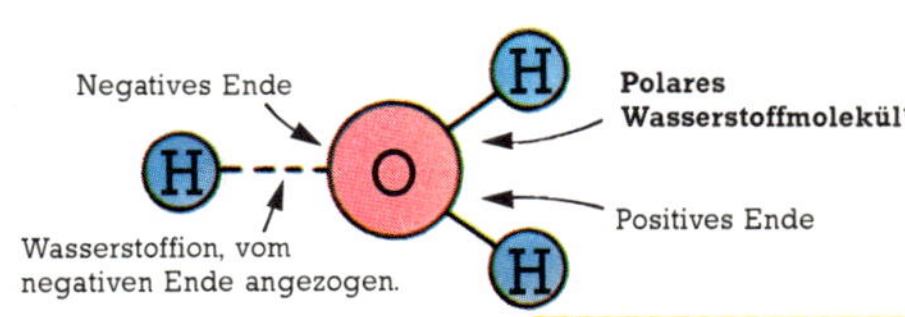

- **Anorganische Säure**. Säure, die chemisch aus nichtorganischen Stoffen (Mineralien) gewonnen wird, zum Beispiel: Salzsäure aus Kochsalz; Schwefelsäure aus Schwefel.

Säure	Formeln
Salz-	HCl
Schwefel-	H_2SO_4
Schweflige	H_2SO_3
Salpeter-	HNO_3
Salpetrige	HNO_2
Phosphor-	H_3PO_4
Ethandio- (Oxal-)	$(COOH)_2$
Methan- (Ameisen-)	$HCOOH$
Ethan- (Essig-)	CH_3COOH

- **Organische Säure**. **Organische Verbindung*** mit Säureeigenschaft. Überwiegend **Carbonsäuren***.

* **Bleiakkumulator,** 159; **Carbonsäuren,** 195; **Elektrochemische Reihen,** 159; **Lackmuspapier,** 152; **Organische Verbindung,** 190; **pH-Wert,** 152; **Polares Wasserstoffmolekül,** 133; **Proton,** 126; **Salz,** 153; **Starke Säure,** 152.

- **Base**. Verbindung, die Säuren neutralisieren kann, wobei Wasserstoffionen (**Protonen***) eingefangen werden. Chemisch ist die Base der Gegenspieler der Säuren. Basen sind im allgemeinen Metalloxide und Hydroxide. Auch Ammoniak ist eine Base. Stoffe mit den Eigenschaften einer Base nennt man **basisch**. Eine in Wasser gelöste Base bildet eine **Lauge**.

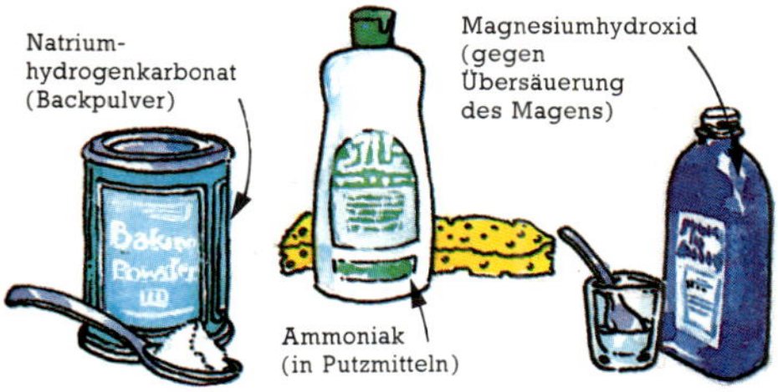

- **Alkalien**. Stoffe, deren Lösungen in Wasser eine Lauge sind, z. B. Hydroxide der Metalle der 1. und 2. Gruppe. Die abgespaltenen Hydroxidionen machen die Lösung **alkalisch**.

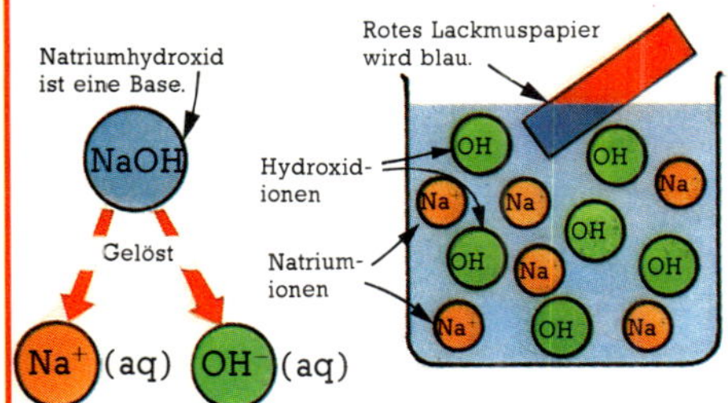

- **Lauge**. Lösung der Base in Wasser, bei der mehr Hydroxidionen als Wasserstoffionen auftreten. Basische Lösungen (Laugen) haben einen **pH-Wert***, der größer ist als 7, und sie färben rotes **Lackmuspapier*** blau. Die Lösungen fühlen sich seifig an und greifen die Haut an. Laugen von **starken Basen*** reagieren mit einigen Metallen, z. B. mit Zink oder Aluminium, unter Erzeugung von Wasserstoff.

$$2AL + 2NaOH + 6H_2O \rightarrow 2NaAl(OH)_4 + 3H_2$$

Aluminium | Natriumhydroxid | Wasser | Natriumaluminat | Wasserstoff

- **Amphotere Stoffe**. Stoffe, die je nach den vorliegenden Bedingungen basisch oder sauer reagieren können.

- **Anhydrid**. Verbindung, die entsteht, wenn man aus den Molekülen einer anderen Verbindung (meist eine Säure) ein Wassermolekül abspaltet.

$$SO_2 + H_2O \rightarrow H_2SO_3$$

Schwefeldioxid (Anhydrid der schwefligen Säure) | Wasser | Schweflige Säure

- **Neutral**. Eigenschaft von Stoffen oder Lösungen, die weder die Eigenschaft einer **Säure** noch die einer **Base** haben. Die Anzahl der Wasserstoffionen und der Hydroxidionen ist gleich. Ihr **pH-Wert** ist 7. **Lackmus*** ändert seine Farbe nicht.

▼

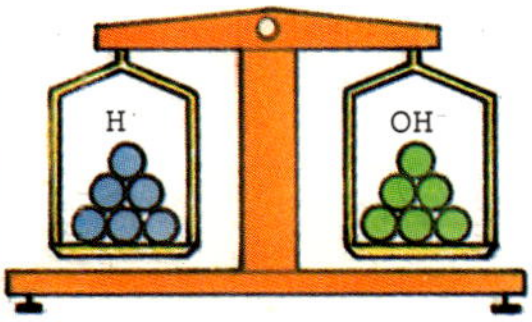

Eine **neutrale** Lösung enthält eine gleiche Anzahl von Wasserstoffionen und Hydroxidionen.

- **Neutralisation**. Reaktion zwischen Säure und Base, bei der nur **Salz*** und Wasser entstehen. Eine gleiche Anzahl von Wasserstoffionen und Hydroxidionen reagieren miteinander, und es entsteht eine neutrale Lösung. Der **Säurerest*** und das **Kation*** bilden das **Salz***.

Neutralisation:

SÄURE + BASE → SALZ + WASSER

- **Definition von Brønstedt**. Eine **Säure** ist ein Stoff, der **Protonen*** erzeugt, und eine **Base** ein Stoff, der **Protonen*** einfängt. Das ist eine weitere Art, Säure und Base zu definieren.

Aus Essigsäure stammen die **Protonen***. Sie ist eine Säure.
Wasser nimmt **Protonen*** auf. Es ist eine Base.

$$CH_3COOH + H_2O \rightleftharpoons H_3O^+ + CH_3COO^-$$

Das Hydroxoniumion gibt **Protonen*** ab. Es ist eine Säure.
Das Acetation nimmt **Protonen*** auf. Es ist eine Base.

* **Kation**, 130; **Lackmuspapier; Lackmus**, 152; **pH-Wert**, 152; **Protonen**, 126; **Salz**, 153; **Säurerest**, 153; **Starke Base**, 152

Säuren und Basen (Fortsetzung) – Stärke und Konzentration

Die **Konzentration*** der **Säuren** und **Basen** (s. a. die vorhergehenden Seiten) hängt davon ab, wieviel **Mole*** der Säure oder der Base in der Lösung gelöst sind. Die **Stärke** hängt ab von der Anzahl der Moleküle, die in der wäßrigen Lösung **dissoziiert** sind, d. h. von der Anzahl der vorhandenen **Hydroxoniumionen*** bei einer Säure bzw. **Hydroxidionen** bei einer Base.

- **Starke Säure**. Eine Säure, die in Wasser vollständig **dissoziiert*** ist, die somit viele Hydroxoniumionen bildet.

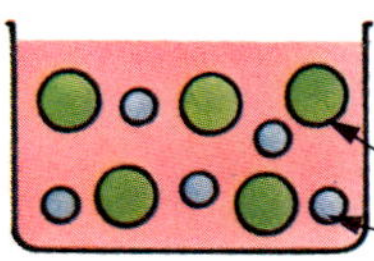

- **Schwache Säure**. Säure, die in wäßriger Lösung nur wenig **dissoziiert*** ist. Nur wenige Moleküle sind in Hydroxoniumionen und **Säurerest*** aufgespalten.

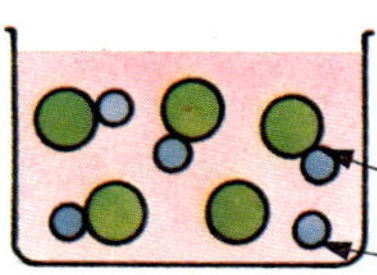

- **Starke Base**. Base, die in wäßriger Lösung vollständig **dissoziiert***. Eine große Anzahl von Hydroxidionen macht die Lösung stark alkalisch.

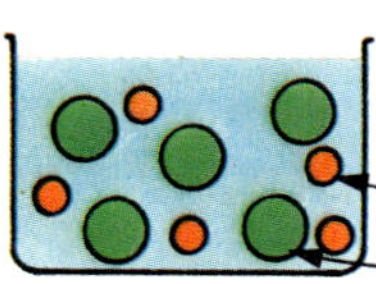

- **Schwache Base**. Base, die in wäßriger Lösung nur wenig **dissoziiert*** ist. Nur wenige Moleküle der Base sind in Metallionen und Hydroxidionen aufgespalten. Ihre Laugen sind schwach alkalisch.

Ammoniak reagiert leicht mit Wasser und bildet eine schwache Lauge mit kleiner Hydroxidionen-Konzentration.

$$NH_3 + H_2O \rightleftarrows NH_4^+ + OH^-$$

NH_4^+: Ammonium; OH^-: Hydroxidion

- **pH-Wert*** Maß für die Konzentration der Wasserstoffionen. Man nimmt den negativen Logarithmus der Konzentration.

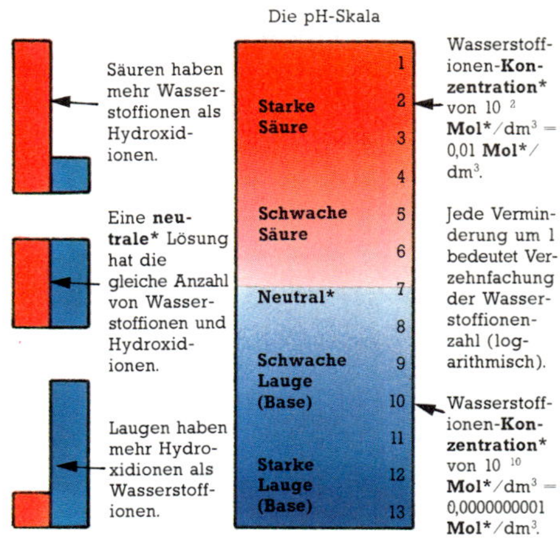

- **Indikator**. Eine Verbindung, deren Farbe vom **pH-Wert*** einer Lösung abhängt. Man kann ihn in flüssiger und in fester Form anwenden, z. B. als getränktes **Lackmuspapier**.

- **Lackmus**. Ein **Indikator** mit dem man erkennen kann, ob eine Lösung sauer oder alkalisch ist. Blauer Lackmus wird durch Säuren rot; roter Lackmus durch Basen blau.

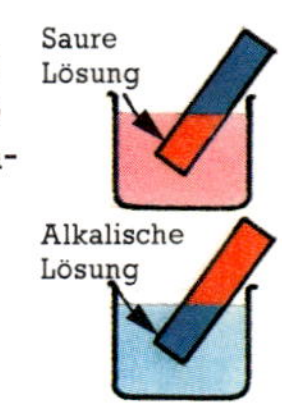

- **Universalindikator**. Indikator in Form einer Lösung oder eines getränkten Papiers, das den **pH-Wert*** durch Farbänderung über die ganze Skala anzeigt.

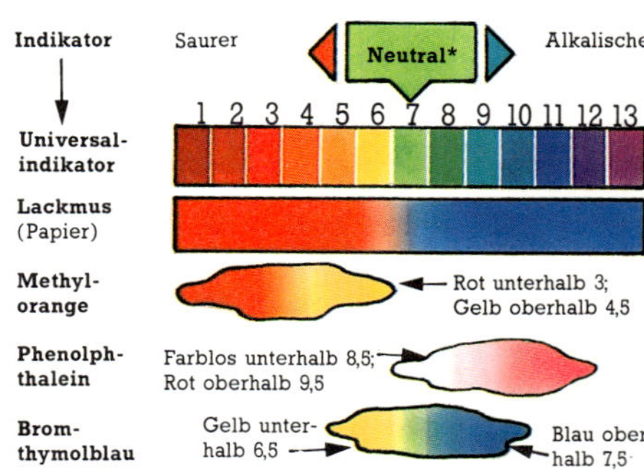

* **Dissoziiert s. a. Dissoziation,** 162; **Hydroxoniumion,** 150; **Konzentration,** 139; **Mole,** 139; **Neutral,** 151; **pH-Wert,** 152; **Säurerest,** 153.

Salze

Alle **Salze** sind **Ionenverbindungen***, deren Moleküle aus mindestens je einem **Kation*** und **Anion*** (auch **Säurerest** genannt) bestehen. Theoretisch können sie alle gebildet werden, wenn man die Wasserstoffionen einer Säure durch andere Kationen ersetzt, z. B. Metallionen oder Ammoniumionen. In der Industrie und im Haushalt werden viele Salze gebraucht.

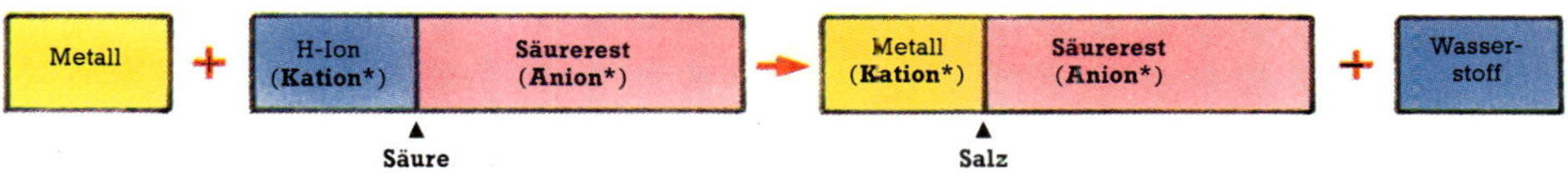

- **Säurerest**. Der Säurerest bleibt zurück, wenn die Wasserstoffionen vom Säuremolekül abgespalten sind.

Säure	Säurerest	
Salzsäure	Cl^-	Chlorid
Schwefelige Säure	SO_4^{2-}	Sulfat
Schwefelige Säure	SO_3^{2-}	Sulfit
Salpetersäure	NO_3^-	Nitrat
Salpetersäure	NO_2^-	Nitrit
Kohlensäure	CO_3^{2-}	Karbonat
Essigsäure	CH_3COO^-	Acetat
Phosphorsäure	PO_4^{3-}	Phosphat

Der Name des Säurerestes bildet auch den Namen des Salzes.

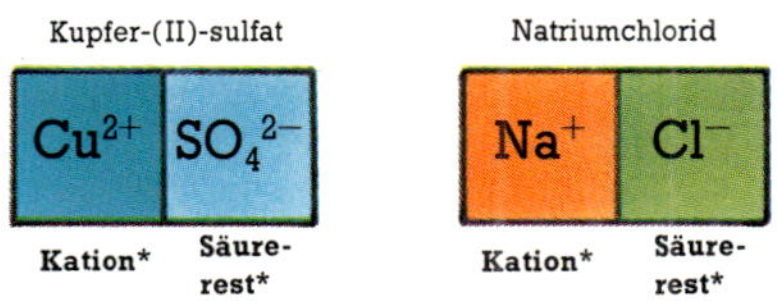

- **Basizität**. Maximale Zahl der Wasserstoffionen einer Säure, die bei der Salzbildung durch andere **Kationen*** ersetzt werden können.

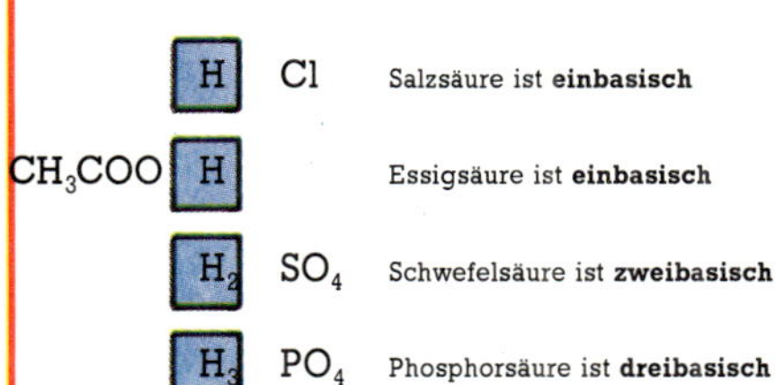

- **Normales Salz**. Salz, bei dem alle Wasserstoffionen durch Metallionen (oder Ammoniumionen) ersetzt sind. Es enthält neben den Metallionen nur noch den **Säurerest**.

Kupfer-(II)-sulfat und Ammoniumchlorid (**neutrale Salze**)

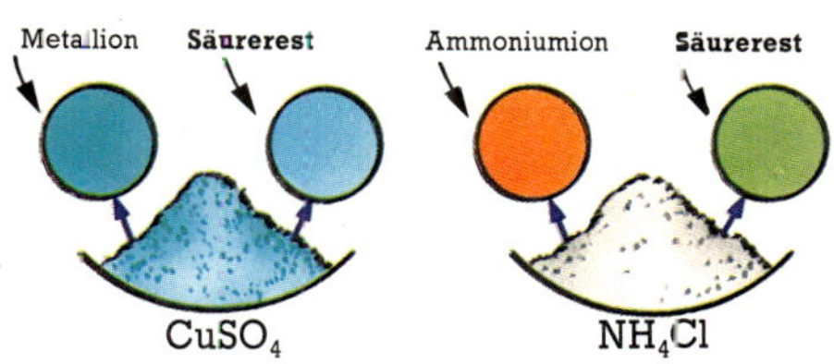

- **Saures Salz**. Salz einer **mehrbasischen** Säure, bei dem nicht alle Wasserstoffionen des Säuremoleküls ersetzt sind. Das Molekül eines **sauren Salzes** enthält neben den Metallionen (oder Ammoniumionen) mindestens ein Wasserstoffion und den **Säurerest**. Die meisten sauren Salze bilden saure Lösungen, einige jedoch auch alkalische.

Natriumhydrogensulfat (**saures Salz**)

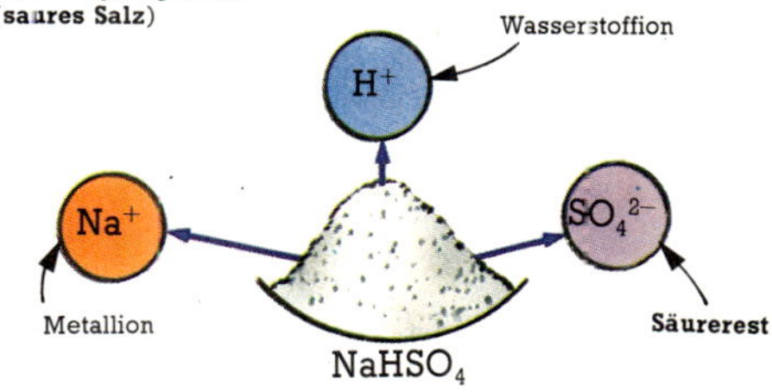

* **Anion**, 130; **Ionenverbindung**, 131; **Kation**, 130.

Salze (Fortsetzung)

- **Basisches Salz**. Sind bei einer Base nicht alle Hydroxidionen durch einen **Säurerest*** ersetzt, so hat man ein basisches Salz mit Molekülen aus Metallionen, Hydroxidionen und **Säurerest***.

- **Doppelsalz**. Salz, das sich bildet, wenn die Lösungen zweier normaler Salze miteinander reagieren. Es besteht aus zwei verschiedenen **Kationen*** (Metallionen oder Ammoniumion) und ein oder zwei verschiedenen **Säureresten***.

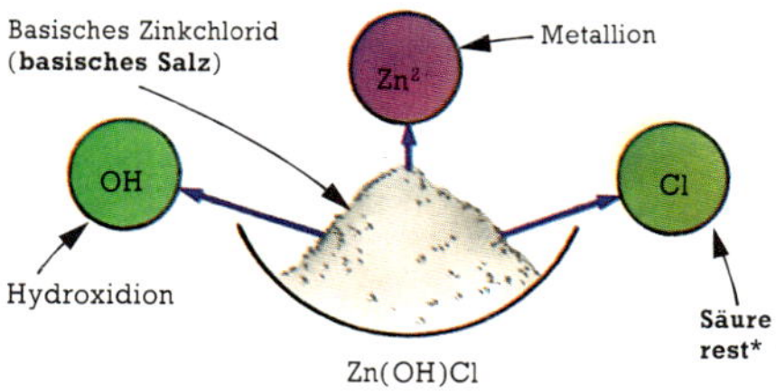

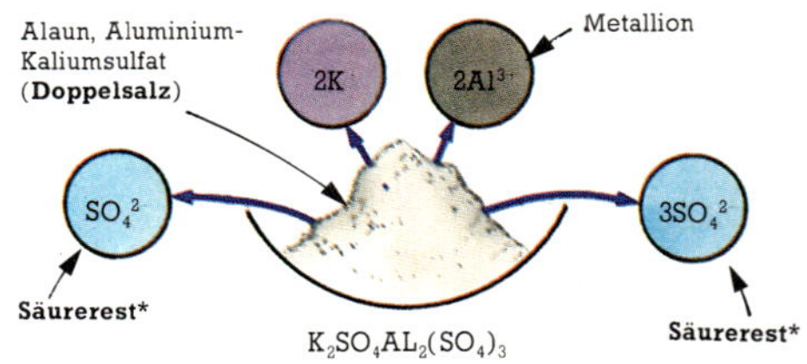

- **Komplexsalz**. Salz, bei dem eines der Ionen ein **komplexes Ion** ist, das aus einem zentralen **Kation*** besteht, umgeben von meist **koordinativ*** gebundenen **polaren Molekülen*** oder Ionen.

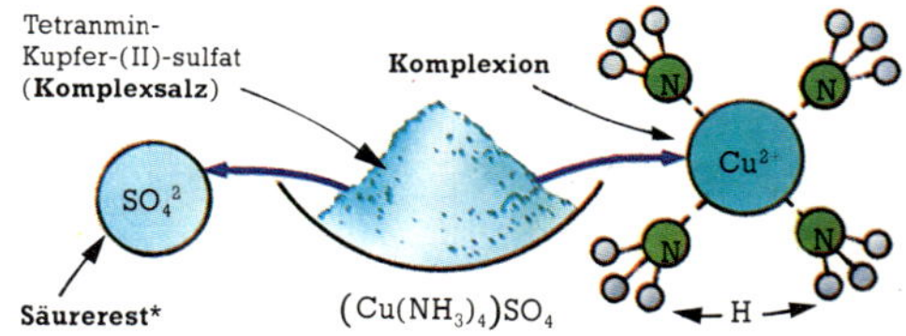

Methoden der Salzgewinnung

Salz kann auf verschiedenen Wegen gewonnen werden; die Methode hängt davon ab, ob das Salz in Wasser **löslich** oder **unlöslich** ist (s. a. Tabelle unten). Lösliche Salze können aus der Salzlösung **auskristallisiert*** werden. Unlösliche Salze kann man in Form eines **Niederschlages*** gewinnen.

Löslichkeit* der Salze

Lösliche Salze		Unlösliche Salze
Alle Aluminiumsalze Alle Natriumsalze Alle Kaliumsalze		
Alle Nitrate		
Chloride	außer →	Silber, Blei
Sulfate	außer →	Barium, Blei, Calcium (gering löslich)
Ammonium Natrium Kalium	← außer	Die meisten Carbonate

Lösliche Salze kann man durch die folgenden Methoden gewinnen, die alle zu einer Salzlösung führen. Das Salz gewinnt man durch **Kristallisation***.

1. **Neutralisation***. Eine Säure wird durch eine Base neutralisiert.

$$2NaOH + H_2SO_4 \rightarrow Na_2SO_4 + 2H_2O$$

Natriumhydroxid	Schwefelsäure	Natriumsulfat	Wasser
Base*	**Säure**	**Salz**	Wasser

2. Einwirkung einer Säure auf ein unlösliches Carbonat.

$$MgCO_3 + 2HCl \rightarrow MgCl_2 + H_2O + CO_2$$

Magnesiumcarbonat	Salzsäure	Magnesiumchlorid	Wasser	Kohlendioxid
Unlösliches Carbonat	Säure	Salz	Wasser	Kohlendioxid

3. Einwirkung einer Säure auf eine unlösliche **Base***.

$$CuO + H_2SO_4 \rightarrow CuSO_4 + H_2O$$

Kupfer-(II)-oxid	Schwefelsäure	Kupfer-(II)-sulfat	Wasser
Unlösliche **Base***	Säure	Salz	Wasser

* **Base,** 151; **Kation,** 130; **Koordinative Bindung,** 132; **Kristallisation,** 135; **Löslichkeit,** 145; **Neutralisation,** 151; **Niederschlag,** 145; **Polare Moleküle,** 133; **Säurerest,** 153.

- **Hydrate**. Salzkristall mit Kristallwasser (das Salz ist **hydratisiert**). Das Salz ist kristallwasserfrei, wenn das Wasser wieder abgegeben ist.

- **Kristallwasserfreies Salz**. Das Salz wird zum Hydrat, wenn es das **Kristallwasser*** wieder aufnimmt.

- **Hydrolyse**. Spaltung einer Verbindung durch eine Reaktion mit Wasser; z. B. reagieren die Ionen eines Salzes mit den Wassermolekülen; sie bilden ein Gleichgewicht von Wasserstoffionen und Hydroxidionen und bewirken so eine saure oder alkalische Lösung. Ein Salz aus einer **schwachen Säure*** und einer **starken Base*** dissoziiert zu einer alkalischen Lösung. Salze aus **starker Säure*** und **schwacher Base*** dissoziieren zu einer sauren Lösung.

Kupfer-(II)-sulfat kann auftreten als

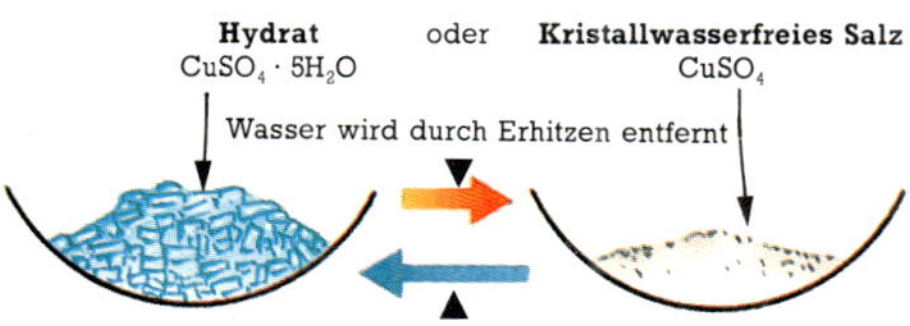

Kupfer-(II)-sulfatkristalle sind **hygroskopisch***; sie nehmen Wasser aus der Luft auf.

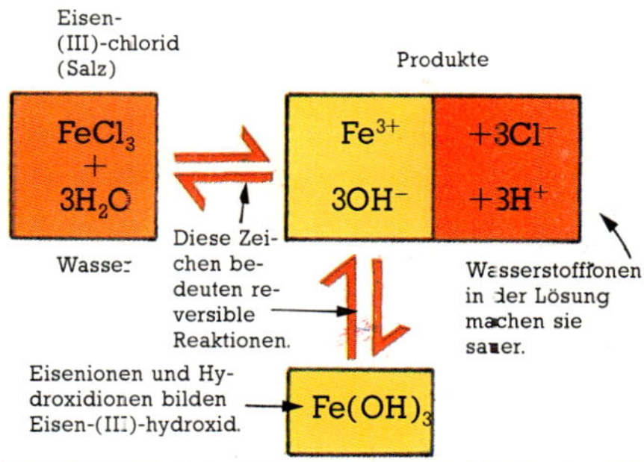

- **Dehydratation**. Das Entfernen von Wasser aus einem Stoff (Trocknen, Rösten). Insbesondere das Entfernen des Wassers aus einem **Hydrat** zur Gewinnung eines **kristallwasserfreien Salzes**.

- **Doppelte Umsetzung**. Chemische Reaktion zwischen zwei oder mehreren **Ionenverbindungen*** in wäßriger Lösung, bei denen die Ionen ausgetauscht werden. Eine der neuen Verbindungen ist ein unlösliches Salz, das einen **Niederschlag*** bildet. Die meisten unlöslichen Salze und Hydroxide werden auf diese Weise erzeugt.

- **Synthese aus Metall und Säure**. Reaktion, bei der alle oder einzelne Wasserstoffionen einer Säure durch Metalle ersetzt werden. Man wendet die Methode an, um lösliche Salze zu gewinnen; außer bei Natrium- und Kaliumsalzen, sie reagieren heftig mit der Säure.

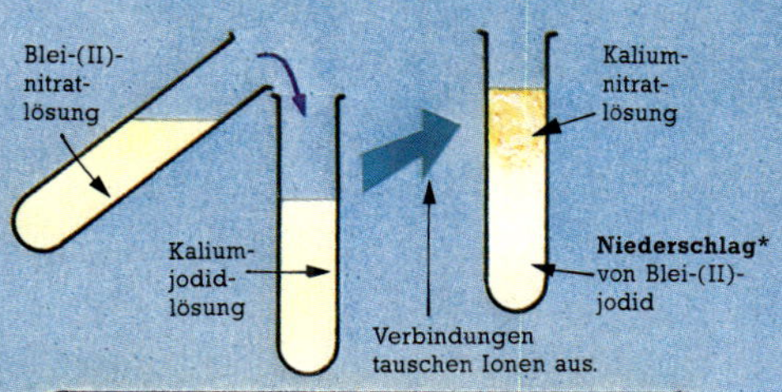

← ausgetauschte Anionen

$$Pb(NO_3)_2 + 2KJ \rightarrow PbJ_2\,(\downarrow) + 2KNO_3$$

← ausgetauschte Kationen

$$Zn + H_2SO_4 \rightarrow ZnSO_4 + H_2$$

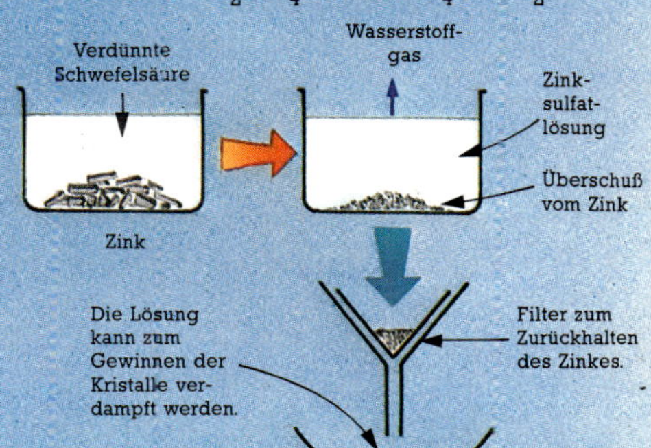

- **Direkte Synthese**. Eine Reaktion, bei der ein Salz direkt aus den Elementen gewonnen wird. Diese Methode braucht man zur Synthese der Salze, die mit Wasser reagieren und nicht in wäßriger Lösung gewonnen werden können.

$$Fe + S \rightarrow FeS$$

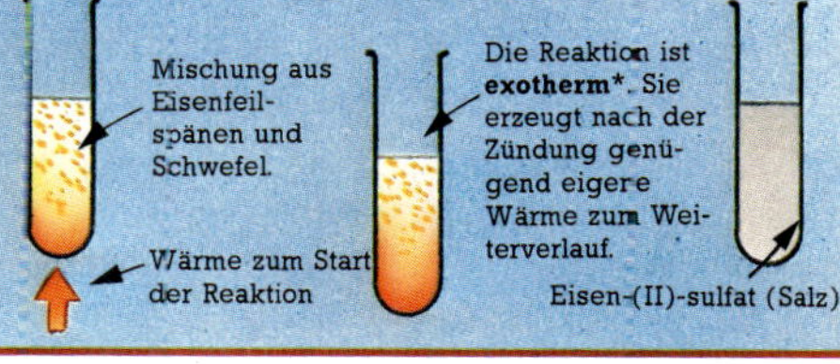

* **Exotherme Reaktion**, 147; **Hygroskopisch**, 206; **Ionenverbindung**, 131; **Kristallwasser**, 135; **Niederschlag**, 145; **Schwache Base**, 152; **Starke Base**, 152; **Starke Säure**, 152; **Schwache Säure**, 152.

Elektrolyse

Die **Elektrolyse** beschreibt das Verhalten chemischer Vorgänge, die dann vorliegen, wenn ein elektrischer **Strom*** durch eine ionenhaltige Lösung fließt. Metalle und Graphit leiten den elektrischen Strom, weil in ihrem **Kristallgitter*** freibewegliche Elektronen sind. **Geschmolzene* Ionenverbindungen*** oder Verbindungen mit **Ionen*** in Lösungen jedoch leiten den elektrischen Strom, weil sich die **Ionen*** bewegen können.

- **Elektrolyt***. Verbindung, die im **geschmolzenen*** Zustand oder in **wäßriger Lösung*** den elektrischen **Strom*** leitet. Alle **Ionenverbindungen*** sind **Elektrolyte***. Sie leiten den elektrischen **Strom***, da sie in **geschmolzenem*** Zustand oder in **wäßriger Lösung*** frei bewegliche **Ionen*** haben. **Kationen*** tragen eine positive Ladung, **Anionen*** eine negative. Die Anzahl der **Ionen*** in einem **Elektrolyten*** bestimmt seine Leitfähigkeit.

Natriumchlorid **geschmolzen***

Kupfer-(II)-sulfatlösung

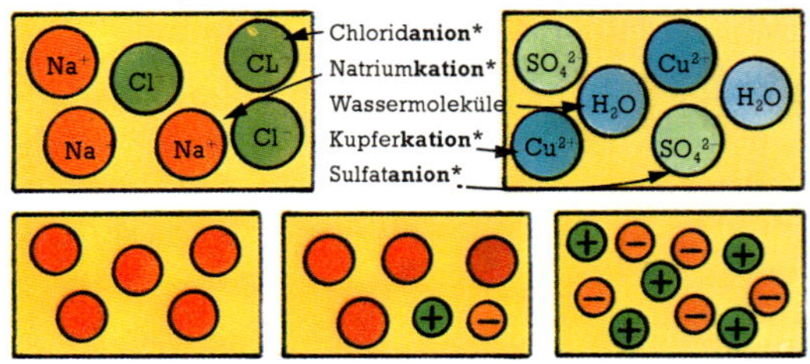

Kein Elektrolyt*. Eine Verbindung, die keine Ionen bildet.

Schwach elektrolytisch. Elektrolyt*, der nur wenig ionisiert.

Stark elektrolytisch. Ein **Elektrolyt***, der vollständig ionisiert.

- **Elektrode**. Metall- oder Graphitstück, das, in einem **Elektrolyten*** getaucht, Austrittsstelle (**Kathode**) oder Eintrittsstelle (**Anode**) für die Elektronen ist.

- **Passive Elektrode**. Elektrode, die sich während der Elektrolyse nicht verändert; meist aus Platin.

- **Aktive Elektrode**. Elektrode, meistens aus Metall, die während der Elektrolyse einer chemischen Veränderung unterliegt.

- **Elektrolytische Zelle**. Gefäß mit **Elektrolyten*** (**geschmolzen*** oder in **wäßriger Lösung***) und den Elektroden.

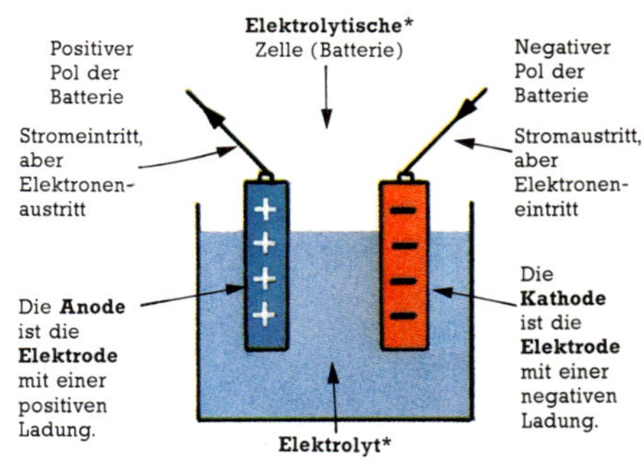

Elektrolyse von **geschmolzenem*** Natriumchlorid

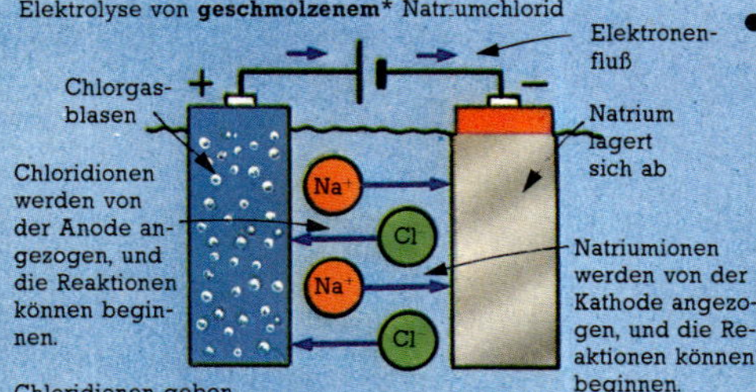

Chloridionen geben ein Elektron ab.

$Cl^- \rightarrow Cl + e^-$

Chlorgas entsteht

$Cl + Cl \rightarrow Cl_2$

Natriumionen nehmen ein Elektron auf.

$Na^+ + e^- \rightarrow Na$

Reines Natrium entsteht.

- **Ionentheorie der Elektrolyse.** Eine Theorie über die Vorgänge in einer **elektrolytischen Zelle**, die mit einer Spannungsquelle (Batterie) verbunden ist. Die negativen **Anionen*** werden von der positiven **Anode** angezogen, an die sie Elektronen abgeben. Die positiven **Kationen*** werden von der negativen **Kathode** angezogen und nehmen dort Elektronen auf. Die Ionen werden an den **Elektroden** entladen. Die Elektronen fließen von der Kathode innerhalb der Zelle zur Anode; außerhalb durch einen Stromkreis von der Anode über die Batterie zur Kathode.

* **Anion**, 130; **Elektrolyte**, 156; **Geschmolzen, Schmelze**, 120; **Ionenverbindung**, 131; **Ionen**, 130; **Kation**, 130; **Kristallgitter**, 136; **Strom**, 15
Wäßrige Lösung, 144.

- **Erstes Faradaysches Gesetz**. Die bei elektrolytischen Reaktionen an den Elektroden abgeschiedenen Stoffmengen sind proportional der Stärke des durch den **Elektrolyten** fließenden Stromes und der Zeit.

Ladung = Stromstärke × Zeit

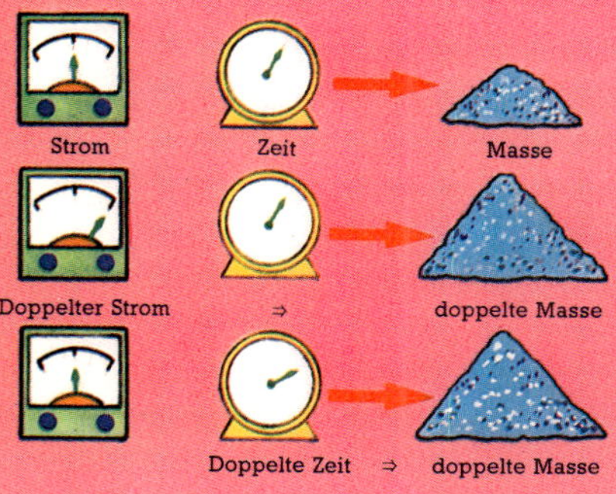

- **Voltameter**. Empfindliches Meßgerät, mit dem man die Menge des durch **Elektrolyse** abgeschiedenen Stoffes bestimmen kann.

- **Coulomb (C)**. Einheit der elektrischen Ladung. Ladungsmenge, die bei einem **Ampere*** Stromstärke in einer Sekunde durch den Leiterquerschnitt fließt.

- **Zweites Faradaysches Gesetz**. Wenn dieselbe Ladungsmenge durch verschiedene **Elektrolyte** fließt, so ist die Zahl der an den **Elektroden** abgeschiedenen **Mole*** eines Stoffes umgekehrt proportional der Anzahl der Ladungen ihrer Ionen.

Ein Kupferion braucht 2 Elektronen für ein neutrales Atom.

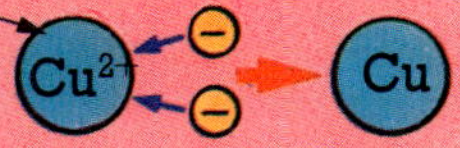

$$Cu^{2+} + 2e^- \rightarrow Cu$$

Wenn 1 **Faraday** (1 **Mol*** Elektronen) durch eine Kupfersulfatlösung geflossen sind, so hat die Kathode 6,02 × 10^{23} Elektronen an die Kupferionen abgegeben.

1 **Faraday** bewirkt, daß ½ **Mol*** Kupferionen in Kupferatome überführt werden und sich an der Kathode ablagern.

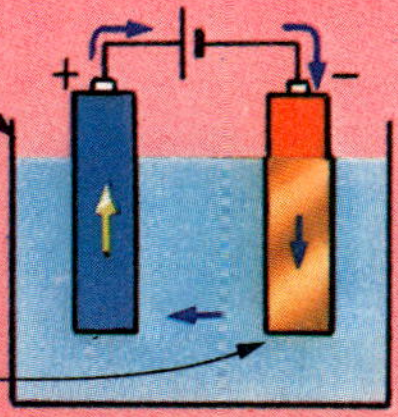

Nur ½ **Mol***, da die **Oxidationszahl** +II ist.

Andere Beispiele:

1 F erzeugt **1 Mol*** Natrium aus **1 Mol*** Natriumionen Na^+.	1 F erzeugt ⅓ **Mol*** Aluminium aus **1 Mol*** Aluminiumionen Al^{3+}.

- **Faraday (F)**. Einheit einer elektrischen Ladung, 1 F = 96500 Coulomb. Diese Ladungseinheit entspricht der Ladung eines **Mols*** eines einfach geladenen Ions.

Elektrolyse in der Industrie

- **Elektrolytische Reinigung**. Verfahren, um unreine Metalle zu reinigen. Nur die Metallionen nehmen an der Elektrolyse teil, Verunreinigungen nicht.

Unreine Kupfer-**Anode**

Reine Kupfer-**Kathode**

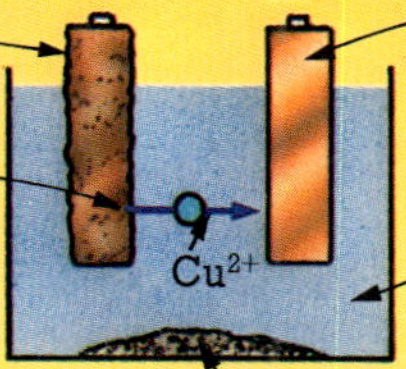

Kupferatome geben Elektronen ab, gehen als positive Ionen in Lösung und werden von der **Kathode** angezogen.

Kupfer-(II)-sulfatlösung

Schlamm aus Verunreinigungen

- **Elektrolytische Metallgewinnung.** Man kann mit Hilfe der Elektrolyse Metalle aus geschmolzenen Erzen gewinnen (s. a. **Aluminium** Seite 176 und **Natrium** Seite 168). Alle Metalle an der Spitze der **Reaktionsreihe** gewinnt man so.

- **Galvanisieren (elektrolytische Oberflächenveredelung)**. Überziehen eines metallischen Gegenstandes mit einer dünnen Schicht eines edleren Metalls. Der Gegenstand ist bei der Elektrolyse die Kathode.

Verzinken unterbindet **Korrosion*** (**s. a. kathodischer Korrosionsschutz** Seite 159).

Versilberte Schmuckstücke

Aluminiumoxid schützt Aluminium vor der Korrosion*. Farben können während der anodischen Oxidation* erzeugt werden.

- **Anodische Oxidation* (Eloxieren)**. Überziehen eines metallischen Gegenstandes mit einer dünnen Oxidschicht. Hydroxidionen werden an der Metallanode **oxidiert***, und es entsteht Wasser mit Sauerstoff, der das Metall oxidiert.

* **Ampere (Stromstärke)**, 159; **Korrosion**, 209; **Mole**, 139; **Oxidation, oxidieren**, 148.

Reaktivität

Die **Reaktivität** oder **Reaktionsfähigkeit** eines Elementes hängt von seiner Fähigkeit ab, die für die **Bindungen** benötigten Elektronen abzugeben oder aufzunehmen (s. a. Seiten 130–134). Je **reaktionsfähiger** ein Element ist, um so leichter kann es sich mit anderen Elementen verbinden. Einige Elemente sind sehr **reaktionsfähig,** andere sind **reaktionsträge.**

- **Reaktionsfähigkeitsreihe.** Liste von Elementen, meist Metallen, geordnet nach ihrer Reaktionsfähigkeit. Sie ist aufgestellt aus dem Vergleich der Reaktionen der Metalle mit anderen Stoffen wie Säuren und Oxiden (s. a. **Reaktionen** Seite 211).

- **Verdrängung**. Reaktion, bei der ein Element ein anderes in einem Molekül ersetzt. Ein Element kann nur das Element **verdrängen**, das in der **Reaktionsfähigkeitsreihe** unter ihm steht.

Zink verdrängt das Kupfer aus dem Kupfer-(II)-sulfat. ►

$$CuSO_4 + Zn \rightarrow ZnSO_4 + Cu$$

- **Halbzelle**. Ein Element im Wasser oder einer **wäßrigen Lösung*** einer ihrer Verbindungen. Die Atome an der Oberfläche des Elementes bilden Ionen, die in die Lösung gehen und Elektronen im Metall hinterlassen. Die Lösung bekommt eine positive Ladung und das Metall eine negative. Es entsteht eine Potentialdifferenz zwischen ihnen.

- **Elektrodenpotential (E)**. Potentialdifferenz in einer **Halbzelle.** Man kann sie nicht direkt messen, man mißt sie meistens gegen eine andere Halbzelle mit einer **Wasserstoffelektrode** (s. a. **Zeichnung**). Elektrodenpotentiale hängen mit der Fähigkeit zusammen, in wäßrigen Lösungen **Ionen*** zu bilden.

Messung des **Elekrodenpotentials** eines Metalls ▼

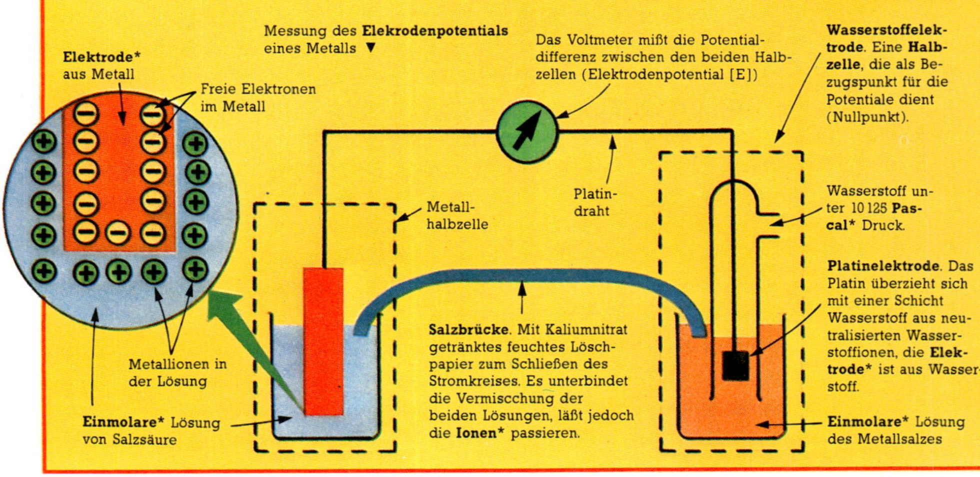

* **Einmolar (Molarität),** 139; **Elektrode,** 156; **Ionen,** 130; **Pascal,** 228; **Reduktionsmittel,** 148; **Verdrängung,** 158; **Wäßrige Lösung,** 144.

- **Elektrochemische Reihe**. Liste von Elementen, geordnet nach ihrem **Elektrodenpotential**. Das Element mit dem größten negativen Elektrodenpotential steht oben an der Spitze. Die Stelle des Elementes in der Reihe zeigt, wie leicht es Ionen in **wäßriger Lösung*** bildet und (in etwa) wie reaktionsfähig es ist.

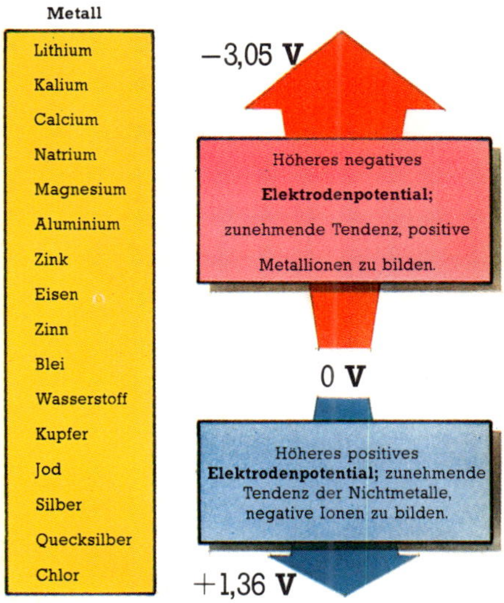

- **Potentialdifferenz** oder **Spannung**. Differenz der elektrischen Ladung zwischen zwei Punkten, gemessen in **Volt (V)** mit einem Voltmeter. Werden zwei Punkte mit verschiedenen Potentialen leitend verbunden, fließt ein Strom, dessen Stärke proportional der Potentialdifferenz ist.

- **Strom**. Fluß geladener Partikel; Elektronen positiver oder negativer Ionen. Stromstärken werden mit dem Amperemeter gemessen, die Einheit ist das **Ampere (A)**. Im Stromkreis fließen die Elektronen immer der Stromrichtung entgegen, die positiven Ionen in Richtung des Stromes.

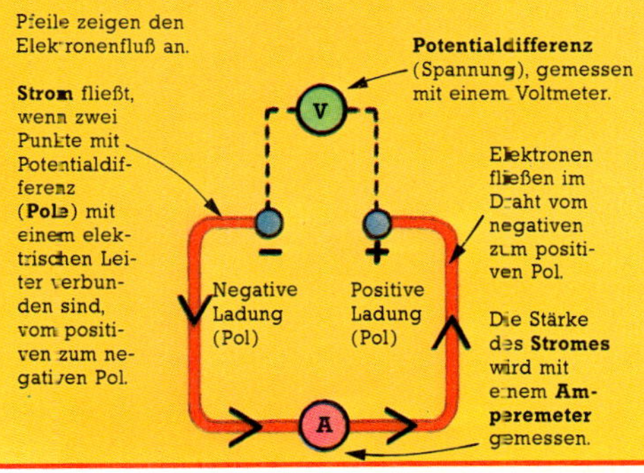

- **Elektrochemische Zelle** oder **Element**. Eine Anordnung von zwei **Halbzellen** mit Elektroden aus verschiedenen Elementen. Die Halbzelle mit dem größten negativen **Elektrodenpotential** bildet den **negativen Pol**. Werden die Pole leitend verbunden, fließt ein **elektrischer Strom**. Man unterscheidet Elemente und Akkumulatoren, die man im Gegensatz zu den Elementen wieder aufladen kann.

- **Elektromotorische Kraft (EMK)**. Allgemein der Name der **Spannung** (**Potentialdifferenz**) zwischen den Polen einer **elektrochemischen Zelle** im stromlosen Zustand.

- **Kathodischer Korrosionsschutz**. Eine Methode, Eisen vor der **Korrosion*** (**Rosten***) zu schützen. Man bringt ein Metall mit dem Eisen in Berührung, das in der **elektrochemischen Spannungsreihe** höher steht als das Eisen. Es dient als **Opferanode**.

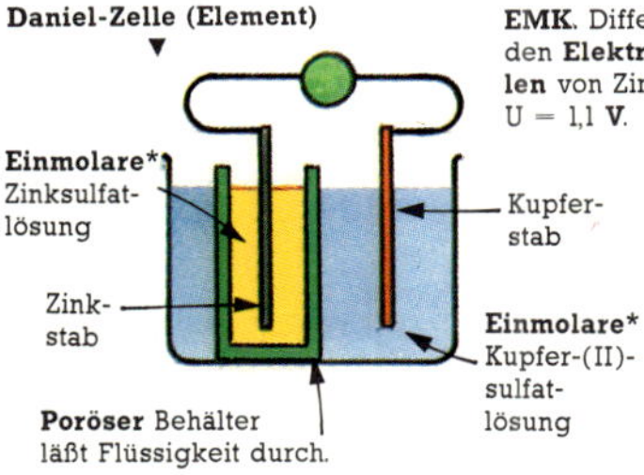

EMK. Differenz zwischen den **Elektrodenpotentialen** von Zink und Kupfer U = 1,1 V.

Blei-Säure-Akkumulator. Falsch als Autobatterie bezeichnet.

Eisenrohre werden geschützt durch Verbinden mit Aluminiumschrott.

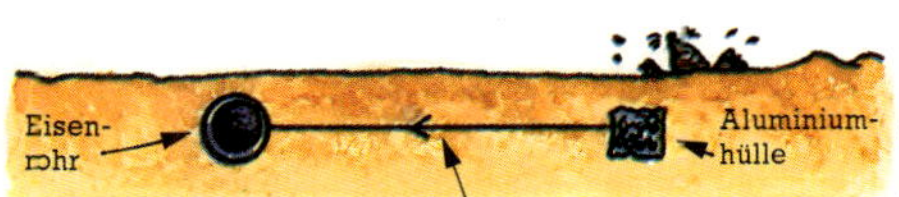

Das Eisen gibt Elektronen ab. Das Aluminium gibt jedoch mehr Elektronen ab.

Aluminium gibt seine Elektronen leichter ab. (Höher in der **elektrochemischen Spannungsreihe**.)

Galvanisieren ist eine typische Form von elektrolytischem Schutz (s. a. Seite 174).

* **Einmolar (Molarität),** 139; **Korrosion,** 209; **Rosten,** 209; **Wäßrige Lösung,** 144.

Reaktionsgeschwindigkeit

Die Dauer einer chemischen Reaktion schwankt zwischen weniger als einer millionstel Sekunde und vielen Jahren. Man kann die Dauer einer chemischen Reaktion festlegen, ob sie schneller oder langsamer verlaufen soll, indem man die Bedingungen, unter denen sie abläuft, verändert. Die Wirtschaftlichkeit industrieller Prozesse wird verbessert, indem man die **Reaktionsgeschwindigkeit** erhöht; z. B. durch einen **Katalysator**, durch Veränderung der Temperatur oder des Druckes.

- **Reaktionsgeschwindigkeit**. Sie gibt an, welche Menge der chemischen Produkte pro Zeiteinheit entsteht. Die experimentelle Methode zur Bestimmung der Reaktionsgeschwindigkeit hängt vom **Zustand*** aller Stoffe ab. Die Ergebnisse werden in einem **Reaktionsgraphen** dargestellt. Aus der Steigung des Graphen kann man die **augenblickliche Reaktionsgeschwindigkeit** ablesen. Die **Anfangsgeschwindigkeit** ist groß, der Graph verläuft steil; später ist er flacher, das bedeutet, daß die Reaktionsgeschwindigkeit abgenommen hat. Die **durchschnittliche Reaktionsgeschwindigkeit** erhält man, wenn die Menge der erzeugten Produkte oder Reaktanten durch die Gesamtzeit geteilt wird.

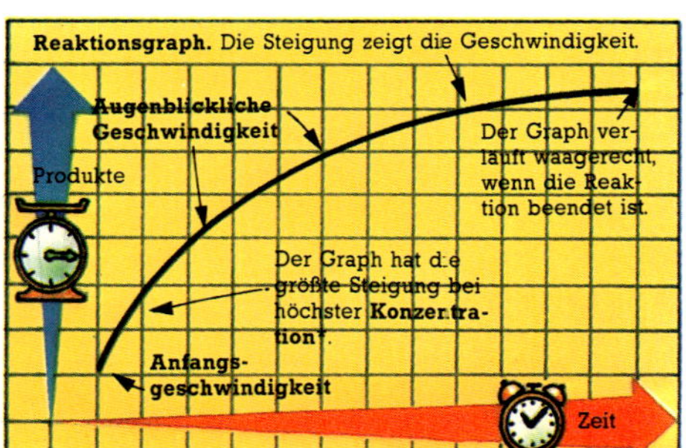

- **Kollisionstheorie**. Erklärt, weshalb sich die Reaktionsgeschwindigkeit ändert, wenn man die Reaktionsbedingungen verändert. Bei einer Reaktion müssen die Reaktionspartner zusammenstoßen. Je mehr Zusammenstöße geschehen, um so größer ist die Reaktionsgeschwindigkeit. Ein Zusammenstoß führt nur zu einer Reaktion, wenn die Partikel auch ausreichende Energie haben.

- **Photochemische Reaktion**. Reaktion, deren Reaktionsgeschwindigkeit von der Intensität des Lichtes abhängt, z. B. **Photosynthese***. Licht gibt den Reaktionspartnern Energie, und die Reaktionsgeschwindigkeit steigt an.

Photochemische Reaktion bei der Photographie

$$2\,AgCl \rightarrow 2\,Ag + Cl_2$$

Silberkristalle entstehen, wenn Licht auf den Film fällt. Sie bilden schwarze Stellen auf dem Film.

- **Aktivierungsenergie**. Mindestenergie, die Reaktionspartner haben müssen, damit sie bei Zusammenstößen reagieren (s. a. **Kollisionstheorie**). Die Reaktionsgeschwindigkeit hängt davon ab, wieviele Reaktionspartner die **Aktivierungsenergie** haben. Bei vielen Reaktionen haben schon alle Partikel diese Energie, bei anderen Reaktionen muß sie zugeführt werden, bis die Partner die Aktivierungsenergie haben.

Reibung erzeugt Wärme als **Aktivierungsenergie** für die Stoffe im Streichholzkopf.

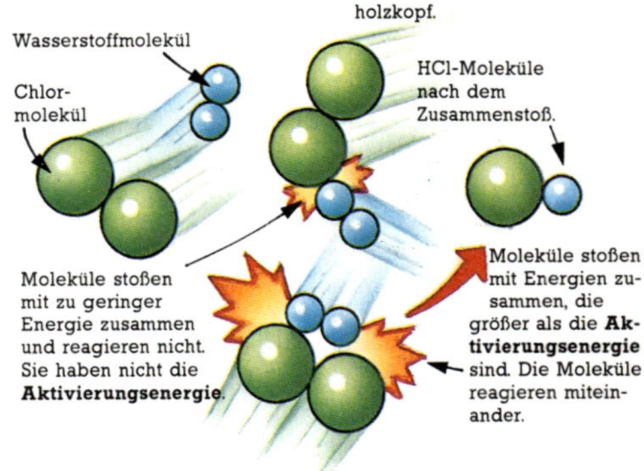

* **Konzentration**, 139; **Photosynthese**, 209; **Zustand (Aggregatzustand)**, 120.

Änderungen der Reaktionsgeschwindigkeit

Die **Reaktionsgeschwindigkeit** nimmt zu, wenn die Temperatur erhöht wird. Die dabei zugeführte Wärmeenergie sorgt dafür, daß mehr Partikel die notwendige **Aktivierungsenergie** erhalten. Bei Gasen steigt

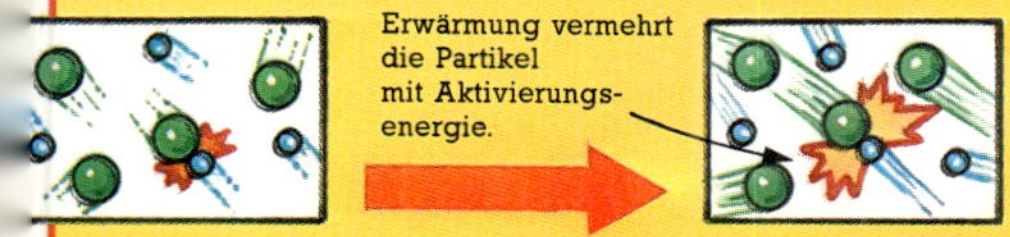

die Reaktionsgeschwindigkeit an, wenn der Druck erhöht wird. Druckerhöhung im Gas bewirkt eine Temperaturerhöhung und eine Volumenabnahme und erhöht die **Konzentration*** (s. a. **Gasgesetze** Seite 142). Die Teilchen stoßen häufiger und mit einer größeren Energie aufeinander.

Die Reaktionsgeschwindigkeit wird größer, wenn die **Konzentration*** eines oder mehrerer Reaktanten größer wird.

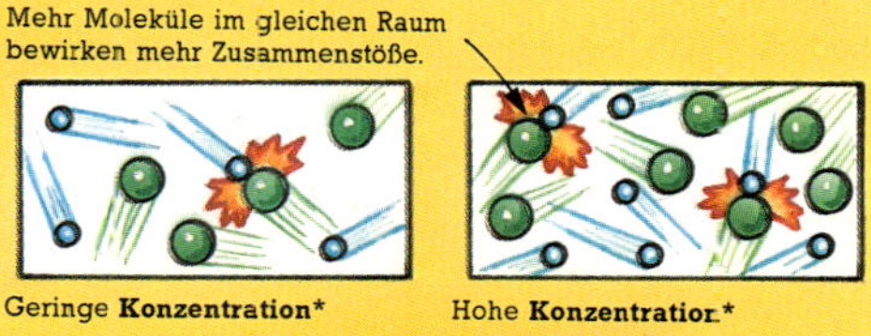

Die **Reaktionsgeschwindigkeit** wird größer, wenn die Oberfläche eines festen Stoffes vergrößert wird. Reaktionen mit einem festen Stoff können nur an seiner Oberfläche stattfinden.

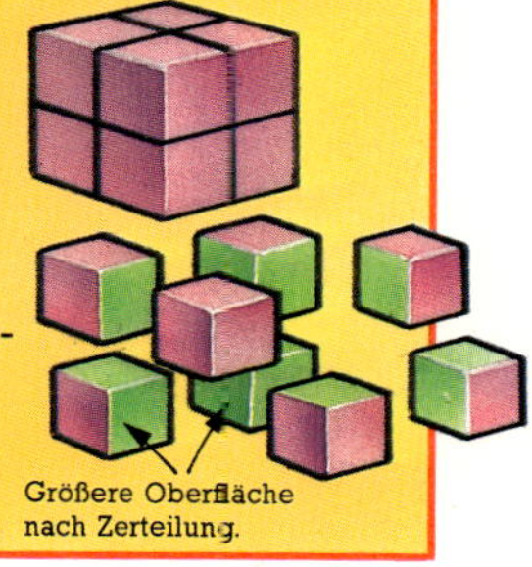

- **Katalysator**. Stoff, der die Reaktionsgeschwindigkeit einer chemischen Reaktion vergrößert, am Ende der Reaktion aber chemisch vollkommen unverändert wieder vorliegt. Dieser Prozeß wird **Katalyse** genannt. Katalysatoren wirken dadurch, daß sie die **Aktivierungsenergie** einer Reaktion herabsetzen. Der bei einer Reaktion vorliegende Katalysator wird in der **Reaktionsgleichung*** über die Pfeile geschrieben.

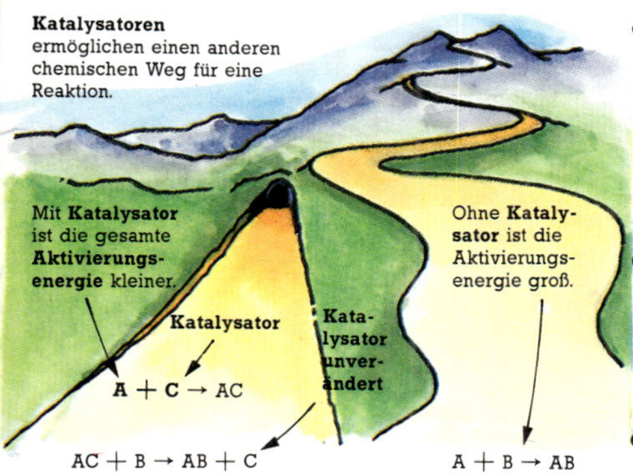

- **Autokatalyse**. Prozeß, in dem eines der Produkte der Reaktion als **Katalysator** wirkt.

- **Enzym (Ferment)**. Katalysator bei Organismen. Enzyme beschleunigen die Reaktionsgeschwindigkeit chemischer Reaktionen in den Organismen.

- **Promotor**. Stoff, der die Wirkung eines **Katalysators** verstärkt. Er beschleunigt die Reaktionsgeschwindigkeit.

- **Inhibitor**. Stoff, der die Wirkung eines **Katalysators** abschwächt. Die Reaktionsgeschwindigkeit wird kleiner.

- **Homogene Katalyse**. Der Katalysator gehört derselben **Phase*** an, wie die Reaktanten; z. B. ein gelöster Katalysator in einer Lösung der Reaktanten oder ein gasförmiger Katalysator im Gemenge zweier Gase.

- **Heterogene Katalyse**. Der Katalysator ist nicht in der gleichen **Phase*** wie die Reaktanten; z. B. festes Platin verdichtet Gas an seiner Oberfläche.

* **Konzentration**, 139; **Phase**, 120; **Reaktionsgleichung**, 182.

Gleichgewichtsreaktionen

Viele chemische Reaktionen verlaufen so lange, bis ein Reaktant oder alle verbraucht sind; ihre Produkte reagieren nicht miteinander. Das bezeichnet man als **vollständige Umsetzung**. Andere Reaktionen erreichen dieses Stadium nie, bei ihnen stellt sich ein **Gleichgewicht** zwischen Reaktanten und Produkten ein. Diese Reaktionen sind **Gleichgewichtsreaktionen** oder **reversible Reaktionen**.

- **Reversible Reaktion**. Chemische Reaktion, bei der nicht nur die Reaktanten miteinander reagieren, sondern gleichzeitig auch aus den Produkten die Reaktanten zurückgebildet werden; eine Reaktion, die in beiden Richtungen verläuft und bei der sich ein beeinflußbares **Gleichgewicht** einstellt. Es findet keine vollständige Umsetzung statt (s. a. **Einleitung**).

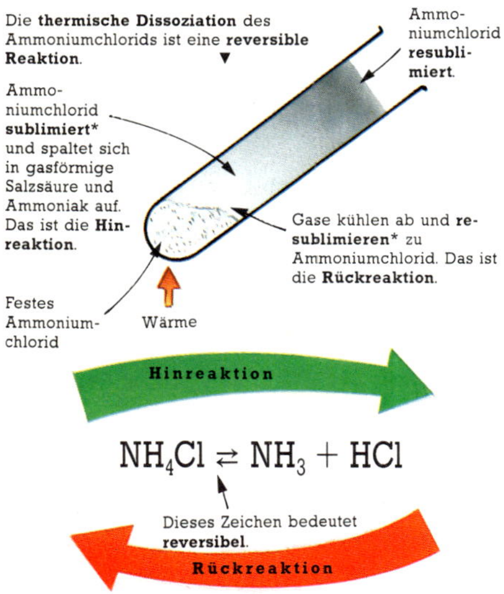

- **Hinreaktion**. Reaktion, in der die Produkte während einer **reversiblen Reaktion** aus den vorgegebenen Reaktanten gebildet werden. In der Reaktionsgleichung von links nach rechts gelesen.

- **Rückreaktion**. Reaktion, in der die Reaktanten während einer **reversiblen Reaktion** aus den bereits gebildeten Produkten zurückgebildet werden. In der Reaktionsgleichung von rechts nach links gelesen.

- **Dissoziation**. Eine **reversible Reaktion**, in der eine Verbindung in andere Verbindungen oder Elemente zerlegt wird. **Thermische Dissoziation** ist eine Dissoziation, die durch Wärmeeinwirkung verursacht wird. Bei Abkühlung werden die zerlegten Moleküle zurückgebildet.

Stickstoffdioxid läßt sich durch thermische Dissoziation in Stickstoffmonoxid und Sauerstoff zerlegen.

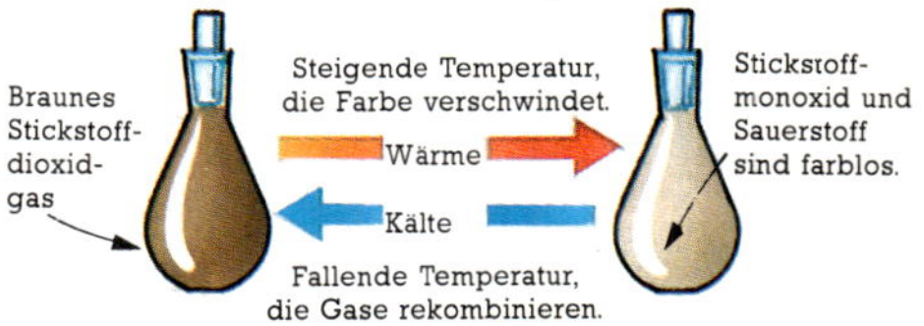

$$2NO_2(g) \rightleftarrows 2NO(g) + O_2(g)$$

- **Abgeschlossenes System**. Ein **System***, bei dem keine Chemikalien austreten oder eintreten können. Wenn bei einer reversiblen Reaktion ein Produkt z. B. als Gas in die Atmosphäre entweicht, kann die Reaktion nicht mehr rückläufig verlaufen; es ist dann ein **offenes System***.

- **Dynamisches Gleichgewicht**. Liegt dann vor, wenn zwei einander gegenläufige Reaktionen sich gegenseitig aufheben. Bei einem **chemischen Gleichgewicht** heben sich die **Hinreaktion** und die **Rückreaktion** gegenseitig auf.

Ein Mensch, der eine Rolltreppe mit der gleichen Geschwindigkeit hinaufgeht, mit der sich die Treppenstufen herabbewegen, ist in einem **dynamischen Gleichgewicht**.

* **Sublimation**, 121; **System**, 345.

- **Chemisches Gleichgewicht**. Zustand bei einer **reversiblen Reaktion** in einem **abgeschlossenen System**, wenn die **Hinreaktion** und die **Rückreaktion** mit der gleichen Reaktionsgeschwindigkeit verlaufen. Ihre Wirkungen heben einander auf; die **Konzentration** der Reaktanten und der Produkte ändern sich nicht. Das **chemische Gleichgewicht** ist ein **dynamisches Gleichgewicht**.

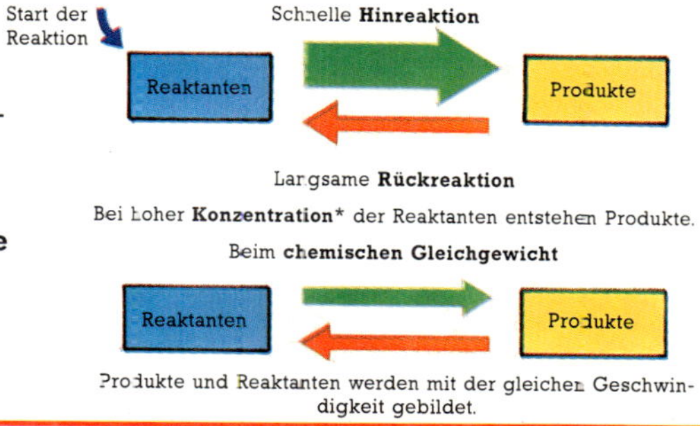

Änderungen chemischer Gleichgewichte

Jede Änderung der Bedingungen (Temperatur, **Konzentration*** oder Druck) während einer **reversiblen Reaktion** beeinflußt die **Hinreaktion**, die **Rückreaktion** und das **chemische Gleichgewicht**. Das **chemische Gleichgewicht** ist eventuell wiederhergestellt, hat jedoch ein anderes Verhältnis von Reaktanten und Produkten. Die **Gleichgewichtslage** hat sich verschoben.

Erste Gleichgewichtslage

Geänderte Bedingungen zugunsten der **Hinreaktion, Gleichgewichtslage** verschiebt sich nach rechts.

Geänderte Bedingungen zugunsten der **Rückreaktion, Gleichgewichtslage** verschiebt sich nach links.

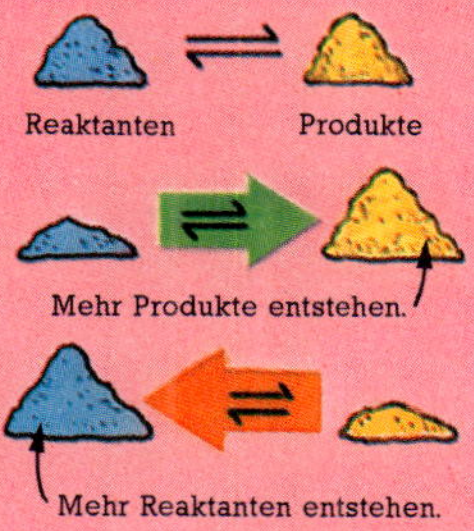

- **Prinzip von Le Chatelier**. Ein **System***, das im chemischen Gleichgewicht steht, reagiert auf eine Änderung der Bedingungen stets so, daß die Wirkung der Veränderung verringert wird.

Wird der Druck bei einer **reversiblen Reaktion** geändert, so ändert sich auch die Gleichgewichtslage.

Bei der Reaktion $(A(g) + B(g) \rightleftharpoons AB(g))$

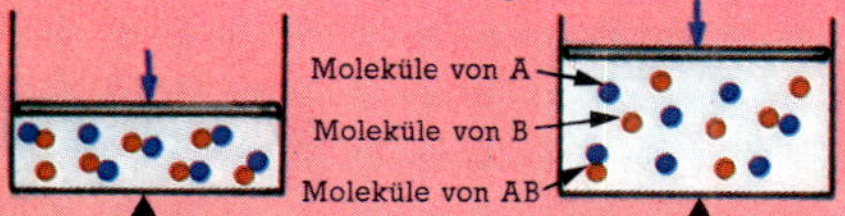

Druck wird verstärkt, Verschiebung nach rechts, mehr AB entstehen, Anzahl der Moleküle nimmt ab, dadurch wird der Druck wieder geringer bis zum chemischen Gleichgewicht.

Druck wird geringer, Verschiebung nach links, Anzahl der Moleküle nimmt zu. Der Druck steigt wieder an bis zum chemischen Gleichgewicht.

Wird die Temperatur bei einer **reversiblen Reaktion** geändert, so ändert sich auch die **Gleichgewichtslage**. Eine reversible **exotherme Reaktion*** in die eine Richtung, eine reversible **endotherme Reaktion*** in die andere Richtung.

Ammoniaksynthese nach dem **Haber-Bosch-Prozeß***.

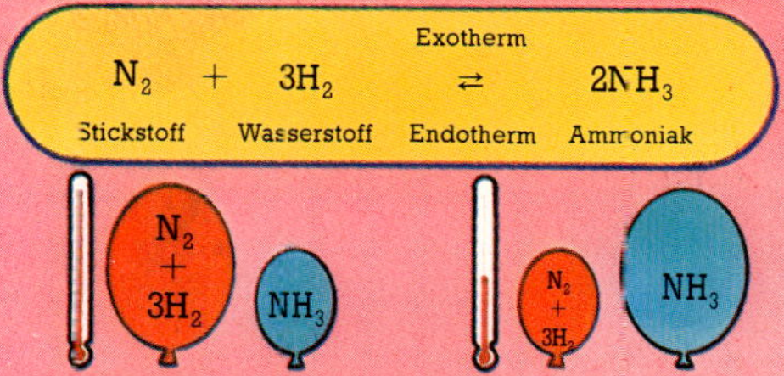

Temperatur steigt. Geschwindigkeit der **endothermen* Rückreaktion** nimmt zu. Reaktion verbraucht Wärme zur Aufspaltung, **Gleichgewicht** wird nach links verschoben.

Temperatur fällt. Geschwindigkeit der **exothermen* Hinreaktion** nimmt zu. Reaktion gibt Wärme frei. Mehr Ammoniak entsteht, **Gleichgewicht** wird nach rechts verschoben.

Ändert man die **Konzentration*** der Reaktanten oder der Produkte bei einer **reversiblen Reaktion**, so ändert sich auch die **Gleichgewichtslage**.

Höhere **Konzentration*** der Reaktanten aktiviert die **Hinreaktion**. Oder: Niedrigere **Konzentration*** der Produkte bremst die **Rückreaktion**.

Gleichgewichtslage verschiebt sich nach rechts.

Niedrigere **Konzentration*** der Reaktanten bremst die **Hinreaktion**. Oder: Höhere Konzentration der Produkte aktiviert die **Rückreaktion**.

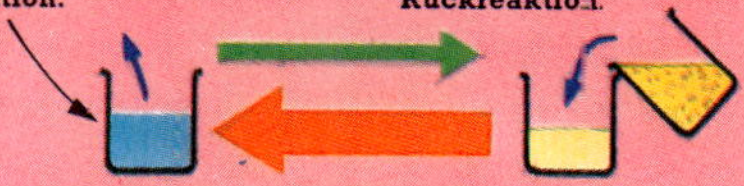

Gleichgewichtslage verschiebt sich nach links.

* **Endotherme Reaktion, exotherme Reaktion,** 147; **Haber-Bosch-Prozeß,** 180; **Konzentration,** 139; **System,** 345.

Das periodische System

Während des 19. Jahrhunderts versuchten viele Chemiker, die Elemente nach ihrer Atomgröße und nach ihren sich regelmäßig wiederholenden Eigenschaften und Verhaltensweisen systematisch zu ordnen. Der erfolgreichste Versuch wurde von dem russischen Chemiker Dmitri I. Mendelejeff 1869 veröffentlicht. Diese Ordnung ist noch heute Grundlage des modernen **periodischen Systems.**

Periodisches System

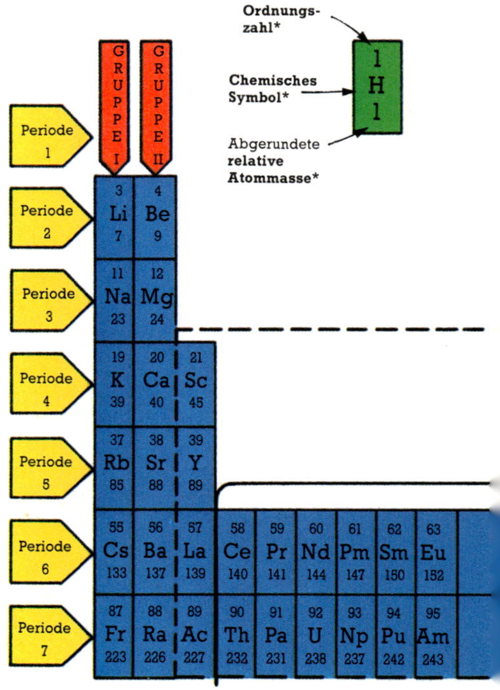

- **Periodisches System**. Eine Anordnung der Elemente nach ihren **Ordnungszahlen*** (Protonenzahl). Die physikalischen und chemischen Eigenschaften eines Elementes und seiner Verbindungen haben eine Beziehung zu ihrer Stellung im periodischen System. Diese chemische Verwandtschaft hat dazu geführt, daß man die Elemente in **Gruppen** und **Perioden** einteilt. Die Anordnung der Elemente beginnt links oben mit dem Wasserstoff und geht weiter nach steigenden Ordnungszahlen von links nach rechts durch die Perioden und von oben nach unten.

- **Periode**. Eine horizontale Zeile von Elementen im **periodischen System**. Es gibt sieben Perioden. Die 1. Periode hat nur zwei Elemente, Wasserstoff und Helium, es ist die Vorperiode. Die 2. und 3. Periode haben je 8 Elemente, und man bezeichnet sie als **Kurzperioden**. Die Perioden 4, 5, 6 und 7 haben zwischen 18 und 32 Elemente, es sind die **Langperioden**. Geht man von links nach rechts durch die Gruppen einer Periode, so hat das folgende Element jeweils ein Elektron mehr in der **Außenschale*** als das vorhergehende. Alle Elemente derselben Periode haben die gleiche Anzahl von Schalen. Mit dem Wechsel der Elektronenzahl auf der **Außenschale*** von einem Element zum anderen wechseln auch, in jeder Periode gleich, die Eigenschaften und das chemische Verhalten der Elemente. Für das Reduktionsverhalten geben die Elemente der 2. Periode ein Beispiel für alle Perioden:

Elektronenkonfiguration* der Elemente der II. Periode.

Alle Elemente haben zwei Schalen. Die **Außenschale*** hat, von links nach rechts gesehen, jeweils ein Elektron mehr.

Starke **Reduktionsmittel*** ⟶ Schwache **Reduktionsmittel*** ⟶ Starke **Oxidationsmittel***

Typischer Übergang vom **Reduktionsmittel*** zum **Oxidationsmittel*** gegenüber einem Reaktionspartner (s. a. Seite 166).

* **Außenschale**, 127; **Chemisches Symbol**, 122; **Elektronenkonfiguration**, 127; **Ordnungszahl**, 127; **Oxidationsmittel**, 148; **Reduktionsmittel**, 148; **Relative Atommasse**, 138.

- **Gruppe**. Elemente einer Spalte des **periodischen Systems**, alle Elemente haben die gleiche Anzahl von Elektronen auf der **Außenschale*** und chemisch sehr ähnliche Eigenschaften. Jede Gruppe hat einen Namen und ist durch eine römische Zahl gekennzeichnet. **Übergangsmetalle** bilden eigene Gruppen.

Gruppennummer	Gruppenname
Gruppe I	Alkalimetalle
Gruppe II	Erdalkalimetalle
Gruppe III	Erdmetalle
Gruppe IV	Kohlenstoffgruppe
Gruppe V	Stickstoffgruppe
Gruppe VI	Chalkogene
Gruppe VII	Halogene
Gruppe VIII	Edelgase

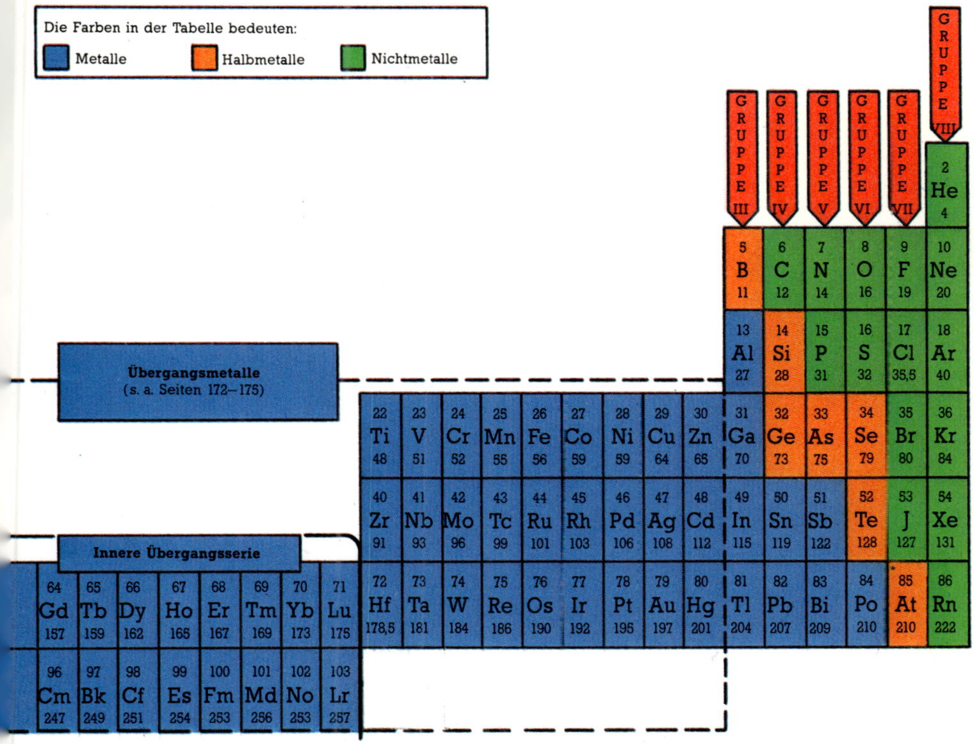

Metalle und Nichtmetalle

- **Metall**. Element mit charakteristischen physikalischen Eigenschaften, die es vom Nichtmetall unterscheidet. Die Elemente links im periodischen System sind Metalle, nach rechts nimmt der metallische Charakter ab. Elemente, die weder ausgesprochene Metalle noch Nichtmetalle sind, nennt man **Halbmetalle**, sie haben Eigenschaften zwischen Metallen und Nichtmetallen. Sie liegen in der Mitte des Systems, rechts von ihnen liegen **Nichtmetalle**.

Eigenschaft	Metall	Nichtmetall
Zustand* bei Zimmertemperatur	Fest (Ausnahme: Quecksilber)	Fest oder gasförmig (Ausnahme: Brom [fl])
Äußere Erscheinung	Glänzend	Meist nicht glänzend (Ausnahme: Jod)
Leitfähigkeit*	Gut	Schlecht (Ausnahme: Graphit)
Plastizität*	Gut	Schlecht
Elastizität*	Gut	Schlecht
Schmelzpunkt	Gewöhnlich hoch	Gewöhnlich niedrig
Siedepunkt	Gewöhnlich hoch	Gewöhnlich niedrig

* **Außenschale,** 127; **Elastiztät,** 344; **Leitfähigkeit,** 344; **Plastizität,** 345; **Zustand (Aggregatzustand),** 120.

Anorganische Chemie

Unter der **anorganischen Chemie** faßt man die Chemie aller Elemente und ihrer Verbindungen zusammen – außer den Stoffen, die aus Ketten von Kohlenstoffatomen aufgebaut sind (s. a. **organische Chemie,** Seiten 190–205). Die Eigenschaften und Reaktionen der **anorganischen Elemente** und ihrer Verbindungen folgen gewissen Regeln, die aus ihrer Stellung im Periodensystem hervorgehen. Sieht man sich die senkrechten **Gruppen*** oder waagerechten **Perioden*** in dieser Tafel an, so ist es möglich, Reaktionen der Elemente vorauszusagen.

Hauptregeln des Periodensystems

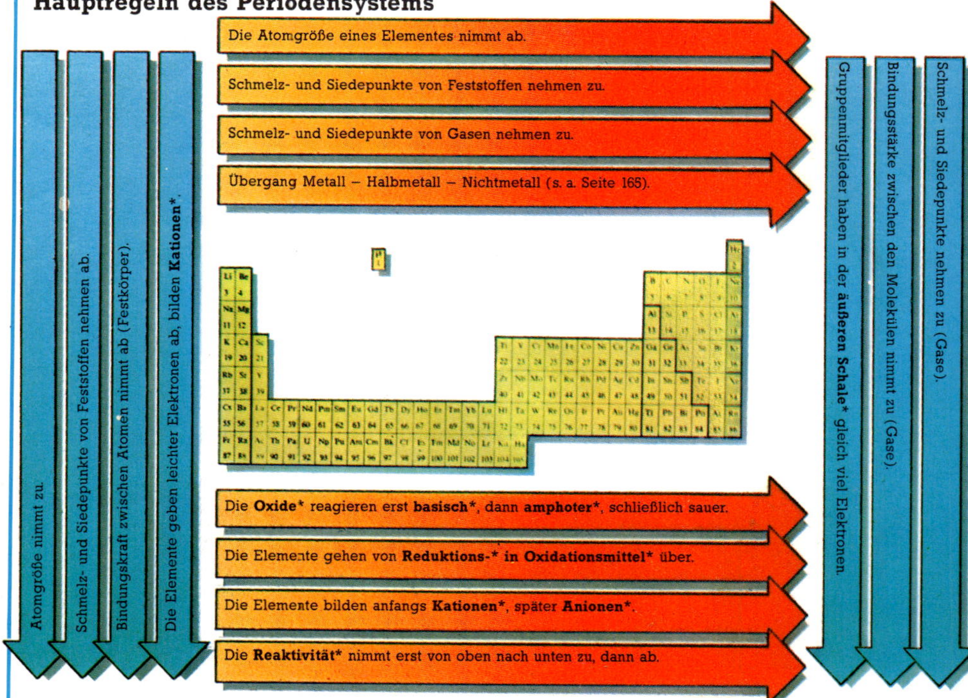

Voraussagen von Reaktionen

Im **anorganischen Teil** des Buches enthält jede **Elementgruppe** eine Einführung und eine Tabelle, die Eigenschaften der Stoffe aufführt. Unter den Tabellen sind blaue Kästen, die Regelmäßigkeiten in der Gruppe aufzeigen. Nach der Einführung werden bekanntere Mitglieder vorgestellt. Informationen über die Elemente der Gruppe können oft mit den Regeln der **Reaktivität*** in einer Gruppe vorhergesagt werden.

Die folgenden zwei Schritte zeigen, wie man die **Reaktivität*** von Caesium mit kaltem Wasser voraussagen kann. Caesium steht in Gruppe I (s. a. Seiten 168–169).

1. Die einführende Tabelle zur 1. Gruppe zeigt, daß die Reaktivität von oben nach unten zunimmt.

2. Aus den Beschreibungen von Lithium, Natrium und Kalium geht hervor, daß alle drei Elemente mit Wasser reagieren, je weiter unten in der Gruppe desto heftiger. Lithium reagiert schwach, Natrium heftig und Kalium sehr heftig.

Man kann voraussagen, daß Caesium, da es in der Gruppe unter Kalium steht, äußerst heftig mit Wasser reagieren wird.

* **Amphoter,** 151; **Äußere Schale,** 127; **Anion,** 130; **Base, Basisch,** 151; **Gruppe,** 165; **Kation,** 130; **Oxidationsmittel,** 148; **Oxide,** 183; **Periode,** 164; **Reaktivität,** 158; **Reduktionsmittel,** 148.

Wasserstoff

Wasserstoff (H_2) mit der **Ordnungszahl*** 1 ist das erste und leichteste Element im Periodensystem und das weitverbreitetste im Universum. Er ist ein farbloses, geruchloses, brennbares, zweiatomiges Gas, das in der Natur nur in Verbindungen vorkommt. Er wird durch die Reaktion von Erdgas mit Wasserdampf bei hohen Temperaturen oder durch die katalysierte Reaktion von **Wassergas*** mit Wasserdampf hergestellt. Er ist ein **Reduktionsmittel***, brennt an der Luft mit hellblauer Flamme und reagiert bei höheren Temperaturen mit vielen Stoffen, z. B. mit Natrium bildet er Natriumhydrid. Wasserstoff wird z. B. bei der Margarineherstellung (s. a. **Hydrierung** Seite 193), der Ammoniaksynthese (s. a. **Haber-Bosch-Verfahren** Seite 180) und als Raketentreibstoff verwendet (s. a. Seiten 217 und 219).

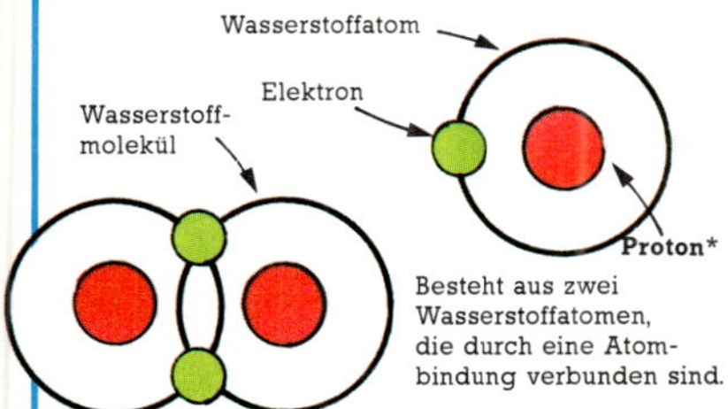

Besteht aus zwei Wasserstoffatomen, die durch eine Atombindung verbunden sind.

Wasserstoffion (H^+). Besteht aus einem **Proton*** (kein Elektron). Es entsteht aus Wasserstoffatomen durch Verlust des Elektrons. H^+-Ionen lagern sich an Wassermoleküle an und bilden **Hydroxoniumionen***. Wäßrige Lösungen von Säuren enthalten H_3O^+-Ionen im Überschuß.

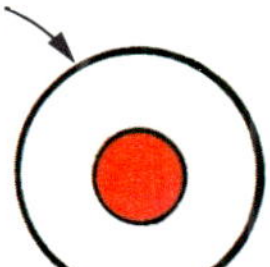

- **Wasser (H_2O).** Ein Oxid des Wasserstoffes und eine der weitverbreitetsten Verbindungen auf der Erde. Es ist eine farblose, geschmacklose Flüssigkeit, die bei 0 °C erstarrt und bei 100 °C siedet, mit der Dichte 1 g cm^{-3} bei 4 °C. Bestes bekanntes Lösungsmittel.
Wasser besteht aus **polaren Molekülen***, die durch **Wasserstoffbrücken*** zusammengehalten werden. Es entsteht beim Verbrennen von Wasserstoff in Sauerstoff (s. a. Seiten 206 und 218).

Eis schwimmt im Wasser, da es leichter ist (s. a. Seite 206). Wasser hat seine größte Dichte bei 4 °C.

$$2Na(f) + H_2(g) \rightarrow 2NaH(f)$$
Natrium — Wasserstoff — Natriumhydrid

$$CuO(f) + H_2(g) \rightarrow Cu(f) + H_2O(fl)$$
Kupfer-(II)-oxid — Wasserstoff — Kupfer — Wasser

- **Hydroxide**. Sind Verbindungen, die aus **Hydroxidionen* (OH^-)** und **Kationen*** gebildet werden. Lösungen, die einen Überschuß an OH^--Ionen enthalten, reagieren alkalisch. Viele Hydroxide sind nicht wasserlöslich, z. B. **Blei-(II)-hydroxid ($Pb(OH)_2$)**. Jedoch sind die Hydroxide der Elemente der I. Gruppe löslich.

- **Deuterium** (**D** oder $^2_1$**H**). Ein **Isotop*** des Wasserstoffes mit einem **Proton*** und einem **Neutron***. Sein Anteil am natürlichen Wasserstoff beträgt 0,0156%. Wasser, das Deuterium enthält, wird **Deuteriumoxid (D_2O)** oder **schweres Wasser** genannt. Schweres Wasser wird in Kernreaktoren benötigt, um schnelle Neutronen zu bremsen.

- **Wasserstoffperoxid (H_2O_2)**. Eine ölige Flüssigkeit. Es ist ein Oxid des Wasserstoffes und ein starkes **Oxidationsmittel***. In den Handel kommt es als wäßrige Lösung zum Desinfizieren und Bleichen.

- **Tritium** (**T** oder $^3_1$**H**). Ist ein **Isotop*** des Wasserstoffes mit einem Proton und 2 Neutronen. Es kommt selten vor, entsteht aber in Kernreaktoren. Es ist radioaktiv (β-Strahler), s. a. Seiten 128–129.

Tritiumhaltiges Wasser enthält einige **Moleküle**, in denen Wasserstoff durch **Tritium** ersetzt wurde. Es wird in der Medizin benutzt, um den Wasserumsatz zu bestimmen.

* **Hydroxoniumion**, 150; **Isotop**, 127; **Neutron**, 126; **Ordnungszahl**, 127; **Oxidationsmittel**, 148; **Polares Molekül**, 133; **Proton**, 126; **Reduktionsmittel**, 148; **Wassergas**, 179; **Wasserstoffbrücke**, 134.

Gruppe I Alkalimetalle

Die Elemente der **I. Gruppe** des Periodensystems werden **Alkalimetalle** genannt, da sie alle Metalle sind, die mit Wasser unter Bildung alkalischer Lösungen reagieren. Sie haben ähnliche chemische Eigenschaften und ihre physikalischen Eigenschaften folgen gewissen Regeln. Die Tabelle gibt einige ihrer Eigenschaften wieder.

Einige Eigenschaften der Elemente der I. Gruppe

Name des Elementes	Chemisches Symbol	Relative Atommasse*	Elektronenanordnung*	Reaktivität	Aussehen	Verwendung
Lithium	Li	6,94	2,1	ZUNEHMEND ↓	silberweißes Metall	s. u. auf dieser Seite
Natrium	Na	22,99	2,8,1		weiches, silberweißes Metall	s. u. auf dieser Seite
Kalium	K	39,10	2,8,8,1		weiches, silberweißes Metall	s. a. Seite 169
Rubidium	Rb	85,47	1 **Außenelektron**, sonst komplizierte Anordnung		weiches, silberweißes Metall	Spezialgläser
Caesium	Cs	132,90			weiches Metall mit goldenem Glanz	In **Fotozellen***, **Katalysatoren***
Francium	Fr	Keine stabilen Isotope				

Die **Atome** aller **Elemente** der **I. Gruppe** haben ein **Elektron** auf der äußeren Schale; deshalb sind sie starke **Reduktionsmittel***, denn dieses **Elektron** wird bei Reaktionen leicht abgegeben. Das entstehende Ion trägt die Ladung +1 und ist stabiler, denn es hat **Edelgasanordnung** (s. a. Seite 127). Alle Elemente der I. Gruppe reagieren so und bilden **Ionenverbindungen***.

Die Heftigkeit der Reaktion der Elemente mit Wasser nimmt in der Gruppe von oben nach unten zu. Die ersten 3 laufen an der Luft an, **Rubidium** und **Caesium** entzünden sich. Alle werden unter Benzin verwahrt.

Diese beiden Seiten enthalten weitere Informationen über **Lithium, Natrium, Kalium** und ihre Verbindungen. Es sind typische Elemente der I. Gruppe.

- **Lithium (Li)**. Das reaktionsträgste Element der I. Gruppe und der leichteste Feststoff. Lithium ist selten und tritt nur in wenigen Verbindungen auf, aus denen es durch **Elektrolyse*** gewonnen wird. Es verbrennt mit rötlicher Flamme. Wird ein Stück Lithium auf Wasser gegeben, so gleitet es zischend über die Oberfläche.

$$2Li + 2H_2O \rightarrow 2LiOH + H_2$$

Lithium + Wasser → Lithiumhydroxid + Wasserstoff

Nach der Reaktion ist die Lösung stark alkalisch, weil sich Lithiumhydroxid gebildet hat.

Lithium reagiert heftig mit Chlor, wobei sich **Lithiumchlorid** bildet, das beim Schweißen und in Klimaanlagen verwendet wird.

- **Natrium (Na)**. Ein Mitglied der I. Gruppe, das häufig auftritt. Das Hauptvorkommen ist **Steinsalz** (das aus **Natriumchlorid** besteht, s. a. **Kalium**). Es wird aus geschmolzenem Natriumchlorid durch **Elektrolyse*** in **Downs Zellen** gewonnen. Die Farbe des an der Luft brennenden Natriums ist Orange. Es reagiert heftig mit Nichtmetallen und Wasser (s. a. Gleichung für **Lithium**, ersetze Li durch Na). Es wird in Natriumdampflampen und als Kühlung in Kernkraftwerken und als Wärmetransport- und Speichermittel in Solarkraftwerken eingesetzt.

Downs Zelle. Gewinnung von **Natrium** aus geschmolzenem **Natriumchlorid** durch **Elektrolyse***.

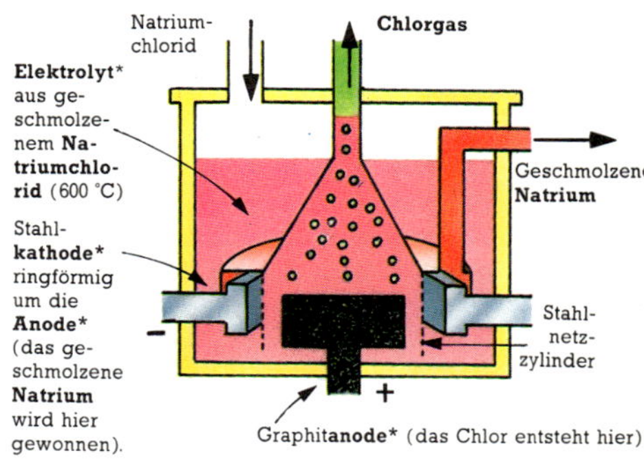

* **Äußere Schale**, 127; **Anode**, 156; **Elektrolyse, Elektrolyt**, 156; **Elektronenanordnung**, 127; **Fotozelle**, 345; **Ionenverbindung**, 131; **Katalysator**, 161; **Kathode**, 156; **Reduktionsmittel**, 148; **Relative Atommasse**, 138.

• Natriumhydroxid (NaOH) (kaustisches Soda). Ein weißer, **hygroskopischer*** Feststoff, der bei der **Elektrolyse*** von Salzwasser entsteht. Es ist eine **starke Base*** und reagiert mit **Säuren** zu Natrium**salzen*** und Wasser. Es wird zur Herstellung von Seife und Papier benutzt.

• Natriumcarbonat (Na_2CO_3). Ein weißer Feststoff, der sich in Wasser zu einer alkalischen Lösung löst. Sein **Hydrat* (Kristallsoda $Na_2CO_3 \cdot 10\,H_2O$,** s. a. Seite 207) bildet weiße Kristalle, die verwittern. Es entsteht im **Solvayverfahren** bei der Reaktion von Ammoniak mit Wasser, **Natriumchlorid** und Kohlendioxid.

Kristallsoda wird bei der Herstellung von **Glas, Weichmachern*** und **Badesalz** verwendet.

• Natriumhydrogencarbonat ($NaHCO_3$). Es wird auch **Natriumbicarbonat** genannt. Der weiße Feststoff wird im **Solvayverfahren** hergestellt (s. a. **Natriumcarbonat**). Im Wasser bildet es eine alkalische Lösung.

Natriumhydrogencarbonat wird beim Backen benutzt. Das **Kohlendioxid**, das beim Erhitzen entsteht, läßt den Kuchen aufgehen. Es wirkt als **Gegenmittel** für Magensäure bei Verdauungsstörungen.

$$2NaHCO_3(s) \rightarrow Na_2CO_3(s) + H_2O(l) + CO_2(g)$$

Natriumhydrogencarbonat — Natriumcarbonat — Wasser — Kohlendioxid

• Natriumchlorid (NaCl) (Kochsalz). Ein weißer, löslicher Feststoff, der im Meerwasser und Steinsalz vorkommt (s. a. **Natrium**). Aus ihm werden **Natriumhydroxid** und **Natriumcarbonat** hergestellt.

Natriumchlorid wird als Konservierungsmittel für Nahrungsmittel und Gewürze verwendet.

• Natriumnitrat ($NaNO_3$) (Chilesalpeter). Ein weißer Feststoff. Es wird als Düngemittel und zum Konservieren von Fleisch gebraucht.

• Kalium (K). Ein Mitglied der I. Gruppe des Periodensystems. Seine Verbindungen befinden sich im Meerwasser und **Steinsalz**, das **Kaliumchlorid** enthält (s. a. **Natrium**). Kalium wird aus geschmolzenem Kaliumchlorid durch **Elektrolyse*** gewonnen. Es reagiert heftig, besonders mit Chlor oder Wasser (s. a. **Gleichung für Lithium**). Es wird wenig verwendet, aber einige Verbindungen sind wichtig.

Kalium reagiert mit Wasser. Es zischt über die Oberfläche. Dabei entsteht so viel Energie, daß der entstehende Wasserstoff verbrennt.

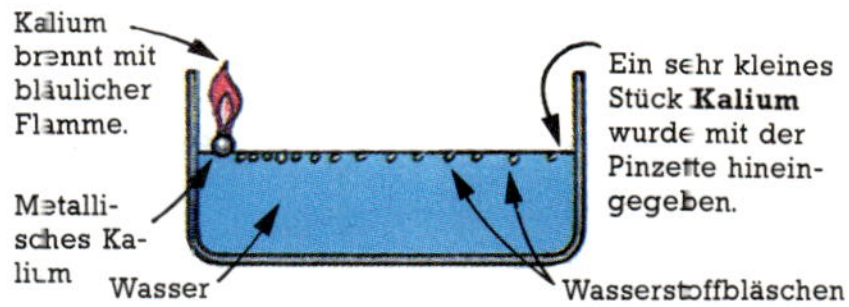

• Kaliumhydroxid (KOH) (starke Base*). Ein weißer, **hygroskopischer*** Feststoff, der mit Säuren zu **Kaliumsalzen** und Wasser reagiert. Es wird zur Seifenherstellung verwendet (s. a. Seite 202).

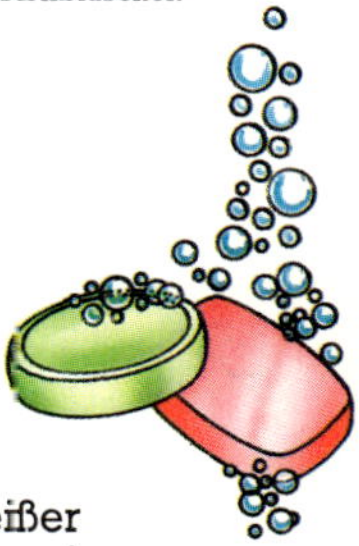

• Kaliumcarbonat (K_2CO_3). Ein weißer Feststoff, der sich gut in Wasser zu einer alkalischen Lösung löst. Es wird für Glas, Farben und Seifen benötigt.

• Kaliumchlorid (KCl). Ein weißer, wasserlöslicher Feststoff, von dem große Mengen im Meerwasser und **Steinsalz** gefunden werden. Es wird in Düngemitteln und zur Herstellung von **Kaliumhydroxid** eingesetzt.

• Kaliumnitrat (KNO_3) (Salpeter). Ein weißer Feststoff, der sich **neutral*** im Wasser auflöst.

Kaliumnitrat wird benutzt:

• Kaliumsulfat (K_2SO_4). Ein weißer Feststoff, der sich zu einer **neutralen*** Lösung in Wasser löst. Es ist ein wichtiges Düngemittel.

* **Elektrolyse,** 156; **Hydrat,** 155; **Hygroskopisch,** 344; **Neutral,** 151; **Salze,** 153; **Starke Base,** 152; **Weichmacher,** 207.

Gruppe II Erdalkalimetalle

Die Elemente der **II. Gruppe** des Periodensystems werden **Erdalkalimetalle** genannt. Die physikalischen Eigenschaften ihrer Elemente folgen gewissen Regeln, und mit Ausnahme von **Beryllium** haben sie alle ähnliche chemische Eigenschaften. Sie sind sehr reaktiv, jedoch nicht so reaktiv, wie die der I. Gruppe. Die Tabelle unten zeigt einige ihrer Eigenschaften.

Einige Eigenschaften der Elemente der II. Gruppe

Name des Elementes	Chemisches Symbol	Relative Atommasse*	Elektronenanordnung*	Reaktivität*	Aussehen	Verwendung
Beryllium	**Be**	9.01	2,2	ZUNEHMEND ↓	Weißes Metall (hart)	In leichten, korrosionsbeständigen **Legierungen***
Magnesium	**Mg**	24.31	2,8,2		Silberweißes Metall	s. u. auf dieser Seite
Calcium	**Ca**	40.31	2,8,8,2		Silberweißes Metall (weich)	s. u. auf dieser Seite
Strontium	**Sr**	87.62	2 Außenelektronen, sonst komplizierte Elektronenanordnung		Silberweißes Metall (weich)	In Feuerwerkskörpern
Barium	**Ba**	137.34			Silberweißes Metall (weich)	In Feuerwerkskörpern und der Medizin
Radium	**Ra**	seltenes radioaktives Metall			Silberweißes Metall (weich)	Ein **Isotop*** wird zur Krebsbekämpfung eingesetzt.

Die Atome aller Elemente der II. Gruppe haben 2 Elektronen auf der **äußeren Schale***, deshalb sind sie gute **Reduktionsmittel***, denn diese Elektronen werden bei Reaktionen sehr leicht abgegeben. Jedes entstehende Ion trägt die Ladung +2 und ist stabiler, denn es hat **Edelgasanordnung** (s. a. Seite 127). Alle Elemente der II. Gruppe reagieren so und bilden **Ionenverbindungen***, obwohl einige **Berylliumverbindungen** einen **kovalenten*** Anteil haben.

Die Heftigkeit der Reaktion der Elemente sowohl mit Wasser als auch mit Sauerstoff nimmt in der Gruppe von oben nach unten zu (s. a. **Magnesium** und **Calcium**). Alle **laufen** an der Luft an (s. a. **Anlaufen** Seite 344). **Barium** muß jedoch unter Benzin aufbewahrt werden, da es sowohl mit Wasser als auch mit Sauerstoff sehr heftig reagiert.

Diese beiden Seiten enthalten weitere Informationen über **Magnesium, Calcium** und ihre Verbindungen. Diese Metalle sind typische Elemente der II. Gruppe.

- **Magnesium (Mg)**. Ein Element der II. Gruppe des Periodensystems. Es kommt in der Natur nur in Verbindungen vor, hauptsächlich als **Dolomit ($CaCO_3 \cdot MgCO_3$**, ein Gestein aus Magnesium- und **Calciumcarbonat**) oder Magnesiumchlorid ($MgCl_2$), das im Meerwasser vorkommt. Magnesium wird aus geschmolzenem Magnesiumchlorid durch **Elektrolyse*** hergestellt. Es brennt an der Luft mit heller, weißer Flamme.

$$2Mg(f) + O_2(g) \rightarrow 2MgO(f)$$
Magnesium, Sauerstoff, Magnesiumoxid

Magnesium reagiert heftig mit verdünnten Säuren.

$$Mg(f) + Cl_2(g) \rightarrow MgCl_2(f)$$
Magnesium, Chlor, Magnesiumchlorid

$$Mg(f) + 2HCl(aq) \rightarrow MgCl_2(f) + H_2(g)$$
Magnesium, Salzsäure, Magnesiumchlorid, Wasserstoff

Magnesium verbrennt heftig in Chlor (s. o.), reagiert langsam mit kaltem Wasser und heftig mit Wasserdampf (s. u.)

$$Mg(f) + H_2O(g) \rightarrow MgO(f) + H_2(g)$$
Magnesium, Dampf, Magnesiumoxid, Wasserstoff

Magnesium wird in **Legierungen*** verwendet, z. B. beim Flugzeugbau. Die Ionen werden bei der **Photosynthese*** benötigt (sie befinden sich im **Chlorophyll**, dem Blattpigment, das Licht absorbiert).

* **Äußere Schale**, 127; **Elektrolyse**, 156; **Elektronenanordnung**, 127; **Ionenverbindung**, 131; **Isotope**, 128; **Kovalent**, 132; **Legierung**, 344; **Photosynthese**, 209; **Reaktivität**, 128; **Reduktionsmittel**, 148; **Relative Atommasse**, 138.

- **Magnesiumhydroxid ($Mg(OH)_2$)**. Ein weißer, im Wasser kaum löslicher Feststoff. Es reagiert als **Base*** und **neutralisiert*** Säuren.

Magnesiumhydroxid wird bei Magenbeschwerden zur **Neutralisation*** der Säure eingesetzt.

- **Magnesiumsulfat ($MgSO_4 \cdot 7\ H_2O$)**. Ein weißer Feststoff, der in der Medizin Verstopfungen beseitigt und feuerfest ist.

- **Magnesiumoxid (MgO)**. Ist ein weißer, kaum wasserlöslicher Feststoff. Es reagiert als **Base*** und bildet **Salze*** nach der Reaktion mit Säuren. Es hat einen sehr hohen Schmelzpunkt und wird im Hochofen verwendet.

Magnesiumoxid wird Kakaopulver zugesetzt, um ein Zusammenkleben zu verhindern.

$$\underset{\text{Magnesiumoxid}}{MgO(f)} + \underset{\text{Salzsäure}}{2HCl(aq)} \rightarrow \underset{\text{Magnesiumchlorid}}{MgCl_2(aq)} + \underset{\text{Wasser}}{H_2O(f)}$$

- **Calcium (Ca)**. Ein Mitglied der II. Gruppe des Periodensystems. Es kommt in der Natur in vielen Verbindungen vor, z. B. wird es in der Erdkruste, der Milch und den Knochen gefunden. Calcium wird aus seinen Verbindungen durch **Elektrolyse*** gewonnen. Es verbrennt mit einer roten Flamme in Sauerstoff und reagiert schnell mit kaltem Wasser und sehr heftig mit verdünnten Säuren (s. a. **Gleichung Magnesium**). Calcium wird zur Herstellung von Stahl und bei der Gewinnung von Uran verwendet.

- **Calciumoxid (CaO, ungelöschter Kalk)**. Ein weißer Feststoff. Es reagiert als **Base*** und wird durch Erhitzen von **Calciumcarbonat** im Kalkofen hergestellt.

$$\underset{\text{Calciumcarbonat}}{CaCO_3(f)} \rightleftharpoons \underset{\text{Calciumoxid}}{CaO(f)} + \underset{\text{Kohlendioxid}}{CO_2(g)}$$

Calciumoxid, Calciumcarbonat und **Calciumhydroxid** werden eingesetzt, um überschüssige Säure im Boden zu neutralisieren.

- **Calciumhydroxid ($Ca(OH)_2$) (gelöschter Kalk).** Ein weißer Feststoff, der sich nur wenig zu **Kalkwasser** löst. Dieses ist schwach alkalisch und wird als Nachweis für Kohlendioxid benutzt (s. a. Seite 219). Verwendet wird es im Mörtel und um überschüssige Säure im Boden zu binden.

- **Calciumcarbonat ($CaCO_3$)**. Ein weißer, unlöslicher Feststoff, der in der Natur als **Kalkstein, Kreide, Marmor** und **Calzit** vorkommt. Es löst sich in verdünnter Säuren.

Kalkstein zersetzt sich, denn Regenwasser enthält gelöstes Kohlendioxid. So bildet sich **Calciumhydrogencarbonat**, das sich etwas im Wasser löst.

$$\underset{\text{Calciumcarbonat}}{CaCO_3(f)} + \underset{\text{Wasser}}{H_2O(fl)} + \underset{\text{Kohlendioxid}}{CO_2(g)} \rightarrow \underset{\text{Calciumhydrogencarbonat}}{Ca(HCO_3)_2(aq)}$$

- **Calciumsulfat**. Ein weißer Feststoff, der wasserfrei ($CaSO_4$) und auch als **Gips ($CaSO_4 \cdot 2H_2O$)** vorkommt. Beim Erwärmen bildet sich Stuckgips.

Calciumsulfat wird verwendet bei:

Dieses **Calciumhydrogencarbonat** bildet die **temporäre Härte des Wassers***

Aus **Calciumcarbonat** wird **Calciumchlorid** für Zement- und Backsteinproduktion hergestellt.

- **Calciumchlorid ($CaCl_2$)**. Ein weißer, zerfließlicher, wasserlöslicher Feststoff, der als **Trockenmittel*** eingesetzt wird.

* **Base,** 151; **Elektrolyse,** 156; **Neutralisation,** 151; **Salz,** 153; **Temporäre Härte des Wassers,** 207; **Trockenmittel,** 344.

Übergangsmetalle

Übergangsmetalle haben einige Eigenschaften gemeinsam: Sie sind hart, schwer, blank, **hämmerbar** und **dehnbar**. Sie **leiten*** Wärme und elektrischen Strom, haben hohe Schmelzpunkte, Siedepunkte und Dichten. Sie bilden **Komplexionen***, die farbig sind. Außerdem treten verschieden geladene Ionen auf, z. B. Fe^{2+} und Fe^{3+}.

• **Vanadium**. Ein seltenes, hartes, weißes Metall, das zur Stahlhärtung gebraucht wird, z. B. bei Legierungen für Werkzeuge. **Vanadiumpentoxid** (**V_2O_5**) wird als **Katalysator*** im **Kontaktverfahren*** bei der Schwefelsäureherstellung verwendet.

• **Chrom**. Ein hartes, weißes Metall, das in **Chromeisenerzen** vorkommt. Es wird als korrosionsbeständiger Überzug auf Stahl und in rostfreiem Stahl verwendet. Das Verchromen wird bei Autoteilen, Fahrradlenkstangen und Bestecken angewendet.

• **Titan**. Wird verwendet, um harte, aber leichte, korrosionsbeständige **Legierungen*** von hohem Schmelzpunkt herzustellen, z. B. Flugzeugtragflächen, künstliche Hüftgelenke, Herzschrittmacher, Golfschläger und Schmuck.

• **Mangan**. Ein hartes, sprödes, rötlichweißes Metall. Es wird als **Pyrolusit (**MnO_2**)** und in vielen **Legierungen*** verwendet.

• **Scandium**. Ein sehr seltenes Metall.

• **Yttrium**. Wird in Laserkristallen und in Aluminiumlegierungen für **Hochspannungsüberlandleitungen** verwendet.

• **Zirkon**. Ein seltenes Metall, das in **Legierungen***, **Schleifmitteln** und in Atomreaktoren als **Neutronenfänger*** verwendet wird.

Sc	**Ti**	**V**	**Cr**	**Mn**
Y	**Zr**	**Nb**	**Mo**	**Tc**
La	**Hf**	**Ta**	**W**	**Re**

• **Lanthan**. Ähnelt in den Eigenschaften dem Aluminium. Es gehört zu einer Gruppe seltener Metalle (**Lanthanide**) mit **Ordnungszahlen*** 57–71. Linsen in Fotoapparaten enthalten **Lanthanoxid** (**La_2O_3**).

• **Hafnium**. Ein Metall, das in **Meßstäben**, Kernreaktoren (**Neutronenfänger***) und in Legierungen für Schneidwerkzeuge verwendet wird.

• **Niob**. Ein seltenes, graues Metall. Geringe Mengen werden in rostfreien Stählen verwendet. Die **Legierungen*** setzt man in Düsenturbinen und Raketen ein.

• **Molybdän**. Ein hartes, weißes Metall, das in **Legierungen*** verwendet wird, z. B. Spezialstahl für Kugellager und Glühlampenfäden.

• **Tantal**. Ein seltenes, fahlgraues Metall, das in Glühlampenfäden und in **Legierungen*** verwendet wird.

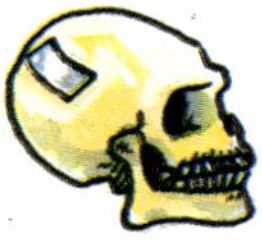

Tantal wird auch in der Medizin als Ersatz von Körperteilen eingesetzt, z. B. Schädelplatten; Drähte, die Nerven verbinden.

• **Rhenium**. Ein hartes, schweres, graues Metall, das in Thermoelementen und als **Katalysator*** verwendet wird. Es wird eingesetzt, um **bleiarmes Benzin*** mit hoher **Oktanzahl*** herzustellen. Eine **Legierung*** aus Rhenium und **Wolfram** wird in Blitzbirnen verwendet.

• **Wolfram**. Ein hartes, graues, korrosionsbeständiges Metall. Es wird in **Legierungen*** für Werkzeuge und in Glühlampenfäden benutzt.

* **Katalysator**, 161; **Komplexion**, 154; **Kontaktverfahren**, 185; **Legierung**, 344; **Leiten s. a. Leitfähigkeit**, 344; **Neutronenfänger s. a. Neutron**, 126; **Oktanzahl**, 199; **Ordnungszahl**, 127; **Schleifmittel**, 345.

Übergangsmetalle werden oft verwendet. Einige Beispiele siehe unten. Weitere Informationen über Eisen, Kupfer und Zink s. a. Seiten 174–175. Die **inneren Übergangsmetalle** (s. a. Seite 165) werden nicht aufgeführt, da sie sehr selten und oft unbeständig sind.

• **Technetium**. Ein Metall, das nur als instabiles **Isotop*** der **Uranspaltung** vorkommt. In der Medizin zum Auffinden von Tumoren eingesetzt.

Eisen s. a. Seite 60

• **Kobalt.** Ein hartes, silberweißes, magnetisches Metall, das zusammen mit Schwefel und Arsen vorkommt. Es wird in **Legierungen*** eingesetzt, z. B. mit **Eisen** zur Magnetherstellung. **Radioaktive Isotope*** werden zur Krebsbehandlung eingesetzt. **Kobalt-(II)-chlorid** ist ein Wassernachweis (s. a. Seite 218).

Kobalt ruft in Glas und Keramiken eine blaue Farbe hervor.

Kupfer
s. a. Seite 175.

Zink
s. a. Seite 175.

• **Rhodium**. Ein hartes, silberweißes Metall, das zusammen mit **Platin** vorkommt. Es wird als **Katalysator***, in Legierungen und für Qualitätsspiegel eingesetzt.

• **Nickel**. Ein magnetisches Metall, das als **Nickelsulfid (NiS)** vorkommt. Es wird als **Katalysator***, in **Legierungen***, als **galvanischer Überzug*** eingesetzt.

Eine **Nickellegierung** wird bei Münzen und rostfreiem Stahl verwendet.

• **Cadmium**. Ein weiches, silberweißes Metall, Vorkommen mit Zink zusammen. Es wird in **Legierungen*** mit niedrigem Schmelzpunkt, als **Regelstab*** in Kernreaktoren und als Nickel-Cadmium-Akkumulator eingesetzt. Cadmiumverbindungen werden als gelbe und rote Pigmente in Kunststoffen, Farben und Keramiken eingesetzt.

Fe	Co	Ni	Cu	Zn
Ru	Rh	Pd	Ag	Cd
Os	Ir	Pt	Au	Hg

• **Silber**. Ein weiches, weißes Metall, das mit anderen Elementen zusammen gefunden wird, z. B. Schwefel. Es wird für **Legierungen***, Schmuck, Münzen, **galvanische Überzüge*** eingesetzt. Silber**halogenide*** werden in der Fotografie benutzt.

• **Ruthenium**. Ein hartes, sprödes Metall. In **Legierungen*** verwendet und als **Katalysator*** eingesetzt.

• **Palladium**. Ein silberweißes Metall, das in **Legierungen*** verwendet wird, z. B. bei Telefonrelais und hochwertigen chirurgischen Instrumenten. **Katalysatoren*** aus **Palladium** und **Platin** verringern den Schadstoffausstoß der Autos.

• **Quecksilber**. Ein giftiges, silberweißes, flüssiges Metall, hauptsächliches Vorkommen als **Zinnober (HgS)**. Es wird in Thermometern, Barometern und von Zahnärzten als **Amalgam*** benutzt.

• **Gold**. Ein weiches, blankes, gelbes Metall. Es ist sehr reaktionsträge und kommt elementar vor. Südafrika und die UdSSR besitzen die größten Vorkommen. Gold reagiert nur mit sehr starken Oxidationsmitteln (z. B. **Chlor**) und gewissen Säuren (**Königswasser***). Um es zu härten, werden **Legierungen*** mit **Silber, Platin** oder **Kupfer** hergestellt, z. B. bei Schmuck, Münzen und in der Zahnheilkunde. Reines Gold (24 Karat) wird als Schmuck verwendet.

• **Osmium**. Ein hartes, weißes Metall, mit der größten bekannten Dichte. Es kommt zusammen mit **Platin** vor und wird in **Legierungen*** mit Platin und **Iridium** verwendet, z. B. in elektrischen Kontakten. **Osmiumtetroxid (OsO_4)** wird bei entzündlicher Arthritis eingesetzt.

• **Iridium**. Ein seltenes, hartes, reaktionsträges Metall, das wie Platin aussieht und mit ihm zusammen vorkommt. Es wird als radioaktives Implantat in der Medizin zur Kontrolle von Tumoren und in Herzschrittmachern eingesetzt. Auch in Füllhalterfedern tritt es auf.

• **Platin**. Ein hartes, silberweißes Metall, das als **Katalysator*** für elektrische Kontakte, Schmuck, Nägel, Platten sowie Scharniere (um menschliche Knochen zu heilen) eingesetzt wird. In Herzschrittmachern finden Draht**elektroden*** aus einer Platin-Iridium-Legierung Anwendung.

* **Amalgam**, 344; **Elektrode**, 156; **Galvanischer Überzug s. a. Galvanisieren**, 157; **Halogene**, 186; **Isotop**, 127; **Katalysator**, 161; **Königswasser**, 182; **Legierung**, 344; **Regelstab**, 345.

Eisen, Kupfer und Zink

• **Eisen (Fe)**. Ein **Übergangsmetall*** der 4. Periode des Periodensystems. Es ist ein ziemlich weiches, weißes, magnetisches Metall, das nur in Verbindungen vorkommt. Eines der wichtigsten Erze ist **Hämatit** (**Fe_2O_3**), aus dem es im **Hochofen** gewonnen wird. Eisen bildet sowohl **Ionenverbindungen*** als auch **kovalente Verbindungen*** und reagiert mit feuchter Luft zu **Rost**. Eisenspäne brennen an der Luft und reagieren mit verdünnten Säuren. In der **Spannungsreihe*** steht es über Wasserstoff.

• **Stahl**. Eine **Legierung*** von Eisen mit weniger als 1,5% Kohlenstoff. Der Kohlenstoff gibt ihm Stärke und Härte, setzt aber die **Schmiedbarkeit** und **Dehnbarkeit** herab. Dem Stahl werden oft geringe Mengen **Übergangsmetalle*** zugesetzt, um spezielle Eigenschaften zu erreichen, z. B. Korrosionsbeständigkeit beim **rostfreien Stahl** (der 11–14% Chrom enthält). Stahl wird durch **Oxidationsreaktionen*** hergestellt. Durch alten Stahl, geschmolzenes Eisen und Kalk wird in einen Hochofen Sauerstoff geblasen, um Verunreinigungen zu **oxidieren***

Eisenerzeugung im **Hochofen**

Reaktionen im Hochofen

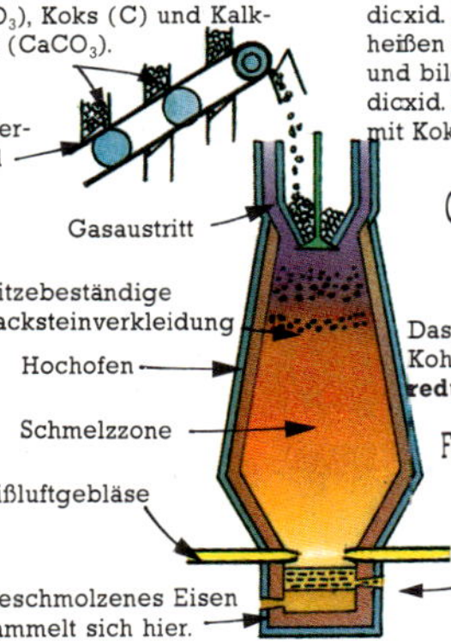

Aus **Stahl** werden viele Gegenstände hergestellt, z. B.:

• **Eisen-(II)-verbindungen**. Sie enthalten **Fe^{2+}-Ionen*** (z. B. $FeCl_2$). Sie bilden grünliche Lösungen.

• **Eisen-(III)-verbindungen**. Sie enthalten **Fe^{3+}-Ionen*** (z. B. $FeCl_3$). Sie bilden gelbe oder orangenfarbige Lösungen.

Rost

Rost ($Fe_2O_3 \cdot xH_2O$) oder **hydratisiertes Eisen-(III)-oxid** ist ein brauner Feststoff, der sich bildet, wenn Eisen, Wasser und Luft miteinander reagieren (s. a. **Korrosion** Seite 205). Das „x" bedeutet, daß die Anzahl der Wassermoleküle sich ändert. Gegenstände aus Eisen werden mit einem Rostschutz versehen. Autos werden lackiert und Maschinenteile gefettet. Wenn ein Auto rostet, kann **Phosphorsäure*** als Rostschutz eingesetzt werden.

Eisen und **Stahl** können gegen **Rost** durch eine **galvanische Schicht** aus Zink geschützt werden (**kathodischer Korrosionsschutz***). Das Zink auf der Oberfläche oxidiert an der Luft und bewahrt die darunterliegenden Schichten davor, zu reagieren. Sogar dann, wenn die Zinkschicht brüchig wird, reagiert das Eisen nicht. Verzinkte Autos rosten weniger als andere.

• **Roheisen**. Eisen aus dem Hochofen wird Roheisen genannt. Es enthält rund 5% Kohlenstoff und 4% andere Verunreinigungen, z. B. Schwefel. Das meiste Roheisen wird zu **Stahl**, etwas zu **Schmiedeeisen** (durch die **Oxidation*** der Verunreinigungen) und etwas zu **Gußeisen** (durch Umschmelzen mit altem Stahl) verarbeitet.

Eisenminerale sind lebenswichtig in der menschlichen Ernährung, da sie zur Atmung notwendig sind.

* **Ionenverbindung**, 131; **Kathodischer Korrosionsschutz**, 159; **Kovalente Verbindung**, 132; **Legierung**, 344; **Oxidation, Oxidationsreaktionen**, 148; **Phosphorsäure**, 182; **Reduktion**, 148; **Spannungsreihe**, 159; **Übergangsmetall**, 172.

● **Kupfer (Cu).** Ein **Übergangsmetall*** der IV. Periode des Periodensystems. Es ist ein rotbraunes, weiches, aber zähes Metall, das in gewissen **Erzen** gediegen vorkommt. Auch Verbindungen kommen in Erzen vor, **Kupferpyrit ((CuFe)S_2)** und **Malachit ($CuCO_3 \cdot Cu(OH)_2$)**. Gewonnen wird Kupfer durch Zermahlen der Erze, Entfernen des Gesteins und Rösten mit Luft und Silikaten. Das Eisen bildet mit Silikaten **Schlacke**. Der Schwefel wird zu Schwefeldioxid verbrannt. Das so hergestellte Kupfer wird durch **Elektrolyse** gereinigt. Es ist ein reaktionsträges Metall, das sich an der Luft langsam mit einer dünnen, grünen Schicht aus **basischem Kupfersulfat ($CuSO_4 \cdot 3Cu(OH)_2$)**, überzieht. Kupfer steht in der **Spannungsreihe*** unter Wasserstoff. Es reagiert nicht mit Wasser, verdünnten Säuren oder Basen. Mit konzentrierter Salpetersäure oder konzentrierter Schwefelsäure tritt jedoch eine Reaktion ein (s. a. Seite 218).

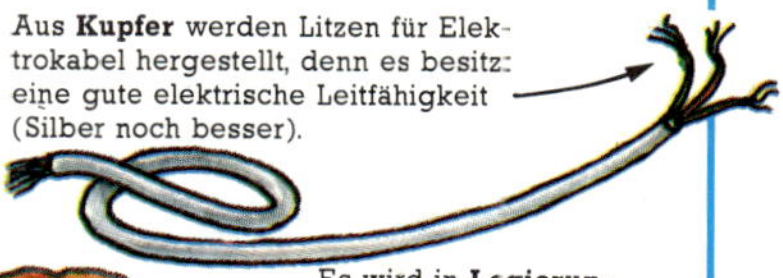

Aus **Kupfer** werden Litzen für Elektrokabel hergestellt, denn es besitzt eine gute elektrische Leitfähigkeit (Silber noch besser).

Es wird in **Legierungen*** wie **Messing** (Kupfer mit Zink) und **Bronze** (Kupfer mit Zinn) zur Herstellung von Kupfermünzen und als Nickellegierung für „Silbermünzen" eingesetzt.

Weil es weich aber zäh ist, werden daraus Röhren für Rohranlagen und Zentralheizungen hergestellt.

Eine **Legierung*** aus Kupfer und Gold wird in der Schmuckindustrie verwendet. Je höher der Kupferanteil, desto geringer die Karatzahl (reines Gold hat 24 Karat).

Kupfer-(II)-sulfat ($CuSO_4$) wird häufig gebraucht, z. B. beim **Färben** und **Galvanisieren***. Auch beseitigt es Schimmel bei Früchten und Gemüse (s. a. **Wassernachweis** Seite 218).

Kupfer-(II)-chlorid ($CuCl_2$) wird in grün leuchtenden Feuerwerkskörpern eingesetzt. Auch wird damit Schwefel aus **Erdöl** entfernt.

Kupfer-(I)-oxid (Cu_2O) wird zur Herstellung von Glas und Farben verwendet.

● **Kupfer-(I)-verbindungen.** Enthalten Cu^+-Ionen, z. B. **Kupfer-(I)-oxid** (s. a. links) und **Kupfer-(I)-chlorid (CuCl)**. Sie lösen sich nicht im Wasser.

● **Kupfer-(II)-verbindungen** enthalten Cu^{2+}-Ionen, z. B. **Kupfer-(II)-sulfat** und **Kupfer-(II)-chlorid** (s. a. links). Sie lösen sich in Wasser mit blauer Farbe und sind häufiger als die **Kupfer-(I)-verbindungen.**

● **Zink (Zn).** Ein Element der IV. Periode des Periodensystems. Es ist ein silbernes, weiches Metall, das an der Luft **anläuft***. Wegen der Reaktivität kommt es nicht elementar vor. Die wichtigsten Erze sind **Zinkblende (ZnS), Galmei ($ZnCO_3$)** und **Zinkit (ZnO).** Das Zink wird durch **Rösten** des Erzes zu **Zinkoxid (ZnO)** und anschließender **Reduktion*** mit Koks gewonnen. Zink steht in der **Spannungsreihe*** über Wasserstoff. Es reagiert mit Sauerstoff, in der Hitze mit Wasserdampf und mit Säuren. Es wird als Überzug bei Eisen und **Stahl** als Rostschutz eingesetzt (s. a. **Galvanisierung** Seite 174), **kathodischer Korrosionsschutz*** (Seite 159). Zink findet Verwendung in **Legierungen***, besonders beim **Messing** (mit Kupfer).

Zinkoxid wird in Creme als Schutz bei Hautreizungen verwendet, z. B. bei Ausschlag.

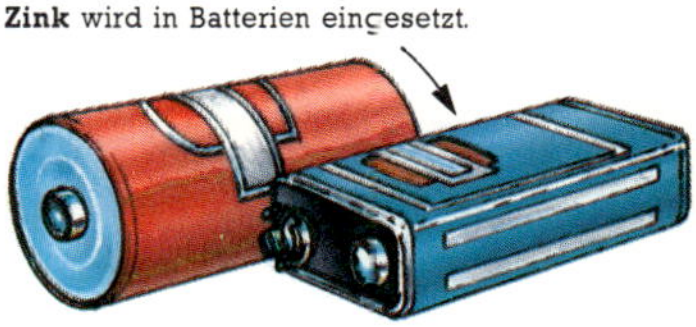

Zink wird in Batterien eingesetzt.

* **Anlaufen,** 344; **Galvanisieren,** 157; **Kathodischer Korrosionsschutz,** 159; **Legierung,** 344, **Reduktion,** 148; **Spannungsreihe,** 159; **Übergangsmetall,** 172.

Gruppe III Erdmetalle

Die Elemente der **III. Gruppe** des Periodensystems sind im allgemeinen nicht so reaktiv wie die der I. und II. Gruppe. Im Gegensatz zu diesen zeigen sie keine gleichmäßige Zunahme der Reaktivität. Das erste Element ist ein Nichtmetall. Die Tabelle unten zeigt einige Eigenschaften.

Einige Eigenschaften der Elemente der III. Gruppe

Name des Elementes	Chemisches Symbol	Relative Atommasse*	Elektronenanordnung*	Reaktivität	Aussehen	Verwendung
Bor	B	10,81	2,3	UNREGELMÄSSIG ↓	Braunes Pulver oder gelbe Kristalle	Regelstäbe, Glas und Stahlhärtung
Aluminium	Al	26,98	2,8,3		Weißes Metall	s. u. auf dieser Seite
Gallium	Ga	69,72	3 Außenelektronen, sonst komplizierte Anordnung		Silberweißes Metall	In Halbleitern
Indium	In	114,82			Weiches, silberweißes Metall	Regelstäbe
Thallium	Tl	204,37			Weiches, silberweißes Metall	Rattengift

Obwohl alle Atome der Elemente der III. Gruppe 3 Außenelektronen haben, bilden sie unterschiedliche Verbindungen. Die des **Bors** und einige des **Aluminiums** sind **kovalente Verbindungen***, andere Elemente der Gruppe bilden **Ionenverbindungen***.

Boroxid (B_2O_3) wird verwendet, um Spezialglas herzustellen, das schnell erhitzt und abgekühlt werden kann, ohne zu zerbrechen.

Mehr Informationen über **Aluminium** und seine Verbindungen befinden sich unten. Aluminium ist das verbreitetste Element der Gruppe.

- **Aluminium (Al)**. Ein Element der III. Gruppe des Periodensystems. Es ist das auf der Erde verbreitetste Metall, das in vielen Verbindungen (**Bauxit, Aluminiumoxid**) vorkommt, aus denen es durch **Elektrolyse*** gewonnen wird. Es ist **hart**, leicht, **dehnbar**, **hämmerbar** und ein guter Leiter für Wärme und Elektrizität. Es reagiert mit Luftsauerstoff unter Bildung einer dichten **Oxidschicht**, die weitere Korrosion verhindert. Es reagiert auch mit Chlor, verdünnten Säuren und Basen.

Einige Anwendungen von **Aluminium** und seinen **Legierungen***

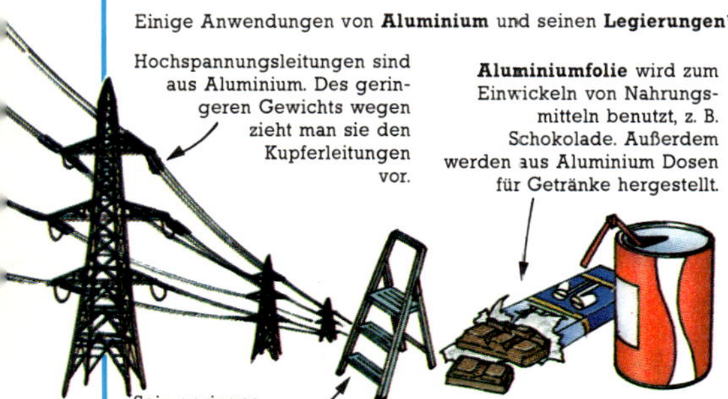

Hochspannungsleitungen sind aus Aluminium. Des geringeren Gewichts wegen zieht man sie den Kupferleitungen vor.

Aluminiumfolie wird zum Einwickeln von Nahrungsmitteln benutzt, z. B. Schokolade. Außerdem werden aus Aluminium Dosen für Getränke hergestellt.

Sein geringes Gewicht ist ideal für die Herstellung vieler Gegenstände, vom Flugzeug bis zur Leiter

- **Aluminiumoxid (Al_2O_3)**. Ein **amphoterer***, weißer Feststoff, der in Wasser unlöslich ist. In der Natur kommt es als **Bauxit** (**$Al_2O_3 \cdot 2H_2O$** – s. a. **Aluminium**) und **Korrund (Al_2O_3)** vor, einem extrem harten Feststoff. Es wird in Zement und Hochofeneinfassungen benutzt.

Die Herstellung von **Aluminium** aus **Bauxit** durch **Elektrolyse***.

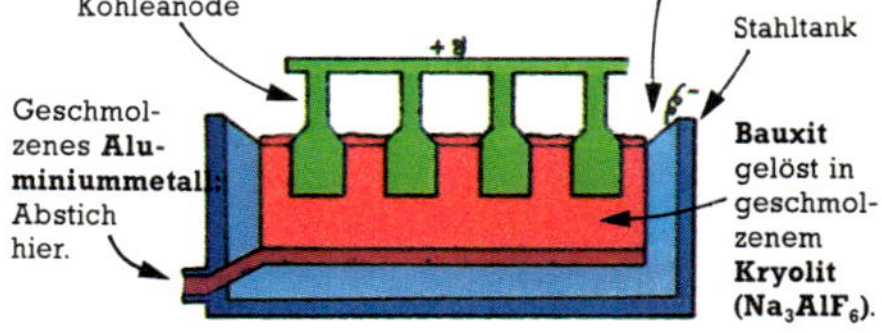

- **Aluminiumhydroxid (Al $(OH)_3$)**. Ein weißer, kaum wasserlöslicher, **amphoterer*** Feststoff. Es wird in Keramiken, zum Färben von Stoffen und als **Base** verwendet.

- **Aluminiumsulfat ($Al_2(SO_4)_3$)**. Ein weißer, wasserlöslicher kristalliner Feststoff, der zur Reinigung von Wasser und bei der Papierherstellung eingesetzt wird.

* **Amphoter**, 151; **Elektronenanordnung**, 127; **Elektrolyse**, 156; **Ionenverbindung**, 131; **Kovalente Verbindung**, 132; **Legierung**, 344; **Relative Atommasse**, 138.

Gruppe IV Kohlenstoffgruppe

Die Elemente der **IV. Gruppe** des Periodensystems sind nicht sehr reaktiv und zeigen von oben nach unten zunehmende Metalleigenschaften. Weiteres in der Tabelle, **Silizium** und **Blei** diese Seite, **Kohlenstoff** s. a. Seiten 178–179.

Einige Eigenschaften der Elemente der IV. Gruppe

Name des Elementes	Chemisches Symbol	Relative Atommasse*	Elektronen-anordnung*	Reaktivität	Aussehen	Verwendung
Kohlenstoff	**C**	12,01	2,4	UNREGELMÄSSIG ↓	Festes Nichtmetall (s. a. Seiten 178–179).	s. a. Seite 178.
Silizium	**Si**	20,09	2,8,4		Blanker, grauer, **metallähnlicher** Feststoff	s. u. auf dieser Seite
Germanium	**Ge**	72,59	4 Außenelektronen, sonst komplizierte Anordnung.		Weißgrauer, metallähnlicher Feststoff	Grundmaterial der Halbleitertechnik
Zinn	**Sn**	118,69			Weiches, silberweißes Metall	Überzüge in Konservendosen
Blei	**Pb**	207,19			Weiches, silbergraues Metall	s. u. auf dieser Seite

Obwohl alle Atome der Elemente der IV. Gruppe 4 Außenelektronen haben, bilden sie unterschiedliche Verbindungen. Es gibt von allen **kovalente Verbindungen***, aber von Zinn und Blei existieren auch **Ionenverbindungen***.

- **Silizium (Si).** Ein Element der IV. Gruppe des Periodensystems. Es ist ein hartes, blankes, graues **Halbmetall** mit hohem Schmelzpunkt. Es ist das zweitverbreitetste Element der Erdrinde, man findet es in Sand und Steinen als **Siliziumoxid** und **Silikaten**. Wenn es zu Staub zermahlen wird, reagiert es mit einigen Basen und Elementen. Sonst ist es reaktionsträge.

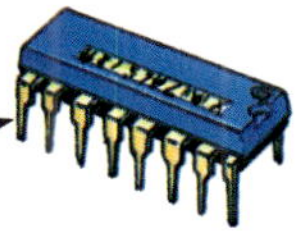

Silizium, ein **Halbleiter**, wird zu Siliziumchips, vollständigen mikroelektronischen Schaltkreisen, verarbeitet.

- **Siliziumdioxid (SiO_2) (Silizium-(IV)-oxid** oder **Silikagel**). Ein unlöslicher, weißer, kristalliner Feststoff. Es kommt in vielen Formen vor, z. B. **Kieselstein (Feuerstein)** und **Quarz**. Es reagiert mit starken Basen.

Siliziumdioxid hat viele Verwendungen, z. B. Glas und Keramik.

Quarzkristalle werden in Uhren verwendet.

Sand ist verunreinigter **Quarz**.

- **Silikate (Siliziumverbindungen)**. Sie enthalten Sauerstoff und ein Metall, z. B. **Calciumsilikat ($CaSiO_3$)**. Sie bilden den Hauptteil der Erdkruste. Sie werden zur Glas- und Keramikherstellung verwendet.

- **Silikone**. Sie bestehen aus künstlich hergestellten langen Ketten aus **Silizium-** und **Sauerstoffatomen**.

Silikone werden in hochwertigen Ölen und Fetten, als Wachspolitur und Lack verwendet, da sie wasserabstoßend sind.

- **Blei (Pb).** Ist ein Element der IV. Gruppe des Periodensystems. Es ist ein **weiches, schmiegsames Metall**, das aus **Galenit (Bleisulfid, Bleiglanz)** gewonnen wird. Es ist nicht sehr reaktiv, obwohl es an der Luft **anläuft***, mit Wasser, Chlor und Salpetersäure schwach reagiert. Es bildet **Ionenverbindungen***; **Blei-(II)-Verbindungen**, z. B. **Blei-(II)-oxid (PbO)**, und **kovalente Verbindungen***, **Blei-(IV)-verbindungen**, z. B. **Blei-(IV)-oxid (PbO_2)**.

Blei wird viel verwendet, z. B. in Akkumulatoren (fälschlich: Batterie). In Krankenhäusern schützt es Patienten vor Röntgenstrahlen.

* **Anlaufen,** 344; **Elektronenanordnung,** 127; **Ionenverbindung,** 131; **Kovalente Verbindung,** 132; **Relative Atommasse,** 138.

Kohlenstoff

Kohlenstoff (C) ist ein Element der IV. Gruppe (s. a. Tabelle Seite 176). Er ist ein **Nichtmetall** und hat zwei **Allotrope***: **Diamant** und **Graphit** – und eine **amorphe*** Form: **Holzkohle.** Kohlenstoff ist nicht sehr reaktiv. Er reagiert nur nach Entzündungen mit Dampf, mit **konzentrierter*** Schwefel- und Salpetersäure (s. a. **Gleichung** unten).

$$\underset{\text{Kohlenstoff}}{C} + \underset{\text{Salpetersäure}}{4HNO_3} \rightarrow \underset{\text{Kohlendioxid}}{CO_2} + \underset{\text{Stickstoffdioxid}}{4NO_2} + \underset{\text{Wasser}}{2H_2O}$$

Kohlenstoff verbrennt nach Entzünden an der Luft. ▼

$$\underset{\text{Kohlenstoff}}{C(f)} + \underset{\text{Sauerstoff}}{O_2(g)} \rightarrow \underset{\text{Kohlendioxid}}{CO_2(g)}$$

Wird er mit zu wenig Luft verbrannt, entsteht **Kohlenmonoxid**.

Kohlenstoff ist ein **Reduktionsmittel***. Es reduziert die Oxide der Metalle, die in der **Spannungsreihe*** unter Zink stehen: ▼

$$\underset{\text{Kohlenstoff}}{C} + \underset{\text{Blei-(II)-oxid}}{2PbO} \rightarrow \underset{\text{Kohlendioxid}}{CO_2} + \underset{\text{Blei}}{2Pb}$$

Kohlenstoff wird in der Industrie zur **Reduktion*** von oxidischen Erzen eingesetzt (s. a. **Eisen** Seite 174).

Kohlenstoffatome können sich mit bis zu 4 anderen Atomen verbinden, auch mit Kohlenstoffatomen. Dieses ergibt eine riesige Anzahl von Kohlenstoffverbindungen (s. a. **organische Chemie** Seite 190). Lebendes Gewebe besteht aus Kohlenstoffverbindungen, und die Tiere verwenden diese Verbindungen, um Energie zu gewinnen (s. a. **Kohlenstoffzyklus** Seite 209).

Die Kristallstruktur des **Diamanten**

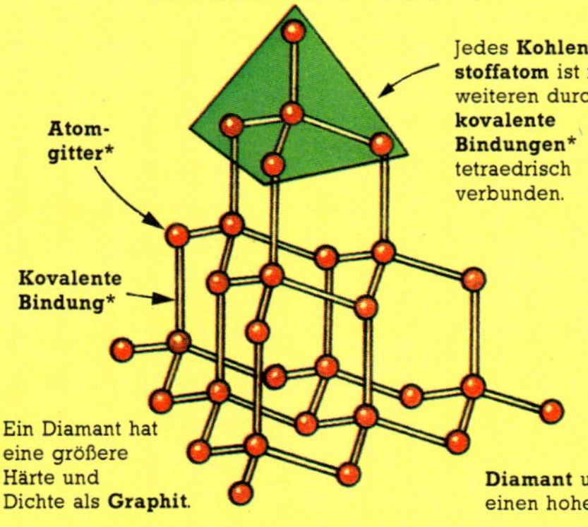

Die Kristallstruktur des **Graphits**.

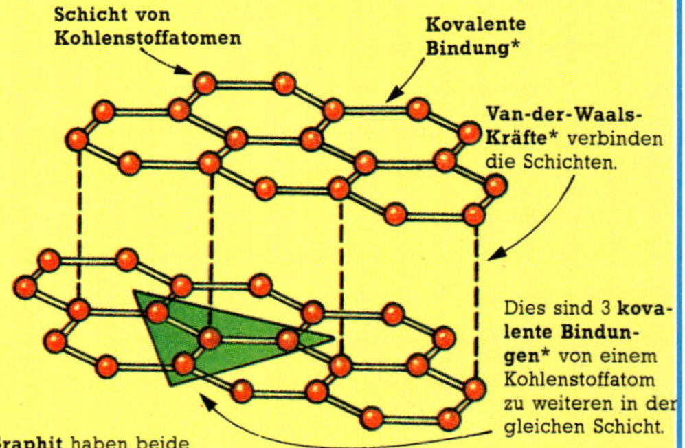

Diamant und **Graphit** haben beide einen hohen Schmelzpunkt.

- **Diamant**. Eine kristalline, durchsichtige Form des Kohlenstoffes. Es ist der härteste Stoff. Alle Kohlenstoffatome werden durch starke **kovalente Bindungen*** zusammengehalten. Aufgrund der Härte und des hohen Schmelzpunktes (3750 °C) werden Diamanten in Plattenspielern, als Schleifmittel, Glasschneider, Bohrer, als Schmuck wegen der starken Lichtbrechung verwendet. **Synthetische Diamanten** werden aus **Graphit** unter hohem Druck und hoher Temperatur hergestellt. Ein teures Verfahren.

- **Graphit**. Eine graue, kristalline Form des Kohlenstoffes. Die Atome in jeder Schicht werden durch starke **kovalente Bindungen*** zusammengehalten, aber die Schichten werden nur durch schwache **Van-der-Waals-Kräfte*** verbunden, die es erlauben, aneinander vorbeizugleiten, was **Graphit** weich und gleitend macht. **Graphit** ist das einzige **Nichtmetall**, das den elektrischen Strom leitet. Er wird als Schmiermittel, **Elektrode***, Kontakt in Elektromotoren und in Bleistiftminen verwendet.

* **Allotrope,** 136; **Amorph,** 135; **Atomgitter,** 137; **Elektrode,** 156; **Konzentriert,** 144; **Kovalente Bindung,** 132; **Reduktionsmittel,** 157; **Spannungsreihe,** 158; **Van-der-Waals-Kräfte,** 134.

• **Kohle**. Ein harter, schwarzer Feststoff, der vor Millionen von Jahren aus fossilen Überresten von Pflanzenmaterial entstanden ist. Sie besteht überwiegend aus Kohlenstoff, enthält aber auch Wasserstoff, Sauerstoff, Stickstoff und Schwefel. Es gibt **Braunkohle, Anthrazit** und **Steinkohle**. Sie wird als Brennstoff in Kraftwerken, in der Industrie und in Häusern verwendet und ist eine wichtige Quelle für Chemikalien (s. a. **trockene Destillation** unten), die jedoch leichter aus **Erdöl*** gewonnen werden.

Das Bild zeigt die Stoffe, die bei einer **trockenen Destillation von Kohle** entstehen (erhitzen von Kohle in Abwesenheit von Luft).

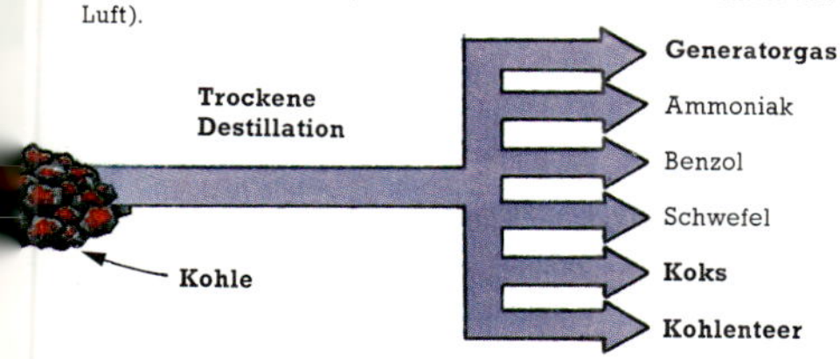

• **Kohlefasern**. Schwarze, seidige Fäden aus reinem Kohlenstoff, die aus organischen Textilfasern gewonnen werden. Sie sind haltbarer und härter als andere Stoffe mit gleichem Gewicht.

• **Koks**. Er enthält 80% Kohlenstoff und ist ein grauer, poröser Feststoff. Er wird durch Erhitzen von **Kohle** unter Luftausschluß in Koksöfen hergestellt oder tritt als Nebenprodukt bei der Herstellung von **Generatorgas** auf (s. a. **Kohlenmonoxid**).

• **Holzkohle**. Eine poröse, schwarze, **amorphe*** verunreinigte Form des Kohlenstoffes. Sie entsteht beim Erwärmen von organischem Material unter Luftausschluß.

Einige Anwendungen von **Holzkohle:**

Sie wird von Künstlern zum Malen gebraucht.

Holzkohle als nichtqualmender Brennstoff, z. B. Grill.

Aktivierte Holzkohle absorbiert kleine Moleküle auf der Oberfläche. Sie wird als Einlegesohle zur Geruchsabsorption eingesetzt.

* **Amorph,** 135; **Erdöl,** 198; **Reduktionsmittel,** 148.

• **Kohlendioxid (CO_2).** Ist ein farbloses, geruchloses, in der Atmosphäre vorkommendes Gas (s. a. **Kohlenstoffzyklus** Seite 209). Technisch wird es aus Calciumcarbonat durch Erhitzen in einem Kalkofen (s. a. Seite 216) hergestellt. Es löst sich in Wasser zu **Kohlensäure (H_2CO_3).**

$$CO_2(g) + H_2O(fl) \rightleftharpoons 2H^+(aq) + CO_3^{2-}(aq)$$

Kohlendioxid — Wasser — Kohlensäure

Kohlendioxid ist reaktionsträge. Es reagiert aber mit Natrium- oder Calciumhydroxidlösungen (s. a. Seite 218).

Kohlendioxid wird viel gebraucht.

Es läßt Getränke sprudeln. Kohlendioxid entwickelt sich beim Öffnen der Dosen, da dann der Druck nachläßt.

Es wird in Feuerlöschern verwendet. Es erlaubt der Luft nicht, die Flamme zu erreichen und bildet eine Schutzschicht.

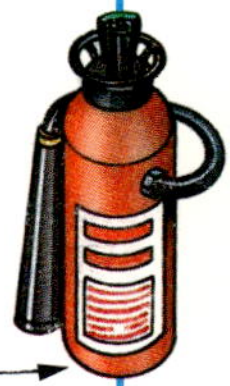

• **Kohlenmonoxid (CO).** Ein giftiges, farbloses, geruchloses Gas, entsteht aus **Kohlendioxid** und erhitztem Kohlenstoff und beim Verbrennen mit Luftunterschuß. Es ist wasserunlöslich, ein **Reduktionsmittel*,** das oxidische Metallerze zu Metall reduziert (s. a. **Eisen** Seite 174) und mit blauer Flamme brennt. Es wird im Gemisch mit anderen Gasen als Brennstoff gebraucht, z. B. mit Wasserstoff im **Wassergas** und mit Stickstoff im **Generatorgas.**

Bei Sauerstoffmangel verbrennt der Treibstoff zu **Kohlenmonoxid**, nicht zu **Kohlendioxid**. Wenn ein Automotor in einer geschlossenen Garage läuft, sammelt sich gefährliches Kohlenmonoxid an.

• **Carbonate**. Sie bestehen aus Metallkation und **Carbonatanion (Co_3^{2-}).** Mit Ausnahme der Carbonate der I. Gruppe sind sie alle wasserunlöslich, und sie zersetzen sich beim Erwärmen, z. B. **Calciumcarbonat ($CaCO_3$).** Aus ihnen entsteht mit Säure **Kohlendioxid**.

Gruppe V Stickstoffgruppe

Der metallische Charakter der Elemente der **V. Gruppe** des Periodensystems nimmt von oben nach unten zu (s. a. **Tabelle** unten).

Einige Eigenschaften der Elemente der V. Gruppe

Name des Elementes	Chemisches Symbol	Relative Atommasse*	Elektronen-anordnung*	Reaktivität	Aussehen	Verwendung
Stickstoff	**N**	14,00	2,5	ZUNEHMEND ↓	Farbloses Gas	s. u. auf dieser Seite
Phosphor	**P**	30,97	2,8,5		Nichtmetallischer Feststoff, s. a. Seite 182	s. a. Seite 182
Arsen	**As**	74,92	5 Außenelektronen, sonst komplizierte Anordnung.		3 **Allotrope***, eins ist metallisch	In **Halbleitern*** und **Legierungen***
Antimon	**Sb**	121,75			Silberweißes Metall	In **Legierungen***
Wismut	**Bi**	208,98			Weißes Metall mit rötlicher Färbung	Medizin, in niedrig schmelzenden **Legierungen***.

Alle Atome der Elemente der V. Gruppe haben 5 **Außenelektronen**. Sie bilden alle **kovalente Verbindungen***, in denen sie 3 der Elektronen mit 3 Elektronen des Partners kombinieren (Edelgasanordnung). **Antimon, Wismut** und **Stickstoff** bilden auch **Ionenverbindungen***.

Weitere Informationen über **Stickstoff, Phosphor** und die Verbindungen s. u. und Seiten 181–182. Es sind die verbreitetsten Elemente der Gruppe.

- **Stickstoff (N_2).** Ein Mitglied der V. Gruppe des Periodensystems. Das farblose, geruchlose, **zweiatomige*** Gas bildet 78% der Atmosphäre. Es wird durch **fraktionierte Destillation der flüssigen Luft*** hergestellt (s. a. Seite 217). Die **Oxidationsstufen*** des Stickstoffes in seinen Verbindungen reichen von –III bis +V. Es bildet mit einigen reaktionsfähigen Metallen Nitride.

$$6Li(f) + N_2(g) \rightarrow 2Li_3N(f)$$

Lithium, Stickstoff, Lithiumnitrid

Stickstoff ist für alle Organismen lebenswichtig, denn er kommt in Molekülen der lebenden Zellen vor, z. B. Protein (s. a. **Stickstoffkreislauf** Seite 209). Er wird für die Herstellung von **Ammoniak** (s. a. **Haber-Bosch-Verfahren**) und Salpetersäure gebraucht. **Flüssiger Stickstoff,** der unter –196 °C existiert, wird viel zum Schockgefrieren von Lebensmitteln verwendet.

Chipspäckchen werden mit **Stickstoff** gefüllt, um sie länger frisch zu halten (bleibt Luft in der Packung, werden die Chips fade). Das Gas in den Tüten schützt die Chips auch vor Transportschäden.

- **Haber-Bosch-Verfahren**. Es wird aus Stickstoff und **Wasserstoff** (Verhältnis 1:3) **Ammoniak** hergestellt. Ammoniak wird durch das Einstellen von Temperatur und Druck unter Verwendung eines **Katalysators*** mit größtmöglicher Ausbeute gewonnen. Die Reaktion ist **exotherm*** und umkehrbar.

$$N_2(g) + 3H_2(g) \underset{\text{Eisenkatalysator}}{\overset{400\,°C,\ 250\ atm.}{\rightleftarrows}} 2NH_3(g)$$

Stickstoff, Wasserstoff, Ammoniak

▲ Unter diesen Bedingungen bilden sich 15% **Ammoniak**.

▼ **Haber-Bosch-Verfahren**

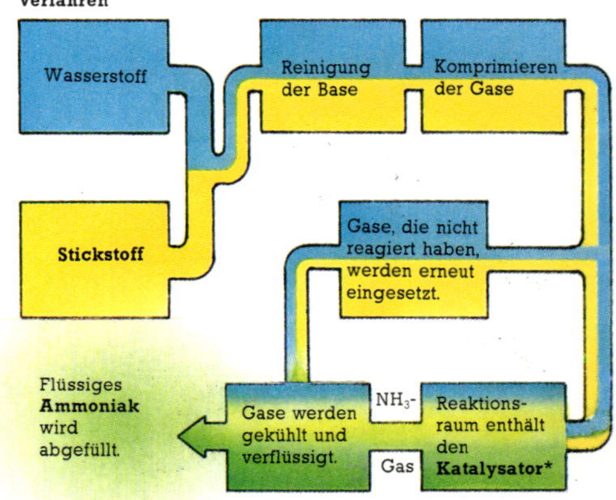

* **Allotrop**, 136; **Elektronenanordnung**, 127; **Exotherme Reaktion**, 147; **Fraktionierte Destillation der flüssigen Luft**, 183; **Halbleiter**, 345; **Ionenverbindung**, 131; **Katalysator**, 161; **Kovalente Verbindung**, 132; **Legierung**, 344; **Oxidationsstufe**, 149; **Relative Atommasse**, 138; **Zweiatomig**, 124.

- **Ammoniak (NH_3)**. Ein farbloses, streng riechendes Gas, das leichter als Luft ist. Die **kovalente Verbindung*** wird im **Haber-Bosch-Verfahren** hergestellt. Es ist ein **Reduktionsmittel*** und das einzige verbreitete Gas, das mit Wasser eine alkalische Lösung bildet. Die Lösung wird **Ammoniak-** oder **Ammoniumhydroxidlösung (NH_4OH)** genannt. Ammoniak verbrennt in reinem Sauerstoff zu Stickstoff und Wasser. Es reagiert mit Chlorwasserstoff zu **Ammoniumchlorid**.

Ammoniak wird zur Herstellung von Salpetersäure, Düngemitteln, Kunststoffen, Sprengstoffen und Haushaltsreinigern verwendet.

- **Ammoniumchlorid (NH_4Cl) (Salmiak).** Ist ein weißer, wasserlöslicher, kristalliner Feststoff, der aus **Ammoniaklösung** und verdünnter Salzsäure hergestellt wird. Beim Erwärmen **sublimiert*** es und **dissoziiert*** (s. a. **Gleichung** Seite 162 unten). Es wird in Trockenelementen verwendet.

$$\underset{\text{Ammonium-chlorid}}{NH_4Cl(g)} \underset{\text{Abkühlen}}{\overset{\text{Erhitzen}}{\rightleftarrows}} \underset{\text{Ammoniak}}{NH_3(g)} + \underset{\text{Chlor-wasserstoff}}{HCl(g)}$$

- **Ammoniumsulfat ($(NH_4)_2SO_4$)**. Ein weißer, wasserlöslicher, kristalliner Feststoff, der aus **Ammoniak** und Schwefelsäure hergestellt wird. Es ist ein Düngemittel.

- **Ammoniumnitrat (NH_4NO_3)**. Ein weißer, wasserlöslicher, kristalliner Feststoff, der aus **Ammoniaklösung** und verdünnter Salpetersäure hergestellt wird. Beim Erhitzen entsteht u. a. **Distickstoffoxid**.

Ammoniumnitrat wird als Sprengstoff und Düngemittel verwendet, z. B. als Blumendünger für Topfpflanzen.

- **Distickstoffoxid (N_2O) (Lachgas)**. Ein farbloses, leicht süß schmeckendes, wasserlösliches Gas. Es ist eine **kovalente Verbindung***, die bei leichtem Erwärmen aus **Ammoniumnitrat** entsteht. Es unterhält die Verbrennung einiger reaktiver Verbindungen und entzündet einen Glimmspan.

Distickstoffoxid wird als **Betäubungsmittel** von Zahnärzten und Narkoseärzten eingesetzt.

- **Stickstoffmonoxid (NO)**. Ist ein farbloses, in Wasser unlösliches Gas. Es ist eine **kovalente Verbindung***, die entsteht, wenn Kupfer mit 50%iger Salpetersäure reagiert. Mit Sauerstoff bildet sich daraus **Stickstoffdioxid**. Es unterhält die Verbrennung reaktiver Elemente.

- **Stickstoffdioxid (NO_2)**. Ist ein dunkelbraunes Gas mit stickigem Geruch. Es ist eine **kovalente Verbindung***.

$$\underset{\text{Kupfer}}{Cu} + \underset{\text{Konzentrierte Salpetersäure}}{4HNO_3} \rightarrow \underset{\text{Kupfer-(II)-nitrat}}{Cu(NO_3)_2} + \underset{\text{Wasser}}{2H_2O} + \underset{\text{Stickstoffdioxid}}{2NO_2}$$

Stickstoffdioxid entsteht bei der Reaktion von Kupfer mit konzentrierter Salpetersäure und beim Erhitzen einiger **Nitrate***. Es unterhält die Verbrennung und löst sich in Wasser zu einem Gemisch aus **Salpetersäure** und **salpetriger Säure (HNO_2)** auf. Es wird als **Oxidationsmittel*** verwendet.

Stickstoffdioxid dimerisiert (d. h. 2 Moleküle lagern sich zusammen) unter 21 °C zu **Distickstofftetraoxid (N_2O_4)**, einem farblosen Gas.

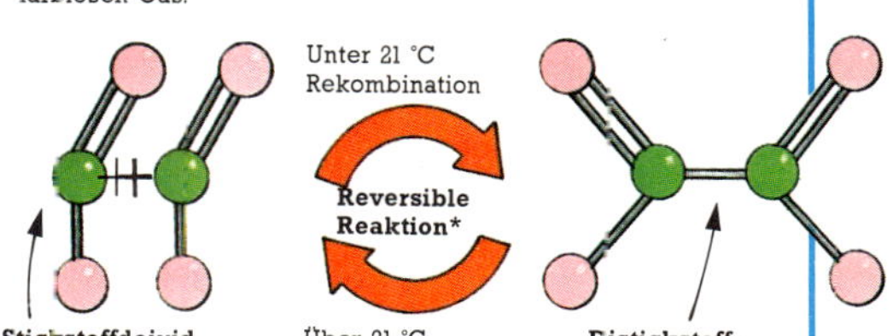

* **Dissoziation**, 162; **Gleichgewichtsreaktion**, 162; **Kovalente Verbindung**, 132; **Nitrate**, 182; **Oxidationsmittel**, 148; **Reduktionsmittel**, 148; **Reversible Reaktion**, 162; **Sublimation**, 121.

Fortsetzung Gruppe V

- **Salpetersäure (HNO_3) (Stickstoff-(V)-säure).** Eine hellgelbe, ölige, wasserlösliche Flüssigkeit. Sie ist eine **kovalente Verbindung***, die Stickstoff mit der **Oxidationszahl*** +V enthält. Sie ist eine sehr starke und ätzende Säure, die nach dem **Ostwald-Verfahren** (s. u.) hergestellt wird.

1. Schritt: Ammoniak reagiert mit Sauerstoff.

Platin-Rhodium-**Katalysator***

$$4NH_3(g) + 5O_2(g) \rightarrow 4NO(g) + 6H_2O(g)$$

Ammoniak + Sauerstoff → Stickstoffmonoxid + Wasser

2. Schritt: Stickstoffmonoxid kühlt ab und reagiert mit weiterem Sauerstoff zu Stickstoffdioxid. 3. Schritt: Stickstoffdioxid löst sich in Wasser zu **Salpetersäure**.

$$4NO_2(g) + 2H_2O(fl) + O_2(g) \rightarrow 4HNO_3(aq)$$

Stickstoffdioxid + Wasser + Sauerstoff → Salpetersäure

- **Konzentrierte Salpetersäure**. Ein Gemisch aus 70% Salpetersäure und 30% Wasser, ist ein starkes **Oxidationsmittel***. **Verdünnte Salpetersäure**, eine Lösung aus 10% Salpetersäure in Wasser, reagiert mit **Basen*** zu **Nitraten** und **Wasser**. Salpetersäure wird zur Herstellung von Düngemitteln und Sprengstoffen verwendet.

Eine Mischung aus **konzentrierter Salzsäure** und **konzentrierter Salpetersäure**, genannt **Königswasser**, löst Gold auf.

- **Nitrate.** Feste **Ionenverbindungen***, die **Nitrationen (NO_3^-)** und ein **Kation*** enthalten (s. a. **Nachweise für Anionen und Kationen** Seite 218–219). Der Stickstoff hat im Nitration die **Oxidationszahl*** +V. Nitrate sind die **Salze*** der **Salpetersäure** und werden durch Reaktion von **verdünnter Salpetersäure** mit Metalloxiden, Metallhydroxiden oder Metallcarbonaten hergestellt. Alle sind wasserlöslich, und die meisten geben beim Erwärmen Stickstoffdioxid und Sauerstoff ab (Ausnahmen: Natrium-, Kalium- und Ammoniumnitrate).

Natriumnitrat ($NaNO_3$) wird zur Schießpulverherstellung verwendet.

Natrium- und **Ammoniumnitrate** dienen als Düngemittel.

- **Nitrite**. Feste **Ionenverbindungen***, die das **Nitritanion (NO_2^-)** und ein **Kation*** enthalten. Es sind normalerweise **Reduktionsmittel***.

Natriumnitrit ($NaNO_2$) wird als Konservierungsmittel für Nahrung verwendet.

- **Phosphor (P).** Ein nichtmetallisches Element der V. Gruppe des Periodensystems (s. a. **Tabelle** Seite 180). Er kommt in der Natur nur in Verbindungen vor. Das Haupterz ist **Apatit ($3Ca_3(PO_4)_2 \cdot CaF_2$).** Er kommt hauptsächlich in 2 Modifikationen vor. **Weißer Phosphor,** die sehr reaktive Form, ist ein giftiger, wachsartiger, weißer Feststoff, der sich an der Luft entzündet. **Roter Phosphor** ist ein dunkelrotes, nicht giftiges, nicht selbstentzündliches Pulver.

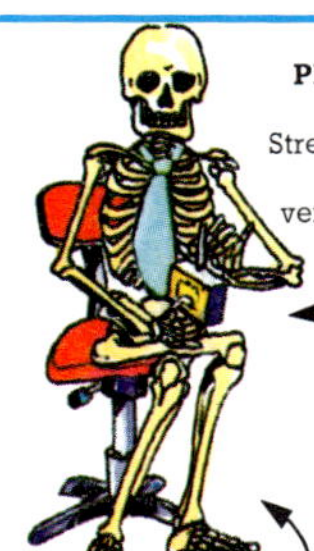

Roter Phosphor wird für Streichholzköpfe verwendet.

Lebende Organismen enthalten **Phosphorverbindungen**, z. B. bestehen Knochen hauptsächlich aus **Calciumphosphat**.

- **Phosphorpentoxid (P_2O_5).** Ein weißer, **hygroskopischer** Feststoff, der beim Verbrennen des Phosphors an der Luft entsteht. Es reagiert heftig mit Wasser zu **Phosphorsäure (H_3PO_4)** und wird als **Rostschutzmittel*** eingesetzt.

* **Base,** 151; **Ionenverbindung,** 131; **Katalysator,** 161; **Kation,** 130; **Kovalente Verbindung,** 132; **Reduktionsmittel,** 148; **Oxidationsmittel,** 148; **Oxidationszahl,** 149; **Rostschutzmittel s. a. Rost,** 174; **Salz,** 153.

Gruppe VI Chalkogene

Der metallische Charakter der Elemente der **VI. Gruppe** des Periodensystems nimmt von oben nach unten zu, die Reaktivität in gleicher Weise ab. Die Tabelle unten zeigt einige der Eigenschaften dieser Elemente.

Einige Eigenschaften der Elemente der VI. Gruppe

Name des Elementes	Chemisches Symbol	Relative Atommasse*	Elekronen-anordnung*	Reaktivität	Aussehen	Verwendung
Sauerstoff	**O**	15,99	2,6	ABNEHMEND ↓	Farbloses Gas s. u. auf dieser Seite	s. u. auf dieser Seite
Schwefel	**S**	32,06	2,8,6		Gelber, nichtmetallischer Feststoff s. a. Seite 184	s. a. Seite 184
Selen	**Se**	78,96	6 **Außenelektronen***, sonst komplizierte Anordnung.		Metallische, nichtmetallische Formen.	In Fotozellen
Tellur	**Te**	127,60			Silberweißer, metallähnlicher Feststoff	**Legierungen***
Polonium	**Po**	**Radioaktives** Element			Metall	**Halbleiter***

Die Atome aller Elemente der VI. Gruppe haben 6 **Außenelektronen**. Sie brauchen 2 Elektronen, um **Edelgasanordnung*** zu erreichen. Sie reagieren und bilden dabei sowohl **Ionenverbindungen*** als auch **kovalente Verbindungen***. Die leichteren Atome der Gruppe reagieren am heftigsten, da sie die zwei fehlenden Elektronen am stärksten anziehen.

Weitere Informationen über **Sauerstoff, Schwefel** und deren Verbindungen s. u. und Seiten 184–185. Die Stoffe sind weit verbreitet und werden oft verwendet.

- **Sauerstoff (O_2).** Ein farbloses, geruchloses, zweiatomiges Gas, das 21% der Atmosphäre ausmacht. Er ist das häufigste Element der Erdkruste und lebensnotwendig (s. a. **Atmung** Seite 209). Er unterhält die Verbrennung, löst sich in Wasser zu **neutralen*** Lösungen und ist ein sehr reaktives **Oxidationsmittel***, z. B. oxidiert es Eisen zu Eisen-(III)-oxid. Pflanzen erzeugen Sauerstoff durch Photosynthese. Industriell wird er durch **fraktionierte Destillation von flüssiger Luft** gewonnen. Er hat viele Anwendungsgebiete, z. B. in Krankenhäusern und bei der Gewässerreinigung (s. a. **Nachweis** Seite 217 und **Herstellung** Seite 219).

- **Ozon (O_3).** Ein giftiges, bläuliches Gas, dessen Moleküle drei Sauerstoffatome enthalten. Es ist eine Modifikation des Sauerstoffes, kommt in der oberen Atmosphäre vor, wo es den größten Teil der schädlichen UV-Strahlung der Sonne absorbiert. Es entsteht bei elektrischen Entladungen in der Luft, z. B. bei Blitzen. Ozon ist ein starkes **Oxidationsmittel***, das manchmal zur Sterilisation von Wasser verwendet wird.

Fraktionierte Destillation von flüssiger Luft (s. a. Seite 220).

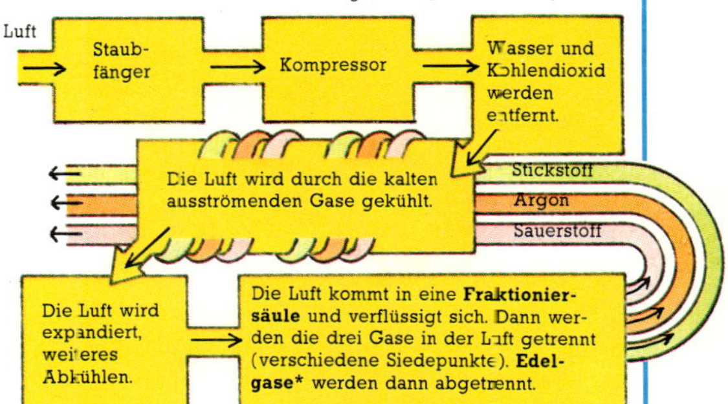

- **Oxide.** Verbindungen von Sauerstoff mit einem anderen Element. Metalloxide sind meist **Ionenverbindungen*** und reagieren mit Wasser als **Basen***, z. B **Calciumoxid (CaO)**. Einige Oxide sind **amphoter***, z. B. **Aluminiumoxid (Al_2O_3)**. Nichtmetalloxide sind **kovalente Verbindungen*** und reagieren mit Wasser oft als **Säure**, z. B. **Kohlendioxid (CO_2)**.

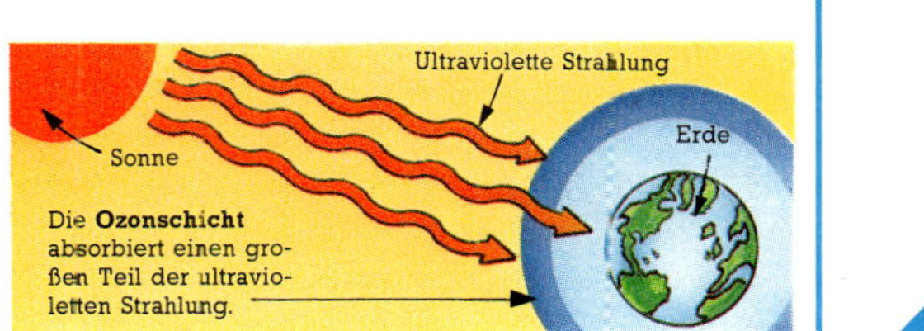

* **Außenelektronen**, 127; **Amphoter**, 151; **Base**, 151; **Edelgase**, 189; **Elektronenanordnung**, 127; **Halbleiter**, 345; **Ionenverbindung**, 131; **Kovalente Verbindung**, 132; **Legierung**, 344; **Metall**, 165; **Neutral**, 151; **Oxidationsmittel**, 148; **Relative Atommasse**, 148.

Schwefel

Schwefel (S) ist ein Element der **VI. Gruppe** des Periodensystems (s. a. **Tabelle** Seite 183). Er ist ein gelber, nichtmetallischer, wasserunlöslicher Feststoff. Er ist **polymorph*** und kommt in zwei **Allotropen*** vor, **rhombisch** und **monoklin. Schwefel** kommt als Element in unterirdischen Lagern vor (s. a. **Frasch-Verfahren)** und wird aus **Erdöl*** oder Metallsulfiden (Verbindung von Schwefel mit anderen Elementen, z. B. **Eisen-(II)-sulfid, FeS**) gewonnen. Er verbrennt an der Luft mit blauer Flamme zu **Schwefeldioxid** und reagiert mit vielen Metallen zu Sulfiden. Er wird zur **Vulkanisation***, zur Herstellung von **Schwefelsäure** und in der Medizin als **Fungizid*** verwendet.

- **Rhombischer Schwefel** (**α-Schwefel** oder **orthorhombischer Schwefel**). Ein hellgelbes, kristallines, bei Zimmertemperatur beständiges **Allotrop*** des Schwefels.

- **Monokliner Schwefel (β-Schwefel).** Ist ein gelbes, kristallines **Allotrop*** des Schwefels. Über 96 °C ist er beständiger als **rhombischer Schwefel**.

Kristall des **rhombischen Schwefels** (s. a. Seite 136):

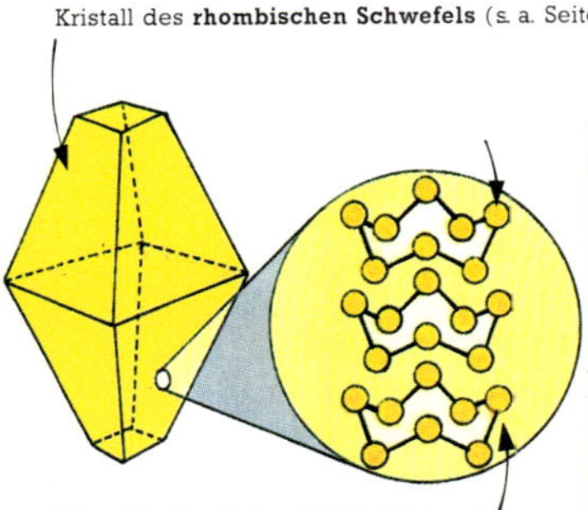

Rhombischer Schwefel ist dichter als **monokliner Schwefel**, da die Schwefelringe enger gepackt sind.

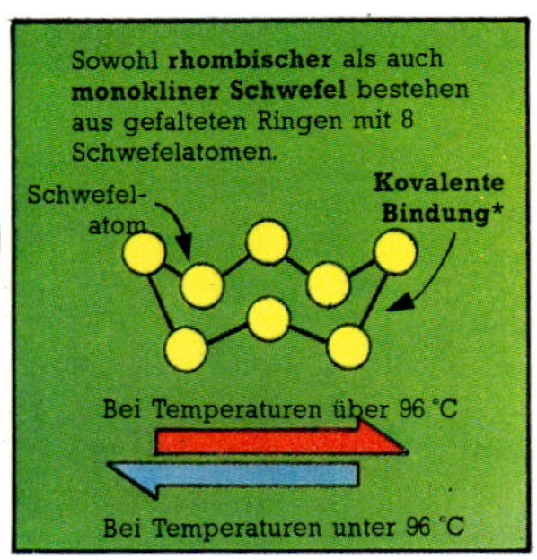

Kristall des **monoklinen Schwefels** (lang, dünn, gewinkelt).

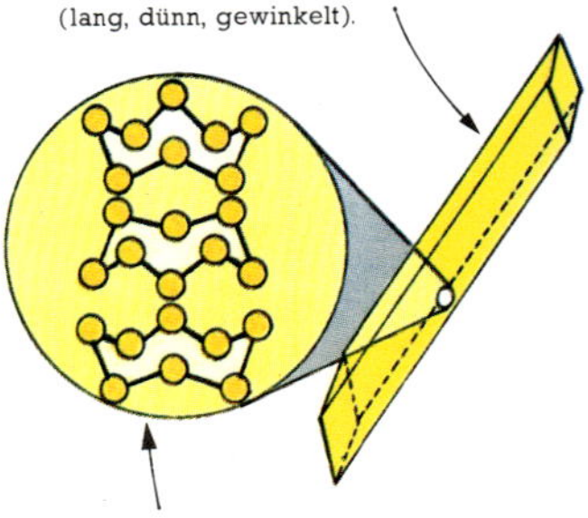

Die **Schwefelringe** sind in einem **Molekülgitter*** angeordnet, aber anders als beim **rhombischen Schwefel**.

- **Plastischer Schwefel**. Entsteht, wenn heißer, geschmolzener Schwefel in Wasser gegossen wird. Er kann geknetet und zu langen Fäden gezogen werden. Er ist instabil und wird hart, wenn sich die Achterringe des Schwefels zurückbilden (s. o.).

- **Schwefelblume**. Ein feines, gelbes Pulver, das entsteht, wenn Schwefeldampf schnell abgekühlt wird. Die Moleküle bestehen aus Achterringen.

- **Frasch-Verfahren.** Eine Methode, um Schwefel aus Erdlagern durch Herausschmelzen zu gewinnen. Der so gewonnene Schwefel ist 99,5%ig.

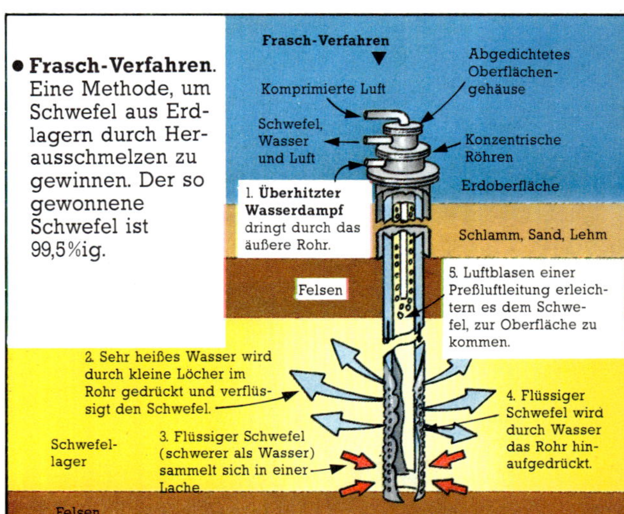

* **Allotrop**, 136; **Erdöl**, 198; **Fungizid**, 344; **Kovalente Bindung**, 132; **Molekülgitter**, 137; **Polymorph**, 136; **Vulkanisation**, 345.

- **Schwefeldioxid (SO_2) (Schwefel-(IV)-oxid).** Ein giftiges, erstickendes Gas, das beim Lösen in Wasser **schweflige Säure** bildet. Die **kovalente Verbindung*** entsteht beim Verbrennen von Schwefel oder durch Zugabe verdünnter Säuren zu **Sulfiten**. Es wirkt als **Reduktionsmittel***. Es wird zur Herstellung von **Schwefelsäure**, zum **Ausräuchern** und als **Bleichmittel*** benutzt.

Schwefeldioxid wird zum Konservieren von Nahrungsmitteln benutzt.

- **Schwefeltrioxid (SO_3) (Schwefel-(VI)-oxid).** Ein weißer, flüchtiger Feststoff, der durch das **Kontaktverfahren** hergestellt wird. Es reagiert heftig mit Wasser zu **Schwefelsäure**.

- **Schweflige Säure (H_2SO_3)** oder **Schwefel-(IV)-säure**. Eine farblose, **schwache Säure***, die durch das Lösen von **Schwefeldioxid** in Wasser entsteht.

- **Schwefelwasserstoff (H_2S).** Ein farbloses, giftiges, nach faulen Eiern riechendes Gas, das sich in Wasser zur **schwachen Säure*** auflöst. Er entsteht, wenn organische Stoffe verrotten und wenn eine verdünnte Säure zu einem Metallsulfid gegeben wird.

- **Sulfate**. Feste **Ionenverbindungen***, die ein **Sulfation (SO_4^{2-})** und **Kationen*** enthalten. Viele kommen in der Natur vor, z. B. **Calciumsulfat ($CaSO_4$)**. Es sind **Salze*** der **Schwefelsäure**, die durch Zugabe von **Basen*** zu verdünnter **Schwefelsäure** entstehen.

Natriumsulfitlösung wird beim Fixieren von Fotos verwendet. Sie verhindert, daß die Abzüge und Filme ganz schwarz werden, wenn sie wieder ans Licht kommen.

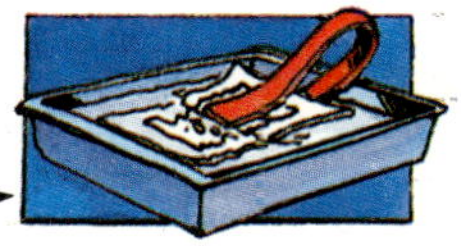

- **Sulfite. Ionenverbindungen***, die ein **Sulfition (SO_3^{2-})** und ein Metall**kation*** enthalten, z. B. **Natriumsulfit (Na_2SO_3)**. Es sind **Salze*** der **schwefligen Säure** die mit verdünnten **starken Säuren*** unter Abgabe von **Schwefeldioxid** reagieren.

- **Schwefelsäure (H_2SO_4) (Schwefel-(VI)-säure).** Eine ölige, farblose, ätzende Flüssigkeit, ist eine **zweiprotonige*** Säure, die nach dem **Kontaktverfahren** hergestellt wird. **Konzentrierte Schwefelsäure** enthält rund 2% Wasser, ist **hygroskopisch*** und ein starkes **Trockenmittel*** und **Oxidationsmittel***. **Verdünnte Schwefelsäure**, eine **starke Säure***, die rund 90% Wasser enthält, reagiert mit Metallen, die in der **Spannungsreihe*** über Wasserstoff stehen, zu Metallsulfaten und Wasserstoff.

$$\underset{\text{Kupfer}}{Cu} + \underset{\text{Konzentrierte Schwefelsäure}}{2H_2SO_4} \rightarrow \underset{\text{Kupfer-(II)-sulfat}}{CuSO_4} + \underset{\text{Schwefeldioxid}}{SO_2} + \underset{\text{Wasser}}{2H_2O}$$

▲ **Konzentrierte Schwefelsäure** ist ein **Oxidationsmittel***.

$$\underset{\text{Kupfer-(II)-oxid}}{CuO(f)} + \underset{\text{Verdünnte Schwefelsäure}}{H_2SO_4(aq)} \rightarrow \underset{\text{Kupfer-(II)-sulfat}}{CuSO_4(aq)} + \underset{\text{Wasser}}{H_2O(fl)}$$

▲ **Verdünnte Schwefelsäure** reagiert mit **Basen*** zu **Sulfaten**.

Schwefelsäure wird viel verwendet, z. B. in Düngemitteln, synthetischen Fasern, Waschmitteln und Farben.

Die Reaktion zwischen **konzentrierter Schwefelsäure** und Wasser ist sehr heftig. Um Unfälle zu vermeiden, wird immer die Säure langsam in das Wasser gegeben und nicht umgekehrt!

- **Kontaktverfahren**. Industrielles Herstellungsverfahren für Schwefelsäure.

Kontaktverfahren

Trockenes und reines **Schwefeldioxid** wird mit Luft bei 450 °C über einen Vanadiumpentoxid**katalysator*** geleitet.

$$\underset{\text{Schwefeldioxid}}{2SO_2(g)} + \underset{\text{Sauerstoff}}{O_2(g)} \rightarrow \underset{\text{Schwefeltrioxid}}{2SO_3(g)}$$

Schwefeltrioxid wird gebildet

Schwefeltrioxid wird von **konzentrierter Schwefelsäure** absorbiert. Dabei bildet sich **rauchende Schwefelsäure oder Oleum**.

$$\underset{\text{Schwefeltrioxid}}{SO_3} + \underset{\text{Konzentrierte Schwefelsäure}}{H_2SO_4} \rightarrow \underset{\text{Rauchende Schwefelsäure}}{H_2S_2O_7}$$

Rauchende Schwefelsäure wird zu **Schwefelsäure** verdünnt.

$$\underset{\text{Rauchende Schwefelsäure}}{H_2S_2O_7} + \underset{\text{Wasser}}{H_2O} \rightarrow \underset{\text{Schwefelsäure}}{2H_2SO_4}$$

* **Base**, 151; **Bleichmittel**, 344; **Hygroskopisch**, 206; **Ionenverbindung**, 131; **Katalysator**, 161; **Kation**, 130; **Kovalente Verbindung**, 132; **Oxidationsmittel**, 148; **Reduktionsmittel**, 148; **Salz**, 148; **Schwache Säure**, 152; **Spannungsreihe**, 159; **Starke Säure**, 152; **Trockenmittel**, 345; **Zweiprotonig**, 153.

Gruppe VII Halogene

Die Elemente der **VII. Gruppe** werden **Halogene** und ihre Verbindungen **Halogenide** genannt. Die Elemente dieser Gruppe sind Nichtmetalle, und ihre Reaktivität nimmt von oben nach unten ab. Die Tabelle unten zeigt einige ihrer Eigenschaften. Weitere Informationen über Gruppenmitglieder s. u. und Seiten 187–188.

Einige Eigenschaften der Elemente der VII. Gruppe

Name des Elementes	Chemisches Symbol	Relative Atommasse*	Elektronen-anordnung*	Oxidations-kraft	Reaktivität	Aussehen
Fluor	**F**	18,99	2,7	ABNEHMEND ↓	ABNEHMEND ↓	Helles, gelbgrünes Gas
Chlor	**Cl**	35,45	2,8,7			Helles, grüngelbes Gas
Brom	**Br**	79,91	2,8,18,7			Rotbraune, dampfende Flüssigkeit
Jod	**J**	126,90	2,8,18,18,7			Nichtmetallischer, schwarzgrauer Feststoff
Astat	**At**	Keine stabilen Isotope				

Die Atome der Elemente der VII. Gruppe haben 7 Elektronen auf der **äußeren Schale*** und bilden alle sowohl **Ionenverbindungen*** als auch **kovalente Verbindungen***, die oberen mehr ionische als die unteren.

Fluor wird in der Schule nie verwendet, da es sehr giftig ist und Glasgefäße angreift. Die Gase des **Chlors, Broms** und **Jods** greifen Glas nicht an, sind aber sehr giftig.

Die **Oxidationskraft** der Elemente der VII. Gruppe nimmt von oben nach unten ab. Sie können alle die Ionen unter ihnen stehender Elemente **oxidieren***, z. B. oxidiert **Chlor Bromid-** und **Jodidionen*** in der Lösung zu **Brom-** bzw. **Jodmolekülen**. Brom oxidiert nur **Jodidionen***, und Jod kann kein anderes Halogenidion oxidieren.

$$2KJ(aq) + Br_2(fl) \rightarrow 2KBr(aq) + J_2(f)$$

◀ **Brom** oxidiert **Jodidionen** einer Kaliumjodidlösung. Jedes Jodidion verliert dabei ein Elektron (wird **oxidiert***) an das Brom, das in ein **Bromidion** übergeht.

- **Fluor (F_2)**. Ein Element der VII. Gruppe. Es ist ein **zweiatomiges*** Gas, das aus **Flußspat (CaF_2)** und **Kryolit (Na_3AlF_6)** gewonnen wird. Es ist das reaktivste Gruppenmitglied, ein sehr starkes **Oxidationsmittel***. Es reagiert mit allen Elementen. Anwendungsbeispiele auf den Bildern.

Fluor bildet brauchbare, stabile, organische **Verbindungen***, die man **Fluorkohlenwasserstoffe** nennt, z. B. **Polytetrafluorethen (PTFE),** oder **Teflon** (s. a. Seite 195). Pfannen werden mit **Teflon** beschichtet, denn es verhindert Festkleben. Bei Skiern dient es zur Verkleinerung der Reibung.

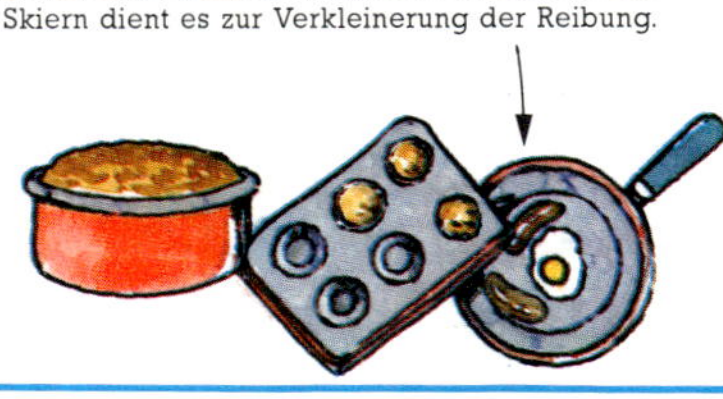

Einige **Fluoride** (anorganische Verbindungen des Fluors) werden Zahnpasta und (in einigen Ländern) dem Trinkwasser zugesetzt, um Zahnfäule zu verhindern.

* **Äußere Schale**, 127; **Bromidanion**, 188; **Elektronenanordnung**, 127; **Ionenverbindung**, 131; **Isotope**, 127; **Jodionen s. a. Jodidanion**, 188; **Kovalente Verbindung**, 132; **Organische Verbindung**, 190; **Oxidieren, Oxidation, Oxidationsmittel**, 148; **Relative Atommasse**, 137; **Zweiatomig**, 124.

- **Chlor (Cl_2).** Ein Element der VII. Gruppe, ist ein giftiges, erstickendes, **zweiatomiges*** Gas, das sehr reaktiv ist und in der Natur nur in Verbindungen vorkommt. **Natriumchlorid (NaCl),** die bedeutendste Verbindung, wird in Steinsalz und Salzwasser gefunden. Chlor wird aus Salzlösungen durch **Elektolyse*** in **Downs Zellen** gewonnen (s. a. **Natrium** Seite 176 und **Chlor** Seite 216). Es ist ein sehr starkes **Oxidationsmittel*,** mit dem viele Elemente zu **Chloriden** reagieren (s. a. **Gleichung** unten).

$$H_2(g) + Cl_2(g) \rightarrow 2HCl(g)$$

Wasserstoff — Chlor — Chlorwasserstoff

▲ Im Sonnenlicht verläuft diese Reaktion explosionsartig.

Chlor wird viel verwendet, z. B. zur Herstellung von **Salzsäure**, organischen Lösungsmitteln, in Schwimmbädern zum Abtöten von Bazillen.

Auch im Trinkwasser und in Desinfektionsmitteln wird es zum Abtöten von Bazillen verwendet.

- **Chloride.** Sind Verbindungen, die sich aus **Chlor** und einem weiteren Element bilden. Die Chloride der Nichtmetalle sind **kovalente Verbindungen*** (s. a. **Chlorwasserstoff),** meist flüssig oder gasförmig. Metallchloride, z. B. **Natriumchlorid (NaCl);** sind gewöhnlich feste, wasserlösliche **Ionenverbindungen*,** die aus einem Chloridanion* (Cl^-) und Metall**kation*** bestehen (s. a. Seite 218).

- **Wasserstoffchlorid (HCl).** Ist ein farbloses Gas mit **kovalenter Bindung***, das, in **polaren Lösungsmitteln*** gelöst, Ionen bildet. Es entsteht beim Verbrennen von Wasserstoff in **Chlor**. Es reagiert mit Ammoniak und bildet mit Wasser **Salzsäure**, eine **starke Säure*. Konzentrierte Salzsäure**, 35% Wasserstoffchlorid und 65% Wasser, ist eine dampfende, farblose, ätzende Flüssigkeit. **Verdünnte Salzsäure**, rund 7% Wasserstoffchlorid in Wasser gelöst, ist eine farblose Flüssigkeit, die mit **Basen** und Metallen, die in der **Spannungsreihe*** über dem Wasserstoff stehen, reagiert. **Konzentrierte Salzsäure** wird in der Industrie verwendet, um Rost vom Stahl vor dem **Galvanisieren*** zu entfernen.

Konzentrierte Salzsäure wird zum Ätzen von Metallen verwendet.

Wenn Metall der Säure ausgesetzt wird, so ätzt sie es weg und hinterläßt eine Furche in der Oberfläche. Beim Drucken eines Bildes wird die Furche mit Farbe gefüllt.

- **Natriumhypochlorit (NaOCl) (Natriumchlorat-(I)).** Ein kristalliner, weißer Feststoff, der sich bildet, wenn **Chlor** in eine kalte, verdünnte Natriumhydroxidlösung eingeleitet wird. So wird es auch aufbewahrt. Es wird in Haushaltsreinigern und zum **Bleichen*** von Papierbrei verwendet.

- **Natriumchlorat ($NaClO_3$) (Natriumchlorat-(V)).** Ein weißer, kristalliner Feststoff, der sich bildet, wenn **Chlor** zu warmer konzentrierter Natronlauge gegeben wird und wenn **Natriumhypochlorit** erwärmt wird.

* **Anion,** 130; **Bleichen,** 151; **Elektrolyse,** 156; **Galvanisieren,** 174; **Ionenverbindung,** 131; **Kation,** 130; **Kovalente Verbindung,** 132; **Oxidationsmittel,** 148; **Polares Lösungsmittel,** 144; **Spannungsreihe,** 159; **Starke Säure,** 152; **Zweiatomig,** 124.

Fortsetzung Halogene

- **Brom (Br_2).** Ein Element der **VII. Gruppe** (s. a. Seite 186). Es ist eine **flüchtige, zweiatomige*** Flüssigkeit, die giftige Dämpfe abgibt. Es ist sehr reaktiv und kommt in der Natur nur in Verbindungen vor, z. B. in Meerestieren, Salzen und Meerwasser. Es wird aus **Natriumbromid** durch Chlorzusatz gewonnen. **Brom** ist ein starkes **Oxidationsmittel***. Es reagiert mit den meisten Elementen zu **Bromiden** und löst sich etwas in Wasser zu bräunlichem **Bromwasser.** Bromverbindungen werden in der Medizin, Fotografie und als Desinfektionsmittel verwendet. Aus ihm entsteht **1,2-Dibromethan (CH_2BrCH_2Br),** dem Benzin zugesetzt wird, um die Anreicherungen von Bleiverbindungen im Motor zu verhindern.

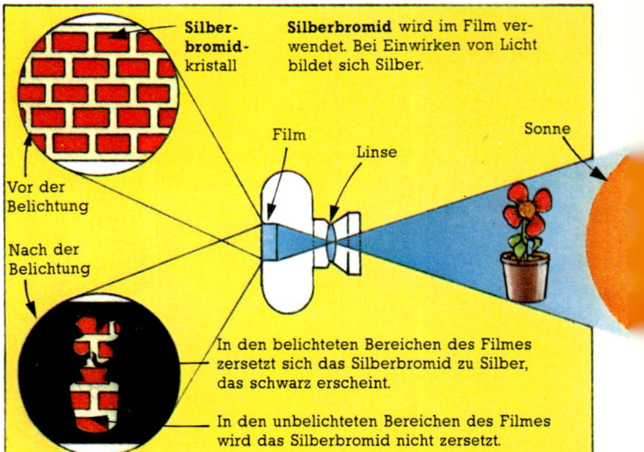

- **Bromide**. Verbindungen des Broms mit einem anderen Element. Mit Nichtmetallen ergeben sich **kovalente Verbindungen*** (s. a. **Bromwasserstoff**), mit Metallen meist **Ionenverbindungen***, die aus Bromid**anionen* (Br^-)** und Metall**kationen*** bestehen. Außer **Silberbromid (AgBr)** sind alle wasserlöslich.

- **Bromwasserstoff (HBr).** Farbloses, stechend riechendes Gas, das aus **Brom** und **Wasserstoff** hergestellt wird. Die chemischen Eigenschaften sind denen des Chlorwasserstoffes sehr ähnlich.

- **Jod (J_2).** Ein Element der **VII. Gruppe** (die **Halogene,** s. a. **Tabelle** Seite 186). Ist ein reaktiver **zweiatomiger***, kristalliner Feststoff. Es wird aus **Natriumjodat ($NaJO_3$)** und Seetang gewonnen. Es ist ein **Oxidationsmittel*** und reagiert mit vielen Elementen zu **Jodiden.** Jod **sublimiert*** beim Erwärmen unter Bildung eines violetten Gases. Es löst sich kaum im Wasser, aber gut in organischen Lösungsmitteln und **Kaliumjodidlösung (KJ).**

- **Jodide.** Verbindungen des **Jods** mit einem weiteren Element. Jodide der Nichtmetalle sind **kovalente Verbindungen*** (s. a. **Jodwasserstoff).** Metalljodide sind meist **Ionenverbindungen*.** Sie bestehen aus **Jodidanionen-(J^-)** und Metall**kationen*.** Außer **Silberjodid (AgJ)** sind die **Ionenverbindungen*** wasserlöslich (s. a. Seite 218).

Bei einem **Jodmangel** kann die Schilddrüse nicht genug vom Hormon **Thyroxin** bilden. Thyroxin wird für den Stoffwechsel benötigt. Der **Jodmangel** führt zum Kropf.

Die hauptsächliche Quelle für **Jod** aus Nahrungsmitteln sind Meeresprodukte (Kabeljauleber), Früchte und Gemüse. Manchmal wird dem Kochsalz ein Jodid zugesetzt.

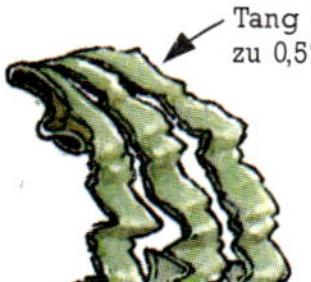

Tang enthält bis zu 0,5% **Jod**.

Jodtinktur (Jod in Ethanol gelöst) wird als Antiseptikum bei kleinen Wunden eingesetzt.

- **Jodwasserstoff (HJ).** Ein farbloses, stechend riechendes Gas. Die **kovalente Verbindung***, die bei der Reaktion von Jod mit Wasserstoff entsteht, löst sich in Wasser zu einer stark sauren Lösung, **Jodwasserstoffsäure.** Sie ähnelt der Salzsäure.

* **Anion,** 130; **Ionenverbindung,** 131; **Kation,** 130; **Kovalente Verbindung,** 132; **Oxidationsmittel,** 148; **Sublimation,** 121; **Zweiatomig,** 124.

Gruppe VIII Edelgase

Die **Edelgase, inerte** oder **seltene** Gase, bilden die **VIII. Gruppe**, auch **O.-Gruppe** genannt. Es sind farblose, geruchlose, **einatomige*** Gase, die bei der **fraktionierten Destillation der Luft*** gewonnen werden. Die Luft besteht zu 0,9% aus **Argon**, die anderen Gase sind seltener. Sie reagieren alle nicht, denn ihre **Elektronenanordnung*** der **äußeren Schale*** ist sehr stabil (sie besitzen alle eine **aufgefüllte Schale**). Die leichteren bilden keine Verbindungen, die schwereren bilden einige wenige Bindungen.

- **Helium (He)**. Das erste Element der VIII. Gruppe. Es ist ein farbloses, geruchloses, **einatomiges*** Gas, das in der Luft (1 Teil unter 200 000) und in bestimmten Erdgasen in den USA vorkommt. Es wird durch **fraktionierte Destillation der flüssigen Luft*** gewonnen. Es existiert keine Verbindung (sehr reaktionsträge). Es wird in Zeppelinen und Ballons verwendet, denn es ist 8mal leichter als Luft und nichtbrennbar. Auch Tiefseetaucher benutzen es für Tauchautomaten (Lungenatmer).

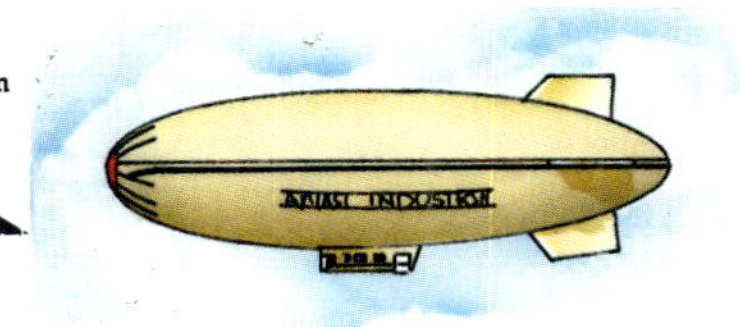

Mit **Helium** gefülltes Luftschiff.

- **Neon (Ne)**. Ein Element der VIII. Gruppe, ist ein farbloses, geruchloses, **einatomiges*** Gas, das in der Luft vorkommt (1 Teil unter 55 000). Es wird durch **fraktionierte Destillation der flüssigen Luft*** gewonnen. Es existieren keine Verbindungen (äußerst reaktionsträge). Es wird in Neonröhren (Gasentladungslampen) benutzt, denn bei elektrischen Entladungen emittiert es unter geringem Druck ein orangerotes Licht.

Neonröhre

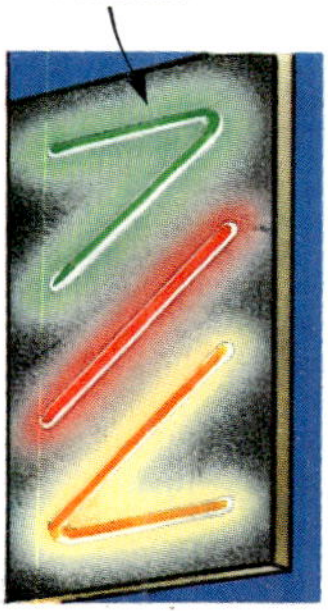

- **Radon (Rn)**. Ist das letzte Element der VIII. Gruppe, ist **radioaktiv***. Es entsteht beim **radioaktiven Zerfall*** von Radium.

- **Argon (Ar)**. Das verbreitetste Element der VIII. Gruppe, ein farbloses, geruchloses, **einatomiges*** Gas, das zu 0,9% in der Luft vorkommt. Es ist völlig reaktionsträge, bildet keine Verbindungen und wird durch **fraktionierte Destillation der flüssigen Luft*** gewonnen. Es wird in Glühlampen und Gasentladungsröhren verwendet.

Glühbirne

- **Krypton (Kr)**. Ein Element der VIII. Gruppe, ist ein farbloses, geruchloses, **einatomiges*** Gas, das in der Luft vorkommt (1 Teil unter 670 000). Es wird durch **fraktionierte Destillation der flüssigen Luft*** gewonnen und ist reaktionsträge. Nur die Verbindung **Kryptonfluorid (KrF_2)** ist bekannt. **Krypton** wird in Lasern und Gasentladungsröhren verwendet.

Krypton wird in den Grubenlampen der Bergarbeiter in Bergwerken unter Tage verwendet.

- **Xenon (Xe)**. Element der VIII. Gruppe, ist ein farbloses, geruchloses, **einatomiges*** Gas, das in der Luft vorkommt (0,006 Teile unter 1 000 000). Es wird durch **fraktionierte Destillation der flüssigen Luft*** hergestellt und ist reaktionsträge, denn es bildet nur wenige Verbindungen, z. B. **Xenontetrafluorid (XeF_4)**. Es wird zum Füllen von Leuchtstofflampen und Glühlampen benutzt.

Xenon wird für Leuchtturmlampen benutzt.

* **Äußere Schale**, 127; **Einatomig**, 124; **Elektronenanordnung**, 127; **Fraktionierte Destillation der flüssigen Luft**, 183; **Radioaktiver Zerfall, Radioaktivität**, 128.

Organische Chemie

Eigentlich verstand man unter **organischer Chemie** das Studium der Verbindungen im lebenden Organismus. Heute zählen hierzu alle kohlenstoffhaltigen Verbindungen – außer den **Carbonaten*** und **Oxiden*** des Kohlenstoffes. Es gibt weit über 2 Millionen solcher **organischer Verbindungen**, das ist mehr, als von allen anderen Elementen zusammen existieren. Die riesige Anzahl von **kovalenten Verbindungen*** wird möglich, da sich Kohlenstoffatome miteinander verbinden können, so daß sich eine große Vielfalt von **Ketten** und **Ringen** ergibt.

- **Aliphaten**. Organische Verbindungen, deren Moleküle eine Hauptkette aus Kohlenstoffatomen besitzen. Die Kette kann **gerade, verzweigt** oder sogar **ringförmig** sein (aber nie mit einem **Benzolring**, s. a. **Aromaten**).

Unverzweigte Kette von Kohlenstoffatomen im Butanol-(1). Kein Kohlenstoffatom ist mit mehr als zwei weiteren verbunden.

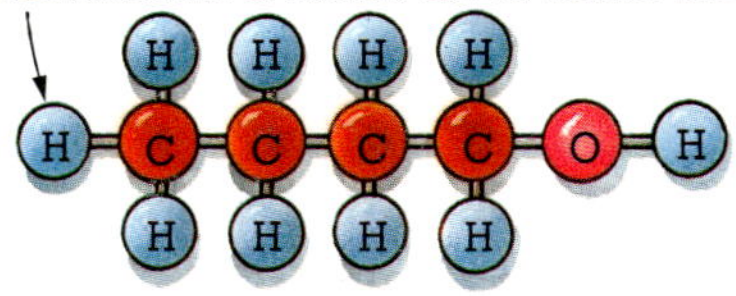

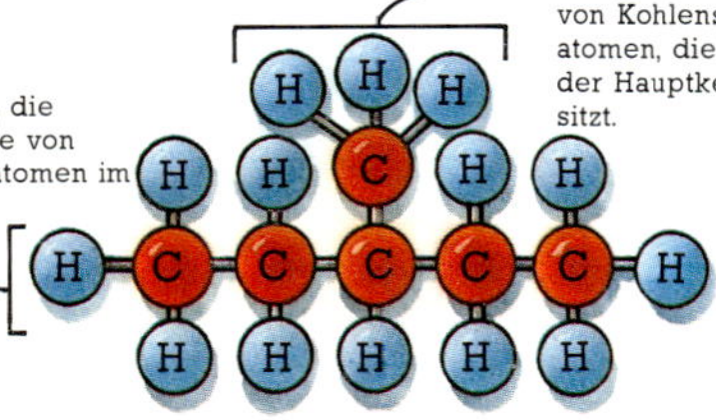

Verzweigte Kette von Kohlenstoffatomen im 3-Methyl-pentan. In einer verzweigten Kette kann ein Kohlenstoffatom mit mehr als 2 weiteren verbunden sein.

Cyclohexanmolekül. Ein Beispiel für eine ringförmige Verbindung aus Kohlenstoffatomen.

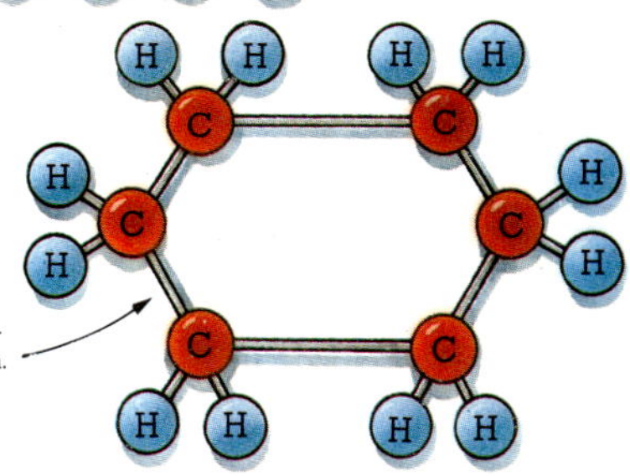

- **Aromaten**. Organische Verbindungen, die einen **Benzolring** enthalten. Er enthält 6 Kohlenstoffatome, unterscheidet sich aber von einem **aliphatischen Ring**, denn die Bindungen zwischen den Atomen sind weder **Einfachbindungen*** noch **Doppelbindungen***. Sie liegen genau dazwischen, z. B. Bindungslänge.

Es gibt zwei Möglichkeiten, einen **Benzolring** darzustellen.

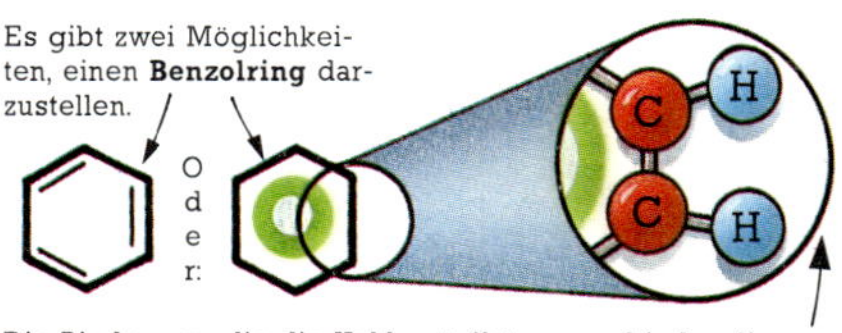

Die Bindungen, die die Kohlenstoffatome verbinden, liegen zwischen **Einfachbindung*** und **Doppelbindung***, denn einige Elektronen können sich im Molekül frei bewegen.

- **Stereochemie**. Das ist das Studium der dreidimensionalen (3-D-Strukturen) der Moleküle. Wenn man sehr ähnliche Verbindungen betrachtet, hilft der Vergleich der 3-D-Struktur, sie zu unterscheiden, z. B. **Stereoisomere**. Die 3-D-Struktur wird oft durch eine **Stereoformel*** wiedergegeben. Es ist eine Skizze, die zeigt, wie die Atome im Raum angeordnet sind.

Strukturformel* von Methan. Diese vereinfachte Skizze des Moleküls gibt die räumliche Anordnung nicht wieder.

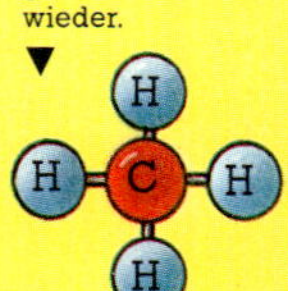

Stereochemische Formel des Methans.

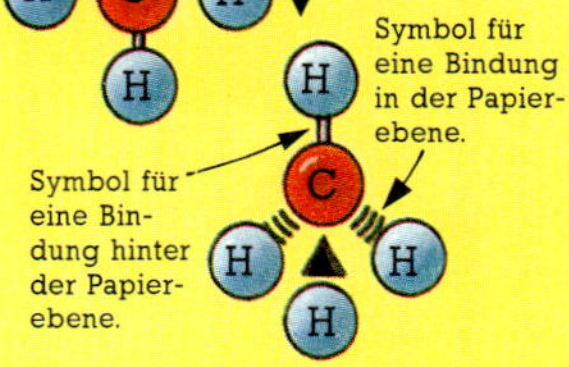

Die Kohlenstoffwasserstoffmoleküle bilden ein Tetraeder.

- **Isomere**. Verbindungen mit der gleichen **Summenformel***, aber unterschiedlicher Anordnung der Atome in den Molekülen. Die Verbindungen haben auch unterschiedliche Eigenschaften. Es gibt 2 große Klassen von Isomeren: **Strukturisomere*** und **Stereoisomere***.

* **Carbonate**, 179; **Doppelbindung**, 132; **Einfachbindung**, 132; **Kovalente Verbindung**, 132; **Oxide**, 183; **Stereoformel**, 140; **Strukturformel**, 140; **Summenformel**, 140.

- **Kohlenwasserstoffe**. Organische Verbindungen, die nur Kohlenstoff- und Wasserstoffatome enthalten.

Methan ▼

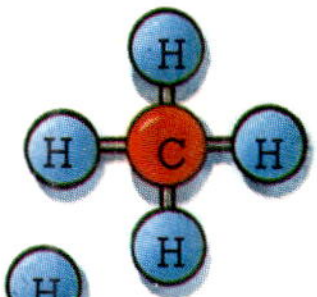

Zwei Beispiele für **Kohlenwasserstoffmoleküle**.

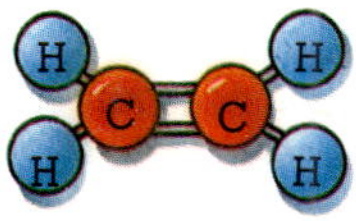

◀ Ethen

- **Funktionelle Gruppen.** Atome und Atomgruppen, die einem Molekül die chemischen Eigenschaften verleihen. Organische Moleküle können mehrere solcher Gruppen enthalten (s. a. Seite 194–195).

Die meisten **funktionellen Gruppen** enthalten wenigstens ein Atom, das nicht aus Kohlenstoff besteht.

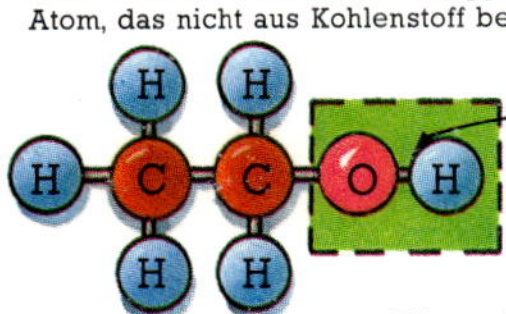

Die **funktionelle Gruppe** der **Alkohole*** enthält eine **Hydroxylgruppe**.

▲ Ethanolmolekül

Ethenmolekül ▶

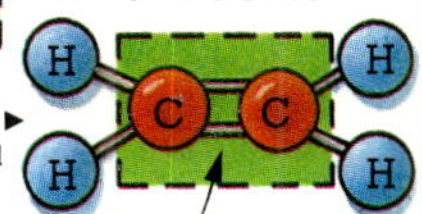

Kohlenstoffatome, die durch eine **Doppelbindung*** oder **Dreifachbindung*** zusammengehalten werden, sind auch **funktionelle Gruppen**.

- **Gesättigte Verbindungen**. Organische Verbindungen, die nur **Einfachbindungen*** enthalten.

Nur **Einfachbindungen***

Teil eines Moleküls, das in der Butter vorkommt; eine **gesättigte Verbindung**. ▶

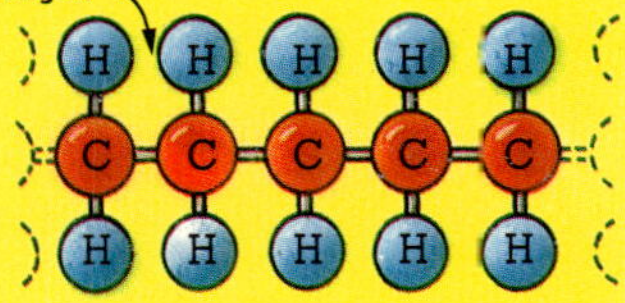

- **Ungesättigte Verbindungen**. Organische Verbindungen, die meistens eine **Doppelbindung*** oder **Dreifachbindung*** enthalten.

- **Mehrfach ungesättigte Verbindungen**. In weichen Fetten enthalten; d. h. Verbindungen mit vielen **Doppelbindungen*** oder **Dreifachbindungen***.

Doppelbindungen*

Margarine enthält **mehrfach ungesättigte Verbindungen**. Teil eines Moleküls in der Margarine. ▶

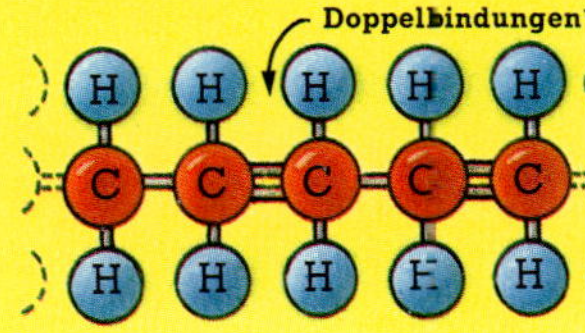

- **Homologe Reihe**. Eine Gruppe von organischen Verbindungen, die durch das Hinzufügen von Gruppen entsteht. Alle Reihen (außer den **Alkanen***) haben eine **funktionelle Gruppe**, z. B. haben die **Alkohole*** die **Hydroxylgruppe (–OH)**. Die Mitglieder der Reihen haben ähnliche chemische Eigenschaften, aber ihre physikalischen Eigenschaften ändern sich mit zunehmender Kettenlänge. Eine homologe Reihe hat für alle Glieder eine **allgemeine Summenformel***.

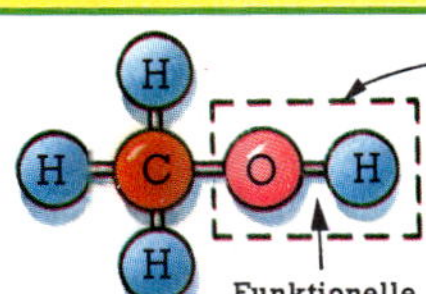

Die ersten beiden Glieder der **homologen Reihe** der **Alkohole***.

◀ Methanol, (**Strukturformel*** CH_3OH)

Funktionelle Hydroxylgruppe

Ethanol, (**Strukturformel*** CH_3CH_2OH) ▶

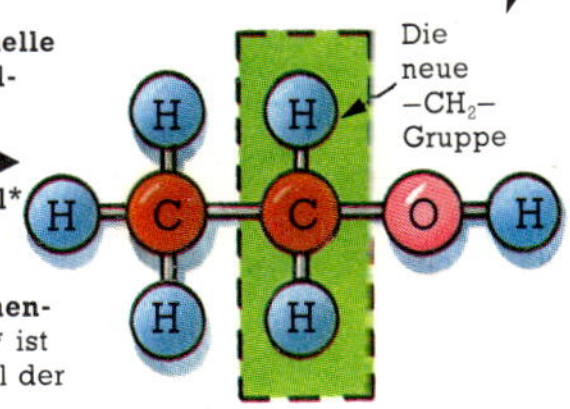

Die neue $-CH_2-$ Gruppe

Die **allgemeine Summenformel*** für **Alkohole*** ist $C_nH_{2n+1}OH$ (n = Anzahl der Kohlenstoffatome).

- **Strukturisomere**. Verbindungen, die die gleiche **Summenformel***, aber verschiedene **Strukturformeln*** haben, d. h., die Atome sind verschieden angeordnet.

Für die **Summenformel*** C_2H_6O gibt es zwei verschiedene **Strukturformeln***.

CH_3CH_2OH

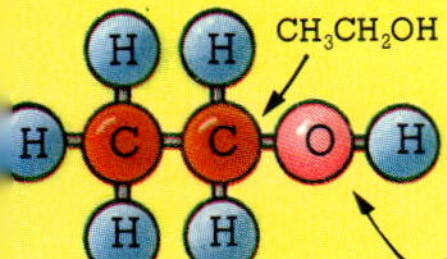

▲ Ethanol

CH_3OCH_3

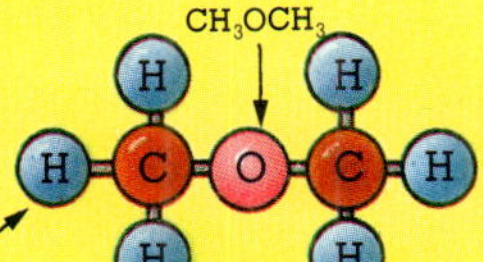

▲ Dimethylether

Zwei **Strukturisomere**

- **Stereoisomere***. Sind Verbindungen mit derselben **Summenformel***, aber einer unterschiedlichen räumlichen Anordnung.

Zur **Summenformel*** C_4H_8 gibt es zwei verschiedene **Stereoisomere***.

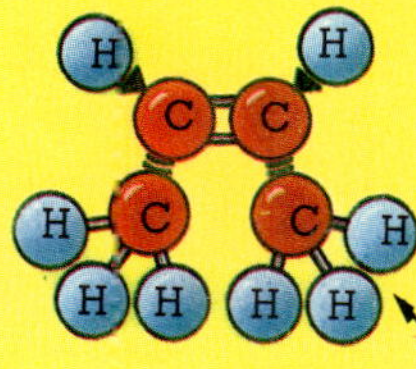

▲ cis-Buten-(2)

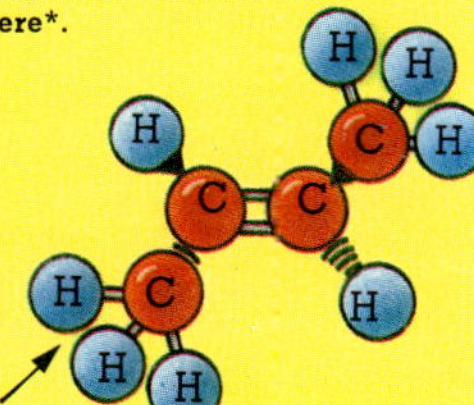

trans-Buten-(2)

Zwei **Stereoisomere***

* **Allgemeine Summenformel,** 140; **Alkohol,** 196; **Alkane,** 192; **Doppelbindung, Dreifachbindung, Einfachbindung,** 132; **Stereoisomer, Strukturformel, Summenformel,** 140.

Alkane

Alkane bzw. **Paraffine** sind **gesättigte Kohlenwasserstoffe*** oder **aliphatische Verbindungen***, die eine **homologe Reihe*** mit der **allgemeinen Summenformel*** C_nH_{2n+2} bilden. Da die Moleküle größer werden, ändern sich die physikalischen Eigenschaften (s. u.).

Einige Eigenschaften der Alkane

Name der Verbindung	Summenformel*	Strukturformel*	Aggregatzustand bei 25 °C	Siedepunkt (°C)
Methan	CH_4	CH_4	Gas	−161,5
Ethan	C_2H_6	CH_3CH_3	Gas	− 88,0
Propan	C_3H_8	$CH_3CH_2CH_3$	Gas	− 42,2
Butan	C_4H_{10}	$CH_3CH_2CH_2CH_3$	Gas	− 0,5
Pentan	C_5H_{12}	$CH_3CH_2CH_2CH_2CH_3$	Flüssigkeit	+ 36,0
Hexan	C_6H_{14}	$CH_3CH_2CH_2CH_2CH_2CH_3$	Flüssigkeit	+ 69,0

Der erste Teil des Namens gibt Auskunft über die Anzahl der Kohlenstoffatome. Die Endung -an bedeutet, daß es ein **Alkan** ist (s. a. Seite 214).

Das nächste Molekül der Reihe enthält jeweils eine $-CH_2-$ Gruppe mehr.

Mit zunehmender Länge der Moleküle ändert sich der Aggregatzustand.

Der Siedepunkt der **Alkane** nimmt mit steigender Kettenlänge zu. Schmelzpunkt und Dichte folgen der gleichen Gesetzmäßigkeit: Zunahme beim Größerwerden der Moleküle.

Alkane sind **unpolare Verbindungen***, die mit Luft zu Kohlendioxid und Wasser verbrennen und mit **Halogenen*** reagieren. Sonst sind sie reaktionsträge. Außer **Methan** werden sie aus **Erdöl*** gewonnen. Sie werden als Brennstoffe verwendet und um andere organische Verbindungen herzustellen, z. B. **Plasten***.

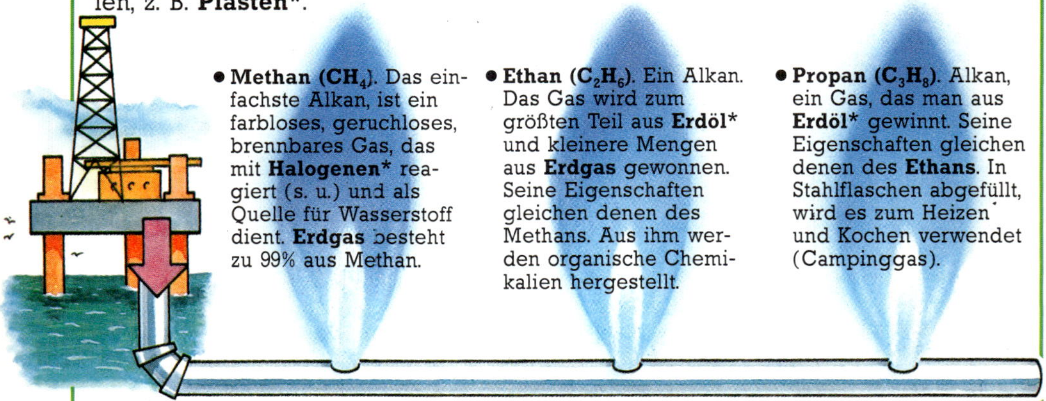

- **Methan (CH_4)**. Das einfachste Alkan, ist ein farbloses, geruchloses, brennbares Gas, das mit **Halogenen*** reagiert (s. u.) und als Quelle für Wasserstoff dient. **Erdgas** besteht zu 99% aus Methan.
- **Ethan (C_2H_6)**. Ein Alkan. Das Gas wird zum größten Teil aus **Erdöl*** und kleinere Mengen aus **Erdgas** gewonnen. Seine Eigenschaften gleichen denen des Methans. Aus ihm werden organische Chemikalien hergestellt.
- **Propan (C_3H_8)**. Alkan, ein Gas, das man aus **Erdöl*** gewinnt. Seine Eigenschaften gleichen denen des **Ethans**. In Stahlflaschen abgefüllt, wird es zum Heizen und Kochen verwendet (Campinggas).

- **Cycloalkane**. Es sind ringförmige Alkane, z. B. **Cyclohexan** s. a. **Bild** Seite 190). Ihre Eigenschaften ähneln denen der Alkane.

- **Substitutionsreaktionen**. Reaktionen, in denen Atome oder **funktionelle Gruppen*** der Moleküle durch andere Atome oder Moleküle ersetzt werden. Die Moleküle der **gesättigten Kohlenwasserstoffe*** (z. B. Alkane) gehen Substitutionsreaktionen ein, aber keine **Additionsreaktionen**.

Alkane reagieren mit **Halogenen*** (**Substitutionsreaktion**). Ein Beispiel:

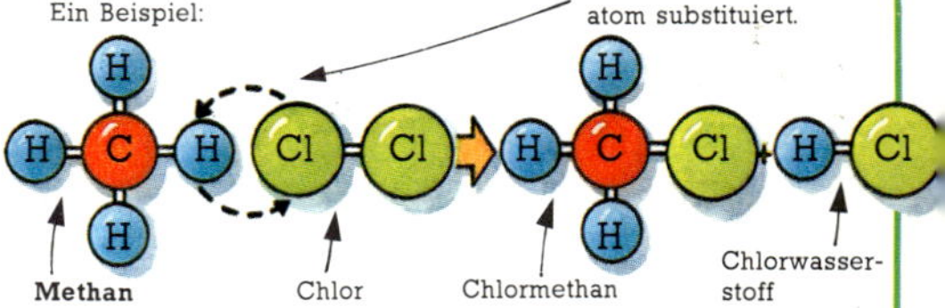

* **Allgemeine Summenformel**, 140; **Aliphatische Verbindungen**, 190; **Erdöl**, 198; **Funktionelle Gruppe**, 191; **Gesättigte Kohlenwasserstoffe**, 191; **Halogen**, 186; **Homologe Reihe**, 186; **Kohlenwasserstoffe**, 191; **Plasten**, 200; **Summenformel**, **Strukturformel**, 140; **Unpolare Verbindungen**, 133.

Alkene

Alkene oder **Olefine** sind **ungesättigte Kohlenwasserstoffe*** und **aliphatische Verbindungen***. Alkene enthalten eine oder mehrere **Doppelbindungen*** zwischen den Kohlenstoffatomen. Die **homologe Reihe*** mit einer Doppelbindung hat die **allgemeine Summenformel*** C_2H_{2n}. Die zunehmende Größe der Moleküle ändert allmählich die physikalischen Eigenschaften (s. u.).

Einige Eigenschaften der Alkene

Name der Verbindungen	Summenformel*	Strukturformel*	Aggregatzustand bei 25 °C	Siedepunkt (°C)
Ethen	C_2H_4	$CH_2{=}CH_2$	Gas	−104,0
Propen	C_3H_6	$CH_3CH{=}CH_2$	Gas	− 47,0
Buten-(I)	C_4H_8	$CH_3CH_2CH{=}CH_2$	Gas	− 6,0
Penten-(I)	C_5H_{10}	$CH_3CH_2CH_2CH{=}CH_2$	Flüssigkeit	+ 30,0

Die Zahl gibt die Stellung der **Doppelbindung*** im Molekül an. Alkene werden genau so benannt wie **Alkane**, bis auf die Endungen **-en** statt **-an** (s. a. Seite 214).

Jedes Molekül enthält eine $-CH_2$-Gruppe mehr. Die Lage der **Doppelbindung*** wird angezeigt.

Langsamer Übergang vom Gas über die Flüssigkeit zum Feststoff, da die Moleküllänge zunimmt.

Da die Moleküle länger werden, nehmen die Siedepunkte, die Schmelzpunkte und die Dichten ständig zu.

Alkene sind **unpolare Moleküle***, die an der Luft mit rußender Flamme brennen. Ein Überschuß von Sauerstoff **oxidiert*** sie vollständig zu Kohlendioxid und Wasser. Alkene sind wegen der Doppelbindung reaktiver als **Alkane**, sie gehen **Additionsreaktionen** ein und bilden **Polymere***. Alkene werden durch **Cracken*** von Alkanen gewonnen und zur Herstellung vieler Produkte verwendet, z. B. **Plasten*** und Frostschutzmittel.

- **Ethen (C_2H_4) (Ethylen).** Einfachstes Alken (s. o.), ist ein farbloses, süß schmeckendes Gas, das durch Additionsreaktionen **Polymere*** bildet (**Polyethen**). Es wird zur Herstellung von **Plasten***, Ethanol und vieler anderer organischer Chemikalien verwendet.

- **Propen (C_3H_6) (Propylen).** Alken, ein farbloses Gas, das zur Herstellung von Propanon und **Polypropen (Polypropylen)** verwendet wird.

Einige Küchengeräte werden aus **Polypropen** hergestellt.

- **Additionsreaktion.** Eine Reaktion, bei der 2 Moleküle miteinander zu einem größeren Molekül reagieren. Eines der Moleküle muß **ungesättigt*** sein und eine **Doppelbindung*** oder **Dreifachbindung*** enthalten.

Additionsreaktion

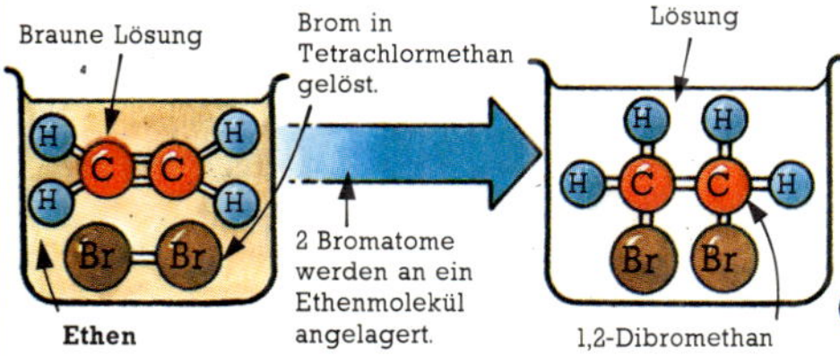

Der Farbwechsel wird als Nachweis für **ungesättigte Verbindungen*** (z. B. **Alkene**) verwendet.

- **Hydrierung.** Ist eine **Additionsreaktion**, bei der Wasserstoff an **ungesättigte Verbindungen*** angelagert wird.

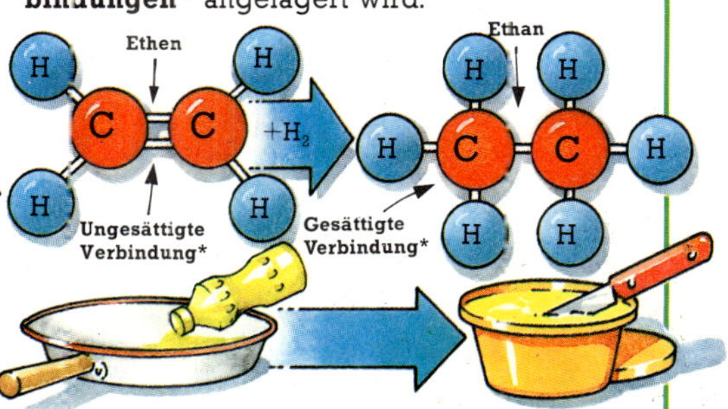

Die Reaktion wird bei der Margarineherstellung zur Härtung tierischer und pflanzlicher Fette angewendet. (Die Öle sind **ungesättigte Verbindungen***, aber keine Alkene.)

* **Aliphatische Verbindung**, 190; **Allgemeine Summenformel**, 191; **Cracken**, 198; **Doppelbindung, Dreifachbindung**, 132; **Gesättigte Verbindung**, 191; **Homologe Reihe**, 184; **Kohlenwasserstoffe**, 191; **Oxidation**, 148; **Plasten**, 200; **Polymere**, 200; **Strukturformel, Summenformel**, 140; **Ungesättigte Kohlenwasserstoffe**, 191; **Ungesättigte Verbindung**, 191; **Unpolare Moleküle**, 133.

Alkine

Alkine oder **Acetylene.** Sind **ungesättigte*** (jedes Molekül hat eine **Dreifachbindung***) und **aliphatische Verbindungen*.** Die **Kohlenwasserstoffe*** bilden eine **homologe Reihe*** mit der **allgemeinen Summenformel*** C_nH_{2n-2}. Die Alkine werden wie die **Alkane*** benannt, enden aber mit **-in** (s. a. Seite 214). Es sind **unpolare Moleküle*** mit ähnlichen Eigenschaften wie die **Alkene*.** Sie brennen an der Luft mit rußender und in reinem Sauerstoff mit sehr heißer Flamme. Alkine werden durch **Cracken*** hergestellt. Aus ihnen macht man **Plasten*** und Lösungsmittel.

Strukturformeln* einiger Alkine

Name der Verbindung	Strukturformel*
Ethin	CH ≡ CH
Propin	$CH_3C \equiv CH$
Butin-(1)	$CH_3CH_2C \equiv CH$

- **Ethin (C_2H_2)** oder **Acetylen**. Das einfachste der **Alkine*** ist ein farbloses, schwach süß schmeckendes Gas und leichter als Luft. Es ist das einzige gebräuchliche Alkin. Ethin reagiert wie alle **Alkine***, nur heftiger, z. B. explosionsartig mit Chlor. Es wird durch **Cracken*** gewonnen und zur Herstellung von Polyvinylchlorid (PVC) und anderen Vinylverbindungen verwendet.

Ethin-molekül

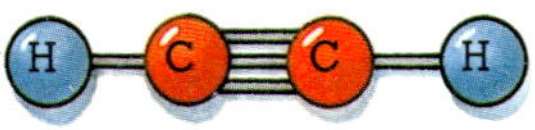

Ethin wird in Sauerstoff-Ethin-Schweißbrennern verwendet, da es mit sehr heißer Flamme brennt.

Weitere homologe Reihen

Die folgenden Gruppen organischer Verbindungen bilden je eine **homologe Reihe* aliphatischer Verbindungen***. Jede Reihe hat eine besondere **funktionelle Gruppe***, und die Verbindungen haben alle ähnliche Eigenschaften.

- **Aldehyde.** Enthalten die **funktionelle Gruppe* – CHO.** Sie bilden eine **homologe Reihe*** mit der **allgemeinen Summenformel*** C_nH_{2n+1}**CHO** und werden wie die **Alkane*** benannt, enden aber auf **-al** (s. a. Seite 215). Die farblosen Flüssigkeiten (außer **Methanal**) sind **Reduktionsmittel*** und gehen **Additionsreaktionen*, Kondensationsreaktionen*** und **Polymerisationsreaktionen*** ein. Sie können zu **Carbonsäuren oxidiert*** werden.

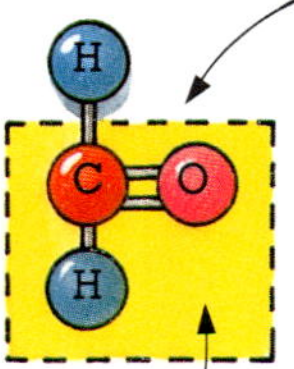

–CHO Funktionelle Gruppe*

Methanal (HCHO), Formaldehyd, ist der einfachste **Aldehyd**. Es ist ein farbloses, giftiges Gas mit strengem Geruch. Es löst sich in Wasser zu **Formalin** auf, einer Lösung, die zur Konservierung von biologischen Proben verwendet wird. Außerdem werden **Polymere*** und Klebstoffe daraus hergestellt.

- **Ketone**. Verbindungen, die eine **Carbonylgruppe –CO–)-Gruppe** enthalten. Die **homologe Reihe*** der Ketone wird wie die der **Alkane*** benannt, nur enden sie auf **-on**. Die meisten sind farblose Flüssigkeiten, die in ihren Eigenschaften den **Aldehyden** ähneln. Sie sind jedoch keine **Reduktionsmittel***.

Carbonylgruppen (–CO–)-Gruppe

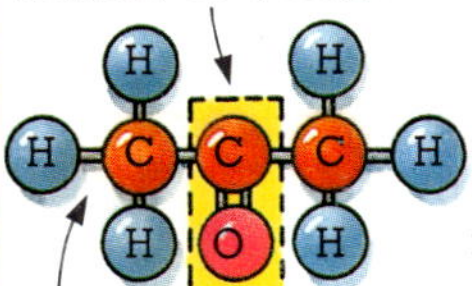

Das einfachste **Keton** ist **Propanon (CH_3COCH_3)** oder **Aceton**.

Propanon ist eine farblose Flüssigkeit, die mit Wasser mischbar ist. Es wird als organisches Lösungsmittel verwendet, z. B. als Nagellackentferner.

* **Additionsreaktion**, 193; **Aliphatische Verbindung**, 190; **Alkane**, 192; **Alkene**, 193; **Cracken**, 198; **Dreifachbindung**, 132; **Funktionelle Gruppen**, 191; **Homologe Reihe**, 186; **Kohlenwasserstoffe**, 191; **Kondensationsreaktion**, 197; **Oxidation**, 148; **Plasten**, 200; **Polymerisationsreaktionen, Polymer**, 200; **Reduktionsmittel**, 148; **Strukturformel**, 140; **Summenformel**, 191; **Ungesättigte Verbindungen**, 191; **Unpolare Moleküle** 133.

- **Carbonsäuren.** Sie enthalten eine **Carboxylgruppe (eine funktionelle* –COOH-Gruppe)** und bilden eine **homologe Reihe*** mit der **allgemeinen Summenformel $C_nH_{2n+1}COOH$.** Ihre Namen enden auf **-ansäure** (s. a. Seite 215). Als stechend riechende, farblose, **schwache Säuren*** reagieren sie mit **Alkoholen*** zu **Estern** (s. a. **Kondensation** Seite 197).

- **Halogenalkane** oder **Alkylhalogenide** bilden eine **homologe Reihe*.** Sie enthalten ein oder mehrere **Halogen***atome (s. a. Seite 215). Die meisten Halogenalkane sind farblose, flüchtige, wasserunlösliche Flüssigkeiten. Sie gehen **Substitutionsreaktionen*** ein. Die reaktiveren enthalten Jod, die reaktionsträgeren enthalten Fluor.

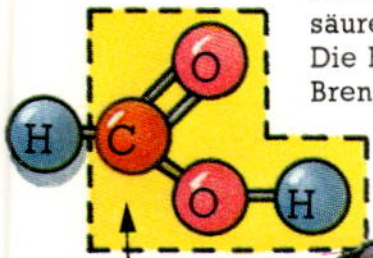

Carboxylgruppe (–COOH)

Methansäure (HCOOH) oder Ameisensäure ist die einfachste **Carbonsäure.** Die Flüssigkeit kommt in Ameisen und Brennesseln vor.

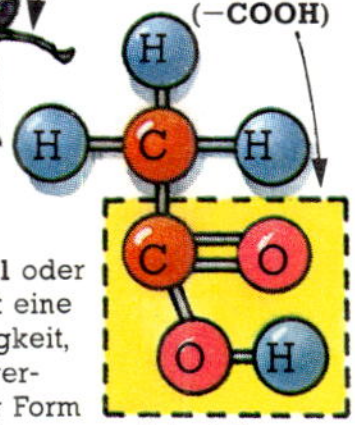

Carboxylgruppe (–COOH)

Ethansäuremolekül oder Essigsäure. Es ist eine farblose Flüssigkeit, die in verdünnter Form als Essig verwendet wird.

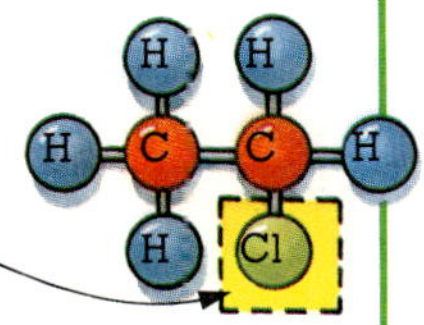

Molekül des **Chlorethans** (**CH_3CH_2Cl**), **einem Halogenalkan,** das in Kühlschränken verwendet wird (s. a. Kühlmittel ▶ Seite 344).

Das Chloratom ist die **funktionelle Gruppe*.**

Einige wichtige organische Verbindungen enthalten mehr als ein **Halogenatom** im Molekül.

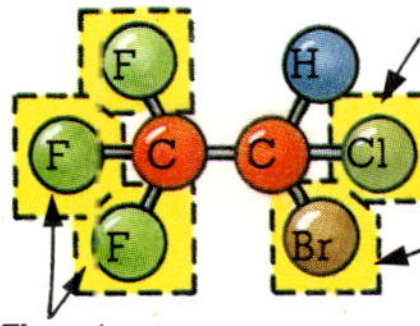

Chloratome (funktionelle Gruppe*)

Bromatome (funktionelle Gruppe*)

Fluoratome (funktionelle Gruppe*)

▲ Molekül des **1-Chlor-(1)-Brom-(2,2,2)-Trifluorethans,** das mit Distickstoffoxid als Betäubungsmittel verwendet wird.

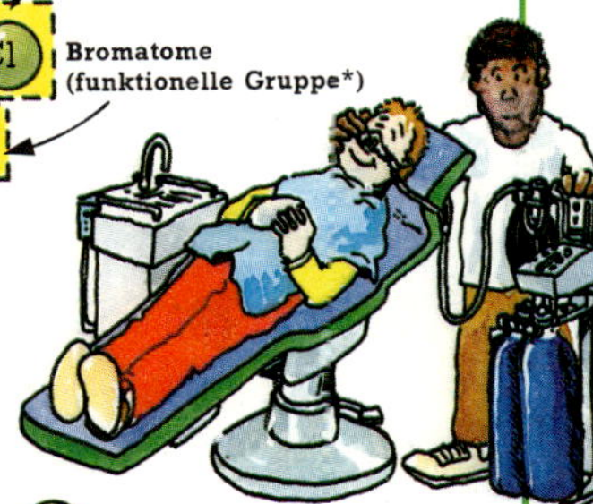

- **Dicarbonsäuren.** Sind Verbindungen, die zwei **Carboxylgruppen** im Molekül enthalten (s. a. **Carbonsäuren**).

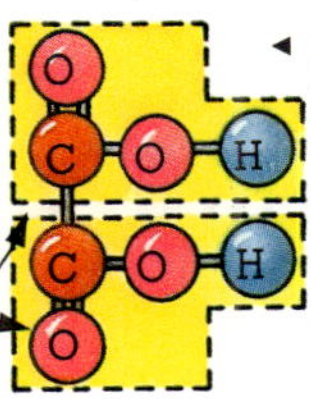

Zwei Carboxylgruppen

◀ Molekül der **Ethandisäure** (**$(COOH)_2$**) oder Oxalsäure, einer giftigen **Dicarbonsäure,** die in Rhabarberblättern vorkommt (aber nicht in den Stengeln).

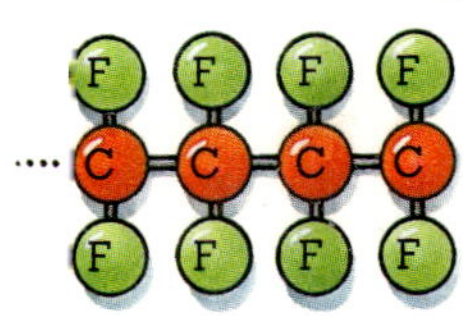

Molekül des Polytetrafluorethans (**PTFE,** Teflon s. a. Seite 186).

Teflon wird als Beschichtung in Pfannen verwendet.

- **Ester** bilden eine **homologe Reihe*** von Verbindungen, die eine **–COO-Gruppe** enthalten. Es sind reaktionsträge, farblose Flüssigkeiten, die durch Reaktion einer **Carbonsäure** mit einem **Alkohol*** entstehen (s. a. **Kondensation** Seite 197). Man findet sie in Pflanzenölen und tierischen Fetten. Sie geben Früchten und Blumen Geschmack und Geruch. Sie werden als Parfüm und Aroma eingesetzt.

- **Primäre Amine** enthalten eine **Aminogruppe (–NH_2, funktionelle Gruppe*).** Es sind **schwache Basen*.** Sie riechen nach Fisch.

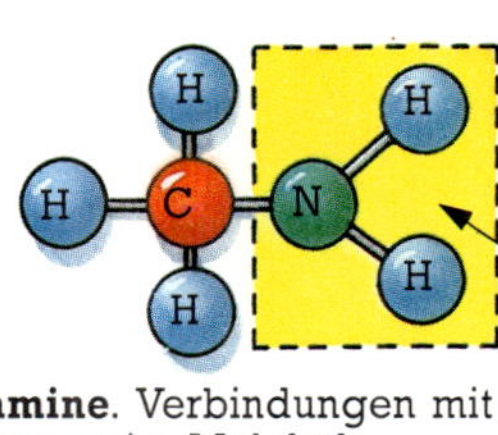

Methylamin (**CH_3NH_2**) **ist ein primäres Amin.**

Aminogruppe

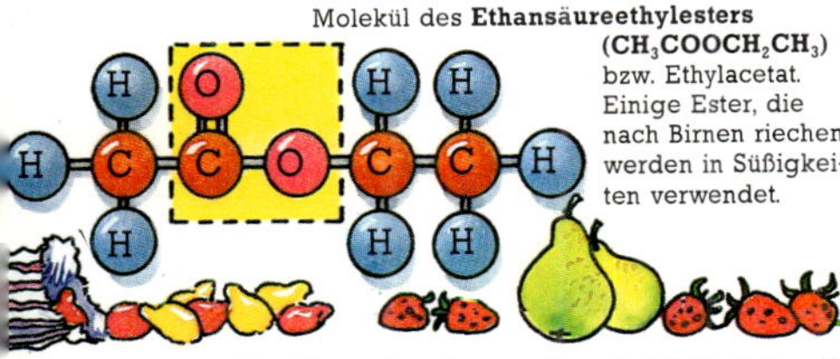

Molekül des **Ethansäureethylesters** (**$CH_3COOCH_2CH_3$**) bzw. Ethylacetat. Einige Ester, die nach Birnen riechen, werden in Süßigkeiten verwendet.

- **Diamine.** Verbindungen mit zwei **Aminogruppen** im Molekül.

* **Alkohol,** 196; **Allgemeine Summenformel,** 191; **Funktionelle Gruppe,** 191; **Halogene,** 186; **Homologe Reihe,** 186; **Schwache Base,** 152; **Schwache Säure,** 152; **Substitutionsreaktionen,** 192.

Alkohole

Alkohole sind organische Verbindungen, die eine oder mehrere **Hydroxylgruppen (funktionelle Gruppe*, $-OH$)** enthalten. Die **Alkohole** in der Tabelle bilden eine **homologe Reihe* aliphatischer Verbindungen*** mit der **allgemeinen Summenformel*** $\mathbf{C_nH_{2n+1}OH}$. Da die Größe der Moleküle zunimmt, ändern sich die physikalischen Eigenschaften stetig. Einige Tendenzen werden hier gezeigt.

Einige Eigenschaften der Alkohole

Name der Verbindung	Strukturformel*	Aggregatzustand bei 25 °C	Siedepunkt °C
Methanol	CH_3OH	Flüssigkeit	65,6
Ethanol	CH_3CH_2OH	Flüssigkeit	78,5
Propanol-(1)	$CH_3CH_2CH_2OH$	Flüssigkeit	97,2
Butanol-(1)	$CH_3CH_2CH_2CH_2OH$	Flüssigkeit	117,5

Alkohole werden ähnlich wie **Alkane*** benannt, nur ist die Endung **-ol.** Die Zahl im Namen gibt die Kohlenstoffatome an, an das die **OH-Gruppe** gebunden ist (s. a. Seite 214).

Das nächste Molekül der Reihe ist immer um eine $-CH_2$-Gruppe länger als das vorige.

Wenn die Ketten länger werden, gehen die Verbindungen langsam in Feststoffe über.

Die Siedepunkte der Alkohole nehmen mit wachsender Kettenlänge zu. Wegen der **Wasserstoffbrücken*** haben sie verhältnismäßig hohe Siedepunkte (in Relation zu den **relativen Atommassen***).

Wegen der **Hydroxylgruppen** sind Alkoholmoleküle **polare Moleküle***und bilden **Wasserstoffbrücken*** aus. Alkohole mit kurzen Ketten mischen sich vollständig mit Wasser; im Gegensatz zu denen mit langer Kette. Da diese Moleküle mehr ($-CH_2-$)-Gruppen enthalten, werden sie unpolarer. Alkohole bilden in Wasser keine **Ionen*** und reagieren **neutral***. Sie verbrennen zu Kohlendioxid und Wasser.

Alkohole reagieren mit Natrium:

$$2CH_3CH_2OH + 2Na \rightarrow 2CH_3CH_2ONa + H_2$$

Ethanol — Natrium — Natriumethanolat (Natriumalkoholat) — Wasserstoff

Alkohole reagieren mit Phosphorhalogeniden zu **Halogenalkanen** (s. a. Seite 195) und mit **Carbonsäuren*** zu **Estern** (s. a. **Kondensation** Seite 195).

Primäre Alkohole können zu **Aldehyden*** und weiter zu **Carbonsäuren* oxidiert*** werden.

Angesäuerte Kaliumpermanganatlösung

$$CH_3CH_2CH_2OH \rightarrow CH_3CH_2CHO \rightarrow CH_3CH_2COOH$$

Propanol-(1) — Propanal — Propansäure

Sekundäre Alkohole können zu **Ketonen oxidiert*** werden (s. a. Seite 194).

Angesäuerte Kaliumpermanganatlösung

$$CH_3CHOHCH_3 \rightarrow CH_3COCH_3$$

Propanol-(2) — Propanol-(2)

- **Ethanol** ($\mathbf{CH_3CH_2OH}$, oft auch $\mathbf{C_2H_5OH}$). Wird auch Ethylalkohol oder einfach Alkohol genannt. Er ist eine leicht süß riechende, wasserlösliche Flüssigkeit mit relativ hohem Siedepunkt, der mit fast farbloser Flamme verbrennt und aus Ethan und Wasserdampf hergestellt wird. Er entsteht auch durch **alkoholische Gärung**.

Ethanol wird als Lösungsmittel und als Brennspiritus verwendet. Weitere Anwendungen werden unten gezeigt.

Ein **Alkoholprüfröhrchen** wird verwendet, um festzustellen, ob eine Person zu viel Alkohol getrunken hat, um sicher Auto zu fahren.

* **Aldehyd,** 194; **Allgemeine Summenformel,** 191; **Aliphatische Verbindung,** 190; **Alkan,** 192; **Carbonsäure,** 195; **Funktionelle Gruppe,** 191; **Homologe Reihe,** 186; **Ionen,** 130; **Neutral,** 151; **Oxidieren s. a. Oxidation,** 148; **Polares Molekül,** 133; **Relative Atommasse,** 138; **Strukturformel,** 140; **Wasserstoffbrücke,** 134.

- **Alkoholische Gärung**. Darunter versteht man den Vorgang, bei dem aus Früchten oder Getreide **Ethanol** (die wirksame Chemikalie aller alkoholischen Getränke) hergestellt wird. **Glucose*** wird durch **Enzyme*** (**Biokatalysatoren***) in Ethanol umgewandelt. Dazu wird **Hefe** eingesetzt, da sie das Enzym **Zymase** enthält, das die Umwandlung von **Glucose*** in **Ethanol** katalysiert.

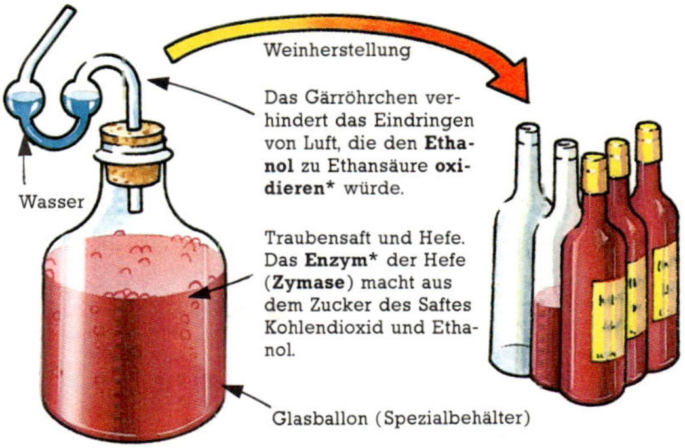

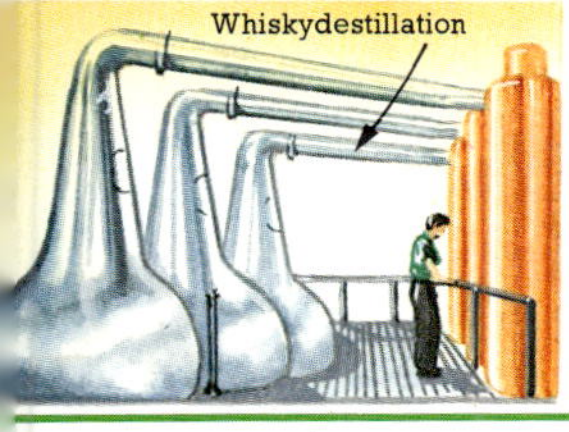

Wird die **Ethanolkonzentration** zu hoch, sterben die Hefeenzyme ab. Stärkere alkoholische Getränke müssen durch **Destillation*** hergestellt werden. So wird der Alkohol konzentriert und das Wasser abgetrennt.

$$C_6H_{12}O_6(aq) \xrightarrow{\text{Enzym*}} 2C_2H_5OH(aq) + 2CO_2(g)$$

Glucoselösung von Früchten oder Gerste — Ethanol — Kohlendioxid

Primäre, sekundäre und tertiäre Alkohole

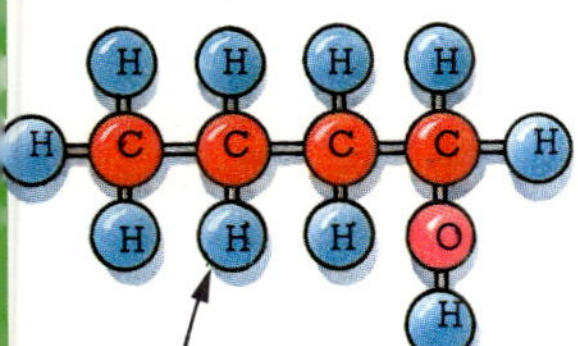

Molekül des **Butanol-(1)**, ein **primärer Alkohol**. Das Kohlenstoffatom, an dem die Hydroxylgruppe sitzt (s. a. **Einleitung**), ist mit zwei Wasserstoffatomen verbunden.

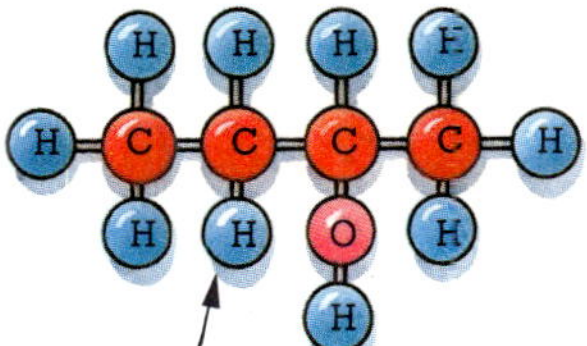

Molekül des **Butanol-(2)**, ein **sekundärer Alkohol**. Das Kohlenstoffatom, an dem die Hydroxylgruppe sitzt (s. a. **Einleitung**), ist mit einem Wasserstoffatom verbunden.

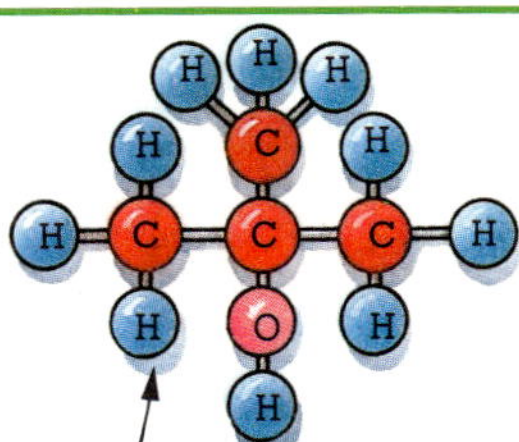

Molekül des **2-Methyl-Propanol-(2)**, ein **tertiärer Alkohol**. Das Kohlenstoffatom, an dem die Hydroxylgruppe sitzt (s. a. **Einleitung**) ist mit keinem Wasserstoffatom verbunden.

Die Zahlen in den Namen der Alkohole geben die Kohlenstoffatome an, an die die Hydroxylgruppen gebunden sind (s. a. Seite 214, weitere Informationen zur Benennung der Alkohole).

- **Mehrwertige Alkohole**. Das sind Verbindungen mit mehr als einer **Hydroxylgruppe** (s. a. **Einleitung**).

Ethandiol-(1,2) oder **Ethylenglykol** ist ein **Diol** (enthält zwei **Hydroxylgruppen**). Es wird als Frostschutzmittel verwendet.

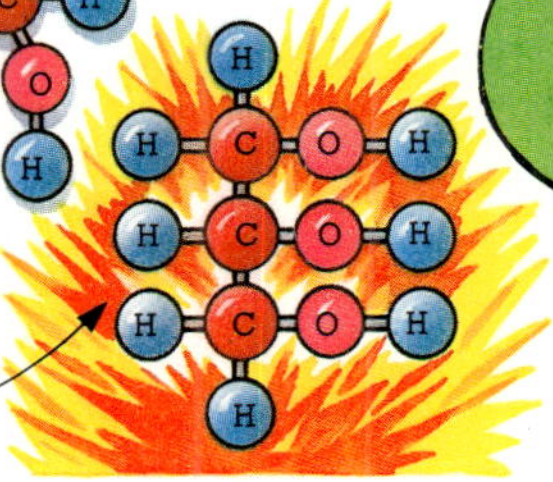

Propantriol-(1,2,3) oder **Glycerin** ist ein **Triol** (enthält drei **Hydroxylgruppen**). Es wird zur Herstellung von Sprengstoffen verwendet.

- **Kondensation.** Ein Reaktionstyp, bei dem zwei Moleküle zu einem neuen reagieren und dabei ein kleineres Molekül abspalten, z. B. Wasser (s. a. **Kondensationspolymerisation** Seite 200).

Beispiel einer **Kondensation**

$$CH_3COOH + CH_3CH_2OH \rightarrow CH_3COOCH_2CH_3 + H_2O$$

Ethansäure — Ethanol — Ethansäureethylester — Wasser

Dieses ist eine **Veresterung**, da das Endprodukt ein **Ester*** ist. Eine organische Säure und ein Alkohol reagieren immer zu einem **Ester***.

* **Biokatalysator s. a. Katalysator**, 161; **Destillation**, 220; **Enzym**, 161; **Ester**, 195; **Glucose**, 204; **Oxidieren s. a. Oxidation**, 148.

Erdöl

Erdöl oder **Rohöl** ist eine dunkle **viscose*** Flüssigkeit, die normalerweise in großen Tiefen unter der Erde oder dem Meer gefunden wird. Es wird oft mit **Erdgas*** zusammen gefunden, das hauptsächlich aus **Methan*** besteht. Es bildet sich seit Millionen von Jahren durch Zersetzung von Tieren und Pflanzen unter Druck. Es ist ein Gemisch von **Alkanen***, die sich sehr in Größe und Struktur unterscheiden. Viele nützliche Produkte werden durch **Raffinieren** von Erdöl hergestellt.

- **Raffinieren**. So bezeichnet man eine Reihe von Vorgängen, die Erdöl in brauchbare Produkte überführen. Raffinieren besteht aus drei wichtigen Vorgängen: **Destillation, Cracken** und **Reforming**.

- **Destillation** oder **fraktionierte Destillation des Erdöls.** Wird nach Siedepunkten in Fraktionen getrennt (s. a. Seite 220). Ein **Fraktionierturm** (s. a. Abbildung) ist unten sehr heiß und wird nach oben immer kühler. Siedendes Erdöl gelangt gasförmig in den Turm. Dort verliert es beim Aufsteigen Energie. Wenn eine Fraktion einen Boden mit einer Temperatur gerade unter dem Siedepunkt erreicht, kondensiert sie dort und wird durch Rohre entnommen. Die Fraktionen werden erneut destilliert, um bessere Trennungen zu erreichen.

- **Fraktion**. Eine Mischung von Flüssigkeiten mit ähnlichem Siedepunkt, die durch die **Destillation** erhalten wird. Die **leichten Fraktionen** haben niedrige Siedepunkte und kurze **Kohlenwasserstoff***ketten. **Schwere Fraktionen** haben höhere Siedepunkte und längere Ketten.

- **Cracken**. Eine Reaktion, bei der lange **Alkane*** in kürzere **Alkane** oder **Alkene** zerschlagen werden. Die kürzeren Ketten werden als **Benzin** verwendet. Cracken kann man bei hohen Temperaturen oder mit einem **Katalysator*** (**katalytisches Cracken**).

C_9H_{20}	→	C_7H_{16}	+	C_2H_4
Nonan (**Alkan***)		Heptan (**Alkan***)		**Ethen** (**Alken***)

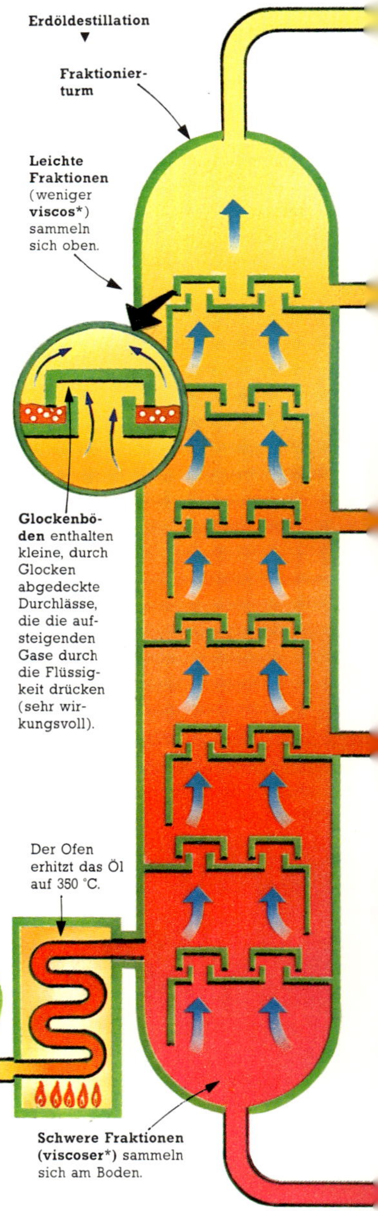

- **Reforming**. Ist ein Vorgang, bei dem **unverzweigte Ketten*** der **leichteren Fraktionen** aufgebrochen und zu **verzweigten Ketten*** umgewandelt werden. Es ensteht **Benzin**.

* **Alkane**, 192; **Alkene**, 193; **Erdgas**, 192; **Ethen**, 161; **Katalysator**, 161; **Kohlenwasserstoffe**, 191; **Methan**, 192; **Unverzweigte Ketten**, 190; **Verzweigte Ketten**, 190; **Viscosität**, 345.

● **Raffineriegas**. Besteht zum großen Teil aus **Methan***. Andere **leichte Fraktionen** enthalten **Propan** und **Butan** (beides **Alkane***), die zu **Flüssiggas** (**LPG – liquefied petroleum gas**) verarbeitet werden.

Verflüssigtes Gas (Raffineriegas) wird in Stahlflaschen abgefüllt verwendet.

● **Erdölfraktionen**. Einige werden zur Produktion von organischen Chemikalien verwendet. Es sind meist **Raffineriegas** und **Naphtha**, ein Teil der **Benzinfraktion**.

Erdölprodukte

Raffineriegas

● **Benzin**. Eine flüssige **Fraktion** der **Destillation**. Es besteht aus **Alkanen*** mit 5 bis 12 Kohlenstoffatomen im Molekül und hat einen Siedebereich von 40 bis 150 °C (s. a. **Cracken** und **Reforming**).

● **Oktanzahl**. Ein Maß für die Güte des **Benzins** (Skala von 0 bis 100). Sie wird durch **Antiklopfmittel** wie Bleitetraethyl ($Pb(C_2H_5)_4$) erhöht.

Benzin für Autos hat eine **Oktanzahl** über 90. Es besteht hauptsächlich aus **verzweigten Alkanen***.

Benzin

● **Kerosin** oder **Petroleum**. Ist eine flüssige **Fraktion** der **Destillation**, die aus **Alkanen*** mit 9 bis 15 Kohlenstoffatomen im Molekül besteht und einen Siedebereich von 150 bis 250 °C hat.

Kerosin wird als **Treibstoff*** für Flugzeuge und Ölheizungen verwendet.

Kerosin

● **Dieselöl** oder **Gasöl** ist eine flüssige **Fraktion** der **Destillation**, die aus **Alkanen*** mit 12 bis 25 oder mehr Kohlenstoffatomen im Molekül besteht. Der Siedepunkt liegt bei 250 °C und höher.

Dieselöl wird als **Treibstoff*** für Dieselmotoren verwendet.

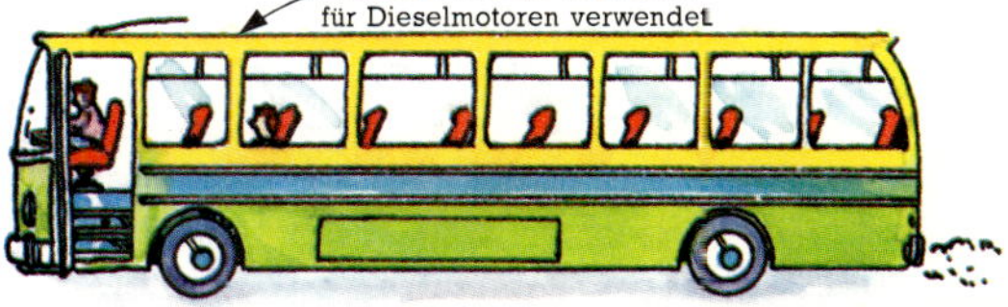

Dieselöl

● **Rückstand**. Ist das Öl, das nach der **Destillation** übrig bleibt. Er besteht aus **Kohlenwasserstoffen*** mit sehr hohen **relativen Molmassen**. Die Moleküle enthalten bis zu 40 Kohlenwasserstoffatome. Die Siedepunkte liegen über 350 °C. Ein Teil wird als **Heizöl** verwendet, der Rest wird weiter destilliert (s. a. Abbildung rechts).

● **Schmieröl**. Ein Gemisch aus schwer**flüchtigen*** Flüssigkeiten, die bei der Vakuumdestillation des **Rückstandes** erhalten werden.

● **Wachse (Paraffine)**. Weiche Feststoffe, die sich vom **Schmieröl** bei der Vakuumdestillation des **Rückstandes** trennen.

Kerzen und Politur

● **Bitumen** oder **Asphalt**. Ist bei Zimmertemperatur eine schwarze, teerige, halbfeste Flüssigkeit, die nach der Vakuumdestillation des **Rückstandes** übrig bleibt.

Straßenbelag und Dachpappe

Rückstand

* **Alkane**, 192; **Flüchtig**, 344; **Kohlenwasserstoff**, 191; **Methan**, 186; **Treibstoff (Brennstoff)**, 208.

Polymere und Plasten

Werden **Monomere** (kleine Moleküle) in immer gleicher Reihenfolge aneinandergebunden, so entstehen **Polymere**. Es sind sehr lange Moleküle mit hohen **relativen Atommassen***. Sie kommen in der Natur vor, z. B. Proteine. Außerdem gibt es viele **synthetische Polymere**, z. B. **Plasten**.

- **Monomere**. Relativ kleine Moleküle, die zu Polymeren reagieren, z. B. **Ethen***moleküle reagieren zu **Polyethen** (s. a. Gleichung für **Homopolymere**).

Vereinfachte Darstellung einer **Polymerisation**, einer Reaktion, in der aus **Monomeren** Polymere entstehen.

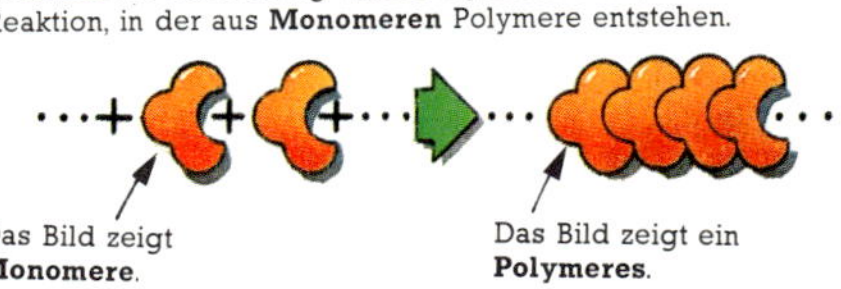

- **Additionspolymerisation.** Eine Reaktion, bei der **Monomere** miteinander reagieren, ohne ein Atom abzuspalten. Das Polymere ist das einzige Produkt und hat die gleiche **Zusammensetzung** wie das Monomere (s. a. **Additionsreaktion** S. 193).

Beispiel einer **Additionspolymerisation**

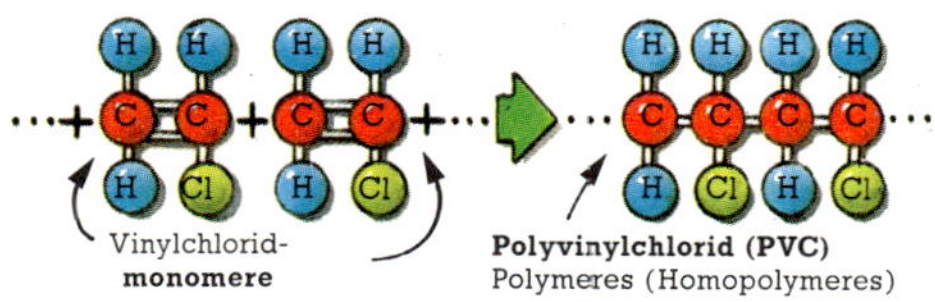

- **Homopolymeres**. Ist ein Polymer, das aus gleichen **Monomeren** hergestellt wird.

Herstellung des **homopolymeren Polyethen**.

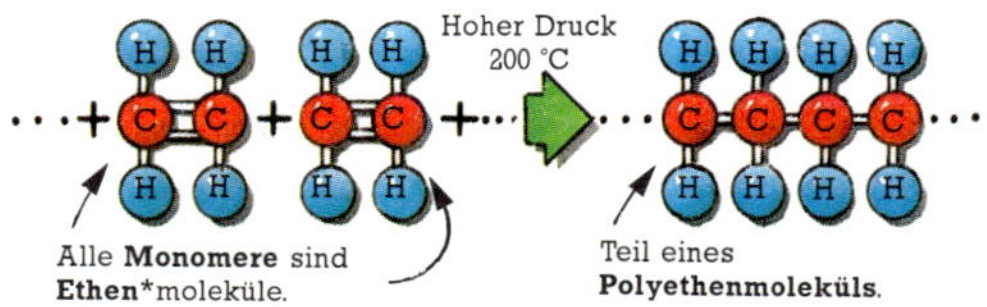

Dies ist eine **Additionspolymerisation**.

- **Kopolymere**. Werden aus zwei oder mehreren unterschiedlichen **Monomeren** hergestellt (s. a. **Polykondensation** Beispiel unten).

- **Polykondensationen.** Reaktionen, in denen **Monomere** ein Polymeres bilden unter Abspaltung kleiner Moleküle, z. B. Wasser (s. a. **Kondensation** Seite 197).

- **Depolymerisation**. Bezeichnung für die Zerlegung eines Polymeren in die ursprünglichen **Monomere**. Das geschieht z. B. beim Erhitzen von **Polyacryl**.

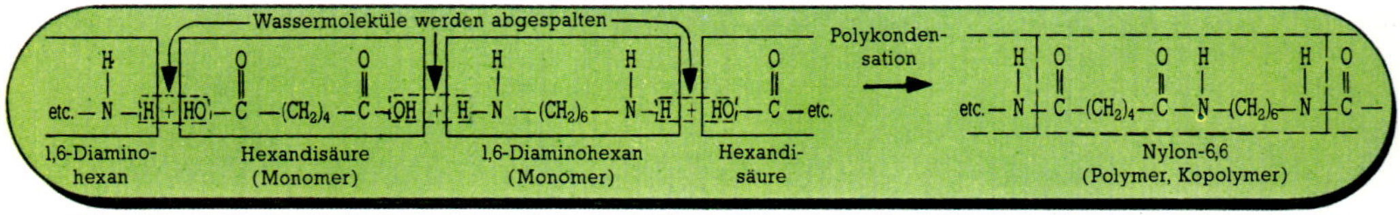

- **Synthetische Polymere**. Sind Polymere, die im Labor oder in der Industrie hergestellt werden (keine natürliche Polymere), z. B. **Nylon-6,6**.

- **Plasten**. Sind Polymere, die leicht verformt werden können. Sie werden aus **Erdöl***produkten hergestellt und sind gewöhnlich haltbare, leichte Feststoffe, die Wärme und Elektrizität nicht leiten. Sie sind oft **biologisch nicht abbaubar*** und setzen beim Verbrennen giftige Gase frei. Es gibt zwei Arten von Plasten: **Thermoplasten**, die beim Erwärmen erweichen oder schmelzen (z. B. **Polyethen**), und **Duroplasten**, die beim Erwärmen erhärten und sich nie mehr schmelzen lassen.

Einige Anwendungen von **Plasten**.

* **Biologisch abbaubar**, 210; **Erdöl**, 198; **Ethen**, 193; **Proteine**, 205; **Relative Atommasse**, 138.

• Polyester (Kopolymere). Entstehen durch die **Polykondensation** von **Diolen*** und **Dicarbonsäuren***. Die Monomere werden durch **(–COO–)-Gruppen**, wie in **Ester***, verbunden.

Segel werden aus **Polyestern** hergestellt.

Einige **Polyester** werden als Fasern hergestellt, die zu Kleidung und Stoffen verarbeitet werden.

• Polystyrol. Ein **Homopolymer**, das durch **Polymerisation** von **Styro** (**Phenylethen**) gewonnen wird.

Nylon wird oft verwendet, z. B. für Fallschirme und Kletterseile

• Nylon. Gehört in die Familie der **Polyamide**. Es sind feste, strapazierfähige Polymere, die sich dehnen, aber kein Wasser aufnehmen und nicht verrotten. Sie werden in Geweben verwendet und oft mit anderen Fasern gemischt (s. a. **Polymerisationsgleichung für Nylon-6,6**).

• Polyethen (Polyäthylen). Ein **Homopolymer**, das durch **Additionspolymerisation** von **Ethen*** hergestellt wird (s. a. **Homopolymer**). Von Polyethen gibt es zwei Arten (je nach Herstellungsmethode) – ein weiches Material geringer Dichte und einen harten, starren Stoff hoher Dichte. Die **relative Atommasse*** des Polyethen liegt zwischen 10 000 und 40 000. Es wird viel verwendet.

Aus **Polyethen** werden viele Küchengeräte hergestellt, z. B. Abwaschschüsseln.

• Polyamide. Sind **Kopolymere** aus **Dicarbonsäure***monomeren und **Diamin***monomeren, z. B. **Nylonmonomeren**.

Polystyrol wird zur Herstellung von Campinggeschirr, in der Verpackungsindustrie und zum Isolieren verwendet.

• Polyvinylchlorid (PVC) (Polychlorethen). Ist ein strapazierfähiges, viel verwendetes **Homopolymer**. Einige Beispiele (s. u. **Bild zur Additionspolymerisation**).

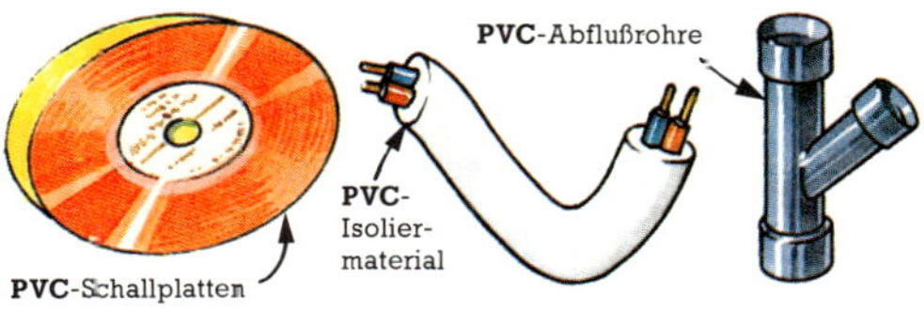

• Acryl (Polymethylmethacrylat oder **Plexiglas).** Ist ein **Homopolymer**, das durch **Additionspolymerisation** hergestellt wird. Verwendung als Glasersatz.

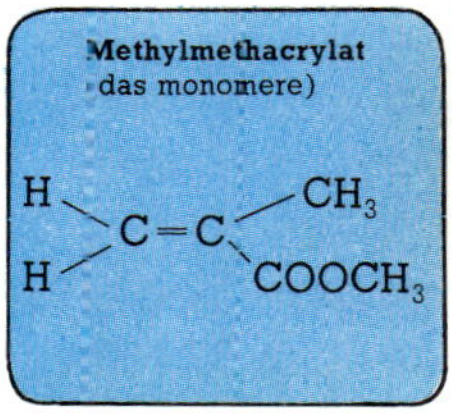

Acryl wird für Türschilder benutzt.

• Natürliche Polymere (Biopolymere). Kommen in der Natur vor, z. B. **Stärke** und **Gummi.** Stärke wird aus **Glucosemonomeren** aufgebaut (s. a. Seite 204).

Ausschnitt aus einem Gummimolekül

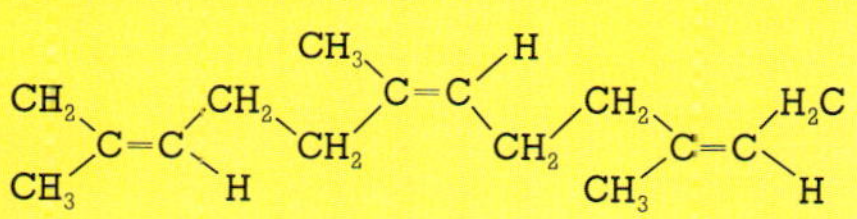

Gummi wird aus **Latex** vom Gummibaum gewonnen. Dann wird es **vulkanisiert**. So entsteht Gummi für Reifen bzw. Schläuche.

* **Carboxcylgruppe,** 195; **Diamine, Dicarbonsäuren,** 195; **Ester,** 195; **Ethen,** 193; **Glukose,** 204; **Latex,** 345; **Relative Atommasse,** 138.

Detergentien – Waschmittel

Detergentien werden Wasser zugesetzt, um Schmutz zu lösen. Sie tun es auf drei Arten; durch Herabsetzen der **Oberflächenspannung***, so daß das Wasser benetzen kann anstatt Tropfen zu bilden; dadurch, daß sie es dem Wasser ermöglichen, schmierige Stoffe abzulösen und sie in einer Suspension zu belassen. **Seife** ist den Detergentin sehr ähnlich, aber es gibt auch viele **seifenfreie Detergentien, Tenside**.

- **Detergentien**. Bestehen aus einer langen **Kohlenwasserstoffkette*** mit einer **funktionellen Gruppe*** an einem Ende, die es **polar** macht. Die **unpolare** Kette ist **hydrophob** (stößt Wasser ab), und das polare Ende ist **hydrophil** (zieht Wasser an). Im Wasser bilden diese Moleküle **Micellen**.

Modell eines **Waschmittelmoleküls** ▼

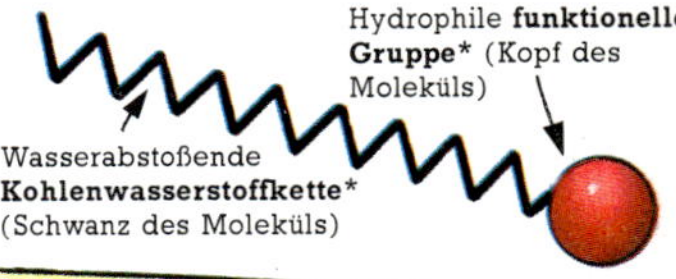

- **Seife***. Gehört zu den Detergentien. **Seife*** ist das Natrium- oder Kalium**salz*** einer langkettigen **Carbonsäure***, z. B. Octadecansäure (s. a. **Gleichung**). Sie wird aus tierischen Fetten oder pflanzlichen Ölen (**Ester***) durch Reaktionen mit Natron- oder Kalilauge (Kaliumsalze, d. i. Schmierseife) hergestellt. Der Vorgang wird **Verseifung** der **Fette*** genannt. Seifenmoleküle bilden in Wasser **Micellen**. **Seife*** bildet mit **hartem Wasser*** (im Gegensatz zu **seifenfreien Detergentien**) einen Niederschlag.

Verseifung (Seifenherstellung)

Abgemessene **Fett**mengen und Natrium- oder Kaliumhydroxidlösungen werden kontinuierlich in einen großen, hohlen, säulenartigen Bau eingebracht, der sich unter hohem Druck befindet und der sehr heiß ist. Es bilden sich **Seife*** und Propantriol.

Das Propantriol wird in Salzwasser gelöst und dann durch Zentrifugieren von der **Seife** getrennt.

Im abschließenden Prozeß werden die übriggebliebene **Carbonsäuren* neutralisiert***. Die **Salz***konzentration wird angeglichen und die Mischung zentrifugiert, um die **Seife** abzutrennen.

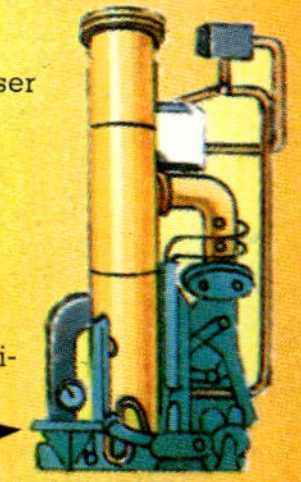

Reaktion der **Seifenherstellung** ▼

$$\begin{array}{c} C_{17}H_{35}COOCH_2 \\ | \\ C_{17}H_{35}COOCH \\ | \\ C_{17}H_{35}COOCH_2 \end{array} + 3NaOH \xrightarrow{\text{Verseifung}} 3C_{17}H_{35}COO{-}Na^{+} + \begin{array}{c} CH_2OH \\ | \\ CHOH \\ | \\ CH_2OH \end{array}$$

Ester (Hammelfett) + Natriumhydroxid → Natriumoctadecanat (Natriumstearat) + Propantriol (Glycerin)

Alle Seifenmoleküle sind Natrium- oder Kalium**salze*** langkettiger **Carbonsäuren***. In diesem Beispiel ist es ein **Salz*** der **Octadecansäure**.

- **Micelle**. Eine kugelförmige Anordnung von **Waschmittelmolekülen** in Wasser. Öl und Schmiere befinden sich in dem **hydrophoben** Zentrum der Micelle (s. a. **Bild** rechts).

Waschpulver ist eine Art von Detergen zur Schmutzbeseitigung.

* **Carbonsäure**, 195; **Ester**, 194; **Fett**, 204; **Funktionelle Gruppe**, 191; **Hartes Wasser**, 207; **Kohlenwasserstoffkette**, 191; **Neutralisation**, 14 **Oberflächenspannung**, 345; **Salz**, 153; **Seife**, 202.

- **Seifenfreie Detergentien (synthetische Detergentien).** Werden aus Nebenprodukten der **Rohölraffinerie** hergestellt. Sie werden für viele Produkte verwendet, wie z. B. Waschmittel, Shampoos. Sie werden meist als Detergentien (Tenside) aufgeführt. Seifenfreie Detergentien bilden keine Niederschläge mit **hartem Wasser*** und schäumen besser als **Seifen**. Wenn sie nicht **biologisch abbaubar*** sind, verschmutzen sie die Flüsse.

Ein Beispiel für **seifenfreie Detergentien**, die keine **ionischen*** Anteile haben (Anwendung: Spülmittel).

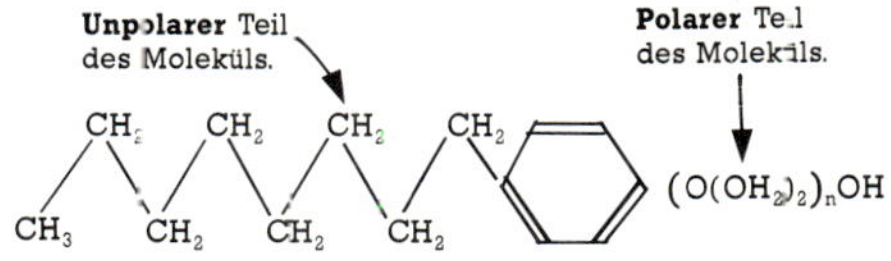

Beispiel eines **ionischen* Tensides**

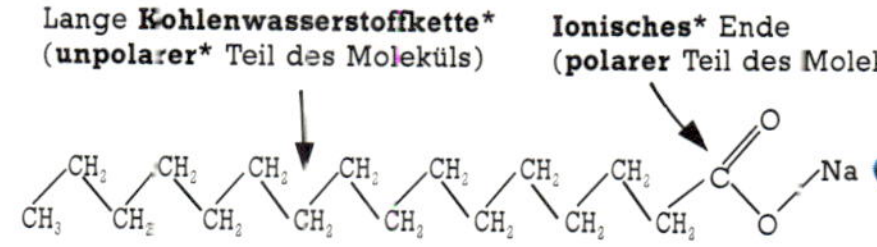

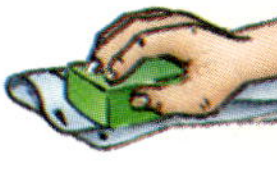

- **Waschpulver (Seife** oder **seifenfreie Detergentien).** Werden zum Wäschewaschen benutzt. Sie sind für die Gewebe besser als Wasser allein geeignet, denn sie erleichtern das Ablösen des Schmutzes. Es gibt zwei Hauptgruppen beim Waschpulver, Handwaschmittel (meist Seifenpulver) und Maschinenwaschmittel; meist **seifenfreie Detergentien** mit weiteren Stoffen, die die Schaumbildung regulieren und das Erscheinungsbild des Gewebes verschönern. **Biologische Waschmittel** enthalten **Enzyme***. **Enzyme*** zerstören **Proteine*** und lösen den Schmutz.

- **Biologisch abbaubare* Detergentien.** Sind **Tenside,** die von Bakterien zerstört werden (s. a. Seite 210). Schaum von **nicht abbaubaren Tensiden** kann nicht zerstört werden, bedeckt das Wasser und entzieht ihm den Sauerstoff.

Biologisch nicht abbaubarer* Schaum verhindert, daß sich Sauerstoff im Wasser löst und so alle im Wasser lebenden Tiere tötet.

- **Grenzflächenaktive Stoffe.** Sie setzen die **Oberflächenspannung*** des Wassers herab. Aus diesem Grunde haben **Detergentien** außer der Schmutzbeseitigung viele weitere Verwendungen, z. B. in:

Farben, um zu erreichen, daß das Pigment gleichmäßig verteilt wird und daß sie nicht tropft.

Schmiermitteln

Kosmetika, damit Gesichtspuder gut deckt, und um sicher zu gehen, daß Cremes sich gut mit Wasser mischen.

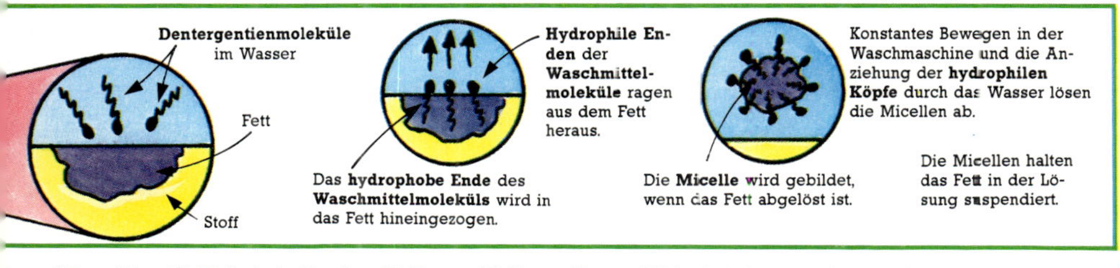

* **Benzolring**, 190; **Biologisch abbaubar**, 210; **Enzym**, 161; **Hartes Wasser**, 207; **Ionisch, Ionenverbindung**, 131; **Oberflächenspannung**, 345; **Protein**, 205; **Unpolar**, 345.

Nahrungsmittel

Um zu überleben und zu wachsen, müssen lebende Organismen eine Anzahl Stoffe zu sich nehmen, z. B. Wasser, Mineralstoffe und **Spurenelemente***, die sowohl für Pflanzen und Tiere wichtig sind. Verschiedene organische nahrungsmittel werden nur von Tieren benötigt (Pflanzen stellen sie durch **Photosynthese*** her). **Fasern** oder **Grobfutter** werden von vielen Tieren zur Verdauung benötigt. Verschiedene Tiere brauchen unterschiedliche Mengen dieser Stoffe (falsche Mengen verursachen Krankheiten). Weitere Informationen über **Vitamine** und die organischen Nahrungsmittel – **Proteine, Kohlenhydrate** und **Fette** – befinden sich auf den nächsten Seiten.

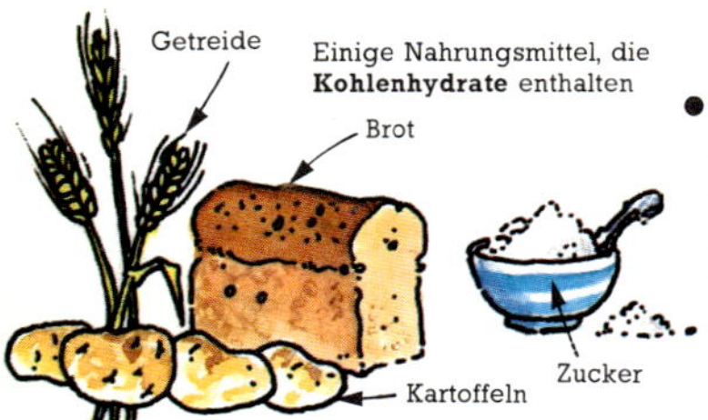

- **Kohlenhydrate**. Sind **organische Verbindungen***, die nur aus Kohlenstoff-, Wasserstoff- und Sauerstoffatomen bestehen. Sie haben die **allgemeine Summenformel*** $C_x(H_2O)_y$. Fast alle lebenden Organismen benutzen den Einfachzucker **Glucose** als Energielieferanten. Wenn nicht genug Glucose zur Verfügung steht, wird sie durch den **Stoffwechsel*** aus anderen Kohlenhydraten, **Lipiden** oder **Proteinen** hergestellt.

- **Rohrzucker**. Ist ein **Kohlenhydrat** mit der **Summenformel*** $C_{12}H_{22}O_{11}$. Es ist ein **Disaccharid** (enthält zwei Kohlenhydrateinheiten), das aus den **Monosacchariden Glucose** und **Fructose** besteht. Er wird zum Süßen von Speisen verwendet und meist nur als „Zucker" bezeichnet. Man gewinnt ihn aus Zuckerrohr oder Zuckerrüben.

- **Glucose**. Ist ein **Kohlenhydrat** mit der **Summenformel*** $C_6H_{12}O_6$. Es ist ein **Monosaccharid** (enthält nur eine Kohlenhydrateinheit). Grüne Pflanzen stellen durch **Photosynthese*** Glucose her. Sowohl Pflanzen als auch Tiere benutzen Glucose als Energielieferanten. Diese Energie entsteht bei komplizierten Kettenreaktionen durch Abbau von Glucose. Pflanzen speichern Glucose als **Stärke**, Tiere als **polymeres* Glykogen**.

Vereinfachte Gleichung, ▶ die zeigt, daß Energie im Körper frei wird, wenn **Glucose** abgebaut wird.

$$\underset{\text{Glucose}}{C_6H_{12}O_6} + \underset{\text{Atmungssauerstoff}}{6O_2} \rightarrow \underset{\text{Kohlendioxid}}{6CO_2} + \underset{\text{Wasser}}{6H_2O} + \underset{\text{Energie, die freigesetzt wird}}{2830\ \text{kJ}}$$

Teil eines **Stärkemoleküls** ▼

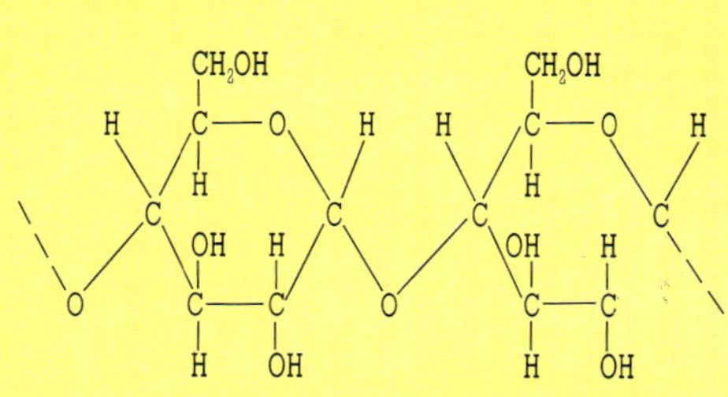

- **Stärke**. Ist ein **Polysaccharid** (ein Zucker, der Tausende von **Glucoseeinheiten** enthält). Es ist ein **natürliches Polymer*** (aus vielen Glucose**monomeren*** hergestellt). Pflanzen bilden Stärke und speichern sie als Nahrungsreserve. Tiere bauen Stärke zu **Glucose** ab, die dann als Energielieferant dient.

* **Allgemeine Summenformel**, 191; **Monomere**, 200; **Natürliche Polymere**, 201; **Photosynthese**, 209; **Polymere**, 200; **Spurenelemente, Stoffwechsel**, 345; **Summenformel**, 140.

- **Aminosäuren**. Sind Verbindungen, die eine **Säurerestgruppe ($-COO^-$)** und eine protonierte **Aminogruppe* ($-NH_3^+$)** enthalten. Proteine werden aus Aminosäuren hergestellt.

Glycin (Aminosäure)

Es gibt rund 20 verschiedene Aminosäuren, die alle eine **protonierte Aminogruppe*** und eine **Säurerestgruppe** enthalten.

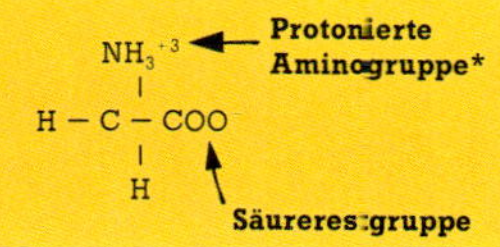

Erdnüsse enthalten eine Menge **Proteine**, darum sind sie sehr nahrhaft.

1. Zerkaute Erdnüsse wandern durch die Speiseröhre in den Magen und den Dünndarm, wo die **Proteine**, die sie enthalten, verdaut werden.

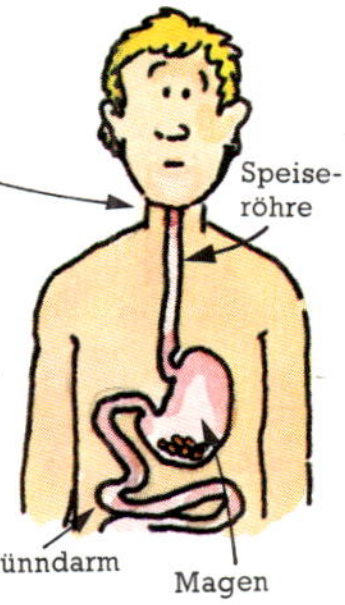

2. Jedes Protein besteht aus vielen **Aminosäureeinheiten (Monomere*)** in unterschiedlicher Anordnung.

Verschiedenfarbige Quadrate stellen verschiedene **Aminosäuren** dar.

- **Proteine**. Sind **natürliche Polymere***, die durch Zusammenfügen von Aminosäure**monomeren*** entstehen. Die **relative Molmasse*** der Proteine variiert von 20 000 bis zu einigen Millionen. Sie kommen in Fleisch, Käse, Eiern, Getreide, Nüssen und Bohnen vor. Tiere brauchen Proteine, um Gewebe neu herzustellen oder zu ersetzen.

Enzyme* sind Katalysatoren*, die Reaktionen im Körper beschleunigen.

3. Ein **Enzym*** im Magen verkleinert das **Protein** (lange Ketten, **Polypeptide**) in kürzere Ketten (ebenfalls **Polypeptide**).

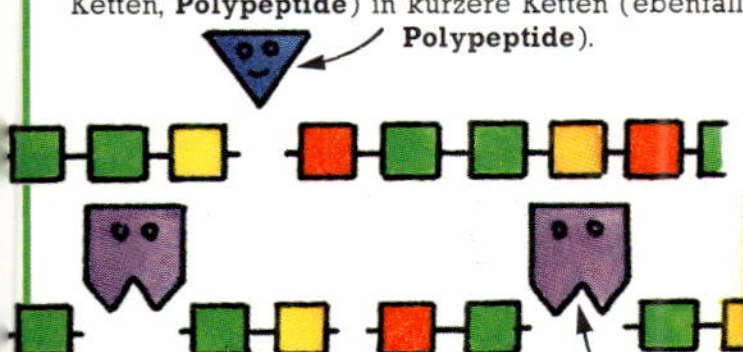

4. Ein **Enzym*** im Dünndarm spaltet das **Polypeptid** zu **Aminosäuren** oder Molekülen, die aus zwei Aminosäuren bestehen (**dipeptid**).

5. Die **Aminosäuren** können jetzt vom Körper aufgenommen werden.

6. Im Körper bilden gewisse **Enzyme*** neue **Proteine** durch Zusammensetzen der **Aminosäuren**.

7. Die Anordnung der **Aminosäuremonomere*** in der neuen **Proteinkette** bestimmt die Art der Proteine. Dieser Mann braucht viel **Actin** und **Myosin** für die Muskeln.

- **Vitamine**. Sind **organische Verbindungen**, die in geringen Mengen in der Nahrung vorkommen. Sie sind lebenswichtig. Sie werden als Hilfe für die **Enzyme*** im Körper benötigt. Ein Mangel an Vitaminen führt zur Erkrankung.

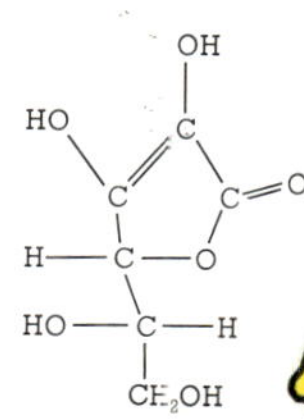

◄ Ein Beispiel für ein **Vitamin: Vitamin C, Ascorbinsäure**.

Menschen, die nicht genug Vitamin C aufnehmen, bekommen Skorbut. Zitrusfrüchte und Gemüse sind die Hauptquellen dieses Vitamins.

- **Lipide**. Sind **Estere***, die in tierischen Fetten und Pflanzenölen gefunden werden. Sie lösen sich in **organischen Lösungsmitteln***. **Fette** sind feste Lipide, die aus **gesättigten* Carbonsäuren** hergestellt werden. Dagegen sind **Öle** flüssige Lipide aus größtenteils **ungesättigten* Carbonsäuren**. Der Körper benutzt Lipide als Energiequelle.

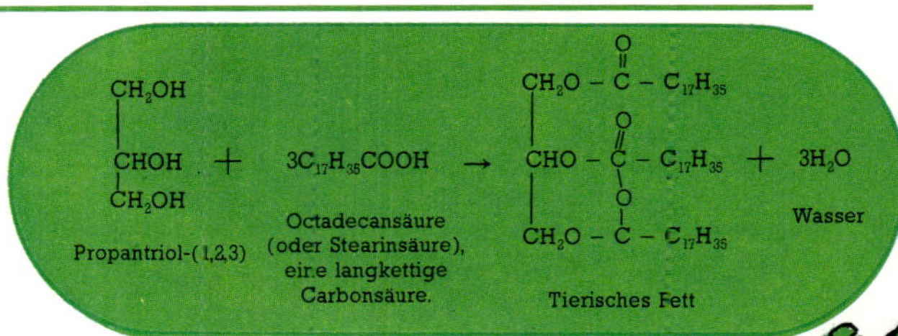

Beispiel für die Fettherstellung ▲

Kokosnußöl wird verwendet, um Schönheitscremes herzustellen.

Palmöl wird in Seifen verwendet.

* **Aminogruppe**, 195; **Carbonylgruppe (Carbonsäuren)**, 195; **Enzym**, 161; **Ester**, 195; **Gesättigte Verbindung**, 151; **Katalysator**, 161; **Monomer**, 200; **Natürliches Polymer**, 201; **Organisches Lösungsmittel**, 345; **Organische Verbindungen**, 190; **Protonierte Aminogruppe**, 195; **Relative Molmasse**, 138; **Ungesättigte Verbindung**, 191.

Wasser

Wasser (H_2O) ist die wichtigste Verbindung auf der Erde. Es befindet sich auf der Oberfläche, in der Atmosphäre und ist Bestandteil von Tieren und Pflanzen. Große Mengen Wasser werden täglich im Haus und in der Industrie gebraucht, z. B. Kühlwasser in der chemischen Industrie. Wasser enthält normalerweise etwas Gas, **Salz*** und **Schmutz*** gelöst (s. a. Seite 167).

Ein Wassermolekül besteht aus einem Sauerstoffatom und zwei Wasserstoffatomen.

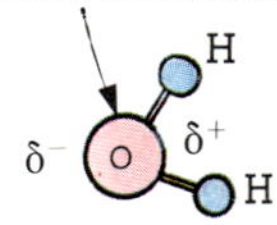

Das Molekül ist **polar**, so daß Wasser ein gutes **polares Lösungsmittel** ist.

Wenn Wasser in Rohren gefriert und sich ausdehnt, platzen sie.

- **Eis**. Die feste Form des Wassers. Es bildet ein **Molekülgitter***, in dem die Moleküle einen größeren Abstand als im flüssigen Zustand haben. Dies wird durch **Wasserstoffbrücken*** hervorgerufen und bewirkt, daß Eis eine geringere Dichte hat und Wasser sich beim Erstarren ausdehnt.

- **Wasserkreislauf**. Der andauernde Kreislauf des Wassers durch Luft, Flüsse und Seen.

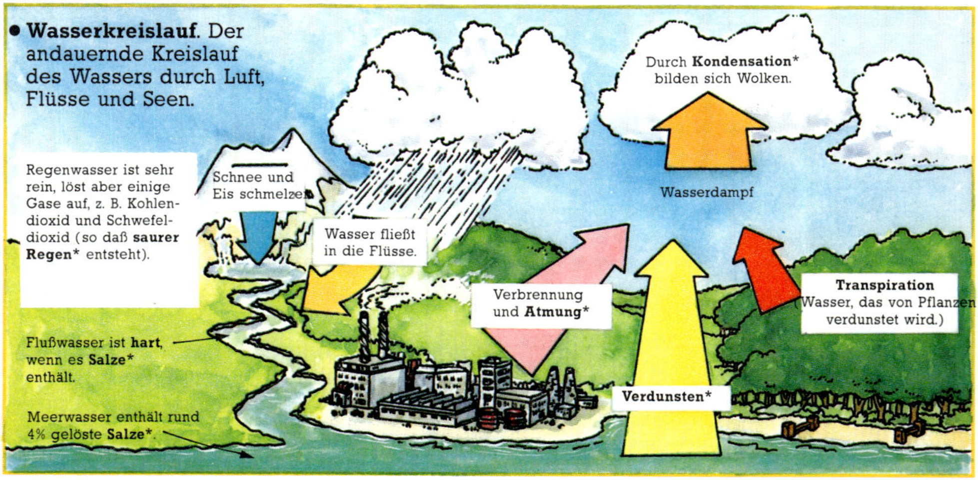

Atmosphärisches Wasser

- **Feuchtigkeit**. Die größte Menge Wasserdampf, die von der Luft aufgenommen werden kann, ist von der Temperatur abhängig. Sie ist höher in warmer (bis zu 4%) als in kalter Luft.

- **Hygroskopisch**. Eine Substanz, die bis zu 70% des eigenen Gewichtes an Wasser aufnehmen kann. Diese Stoffe werden feucht, lösen sich aber nicht.

Kochsalz nimmt Wasser aus einer feuchten Umgebung auf.

- **Zerfließen**. Ein Stoff zerfließt, wenn er Wasserdampf aus der Luft aufnimmt und sich darin auflöst. Er bildet eine **konzentrierte*** Lösung.

Calciumchlorid an der Luft.

Bildet eine **konzentrierte*** Lösung

- **Verwitterung**. Ein Kristall, der einen Teil seines **Kristallwassers*** verliert, **verwittert**. Ein pulveriger Überzug bleibt auf der Oberfläche zurück.

Ein weißes Pulver bildet sich auf Natriumcarbonatkristallen.

* **Atmung**, 209; **Kondensation**, 121; **Konzentriert**, 144; **Kristallwasser**, 135; **Molekülgitter**, 137; **Polares Molekül**, 133; **Polares Lösungsmittel**, 144; **Salze**, 153; **Saurer Regen**, 210; **Schmutz**, 210; **Verdunsten**, 121; **Wasserstoffbrücken**, 134.

Wasserversorgung

- **Destilliertes Wasser**. Wasser, aus dem **Salze*** durch **Destillation*** entfernt wurden. Es ist sehr rein, enthält aber einige gelöste Gase.

- **Entsalzung**. Aus Meerwasser werden gelöste **Salze*** durch **Destillation*** oder **Ionenaustausch** entfernt.

- **Reinigung**. Um Bakterien und andere schädliche Stoffe aus dem Wasser zu entfernen, um sauberes Wasser herzustellen, muß es gereinigt werden.

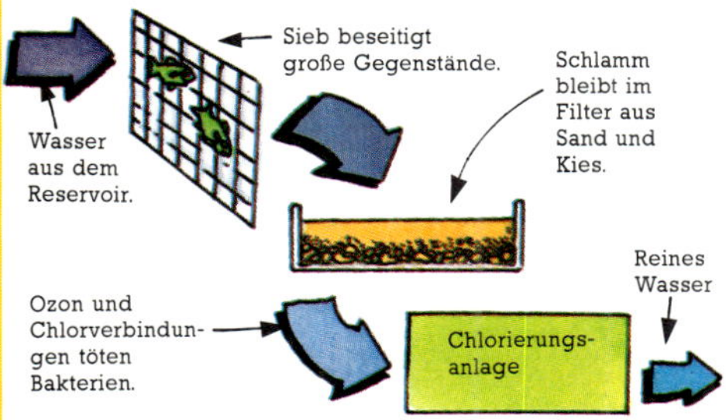

- **Hartes Wasser.** Enthält Calcium- und Magnesium**salze***, die sich aus dem Boden gelöst haben (s. a. **Calcium** Seite 171). Enthält es diese Salze nicht, wird es **weiches Wasser** genannt. Es gibt zwei Härten – die **temporäre Härte** (die beseitigt werden kann) und die **permanente Härte** (die nur schwierig beseitigt werden kann).

Hartes Wasser schäumt mit Seife nicht und bildet **Kalkseife**.

Calcium- und Magnesiumionen (in hartem Wasser) + Seife (Natrium-stearat) → Kalkseife (Calcium- und Magnesium-stearate) + Natrium-ionen

Weiches Wasser schäumt stark, da es mit Seife keine **Kalkseife** bildet.

- **Temporäre Härte**. Eine Wasserhärte, die durch das in Wasser gelöste **Salz*** Calciumhydrogencarbonat hervorgerufen wird. Sie kann durch Kochen beseitigt werden. Es bildet sich ein weißer Niederschlag (Calciumcarbonat, Kesselstein).

Kesselstein bildet sich beim Sieden von **hartem Wasser**.

- **Permanente Härte**. Wird durch in Wasser gelöste Calcium- und Magnesiumsalze (Sulfate, Chloride) hervorgerufen. Sie kann nicht einfach durch Kochen beseitigt werden, sondern durch **Destillation*** oder durch einen **Weichmacher** (z. B. **Ionenaustauscher**).

- **Ionenaustauscher**. Machen hartes Wasser weich (s. a. **permanente Wasserhärte**). Wasser wird über Stoffe gegeben, die Calcium- und Magnesiumionen durch Natriumionen ersetzen (**Zeolite**, Natrium-Aluminium-Silikate). Auch organische **Polymere*** werden als Ionenaustauscher eingesetzt.

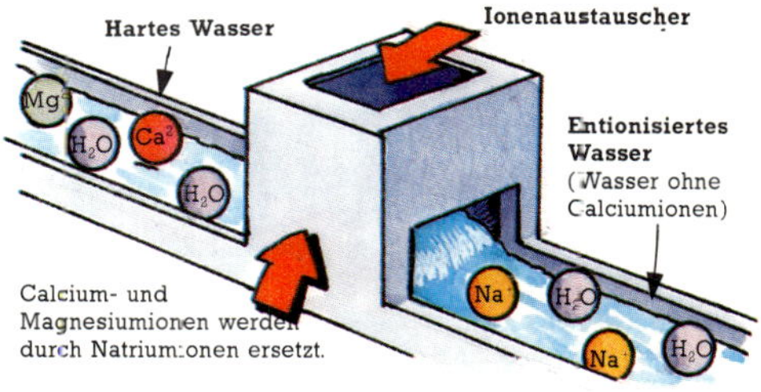

- **Weichmacher**. Stoffe, die eine **permanente Härte** beseitigen. Sie reagieren mit Calcium- und Magnesiumsalzen zu Verbindungen, die nicht mit Seife reagieren.

- **Kristallsoda.** Ist das **Hydrat*** des Natriumcarbonates (s. a. Seite 169). Es wird im Haushalt als Weichmacher verwendet.

* **Destillation,** 220; **Hydrat,** 155; **Polymere,** 200; **Salze,** 153.

Luft und Verbrennung

Luft, ein Gemisch aus Gasen, das Sauerstoff, Kohlendioxid und Stickstoff enthält, umgibt die Erde und ist lebenswichtig. Die Gase können durch **fraktionierte Destillation der flüssigen Luft*** getrennt werden. Man verwendet sie in der Industrie als Rohstoffe. Luft enthält auch etwas Wasserdampf und manchmal **Verschmutzungen**.

Zusammensetzung der Luft

- **Stille Verbrennungen**. Finden bei niedrigen Temperaturen statt, wobei keine Flamme auftritt. Die **Atmung** ist eine stille Verbrennung.
- **Flamme**. Durch die bei der schnellen Verbrennung entstehende große Wärmeenergie werden Atome zur Lichtaussendung angeregt.

Eine **nichtleuchtende Flamme** entsteht, wenn ausreichend Sauerstoff zur Verbrennung vorhanden ist. ▶

Eine **leuchtende Flamme** entsteht, wenn nicht ausreichend Sauerstoff zur Verbrennung vorhanden ist. ▶

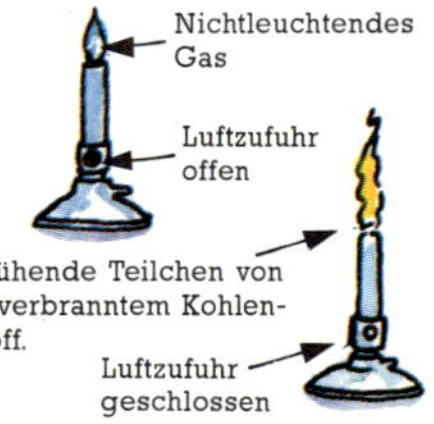

- **Verbrennung.** Eine **exotherme Reaktion*** zwischen einem Stoff und einem Gas. Verbrennungen finden normalerweise an der Luft statt. Dabei verbindet sich der Stoff mit Sauerstoff. Verbrennungen können auch in anderen Gasen auftreten (z. B. Chlor). Sie verlaufen nicht von selbst, sondern müssen durch Erwärmen gestartet werden (s. a. **Aktivierungsenergie** Seite 160).

Erdgas* (meist **Methan**) verbrennt in Gasherden und liefert Energie zum Kochen.

$$\underset{\text{Methan}}{CH_4(g)} + \underset{\text{Sauerstoff aus der Luft}}{2O_2(g)} \rightarrow \underset{\text{Kohlendioxid}}{CO_2(g)} + \underset{\text{Wasserdampf}}{2H_2O(g)} + \underset{\text{Zum Kochen}}{\text{Energie}}$$

- **Schnelle Verbrennungen**. Es wird viel Wärme und Lichtenergie abgegeben.

Schnelle Verbrennungen können ein großes Gasvolumen und viel Energie freisetzen. Das bewirkt eine Explosion.

- **Brennstoffe**. Substanzen, die zur Energieerzeugung verbrannt werden. Die meisten, die heute verwendet werden, sind **fossile Brennstoffe**, die aus prähistorischen Tieren und Pflanzen gebildet wurden.

Holz ist der älteste **Brennstoff**.

Fossile Brennstoffe werden tief aus der Erde geholt.

- **Heizwert**. Ein Maß für den Wärmebetrag, der von einer bestimmten Menge des **Brennstoffes** geliefert wird. Die Tafel unten zeigt die verschiedenen Werte für gebräuchliche Brennstoffe.

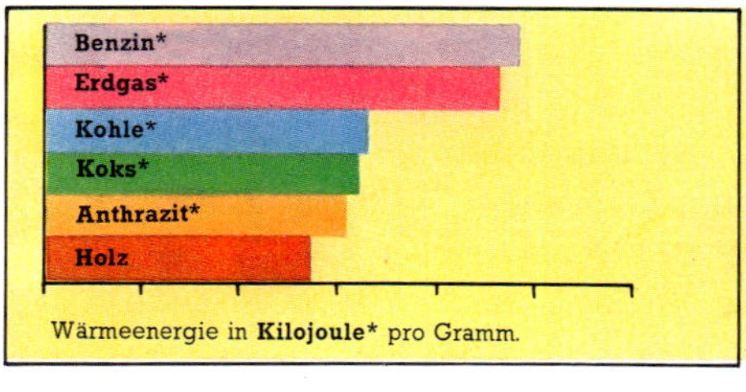

* **Anthrazit**, 179; **Benzin**, 199; **Erdgas**, 192; **Erdöl**, 198; **Exotherme Reaktion**, 147; **Fraktionierte Destillation der flüssigen Luft**, 183; **Kilojoule**, 146; **Kohle, Koks**, 179; **Verschmutzungen**, 210.

● **Korrosion**. Eine Reaktion zwischen Metallen und den Gasen der Luft. Das Metall wird **oxidiert***. Es bildet sich ein Überzug auf der Oberfläche, der manchmal Schutz vor weiterer Korrosion bietet, meist jedoch das Metall schwächt. Die Korrosion kann verhindert werden, wenn man erreicht, daß kein Sauerstoff an das Metall kommt (s. a. **kathodischer Korrosionsschutz** Seite 159). Die Korrosion des Eisens nennt man **Rosten** (s. a. **Rost** Seite 174).

● **Atmung**. Eine **stille Verbrennung** bei Tieren, die Energie aus der Reaktion von **Glucose*** mit Sauerstoff liefert. Chemisch gesehen ist sie die Umkehr der **Photosynthese**.

● **Photosynthese**. Eine **photochemische Reaktion*** in grünen Pflanzen. Durch die Nutzung des Sonnenlichtes wird **Glucose*** aus der Reaktion von Kohlendioxid mit Wasser gebildet. Sie ist chemisch gesehen das Gegenteil der **Atmung**.

$$C_6H_{12}O_6 + 6O_2 \rightarrow 6CO_2 + 6H_2O + \text{Energie}$$

Energie, die aus der Reaktion von **Glucose*** mit Sauerstoff entsteht.

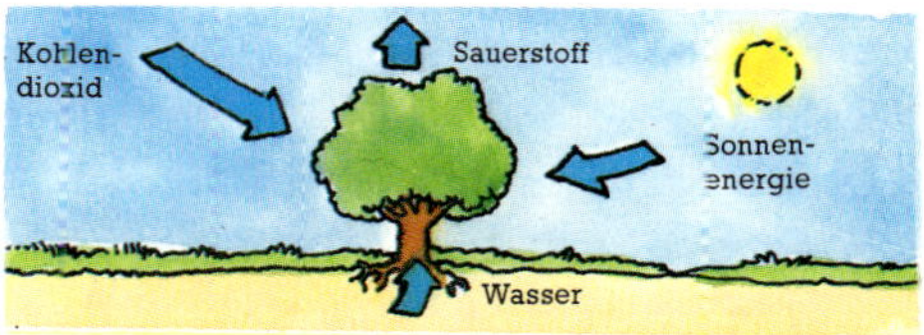

$$6CO_2 + 6H_2O \xrightarrow{\text{Energie}} C_6H_{12}O_6 + 6O_2$$

Kohlendioxid reagiert mit Wasser zu **Glucose***

● **Stickstoffkreislauf**. Ist das fortwährende Kreisen des Stickstoffes durch die Luft, die Tiere, die Pflanzen und den Boden.

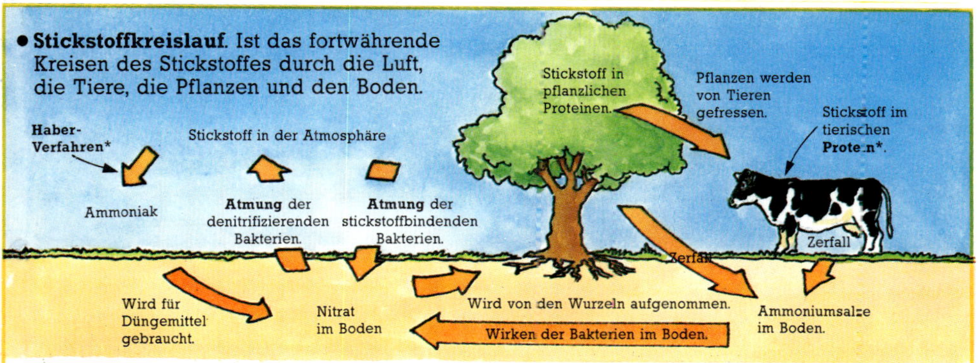

● **Kohlenstoffkreislauf**. Er beschreibt das Wandern des Kohlenstoffes durch die Luft, die Tiere, die Pflanzen und den Boden.

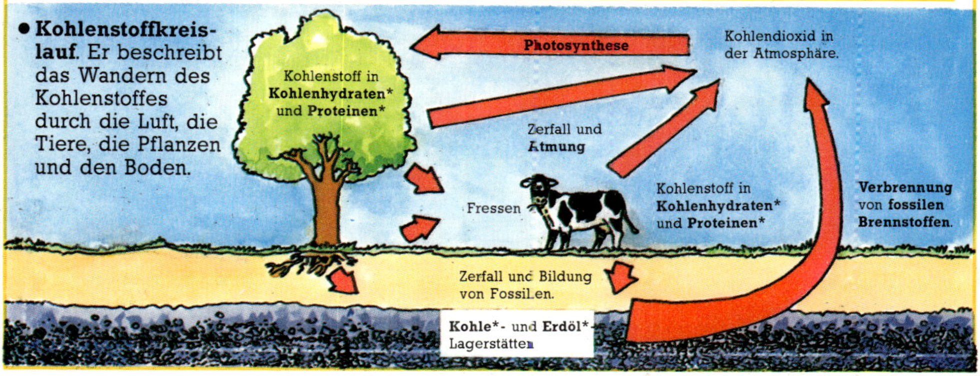

* **Erdöl**, 198; **Glucose**, 204; **Haber-Bosch-Verfahren**, 180; **Kohle**, 179; **Kohlenhydrat**, 204; **Oxidation**, 148; **Photochemische Reaktion**, 160; **Proteine**, 205.

Umweltverschmutzung

Die **Umweltverschmutzung** besteht aus dem Verteilen von unerwünschten Stoffen auf das Land, in die Atmosphäre, die Flüsse und Ozeane, die die natürlichen Prozesse der Erde in Unordnung bringen. Die Hauptursachen und Arten der **Verschmutzung** werden unten gezeigt.

- **Biologisch abbaubare Stoffe.** Stoffe, die durch Bakterien in kleinere Bruchstücke gespalten werden können. Viele **Kunststoffe*** sind nicht biologisch abbaubar (s. a. **biologisch abbaubare Waschmittel** Seite 212).

- **Smog**. Ein Nebel mit Staub und Ruß. Er ist sauer, denn er enthält Schwefeldioxid, das in Industriestädten durch Verfeuern von **Brennstoffen*** entsteht.

- **Saurer Regen**. Regenwasser, das saurer ist als gewöhnlich. Der Regen hat normalerweise einen **pH-Wert*** zwischen 5 und 6, weil sich Kohlendioxid zu verdünnter Kohlensäure löst. Schwefeldioxid und die Oxide des Stickstoffes, die durch Verbrennung entstehen, reagieren in der Atmosphäre mit Wasser zu Säuren des Schwefels und des Stickstoffes mit dem **pH-Wert*** 3.

- **Eutrophierung**. Ein gesteigertes Wachstum von Wasserpflanzen in Flüssen, das durch einen Überschuß von Nitraten, Nitriten und Phosphaten aus Düngemitteln hervorgerufen wird. Als Resultat sterben die Fische aus Sauerstoffmangel.

- **Gewächshauseffekt**. Verhinderung der Abstrahlung von Erdwärme durch die zunehmende Kohlendioxidkonzentration der Erdatmosphäre. Beim Verbrennen der Heizstoffe entsteht Kohlendioxid, das das Problem noch verschlimmert.

- **Erwärmung der Flüsse**. Fabriken und Kernkraftwerke lassen erwärmtes Wasser in Flüsse und Seen. Dieses bewirkt eine Abnahme der Sauerstofflöslichkeit und wirkt auf das Leben der Wasserpflanzen ein.

Durch Verwendung von **Brennstoff*** entstehende Oxide des Stickstoffs tragen zum **sauren Regen** bei. Mit Sonnenlicht reagieren Stickstoffdioxid und Sauerstoff zu giftigem **Ozon***.

Die Konzentration von Kohlendioxid in der Atmosphäre nimmt langsam zu, eine Folge des großen Einsatzes von **Brennstoffen*** (s. a. **Gewächshauseffekt**).

Das hochgiftige Kohlenmonoxid entsteht durch unvollständige Verbrennungen in Autos und Kraftwerken.

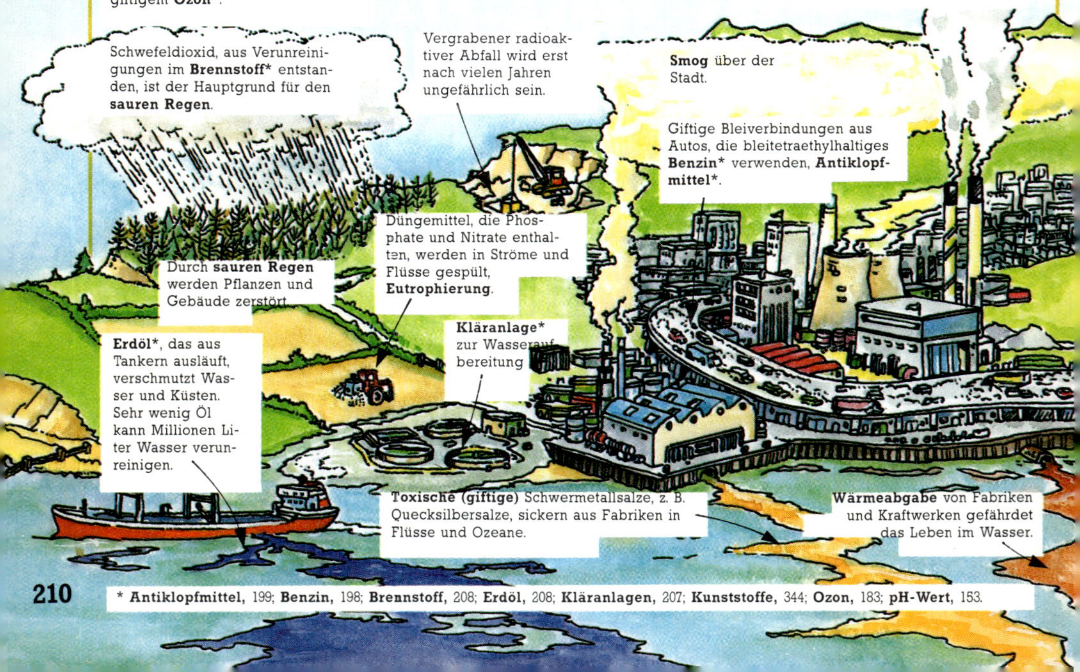

* **Antiklopfmittel,** 199; **Benzin,** 198; **Brennstoff,** 208; **Erdöl,** 208; **Kläranlagen,** 207; **Kunststoffe,** 344; **Ozon,** 183; **pH-Wert,** 153.

Reaktivitätsreihe (enthält 10 Metalle, s. a. Seite 158).

Metall	Symbol	Reaktion mit Luft	Reaktion mit Wasser	Reaktion mit verdünnten starken Säuren*	Verdrängungsreaktionen*	Reaktion des Oxids mit Kohle	Reaktion des Oxids mit Wasserstoff	Erhitzen des Oxids	Erhitzen des Carbonats	Erhitzen des Nitrats	Symbol
Kalium	**K**	Verbrennen zu Oxiden	Reagieren mit kaltem Wasser zu Wasserstoff und Hydroxid, das sich in Wasser zu alkalischen Lösungen löst. Die Reaktion nimmt nach unten hin ab.	Explosive Reaktion ergibt Wasserstoff und **Salz*** in Lösung	Alle Metalle verdrängen Ionen der unter ihnen stehenden Metalle aus der Lösung.	Keine Reaktion	Keine Reaktion	Keine Reaktion	Keine Reaktion	Zersetzt sich zu Nitrit und Sauerstoff.	**K**
Natrium	**Na**										**Na**
Calcium	**Ca**	Verbrennen, wenn erhitzt, zu Oxiden. Die Reaktion nimmt nach unten hin ab.		Reagieren zu Wasserstoff und **Salzlösung*** mit abnehmender Stärke.					Zersetzt sich zu Oxid und Kohlendioxid nach unten hin leichter.	Zersetzt sich nach unten hin leichter zum Oxid, Sauerstoff und Stickstoffdioxid.	**Ca**
Magnesium	**Mg**										**Mg**
Aluminium	**Al**		Keine Reaktion mit kaltem Wasser. Die Reaktion mit Wasserdampf ergibt Wasserstoff und Oxid. Die Reaktion nimmt nach unten hin ab.								**Al**
Zink	**Zn**					Das Oxid wird nach unten hin leichter zum Metall **reduziert***.					**Zn**
Eisen	**Fe**										**Fe**
Blei	**Pb**	Verbrennen nicht beim Erwärmen, bilden aber eine oberflächliche Oxidschicht.	Keine Reaktion				Das Oxid wird nach unten hin leichter zum Metall **reduziert***.				**Pb**
Kupfer	**Cu**			Keine Reaktion		Es bildet sich Kohlendioxid.					**Cu**
Silber	**Ag**	Keine Reaktion					Es bildet sich Wasser.	Zersetzt sich zu Metall und Sauerstoff	und Kohlendioxid.	und Stickstoffdioxid.	**Ag**

* **Reduktion,** 148; **Salze, Salzlösung,** 153; **Starke Säure,** 152; **Verdrängungsreaktion,** 158.

Eigenschaften der Elemente

Die Tabelle unten gibt Informationen über die physikalischen Eigenschaften der Elemente des Periodensystems (s. a. Seiten 164–165). Die letzten acht Elemente **(s. a. Ordnungszahl*** Seiten 210–217) werden nicht aufgeführt, da man sehr wenig von ihnen kennt. Sie müssen alle unter speziellen Labormethoden hergestellt werden und existieren nur für Sekundenbruchteile.

Alle Dichtemessungen, außer bei Gasen (markiert mit +), die beim Siedepunkt gemessen wurden, fanden bei Zimmertemperatur statt. Ein Stich (–) in der Tabelle zeigt an, daß kein Wert bekannt ist.

Element	Symbol	Ordnungszahl*	Atommasse* ungefähr	Dichte* ($g\ cm^{-3}$)	Schmelzpunkt (°C)	Siedepunkt (°C)
Actinium	**Ac**	89	227	10,1	1050	3200
Aluminium	**Al**	13	27	2,7	660	2470
Americium	**Am**	95	243	11,7	(1200)	(2600)
Antimon	**Sb**	51	122	6,62	630	1380
Argon	**Ar**	18	40	1,4 +	−189	−186
Arsen	**As**	33	75	5,72	–	613 (**sublimiert***)
Astati	**At**	85	210	–	(302)	–
Barium	**Ba**	56	137	3,51	714	1640
Beryllium	**Be**	4	9	1,85	1280	2477
Blei	**Pb**	82	207	11,3	327	1744
Bor	**B**	5	11	2,34	2300	3930
Brom	**Br**	35	80	3,12	−7,2	58,8
Cadmium	**Cd**	48	112	8,64	321	765
Caesium	**Cs**	55	133	1,9	28,7	690
Calcium	**Ca**	20	40	1,54	850	1487
Cer	**Ce**	58	140	6,78	795	3470
Chlor	**Cl**	17	35,5	1,56 +	−101	−34,7
Chrom	**Cr**	24	52	7,19	1890	2482
Dysprosium	**Dy**	66	162	8,56	1410	2600
Eisen	**Fe**	26	56	7,86	1535	3000
Erbium	**Er**	68	167	9,16	1500	2900
Europium	**Eu**	63	152	5,24	826	1440
Fluor	**F**	9	19	1,11 +	−220	−188
Francium	**Fr**	87	223	–	(27)	–
Gadolinium	**Gd**	64	157	7,95	1310	3000
Gallium	**Ga**	31	70	5,91	29,8	2400
Germanium	**Ge**	32	73	5,35	937	2830
Gold	**Au**	79	197	19,3	1063	2970
Hafnium	**Hf**	72	178,5	13,3	2220	5400
Helium	**He**	2	4	0,147 +	−270	−269
Holmium	**Ho**	67	165	8,8	1460	2600
Indium	**In**	49	115	7,3	157	2000
Iridium	**Ir**	77	192	22,5	2440	5300
Jod	**J**	53	127	4,93	114	184
Kalium	**K**	19	39	0,86	63,7	774
Kobalt	**Co**	27	59	8,9	1492	2900
Kohlenstoff	**C**	6	12	2,25 (**Graphit***)	3730 (**sublimiert***)	4830
				3,51 (**Diamant**)	3750	–
Krypton	**Kr**	36	84	2,16 +	−157	−152
Kupfer	**Cu**	29	64	8,92	1083	2595
Lanthan	**La**	57	139	6,19	920	3470
Lithium	**Li**	3	7	0,53	180	1330
Lutetium	**Lu**	71	175	9,84	1650	3330

* **Atommasse,** 138; **Dichte,** 344; **Ordnungszahl,** 127; **Sublimiert, Sublimation,** 121.

Element	Symbol	Ordnungs-zahl*	Atommasse* ungefähr	Dichte* (g cm^{-3})	Schmelz-punkt (°C)	Siedepunkt (°C)
Magnesium	**Mg**	12	24	1,74	650	1110
Mangan	**Mn**	25	55	7,2	1240	2100
Molybdän	**Mo**	42	96	10,2	2610	5560
Natrium	**Na**	11	23	0,97	97,8	890
Neodym	**Nd**	60	144	7,0	1020	3030
Neon	**Ne**	10	20	1,2 +	−249	−246
Neptunium	**Np**	93	237	20,4	640	–
Nickel	**Ni**	28	59	8,9	1453	2730
Niob	**Nb**	41	93	8,57	2470	3300
Osmium	**Os**	76	190	22,5	3000	5000
Palladium	**Pd**	46	106	12	1550	3980
Phosphor*	**P**	15	31	1,82 (**weiß***) 2,34 (**rot***)	44,2 (**weiß***) 590 (**rot***)	280 (**weiß***) – (**rot***)
Platin	**Pt**	78	195	21,4	1769	4530
Plutonium	**Pu**	94	242	19,8	640	3240
Pollonium	**Po**	84	210	9,4	254	960
Praseodym	**Pr**	59	141	6,78	935	3130
Promethium	**Pm**	61	147	–	1030	2730
Protactinium	**Pa**	91	231	15,4	1230	–
Quecksilber	**Hg**	80	201	13,6	−38,9	357
Radium	**Ra**	88	226	5	700	1140
Radon	**Rn**	86	222	4,4 +	−71	−61,8
Rhenium	**Re**	75	186	20,5	3180	5630
Rhodium	**Rh**	45	103	12,4	1970	4500
Rubidium	**Rb**	37	85	1.53	38,9	688
Ruthenium	**Ru**	44	101	12,3	2500	4900
Samarium	**Sm**	62	150	7,54	1070	1900
Sauerstoff	**O**	8	16	1,15 +	−218	−183
Scandium	**Sc**	21	45	2,99	1540	2730
Schwefel*	**S**	16	32	2,07 (rhombisch) 1,96 (**monoklin***)	113 (rhombisch) 119 (**monoklin***)	444
Selen	**Se**	34	79	4,81	217	685
Silber	**Ag**	47	108	10,5	961	2210
Silicium	**Si**	14	28	2,23	1410	2360
Stickstoff	**N**	7	14	0,808+	−210	−196
Strontium	**Sr**	38	88	2,62	768	1380
Tantal	**Ta**	73	181	16,6	3000	5420
Technetium	**Tc**	43	99	11,5	2200	3500
Tellur	**Te**	52	128	6,25	450	990
Terbium	**Tb**	65	159	8,27	1360	2800
Thallium	**Tl**	81	204	11,8	304	1460
Thorium	**Th**	90	232	11,7	1750	3850
Thulium	**Tm**	69	169	9,33	1540	1730
Titan	**Ti**	22	48	4,54	1675	3260
Uran	**U**	92	238	19,1	1130	3820
Vanadium	**V**	23	51	5,96	1900	3000
Wasserstoff	**H**	1	1	0,07 +	−259	−252
Wismut	**Bi**	83	209	9,8	271	1560
Wolfram	**W**	74	184	19,4	3410	5930
Xenon	**Xe**	54	131	3,52+	−112	−108
Ytterbium	**Yb**	70	173	6,98	824	1430
Yttrium	**Y**	39	89	4,34	1500	2930
Zink	**Zn**	30	65	7,14	420	907
Zinn	**Sn**	50	119	7,28	232	2270
Zirkonium	**Zr**	40	91	6,49	1850	3580

* **Atommasse**, 184; **Diamant**, 178; **Dichte**, 344; **Graphit**, 178; **Schwefel**, 184; **Monokliner Schwefel**, 184; **Ordnungszahl**, 126; **Phosphor, weißer, roter**, 182.

Namen einfacher organischer Verbindungen

Die einfachen **organischen Verbindungen*** (mit einer oder ohne **funktionelle Gruppe***) können benannt werden, wenn man Schritt **1** und **2** befolgt.

1. Schritt Wähle unter den Sätzen a) bis i) den, der das unbenannte Molekül beschreibt. Geh dann im **2. Schritt** zu der Zahl, die angegeben wird.

a) Das Molekül enthält nur Kohlenstoff- und Wasserstoffatome und **Einfachbindungen***. — Geh zu 1

b) Das Molekül enthält nur Kohlenstoff- und Wasserstoffatome und eine **Doppelbindung***. — Geh zu 2

c) Das Molekül enthält nur Kohlenstoff- und Wasserstoffatome und eine **Dreifachbindung***. — Geh zu 3

d) Das Molekül enthält Kohlenstoff, Wasserstoff und eine **Hydroxylgruppe (−OH)**. — Geh zu 4

e) Das Molekül enthält Kohlenstoff, Wasserstoff und eine **−CHO-Gruppe** an einem Ende. — Geh zu 5

f) Das Molekül enthält Kohlenstoff, Wasserstoff und eine **Carbonylgruppe (−CO−)** zwischen zwei Kohlenstoffatomen in der Kette. — Geh zu 6

g) Das Molekül enthält Kohlenstoff, Wasserstoff und eine **Carboxylgruppe (−COOH)**. — Geh zu 7

h) Das Molekül enthält Kohlenstoff, Wasserstoff, hat aber eine **Seitenkette***. — Geh zu 8

i) Das Molekül enthält Kohlenstoff, Wasserstoff und ein oder mehrere **Halogenatome***. — Geh zu 9

Schlüssel für die Atome

 Wasserstoffatom

 Kohlenstoffatom

 wird benannt

2. Schritt

1 Der Name des Moleküls, das nur aus Kohlenstoff- und Wasserstoffatomen und **Einfachbindungen*** besteht, beginnt mit dem Präfix für die Anzahl der Kohlenstoffatome (s. a. Seite 215) und endet auf **-an,** z. B.

Methan ►

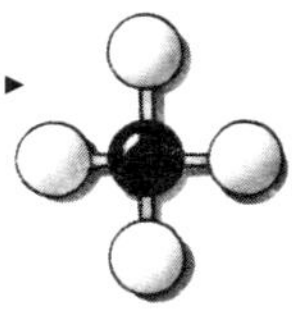

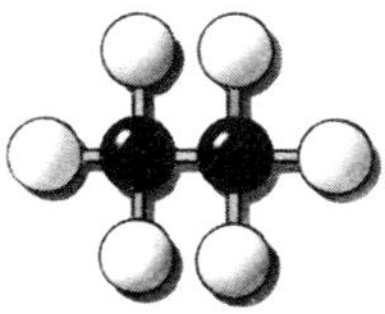

◄ **Ethan**

Propan ►

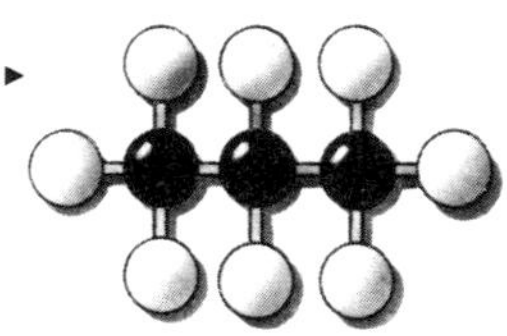

Diese Moleküle sind alles **Alkane***.

2 Der Name des Moleküls, das nur aus Kohlenstoff- und Wasserstoffatome und eine **Doppelbindung*** enthält, beginnt mit dem Präfix für die Anzahl der Kohlenstoffatome (s. a. Seite 215) und endet auf **-en,** z. B.

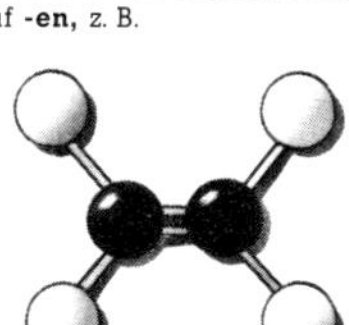

◄ **Ethen**

Propen ►

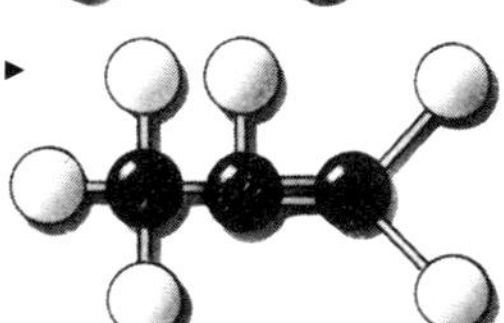

Diese Moleküle sind alles **Alkene***.

3 Der Name des Moleküls, das nur aus Kohlenstoff- und Wasserstoffatomen und einer **Dreifachbindung*** besteht, beginnt mit dem Präfix für die Anzahl der Kohlenstoffatome (s. a. Seite 215) und endet auf **-in,** z. B.

▲ **Ethin**

Propin ▼

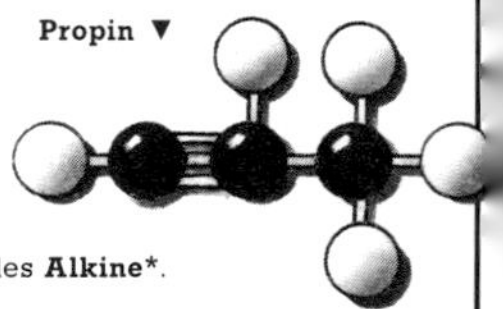

Diese Moleküle sind alles **Alkine***.

4 Der Name des Moleküls, das aus Kohlenstoff- und Wasserstoffatomen und einer **Hydroxylgruppe (OH)** besteht, beginnt mit dem Präfix für die Zahl der Kohlenstoffatome (s. a. Seite 215) und endet auf **-anol,** z. B.

Methanol ▼

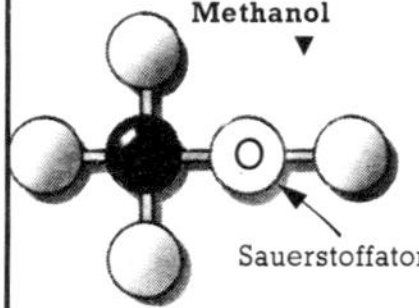

Ethanol ▼

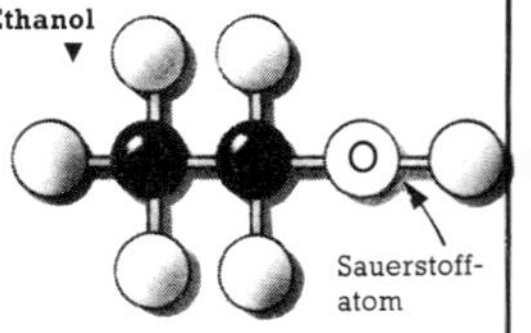

Wenn sich die **−OH-Gruppe** nicht an einem Ende des Moleküls befindet, wird die Anzahl des Kohlenstoffatoms, an dem sie sich befindet, am Ende des Namens angegeben. Die Kohlenstoffatome werden von dem Ende der Kette numeriert, das der −OH-Gruppe am nächsten ist, z. B.:

Propanol-(2) ►

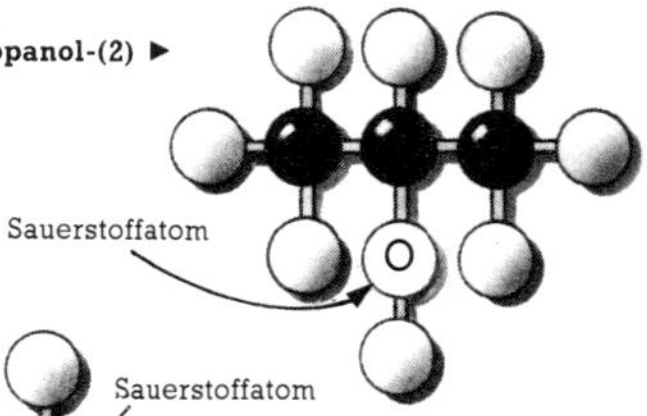

Octanol-(3) ▼

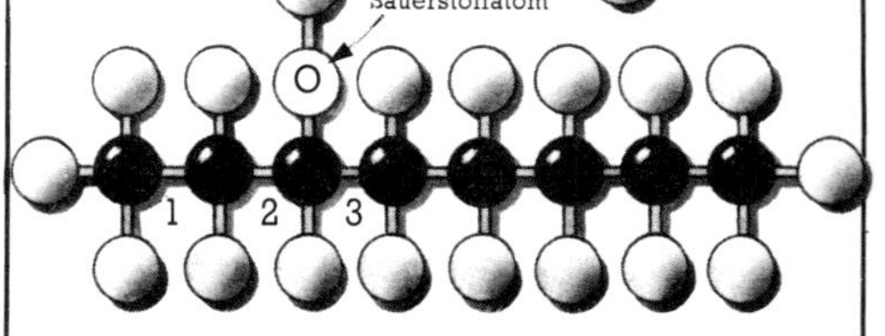

Diese Moleküle sind alles **Alkohole***.

* **Alkane,** 192; **Alkene,** 193; **Alkine,** 194; **Alkohole,** 196; **Doppelbindung, Dreifachbindung,** 132; **Einfachbindung,** 132; **Funktionelle Gruppe,** 191; **Halogenatome, Halogene,** 186; **Organische Verbindung,** 190; **Seitenkette,** 190.

5 Der Name des Moleküls, das nur aus Kohlenstoff- und Wasserstoffatomen und einer **–CHO-Gruppe** am Ende der Kette besteht, beginnt mit dem Präfix für die Anzahl der Kohlenstoffatome (s. a. Seite 215) und endet auf **-anal,** z. B.

Ethanal ▼

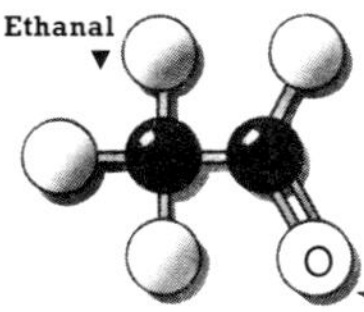

Propanal ▼

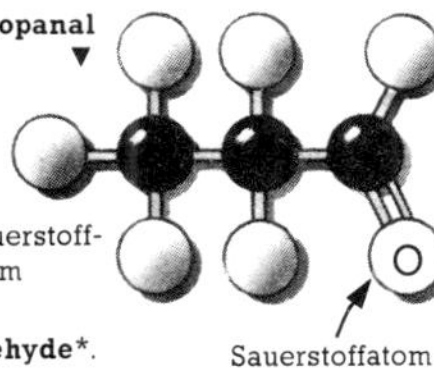

Diese Moleküle sind alles **Aldehyde***.

6 Der Name des Moleküls, das nur aus Kohlenstoff- und Wasserstoffatomen und einer **Carbonylgruppe (–CO-)** zwischen den Enden der Kohlenstoffkette besteht, beginnt mit dem Präfix für die Anzahl der Kohlenstoffatome (s. a. Seite 215) und endet auf **-anon,** z. B.

Propanon ▶

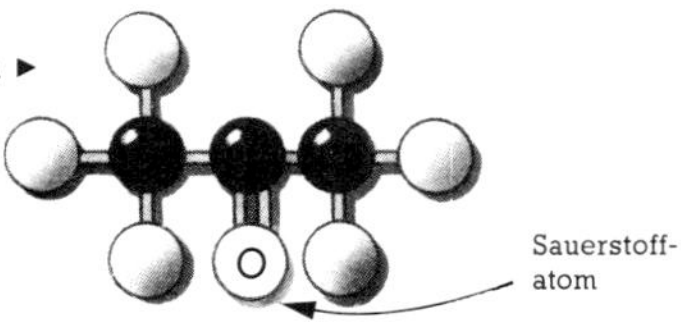

Butanon ▶

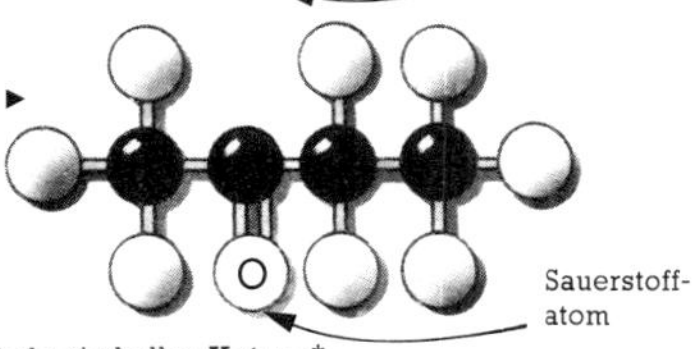

Diese Moleküle sind alles **Ketone***.

7 Der Name des Moleküls, das nur aus Kohlenstoff- und Wasserstoffatomen und einer **Carboxylgruppe (–COOH)** besteht, beginnt mit dem Präfix für die Anzahl der Kohlenstoffatome (s. a. Seite 215) und endet auf **-ansäure,** z. B.

Methansäure ▼

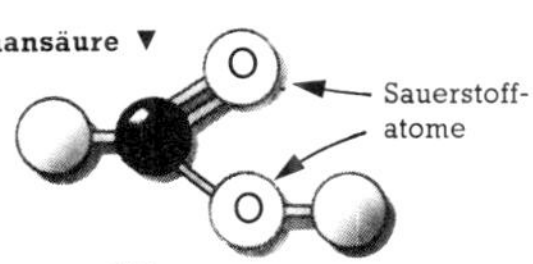

Ethansäure ▶

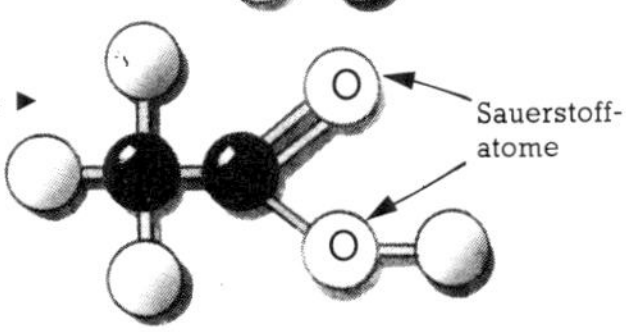

Diese Moleküle sind alles **Carbonsäuren***.

Tabelle, die die Präfixe zur Benennung der Anzahl der Kohlenstoffatome einer Kette angibt.

Anzahl der Kohlenstoffatome in der Kette	**Präfix**
Eins	**Meth-**
Zwei	**Eth-**
Drei	**Prop-**
Vier	**But-**
Fünf	**Pent-**
Sechs	**Hex-**
Sieben	**Hept-**
Acht	**Oct-**

8 Der Name eines verzweigten Moleküls beginnt mit dem Namen der Verzweigung **(Seitenkette*)**. Wenn sie nur Kohlenstoff- und Wasserstoffatome enthält, beginnt der Name mit dem Präfix für die Anzahl der Kohlenstoffatome in der **Seitenkette*** (s. a. **Tabelle** unten) und endet auf **-yl.** Die Hauptkette wird danach wie gewöhnt benannt, z. B.

Die **Methylgruppe** ist ein Beispiel für eine **Alkylgruppe**. Alkylgruppen sind Reste, die Kohlenstoff- und Wasserstoffatome enthalten und die **allgemeine Summenformel*** C_nH_{2n+1} haben.

◀ **3-Methypentan**

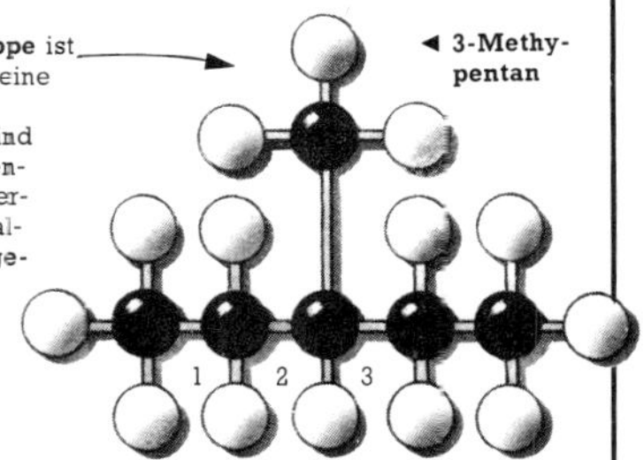

Die Zahl am Anfang des Namens gibt das Kohlenstoffatom an, von dem die **Seitenkette*** ausgeht. Die Kohlenstoffatome werden von dem Ende benannt, das der Verzweigung am nächsten liegt.

9 Der Name des Moleküls, das nur aus Kohlenstoff- und Wasserstoffatomen und einem oder mehreren **Halogenatomen*** besteht, beginnt mit dem Namen des Halogenatoms, der Halogenatome z. B.:

Chlormethan ▼

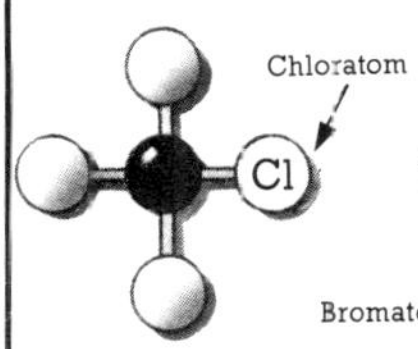

Brommethan ▼

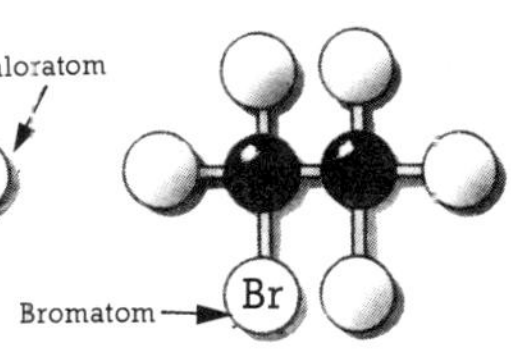

Das Ende des Namens ist der, den das Molekül hätte, wenn die Halogenatome durch Wasserstoffatome ersetzt würden (s. a. Seite 215).

Wenn sich das Halogenatom nicht an einem Ende des Moleküls befindet, enthält der Name die Nummer des Kohlenstoffatoms, an das es gebunden ist. Die Kohlenstoffatome werden immer von dem Ende benannt, das dem Halogenatom am nächsten ist, z. B.:

3-Jodhexan ▼

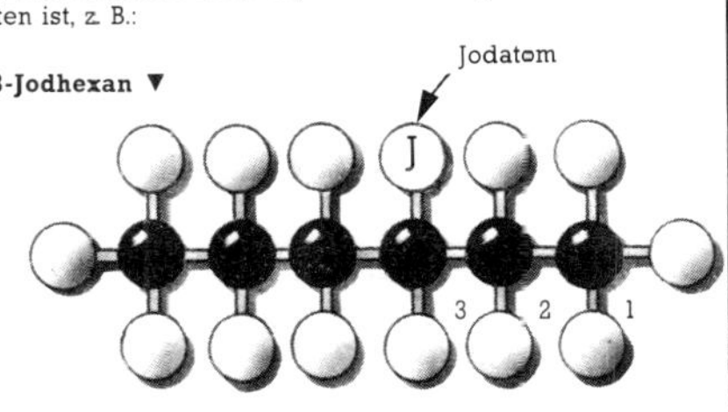

1-Chlor-(II)-brompentan ▼

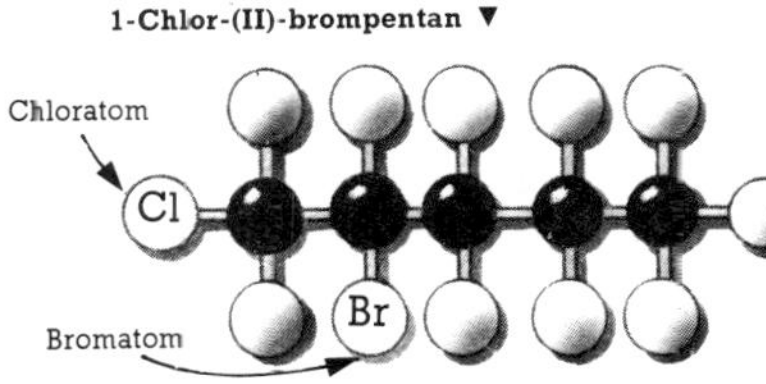

Diese Moleküle sind alles **Halogenalkane***.

* **Aldehyde,** 194; **Allgemeine Summenformel,** 191; **Carbonsäure,** 195; **Halogenalkane,** 195; **Halogene, Halogenatome,** 186; **Ketone,** 194; **Seitenkette,** 190.

Methoden der Gasgewinnung

Im folgenden werden Methoden zur Herstellung von 6 Gasen beschrieben: **Kohlendioxid, Chlor, Wasserstoff, Ethen, Stickstoff** und **Sauerstoff**.

Gewinnung von **Kohlendioxid** ▼

Kohlendioxid (s. a. Seite 170) wird durch die Reaktion von verdünnter Salzsäure mit Calciumcarbonat (Marmorstückchen) gebildet.

Ein mit Wasser gefüllter Standzylinder wird über Kopf auf einem Gestell über die Endung eines Glasrohres gestellt. Das durch diese Reaktion gewonnene Gas kommt aus dem Glasrohr und verdrängt das Wasser aus dem Zylinder. Bei dieser Art, das Wasser aufzufangen, handelt es sich um das **pneumatische Verfahren**.

$$CaCO_3(f) + 2HCl(aq) \rightarrow CaCl_2(aq) + H_2O(fl) + CO_2(g)$$

Calciumcarbonat — Salzsäure — Calciumchlorid — Wasser — Kohlendioxid

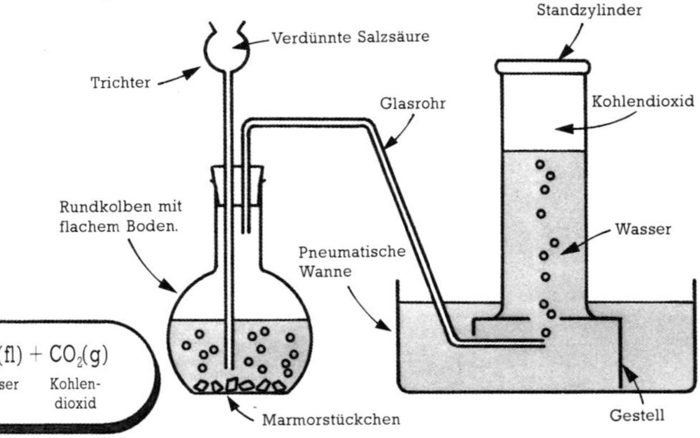

Gewinnung von **Chlor** ▼

Beim **Oxidieren*** von konzentrierter Salzsäure durch Mangan-(IV)-oxid entsteht **Chlor** (s. a. Seite 187). Die Reaktion muß im Abzug stattfinden.

Das entstehende Gas enthält etwas Chlorwasserstoffgas. Wird das Gemisch durch Wasser und konzentrierte Schwefelsäure geleitet, bleiben die Verunreinigungen zurück, und das Chlorgas kann im Standzylinder gesammelt werden, da es schwerer als Luft ist. Diese Methode, Gas zu sammeln, beruht auf der **Verdrängung von Luft**.

$$MnO_2(f) + 4HCl(aq) \rightarrow MnCl_2(aq) + Cl_2(g) + 2H_2O(fl)$$

Mangan-(IV)-oxid — Salzsäure — Mangan-(II)-chlorid — Chlor — Wasser

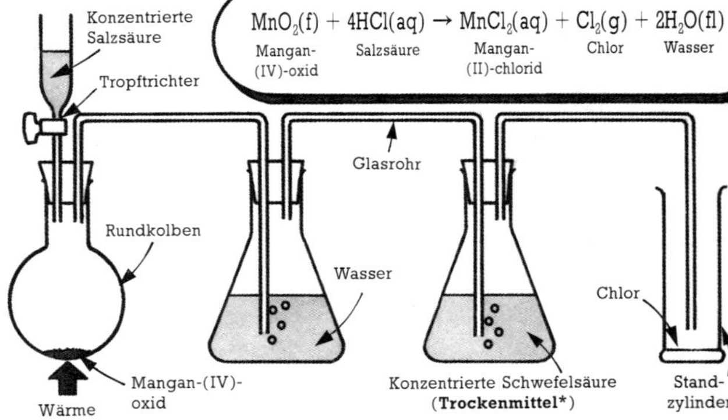

Gewinnung von **Ethen** ▼

$$C_2H_5OH(fl) \xrightarrow{\text{Konzentrierte Schwefelsäure}} C_2H_4(g) + H_2O(fl)$$

Ethanol — Ethen — Wasser

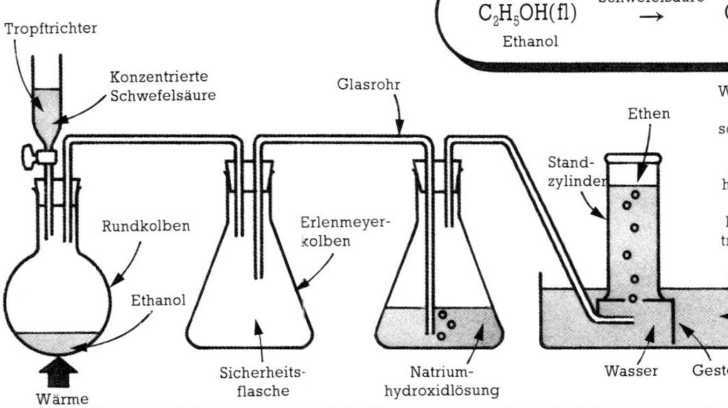

Wird aus Ethanol durch konzentrierte Schwefelsäure Wasser abgespalten, so entsteht **Ethen** (s. a. Seite 193). Um das Schäumen zu vermindern, setzt man Aluminiumsulfat zu. Die Sicherheitsflasche gewährleistet, daß keine rücksteigende Natriumhydroxidlösung in die Säure gelangt. Die Natriumhydroxidlösung beseitigt Säuredämpfe aus dem Gas. Ethen wird **pneumatisch** aufgefangen (s. a. **Kohlendioxid** oben).

* **Oxidation,** 148; **Trockenmittel,** 345.

Gewinnung von **Wasserstoff** ▼

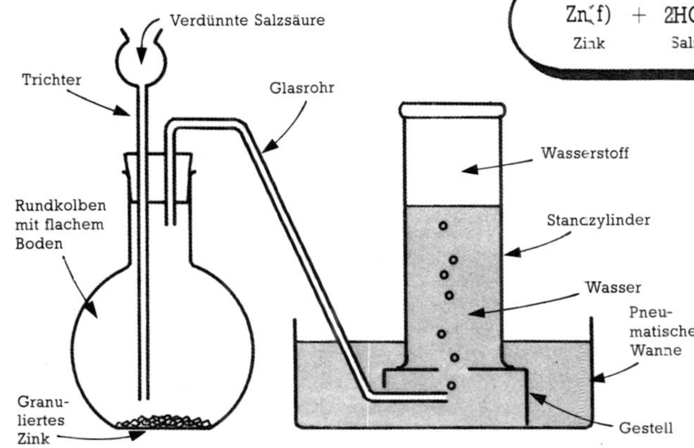

$$Zn(f) + 2HCl(aq) \rightarrow ZnCl_2(aq) + H_2(g)$$
Zink — Salzsäure — Zinkchlorid — Wasserstoff

Wasserstoff (s. a. Seite 167) wird durch die Reaktion von Salzsäure mit granuliertem Zink gewonnen.

Ein wenig Kupfer-(II)-sulfat wird zur Beschleunigung hinzugegeben. Der Wasserstoff wird **pneumatisch** aufgefangen (s. a. **Kohlendioxid** Seite 215), wenn trockenes Gas benötigt wird. Dann wird der Wasserstoff durch konzentrierte Schwefelsäure geleitet und durch **Verdrängen der Luft nach unten gesammelt** (denn er verdrängt die Luft im umgedrehten Standzylinder nach unten, da er leichter ist).

Stickstoff (s. a. Seite 180) wird dadurch gewonnen, daß man Kohlendioxid und Sauerstoff aus der Luft entfernt. Ein Rest von **Edelgasen*** bleibt im Gas. Das Kohlendioxid der Luft wird beim Durchleiten durch eine Natriumhydroxidlösung entfernt.

▼ Gewinnung von **Stickstoff**

$$CO_2(g) + 2NaOH(aq) \rightarrow Na_2CO_3 + H_2O(fl)$$
Kohlendioxid — Natriumhydroxid — Natriumcarbonat — Wasser

Der Sauerstoff reagiert, wenn er über erhitztes Kupfer geleitet wird.

$$O_2(g) + 2Cu(f) \rightarrow 2CuO(f)$$
Sauerstoff — Kupfer — Kupfer-(II)-oxid

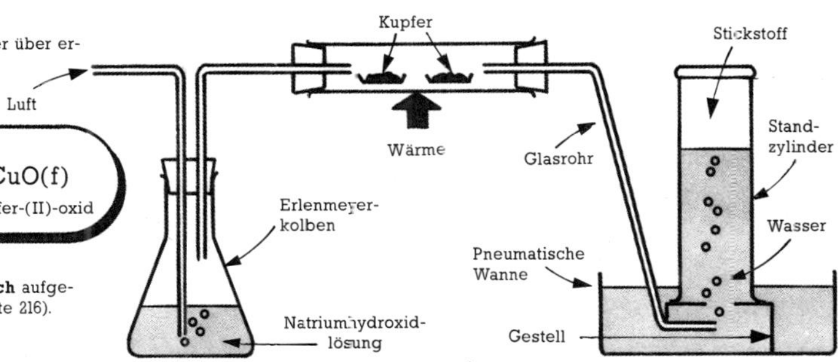

Der Stickstoff wird **pneumatisch** aufgefangen (s. a. **Kohlendioxid** Seite 216).

Gewinnung von **Sauerstoff** ▼

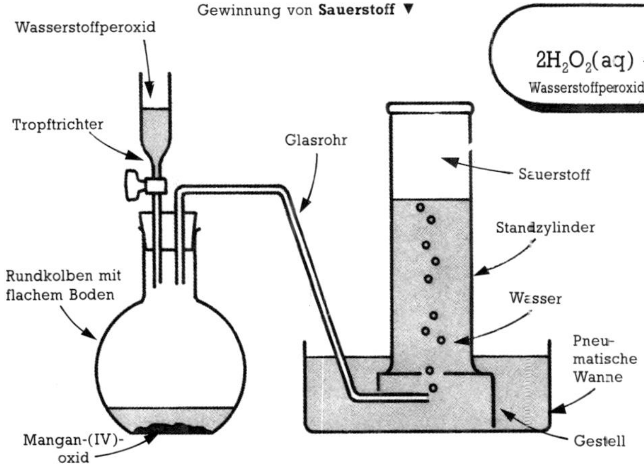

$$2H_2O_2(aq) \xrightarrow{\text{Mangan-(IV)-oxid}} 2H_2O(l) \rightarrow 2H_2O(fl) + O_2(g)$$
Wasserstoffperoxid — Wasser — Sauerstoff

Sauerstoff (s. a. Seite 183) bildet sich beim Zersetzen von Wasserstoffperoxid. Mangan-(IV)-oxid wird als **Katalysator*** verwendet, um die Reaktion zu beschleunigen. Das Gas wird **pneumatisch** aufgefangen (s. a. **Kohlendioxid** Seite 216), es sei denn, es muß trocken sein. Dann muß es durch konzentrierte Schwefelsäure geleitet und wie Chlor durch **Luftverdrängung** (s. a. Seite 216) aufgefangen werden.

* **Edelgase,** 189; **Katalysator,** 161.

Nachweise für Anionen und Kationen

Viele verschiedene Methoden werden verwendet, um Stoffe nachzuweisen. Einige der Verfahren erfordern größeren Aufwand, andere sind einfache Labortests. Aber alle werden zusammengefaßt unter dem Begriff **qualitative Analyse.** Einige der modernen Tests werden auf Seite 222 beschrieben. Diese beiden Seiten enthalten einfache Nachweise, die zu Identifizierung von Wasser, Gasen, einigen **Anionen*** und **Kationen*** (d. h. Teilen von Verbindungen) und einigen Metallen führen.

Das Äußere oder der Geruch geben oft Hinweise auf die Substanz – das kann durch Nachweise bestätigt werden. Gibt es keine solchen Hinweise, muß man die Nachweise durchführen, um nach und nach Möglichkeiten auszuschließen (oft ist es nützlich, mit einer **Flammenfärbung*** anzufangen). Oft sind mehrere Tests notwendig, um ein Ion nachzuweisen, da nur das Zusammenspiel der Ergebnisse eindeutig auf seine Anwesenheit hinweist (vgl. die Tests für **Blei, Zink** und **Magnesium).**

Nachweise für Wasser (H_2O)

Test	Ergebnis
Gib **wasserfreies*** Kupfer-(II)-sulfat dazu	Weißes Kupfer-(II)-sulfat färbt sich blau.
Gib **wasserfreies*** Kobalt-(II)-chlorid dazu	Blaues Kobalt-(II)-chlorid färbt sich rosa.

Nachweise für Gase

Gas	Formel	Test	Ergebnis
Kohlendioxid	CO_2	Wird in **Kalkwasser** (Calciumhydroxidlösung) geleitet.	Das Kalkwasser trübt sich.
Wasserstoff	H_2	Halte einen Glimmspan in das Glas.	Das Gas verbrennt mit leichtem Knall.
Sauerstoff	O_2	Halte einen Glimmspan in das Glas.	Der Span glimmt hell auf.

Anionennachweise

Sie werden benutzt, um einige **Anionen*** nachzuweisen, die in den Verbindungen vorkommen.

Anion	Formel	Test	Ergebnis
Bromid	Br^-	Füge Silbernitratlösung zu einer Lösung der Substanz in verdünnter Salpetersäure.	Hellgelber Niederschlag, der sich leicht in Ammoniaklösung auflöst.
Carbonat	CO_3^{2-}	a) Füge verdünnte Salzsäure zur Substanz. b) Versuche die Substanz in Wasser mit **Universalindikator*** zu lösen.	Kohlendioxidgas entweicht. Es löst sich und färbt den Indikator violett (s. a. **Hydrogencarbonat**).
Clorid	Cl^-	Füge Silbernitratlösung zu einer Lösung der Substanz in verdünnter Salpetersäure.	Der dicke, weiße Niederschlag löst sich in Ammoniaklösung auf.
Hydrogencarbonat	HCO_3^-	a) Füge verdünnte Salzsäure zur Substanz. b) Versuche die Substanz in Wasser mit **Universalindikator*** zu lösen.	Kohlendioxidgas entweicht. Der Indikator bleibt grün. Er wird beim Erwärmen violett.
Jodid	J^-	Füge Silbernitratlösung zu einer Lösung der Substanz in verdünnter Salpetersäure.	Gelber Niederschlag, der sich in Ammoniaklösung nicht auflöst.
Nitrat	NO_3^-	Gib Eisen-(II)-sulfatlösung und dann konzentrierte Schwefelsäure zur Lösung.	Dort, wo sich die beiden Flüssigkeiten berühren, bildet sich ein brauner Ring.
Sulfat	SO_4^{2-}	Gib Bariumchloridlösung zu der Lösung.	Weißer Niederschlag, löst sich in verdünnter Salzsäure.
Sulfid	S^{2-}	Gib Blei-(II)-salzlösung zur Lösung.	Schwarzer Niederschlag.

* **Anionen,** 130; **Flammenfärbung,** 222; **Kation,** 130; **Universalindikator,** 152; **Wasserfrei,** 155.

Kationennachweise

Flammenfärbung

Die meisten **Kationen*** in den Verbindungen können durch die **Flammenfärbungen*** nachgewiesen werden wie die Metalle (s. a. **Ausführung der Flammenfärbung** Seite 222). Die Tabelle rechts enthält einige Ergebnisse. **Kationen*** können auch durch das Ergebnis gewisser Reaktionen nachgewiesen werden. Diese Ergebnisse sind in der Tabelle unten aufgeführt. Sie können nicht zu Nachweisen von Metallen dienen, da viele Metalle in Wasser unlöslich sind.

Metall	Symbol	Flammenfärbung
Barium	**Ba**	Gelbgrün
Blei	**Pb**	Blau
Calcium	**Ca**	Gelbrot
Kalium	**K**	Violett
Kupfer	**Cu**	Grün
Lithium	**Li**	Rot
Natrium	**Na**	Gelb

Kation	Symbol	Test	Ergebnis
Aluminium	Al^{3+}	a) Gib zur Lösung verdünnte Natronlauge.	Der weiße Niederschlag löst sich bei weiterer Zugabe von Natronlauge auf.
		b) Gib zur Lösung verdünnte Ammoniaklösung.	Der weiße Niederschlag löst sich im Überschuß der Ammoniaklösung nicht auf.
		c) Vergleiche mit Blei.	
Ammonium	NH_4^+	a) Gib zur Lösung verdünnte Natronlauge.	Ammoniakgas mit typisch erstickendem Geruch entweicht.
Blei	Pb^{2+}	a) Gib zur Lösung verdünnte Natronlauge.	Der weiße Niederschlag löst sich bei weiterer Zugabe von Natronlauge auf.
		b) Gib zur Lösung verdünnte Ammoniaklösung.	Der weiße Niederschlag löst sich im Überschuß der Ammoniaklösung nicht auf.
		c) S. a. **Flammenfärbung***, um zwischen Blei und Aluminium zu unterscheiden.	
Calcium	Ca^{2+}	a) S. a. **Flammenfärbung***	
		b) Gib zu einer Lösung der Substanz verdünnte Schwefelsäure.	Weißer Niederschlag bildet sich.
Eisen-(II)	Fe^{2+}	a) Gib zur Lösung verdünnte Natronlauge.	Hellgrüner Niederschlag bildet sich.
		b) Gib zur Lösung verdünnte Ammoniaklösung.	Hellgrüner Niederschlag bildet sich.
Eisen-(III)	Fe^{3+}	a) Gib zur Lösung verdünnte Natronlauge.	Rotbrauner Niederschlag bildet sich.
		b) Gib zur Lösung verdünnte Ammoniaklösung.	Rotbrauner Niederschlag bildet sich.
Kupfer-(II)	Cu^{2+}	a) S. a. **Flammenfärbung***	
		b) Gib zur Lösung verdünnte Natronlauge.	Der hellblaue Niederschlag löst sich bei weiterer Zugabe von konzentrierter Natronlauge auf.
		c) Gib zur Lösung verdünnte Ammoniaklösung.	Der hellblaue Niederschlag löst sich zu einer tiefblauen Lösung im Überschuß von Ammoniaklösung auf.
Magnesium	Mg^{2+}	a) Gib zur Lösung verdünnte Natronlauge.	Der weiße Niederschlag löst sich im Überschuß von Natronlauge nicht auf.
		b) Gib zur Lösung verdünnte Ammoniaklösung.	Der weiße Niederschlag löst sich im Überschuß von Ammoniaklösung nicht auf.
Zink	Zn^{2+}	a) Gib zur Lösung verdünnte Natronlauge.	Der weiße Niederschlag löst sich im Überschuß von Natronlauge auf.
		b) Gib zur Lösung verdünnte Ammoniaklösung.	Der weiße Niederschlag löst sich im Überschuß von Ammoniaklösung auf.

* **Anion,** 130; **Flammenfärbung,** 219; **Kation,** 130.

Nachweistechniken

Das Erforschen chemischer Substanzen erfordert eine Vielfalt unterschiedlichster Techniken. Der erste Schritt ist oft, eine reine Probe herzustellen (Verunreinigungen wirken sich auf das Experiment aus). Einige der gebräuchlichsten Trenn- und Reinigungsmethoden werden auf diesen 2 Seiten beschrieben. Eine Vielfalt chemischer Methoden wird weiter verwendet, um die chemische Zusammensetzung und die chemischen und physikalischen Eigenschaften der Substanz **(qualitative Analyse)** und die genaue Menge **(quantitative Analyse)** herauszufinden. Weitere Informationen s. a. Seiten 218–219 und 222.

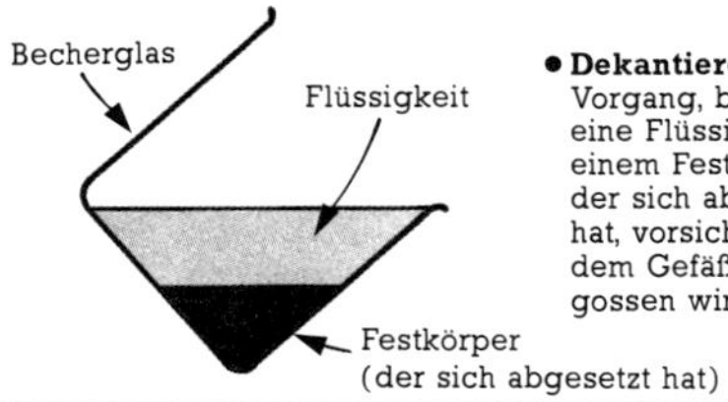

● **Dekantieren**. Ist ein Vorgang, bei dem eine Flüssigkeit von einem Festkörper, der sich abgesetzt hat, vorsichtig aus dem Gefäß abgegossen wird.

Zwei Methoden des **Filtrierens**:

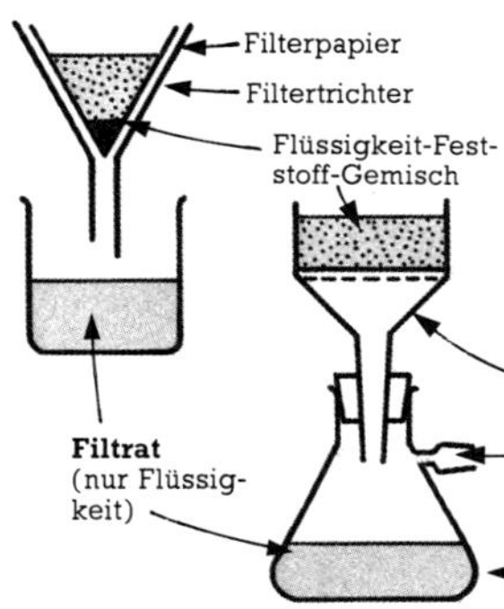

● **Filtrieren**. Ist der Trennvorgang, bei dem eine Flüssigkeit und ein Feststoff durch ein feinmaschiges Netz gegeben werden. Das Netz (gewöhnlich Filterpapier) läßt nur die Flüssigkeit durch.

Das Filtrieren durch einen **Büchnertrichter** gelingt schneller, da der Unterdruck in der Flasche die Flüssigkeit rasch durch das Filterpapier saugt.

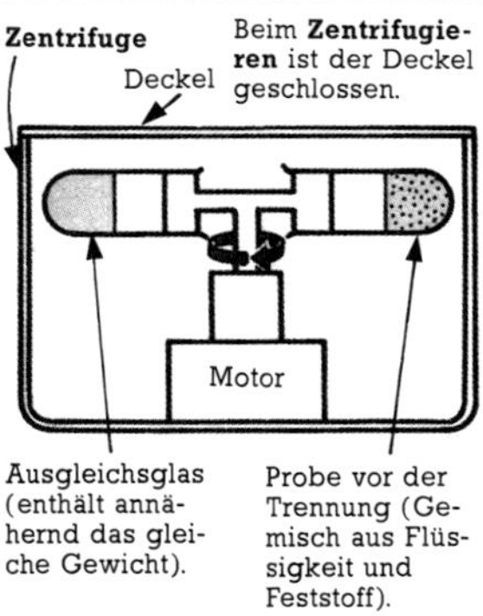

● **Zentrifugieren**. Das Verfahren, bei dem verschiedene Substanzen in einer Flüssigkeit durch sehr schnelles Drehen der Probe getrennt werden. Die Partikel mit verschiedener Masse sammeln sich an unterschiedlichen Stellen im Zentrifugenglas. Die schwersten setzen sich am Boden ab.

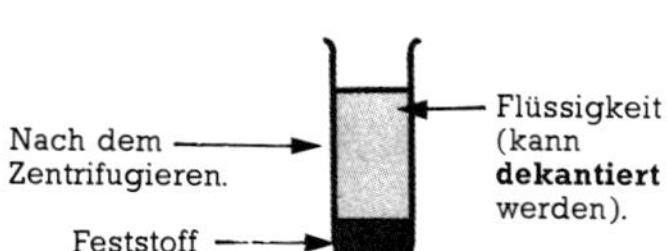

● **Destillation**. Ist die Trennung von 2 Flüssigkeiten oder die Reindarstellung einer Flüssigkeit. Der Dampf der Flüssigkeit mit dem niedrigsten Siedepunkt entweicht zuerst und wird in einem **Liebigkühler** wieder zu einer Flüssigkeit kondensiert (s. a. **Abbildung**).

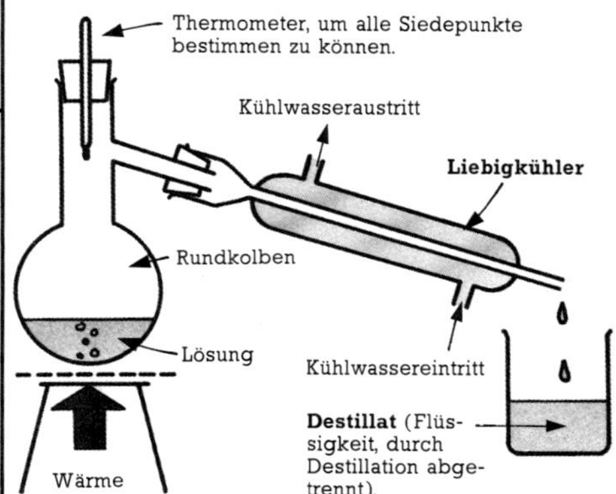

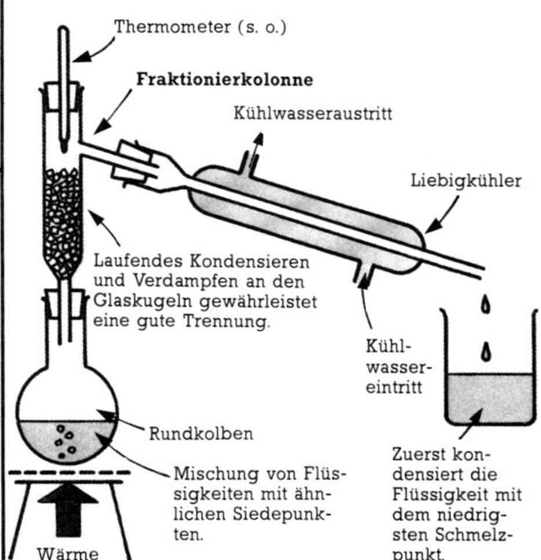

● In der **fraktionierten Destillation** werden 2 oder mehrere Flüssigkeiten mit sehr ähnlichen Siedepunkten durch eine **Fraktionierkolonne** getrennt. Der Dampf der Flüssigkeit mit dem niedrigsten Siedepunkt erreicht den Kopf der Kolonne zuerst. Kleinere Kolonnen werden im Laboratorium verwendet (s. a. **Abbildung**), andere sind sehr viel größer und haben verschiedene Böden, wo die Flüssigkeiten sich kondensieren und gesammelt werden können (s. a. Seiten 183 und 198).

- Die **Extraktion** ist ein Vorgang, bei dem ein **gelöster Stoff** von einem **Lösungsmittel*** in ein anderes übergeführt wird, in dem er sich besser löst und das leichter verdampft werden kann. Diese Trennmethode wird oft angewendet, wenn der gelöste Stoff nicht erwärmt werden darf. Sie nutzt die unterschiedlichen Eigenschaften der Lösungsmittel aus, z. B. die **Polarität**. Die Extraktion mit Ether ist ein gutes Beispiel.

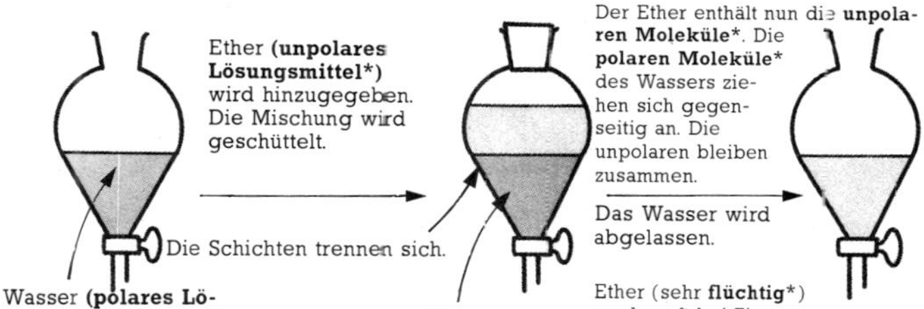

Papierchromatographie

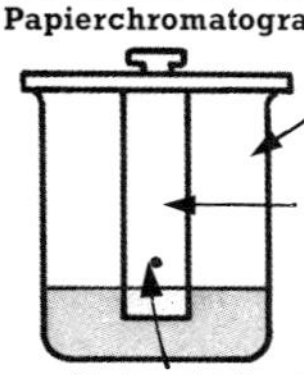

Die Substanzen werden durch **R_f-Werte** gekennzeichnet. Nach dem Herausnehmen aus dem Tank.

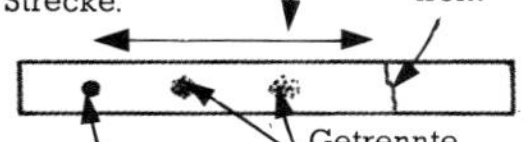

- **Chromatographie**. Mit der **Chromatographie** werden kleine Mengen von Stoffen getrennt, indem sie sich an einer **stationären Phase** (z. B. Löschpapier) entlangbewegen. Meistens wird das Gemisch in einem **Lösungsmittel*** (dem **Fließmittel, mobile Phase**) gelöst, obwohl auch gasförmige Stoffe getrennt werden können.
- **Gaschromatographie**. Die Stoffe bewegen sich unterschiedlich schnell, da sie sich in der **Löslichkeit*** bzw. der **Adsorption** unterscheiden.

Es gibt verschiedene Methoden der Chromatographie, z. B. **Säulenchromatographie** (**stationäre Phase** und **mobile Phase** befinden sich in einer Säule) oder **Gaschromatographie** (gasförmige Stoffe werden mit einem **Trägergas** durch eine erhitzte Säule geschickt und getrennt).

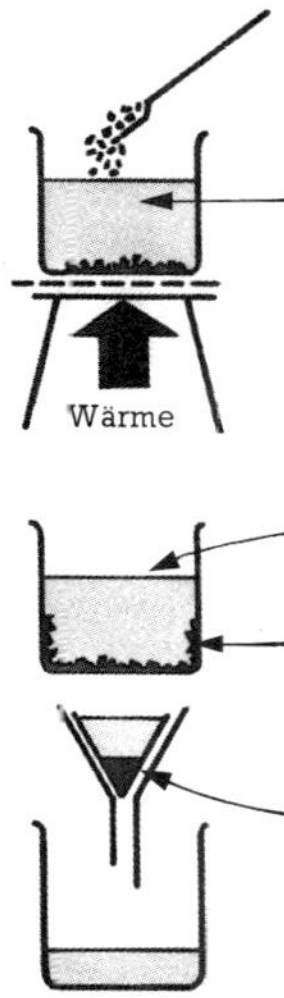

- **Kristallisation.** Um reine Feststoffe herzustellen, kann das Auskristallisieren aus einer Lösung angewendet werden, da die Verunreinigungen dieses nicht tun. Eine heiße, **gesättigte Lösung*** des Stoffes läßt man abkühlen, und die Kristalle, die sich bilden, werden **abfiltriert**; s. a. Seite 135.

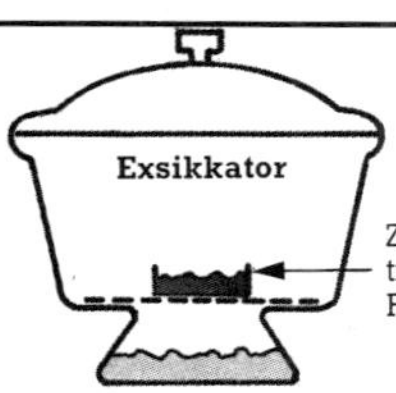

Das **Trockenmittel*** kommt mit dem Feststoff nicht in Berührung. Es zieht Feuchtigkeit aus der Luft an und trocknet so den Stoff.

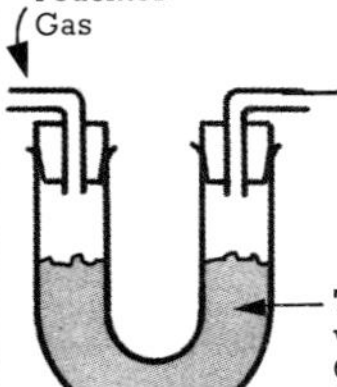

- Das **Trocknen** von Substanzen, die feucht sind oder **Kristallwasser*** enthalten, geschieht oft in großen gläsernen **Exsikkatoren**, die **Trockenmittel***, z. B. Silikagel, enthalten. Das Wasser wird aus vielen Gasen und Flüssigkeiten entfernt, indem man sie direkt mit dem Trockenmittel zusammenbringt, z. B. **wasserfreies*** Calciumchlorid, das das Wasser aufnimmt und von der Flüssigkeit danach noch **abfiltriert** werden muß.

Schmelzpunktbestimmung

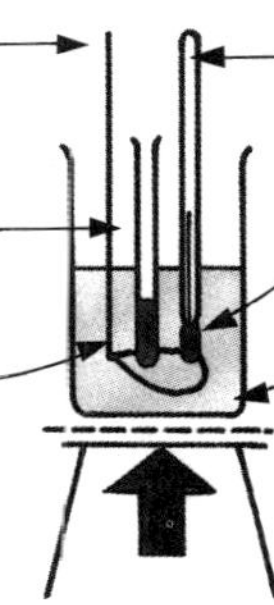

- **Schmelz-** und **Siedepunktbestimmungen** dienen zur Reinheitsbestimmung. Eine reine Substanz hat einen bestimmten Siede- und Schmelzpunkt. Jede Verunreinigung verändert diese Werte.

* **Flüchtig,** 344; **Gesättigte Lösung,** 144; **Kristallwasser,** 135; **Löslichkeit,** 145; **Lösungsmittel,** 144; **Polare Moleküle,** 133; **Polares Lösungsmittel,** 344; **Trockenmittel,** 228; **Unpolare Lösungsmittel,** 144; **Unpolare Moleküle,** 144; **Wasserfrei,** 155.

Qualitative und quantitative Analyse

Es gibt 2 Methoden, Stoffe zu untersuchen: die **qualitative Analyse** (jedes Verfahren, um die Zusammensetzung eines Stoffes herauszubekommen) und die **quantitative Analyse** (jede Methode, um herauszufinden, wieviel eines Elementes in der Probe vorhanden ist einige Beispiele s. u.).

Qualitative Analyse

Die Flammenfärbung und die Nachweise auf Seiten 218–219 sind Beispiele für qualitative Analysen in der Schule. Alle anderen Methoden sind komplizierter.

- **Flammenfärbung.** Dient zum Nachweis von Metallen. Ein Stoff wird an der Spitze eines Platindrahtes in die Flamme gebracht, um die Farbe zu beobachten, mit der die Substanz in der Flamme verbrennt (s. a. Seite 219). Zur Säuberung wird der Draht in konzentrierte Salzsäure getaucht und ausgeglüht.

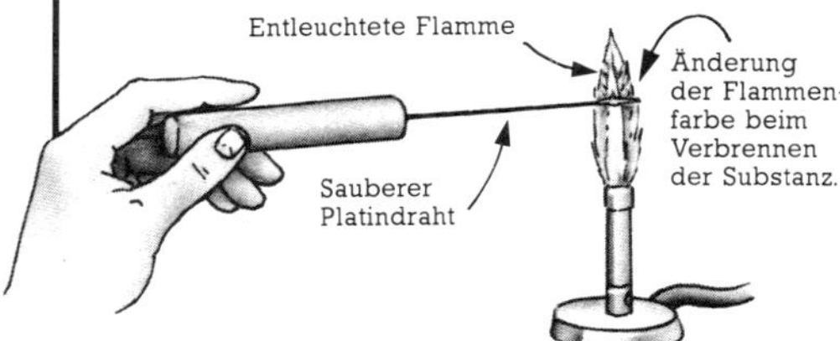

- **Massenspektroskopie**. Hiermit kann man die Zusammensetzung einer Substanz (besonders der **Isotope***, die sie enthält) untersuchen. Es ist auch eine quantitative Analyse, denn sie ermittelt die Menge der **Isotope*** oder Moleküle in der Substanz. Das Gerät wird **Massenspektrometer** genannt.

▼ **Massenspektrometer**

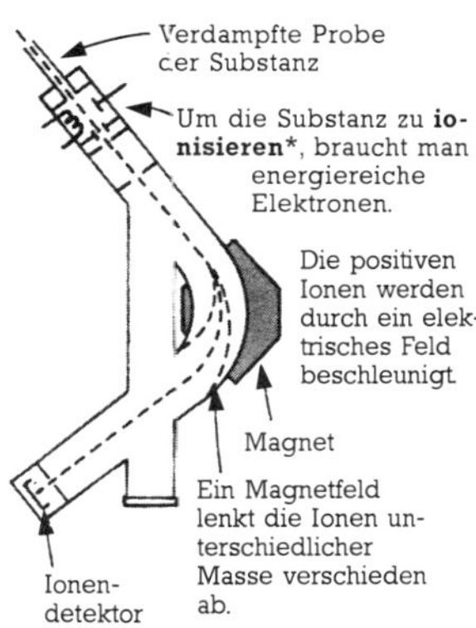

- **Kernresonanzspektroskopie (NMR, Nuclear Magnetic Resonance)**. Ist eine Methode, die die Position eines Atoms im Molekül untersucht. Radiowellen werden auf eine Probe gelenkt, die sich zwischen den Polen eines Magneten befindet. Die Größe der Absorption gibt Auskunft über die Position eines Atoms im Molekül. Das Ergebnis ist eine Kurve, das **NMR(Nuclear Magnetic Resonance)-Spektrum**. ▼

Kernresonanzspektrum des **Ethanols*** (CH_3CH_2OH)

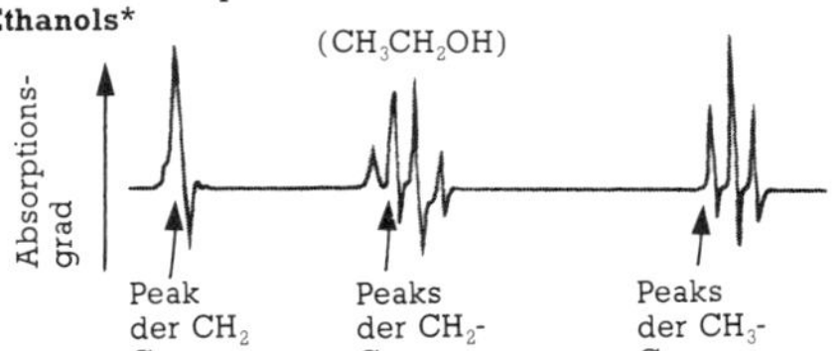

Quantitative Analyse

Unten befinden sich einige Beispiele der quantitativen Analyse.

- Die **Volumetrie** oder **Maßanalyse** ist eine Methode, die **Konzentration*** einer Lösung durch **Titration** zu bestimmen. Mit einer **Bürette*** wird eine **Standardlösung*** so lange zu einer unbekannten Lösung gegeben, bis alles reagiert hat. Die Menge der **Standardlösung*** aus der **Bürette*** und die bekannte **Konzentration*** werden benötigt, um die Menge des Stoffes in der unbekannten Lösung zu bestimmen. ▶

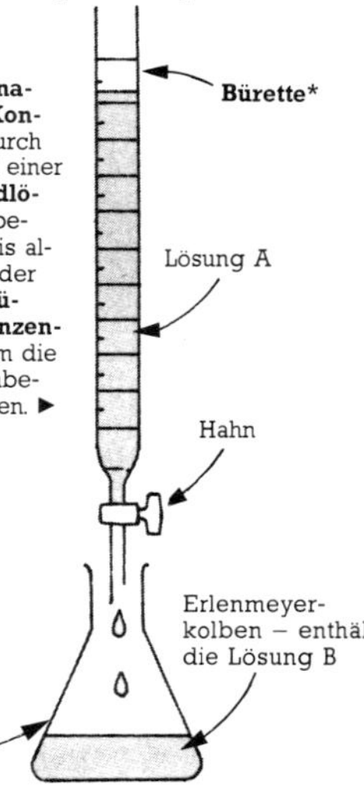

- **Gravimetrische Analyse**. Eine Methode zur Bestimmung eines Stoffes, der in eine andere chemische Form mit bekannter Zusammensetzung übergeführt wird, die leicht gesäubert und gewogen werden kann.

Die **gravimetrische Analyse** kann zur Bestimmung des Bleisalzgehaltes einer wäßrigen Lösung dienen.

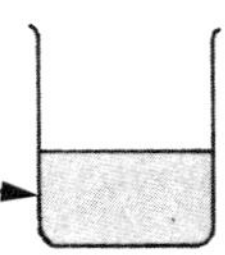

Kaliumdichromat ($K_2Cr_2O_7$) wird zu einem bestimmten Volumen Wasser gegeben.

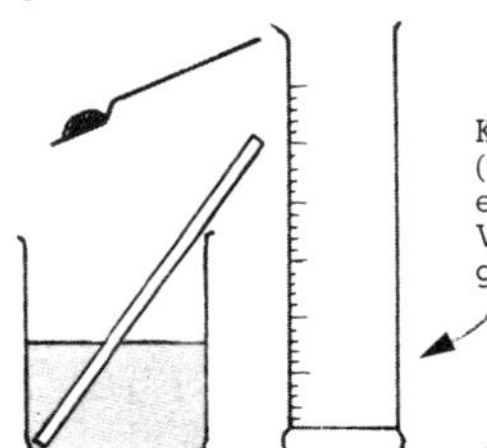

Ein gelber **Niederschlag*** bildet sich und wird **abfiltriert***.

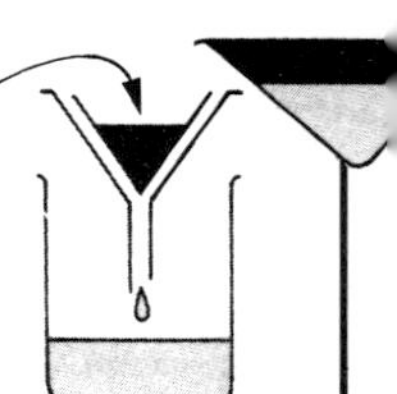

Der Niederschlag wird gewaschen, getrocknet und genau gewogen.

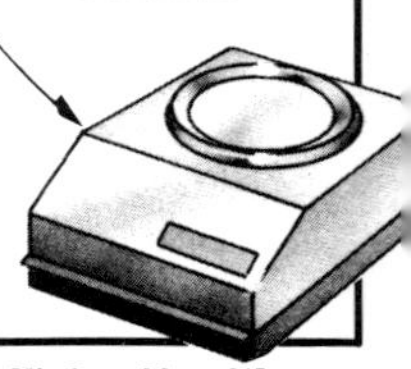

Die **Konzentration*** der Bleiionen in der Wasserprobe wird aus dem Volumen des Wassers, der Bleichromatmenge und der **relativen Atommasse*** des Bleis berechnet.

* **Abfiltrieren s. a. Filtrieren,** 220; **Bürette,** 223; **Ethanol,** 196; **Ionisieren,** 130; **Isotop,** 127; **Konzentration,** 139; **Niederschlag,** 145; **Relative Atommasse,** 138; **Standardlösung,** 139.

Experimentiergeräte

Die wichtigsten Begriffe der chemischen Ausrüstung werden hier erklärt und abgebildet (s. a. Seiten 224–225). Einfache zweidimensionale Darstellungen, wie man sie gewöhnlich beim Zeichnen benutzt, und die Größe ist ebenfalls aufgeführt.

• **Becherglas** Zum Handhaben von Flüssigkeiten. ▼

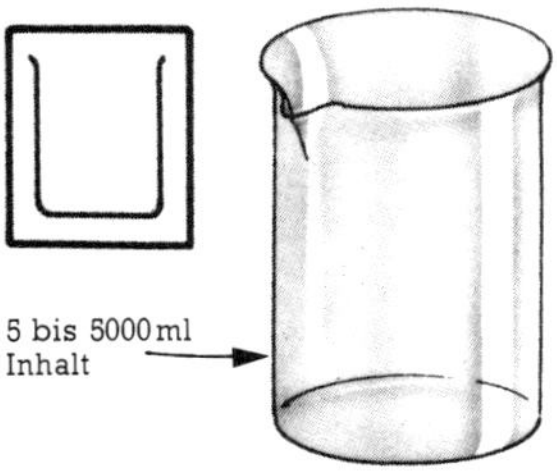

• **Gestell.** Wird bei der Gaserzeugung nach der pneumatischen Methode im **Standzylinder*** verwendet (s. a. Seiten 216–217). ▼

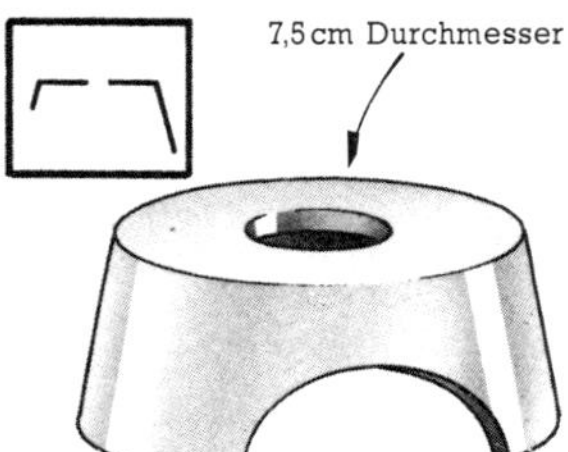

• **Bunsenbrenner.** Wird zum Erhitzen chemischer Reaktionen verwendet. Die verstellbare Luftzufuhr erlaubt es, die Temperatur der Flamme zu verändern. Ist sie geschlossen, wird die leuchtende Flamme kälter als bei geöffneter Luftzufuhr (blaue, rauschende Flamme, s. a. Bild Seite 208). ►

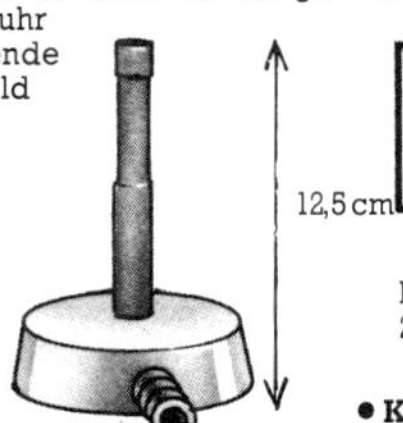

Die **Bürette** wird benutzt, um genaue Mengen einer Flüssigkeit während einer **Titration** zuzutropfen (s. a. **Volumetrie** Seite 222). ▼

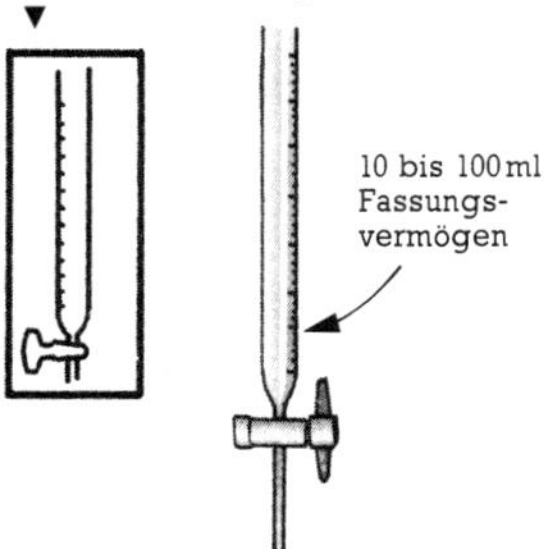

Kühler

• **Liebigkühler.** Werden zum Kondensieren von Gasen verwendet. Die Dämpfe gelangen durch das zentrale Rohr und werden durch ▼ Wasser im äußeren Rohr abgekühlt (s. a. **Destillation** Seite 220).

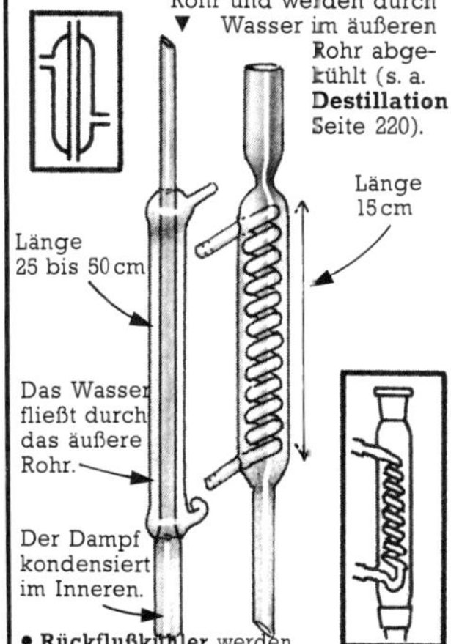

• **Rückflußkühler** werden eingesetzt, wenn ein Gas nach der ▲ Kondensation wieder in die Flüssigkeit zurücktropfen soll, um Verluste zu vermeiden.

• **Tiegel.** In ihnen können Feststoffe im Ofen oder mit dem **Bunsenbrenner** hoch erhitzt werden. Tiegel werden aus Porzellan, Quarz, Ton, Platin, Nickel oder Stahl hergestellt. ▼

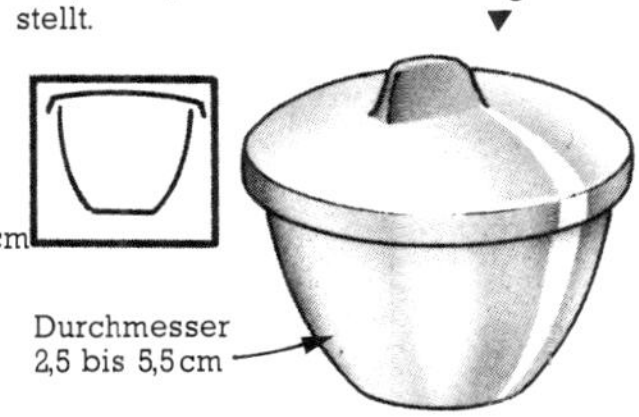

• **Kristallisierschalen.** Hier werden Lösungen eingedunstet, um Kristalle zu züchten. Der flache Boden begünstigt die Bildung einer gleichmäßigen Kristallschicht. ▼

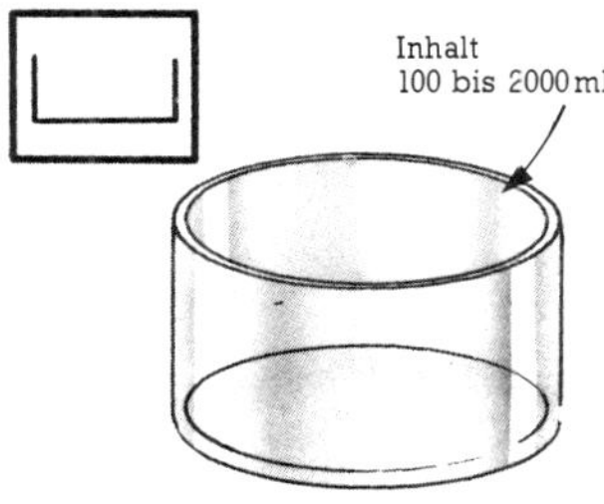

• Durch **Glasrohre** können Gase geleitet werden. ▼

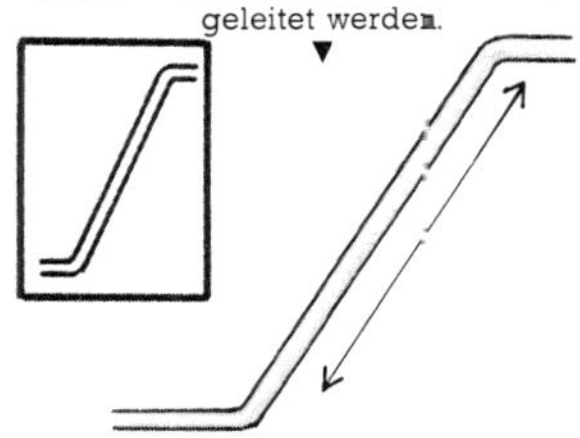

• **Exsikkator.** Glasgefäß, in ihm werden Stoffe getrocknet. Sie enthalten **Trokkenmittel*** (s. a. Seite 221). ▼

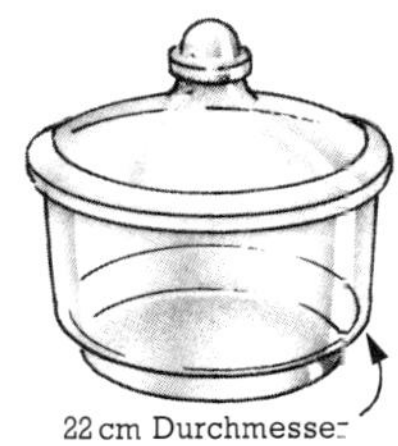

• **Porzellanschale.** In ihr werden Lösungen meist durch Erhitzen eingedampft, so daß das **Lösungsmittel*** verdunstet und das **Gelöste*** zurückbleibt. ▼

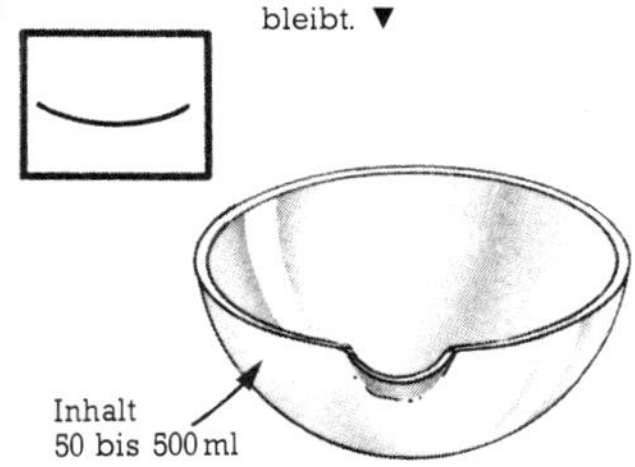

• **Filterpapier.** Läßt nur Flüssigkeiten passieren, da es wie ein Sieb arbeitet. Es gibt verschiedene Abstufungen, je nachdem wie feinmaschig es ist. Es wird in einen **Filter-** oder **Büchnertrichter*** gegeben, um den Niederschlag zurückzuhalten während die Flüssigkeit durchläuft (s. a. **Filtrieren** Seite 220). ▼

Feinmaschiges **Filterpapier** (stark vergrößert).

Grobmaschiges **Filterpapier** (stark vergrößert).

Durch die Löcher zwischen den Fasern kommen kleine Teilchen hindurch.

* **Büchnertrichter,** 224; **Filtrieren, Filtertrichter,** 224; **Gelöster Stoff,** 144; **Lösungsmittel,** 144; **Standzylinder,** 224; **Trockenmittel,** 228.

Kolben

- **Saugflasche.** Wird verwendet, wenn Lösungen durch Absaugen filtriert werden (s. a. **Filtrieren** Seite 220).

Fassungsvermögen 250 bis 1000 ml

- **Erlenmeyerkolben**. Hierin werden Reaktionen durchgeführt und Lösungen bekannter Konzentrationen hergestellt. Sie eignen sich besser als Bechergläser, wenn das Gefäß verschlossen werden muß. Sie haben eine grobe Volumeneinteilung, die nicht so genau ist wie die auf den **Büretten*** oder **Pipetten**. ▼

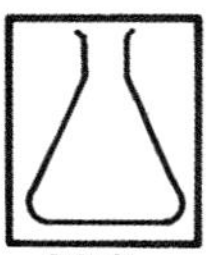

Inhalt 25 bis 2000 ml

- **Rundkolben mit flachem Boden**. In ihnen werden Reaktionen mit Flüssigkeiten durchgeführt, bei denen Erwärmen nicht nötig ist. (Der Kolben steht auf dem Arbeitstisch.) ▼

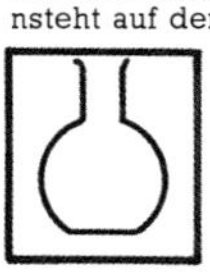

100 bis 2000 ml Inhalt

- **Rundkolben**. In ihnen werden Flüssigkeiten erwärmt. Sie haben grobe Volumenangaben und werden über der Flamme mit einer Klammer gehalten. ▶

Inhalt 100 bis 2000 ml

- **Meßkolben**. Werden zur Herstellung molarer Lösungen benutzt. Jeder Kolben hat eine sehr genaue Volumenmarkierung und einen Stopfen, so daß die Lösung geschüttelt werden kann, um sie zu mischen. ▶

Inhalt 10 bis 2000 ml

- **Fraktionierkolonne.** Wird zum Trennen von Flüssigkeiten mit unterschiedlichem Siedepunkt verwendet. Sie enthält Glaskugeln oder Glasringe, die eine große Oberfläche haben und so für oftmaliges Kondensieren und Verdampfen sorgen (s. a. **fraktionierte Destillation** Seite 220). ▶

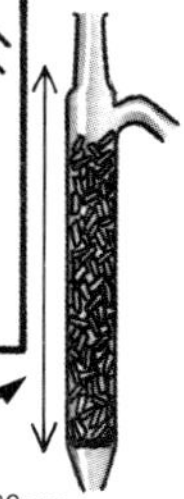

Länge 15 bis 36 cm

- **Abzug**. Ein gläserner Schrank, der eine Absaugvorrichtung enthält und einen bestimmten Bereich des Arbeitsraumes umgibt. Gefährliche Experimente werden im Abzug ausgeführt.

Trichter

- **Büchnertrichter.** Wird benutzt, wenn Flüssigkeiten durch Absaugen filtriert werden sollen. Er enthält eine flache, durchlöcherte Platte, auf die das **Filterpapier*** kommt (s. a. **Filtrieren** Seite 220). ▶

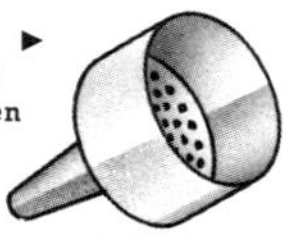

- **Tropftrichter.** Mit ihnen wird eine Flüssigkeit zu einer Reaktionsmischung tropfenweise hinzugegeben (s. a. Seiten 216–217). ◀

50 bis 500 ml Inhalt

- **Filtertrichter*.** Wird benutzt, um Feststoffe von Flüssigkeiten durch **Filtrieren** abzutrennen (s. a. Seite 220). In den Trichter wird **Filterpapier*** gelegt. ▶

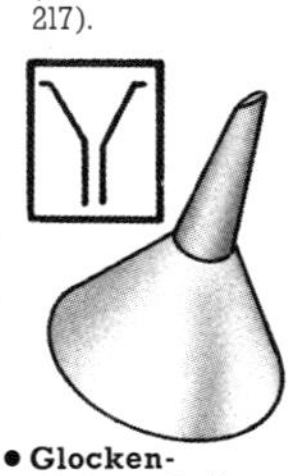

- **Glockentrichter**. In ihnen wird eine Flüssigkeit zu einer Reaktionsmischung gegeben. ◀

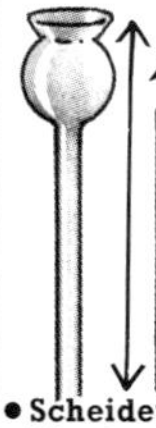
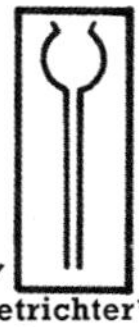

Länge 30 cm

- **Scheidetrichter*.** Werden benutzt, um zwei **nichtmischbare*** Flüssigkeiten zu trennen. Zuerst läuft die Flüssigkeit mit der größeren Dichte, dann die mit der geringeren Dichte heraus (s. a. **Extraktion** Seite 221). ▶

Inhalt 50 bis 500 ml

- **Standzylinder***. Werden zum Auffangen und Aufbewahren von Gasen verwendet. Die Zylinder können mit Glasdeckeln verschlossen werden, deren Rand mit Fett versehen ist (s. a. Seite 216–217). ▼

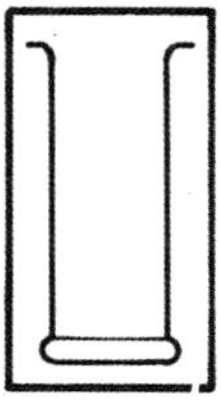
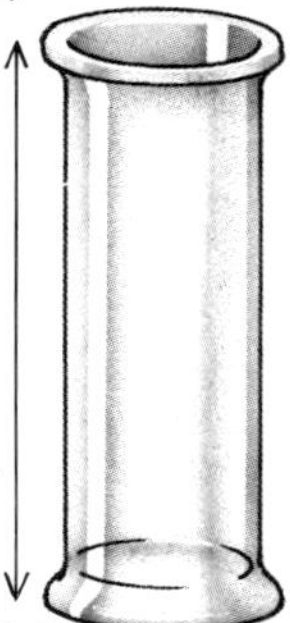

Höhe 15 bis 30 cm

- **Kolbenprober**. Wird zum Abmessen von Gasen benutzt. Mit ihm werden Volumenvergrößerungen und auch Volumenverkleinerungen während der Reaktion bestimmt. ▼

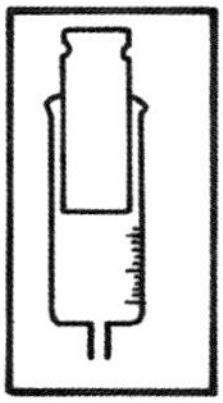
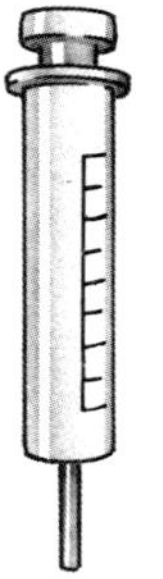

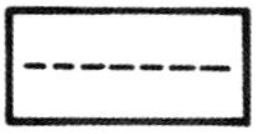
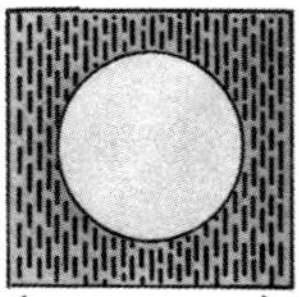

Seitenlänge 25 cm

- **Meßzylinder**. Dient zum Abmessen von Flüssigkeiten. ▼

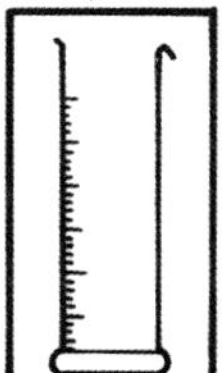
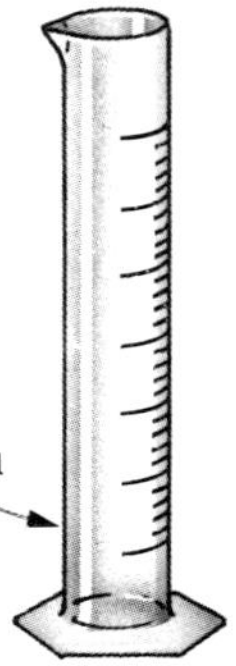

Inhalt 5 bis 2000 ml

* **Bürette,** 223; **Filterpapier,** 223; **Filtertrichter,** 224; **(Nicht) mischbar,** 145; **Standzylinder,** 224.

- **Tondreieck**. Zum Erwärmen von **Tiegeln*** benutzt man **Tondreiecke**, die auf Dreifüßen liegen. Sie werden aus Eisen- oder Nickel-Chrom-Drähten hergestellt, die in Tonröhrchen stecken. ▼

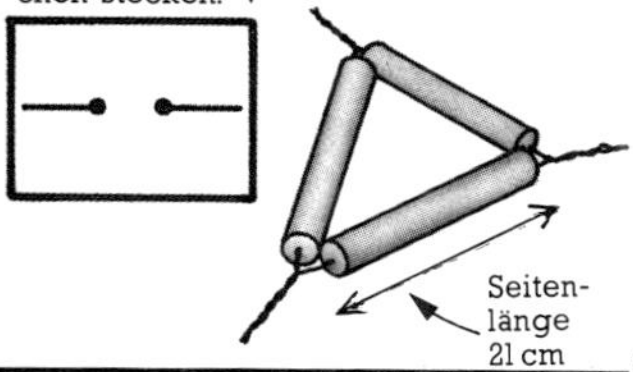

Pipetten

- **Pipetten** werden zum Abmessen genauer Flüssigkeitsmengen verwendet. Es gibt sie in verschiedenen Formen für die unterschiedlichsten Mengen. Die Flüssigkeitsmenge ist herausgelaufen, wenn der Pegel der Flüssigkeit von einer Volumenmarkierung bis zur nächsten gefallen ist. ►

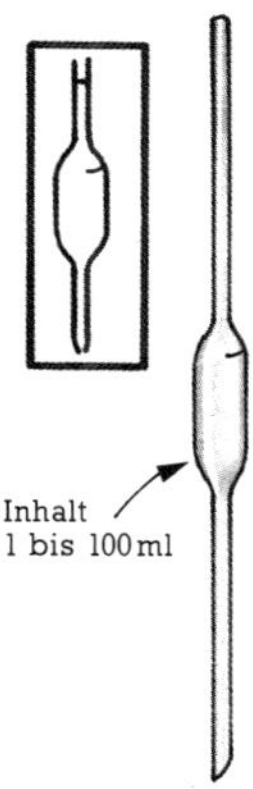

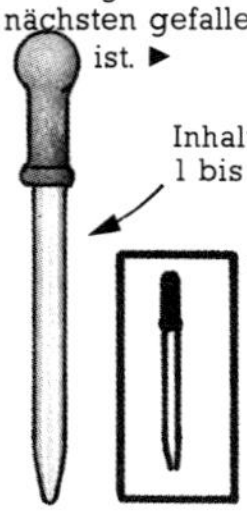

◄ • **Tropfpipette**. Wird für sehr kleine Flüssigkeitsmengen oder -tropfen benutzt. Man kann mit ihr nicht genau messen.

- **Stativ**. Hier können Apparaturen mit **Klammern** und **Muffen** befestigt werden, z. B. **Rundkolben**. ▼

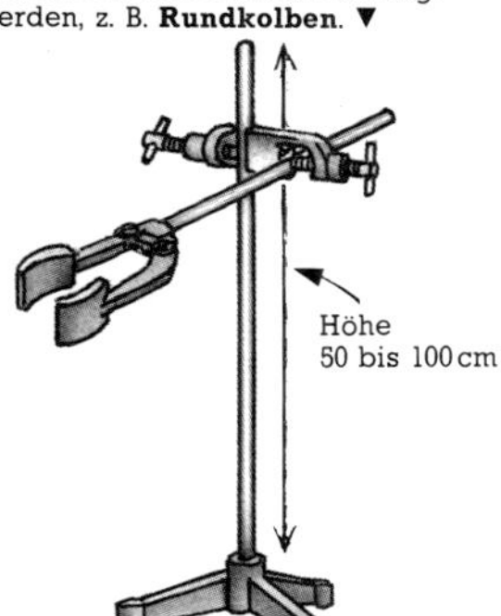

- **Spatel**. Werden zum Abfüllen von Chemikalien benutzt. ▼

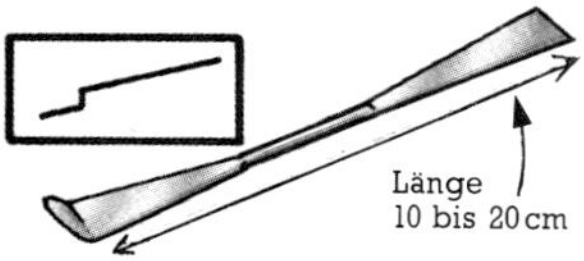

- **Reagenzglashalter**. Hiermit werden Reagenzgläser z. B. beim Erwärmen gehalten. ▼

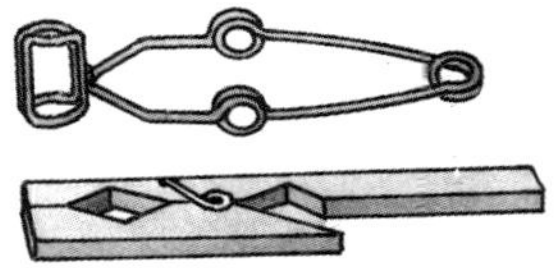

- **Reagenzglasständer**. In ihnen können Reagenzgläser abgestellt werden. ▼

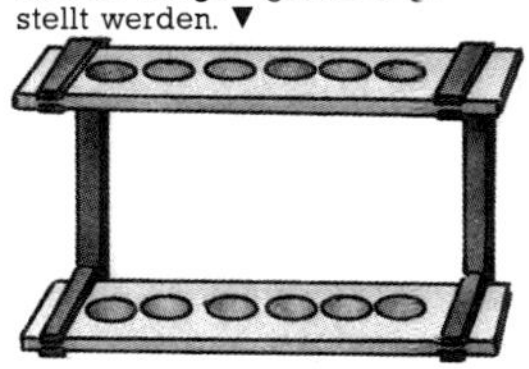

- **Thermometer**. Mit Alkohol oder Quecksilber gefüllt je nach Temperaturbereich, messen die Temperatur. ▼

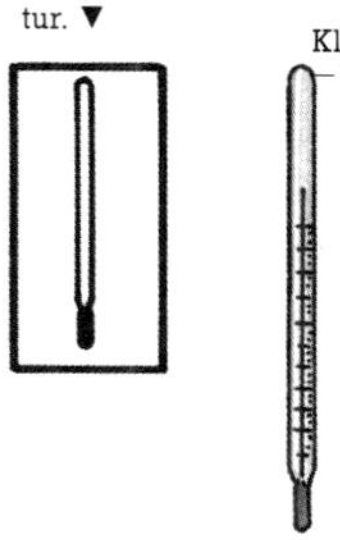

- **Tiegelzangen**. In ihnen werden heiße Gegenstände transportiert. ▼

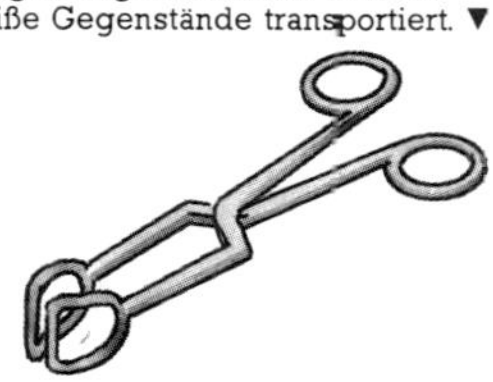

- **Oberschalige Waagen**. Werden für schnelle, genaue Messungen gebraucht. ▼

- **Pneumatische Wannen.** Werden beim Auffangen von Gasen benutzt (s. a. **Kohlendioxid** Seite 213). Das Wasser aus dem Standzylinder wird durch das Gas verdrängt und von der Wanne aufgefangen. In dünnwandigen pneumatischen Wannen können auch chemische Reaktionen ausgeführt werden (s. a. **Natrium** Seite 169). ▼

- **Dreifuß**. Ausgerüstet mit **Tondreieck** oder **Drahtnetz**, wird zum Erwärmen von Apparaturen benutzt. ▼

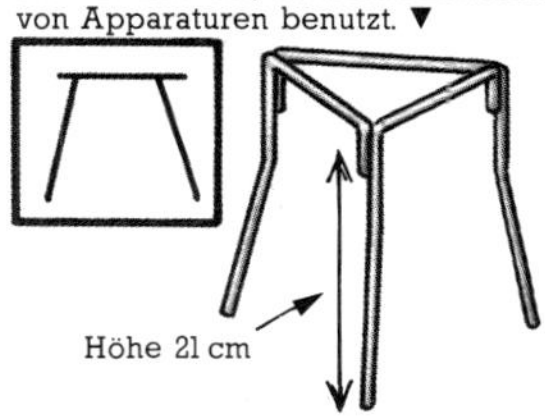

Reagenzgläser

Schwerschmelzbare Reagenzgläser. Werden zum starken Erwärmen von Stoffen benutzt. ►

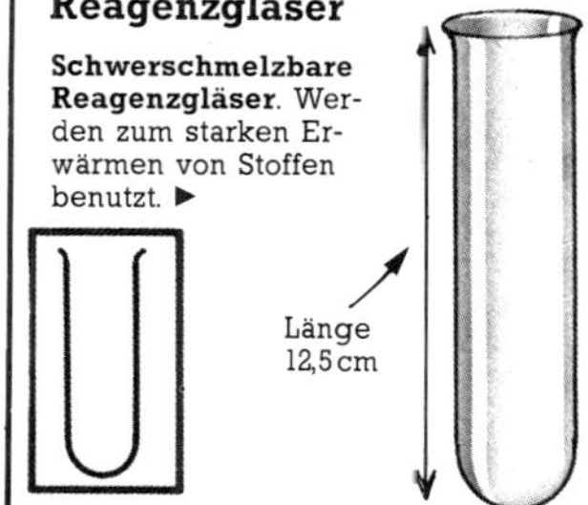

- **Dünnwandige Reagenzgläser**. Werden für einfache chemische Reaktionen eingesetzt. Sie halten keine große Hitze aus. ►

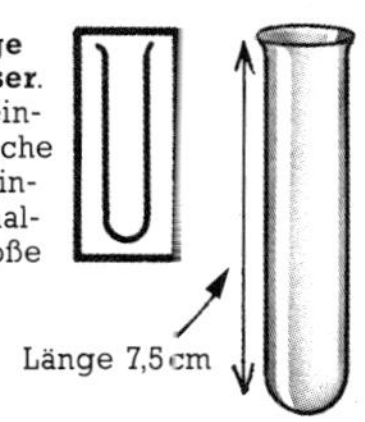

- **Glühröhrchen**. In ihnen können kleine Mengen verdampft oder geschmolzen werden. ►

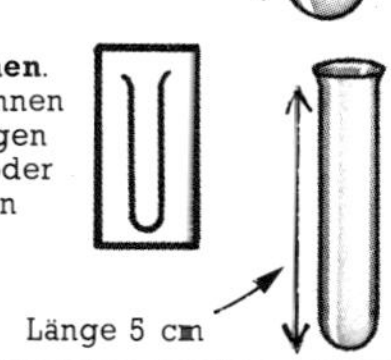

- **Uhrgläser**. In ihnen werden kleine Flüssigkeitsmengen verdampft.

* **Tiegel**, 223.

Symbole und Formeln

Dieses Register enthält alle Symbole und Formeln, die in Teil 2 dieses Lexikons vorkommen. Hinter dem Symbol oder der Formel folgt der Name des Stoffs, für den sie stehen. (Ein Register der Stoffe und ihrer Formeln ist auf den Seiten 354 bis 357 zu finden.) Die großen Buchstaben kommen alphabetisch vor den kleinen Buchstaben in der Reihenfolge der Auflistung, d. h. jedes Element steht zusammen mit seinen Verbindungen im Register. Zum Beispiel CH_3OH (Methanol, eine Kohlenstoffverbindung) ist im Register nach C (Kohlenstoff) zu finden, vor der Auflistung der Verbindungen des Ca (Calcium).

$3Ca_3(PO_4)_2 \cdot CaF_2$, s. a. Apatit

Ac, Actinium
Ag, Silber
AgBr, Silberbromid
AgCl, Silberchlorid
AgJ, Silberjodid
$AgNO_3$, Silbernitrat
Al, Aluminium
$Al(OH)_3$, Aluminiumhydroxid
Al_2O_3, Aluminiumoxid
$Al_2O_3 \cdot 2H_2O$, Bauxit
$Al_2(SO_4)_3$, Aluminiumsulfat
Am, Americium
Ar, Argon
As, Arsen
At, Astat
Au, Gold

B, Bor
B_2O_3, Boroxid
BCl_3, Borchlorid
Ba, Barium
$BaCl_2$, Bariumchlorid
Be, Beryllium
Bi, Wismut
Bk, Berkelium
Br/Br_2, Brom
-Br, Bromgruppe

C, Kohlenstoff
C_2H_2, Ethin/Acetylen
C_2H_4, Ethen/Ehtylen
C_2H_5Br, Bromethan
C_2H_5CHO, Propanal
C_2H_5Cl, Chlorethan
C_2H_5COOH, Propansäure
C_2H_5OH, Ethanol
C_2H_6, Ethan
C_3H_4, Propin
C_3H_6, Propen
C_3H_6O, Propanon (Aceton)
C_3H_7OH, Propanol
C_3H_8, Propan
C_4H_6, Butin-(1)
C_4H_8, Buten-(1)
C_4H_9OH, Butanol-(1)
C_4H_{10}, Butan
C_5H_{10}, Penten-(1)
C_5H_{12}, Pentan
$C_6H_8O_6$, Ascorbinsäure
$C_6H_{12}O_6$, Glucose
C_6H_{14}, Hexan
C_7H_{16}, Heptan
C_8H_{18}, Oktan
C_9H_{20}, Nonan
$C_{12}H_{22}O_{11}$, Sucrose
$C_{17}H_{35}COOH$, Octadecansäure
$C_{17}H_{35}COONa$, Natriumstearat, Natriumoktadecanat
CCl_4, Tetrachlorkohlenstoff, Tetrachlormethan
CH_2BrCH_2Br, 1,2-Dibromethan
CH_2CHCl, Vinylchlorid
$-CH_3$, Methylgruppe
CH_3CCH, Propin
CH_3CH_2CCH, Butin-(1)
$CH_3CH_2CH_2CH_2OH$, Butanol-(1)
$CH_3CH_2CH_2OH$, Propanol-(1)
CH_3CH_2CHO, Propanal
CH_3CH_2Cl, Chlorethan
$CH_3COCH_2CH_3$, Butanon
CH_3CH_2COOH, Propansäure
CH_3CH_2OH, Ethylalkohol, Ethanol
CH_3CH_2ONa, Natriummethanolat, Natriumalkoholat
CH_3CHO, Ethanal
$CH_3CHOHCH_3$, Propanol-(2)
CH_3Cl, Chlormethan
CH_3COCH_3, Propanon
$CH_3COOCH_2CH_3$, Ethansäureethylester
CH_3COOH, Essigsäure, Ethansäure
CH_3NH_2, Methylamin
CH_3OCH_3, Dimethylether
CH_3OH, Methylalkohol, Methanol
CH_4, Methan
CHCH, Ethin
-CHO, Aldehydgruppe
CO, Kohlenstoffmonoxid
-CO-, Carbonylgruppe
CO_2, Kohlendioxid
-COO-, Funktionelle Gruppe, s. a. 81 (Ester), 87 (Polyester)
-COOH, Carboxylgruppe
$(COOH)_2$, Oxalsäure, Ethandisäure
$HOOC(CH_2)_4COOH$, Hexandisäure
Ca, Calcium
$Ca_3(PO_4)_2$, Calciumphosphat
$CaCl_2$, Calciumchlorid
$CaCO_3$, Calciumcarbonat
$CaCO_3 \cdot MgCO_3$, Dolomit
CaF_2, Calciumfluorid
$Ca(HCO_3)_2$, Calciumhydrogencarbonat
CaO, Calciumoxid
$Ca(OH)_2$, Calciumhydroxid
$CaSiO_3$, Calciumsilikat
$CaSO_4$, Calciumsulfat
$CaSO_4 \cdot 2H_2O$, Gips
Cd, Cadmium
Ce, Cer
Cf, Californium
Cl/Cl_2, Chlor
-Cl, Chlorgruppe
Cm, Curium
Co, Kobalt
$CoCl_2$, Kobaltchlorid
Cr, Chrom
Cs, Caesium
Cu, Kupfer
Cu_2O, Kupfer-(I)-oxid
CuCl, Kupfer-(I)-chlorid
$CuCl_2$, Kupfer-(II)-chlorid
$CuCO_3Cu(OH)_2$, Malachit
$(CuFe)S_2$, Kupferpyrit
$(Cu(NH_3)_4)SO_4$, Tetramminkupfer-(II)-sulfat
$Cu(NO_3)_2$, Kupfer-(II)-nitrat
CuO, Kupfer-(II)-oxid
$CuSO_4$, Kupfer-(II)-sulfat
$CuSO_4 \cdot 3Cu(OH)_2$, basisches Kupfersulfat

D, Deuterium
D_2O, Deuteriumoxid
Dy, Dysprosium

Er, Erbium
Es, Einsteinium
Eu, Europium

F/F_2, Fluor
-F, Fluorgruppe
Fe, Eisen
Fe_2O_3, Haematit
$Fe_2O_3 \cdot xH_2O$, Rost
$FeCl_2$, Eisen-(II)-chlorid
$FeCl_3$, Eisen-(III)-chlorid
$Fe(OH)_3$, Eisen-(III)-hydroxid

FeS, Eisen-(II)-sulfid
$FeSO_4$, Eisen-(II)-sulfat
Fm, Fermium
Fr, Francium

Ga, Gallium
Gd, Gadolinium
Ge, Germanium

H/H_2, Wasserstoff
H_2CO_3, Kohlensäure
H_2O, Wasser
H_2O_2, Wasserstoffperoxid
H_2S, Schwefelwasserstoff
$H_2S_2O_7$, rauchende Schwefelsäure
H_2SO_3, schweflige Säure
H_2SO_4, Schwefelsäure
H_3PO_4, Phosphorsäure
HBr, Bromwasserstoff
HCl, Chlorwasserstoff, Salzsäure
HCHO, Methanal
HCOOH, Ameisensäure, Methansäure
HJ, Jodwasserstoff
HNO_2, salpetrige Säure
HNO_3, Salpetersäure
He, Helium
Hf, Hafnium
Hg, Quecksilber
HgS, Zinnober
Ho, Holmium

In, Indium
Ir, Iridium

J/J_2, Jod

K, Kalium
K_2CO_3, Kaliumcarbonat
$K_2Cr_2O_7$, Kaliumdichromat
K_2SO_4, Kaliumsulfat
$K_2SO_4 \cdot AL_2(SO_4)_3$, Kalium-Aluminiumsulfat
KBr, Kaliumbromid
KCl, Kaliumchlorid
KJ, Kaliumjodid
$KMnO_4$, Kaliumpermanganat
KNO_3, Kaliumnitrat
KOH, Kaliumhydroxid
Kr, Krypton
KrF_2, Kryptonfluorid

La, Lanthan
La_2O_3, Lanthanoxid
Li, Lithium
Li_3N, Lithiumnitrid
LiCl, Lithiumchlorid
LiH, Lithiumhydrid
Lr, Lawrencium
Lu, Lutetium
Lw, Lawrencium

Md, Mendelevium
Mg, Magnesium
$MgCl_2$, Magnesiumchlorid
$MgCO_3$, Magnesiumcarbonat
MgO, Magnesiumoxid
$Mg(OH)_2$, Magnesiumhydroxid
$MgSO_4$, Magnesiumsulfat
Mn, Mangan
$MnCl_2$, Mangan-(II)-chlorid
MnO_2, Mangan-(IV)-oxid/Braunstein
Mo, Molybdän

N/N_2, Stickstoff
N_2O, Stickstoff-(I)-oxid, Distickstoffoxid
N_2O_4 Distickstofftetroxid
$-NH_2$, Aminogruppe
$NH_2(CH_2)_6NH_2$, 1,6-Diaminohexan
NH_3 Ammoniak
$(NH_4)_2SO_4$, Ammoniumsulfat
NH_4Cl, Ammoniumchlorid
NH_4OH, Ammoniumhydroxid
NH_4NO_3, Ammoniumnitrat
NO, Stickstoffmonoxid
NO_2, Stickstoffdioxid
Na, Natrium
Na_2CO_3, Natriumcarbonat
$Na_2CO_3 \cdot 10\ H_2O$, Kristallsoda
Na_2SO_3, Natriumsulfit
Na_2SO_4, Natriumsulfat
Na_3AlF_6, Kryolit
$Na(Al(OH)_4)$, Natriumaluminat
NaBr, Natriumbromid
NaCl, Natriumchlorid, Kochsalz
$NaClO_3$, Natriumchlorat
$NaHCO_3$, Natriumhydrogencarbonat
$NaHSO_4$, Natriumhydrogensulfat
$NaJO_3$, Natriumjodat
$NaNO_3$, Natriumnitrat
$NaNO_2$, Natriumnitrit
NaOCl, Natriumhypochlorit
NaOH, Natriumhydroxid
Nb, Niob
Nd, Neodym
Ne, Neon
Ni, Nickel
NiS, Nickelsulfid
No, Nobelium
Np, Neptunium

O/O_2, Sauerstoff
O_3, Ozon
-OH, Hydroxidgruppe
Os, Osmium
OsO_4, Osmiumtetroxid

P, Phosphor
P_2O_5, Phosphorpentoxid
Pa, Protactinium
Pb, Blei
PbJ_2, Blei-(II)-jodid
$Pb(NO_3)_2$, Blei-(II)-nitrat
PbO, Blei-(II)-oxid
PbO_2, Blei-(IV)-oxid
$Pb(OC_2H_5)_4$, Bleitetraethyl
$Pb(OH)_2$, Blei-(II)-hydroxid
PbS, Bleisulfid/Bleiglanz
Pd, Palladium
Pm, Promethium
Po, Polonium
Pr, Praseodym
Pt, Platin
Pu, Plutonium

Ra, Radium
Rb, Rubidium
Re, Rhenium
Rh, Rhodium
Rn, Radon
Ru, Ruthenium

S, Schwefel
SO_2, Schwefeldioxid
SO_3, Schwefeltrioxid
Sb, Antimon
Sc, Scandium
Se, Selen
Si, Silicium
SiO_2, Siliciumdioxid
Sm, Samarium
Sn, Zinn
Sr, Strontium

T, Tritium
Ta, Tantal
Tb, Terbium
Tc, Techneticum
Te, Tellur
Th, Thorium
Ti, Titan
Tl, Thallium
Tm, Thulium

U, Uran

V, Vanadin

W, Wolfram

Xe, Xenon
XeF_4, Xenontetrafluorid

Y, Yttrium
Yb, Ytterbium

Zn, Zink
$ZnCl_2$, Zinkchlorid
$ZnCO_3$, Zinkcarbonat/Zinkspat
ZnO, Zinkoxid/Zinkweiß
$Zn(OH)_2$, Zinkhydroxid
Zn(OH)Cl, basisches Zinkchlorid
ZnS, Zinkblende/Zinksulfid
ZnSO, Zinksulfat
Zr, Zirkonium

Maßeinheiten

Eine Einheit ist eine Vergleichsgröße für quantitative Angaben. Das heute übliche **Internationale Einheitssystem** (System International, SI-System) legt 7 Basiseinheiten fest. Ihre Definitionen sind kompliziert, denn sie müssen gewährleisten, daß die Einheiten zu jeder Zeit und an jedem Ort gleich reproduziert werden können.

- **Ampere (A).** Das Ampere ist die Stromstärke eines konstanten elektrischen Stromes, der durch zwei parallele, unendlich lange gradlinige Drähte fließt, die im Vakuum im Abstand von einem Meter angeordnet sind und deren kreisförmiger Querschnitt vernachlässigt werden kann und zwischen denen pro Meter eine Kraft von $2 \cdot 10^{-7}$ N auftritt.

- **Meter (m).** Die Einheit Meter ist die Länge der Strecke, die das Licht im Vakuum während der Dauer von 1/299792458 Sekunden durchläuft.

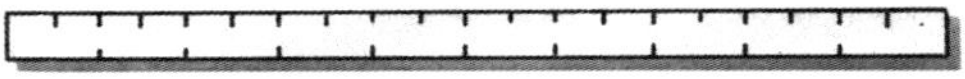

- **Mol (Mol).** Die Einheit der Stoffmenge 1 Mol besteht aus genauso vielen Partikeln, wie in 12 Gramm des Kohlenstoffisotops C-12 enthalten sind. Das sind $6{,}02 \cdot 10^{23}$ Partikel (Avogadro-Konstante).

- **Candela (cd).** Die Einheit Candela entspricht der **Lichtstärke** einer Strahlung der Frequenz $540 \cdot 10^{12}$ Hertz, die von einer Strahlungsquelle mit der Strahlstärke 1/683 Watt pro Einheit des Raumwinkels Steradiant ausgeht.

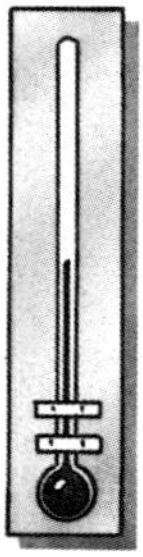

- **Kelvin (K).** Die Einheit der thermodynamischen Temperatur. Sie ist der 273,16 te Teil der Temperatur des **Tripelpunktes*** des Wassers.

- **Sekunde (s).** Die Zeiteinheit Sekunde ist die 9 192 631 770fache Periodendauer einer bestimmten Strahlung des angeregten Cäsium-133-Isotops.

- **Kilogramm (kg).** Die Masseneinheit 1 Kilogramm ist die Masse des internationalen Kilogrammprototyps. Es ist ein Platin-Iridiumzylinder, dessen Höhe und Durchmesser etwa 39 mm sind.

• Abgeleitete Einheiten

Einige Einheiten physikalischer und chemischer Größen sind aus den SI-Basiseinheiten zusammengesetzt (oder abgeleitet). Einige Einheiten haben einen eigenen Namen und ein eigenes Symbol.

Größe	Maßeinheit: Einheit	Maßeinheit: Name der Einheit	Maßeinheit: Symbol	Ableitung
Geschwindigkeit	$m\ s^{-1}$			Länge/Zeit
Beschleunigung	$m\ s^{-2}$			Geschwindigkeit/Zeit
Kraft	$kg\ m\ s^{-2}$	**Newton**	**N**	Masse × Beschleunigung
Energie	$kg\ m^2\ s^{-2}$	**Joule**	**J**	Kraft × Länge
Druck	$kg\ m^{-1}\ s^{-2}$	**Pascal**	**Pa**	Kraft/Fläche
Volumen	m^3			Länge × Länge × Länge
Dichte	$kg\ m^{-3}$			Masse/Volumen
Konzentration	$Mol\ dm^{-3}$			Mol/Kubikdezimeter
Elektrische Ladung	A s	**Coulomb**	**C**	Stromstärke × Zeit
Elektrisches Potential	$kg\ m^2\ s^{-3}\ A^{-1}$	**Volt**	**V**	Energie/Ladung

Vielfache der Einheiten und ihre Vorsilben

Die Maßeinheiten werden oft in Vielfachen der Basiseinheit angegeben, um die Zahlen übersichtlicher darstellen zu können. Z. B. 8000 m = 8 km = $8 \cdot 10^3$ m.

Potenzen von 10	Zahl, Faktor	Vorsilbe	Symbol
10^9	1.000.000.000,0	Giga	G
10^6	1.000.000,0	Mega	M
10^3	1.000,0	Kilo	k
10^2	100,0	Hekto	h
10^1	10,0	Deka	da
10^{-1}	0,1	Dezi	d
10^{-2}	0,01	Zenti	c
10^{-3}	0,001	Milli	m
10^{-6}	0,000.001	Mikro	µ
10^{-9}	0,000.000.001	Nano	n

Teil 3

BIOLOGIE

Corinne Stockley

Gestaltung: Nerissa Davies

Fachliche Beratung:

Dr. Margaret Rostron und Dr. John Rostron

Illustrationen: Kuo Kang Chen
Ian Jackson, Chris Lyon, Sue Stitt, Jeremy Banks, Peter Bull, Chris Shields, Eric Robson, Alan Harris, Gabrielle Smith, Jayne Goin, Annabel Milne, Jeane Colville und Sue Walliker.

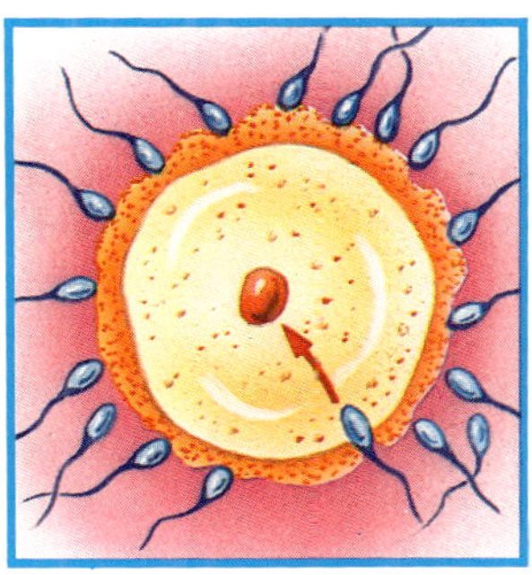

Inhalt Teil 3

Wir danken der North East London Polytechnic für die Genehmigung, ihren Versuch darzustellen (Seite 331).

Zu Teil 3

Dieses Buch unterteilt die Biologie in vier farblich unterschiedlich gekennzeichnete Hauptgebiete. Ein schwarzweißer Teil enthält allgemeine Informationen zur Biologie.

Gelbe Ecken Ökologie und Lebewesen

Blaue Ecken Botanik

Grüne Ecken Zoologie (Tiere)

Rote Ecken Zoologie (Mensch)

Schwarze Ecken

Allgemeine Informationen – umfaßt Themen, die sich auf alle Lebewesen beziehen. Dazu Tabellen und Übersichten über die Einteilung der Lebewesen

Biologie ist die Wissenschaft von den Lebewesen. Sie erforscht den Körperbau des Menschen, der Pflanzen und der Tiere, die Arbeitsweise ihrer Organe, ihre Lebensweise sowie das enge Netz der Beziehungen zwischen den Organismen, das ihre Fortpflanzung und ihren Fortbestand sichert. Die vier farblich unterschiedlich gekennzeichneten Teilbereiche der Biologie sind nachstehend näher definiert.

Biologie

Ökologie und Lebewesen. Befaßt sich mit den komplexen Beziehungen zwischen allen Lebewesen und ihrer zellularen Grundstruktur.

Botanik. Umfaßt das Pflanzenreich – die verschiedenen Pflanzenarten, ihre typischen Merkmale, ihren Aufbau und ihre Systeme.

Zoologie (Tiere). Beschäftigt sich mit dem Körperbau, den Körpersystemen und den Verhaltensweisen der wichtigsten Tiergruppen mit Ausnahme des Menschen.

Zoologie (Mensch). Befaßt sich mit den wichtigsten Aspekten der Humanbiologie. In vieler Hinsicht betreffen sie auch die Wirbeltiere allgemein (s. Seite 341).

Lebewesen und ihre Umwelt

Wir können die belebte Welt in mehrere Regionen einteilen, von denen jede eine charakteristische Pflanzen- und Tierwelt hat. Alle Pflanzen und Tiere sind an ihre **Umwelt** angepaßt (s. **adaptive Radiation,** S. 237). Sie stehen untereinander in Wechselbeziehungen und beeinflussen sich gegenseitig. Die Umwelt ist von vielen verschiedenen Faktoren geprägt, z. B. von Temperatur, Wasser und Licht **(klimatische Faktoren),** von den physikalischen und chemischen Eigenschaften des Bodens **(edaphische Faktoren)** und von den Lebewesen selbst **(biotische Faktoren).** Die Wissenschaft, die sich mit den Beziehungen zwischen Pflanzen und Tieren und ihrer Umwelt beschäftigt, heißt **Ökologie.**

- **Biosphäre:** Die dünne Schicht der Erdoberfläche, die von Lebewesen bewohnt wird. Zur Biosphäre gehören auch die Ozeane. Die Obergrenze der Biosphäre liegt in der höheren Atmosphäre, die Untergrenze in den ersten Gesteinsschichten. Auch tiefe Höhlen können noch zur Biosphäre zählen.

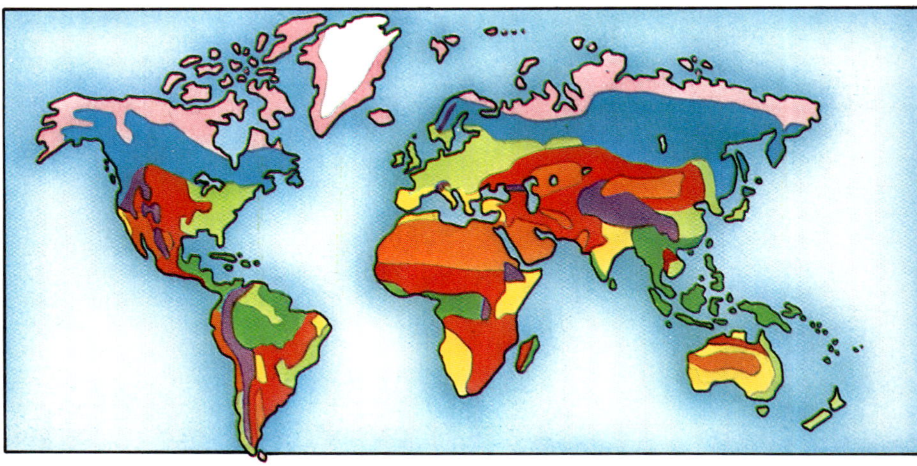

Die Biome der Welt

Tundra. Sehr kalt und windig. Am häufigsten sind **Flechten*** und Kleinsträucher. Unter den Tieren fallen Moschusochsen und Lemminge auf.

Nadelwald. Ganzjährig niedrige Temperaturen. Es dominieren **Nadelhölzer*,** z. B. die Fichte. Auffälligster Bewohner unter den Tieren: Rothirsche.

Mischwald. Sommer warm, Winter kalt. Es überwiegen **sommergrüne Pflanzen,** z. B. Buchen. Viele Tiere, z. B. Füchse.

Tropischer Regenwald. Ganzjährig hohe Temperaturen, viel Regen. Übergroße Vielfalt an Pflanzen und Tieren, vor allem tropische Vögel.

Grasland, Savanne. Gräser als dominierende Pflanzen, die Savanne auch mit einzelnen Bäumen. Typisch die Giraffen.

Wüste. Tagsüber heiß, nachts kalt. Sehr geringe Niederschläge. In Amerika dominieren Kakteen. Typische Tiere: Kamele, Skorpione, Schlangen.

Andere Gebiete

Hartlaubgehölze **(Macchia)**

Eis

Hochgebirge

- **Biome:** Die wichtigsten ökologischen Regionen, wie wir sie auf dem Festland antreffen. Jedes Biom hat seine charakteristischen Jahreszeiten, Tageslängen, Arten des Niederschlags, Maximal- und Minimaltemperaturen. Sie hängen also im wesentlichen vom Klima ab. Die wichtigsten Biome sind **Tundra, Nadelwald, Mischwald, tropischer Regenwald, gemäßigtes** und **tropisches Grasland (Savanne)** und **Wüste.** Die meisten Biome haben ihren Namen vom vorherrschenden Vegetationstyp. Dieser bestimmt auch die Tierwelt. Ein Biom ist ein Großlebensraum.

* **Flechten,** 342 **(Symbionten); Nadelhölzer,** 339; **Sommergrüne Pflanzen,** 236.

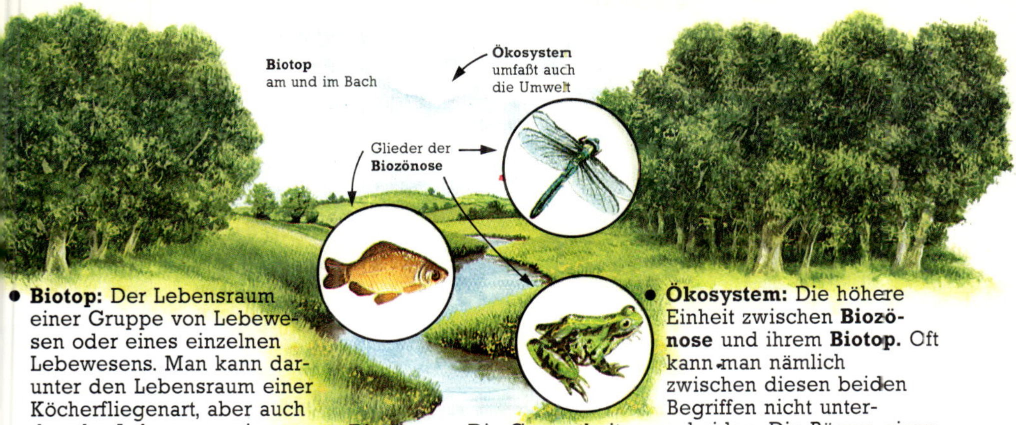

- **Biotop:** Der Lebensraum einer Gruppe von Lebewesen oder eines einzelnen Lebewesens. Man kann darunter den Lebensraum einer Köcherfliegenart, aber auch den der Lebensgemeinschaft eines ganzen Baches verstehen. **Mikrobiotope** sind eigenständige spezielle Kleinlebensräume wie etwa die eines verrottenden Baumstamms oder eines Moospolsters.

- **Biozönose:** Die Gesamtheit aller Pflanzen und Tiere eines **Biotops,** auch Lebensgemeinschaft genannt. Die Lebewesen stehen untereinander und mit ihrer Umwelt in Wechselbeziehung.

- **Ökosystem:** Die höhere Einheit zwischen **Biozönose** und ihrem **Biotop.** Oft kann man nämlich zwischen diesen beiden Begriffen nicht unterscheiden: Die Bäume eines Waldes gehören zur Biozönose wie zum Biotop. Ökosysteme sind selbständige Lebensgemeinschaften mit einem geschlossenen Stoffkreislauf (s. Seite 234–235).

Pioniergesellschaft, ein Ökosystem mit Gräsern, Insekten, Feldmäusen usw.

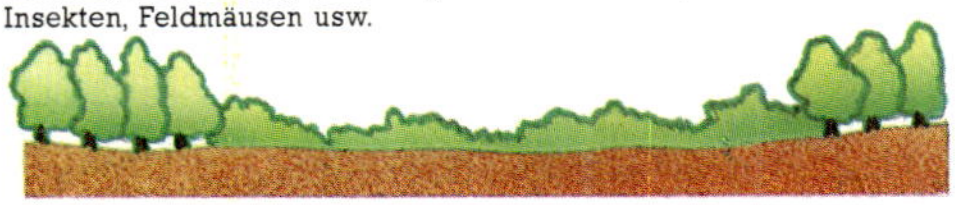

Übergangsgesellschaft mit Büschen und Sträuchern, Kaninchen und Drosseln usw.

Klimaxgesellschaft mit **sommergrünen Bäumen*** wie Eichen und Buchen. Tiere: Fuchs, Dachs, Grasmücke usw.

- **Ökologische Sukzession:** Die zeitliche Aufeinanderfolge verschiedener **Ökosysteme.** Sukzessionen beobachten wir beispielsweise bei der Besiedlung von Schutthalden, brachliegenden Feldern oder abgebrannten Waldflächen. Im Lauf der Jahre und oft auch Jahrzehnte stellen sich unterschiedliche Pflanzen und damit auch Tiere ein. Die Ökosysteme folgen aufeinander, bis die **Klimax** erreicht ist. Das ist ein stabiles Ökosystem, das bestehen bleibt, solange sich die Umweltfaktoren, z. B. das Klima, nicht ändern. Die Klimaxgesellschaft in Mitteleuropa ist der Wald. Wenn landwirtschaftliche Flächen aufgegeben werden, stellt sich in kurzer Zeit wieder ein Wald ein.

- **Ökologische Nische:** Die Stellung, die eine Pflanzen- oder Tierart im **Ökosystem** einnimmt. Dazu gehört etwa, wo sich das Lebewesen aufhält und was es frißt. Das **Exklusionsprinzip von Gause** besagt, daß zwei Arten auf Dauer nicht dieselbe Nische besetzen können. Kommt es dennoch dazu, so wird eine Art entweder vertrieben oder stirbt aus. Wir können im Winter an Gewässerufern z. B. den Großen Brachvogel und den Kiebitzregenpfeifer zusammen sehen. Beide fressen Kleinlebewesen wie Würmer und Schnecken, doch besetzen sie unterschiedliche ökologische Nischen. Brachvögel stehen im seichtem Wasser und stochern mit ihren langen Schnäbeln im Schlamm. Kiebitzregenpfeifer hingegen laufen auf dem trockenen Ufer und picken dort ihre Nahrung auf, denn ihre Schnäbel sind zum Stochern zu kurz. Auf diese Weise können beide Vögel in demselben Gebiet überleben. Man kann auch umgekehrt schließen: Wo zwei Arten mit ähnlicher Lebensweise zusammen vorkommen, müssen sie andere ökologische Nischen besetzen.

* **Sommergrüne Pflanzen,** 236.

In einem Ökosystem

In einem **Ökosystem** lebt eine Gruppe verschiedenartiger Pflanzen und Tiere in **Biozönose***), die untereinander und mit ihrer Umwelt in Wechselbeziehung stehen. Gemeinsam bilden sie eine ökologische Einheit mit einem geschlossenen Stoffkreislauf

- **Nahrungsnetz:** Die Gesamtheit aller Nahrungsketten in einem Ökosystem. Jede Nahrungskette umfaßt mehrere Lebewesen, von denen jedes das Futter für das nächste darstellt. Grüne Pflanzen stellen ihre Nahrung durch **Photosynthese*** aus anorganischen Stoffen her. Sie sind **autotroph** und bilden immer den Beginn einer Nahrungskette. Tiere können nicht ihre eigene Nahrung herstellen – sie sind **heterotroph** – und hängen somit direkt oder indirekt von den grünen Pflanzen ab.

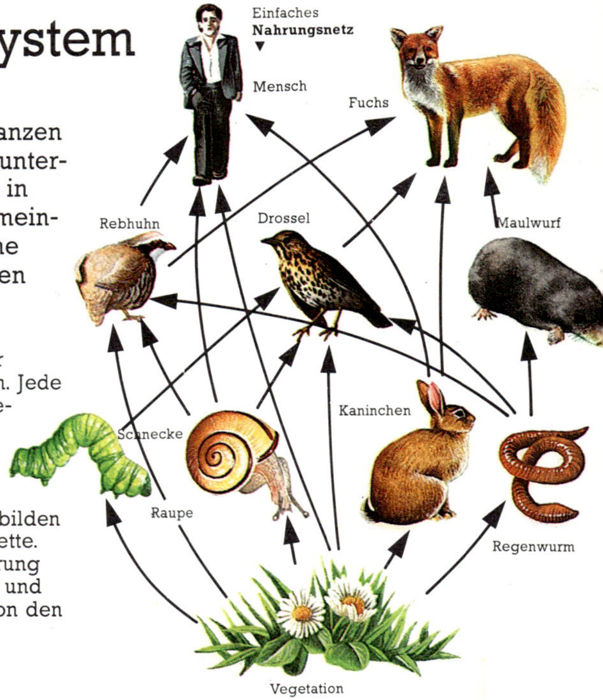

Schema einer **Nahrungskette** mit den **trophischen Ebenen**

Produzenten: Grüne Pflanzen, die ihre Nahrung selbst herstellen. **Trophische Ebene T 1.**

→ **Primärkonsumenten** oder **Konsumenten erster Ordnung**: **Pflanzenfresser**, z. B. Kaninchen. Diese Tiere beziehen ihre Energie direkt von den **Produzenten**. **Trophische Ebene T 2.**

→ **Sekundärkonsumenten** oder **Konsumenten zweiter Ordnung**: **Fleischfresser**, z. B. Füchse, wenn sie sich von Pflanzenfressern ernähren. Sie leben von den **Primärkonsumenten**. **Trophische Ebene T 3.**

→ **Tertiärkonsumenten** oder **Konsumenten dritter Ordnung**: Fleischfresser, z. B. Füchse, wenn sie sich von kleineren Fleischfressern ernähren. Die Energie stammt hier von anderen, kleineren Fleischfressern, also Konsumenten zweiter Ordnung. Diese ernährten sich von Pflanzenfressern, die ihre Nahrung direkt von den **Produzenten** erhielten. **Tropische Ebene T 4.**

Anmerkungen:

1) **Allesfresser** oder **Omnivore**, z. B. das Schwein, fressen pflanzliche wie tierische Stoffe. Sie befinden sich teils auf der trophischen Ebene T 2, teils auf T 3 und sogar T 4.

2) Viele Fleischfresser, z. B. Füchse, verzehren sowohl Pflanzenfresser als auch kleine Fleischfresser. Sie stehen also teils auf der trophischen Ebene T 3, teils auch auf T 4.

- **Trophische Ebene** oder **Ernährungsstufe**: Die Stellung von Lebewesen innerhalb einer **Nahrungskette** (s. **Nahrungsnetz**). Bei höheren trophischen Ebenen geht jeweils ein großer Teil der Energie, die aus der Nahrung stammt, verloren. Nehmen wir zum Beispiel eine Kuh: Sie nützt über die Hälfte der Nahrung für die Energieproduktion aus. Wenn wir Rindfleisch essen, übernehmen wir aber nur noch einen geringen Teil des Ausgangmaterials, nämlich jenen Anteil an Heu, den die Kuh für den Aufbau eigener neuer Gewebe verwendet hat. Dieser Energieverlust hat auch zur Folge, daß mit jeder nächsthöheren trophischen Ebene auch die Zahl der Tiere immer geringer wird, da diese ja immer größere Futtermengen zu sich nehmen müssen, um die nötige Energie zu erhalten. Wir bezeichnen dieses Prinzip auch als **Zahlenpyramide**.

Zahlenpyramide
Zahl der Individuen auf jeder **trophischen Ebene**

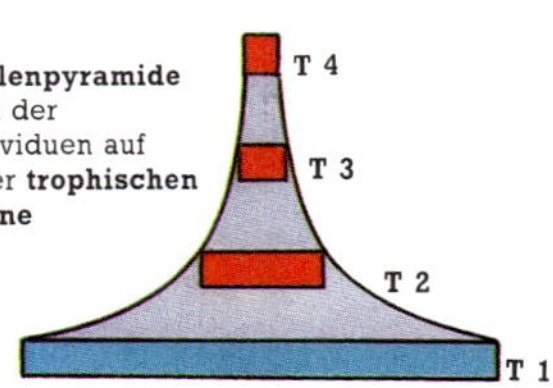

Biomassenpyramide
(entsprechend der Zahlenpyramide)

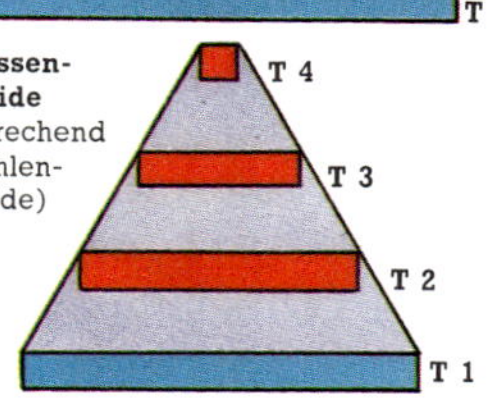

Gesamtbiomasse aller Individuen auf jeder trophischen Ebene. (Die Massenabnahme ist geringer, da die Tiere auf höheren trophischen Ebenen meist größer sind.)

* **Biozönose**, 233; **Photosynthese**, 254.

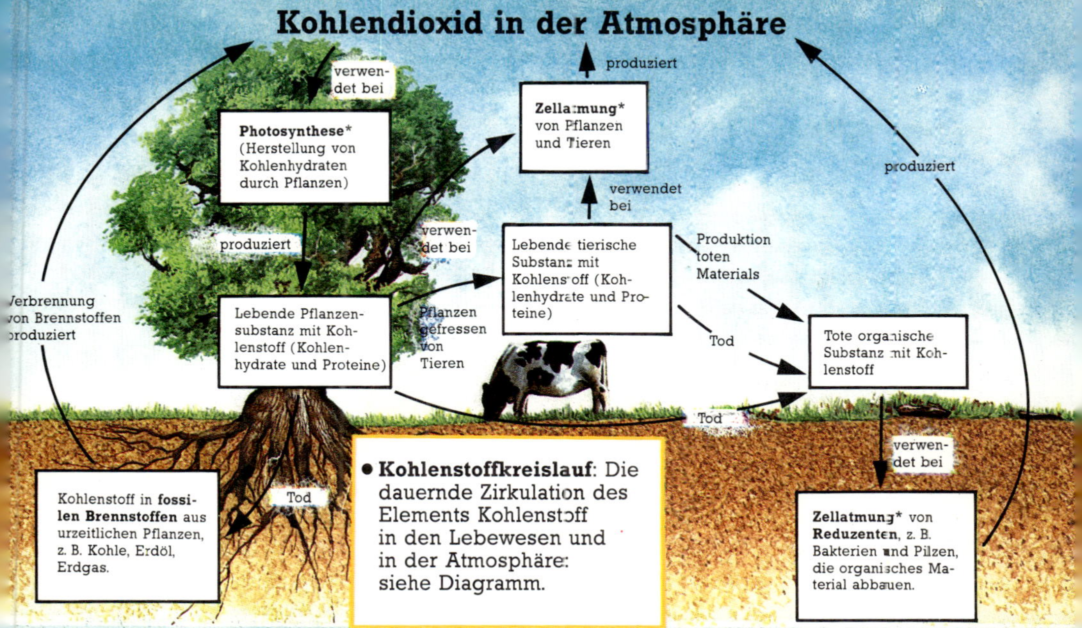

● **Kohlenstoffkreislauf**: Die dauernde Zirkulation des Elements Kohlenstoff in den Lebewesen und in der Atmosphäre: siehe Diagramm.

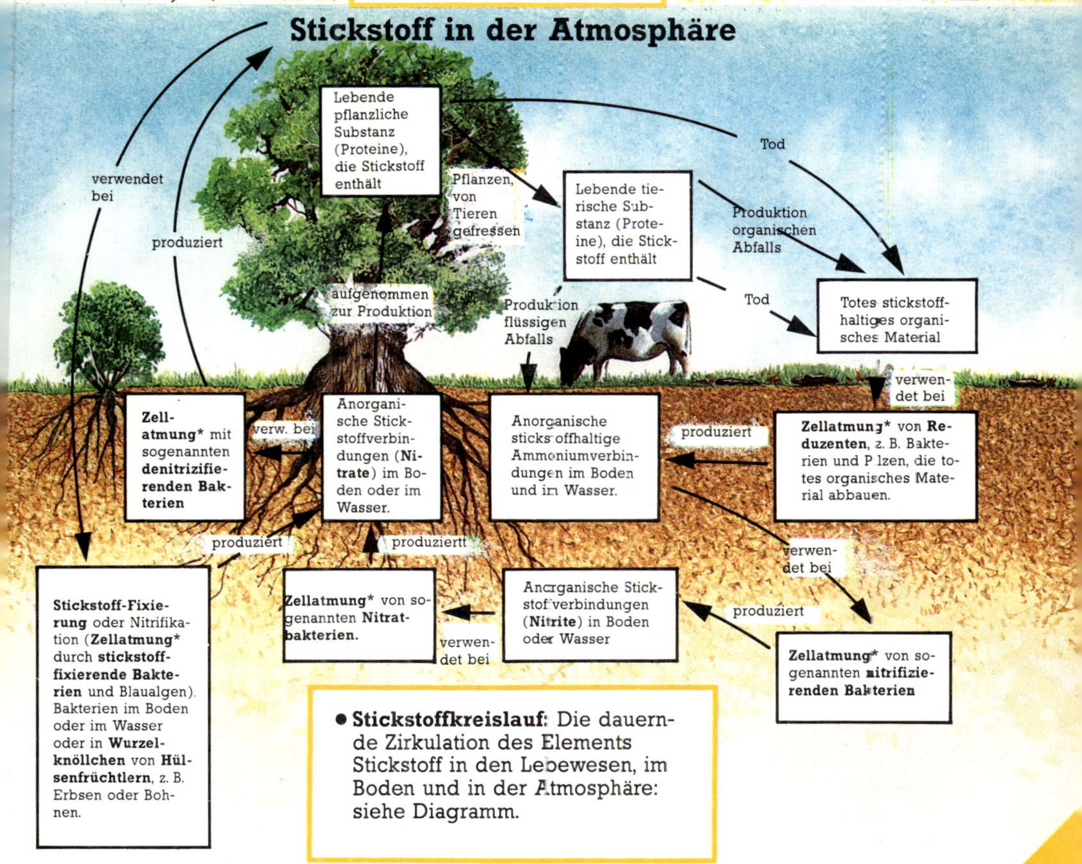

● **Stickstoffkreislauf**: Die dauernde Zirkulation des Elements Stickstoff in den Lebewesen, im Boden und in der Atmosphäre: siehe Diagramm.

* **Photosynthese**, 254; **Zellatmung**, 332.

Leben und Lebensformen

Alle Lebewesen zeigen die gleichen grundlegenden **Kennzeichen des Lebendigen.** Dazu zählen Atmung, Ernährung, Wachstum, Reizbarkeit, Bewegung, Ausscheidung und Fortpflanzung. Dabei weisen die Lebewesen eine große Vielzahl von Organisationstypen auf, die wir als Lebensformen bezeichnen. Im Lauf der Entwicklung (s. auch **Metamorphose,** Seite 277) kann es zu größeren Veränderungen kommen. Im folgenden sind einige Lebensformen mit ihren charakteristischen Eigenschaften beschrieben.

- **Ausdauernde, perennierende Pflanzen** leben mehrere Jahre. **Stauden** wie der Rittersporn sind krautartig und verlieren am Ende jeder Vegetationsperiode ihre oberirdischen Teile. Im nächsten Frühjahr treiben sie neue Schößlinge.

- **Holzpflanzen** hingegen, z. B. alle Bäume, bleiben auch in der schlechten Jahreszeit bestehen und legen jedes Jahr durch **sekundäres Dickenwachstum*** neue Substanz zu.

- **Zweijährige Pflanzen** leben zwei Jahre lang, z. B. Möhren. Im ersten Jahr wachsen sie und speichern Nährstoffe. Im zweiten Jahr bringen sie Blüten und Samen hervor und sterben dann.

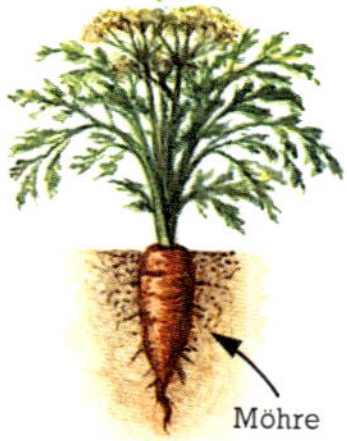

- **Einjährige Pflanzen** leben nur eine Vegetationsperiode lang, z. B. Ringelblumen. In dieser Zeit keimen sie, bringen Blüten und Samen hervor und sterben dann.

- **Krautpflanzen**: Pflanzen ohne **sekundäres Dickenwachstum*** und mit weichen, unverholzten Sprossen oberhalb der Erde. Dadurch unterscheiden sie sich deutlich von den **Holzpflanzen** wie Sträuchern und Bäumen.

- **Sommergrün** sind **ausdauernde Pflanzen**, die am Ende jeder Vegetationsperiode ihr **Chlorophyll*** abbauen und ihre Blätter abwerfen, z. B. die Buche.

- **Immergrün** sind **ausdauernde Pflanzen**, die ihre Blätter mehrere Jahre beibehalten, z. B. Nadelhölzer wie die Fichte.

- **Ephemere Pflanzen** leben nur ganz kurze Zeit und vorübergehend. Wir finden sie vor allem in Lebensräumen, die die meiste Zeit oder mehrere Jahre heiß und trocken sind. Günstige Wachstumsbedingungen sind nur während einer kurzen Zeitspanne und nach kräftigem Regen vorhanden. So müssen ephemere Pflanzen in wenigen Tagen keimen, wachsen und Samen produzieren. Auch unter den Tieren gibt es kurzlebige Formen, z. B. die erwachsenen Eintagsfliegen, die nur wenige Minuten bis wenige Tage leben.

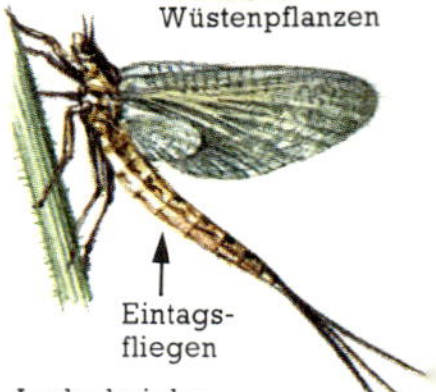

- **Anadrom** sind Fische, wenn sie zur Fortpflanzung das Meer verlassen und in die Flüsse hinaufziehen. Diese Form der Wanderung finden wir z. B. beim Lachs. Das Gegenteil ist **katadrom**.

* **Chlorophyll,** 255 **(Pigment); Sekundäres Dickenwachstum,** 246.

- **Migration**: Jahreszeitliche Wanderung von einem Gebiet ins andere. Meistens verlassen die Tiere ihr Fortpflanzungsgebiet im Winter, um anderswo Nahrung zu finden, und kehren im Frühjahr zurück. Solche Wanderungen sind vor allem bei Vögeln ausgeprägt, finden sich aber auch bei anderen Tieren, z. B. den Rentieren.

Haselmaus bei der Überwinterung

- **Dormanz:** Eine einmalig auftretende oder sich wiederholende Ruheperiode in der Entwicklung vieler Pflanzen und Tiere. Bei den Pflanzen tritt sie z. B. auf, wenn die äußeren Bedingungen ungünstig sind für das Wachstum. Gewöhnlich ist dies im Winter der Fall. Bei den Tieren unterscheiden wir zwischen einer **Überwinterung** und einer **Übersömmerung**. Typisch für die Überwinterung ist der Winterschlaf der **Säugetiere***, z. B. das Murmeltier. Die Übersömmerung infolge von Trockenheit ist vor allem bei den Insekten zu beobachten.

Lebensweisen

Genaugenommen hat jedes Lebewesen seine eigene, unverwechselbare Lebensweise. Dies ist das Ergebnis der **adaptiven Radiation.** Für die Einteilung der Lebewesen gibt es mehrere Verfahren. Die Einteilung nach gemeinsamen körperlichen Merkmalen führt zur üblichen Klassifikation (s. Seiten 338–341). Daneben gibt es auch eine weniger streng gehandhabte Einteilung, welche die unterschiedlichen Lebensweisen berücksichtigt (s. Liste, Seite 342).

- **Adaptive Radiation**: Dieser langsam verlaufende Vorgang führt zur Ausbildung vieler verschiedener Lebensformen, ausgehend von einem einzigen, ausgestorbenen Grundtyp. Jede dieser Lebensformen zeigt einen höheren Grad der **Spezialisierung** und ist damit besser an die Umwelt angepaßt, zum Beispiel Stromlinienform beim Schwimmen und Fliegen. Viele Lebewesen haben auch Organe zum eigenen **Schutz** ausgebildet, zum Beispiel Hörner

oder Giftstachel. Solche Anpassungen können sich bei den nachfolgenden Generationen um so leichter ausbreiten, weil sie

dem betreffenden Lebewesen eine größere Überlebenschance bieten. Dieses kann sich bevorzugt fortpflanzen und das Merkmal weitergeben. Das ist die Grundlage von Darwins Theorie der natürlichen Auslese, die Mitte des vorigen Jahrhunderts entstand und die Forschung nachhaltig beeinflußte.

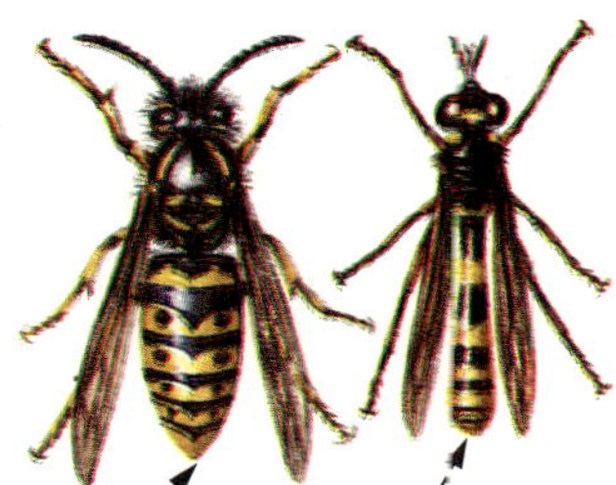

- **Mimikry**: Eine besondere Art der Anpassung. Dabei ahmt ein harmloses Lebewesen in Tracht und Verhalten ein gefährliches oder wehrhaftes Vorbild nach. Der **Nachahmer** profitiert auf diese Weise von den Schutzeinrichtungen seines **Modells**. Weit verbreitet ist z. B. die Färbung von Insekten mit schwarzen und gelben Streifen, wie sie die wehrhaften Wespen aufweisen. Solche Formen des Selbstschutzes trifft man vor allem in den Tropen an.

* **Säugetiere**, 341.

Der Aufbau der Lebewesen

Alle Lebewesen sind aus **Zellen** aufgebaut. Zellen stellen die grundlegenden Einheiten des Lebens dar und führen alle lebensnotwendigen chemischen Prozesse durch. Die einfachsten Lebewesen bestehen nur aus einer einzigen Zelle (**Einzeller**), die komplexesten hingegen setzen sich aus Tausenden oder vielen Millionen Zellen zusammen. Diese **Vielzeller** weisen verschiedene Zelltypen auf, von denen jeder auf eine ganz bestimmte Aufgabe spezialisiert ist. Gruppen gleichartiger Zellen bilden – gegebenenfalls mit anorganischen Stoffen – ein **Gewebe**, zum Beispiel Muskelgewebe. Mehrere verschiedene, zusammengehörige Gewebe bauen ein **Organ** auf, zum Beispiel den Magen. Eine nach ihren Aufgaben zusammengehörende Gruppe von Organen bezeichnen wir als **Organsystem**, zum Beispiel das Verdauungssystem.

Die Struktur einer Zelle

Obwohl Zellen sehr verschieden aussehen können, sind sie doch alle aus denselben grundlegenden Elementen aufgebaut. Jeder dieser Bausteine erfüllt eine ganz besondere Aufgabe innerhalb der Zelle.

- **Zellmembran**: Die Außenhaut einer Zelle, auch **Plasmalemm** genannt. Sie ist **semipermeabel***, das heißt, sie läßt nur bestimmte Stoffe hindurchtreten. Auf diese Weise vollzieht sich der Stoffaustausch.

Pflanzliche Zelle ▼ (aufgeschnitten)

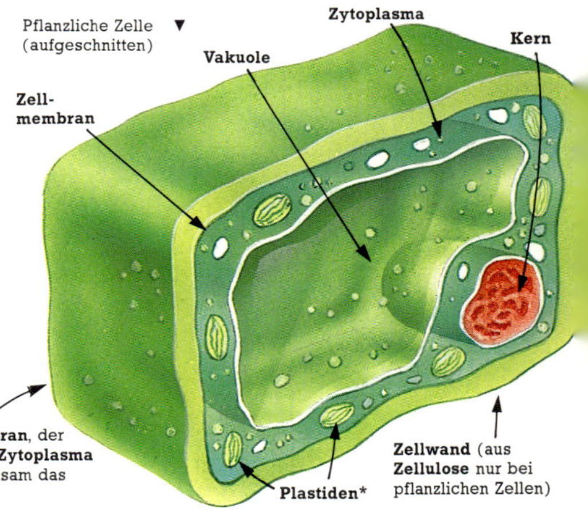

Tierische Zelle ▼ (aufgeschnitten)

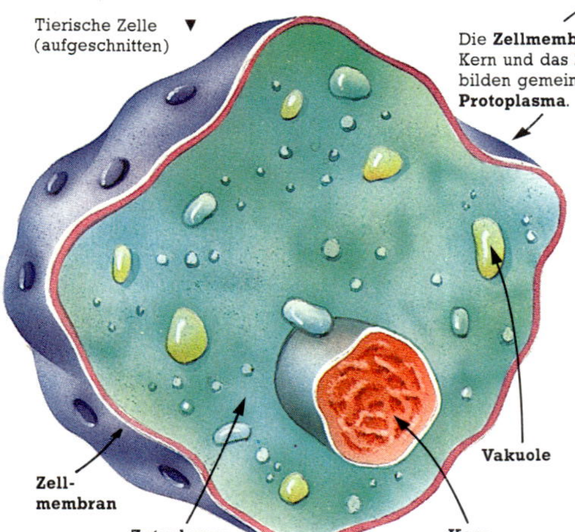

Die **Zellmembran**, der Kern und das **Zytoplasma** bilden gemeinsam das **Protoplasma**.

- **Zytoplasma:** Das gesamte Material der Zelle, das den Zellkern umgibt und in dem alle chemischen Reaktionen stattfinden (s. **Organellen**). Im allgemeinen ist das Zytoplasma außen (**Ektoplasma**) fester und geleeartig, innen (**Endoplasma**) flüssig (s. Bild Seite 268).

- **Zellkern:** Das Kontrollzentrum der Zelle. Die **Kernmembran** ist doppelwandig und umschließt das geleeartige **Kernplasma** oder **Karyoplasma**. Es enthält einen **Nukleolus** oder mehrere **Nukleoli** und das genetische Material der **DNS***. Dieses liegt in den **Chromosomen***. Wenn sich die Zelle nicht teilt, bilden die Chromosomen eine fädige Masse, das **Chromatin**.

- **Vakuolen:** Flüssigkeitsgefüllte Hohlräume im **Zytoplasma.** In tierischen Zellen sind die Vakuolen klein und treten nur zeitweise auf; sie scheiden entweder Stoffe aus (**Golgi-Apparat**) oder enthalten in die Zelle transportierte Flüssigkeit (s. **Pinozytose,** Seite 327). Die meisten pflanzlichen Zellen haben eine große, dauernde Vakuole, die mit **Zellsaft** gefüllt ist. Im Zellsaft sind Nährsalze und Zucker gelöst.

* **Chromosomen,** 324; **DNS,** 324 **(Nukleinsäuren); Nukleoli, Plastiden,** 240; **Semipermeabel,** 327.

Organellen

Als **Organellen** bezeichnen wir kleine Körperchen oder Strukturen im **Zytoplasma**. Jeder Typus (s. diese und folgende Seite) übernimmt gewisse chemische Reaktionen innerhalb der Zelle.

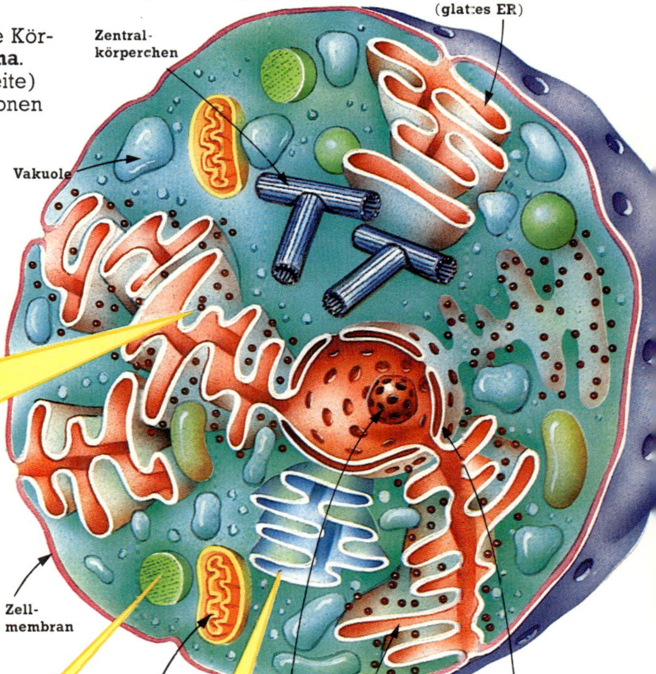

Die **Mitochondrien**, das **Zentralkörperchen** und der **Nukleolus** werden auf der folgenden Seite behandelt.

- **Ribosomen**: Winzige runde Körperchen, von denen die meisten am **endoplasmatischen Retikulum** liegen. Sie spielen eine wichtige Rolle beim Aufbau von Proteinen aus Aminosäuren (s. Seite 328). Mit Hilfe einer Substanz, der sogenannten **Boten-RNS (messenger-RNA, mRNA)** wird codierte Information zu den Ribosomen geschickt. Diese Codes bewahrt die **DNS** im **Kern** auf. Die Ribosomen verbinden mit Hilfe der Codes die richtigen Aminosäuren zu den erforderlichen Proteinen. Die **RNS*** tritt in mindestens zwei weiteren Formen in der Zelle auf. Die Ribosomen bestehen aus der **ribosomalen RNS (s. Nukleoli*)**, während Moleküle der **Transfer-RNS (tRNA)** die Aminosäuren zu den Ribosomen bringen.

- **Lysosomen**: Runde Säckchen, in denen sich **Enzyme*** befinden. Die Lysosomen nehmen Fremdkörper, z. B. Bakterien, in sich auf und zerstören diese mit ihren Enzymen. Die Außenhülle der Lysosomen verhindert normalerweise, daß die Enzyme in die Zelle gelangen und diese zerstören. Nur wenn die Zelle beschädigt wird, verschwindet diese Membran. Die Zelle löst sich dann selbst auf.

- **Golgi-Apparat**: Ein besonderer Bereich des **glatten ER**, auch **Dictyosom** genannt. Der Golgi-Apparat sammelt und verteilt die in der Zelle entstehenden Substanzen, z. B. Proteine und Abfälle aus chemischen Reaktionen. Die Stoffe gelangen in die Säckchen, die allmählich anschwellen und schließlich an den äußeren Enden einzelne Bläschen abschnüren. Diese Golgi-Vesikel verlassen die Zelle über das **Zytoplasma** und die **Zellmembran**.

- **Endoplasmatisches Retikulum** oder **ER**: Ein komplexes System mehrfach gefalteter Säcke, die mit der **Zellmembran** und der **Kernmembran** verbunden sind (s. **Zellkern**). Das ER verfügt über eine große Oberfläche für chemische Reaktionen oder die Speicherung von Flüssigkeiten. Man unterscheidet zwei Formen des endoplasmatischen Retikulums: Das rauhe, granuläre ER hat **Ribosomen** auf der Oberfläche, das glatte oder agranuläre dagegen nicht.

* **Enzyme**, 331; **Nukleoli**, 240; **RNS**, 324 (**Nukleinsäuren**).

Organellen (Fortsetzung)

- **Zentralkörperchen**, auch Centriolen genannt: Zwei Körperchen neben dem **Zellkern***, die nur in tierischen Zellen vorkommen. Jedes Zentralkörperchen liegt in einem dichten **Zytoplasma***-Gebiet und besteht aus zwei T-förmigen dünnen Zylindern. In ihrer Wand sind zwei- oder dreimal je neun dünne Röhrchen (**Mikrotuboli**) eingebettet. Zentralkörperchen spielen bei der Zellteilung eine wichtige Rolle.

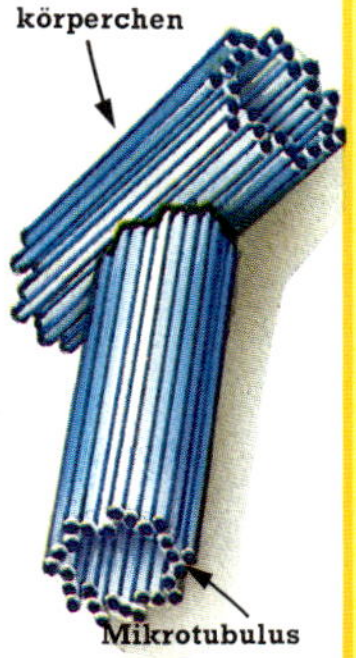

- **Mitochondrien** (Einzahl Mitochondrium): Längliche, zylindrische Körperchen mit doppelter Membran. Die innere Membran bildet meistens Falten (**Cristae**), wodurch die Oberfläche stark vergrößert wird. Hier finden die chemischen Reaktionen in den Mitochondrien statt. Die Mitochondrien werden oft auch als die „Kraftwerke" der Zelle bezeichnet, denn sie bauen Nährstoffe in der Zelle ab und gewinnen daraus Energie. Mehr darüber im Kapitel **aerobe Atmung,** Seite 332. Eine stoffwechselaktive Zelle enthält ein paar tausend Mitochondrien. Bei der Zellteilung werden diese regelmäßig auf die Tochterzellen verteilt.

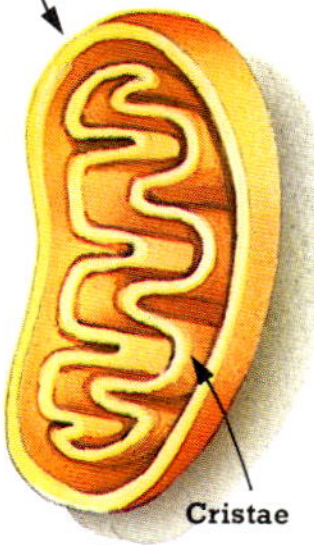

- **Nukleoli** (Einzahl **Nukleolus**), auch Kernkörperchen genannt. Einzeln oder zu mehreren auftretende rundliche Körperchen im **Zellkern***. Sie produzieren Materialien für den Bau von **Ribosomen*** (bestehend aus **ribosomaler RNS**). Diese Stoffe werden aus dem Zellkern heraustransportiert und sammeln sich im **Zytoplasma***. Nukleoli werden nicht von einer Membran abgegrenzt.

- **Plastiden**: Zarte Körperchen im **Zytoplasma*** pflanzlicher Zellen. Einige speichern Stärke, Öl oder Proteine (**Leukoplasten**) und sind völlig farblos. Die **Chloroplasten*** hingegen enthalten **Chlorophyll***. Am häufigsten sind sie in den Palisadenzellen der Blätter.

Zellteilung

Bei der Zellteilung gehen aus der Mutterzelle zwei identische **Tochterzellen** hervor. Es gibt zwei Arten der Zellteilung, doch bei beiden teilt sich erst der **Zellkern*** (**Karyokinese**) und dann das **Zytoplasma*** (**Zytokinese**). Der erste Typ der Zellteilung, die **Mitose**, wird auf diesen beiden Seiten beschrieben. Dabei werden neue Zellen für das Wachstum und als Ersatz für die Millionen von Zellen produziert, die in unserem Körper jeden Tag durch Schäden, Krankheit oder einfach Überalterung absterben. Die Mitose ist auch für viele Einzeller die Methode für die **ungeschlechtliche Fortpflanzung***. Bei der Mitose erhält jede Tochterzelle nicht nur eine Kopie des Erbgutes in Form eines DNS-Stranges, sondern auch die Zellorganellen werden ziemlich gleichmäßig aufgeteilt. Die zweite Art der Zellteilung oder Meiose bringt **Gameten*** oder Geschlechtszellen hervor. Wenn diese nach der Paarung oder Bestäubung miteinander verschmelzen, entsteht neues Leben. Mehr darüber auf den Seiten 322–323.

- **Mitose**: Bezeichnung für die normale **Kern-** und **Zellteilung** bei den Pflanzen wie bei den Tieren. Die Mitose sorgt dafür, daß jeder der beiden **Tochterkerne** dieselbe Zahl von **Chromosomen*** mit der codierten Erbinformation bekommt. Das ist deswegen möglich, weil die Chromosomen im Kern der Mutterzelle in doppelter, **diploider** Ausführung vorhanden sind. Jedes Lebewesen verfügt in seinen Zellen über eine charakteristische Chromosomenzahl. Diese sind zu identischen Paaren angeordnet, die wir **homologe Chromosomen** nennen. Der Mensch hat 46 Chromosomen zu 23 Paaren. Davon sind 22 Paare homolog. Das 23. Paar enthält die Geschlechtschromosomen: Bei der Frau sind es zwei X-Chromosomen (homologes Paar), beim Mann hingegen treten ein X-Chromosom und ein Y-Chromosom auf (heterologes Paar). Obwohl die Mitose ein kontinuierlich ablaufender Prozeß ist, teilt man ihn der Einfachheit halber in vier Phasen ein. Vor der eigentlichen Mitose liegt stets die **Interphase**.

* **Chlorophyll,** 255 (**Pigmente**); **Chloroplasten,** 255; **Chromosomen,** 324; **Gameten,** 321; **Ribosomen,** 239; **Ungeschlechtliche Fortpflanzung,** 320; **Zellkern,** 238; **Zytoplasma,** 238.

Interphase: Die Zeit zwischen zwei Zellteilungen. In der Interphase sind die Zellen sehr aktiv: Sie führen alle lebensnotwendigen Prozesse durch, erfüllen ihre Spezialaufgaben und ergänzen die bei der letzten Teilung halbierten Bestandteile, damit sie selber wieder voll teilungsfähig werden. Kurz vor dem Beginn der **Mitose** verdoppeln sich auch die **Chromatin***-Fäden im **Zellkern***, so daß sich jedes **Chromosom*** nach dem Aufrollen aus zwei **Chromatiden** (s. **Prophase**) zusammensetzt.

Phasen der **Mitose** (nur zwei **Chromosomen*** dargestellt – der Mensch hat 46)

Prophase

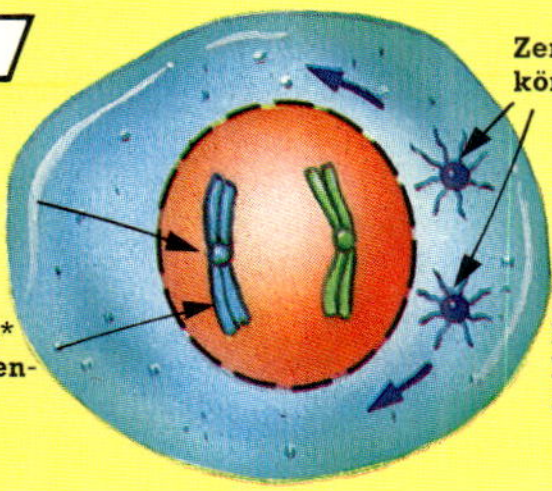

Die **Chromatin***-Fäden im **Zellkern*** wickeln sich auf und bilden sichtbare **Chromosomen***. Die **Kernmembran*** verschwindet. Jedes Chromosom verfügt bereits über zwei identische **Chromatiden,** die durch einen kleinen kugeligen Körper (das **Zentromer**) zusammengehalten werden. Die beiden **Zentralkörperchen** begeben sich zu den entgegengesetzten Zellpolen.

▼

Metaphase

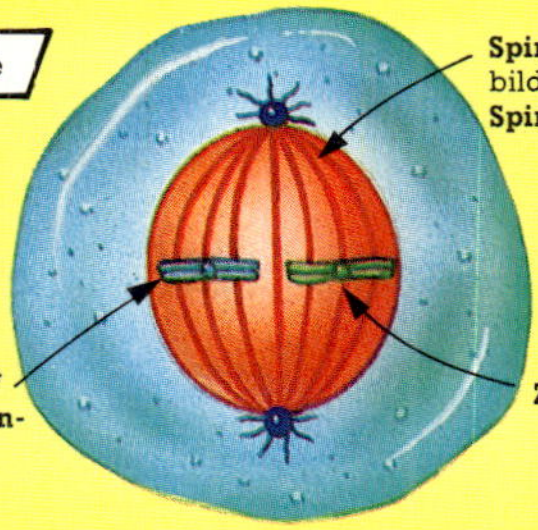

Die **Zentralkörperchen** an den entgegengesetzten Polen senden Proteinfasern (**Spindelfasern**) aus, die sich miteinander verbinden und den kugeligen **Spindelapparat** bilden. Die **Chromosomen*** (**Chromatidenpaare**) begeben sich zum Äquator des Kerns und heften sich mit ihren **Zentromeren** an den Spindelfasern fest.

▼

Anaphase

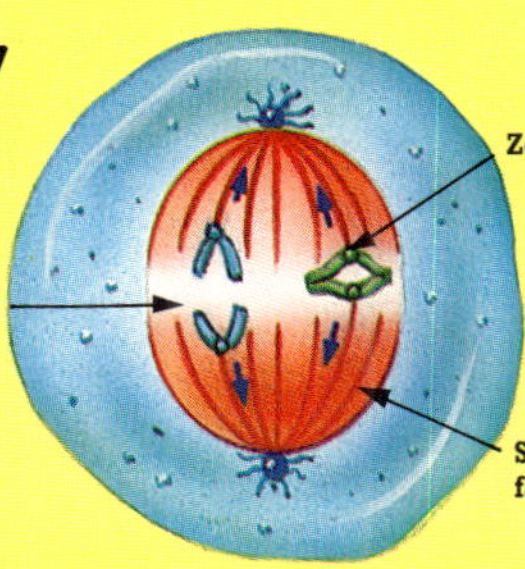

Die **Zentromeren** verdoppeln sich, und die beiden **Chromatiden** jedes Chromosoms (nunmehr **Tochterchromosoms**) bewegen sich zu den entgegengesetzten Polen der **Spindel**, wahrscheinlich unter dem Einfluß der sich verkürzenden **Spindelfasern**.

Telophase

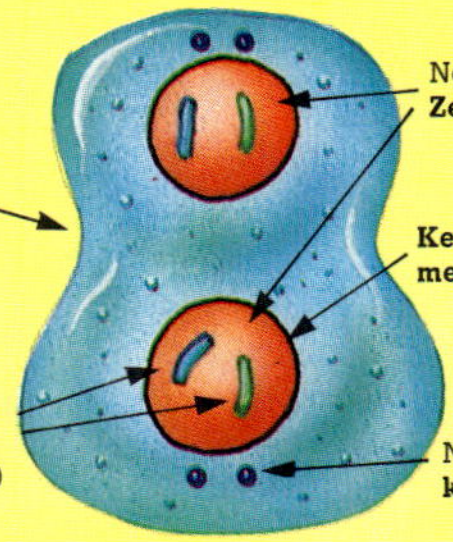

Die **Spindelfasern** und der **Spindelapparat** verschwinden, und die **Tochterchromosomen** bilden eine neue **Kernmembran***. Daraus gehen zwei neue **Zellkerne*** (**Tochterkerne**) hervor, in deren Innern die Chromosomen wieder länger werden und die fädige **Chromatin***-Masse bilden. Auch die **Zentralkörperchen** verdoppeln sich, so daß in jeder Tochterzelle (nach der **Zytokinese**) wieder ein Paar davon zu finden ist.

Zytokinese

▼

Tierische Zelle (**Mitose** vollendet)

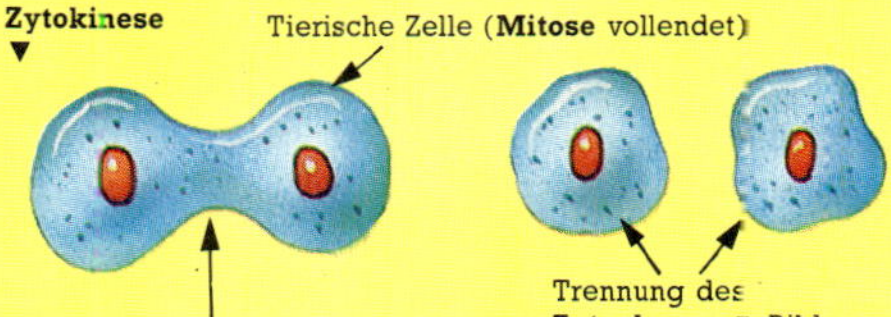

Pflanzliche Zellen (**Mitose** vollendet)

Zytokinese: Die Teilung des **Zytoplasmas*** einer Zelle. Dabei bilden sich um die neuen **Zellkerne***, die bei der **Mitose** (oder **Meiose***) entstanden sind, neue Zellen. Bei tierischen Zellen entsteht in der Äquatorialebene eine Einschnürung, die schließlich zur vollständigen Trennung in zwei Zellen führt. Bei pflanzlichen Zellen bildet sich aus Bläschen des **Golgi-Apparats** eine Zellplatte, die sich vergrößert und mit den Längswänden der Mutterzelle verschmilzt. Daran lagert jede Tochterzelle dann eine neue **Zellwand*** an.

*__Chromatin__, 238 (**Zellkern**); **Chromosomen**, 324; **Kernmembran**, 238 (**Zellkern**); **Meiose**, 322; **Zellwand**, 238; **Zytoplasma**, 238.

Gefäßpflanzen

Mit Ausnahme einfacher Pflanzen wie der Algen und der Pilze (s. Klassifikation auf den Seiten 338–339) sind alle Pflanzen **Gefäßpflanzen.** Das bedeutet, daß sie alle über komplexe Leitgewebe verfügen, in denen der Flüssigkeitstransport stattfindet. Wer mehr über den Transport in den Leitgeweben erfahren will, schlägt die Seiten 252–253 auf. Alle Gefäßpflanzen werden in der Abteilung Tracheophyta (s. Seite 339) zusammengefaßt.

Junger Sproß oder jüngster Teil eines Sprosses ▼

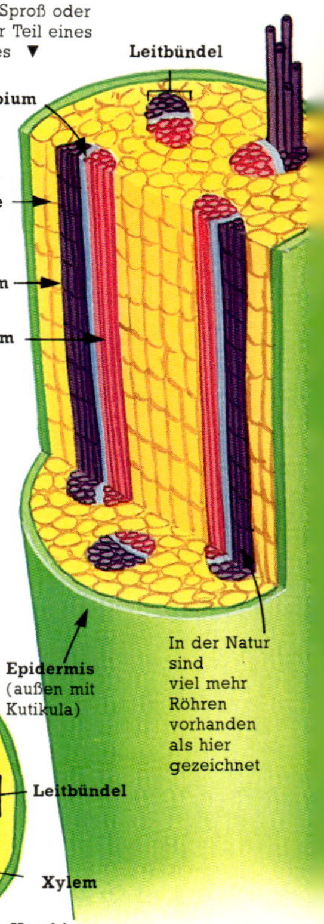

Längsschnitt ►

- **Leitgewebe:** Besonderes Gewebe im Inneren des Sprosses einer **Gefäßpflanze,** es besorgt den Flüssigkeitstransport und dient als Stütze. Bei jungen Sprossen ist das Leitgewebe normalerweise in einzelnen **Gefäß-** oder **Leitbündeln** angeordnet. Bei älteren Sprossen mit sekundärem Dickenwachstum bilden sie einen **Gefäßzylinder***. Bei jungen Wurzeln ist die Anordnung etwas anders, und der Gefäßzylinder wird auch später ausgebildet. Mehr über das Leitgewebe beim sekundären Dickenwachstum findet man auf Seite 246. Es gibt zwei Arten von Leitgewebe, das **Xylem** und das **Phloem.** Bei den zweikeimblättrigen Pflanzen liegt zwischen ihnen ein Wachstumsgewebe, das **Kambium**.

Das erste **Leitgewebe**, das eine Jungpflanze anlegt, ist **primäres Leitgewebe**. Das Xylem ist **primäres Xylem** und das Phloem **primäres Phloem**.

Querschnitt ▼

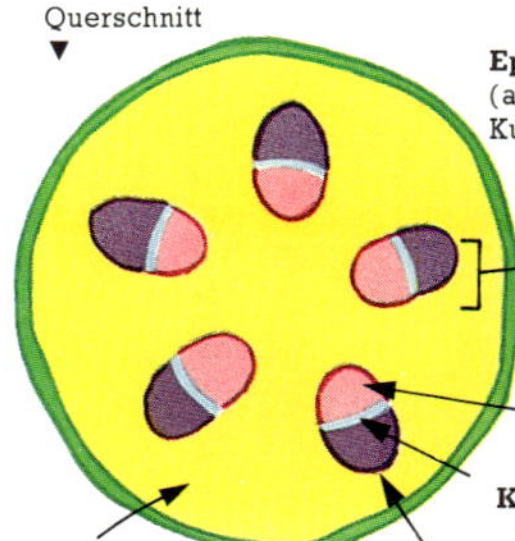

Bestandteile des Leitgewebes

- **Xylem**: Auch Holz- oder Gefäßteil genannt. Dieses Gewebe leitet Wasser von den Wurzeln zu den Blättern. Zwischen den einzelnen **Gefäßen** liegen lange dünne Zellen (**Fasern**), die den Zusammenhalt besorgen. Bei älteren Pflanzen stirbt das innere Xylem ab und dessen Gefäße werden ausgefüllt, wobei **Kernholz*** entsteht.
- **Phloem** oder Siebteil: Ein Leitgewebe, das die organischen Nährstoffe von den Blättern in Richtung Wurzel transportiert. Es besteht aus **Siebröhren** mit besonderen, parallel verlaufenden **Geleitzellen** sowie weiteren Zellen als Stütze. Die Geleitzellen sind mit den Siebröhrenzellen durch Tüpfel verbunden. Zwischen den einzelnen aneinandergereihten Siebröhrenzellen stehen die Siebplatten.

Schnitt durch ein **Leitbündel** ►

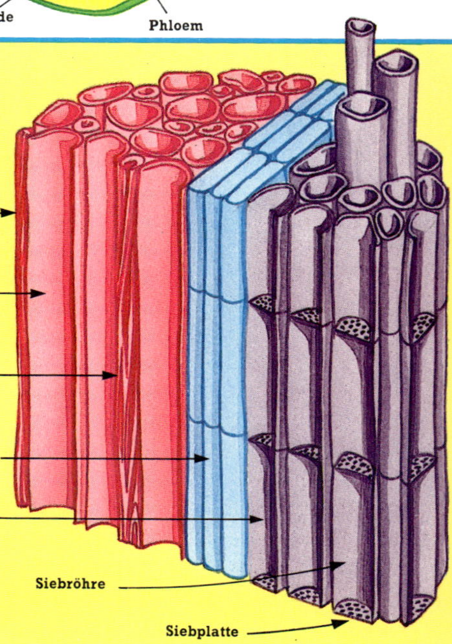

* **Gefäßzylinder,** 246; **Kernholz,** 247.

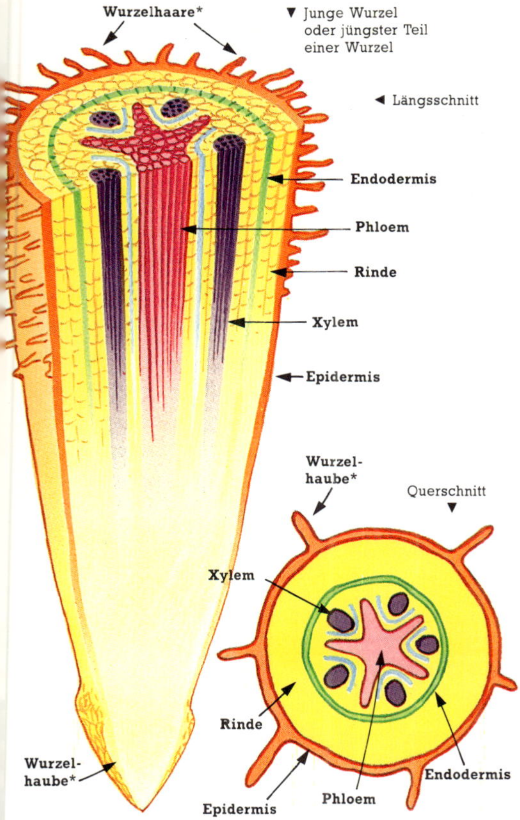

- **Gefäße:** Langgestreckte tote Röhren im **Xylem**, die den Wassertransport besorgen. Ihre Zellwände sind verholzt und enthalten **Lignin**. Sie bestehen aus hintereinander gelagerten abgestorbenen Zellen. Die Tracheiden bestehen aus Einzelzellen mit Endwänden; bei den Tracheen sind die Querwände aufgelöst.

- **Siebröhren:** In Längsreihen angeordnete lebende Zellen im **Phloem**. Sie übernehmen den Nährstofftransport. Die Endwände der langgestreckten Röhrenzellen sind siebartig durchlöchert. Diese **Siebplatten** lassen die Nährstoffe durch.

- **Kambium:** Bei den zweikeimblättrigen Pflanzen eine schmale Schicht dünnwandiger Zellen zwischen dem **Xylem** (innen) und dem **Phloem** (außen). Die Kambiumzellen können sich teilen und produzieren nach innen sekundäres Xylem und nach außen sekundäres Phloem. Wachstumsgewebe wie das Kambium nennen wir auch **Meristem***.

Weitere Gewebe bei Gefäßpflanzen

- **Epidermis**: Eine dünne Oberhaut, die alle Pflanzengewebe nach außen abschließt. Besonders auf den Blättern steht die Epidermis über zahlreiche kleine Öffnungen, die **Spaltöffnungen***, mit der Außenwelt in Verbindung. Sprosse mit sekundärem Dickenwachstum haben anstelle der Epidermis eine **Korkschicht***. Bei den Wurzeln solcher Pflanzen wird die Epidermis erst durch die **Exodermis** und dann durch eine Korkschicht ersetzt.

- **Kutikula**: Eine dünne Außenschicht aus dem wächsernen Stoff **Cutin**. Die Kutikula wird von der **Epidermis** produziert. Sie setzt den Wasserverlust herab.

- **Rinde:** Eine Gewebeschicht unter der **Epidermis** von ober- und unterirdischen Sprossen. Die Rinde besteht zur Hauptsache aus **Parenchym**, einem Gewebe aus umfangreichen Zellen mit großen Interzellularräumen. Manche Pflanzen haben auch ein Kollenchym, eine Art Stützgewebe mit langen dickwandigen Zellen. Beim sekundären Dickenwachstum wird die Rinde zusammengedrückt und durch andere Gewebe ersetzt.

- **Endodermis**: Die Zellschicht, die in Wurzeln und auf der **Rinde** aufliegt. Ihre Zellwände sind stark verdickt. Eine Ausnahme bilden die **Durchlaßzellen**. Sie leiten das Wasser weiter, das in die Lücken zwischen den Rindenzellen eingedrungen ist. Es gelangt dann ins Innere zum **Leitgewebe**.

- **Mark**: Ein Gewebetyp im Inneren von Stämmen, meistens aber nicht von Wurzeln. Von Mark spricht man eigentlich nur, wenn der Sproß das sekundäre Dickenwachstum begonnen und einen **Gefäßzylinder*** entwickelt hat. Das Mark besteht wie die **Rinde** aus **Parenchym**. Bisweilen dient es der Pflanze als Nährstoffspeicher.

* **Exodermis**, 245; **Gefäßzylinder**, 246; **Korkschicht**, 247; **Meristem**, 244 **Protoplasma**, 238; **Spaltöffnungen**, 249; **Wurzelhaube, (Zone der Wurzelhaare)**, 245; **Zellkern**, 238.

Sprosse und Wurzeln

Sproß und **Wurzel** sind die wichtigsten Stützstrukturen einer Blütenpflanze. Eine besonders wichtige Rolle spielen sie auch beim Flüssigkeitstransport (s. Seiten 242–243 und 252–253). Auf dieser Doppelseite werden die wichtigsten Organe beschrieben. Mehr über die Entwicklung des Stengels und der Wurzeln beim sekundären Dickenwachstum auf den Seiten 246–247.

- **Meristem**: Bildungs- oder Teilungsgewebe, von dem neues Wachstum ausgeht. Die Zellen eines Meristems können sich teilen und neue Zellen produzieren. Ein Meristem an der Spitze der Wurzel (**Vegetationspunkt**) oder des Sprosses (**Endknospe**) heißt Apikalmeristem.

Sproßanlagen

- **Trieb**: Ein neuer Sproß, der dem Hauptsproß oder dem Samen entspringt.

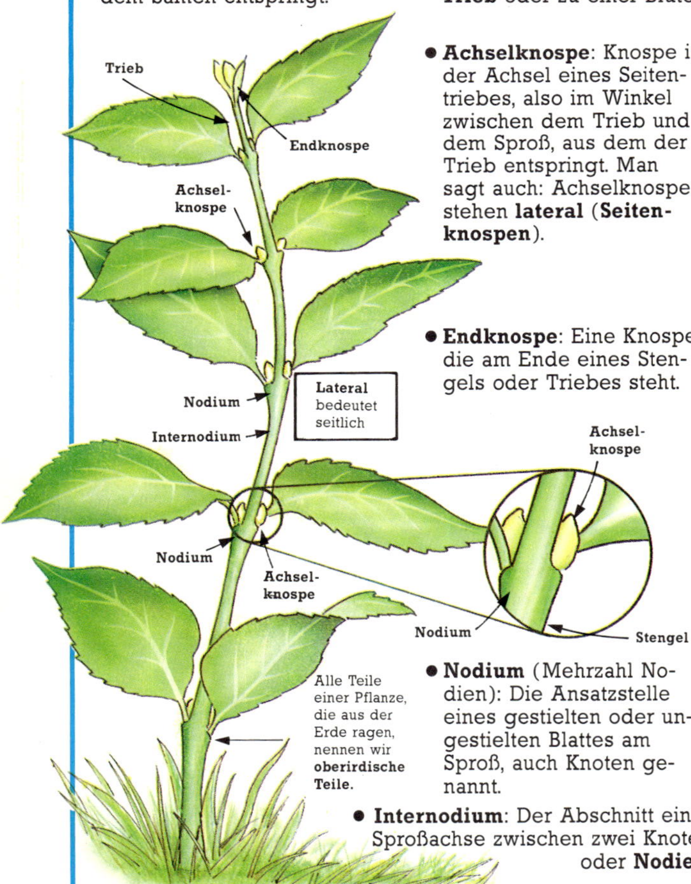

- **Knospe**: Ein kleiner Auswuchs an einem Sproß. Die Knospe entwickelt sich zu einem neuen **Trieb** oder zu einer Blüte.
- **Achselknospe**: Knospe in der Achsel eines Seitentriebes, also im Winkel zwischen dem Trieb und dem Sproß, aus dem der Trieb entspringt. Man sagt auch: Achselknospen stehen **lateral** (**Seitenknospen**).
- **Endknospe**: Eine Knospe, die am Ende eines Stengels oder Triebes steht.
- **Nodium** (Mehrzahl Nodien): Die Ansatzstelle eines gestielten oder ungestielten Blattes am Sproß, auch Knoten genannt.
- **Internodium**: Der Abschnitt einer Sproßachse zwischen zwei Knoten oder **Nodien**.

Teile einer Wurzel

- **Vegetationspunkt**: Eine Stelle gerade hinter der Wurzelspitze. Dort teilen sich die Zellen und erzeugen neues Wachstum.
- **Zone der Zellstreckung**: Das Gebiet mit neu entstandenen Zellen hinter dem Vegetationspunkt. Die Zellen nehmen Wasser auf und strecken sich in die Länge, da die **Zellwände*** noch nicht erhärtet sind. Diese Zellstrekkung stößt die Wurzelspitze tiefer in den Boden hinein.

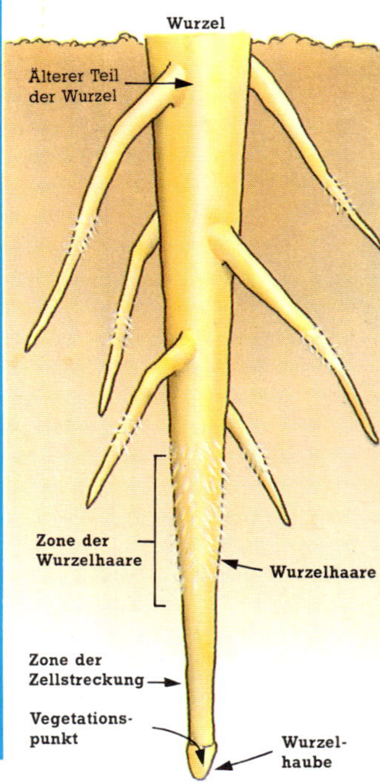

* **Zellwand**, 238.

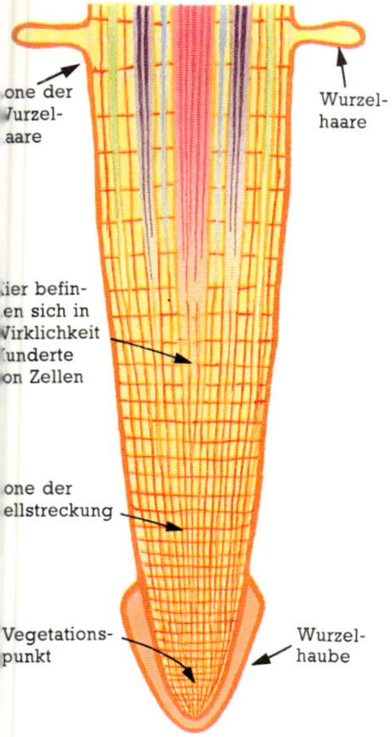

- **Zone der Wurzelhaare**: Das jüngste Gebiet der **Epidermis***, der äußersten Zellschicht einer Wurzel. Wie der Name sagt, stehen hier die **Wurzelhaare**; sie befinden sich hinter der **Zone der Zellstreckung**. Wenn die Wände der sich streckenden Zellen erhärten, entwickeln sich die äußeren Zellen zu den Wurzelhaaren. Weiter oben sterben die Wurzelhaare ab und werden von einer Schicht verkorkter Zellen ersetzt, der sogenannten **Exodermis**, welche die äußerste Schicht der **Rinde*** bildet.

- **Wurzelhaare**: Längere zarte, schlauchartige Auswüchse der **Epidermis***. Sie nehmen Wasser und darin gelöste Nährsalze auf.

- **Wurzelhaube**: Eine Zellschicht, welche die zarten Zellen der Wurzelspitze schützt.

Wurzeltypen

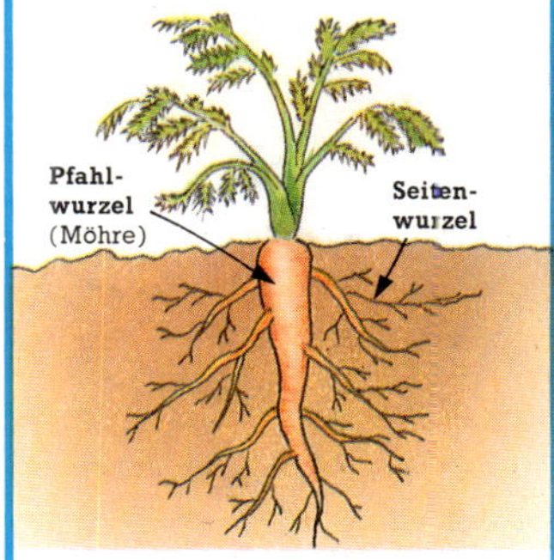

- **Pfahlwurzel**: Als Pfahlwurzel bezeichnen wir eine **Haupt-** oder **Primärwurzel**, die deutlich größer und dicker als die **Nebenwurzeln** wird. Viele Wurzelgemüse haben verdickte Pfahlwurzeln oder Speicherwurzeln.

- **Büschelwurzel**: Ein System dünner Wurzeln, die alle ungefähr gleich lang sind und die alle kleinere **Nebenwurzeln** tragen. Die Keimwurzel tritt im Gegensatz zur **Pfahlwurzel** nicht stärker hervor.

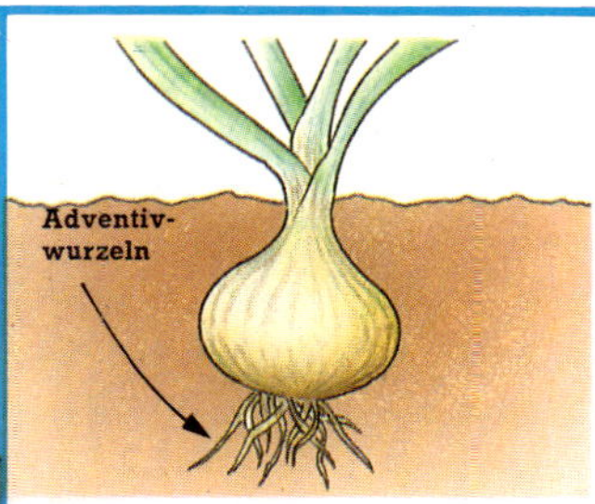

- **Adventivwurzeln**: Wurzeln, die aus Sproßachsen hervorgehen. Wir finden sie z. B. am unteren Ende von **Zwiebeln***, die nichts anderes als gestauchte Sprosse darstellen.

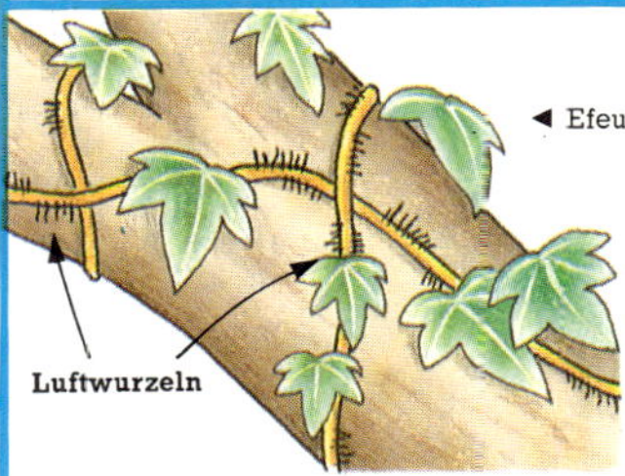

- **Luftwurzeln**: Oberirdisch stehende **Adventivwurzeln**, die nicht mit dem Boden in Kontakt kommen. Sie dienen zum Klettern (Efeu) und zur Aufnahme von Wasser (Orchideen).

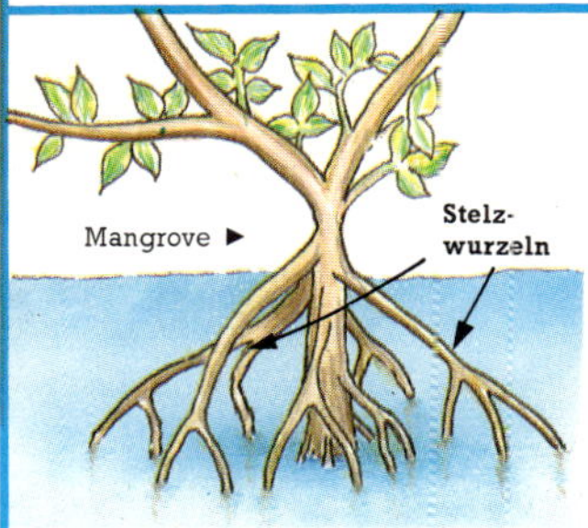

- **Stelzwurzeln**: Eine besondere Form der **Luftwurzeln**. Sie bilden sich an einem Sproß und wandern zur Erde. Stelzwurzeln haben z. B. die Mangroven, die sich damit im Schlick von Meeresküsten verankern.

* **Epidermis, Rinde,** 243; **Zwiebel,** 262.

Das Innere einer älteren Pflanze

Eine Blütenpflanze, die mehrere Jahre lebt, z. B. ein Baum, bildet beim Älterwerden **Sekundärgewebe** aus. Dieses besteht aus neuen Gewebeschichten, welche das ursprüngliche **Primärgewebe*** ergänzen. Im Innern der Pflanze wird neues **Leitgewebe*** für die Versteifung und den Flüssigkeitstransport gebildet, während an der Außenseite neue Schutzgewebe entstehen. Die Bildung neuer Leitgewebe heißt **sekundäres Dickenwachstum**, und dabei entsteht eine Holzpflanze.

Sekundäres Dickenwachstum bei einem Sproß

1. Junger Trieb

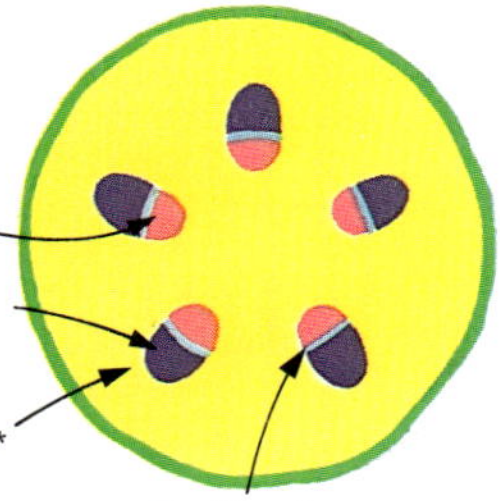

2. Etwas älter

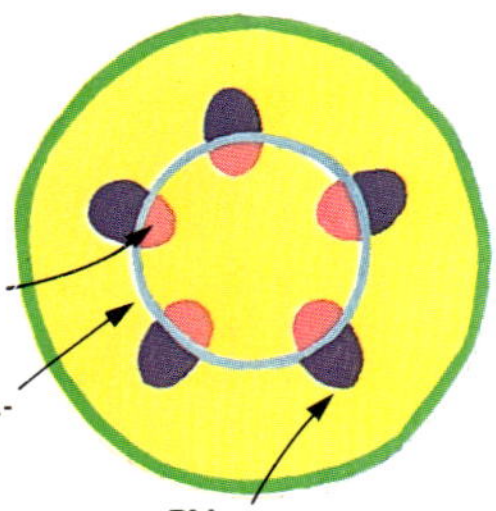

3. Noch älter

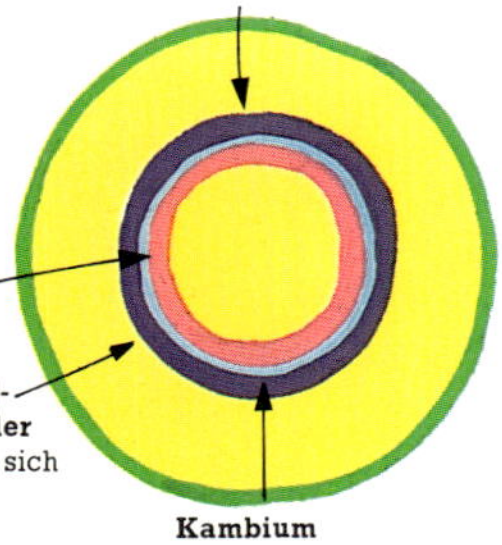

4. Nach einem weiteren Jahr

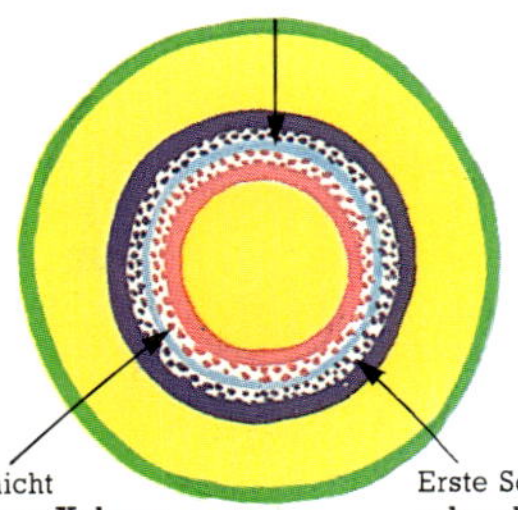

Neue zentrale Gewebe

- **Gefäßzylinder**: Beim ersten Schritt des **sekundären Dickenwachstums** entsteht ein Gefäßzylinder. Das **Kambium*** im Innern der **Leitbündel*** bildet neues **Xylem*** und **Phloem***, und zwar als einen durchgehenden Zylinder aus diesen Leitgeweben.

- **Sekundäres Dickenwachstum**: Bei mehrjährigen zweikeimblättrigen Pflanzen die Bildung zusätzlichen flüssigkeitsführenden **Leitgewebes***. Dies hat zur Folge, daß der Durchmesser des Stengels und der Wurzeln nach und nach zunimmt. Jedes Jahr bilden die sich teilenden **Kambium***-Zellen neue **Xylem***-Schichten (**sekundäres Xylem**) und **Phloem***-Schichten (**sekundäres Phloem**). Bei den oberirdischen Sprossen geschieht dies etwas anders als in den Wurzeln. Doch überall vergrößert das Leitgewebe seinen Durchmesser und verdrängt langsam das **Mark***. Der größte Teil des Stammes besteht aus Xylem und ist uns als **Holz** bekannt. Die Phloem-Schicht wird nicht viel dicker, weil das Xylem sie jedes Jahr nach außen abdrängt.

- **Jahresringe**: Die konzentrischen Ringe, wie sie auf dem Querschnitt einer älteren Holzpflanze sichtbar werden. Jeder Jahresring entspricht dem Wachstum des **Xylems*** während einer Vegetationsperiode und zeigt zwei unterscheidbare Gebiete, das weichere **Frühlingsholz** oder **Frühholz** mit weitlumigeren Gefäßen und das härtere **Spät**- oder **Herbstholz** mit viel engeren Gefäßen.

5. Nach einer Reihe von Jahren

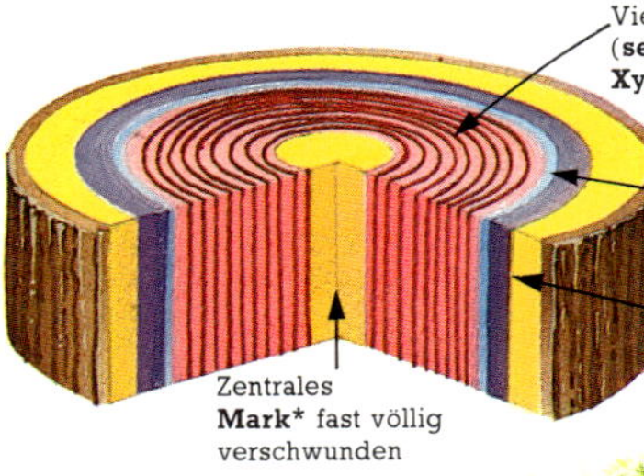

* **Kambium**, 243; **Mark**, 243; **Leitbündel**, 242 (**Leitgewebe**); **Phloem**, **Primärgewebe**, 242; **Xylem**, 242.

- **Kernholz**: Der älteste, zentrale Teil des **Xylems*** einer Holzpflanze. Die **Gefäße*** sind ausgefüllt und transportieren keine Flüssigkeit mehr, dienen aber noch der Versteifung.

- **Splintholz**: Der äußere Teil des **Xylems*** bei einer älteren Holzpflanze. Die **Gefäße*** des Splintholzes leiten weiterhin Wasser. Sie stützen auch den Baum und speichern Nährstoffe.

Neue periphere Gewebe

Mehrjährige Holzpflanzen bilden nicht nur neue **Leitgewebe***, sondern auch neue Schutzgewebe an der Außenseite. Man unterscheidet drei Schichten, das **Korkkambium**, die **Korkrinde** und die **Korkschicht**. Diese drei Schichten werden unter der Bezeichnung **Periderm** zusammengefaßt.

- **Korkkambium** oder **Phellogen**: Eine Zellschicht an der Peripherie von Stämmen und Wurzeln älterer Holzpflanzen. Es handelt sich um ein **Meristem***, das dauernd neue Zellen bildet. Aus ihm gehen die **Korkrinde** und die **Korkschicht** hervor.

- **Korkrinde** oder **Phelloderm**: Bezeichnung für die neue Zellschicht, die das **Korkkambium** nach innen produziert. Die Korkrinde ergänzt die **Rinde*** und wird deswegen gelegentlich auch als **sekundäre Rinde** oder als **Bast** bezeichnet.

- **Korkschicht**: Eine neue Zellschicht, die das **Korkkambium** nach außen produziert. Wie der Name sagt, **verkorken** diese Zellen, das heißt, die Zellwände lagern wachsartige **Suberin**-Schichten an. Diese bewirken, daß kein Wasser eindringen kann. Die Korkzellen sterben langsam ab und ersetzen die primäre äußere Zellschicht (**Epidermis*** bei Stengeln und **Exodermis*** bei Wurzeln). Die Schicht toter Korkzellen bezeichnen wir als **Borke**.

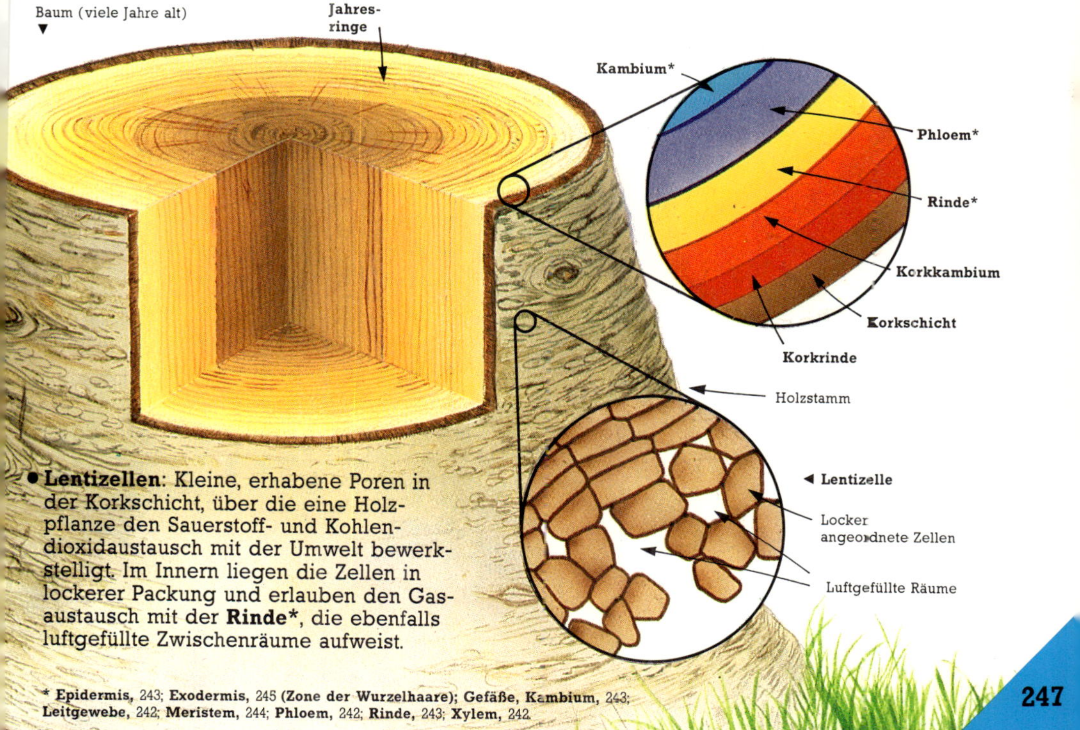

- **Lentizellen**: Kleine, erhabene Poren in der Korkschicht, über die eine Holzpflanze den Sauerstoff- und Kohlendioxidaustausch mit der Umwelt bewerkstelligt. Im Innern liegen die Zellen in lockerer Packung und erlauben den Gasaustausch mit der **Rinde***, die ebenfalls luftgefüllte Zwischenräume aufweist.

* **Epidermis**, 243; **Exodermis**, 245 (**Zone der Wurzelhaare**); **Gefäße**, **Kambium**, 243; **Leitgewebe**, 242; **Meristem**, 244; **Phloem**, 242; **Rinde**, 243; **Xylem**, 242.

Blätter

Die Gesamtheit der Blätter einer Pflanze bezeichnen wir als ihr **Laub.** Blätter sind besondere Organe zur Herstellung von Nahrung. Sie tun dies bei einem hochkomplizierten Vorgang, der **Photosynthese** (mehr darüber auf den Seiten 254–255). Es gibt eine große Vielfalt an Blattformen und Blattgrößen. Man kann sie alle aber zwei grundlegenden Typen zuordnen: den **einfachen Blättern** mit einer einzigen **Blattspreite** und den **zusammengesetzten Blättern,** bei denen an einem Blattstiel mehrere kleine **Teilblättchen** stehen. Die Tafel auf Seite 250 zeigt einige der vielen Blattformen.

Das Innere eines Blattes

- **Blattnerven**: Versteifte Stellen mit **Leitgewebe*** im Inneren eines Blattes, auch Blattadern oder Blattrippen genannt. Sie versorgen dieses mit Wasser und Nährsalzen und führen die hergestellten Nährstoffe ab. Einige Blätter haben lange, parallele Nerven, andere sind netznervig mit einer **Mittelrippe** und zahlreichen, davon abzweigenden Blattnerven.

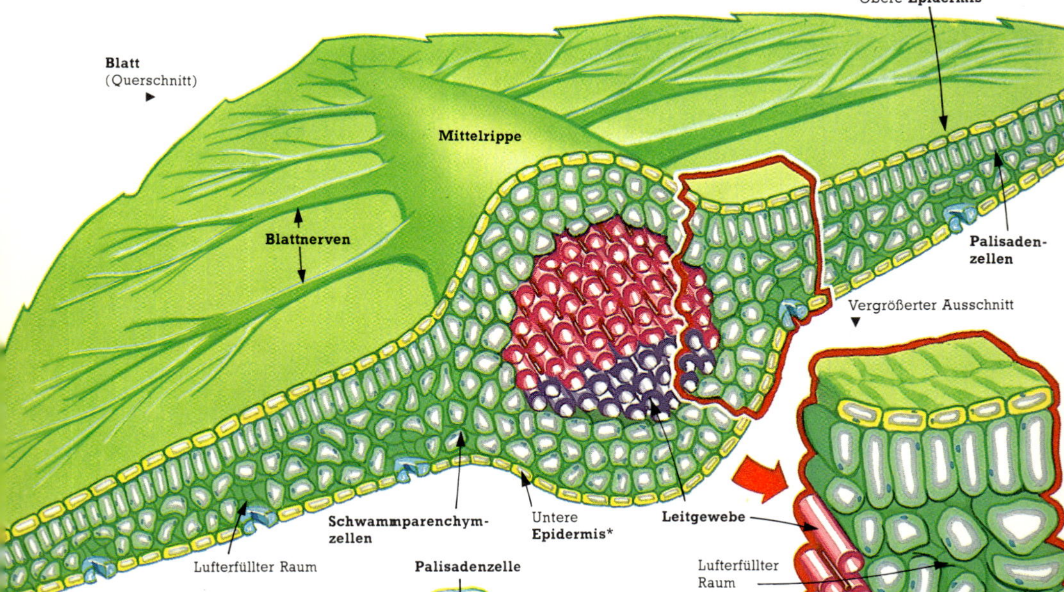

- **Palisadengewebe**: Eine Zellschicht gerade unterhalb der Blattoberfläche. Sie besteht aus regelmäßigen, länglichen **Palisadenzellen**, die viele **Chloroplasten*** enthalten.

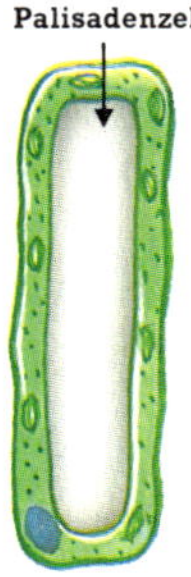

- **Schwammgewebe**: Schicht aus unregelmäßigen **Schwammparenchymzellen** mit Interzellularräumen, in denen Gase zirkulieren. Palisaden- und Schwammgewebe bilden zusammen das **Mesophyll**.

* **Chloroplasten,** 255; **Epidermis,** 243; **Leitgewebe,** 242.

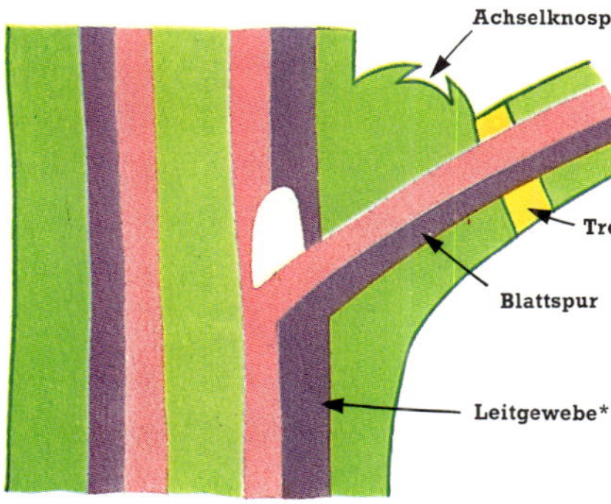

• **Blattspur**: Das **Leitgewebe***, das aus der Sproßachse in ein Blatt eintritt und zu dessen **Mittelrippe** wird.

• **Trennungszone**: Eine Zellschicht am Grund des Blattstiels. Am Ende der Vegetationsperiode verschleimen hier die Zellen unter dem Einfluß des **Hormons* Abscisinsäure**. Dies führt zum Blattfall und hinterläßt an der Sproßachse eine **Blattnarbe**.

• **Spaltöffnungen**: Winzige Öffnungen in der **Epidermis*** (Außenhaut). Durch die Spaltöffnungen verdunstet Wasser (**Transpiration***) und so findet der Gasaustausch statt. Sie treten hauptsächlich auf der Blattunterseite auf.

• **Schließzellen**: Paarweise auftretende bohnenförmige Zellen zu beiden Seiten einer Spaltöffnung. Durch Formveränderung können sie die Spaltöffnung auf- oder zumachen und dadurch den Gas- und Wasseraustausch kontrollieren. Die Schließzellen verfügen als einzige oberflächliche Zellen über **Chloroplasten***.

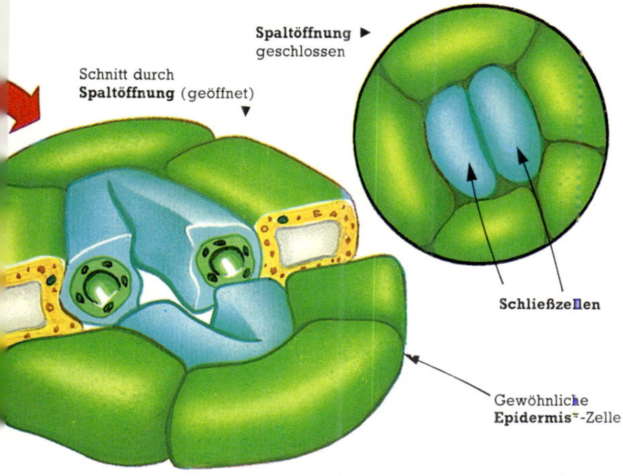

Sonderformen

• **Nebenblatt**: Ein kleines sitzendes Blatt in der Achsel eines gestielten Laubblattes.

• **Hochblatt**: Ein Blatt in der Achsel eines Blütentriebes.

• **Ranke**: Ein fadenförmiges Blatt (oder ein Sproß), das sich um Stützen wickelt.

• **Dorn**: Ein umgebautes Blatt bei Kakteen. Es hat eine geringe Oberfläche zur Begrenzung des Wasserverlustes.

* **Achselknospe**, 244; **Chloroplasten**, 255; **Epidermis**, 243; **Hormone**, 334; **Leitgewebe**, 242; **Transpiration**, 252.

Zusammengesetzte Blätter

Hier sind mehrere Typen aus **Teilblättchen*** zusammengesetzter Blätter sowie einige häufige Blattstellungen und **Blattrand**formen abgebildet. (Nicht im gleichen Maßstab.)

- **Gefingert**: Die **Teilblättchen** entspringen an einem einzigen Punkt.

- **Dreizählig**: Drei Teilblättchen entspringen an demselben Punkt.

- **Dreizählig**: Eine Sonderform, jedes Teilblättchen ist selbst tief eingeschnitten.

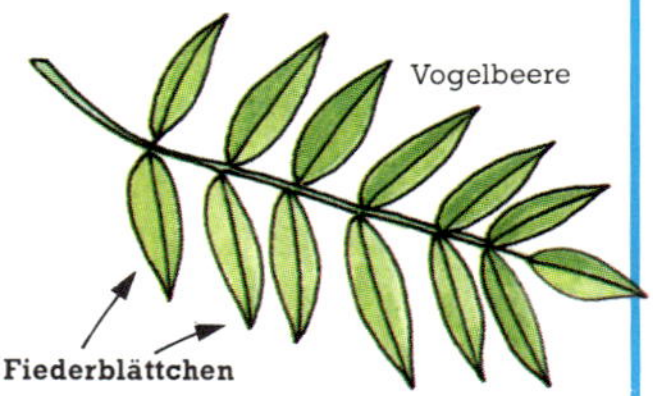

- **Gefiedert**: Die **Teilblättchen** stehen an einer Achse einander gegenüber.

- **Doppelt dreifach gefiedert**: Gefiedertes Blatt mit gefiederten Teilblättchen.

Blattstellungen

- **Spiralig**: Die Blattansatzstellen liegen auf einer Spirale um den Stengel.

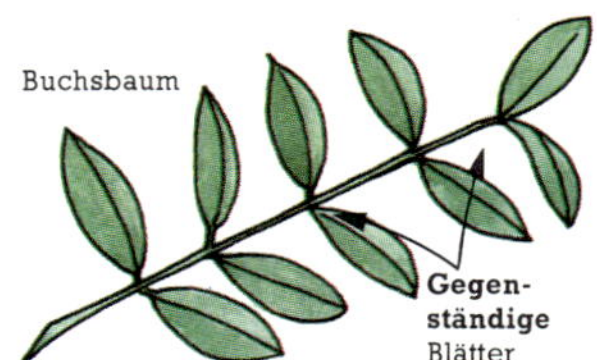

- **Gegenständig**: Je zwei Blätter sind an gegenüberliegenden Stellen des Stengels befestigt.

- **Kreuzgegenständig**: Gegenständige Blattpaare sind gegeneinander um 90 Grad gedreht.

- **Quirlständig**: Mehrere Blätter entspringen an einer Stelle des Stiels.

- **Grundständig**: Die Blätter entspringen der Sproßbasis und bilden eine **Rosette**.

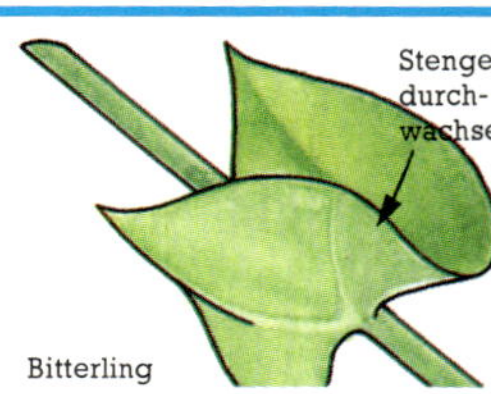

- **Durchwachsen**: Die Blattspreite der Blätter umgibt den Stengel vollständig.

Blattrand

- **Ganzrandig**: Der Blattrand zeigt keine Form von Einkerbungen.

- **Gezähnt**: Der Blattrand zeigt kleine, aber deutliche Zähnchen.

- **Gelappt**: Der Blattrand ist in runde **Lappen** unterteilt.

* **Teilblättchen,** 248.

Reizbarkeit der Pflanzen

Pflanzen haben kein Nervensystem und zeigen dennoch, wie alle Lebewesen, eine **Reizbarkeit**, indem sie auf bestimmte Reize reagieren. Sie tun dies durch Wachstum oder durch Bewegung bestimmter Organe. Wir bezeichnen dies als **Tropismus**. Beim **positiven Tropismus** wendet sich die Pflanze dem Reiz zu, beim **negativen Tropismus** wendet sie sich von ihm ab.

- **Phototropismus**: Reaktion auf Licht. Wenn es sich um Sonnenlicht handelt, spricht man auch von **Heliotropismus**. Weitaus die meisten Grünpflanzen reagieren positiv phototropisch, indem sie Blätter und Triebe zum Licht wachsen lassen.

- **Haptotropismus** oder **Thigmotropismus**: Reaktion auf Berührung. Die Fanghaare des Sonnentaus z. B. krümmen sich zu einem gefangenen Insekt hin.

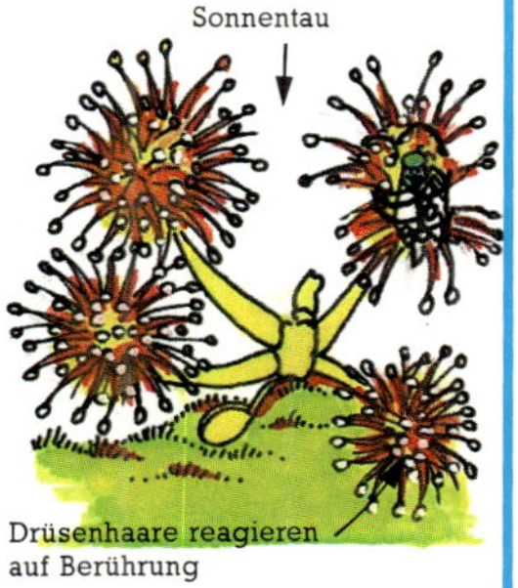

- **Hydrotropismus**: Reaktion auf Feuchtigkeitsunterschiede. Manche Wurzeln wachsen beispielsweise stärker seitwärts, wenn es in dieser Richtung mehr Wasser zu holen gibt.

- **Geotropismus**: Reaktion auf die Schwerkraft. Wir beobachten diese Erscheinung bei allen Wurzeln, die der Schwerkraft entgegen ins Bodeninnere wachsen.

- **Photoperiodismus**: Das Verhalten von Pflanzen gegenüber der Tages- oder Nachtlänge (**Photoperioden**), besonders im Hinblick auf das Auftreten von Blüten. Dieses hängt von einer Reihe von Faktoren ab, z. B. dem Alter der Pflanze und der Temperatur der Umgebung. **Kurztagpflanzen** bringen nur dann Blüten hervor, wenn die Tageslänge eine bestimmte kritische Schwelle nicht überschreitet. **Langtagpflanzen** gelangen nur bei Tageslängen über 14 Stunden zum Blühen. Man

nimmt an, daß ein **Hormon*** den Befehl zur Blütenbildung an die entsprechende Stelle trägt. Dieses Hormon wird unter den richtigen Bedingungen von den Blättern hervorgebracht und heißt **Florigen** oder **Blühhormon**. Einige Pflanzen verhalten sich **tagneutral**, das heißt, die Ausbildung von Blüten hängt nicht von der Tageslänge ab.

- **Wachstumshormone**: Stoffe, die das Pflanzenwachstum fördern und regulieren. Sie werden in **Meristemen*** (Gebieten dauernder Zellteilung) produziert. Die wichtigsten Wachstumshormone sind **Auxine**, **Cytokinine** und **Gibberelline**.

* **Hormone**, 334; **Meristem**, 244.

Flüssigkeitstransport in der Pflanze

Im Innern einer Pflanze sorgen die **Leitgewebe*** mit dem **Xylem*** und dem **Phloem*** für den Flüssigkeitstransport. Das Xylem befördert Wasser mit darin gelösten Nährsalzen von der Wurzel zu den Blättern. Das Phloem hingegen transportiert von den Blättern hergestellte Nahrung wurzelwärts.

- **Transpiration**: Die Abgabe von Wasserdampf, besonders durch die zahlreichen kleinen **Spaltöffnungen*** auf der Blattunterseite. Man kann auch von Verdunstung sprechen. Das durch die Transpiration verlorene Wasser muß die Pflanze dauernd ersetzen. Am höchsten ist die Transpiration bei niedriger relativer Luftfeuchtigkeit, bei hoher Temperatur und bei starker Luftbewegung.
- **Transpirationsstrom**: Das dauernde Nachziehen und Emporsteigen von Wasser innerhalb einer Pflanze. Wenn die äußeren Blattzellen Wasser durch **Transpiration** verlieren, konzentrieren sich Nährsalze und Zucker in ihren **Vakuolen*** stärker als bei weiter innen gelegenen Zellen. Wasser tritt dann durch **Osmose*** über, und das führt dazu, daß weiteres Wasser über die Gefäße des **Xylems*** nachgezogen wird. Die **Kapillarwirkung** in den dünnen Röhren ist dabei behilflich. Die Wurzeln nehmen dann mehr Wasser auf.
- **Kapillarwirkung**: Die Erscheinung, daß Flüssigkeiten in engen Röhren höher steigen, als es der Druck eigentlich zuläßt. Die Flüssigkeitsmoleküle werden von den Molekülen der Röhrenwand angezogen und nach oben gehoben. Je enger die Röhren, um so stärker die Kapillarwirkung und um so höher steigt die Flüssigkeit.
- **Wurzeldruck**: Ein Druck in den Wurzeln bestimmter Pflanzen. Alle Pflanzen nehmen durch **Osmose*** über die Wurzelzellen Wasser aus dem Boden auf. Pflanzen, die diesen Wurzeldruck entwickeln, können das Wasser in die Gefäße des **Xylems*** pressen, so daß es etwas aufsteigt. Der **Transpirationsstrom** sorgt dann dafür, daß es bis in die äußersten Blattspitzen gelangt. Bei Pflanzen ohne oder nur geringem Wurzeldruck wird das Wasser nur über die Kräfte des Transpirationsstromes nach oben gezogen.

Wasserdampf tritt durch die **Spaltöffnungen*** aus.

Dieses Wasser wird von inneren Zellen her ersetzt.

Wasser wandert im **Xylem*** nach oben.

Die Wurzelhaare nehmen mehr Wasser auf.

* **Leitgewebe**, 242; **Osmose**, 327; **Phloem**, 242; **Spaltöffnungen**, 249; **Xylem**, 242; **Vakuolen**, 238.

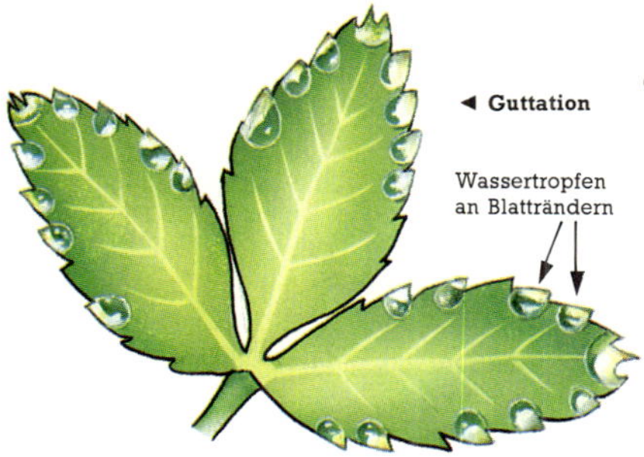

• **Guttation**: Eine Erscheinung, die als Folge des Wurzeldrucks auftritt. Gewisse Pflanzen können an Tagen mit feuchtigkeitsgesättigter Luft Wasser in Tropfenform abgeben. Dies geschieht über besondere Zellen, die **Wasserspalten** oder **Hydathoden** oder über winzige Poren an der Blattspitze oder an den Blatträndern. Besonders auffällig ist die Guttation beim Frauenmantel.

• **Turgor**: Der osmotisch bedingte Spannungszustand einer Zelle. Durch **Osmose*** dringt Wasser in den **Zellsaft*** (gelöste Nährsalze und Zucker) in der großen zentralen **Vakuole*** ein. Bei höchstem Turgor kann die Zelle aber kein weiteres Wasser mehr aufnehmen. Die Vakuole kann sich nicht weiter ausdehnen, weil sich der nach außen gerichtete **Turgordruck** und der nach innen gerichtete **Wanddruck** der starren **Zellwand*** das Gleichgewicht halten. Die Zellen gesunder Pflanzen zeigen einen hohen Turgordruck und halten die Pflanze aufrecht.

Turgor ►

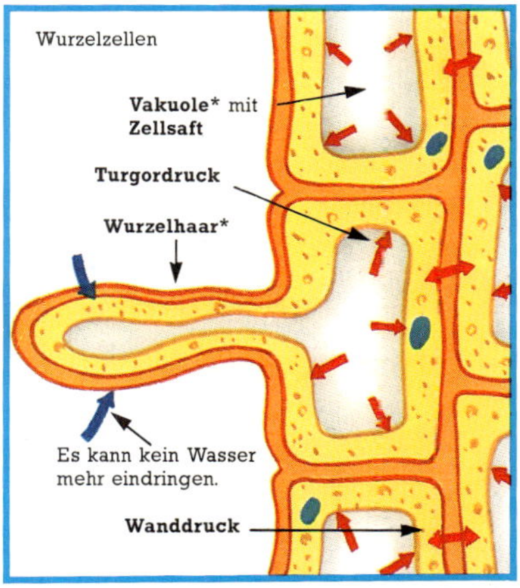

• **Welken**: Schlaffwerden einer Pflanze unter bestimmten äußeren Bedingungen, z. B. bei übergroßer Hitze oder Trockenheit. Die Pflanze verliert durch **Transpiration** mehr Wasser, als sie aufnehmen kann, und der **Turgordruck** (s. **Turgor**) der **Zellvakuolen*** sinkt. Die Zellen werden schlaff und können die Pflanze nicht mehr länger aufrecht halten.

Welken ►

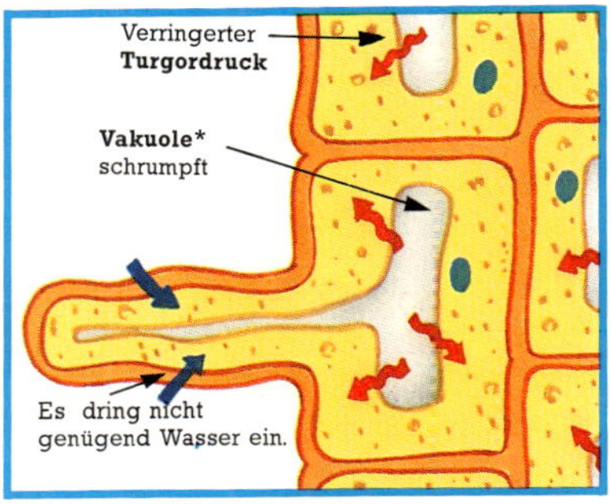

• **Plasmolyse**: Ein extremer Zustand einer Pflanze, der zum Tode führen kann. Solche Pflanzen verlieren einen großen Teil ihres Wassers, oft nicht nur durch **Transpiration** bei großer Hitze (s. **Welken**), sondern auch durch **Osmose*** in sehr trockenen oder stark salzhaltigen Böden. Bei der Plasmolyse schrumpfen die **Vakuolen*** der Pflanzenzellen, so daß sich das **Zytoplasma*** von den **Zellwänden*** ablöst.

Plasmolyse ►

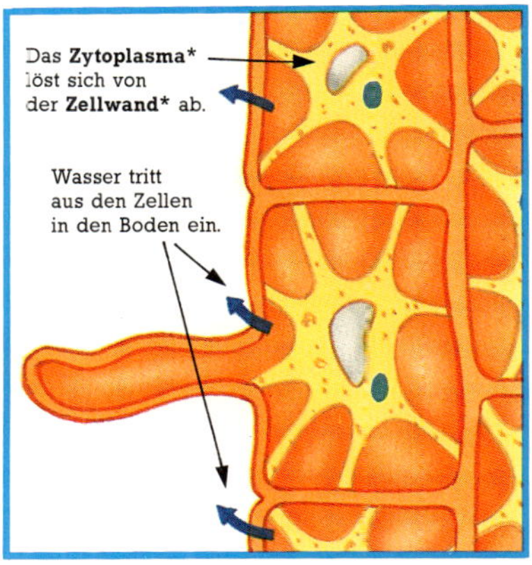

* **Osmose**, 327; **Wurzelhaare**, 245; **Zellsaft**, 238 (**Vakuolen**); **Zellvakuolen**, **Zellwand**, **Zytoplasma**, 238.

Pflanzen stellen Nährstoffe her

Grüne Pflanzen haben die Fähigkeit, die Nahrung, die sie für das Wachstum und für die Versorgung mit Energie benötigen, selbst herzustellen. Tiere hingegen können das nicht; sie müssen Pflanzen als Nahrung aufnehmen. Den Aufbau komplexer Nährstoffe aus anorganischen Substanzen bezeichen wir als **Photosynthese.**

• **Photosynthese:** Die Gesamtheit der chemischen Reaktionen, mit deren Hilfe grüne Pflanzen ihre Nahrung herstellen. Die Photosynthese findet zur Hauptsache in den **Palisadenzellen*** der Blätter statt. Aus Kohlendioxid und Wasser werden Kohlenhydrate und Zucker, wobei die Chloroplasten die Energie für diese Reaktionen dem Sonnenlicht entnehmen. Dabei entsteht neben den Nährstoffen auch Sauerstoff, den die Pflanzen abgeben. ▶

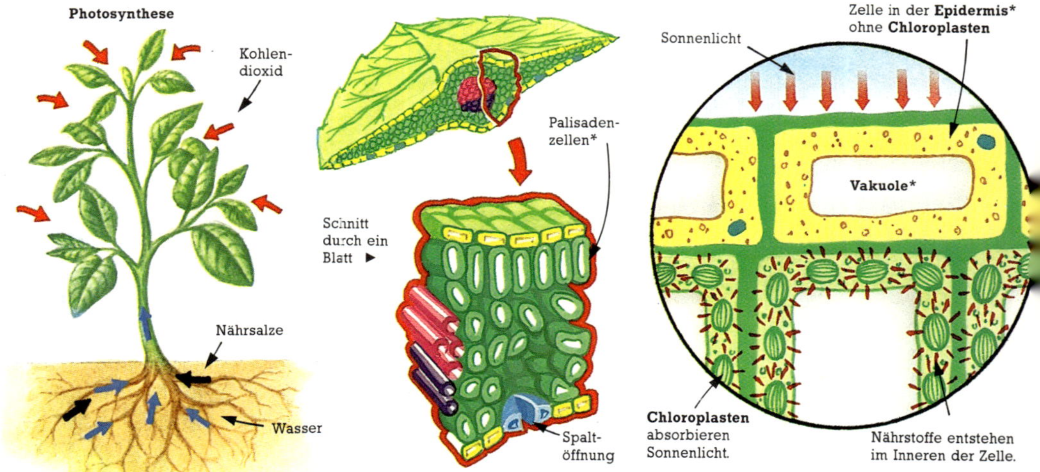

• **Kompensationspunkte:** Bezeichnung für zwei bestimmte Zeitpunkte innerhalb einer Periode von 24 Stunden. Sie liegen normalerweise in der Morgen- und Abenddämmerung. Dabei halten sich die beiden Vorgänge der **Photosynthese** und der **Zellatmung*** (s. nächste Seite oben) die Waage. Die Photosynthese produziert dann gerade so viel Kohlenhydrate und Sauerstoff, daß es für die Zellatmung ausreicht. Diese wiederum ergibt gerade genügend Kohlendioxid und Wasser für die Photosynthese.

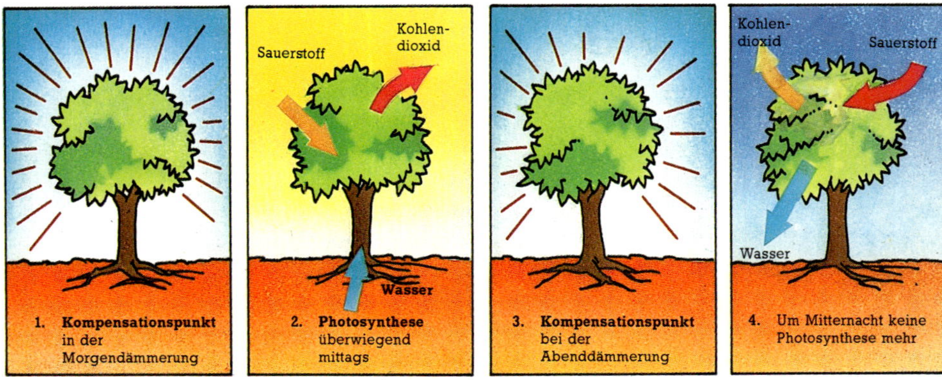

1. **Kompensationspunkt** in der Morgendämmerung
2. **Photosynthese** überwiegend mittags
3. **Kompensationspunkt** bei der Abenddämmerung
4. Um Mitternacht keine Photosynthese mehr

* **Epidermis,** 243; **Palisadenzellen,** 248; **Vakuolen;** 238; **Zellatmung,** 332.

▶ Der Vorgang der Photosynthese geht Hand in Hand mit der **Zellatmung***, dem Abbau der Nahrung zur Energiegewinnung. Bei der Photosynthese entstehen Sauerstoff und Kohlenhydrate, die von der Zellatmung benötigt werden. Diese wiederum produziert Kohlendioxid und Wasser, beides Ausgangsstoffe für die Photosynthese. Meistens überwiegt einer dieser beiden Vorgänge und geht schneller vonstatten.

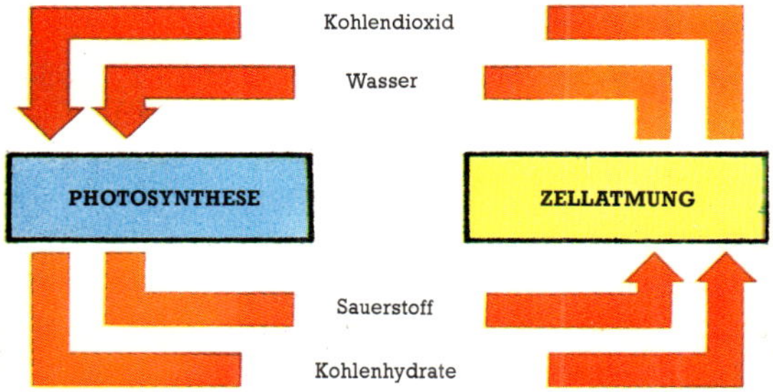

Dies bedeutet, daß Überschußmengen der betreffenden Stoffe produziert werden und gleichzeitig ein Mangel an den anderen Stoffen entsteht. Diese müssen mithin von außen aufgenommen werden, während die Überschußmengen abgegeben oder gespeichert werden (s. Abb. 2 und 4 auf der gegenüberliegenden Seite).

- **Chloroplasten:** Kleine Organellen in Pflanzenzellen, hauptsächlich in den Blättern. Die Chloroplasten enthalten grünen Farbstoff **Chlorophyll.** Dieser fängt Sonnenlicht auf und stellt die Energie der Photosynthese zur Verfügung. Die Chloroplasten können sich innerhalb einer Zelle bewegen (s. auch Seite 240).

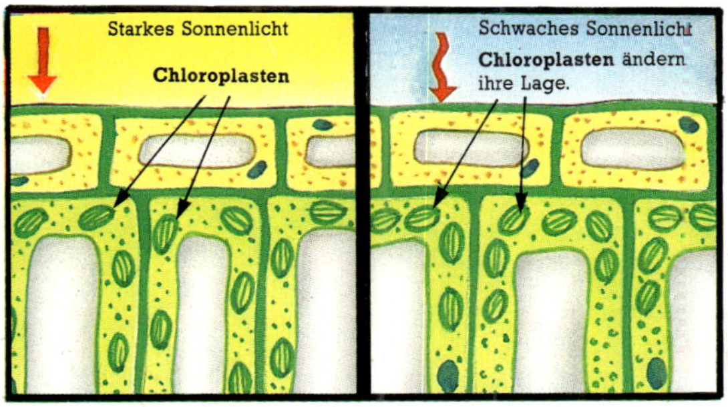

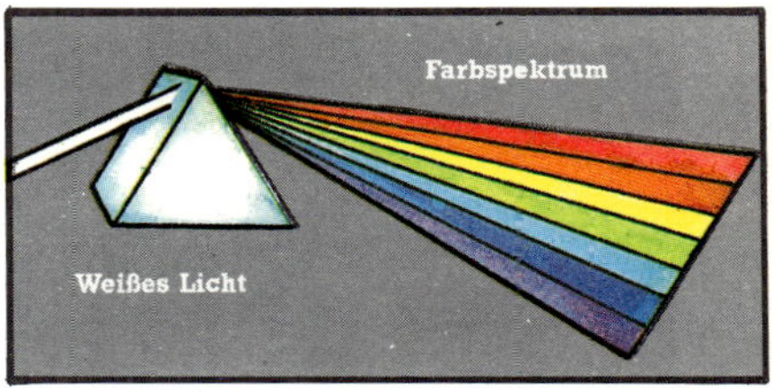

- **Pigmente:** Chemische Stoffe, die Licht absorbieren. Weißes Licht besteht aus einem Spektrum verschiedener Farben. Jedes Pigment absorbiert gewisse Farben und reflektiert andere.

Chlorophyll kommt in allen Blättern vor. Es absorbiert blaues, violettes und rotes Licht und reflektiert grünes. Deswegen sind Blätter grün. In den Blättern sind noch weitere Pigmente enthalten,

z. B. **Xanthophyll, Karotin** und **Tannin.** Sie reflektieren orangefarbenes bzw. gelbes oder rotes Licht. Während der Vegetationsperiode werden diese Farben allerdings vom Grün der Chloroplasten überdeckt. Im Herbst hingegen wird das Chlorophyll abgebaut, und es erscheint die Herbstfärbung mit den Gelb- und Rottönen.

* **Zellatmung,** 332.

Blüten

Die Blüten einer Pflanze enthalten die Organe für die **Fortpflanzung,** mit denen sie neues Leben hervorbringen (s. auch Seite 258). **Zwittrige** Pflanzen, zum Beispiel der unten abgebildete Hahnenfuß und der Klatschmohn, haben in jeder Blüte männliche und weibliche Organe. **Einhäusige** oder **monözische** Pflanzen, darunter der Mais, haben auf ein und derselben Pflanze zwei Blütentypen – männliche mit **Staubblättern** und weibliche mit **Stempeln. Zweihäusige** oder **diözische** Pflanzen, etwa die Stechpalme, haben männliche und weibliche Blüten jeweils getrennt auf verschiedenen Individuen.

- **Blütenboden:** Die verbreiterte Spitze des Blütenstiels, an dem die Blüte ansetzt.

- **Kronblätter:** Die zarten, meist bunt gefärbten Blätter, die um die Fortpflanzungsorgane herum stehen. Sie duften oft, um Insekten anzuziehen, und heißen insgesamt **Krone**.

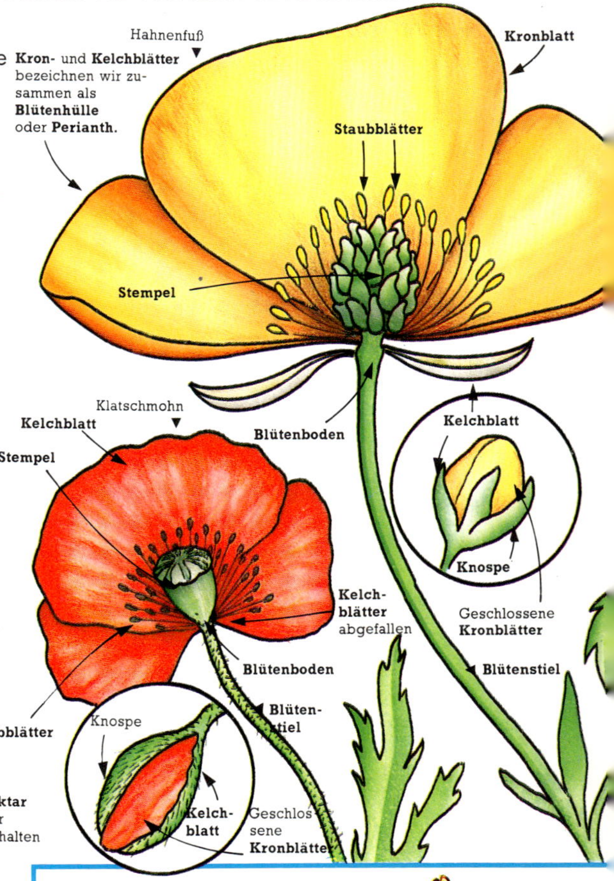

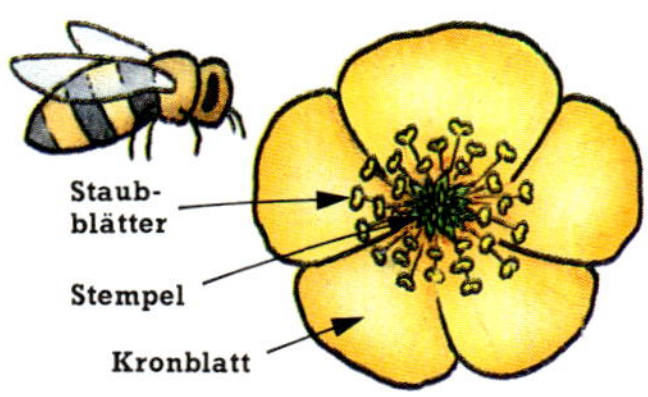

- **Kelchblätter:** Die kleinen grünen, laubblattähnlichen Organe um die Blütenknospe, insgesamt auch als **Kelch** bezeichnet. Beim Hahnenfuß z. B. bleiben die Kelchblätter um die geöffneten **Kronblätter** bestehen, beim Mohn fallen sie ab.

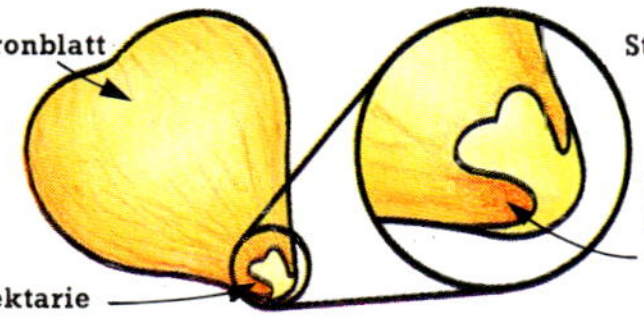

- **Nektarien:** Gewebebildungen am Grund der **Kronblätter,** die eine zuckerhaltige Flüssigkeit, den **Nektar,** hervorbringen. Dieser lockt Insekten an, die für die **Bestäubung*** notwendig sind. Manche Kronblätter zeigen dunkle Zeichnungen am Grunde. Man nimmt an, daß diese **Saftmale** die Aufgabe haben, Insekten direkt zum Nektar zu leiten.

Die männlichen Organe

- **Staubblätter** oder **Staubgefäße:** Die männlichen Fortpflanzungsorgane. Jedes Staubblatt hat einen dünnen **Staubfaden** und an der Spitze einen **Staubbeutel** (Anthere) mit **Pollensäcken** und den **Pollenkörnern*** darin.

* **Bestäubung, Pollen, Pollenkörner,** 258

Die weiblichen Organe

- **Stempel** oder **Pistill:** Das weibliche Fortpflanzungsorgan, bestehend aus **Fruchtknoten, Griffel** und **Narbe.** Jeder Stempel ist ursprünglich aus einem oder mehreren **Fruchtblättern** oder **Karpellen** hervorgegangen. Einige Blüten haben nur einen, andere hingegen mehrere Stempel.

- **Fruchtknoten:** Hohlraum des **Stempels,** in dem die **Samenanlagen*** eingeschlossen sind. Jede von ihnen enthält eine weibliche Geschlechtszelle. Die Samenanlage ist über den **Samenstiel** oder **Funikulus** mit der **Plazenta** an der Innenwand des Fruchtknotens verbunden. Den Anheftungspunkt des Stieles an der Samenanlage bezeichnen wir als **Chalaza.**

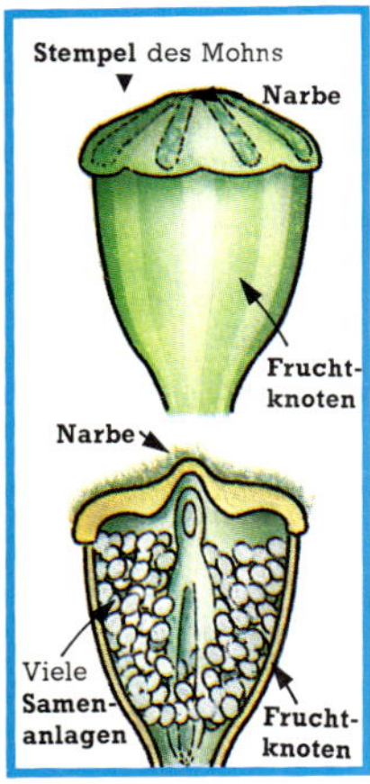

- **Narbe:** Der oberste Teil des **Stempels,** mit klebriger Oberfläche, an der die **Pollen***-Körner bei der **Bestäubung*** haften bleiben.

- **Griffel:** Der Teil des Stempels der die **Narbe** mit dem **Fruchtknoten** verbindet. Viele Blüten haben einen deutlichen Griffel, zum Beispiel Osterglocken. Bei anderen hingegen ist er sehr kurz (z. B. Hahnenfuß) oder fehlt fast ganz (z. B. Klatschmohn).

- **Gynözium:** Die Gesamtheit des weiblichen Fortpflanzungsapparates, bestehend aus einem oder mehreren **Fruchtblättern.**

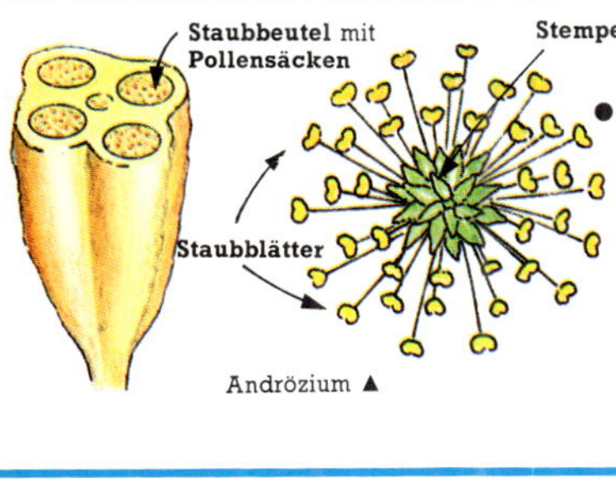

Andrözium ▲

- **Andrözium:** Die Gesamtheit aller männlichen Fortpflanzungsorgane in einer Blüte, d. h. alle **Staubblätter.**

Die Anordnung der Blütenteile

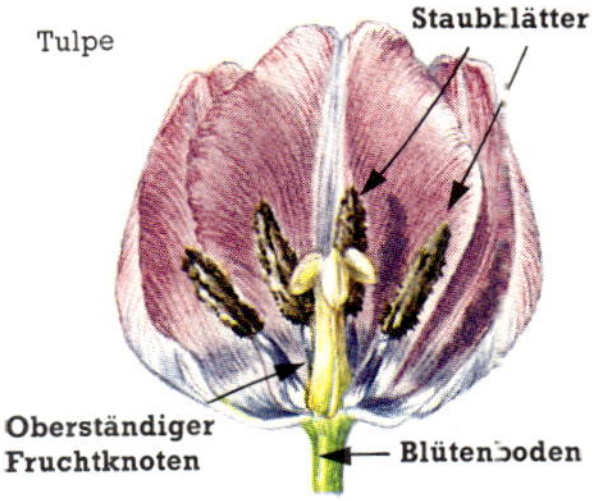

- **Hypogyne Blüte:** Der oder die **Stempel** sitzen an der Spitze des **Blütenbodens.** Alle anderen Blütenteile sind an dessen Basis befestigt. Der Fruchtknoten ist **oberständig.**

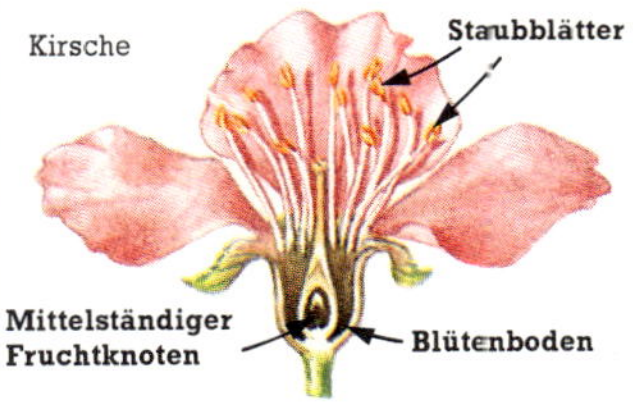

- **Perigyne Blüte:** Der oder die **Stempel** liegen im schüsselförmigen **Blütenboden.** Alle anderen Blütenteile entspringen an dessen Rand. Der Fruchtknoten ist **mittelständig.**

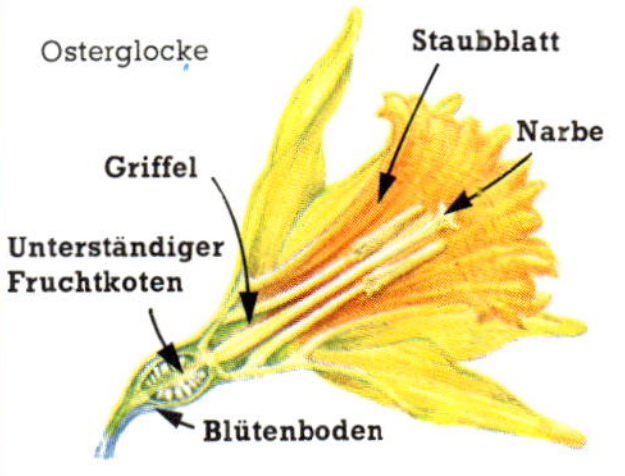

- **Epigyne Blüte:** Die Blütenteile entspringen an der Spitze des **Blütenbodens.** Dieser schließt den oder die Fruchtknoten völlig ein, nicht aber den **Griffel** und die **Narbe.** Der Fruchtknoten ist **unterständig.**

* **Bestäubung, Pollen, Samenanlagen,** 258.

Fortpflanzung einer Blütenpflanze

Bei der **Fortpflanzung** entsteht neues Leben. Im Prinzip vermehren sich alle Blütenpflanzen durch **geschlechtliche Fortpflanzung***, wenn nämlich ein männlicher **Gamet*** (Geschlechtszelle) mit einem weiblichen Gameten verschmilzt. Die männlichen Gameten (genaugenommen nur die **Spermakerne***) liegen in den **Pollenkörnern,** die weiblichen Gameten in den **Samenanlagen**.

- **Pollen:** Winzige Körner, die von den **Staubblättern*,** den männlichen Teilen der Blüte, gebildet werden. Jedes Pollenkorn ist eine besondere Zelle mit zwei **Zellkernen*.** Wenn ein Pollenkorn auf dem weiblichen **Fruchtknoten*** landet, teilt sich der **generative Kern** und bildet die beiden **Spermakerne,** welche die eigentliche Befruchtung durchführen (s. Einleitung).

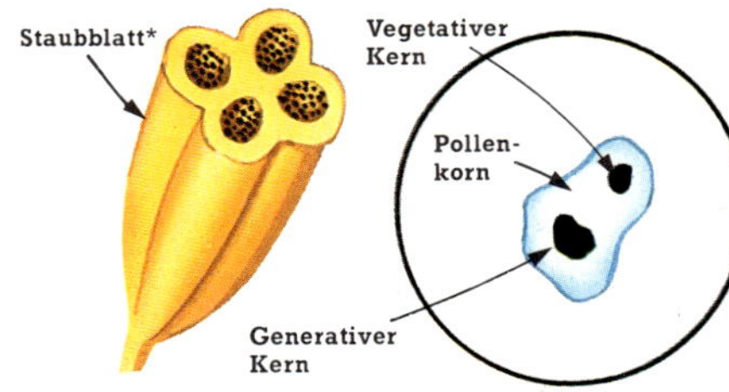

- **Samenanlagen:** Feine Strukturen im Inneren des weiblichen **Fruchtknotens***. Aus den Samenanlagen entwickeln sich nach der **Befruchtung** die Samen. Jede Samenanlage besteht aus einer ovalen Zelle, dem **Embryosack.** Dieser ist, mit Ausnahme einer kleinen Öffnung, der **Mikropyle,** ganz von einem äußeren und inneren **Integument** umschlossen. Vor der Befruchtung macht der **Zellkern*** des Embryosacks mehrere Teilungen durch (näheres dazu s. Seite 323 unter **Keimzellenbildung, weiblich**). Daraus gehen eine Reihe neuer Zellen (von denen einige als Nährstoffvorrat dienen) sowie zwei nackte Polkerne hervor, die schließlich miteinander verschmelzen. Eine der neuen Zellen ist der weibliche **Gamet*** (Geschlechtszelle), auch **Eizelle** genannt.

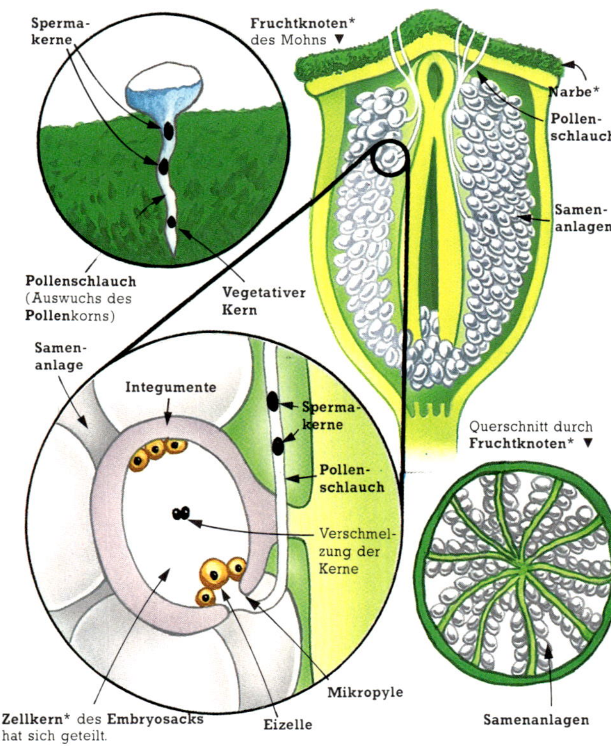

- **Bestäubung:** Übertragung des **Pollens** einer bestimmten Pflanzenart auf die **Narbe*** des **Stempels*** derselben Art. Nach der Bestäubung wächst das Pollenkorn unter der Kontrolle des **vegetativen Kerns** (jenes, der sich nicht geteilt hat – s. **Pollen**) zu einem Pollenschlauch aus, der unter Umständen mehrere Zentimeter lang werden kann. Dieser dringt durch die **Mikropyle** in eine **Samenanlage** ein. Die beiden Spermakerne wandern dann in die Spitze des Pollenschlauches. Schließlich kommt es zur **Befruchtung** (s. unten).

- **Befruchtung:** Nach der **Bestäubung** verschmilzt ein männlicher **Spermakern** (s. **Pollen**) mit der Eizelle in der **Samenanlage** und bildet eine **Zygote*** (die erste Zelle einer neuen Pflanze). Der andere Spermakern verschmilzt mit den beiden Polkernen zu einer Zelle, die sich schließlich zum **Endosperm*** entwickelt.

* **Endosperm,** 261; **Fruchtknoten,** 257; **Geschlechtliche Fortpflanzung,** 320; **Narbe,** 257; **Spermakerne,** 321 **(Gameten)**; **Staubblätter,** 256; **Zellkern,** 238; **Zygote,** 321.

- **Fremdbestäubung:** Die **Bestäubung** einer Pflanze durch **Pollen** von einem anderen Individuum derselben Art. Wenn ein Pollenkorn auf die Narbe einer anderen Pflanzenart gelangt, entwickelt es sich nicht weiter und bringt keinen **Pollenschlauch** hervor. Die Übertragung des Pollens geschieht mit Hilfe des Windes oder durch Insekten, die sich am angebotenen **Nektar*** gütlich tun.

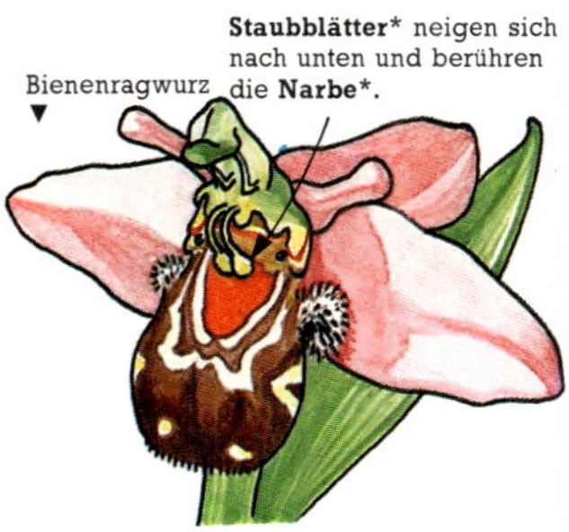

- **Selbstbestäubung:** Die Bestäubung einer Pflanze mit ihrem eigenen **Pollen.** Die Bienenragwurz z. B. zieht männliche Langhornbienen für die **Fremdbestäubung** dadurch an, daß sie wie eine weibliche Biene aussieht und auch so riecht. Findet sich jedoch kein Männchen ein, so neigen sich am Ende der Blütezeit die **Staubgefäße*** nach unten und übertragen den eigenen Pollen auf die **Narbe*** des **Stempels***.

Blütenformen und Blütenstände

- **Blütenstand:** Die gegenseitige Stellung einzelner Blüten oder von **Körbchen.**

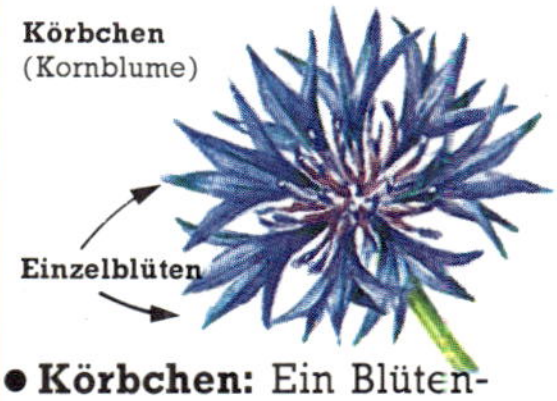

- **Körbchen:** Ein Blütenstand aus dichtstehenden kleineren Einzelblüten.

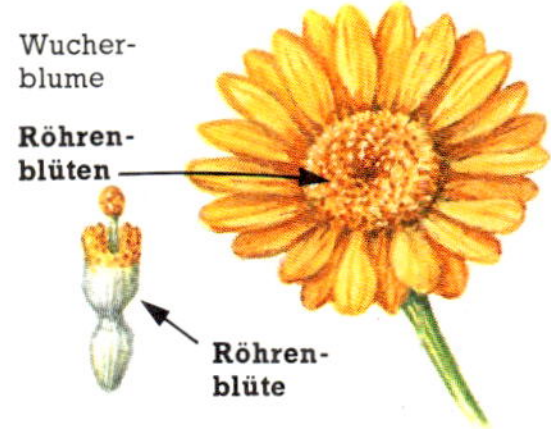

- **Röhrenblüten:** Einzelblüten eines Körbchens.

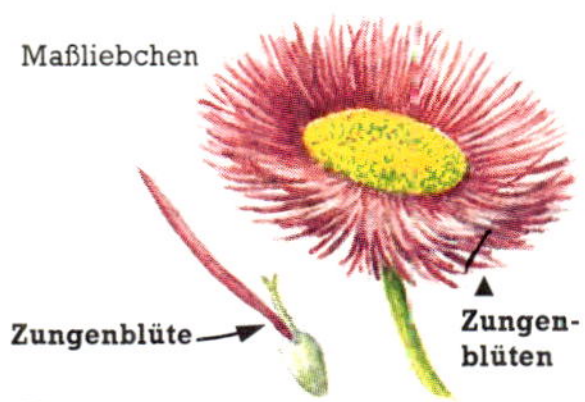

- **Zungenblüten:** Einzelblüten eines Körbchens.

- **Dolde:** Ein schirmartiger **Blütenstand,** bei dem die Blütenstiele einem Punkt entspringen.

- **Glockenblüte:** Die **Kronblätter** sind miteinander verwachsen und ergeben die röhrenartige Glockenform.

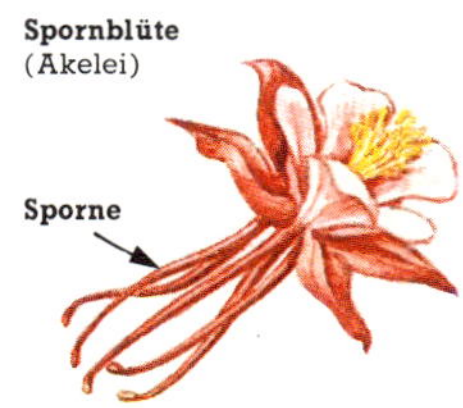

- **Spornblüte:** Kronblätter sind hinten zu einem hohlen kegelartigen Sporn verlängert.

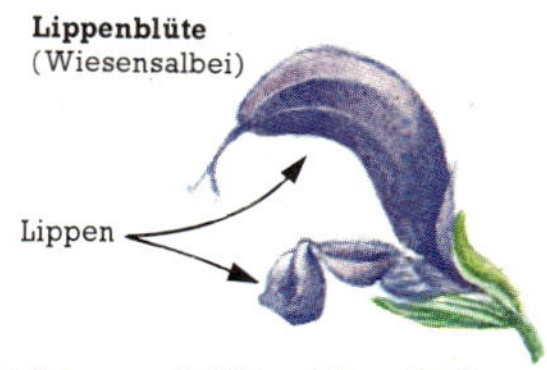

- **Lippenblüte:** Eine Blüte mit einer oberen, oft kappenförmigen, und einer unteren Lippe.

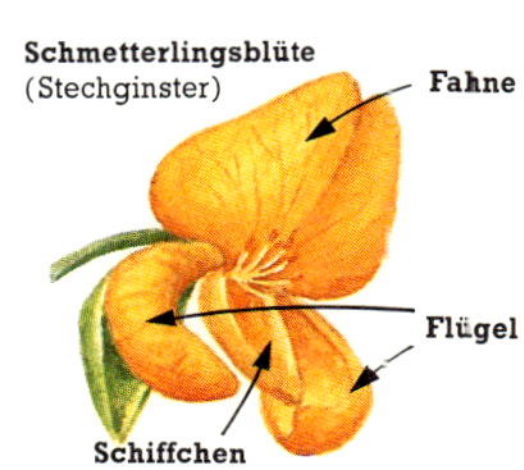

- **Schmetterlingsblüte:** Eine Blüte mit einem oberen Kronblatt **(Fahne),** zwei seitlichen Kronblättern **(Flügel)** und zwei unteren Kronblättern **(Schiffchen,** darin Geschlechtsorgane).

* **Narbe,** 257; **Nektar,** 256 **(Nektarien); Staubblätter,** 256; **Stempel,** 257.

Samen und Keimung

Nach der **Befruchtung*** entwickelt sich die **Samenanlage*** einer Blütenpflanze zum **Samen.** Dieser enthält den **Embryo,** aus dem die neue Pflanze hervorgeht, sowie gespeicherte Nährstoffe. Der **Fruchtknoten*** reift zur Frucht heran und enthält den oder die Samen. Fruchtformen s. Seite 262.

- **Samenverbreitung:** Die Samen stellen das Verbreitungsstadium der Blütenpflanzen dar. Sie können sich auf ganz unterschiedliche Weise von der Mutterpflanze entfernen, wobei man **Streufrüchte** und **Schließfrüchte** unterscheidet.

- **Streufrucht:** Streufrüchte öffnen sich und geben die Samen frei, bevor sie selbst auseinanderfallen. Die Mohnkapsel verfügt

z. B. über Löcher, aus denen die Samen herausfallen, wenn der Wind die Früchte bewegt. Die Hülsen des Ginsters öffnen

sich selbsttätig und werfen die Samen aus. Samen von Streufrüchten werden dann von Wind, Wasser oder auf anderen Wegen weiter verbreitet.

- **Schließfrucht:** Schließfrüchte bilden geschlossene, selbständige Verbreitungseinheiten. Sie lösen sich ganz von den

Pflanzen und zerfallen erst dann, um die Samen freizugeben. Die Flügelfrüchte der Ahorne oder die „Fallschirme" des Löwenzahns werden vom Wind verbreitet, während sich die Kletten am Fell von Tieren

festheften. Wenn die Früchte verrotten, geben sie den Samen frei. Eßbare Früchte werden von Tieren aufgenommen, welche die Samen mit ihrem Kot wieder nach außen abgeben.

- **Keimung:** Unter günstigen Bedingungen keimt der Samen aus. Die **Sproßknospe** und die **Radicula** treten aus der Samenschale aus und wachsen zum **Keimling** heran.

- **Hypogäisch:** Eine Art der Keimung bei der Erbse, bei der die Keimblätter unter der Erde in der **Samenschale** verbleiben. Die **Sproßknospe** wächst als einziger Teil nach oben und verläßt den Boden.

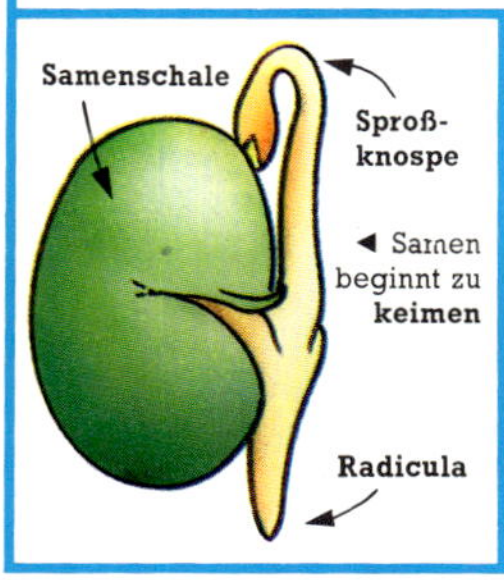

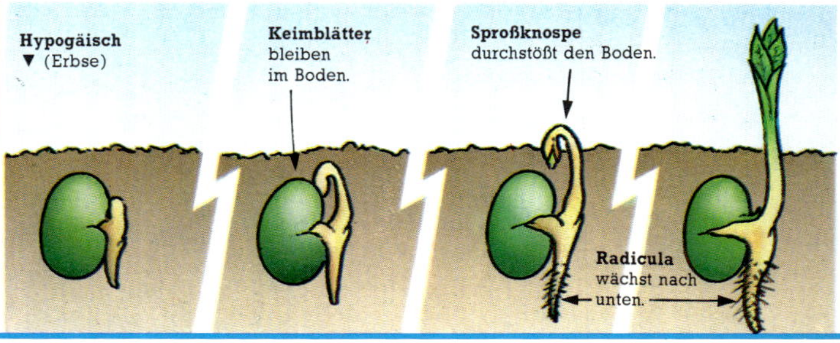

* **Befruchtung,** 258; **Fruchtknoten,** 257; **Samenanlagen,** 258.

Teile eines Samens

- **Hilum:** Eine Stelle an der Samenschale, wo die **Samenanlage*** mit dem **Fruchtknoten*** befestigt war, auch Nabel genannt.

- **Samenschale** oder **Testa:** Die Samenschale geht aus den **Integumenten*** hervor.

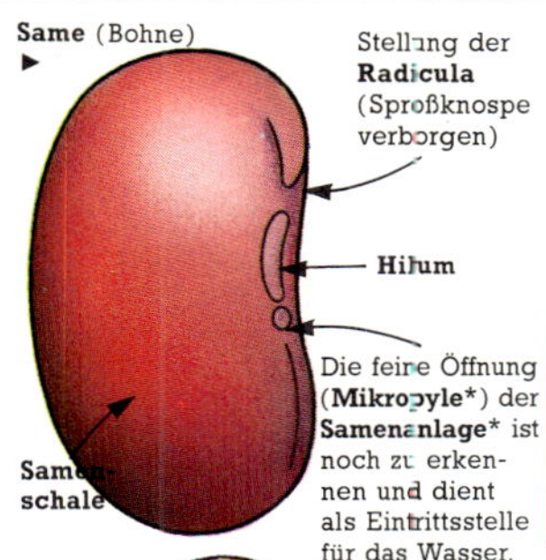

- **Sproßknospe:** Die erste oder **primäre Knospe** einer Pflanze. Sie entwickelt sich zum Anfangssproß der neuen Pflanze.

- **Radicula:** Die erste oder **primäre Wurzel** einer neuen Pflanze. Sie versorgt den Keimling mit dem benötigten Wasser.

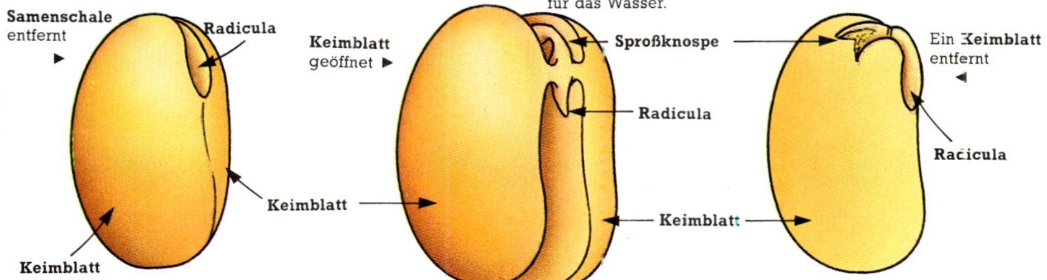

- **Endosperm:** Das Nährgewebe, das im Inneren eines Samens den Keimling umgibt und diesen mit Nährstoffen versorgt. Bei einigen Pflanzen, etwa der Erbse, nehmen die **Keimblätter** das gesamte Endosperm in sich auf, bevor der Samen reif wird. Bei anderen Pflanzen, etwa den Gräsern, wird das Endosperm erst nach der **Keimung** völlig aufgebraucht.

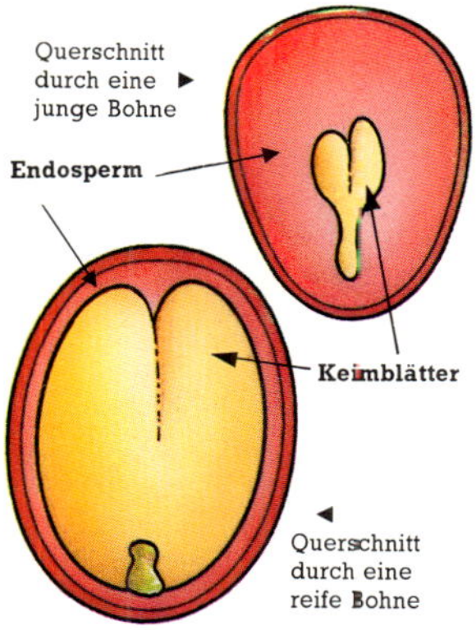

- **Keimblatt:** Ein blattartiges Organ, das den jungen Keimling schützt und für ihn Nährstoffe speichert. Bei den Bohnen absorbieren die Keimblätter alle Nährstoffe aus dem **Endosperm**. Die **Monokotyledonen** oder einkeimblättrigen Pflanzen haben nur ein Keimblatt (Beispiel Gräser). Bei den Zweikeimblättrigen oder **Dikotyledonen** sind es zwei.

- **Epigäisch:** Eine Art der Keimung, z. B. bei Tomaten, bei der die Keimblätter den Boden verlassen. Über den Keimblättern entwickeln sich die ersten echten Laubblätter.

- **Koleoptile:** Das erste Blatt vieler **Monokotyledonen** (s. **Keimblatt**). Es beschützt als Keimscheide die erste Knospe. Aus ihr gehen die ersten Blätter hervor.

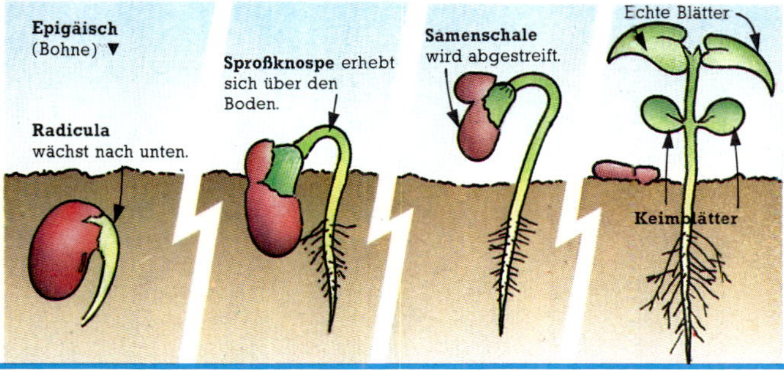

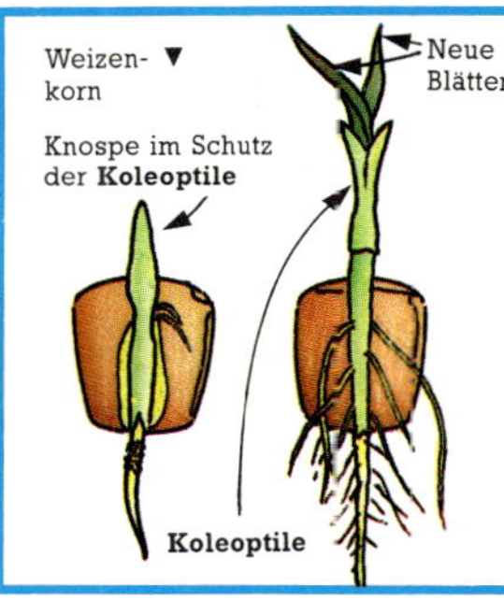

* **Fruchtknoten,** 257; **Integumente, Mikropyle,** 258 **(Samenanlagen).**

Die Frucht

Die **Frucht** enthält die Samen einer Pflanze. In erster Linie entwickeln sich die **Fruchtknoten*** zu den Früchten, doch können an ihrer Bildung auch verschiedene andere Gewebe beteiligt sein, z. B. der **Blütenboden***, bes. bei den Rosengewächsen. Die Fruchtwand heißt auch **Perikarp**. Bei den meisten Früchten ist das Perikarp in drei Schichten gegliedert: ein äußeres **Exokarp**, ein meist fleischiges **Mesokarp** und in das innere **Endokarp**.

- **Hülse:** Die Hülse besteht aus einem Fruchtblatt und öffnet sich an der Mittelrippe und an der Bauchnaht. Hülsen haben z.. B. die Erbse und die Bohne.

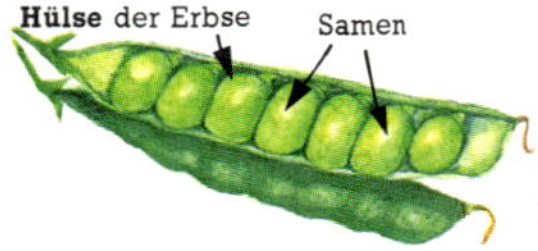

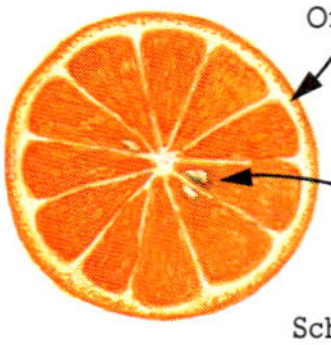

- **Beere:** Eine fleischige Frucht mit vielen Samen. Beispiele dafür sind die Orange und die Johannisbeere.

- **Nuß:** Eine trockene Schließfrucht mit harter Schale. Sie enthält nur einen einzigen Samen, z. B. Haselnuß und Walnuß.

- **Karyopse:** Eine Sonderform der Nuß, auch **Grasfrucht** genannt. Bei ihr verwachsen Fruchtwand und Samenschale, z. B. beim Weizen.

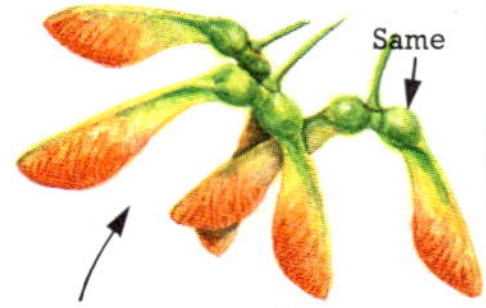

- **Spaltfrucht:** Eine trockene Schließfrucht, die in mehrere Teilfrüchtchen mit je nur einem Samen zerfällt. Die bekannteste Spaltfrucht hat wohl der Ahorn. Sie heißt auch **Flügelfrucht.**

- **Steinfrucht:** Eine fleischige Frucht mit einem harten Steinkern in der Mitte. Beispiel: Pflaume.

- **Apfelfrucht:** Eine Frucht mit einer dicken fleischigen Außenschicht und einem Kerngehäuse, das die Samen enthält. Apfelfrüchte sind eigentlich besonders fleischige Steinfrüchte.

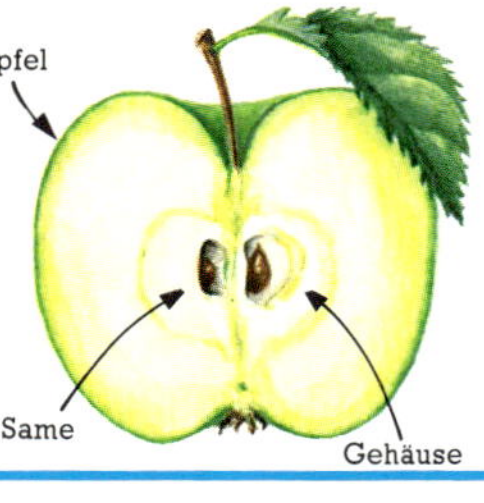

Vegetative Vermehrung

Abgesehen von der geschlechtlichen Fortpflanzung mit der Bildung von Samen haben manche Blütenpflanzen auch eine besondere Form der **ungeschlechtlichen Fortpflanzung*** entwickelt. Wir bezeichnen diese auch als **vegetative Vermehrung.** Dabei ist ein Teil der Pflanze imstande, sich zu einer neuen Pflanze zu entwickeln.

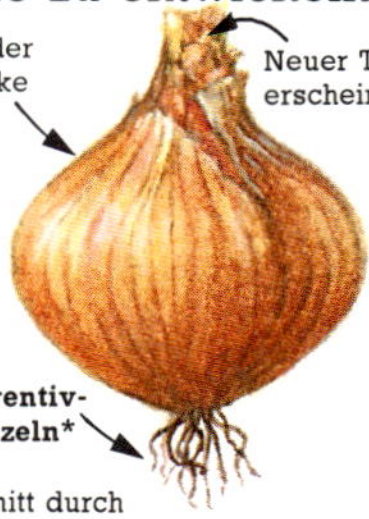

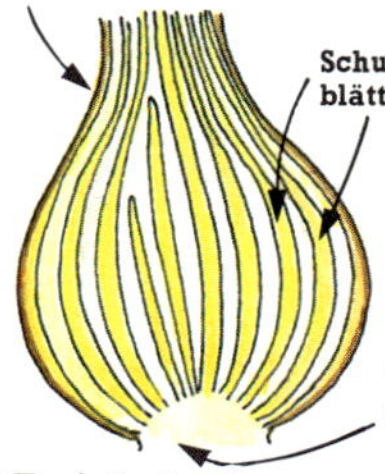

- **Zwiebel:** Ein gestauchter dicker Sproß, umgeben von fleischigen, schalenförmigen Blättern (**Schuppenblätter**), die als Nährstoffspeicher dienen. Zwiebeln werden unterirdisch von absterbenden Pflanzen gebildet. Es kommt auch vor, daß eine Zwiebel mehrere Tochterzwiebeln entwickelt. In der nächsten Vegetationsperiode bildet sich aus der Zwiebel ein neuer Trieb. Beispiel: Osterglocke.

* **Adventivwurzeln,** 245; **Blütenboden,** 256; **Fruchtknoten,** 257; **Ungeschlechtliche Fortpflanzung,** 320.

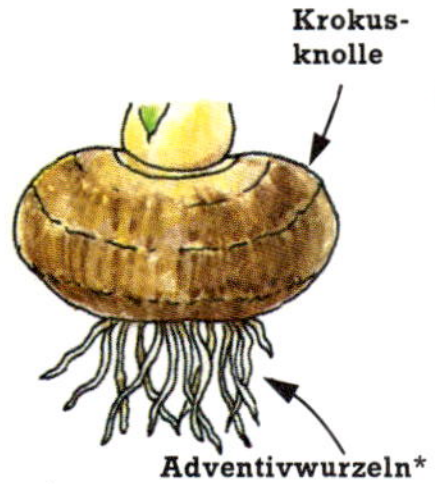

- **Krokusknolle:** Die krokusknolle ist eine verdickte, nährstoffhaltige Sproßknolle, s. **Sproßknolle** weiter unten.

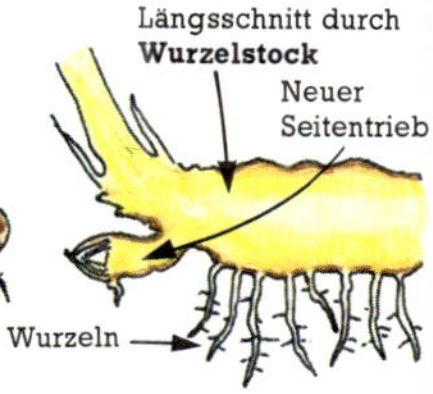

- **Wurzelstock** oder **Rhizom:** In der Erde waagerecht verlaufende, verdickte Sprosse mit schuppigen Blättern. Die Rhizome bilden auf ihrer ganzen Länge Wurzeln sowie Knospen und oberirdische Seitentriebe aus. Wurzelstöcke finden wir z. B. bei Lilien, Gräsern, Knöterich und Farnen.

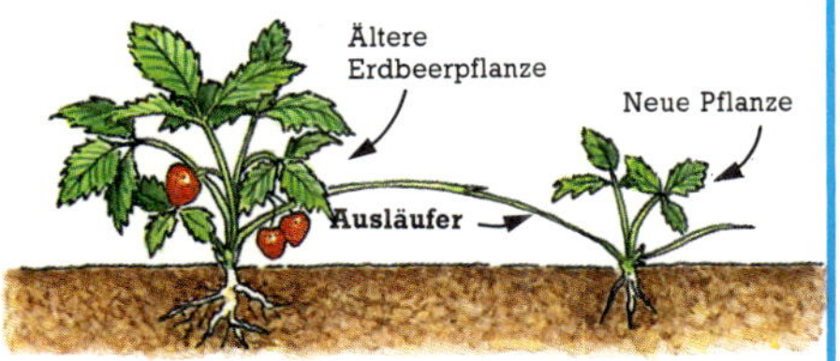

- **Ausläufer:** Lange, oberirdische Seitensprosse, die von der Basis einer Mutterpflanze ausgehen und sich in einiger Entfernung von ihr bewurzeln. Daraus entsteht eine neue Pflanze. Die bekannteste Ausläuferpflanze ist die Erdbeere.

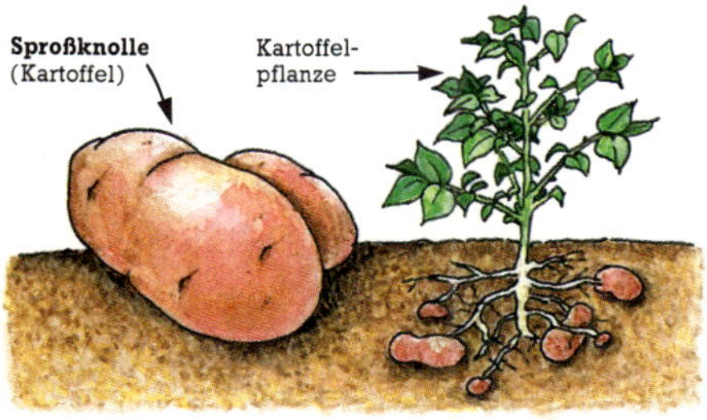

- **Sproßknolle:** Kurzer, gestauchter unterirdischer Sproß, der viel Nährstoffe speichert. Aus den Augen oder Knospen entstehen dann neue Pflanzen. Sproßknollen hat z. B, die Kartoffel.

Künstliche Vermehrung

Unter der Bezeichnung „künstliche Vermehrung" fassen wir alle Verfahren zusammen, mit denen der Landwirt oder der Gärtner die vegetative Vermehrung der Pflanzen ausnützt. Neue Pflanzen müssen nämlich nicht immer zwangsläufig aus Samen hervorgehen, sondern können kommerziell auf ganz verschiedenen Wegen gewonnen werden.

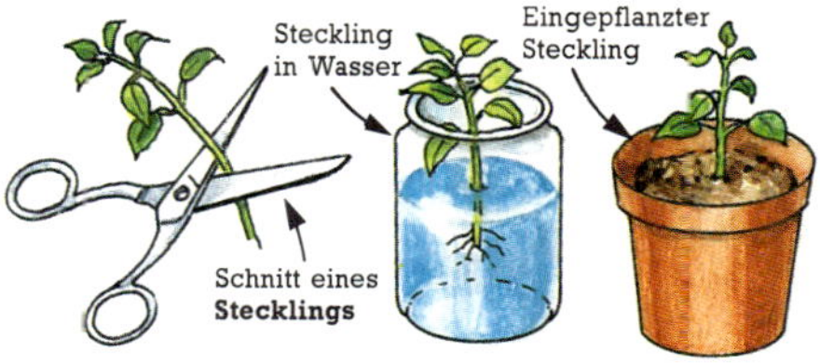

- **Steckling:** Bei der Stecklingsgewinnung schneidet man einen Teil eines Pflanzensprosses ab und steckt ihn in die Erde, wo er sich zu einer neuen Pflanze entwickelt. Manche Stecklinge stellt man zuerst für einige Zeit ins Wasser.

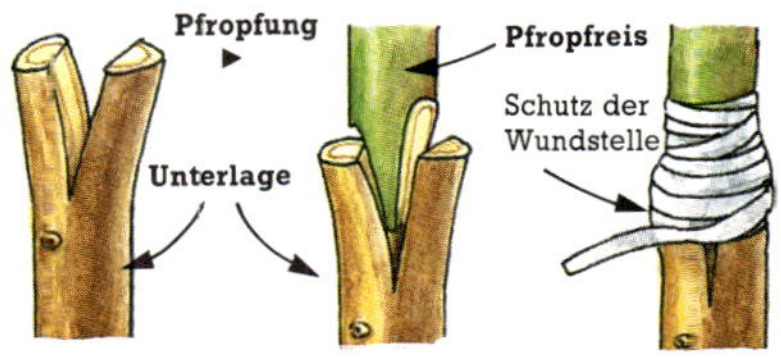

- **Pfropfung:** Bei der Pfropfung wird ein Stück eines Pflanzensprosses abgeschnitten und anderswo wieder so befestigt, daß es anwächst. Dabei gibt es verschiedene Möglichkeiten: Verpflanzung von einem zum anderen Individuum derselben Pflanzenart (**Homoplantat**) oder Verpflanzung zwischen verschiedenen Arten (**Heteroplantat**).

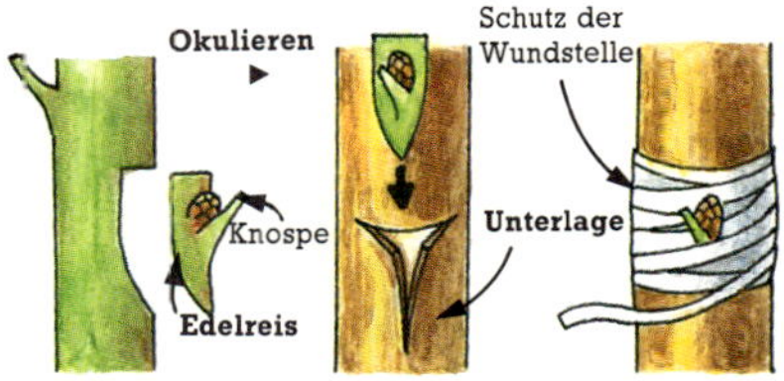

- **Okulieren:** Ein Sonderfall der Pfropfung, wobei nur eine Knospe des Edelreises in einen T-förmigen Spalt geschoben wird.

* **Adventivwurzeln,** 245.

Der Körperbau der Tiere

Tiere gibt es in großer Formenvielfalt, angefangen von Einzellern bis zu höchst differenzierten Arten aus vielen Millionen von Zellen. Wie man sie **klassifiziert***, also in Gruppen unterteilt und in ein System einreiht, hängt hauptsächlich von der Komplexität ihres Körperbaus ab. Die beiden Begriffe **höhere Tiere** und **niedere Tiere** werden in diesem Zusammenhang oft gebraucht. Je höher ein Tier, um so differenzierter sind seine inneren Organe. Allgemein unterscheidende Merkmale bei höheren Tieren sind die Segmentation, die Leibeshöhlen sowie bestimmte Formen des Skeletts.

- **Segmentation** oder **Metamerie:** Die Aufteilung des Körpers in einzelne Abschnitte oder **Segmente**. Im Vergleich zu einem einfachen, ungeteilten Körper stellt die Segmentation einen höheren Grad an Komplexität dar. Im allgemeinen gilt aber, daß ein Tier um so komplexer ist, je weniger deutlich seine Segmente ausgebildet sind. Die primitivste Form der Segmentation ist die **homonome Metamerie:** Die Segmente oder **Metameren** sehen dabei einander sehr ähnlich. Jedes Metamer enthält ungefähr dieselben Teile der inneren Organe. Diese sind miteinander verbunden, obwohl die einzelnen Segmente durch Scheidewände abgetrennt sind. Diese Art der Segmentation finden wir bei den Ringelwürmern und **Tausendfüßern***. Komplexere Formen der Metamerie sind weniger auffällig. Der Körper der Insekten z. B. ist in drei Abschnitte gegliedert – **Kopf**, **Brust** und **Hinterleib**. Jeder dieser Abschnitte oder **Tagmata** (Einzahl **Tagma**) besteht aus einer Gruppe von Segmenten, die nur noch an äußeren Kennzeichen zu unterscheiden sind.

Homonome Metamerie beim Regenwurm ▼

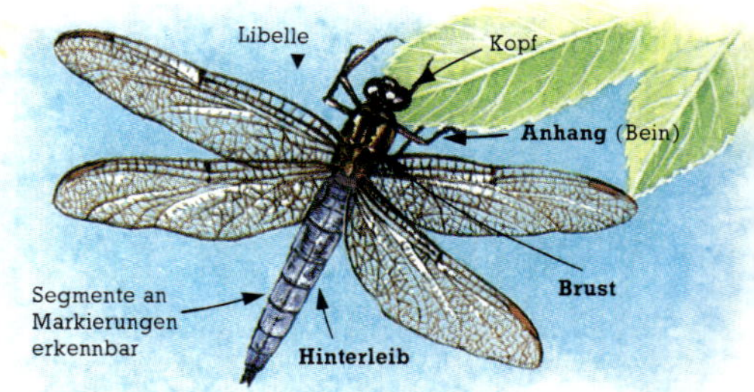

- **Anhang:** Ein untergeordneter Körperteil, der aus den allgemeinen Körperumrissen herausragt, z. B. Arm, Bein.

Symmetrieverhältnisse

- **Bilaterale Symmetrie:** Die Körperteile sind so angeordnet, daß sie nur eine Symmetrie-Ebene zulassen. Das bedeutet, daß man nur mit einem Schnitt zwei spiegelbildliche Hälften erhält. Die bilaterale Symmetrie ist typisch für fast alle freibeweglichen Tiere. Bei Blüten spricht man in diesem Zusammenhang von **Dorsiventralität** oder **Zygomorphie** (z. B. Löwenmäulchen).

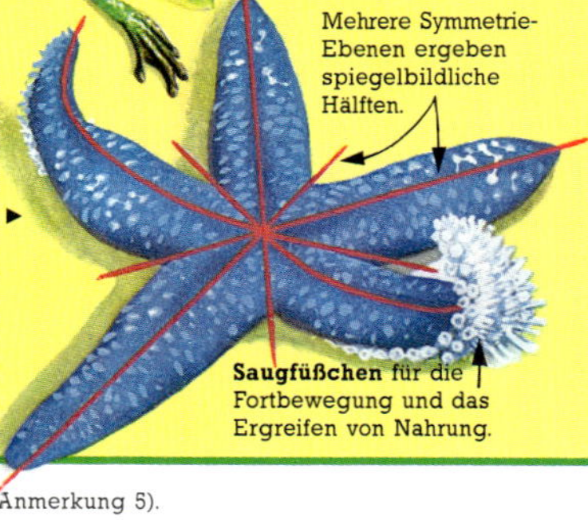

- **Radiäre Symmetrie:** Wenn die Anordnung der Körperteile an einer zentralen Achse erfolgt und damit mehrere Symmetrie-Ebenen möglich sind, spricht man von radiärer Symmetrie. Es sind zwei oder mehr Symmetrie-Ebenen vorhanden, die spiegelbildliche Hälften ergeben. Vor allem Hohltiere und Stachelhäuter sind radiärsymmetrisch. Bei Blüten spricht man in diesem Zusammenhang auch von **Aktinomorphie** (z. B. Hahnenfuß).

* **Klassifikation,** 338; **Tausendfüßer,** 341 (Anmerkung 5).

Leibeshöhlen

Fast alle vielzelligen Tiere haben eine flüssigkeitsgefüllte Leibeshöhle. Sie dient als Stoßdämpfer für die Körperorgane und kann ganz unterschiedlich sein. Die meisten Tiere haben jedoch entweder ein **Zölom** oder ein **Hämozöl.** Bei Tieren mit weichem Körper ist die Leibeshöhle auch wesentlich für die Bewegung. Denn sie stellt einen nicht komprimierbaren „Sack" dar und ist damit ein Widerlager für die sich bewegenden Muskeln (**hydrostatisches Skelett**).

Längsschnitt durch einen ▼ Spritzwurm. Nicht alle Körperorgane dargestellt.

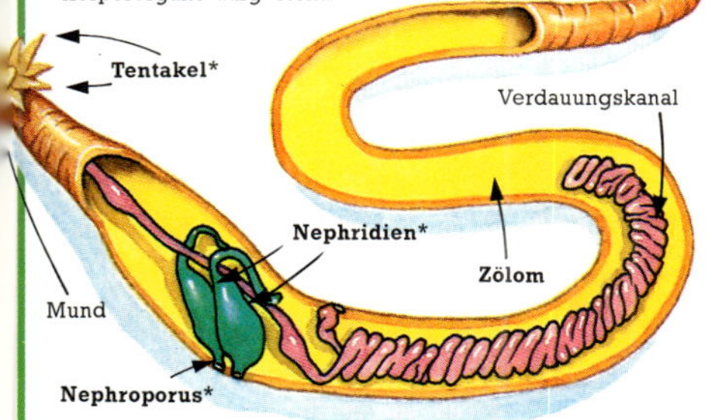

Längsschnitt durch eine Spinne. Nicht alle Körperorgane dargestellt. ▼

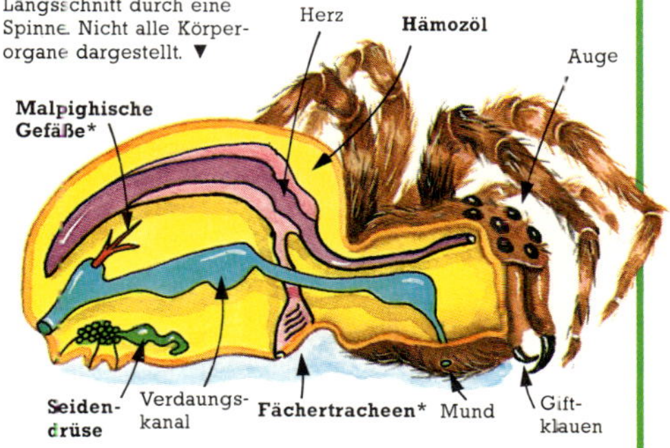

- **Zölom:** Die Leibeshöhle von höheren Würmern, **Stachelhäutern***, z. B. Seesternen, und **Wirbeltieren***, z. B. Vögeln. Das Zölom ist mit einer Flüssigkeit gefüllt, um als Stoßdämpfer gegenüber den inneren Organen zu dienen. Es wird vom **Peritoneum** umgeben, einer dünnen Membran, die die Körperhöhle auskleidet. Bei niederen Tieren, z. B. vielen Würmern, spielt das Zölom auch eine Rolle bei der Ausscheidung. Ihre Ausscheidungsorgane, die **Nephridien***, ragen in das Zölom hinein und entfernen flüssige Abfallsstoffe. Bei höheren Tieren übernehmen eigene, komplexere Organe die Aufgabe der Ausscheidung.

- **Hämozöl:** Die flüssigkeitsgefüllte Leibeshöhle der **Gliederfüßer***, z. B. der Insekten, sowie der **Weichtiere***, etwa der Schnecken. Bei den Weichtieren ist die Leibeshöhle jedoch mehr ein schwammartiges Gewebe als eine echte Höhlung. Im Gegensatz zum **Zölom** fließt im Hämozöl Blut. Man kann es deswegen auch als weiträumigen Teil des Blutgefäßsystems auffassen. Bei einigen Tieren spielt das Hämozöl ebenfalls eine Rolle bei der Ausscheidung. Die Insekten geben Wasser und Abfallstoffe in die Hämozölflüssigkeit ab. Die **Malpighischen Gefäße*** nehmen dann die Abfallstoffe wieder auf und scheiden sie aus.

- **Mantelhöhle:** Eine Körperhöhle bei **Weichtieren***, z. B. den Gehäuseschnecken. Sie liegt zwischen dem **Mantel** (einer Hautfalte, welche die Schale auskleidet) und dem restlichen Körper. Das Tier gibt die Abfallstoffe der Verdauung und der Ausscheidung in die Mantelhöhle ab. Bei wasserbewohnenden Weichtieren liegen dort auch die **Kiemen***, während sie bei landbewohnenden Schnecken als Lunge funktioniert.

Längsschnitt durch eine Wellhornschnecke. Nicht alle Organe dargestellt. ▼

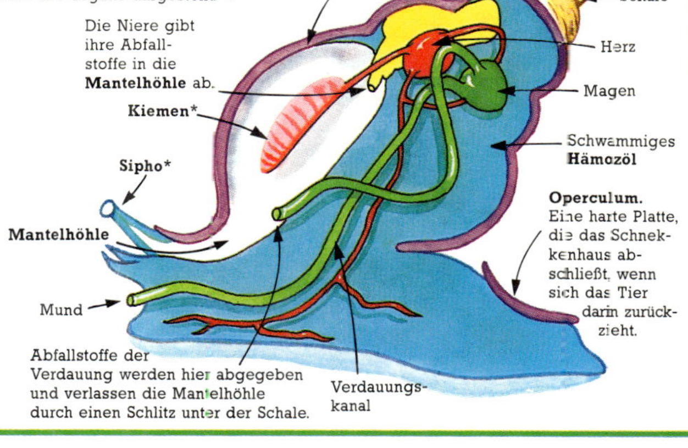

* **Fächertracheen**, 272; **Gliederfüßer**, 340; **Kiemen**, 272; **Malpighische Gefäße**, 273; **Nephroporus**, 273, **(Nephridien)**; **Sipho**, 272; **Stachelhäuter**, 341; **Tentakel**, 275; **Weichtiere**, 340; **Wirbeltiere**, 341.

Die Körperdecke bei Tieren

Alle Tiere haben eine äußere Körperdecke, meist mit einer weiteren Schutzschicht. In vielen Fällen besteht diese Haut aus mehreren Schichten, ähnlich wie die menschliche Haut (s. Seiten 310–311). Höhere Tiere haben in der Regel noch eine weiche Schutzdecke über der Haut, z. B. Haare oder Federn. Harte äußere Schichten finden wir bei vielen niederen Tieren, z. B. bei Insekten und Muscheln. Man spricht dann von einem **Außenskelett** oder **Exoskelett.** Das Gegenstück dazu ist das **Innenskelett** oder **Endoskelett.**

- **Kutikula:** Eine wasserabstoßende tote Außenschicht, die von der Haut vieler Tiere ausgeschieden wird. Bei vielen Tieren wird die Kutikula recht dick und bildet dann ein stützendes Außenskelett, das **Exoskelett,** z. B. bei den Krebsen oder Insekten. Tatsächlich wird der Begriff „Kutikula" vor allem für die Außenhülle von Insekten verwendet. Diese ist aus dem Polysaccharid **Chitin** und aus dem zähen Protein **Sklerotin** aufgebaut. Das Außenskelett der Insekten besteht meistens aus einzelnen verhärteten Abschnitten, den **Skleriten,** die untereinander beweglich verbunden sind. Bei anderen Tieren, z. B. den Regenwürmern, bildet die Kutikula eine wächserne, weiche Außenschicht auf der Haut.

- **Schuppen:** In der Zoologie eine Bezeichnung für ganz verschiedenartige Körperbedeckungen. Die Schuppen der Knochenfische (Klasse **Osteichthyes*,** z. B. des Karpfens) sind rundliche, oft verknöcherte Platten in der Haut. Die Schuppen der meisten Reptilien hingegen bestehen aus Horn und sind damit verdickte Hautgebilde.

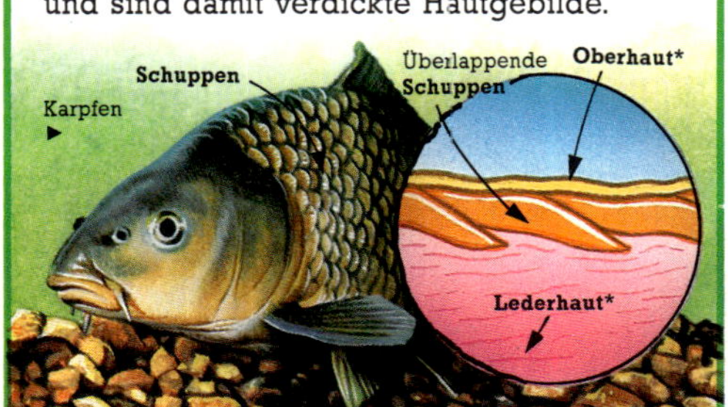

- **Carapax:** Wissenschaftliche Bezeichnung für den Panzer der Krabben sowie den Rückenschild der Schildkröten. Bei diesen besteht er aus knöchernen Platten, die unter Hornschildern oder einer ledrigen Haut liegen.

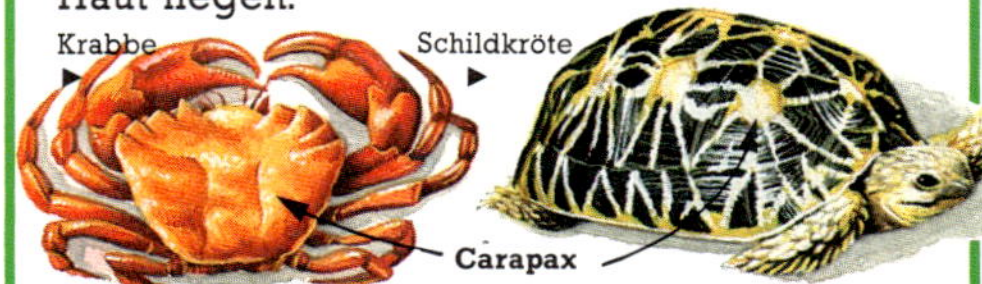

- **Hautzähne** oder **Plakoidschuppen:** Eine Art Schuppen mit scharfen, nach hinten gerichteten Spitzen. Hautzähne treten nur bei den Knorpelfischen (Klasse **Elasmobranchiomorphi***) auf, vor allem bei den Haifischen, etwas weniger stark bei den Rochen.

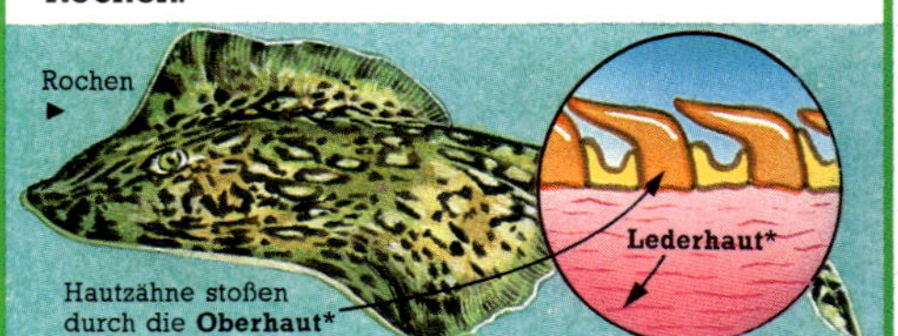

- **Flügeldecken** oder **Elytren:** Das Vorderflügelpaar bei Käfern. Es ist stark abgewandelt und bildet einen dicken Panzer, der den Hinterleib und die häutigen Hinterflügel bedeckt.

Scutum oder **Schild:** Allgemeine Bezeichnung für eine große, harte Platte in der Körperdecke, besonders für die großen Bauchschuppen der Schlangen, den Schienen.

* **Elasmobranchiomorphi,** 341; **Lederhaut, Oberhaut,** 310; **Osteichthyes, Reptilien,** 341.

Federn

Die isolierende, meist wasserabstoßende Schutzschicht über dem Vogelkörper besteht aus **Federn,** insgesamt spricht man vom **Gefieder.** Die Feder ist ein leichtes Gebilde aus Hornsubstanz, dem **Keratin.** Jede Feder hat einen zentralen **Schaft** mit feinen **Ästen.** Die Äste aller **Konturfedern** mit steifem Schaft und fester Fahne tragen noch sehr feine **Nebenäste** oder Federstrahlen. Diese sind untereinander durch Häkchen verbunden und gewährleisten so den elastischen Zusammenhalt der Fahne. An der Federbasis stehen Muskeln, welche die Federn bei Kälte für eine bessere Isolierung aufrichten (s. **Haarmuskeln**, Seite 310).

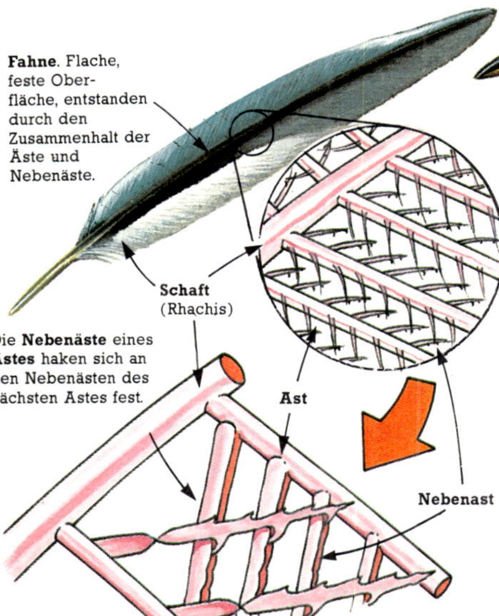

- **Flügelfedern** oder **Remiges** (Einzahl **Remix**): die für den Vogelflug bedeutsamen Federn. Man unterscheidet gewöhnlich 10 bis 12 **Handschwingen** oder **Schwungfedern erster Ordnung** und 6 bis 37 **Armschwingen** oder **Schwungfedern zweiter Ordnung**.

- **Daunenfedern** oder **Plumae:** Federn mit schlaffem, schwachem Schaft und kaum entwickelter Fahne. Die **Äste** sind sehr biegsam; echte **Nebenäste** fehlen. Daunenfedern dienen dem Kälteschutz. Sie sind vor allem bei Jungvögeln und bei Schwimmvögeln vorhanden.

- **Federfollikel:** Kleine Taschen in der Vogelhaut. Aus jedem Follikel wächst eine Feder, ähnlich wie bei den Säugetieren ein Haar aus einem **Haarfollikel*** entsteht. Die heranwachsende Feder ist anfänglich durchblutet und stirbt erst später ab.

* **Haarfollikel,** 310.

Fortbewegung bei Tieren

Die meisten Tiere können sich von einer Stelle zur anderen fortbewegen (**Lokomotion**), mindestens in einem Stadium ihres Lebens. Höhere Pflanzen hingegen können nur einzelne Teile ihrer Organismen bewegen (s. **Tropismus,** s. Seite 251). Welche Körperteile die Tiere bewegen, ist sehr unterschiedlich. Die höheren Formen haben Muskeln und Knochen wie der Mensch (s. Seiten 278–283).

Fortbewegung bei niederen Tieren

- **Wimpern** oder **Cilien**: Winzige, haarähnliche Gebilde auf der Körperoberfläche vieler kleiner Lebewesen. Die Wimpern schlagen vorwärts und rückwärts und erzeugen dadurch eine Bewegung. Wimpern findet man auch in höheren Lebewesen, z. B. in den Bronchien. Dort fangen sie Fremdkörperchen auf und transportieren sie in den Rachen.

Pantoffeltierchen (Einzeller) ▼

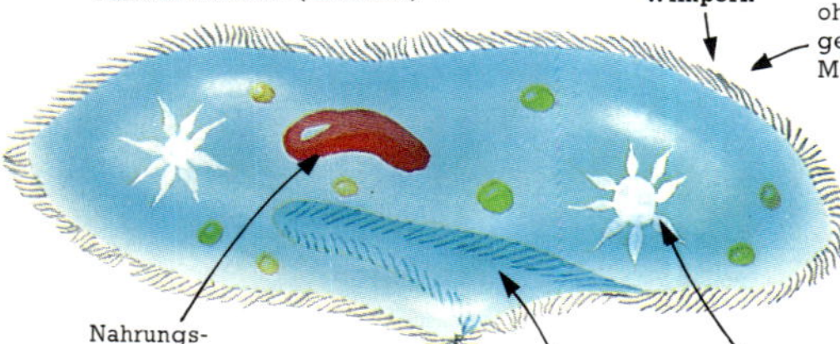

Die **Wimpern** um den **Zellmund** strudeln Nahrungspartikel herbei.

- **Geißeln**: Lange, fädige Fortsätze an der Körperoberfläche. Geißeln haben vor allem sehr viele Einzeller, und es gibt sogar eine Gruppe der Geißeltierchen. Mit schnellem Schlag treiben die Geißeln diese Lebewesen im Wasser voran.

Zeichnungen ohne gemeinsamen Maßstab

Borstenwurm ▼

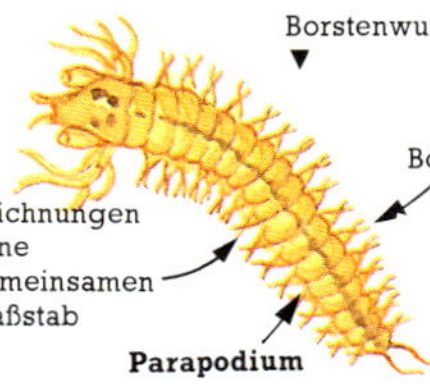

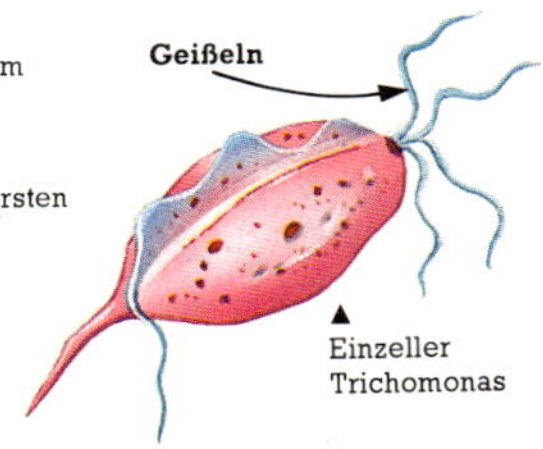

▲ Einzeller Trichomonas

- **Parapodien** (Einzahl: **Parapodium**): Paarige Fortsätze an den Körperseiten wasserbewohnender Borstenwürmer. Sie spielen bei der Fortbewegung eine Rolle und tragen am Ende ein Bündel aus Borsten. Bei den landbewohnenden Formen, etwa dem Regenwurm, fehlen die Parapodien.

- **Pseudopodien** (Einzahl: **Pseudopodium**) oder **Scheinfüßchen**: Vorübergehend gebildete Fortsätze des Zellkörpers oder **Zytoplasmas***, eines einzelligen Lebewesens. Pseudopodien werden gebildet, um entweder die Fortbewegung zu ermöglichen oder um Nahrungsteilchen in den Zelleib aufzunehmen. Diesen Vorgang bezeichnet man auch als **Phagozytose**.

Fortbewegung

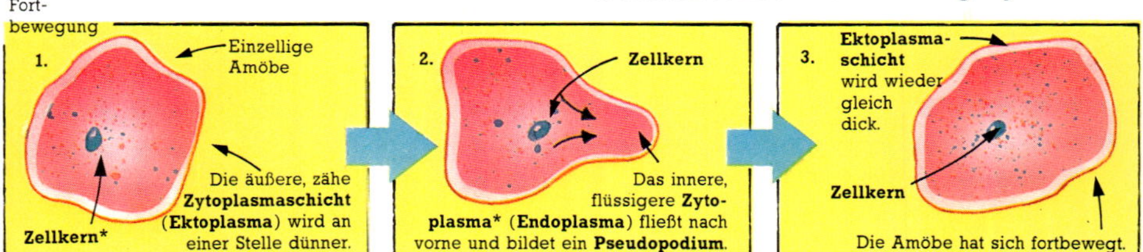

Phagozytose

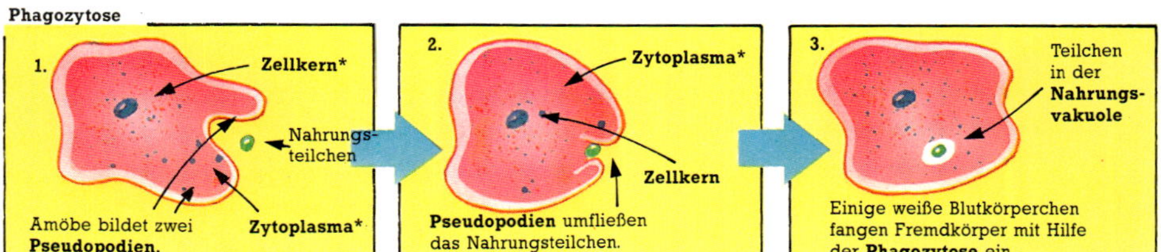

* **Pulsierende Vakuole,** 273; **Zellkern, Zytoplasma,** 238.

Schwimmer

- **Flossen:** Besondere Körperfortsätze, mit denen die Fische sich fortbewegen, ihre Schwimmbahn stabilisieren und die Richtung verändern. Die Flossen werden von **Strahlen** gestützt, die, je nach der systematischen Zugehörigkeit (s. Seite 341), aus **Knorpel*** oder Knochen sind. Jeder Fisch hat **paarige** und **unpaarige** Flossen.

Forelle ▼

- **Unpaarige Flossen**: Bezeichnung für jene Flossen, die in der Symmetrieebene des Fisches stehen. Die Aale haben eine sehr lange, durchgehende, unpaarige Flosse. Bei den meisten anderen Fischen unterscheiden wir jedoch **Rückenflosse**, **Schwanzflosse** und **Afterflosse**. Die Rükkenflosse und die Afterflosse helfen bei der Änderung der Bewegungsrichtung und stabilisieren die Lage des Fischkörpers. Die Schwanzflosse vergrößert die Schlagfläche.
- **Paarige Flossen**: Flossen, die doppelt vorhanden sind. Es sind dies die **Bauchflossen** und die **Brustflossen**. Sie kontrollieren die Aufwärts- und Abwärtsbewegung beim Schwimmen.
- **Schwimmblase**: Ein langer, luftgefüllter Sack im Körperinnern der meisten Knochenfische (Klasse **Osteichthyes***). Wenn der Fisch die Luftmenge in der Schwimmblase verändert, kann er damit die Tauchtiefe regulieren. Nur Fische mit einer Schwimmblase können ohne aktive Körperbewegung eine bestimmte Wassertiefe beibehalten.

Medial bedeutet „in der Mitte" oder „in der Symmetrieebene zwischen zwei spiegelbildlichen Hälften stehend". Unpaarige Flossen stehen medial.

Dorsal bedeutet „auf dem Rücken stehend".

Caudal bedeutet „am Schwanz stehend" oder „in Richtung auf den Schwanz zu". Die Bauchflossen stehen meistens stärker caudal als die Brustflossen.

Ventral bedeutet „auf dem Bauch stehend" oder „gegen die Bauchseite zu stehend".

Fliegen

- **Brustmuskeln**: Zwei große paarige Muskeln, die bei vielen **Säugetieren*** ausgebildet sind. Besonders kräftig sind sie jedoch bei Vögeln entwickelt. Jeder Flügel hat einen **großen Brustmuskel** (Pectoralis major) und einen **kleinen Brustmuskel** (Pectoralis minor). Beide sind am **Brustbeinkamm** befestigt, einem blattartigen Fortsatz des **Brustbeins**. Die Muskeln ziehen sich bei der Flügelbewegung abwechselnd zusammen.

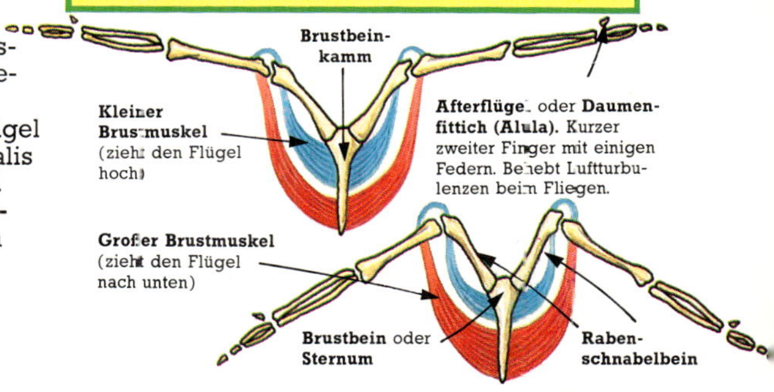

Gehen

- **Zehenspitzengänger**: Gehen auf Hufen an den Spitzen der Zehen. Beispiel: Pferde.

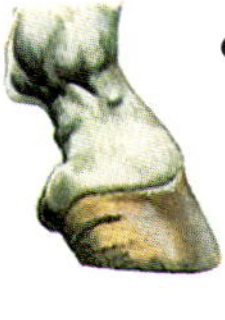

- **Zehengänger**: Setzen beim Gehen die Unterseite der Zehen auf. Beispiele: Hunde und Katzen.

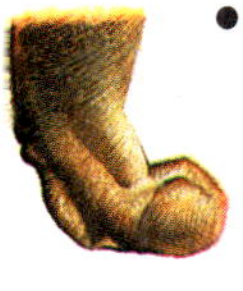

- **Sohlengänger**: Setzen die Unterseite des ganzen Fußes auf. Beispiel: Mensch, Bär.

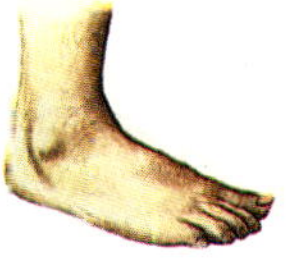

* **Finger**, 279 (**Mittelhandknochen**); **Knorpel**, 281; **Osteichthyes**, **Säugetiere**, 341.

Ernährung

Die Tiere zeigen eine große Vielfalt der Ernährungsweisen, und je nach Tiergruppe sind auch ganz unterschiedliche Körperteile damit befaßt. Manche verfügen über hoch spezialisierte **Verdauungsapparate**, während sie bei anderen ähnlich wie beim Menschen ausgebildet sind (s. Seiten 294–295). Hier beschreiben wir einige der wichtigsten Körperteile, die bei der Ernährung und Verdauung eine Rolle spielen.

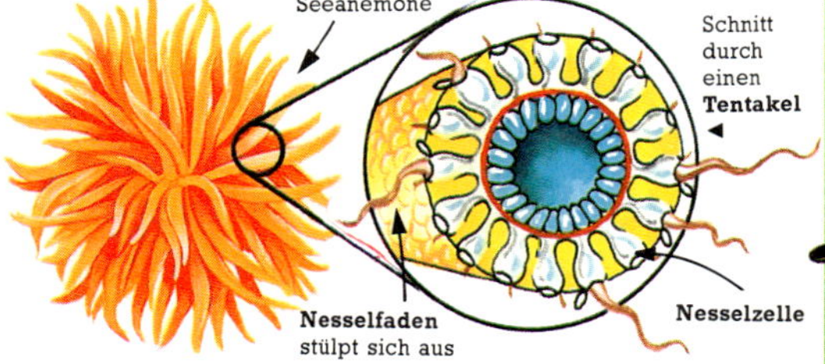

- **Nesselzellen**: Spezialisierte Zellen auf den **Tentakeln*** der **Hohltiere*** z. B. der Seeanemonen und Quallen. Jede Nesselzelle enthält einen eng aufgewickelten Nesselfaden und an der Spitze ein Stilett. Wenn ein Fortsatz an der Nesselzelle berührt wird, springt diese auf. Das Stilett durchschlägt die Haut des Beutetieres, und der Nesselfaden dringt in die Wunde ein.

- **Diastema** (Mehrzahl **Diastemata**): Eine Lücke zwischen den vorderen Schneidezähnen und den rückwärtigen Zähnen bei vielen Pflanzenfressern, gelegentlich auch Affenlücke genannt. Das Diastema ist besonders wichtig bei Nagetieren; zum Beispiel Mäusen.

- **Reißzähne**: Zwei besonders angepaßte Zähne im Gebiß von Raubtieren, nämlich der zweite obere **Backenzahn*** und der untere **Mahlzahn***. Mit den Reißzähnen zerschneiden die Raubtiere Fleisch und knacken Knochen.

- **Radula**: Die hornige Raspelzunge vieler **Weichtiere***, z. B. der Schnecken. Die Radula trägt viele spitze Zähnchen zum Abraspeln der Pflanzennahrung.

Mundteile der Gliederfüßer

Der Mund der **Gliederfüßer***, vor allem der Insekten, setzt sich aus vielen verschiedenen Teilen zusammen. Je nach der Ernährungsweise des Tieres nehmen diese Teile aber ein ganz unterschiedliches Aussehen an. Die grundlegenden Mundwerkzeuge aller Insekten sind die **Mandibeln** oder **Oberkiefer**, die **Maxillen** oder **Unterkiefer**, das **Labrum** oder **Oberlippe** und das **Labium** oder **Unterlippe**. Mandibeln und Maxillen treten auch bei anderen Gliederfüßern auf, z. B. bei den Krabben und Hundertfüßern. Einige davon haben zwei Maxillenpaare.

Die **Maxillen** der Schmetterlinge sind stark verlängert und bilden den langen **Saugrüssel** (leckend-saugende Mundwerkzeuge).

Die **Unterlippe** (Labium) der Stubenfliegen ist zu einem Rüssel verbreitert, der als Saugorgan dient.

Saugröhren, sogenannte **Pseudotracheen**

- **Filtrierer:** Tiere, die Nahrungsteilchen einer bestimmten Größe aus dem Wasser seihen. Die Seepocken z. B. filtern die winzig kleinen Lebewesen des **Planktons*** mit beborsteten **Rankenfüßen** oder **Cirren** (Einzahl **Cirrus**) aus dem Wasser. Die größten Walarten seihen mit mehreren Hundert quergestellten Hornlamellen, den Barten, die Garnelen des **Krills** aus dem Wasser.

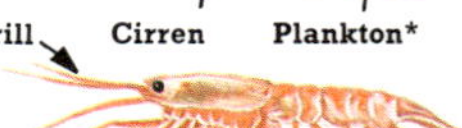

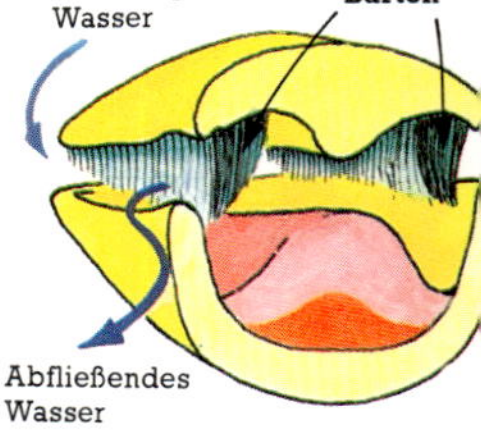

* Backenzähne, 285; Gliederfüßer, Hohltiere, 340; Mahlzähne, 285; Plankton, 342; Tentakel, 275; Weichtiere, 340.

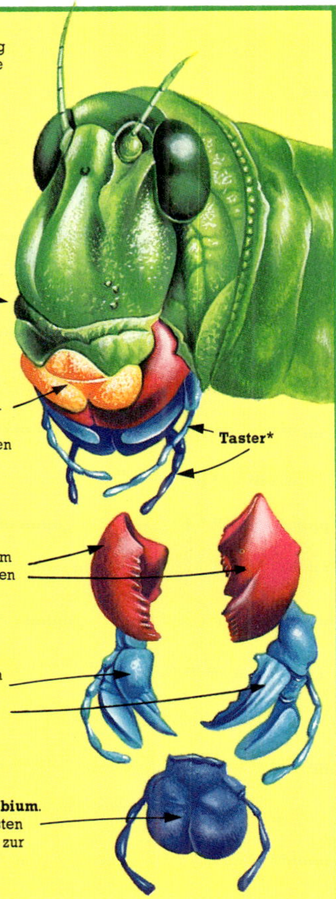

Verdauungsorgane

- **Kropf**: Eine dünnwandige Erweiterung der **Speiseröhre*** bei Vögeln. Die Tiere speichern die Nahrung erst im Kropf, bevor sie in den **Muskelmagen** gelangt. Kropfartige Bildungen finden wir z. B. auch bei Schnecken, Ringelwürmern und Heuschrecken.

- **Muskelmagen**: Hinterer Abschnitt des Vogelmagens mit dicken Muskelwänden. Die **Speiseröhre*** mündet erst in den drüsenreichen Vormagen und dann in den Muskelmagen. Vögel haben keine Zähne und zerkleinern ihre Nahrung im Muskelmagen. Sehr viele verschlucken dazu kleine Kiesel, die wie Mühlsteine wirken. Andere Vogelarten haben an den Wänden des Muskelmagens harte, zahnartige Strukturen zum zerreiben der Nahrung.

- **Pansen**: Die erste große Kammer des kompliziert aufgebauten Magens einiger pflanzenfressender **Säugetiere***, nämlich der Wiederkäuer wie der Kühe. Der Pansen nimmt die nur wenig zerkleinerte Nahrung auf. Er enthält Bakterien, die imstande sind, **Zellulose*** abzubauen. Für die meisten anderen Tiere gilt Zellulose als Abfall, weil sie sie nicht verdauen können. Bei den überwiegend grasfressenden Wiederkäuern hingegen macht sie den größten Teil ihrer Nahrung aus. Die vorverdaute Nahrung gelangt vom Pansen in den **Netzmagen**. Dann wird sie von den Tieren wieder hochgewürgt und ein zweites Mal gekaut (wiedergekaut). beim Herunterschlucken wandert die Nahrung am Pansen und am Netzmagen vorbei und gelangt in den **Blättermagen**. Dort wird ihr zu einem großen Teil das Wasser entzogen. Der darauffolgende **Labmagen** ist dann der eigentliche Magen wie bei den übrigen Säugetieren.

Tiere, die ihre Nahrung ein zweites Mal kauen, heißen **Wiederkäuer**.

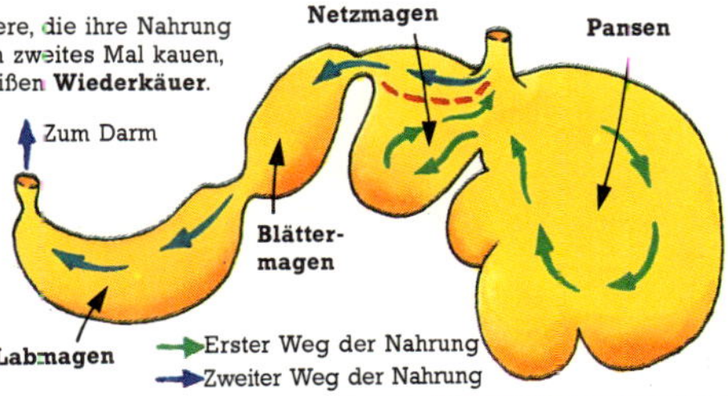

- **Blinddarm**: Ein blindgeschlossener Darmabschnitt beim Übergang vom Dünn- zum Dickdarm. Bei den Hasen ist der Blinddarm lebenswichtig, weil dort wesentliche Schritte der Verdauung stattfinden, nämlich der Abbau von **Zellulose*** mit Hilfe von Bakterien (s. **Pansen**). Beim Menschen hat der Blinddarm mit dem Wurmfortsatz keine Funktion mehr (s. **Dickdarm***).

* **Dickdarm**, 295; **Säugetiere**, 341; **Speiseröhre**, 294; **Taster**, 274; **Zellulose**, 238 (Zellwand).

Atmung der Tiere

Die **Atmung** umfaßt eine Reihe verschiedenartiger Vorgänge (s. Einführung, Seite 298). In jedem Fall wird Sauerstoff aufgenommen und von Körperzellen zum Abbau der Nahrung verwendet. Gleichzeitig geben die Zellen und der ganze Körper Kohlendioxid ab. Auf diesen Seiten werden einige der wichtigsten Atmungsorgane beschrieben.

- **Stigmen** (Einzahl **Stigma**): Öffnungen der Tracheen bei vielen **Gliederfüßern***, vor allem den Insekten. Die Stigmen liegen in der seitlichen Körperhaut und können bei manchen Tieren verschlossen werden.

Floh ▼

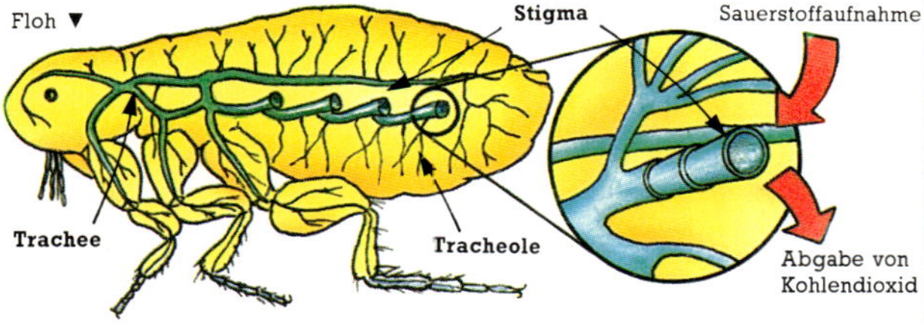

- **Tracheen**: Dünne Röhren, die bei den **Gliederfüßern***, vor allem den Insekten, von den **Stigmen** ins Körperinnere führen. Die Tracheen sind stark verzweigt (**Tracheolen**) und endigen blind. Sauerstoff aus der Luft dringt durch die Wand der Tracheen und Tracheolen und gelangt zu den Körperzellen. Das Kohlendioxid nimmt den umgekehrten Weg.

- **Fächertracheen** oder **Tracheenlungen**: Paarige Atmungsorgane vieler landbewohnender Spinnentiere, z. B. der Skorpione (vier Paare). Jede Tracheenlunge besteht aus zahlreichen stark durchbluteten Atemtaschen, die ähnlich wie die Seiten eines Buches angeordnet sind. Der Sauerstoff dringt durch ein schlitzartiges **Stigma** (je eines pro Fächertrachee) und wird vom Blut aufgenommen. Das Kohlendioxid nimmt den umgekehrten Weg.

▼ **Fächertracheen**

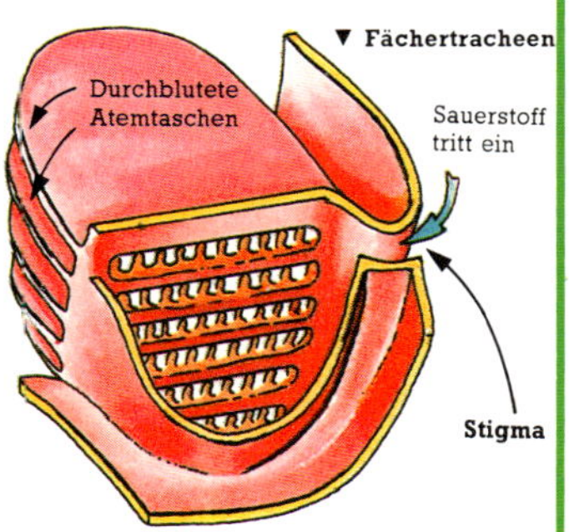

Kiemen

Kiemen oder **Branchien**: Atmungsorgane der meisten wasserbewohnenden Tiere. Sie enthalten viele Blutgefäße, die den Sauerstoff über die Schleimhaut der Kiemen direkt aus dem Wasser aufnehmen. Kohlendioxid wird in umgekehrter Richtung ins Wasser abgegeben. Man unterscheidet zwei Typen von Kiemen, **innere** und **äußere**.

Atmen mit **Kiemen**

1. Wasser wird in die Mundhöhle aufgenommen.

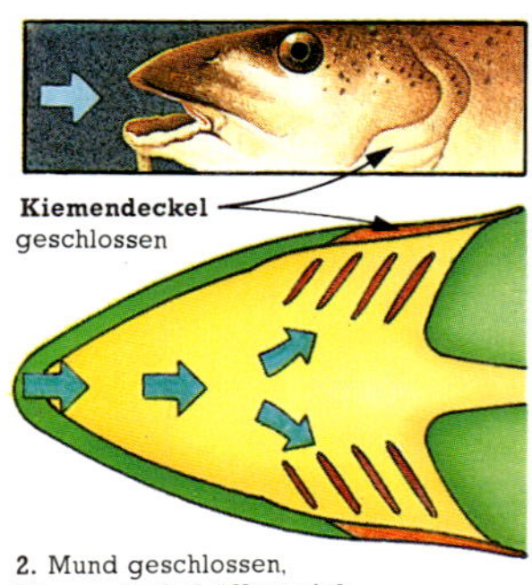

2. Mund geschlossen, **Kiemendeckel öffnet sich**

- **Sipho:** Allgemeine Bezeichnung für eine Röhre, die Atemwasser zu den Kiemen wasserbewohnender Weichtiere führt (z. B. Wellhornschnecke, s. Bild auf Seite 265) oder von dort abführt. Im besonderen ist jener **Trichter** gemeint, der bei **Kopffüßern*** zur Fortbewegung Wasser aus der Mantelhöhle ausstößt.

* **Gliederfüßer**, **Kopffüßer**, 340; **Trichter**, 275.

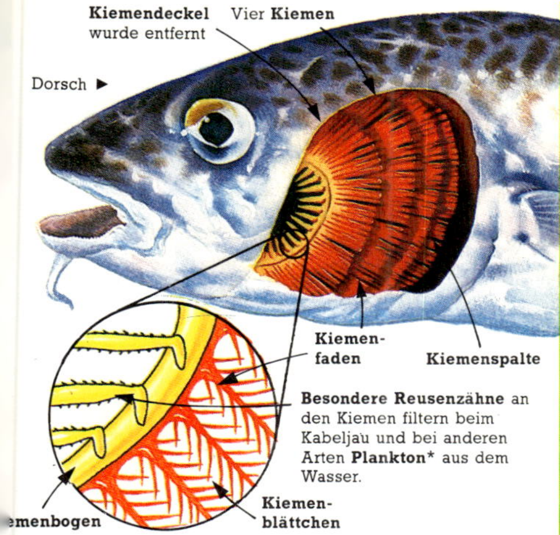

- **Innere Kiemen**: **Kiemen** im Inneren des Körpers. Sie treten in unterschiedlichster Ausprägung bei allen Fischen, den meisten **Weichtieren*** und **Krebstieren*** auf. Die meisten Fische habe vier Kiemenpaare. Die Zwischenräume zwischen ihnen bezeichnet man als **Kiemenspalten**. Diese sind als einzelne längliche Öffnungen am Vorderende der Haie deutlich zu erkennen. Bei den höheren Fischen werden die Kiemen von einem gemeinsamen beweglichen **Kiemendeckel** beschützt. Jede Kieme besteht aus einem gekrümmten Stab, dem **Kiemenbogen**. Daran sind zahlreiche feine **Kiemenfäden** mit den **Kiemenblättchen** befestigt. Sie vergrößern die Oberfläche für den Gasaustausch und enthalten zahlreiche Blutgefäße.

- **Äußere Kiemen: Kiemen** an der Außenseite des Körpers. Äußere Kiemen finden wir vor allem bei den Jugendstadien der meisten Fische und **Amphibien*** sowie bei wasserbewohnenden **Larven*** vieler Insekten, z. B. den Köcherfliegen und den Eintagsfliegen. Bei den Wirbeltieren handelt es sich um büschelig verzweigte Auswüchse in der Nähe des Kopfes, z. B. bei jungen Kaulquappen oder beim erwachsenen Axolotl.

Axolotl ▼

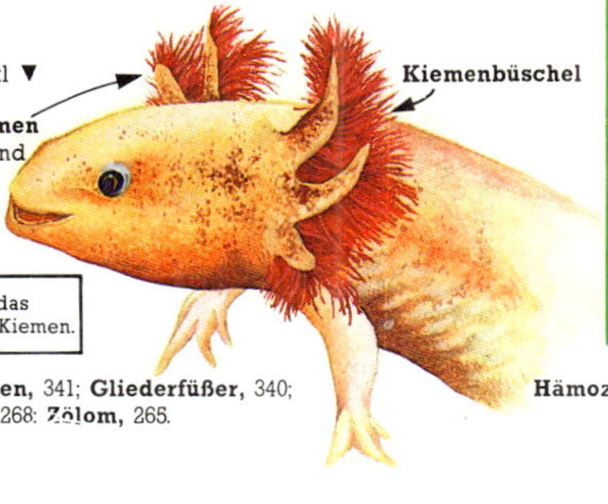

Äußere Kiemen sind weich und verzweigt.

Branchien ist das Fremdwort für Kiemen.

Ausscheidung bei den Tieren

Als Ausscheidung oder **Exkretion** bezeichnen wir die Entfernung von Abfallstoffen aus dem Körper. Dadurch wird der Körper giftige Stoffwechselprodukte los. Gleichzeitig sorgt die Ausscheidung für die Aufrechterhaltung eines ausgewogenen Flüssigkeitshaushaltes (s. Homeostasis, Seite 333).

- **Pulsierende Vakuolen**: Kleine, flüssigkeitsgefüllte Bläschen in einzelligen Lebewesen des Süßwassers. Überschüssig aufgenommenes Wasser gelangt über mehrere Kanäle in die pulsierende Vakuole. Wenn diese gefüllt ist, zieht sie sich zusammen und entleert ihren Inhalt nach außen.

Pantoffeltierchen ▼

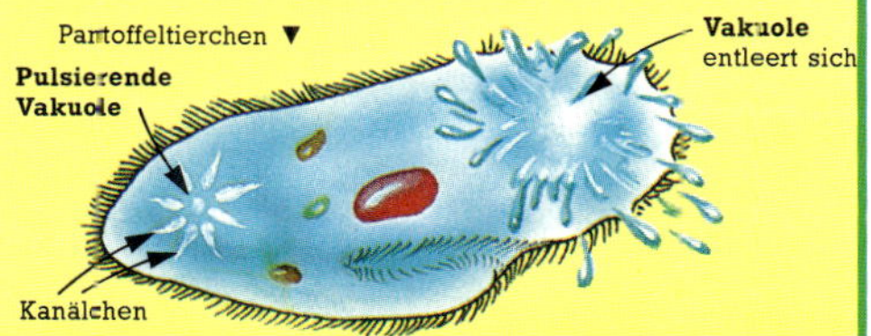

- **Nephridien** (Einzahl **Nephridium**): Röhrenförmige Ausscheidungsorgane bei vielen Würmern, bei den **Larven*** zahlreicher **Weichtiere*** sowie in abgewandelter Form bei den Krebsen. Bei den höheren Würmern nehmen die Nephridien die Abfallstoffe aus dem **Zölom*** (s. Bild Seite 265) auf. Niedere Würmer und Weichtierlarven haben die primitiveren **Protonephridien.** Die flüssigen Abfallstoffe dringen in die hohlen **Solenozyten** ein, angetrieben durch **Wimpernflammen.** Bei Nephridien und Protonephridien verlassen die Abfallstoffe den Körper durch eine feine Öffnung, den **Nephroporus**.

Protonephridium ▼

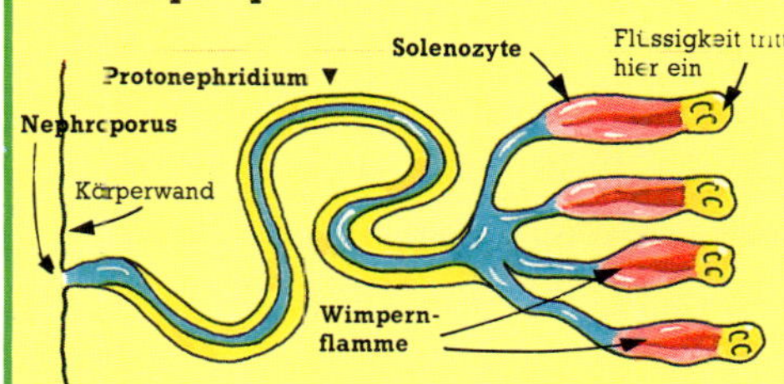

- **Malpighische Gefäße:** Lange Röhren im Körper vieler **Gliederfüßer***, z. B. der Insekten. Die Malpighischen Gefäße transportieren gelöste Abfallstoffe aus der Hauptleibeshöhle (**Hämozöl***) in den letzten Darmabschnitt (s. Bild auf Seite 265).

* **Amphibien**, 341; **Gliederfüßer**, 340; **Hämozöl**, 265; **Krebstiere**, 340; **Larve**, 277; **Plankton**, 342; **Weichtiere**, 340; **Wimpern**, 268; **Zölom**, 265.

Sinnesleistungen und Kommunikation bei Tieren

Alle Tiere zeigen eine **Reizbarkeit**, das heißt, sie reagieren auf äußere Reize wie Licht oder Schallwellen. Bei uns Menschen sind alle Sinne recht gut entwickelt. Manche Tiere zeigen eine viel stärkere Spezialisierung und bringen es zu viel höheren Sinnesleistungen, die Greifvögel z. B. beim Sehen. Hier sind einige der wichtigsten tierischen Sinnesorgane beschrieben. Sie nehmen den Reiz auf. Für die Weiterleitung sorgen aber Nerven, die Informationen darüber an das Gehirn oder an primitivere Nervenzentren senden. Diese setzen dann die Reizantwort in Gang.

Gehör und Gleichgewicht

- **Seitenlinien**: Zwei wassergefüllte, in die Haut versenkte Röhren, je eine auf einer Körperseite. Seitenlinien treten bei allen Fischen und bei jenen **Amphibien*** auf, die den größten Teil ihres Lebens im Wasser verbringen, z. B. bei einigen Kröten. Mit Hilfe der Seitenlinien nehmen die Tiere Wasserströmungen und Druckunterschiede wahr. Die Seitenlinien dienen im weitesten Sinn der Orientierung.

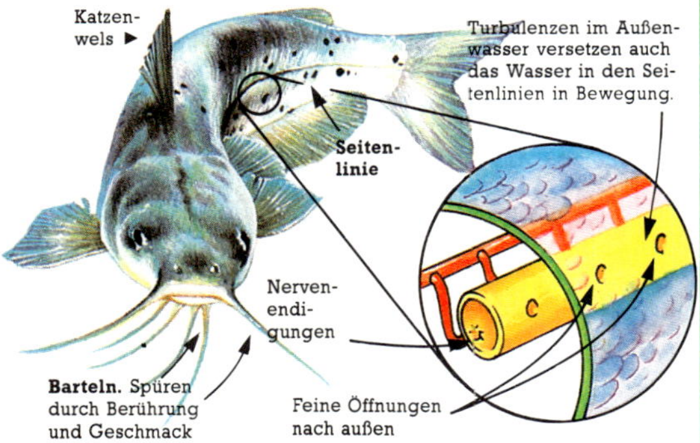

- **Tympanalorgane**: Organe zur Wahrnehmung von Schallwellen. Tympanalorgane finden wir z. B. am Hinterleib und in den Vorderbeinen einiger Insekten. Diese Organe bestehen aus einem luftgefüllten Sack, der von einer dünnen Gewebsschicht verschlossen wird. Sinneszellen im Inneren nehmen hochfrequente Schallwellen wahr.

- **Statozysten**: Winzige Gleichgewichtsorgane vieler wasserbewohnender **Wirbelloser***, z. B. der Quallen. Jede Statozyste besteht aus einem kleinen Säckchen und darin winzigen Steinchen, den **Statolithen**. Wenn das Tier seine Lage verändert, bewegen sich auch die Statolithen und reizen dabei bestimmte Sinneszellen.

Berührung, Geruch und Geschmack

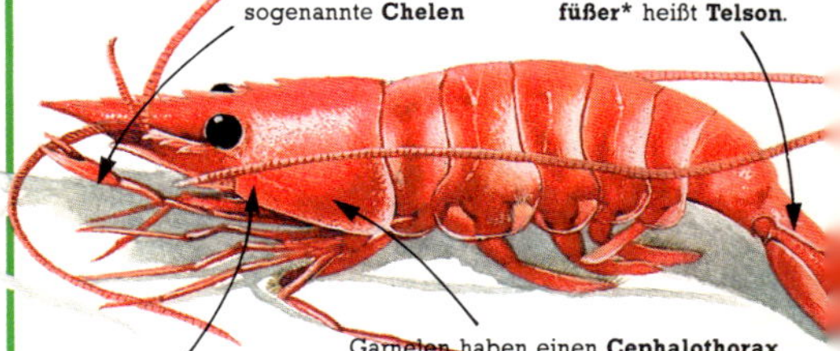

Fühler oder **Antennen**: Peitschenartige, aus vielen Einzelgliedern zusammengesetzte Sinnesorgane am Kopf von Insekten, **Tausendfüßern*** (Hundertfüßern und Doppelfüßern) und von **Krebstieren***, z. B. von Garnelen. Die Insekten und die Tausendfüßer haben ein Fühlerpaar, die Krebstiere deren zwei. An den Fühlern liegen Sinnesorgane für Berührung, Temperaturänderung sowie Geschmack oder Geruch. Einige Krebstiere verwenden sie auch zum Schwimmen oder zum Festhalten.

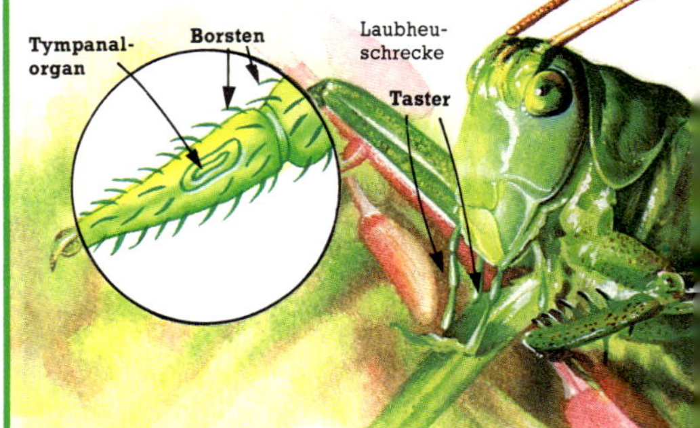

- **Taster**: Fortsätze der Mundwerkzeuge von **Gliederfüßern***, z. B. der Insekten. An den Tastern sitzen chemische Sinnesorgane für Geruch oder Geschmack oder Tastsinnesorgane.

* **Amphibien**, 341; **Brust**, 264 **(Segmentation)**; **Gliederfüßer, Krebstiere**, 340; **Tausendfüßer**, 341 (Anmerkung 5); **Wirbellose**, 341 (Anmerkung 8).

Kommunikation

- **Pheromone**: Chemische Stoffe, die ein Tier nach außen abgibt, um anderen Individuen derselben Art Informationen zu übermitteln. Beispiel: Sexuallockstoff vieler Insekten.
- **Syrinx**: Das Stimmorgan der Vögel, ähnlich unserem **Kehlkopf***, aber an der Gabelung der Stammbronchien gelegen.

- **Vibrissen**: Steife lange Haare im Gesicht vieler **Säugetiere***, z. B. die Schnurrbarthaare um die Nase der Katze. Die Vibrissen stehen mit Tastsinnesorganen in Verbindung.

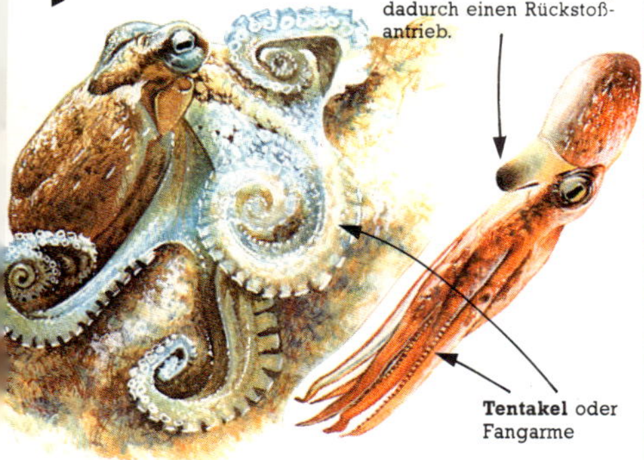

- **Tentakel**: Lange, bewegliche Gliedmaßen, z. B. bei vielen **Weichtieren*** wie den Kraken oder bei den **Hohltieren***, etwa den Quallen. In den meisten Fällen tragen die Tentakel Tastsinnesorgane und dienen dem Nahrungserwerb. Landschnecken tragen am Kopf zwei Paar Tentakel, von denen das kürzere am Ende Augen trägt.

Sehr viele Heuschrecken und Grillen **stridulieren**, das heißt sie reiben zur Lauterzeugung unterschiedliche Körperteile aneinander. Die Stridulationsgeräusche sollen vor allem Partner anlocken. Laubheuschrecken verwenden dazu ihre Flügelkanten.

- **Borsten**: Lange Haare in der Haut vieler **Wirbelloser***, z. B. von Insekten. Sie nehmen Luftströmungen oder Berührungen wahr.

Sehen

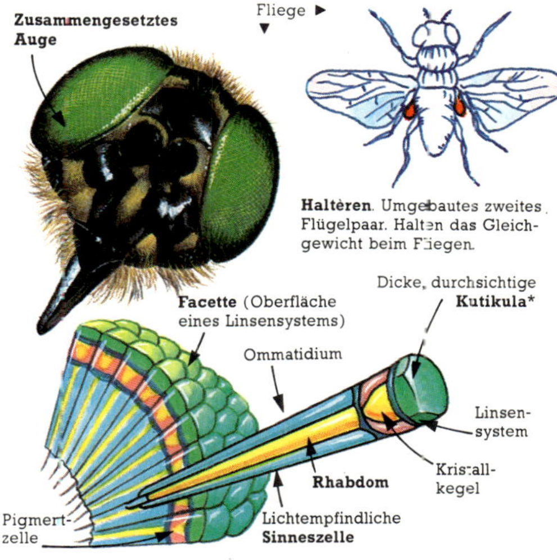

- **Zusammengesetzte Augen** oder **Komplexaugen**: Die Augen vieler Insekten und einiger anderer **Gliederfüßer***, z. B. der Krabben. Jedes Komplexauge besteht aus Hunderten von Einzelaugen, der **Ommatidien** (Einzahl **Ommatidium**). Jedes Ommatidium hat ein eigenes Linsensystem, welches die Lichtstrahlen zum **Rhabdom** hin

Mosaikbild einer **Blüte**

bricht. Dieser durchsichtige Stab ist von meist acht lichtempfindlichen Sehzellen umgeben.

Jedes Ommatidium hat einen etwas anderen Sehwinkel und nimmt unterschiedliche Lichtintensitäten und Farbwerte wahr. Das Gehirn vereinigt die zahlreichen Einzelinformationen der Ommatidien zu einem vollständigen **Mosaikbild**. Ihr Auflösungsvermögen ist nicht so gut wie das unseres Linsenauges.

* **Gliederfüßer**, 340; **Hohltiere**, 340; **Kehlkopf**, 298; **Kutikula**, 266; **Pigmente**, 255; **Säugetiere**, 341; **Weichtiere**, 340; **Wirbellose**, 341 (Anmerkung 8).

Die Fortpflanzung der Tiere

Fortpflanzung ist die Schaffung neuen Lebens. Die meisten Tiere kennen eine **geschlechtliche Fortpflanzung***, bei der Geschlechtszellen, die weibliche **Eizelle** mit der männlichen **Samenzelle**, verschmelzen. Weiter unten werden die Hauptbegriffe der Fortpflanzungsbiologie erklärt.

Zwergmaus ►

- **Vivipar**: Lebendgebärend. Bei viviparen Lebewesen findet die Verschmelzung der Geschlechtszellen (**Befruchtung**) und die Entwicklung des **Embryos*** im Innern des weiblichen Körpers statt (**innere Befruchtung**). Das Weibchen gebärt ein Jungtier.

Junge Schlange beim Schlüpfen aus der Eihülle

Ovipar: Eierlegend. Die Entwicklung des **Embryos*** oviparer Tiere findet im Inneren eines Eies statt, das das Weibchen abgelegt hat. In einigen Fällen, z. B. bei den Vögeln, verschmelzen die männlichen und weiblichen Geschlechtszellen im Inneren des weiblichen Körpers (**innere Befruchtung**), so daß das frisch gelegte Ei bereits einen Embryo enthält (**Ovoviviparie**). In anderen Fällen, vor allem bei den meisten Fischen, enthalten die Eier bei der Ablage nur die weibliche Geschlechtszelle oder Eizelle, und das Männchen spritzt dann seinen **Samen** mit den männlichen Geschlechtszellen darüber (**äußere Befruchtung**).

- **Eier**: Es gibt zwei Haupttypen von Eiern. **Beschalte Eier** legen die meisten landbewohnenden Tiere, z. B. die Vögel, und die meisten **Reptilien***. Wir finden sie auch bei einigen Wassertieren, z. B. den Haien. Beschalte Eier schotten den **Embryo*** oder **Keim** weitgehend von seiner Umgebung ab. Nur Gase können durch die zähe Schale hindurchtreten, während Abfallstoffe gespeichert werden. Das Ei enthält genügend Nährstoffe (**Dotter**) für die gesamte Entwicklung des Embryos, und das Jungtier sieht beim Schlüpfen ähnlich aus wie das erwachsene Tier. Der andere Eityp hat eine dünne Außenhaut, durch die Wasser, Gase und Abfallstoffe hindurchtreten können. Solche Eier legen die meisten wasserbewohnenden Tiere, z. B. die Mehrzahl der Fische. Die schlüpfenden Jungtiere sind nicht voll entwikkelt, sondern Larven.

Beschaltes Ei

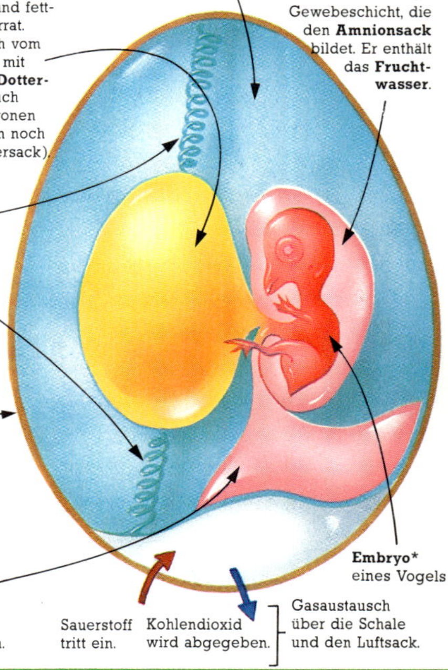

* **Embryo**, 321; **Geschlechtliche Fortpflanzung**, 320; **Reptilien**, 341; **Restorgan**, 295 (**Wurmfortsatz**).

- **Eileiter**: Ein Gang im weiblichen Körper, durch den fertige **Eier** oder **Eizellen** (weibliche Geschlechtszellen) abgegeben werden. Man kann auch **Ovidukt** sagen. Beim Menschen mündet der Eileiter in die **Gebärmutter***.

- **Ovipositor**: Ein Organ am Hinterleibsende vieler weiblicher Insekten, mit dem **Eier** gelegt werden können. Oft ist der Ovipositor lang, entweder weich und teleskopartig ausziehbar oder scharf und imstande, bei der Eiablage pflanzliche oder tierische Gewebe zu durchstoßen.

- **Samenbehälter**: Ein Säckchen für die Aufbewahrung männlicher **Samenflüssigkeit** (mit Geschlechtszellen) im Körper vieler weiblicher **Wirbelloser***, z. B. der Insekten, sowie bei einigen niedrigen **Wirbeltieren***, etwa bei Wassermolchen. Das Weibchen bewahrt die Samenflüssigkeit so lange auf, bis seine **Eizellen** reif für die **Befruchtung** sind. Einige **zwittrige** Tiere (Tiere mit männlichen und weiblichen Geschlechtsorganen), zum Beispiel Regenwürmer, haben Samenbehälter. Sie tauschen bei der Paarung ihren Samen aus.

Vollkommene Metamorphose: Zwei verschiedene Formen zwischen **Ei** und erwachsenem Tier, nämlich Larve und Puppe. Die Insekten mit vollkommener Verwandlung, z. B. die Schmetterlinge, heißen auch **Endopterygota**. ▼

1.

Larve: Schlüpft aus dem Ei; volkstümliche Namen, z. B. Made (Fliegen), Engerling (Maikäfer), Raupe (Schmetterlinge). Die Larve häutet sich mehrmals im Lauf ihres Wachstums. Diese **Häutung** ist ein Merkmal aller **Gliederfüßer***.

Klebriger Seidenfaden

2.

Letzte **Häutung** der Larve führt zur **Puppe**.

3.

Puppe. Äußere Haut ledrig, zäh oder hart. Manche Spinner umgeben die Puppe mit einem **Kokon** aus gesponnener Seide.

4.

Puppenhaut reißt auf.

5.

Frisch geschlüpftes erwachsenes Tier (**Imago**)

Unvollkommene Metamorphose. Die Entwicklung verläuft über mehrere Larvenstadien, die den erwachsenen Tieren schon weitgehend ähneln. Tiere mit unvollkommener Verwandlung heißen auch **Exopterygota**. ▼

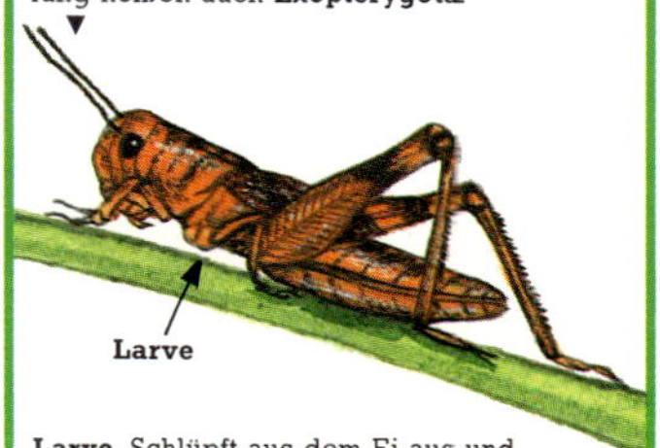

Larve

Larve. Schlüpft aus dem Ei aus und sieht bei unvollkommener Verwandlung dem erwachsenen Tier ähnlich. Die Flügel fehlen aber noch oder sind nur ansatzweise angelegt. Auch fehlen viele innere Organe. Nach mehreren **Häutungen** wird die Larve zum erwachsenen Tier.

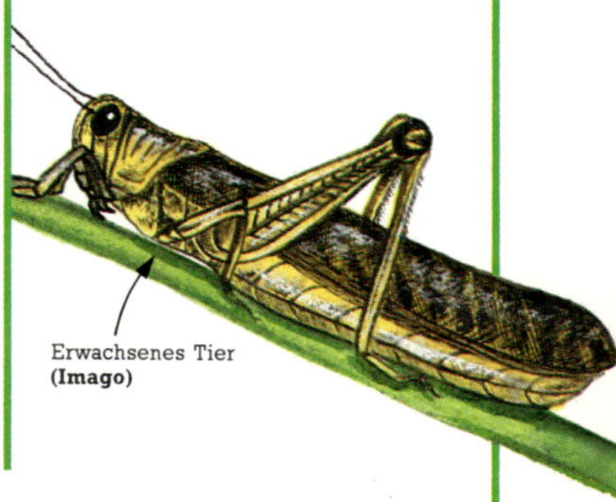

Erwachsenes Tier (**Imago**)

- **Metamorphose**: Entwicklung und Wachstum eines Tieres über eines oder mehrere Larvenstadien, die sich vom erwachsenen Tier mehr oder minder deutlich unterscheiden. Man spricht deswegen auch von Verwandlung. Während der Metamorphose verwandelt sich das Jungtier langsam zum erwachsenen Tier. Alle Insekten, die meisten meeresbewohnenden **Wirbellosen***, z. B. Hummer, und die meisten **Amphibien***, darunter die Frösche, kennen eine mehr oder minder stark ausgeprägte Metamorphose. Zwischenformen treten dabei häufig auf, z. B. beinlose Kaulquappen bei Fröschen und Kröten. Im Bild oben sind zwei Arten der Metamorphose illustriert, die **vollkommene** und die **unvollkommene**.

* **Amphibien**, 341; **Gebärmutter**, 317; **Gliederfüßer**, 340; **Wirbellose**, 341 (Anmerkung 8); Wirbeltiere, 341 (**Craniota**).

Das Skelett

Das menschliche Skelett besteht aus über 200 Knochen. Es stützt und schützt Körperorgane und bildet ein festes Gerüst, an dem die Muskeln angreifen können.

- **Schädel**: Er beschützt das Gehirn (**Hirnschädel**) und die Gesichtsorgane (**Gesichtsschädel**). Die einzelnen Knochen sind über **Schädelnähte** oder **Suturen** miteinander verbunden. Der **Oberkiefer (Maxille)** besteht aus zwei miteinander verwachsenen Knochen.

Schädel ►

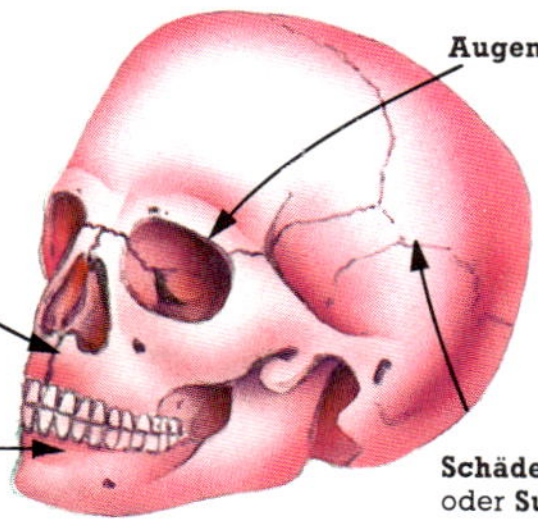

- **Brustkorb**: Der Brustkorb schützt die Lunge und das Herz und wird von zwölf Paar **Rippen**, den **Brustwirbeln** und dem **Brustbein** gebildet. Die Rippen sind mit dem Brustbein durch Bänder aus **Knorpel*** verbunden, den sogenannten **Rippenknorpeln**. Allerdings setzen nur die ersten fünf Paare direkt am Brustbein an. Die übrigen bezeichnet man als **falsche Rippen**. Die obersten drei sind indirekt über den Rippenknorpel der siebten Rippe mit dem Brustbein verbunden. Die untersten beiden Rippenpaare heißen **freie Rippen**, weil sie nur mit den Brustwirbeln verbunden sind.

Brustkorb ►

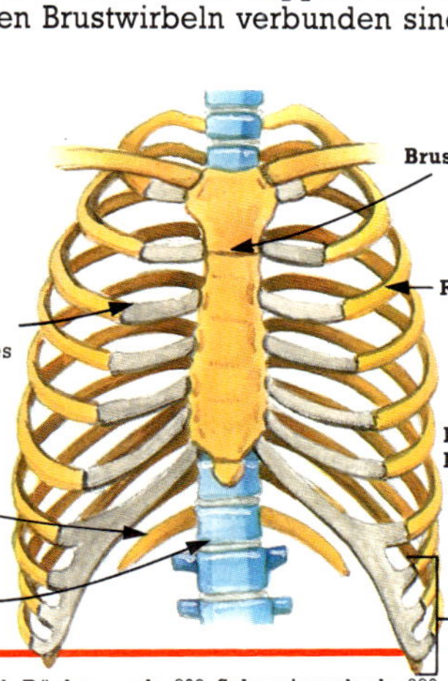

- **Wirbelsäule**: Eine bewegliche Kette von 33 Wirbeln, auch **Rückgrat** genannt. Die Wirbelsäule schützt das **Rückenmark***, trägt den Kopf und die Eingeweide und dient als Anheftungsstelle für das **Becken** und den **Brustkorb**. Die Wirbelsäule bildet den zentralen Teil des Skeletts und heißt deswegen auch Achsenskelett.

- **Wirbel**: Einer der 33 Knochen der Wirbelsäule. Ein typischer Wirbel hat einen umfangreichen **Wirbelkörper** und mehrere **Fortsätze** (Namen siehe unten) sowie ein zentrales **Wirbelloch**. Dieses wird vom **Wirbelbogen** umschlossen. Die Gesamtheit dieser Wirbellöcher bildet den **Wirbelkanal**, in dem das **Rückenmark*** verläuft.

Typischer **Wirbel (Brustwirbel).** Ansicht von oben ►

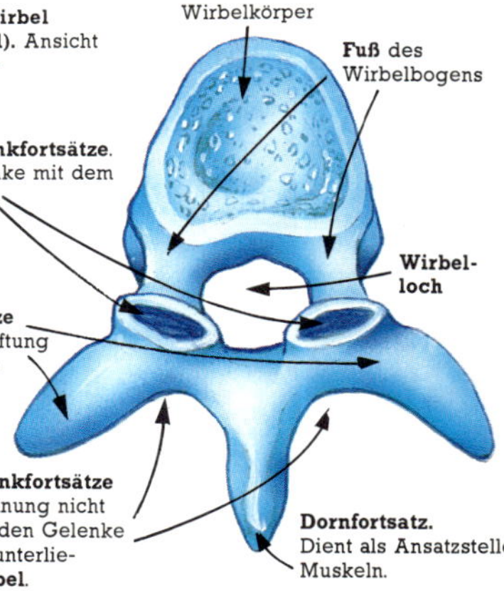

Die Namen der unterschiedlichen Wirbel findet man auf der gegenüberliegenden Seite. Die oberen 24 Wirbel sind beweglich und untereinander durch **Zwischenwirbelscheiben** aus **Knorpel*** verbunden. Sie heißen volkstümlich auch **Bandscheiben**. Die unteren neun Wirbel sind miteinander verschmolzen. Alle Wirbel zeigen die oben beschriebene typische Struktur, mit Ausnahme allerdings der beiden obersten, des ersten Halswirbels (**Atlas**) und des zweiten Halswirbels (**Axis** oder **Epistropheus**). Der Atlas bildet mit dem Schädel ein besonderes Gelenk, das Bewegungen in alle Richtungen erlaubt. Die Axis hat oben einen Zahnfortsatz, der sich in den Atlas einfügt. Er bildet dort ein **Eigelenk**, das Drehbewegungen des Kopfes erlaubt.

* **Knorpel**, 281; **Rückenmark**, 302; **Scharniergelenk**, 280.

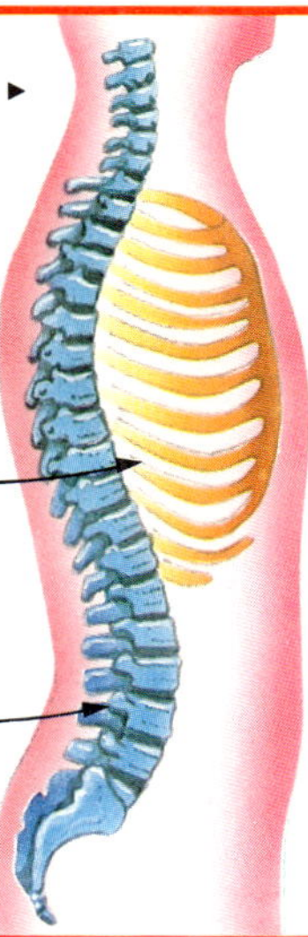

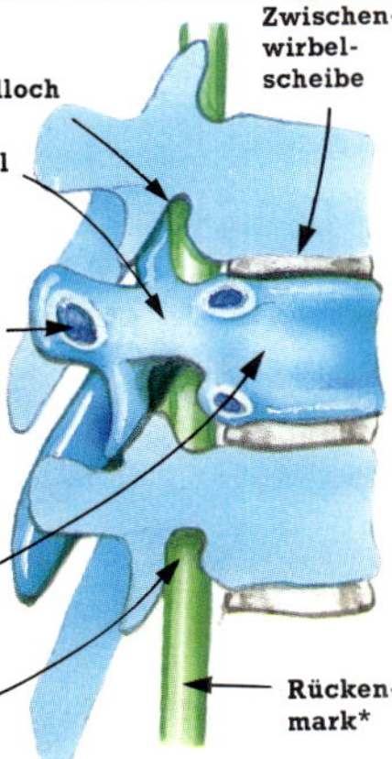

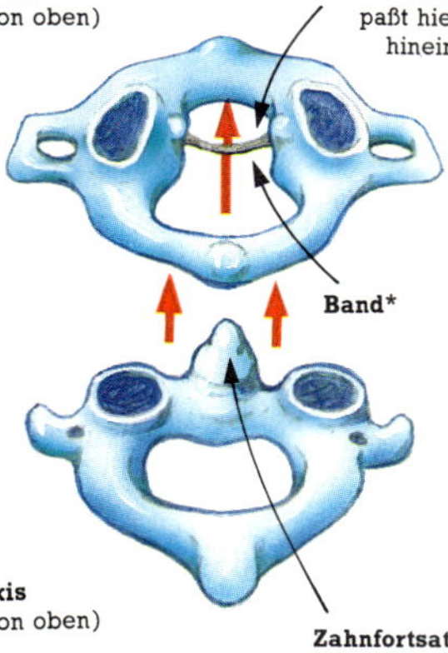

Die Knochen des Skeletts

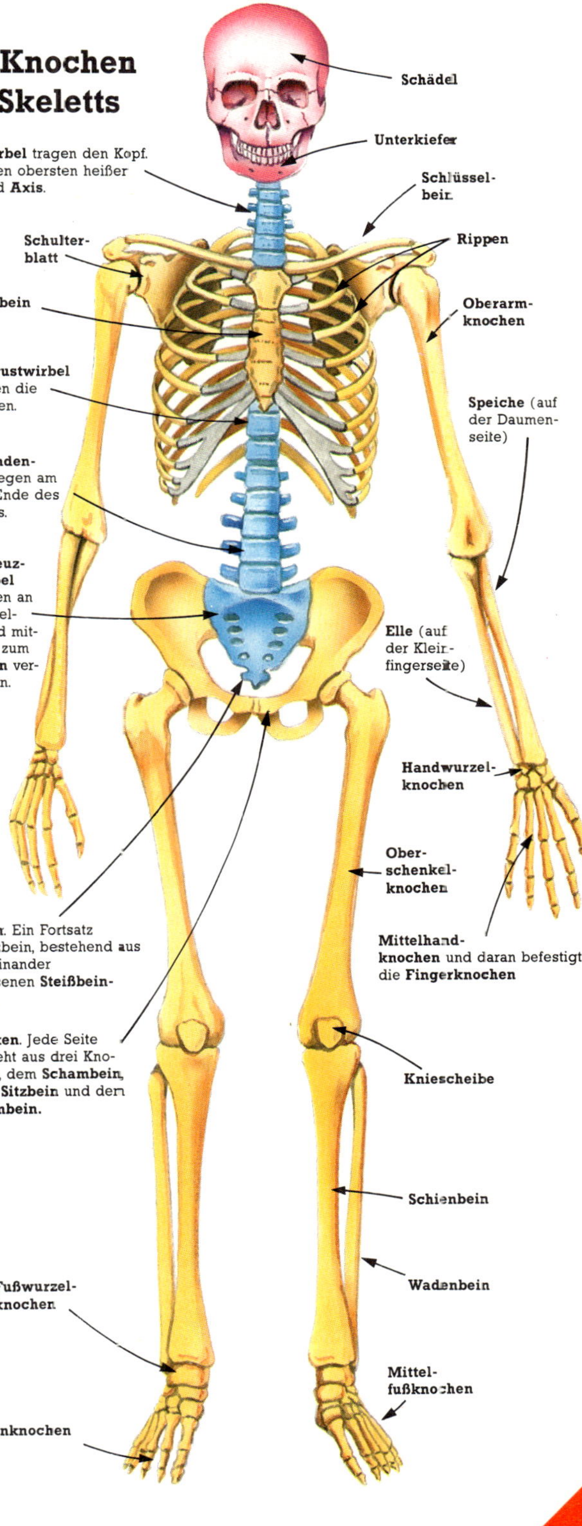

* **Bänder**, 280; **Rückenmark**, 302.

Gelenke, Knochen

Der Anatom bezeichnet jede Verbindung von Knochen als **Gelenk**. Die festen Knochenverbindungen oder **Haften** erlauben keine Bewegungen, zum Beispiel die **Schädelnähte***. Die meisten Knochenverbindungen sind jedoch echte bewegliche Gelenke, die dem Körper Geschmeidigkeit verleihen.

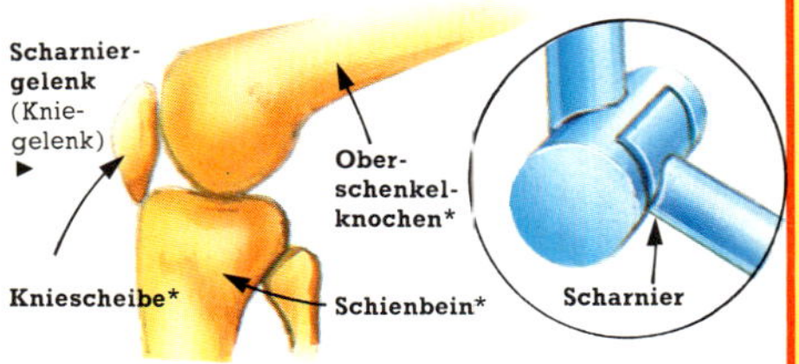

- **Scharniergelenke**: Scharniergelenke erlauben Bewegungen nur in einer Ebene. Scharniergelenke befinden sich zum Beispiel im Ellbogen, im Knöchel, in den Zehen- und Fingerknochen und im Knie.

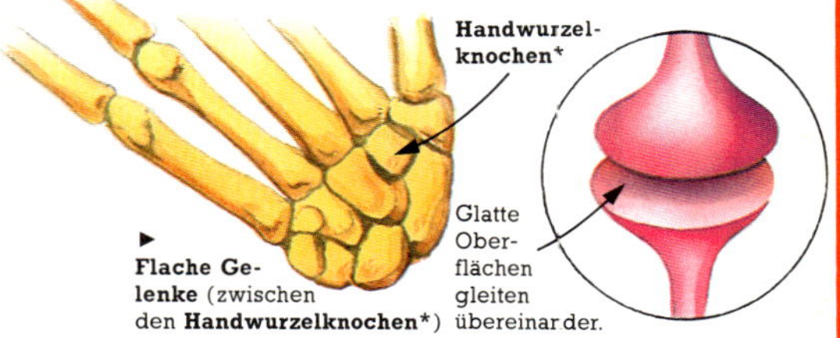

- **Flache Gelenke**: Flache Gelenke erlauben nur geringe gleitende Bewegungen, indem sich die flachen Gelenkflächen gegeneinander verschieben. Flache Gelenke finden wir zum Beispiel bei den **Handwurzelknochen***.

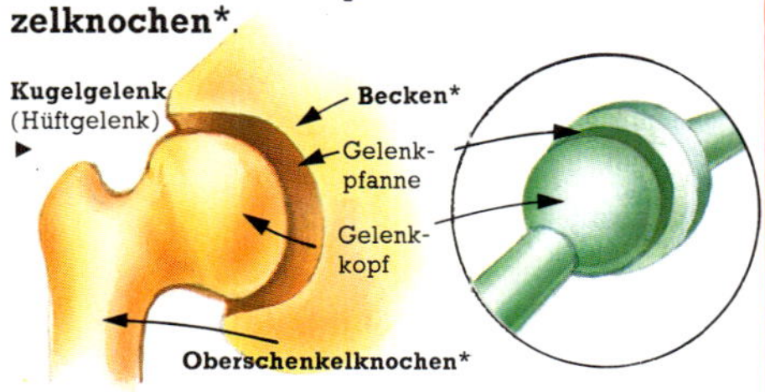

- **Kugelgelenke**: Die weitaus beweglichsten Gelenke, die eine Bewegung in allen drei Ebenen ermöglichen. Der Gelenkkopf paßt in die Gelenkpfanne. Kugelgelenke finden wir vor allem in der Hüfte und in der Schulter.

Stützgewebe

Es gibt viele verschiedene Typen von **Stützgewebe** im Körper. Wie der Name sagt, haben sie vor allem die Aufgabe, den Körper zu stützen. Die verschiedenen Arten des Stützgewebes sind bei einem Gelenk anzutreffen. Dazu gehören vor allem **Knochen**, **Knorpel** und das **Bindegewebe**. Dieses verbindet die Gewebe, Organe und Organsysteme miteinander. Es besteht aus mehr oder minder dicht gepackten Zellen, die in einer Zwischensubstanz liegen. Diese ist durch die Einlagerung besonderer Fasern gekennzeichnet, nämlich der zugfesten **kollagenen Fasern** und der dehnbaren **elastischen Fasern**.

- **Knochenhaut**: Eine dünne Schicht elastischen Bindegewebes. Es umgibt alle Knochen mit Ausnahme der Gelenke, wo anstelle von Knochenhaut **Knorpel** auftreten. Die Knochenhaut enthält **Knochenbildungszellen** oder **Osteoblasten**, die für das Knochenwachstum wichtig sind.

- **Bänder**: Zugfestes Bindegewebe, das die Knochen eines Gelenkes miteinander verbindet und viele Organe an Ort und Stelle fixiert. Die meisten Bänder sind zäh und fest, doch einige sind auch elastisch, etwa zwischen den **Wirbeln***.

- **Knochen** oder **Knochengewebe**: Eigentlich eine besondere Form des Bindegewebes. Knochengewebe wird hart durch Einlagerung von Phosphor- und Kalziumverbindungen. Die lebenden Knochenzellen oder **Osteozyten** befinden sich in winzigen Zwischenräumen in der anorganischen Grundsubstanz.

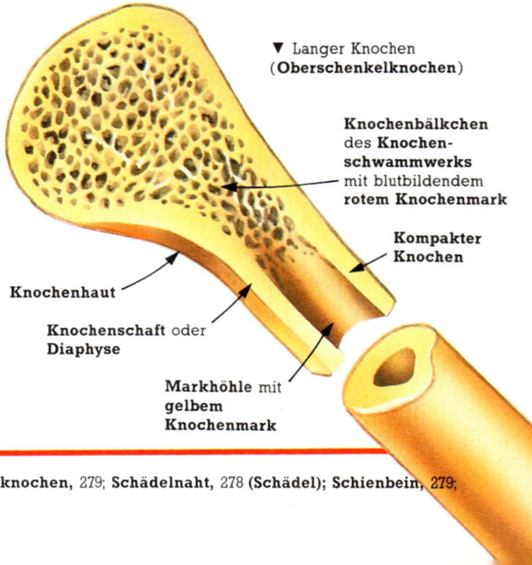

* Becken, Handwurzelknochen, Kniescheibe, 279; Oberschenkelknochen, 279; Schädelnaht, 278 (Schädel); Schienbein, 279; Wirbel, 279.

- **Schleimbeutel**: Ein stoßdämpfender „Sack", gefüllt mit schleimiger, klebriger, fadenziehender **Gelenkschmiere (Synovialflüssigkeit)** und umgeben von einer äußeren **Gelenkhaut** aus elastischem Bindegewebe. Die meisten beweglichen Gelenke, z. B. das Knie, weisen einen solchen Schleimbeutel auf. Schleimbeutel befinden sich an Stellen, wo Sehnen über Knochen gleiten.

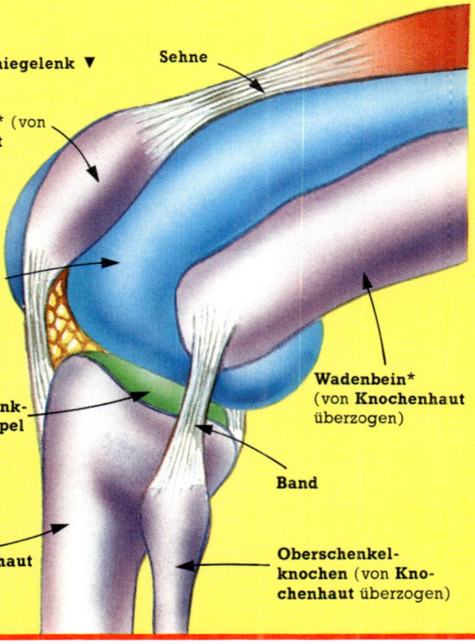

- **Sehnen**: Bänder aus zähem Bindegewebe, die für die Anheftung von Muskeln an Knochen sorgen. Die Sehne ist die Fortsetzung jener bindegewebigen Haut, die jeden Muskel oder jede Muskelgruppe umgibt.

- **Knorpel**: Ein druckfestes Stütz- oder Bindegewebe, gebildet von wasserreichen Knorpelzellen, die in einer Zwischensubstanz liegen. Aus Knorpel sind beispielsweise die Band- oder Zwischenwirbelscheiben, welche für eine federnde Verbindung zwischen den **Wirbeln*** sorgen. Auch die Enden gelenkig miteinander ver-

bundener Knochen sind von Knorpel überzogen. Die Nasenspitze und die Ohrmuschel sind beweglich und enthalten **elastischen Knorpel**. In einem frühen Stadium weist der Embryo im Mutterleib zuerst ein Knorpelskelett auf. Später findet die **Verknöcherung** oder **Ossifikation** statt.

- Es gibt zwei Arten von Knochen: **Bälkchenknochen** oder **Knochenschwammwerk** kommt in kurzen und/oder platten Knochen vor, z. B. im **Brustbein***, und füllt auch die Gelenkenden der langen Knochen, etwa des **Oberschenkelknochens***, aus. Es besteht aus einer schwammartigen Struktur mit zahlreichen **Knochenbälkchen**. Die großen Zwischenräume darin sind mit **rotem Knochenmark*** angefüllt. **Kompakter Knochen** oder **Lamellenknochen** bildet die äußere Schicht aller Knochen. Er hat viel weniger Zwischenräume und liegt in konzentrischen Schichten oder **Lamellen** um die sogenannten **Haversschen Kanäle**. Darin befinden sich Blutgefäße und Nerven, die zu den Knochenzellen ziehen.

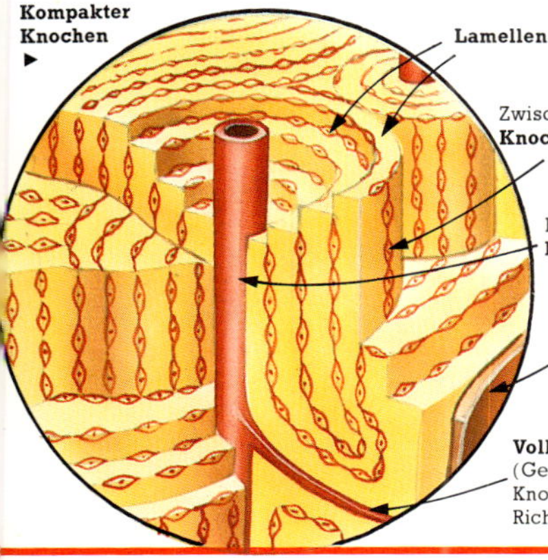

- **Knochenmark**: Es gibt zwei Typen von Knochenmark. Das **rote Knochenmark** tritt im schwammartigen Bälkchenknochen (s. **Knochen**) auf und stellt alle neuen roten und einige weiße Blutkörperchen her. Das **gelbe Knochenmark** findet sich in den **Markhöhlen** langer Röhrenknochen und dient als Fettspeicher.

*Brustbein, Kniescheibe, Oberschenkelknochen, Schienbein, Wadenbein, 279; Wirbel, 278.

Muskeln

Muskeln bestehen aus einem besonderen elastischen Gewebe, das sich zusammenziehen kann. Muskeln kommen überall am Körper vor. Man unterscheidet **willkürliche Muskeln**, die wir über den Willen beeinflussen und steuern können, und **unwillkürliche Muskeln**, die nicht der Kontrolle durch den Willen unterliegen.

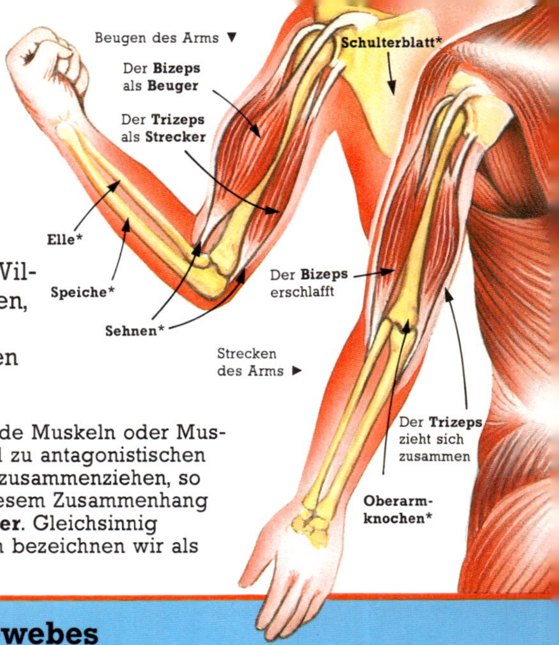

- **Antagonisten:** Entgegengesetzt arbeitende Muskeln oder Muskelgruppen. Fast alle Skelettmuskeln sind zu antagonistischen Paaren angeordnet. Wenn sich die einen zusammenziehen, so werden ihre Antagonisten gedehnt. In diesem Zusammenhang spricht man auch von **Beuger** und **Strecker**. Gleichsinnig arbeitende Muskeln oder Muskelgruppen bezeichnen wir als **Synergisten**.

Der Aufbau des Muskelgewebes

Die verschiedenen Muskeltypen des menschlichen Körpers bestehen auch aus unterschiedlichen Arten von Muskelgewebe. Jedes Muskelgewebe weist jedoch viele Blutgefäße auf, die Nährstoffe für die Energiegewinnung herantransportieren. Außerdem hat es viele Nerven für die Reizleitung.

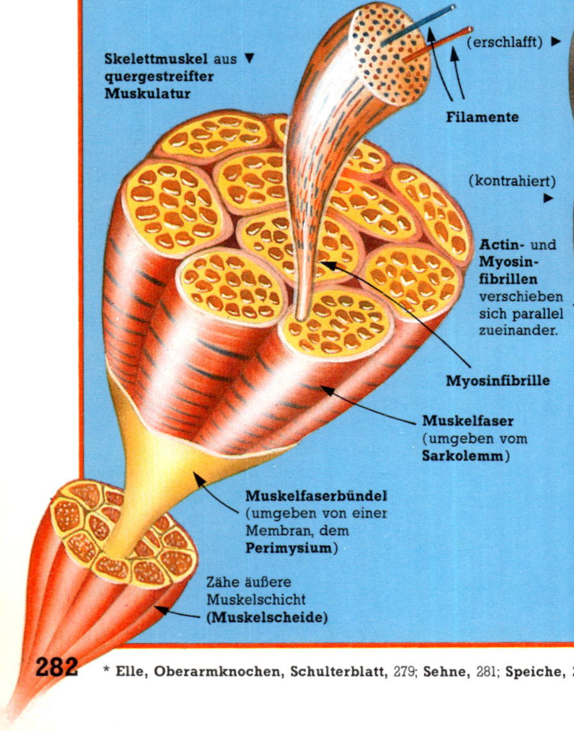

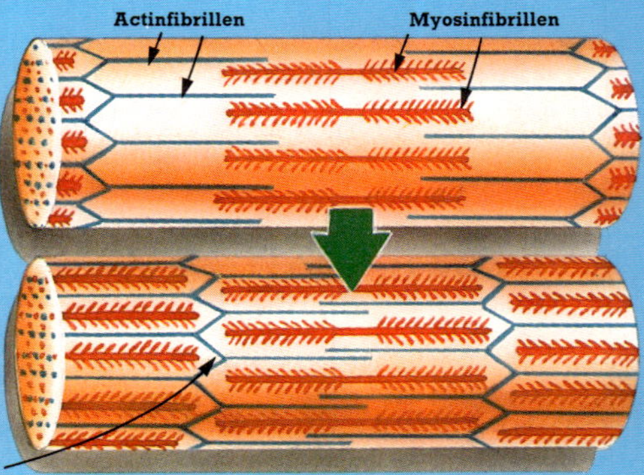

- **Quergestreifte Muskulatur:** Aus diesem Muskeltyp sind die **Skelettmuskeln** aufgebaut Er besteht aus langen **Muskelfasern**, die zu Muskelfaserbündeln zusammengefaßt sind. Jede einzelne Muskelfaser sieht quergestreift aus und besteht aus zahlreichen Längszylindern, den **Myofibrillen.** Diese ziehen sich zusammen, wenn der Nerv von einer Muskelfaser erregt wird. Die Myofibrillen selbst bestehen aus zwei ineinandergreifenden Arten von **Filamenten** oder **Protofibrillen,** den dünnen Fibrillen aus **Actin** und den dickeren Fibrillen aus **Myosin**. Beide sind zu Querbändern angeordnet, die sich bei der Kontraktion parallel zueinander verschieben.

* **Elle, Oberarmknochen, Schulterblatt,** 279; **Sehne,** 281; **Speiche,** 279.

Muskeltypen

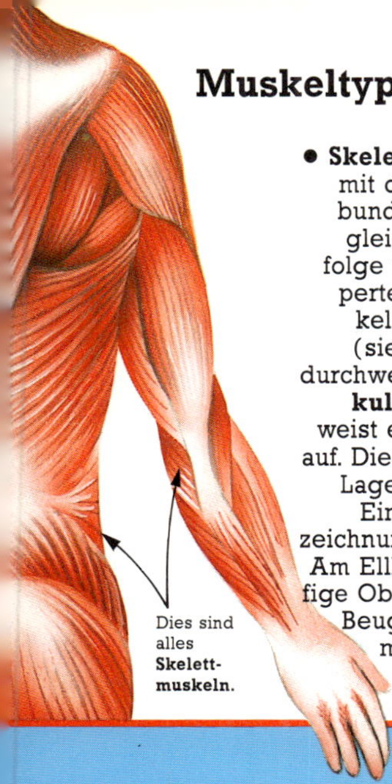

- **Skelettmuskeln:** Alle Muskeln, die mit den Knochen des Skeletts verbunden sind. Sie kontrahieren sich gleichzeitig oder in zeitlicher Abfolge und können dadurch alle Körperteile bewegen. Die Skelettmuskeln sind **willkürliche Muskeln** (siehe Einführung) und bestehen durchwegs aus **quergestreifter Muskulatur.** Der menschliche Körper weist einige hundert Skelettmuskeln auf. Die Benennung erfolgt nach ihrer Lage, ihrer Form oder ihrer Größe. Eine allgemeine funktionelle Bezeichnung sind **Beuger** und **Strecker**. Am Ellbogengelenk ist der zweiköpfige Oberarmmuskel oder **Bizeps** der Beuger, der dreiköpfige Oberarmmuskel oder **Trizeps** hingegen der Strecker.

- **Herzmuskel:** Der Muskel, aus dem fast die gesamte Herzwand besteht. Der Herzmuskel ist ein **unwillkürlicher Muskel** (s. Einführung) und untersteht nicht dem Willen. Er ist aus einem besonderen Gewebetyp aufgebaut, der **Herzmuskulatur.**

- **Eingeweidemuskeln:** Die Muskeln in den Wänden vieler innerer Organe, z. B. des Darms. Sie alle gehören zu den **unwillkürlichen Muskeln** (s. Einführung), die dem Willen nicht unterworfen sind und die aus **glatter Muskulatur** bestehen.

- **Herzmuskulatur:** Eine besondere Form der quergestreiften Muskulatur; sie findet sich ausschließlich im Herzmuskel. Die dauernden rhythmischen Kontraktionen dieses Organs werden von bestimmten Gebieten auf dem Herzmuskel selbst ausgelöst. Dazu erzeugen sie eigene elektrische Impulse. Eine Beeinflussung dieses eigengesetzlichen Rhythmus ist von außen her möglich, allerdings nur als Beschleunigung oder Verlangsamung.

- **Glatte Muskulatur:** Die glatte Muskulatur baut die **Eingeweidemuskeln** auf. Sie besteht aus spindelförmigen Zellen, die viel kürzer sind als die kompliziert aufgebauten Muskelfasern der quergestreiften Muskulatur. Man weiß noch nicht genau, wie sich die glatte Muskulatur zusammenzieht. Sie enthält jedenfalls auch **Actin** und **Myosin** und wird von Nerven zur Kontraktion veranlaßt.

Reizung durch Nerven

Die meisten Muskeln werden von Nerven, die durch den ganzen Körper ziehen, zur Bewegung und Kontraktion veranlaßt. Mehr darüber s. Seiten 308–309.

- **Motorische Endplatte:** Die Verbindungsstellen der Endfasern einer **motorischen Nervenzelle*** an einer **Muskelfaser** (s. **quergestreifte Muskulatur**). Diese Endfasern sind Abzweigungen eines langen Nervenfortsatzes, des **Neuriten*.** Er überträgt die Nervenimpulse, die zur Kontraktion des Muskels führen. Jeder Impuls wird verdoppelt und in jede Endfaser gesandt, so daß der gesamte Muskel eine große Zahl von Nervenimpulsen erhält. Die motorische Endplatte erscheint unter dem Mikroskop als kleines Knöpfchen.

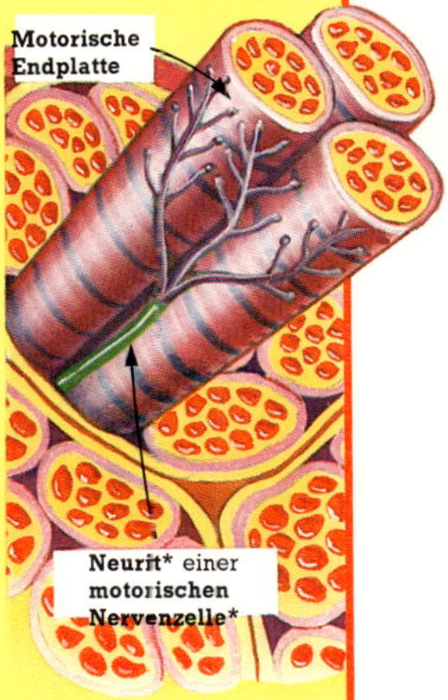

- **Muskelspindel:** Eine Gruppe von Muskelfasern (s. **quergestreifte Muskulatur**), die von den Endfasern einer sensorischen Nervenzelle versorgt werden. Diese Endfasern münden in eine einzige Nervenfaser (**Dendrit***). Wenn sich der Muskel bewegt, senden diese Nervenfasern Informationen in Form von Impulsen ins Gehirn, so daß dieses über den neuen Bewegungszustand informiert ist. Es kann dann die Befehle für weitere zusätzliche Bewegungen erteilen.

* **Dendron,** 304; **Dendrit,** 304; **Motorische Nervenzellen,** 305; **Neurit,** 304; **Sensorische Nervenzellen,** 305.

Zähne

Die **Zähne** bereiten die Nahrung für die Verdauung vor, indem sie sie in kleine Stücke schneiden, zerquetschen oder zerreiben. Jeder Zahn sitzt im Kieferknochen und ist von einer weichen Gewebeschicht, dem Zahnfleisch, umgeben. Der Mensch bekommt zweimal in seinem Leben ein Gebiß. Das Milchgebiß besteht aus 20 Milchzähnen und entwickelt sich nach und nach im Alter von einem halben bis zu zwei Lebensjahren. Ungefähr im sechsten Lebensjahr erscheint das Dauergebiß mit insgesamt 32 Zähnen.

Aufbau des Zahns

- **Krone:** Der sichtbare Teil des Zahns. Die Krone ist von **Schmelz** bedeckt und ist vor allem äußeren Einwirkungen ausgesetzt, etwa dem Zahnzerfall.

- **Wurzel:** Der untere Teil des Zahns, der in einem Fächer im Kieferknochen ruht. **Schneidezähne** und **Eckzähne** haben eine Wurzel, die **Backenzähne** eine oder zwei Wurzeln und die **Mahlzähne** zwei oder drei Wurzeln. Jede Wurzel wird von den zähen Fasern eines **Bandes***, der **Wurzelhaut**, festgehalten. Diese Fasern sind am einen Ende am Kieferknochen, am anderen Ende am **Zement** befestigt; sie dienen auch als Stoßdämpfer.

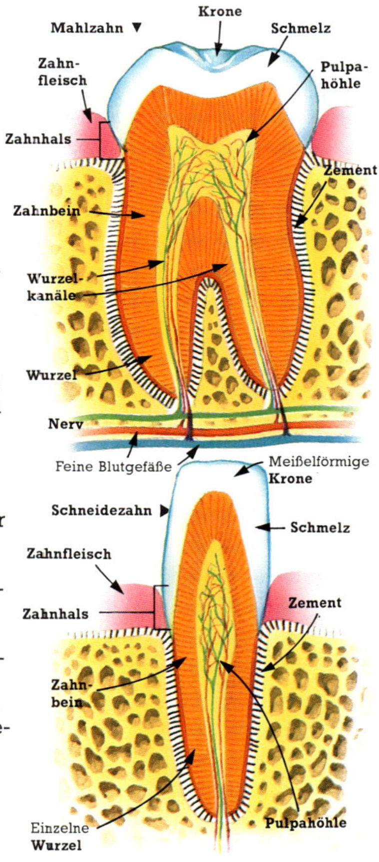

- **Zahnhals:** Abschnitt des Zahns auf der Höhe des Zahnfleisches. Der Zahnhals vermittelt zwischen der **Krone** und der **Wurzel**.

- **Schmelz:** Eine knochenähnliche Substanz, welche die Krone von Zähnen überzieht. Sie ist allerdings härter als Knochen und die härteste Substanz im Körper überhaupt. Der Schmelz enthält keine lebenden Zellen. Er besteht aus eng gepackten **Hydroxyapatit**-Kristallen. Chemisch gesehen handelt es sich dabei um Kalziumphosphat mit Fluoreinlagerungen. Das Element Fluor härtet den Zahnstein.

- **Zement:** Eine knochenähnliche Substanz, ähnlich dem **Schmelz,** aber viel weicher. Der Zement umgibt die dünne Oberflächenschicht der **Wurzel** und ist über die **Wurzelhaut** (s. **Wurzel**) mit dem Kieferknochen verbunden. Unter der dünnen Zementschicht liegt das **Zahnbein** oder **Dentin.**

- **Zahnbein** oder **Dentin:** Eine gelbliche Substanz, welche die zweite Schicht im Innern des Zahnes bildet. Sie weist, wie der Zahnschmelz, Bestandteile auf, die wir auch im Knochen finden, ist aber weicher und beherbergt auch **kollagene Fasern*** sowie lebende Zellen mit **Zytoplasma***. Diese ragen in die **Pulpahöhle** hinein, in der auch Blutgefäße und Nerven liegen.

- **Pulpahöhle:** Die zentrale Höhle eines Zahns. Die Pulpahöhle ist überall vom **Zahnbein** oder **Dentin** umgeben. Sie enthält ein weiches Gewebe, die **Pulpa** mit Blutgefäßen und Nervenendigungen. Unten an der **Wurzel** treten die Blutgefäße und Nerven über die **Wurzelkanäle** in die Pulpahöhle ein. Die Nervenendigungen dienen als **Rezeptoren*** für den Schmerz.

* **Bänder,** 280; **Kollagene Fasern,** 280 (**Stützgewebe**); **Rezeptoren,** 307; **Zytoplasma,** 238.

Dauergebiß ▶

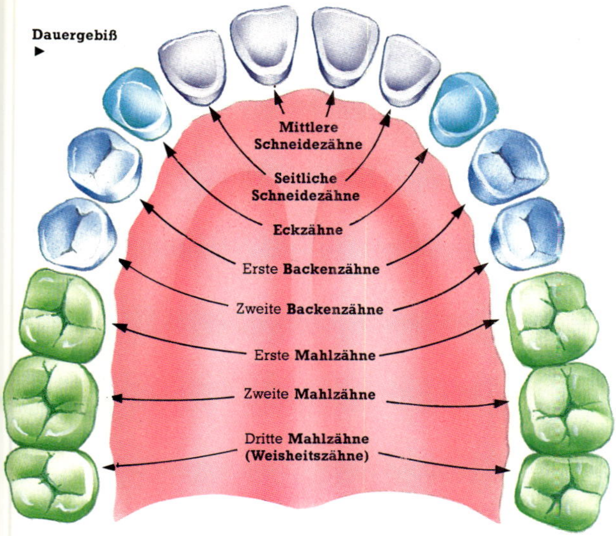

Schneidezähne (Milchgebiß: 8 Schneidezähne)

Eckzähne (Milchgebiß: 4 Eckzähne)

Backenzähne (Milchgebiß: 8 Milchmolaren)

Mahlzähne (erscheinen hinter den Backenzähnen und ersetzen keine Milchzähne)

Zahntypen

- **Schneidezähne:** Scharfe, meißel- oder schaufelförmige Zähne zum Beißen und Schneiden. Jeder Schneidezahn hat eine Wurzel, und in jedem Kiefer stehen vorne vier Schneidezähne.
- **Eckzähne:** Kegelförmige Zähne, die zum Zerreißen der Nahrung dienen. Jeder Eckzahn hat eine scharfe **Kauspitze** und eine **Wurzel**. In jedem Kiefer stehen zwei Eckzähne, je einer hinter den Schneidezähnen. Bei manchen Raubtieren sind die Eckzähne sehr lang und scharf ausgebildet und dienen als Tötungswerkzeuge.
- **Backenzähne** oder **Prämolaren:** Stumpfe, breite Zähne zum Zerkleinern und Zerreiben der Nahrung. Die Backenzähne kommen eigentlich nur im Dauergebiß vor, denn das Milchgebiß hat Milchmolaren. In jedem Kiefer stehen vier Backenzähne, je zwei hinter dem **Eckzahn.** Backenzähne haben zwei scharfe **Kauspitzen** und eine **Wurzel.** Lediglich die ersten oberen Backenzähne haben zwei Wurzeln.
- **Mahlzähne** oder **Molaren:** Stumpfe, breite Zähne, ähnlich den **Backenzähnen** oder **Prämolaren,** jedoch mit einer größeren Oberfläche. Wie der Name sagt, haben die Mahlzähne die Aufgabe, die Nahrung fein zu zerkleinern. Dazu verfügen sie über je vier **Kauspitzen.** Die unteren Mahlzähne haben je zwei **Wurzeln,** die oberen jedoch drei. Beim Dauergebiß stehen in jedem Kiefer sechs Mahlzähne, jeweils drei hinter dem Backenzahnpaar. Die dritten Mahlzähne heißen auch Weisheitszähne.
- **Weisheitszähne:** Bezeichnung für vier **Mahlzähne** oder **Molaren,** die ganz hinten im Kiefer liegen. Sie stellen also die dritten Mahlzähne dar und erscheinen als letzte, wenn der Mensch schon ganz ausgewachsen ist. Es kommt oft vor, daß im Kiefer kein Platz für die Weisheitszähne ist, und dann bleiben sie im Kieferknochen stekken. Manche Menschen bekommen niemals Weisheitszähne.

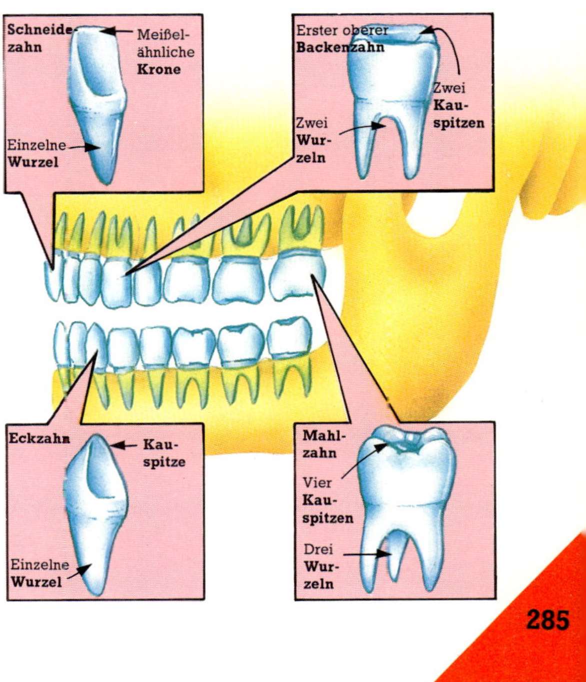

Blut

Blut ist eine Körperflüssigkeit, die aus **Plasma, Blutplättchen** sowie **roten** und **weißen Blutkörperchen** besteht. Ein erwachsener Mensch hat ungefähr 5,5 Liter Blut, die über das **Kreislaufsystem** im ganzen Körper verteilt werden. Dies geschieht in besonderen Röhren, den **Blutgefäßen**. Das Blut transportiert Wärme sowie Nährstoffe und Gase. Die alten Blutzellen werden dauernd durch neue ersetzt (**Blutbildung, Hämatopoese**).

Bestandteile des Blutes

- **Plasma**: Eine gelbliche Flüssigkeit, die ungefähr 55 Prozent des Blutes ausmacht und selber zu 90 Prozent aus Wasser besteht. Sie enthält die Blutplättchen und Blutkörperchen und transportiert Nährstoffe für die Körperzellen, Abfallstoffe, Antikörper zur Bekämpfung von Infektionen sowie **Enzyme*** und **Hormone*** zur Kontrolle von Körperfunktionen.

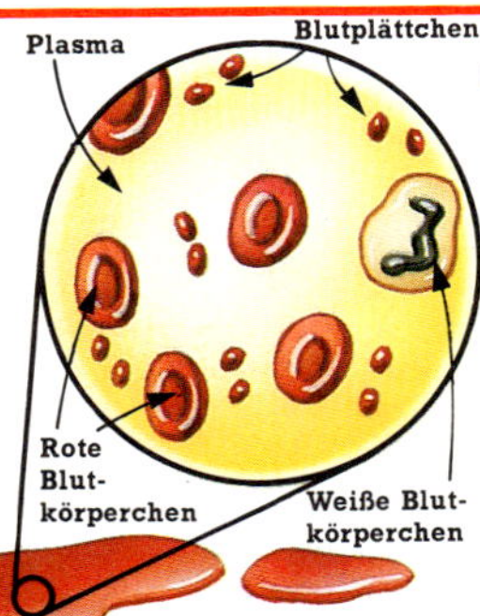

- **Blutplättchen** oder **Thrombozyten**: Sehr kleine, scheibenähnliche Blutzellen ohne **Zellkern***. Sie werden im **Knochenmark*** gebildet. Ihre Hauptaufgabe erfüllen sie bei Verletzungen von Blutgefäßen, wo sie zur **Gerinnung** des Blutes beitragen.

- **Weiße Blutkörperchen** oder **Leukozyten:** Große, milchig aussehende Blutzellen, die bei der Körperabwehr eine wichtige Rolle spielen. Man unterscheidet verschiedene Typen. **Lymphozyten** z. B. entstehen im **Lymphgewebe*** und treten im **Lymphsystem*** ebenso auf wie im Blut. Sie stellen **Antikörper** her. Ein weiterer Typ der weißen Blutkörperchen, die **Monozyten**, wird im **Knochenmark*** hergestellt. Durch **Phagozytose*** umfließen und verschlucken sie eingedrungene Fremdkörper, z. B. Bakterien. Manche weiße Blutkörperchen, die **Makrophagen**, verlassen die Blutgefäße. Wenn sie dauernd im Gewebe umherziehen, bezeichnen wir sie als **wandernde Makrophagen**. Viele setzen sich aber auch in einem Organ, z. B. einem **Lymphknoten*** (**festsitzende Makrophagen**), fest.

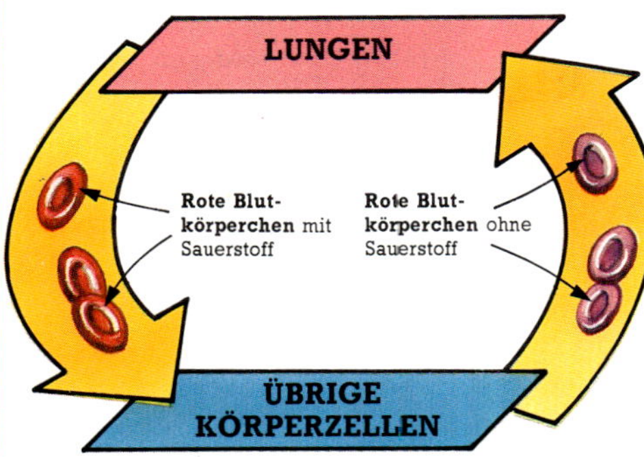

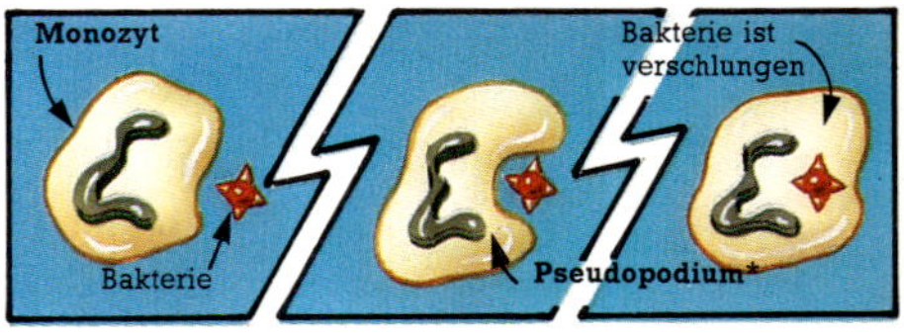

- **Rote Blutkörperchen** oder **Erythrozyten**: Rot gefärbte, scheibenähnliche Zellen mit verdicktem Rand und ohne **Zellkern***. Die roten Blutkörperchen entstehen im **Knochenmark*** und enthalten **Hämoglobin**, ein eisenhaltiges, kompliziert aufgebautes Protein, das dem Blut die dunkelrote Farbe verleiht. Das Hämoglobin nimmt in den Lungen Sauerstoff auf und wird zum **Oxyhämoglobin**, wobei das Blut eine hellrote Farbe annimmt. Die roten Blutkörperchen übergeben den Sauerstoff durch **Diffusion*** an die Körperzellen und kehren mit dem Hämoglobin wieder in die Lungen zurück.

* **Diffusion**, 327; **Enzyme**, 331; **Hormone**, 334; **Knochenmark**, 281; **Kreislaufsystem**, 288; **Lymphgewebe**, 293 (**Organe des Lymphsystems**); **Lymphknoten, Lymphsystem**, 293; **Phagozytose**, 268 (**Pseudopodium**); **Zellkern**, 238.

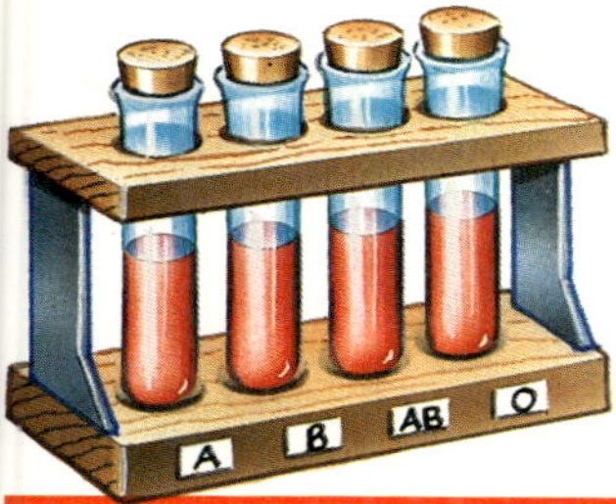

- **Blutgruppen:** Die Einteilung erfolgt danach, ob die **roten Blutkörperchen** die **Antigene** A oder B enthalten. Blutgruppe A hat das A-Antigen, Blutgruppe B das B-Antigen, Blutgruppe AB beide Antigene und Blutgruppe 0 keines davon.

- **Rhesusfaktor**, abgekürzt **Rh**: Eine weitere, vor allem bei Transfusionen wichtige Einteilung des Blutes in verschiedene Gruppen (s. **Blutgruppen**). Ist das Rhesus-Antigen vorhanden, so nennen wir das Blut **rhesuspositiv**, im gegenteiligen Fall **rhesusnegativ**.

Körperabwehr

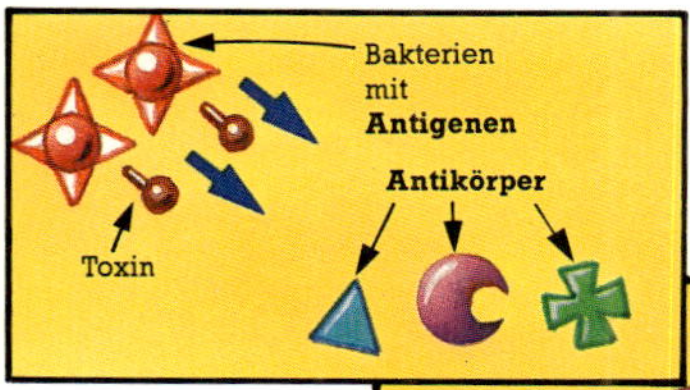

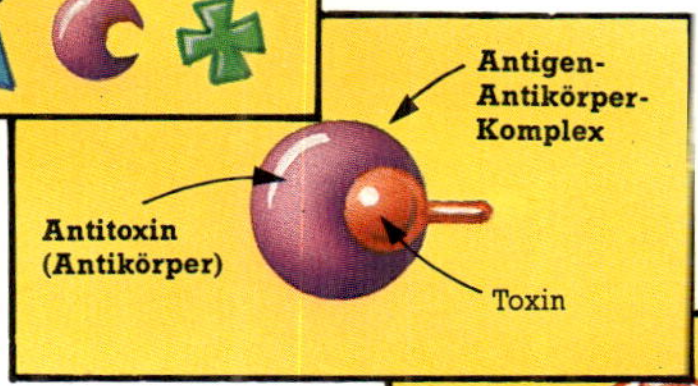

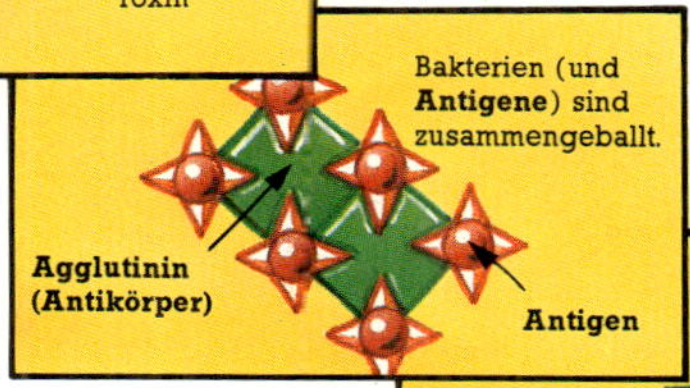

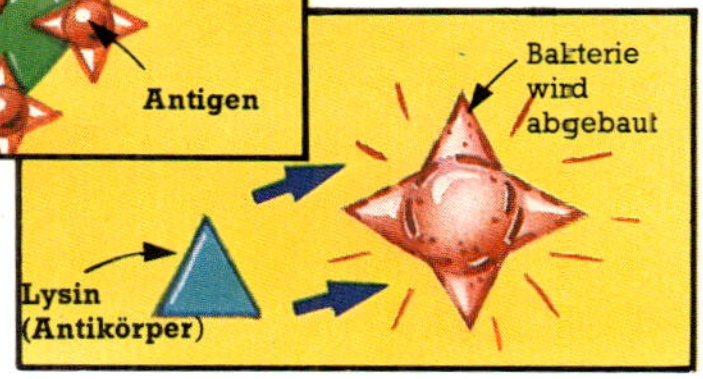

- **Antikörper**: Abwehrproteine in Körperflüssigkeiten, z. B. im Plasma. Die Antikörper werden von **Lymphozyten** (s. **weiße Blutkörperchen**) hergestellt, wenn im Körper **Antigene** auftauchen. Für jedes Antigen entsteht dabei eine unterschiedliche Art von Antikörpern, und diese beiden reagieren auch auf unterschiedliche Weise miteinander. **Antitoxine** neutralisieren Giftstoffe (**Toxine**, s. **Antigene**). Jedes Antitoxin hängt sich an ein Toxinmolekül an und bildet einen **Antigen-Antikörper-Komplex. Agglutinine** bewirken eine Zusammenballung von Bakterien oder Viren, während die **Lysine** diese Eindringlinge abtöten, indem sie deren äußere Membranen auflösen.

- **Antigene**: Bezeichnung für Stoffe, meistens Proteine, die die Produktion von **Antikörpern** anregen. Diese bekämpfen die in den Körper eingedrungenen Antigene und damit die Infektion. Antigene können Teile von Bakterien oder Viren oder von diesen Krankheitserregern abgegebene **Toxine** (Giftstoffe) sein. Einige Antigene sind von Geburt an im Blut vorhanden, z. B. jene, welche die **Blutgruppe** bestimmen.

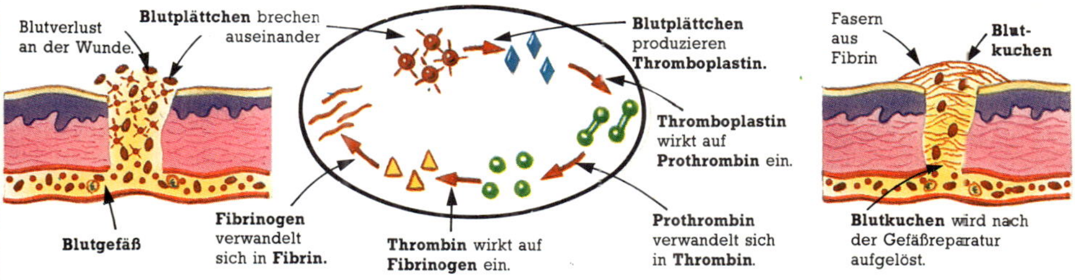

- **Blutgerinnung** oder **Koagulation:** Veränderung des Blutes bei einer Verletzung. Dabei bildet das Blut durch hochkomplizierte Vorgänge an Ort und Stelle einen festen Blutpfropf. Beschädigte Blutplättchen und Körperzellen geben den Stoff **Thromboplastin** ab. Dieser bewirkt, daß aus **Prothrombin**, einem Protein des **Plasmas**, das **Enzym* Thrombin** wird. Dieses wiederum führt dazu, daß sich das wasserlösliche Plasmaprotein **Fibrinogen** in das unlösliche faserige **Fibrin** verwandelt. Ein Netzwerk von Fasern legt sich dann über die Wunde.

- **Serum**: Eine gelbliche Flüssigkeit, die nach der **Blutgerinnung** vom Plasma übrigbleibt. Das Serum enthält viele **Antikörper** zur Bekämpfung von Infektionen. Eingespritztes antikörperhaltiges Serum kann einen kurzfristigen Schutz vor Infektionen geben.

* **Enzyme,** 331.

Das Kreislaufsystem

Das **Kreislauf-** oder **Blutgefäßsystem** besteht aus einem Netzwerk bluterfüllter Röhren, den **Blutgefäßen**, von denen wir drei Typen unterscheiden: **Arterien, Venen** und **Kapillaren**. Eine dünne Gewebeschicht, das **Endothel**, kleidet Arterien und Venen aus und bildet bei den Kapillaren die einzige Gefäßwand. Das Herz pumpt das Blut stets in eine Richtung. Unterstützend wirken dabei Muskeln in den Arterien- und Venenwänden sowie ein Druckabfall im ganzen System, denn Flüssigkeiten fließen von Gebieten mit hohem Druck zu Gebieten mit niedrigem Druck.

Der Transport der wichtigsten Stoffe im **Kreislaufsystem**

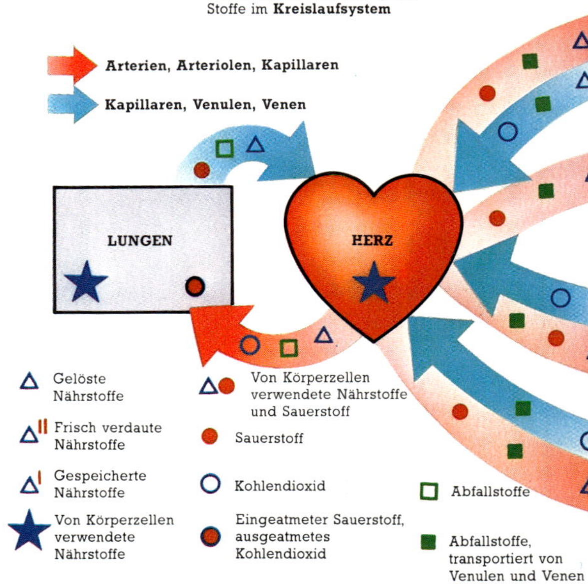

- **Arterien** oder **Schlagadern**: Weite, dickwandige Blutgefäße, die Blut vom Herzen wegtransportieren. Die Hauptarterien oder die großen Arterien verzweigen sich nach und nach in die kleineren **Arteriolen**, und diese wiederum lösen sich in die vielen **Kapillaren** oder **Haargefäße** auf. Mit Ausnahme der **Lungenarterien*** enthält das arterielle Blut stets Sauerstoff und zeigt deswegen eine hellrote Farbe. Daneben führt es auch Nähr- und Abfallstoffe mit, die der Körper in das Blut der **Venen** abgegeben hat. Im Herzen gelangt das Blut dann wieder in die Arterien. In den Arterien transportiert es über die Arteriolen und Kapillaren Nährstoffe zu den Zellen und Abfallstoffe zu den Nieren.
- **Venen**: Weite, dickwandige Blutgefäße, die das Blut vom Körper zurück zum Herzen transportieren. Die Venen enthalten Klappen, welche verhindern, daß das Blut infolge der Schwerkraft zurückfließt. Wenn sich die **Kapillaren** im Körpergewebe zu größeren Gefäßen zusammenschließen, entstehen daraus die **Venulen**. Und die Venulen münden schließlich in die großen Venen. Mit Ausnahme der **Lungenvenen*** enthält das venöse Blut stets viel Kohlendioxid und sonstige Abfallstoffe, welche die Körperzellen an das kapillare Blut abgegeben haben. Das Blut der Venen, die vom Verdauungskanal und der Leber zum Herzen führen, enthält auch gelöste Nährstoffe. Das Herz pumpt diese dann wieder in die Arterien.

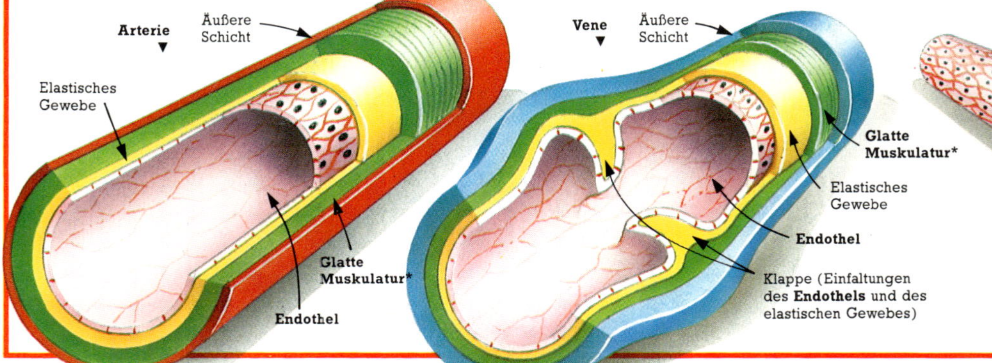

* **Glatte Muskulatur**, 283; **Lungenarterien**, 291 (**Stamm der Lungenarterien**); **Lungenvenen**, 291.

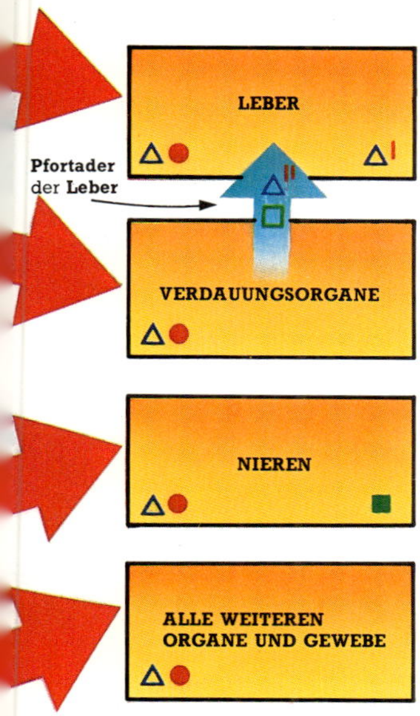

• **Kapillaren** oder **Haargefäße:** Enge, dünnwandige Blutgefäße. Kapillaren entstehen, wenn sich die **Arteriolen** (s. **Arterien**) in ein komplexes Netzwerk verzweigen. Sauerstoff und gelöste Nährstoffe dringen durch die Kapillarwand und gelangen zu den Körperzellen. Gleichzeitig nimmt das Kapillarblut in umgekehrter Richtung Kohlendioxid und Abfallstoffe auf (s. **Gewebeflüssigkeit**, Seite 292). Die Kapillaren der Verdauungsorgane und der Leber nehmen auch Nährstoffe auf. Die Kapillaren münden in kleine Venen, die **Venulen**.

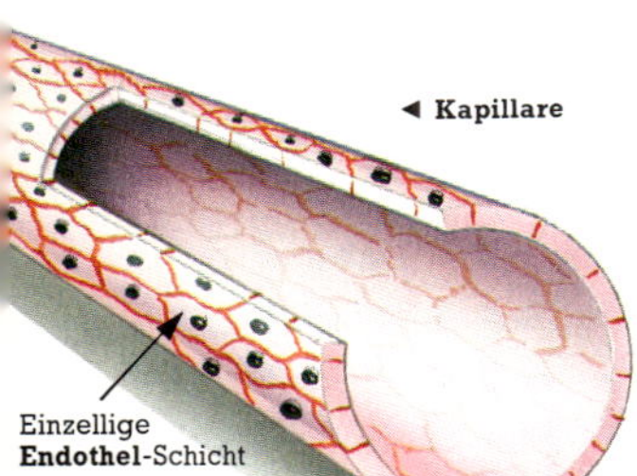

Die wichtigsten Arterien und Venen

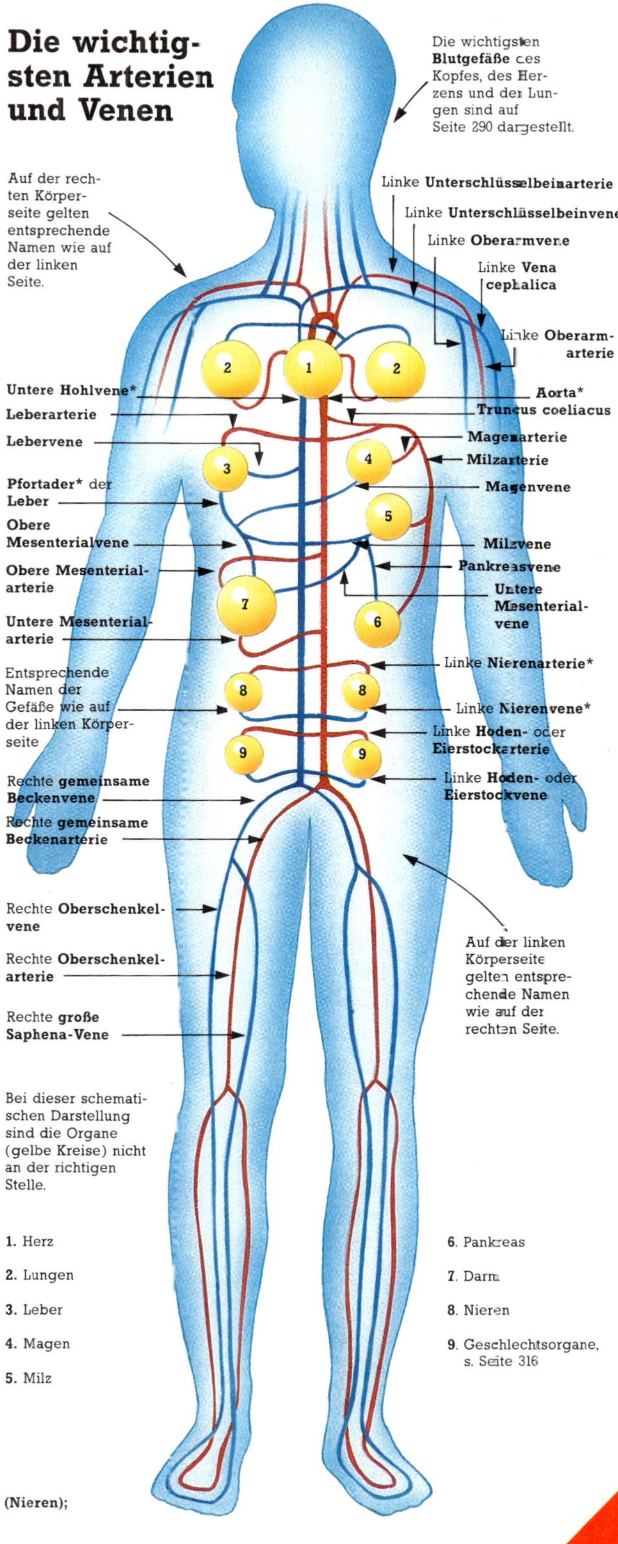

Bei dieser schematischen Darstellung sind die Organe (gelbe Kreise) nicht an der richtigen Stelle.

1. Herz
2. Lungen
3. Leber
4. Magen
5. Milz
6. Pankreas
7. Darm
8. Nieren
9. Geschlechtsorgane, s. Seite 316

* **Aorta**, 291; **Nierenarterien, Nierenvenen**, 300 **(Nieren)**; **Pfortader**, 296 **(Leber)**; **untere Hohlvene**, 291.

Das Herz

Das **Herz** ist ein Hohlmuskel, der Blut durch die Blutgefäße des Körpers pumpt. Zusammen mit dem Herzen bilden sie das **Kreislaufsystem.** Das Herz ist von einem **Herzbeutel** oder **Perikard** umgeben, in dem eine Flüssigkeit **(Perikardialflüssigkeit)** enthalten ist, die die Aufgabe eines Stoßdämpfers erfüllt. Das Herz enthält vier Hohlräume, zwei Vorhöfe und zwei Kammern, die alle von einer dünnen Gewebeschicht ausgekleidet sind, dem **Endokard.**

Die Lage des **Herzens**

Der Herzzyklus

Als **Herzzyklus** bezeichnen wir die Gesamtheit aller Ereignisse während einer vollständigen rhythmischen Pumpaktion des Herzens. Von außen hört man diesen Herzzyklus als Herzschlag. Im Durchschnitt schlägt das Herz siebzigmal in der Minute. Zuerst ziehen sich die beiden **Vorhöfe** zusammen und pumpen Blut in die rechte bzw. linke Herzkammer, die erschlafft sind, um das Blut aufzunehmen. Dann kontrahieren sich die Kammern, um das ▶

Die Hohlräume des Herzens

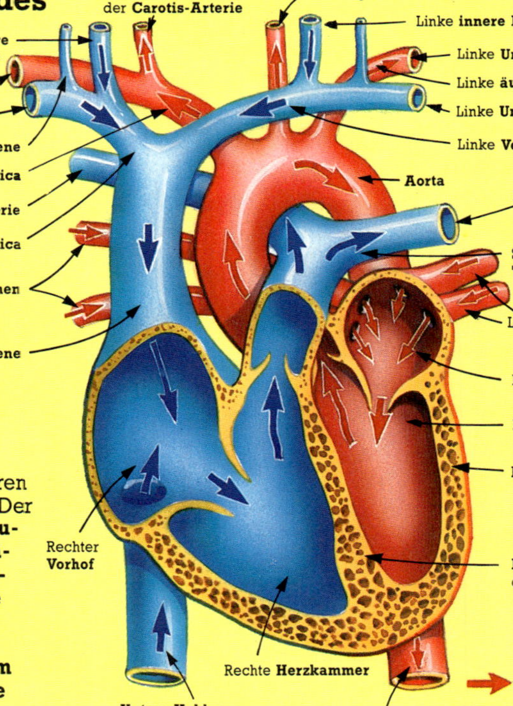

- **Vorhöfe**: Die beiden oberen Hohlräume des Herzens. Der linke Vorhof bekommt **sauerstoffreiches** Blut (s. **Hämoglobin***), das die **Lungenvenen** von der Lunge herantransportieren. Der rechte Vorhof hingegen wird mit **sauerstoffarmem** Blut gefüllt, das die **obere** und die **untere Hohlvene** vom restlichen Körper heranschaffen. Der Sauerstoff dieses venösen Blutes wurde in den Kapillaren von den Körperzellen verbraucht und durch den gasförmigen Abfallstoff Kohlendioxid ersetzt.

- **Herzkammern:** Die beiden unteren Hohlräume des Herzens. Die linke Herzkammer erhält Blut vom linken **Vorhof** und pumpt dieses in die **Aorta.** Die rechte Herzkammer erhält Blut vom rechten Vorhof und pumpt es über den gemeinsamen **Stamm** der **Lungenarterien,** den **Truncus pulmonalis,** zu den Lungen.

* **Hämoglobin,** 286 **(Rote Blutkörperchen); Kreislaufsystem,** 288.

Kardial – bedeutet „das Herz betreffend“.
Pulmonar – bedeutet „die Lungen betreffend“.

Herzzyklus ►

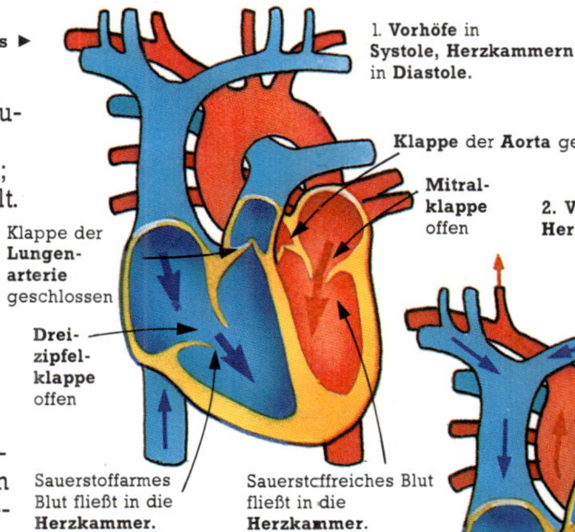

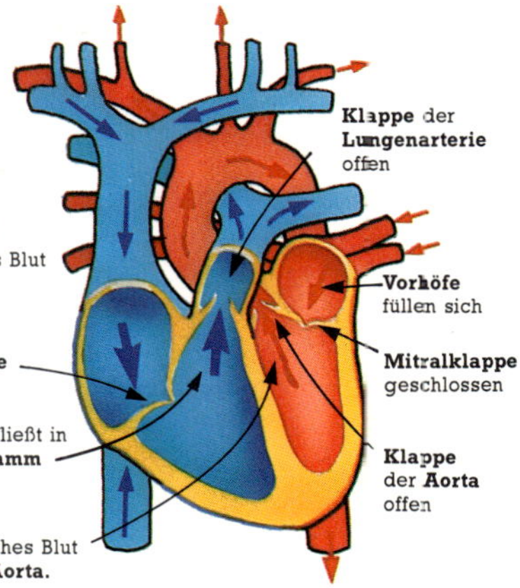

► Blut hinauszupumpen. Die Ruhephase eines Hohlraumes bezeichnen wir als **Diastole**; in dieser Zeit wird sie gefüllt. Die Arbeits- oder Kontraktionsphase heißt **Systole.** Nach der Systole der Herzkammern findet eine kleine Pause statt, in der sich alle Hohlräume des Herzens in Diastole befinden. Wie sich die verschiedenen Klappen während des Herzzyklus öffnen und schließen, ist in den beiden Bildern rechts dargestellt.

Die wichtigsten Arterien und Venen

- **Aorta:** Die größte **Arterie*** im Körper. Sie führt sauerstoffhaltiges Blut aus der linken **Herzkammer** in den restlichen Körper.

  Gemeinsamer Stamm der Lungenarterien, Truncus pulmonalis: Stamm jener **Arterien*,** die sauerstoffarmes Blut aus der rechten Herzkammer wegführen. Der Truncus pulmonalis teilt sich kurz nach dem Verlassen des Herzens in die rechte und linke **Lungenarterie** auf, von denen jede in die entsprechende Lungenhälfte geht.

- **Obere Hohlvene:** Eine der beiden wichtigsten **Venen*.** Sie führt sauerstoffarmes Blut von der oberen Körperhälfte in die rechte **Vorkammer.** Alle Venen der oberen Körperhälfte münden in die obere Hohlvene.

  Untere Hohlvene: Eine der beiden wichtigsten **Venen*.** Sie führt sauerstoffarmes Blut aus dem Unterkörper in die rechte **Vorkammer**. Alle Venen des Unterkörpers münden in die untere Hohlvene.

- **Lungenvenen:** Gemeinsame Bezeichnung für vier **Venen*,** die sauerstoffreiches Blut in die linke **Vorkammer** führen. Zwei rechte Lungenvenen kommen von der rechten Lungenhälfte, während die beiden linken Lungenvenen Blut transportieren, das in der linken Lungenhälfte mit Sauerstoff angereichert wurde.

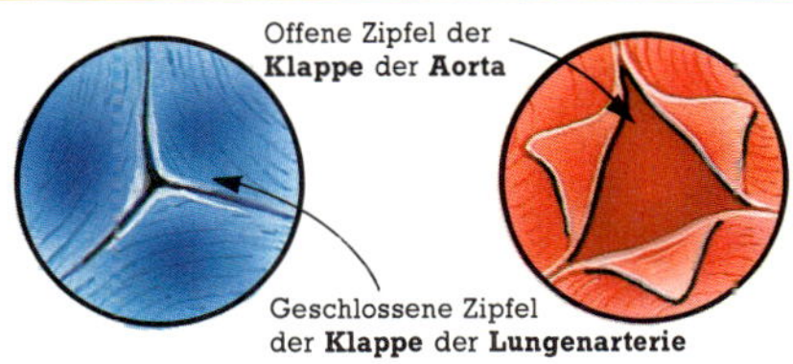

- **Taschen-** oder **Semilunarklappen:** Gemeinsame Bezeichnung für die **Klappe** der **Aorta** in der linken Herzkammer und für die **Klappe** des gemeinsamen Stamms der **Lungenarterien** in der rechten Herzkammer. Diese beiden Klappen arbeiten völlig passiv.

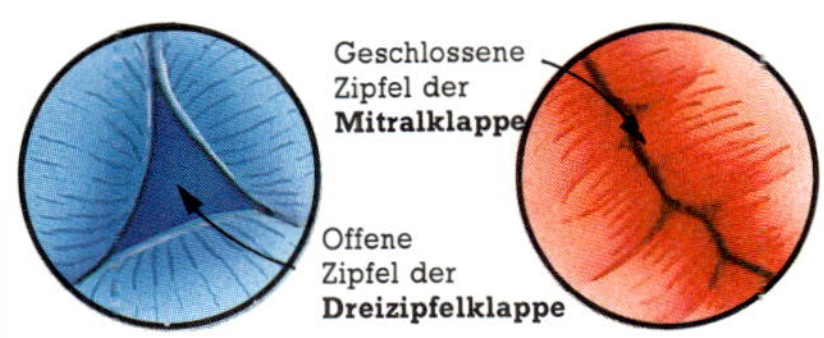

- **Segel-** oder **Atrioventrikularklappen:** Gemeinsame Bezeichnung für die beiden Klappen zwischen Vorhof und Herzkammer. In der linken Herzhälfte liegt die **Mitral-** oder **Zweizipfelklappe (Bicuspidalis).** In der rechten Herzhälfte liegt die **Dreizipfelklappe** oder **Tricuspidalis.**

* **Arterien, Venen,** 288.

Gewebeflüssigkeit und Lymphsystem

Die kleinsten Blutgefäße, die **Kapillaren***, stehen in direktestem Kontakt mit den einzelnen Zellen des Körpers. Doch auch sie berühren diese Zellen nicht. Die Nährstoffe und der Sauerstoff, den die Kapillaren herantransportieren, gelangen nur über die **Gewebeflüssigkeit** zu den Zellen. Sie stellt die Verbindung zwischen dem **Kreislaufsystem*** und dem Drainagesystem des Körpers dar, dem **Lymphsystem**.

Die Bewegung von Stoffen in der **Gewebeflüssigkeit**

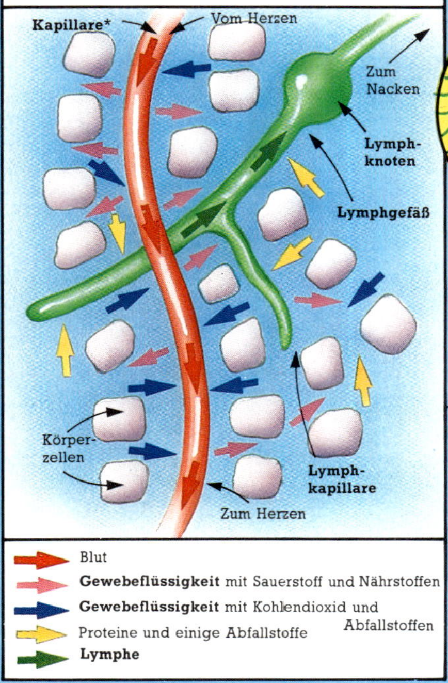

Das **Lymphsystem**

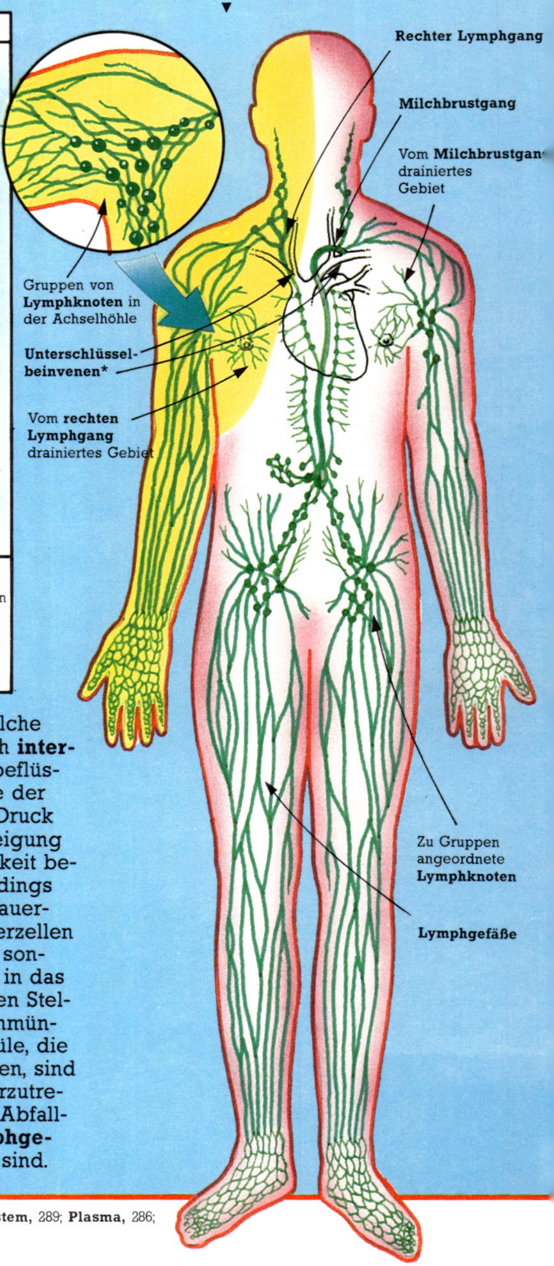

- **Gewebeflüssigkeit**: Eine Flüssigkeit, welche die Körperzellen umfließt, deswegen auch **interstitielle Flüssigkeit** genannt. Die Gewebeflüssigkeit tritt aus dem Blut über die Wände der **Kapillaren*** aus, vor allem dort, wo der Druck am höchsten ist, nämlich nach der Abzweigung von den **Arteriolen***. Die Gewebeflüssigkeit besteht im wesentlichen aus **Plasma***, allerdings mit weniger Proteinen. Sie transportiert Sauerstoff und gelöste Nährstoffe zu den Körperzellen und nimmt von diesen Kohlendioxid und sonstige Abfallstoffe auf. Diese Stoffe gehen in das Blut der Kapillaren über, besonders an den Stellen mit niedrigem Druck, kurz vor der Einmündung in die **Venulen***. Die Proteinmoleküle, die von den Zellen nicht mehr benötigt werden, sind zu groß, um wieder in die Kapillaren überzutreten. Sie gelangen zusammen mit einigen Abfallstoffen in die **Lymphkapillaren** (s. **Lymphgefäße**), deren Wände leichter durchlässig sind.

* **Arteriolen**, 288 (**Arterien**); **Kapillaren**, 289; **Kreislaufsystem**, 289; **Plasma**, 286; **Unterschlüsselbeinvenen**, 289; **Venulen**, 288 (**Venen**).

Organe des Lymphsystems

Die Organe des Lymphsystems bestehen alle aus demselben Gewebetyp, den wir **Lymphgewebe** nennen. Ferner produzieren sie alle **Lymphozyten***, also weiße Blutkörperchen für die Bekämpfung von Krankheiten.

- **Lymphknoten**: Kleine, knötchenartige Organe, die vor allem an Schnittpunkten von Lymphgefäßen liegen. Oft sagt man auch **Lymphdrüsen**, obwohl es sich nicht um eigentliche Drüsen handelt. Die Lymphknoten stehen meist in Gruppen, z. B. in der Achselhöhle oder in der Leistengegend. Sie produzieren **Lymphozyten** (s. oben) und enthalten auch ein Filtersystem, das Bakterien und Fremdkörper zurückhält. Diese werden dann von weißen Blutkörperchen (**festsitzende Makrophagen***) verschlungen.

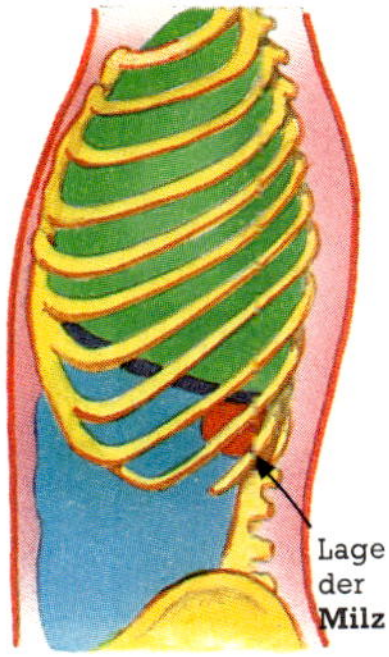

- **Milz**: Das größte Organ des Lymphsystems, gleich unterhalb des **Zwerchfells*** auf der linken Körperseite gelegen. Die Milz speichert für den Notfall rote Blutkörperchen und enthält auch weiße Blutkörperchen (**festsitzende Makrophagen***), die alte, abgestorbene Blutkörperchen und Fremdkörper zerstören, z. B. Bakterien.

- **Mandeln** oder **Tonsillen**: Vier Organe des Lymphsystems; die **Rachenmandel** ganz hinten im Rachen, die **Zungenmandel** an der Basis der Zunge und die beiden **Gaumenmandeln** hinten im Mund.

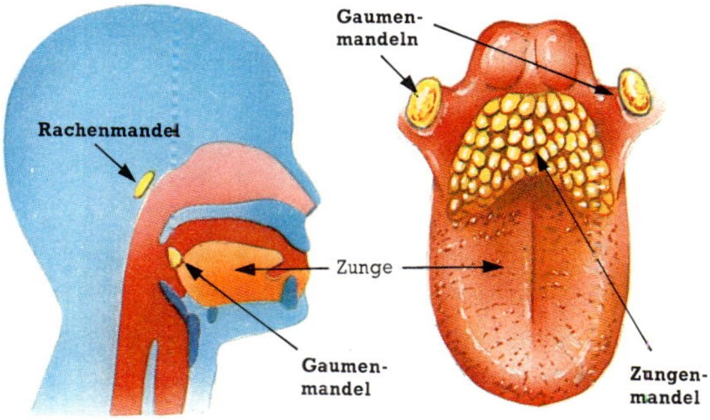

- **Thymusdrüse**: Ein Organ des Lymphsystems im oberen Teil der Brust. Die Thymusdrüse ist bei Kindern ziemlich groß, erreicht während der **Pubertät*** ihr Maximum und bildet sich dann zurück (**Atrophie**).

- **Lymphsystem**: Ein System von Röhren (**Lymphgefäße**) und kleinen Organen (**Organe** des **Lymphsystems**). Es spielt bei der Wiederverwertung und Aufarbeitung von Körperflüssigkeiten und bei der Krankheitsabwehr eine wichtige Rolle. Die Lymphgefäße transportieren die **Lymphe** oder Lymphflüssigkeit durch den ganzen Körper und entleeren sie zurück in die **Venen***. In den Organen des Lymphsystems entstehen die Zellen für die Krankheitsabwehr.

- **Lymphgefäße**: Blind endigende Röhren, die Lymphflüssigkeit aus allen Körperbereichen in den Oberkörper transportieren. Dort gelangt die Lymphe wieder zurück ins Blut. Die Lymphgefäße werden von einem **Endothel*** ausgekleidet und verfügen über Klappen, so daß die Lymphflüssigkeit nicht der Schwerkraft folgend zurückfließen kann. Am dünnsten sind die **Lymphkapillaren** mit den **Chylusgefäßen***. Diese nehmen Fetteilchen auf, welche zu groß sind, um vom Blutkreislauf direkt übernommen zu werden. Die Lymphkapillaren vereinigen sich zu größeren Lymphgefäßen, und diese wiederum münden schließlich in zwei **Lymphstämme,** den **rechten Lymphgang**, der dann zur rechten **Unterschlüsselbeinvene*** zieht, und den **Milchbrustgang**, der seinen Inhalt in die linke **Unterschlüsselbeinvene*** entleert.

- **Lymphe**: Die Flüssigkeit in den Lymphgefäßen. Sie enthält **Lymphozyten** (s. **Organe** des **Lymphsystems**), einige Substanzen aus der Gewebeflüssigkeit (vor allem Proteine wie **Hormone*** und **Enzyme**) sowie Fettpartikel (s. **Lymphgefäße**).

* **Chylusgefäße**, 295 (**Dünndarm**); **Endothel**, 288; **Enzyme**, 331; **Festsitzende Makrophagen**, 286 (**Weiße Blutkörperchen**); **Hormone**, 334; **Lymphozyten**, 286 (**Weiße Blutkörperchen**); **Pubertät**, 318; **Unterschlüsselbeinvenen**, 289; **Venen**, 288; **Zwerchfell**, 298.

Verdauungsapparat

Nach der Aufnahme durch den Mund gelangt die Nahrung in den **Verdauungsapparat**. Dort wird sie allmählich in einfache, lösliche Nährstoffe abgebaut. Diesen Vorgang bezeichnen wir als **Verdauung** (s. auch Seiten 336 bis 337). Die Nährstoffe werden von den Blutgefäßen, die um den Verdauungsapparat herum angeordnet sind, aufgenommen und zu den Körperzellen transportiert. Hier liefern sie Energie und stellen gleichzeitig die Grundbausteine für neue Zellen und Gewebe. Mehr über diese verschiedenen Vorgänge findet man auf den Seiten 328 bis 332. Hier behandeln wir nur die wichtigsten Organe des Verdauungsapparats. Die Bauchspeicheldrüse und die Leber (s. Seite 296) stellen die beiden wichtigsten **Verdauungsdrüsen*** dar, welche **Verdauungssäfte*** produzieren.

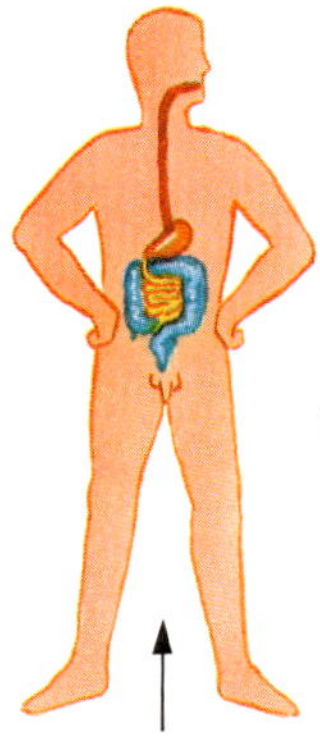

Lage des **Verdauungsapparats**

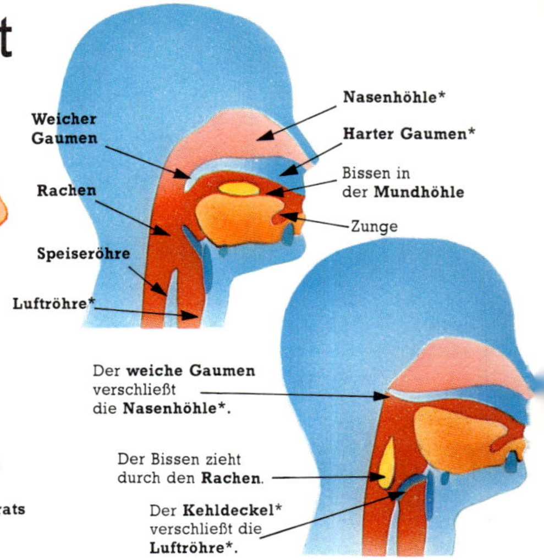

- **Verdauungskanal** oder **Verdauungstrakt**: Eine allgemeine Bezeichnung für alle Teile des Verdauungssystems. Es handelt sich um eine lange Röhre, die vom Mund bis zum **After** (s. Dickdarm) verläuft. Der größte Teil des Verdauungskanals liegt beim Menschen im **Unterleib (Abdomen)** in der großen **Leibeshöhle***. Der Verdauungskanal wird von bindegewebigen Falten (**Mesenterien**, Gekröse) des **Bauchfells** oder **Peritoneums** fixiert.

- **Rachen**: Ein Hohlraum hinten im Mund, wo die **Mundhöhle** und die **Nasenhöhlen*** zusammentreffen. Wenn wir die Nahrung verschlucken, verschließt der **weiche Gaumen**, ein Gewebelappen hinten im Mund, die Nasenhöhlen, und der **Kehldeckel*** legt sich über die **Luftröhre***.

- **Speiseröhre**: Jene Röhre, die den Mund mit dem Magen verbindet. Die Speiseröhre transportiert die Nahrungsbissen.

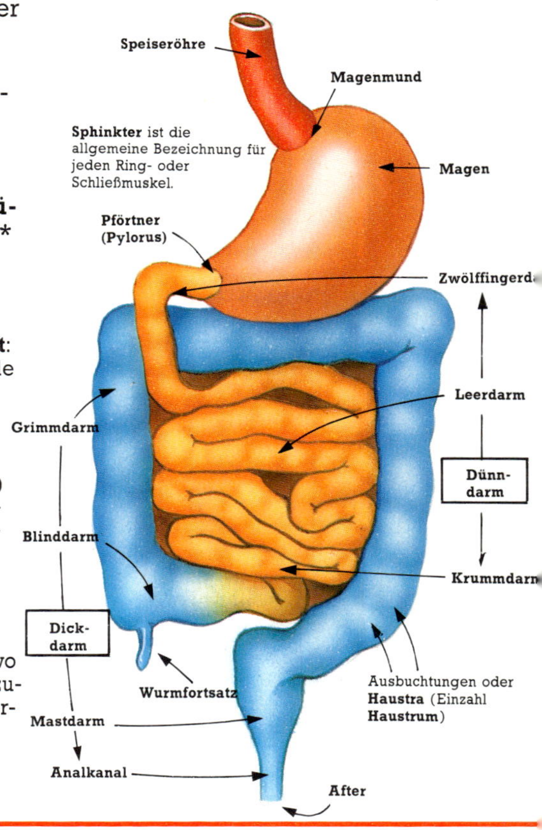

* **Harter Gaumen**, 307; **Kehldeckel**, 298; **Leibeshöhle**, 265; **Nasenhöhle**, 307 (**Nase**); **Speiseröhre**, 298; **Verdauungssäfte**, 296 (**Verdauungsdrüsen**).

- **Magenmund** oder **Cardia**: Einmündungsstelle der **Speiseröhre** in den **Magen**. Dort liegt ein **Ringmuskel** oder **Sphinkter**, der sich beim Erschlaffen öffnet und Nahrung hindurchtreten läßt.

- **Magen**: Ein großer Sack, in dem die ersten Schritte der Verdauung erfolgen. Die Magenwand zeigt im Innern zahlreiche **Schleimhautfalten**. Darunter liegt eine Bindehaut, die sich den verschiedenen Füllungszuständen des Magens anpassen kann. Einige Stoffe, z. B. Wasser, treten durch die Magenwand in nahegelegene Blutgefäße über. Fast die gesamte halbverdaute Nahrung (**Chymus**) hingegen gelangt in den **Dünndarm (Zwölffingerdarm)**.

- **Dünndarm:** Ein in Falten gelegter Darmabschnitt, bestehend aus drei Teilen, dem **Zwölffingerdarm** (**Duodenum**), dem **Leerdarm** (**Jejunum**) und dem **Krummdarm** (**Ileum**). Im Dünndarm finden die wichtigsten Vorgänge der Verdauung statt. Viele fingerähnliche **Zotten** ragen von der Darmwand ins Innere. Jede Zotte enthält **Kapillaren*** (Haargefäße), welche den größten Teil der Nährstoffe aufnehmen, sowie ein **Lymphgefäß***, das sogenannte **Chylusgefäß**, das größere Fetteilchen (s. Fette, Seite 328) aufnimmt. Die halbflüssigen Abfallstoffe, die nach dieser Absorption zurückbleiben, werden an den Dickdarm weitergeleitet.

- **Dickdarm**: Ein Darmabschnitt mit großem Durchmesser; er erhält Abfallstoffe vom **Dünndarm**. Der Dickdarm setzt sich zusammen aus dem **Blinddarm*** (**Caecum**), dem **Grimmdarm** (**Colon**), dem **Mastdarm** (**Rectum**) und dem **Analkanal**. Der Grimmdarm enthält Bakterien, die Nährstoffreste abbauen und einige wichtige Vitamine aufbauen. Der Grimmdarm entzieht der verdauten Nahrung auch nahezu alles Wasser. Am Ende bleibt halbfester **Kot** (**Fäzes**) übrig, der über den Mastdarm, den Analkanal und den After (Anus) nach außen abgegeben wird (**Defäkation**). Die Abgabe regelt der **Schließmuskel** (**Sphinkter**) des Afters.

- **Wurmfortsatz**: Eine blind endigende Röhre am **Blinddarm** (s. **Dickdarm**). Es handelt sich um ein Restorgan, das keine Funktion mehr ausübt. Wenn wir von einer Blinddarmoperation sprechen, wird nur der Wurmfortsatz oder Appendix entfernt.

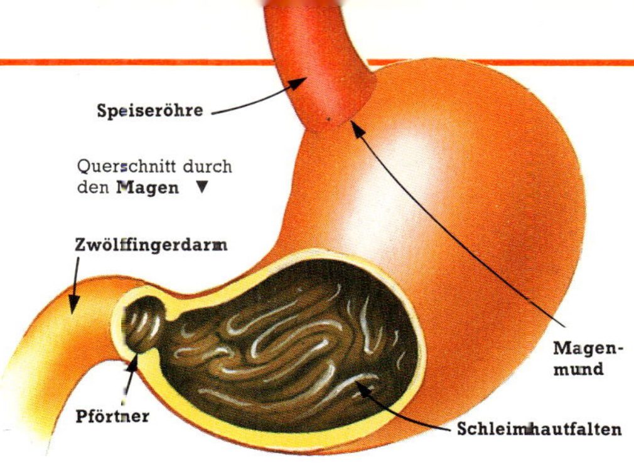

- **Pförtner** oder **Pylorus**: Ausgang des Magens in den Dünndarm. Am Pförtner liegt ein **Ringmuskel** oder **Sphinkter**, der beim Erschlaffen vorverdaute Nahrung hindurchtreten läßt.

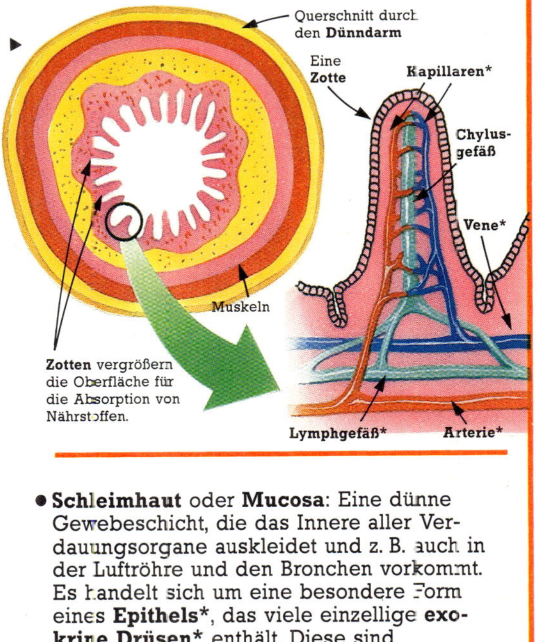

- **Schleimhaut** oder **Mucosa**: Eine dünne Gewebeschicht, die das Innere aller Verdauungsorgane auskleidet und z. B. auch in der Luftröhre und den Bronchen vorkommt. Es handelt sich um eine besondere Form eines **Epithels***, das viele einzellige **exokrine Drüsen*** enthält. Diese sind **Schleimdrüsen**, die Schleim absondern. Damit bezeichnen wir eine Flüssigkeit, die die Reibung herabsetzt, als Schmiermittel dient und gleichzeitig vor den **Verdauungssäften*** schützt.

- **Peristaltik**: Die Kontraktionswellen von Muskeln in den Wänden von Hohlorganen, insbesondere des Magens und des Darms. Durch die Peristaltik wird der Nahrungsbrei weiterbefördert.

* **Arterien**, 288; **Blinddarm**, 271; **Epithel**, 310 (**Oberhaut**); **Exokrine Drüsen**, 296; **Kapillaren**, 289; **Lymphgefäße**, 293; **Venen**, 288; **Verdauungssäfte**, 296 (**Verdauungsdrüsen**).

Drüsen

Drüsen sind besondere Organe oder Zellgruppen oder einzelne Zellen, die lebenswichtige Stoffe abgeben. Man unterscheidet zwei Typen, **exokrine** und **endokrine Drüsen**.

Exokrine Drüsen

Exokrin sind jene Drüsen, die ihre Stoffe oder **Sekrete** durch ableitende **Gänge** an die Körperoberfläche oder an eine innere Oberfläche abgeben. Die meisten Drüsen sind exokrin, z. B. **Schweißdrüsen*** und **Verdauungsdrüsen**.

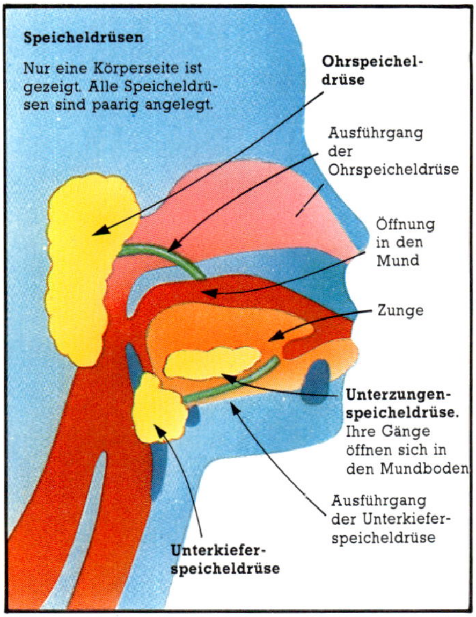

- **Verdauungsdrüsen:** Exokrine Drüsen, die **Verdauungssäfte** in die Organe des Verdauungsapparats abgeben. Diese Säfte enthalten **Enzyme***, die beim Abbau der Nahrung (s. Tabelle Seiten 336–337) helfen. Viele dieser Drüsen sind winzig und sitzen in den Wänden der entsprechenden Verdauungsorgane, z. B. die **Magendrüsen** in der Magenwand und die **Lieberkühnschen Drüsen** in den Vertiefungen zwischen den Zotten des Dünndarms. Andere Drüsen sind größer und liegen freier da, z. B. die **Speicheldrüsen**. Die größten Verdauungsdrüsen sind die **Bauchspeicheldrüse** und die **Leber**.

- **Bauchspeicheldrüse** oder **Pankreas:** Eine große Drüse, die gleichzeitig eine **Verdauungsdrüse** und eine **endokrine Drüse** darstellt. Sie produziert den **Bauchspeichel** (s. Tabelle Seiten 336–337), und gibt ihn über einen Ausführgang, den **Wirsungschen Gang**, in den Dünndarm ab. Gleichzeitig enthält die Bauchspeicheldrüse Zellgruppen, die **Langerhansschen Inseln.** Diese stellen den endokrinen Teil des Organs dar und produzieren die **Hormone* Insulin*** und **Glukagon***.

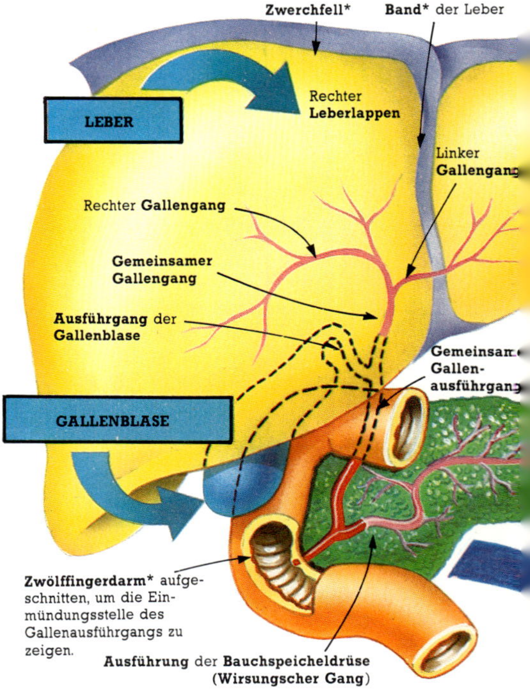

- **Leber:** Die größte Drüse des Körpers. Sie wiegt beim Erwachsenen ungefähr 1,5 Kilogramm. Eine ihrer vielen Aufgaben ist die einer **Verdauungsdrüse**, denn sie gibt über den **Gallenausführgang Galle** ab. Eine weitere lebenswichtige Aufgabe ist die Umwandlung und Speicherung frisch verdauter Nährstoffe (s. Tabelle auf Seite 329), die sie über die **Pfortader** (s. Bild auf Seite 289) erhält. Im besonderen reguliert die Leber den Glukosegehalt des Blutes. Ferner baut sie abgestorbene rote Blutkörperchen ab, speichert Vitamine und Eisen, stellt lebenswichtige Blutproteine her und baut Gifte zu harmlosen Stoffen ab.

* **Bänder**, 280; **Enzyme**, 331; **Glukagon, Hormone, Insulin**, 334; **Schweißdrüsen**, 311; **Zwerchfell**, 298; **Zwölffingerdarm**, 295 (**Dünndarm**).

- **Gallenblase**: Ein Hohlorgan, das die in der **Leber** hergestellte **Galle** in konzentrierter Form speichert, bis sie verwendet wird, das heißt, bis Nahrung in den **Zwölffingerdarm*** gelangt. Die Gallenblase zeigt zahlreiche **Schleimhautfalten**, die bei starker Füllung flacher werden. Bei Bedarf wird die Galle über den **Gallenausführgang** in den Dünndarm gepreßt.

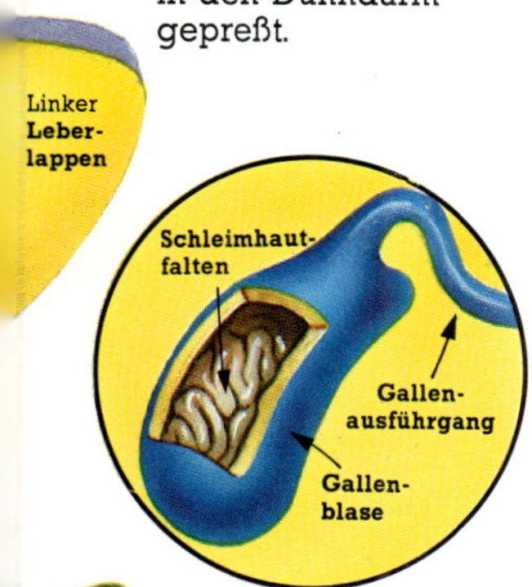

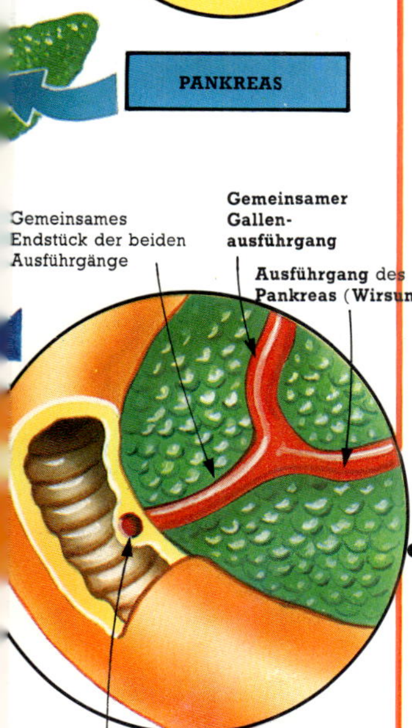

Ringmuskel um den gemeinsamen Ausführgang herum. Ist dieser Muskel oder **Sphinkter** geschlossen, so wird die in der Leber produzierte Galle zurück in die **Gallenblase** gedrückt.

Endokrine Drüsen

Als endokrin bezeichnen wir jene Drüsen, die ihre Produkte, die **Hormone,** direkt in Blutgefäße innerhalb der Drüsen abgeben. Mehr über Hormone, vor allem eine Tabelle der unten erwähnten Hormone, findet man auf Seiten 334–335. Endokrine Drüsen können selbständige Organe (s. unten) oder Zellen innerhalb anderer Organe darstellen, z. B. in den Geschlechtsorganen.

- **Hypophyse:** Eine Drüse an der Unterseite des Gehirns, deswegen auch **Hirnanhangdrüse** genannt. Die Hypophyse wird direkt vom **Hypothalamus*** (s. auch **Hormone**, Seite 334) beeinflußt und besteht aus einem **Vorderlappen** (**Adenohypophyse**) und einem **Hinterlappen** (**Neurohypophyse**). Viele ihrer Hormone wirken auf andere Hormondrüsen ein und stimulieren deren Produktion. Solche Hormone tragen die Endsilbe **-trop** mit der Bedeutung „gerichtet auf". Die Hypophyse produziert **ACTH, TTH, STH, FSH, LH, Prolaktin, Oxytocin** und **ADH.**

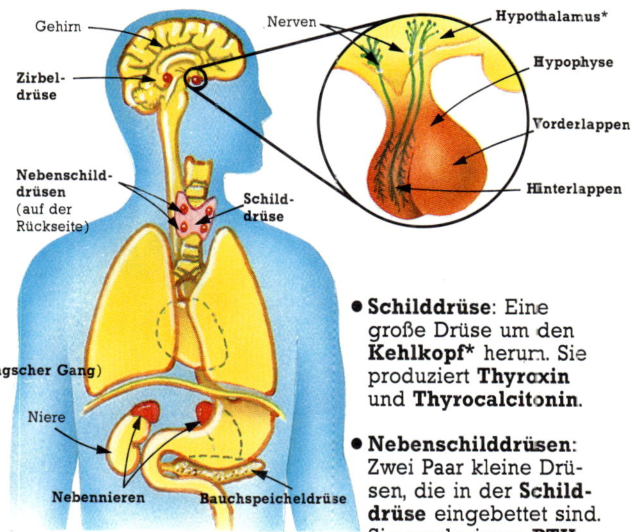

- **Schilddrüse**: Eine große Drüse um den **Kehlkopf*** herum. Sie produziert **Thyroxin** und **Thyrocalcitonin**.

- **Nebenschilddrüsen**: Zwei Paar kleine Drüsen, die in der **Schilddrüse** eingebettet sind. Sie produzieren **PTH**.

- **Nebennieren**: Zwei Drüsen, von denen jede auf einer Niere aufsitzt. Jede Nebenniere setzt sich aus einer äußeren **Rinde** und einem inneren **Mark** zusammen. Die Rinde produziert **Aldosteron**, **Cortison** und **Hydrocortison**, das innere Mark **Adrenalin** und **Noradrenalin**.

- **Zirbeldrüse** oder **Epiphyse**: Eine kleine Drüse im Zwischenhirn. Ihre Aufgabe ist nicht klar, doch produziert sie **Melatonin**, von dem man annimmt, daß es die Produktion der **Geschlechtshormone*** beeinflußt.

* **Geschlechtshormone,** 234; **Hypothalamus,** 303; **Kehlkopf,** 298; **Zwölffingerdarm,** 295 (**Dünndarm**).

Das Atmungssystem

Der Begriff der **Atmung** umfaßt drei Vorgänge: die **äußere Atmung,** also den Gasaustausch mit der Außenwelt, die **innere Atmung**, nämlich der Gasaustausch zwischen den Lungen und dem Blut (s. rote Blutkörperchen, Seite 286) und die **Zellatmung** mit dem Abbau der Nährstoffe unter Zuhilfenahme von Sauerstoff, wobei Kohlendioxid entsteht (s. Seiten 332–333). Hier werden die wichtigsten Teile des Atmungssystems behandelt.

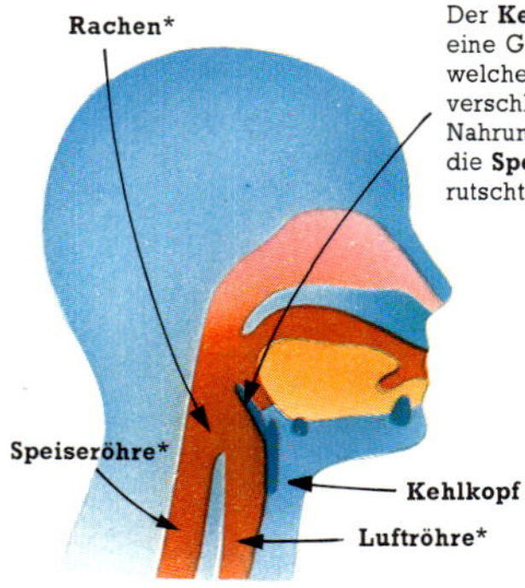

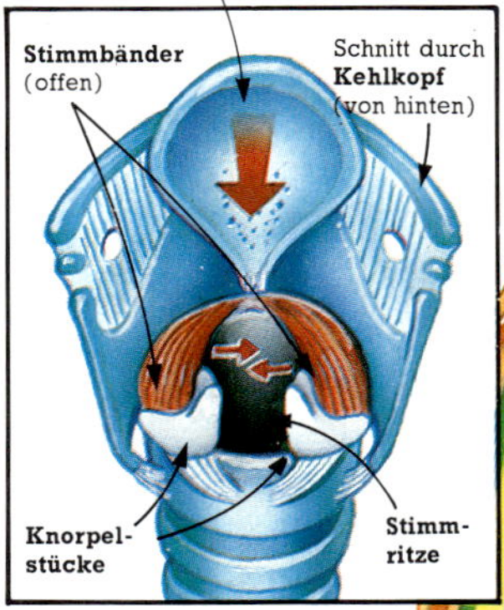

- **Luftröhre** oder **Trachea**: Von Knorpelspangen umgebene Röhre, welche die Nase mit den **Lungen** verbindet.
- **Kehlkopf** oder **Larynx**: Der Stimmapparat am oberen Ende der Luftröhre. Der Kehlkopf enthält die **Stimmbänder**. Es sind zwei Gewebelappen, die sich von der Auskleidung der Luftröhre nach innen falten und die an mehreren **Knorpeln*** befestigt sind. Die Öffnung zwischen den Stimmbändern bezeichnen wir als **Stimmritze** oder **Glottis**. Während des Sprechens ziehen Muskeln an den Knorpelstücken und verändern auf diese Weise die Öffnung der Stimmritze. Wenn Luft passiert, wird diese von den Stimmbändern zum Schwingen gebracht.
- **Brustfell** oder **Pleura**: Eine Gewebeschicht, die jede Lunge umgibt und dem Brustkorb anliegt. Es handelt sich um zwei dünne, spiegelglatte Häute, die eng aufeinanderliegen. Die äußere heißt **Rippenfell**, die innere **Lungenfell**. Der Raum dazwischen (**Pleuraspalt**) enthält einen Flüssigkeitsfilm, so daß sich beide Häute ohne Reibung gegeneinander verschieben lassen. Durch Unterdruck haften Lungen- und Rippenfell stets aneinander.
- **Lungen**: Die beiden wichtigsten Atmungsorgane, in deren Inneren der Gasaustausch stattfindet. Sie enthalten viele Röhren (**Bronchen** und **Bronchiolen**) sowie die **Lungenbläschen**.

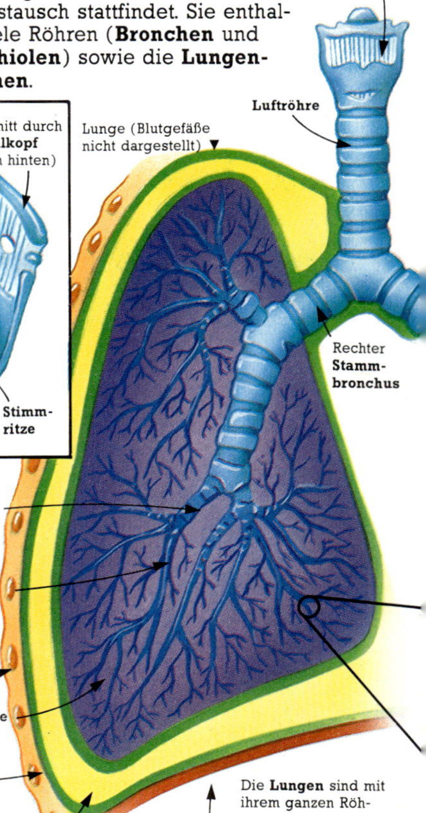

- **Zwerchfell** oder **Diaphragma**: Eine muskulöse oder sehnige Scheidewand, welche die Brusthöhle vom **Unterleib** trennt. Im Ruhezustand ist das Zwerchfell kuppelförmig gebogen, so daß die Leber noch in den Brustkasten hineinragt.

* **Knorpel,** 281; **Rachen,** 294; **Schleimhaut,** 295; **Speiseröhre,** 294; **Wimpern,** 268.

- **Bronchen** (Einzahl **Bronchus**) oder auch **Bronchien**: Allgemeine Bezeichnung für alle Röhren in der Lunge. Im engeren Sinne meint man aber meistens die **Stammbronchen** nach der Gabelung der Luftröhre. Der linke und der rechte **Stammbronchus** versorgen die jeweilige Lungenhälfte mit Luft. In der **Lungenwurzel (Hilus)**, in der auch die **Lungenarterie*** eintritt, teilen sie sich erst in **Lappenbronchen**, dann in **Segmentbronchen** und schließlich in **Bronchiolen** auf. Alle diese Röhren werden von Blutgefäßen begleitet, die von der **Lungenarterie*** herstammen und schließlich in die **Lungenvene*** münden.

- **Bronchiolen**: Die Millionen feinster Röhrchen in den Lungen. Sie alle sind von Blutgefäßen umgeben. Die Bronchiolen entstehen durch Verzweigung der **Segmentbronchen**. Die Bronchiolen gehen in **Alveolengänge** über, die schließlich in die blinden **Lungenbläschen** münden.

- **Lungenbläschen** oder **Alveolen**: Die Millionen feinster Bläschen, die am Ende der **Alveolengänge** (s. **Bronchiolen**) stehen. Die Lungenbläschen sind von **Kapillaren*** (Haargefäßen) mit kohledioxidreichem Blut umgeben. Dieses Gas tritt durch die Wände der Kapillaren und der Lungenbläschen hindurch und wird ausgeatmet. Gleichzeitig geht der eingeatmete Sauerstoff von den Lungenbläschen in das Blut der Kapillaren über, die sich dann nach und nach zu den **Lungenvenen*** vereinigen.

Bronchial – „zu den Bronchen oder Bronchiolen gehörig"

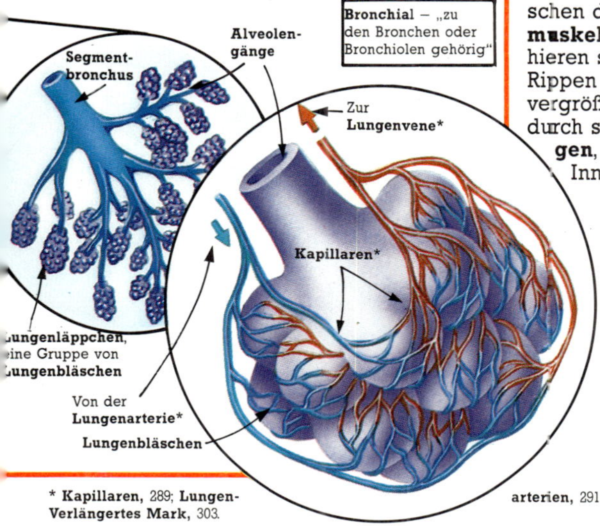

Atemmechanik

Die **Atemmechanik** besteht aus dem **Einatmen** (**Inspiration**) und dem **Ausatmen** (**Exspiration**). Beide Vorgänge laufen automatisch ab und werden vom Atemzentrum im **verlängerten Mark***, dem untersten Hirnteil, kontrolliert. Ein- und Ausatmen werden dann in Gang gesetzt, wenn das Atemzentrum eine zu hohe Kohlendioxidkonzentration im Blut feststellt.

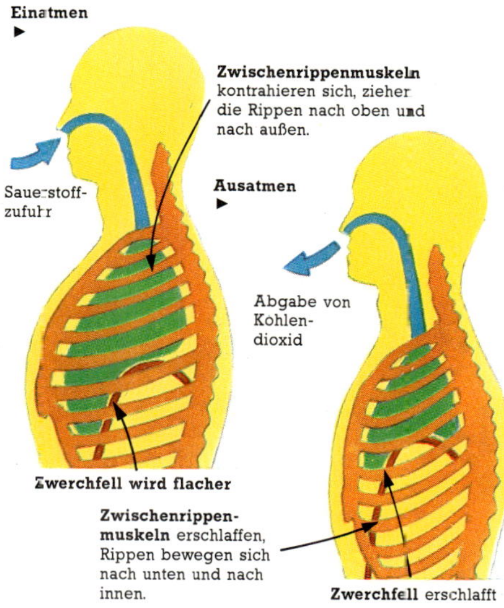

- **Einatmen** oder **Inspiration**: Die Muskeln des **Zwerchfells** ziehen sich zusammen, verlieren ihre Kuppelform und werden flacher. Dadurch vergrößert sich der Inhalt des Brustraumes. Die Muskeln zwischen den Rippen (**Zwischenrippenmuskeln, Interkostalmuskeln**) kontrahieren sich ebenfalls, ziehen damit die Rippen nach oben und nach außen und vergrößern weiterhin den Brustraum. Dadurch sinkt der Luftdruck in den **Lungen**, und Luft fließt so lange ein, bis der Innendruck und der Außendruck den gleichen Wert erreichen.

- **Ausatmen** oder **Exspiration**: Das **Zwerchfell** und die **Zwischenrippenmuskeln** (s. **Einatmen**) erschlaffen. Dadurch wird der Brustraum kleiner, und Luft wird über die Atemwege nach außen gedrückt.

* **Kapillaren**, 289; **Lungenarterien**, 291 (**Stamm der Lungenarterien**); **Lungenvenen**, 291; **Verlängertes Mark**, 303.

Die Ausscheidung

Das **Ausscheidungssystem** entfernt unerwünschte Abfallstoffe aus dem Körper (**Exkretion**). Die Funktion der wichtigsten Organe wird auf dieser Doppelseite erklärt. An der Ausscheidung beteiligen sich auch die Lungen und die Haut, denn sie geben Kohlendioxid bzw. Schweiß an die Umwelt ab.

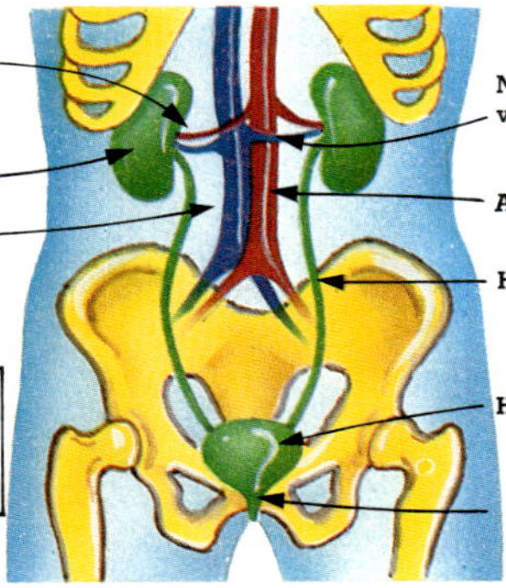

Ren oder **Renal** – „den Nieren zugehörig".

- **Nieren:** Zwei Organe an der Rückwand des Körpers, gerade unterhalb der Rippen gelegen. Sie stellen die Hauptorgane der Ausscheidung dar, denn sie filtern unerwünschte Stoffe aus dem Blut heraus und regeln die Menge und Beschaffenheit der Körperflüssigkeiten (s. auch **Homöostasis**, Seite 333). Das Blut gelangt über eine **Nierenarterie** in die Niere und verläßt es über die **Nierenvene**.

- **Harnleiter**: Die beiden Gänge, die **Urin** oder **Harn** von den **Nieren** in die **Harnblase** transportieren.

Niere (Längsschnitt) ▶

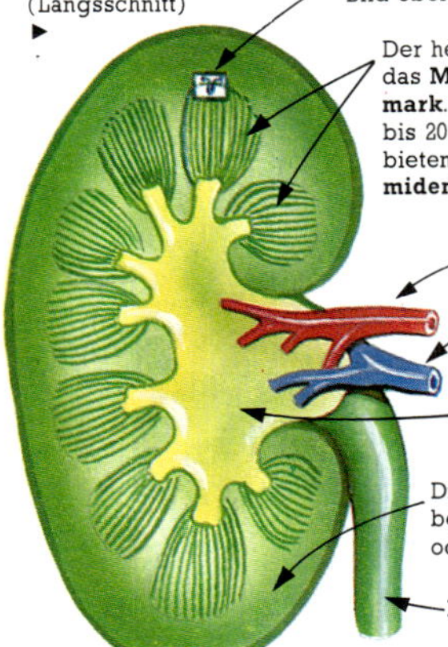

Im Innern der Niere

1. Ultrafiltration im Nierenkörperchen: Wenn Blut durch den **Gefäßknäuel** gepreßt wird, gelangt ein großer Teil des Wassers, der Mineralstoffe, der Vitamine, der Glukose, der **Aminosäuren*** und des **Harnstoffs** in die **Bowmansche Kapsel** und bildet den **Primärharn**.

Nierenkörperchen (aufgeschnitten) ▼

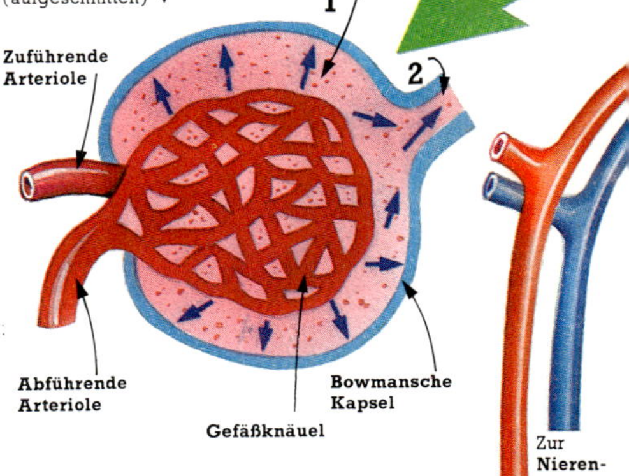

2. Der **Primärharn** wandert in den **proximalen** Teil der **Tubuli contorti**.

- **Nephronen**: Die Arbeitseinheit der **Nieren**, bestehend aus je einem **Nierenkörperchen** und einem **Nierenkanälchen**. Jede Niere setzt sich aus ungefähr einer Million Nephronen zusammen.

- **Nierenkörperchen** oder **Malpighische Körperchen**: Jene Einheiten, die Flüssigkeiten aus dem Blut herausfiltrieren. Jedes Nierenkörperchen setzt sich aus dem **Gefäßknäuel** (**Glomerulus**) und der **Bowmanschen Kapsel** zusammen.

- **Harnblase** oder **Blase**: Sackförmiges Speicherorgan für den **Harn** oder **Urin**. Sie weist im inneren viele **Schleimhautfalten** auf, die flacher werden, wenn sich der Füllzustand der Blase erhöht. Zwei Ringmuskeln, ein **äußerer** und ein **innerer Ringmuskel**, kontrollieren die Öffnung der Harnblase in die **Harnröhre**. Wenn der Urinspiegel ein gewisses Maß erreicht hat, bringen Nerven den inneren Ringmuskel dazu, sich zu öffnen. Der äußere Ringmuskel steht aber unter der Kontrolle des Willens (Ausnahme: Kleinkinder) und kann für längere Zeit verschlossen bleiben. ▶

* **Aminosäuren**, 328 (**Proteine**); **Aorta, untere Hohlvene**, 291.

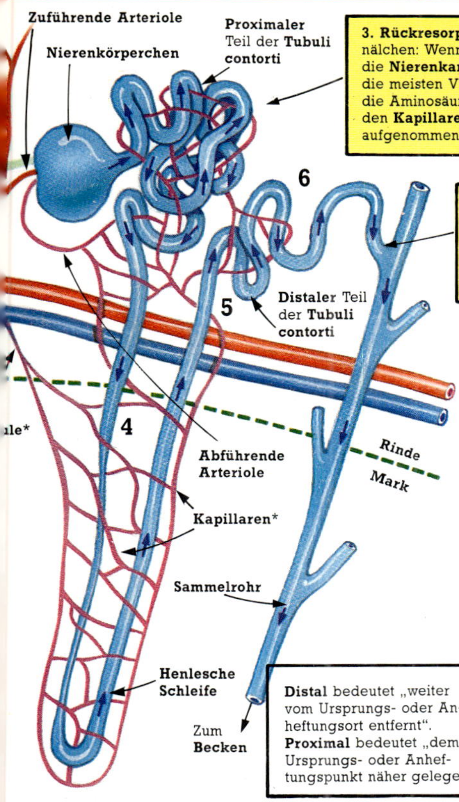

3. Rückresorption in den Nierenkanälchen: Wenn der **Primärharn** durch die **Nierenkanälchen** zieht, werden die meisten Vitamine, die Glukose und die Aminosäuren von den umgebenden **Kapillaren*** wieder in das Blut aufgenommen.

4. Auch einige Mineralstoffe werden zurückgewonnen. Das **Hormon* Aldosteron*** kontrolliert und stimuliert die Rückresorption bei Bedarf.

7. Der endgültige **Urin** zieht zum **Sammelrohr.**

5. Auch Wasser wird zurückgewonnen. Das **Hormon* ADH*** kontrolliert und stimuliert die Rückresorption bei Bedarf.

6. Ausscheidung in den **Tubuli**. Einige Stoffe, z. B. Ammoniak, gewisse Drogen und Medikamente gehen vom Blut in das **Nierenkanälchen** über.

Distal bedeutet „weiter vom Ursprungs- oder Anheftungsort entfernt". **Proximal** bedeutet „dem Ursprungs- oder Anheftungspunkt näher gelegen".

- **Gefäßknäuel** oder **Glomerulus**: Zu einem Knäuel angeordnete **Kapillaren*** (Haargefäße) im Inneren jedes **Nierenkörperchens**. Die Kapillaren verzweigen sich von einer **Arteriole***, die in das Körperchen eintritt (**zuführende** oder **afferente Artiole**) und vereinigen sich wieder in einer **abführenden (efferenten) Arteriole**.

- **Harnröhre:** Ausführgang, der Harn von der Harnblase nach außen schafft (bei Männern übernimmt er auch den Transport des **Spermas***, s. **Penis,** Seite 316). Die Harnabgabe bezeichnet man auch als **Miktion**.

- **Bowmansche Kapsel**: Der äußere umhüllende Teil jedes **Nierenkörperchens**. Es handelt sich um einen dünnwandigen Sack um das **Gefäßknäuel**.

- **Nierenkanälchen**: Lange, feine Röhrchen, die in einer Bowmanschen Kapsel ihren Anfang nehmen. Jedes Nierenkanälchen hat drei Hauptteile: den **proximalen** Teil der **Tubuli contorti** („geschlängelte Röhrchen"), die **Henlesche Schleife** und den **distalen** Teil der **Tubuli contorti**. Um das Nierenkanälchen schlingen sich zahlreiche **Kapillaren*** (Haargefäße). Es handelt sich dabei um Verzweigungen der **abführenden (efferenten) Arteriole** (s. **Gefäßknäuel**). Die Kapillaren vereinigen sich dann zu größeren Blutgefäßen, die Blut aus den Nieren wegtransportieren.

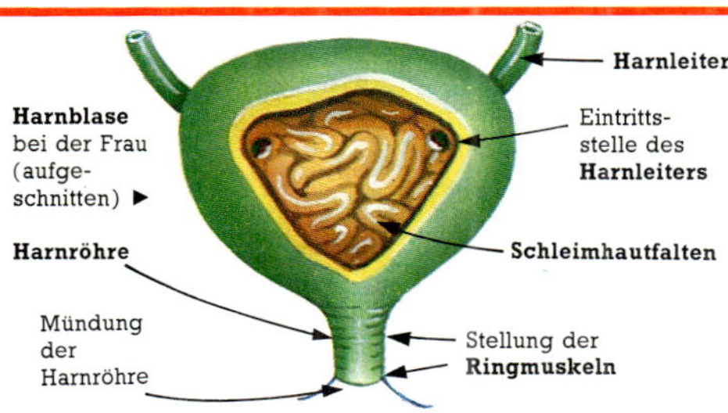

- **Sammelrohr**: Ein Kanal, der **Urin** aus mehreren Nierenkanälchen in das **Nierenbecken** transportiert.

- **Harnstoff**: Ein stickstoffhaltiger Abfallstoff, der beim Abbau überschüssiger **Aminosäuren*** in der Leber entsteht. Der Harnstoff gelangt zusammen mit kleineren Mengen verwandter Stoffe, etwa des Kreatinins, mit dem Blut in die Nieren.

- **Urin** oder **Harn**: Die Flüssigkeit, welche die Nieren verläßt. Urin besteht zur Hauptsache aus Wasser, Mineralsalzen und Harnstoff. Innerhalb von 24 Stunden scheidet ein Erwachsener 1 bis 1,5 Liter Urin aus.

* **ADH, Aldosteron,** 334; **Aminosäuren,** 328 **(Proteine)**; **Arteriolen,** 288 **(Arterien)**; **Hormone,** 334; **Kapillaren,** 289; **Sperma,** 321 **(Gameten)**; **Venulen,** 288 **(Venen)**.

Das zentrale Nervensystem

Das **zentrale Nervensystem (ZNS)** stellt das Kontrollzentrum des Körpers dar. Es koordiniert alle Tätigkeiten mechanischer wie chemischer Art (durch **Hormone***) und besteht aus dem **Gehirn** und dem **Rückenmark.** Millionen von Nerven im Körper leiten Informationen (Nervenimpulse) zu den zentralen Gebieten oder verteilen sie von dort in den Körper (s. Seiten 306 bis 309).

- **Gehirn:** Das Gehirn kontrolliert die meisten Tätigkeiten des Körpers. Als einziges Organ ist es zur „Intelligenz" befähigt – und diese beruht auf früheren Erfahrungen (also gespeicherten Informationen darüber), auf gegenwärtigen Geschehnissen und zukünftigen Plänen. Das Gehirn wird von Millionen von **Neuronen*** (Nervenzellen) aufgebaut, die zu **sensiblen** oder **motorischen Feldern** oder zu **Schaltfeldern** angeordnet sind. Die sensiblen Felder erhalten Informationen (Nervenimpulse) über Sinnesempfindungen von allen Körperteilen. Die Schaltfelder analysieren diese Impulse und treffen Entscheidungen. Die motorischen Felder senden Impulse (Befehle) an Muskeln oder Drüsen. Die Neuronen von insgesamt 43 Nervenpaaren übermitteln diese Impulse, wobei 12 Paar **Hirn-** oder **Schädelnerven** den Kopf versorgen und 31 Paar **Rückenmarksnerven** den übrigen Körper (s. **Rückenmark**).

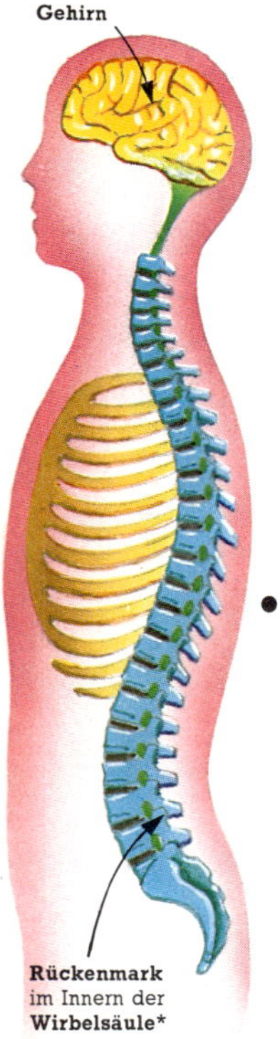

Teile des Gehirns

- **Großhirn:** Der umfangreichste, höchstentwickelte Hirnteil mit vielen tiefen Windungen. Das Großhirn setzt sich aus zwei **Hemisphären** zusammen, die vom **Balkenkörper** (einem Band aus **Nervenfasern***) oder **Corpus callosum** miteinander verbunden werden. Die äußere Schicht des Großhirns bezeichnen wir als **Rinde** oder **Cortex.** Dort liegen alle wichtigen **Felder,** die **sensiblen,** die **motorischen** und die **Schaltfelder** (s. **Gehirn**). Das Großhirn kontrolliert die meisten Körperaktivitäten und stellt gleichzeitig das Zentrum für die geistigen Tätigkeiten dar, z. B. für das Fällen von Entscheidungen, das Sprechen, das Lernen, das Gedächtnis und die Vorstellungskraft.

- **Kleinhirn:** Dieser Abschnitt des Gehirns koordiniert die Muskelbewegungen und das Gleichgewicht, doch stehen die beiden Tätigkeiten unter der Gesamtkontrolle des **Großhirns.**

- **Mittelhirn:** Ein Hirnabschnitt, der das **Zwischenhirn** mit der **Brücke** verbindet. Es transportiert einlaufende Nervenimpulse zum **Thalamus** und Impulse in umgekehrter Richtung vom **Kleinhirn** in das **Rückenmark.**

- **Brücke** oder **Pons:** Ein Abschnitt aus **Nervenfasern***, der die Teile des **Gehirns** über das **verlängerte Mark** mit dem **Rückenmark** verbindet.

- **Rückenmark:** Ein langer Strang von Nervengewebe, der im Innern der **Wirbelsäule*** vom **Gehirn** zum Unterkörper zieht. Nervenimpulse von allen Körperteilen durchlaufen das Rückenmark. Einige davon wandern in das Hirn oder gehen von dort aus, andere hingegen werden im Rückenmark selbst verarbeitet (s. **unwillkürliche Handlungen**, Seite 309). 31 Paar **Rückenmarks-** oder **Spinalnerven** zweigen in den Zwischenräumen zwischen den **Wirbeln*** vom Rückenmark ab. Jeder Rückenmarksnerv besteht aus einer **hinteren, dorsalen, sensiblen** Wurzel von **sensiblen Neuronen***, welche die Impulse heranführen, und einer **vorderen, ventralen, motorischen** Wurzel. Diese setzt sich aus **motorischen Neuronen*** zusammen, die Impulse nach außen transportieren.

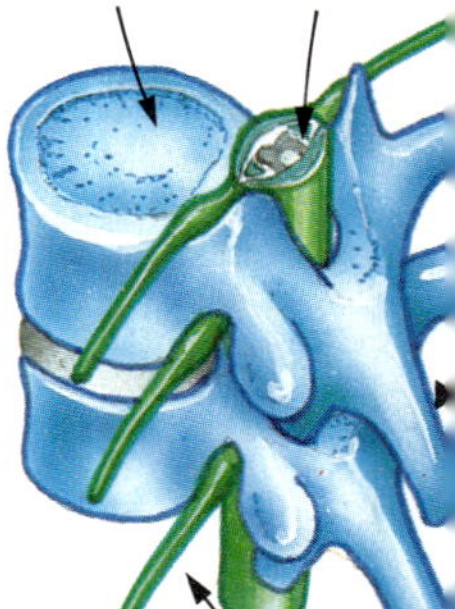

* **Hormone,** 334; **Motorische Neuronen,** 305; **Nervenfasern, Neuronen,** 304; **Sensible Neuronen,** 305; **Wirbel, Wirbelsäule,** 278.

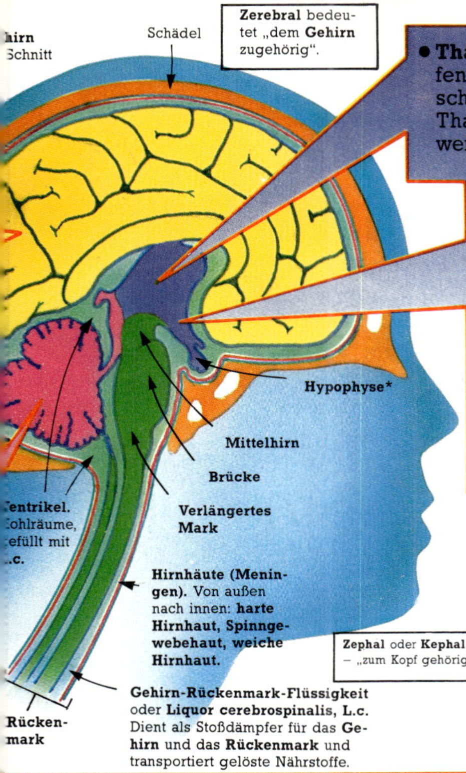

Zerebral bedeutet „dem **Gehirn** zugehörig".

Zephal oder **Kephal** – „zum Kopf gehörig"

- **Thalamus:** Jenes Gebiet im Gehirn, das die eintreffenden Impulse als erstes sortiert und in die unterschiedlichen Teile des **Großhirns** weiterleitet. Der Thalamus leitet auch einige austretende Impulse weiter.

- **Hypothalamus:** Die wichtigste Kontrollstelle der meisten inneren Körperfunktionen. Der Hypothalamus kontrolliert die Tätigkeit des **autonomen Nervensystems*** (und damit unwillkürliche Handlungen) sowie die Funktion der **Hypophyse***. Die richtige Funktion des Hypothalamus ist lebenswichtig für die **Homeostasis***, die Aufrechterhaltung stabiler innerer Bedingungen.

- **Zwischenhirn:** Ein Hirnteil, der vor allem den **Thalamus** und den **Hypothalamus** umfaßt.

Funktionsfelder der Rinde des **Großhirns**

Sensible Felder: Empfangen eintreffende Impulse.
1. Allgemeiner sensibler Bereich, **Körperfühlbereich.** Empfängt Impulse von den Muskeln, der Haut und den inneren Organen.
2. **Primäres Geschmacksfeld:** Impulse von der Zunge.
3. **Primäres Hörfeld:** Impulse von den Ohren.
4. **Primäres Gesichtsfeld:** Impulse von den Augen.
5. **Primäres Riechfeld:** Impulse von der Nase.

Motorische Felder: Jeder noch so kleine Abschnitt sendet Impulse zu einem ganz bestimmten Muskel.

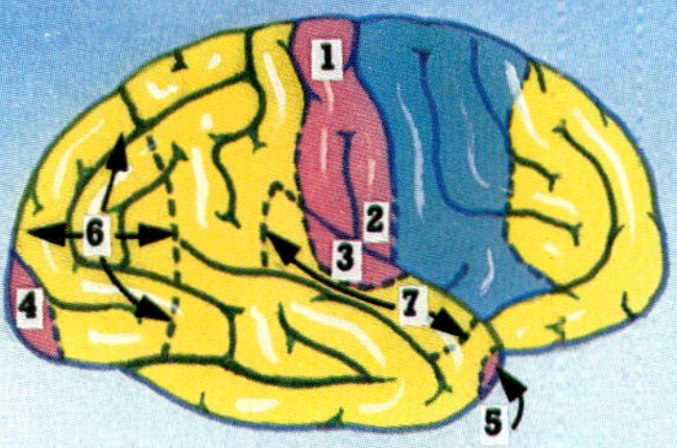

Schaltfelder interpretieren Impulse und fällen Entscheidungen. Einige spezifische Felder sind:
6. **Schaltfeld des Sehens.** Ermöglicht das Sehen.
7. **Schaltfeld des Hörens.** Ermöglicht das Hören.

- **Verlängertes Mark** oder **Medulla oblongata:** Ein Abschnitt des Gehirns, der die Feinabstimmung vieler unwillkürlicher Handlungen kontrolliert, welche unter der Kontrolle des **Hypothalamus** stehen. Dabei sind unterschiedliche Gebiete für jeweils andere Bereiche zuständig. Das **Atemzentrum** z. B. kontrolliert die gesamte Atmung.

- **Stammhirn** oder **Hirnstamm:** Allgemeine Bezeichnung für das **verlängerte Mark,** die **Brücke** und andere Teile des Gehirns.

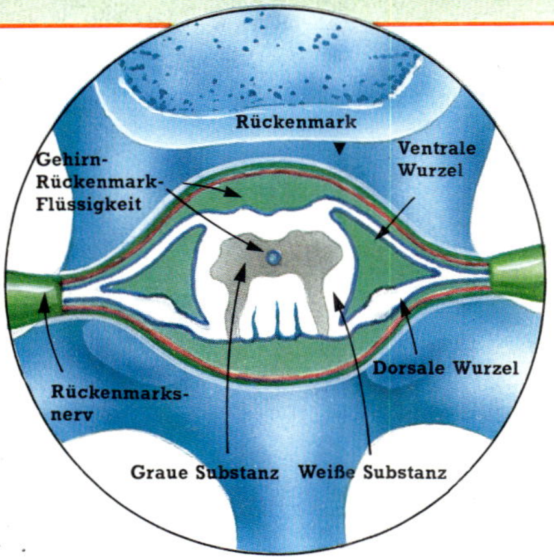

- **Neuroglia** oder **Glia:** Besondere steife Zellen, welche die **Neuronen*** des zentralen Nervensystems stützen und schützen. Einige produzieren eine weiße fettige Substanz, das **Myelin** (s. auch **Schwannsche Scheide,** Seite 304). Eine Myelinhülle oder **Markscheide** umgibt die langen Nervenfasern im Gehirn und in der äußeren Schicht des Rückenmarks. Man spricht auch von **markhaltigen Fasern** oder **weißer Substanz.** Die **graue Substanz** ist marklos und besteht zur Hauptsache nur aus den **Zellkörpern*** und ihren kurzen Fasern mit Neuroglia ohne Myelin.

* **Autonomes Nervensystem,** 308; **Homeostasis,** 333; **Hypophyse,** 297; **Knochenhaut,** 280; **Neuronen, Zellkörper,** 304.

Die Einheiten des Nervensystems

Die Grundeinheiten des Gehirns und des Rückenmarks (**zentrales Nervensystem***, ZNS) und der übrigen Nerven des Körpers (**peripheres Nervensystem**) stellen die Nervenzellen oder **Neuronen** dar. Sie haben die Fähigkeit, auf elektrischem Weg – mit Hilfe der Nervenimpulse – Informationen im ganzen Körper zu verbreiten. Jedes Neuron setzt sich aus dem **Zellkörper**, einem **Neurit** und einem oder mehreren **Dendriten** zusammen. Es gibt drei funktionelle Typen von Neuronen, **sensible Neuronen, Schaltneuronen** und **motorische Neuronen.**

Die Teile eines Neurons

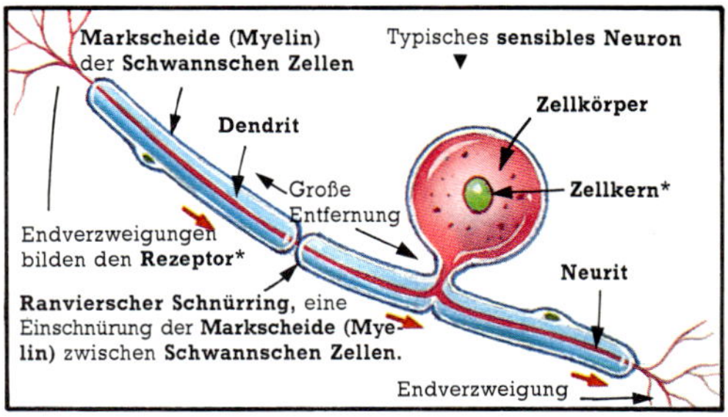

- **Zellkörper** oder **Perikaryon:** Jener Teil eines Neurons, der den **Zellkern*** und den größten Teil des **Zytoplasmas*** enthält. Die Zellkerne aller **Schaltneuronen** sowie einiger **sensibler** und **motorischer Neuronen** liegen im Gehirn und im Rückenmark. Andere sensible Neuronen haben ihre Zellkörper in besonderen **Ganglien***, oder sie stellen Teile hochspezialisierter **Rezeptoren*** in der Nase und den Augen dar. Die Zellkörper der übrigen motorischen Neuronen liegen in **autonomen Ganglien***.

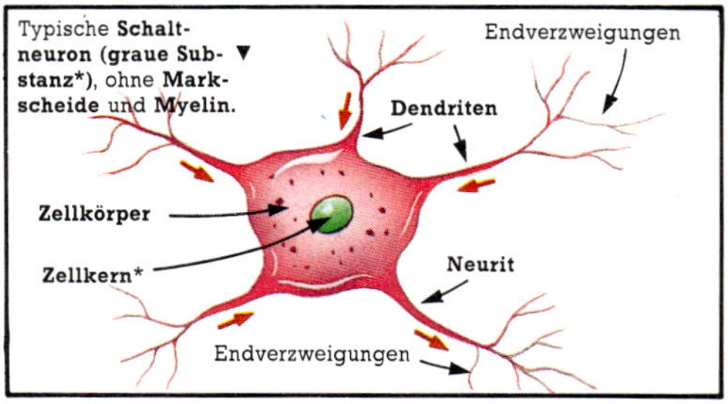

- **Nervenfasern:** Die faserigen Ausläufer, also die **Neuriten** und **Dendriten** eines Neurons. Es handelt sich um **Zytoplasma***-Fortsätze des **Zellkörpers*.** Sie leiten die lebenswichtigen Nervenimpulse weiter. Die meisten langen Nervenfasern, die durch den menschlichen Körper ziehen (sie gehören zu **sensiblen** oder **motorischen Neuronen**) werden vom **Neuroglia*** eingehüllt. Diese besteht aus **Schwannschen Zellen,** die eine **Markscheide** aus **Myelin** um die gesamte Nervenfaser herum aufbauen.

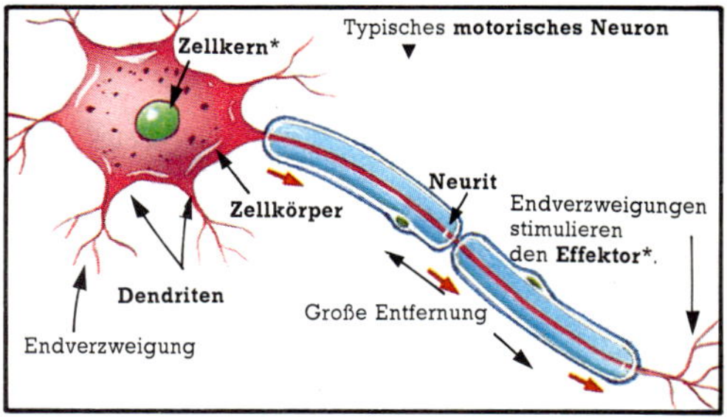

- **Dendriten:** Die **Nervenfasern,** die Impulse in Richtung auf den **Zellkörper** hin transportieren. Die meisten Neuronen haben mehrere kurze Dendriten. Ein Typ unter den **sensiblen Neuronen** hat nur einen langen Dendriten. Die Enden solcher Dendriten bilden im ganzen Körper **Rezeptoren*.** Die Zellkörper solcher Nervenzellen liegen in **Ganglien***, nahe dem Rückenmark.

- **Neurit,** auch **Achsenzylinder** oder **Axon** genannt: Eine einzelne Nervenfaser, die Impulse vom Zellkern wegleitet. Die Neuriten aller **Schaltneuronen** und der **sensiblen Neuronen** sowie einiger **motorischer Neuronen** liegen im Gehirn und im Rückenmark. Die Neuriten der übrigen motorischen Neuronen ziehen vom Rückenmark zu **autonomen Ganglien*** oder noch weiter zu **Effektoren** (s. **motorische Neuronen**).

* **Autonome Ganglien,** 309; **Ganglien,** 306; **Graue Substanz, Markscheide, Myelin,** 303 **(Neuroglia); Rezeptoren,** 307; **Zellkern,** 238; **Zentrales Nervensystem,** 302; **Zytoplasma,** 238.

Typen von Neuronen

- **Sensible** oder **afferente Neuronen:** Neuronen, die Informationen über Reizungen in Form von Nervenimpulsen weiterleiten. Die einzelnen **Dendriten** solcher sensibler Neuronen ziehen durch den ganzen Körper, und ihre Endverzweigungen geben ein Feuerwerk von Impulsen ab, wenn sie gereizt werden. Mehr über diese Endverzweigungen (**Rezeptoren**) und die verschiedenen Typen **sensibler Neuronen** s. Seiten 306–307.

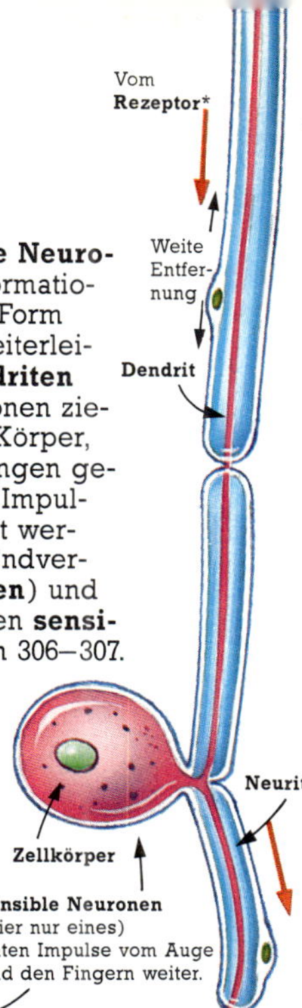

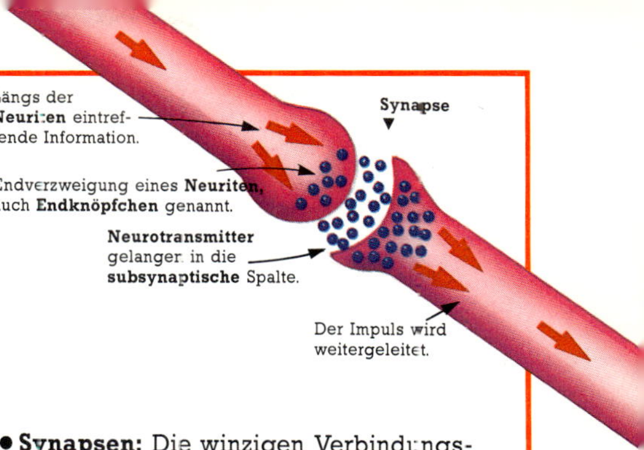

- **Synapsen:** Die winzigen Verbindungsstellen zwischen den Endverzweigungen von **Neuriten** und den **Dendriten** der nächsten Nervenzelle. Wenn ein Impuls an das Ende einer solchen Nervenfaser gelangt, wird ein besonderer chemischer Stoff, der **Neurotransmitter,** freigegeben. Er überbrückt den winzigen **subsynaptischen Spalt** zwischen beiden Zellen. Ist genügend Neurotransmitter zur nächsten Zelle gelangt, pflanzt sich der Impuls weiter fort.

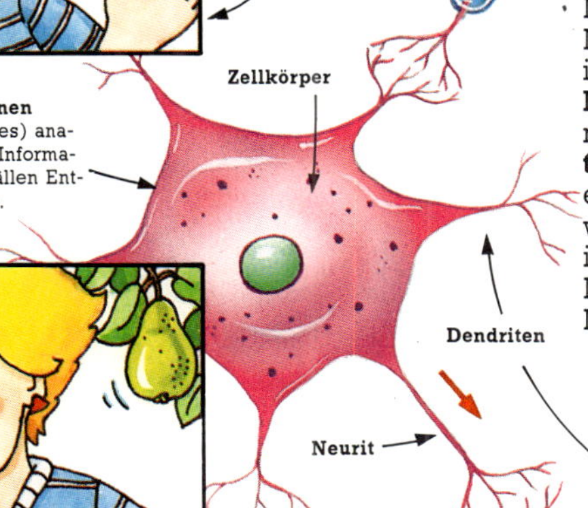

- **Motorische** oder **efferente Neuronen:** Jene Neuronen, die Informationen und Befehle als Nervenimpulse von Gehirn und Rückenmark in den Körper weiterleiten. Die Enden der **Neuriten** einiger motorischer Neuronen sind mit Muskeln oder Drüsen (allgemein: **Effektoren** oder **Erfolgsorganen**) verbunden und erteilen diesen Organen die Befehle, tätig zu werden. Die motorischen Neuronen erhalten ihre Informationen über **Schaltneuronen.** Mehr über die verschiedenen motorischen Neuronen s. Seiten 308–309.

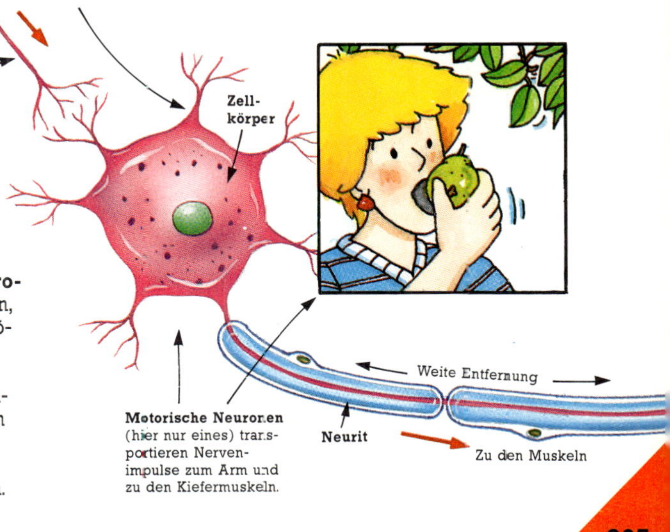

- **Schaltneuronen** oder **Zwischenneuronen:** Spezielle verbindende Neuronen, die im zentralen Nervensystem in größerer Zahl vorkommen. Sie nehmen Informationen auf, die von **sensiblen Neuronen** eintreffen, werten diese Informationen aus und leiten Antworten in Form von Nervenimpulsen an die **motorischen Neuronen** weiter. Dadurch kann eine Reaktion erfolgen.

* **Rezeptoren,** 307.

Nerven und Nervenbahnen

Die Reizbarkeit des Körpers und seine Fähigkeit, auf Reize zu antworten, beruht auf der Weiterleitung von Informationen in Form von Nervenimpulsen durch die Fasern der Nervenzellen (**Neuronen***). Die Fasern, die Impulse zum Gehirn und zum Rückenmark leiten, gehören zum **afferenten Nervensystem.** Das **efferente Nervensystem** (s. Seiten 308–309) wird von Fasern gebildet, die Impulse vom Gehirn und Rückenmark nach außen leiten. Alle Nervenfasern außerhalb des Gehirns und des Rückenmarks gehören zum **peripheren Nervensystem.**

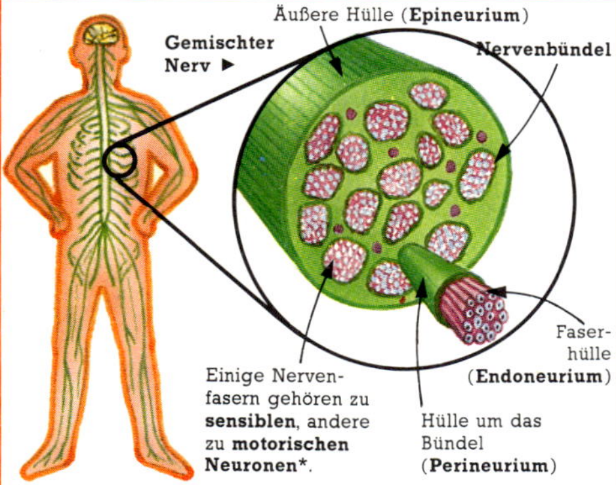

- **Nerven:** Bündel von Nervenfasern, Blutgefäßen und **Bindegewebe***. Jede Nervenfaser in einem solchen Nerv gehört zu einer Nervenzelle (**Neuron***). **Sensible Nerven** bestehen nur aus den Fasern **(Dendriten*) sensibler** oder **afferenter Neuronen, motorische Nerven** haben nur Fasern **(Neuriten*) motorischer** oder **efferenter Neuronen***, während **gemischte Nerven** beide Fasertypen aufweisen.

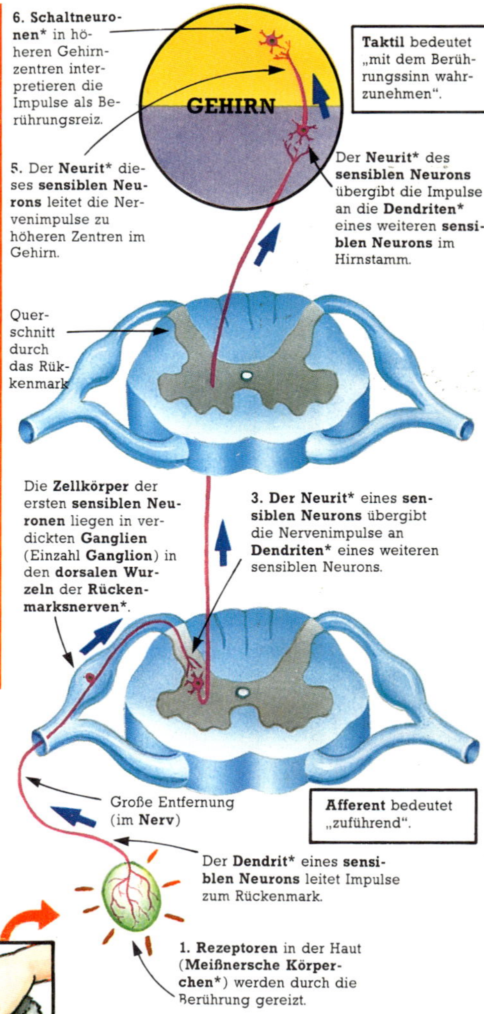

Das afferente Nervensystem

Das afferente Nervensystem ist jenes System von Nervenzellen (**Neuronen***), dessen Fasern Informationen als Nervenimpulse von außen in das Rückenmark und in das Gehirn weiterleiten. Alle daran beteiligten Nervenzellen bezeichnen wir als **sensible** oder **afferente Neuronen***. Die Impulse entstehen in **Rezeptoren** und werden vom Gehirn als Wahrnehmungen interpretiert.

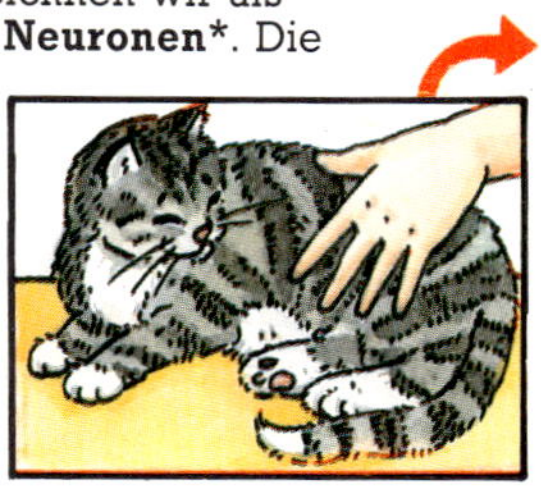

Am Beispiel einer Katze verfolgen wir, welche **Nervenbahnen** die Impulse weiterleiten, wenn das Tier gestreichelt wird: Es sind die Bahnen des **afferenten Nervensystems.** Dabei ist jeweils nur ein Typ von **Neuronen** dargestellt, obwohl in Wirklichkeit stets mehrere beteiligt sind.

* **Bindegewebe,** 280; **Dendriten,** 304; **Meißnersche Körperchen,** 310; **Motorische Neuronen,** 305; **Neuriten, Neuronen,** 304; **Rückenmarksnerven,** 302 **(Rückenmark); Schaltneuronen, Sensilbe Neuronen,** 305; **Zellkörper,** 304.

- **Rezeptoren:** Jene Teile des **afferenten Nervensystems,** die Nervenimpulse abgeben, wenn sie gereizt werden. Die meisten bestehen entweder aus der Endverzweigung eines einzigen langen **Dendriten*** des **sensiblen Neurons** (s. Bild) oder aus einer Gruppe solcher Nervenendigungen. Sie alle sind in Körpergewebe eingebettet, und viele haben typische Strukturen um sich herum (z. B. eine **Geschmacksknospe**, s. **Zunge**). Rezeptoren sind über den ganzen Körper verteilt, sowohl an dessen Oberfläche (in der Haut, den **Sinnesorganen, Skelettmuskeln*** usw.) als auch weiter im Körperinneren (in Verbindung mit inneren Organen, Blutgefäßwänden usw.).

- **Sinnesorgane:** Hochspezialisierte Organe des Körpers, jedes von ihnen mit zahlreichen Rezeptoren. Zu den herkömmlichen Sinnesorganen zählen wir die Nase, die Zunge, die Augen und die Ohren. Mehr über Augen und Ohren s. Seiten 312–315.

Unterteilung des afferenten Nervensystems

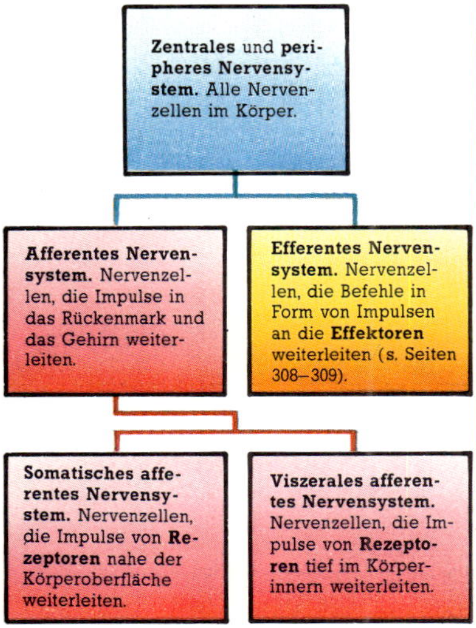

- **Nase:** Der Sitz des Geruchssinnes. Jedes Nasenloch mündet in eine **Nasenhöhle,** die mit **Schleimhaut*** ausgekleidet ist. Das obere Dach der Nasenhöhle ist von einer Riechschleimhaut mit **Riechzellen** besetzt. Diese weisen besondere **Riechhärchen** auf; es sind **Dendriten* sensibler Neuronen.** Die **Rezeptoren** nehmen chemische Stoffe wahr und leiten Informationen darüber an das Gehirn weiter. Erst dort entsteht die Geruchsempfindung.

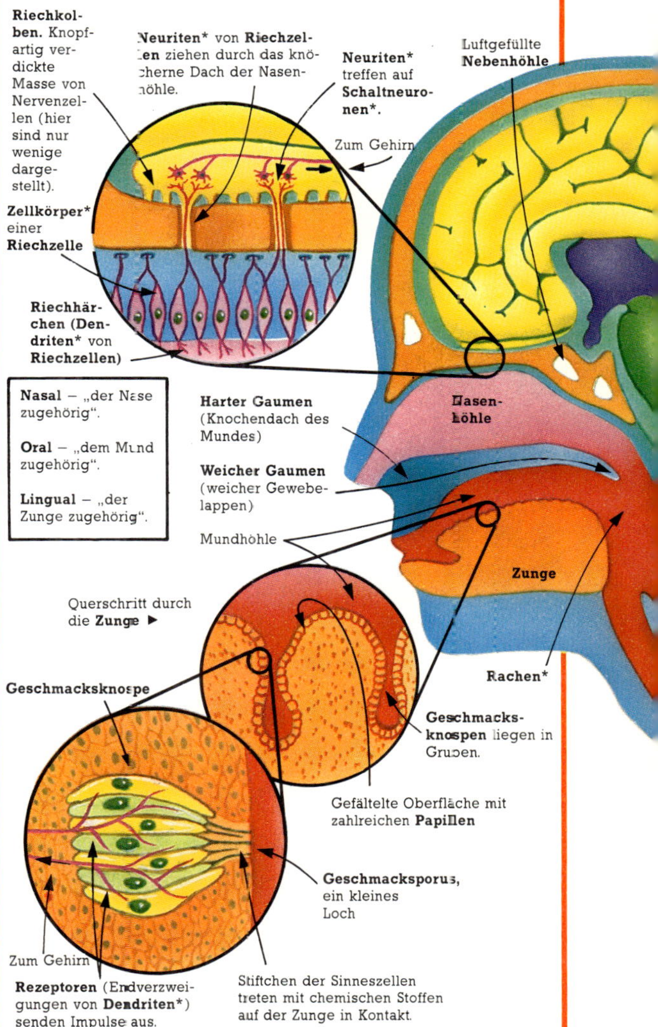

- **Zunge:** Der Hauptsitz des Geschmackssinnes. Die Zunge ist ein muskulöses Organ, das zahlreiche **Geschmacksknospen** trägt. Diese winzigen Körperchen enthalten die **Rezeptoren,** deren Impulse das Gehirn als Geschmacksempfindungen interpretiert.

* **Dendriten, Neuriten,** 304; **Rachen,** 294; **Schaltneuronen,** 305; **Schleimhaut,** 295; **Sensible Neuronen,** 305; **Skelettmuskeln,** 283; **Zellkörper,** 304.

Das efferente Nervensystem

Das **efferente Nervensystem** ist das zweite System von Nervenzellen (**Neuronen***) im Körper (s. auch **afferentes Nervensystem,** Seiten 306-307). Die Fasern seiner Nervenzellen leiten Nervenimpulse vom Gehirn weg durch das Rückenmark und verteilen sie über den ganzen Körper. An diesem System sind alle **motorischen (efferenten) Neuronen*** des Körpers beteiligt. Die Impulse, die sie übertragen, regen Oberflächenmuskeln (**Skelettmuskeln***) oder Drüsen und innere Muskeln (z. B. in den Wänden innerer Organe und der Blutgefäße) zur Tätigkeit an. Alle diese Organe bezeichnen wir insgesamt als **Effektoren** oder **Erfolgsorgane.**

Unterteilung des efferenten Nervensystems

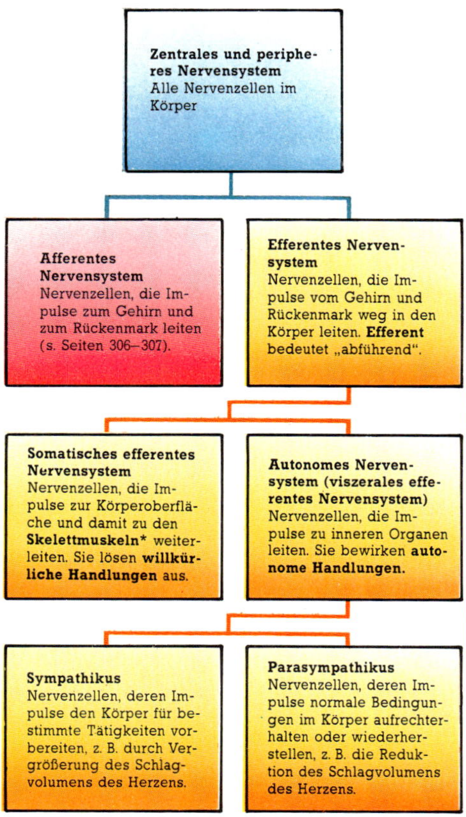

Die verschiedenen Handlungstypen

Bei jeder dieser Darstellungen ist nur ein Neuron*-Typ dargestellt. In Wirklichkeit sind mehrere Neuronen beteiligt.

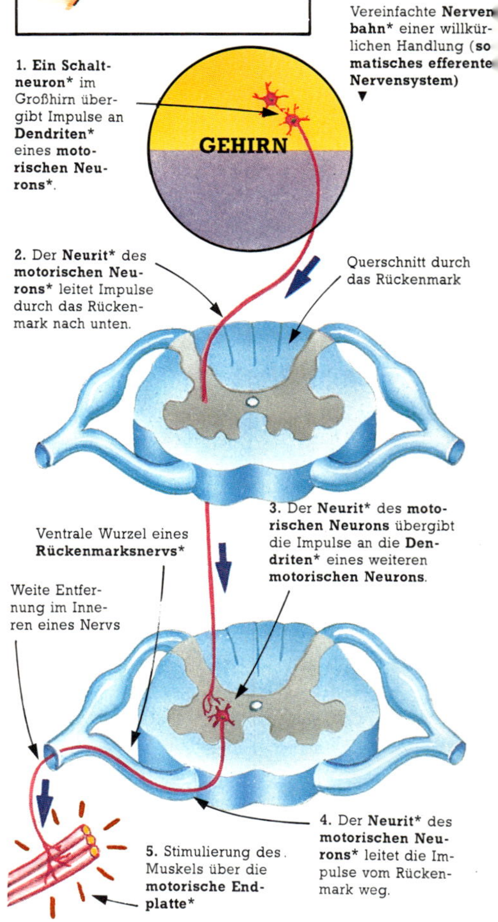

- **Willkürliche Handlungen:** Handlungen, die aus bewußten Entscheidungen des Gehirns hervorgehen, z. B. das Heben einer Tasse. Wir sind uns willkürlicher Handlungen stets bewußt. An ihnen nehmen nur **Skelettmuskeln*** teil. Die Nervenimpulse, die solche Handlungen auslösen, haben ihren Ursprung in höheren Zentren des Gehirns, vor allem im **Großhirn***, und werden von Nervenzellen des **somatischen efferenten Nervensystems** weitergeleitet.

* **Dendriten,** 304; **Großhirn,** 302; **Motorische Endplatte,** 283; **Motorische Neuronen,** 305; **Nervenbahnen,** 306; **Neuriten, Neuronen,** 304; **Rückenmarksnerven,** 302 **(Rückenmark); Schaltneuronen,** 305; **Skelettmuskeln,** 283.

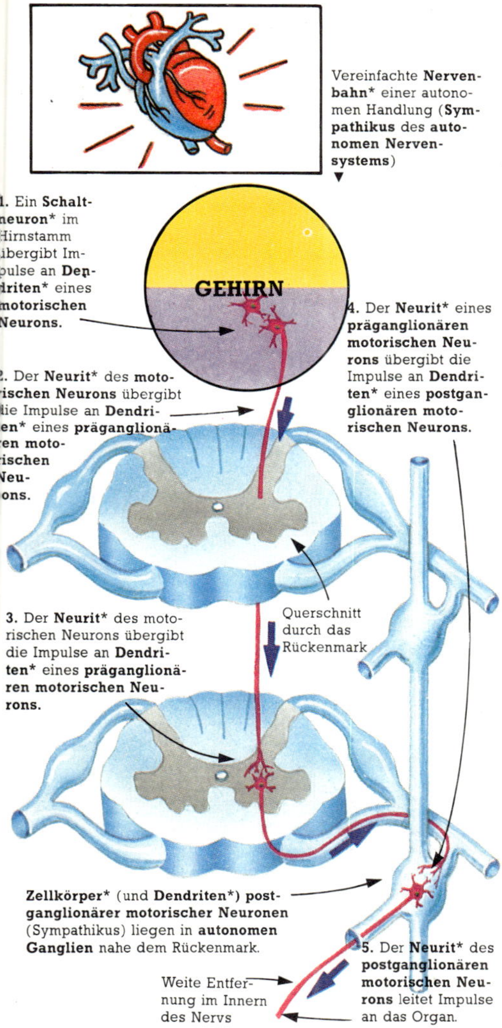

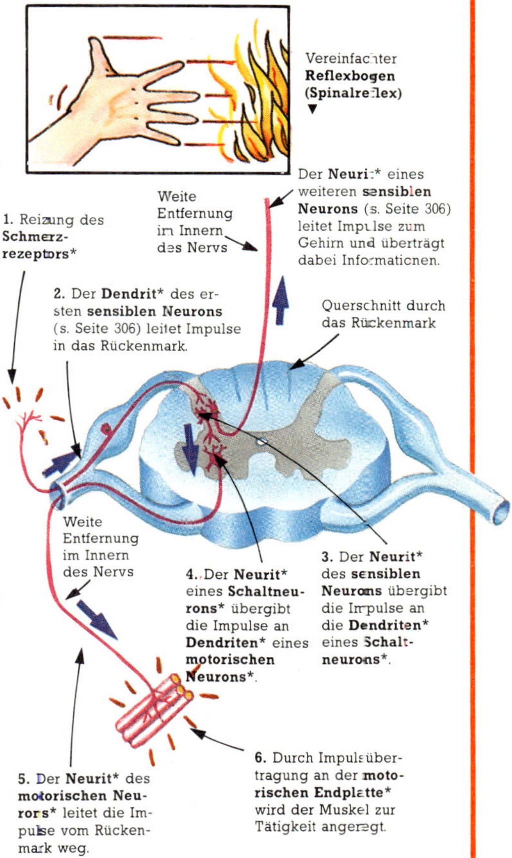

- **Unwillkürliche Handlungen:** Handlungen, über deren Zustandekommen das Großhirn nicht bewußt entscheidet. Man unterscheidet zwei Typen unwillkürlicher Handlungen. Zunächst versteht man darunter die fortdauernden Handlungen innerer Organe, z. B. das Schlagen des Herzens, dessen wir uns im Normalfall nicht bewußt sind. Die Impulse, die solche Handlungen auslösen, nehmen ihren Ursprung im Hirnstamm (**Hypothalamus***) und werden von Nervenzellen des **autonomen Nervensystems** weitergeleitet. Man spricht auch von **autonomen Handlungen.** Die übrigen unwillkürlichen Handlungen sind **Reflexhandlungen.**

- **Reflexhandlungen:** Unwillkürliche Handlungen, derer wir uns jedoch bewußt werden. Der Begriff wird meistens für plötzliche Handlungen von **Skelettmuskeln*** verwendet, z. B. wenn wir einen heißen Gegenstand anfassen und sofort wieder fallen lassen. Die Impulse, die diese Handlung auslösen, werden von Nervenzellen des **somatischen efferenten Nervensystems** weitergeleitet. Die gesamte **Nervenbahn*** ist „kurzgeschlossen" und wird auch als **Reflexbogen** bezeichnet. Im Fall kranialer Reflexe, also von Reflexen des Kopfes, etwa des Niesens, sind daran auch gewisse Teile des Gehirns beteiligt. Bei den übrigen Reflexen des Körpers, die wir auch als **Spinalreflexe** bezeichnen, ist das Gehirn nicht aktiv eingeschaltet, sondern nur das Rückenmark.

* **Dendriten**, 304; **Hypothalamus**, 303; **Motorische Endplatten**, 283; **Motorische Neuronen**, 305; **Nervenbahnen**, 306; **Neuriten**, 304; **Rückenmarksnerven**, 302 (**Rückenmark**); **Schaltneuronen**, 305; **Schmerzrezeptor**, 311; **Skelettmuskeln**, 283; **Zellkörper**, 304.

Die Haut

Die **Haut** stellt die äußerste Schicht des Körpers dar und ist aus mehreren Gewebeschichten aufgebaut. Die Haut nimmt äußere Reize wahr, schützt uns vor Verletzungen und dem Eindringen von Krankheitserregern, sie verhütet das Austrocknen und hilft bei der Regulierung der Körpertemperatur. Außerdem ist sie durch die Produktion von Schweiß an der Ausscheidung beteiligt, speichert Fett und stellt **Vitamin D*** her. Die Haut enthält auch zahlreiche winzige Sinnesorgane.

Die verschiedenen Schichten

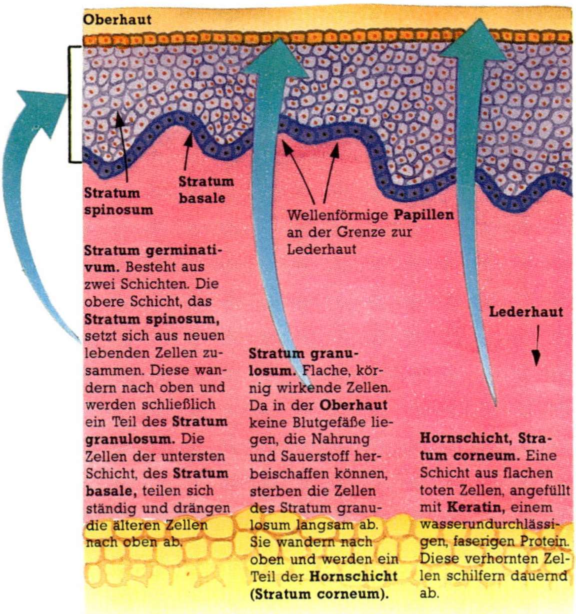

Strukturen in der Haut

- **Meißnersche Körperchen:** Besondere Strukturen um die Endverzweigungen von Nervenfasern. Besonders viele Meißnersche Körperchen finden wir an den Fingerspitzen. Es handelt sich um **Rezeptoren*** für Berührungsreize. Wenn die Haut mit einem Objekt in Kontakt kommt, senden die Meißnerschen Körperchen Impulse an das Gehirn.

- **Talgdrüsen: Exokrine Drüsen***, die in Haarfollikel münden. Sie produzieren eine ölige Flüssigkeit, den **Talg,** der die Haare und die **Oberhaut** wasserundurchlässig macht und sie gleichzeitig geschmeidig erhält.

- **Haarmuskeln:** Winzige Muskeln, von denen jeder an einem **Haarfollikel** ansetzt. Bei Kälte ziehen sie sich zusammen, so daß sich die Haare stärker aufrichten. Diese halten dadurch mehr Luft fest und verbessern die Isolation. Beim Menschen sind die Haarmuskeln für die Gänsehaut verantwortlich.

- **Haarfollikel:** Lange röhrenförmige Bildungen in der Haut, jede mit einem Haar. Die Zellen am Grunde des Follikels teilen sich andauernd, so daß das Haar von unten her nach oben wächst. Ältere Zellen sterben langsam ab und lagern **Keratin** oder Horn ein (s. **Hornschicht, Stratum corneum**).

- **Oberhaut** oder **Epidermis:** Die dünne äußere Schicht der Haut. Sie bildet ein **Epithel** – das ist die allgemeine Bezeichnung für ein ein- oder wenigschichtiges Gewebe, das äußere oder innere Oberflächen auskleidet. Die Oberhaut selbst besteht aus mehreren Schichten, s. oben.

- **Lederhaut** oder **Dermis:** Die dicke Schicht von **Bindegewebe*** unter der **Oberhaut.** Sie enthält die meisten Hautstrukturen (s. Einleitung). In der Lederhaut liegen auch viele **Kapillaren*** (winzige Haargefäße), die das Gewebe mit Nährstoffen und Sauerstoff versorgen.

- **Unterhautfettgewebe** oder **Subcutis:** Eine Gewebeschicht unter der **Lederhaut.** Sie dient als Fettspeicher und Isolierschicht. Elastische Fasern ziehen durch das Unterhautfettgewebe und verbinden die Lederhaut mit den darunterliegenden Organen, z. B. Muskeln.

* **Bindegewebe,** 280; **Exokrine Drüsen,** 297; **Kapillaren,** 289; **Rezeptoren,** 307; **Vitamin D,** 337.

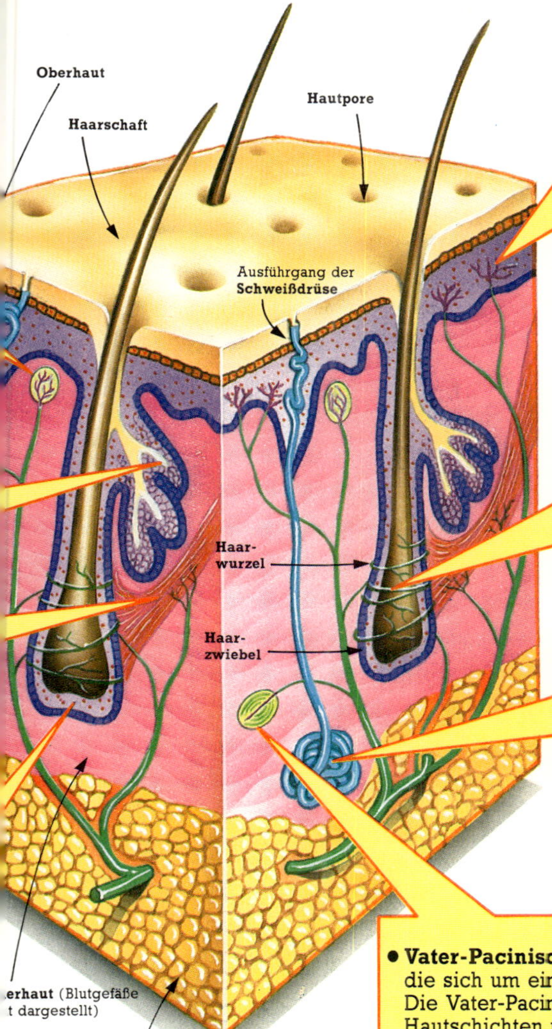

- **Schmerzrezeptoren:** Endverzweigungen von Nervenfasern im Gewebe der meisten inneren Organe und auch der Haut (**Oberhaut** und oberste **Lederhaut**). Es handelt sich um echte **Rezeptoren***, die Impulse aussenden, wenn eine Reizung (z. B. Druck, Hitze, Berührung) über ein bestimmtes Maß hinausreicht. Das Gehirn registriert diese Empfindung dann als Schmerz.

- **Haarplexus:** Besondere Gruppen von Endverzweigungen von Nervenfasern. Jeder Plexus bildet ein Netz um den Haarfollikel und dient als **Rezeptor***, das heißt, er sendet Nervenimpulse an das Gehirn, wenn sich das Haar bewegt.

- **Schweißdrüsen: Exokrine Drüsen***, die Schweiß absondern. Jede Schweißdrüse hat einen langen Gang am Grunde und oben einen geschlängelten Ausführgang, der in der Hautoberfläche mündet. Schweiß besteht aus Wasser, Salzen und **Harnstoff***. Diese Stoffe dringen von umgebenden Zellen und **Kapillaren*** (Blutgefäßen) in die Drüse ein.

- **Vater-Pacinische Körperchen:** Besondere Strukturen, die sich um einzelne Enden von Nervenfasern bilden. Die Vater-Pacinischen Körperchen liegen in tieferen Hautschichten und in den Wänden innerer Organe. Es handelt sich um **Rezeptoren*** für Druck. Erst wenn das Gewebe stark zusammengedrückt wird, senden sie Informationen darüber an das Gehirn.

- **Melanin:** Ein braunes **Pigment***, das Lichtenergie absorbiert und uns gegen ultraviolettes Licht schützt. Melanin tritt in allen **Oberhaut**-Schichten von Menschen auf, die in tropischen Gebieten leben. Es ist für die dunkle Hautfarbe verantwortlich. Hellhäutige Menschen haben nur in den tieferen Schichten der Oberhaut Melanin, produzieren aber welches, wenn sie direktem Sonnenlicht ausgesetzt sind. Dies ist der Vorgang der Bräunung.

* **Exokrine Drüsen,** 297; **Harnstoff,** 306; **Kapillaren,** 289; **Pigment,** 255; **Rezeptoren,** 307.

Die Augen

Die **Augen** sind die Organe des **Gesichtssinns.** Wenn sie von Lichtstrahlen gereizt werden, senden sie Informationen darüber in Form von Nervenimpulsen an das Gehirn. Jedes Auge besteht aus einer hohlen Kapsel (**Augapfel**) und setzt sich aus mehreren Schichten und Strukturen zusammen. Auf der Innenseite ist es von der knöchernen **Augenhöhle,** nach außen von den Augenlidern und Wimpern geschützt.

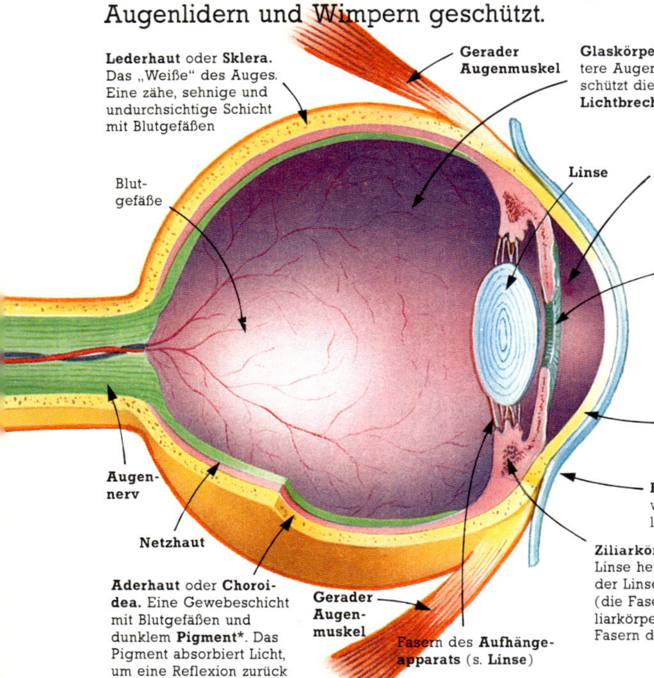

Akkommodation ▸

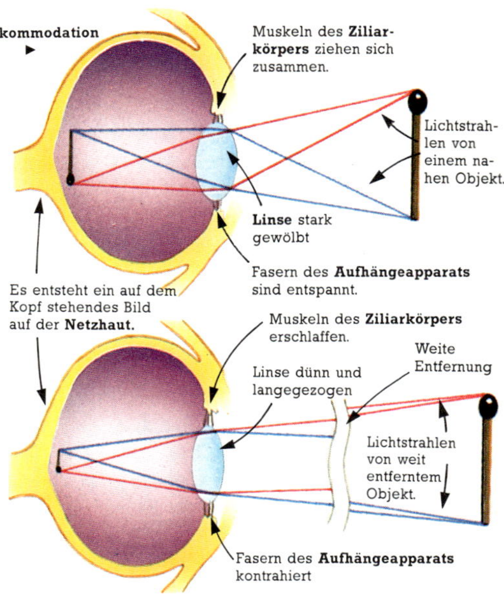

- **Linse** oder **Augenlinse:** Ein durchsichtiger Körper, der wie in optischen Geräten die Aufgabe hat, hindurchtretende Lichtstrahlen so zu **brechen,** daß sie auf der Netzhaut oder **Retina** ein scharfes Bild ergeben. Die Augenlinse besteht aus vielen dünnen Gewebeschichten und wird von den Fasern des **Aufhängeapparats** an Ort und Stelle gehalten. Diese Fasern verbinden die Linse mit dem **Ziliarkörper.** Er kann die Form der Linse so verändern, daß stets ein scharfes Bild auf der Netzhaut entsteht, egal, wie weit der betrachtete Gegenstand vom Auge entfernt ist. Diese Fähigkeit zur Scharfeinstellung bezeichnen wir als **Akkommodation.** Die Lichtstrahlen ergeben auf der Netzhaut ein auf dem Kopf stehendes Bild. Das Gehirn korrigiert diesen Eindruck und dreht das Bild um.

* **Glatte Muskulatur,** 283; **Schleimhaut,** 295.

Die innere Nervenschicht

- **Netzhaut** oder **Retina:** Die innerste der Augenhäute. Die Netzhaut besteht aus einer **Pigment***-Schicht und einer Schicht mit Millionen sensibler Nervenzellen (**sensible Neuronen***) mit ihren Endverzweigungen. Sie liegen parallel nebeneinander und leiten Nervenimpulse an das Gehirn weiter. Die lichtempfindlichen **Rezeptoren* (Photorezeptoren)** setzen sich aus den farbtüchtigen **Zapfen** und den schwarzweißempfindlichen **Stäbchen** zusammen. Beide liegen abgewandt vom Licht nahe der Aderhaut. Wenn die Stäbchen und Zapfen von Licht gereizt werden, entstehen in den Nervenzellen die Impulse.

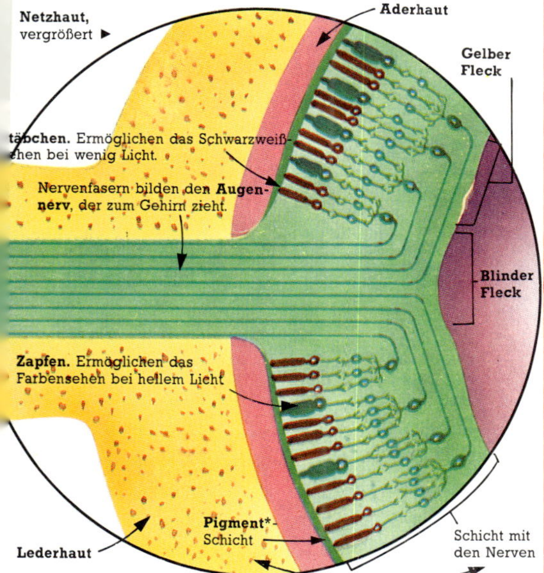

- **Gelber Fleck** oder **Macula lutea.** Ein gelblich gefärbtes Gebiet inmitten der **Netzhaut.** Der gelbe Fleck ist leicht eingedellt und bildet die **Fovea centralis.** Dort stehen nur Zapfen (s. Netzhaut), und es handelt sich um die Stelle des schärfsten Sehens. Wenn wir einen bestimmten Gegenstand ins Auge fassen, werden dessen Lichtstrahlen im gelben Fleck gesammelt.

- **Blinder Fleck:** Jene Stelle in der **Netzhaut,** wo der **Augennerv** das Auge verläßt. Dort liegen keine lichtempfindlichen **Rezeptoren** (s. **Netzhaut**), und eine Sehempfindung ist daher nicht möglich.

Strukturen um den Augapfel herum

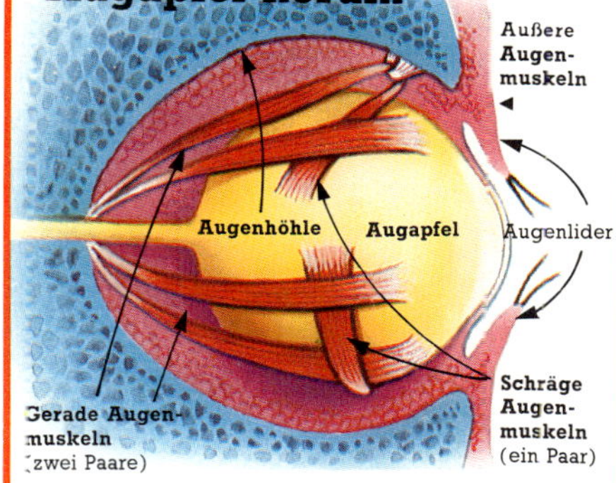

- **Äußere Augenmuskeln:** Die drei Muskelpaare, die den Augapfel mit der **Augenhöhle** verbinden. Wenn sie sich im Zusammenspiel kontrahieren und erschlaffen, drehen sie das Auge in verschiedene Richtungen.

- **Tränendrüsen:** Zwei **exokrine Drüsen***, je eine am oberen Dach der Augenhöhle gelegen. Tränendrüsen geben über zahlreiche Ausführgänge eine wäßrige Flüssigkeit unter die Augenlider ab. Die Tränenflüssigkeit enthält Salze und ein antibakteriell wirkendes **Enzym***. Es wäscht die Oberfläche der Augen, hält sie feucht und sauber. Für die Drainage sorgen bei jedem Auge zwei **Tränenröhrchen** im Innenwinkel des Auges. Beide vereinigen sich zum **Tränen-Nasen-Gang**, der sich schließlich in die **Nasenhöhle*** entleert.

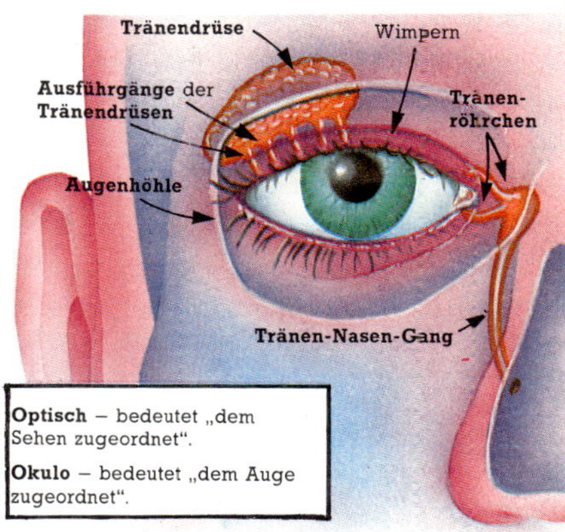

Optisch – bedeutet „dem Sehen zugeordnet".

Okulo – bedeutet „dem Auge zugeordnet".

* **Enzyme,** 331; **Exokrine Drüsen,** 297; **Nasenhöhle,** 307 **(Nase)**; **Pigment,** 255; **Rezeptoren,** 307; **Sensible Neuronen,** 305.

Das Ohr

Das Ohr beherbergt unser Hör- und Gleichgewichtsorgan. Man unterscheidet dabei drei Gebiete: das **äußere Ohr,** das **Mittelohr** und das **Innenohr.**

- **Äußeres Ohr:** Das äußere Ohr besteht aus der **Ohrmuschel** mit **Knorpel***-Skelett und dem kurzen **Gehörgang.** In der Gewebeschicht, die den Gehörgang auskleidet, befinden sich besonders umgestaltete **Talgdrüsen***, die das **Ohrenschmalz** produzieren.

- **Mittelohr:** Eine luftgefüllte Höhlung **(Paukenhöhle)** im Knochen. Das Mittelohr enthält die drei **Gehörknöchelchen,** nämlich **Hammer** (Malleus), **Amboß** (Incus) und **Steigbügel** (Stapes).

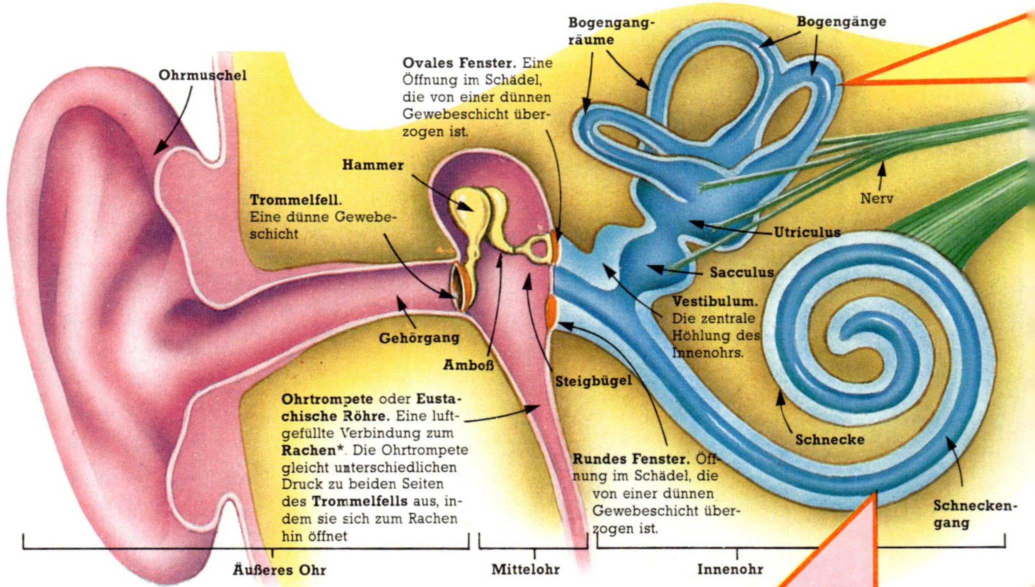

- **Innenohr:** Das Innenohr besteht aus einer Reihe von untereinander verbundenen Hohlräumen, Röhren und Säcken im Schädel. Es liegt im Felsenbein eingebettet. Die Hohlräume (**Schnecke, Vestibulum** und **Bogengangräume**) heißen zusammen **knöchernes Labyrinth** und sind mit **Perilymphe** gefüllt. Die Gänge und Säckchen hingegen, die in den Hohlräumen liegen, enthalten eine andere Flüssigkeit, die **Endolymphe,** und werden zusammen als **häutiges Labyrinth** bezeichnet. Dazu gehören der **Schneckengang,** der **Sacculus,** der **Utriculus** und die **Bogengänge.**

Das Innenohr und das Hören

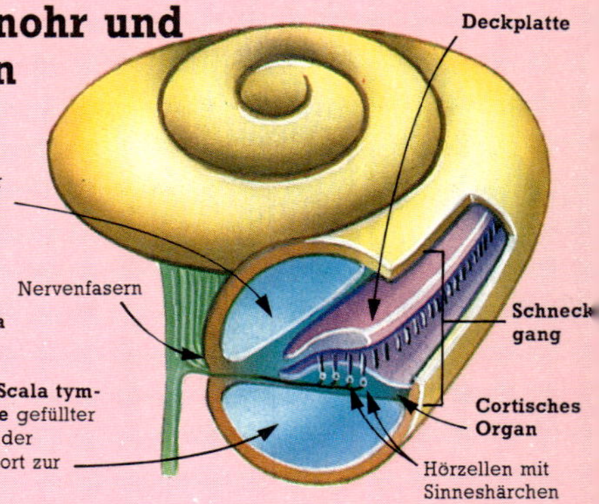

- **Schnecke** oder **Cochlea:** Eine spiralig aufgerollte Röhre, Teil des Innenohrs. Sie enthält **Perilymphe** (s. **Innenohr**) in zwei Kanälen, die untereinander in Verbindung stehen; außerdem einen dritten Kanal, den **Schneckengang.**

* **Knorpel,** 280; **Rachen,** 294; **Talgdrüsen,** 310.

Das Innenohr und das Gleichgewichtsorgan

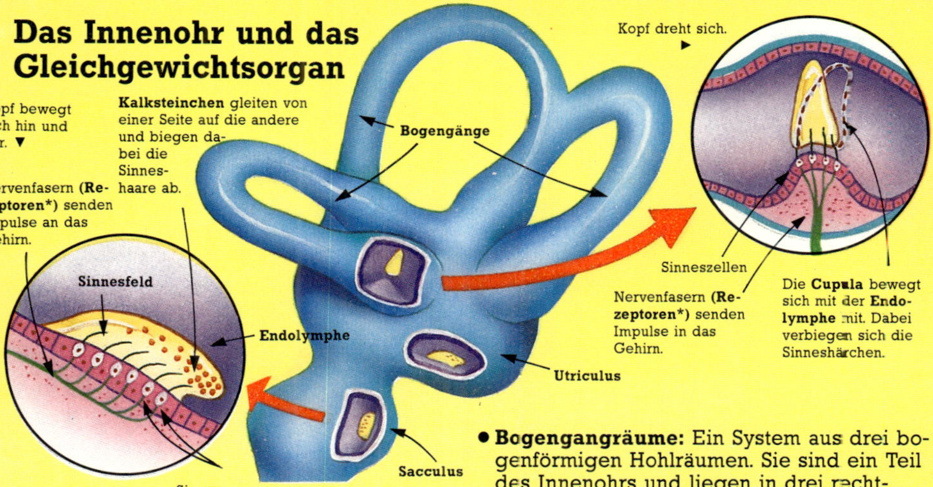

- **Bogengangräume:** Ein System aus drei bogenförmigen Hohlräumen. Sie sind ein Teil des Innenohrs und liegen in drei rechtwinklig aufeinander stehenden Ebenen.

- **Sacculus** und **Utriculus:** Bezeichnung für zwei Säckchen, die zwischen den Bogengängen und dem Schneckengang liegen. Sie enthalten **Endolymphe** (s. **Innenohr**) und sind an bestimmten Feldern mit besonderen Sinneszellen ausgekleidet. Diese Sinneszellen haben Nervenfortsätze (**Dendriten***) und gleichzeitig Sinneshärchen, die in einer gallertigen Masse liegen, dem **Sinnesfeld** oder der **Macula.** Die oberste Schicht enthält **Kalksteinchen (Otolithen, Statokonien)**, die bei jeder Bewegung des Kopfes die Sinneshärchen reizen. Informationen darüber gelangen über die Nervenfasern ins Gehirn. Auf diese Weise können wir **Beschleunigungen** wahrnehmen.

- **Bogengänge:** Ein System aus drei bogenförmigen, dünnen Röhren im Innern der **Bogengangräume.** Jeder Bogengang enthält **Endolymphe** (s. **Innenohr**) und hat eine Erweiterung an der Basis, die **Ampulle.** Darin befinden sich Sinneskörper, die **Cupulae** (Einzahl **Cupula**), die ganz ähnlich wie die **Sinnesfelder** oder **Maculae** (s. **Sacculus** und **Utriculus**) funktionieren. Jede Ampulle enthält eine gallertige Masse (aber ohne **Kalksteinchen**) sowie Sinneszellen mit haarähnlichen Fortsätzen. Wenn die Cupula vom Strom der Endolymphe abgebogen wird, senden die Nervenzellen Informationen darüber an das Gehirn.

- **Schneckengang:** Ein spiraliger Gang in der **Schnecke** oder **Cochlea**. Der Schneckengang ist mit dem **Sacculus** verbunden. Er enthält **Endolymphe** (s. **Innenohr**) und eine längliche Struktur, das **Cortische Organ**. Dieses enthält Hörzellen mit Sinneshärchen, die in die Endolymphe hineinragen und eine plattenartige Gewebeschicht berühren, die **Deckplatte (Membrana tectoria)**. Die Hörzellen sind mit Nervenfasern (**Dendriten***) verbunden.

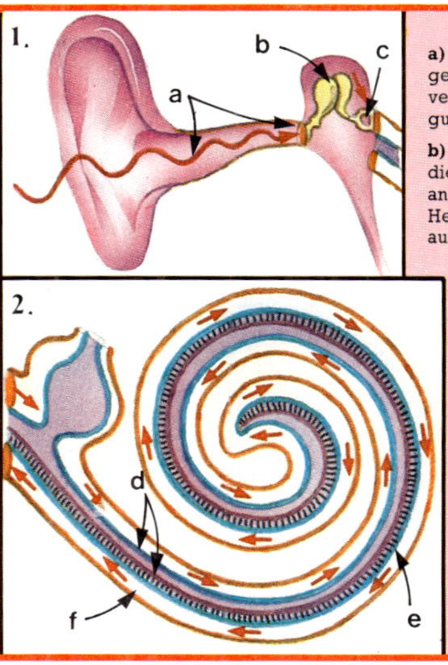

a) Schallwellen (Luftschwingungen) gelangen durch den **Gehörgang** und versetzen das **Trommelfell** in Schwingungen.

b) Die **Gehörknöchelchen** nehmen diese Schwingungen auf und leiten sie an das **ovale Fenster** weiter (durch die Hebelwirkung erfolgt eine Verstärkung auf das Zwanzigfache).

c) Die Schwingungen des **ovalen Fensters** verursachen Schwingungen in der **Perilymphe** des **Vestibulums.**

d) Die Schwingungen der **Perilymphe** in der **Scala vestibuli** übertragen sich auf die **Endolymphe** des **Schneckenganges.**

e) Die Härchen der Hörzellen bewegen sich. **Rezeptoren*** nehmen dies wahr und senden Impulse an das Gehirn. Dieses interpretiert die eintreffenden Nervenimpulse als Hörempfindungen.

f) Die Schallwellen schwächen sich langsam ab.

* **Dendriten,** 304; **Rezeptoren,** 307.

Das Fortpflanzungssystem

Bei der **Fortpflanzung** entsteht neues Leben. Die Menschen vermehren sich durch **geschlechtliche Fortpflanzung***. Die Organe des **Fortpflanzungssystems** heißen auch **Geschlechtsorgane** oder **Genitalorgane**. Das Fortpflanzungssystem setzt sich zusammen aus den primären Organen, den **Keimdrüsen** oder **Gonaden** (zwei **Eierstöcke** bei der Frau, zwei **Hoden** beim Mann) sowie einigen zusätzlichen Organen. Beim Mann wie bei der Frau funktionieren gewisse Zellen in den Gonaden auch als **endokrine Drüsen***, weil sie wichtige **Hormone*** produzieren.

Das männliche Fortpflanzungssystem

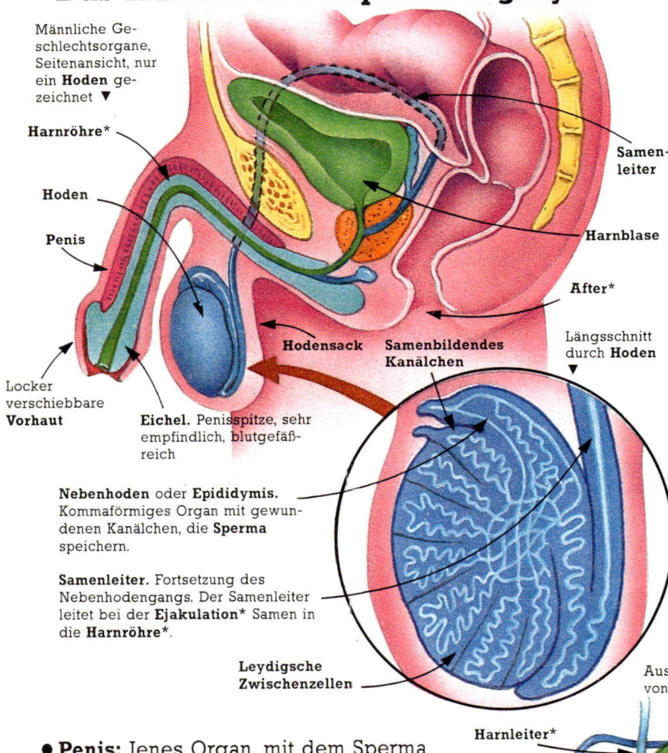

- **Hoden** oder **Testes:** Bezeichnung für die männlichen **Keimdrüsen** oder **Gonaden** (s. Einführung). Sie enthalten gewundene **samenbildende Kanälchen**, in deren Innern nach der Pubertät die männlichen **Gameten*** oder Geschlechtszellen (Samenzellen, Spermien, Samenflüssigkeit = Sperma, s. Seite 319) entstehen. Wie diese Samenzellen genau gebildet werden, steht auf Seiten 322–323). Die Hoden liegen in einem **Hodensack** (**Scrotum**), der nach außen verlagert ist. Der dadurch bedingte Temperaturunterschied im Vergleich zum restlichen Körper ist wichtig für die Bildung der Samenzellen. Die Hoden produzieren nach der Pubertät auch **Hormone*** (**Androgene**, s. Seiten 334–335).

- **Penis:** Jenes Organ, mit dem Sperma (s. **Hoden**) während des **Geschlechtsverkehrs*** (über die **Harnröhre***) nach außen gestoßen wird. Der Penis besteht zur Hauptsache aus schwammartigen Schwellkörpern mit vielen blutgefüllten Räumen, Blutgefäßen, der Harnröhre und Endverzweigungen von Nervenfasern (**Rezeptoren***). Bei geschlechtlicher Erregung füllen sich die Räume in den Schwellkörpern mit Blut, und die Blutgefäße erweitern sich. Dabei wird der Penis steif und richtet sich auf.

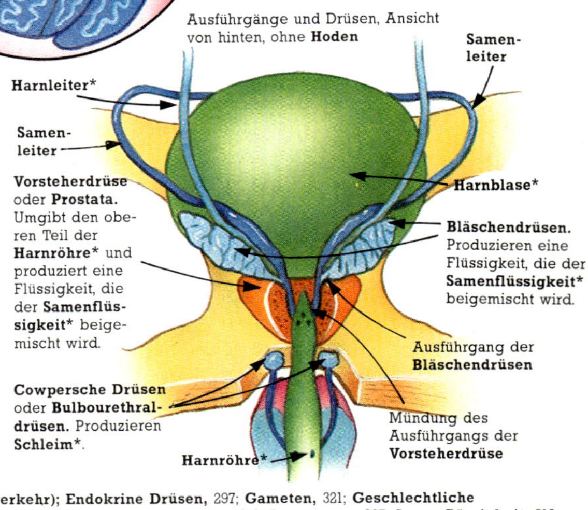

* **After,** 295 (**Dickdarm**); **Ejakulation,** 319 (**Geschlechtsverkehr**); **Endokrine Drüsen,** 297; **Gameten,** 321; **Geschlechtliche Fortpflanzung,** 320; **Harnblase, Harnleiter,** 300; **Harnröhre,** 301; **Hormone,** 334; **Pubertät,** 318; **Rezeptoren,** 307; **Samenflüssigkeit,** 319 (**Geschlechtsverkehr**); **Schleim,** 295 (**Schleimhaut**).

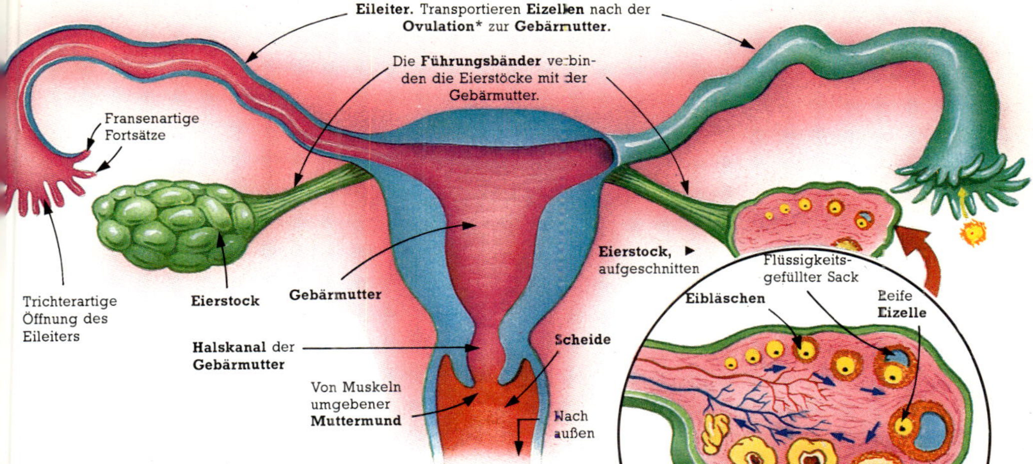

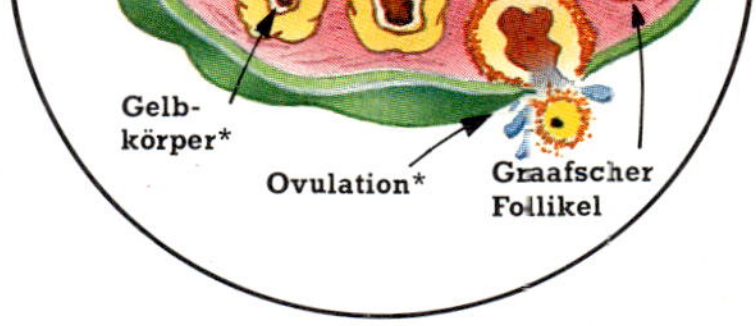

Das weibliche Fortpflanzungssystem

- **Eierstöcke** oder **Ovarien:** Die beiden weiblichen Keimdrüsen oder **Gonaden** (s. Einführung). Sie liegen unterhalb der Nieren und werden von **Bändern*** gehalten. Diese befestigen sie an den Wänden des Beckens. Die weiblichen **Gameten*** (Geschlechtszellen) heißen **Eizellen.** Sie werden nach der **Pubertät*** regelmäßig in den Eierstöcken in sogenannten **Eibläschen** (**Follikeln**) gebildet. Mehr darüber s. Seiten 322–323.

- **Eibläschen** oder **Follikel:** Gewebegebiete, die nach der **Pubertät*** regelmäßig in den Eierstöcken auftreten. Jedes Eibläschen enthält eine reifende **Eizelle** (s. **Eierstöcke**). Die Follikel werden nach und nach größer und beginnen, **Hormone*** (s. **Östrogen**, Seite 334) zu produzieren. Bei jeder Periode der Eireifung entsteht jeweils nur ein völlig reifer **Graafscher Follikel.**

- **Gebärmutter** oder **Uterus:** Ein Hohlorgan, in dem sich das Baby (**Fetus***) entwikkelt oder aus dem das unbefruchtete **Ei** (s. **Eierstock**) abgegeben wird (s. **Menstruationszyklus,** Seite 318). Die Gebärmutter ist mit **Schleimhaut*** (**Endometrium**) ausgekleidet und besteht aus einer Muskelschicht mit vielen Blutgefäßen.

- **Scheide** oder **Vagina:** Ein muskulöser Kanal, der die **Gebärmutter** mit der Außenwelt verbindet. Die Scheide führt während des **Menstruationszyklus*** das **Ei** (s. **Eierstöcke**) nach außen ab, nimmt während des **Geschlechtsverkehrs*** den **Penis** auf und bildet auch den Geburtskanal. Die Scheide ist mit Schleimhaut ausgekleidet, die eine Flüssigkeit mit Gleitwirkung produziert.

- **Vulva:** Zusammenfassende medizinische Bezeichnung für die äußeren weiblichen Geschlechtsorgane – die **Schamlippen** und die **Klitoris (Kitzler)**. Die Schamlippen sind Hautfalten, welche die Öffnung der **Scheide** und der **Harnröhre*** umgeben. Die **Klitoris** stellt den empfindlichsten Teil der Geschlechtsorgane dar. Sie enthält wie der **Penis Schwellkörper** und zahlreiche **Rezeptoren***.

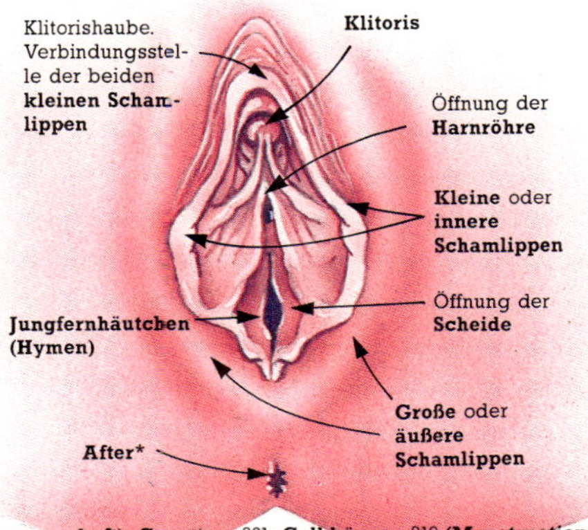

* **After,** 295 (**Dickdarm**); **Bänder,** 280; **Fetus,** 319 (**Schwangerschaft**); **Gameten,** 321; **Gelbkörper,** 318 (**Menstruationszyklus**); **Geschlechtsverkehr,** 319; **Harnröhre,** 301; **Hormone,** 334; **Ovulation,** 318 (**Menstruationszyklus**); **Pubertät,** 318; **Rezeptoren,** 307; **Schleimhaut,** 295.

Entwicklung und Fortpflanzung

Die Menschen vermehren sich durch **geschlechtliche Fortpflanzung***. Die wichtigsten Vorgänge dabei sind auf diesen beiden Seiten beschrieben, angefangen von der körperlichen Reifung, wodurch eine Fortpflanzung erst ermöglicht wird.

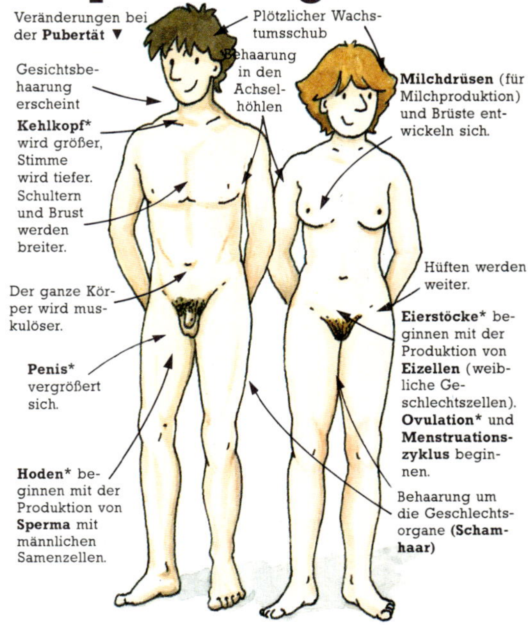

- **Pubertät:** Der Zeitpunkt der Reifung der Geschlechtsorgane. Nach der Pubertät ist der Mensch fortpflanzungsfähig. Die Pubertät liegt bei den Mädchen ungefähr zwischen dem elften und dem fünfzehnten, bei Jungen zwischen dem dreizehnten und dem fünfzehnten Lebensjahr. Sie bringt eine Reihe typischer Veränderungen mit sich, die alle durch **Hormone*** (s. **Östrogen** und **Androgene**, Seiten 334 und 335) hervorgerufen werden. Bei der Pubertät bilden sich die **sekundären Geschlechtsmerkmale** aus. Die **primären Geschlechtsmerkmale** hingegen sind von Geburt an vorhanden (s. Seiten 316–317).

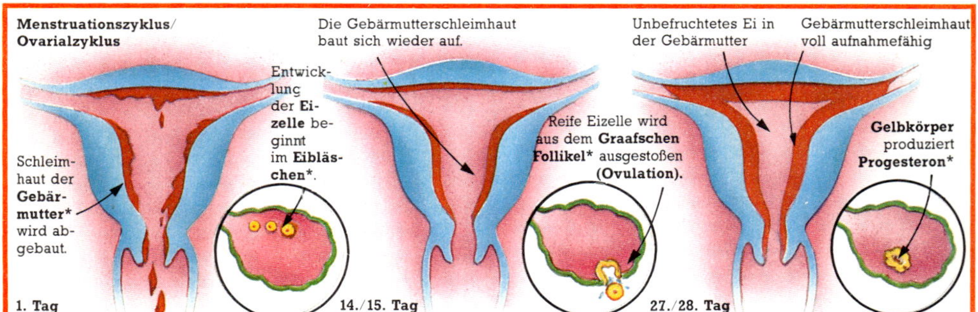

- **Menstruationszyklus:** Die Gesamtheit der Vorgänge, welche die Schleimhaut der **Gebärmutter*** (das **Endometrium**) befähigen, ein befruchtetes Ei aufzunehmen. Die Gebärmutterschleimhaut entwickelt nach und nach eine blutgefäßreiche innere Schicht. Bleibt die **Befruchtung** aus, so wird diese Schicht abgebaut und verläßt den Körper über die **Scheide***. Diese Blutung bezeichnen wir als **Menstruation.** Jeder Menstruationszyklus dauert ungefähr 28 Tage. Von der Pubertät an folgen sich die Zyklen ununterbrochen bis zur **Menopause** (üblicherweise zwischen dem 45. und 50. Lebensjahr). Dann wird die Eiproduktion eingestellt. Der Menstruationszyklus ist mit dem **Ovarialzyklus** gekoppelt. Darunter versteht man die periodische Reifung einer Eizelle in einem **Eibläschen*** oder Follikel. Am Ende erfolgt die Ovulation oder der Eisprung, wobei eine Eizelle frei wird und in den **Eileiter** aufgenommen wird. Gleichzeitig erfolgt der Abbau des **Gelbkörpers.** Dieser besteht aus dem **Graafschen Follikel,** der die Eizelle freigegeben hat. Der Gelbkörper bildet sich bei einer Schwangerschaft nicht zurück. Der Menstruations- wie der Ovarialzyklus werden von **Hormonen*** kontrolliert (s. Seiten 334–335).

* **Eierstöcke, Eileiter,** 317; **Gebärmutter,** 317; **Geschlechtliche Fortpflanzung,** 320; **Graafscher Follikel,** 317 **(Eibläschen)**; **Hoden,** 316; **Hormone,** 334; **Kehlkopf,** 298; **Penis,** 316; **Progesteron,** 334; **Scheide,** 317.

- **Geschlechtsverkehr** oder **Koitus:** Die Einführung des **Penis*** in die weibliche **Scheide***. Daran schließen sich rhythmische Bewegungen des Beckens an. Der Höhepunkt des Geschlechtsverkehrs ist beim Mann die **Ejakulation;** dabei gibt er **Samenflüssigkeit** (Sperma) aus der Mündung der **Harnröhre*** an der Penisspitze in die Scheide ab. Die Samenflüssigkeit besteht aus einem Flüssigkeitsgemisch und männlichen **Samenzellen** (**Geschlechtszellen**).

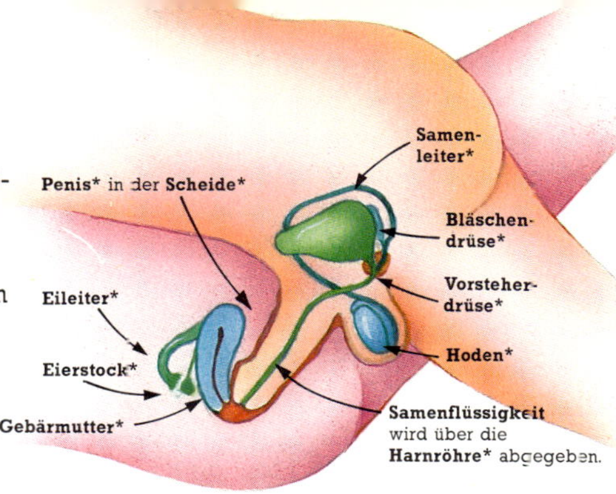

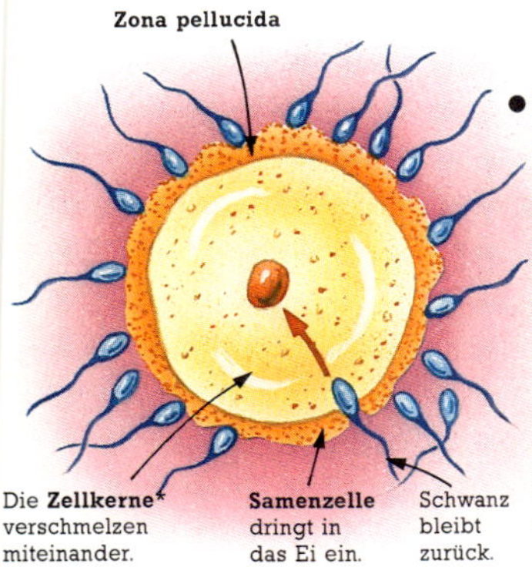

- **Befruchtung:** Zu einer Befruchtung kann es nach dem **Geschlechtsverkehr** kommen. Dabei treffen männliche Geschlechtszellen oder **Samenzellen** im **Eileiter*** auf eine weibliche **Eizelle.** Eine einzige **Samenzelle** dringt in die Umhüllung der Eizelle (**Zona pellucida**) ein. Ihr **Zellkern*** verschmilzt mit dem Zellkern der Eizelle. Dabei entsteht eine **Zygote*** und damit die erste Zelle des neuen Menschen. Die befruchtete Eizelle wandert zur **Gebärmutter*** und macht unterwegs schon viele Zellteilungen (**Furchung***) durch. Das Zellklümpchen, das daraus hervorgeht, nistet sich dann in die Wand der Gebärmutter ein (**Implantation**) und heißt dann **Embryo***

Schwangerschaft

- **Schwangerschaft:** Dabei trägt die Frau ein heranwachsendes Kind in sich. Die Schwangerschaftsdauer, also die Zeit zwischen der **Befruchtung** und der **Geburt**, liegt beim Menschen um neun Monate. Den Keim, der in der Gebärmutter heranwächst, bezeichnen wir bis zum dritten Lebensmonat als **Embryo***, danach bis zur Geburt als **Fetus.** Am Ende der Schwangerschaft treiben die Wände der Gebärmutter das junge Kind durch rhythmische Kontraktionen (**Wehen**) aus. Diesen Vorgang nennen wir Geburt.

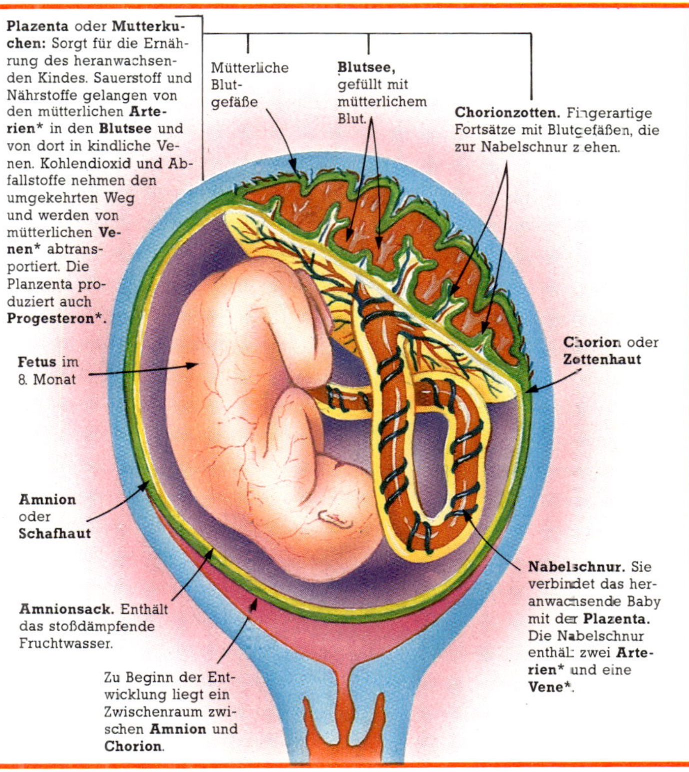

* **Arterien**, 288; **Bläschendrüse**, 316; **Eierstöcke, Eileiter**, 317; **Furchung**, 321 (**Embryo**); **Gebärmutter**, 317; **Harnröhre**, 301; **Hoden, Penis**, 316; **Progesteron**, 334; **Scheide**, 317; **Vene**, 288; **Vorsteherdrüse**, 316; **Zellkern**, 238; **Zygote**, 321.

Arten der Fortpflanzung

Bei der Fortpflanzung entsteht neues Leben. Sie ist ein Kennzeichen aller Lebewesen. Man unterscheidet vor allem **ungeschlechtliche** und **geschlechtliche Fortpflanzung**. Beim **Generationswechsel** wechseln sich diese beiden Arten der Fortpflanzung ab.

Ungeschlechtliche Fortpflanzung

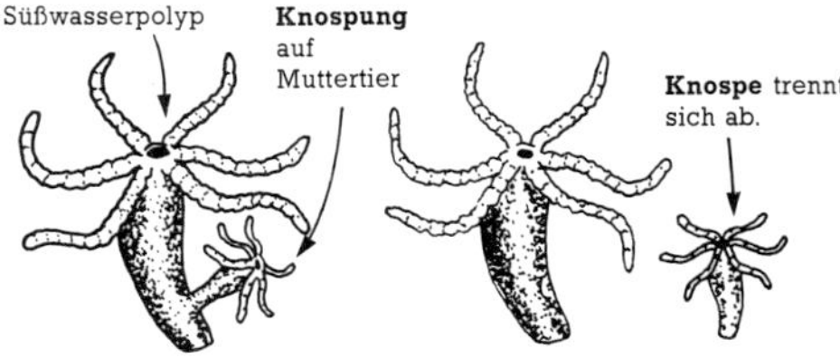

- Die **ungeschlechtliche Fortpflanzung** ist die einfachste Art der Vermehrung. Sie tritt bei vielen niederen Pflanzen und Tieren auf. Man unterscheidet auch hier wieder eine Reihe verschiedener Formen, zum Beispiel **Zellteilung***, **vegetative Vermehrung***, **Knospung** und **Sporenbildung**. Sie alle haben aber zwei Merkmale gemeinsam: Es ist dazu nur ein Mutterindividuum notwendig, und die Nachkommen sind stets genetisch identisch mit der Ausgangsform.

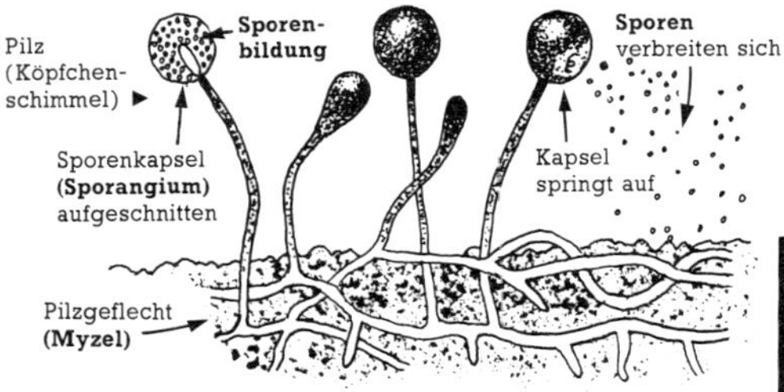

- **Sporenbildung:** Einfache niedere Pflanzen wie Pilze und Moose bringen sogenannte **Sporen** hervor. Diese werden von Wind oder Wasser verbreitet und entwickeln sich zu neuen Pflänzchen. Es gibt zwei Arten von Sporen, und obwohl zur Reproduktion nur immer eine Mutterpflanze notwendig ist, handelt es sich nur in einem einzigen Fall um eine wirklich **ungeschlechtliche Fortpflanzung**. Diese Sporen werden, etwa von einfachen Pilzen, durch gewöhnliche Zellteilung (s. Seiten 240–241) produziert und entwickeln sich zu neuen Pflanzen, die mit der Mutterpflanze genetisch identisch sind (ein wichtiges Kennzeichen der ungeschlechtlichen Fortpflanzung). Der zweite Sporentyp hingegen entsteht durch eine besondere Art der Zellteilung (s. Seiten 322–323), die ein Kennzeichen für die **geschlechtliche Fortpflanzung** darstellt. Solche Sporen bilden z. B. die Moose und die Farne. Die neuen Pflänzchen sind hier genetisch auch nicht mit den Mutterpflanzen identisch (s. **Generationswechsel**).

- **Knospung:** Eine Art der **ungeschlechtlichen Fortpflanzung** bei vielen Pflanzen und Tieren, z. B. beim Süßwasserpolypen **Hydra** und bei vielen Korallentieren. Bei der Knospung wächst eine Zellgruppe des Muttertiers zu einem neuen Individuum heran. Dieses löst sich dann vom Muttertier oder bleibt zeitlebens mit ihm zusammen, wie es bei **koloniebildenden Tieren***, etwa den Korallen, der Fall ist.

Geschlechtliche Fortpflanzung

- **Geschlechtliche Fortpflanzung:** Ein Typ der Fortpflanzung, der bei nahezu allen Blütenpflanzen und bei den meisten Tieren auftritt. Ein wesentliches Merkmal dabei ist die **Verschmelzung** zweier **Gameten** (**Geschlechtszellen**), einer männlichen und einer weiblichen. Diesen Vorgang nennen wir **Befruchtung**. Mehr darüber steht auf den Seiten 258 (Blütenpflanzen), 319 (Menschen und ihm ähnliche Lebewesen) und Seite 276 (übrige Tiere). Beide Gameten verfügen nur über die halbe Ausstattung an **Chromosomen** im Vergleich zur Ausgangsform. In diesem Zusammenhang spricht man von **haploider*** Chromosomenzahl. Die haploide Ausstattung wird durch eine besondere Form der Zellteilung (s. Seiten 322–323) erreicht. Sie sorgt dafür, daß das neue Individuum, das aus der Verschmelzung zweier Gameten hervorgeht, die richtige, ursprüngliche Chromosomenzahl aufweist, die wir als **diploid*** bezeichnen.

* **Chromosomen,** 324; **Diploid,** 240 **(Mitose)**; **Haploid,** 322 **(Meiose)**; **Koloniebildende Tiere,** 342; **Vegetative Vermehrung,** 262; **Zellteilung,** 240.

• **Generationswechsel:** Ein Generationswechsel tritt bei vielen einfachen Pflanzen und Tieren auf, z. B. bei Quallen und Moosen. Bei den Tieren wechseln sich geschlechtlich fortpflanzende Formen mit sich ungeschlechtlich fortpflanzenden Formen ab. Bei vielen Pflanzen hingegen versteht man darunter den Wechsel zwischen Generationen mit ungleichartiger Fortpflanzung. Hier wechseln zwei Formen miteinander ab, die beide eigentlich zur geschlechtlichen Fortpflanzung gehören. Ein Pflanzenkörper oder **Gametophyt** bringt durch geschlechtliche Fortpflanzung einen **Sporophyten** hervor. Dieser produziert dann **Sporen** (s. **Sporenbildung**), die zu neuen Gametophyten auswachsen. Die Sporen entstehen aber auf gleiche Weise wie die **Gameten** (s. Seiten 322–323), erfahren einen **Kernphasenwechsel** und weisen nur die halbe, haploide Zahl von **Chromosomen*** auf. Die Gametophyten bringen ihre Gameten durch gewöhnliche Zellteilung (s. Seiten 240–241) hervor, denn eine weitere Halbierung der Chromosomenzahl ist nicht nötig.

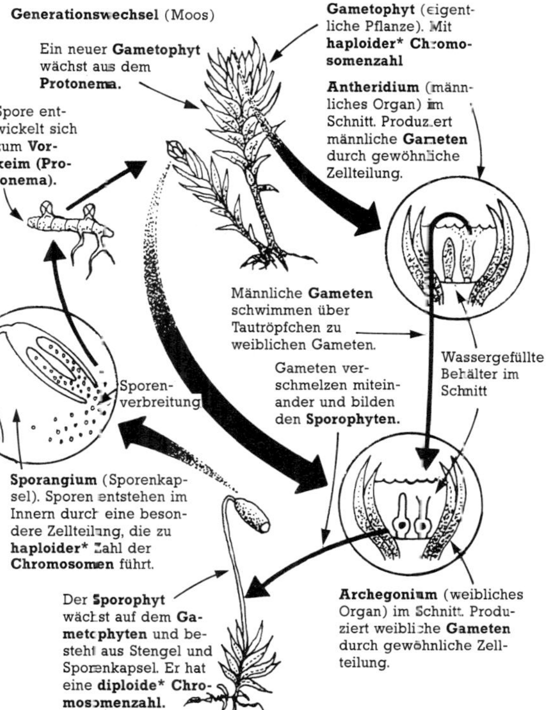

• **Gameten** oder **Keimzellen** oder **Geschlechtszellen:** Als Gameten bezeichnen wir jene Zellen, die bei der **geschlechtlichen Fortpflanzung** miteinander verschmelzen und die die Anfangszelle eines neuen Lebewesens bilden. Sie entstehen durch eine besondere Art der Zellteilung (s. Seiten 322–323). Bei Tieren und niederen Pflanzen sind die männlichen Gameten unter der Bezeichnung **Samenzellen** oder **Spermatozoen** (bzw. **Spermatozoiden** bei niederen Pflanzen) bekannt. Sie liegen meistens in einer **Samenflüssigkeit** oder in **Sperma.** Bei den Blütenpflanzen stellen die männlichen Gameten nur noch **Zellkerne*** (und keine ganzen Zellen) mehr dar und heißen **Spermakerne** (s. Seiten 258 und 323). Weibliche Gameten heißen **Eizellen** oder einfach **Eier.** Samenzellen sind deutlich kleiner als Eizellen und haben einen peitschenförmigen Schwanz (**Samenfaden**).

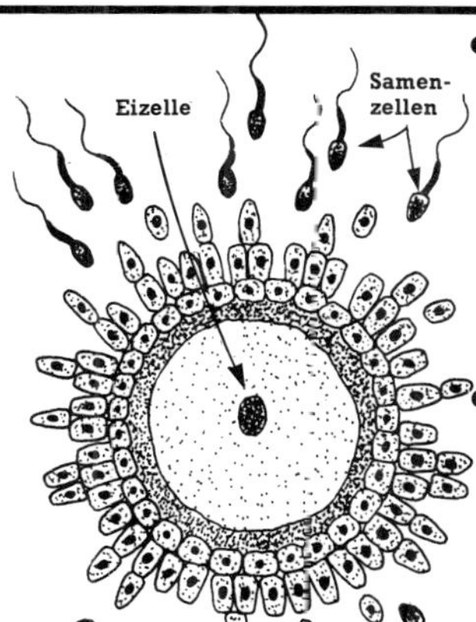

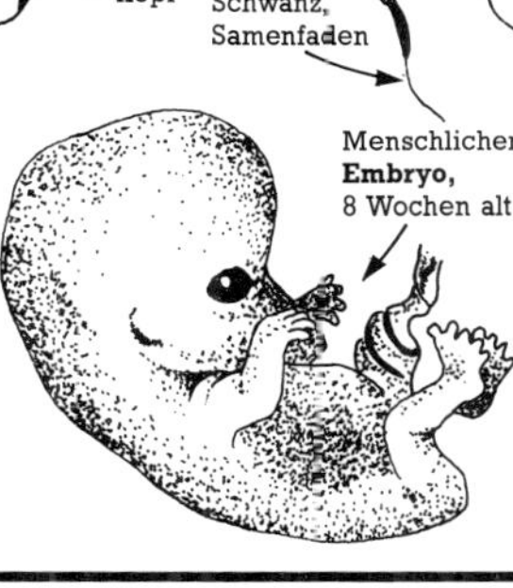

• **Zygote:** Die erste Zelle eines neuen Lebewesens. Sie geht aus der Verschmelzung eines männlichen mit einem weiblichen Gameten **hervor** (s. **geschlechtliche Fortpflanzung**).

• **Embryo:** Ein junges in der Entwicklung begriffenes Lebewesen, oft auch **Keim** genannt. Das Embryo geht durch eine Reihe von Zellteilungen (s. Seiten 240–241), die wir insgesamt als **Furchung** bezeichnen, aus einer einzigen Zelle, der **Zygote**, hervor. Beim Menschen entwickelt sich die Zygote zuerst zum **Maulbeerkeim (Morula),** später zum hohlen **Blasenkeim,** der **Blastula**. Nach der Einnistung oder **Implantation*** bezeichnen wir diesen Keim als Embryo. Beim weiteren Wachstum **differenzieren** sich die Zellen, das heißt sie übernehmen ganz bestimmte Aufgaben.

* **Chromosomen,** 324; **Diploid,** 240 **(Mitose)**; **Haploid,** 322 **(Meiose)**; **Implantation,** 319 **(Befruchtung)**; **Zellkern,** 238.

Zellteilung für die Fortpflanzung

Sehr viele Zellen eines Lebewesens können sich teilen und damit neue Zellen für das Wachstum und den Ersatz alter, abgestorbener Zellen hervorbringen (s. Seiten 240–241). Daneben gibt es eine weitere Art der Zellteilung. Sie findet nur dann statt, wenn **Gameten*** (Geschlechtszellen) für die **geschlechtliche Fortpflanzung*** (sowie für einen Typ **Sporen***) produziert werden sollen. Die Teilung des **Zellkerns*** bei dieser Art der Zellteilung bezeichnen wir als **Meiose.** Die Produktion von Gameten, darin eingeschlossen die Zellteilung und die darauffolgende Reifung der Geschlechtszellen, heißt **Gametogenese**.

- **Meiose** oder **Reifungsteilung:** Die Teilung des **Zellkerns*** bei der Produktion von Geschlechtszellen oder Gameten (s. Einführung). Man unterscheidet dabei zwei Vorgänge, die **erste Reifungsteilung** oder **Reduktionsteilung** und die **zweite Reifungsteilung.** Auf jeden dieser Vorgänge folgt die Teilung des **Zytoplasmas***. Wie bei der **Mitose*** kennt man auch hier mehrere verschiedene Stadien. Die Meiose im allgemeinen und die erste Reifungsteilung im besonderen sorgen dafür, daß jeder neue Tochterkern genau halb so viele **Chromosomen*** wie der ursprüngliche Zellkern bekommt. Die ursprüngliche Zahl nennen wir **diploid** (s. Mitose, Seite 240), die halbierte Chromosomenzahl hingegen **haploid.**

Crossing over (Findet in der frühen **Prophase** statt.)

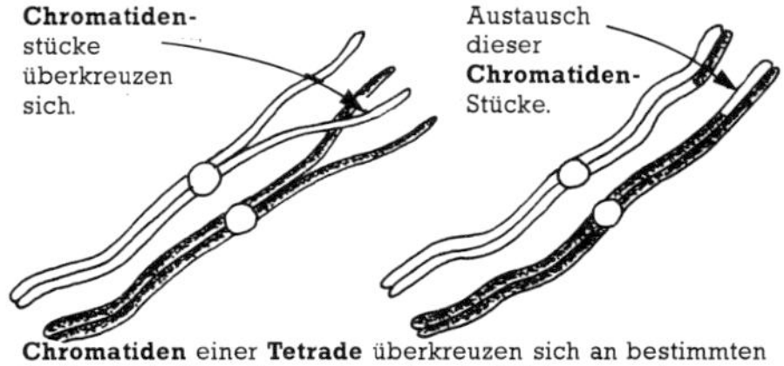

Chromatiden einer **Tetrade** überkreuzen sich an bestimmten Stellen. Dabei brechen entsprechende Stücke ab und vertauschen sich. Das Ergebnis eines solchen **Crossing over** ist ein **Chiasma** (Mehrzahl **Chiasmata**). Dabei findet eine Durchmischung der **Gene*** statt, die gewährleistet, daß die Nachkommen niemals identisch sind mit ihren Eltern.

Erste Reifungsteilung

Diese Bilder zeigen eine tierische Zelle; es sind aber nur vier **Chromosomen*** dargestellt.

Prophase (frühes Stadium)

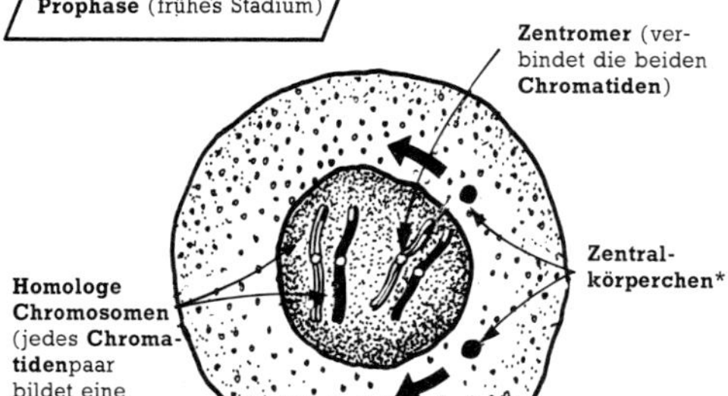

Die **Chromatin***-Fäden im **Zellkern*** verkürzen sich schraubenförmig zu **Chromosomen*. Homologe Chromosomen** legen sich nebeneinander und bilden Paare, die **Bivalente.** Jedes Chromosom verdoppelt sich und wird zu einem **Chromatidenpaar.** (Die Vierergruppe heißt dann **Tetrade.**) Die **Zentralkörperchen*** begeben sich zu entgegengesetzen Zellpolen.

Prophase (späteres Stadium)

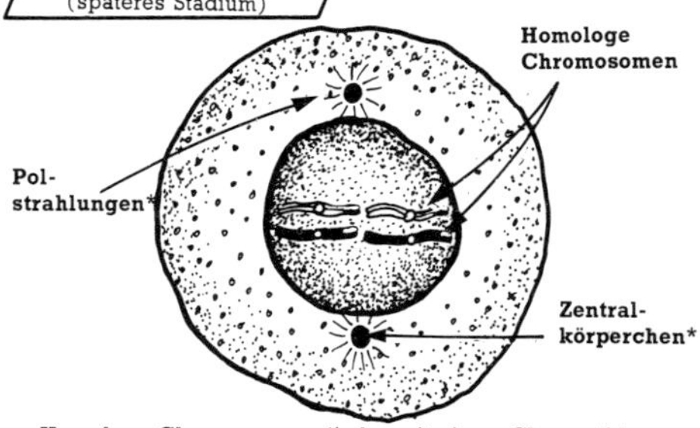

Homologe Chromosomen (jedes mit einem **Chromatidenpaar**) begeben sich zur Äquatorebene des Zellkerns.

Metaphase

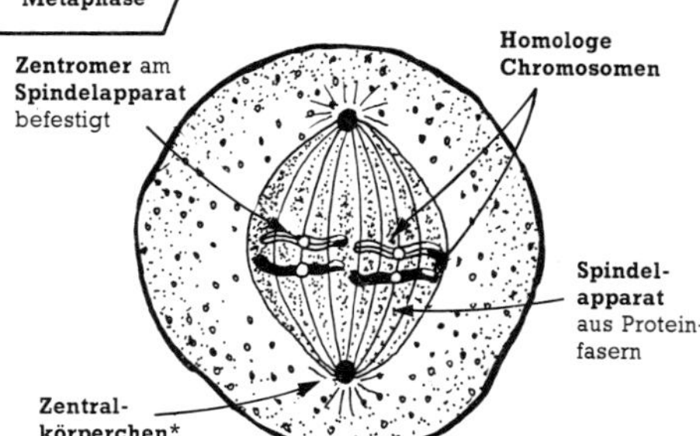

Die **Kernmembran*** verschwindet, und die beiden **Zentralkörperchen*** bilden einen **Spindelapparat** (s. **Metaphase** der **Mitose,** Seite 241). Die **Chromosomen*** (**Chromadtidenpaare**) sind an ihren **Zentromeren** am Spindelapparat befestigt.

* **Chromatin,** 238 **(Zellkern); Chromosomen,** 324; **Gameten,** 321; **Gene,** 325; **Geschlechtliche Fortpflanzung,** 320; **Kernmembran,** 238 **(Zellkern); Mitose,** 240; **Polstrahlungen,** 241; **Sporen,** 320 **(Sporenbildung); Zentralkörperchen,** 240; **Zytoplasma,** 238.

Anaphase

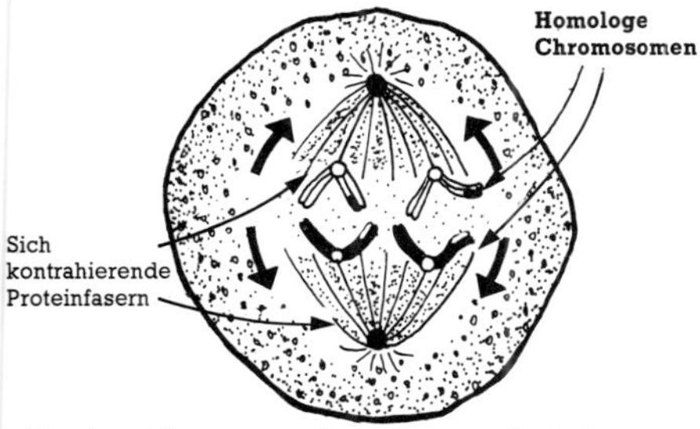

Homologe Chromosomen (jedes immer noch mit einem **Chromatiden**paar) trennen sich (s. **Spaltungsgesetz**, Seite 326) und werden von den Fasern des **Spindelapparats** auseinandergezogen.

Telophase

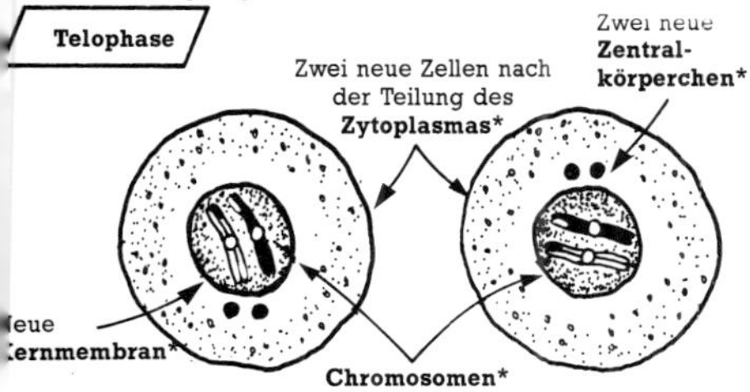

Der **Spindelapparat** verschwindet, und die **Zentralkörperchen** verdoppeln sich. Die Telophase geschieht zusammen mit der **Zytokinese,** also der Teilung des **Zytoplasmas***. Es entstehen zwei neue Zellen, jede mit einem einfachen Satz an **Chromosomen*** (davon jedes mit zwei **Chromatiden**). Später folgt die **Interphase***, bei der die **Kernmembran*** entsteht und die Chromosomen sich entrollen und schließlich fädige Massen bilden **(Chromatin*)**.

Zweite Reifungsteilung

Die **zweite Reifungsteilung** findet in den Zellen statt, die die **erste Reifungsteilung** hinter sich gebracht haben. Sie findet genau auf dieselbe Weise und mit denselben Phasen statt wie die **Mitose*** (wenn sich der **Zellkern*** bei der normalen Zellteilung verdoppelt). Auch die Teilung des **Zytoplasmas*** nimmt denselben Verlauf. Der einzige Unterschied besteht darin, daß jeder Zellkern nur eine **haploide* Chromosomenzahl** (siehe **Meiose**) aufweist. Die entstehenden neuen Geschlechtszellen (**Gameten***) sind also haploid. Die zweite Reifungsteilung zeigt Unterschiede bei den beiden Geschlechtern. Auch die Reifung der Gameten nach der zweiten Reifungsteilung weist bei Pflanzen und Tieren gewisse Unterschiede auf (s. Texte rechts).

Keimzellenbildung (männlich)

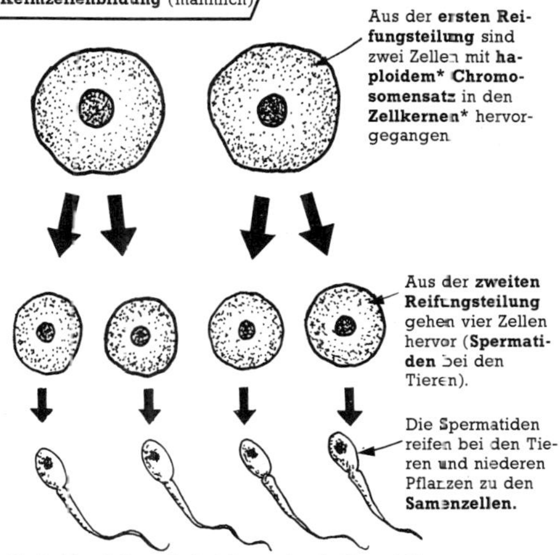

Die beiden Zellen, die bei der **ersten Reifungsteilung** aus einer Mutterzelle hervorgegangen sind, teilen sich erneut (s. **zweite Reifungsteilung**). Daraus gehen vier Zellen hervor, die bei den Tieren **Spermatiden** heißen und dann zu männlichen **Gameten*** (Geschlechtszellen), den Samenzellen, heranreifen. Bei niederen Pflanzen entwickeln sich diese vier Zellen entweder zu Samenzellen oder zu **Sporen***, die beim **Generationswechsel*** eine Rolle spielen. Bei den Blütenpflanzen teilen sich die Zellkerne dieser vier Zellen erneut **(Mitose*)**. Dabei entstehen Zellen (**Pollen***-Körner) mit zwei Zellkernen; einer davon teilt sich später noch einmal und ergibt die **Spermakerne***.

Keimzellenbildung (weiblich)

Bei der ersten Reifungsteilung entstehen zwei Zellen mit einem **haploiden Chromosomen***-Satz in den **Zellkernen***.

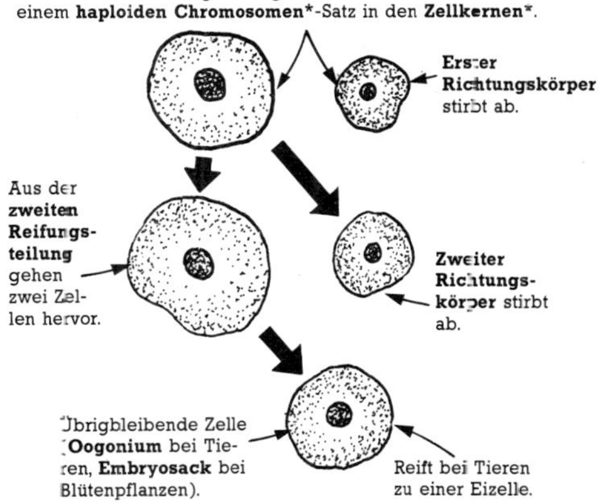

Eine der beiden Zellen, die bei der **ersten Reifungsteilung** entsteht, stirbt ab **(erster Richtungskörper).** Die andere Zelle teilt sich erneut **(zweite Reifungsteilung)**. Auch hier stirbt eine der Tochterzellen ab **(zweiter Richtungskörper).** Die übriggebliebene Zelle heißt **Oogonium** und entwickelt sich zum weiblichen **Gameten*** (Geschlechtszelle) oder Eizelle. Bei den Blütenpflanzen hingegen spricht man vom **Embryosack**, und dessen **Zellkern*** teilt sich durch **Mitose*** weitere drei Male. Von den neuen acht Zellkernen umgeben sich sechs mit eigenen Zellen, während zwei nackt bleiben. Eine der sechs Zellen stellt den weiblichen Gameten oder die **Eizelle** dar (s. **Samenanlage,** Seite 258). Die Bildung der Eizelle ist bei niederen Pflanzen sehr ähnlich.

* **Chromatin,** 238 **(Zellkern); Chromosomen,** 324; **Gameten,** 321; **Gene,** 325; **Geschlechtliche Fortpflanzung,** 320; **Kernmembran,** 238 **(Zellkern); Mitose,** 240; **Polstrahlungen,** 241; **Sporen,** 320 **(Sporenbildung); Zentralkörperchen,** 240; **Zytoplasma,** 238.

Genetik und Vererbung

Die Genetik ist die Wissenschaft von der Vererbung. Sie untersucht, auf welche Weise eine Generation ihre Merkmale an die nächste weitergibt. Die größte Rolle bei der Vererbung spielen die **Chromosomen**. Jedes Chromosom besteht aus einer Vielzahl von **Genen**. Diese stellen die codierten Instruktionen für die Ausprägung bestimmter Merkmale dar. Mehr darüber s. Seite 326.

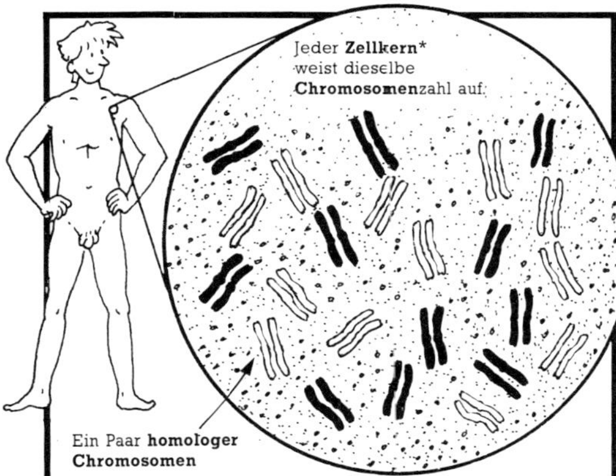

- **Nukleinsäuren:** Allgemeine Bezeichnung für zwei verschiedene Säuren, nämlich die **DNS (Desoxyribonukleinsäure)** und die **RNS (Ribonukleinsäure),** in angelsächsischer Abkürzung oft auch als **DNA** und **RNA** bekannt (A = Acid [engl.], Säure). Beide treten in Zellkernen auf, die RNS allerdings auch im **Zytoplasma*** (s. **Ribosomen,** Seite 341). Jedes Nukleinsäuremolekül ist sehr groß und besteht aus zahlreichen Untereinheiten, den **Nukleotiden.** Ein DNS-Molekül enthält zwei umeinandergewikkelte Nukleotidketten, die zusammen eine **Doppelhelix** ähnlich einer verdrehten Strickleiter bilden. Das RNS-Molekül besteht nur aus einer Nukleoid-Kette.

- **Chromosomen:** Strukturen, die stets in den **Zellkernen*** aller Zellen vorhanden sind, obwohl sie als strich- oder kommaförmige Körper unterschiedlicher Größe nur während der Zellteilung und nach entsprechender Färbung sichtbar werden. Jedes Chromosom besteht aus einem einzigen **DNS**-Molekül (s. **Nukleinsäuren**) sowie aus Proteinen, den **Histonen.** Das DNS-Molekül bildet eine Kette aus vielen untereinander verbundenen Genen.
Jede **Art*** hat ihre eigene Chromosomenzahl pro Zelle (in **diploider** Ausprägung). Beim Menschen sind es 46 Chromosomen. Diese sind paarweise zu **homologen Chromosomen** angeordnet.

N = **Stickstoffbase,** bestehend aus Stickstoff-, Kohlenstoff-, Wasserstoff- und Sauerstoffatomen. Es gibt davon fünf Typen:
A = Adenin, T = Thymin
(treten bei der **DNS** stets in dieser Paarung auf).
G = Guanin, C = Cytosin
(treten bei der **DNS** stets in dieser Paarung auf).
U = Uracil (tritt nur in der **RNS** auf und ersetzt das Thymin der **DNS**).

S = Zucker (bestehend aus Kohlenstoff-, Wasserstoff- und Sauerstoffatomen). **Desoxyribose** in der **DNS, Ribose** in der **RNS.**
P = Phosphatgruppe*.

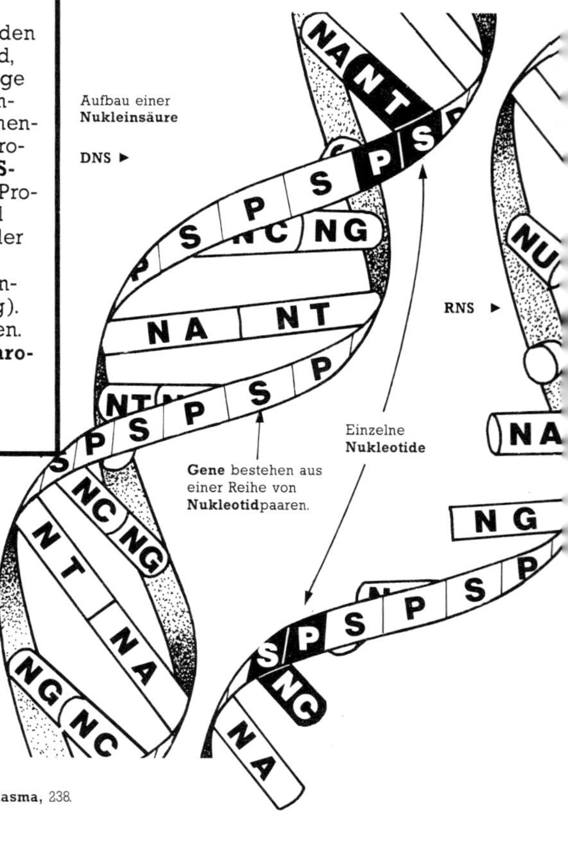

* **Art,** 338; **Phosphatgruppe,** 334 **(ADP); Zellkern, Zytoplasma,** 238.

• **Gene:** Codierte Informationen zur Ausprägung bestimmter Merkmale. Die Gene entsprechen einem ganz bestimmten Abschnitt auf dem **DNS-**Molekül eines **Chromosoms.** Man nimmt an, daß beim Menschen jedes DNS-Molekül ungefähr 1000 Gene enthält. Im Durchschnitt entspricht ein Gen einer Reihe von ungefähr 250 „Sprossen" auf der DNS-„Leiter". Gene beziehen sich auf ganz bestimmte Merkmale des Organismus, beispielsweise auf die **Blutgruppe*** oder die Zusammensetzung eines **Hormons***. Mit Ausnahme der **Geschlechtschromosomen** sind die Gene auf paarigen, **homologen Chromosomen** (s. **Chromosomen)** ebenfalls paarig angeordnet und treten auf den beiden Chromosomen auch genau an derselben Stelle auf.

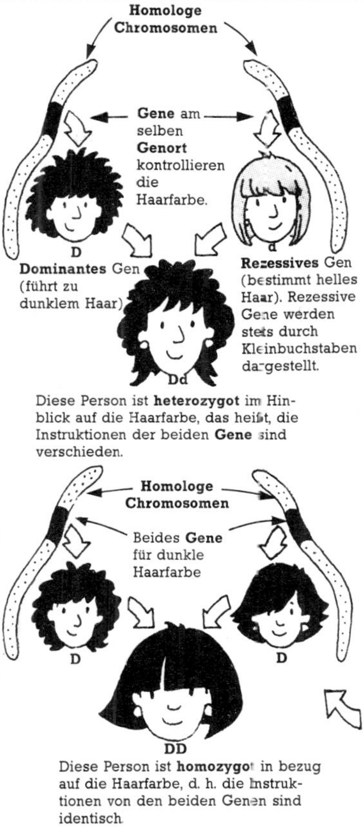

Diese paarigen Gene kontrollieren dieselbe Merkmalsausprägung und können identische Instruktionen ausgeben. Es kommt aber ebenso häufig vor, daß ihre Instruktionen unterscheidlich ausfallen. Dann tritt die Instruktion des einen, **dominanten** Gens stärker hervor als die des **rezessiven**. Es ist aber auch die Möglichkeit der **Kodominanz** oder der **Semidominanz** gegeben. Zwei nicht identische Genpaare nennen wir auch **Allele.**

In den beiden Fällen ist der **Genotyp** für die Haarfarbe unterschiedlich, das heißt, es sind verschiedene Instruktionen (**DD** und **Dd**) vorhanden. Der **Phänotyp** ist aber derselbe, denn beide weisen wegen der Dominanz von **D** dunkles Haar auf.

• **Kodominanz:** Ein Sonderfall, bei dem ein **Gen**paar, welches dasselbe Merkmal kontrolliert, unterschiedliche Instruktionen erteilt, wobei keine davon **dominant** (s. **Gene**) ist. Vielmehr sind beide Instruktionen am Ergebnis beteiligt. Die menschliche **Blutgruppe*** AB beispielsweise geht aus der gleichwertigen Dominanz eines Gens für die Gruppe A und eines Gens für die Gruppe B hervor.

• **Semidominanz:** Man spricht von Semidominanz, wenn ein **Gen**paar, welches dasselbe Merkmal kontrolliert, unterschiedliche Instruktionen erteilt, ohne daß eines davon **dominant** (s. **Gene**) wäre. Vielmehr liegt die Merkmalsausprägung in der Mitte. Wenn das Gen für rote Blütenfarbe beispielsweise ebensowenig dominant ist wie das Gen für weiße Blütenfarbe, so werden die entsprechenden Blüten rosa ausfallen.

• **Geschlechtschromosomen:** Ein Paar **homologer Chromosomen** (s. **Chromosomen**) bei allen Zellen (die übrigen Chromosomen heißen **Autosomen**). Es gibt zwei verschiedene Arten von Geschlechtschromosomen, die wir als **X-** und **Y-Chromosomen** bezeichnen. Der Mann hat ein X- und ein Y-Chromosom. Das Y-Chromosom trägt den genetischen Faktor (nicht ein **Gen** im eigentlichen Sinne), welches das Geschlecht bestimmt. Alle Individuen mit zwei X-Chromosomen gehören dem weiblichen Geschlecht an.

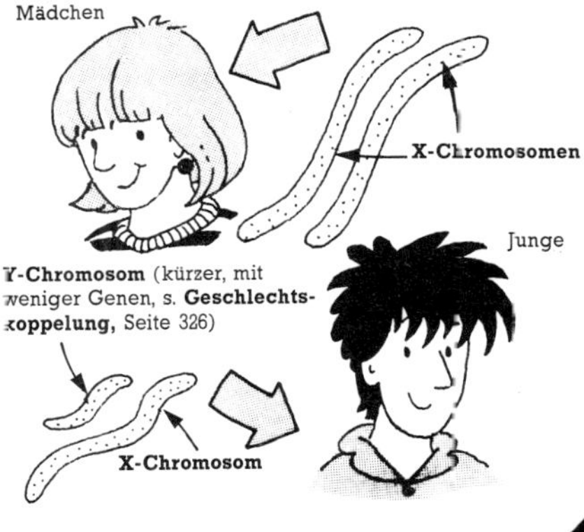

* **Blutgruppe,** 287; **Hormone,** 334.

Die Vererbung von Genen

Jedes neue Lebewesen bekommt seine **Chromosomen*** und damit **Gene*** von seinen Eltern. Bei der **geschlechtlichen Fortpflanzung*** verschmilzt eine **Samenzelle*** mit einer **Eizelle***. Beide weisen dabei nur den einfachen **haploiden Chromosomensatz** (s. Seiten 322–323) auf. Dadurch erhält die **Zygote*** (also die erste Zelle eines neuen Lebewesens, die aus der Verschmelzung der **Gameten** entstanden ist) die normale diploide Chromosomenzahl (s. **Chromosomen,** Seite 324). Die **Mendelschen Gesetze** beschreiben Gesetzmäßigkeiten in der Verteilung der auf Chromosomen lokalisierten Gene.

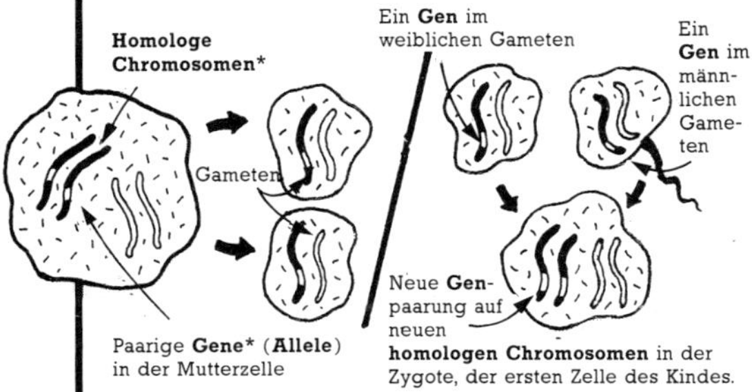

- **Spaltungsgesetz (erstes Mendelsches Gesetz): Homologe Chromosomen*** trennen sich stets voneinander, wenn sich der **Zellkern*** einer Zelle teilt, um **Gameten*** (Geschlechtszellen, s. Seiten 322–323) hervorzubringen. Das gilt natürlich auch für paarige **Gene***, die dasselbe Merkmal kontrollieren. Die Nachkommen bekommen je ein homologes Chromosom vom Vater beziehungsweise der Mutter.

- **Gesetz der unabhängigen Kombination (drittes Mendelsches Gesetz):** Jedes **Gen*** von einem Genpaar kann bei der Befruchtung mit jedem beliebigen Gen des Partners kombiniert werden. Dadurch sind alle unterschiedlichen Merkmalskombinationen möglich, auch solche, die bei den Eltern noch nicht zu beobachten waren.

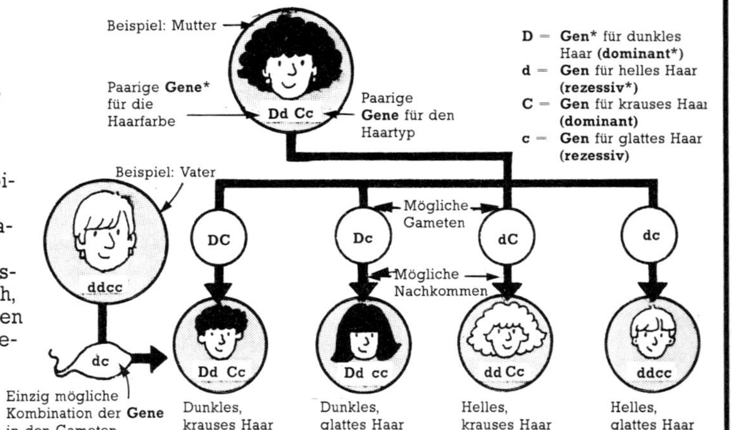

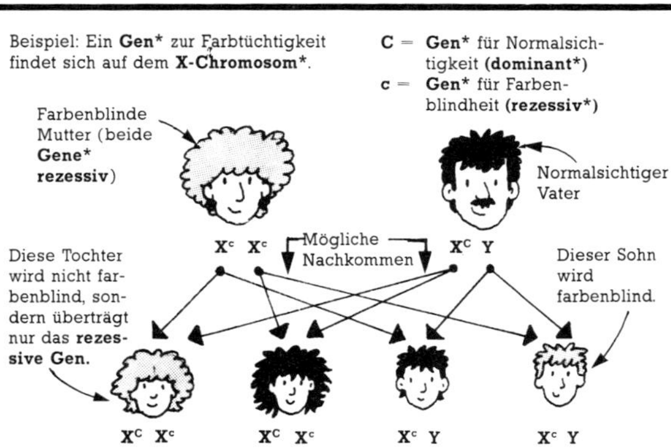

- **Geschlechtskoppelung:** Die beiden **Geschlechts-(X-)Chromosomen*** bei der Frau enthalten wie alle **Chromosomen*** zahlreiche paarige **Gene***. Dem **Y-Chromosom*** des Mannes hingegen fehlen für die meisten Gene die Partner auf dem X-Chromosom. Jedes **rezessive*** Gen auf dem X-Chromosom wird also bei Männern häufiger zur Ausprägung kommen (s. links). Die nicht paarig vorhandenen Gene auf dem X-Chromosom sind **geschlechtsgekoppelt**.

* **Eizelle,** 321 **(Gameten); Geschlechtliche Fortpflanzung,** 320; **Homologe Chromosomen,** 324 **(Chromosomen); Rezessiv,** 325 **(Gene); Samenzelle,** 321 **(Gameten); X- und Y-Chromosom,** 325 **(Geschlechtschromosomen); Zellkern,** 238; **Zygote,** 321.

Flüssigkeitstransport

Die Bewegung von Stoffen im Körper, besonders ihr Transport ins Innere der Zelle und von der Zelle nach außen, ist von grundlegender Bedeutung. Nährstoffe müssen in die Zellen eindringen können, und Abfallstoffe sowie Gifte müssen die Zellen verlassen. Die meisten Stoffe werden in Form von **Lösungen** transportiert. Sie befinden sich molekular verteilt in einem **Lösungsmittel**, meistens in Wasser.

- **Diffusion:** Die Bewegung von Molekülen einer Substanz von einem Gebiet höherer Konzentration zu einem Gebiet mit niedrigerer Konzentration. Es handelt sich hier um einen Zweiweg-Prozeß: Wenn die Konzentration des **Lösungsmittels** gering ist, dann liegt die des **gelösten Stoffes** hoch, so daß beide Arten von Molekülen den umgekehrten Weg nehmen. Die Diffusion kommt zum Stillstand, wenn alle Moleküle gleichmäßig verteilt sind. Viele Stoffe, darunter Sauerstoff und Kohlendioxid, **diffundieren** in die Zellen und aus ihnen heraus.

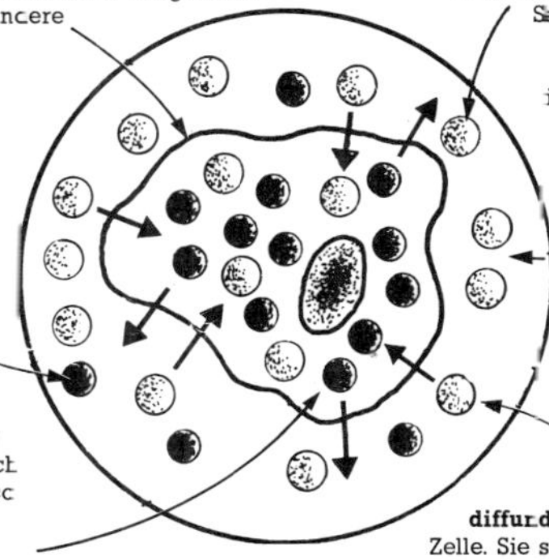

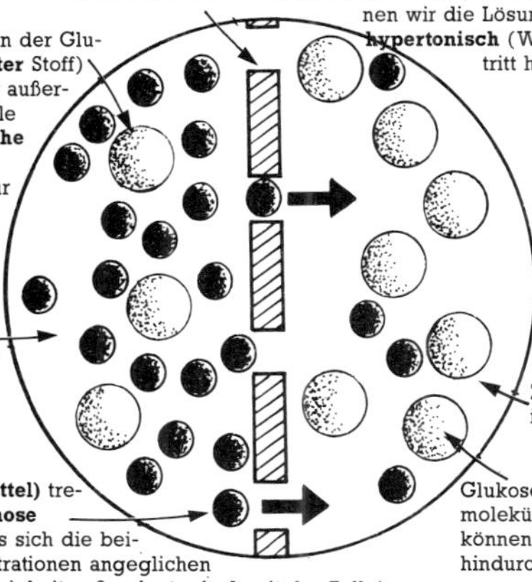

- **Osmose:** Die Bewegung von Molekülen eines Lösungsmittels durch eine **semipermeable** Membran (s. oben), um die Konzentration eines gelösten Stoffes auf der anderen Seite der Membran zu verringern, so daß die Konzentrationen auf beiden Seiten am Ende gleich sind. Es handelt sich hier um eine Einweg-**Diffusion.** Sie kommt vor, wenn die Moleküle des gelösten Stoffes nicht durch die Membran hindurchtreten können. In umschlossenen Räumen wie in einer Zelle kann sich ein **osmotischer Druck** aufbauen, wenn das Lösungsmittel durch Osmose eintritt.

- **Aktiver Transport:** Er wird dann nötig, wenn Stoffe in der umgekehrten Richtung transportiert werden, die sie eigentlich durch **Diffusion** (das heißt, von niedriger zu höherer Konzentration) nehmen müßten. Wie der aktive Transport funktioniert, wissen wir noch nicht in allen Einzelheiten. Man nimmt jedoch an, daß bestimmte Trägermoleküle außerhalb der Zelle solche Stoffe aufnehmen, sie durch die **Zellmembran*** hindurchtransportieren, schließlich freilassen und dann für weitere Transporte die Zelle verlassen. Dafür ist allerdings Energie notwendig, da der Transport entgegen dem natürlichen Gefälle verläuft. Die Energie wird in Form von **ATP*** geliefert.

- **Pinozytose:** Die Aufnahme von Flüssigkeitströpfchen durch Einstülpung der **Zellmembran*** und nachfolgende Bildung eines Bläschens oder einer **Vakuole*.** Die meisten Zellen sind zur Pinozytose befähigt.

* **ATP,** 333; **Gewebeflüssigkeit,** 292; **Vakuole, Zellmembran,** 238.

Wie Nahrung verwendet wird

Alle Lebewesen benötigen Nahrung. Sie versorgt sie mit allen lebenswichtigen Stoffen: für die Energiegewinnung, für die Regulierung von Zellaktivitäten, zum Aufbau neuer und zum Ersatz alter Gewebe (s. Seiten 330–333). Unter den verschiedenen Bestandteilen der Nahrung zählen die **Kohlenhydrate,** die **Proteine** und die **Fette** zu den Nährstoffen. Dazu kommen noch die **Mineralsalze** oder Mineralstoffe sowie die **Vitamine** (Pflanzen brauchen sie nicht). Grüne Pflanzen stellen sich ihre Nährstoffe selber her. Sie nehmen dazu Wasser und Mineralsalze auf. Tiere hingegen müssen alle Nährstoffe fertig aufnehmen und bei der Verdauung (s. Seiten 336–337) abbauen und aufschließen.

- **Kohlenhydrate:** Eine Gruppe von Stoffen, die aus Kohlenstoff, Wasserstoff und Sauerstoff aufgebaut sind. Kohlenhydrate gibt es einfache bis höchst komplizierte (s. **Verwendete Fachbegriffe**, Seite 337). Tiere nehmen komplexe Kohlenhydrate auf und bauen sie bei der Verdauung (s. Seiten 336 und 337) zum einfachen Kohlenhydrat **Glukose** ab. Der weitere Abbau der Glukose (**Zellatmung***) liefert dem Tier fast die ganze Energie für das Leben. Pflanzen bauen Glukose aus anderen anorganischen Stoffen auf (s. **Photosynthese**, Seite 254).

- **Proteine** oder **Eiweiße:** Eine Gruppe von Stoffen, die aus einfacheren Untereinheiten aufgebaut sind, nämlich den **Aminosäuren.** Diese wiederum enthalten Kohlenstoff, Wasserstoff, Sauerstoff, Stickstoff und in einigen Fällen auch Schwefel. Die meisten Proteinmoleküle bestehen aus Hunderten, ja oft Tausenden von Aminosäuren, die durch sogenannte **Peptidbindungen** zu einer oder mehreren **Polypeptid***-Ketten vereinigt sind. Die zahlreichen verschiedenen Proteintypen unterscheiden sich durch die Anordnung der Aminosäuren. Es gibt **Strukturproteine,** welche die Grundbausteine neuer Zellen darstellen, und **katalytische Proteine** (**Enzyme***), die eine lebenswichtige Rolle bei der Kontrolle von Zellvorgängen spielen.

  Die Pflanzen bauen Aminosäuren mit aufgenommenen Stoffen auf (**s. Photosynthese,** Seite 254) und stellen dann ihre Proteine aus diesen Aminosäuren zusammen. Tiere hingegen nehmen Proteine auf und spalten sie bei der Verdauung (s. Seiten 336–337) bis auf die einzelnen Aminosäuren auf. Dann werden diese mit dem Blut zu allen Körperzellen transportiert und dort als Bausteine für den Aufbau neuer Proteine verwendet (s. **Ribosomen,** Seite 239).

- **Fette:** Eine Gruppe von Stoffen, die aus Kohlenstoff, Wasserstoff und geringen Mengen Sauerstoff aufgebaut sind. Pflanzen bauen Fette aus den Stoffen auf, die sie selber aufnehmen. Ihre Samen sind Nährstoffspeicher und enthalten die meisten Fette. Das gespeicherte Fett kann in **Glukose** (s. **Kohlenhydrate**) umgewandelt werden und als Energielieferant für die heranwachsende Pflanze dienen. Bei der Verdauung bauen Tiere Fette zu **Fettsäuren** und **Glyzerin** (s. Seiten 336–337) ab. Müssen diese Stoffe zur Energiegewinnung weiterhin abgebaut werden (ähnlich wie die Glukose), so geschieht dies in der Leber. Einige der dabei entstehenden Substanzen kann die Leber in Glukose umwandeln, andere hingegen nicht. Diese werden dann anderswo zu einem Stoff umgebaut, der auch in einem späten Stadium des Glukoseabbaus auftritt. Fettsäuren und Glyzerin, die nicht für die Energiegewinnung Verwendung finden, werden sofort wieder zu Fettpartikeln aufgebaut und in verschiedenen Gebieten des Körpers gespeichert, etwa unter der Haut (s. **Unterhautfettgewebe,** Seite 310).

* **Enzyme,** 331; **Polypeptide,** 337; **Zellatmung,** 332

- **Vitamine:** Eine Gruppe von Stoffen, die für Menschen und Tiere lebenswichtig sind. Sie müssen aber nur in geringen Mengen vorhanden sein. Viele Vitamine übernehmen eine Aufgabe als **Koenzyme***, d. h., sie helfen den **Enzymen*** bei der Katalyse chemischer Reaktionen. Auf Seite 337 findet man eine Liste der Vitamine sowie ihrer Aufgaben.

- **Mineralsalze:** Unter diese Bezeichnung fallen einfache chemische Stoffe, z. B. Phosphor und Kalk. Sie stellen lebenswichtige Bausteine pflanzlicher und tierischer Gewebe dar, etwa von Knochen und Zähnen. Einige Mineralsalze dienen auch als **Koenzyme*** (s. **Vitamine**). Eine besondere Gruppe bilden die **Spurenelemente,** z. B. Kupfer und Jod, die in winzigen Mengen vorhanden sein müssen.

- **Ballaststoffe:** Allgemeine Bezeichnung für Nahrungsbestandteile, die ein Tier oder der Mensch nicht verdauen kann. Die meisten Ballaststoffe bestehen aus **Zellulose,** einem komplizierten **Kohlenhydrat,** das vor allem in **Zellwänden*** auftritt. Im Gegensatz zu den meisten übrigen Kohlenhydraten können die wenigsten Tiere, auch der Mensch nicht, die Zellulose abbauen, weil sie nicht über das nötige **Verdauungsenzym***, die **Zellulase,** verfügen. Einige Tiere allerdings, z. B. Landschnecken, haben dieses Enzym. Sonstige Tiere, die auf die Verdauung von Zellulose angewiesen sind, beschreiten einen ganz anderen Weg (s. **Pansen,** Seite 271). Ballaststoffe erfüllen aber eine wichtige Aufgabe, denn sie regen den Darm zu erhöhter Bewegung an.

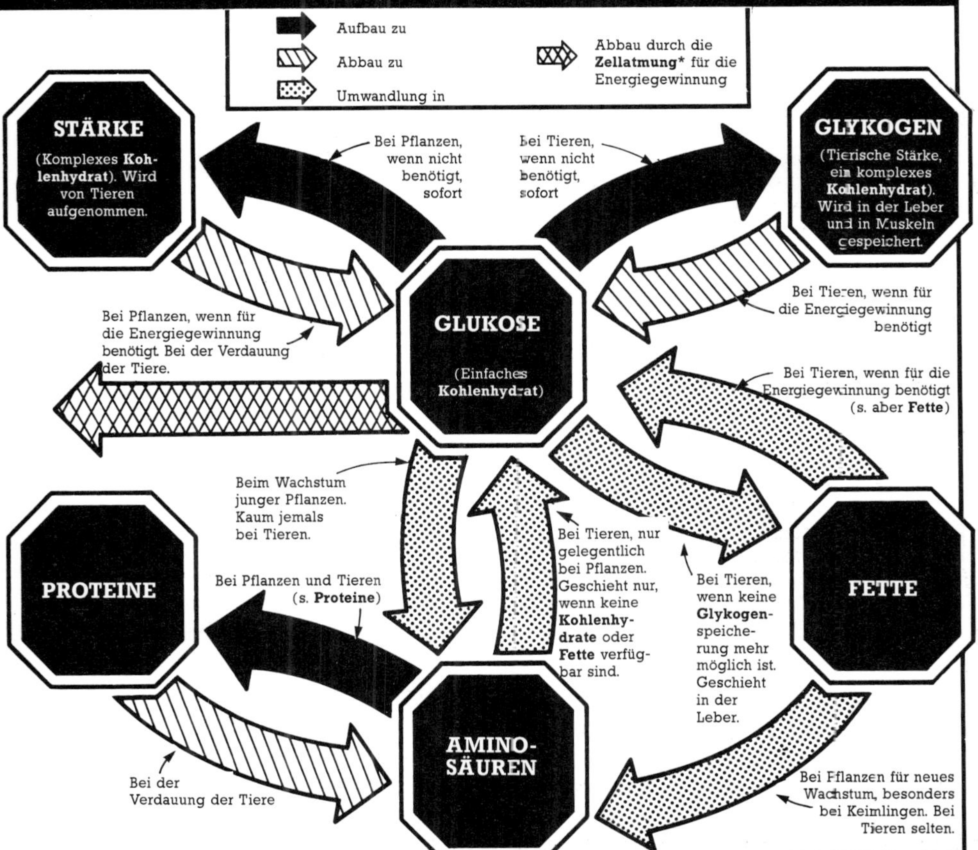

* **Koenzyme,** 331 **(Enzyme); Verdauungszenzyme,** 336; **Zellatmung,** 333; **Zellwand,** 238.

Stoffwechsel

Stoffwechsel oder **Metabolismus** ist die Bezeichnung für alle mehr oder minder komplexen, miteinander eng verzahnten chemischen Reaktionen im Inneren eines Lebewesens. Man kann zwei einander entgegengesetzte Gruppen von Reaktionen beobachten, den **Abbaustoffwechsel** oder **Katabolismus** und den **Aufbaustoffwechsel** oder **Anabolismus.** Die Geschwindigkeit der entsprechenden Reaktionen hängt von äußeren und inneren Gegebenheiten ab, wobei die inneren Bedingungen möglichst konstant gehalten werden (**s. Homeostasis,** Seite 333).

- **Katabolismus:** Allgemeiner Begriff für alle chemischen Reaktionen, die zum Abbau von Stoffen im Körper führen. Deswegen sagt man auch **Abbaustoffwechsel** oder **Dissimilation.** Ein Beispiel dafür ist die Verdauung bei Tieren, bei der komplexe Stoffe zu einfacheren abgebaut werden (s. Seiten 336–337). Die einfacheren Stoffe werden zur Energiegewinnung im Innern der Zelle weiter abgebaut (**Zellatmung***). Beim Katabolismus wird stets Energie frei. Bei der Verdauung geht die meiste als Wärme verloren, bei der Zellatmung hingegen wird sie für die Aktivitäten des Körpers verwendet. Wie alle chemischen Reaktionen erfordert der Katabolismus auch selbst Energie. Diese Energie ist aber stets geringer als die Energie, die der Abbaustoffwechsel erzeugt. Es besteht also ein steter Energieüberschuß.

- **Anabolismus:** Allgemeine Bezeichnung für alle Reaktionen, bei denen Stoffe im Körper aufgebaut werden. Deswegen spricht man auch von **Assimilation** oder **Aufbaustoffwechsel.** Ein Beispiel ist der Zusammenbau von Aminosäuren zu Proteinen (s. Seite 328). Der Anabolismus benötigt stets Energie, denn die geringen Energiemengen, die während der Reaktionen frei werden, reichen niemals aus. Insgesamt muß für den Aufbaustoffwechsel Energie aufgewendet werden. Sie stammt vom Energieüberschuß des **Katabolismus**.

- **Stoffwechselrate:** Die Geschwindigkeit, mit der metabolische Vorgänge vor sich gehen. Die Stoffwechselrate schwankt stark von Mensch zu Mensch, und selbst bei ein und derselben Person zeigt sie unter verschiedenen Bedingungen große Schwankungen. Die Stoffwechselrate nimmt unter Streß, körperlicher Beanspruchung und bei erhöhter Körpertemperatur zu. Die Messung der Stoffwechselrate wird deswegen generell bei ruhenden Patienten, bei normaler Körpertemperatur und nicht sofort nach körperlich anstrengender Tätigkeit vorgenommen. Die Stoffwechselrate bezeichnen wir als **Grundumsatz.** Er wird in **Kilokalorien** oder **Kilojoule** (s. **Kalorien**) pro Quadratmeter Körperoberfläche und pro Stunde gemessen (s. Berechnungen auf der gegenüberliegenden Seite).

  Menschen mit einem hohen Grundumsatz können große Mengen essen, ohne an Gewicht zuzunehmen, denn ihr Abbau **(Katabolismus)** von Nährstoffen (in den Zellen) geht so rasch vor sich, daß kaum Fett gespeichert wird. Eine solche Stoffwechselrate führt zu einem Energieüberschuß, d. h., nicht alle Energie wird für den Aufbaustoffwechsel **(Anabolismus)** verwendet. Solche Menschen scheinen eine Menge „Energie" zu haben. Menschen mit niedrigem Grundumsatz hingegen nehmen leicht zu und wirken oft energielos.

  Die Stoffwechselrate wird von einer Reihe von **Hormonen*** beeinflußt, besonders von **STH, Thyroxin, Adrenalin** und **Noradrenalin.** Mehr über diese Hormone erfährt man auf Seiten 334–335.

* **Hormone,** 334; **Zellatmung,** 332

• **Kalorie:** Eine Einheit für die Wärmeenergie. Eine **Kalorie** (abgekürzt c oder cal) ist jene Wärmemenge, die nötig ist, um ein Gramm Wasser von 14,5 °C auf 15,5 °C zu erwärmen. 1000 Kalorien bezeichnen wir als **Kilokalorie** (abgekürzt Kcal, gelegentlich auch Cal). Mit ihr kann man die Temperatur von 1000 Gramm Wasser um 1 °C erhöhen. Die Kilokalorie ist eine weitverbreitete Maßeinheit in der Biologie, da hier stets Wärmemengen eine Rolle spielen. Heute wird jedoch oft die moderne Einheit **Joule** oder **Kilojoule** verwendet. Eine Kilokalorie entspricht dabei ungefähr 4,2 Kilojoule.

Feststellung des **Grundumsatzes** (in Kilokalorien/m²/h)

Bekannte Tatsachen (durch Messungen mit dem sogenannten Kalorimeter ermittelt):

1. Wenn 1 Liter Sauerstoff für den Abbau von Kohlenhydraten verwendet wird, werden ungefähr 5,05 Kilokalorien produziert (d. h., so viel Energie, um 5050 Gramm Wasser um 1 °C zu erwärmen).
2. Mit Fetten ergibt 1 Liter Sauerstoff ungefähr 4,7 Kilokalorien.
3. Mit Proteinen sind es ungefähr 4,6 Kilokalorien.

Erste Berechnung:
Wenn 1 Liter Sauerstoff zum Abbau von Nahrung ganz allgemein verwendet wird, so entsteht eine Wärmeenergie von 4,78 Kilokalorien. Das entspricht dem Mittelwert der drei oben genannten Zahlen (vorausgesetzt, die betreffende Prüfperson hat gleiche Mengen der drei Gruppen von Nährstoffen zu sich genommen).

Messung des Sauerstoffverbrauchs eines Menschen während einer vorgegebenen Zeit. Dazu verwendet man ein sogenanntes Spirometer:

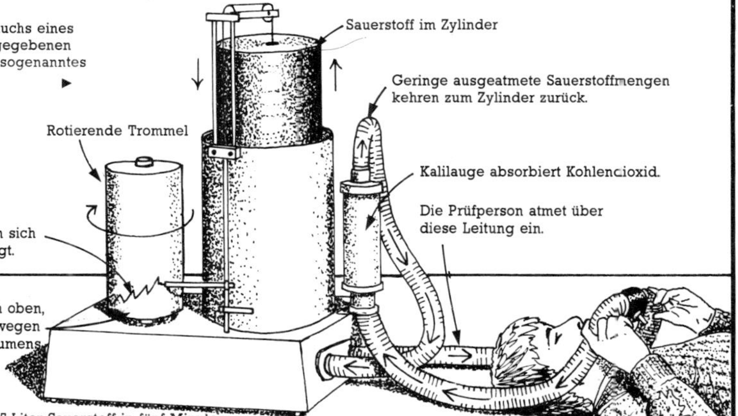

Berechnungen (Beispiel):

1. Die Prüfperson verwendet 1,5 Liter Sauerstoff in fünf Minuten.
2. Dadurch benötigt sie 18 Liter in einer Stunde (1,5 × 12).
3. Beim Nahrungsabbau werden mit einem Liter Sauerstoff 4,78 Kilokalorien produziert.
4. Beim Nahrungsabbau werden mit 18 Liter Sauerstoff 86,04 Kilokalorien produziert (4,78 × 18).
5. Damit produziert die Prüfperson durch Abbau der Nahrung in einer Stunde 86,04 Kilokalorien (und verwendet dabei 18 Liter Sauerstoff, siehe Punkt 2).
6. Der **Grundumsatz** wird aber in Kilokalorien/m²/h angegeben.
7. Zur Bestimmung der Körperoberfläche aus Größe und Gewicht benutzt man vorgegebene Nomogramme.
8. 86,04 geteilt durch Körperoberfläche (zum Beispiel 2 m²) = 43,02 kcal/m²/h (**Grundumsatz**).

• **Enzyme:** Besondere Proteine **(katalytische Proteine)**, die bei allen Lebewesen vorhanden sind und eine grundlegende Rolle bei allen chemischen Reaktionen spielen. Sie wirken nämlich als **Katalysatoren**, d. h., sie beschleunigen Reaktionen, ohne selber daran teilzunehmen und verändert zu werden. Viele Enzyme haben andere Stoffe als „Helfer", die sogenannten **Koenzyme**. Diese Moleküle bringen die Produkte einer von einem Enzym katalysierten Reaktion zur nächsten Reaktion.

Es gibt viele verschiedene Enzymtypen, z. B. **Verdauungsenzyme**, die den Abbau komplizierter Nährstoffe zu einfacheren löslichen Stoffen kontrollieren (s. Text auf Seiten 336–337). **Atmungsenzyme** kontrollieren den weiteren Abbau dieser einfachen Stoffe in den Zellen zur Energiegewinnung (d. h. zur **Zellatmung***).

* **Zellatmung,** 332.

Energie für Leben und Homeostasis

Jedes Lebewesen braucht Energie für seine Aktivitäten. Diese Energie stammt aus einer Reihe chemischer Reaktionen im Innern der Zellen. Wir bezeichnen sie insgesamt als **Zellatmung** oder **biologische Oxidation.** Jede Zelle enthält verschiedene einfache Nährstoffe – bei Pflanzen als Ergebnis der **Photosynthese*** und bei Tieren als Ergebnis der Verdauung und des abbauenden Stoffwechsels (s. Seiten 336–337). Alle diese Stoffe besitzen in chemischer Form gespeicherte Energie. Sie wird beim Abbau durch die Zellatmung frei. In nahezu allen Fällen steht die Glukose im Zentrum des Geschehens (s. **Kohlenhydrate** und Diagramm, Seiten 328–329). Man unterscheidet zwei Arten der Zellatmung, die **anaerobe Atmung** und die **aerobe Atmung.**

- **Anaerobe Atmung:** Eine Art der **Zellatmung,** die ohne freien Sauerstoff (vom Körper aufgenommenen Sauerstoff) auskommt. Die anaerobe Atmung findet in den Zellen aller Lebewesen statt und setzt nur geringe Energiemengen frei. Bei den meisten Organismen besteht sie in einer Kette chemischer Reaktionen, die wir **Glykolyse** nennen. Dabei wird Glukose zu Pyruvat oder **Brenztraubensäure** abgebaut. Unter normalen Bedingungen schließt sich hier unmittelbar die **aerobe Atmung** an, welche diese giftige Säure unter Vorhandensein von Sauerstoff weiter abbaut. Bei diesen späteren Vorgängen wird die meiste Energie gewonnen. Unter ungewöhnlichen Bedingungen hingegen kann der aerobe Abbau nicht unmittelbar daran anschließen. Dann findet ein weiteres Stadium der anaeroben Atmung statt (s. **Sauerstoffschuld**).

  Bei einigen mikroskopisch kleinen Lebewesen, z. B. bei Hefen und einigen Bakterien, findet nur eine anaerobe Atmung statt. Sie liefert genügend Energie für die Bedürfnisse dieser Lebewesen, ja für manche unter ihnen wirkt Sauerstoff als Gift.

- **Aerobe Atmung:** Eine Art der **Zellatmung,** die nur dann stattfinden kann, wenn freier, vom Körper aufgenommener Sauerstoff vorhanden ist. Die weitaus meisten Lebewesen gewinnen den größten Teil ihrer Energie durch aerobe Atmung. Sie schließt sich an ein Stadium der **anaeroben Atmung** an. Sauerstoff wird vom Blut herangeführt und in jede Körperzelle aufgenommen. Er reagiert in den **Mitochondrien*** mit der **Brenztraubensäure,** dem Endprodukt der anaeroben Atmung. Die Endprodukte der Reaktionskette sind Kohlendioxid und Wasser. Die freigegebene chemische Energie wird in Form von **ATP** gespeichert.

  Die aerobe Atmung ist ein Beispiel für eine **Oxidation,** also den Abbau eines Stoffes mit Hilfe von Sauerstoff.

- **Sauerstoffschuld:** Eine Sauerstoffschuld tritt dann auf, wenn ein Lebewesen mit sonst **aerober Atmung** extreme körperliche Leistungen vollbringt. Unter diesen Bedingungen verbrauchen die Zellen des Organismus den Sauerstoff schneller, als sie ihn aufnehmen können. Dies führt dazu, daß nicht genügend Sauerstoff für den Abbau der giftigen **Brenztraubensäure** vorhanden ist, die im ersten **anaeroben Stadium** der Atmung entstanden ist. Die Säure wird in weiteren anaeroben Reaktionen schließlich zur wesentlich weniger giftigen **Milchsäure** umgewandelt. In diesem Fall sagen wir, der Körper hat eine Sauerstoffschuld. Die Schuld wird später „bezahlt", indem der Körper Sauerstoff schneller als üblich für den Abbau der Milchsäure aufnimmt.

* **Mitochondrien,** 239; **Photosynthese,** 254

- **ADP (Adenosindiphosphat)** und **ATP (Adenosintriphosphat):** Diese beiden chemischen Stoffe haben als Hauptbestandteil das **Adenosin.** Es verbindet sich mit zwei (ADP) oder drei **Phosphatgruppen** (ATP). Eine Phosphatgruppe setzt sich aus Phosphor-, Sauerstoff- und Wasserstoffatomen zusammen. Sie kann sich mit anderen Stoffen verbinden, auch mit weiteren Phosphatgruppen eine Kette bilden. Wenn bei der **aeroben Atmung** chemische Energie frei wird, verwendet sie der Körper dazu, um ADP-Moleküle durch Anheftung einer dritten Phosphatgruppe in ATP-Moleküle zu verwandeln. Das Adenosintriphosphat ist also der Energiespeicher des Körpers. Dieser Stoff läßt sich leicht in allen Zellen lagern, und er tritt in besonders großen Mengen in Zellen mit einem hohen Energiebedarf auf, z. B. in Muskelzellen. Wird die gespeicherte Energie benötigt, dann wird ATP zurück in ADP verwandelt. Dadurch wird die gesamte gespeicherte Energie wieder frei. Sie kann für weitere Zellaktivitäten verwendet werden.

Homeostasis

- Als **Homeostasis** bezeichnen wir die Aufrechterhaltung einer bestimmten **inneren Umgebung,** z. B. konstante Temperatur, konstante chemische Zusammensetzung, Menge und Druck von Körperflüssigkeiten, konstante **Stoffwechselrate*** usw. Die Homeostasis ist eine Grundvoraussetzung für das richtige Funktionieren des Körpers. Sie beinhaltet auch, daß jede Abweichung von der Norm (verursacht durch neuartige innere und äußere Faktoren) entdeckt und durch Gegenmaßnahmen korrigiert wird. Am besten können dies die höchsten Lebewesen, die Vögel und die Säugetiere, zu denen wir auch den Menschen zählen. Sie entdecken Abweichungen durch eine **Rückkopplung** von Informationen zu den Kontrollorganen. Der Blutzuckerspiegel beispielsweise wird dauernd von der Bauchspeicheldrüse überprüft. Abweichungen von der Norm werden durch **negative Rückkopplung** korrigiert. Dabei wirken die gewonnenen Informationen auf korrigierende Maßnahmen ein. Wenn der Blutzuckerspiegel zu hoch wird, dann reagiert die Bauchspeicheldrüse darauf, indem sie mehr **Insulin*** zum Abbau des Zuckers produziert (s. auch **antagonistische Hormone,** Seite 334). Die meisten Reaktionen zur Aufrechterhaltung des inneren Gleichgewichts werden wie in diesem Fall von Hormonen kontrolliert. Viele unter ihnen stehen wiederum unter der Kontrolle des **Hypothalamus*** im Gehirn. Ein Beispiel für die Bedeutung des Hypothalamus ist die Kontrolle der Körpertemperatur. Alle Vögel und Säugetiere, darunter auch der Mensch, sind **gleichwarm** oder **homöotherm,** d. h., sie behalten eine konstante Körpertemperatur (ungefähr 37 °C beim Menschen) ungeachtet der äußeren Bedingungen (das Gegenteil dazu heißt **wechselwarm** oder **poikilotherm**). Ein „Thermostat" im Hypothalamus, die **Area prae-optica,** stellt alle Veränderungen der Körpertemperatur fest und sendet Impulse entweder zu einem Gebiet, das den Hitzeverlust regelt, oder zu einem Gebiet, das die Wärmezunahme kontrolliert. Beide liegen ebenfalls im Hypothalamus. Diese Zentren wiederum veranlassen, daß der Körper durch unterschiedliche Handlungen Wärme entweder verliert oder produziert.

* **Hypothalamus,** 303; **Insulin,** 334; **Säugetiere,** 341; **Stoffwechselrate,** 330.

Hormone

Hormone sind besondere chemische „Botenstoffe“, welche die unterschiedlichsten Tätigkeiten im Innern eines Lebewesens kontrollieren. Auf diesen beiden Seiten behandeln wir die Hormone des Menschen und seiner nächsten Verwandten. Auch Pflanzen stellen Hormone (**Phytohormone**) her, doch ist ihre Wirkungsweise in vielen Fällen noch nicht klar (s. **Trennungsschicht**, Seite 249, **Photoperiode** und **Wachstumshormone,** Seite 251). Die Hormone werden beim Menschen und bei den Tieren von **endokrinen Drüsen*** abgegeben. Einige Hormone wirken nur auf ganz bestimmte Körperteile, Organe oder gar nur Zellen ein. Andere hingegen führen zu einer viel allgemeineren Reaktion. Das Hauptkontrollorgan der Hormonproduktion ist der **Hypothalamus***, ein Teil des Gehirns. Er überwacht die Produktion vieler Hormondrüsen, hauptsächlich dadurch, daß er die **Hypophyse*** kontrolliert, die ihrerseits zahlreiche andere Hormondrüsen kontrolliert. Der Hypothalamus regt die Hypophyse zur Hormonproduktion an, indem er **Regulationsfaktoren** zum **Vorderlappen** und Nervenimpulse zum **Hinterlappen** sendet.
Die Hormonproduktion ist lebenswichtig für die **Homeostasis***.

- **Regulationsfaktoren:** Besondere chemische Stoffe, welche die Produktion einer Reihe von Hormonen und damit viele lebenswichtige Körperfunktionen kontrollieren. Sie werden vom **Hypothalamus*** (ein Teil des Gehirns) zum **Vorderlappen** der **Hypophyse*** entsandt. Es gibt zwei Arten von Regulationsfaktoren: Die **Releasing-Faktoren (RF)** oder **Releaser-Hormone** bewirken, daß die betreffende Drüse Hormone abgibt, und die Hemmfaktoren stoppen diese Produktion. **FSHRF (FSH-Releasing-Faktor)** und **LHRF (LH-Releasing-Faktor)** beispielsweise bewirken, daß die Hormone **FSH** und **LH** (s. Tabelle rechts) ausgeschüttet werden. Damit beginnt die **Pubertät***. Viele Regulationsfaktoren sind lebenswichtig für die **Homeostasis***.

- **Antagonistische Hormone:** Hormone, die gegensätzliche Wirkungen auslösen. Beispiele dafür sind das **Glukagon** und das **Insulin** (s. Tabelle rechts). Wenn der Blutzuckerspiegel zu sehr sinkt, produziert die Bauchspeicheldrüse Glukagon, um ihn wieder zu erhöhen. Ein zu hoher Blutzuckerspiegel veranlaßt hingegen die Bauchspeicheldrüse, Insulin zu dessen Senkung auszuschütten (s. auch **Homeostasis,** Seite 333).

HORMONE
ACTH (Adrenocorticotropes Hormon) oder **Adrenocorticotropin**
TTH (Thyreotropes Hormon) oder **Thyreotropin**
STH (Somatotropes Hormon) oder **Somatotropin,** auch **Wachstumshormon**
FSH (Follikelstimulierendes Hormon)
LH (Luteinisierendes Hormon). Bei Männern auch **ICSH (interstitial cell stimulating hormone)** genannt
Prolaktin
Oxytocin
ADH (Antidiuretisches Hormon) oder **Vasopressin**
Thyroxin
TCT (Thyreocalcitonin) oder **Calcitonin**
PTH (Parathyroidhormon) oder **Parathormon**
Adrenalin oder **Epinephrin** **Noradrenalin** oder **Norepinephrin**
Aldosteron
Cortison, Hydrocortison oder **Cortisol**
Östrogen (weibliches **Geschlechtshormon**) **Progesteron** (weibliches **Geschlechtshormon**)
Androgene (männliche **Geschlechtshormone**), besonders **Testosteron**
Gastrin
Cholezystokinin
Sekretin, Pankreozymin
Enterocrinin
Insulin
Glukagon

* **Endokrine Drüsen,** 297; **Homeostasis,** 333; **Hypophyse,** 297; **Hypothalamus,** 303; **Pubertät,** 318.

ORT DER PRODUKTION	WIRKUNGEN
Hypophyse (Seite 297) **(Vorderlappen)**	Stimuliert die Hormonproduktion in der **Rinde** der **Nebennieren** (Seite 297).
Hypophyse (Seite 297) **(Vorderlappen)**	Stimuliert die Produktion von **Thyroxin** in der **Schilddrüse** (Seite 297).
Hypophyse (Seite 297) **(Vorderlappen)**	Stimuliert das Wachstum durch Erhöhung der Rate, mit der Aminosäuren in den Zellen zu Proteinen verbunden werden.
Hypophyse (Seite 297) **(Vorderlappen)**	Arbeitet mit **LH** zusammen und stimuliert bei Frauen die Entwicklung reifer **Eizellen** in den **Eibläschen** (Seite 317) sowie die Abgabe von **Östrogen** durch die Follikel in frühen Stadien des **Menstruationszyklus** (Seite 318). Bewirkt bei Männern die Bildung von **Samen** (Seite 321).
Hypophyse (Seite 297) **(Vorderlappen)**	Stimuliert die **Ovulation** (Seite 318), die Bildung des **Gelbkörpers** (Seite 318) und dessen Ausschüttung von Östrogen und **Progesteron.** Bewirkt zusammen mit Östrogen und Progesteron die Verdickung der Schleimhaut der **Gebärmutter** (Seite 317). Stimuliert bei Männern die Produktion von **Androgenen.**
Hypophyse (Seite 297) **(Vorderlappen)**	Bewirkt zusammen mit **LH**, daß der **Gelbkörper** (Seite 318) Hormone ausschüttet. Stimuliert die Milchproduktion nach der Geburt.
Hypothalamus (Seite 303). Wird in der **Hypophyse (Hinterlappen)** aufgebaut.	Bewirkt Muskelkontraktionen der **Gebärmutter** (Seite 317) während der Wehen und die Abgabe von Milch nach der Geburt.
Hypothalamus (Seite 303). Wird in der **Hypophyse (Hinterlappen)** aufgebaut.	Erhöht die Menge des Wassers, das von den **Nierenkanälchen** (Seite 301) ins Blut rückresorbiert wird.
Schilddrüse (Seite 297)	Erhöht die Geschwindigkeit des Nahrungsabbaus und damit die Energieproduktion und führt zu steigender Körpertemperatur. Kontrolliert zusammen mit **STH** bei jungen Menschen die Wachstums- und Entwicklungsgeschwindigkeit. Enthält Jod.
Schilddrüse (Seite 297)	Führt zu einer Erniedrigung des Kalzium- und Phosphorspiegels im Blut, indem es die Freisetzung aus den Knochen, wo diese Stoffe gespeichert sind, reduziert.
Nebenschilddrüsen (Seite 297)	Erhöht den Kalziumspiegel im Blut durch dessen erhöhte Freisetzung aus den Knochen. Erniedrigt den Phosphorspiegel.
Nebennieren (Seite 297) **(Mark).** Auch in Nervenendigungen. Wird bei Erregung oder Gefahr abgegeben.	Regt die Leber an, mehr Glukose für die Energieproduktion ins Blut abzugeben. Erhöht die Herzschlagfrequenz, führt zu schnellerer Atmung und zur Kontraktion von Blutgefäßen.
Nebennieren (Seite 297) **(Rinde)**	Erhöht den Natrium- und Wassergehalt im Blut, indem es die Rückresorption dieser Stoffe in den **Nierenkanälchen** (Seite 301) fördert.
Nebennieren (Seite 297) **(Rinde)**	Erhöht die Geschwindigkeit des Nährstoffabbaus zur Energiegewinnung und erhöht damit die Widerstandskraft gegenüber Belastungen. Dämpft Entzündungen.
Zur Hauptsache in **Eibläschen** (Seite 317) und im **Gelbkörper** (Seite 318) in den **Eierstöcken** (weibliche Geschlechtsorgane, Seite 317). Während der Schwangerschaft auch in der **Plazenta** (Seite 319).	Östrogen aktiviert die Entwicklung **sekundärer Geschlechtsmerkmale** bei der **Pubertät** (Seite 318), z. B. das Wachstum der Brüste. Beide Hormone bereiten die **Milchdrüsen** für die Milchproduktion vor. Zusammen mit **LH** bewirken sie eine Verdickung der Schleimhaut der **Gebärmutter** (Seite 317). Progesteron dominiert gegen das Ende des **Menstruationszyklus** (Seite 318) und während der Schwangerschaft. Es erhält dann die Gebärmutterschleimhaut und die Milchdrüsen funktionsbereit.
Zur Hauptsache in den **Leydigschen Zwischenzellen** in den **Hoden** (männliche Geschlechtsorgane, Seite 316).	Aktiviert die Entwicklung und Aufrechterhaltung **sekundärer Geschlechtsmerkmale** bei der **Pubertät** (Seite 318), z. B. das Bartwachstum
	Stimuliert die Produktion von **Magensaft** (Seite 336).
Zellen im Dünndarm	Stimuliert die Öffnung des Ringmuskels um den gemeinsamen Ausführgang von Galle und Bauchspeicheldrüse, die Kontraktion der Gallenblase und die Abgabe von **Galle** (Seite 297) in den **Zwölffingerdarm** (Seite 295).
Zellen im Dünndarm	Regt die Bauchspeicheldrüse zur Produktion von **Bauchspeichel** (Seite 336) und zu dessen Abgabe in den **Zwölffingerdarm** (Seite 295) an.
Zellen im Dünndarm	Stimuliert die Produktion von **Darmsaft** (Seite 336).
Bauchspeicheldrüse bei zu hohem Blutzuckerspiegel	Regt die Leber an, mehr Glukose in den Speicherstoff Glykogen zu verwandeln (Seite 329). Beschleunigt auch den Glukosetransport zu den Zellen.
Bauchspeicheldrüse bei zu niedrigem Blutzuckerspiegel	Stimuliert die Umwandlung von Glykogen zu Glukose in der Leber (Seite 329) sowie die Umwandlung von Fetten und Proteinen in Glukose.

Verdauungssäfte und Verdauungsenzyme

Alle Verdauungssäfte* des menschlichen Körpers, die von **Verdauungsdrüsen*** in den Darm abgegeben werden, enthalten **Enzyme***, die den Abbau der Nahrung in einfache lösliche Nährstoffe kontrollieren. Man nennt sie auch **Verdauungsenzyme** und kann sie in drei Gruppen einteilen: **Amylasen** (oder **Diastasen**) fördern den Abbau von **Kohlenhydraten***, und am Ende entstehen dabei **Monosaccharide** (siehe „Verwendete Fachbegriffe", gegenüberliegende Seite). **Proteasen** (oder **Peptidasen**) beschleunigen den Abbau von Proteinen zu **Aminosäuren***, indem sie die **Peptidbindungen** (s. **Proteine**, Seite 328) angreifen. **Lipasen** schließlich beschleunigen den Abbau von **Fetten** zu **Glyzerin** und **Fettsäuren** (s. **Fette**, Seite 328). Die Tabelle unten führt die verschiedenen Verdauungssäfte des Körpers mit ihren Enzymen und deren Wirkung auf.

Verdauungssaft: Speichel

Ort der Produktion: Speicheldrüsen* im Mund

Verdauungsenzym: Amylase des Speichels (oder **Ptyalin**)

Wirkungen: Beginn des Abbaus der **Kohlenhydrate* Stärke** und **Glykogen** (s. **Polysaccharide**, Seite 329).

Produziert: etwas **Dextrin** (ein kürzeres **Polysaccharid**) s. Anmerkung 1.

Verdauungssaft: Magensaft

Ort der Produktion: Magendrüsen* in der Magenwand. Werden in den Magen abgegeben (s. **Gastrin**, Seite 334).

Verdauungsenzyme (sowie ein weiterer Bestandteil):
1. Pepsin (**Protease**). Siehe Anmerkung 2.
2. Labferment (**Protease**). Nur beim Baby vorhanden.
3. Salzsäure.
4. Magenlipase. Hauptsächlich beim Baby vorhanden.

Wirkungen:
1. Beginn des Abbaus der **Proteine*** (**Polypeptide**).
2. Fällt (zusammen mit Kalzium) Milch aus, d. h. es wirkt auf Protein (**Casein**) ein. s. Anmerkung 3.
3. Aktiviert **Pepsin** (siehe Anmerkung 2), fällt Milch bei Erwachsenen aus (s. Anmerkung 3) und tötet Bakterien ab.
4. Beginnt mit dem Abbau von **Fetten*** in der Milch.

Produziert:
1. Kürzere **Polypeptide**
2., 3. Gefällte Milch. **Bruch**
4. Zwischenstufen

Verdauungssaft: Galle

Ort der Produktion: Leber wird von der **Gallenblase*** gespeichert und in den Dünndarm abgegeben (s. **Cholezystokinin,** Seite 334).

Bestandteile: Gallensalze und **Gallensäuren**

Wirkungen: Zerkleinert **Fette** (und Zwischenverbindungen) in winzige Teilchen. Dieser Vorgang heißt **Emulgierung.**

Verdauungssaft: Bauchspeichel

Ort der Produktion: Bauchspeicheldrüse. Wird in den Dünndarm abgegeben (s. **Sekretin,** Seite 334).

Verdauungsenzyme:
1. Trypsin (Protease); siehe Anmerkung 2.
2. Chymotrypsin (Protease); siehe Anmerkung 2.
3. Carboxypeptidase (Protease); siehe Anmerkung 2.
4. Amylase der **Bauchspeicheldrüse**
5. Liptase der **Bauchspeicheldrüse**

Wirkungen:
1, 2, 3. Fahren im Abbau der **Proteine*** (längere und kürzere **Polypeptide)** fort.
4. Führt den Abbau von **Kohlenhydraten*** weiter.
5. Baut **Fette*** ab.

Produziert:
1, 2, 3. Dipeptide und einige **Aminosäuren*.**
4. Maltose (Disaccharide).
5. Glyzerin und **Fettsäuren** (s. **Fette,** Seite 328).

Verdauungssaft: Darmsaft

Ort der Produktion: Lieberkühnsche Drüsen* in der Dünndarmwand. Der Verdauungssaft wird unter dem Einfluß des **Enterocrinins** in den Dünndarm abgegeben (s. Seite 334).

Verdauungsenzyme:
1. Maltase (**Amylase**)
2. Invertase (**Saccharase**) (**Amylase**)
3. Laktase (**Amylase**)
4. Enterokinase; s. Anmerkung 2.

Wirkungen:
1. Baut **Maltose** (**Disaccharid**) ab.
2. Baut **Saccharose** (**Disaccharid**) ab.
3. Baut **Laktose** (**Disaccharid**) ab.
4. Vollendet den Abbau der **Proteine*** (**Dipeptide**).

Produziert:
1. Glukose (oder **Dextrose**) (**Monosaccharid**)
2. Glukose und **Fruktose** (**Monosaccharide**)
3. Glukose und **Galaktose** (**Monosaccharide**)
4. Aminosäuren*

Anmerkungen

1. In diesem Stadium wird nicht viel **Dextrin** produziert, da sich der Nahrungsbissen nicht genügend lange im Mund befindet. Die meisten Kohlenhydrate passieren den Mund unverändert.

2. **Proteasen** werden zuerst in inaktiven Formen abgegeben, um zu verhindern, daß sie den Verdauungskanal, der wie der größte Teil des Körpers aus **Proteinen*** besteht, selber auflösen. Erst im Verdauungskanal (der von einer **Schleimhaut*** geschützt wird) werden diese inaktiven Proteasen in aktive Formen umgewandelt. **Salzsäure** verwandelt das inaktive **Pepsinogen** in **Pepsin**, die **Enterokinase** verwandelt das **Trypsinogen** in **Trypsin**, und das **Trypsin** bewirkt dann, daß **Chymotrypsinogen** zu **Chymotrypsin** und **Procarboxypeptidase** zu **Carboxypeptidase** wird.

3. Die Wirkung des **Labferments** und der **Salzsäure** bei der Fällung der Milch ist lebenswichtig, da flüssige Milch zu schnell durch den Verdauungskanal ziehen würde, um verdaut zu werden.

* **Aminosäuren,** 328 **(Proteine); Enzyme,** 331; **Fette,** 328; **Gallenblase,** 297; **Kohlenhydrate,** 328; **Liberkühnsche Drüsen, Magendrüsen,** 296 **(Verdauungsdrüsen); Schleimhaut,** 295; **Speicheldrüsen,** 296; **Verdauungssäfte,** 296 **(Verdauungsdrüsen).**

Verwendete Fachbegriffe

Polysaccharide: Die komplexesten **Kohlenhydrate***. Jedes Polysaccharid stellt eine Kette zahlreicher **Monosaccharid**-Moleküle dar. Die meisten Kohlenhydrate, die wir in den Körper aufnehmen, gehören zu den Polysacchariden, z. B. **Stärke** (Hauptpolysaccharid in Nahrungspflanzen) und **Glykogen** (Hauptpolysaccharid in tierischer Substanz). Mehr über Stärke und Glykogen s. Seite 329.

Disaccharide: Verbindungen aus zwei **Monosaccharid**-Molekülen. Disaccharide treten entweder beim Abbau von **Polysacchariden** als Zwischenstufen auf oder sie werden als solche in den Körper aufgenommen, wie es etwa bei der **Saccharose** und der **Laktose** der Fall ist (Saccharose kommt in der Zuckerrübe und im Zuckerrohr vor, die Laktose findet sich in der Milch).

Monosaccharide: Die einfachsten **Kohlenhydrate***. Fast alle gehen aus dem Abbau von **Polysacchariden** hervor. Die **Fruktose** wird als solche in den Körper aufgenommen (z. B. in Fruchtsäften) oder geht aus dem Abbau von **Saccharose** hervor. Das Endprodukt des Abbaus aller Kohlenhydrate ist die **Glukose**; die Fruktose und die **Galaktose** werden von der Leber in Glukose umgebaut.

Polypeptide: Polypeptide sind Ketten aus Hunderten oder Tausenden von **Aminosäure***-Molekülen (**s. Proteine,** Seite 328).

Dipeptide: Ketten von zwei **Aminosäure***-Molekülen. Dipeptide treten als Zwischenstufen beim Abbau von **Polypeptiden** auf.

Vitamine und ihre Wirkungen

Vitamin A (Retinol, Axerophthol)

Vorkommen: Leber, Niere, Öle aus Fischlebern wie Lebertran, Eier, Milchprodukte, Margarine, **Pigmente*** (**Karotin**) in grünen und gelben Früchten und Gemüsen, besonders Tomaten, Karotten. Das Karotin wird im Darm in Vitamin A umgewandelt.

Wirkungen: Erhält die Gesundheit von **Epithel***-Zellen, fördert das Wachstum, besonders von Knochen und Zähnen. Wesentlich für das Sehvermögen in der Dämmerung und nachts: Spielt bei der Bildung des lichtempfindlichen **Pigments* Rhodopsin** (Sehpurpur) eine Rolle, das in den **Stäbchen** der **Netzhaut*** auftritt. Fördert die Widerstandskraft gegenüber Infektionen.

Vitamin-B-Komplex

Eine Gruppe von mindestens zehn Vitaminen, die im allgemeinen zusammen auftreten. Darunter sind: **Vitamin B_1 (Thiamin, Aneurin)**, **Vitamin B_2 (Riboflavin)**, **Vitamin B_3 (Niacin** oder **Nikotinsäure)**, **Vitamin B_5 (Pantothensäure)**, **Vitamin B_6 (Pyridoxin)**, **Vitamin B_{12} (Cyanocobalamin** oder **antianämisches Vitamin)**, **Vitamin B_c** oder **M (Folsäure)**, **Biotin** (bisweilen **Vitamin H** genannt), **Lecithin**.

Vorkommen: Alle kommen in Leber und Hefe vor. Alle mit Ausnahme von Vitamin B_{12} in naturbelassenem Getreide und Vollkornbrot, Weizenkeimen, grünen Gemüsen, z. B. Bohnen. B_{12} tritt in keinem pflanzlichen Produkt auf. B_2 und B_{12} besonders in Milchprodukten. Die meisten auch in Eiern, Nüssen, Fischen, magerem Fleisch, Nieren, Kartoffeln. B_6, Folsäure und Biotin werden auch von Darmbakterien hergestellt.

Wirkungen: Die meisten Vitamine dieser Gruppe sind für das Wachstum und für die Gesundheit der Gewebe wichtig, z. B. der Muskeln (B_1, B_6), der Nerven (B_1, B_3, B_6, B_{12}), der Haut (B_2, B_3, B_5, B_6, B_{12}), der Haare (B_2, B_5). B_5, B_6 und Lecithin helfen bei der kontinuierlichen Funktion von Körperorganen. Die meisten (B_1, B_2, B_3, B_5, B_6, B_{12}) sind wesentliche **Koenzyme***, die beim Abbau von Nährstoffen die Energiegewinnung fördern (**Zellatmung***). Viele, darunter B_2, B_6 und B_{12}, sind auch Koenzyme, die am Aufbau von Stoffen (**Proteine***) für das Wachstum, für die Regulierung der Körperfunktionen und die Krankheitsabwehr beteiligt sind. B_{12} und Folsäure sind lebenswichtig für die Bildung von Blutzellen, B_5 und B_6 für die Herstellung bestimmter chemischer Stoffe in Nerven (**Neurotransmitter***).

Vitamin C (Ascorbinsäure)

Vorkommen: Grüne Gemüse, Kartoffeln, Tomaten, Zitrusfrüchte wie Orangen, Grapefruits und Zitronen.

Wirkungen: Wichtig für das Wachstum und die Gesundheit von Körpergeweben, z. B. der Haut, der Blutgefäße, der Knochen, des Zahnfleisches und der Zähne. Wichtiges **Koenzym*** bei vielen Stoffwechselreaktionen, besonders beim Abbau von **Proteinen*** und beim Aufbau neuer Proteine ausgehend von **Aminosäuren*** (vor allem **kollagener Proteine**, s. **Bindegewebe,** Seite 280). Spielt auch eine Rolle bei der Abwehr gegenüber Infektionen und bei der Wundheilung.

Vitamin D (Calciferol)

Vorkommen: Leber, Öle aus Fischleber wie Lebertran, ölhaltige Fische, Milchprodukte, Eidotter, Margarine, eine besondere Form (Provitamin D_3) in Hautzellen (wird bei Sonnenbestrahlung in Vitamin D umgewandelt).

Wirkungen: Wesentlich für die Aufnahme von Kalzium und Phosphor und ihre Ablagerung in Zähnen und Knochen. Kann zusammen mit dem **Hormon* PTH*** wirksam werden.

Vitamin E (Tokopherol)

Vorkommen: Fleisch, Eidotter, grüne Blattgemüse, Nüsse, Milchprodukte, Margarine, Getreide, Vollkornbrot, Weizenkeime, Samen und pflanzliche Öle.

Wirkungen: Noch nicht völlig aufgeklärt. Man nimmt an, daß das Vitamin E bei der Bildung von **DNS***, **RNS*** und roten Blutkörperchen eine Rolle spielt. Ferner soll es die Fruchtbarkeit und den Abbau von Nährstoffen in Muskelzellen fördern.

Vitamin K (Phyllochinon)

Vorkommen: Leber, Früchte, Nüsse, Getreide, Tomaten, grüne Gemüse, besonders Kohl, Blumenkohl, Spinat. Wird auch von Darmbakterien hergestellt.

Wirkungen: Wesentlich für die Bildung von **Prothrombin*** in der Leber. Dieser Stoff spielt bei der Blutgerinnung eine entscheidende Rolle.

* **Aminosäuren**, 328 **(Proteine)**; **DNS**, 324 **(Nukleinsäuren)**; **Epithel**, 310 **(Oberhaut)**; **Koenzyme**, 328 **(Enzyme)**; **Kohlenhydrate**, 328; **Netzhaut**, 313; **Neurotransmitter**, 305 **(Synapse)**; **Pigmente**, 255; **Prothrombin** 287 **(Blutgerinnung)**; **PTH**, 334; **RNS**, 324 **(Nukleinsäuren)**; **Zellatmung**, 332.

Die Klassifikation der Lebewesen

Die Taxonomie oder **Systematik** beschäftigt sich damit, die Lebewesen nach gemeinsamen Merkmalen in Gruppen einzuteilen. Dabei entsteht eine **Klassifikation.** Die klassische Taxonomie gliedert ihre Gruppen nach der gegenseitigen Verwandtschaft und stützt sich dabei vorwiegend auf strukturelle Merkmale (s. aber auch Seite 342). Dabei unterscheidet man zunächst zwei **Reiche** und dann zahlreiche weitere kleinere Gruppierungen.

Die ersten Gruppierungen unterhalb der Reiche nennen wir **Unterreiche;** einige Klassifikationen der Pflanzen unterscheiden jedoch keine Unterreiche. Die nächste Kategorie heißt bei den Tieren **Stamm** und bei den Pflanzen **Abteilung.** Die darauffolgenden Kategorien heißen **Klasse, Ordnung, Familie, Gattung** und schließlich **Art.** Diese stellt die kleinste Einheit der Systematik dar. Einige Abteilungen oder Stämme mit nur wenigen Mitgliedern weisen nicht alle diese Gruppierungen auf. Die nächste Gruppe nach dem Stamm ist dann die **Ordnung,** daran schließen sich **Familie, Gattung** und **Art** an. Für besonders artenreiche Gruppen gibt es auch noch Zwischenkategorien, z.B. **Unterfamilien, Unterklassen** oder **Unterstämme.** Die Tabellen auf den nächsten vier Seiten reichen in den meisten Fällen nur bis zu den Klassen, mit einigen Unterklassen und sogar **Infraklassen** im Fall der Säugetiere (s. Seite 341).

Es soll nicht verschwiegen werden, daß auf manchen Gebieten der Pflanzen- und Tiersystematik die Diskussion noch ganz offen ist. Besonders die Klassifikation der Pflanzen schwankt noch so sehr, daß zwei oder sogar drei Gruppen von vielen Taxonomen als völlig getrennte Reiche und nicht als den eigentlichen Pflanzen zugehörig betrachtet werden. In den Anmerkungen auf der Seite 339 bzw. 341 werden einige der Meinungsverschiedenheiten aufgeführt. Überdies geben wir auf dieser Doppelseite zwei mögliche Klassifikationen wieder (Tabelle 1 und Tabelle 2). Beim Tierreich mußten wir uns auf eine Tabelle beschränken.

Das Pflanzenreich

Tabelle 1

UNTERREICH: Thallophyta. Keine Wurzeln, Stengel oder Blätter, kein eigentlicher **Embryo***.

ABTEILUNG: Schizophyta oder **Schizomycophyta**. Bakterien. Einzellige Lebewesen, die überall in großer Zahl auftreten. Einige sind **pathogen** und lösen Krankheiten aus, andere werden nützlich, indem sie z. B. tote Lebewesen abbauen.

ABTEILUNG: Myxomycophyta oder **Myxomycota**. Schleimpilze. Sehr einfache Lebewesen ohne **Zellwände*** und ohne **Chlorophyll***. Leben auf verrottenden Pflanzen oder faulenden Tieren. Fortpflanzung mit **Sporen***.

ABTEILUNG: Eumycophyta oder **Eumycota**. Echte Pilze. Einzellig oder aus ineinander verflochtenen Fäden, den **Hyphen**, bestehend. Diese bilden ein Pilzgeflecht oder **Myzel** in totem Material, von dem der Pilz lebt. Haben **Zellwände***, aber kein **Chlorophyll***. Die abbauende Tätigkeit der Pilze wird auch von der Industrie genützt, z. B. bei der Bier- und Weinbereitung. Einige Pilze produzieren wichtige Antibiotika, etwa das Penicillin. Fortpflanzung mit **Sporen***.

Die übrigen Abteilungen im Unterreich fassen wir unter der Bezeichnung **Algen** zusammen. Es sind einfache Pflanzen, die in Salz- oder Süßwasser oder an Stellen mit hoher Luftfeuchtigkeit leben. Alle haben **Chlorophyll*** (s. aber Anmerkung 2). Die größten unter ihnen, die Seetange, weisen einen riemenartigen Pflanzenkörper auf, den **Thallus**.

ABTEILUNG: Cyanophyta. Blaualgen. Primitive einzellige oder vielzellige Algen mit **Zellwänden***. Haben ein blaugrünes Pigment, das **Phycocyanin**. Kommen auch in heißen Quellen und in arktischem Wasser vor.

ABTEILUNG: Euglenophyta. Einzellige Algen ohne **Zellwände***, aber mit **Geißeln***. Häufig im Süßwasser.

ABTEILUNG: Chrysophyta. Goldalgen. Einzellige Algen mit **Zellwänden*** und **Geißeln***. Sehr vielfältige Gruppe, Salz- oder Süßwasserbewohner, auch an feuchten Stellen.

ABTEILUNG: Pyrrhophyta. Feueralgen. Einzellige Algen ohne **Zellwände***, aber mit **Geißeln***.

ABTEILUNG: Bacillariophyta. Kieselalgen oder Diatomeen. Einzellige Algen mit Kieselskeletten. Salz- oder Süßwasserbewohner. Oft **koloniebildend** und in Massen zusammenlebend.

ABTEILUNG: Xanthophyta. Gelbgrüne Algen. Meist einzellig, mit **Zellwänden*** und dem **Pigment* Xanthophyll**. Salz- oder Süßwasserbewohner, auch an Stellen mit hoher Luftfeuchtigkeit.

ABTEILUNG: Rhodophyta. Rotalgen. Vielzellige Algen mit **Zellwänden*** und roten sowie blauen **Pigmenten***. Hauptsächlich im Salzwasser verbreitet. Oft große Seetange.

ABTEILUNG: Phaeophyta. Braunalgen. Vielzellige Algen, alle mit **Zellwänden***. Darunter fallen fast alle bekannten Seetange, braune ebenso wie olivgrüne. Die Thalli werden bis 70 Meter lang. Jede Pflanze heftet sich mit einem Fuß an der Unterlage fest.

ABTEILUNG: Chlorophyta. Grünalgen. Größte Gruppe der Algen, darunter ebenso viele einzellige wie vielzellige Formen. Alle mit **Zellwänden***. Hauptsächlich Süßwasserbewohner, einige jedoch im Salzwasser und an Stellen mit hoher Luftfeuchtigkeit, z. B. an Baumstämmen oder im Boden. Oft in enormen Mengen vertreten. Einzellige Formen oft **koloniebildend** – s. Bacillariophyta.

UNTERREICH: Embryophyta. Alle Pflanzen mit **Zellwänden***, **Chlorophyll***, Wurzeln, Stengeln und Blättern. Mit deutlicher Schutzschicht aus Zellen um die neue sich entwickelnde Pflanze (**Embryo***).

ABTEILUNG: Bryophyta. Moose. Haben eine Art Wurzeln, Stengel und Blätter, aber kein **Leitgewebe***. Die meisten Formen weisen stengelähnliche Strukturen auf, die dicht gepackte Blätter tragen (Laubmoose), während andere einen blattähnlichen, flach anliegenden Thallus aufweisen (Lebermoose). Wurzeln fadenähnlich (**Rhizoide**), heften sich an der Oberfläche fest, anstatt in den Boden einzudringen. Hauptsächlich Landpflanzen mit weiter Verbreitung in Gebieten mit hoher Luftfeuchtigkeit. Drei Klassen:

* **Chlorophyll,** 255; **Embryo,** 321; **Geißeln,** 268; **Leitgewebe,** 242; **Pigmente,** 255; **Sporen,** 320 **(Sporenbildung); Zellwand,** 238.

Klassen:

Hepaticae. Lebermoose.
Musci. Laubmoose.
Anthocerotae. Hornmoose.

ABTEILUNG: Tracheophyta. Mit Wurzeln, Stengeln, Blättern und **Leitgewebe***.

Unterabteilung: **Pteridophyta**. Farnpflanzen. Keine Blüten und keine Samen. Vier Klassen:

Klassen:

Psilotales. Urfarne. Primitive, zum größten Teil ausgestorbene Pflanzen.

Lycopodiales. Bärlappgewächse. Am Boden kriechende **immergrüne*** Pflanzen, mit den Farnen verwandt. Krautig und moosähnlich. Eine uralte Gruppe.

Equisetales. Schachtelhalmgewächse. Mit Farnen verwandt, doch können sie bei geringerer Feuchtigkeit und Beschattung leben. Riesenformen waren in früheren Erdzeitaltern häufig.

Filicales. Farne. Leben an feuchten, schattigen Stellen. Mit oft reich strukturierten Blättern und deutlicher Nervatur. Vermehrung durch **Sporen***.

Unterabteilung: **Spermatophyta**. Samenpflanzen. Produzieren Samen. Zwei Klassen:

Klasse:

Gymnospermae. Nacktsamige Pflanzen. Samen nicht in einer Frucht eingeschlossen. Keine Blüten.

Unterklassen:

Cycadales. Palmfarne. Primitiv, palmähnlich.
Coniferales. Nadelhölzer oder Koniferen. **Immergrün***, meistens mit scharf zugespitzten harten Blättern (**Nadeln**), alle mit Zapfen. Blüten stets eingeschlechtig. Samenanlagen entwickeln sich auf den Schuppen weiblicher Zapfen, keine Blüten, die **Pollen*** wachsen auf Schuppen der männlichen Zapfen.
Ginkgoales. Nur ein Mitglied, der Ginkgobaum aus Ostasien.
Gnetales. Nur drei Gattungen, darunter die berühmte Wüstenpflanze Welwitschia mit langen, dauernd nachwachsenden, ledrigen Blättern.

Klasse:

Angiospermae. Bedecktsamige Pflanzen Samen in einer Frucht eingeschlossen. Mit Blüten.

Unterklassen:

Dicotyledonae. Zweikeimblättrige Pflanzen. Zwei **Keimblätter***. Beispiele: Hahnenfuß und Rose.
Monocotyledonae. Einkeimblättrige Pflanzen. Mit einem **Keimblatt***. Beispiele: Gräser und Lilien.

Tabelle 2 (für Beschreibungen siehe Tabelle 1)

Thallophyta nur als informeller Begriff

ABTEILUNG: Schizophyta oder **Schizomycophyta**

ABTEILUNG: Myxomycophyta oder **Myxomycota**

ABTEILUNG: Eumycophyta oder **Eumycota.**

ABTEILUNG: Cyanophyta

ABTEILUNG: Euglenophyta

ABTEILUNG: Chrysophyta

ABTEILUNG: Pyrrhophyta

ABTEILUNG: Bacillariophyta

ABTEILUNG: Xanthophyta

ABTEILUNG: Rhodophyta

ABTEILUNG: Phaeophyta

ABTEILUNG: Chlorophyta

Embryophyta nur als informeller Begriff

ABTEILUNG: Bryophyta

Klassen:

Hepaticae
Musci
Anthocerotae

Tracheophyta nur als informeller Begriff
Pteridophyta nur als informeller Begriff
ABTEILUNG: Psilophyta. Entspricht der Klasse **Psilotales**.
ABTEILUNG: Lycophyta. Entspricht der Klasse **Lycopodiales**.
ABTEILUNG: Sphenophyta. Entspricht der Klasse **Equisetales**.
ABTEILUNG: Pterophyta. Entspricht der Klasse **Filicales**.
Spermatophyta nur als informeller Begriff
Gymnospermae nur als informeller Begriff
ABTEILUNG: Cycadophyta. Entspricht der Unterklasse **Cycadales**.
ABTEILUNG: Coniferophyta. Entspricht der Unterklasse **Coniferales**.
ABTEILUNG: Ginkgophyta. Entspricht der Unterklasse **Ginkgoales**.
ABTEILUNG: Gnetophyta. Entspricht der Unterklasse **Gnetales**.
Angiospermae nur als informeller Begriff
ABTEILUNG: Anthophyta. Entspricht der Klasse **Angiospermae**.

Klasse:

Dicotyledonae. Entspricht der Unterklasse **Dicotyledonae**.

Klasse:

Monocotyledonae. Entspricht der Unterklasse **Monocotyledonae**.

Anmerkungen

1. Die Bakterien und die Blaualgen (Abteilungen **Schizophyta** und **Cyanophyta**) haben keine **Zellkerne*** und gelten deswegen nicht als echte Pflanzen oder Tiere. Aus diesem Grunde stellen sie manche Taxonomen in ein eigenes Reich, das vor dem Pflanzen- und Tierreich kommt und das **Monera** oder **Prokaryota** heißt. Mit dieser letzten Bezeichnung ist angedeutet, daß diese Lebewesen keinen richtigen Zellkern haben; das Gegenteil ist **Eukaryota**.

2. Einige einzellige Algen, besonders in den Abteilungen **Euglenophyta**, **Chrysophyta** und **Pyrrhophyta**, zeigen tierische wie pflanzliche Merkmale. Sie können z. B. wie Tiere Futter aufnehmen und gleichzeitig Nahrung durch **Photosynthese*** herstellen. Einige haben **Geißeln***, und manchen fehlt die **Zellwand***. Aus diesem Grunde stellen manche Taxonomen diese Formen in ein eigenes Reich, das sie **Protista** nennen und zwischen die **Monera** (s. Anmerkung 1) und die Pflanzen sowie Tiere stellen. Dieses Reich kann auch die **Protozoa** oder tierischen Einzeller aufnehmen (s. Seite 340).

3. Die Schleimpilze und die echten Pilze (Abteilungen **Myxomycophyta** und **Eumycophyta**) zeigen nur eine zweifelhafte Verwandtschaft mit den Pflanzen, denn es fehlt ihnen das **Chlorophyll***. Zu den Tieren bestehen keine näheren Verbindungen. Aus diesem Grunde stellen sie einige Taxonomen in ein eigenes Reich, das sie **Fungi** nennen. Die Fungi stünden dann nach den **Monera** und **Protista** (s. Anmerkungen 1 und 2) und vor den Pflanzen und Tieren.

* **Chlorophyll,** 255; **Geißeln,** 268; **Immergrün,** 236; **Keimblatt,** 261; **Leitgewebe,** 242; **Photosynthese,** 254; **Pollen,** 258; **Samenanlage,** 258; **Sporen,** 320 **(Sporenbildung)**; **Zellkern, Zellwand.** 238.

Das Tierreich

Siehe die Einführung auf Seite 338. Wie in der Tabelle für die Pflanzen werden auch hier die Tiere nach ihrer Komplexität aufgeführt, wobei man mit den ursprünglichsten Formen beginnt. Die Hauptmerkmale werden in dieser Tabelle an der ersten Stelle des Auftretens genannt und später als vorhanden vorausgesetzt, um den Text nicht zu sehr zu belasten. Dazu gehören zum Beispiel ein echter Darm, ein Kreislaufsystem, ein Nervensystem, eine echte Leibeshöhle, einige Arten der **Segmentation***, des Skeletts sowie das Auftreten von Lungen (s. auch Seiten 264 bis 265). Alle anderen erwähnten Merkmale beziehen sich spezifisch nur auf die betreffende Gruppe.

Es gibt eine größere Zahl verhältnismäßig ursprünglicher Tiere, besonders von Würmern, die jeweils zu kleinen Gruppen gehören. Diese werden nur in den umfangreichsten Klassifikationen als kleinere **Stämme** behandelt. Hier müssen wir sie aus Platzgründen weglassen.

UNTERREICH: Protozoa

STAMM: Protozoa. Tierische Einzeller. Der einzige Stamm, der denselben Namen wie das Unterreich trägt. Einzellige Tiere, meistens Wasserbewohner, nicht wenige jedoch **Parasiten***. Beispiele: Amöben, Pantoffeltierchen.

Klassen: Mastigophora (oder **Flagellata**), **Sarcodina**, **Ciliophora** (oder **Ciliata**), **Sporozoa**, **Microspora**

UNTERREICH: Parazoa

STAMM: Porifera. Schwämme. Einziger Stamm dieses Unterreichs. Poröse, festsitzende Lebewesen, die aus Tausenden oder Millionen einzelliger Lebewesen bestehen (s. **koloniebildende Tiere**, Seite 342).

Klassen: Calcarea, Demospongiae, Sclerospongiae, Hexactinellida (oder **Triaxonida** oder **Hyalospongiae**)

UNTERREICH: Metazoa. Echte Vielzeller. Umfaßt alle übrigen, vielzelligen Tiere.

STAMM: Coelenterata oder **Cnidaria**. Hohltiere. Wasserbewohner mit **Tentakeln***. Nur eine Körperöffnung, Mund und After zugleich. Bewegen sich durch Muskelkontraktion. Beispiele: Seeanemonen, Quallen, Süßwasserpolypen.

Klassen: Hydrozoa, **Scyphozoa**, **Anthozoa** (oder **Actinozoa**)

STAMM: Ctenophora. Rippenquallen. Meeresbewohnende, gallertige Tiere, sehr ähnlich den Hohltieren, doch bewegen sie sich mit Hilfe von **Wimpern*** fort.

Klassen: Tentaculata, **Nuda**

STAMM: Platyhelminthes. Plattwürmer. Mit einem Mund und einem primitiven Ausscheidungssystem. Beispiele: Strudelwurm, parasitische Saug- und Bandwürmer.

Klassen: Turbellaria, **Cestoidea** (oder **Cestoda** oder **Eucestoda**), **Cestodaria**, **Monogenoidea** (oder **Monogenea**), **Digenoidea** (oder **Digenea**), **Aspidogastrea** (oder **Aspidobothrea** oder **Aspidocotylea**)

STAMM: Nemertea oder **Rhynchocoela**. Schnurwürmer. Meeresbewohner mit echtem Darm, der vom Mund bis zum **After*** läuft, primitives Kreislaufsystem und ein langer vorstülpbarer Saugrüssel mit Haken am Ende.

Klassen: Anopla, **Enopla**

STAMM: Aschelminthes. Überwiegend **parasitische*** Formen, zum Beispiel Fadenwürmer, Madenwurm, Älchen.

Klassen: Nematoda, **Rotifera** (oder **Rotatoria**), **Gastrotricha**, **Kinorhyncha** (oder **Echinodera**), **Priapulida**, **Nematomorpha** (oder **Gordiacea**)

STAMM: Annelida oder **Annulata.** Ringelwürmer. Die am weitesten entwickelten Würmer. Röhrenförmige segmentierte Körper mit Leibeshöhle, Kreislauf- und Nervensystem. Halten sich mit feinen **Borsten*** im Boden oder auf dem Sand fest.

Klassen: Aclitellata (Meereswürmer), **Clitellata** (Würmer des Süßwassers und des Bodens sowie Egel)

STAMM: Mollusca. Weichtiere. Tiere mit weichem Körper und einer Kalkschale, mit Kopf und muskulösem Fuß zum Kriechen oder Graben. Überwiegend Wasserbewohner.

Klassen: Drei kleinere – **Scaphopoda**, **Monoplacophora**, **Amphineura**. Drei viel wichtigere:

Gastropoda. Schnecken. Weichtiere mit einer einteiligen Schale. Bei den Nacktschnecken sind nur noch Reste davon vorhanden.

Lamellibranchiata oder **Bivalvia**. Muscheln. Zweiteilige Schale. Beispiele: Austern, Miesmuscheln.

Cephalopoda. Tintenfische, Kopffüßer. Weichtiere mit **Tentakeln*** und gut entwickelten Augen. Beispiele: Kraken, Kalmare, Sepia

STAMM: Arthropoda. Gliederfüßer. Tiere mit gegliederten Gliedmaßen und einem harten Außenskelett.

Unterstamm: Chelicerata. Kneifzangenartige Mundwerkzeuge

Klassen: Zwei kleinere – **Merostomata** (Schwertschwänze), **Pycnogonida** (Asselspinnen). Eine bedeutsame:

Arachnida. Spinnentiere. Tiere mit acht Beinen. Beispiele: Spinnen, Milben, Skorpione

Unterstamm: Crustacea. Krebstiere. Eine Klasse mit demselben Namen:

Klasse: Crustacea. Krebstiere. Überwiegend Wasserbewohner mit **Kiemen*** an den Beinen und zwei Paar **Fühlern***. Beispiele: Krabben, Hummer, Asseln

Unterstamm: Uniramia. Ein Paar **Fühler***, überwiegend Landbewohner

Klassen: Drei kleinere – **Onychophora** (Stummelfüßer), **Symphyla** (Zwergfüßer), **Pauropoda** (Wenigfüßer). Drei bedeutsamere:

Chilopoda. Hundertfüßer. Jedes Körpersegment mit einem Beinpaar. **Fleischfresser***

Diplopoda. Doppelfüßer. Jedes Körpersegment mit zwei Beinpaaren. **Pflanzenfresser***

Insecta oder **Hexapoda**. Insekten. Tiere mit sechs Beinen und üblicherweise zwei Flügelpaaren. Beispiele: Käfer, Schmetterlinge, Ameisen

* **After**, 295 (**Dickdarm**); **Borsten**, 268 (**Parapodien**); **Fleischfresser**, 234; **Fühler**, 274; **Kiemen**, 273; **Parasiten**, 342; **Pflanzenfresser**, 234; **Segmentation**, 264; **Tentakel**, 275; **Wimpern**, 268.

STAMM: Echinodermata. Stachelhäuter. Meeresbewohner mit einem Kalkskelett unmittelbar unter der Haut. Zeigen im allgemeinen eine fünfstrahlige Radiärsymmetrie und eine stachelige Haut.

Klassen: Asteroidea (Seesterne), **Ophiuroidea** (Schlangensterne), **Echinoidea** (Seeigel), **Holothuroidea** (Seegurken), **Crinoidea** (Seelilien).

STAMM: Chordata. Chordatiere. Mindestens während einer bestimmten Phase ihres Lebens haben alle diese Tiere eine **Chorda** oder **Rückensaite** – einen steifen längs verlaufenden Stab zwischen dem Rückenmark und dem Darm.

Unterstämme: Zwei kleinere – **Urochordata** oder **Tunicata** (Manteltiere), **Cephalochordata** oder **Acrania** (Lanzettfischchen). Ein bedeutsamerer:

Craniota oder **Vertebrata**. Wirbeltiere. Die Chorda oder Rückensaite wird von der Wirbelsäule ersetzt (s. Anmerkung 7). Tiere mit wohlentwickeltem Gehirn.

Klassen: Zwei kleinere, die wir als **Kieferlose** zusammenfassen – **Myxini** (Schleimfische), **Cephalaspidomorphi** (Neunaugen). Sechs bedeutsamere:

Elasmobranchiomorphi oder **Chondrichthyes**. Knorpelfische. Skelett aus **Knorpel*** bestehend. Mit Flossen, Atmung über **Kiemen***. Beispiele: Haie, Rochen.

Osteichthyes. Knochenfische. Skelett aus echtem Knochen. Mit Flossen und Schuppen, Atmung über **Kiemen***. Beispiele: Stör, Kabeljau, Hering, Forelle.

Amphibia: Amphibien oder Lurche. Tiere können auf dem Land leben, allerdings stets in Wassernähe. Die meisten haben Lungen und legen Eier ins Wasser. Beispiele: Frösche, Molche, Kröten.

Reptilia. Reptilien oder Kriechtiere. Tiere mit trockener schuppiger Haut. Landbewohner, legen beschalte Eier an Land. Beispiele: Schlangen, Eidechsen, Krokodile, Schildkröten.

Aves. Vögel. Alle mit Federn, legen beschalte Eier. Beispiele: Pinguin, Spatz, Habicht, Strauß.

Mammalia. Säugetiere. Weibchen produzieren Milch als Nahrung für die Kleinen. Fast alle mit einem Haarkleid. Zwei Unterklassen:

Unterklassen: Prototheria. Legen beschalte Eier. Nur eine Ordnung – **Monotremata** (Kloakentiere) mit dem Schnabeltier und dem Ameisenigel.

Theria. Legen keine Eier. Mit zwei Infraklassen:

Infraklassen: Metatheria, **Marsupialia** oder **Didelphia**. Beuteltiere. Jungtiere entwickeln sich in der **Gebärmutter*** nur für kurze Zeit und vervollständigen ihr Wachstum angeheftet an den mütterlichen Zitzen, normalerweise in einer Hautfalte, dem Beutel. Beispiele: Känguruh, Opossum.

Eutheria oder **Placentalia**. Plazentatiere. Jungtiere entwickeln sich bis zur Geburt in der **Gebärmutter*** und sind mit der Mutter über eine hochentwickelte **Plazenta*** oder Mutterkuchen verbunden. Beispiele: Kuh, Maus, Wal, Mensch

Anmerkungen

1. Bei einigen Klassifikationen weist die Klasse **Sarcodina** des Stammes **Protozoa** zwei Unterklassen auf – die **Rhizopoda** und die **Actinopoda**. Andere Taxonomen lassen diese Unterklassen weg und fassen deren Mitglieder in der Klasse **Sarcodina** zusammen. In diesem Fall wird auch der Name **Rhizopoda** verwendet.

2. Einige Klassifikationen weisen ein weiteres Unterreich auf, die **Mesozoa**, die zwischen den **Parazoa** und den **Metazoa** stehen. Es hat nur einen Stamm mit demselben Namen **Mesozoa** und umfaßt wenig bekannte **Parasiten***. Der Rang dieser Gruppe als Unterreich und auch als Stamm ist noch sehr umstritten. Viele Zoologen betrachten diese Tiere als rückgebildete Plattwürmer (Stamm **Platyhelminthes**).

3. Die Klassen **Monogenoidea** und **Digenoidea** des Stammes **Platyhelminthes** werden von einigen Zoologen in der Klasse **Trematoda** zusammengefaßt.

4. Die Klasse **Onychophora** des Stammes **Arthropoda** erscheint in manchen Klassifikationen als selbständiger Stamm, da ihre Mitglieder, die Stummelfüßer, Merkmale zeigen, die den **Annelida** und den Arthropoda gemeinsam sind.

5. Bei einigen Klassifikationen ist der Stamm **Arthropoda** nicht in Unterstämme, wohl aber in die zehn Klassen aufgeteilt. Andere Forscher erkennen gar nur sieben Klassen an, denn sie vereinigen die **Pauropoda**, **Symphyla**, **Chilopoda** und **Diplopoda** zur Klasse der **Myriapoda** (Tausendfüßer). In den meisten Fällen wird dieser Begriff aber nur informell gebraucht.

6. Die Unterstämme **Urochordata** und **Cephalochordata** des Stammes **Chordata** werden gelegentlich insgesamt als **Protochordata** bezeichnet. Aber auch dieser Begriff wird nur informell gebraucht. Er umfaßt gelegentlich auch den kleineren Stamm **Hemichordata** (Eichelwürmer), da diese Tiere auch gewisse Merkmale der Chordata aufweisen.

7. Die Bezeichnung **Craniota** bedeutet wörtlich übersetzt „mit einem Schädel versehen". Der andere gebräuchliche Name, **Vertebrata**, bedeutet „mit Wirbeln versehen". Dies trifft allerdings nicht überall zu, da die primitivste Klasse, die Schleimfische, keine Wirbel aufweist.

8. Der informelle Begriff **Invertebrata** (Wirbellose) bezeichnet alle Tiere ohne Wirbelsäule, in unserer Tabelle also alle Tiere bis zum Unterstamm **Craniota**, s. aber Anmerkung 7.

9. Die beiden Klassen **Myxini** (Schleimfische) und **Cephalaspidomorphi** (Neunaugen) sind die einzigen kieferlosen Mitglieder des Unterstammes **Craniota**. Deswegen faßt man sie gelegentlich auch unter der Bezeichnung **Agnatha** zusammen. Wirbeltiere mit Kiefern hießen dann insgesamt **Gnathostomata**. Diese Bezeichnungen gelten aber nur informell.

10. Die Klassen **Myxini** (Schleimfische), **Cephalaspidomorphi** (Neunaugen), **Elasmobranchiomorphi** (Knorpelfische) und **Osteichthyes** (Knochenfische) des Unterstammes **Craniota** werden bisweilen insgesamt als **Pisces** (Fische) bezeichnet, obwohl diese Bezeichnung nur informellen Wert hat.

11. Die Klassen des Unterstammes **Craniota** werden gelegentlich in zwei Gruppen eingeteilt, die jedoch nur informelle Bedeutung haben – die **Amniota** (Reptilia, Aves, Mammalia) und die **Anamniota** oder **Anamnia** (alle übrigen Klassen). Bei den Amniota sind die **Embryonen*** von einem **Amnion** (Schafhaut), einem **Chorion** (Zottenhaut) und einer **Allantois** (s. Seiten 273 und 319) umgeben.

* **Embryo**, 321; **Gebärmutter**, 317; **Kiemen**, 273; **Knorpel**, 281; **Parasiten**, 342; **Plazenta**, 319.

Ökologische Begriffe

In der folgenden Liste sollen einige ökologische Begriffe zur Kennzeichnung von Lebensformen erklärt werden (weitere Erklärungen dazu auf Seite 237). Es handelt sich um informelle Bezeichnungen, die nicht zu vergleichen sind mit den offiziellen Namen der zoologischen und botanischen Klassifikation, wie wir sie auf den Seiten 338 bis 341 kennengelernt haben.

Pflanzen

- **Xerophyten:** Pflanzen, die längere Zeit ohne Wasser auskommen, z. B. Kakteen.
- **Hydrophyten:** Pflanzen, die im Wasser oder in äußerst feuchtem Boden leben, z. B. Binsen.
- **Mesophyten:** Pflanzen, die unter normalen Feuchtigkeitsverhältnissen leben.
- **Halophyten:** Pflanzen, die in sehr salzigen Böden leben können, z. B. Queller.
- **Lithophyten:** Pflanzen, die auf nackten Felsen wachsen, z. B. Moose und vor allem Flechten.
- **Epiphyten:** Pflanzen, die auf anderen Pflanzen wachsen. Sie verwenden diese aber nur als Träger und ernähren sich nicht von ihnen. Beispiele: Viele Moose und Orchideen.
- **Saprophyten:** Pflanzen, die auf verrottendem pflanzlichem oder tierischem Material leben und ihm ihre Nahrung entziehen. Dazu gehören vor allem die Pilze sowie einige Orchideen ohne Chlorophyll.

Tiere

- **Prädatoren:** Tiere, die andere Tiere (ihre Beute) töten und fressen, z. B. Tiger. Ausgesprochene Prädatoren sind auch die Greifvögel.
- **Detritusfresser:** Tiere, die sich von totem pflanzlichem oder tierischem Material ernähren, z. B. Regenwürmer.
- **Aasfresser:** Tiere, die sich von großen toten Tieren ernähren, z. B. Geier. Sehr viele Prädatoren sind gleichzeitig auch Aasfresser.
- **Terrestrisch:** Tiere, die auf dem Lande leben.
- **Amphibisch:** Tiere, die teilweise auf dem Lande und teilweise im Wasser leben.
- **Aquatisch:** Tiere, die ausschließlich im Wasser leben.
- **Pelagisch:** Tiere, die sich im freien Wasser aufhalten.
- **Benthisch:** Tiere, die sich am Gewässerboden aufhalten.
- **Sessil:** Tiere, die sich selbst nicht aktiv fortbewegen können. Unter diese Bezeichnung fallen nur Wasserbewohner. Das Gegenteil heißt **vagil**.
- **Litoral:** Tiere, die sich am Gewässerufer aufhalten.

Pflanzen und Tiere

- **Parasiten** oder **Schmarotzer:** Pflanzen oder Tiere, die in oder auf lebenden Pflanzen oder Tieren (ihren **Wirten**) leben und sich von ihnen ernähren. Beispiele dafür sind die Mistel und die Flöhe. Nicht alle Parasiten werden dem Wirt gefährlich, vielmehr sehen viele Parasiten darauf, daß ihr Wirt nicht allzusehr geschädigt wird, da sie mit ihm auf Gedeih und Verderb verbunden sind.
- **Symbionten:** Bezeichnung für zwei Lebewesen, die eng miteinander zusammenleben und von denen jeder einen Nutzen aus dieser engen Verbindung (der **Symbiose**) zieht. Flechten, die normalerweise auf nackten Felsen wachsen, sind ein Beispiel dafür. Sie sind das Produkt einer Symbiose zwischen einem Pilz und einer Alge. Die Alge produziert durch **Photosynthese*** Nahrung für den Pilz. Der Pilz umhüllt mit seinen Fäden die Alge und sorgt gleichzeitig für die benötigte Feuchtigkeit. Auch der Mensch hat Symbionten, nämlich Bakterien im Darm, die ihm bei der Verdauung helfen und Vitamine liefern.
- **Kommensalen:** Zwei verschiedene Lebewesen, die sich miteinander vergesellschaftet haben, um z. B. dieselbe Nahrung mitzugenießen. Es gibt unterschiedliche Formen des **Kommensalismus:** Die einen neigen eher zur Symbiose, die anderen zum Parasitismus. Ein schönes Beispiel für einen Kommensalen bietet jener Wurm, der meist in denselben Schalen wie der Einsiedlerkrebs vorkommt. Und eines der häufigsten Beispiele überhaupt ist das Zusammenleben zwischen Hausmaus und Mensch.
- **Soziale Tiere:** Tiere, die in Gruppen zusammenleben. Löwen leben beispielsweise in Gruppen zusammen und zeigen dabei ein ausgeprägtes Sozialverhalten. Größere Gruppen finden wir z. B. bei den Tölpelkolonien. Diese Vögel leben vor allem zum Schutz vor Feinden eng nebeneinander. Bei den sozialen Insekten leben die Einzeltiere jeder Geschwistergeneration in einem gemeinsamen Nest. Dabei kommt es zur Ausbildung verschiedener **Kasten** mit ganz unterschiedlichen Aufgaben. Die Arbeiterinnen eines Ameisennestes etwa sammeln Futter, bewachen das Nest und pflegen die Brut. Die Arbeiterinnen sind unfruchtbar. Für die Fortpflanzung hingegen sorgen Geschlechtstiere, fortpflanzungsfähige Männchen und die Königinnen.
- **Koloniebildende Tiere**. In einem engeren Sinne versteht der Zoologe darunter Einzeltiere, die mit anderen Tieren in engem körperlichen Zusammenhang leben. Solche Tierstöcke finden wir zum Beispiel bei den Schwämmen, den Korallentierchen und den Moostierchen. Die Einzeltiere bleiben untereinander zeitlebens verbunden und bilden oft eine Art **Überorganismus**, etwa bei den Staatsquallen. Bei diesen Tieren wären die Individuen allein nicht mehr lebensfähig.
- **Plankton:** Jene Lebensform von Pflanzen und Tieren, die sich schwebend oder schwimmend im freien Wasser halten. Zum Plankton zählen durchweg kleine Lebewesen, die wegen ihres günstigen Verhältnisses zwischen Oberfläche und Volumen nur ganz langsam im Wasser absinken, weil die Reibung erhöht ist. Manche planktische Formen enthalten auch Gasblasen, Fetteinlagerungen und Öltröpfchen, die das Schweben im Wasser erleichtern. Manche festsitzende Tiere wie etwa die Muscheln weisen während ihrer Entwicklung ein planktisches Stadium auf, das der Verbreitung der Art dient. Pflanzliches Plankton bezeichnet man auch als **Phytoplankton**, tierisches Plankton als **Zooplankton**. Plankton spielt als Nahrungsquelle eine äußerst wichtige Rolle. Die größten bekannten Wassertiere, die Bartenwale und die Riesenhaie, können nur dadurch genügend Nahrung herbeischaffen, daß sie Plankton aus dem Wasser seihen.

* **Migration**, 237; **Nahrungskette**, 234 **(Nahrungsnetz)**, **Photosynthese**, 254.

Tessloffs Superlexikon
der Naturwissenschaften

Glossar
und Register

Glossar

• **Adhärens.** Klebstoff, mit dem zwei gleiche oder verschiedene Stoffe zusammengehalten werden.

• **Amalgam.** Legierung von Quecksilber mit einem anderen Metall.

• **Anlaufen.** Veränderung der Oberfläche eines Körpers durch einen hautartigen Belag, der den Glanz oder die Farbe der Oberfläche verändert. Bei Metallen meist Oxid- oder Sulfid-Schichten. Siehe **Korrosion***.

• **Antacide.** Stoffe, die gegen eine übermäßige Magensäureabscheidung wirken.

• **Ausräuchern.** Töten von Bakterien, Insekten oder anderer Schädlinge durch giftige Gase.

• **Bleichmittel.** Stoff, der zum Entfärben eines anderen Stoffes benutzt wird. In der Regel sind das starke **Oxidationsmittel*** oder **Reduktionsmittel**, aber auch das Sonnenlicht bleicht. Das bekannteste Haushalts-Bleichmittel ist das Natriumhypochlorit:

NaOCl	+	Farbiges Material	→	NaCl	+	Entfärbtes Material
Natrium-hypochlorit				Natrium-chlorid		Oxidiertes Material

• **Celsius-Temperatur.** Temperaturangaben, die sich auf die Celsius-Skala beziehen. Diese Skala ist festgelegt durch den Gefrierpunkt des chemisch reinen Wassers (0 °C) und den Siedepunkt (100 °C).

• **Dehnbarkeit.** Eigenschaften eines Stoffes, den man strecken kann. Allgemein ein Metall, das zu einem Draht gezogen werden kann, z. B. Kupfer. Dehnbare Stoffe haben sehr unterschiedliche Grade der Dehnbarkeit (siehe Seite 165).

• **Dehydratisierungsmittel.** Stoff, der einem anderen Stoff die Feuchtigkeit entziehen kann. Falls vorhanden, kann er Wassermoleküle ganz übernehmen, aber auch Wasserstoff von Wassermolekülen. Z. B. Konzentrierte Schwefelsäure.

$C_6H_{12}O_6$	Konzentrierte Schwefelsäure →	6C	+	$6H_2O$
Glucose		Kohlenstoff		Wasser

Konzentrierte Schwefelsäure kann als Trockenmittel verwendet werden, wenn sie nicht mit dem zu trocknenden Stoff reagiert. Z. B. wird es gebraucht, um Chlorgas zu trocknen, indem es im Gas vorhandene Wassermoleküle wegfängt (siehe Seite 216).

• **Dichte.** Maß für die Masse, die in der Volumeneinheit vorhanden ist. Sie wird ermittelt, indem man die Masse durch ihr Volumen dividiert. Ihre Einheit ist kg m^{-3}.

• **Erz.** In der Natur vorkommendes **Mineral**, aus dem ein Element (meist ein Metall) gewonnen werden kann. Aus Bauxit z. B. Aluminium.

• **Flüchtigkeit.** Eigenschaft einer Flüssigkeit, leicht in den dampfförmigen Zustand überzugehen.

• **Fungicide.** Chemikalien, die Schmarotzerpilze und deren Sporen abtöten.

• **Gefriermittel.** Eine Art Kühlwasser, das in Gefrierschränken benutzt wird. Es muß eine Flüssigkeit sein, die bei geringer Temperatur verdampft. Heute gebräuchliche Substanzen sind Chlorofluorokarbonate, während früher allgemein Ammoniak genommen wurde.

• **Germicide.** Chemischer Stoff, der Bakterien abtötet, insbesondere krankheitserregende Bakterien.

• **Geschmeidigkeit.** Elastizität. Eigenschaft eines Stoffes, der in verschiedene Formen gebracht werden kann. In der Chemie ist im allgemeinen ein Stoff gemeint, den man zu dünnen Blättchen hämmern kann, wie viele Metalle und ihre Legierungen (siehe Seite 165.)

• **Gewicht.** Maß für die Kraft, mit der ein Körper von der Erde angezogen wird. Es kann berechnet werden aus der Masse des Körpers multipliziert mit der Größe der Fallbeschleunigung. Das Gewicht eines Körpers kann auf der Erde verschieden sein, da die Fallbeschleunigung auf der Erde von Ort zu Ort unterschiedlich ist.

• **Gradeinteilung.** Markierungen in regelmäßigen Abständen zur Ablesung, z. B. am Meßzylinder zur Volumenbestimmung.

• **Halbleiter.** Elektrischer Leiter (siehe Leiter) mit bestimmten „Verunreinigungen“ (Dotierung), mit einem Widerstand, der bei zunehmender Temperatur abnimmt (normalerweise nimmt er zu). Halbleiter bestehen aus Silicium oder Germanium. Ihre Eigenschaften hängen vom Grad der „Verunreinigung“ ab.

• **Isolator.** Schlechter **Leiter** für Elektrizität und Wärme. Nichtmetallische Elemente und Verbindungen aus ihnen sind gewöhnlich Isolatoren, z. B. Schwefel und Gummi.

• **Harz.** Als Klebemittel benutzte Stoffe. Sie sind in Wasser nicht löslich. Naturharze sind organische Verbindungen, die von einigen Pflanzen und Tieren abgesondert werden. Künstliche Harze sind durch Polymerisation gewonnene Plastikmaterialien.

• **Kalorie.** Eine Einheit der Wärmeenergie. Eine Kalorie ist die Wärmemenge, die man einem Gramm Wasser zuführen muß, um seine Temperatur um 1 °C zu erhöhen.

• **Kalorimetrie.** Messung der Energieänderung bei einer chemischen Reaktion. Es gibt verschiedene Methoden der Kalorimetrie. Viele schließen die Messung der Temperaturänderung einer bekannten Menge Wasser ein, wenn z. B. eine bekannte Menge eines Stoffes in Wasser abgekühlt wird (Wärme wird vom Stoff abgegeben und vom Wasser aufgenommen). Auch wenn man eine bekannte Menge eines Stoffes verbrennt, wird die Änderung der Wassertemperatur gemessen (siehe Kalorimetrische Bombe Seite 146).

• **Konstante.** Ein sich nicht ändernder Zahlenwert, Z. B. die Gaskonstante $R = 8{,}314\ J \cdot K^{-1} \cdot \mathbf{Mol}^{-1}$.

• **Kühlmittel.** Stoff, den man zur Kühlung benutzt in der Industrie oder im Haushalt (siehe auch Gefriermittel). Im allgemeinen entzieht das Kühlmittel dem einen Medium Wärmeenergie und gibt es an ein anderes ab. In einem Druckwasserreaktor transportiert das Kühlmittel die Wärmeenergie aus den Kernreaktionen vom Reaktor zum Dampferzeuger.

• **Latex.** Eine milchige Pflanzenflüssigkeit, z. T. vom Gummibaum, aus dem Rohgummi gewonnen werden kann. Auch einige synthetische Polymere.

• **Legierung.** Mischung von zwei oder mehr Metallen oder von Metall und Nichtmetall in einem beliebigen Verhältnis.

• **Leiter.** Material, durch den der elektrische Strom oder die Wärme fließen kann. Die Stoffe sind dann leitend. Elektrische Leiter sind die Stoffe, durch die der elektrische Strom leicht fließen kann, z. B. Metalle, Lösungen mit Ionen und geschmolzene **Ionen-Verbindungen***. Wärmeleiter sind Stoffe, die die Wärme gut durchlassen. Metalle sind auch gute Wärmeleiter. Siehe auch **Halbleiter** und **Isolatoren**.

* **Korrosion,** 209; **Oxidationsmittel, Reduktionsmittel,** 148.

• **Masse.** Bezeichnung für die Menge eines Stoffes allgemein. Sie wird in Kilogramm angegeben und durch Wägung ermittelt. Sie ist aber nicht das Gewicht. Das Gewicht einer Masse hängt von der Anziehungskraft der Erde, des Mondes oder eines anderen Himmelskörpers ab (Gravitation). Die Masse eines Körpers ist überall gleich.

• **Mineral.** Anorganischer Stoff aus der Natur, der nicht von Lebewesen stammt, z. B. Steinsalz. Verschiedene Mineralien haben auch verschiedene chemische Zusammensetzung (siehe **Erze**).

• **Oberflächenspannung.** Tendenz der Oberfläche einer Flüssigkeit, sie zusammenzuhalten. Verursacht wird die Oberflächenspannung durch die Anziehungskräfte zwischen den Oberflächenmolekülen. Ein einzelner Flüssigkeitstropfen nimmt die Form mit der kleinsten Oberfläche an; gewöhnlich eine Kugelform.

• **Photoelement** oder photoelektrische Zelle. Halbleiter, der Licht in elektrische Energie direkt umwandelt und mit dem man Lichtstärken messen kann.

• **Pigmente.** Stoffe, die den Pflanzen und den Tieren Farbe geben. Sie werden zum Färben von Plastik und zum Malen gebraucht.

• **Regelstab.** Teil des Betriebssystems eines Kernreaktors. Lange plattenförmige Stäbe werden aus den Räumen zwischen den Brennstäben herausgezogen oder hineingefahren, um die Reaktionsrate (die Wärmeerzeugung) im Reaktor zu regulieren. Sie sind aus Stahl mit Beimengungen von Bor, Cadmium oder anderen Neutronen absorbierenden Stoffen.

• **Reibung.** Hemmende Kraft, die dann auftritt, wenn sich die Oberflächen zweier Stoffe berühren und gegeneinander verschoben werden. Kräfte, die Körper bewegen sollen, müssen größer als die Reibungskräfte sein. Auch innerhalb von Flüssigkeiten und Gasen treten Reibungskräfte auf.

• **Rohmaterial.** Stoffe aus den Naturvorräten, aus denen man Stoffe für die industrielle Verarbeitung gewinnt, z. B. Eisenerz.

• **Schleifmittel.** Material, das die Oberfläche eines weicheren festen Stoffes abreibt.

• **Spurenelemente.** Elemente wie Kupfer und Jod, die lebenswichtig sind, obgleich sie nur in winzigen Mengen im lebenden Organismus vorkommen. Sie bilden oft Teile von Enzymen oder Vitaminen.

• **Stoffwechsel.** Ausdruck für die Prozesse, die mit dem lebenden Organismus zusammenhängen, gesteuert durch die **Enzyme***. Moleküle komplexer Verbindungen werden aufgebrochen und in einfachere zerlegt, aus denen wieder komplexere aufgebaut werden.

• **System.** Eine Reihe zusammengehöriger Teile, die eine Beziehung zueinander haben und als ein Ganzes betrachtet werden, z. B. alle Stoffe, die in einer **chemischen Gleichung*** vorkommen.

• **Träge.** Eigenschaft eines reaktionsarmen Stoffes, der nur sehr schwer oder gar nicht zur Reaktion gebracht werden kann, wie z. B. die Edelgase.

• **Tripelpunkt.** Der Punkt an dem die gasförmige, die flüssige und die feste Phase eines Stoffes nebeneinander bestehen. Das kann nur bei einer bestimmten Temperatur, bestimmten Druck und Volumen sein.

• **Trockenmittel.** Ein Stoff, der dazu benutzt wird, anderen Stoffen die Feuchtigkeit zu entziehen; ein Stoff, der nur die Wassermoleküle, nicht etwa Wasserstoff- oder Sauerstoff-Atome bindet. Der zu trocknende Stoff selbst ändert sich nicht (siehe auch Exsikkator Seite 221).

$$CuSO_4 \cdot 5H_2O \xrightarrow{\text{Phosphorpentoxid}} CuSO_4 + 5H_2O$$

Hydratisiertes Kupfer-(II)-sulfat → Kupfer-(II)-sulfat + Wasser

• **Überhitzter Dampf.** Dampf mit einer Temperatur oberhalb des Siedepunktes (bei Wasser 100 °C). Man erhält ihn durch Aufheizen unter Druck.

• **Viskosität.** (Zähigkeit.) Eine Eigenschaft der Flüssigkeiten, von schneller fließenden Schichten auf die langsamer fließenden Schichten eine Reibungskraft zu übertragen.

• **Volumen.** Maß für die räumliche Ausdehnung eines Körpers. Bei regelmäßig geformten Körpern kann das Volumen aus einfachen Messungen berechnet werden. Bei unregelmäßigen festen Körpern mißt man das Volumen, indem man das Volumen einer von ihnen verdrängten Flüssigkeit ermittelt. Volumen von Flüssigkeiten mißt man in Meßzylindern.

• **Vulkanisation.** Prozeß des Aufheizens von Rohgummi (Latexextrakt) mit Schwefel. Vulkanisiertes Gummi ist härter, zäher und weniger temperaturempfindlich als Rohgummi. (Je mehr Schwefel man nimmt, um so größer ist der Unterschied.) Schwefelatome bilden Querverbindungen zwischen den Ketten der Gummimoleküle (siehe das Bild auf Seite 201).

* **Chemische Gleichung,** 163; **Enzyme,** 161.

Glossar

● **Kalibrierung**. Die Einteilung eines Meßinstruments, so daß es richtig anzeigt. Normalerweise wird ein Instrument schon in der Fabrik kalibriert. Eine Waage wird zum Beispiel so eingestellt, daß sie genau 1 kg anzeigt, wenn ein geeichtes Gewicht von 1 kg daraufgestellt wird.

● **Kalorimetrie**. Die Messung der Wärmeänderung während einer chemischen Reaktion oder einem Vorgang, bei dem Wärme fließt. Zum Beispiel mißt man die Temperaturerhöhung einer bestimmten Substanzmenge, die elektrisch mit einer bestimmten Energiemenge erwärmt wird, um ihre **spezifische Wärmekapazität*** zu ermitteln, und die Temperaturerhöhung einer bestimmten Wassermenge kann zur Ermittlung der Energieabgabe von brennendem Treibstoff herangezogen werden.

● **Koeffizient**. Eine **Konstante** für eine bestimmte Substanz, die zur Ermittlung von Meßgrößen dieser Substanz mit anderen Größen multipliziert wird. Zum Beispiel gibt Kraft, die zwei Körper gegeneinander drückt, multipliziert mit dem **Reibungskoeffizienten*** dieser Substanz die **Reibungskraft*.**

● **Konstante**. Eine Zahlengröße, die sich nicht verändert. Zum Beispiel ist in der Gleichung $E = mc^2$ (siehe auch Seite 84) die Größe c (Lichtgeschwindigkeit) eine Konstante. E und m sind **Variable,** denn sie können ihren Wert verändern.

● **Legierung**. Eine Mischung mehrerer Metalle oder eines Metalls mit einem Nicht-Metall. Ihre Eigenschaften sind unabhängig von denen der Ausgangsstoffe, aber stets metallisch. Zum Beispiel ist Messing eine Legierung von Kupfer und Zink, Stahl ist eine Legierung von Eisen und Kohlenstoff (verschiedene Mischungsverhältnisse geben dem Stahl unterschiedliche Eigenschaften).

● **Medium** (pl. **Medien**). Eine Substanz, durch die ein physikalischer Effekt weitergeleitet wird. So ist Glas ein Medium, wenn Licht hindurch tritt.

● **Meniskus**. Die konkave oder konvexe Oberfläche einer Flüssigkeit, etwa Wasser oder Quecksilber. Er wird durch die gegenseitige Anziehung der Moleküle der Substanz und des Gefäßes erzeugt (siehe auch **Adhäsion** und **Kohäsion,** Seite 23, und **Parallaxenfehler,** Seite 102).

● **Proportional**. Wenn zwei Größen einander proportional sind, steigt eine ebenso wie die andere. Wenn X proportional zu Y ist, steigt X um einen bestimmten Wert, wenn Y um einen bestimmten Wert steigt.

● **Reziprok**. Den reziproken Wert einer Zahl erhält man, indem man 1 durch diese Zahl teilt. Der reziproke Wert von x ist also $1/x$.

● **Spektrum (pl. Spektren)**. Eine bestimmte Verteilung von Wellenlängen und Frequenzen. Zum Beispiel reicht das **Spektrum des sichtbaren Lichts*** von 4×10^{-7} bis $7{,}5 \times 10^{-7}$ m.

● **System**. Miteinander verbundene Teile, die sich gegenseitig beeinflussen und eine Einheit bilden.

● **Umgekehrt proportional**. Wenn zwei Größen umgekehrt proportional sind, steigt eine mit dem reziproken Wert der anderen.

● **Variable**. Eine Zahlengröße, die jeden Wert annehmen kann. Zum Beispiel sind in der Gleichung $E = mc^2$ (siehe auch Seite 84) E und m Variable, weil sie jeden Wert annehmen können (wenn auch der Wert von E von m abhängt). Die Größe c (Lichtgeschwindigkeit) ist dagegen eine **Konstante.**

● **Verhältnis**. Der Wert, mit dem eine Größe sich in Abhängigkeit von einer anderen verändert. **Beschleunigung*** ist zum Beispiel das Verhältnis der Entfernungsänderung mit der Zeit. Wenn man in einem Schaubild Y gegen X aufträgt, so ist das Verhältnis von Y zu X an einem bestimmten Punkt der Kurve die Steigung der Kurve in diesem Punkt.

● **Volumen**. Ausdruck für den Rauminhalt, den ein Körper einnimmt, siehe Seite 101 für Volumenberechnungen. Die **SI-Einheit*** des Volumens ist der Kubikmeter (m^3).

* **Beschleunigung**, 11; **Reibungskoeffizient, Reibungskraft**, 7; **SI-Einheit**, 96; **Spektrum des sichtbaren Lichts**, 55; **spezifische Wärmekapazität**, 30.

Berühmte Chemiker

Das erste chemische Experimentieren, bekannt als Alchemie, begann in Griechenland vor über 2000 Jahren. Das Ziel der Alchemisten war, herauszufinden wie man Metalle in Gold umwandeln könne, durch neue Anordnungen der vier Elemente Feuer, Wasser, Erde und Luft. Obgleich sie bei dieser Forschung nie Erfolg hatten und auch nicht haben konnten, bekamen sie durch ihre Experimente eine große Zahl von Erkenntnissen zusammen. Allmählich entwickelte sich aus der Alchemie die wissenschaftliche Chemie, aufgebaut auf Experimenten, Beobachtungen, Folgerungen und Herleitungen. Im siebzehnten Jahrhundert wurde die alte Idee von den vier Elementen aufgegeben und die Zeit der modernen Chemie begann. Auf dieser Seite stehen einige Angaben aus dem Leben berühmter Wissenschaftler, die einen großen Einfluß auf die Entwicklung der modernen Chemie gehabt haben.

- **Robert Boyle** (1627–91). Der Ire Robert Boyle ist der Gründer der modernen Chemie. Er kam aus einer aristokratischen Familie. Nachdem er nach England ging, veröffentlichte er sein Buch „The Sceptical Chymist". Mit ihm führte er den Gebrauch wissenschaftlicher Methoden des Experimentierens ein, die Beobachtung und Folgerung, und er zerstörte den Glauben an die vier Basiselemente (s. a. Boyle's Gesetz Seite 142).

- **Henry Cavendish** (1731–1810). Henry Cavendish besuchte die Cambridge University, England, verließ sie aber ohne einen Abschluß und widmete sich für den Rest seines Lebens der Wissenschaft. Mit großem Glück konnte er seine Experimente finanzieren. Er war einer der ersten Chemiker, der die Gasreaktionen untersuchte, und unter seinen wichtigsten Arbeiten war die Entdeckung, daß Wasser kein Element ist, sondern eine Verbindung. Er lebte sehr zurückgezogen, und viele seiner Arbeiten wurden erst nach seinem Tode veröffentlicht.

- **Joseph Priestley** (1733–1804). Joseph Priestley hatte keine wissenschaftliche Ausbildung. Während seiner Kindheit lebte er in der Nähe einer Brauerei in Leeds, England. Durch das Brauen wurde seine Begeisterung für das Experimentieren geweckt. Er erkannte die meisten der gewöhnlichen Gase und entdeckte 1774 den Sauerstoff. Er war nicht nur Chemiker, sondern auch Lehrer, Politiker, Minister und Schriftsteller. Seine radikalen Ansichten über die Französische Revolution machten ihn in England sehr unbeliebt, er emigrierte nach Amerika und ließ sich für den Rest seines Lebens in Pennsylvania nieder.

- **Antoine Lavoisier** (1743–94). Der französische Wissenschaftler und Reformer fand wichtige Eigenschaften der Elemente und unterschied zwischen chemischen und physikalischen Umwandlungen (s. a. Seite 119 und das Gesetz von der Erhaltung der Masse Seite 125). Er war als Anwalt ausgebildet und arbeitete für die Regierung. 1775 übernahm er die Verantwortung für die französischen Schießpulverfabriken. Während der Französischen Revolution wurde er der Regierungsarbeit wegen angegriffen und mit der Guillotine hingerichtet.

- **John Dalton** (1766–1844). John Dalton war der Sohn eines Webers. Er lebte als Lehrer in Cumbria, England, bis er es sich leisten konnte, sich ganz der Wissenschaft zu widmen. Sein größter Erfolg war der Nachweis der Existenz von Atomen, den Grundbausteinen der modernen Chemie. Auch mit dem Verhalten von Gasen beschäftigte er sich (s. a. Dalton's Gesetz über Partialdrücke S. 143). Er half mit, eine Wetterkunde zu entwickeln, und wies nach, daß Menschen farbenblind sein können, eine Eigenschaft, unter der auch er selber litt.

- **Johann Wolfgang Döbereiner** (1780–1849). Johann Döbereiner wurde in Deutschland als Sohn eines Kutschers geboren. Er hatte nur geringe Schulbildung, als er mit 14 Jahren Assistent eines Apothekers wurde. Er brachte sich selbst die chemischen Kenntnisse bei und wurde Professor der Chemie, Pharmazie und Technologie an der Universität in Jena. Seine Untersuchungen der regelmäßigen Zunahme des Atomgewichts der Elemente war ein wichtiger Schritt auf dem Weg zu Mendelejeffs Periodischem System (s. a. Seiten 164–165).

- **Dmitri Mendelejeff** (1834–1907). Dieser russische Wissenschaftler war das jüngste Kind von 14 einer großen sibirischen Familie. Sein Vater war blind, und seine Mutter unterhielt durch ihre Arbeit die Familie. Er studierte in Petersburg als Stipendiat der Regierung und wurde dort Professor. In Heidelberg arbeitete er bei Bunsen und Kirchhoff. 1869 veröffentlichte er sein Periodisches System (s. a. Seiten 164–165). Das Element 101 wird ihm zu Ehren Mendelevium genannt.

- **Antoine Becquerel** (1852–1908). Antoine Becquerel stammte aus einer wohlhabenden Familie französischer Wissenschaftler. 1896 entdeckte er, daß einige Stoffe unsichtbare Strahlung aussenden – die Radioaktivität (siehe die Seiten 128–129). In seiner Schublade lag ein in schwarzes Papier eingewickeltes lichtempfindliches Fotopapier und darauf ein Stück mit Uran versetztes Aluminium. Nach dem Entwickeln des Papiers konnte man das Bild des Aluminiums erkennen, die Strahlen aus dem Uran gingen durch das schwarze Papier hindurch.

- **Sir Joseph John Thomson** (1856–1940). J. J. Thomson studierte an der Universität Manchester, England. Er wurde mit 28 Jahren Professor an der Universität Cambridge. Seine brillanten Experimente führten zur Entdeckung des Elektrons (s. a. Seite 126). Er wies nach, daß Gase elektrische Leitfähigkeit haben, und öffnete damit den Weg zum Radio, zum Fernsehen und zum Radar. Er war ein ausgezeichneter Lehrer, und einige seiner Schüler erhielten den Nobelpreis.

- **Marie Curie**, gebürtige Marja Sklodowska (1867–1934). Marie Curie wurde in Warschau geboren. Polnischen Mädchen war es damals nicht erlaubt zu studieren, so daß sie heimlich studierte. Mit 24 Jahren ging sie nach Paris und studierte an der Sorbonne, wo sie einen jungen Professor, Pierre Curie, kennenlernte und heiratete. Mit ihm zusammen entdeckte sie das Radium, von dem sie mit viel Mühe und Ausdauer 0,1 Gramm isolierte. Sie erarbeiteten die Grundlagen der Radioaktivität (s. a. Seiten 128–129). 1906 erhielt sie den Nobelpreis für Physik und 1911 einen zweiten für Chemie. Sie starb an den Folgen der radioaktiven Strahlung, der sie beim Forschen ausgesetzt war, ohne ihre gefährliche Wirkung zu kennen.

- **Fritz Haber** (1868–1934). Fritz Haber war Sohn eines deutschen Kaufmanns. Er entdeckte die Ammoniaksynthese (s. a. Haber-Bosch-Verfahren Seite 180), die für die Herstellung der Düngemittel wichtig ist. 1918 bekam er dafür den Nobelpreis. Die Entwicklung zur industriellen Anwendung vollzog Karl Bosch. 1933 emigrierte Haber nach Cambridge.

- **Lord Ernest Rutherford** (1871–1937). Der Neuseeländer Rutherford vervollständigte das Wissen über die Radioaktivität (s. a. Seite 128–129). Er schuf ein Atommodell und konnte 1919 einen Stickstoffkern zertrümmern. 1908 erhielt er den Nobelpreis für Chemie. In Cambridge arbeitete er mit J. J. Thomson (Lord Kelvin) zusammen. Er erhielt viele Ehrungen und ist in der Westminister-Abtei beigesetzt

Die Physik-Nobelpreisträger

Die Staaten bedeuten nicht das Geburtsland, sondern die Nationalität bei der Preisverleihung.

1901 **Wilhelm Conrad Röntgen,** Deutsches Reich, für die Entdeckung der die Materie durchdringenden „Röntgenstrahlen".

1902 **Hendrik Antoon Lorentz** und **Pieter Zeeman,** Niederlande, für ihre Untersuchungen über den Einfluß des Magnetismus auf Strahlungsphänomene.

1903 **Antoine Henri Becquerel, Pierre Curie** und **Marie Curie geb. Sklodowska,** Frankreich, für ihre Arbeiten auf dem Gebiet der Radioaktivität.

1904 **John William Strutt Rayleigh,** Großbritannien, für seine Arbeiten auf dem Gebiet der Gase und seine Entdeckung des Argons.

1905 **Philipp Lenard,** Deutsches Reich, für seine Arbeiten über Katodenstrahlen.

1906 **Joseph John Thomson,** Großbritannien, für seine Untersuchungen über den Durchgang der Elektrizität durch verdünnte Gase.

1907 **Albert Abraham Michelson,** USA, für seine optischen Präzisionsmessungen, z. B. exakte Bestimmung der Lichtgeschwindigkeit.

1908 **Gabriel Lippmann,** Frankreich, für seine Erfindung der Farbenphotografie (seine Methode wurde später allerdings durch andere Methoden verdrängt).

1909 **Guglielmo Marchese Marconi,** Italien, und **Karl Ferdinand Braun,** Deutsches Reich, für ihre Arbeiten zur Entwicklung der drahtlosen Telegraphie.

1910 **Johannes Diderik van der Waals,** Niederlande, für seine Arbeiten über die Zustandsgleichung der Gase und Flüssigkeiten.

1911 **Wilhelm Wien,** Deutsches Reich, für die Entdeckung der Gesetze der Wärmestrahlung.

1912 **Nils Gustaf Dalén,** Schweden, für die Erfindung von selbsttätigen Regulatoren für das Gaslicht von Leuchttürmen.

1913 **Heike Kammerlingh Onnes,** Niederlande, für seine Untersuchungen der Eigenschaften von Stoffen bei sehr niedrigen Temperaturen, u. a. Verflüssigung des Heliums und Entdeckung der Supraleitfähigkeit.

1914 **Max von Laue,** Deutsches Reich, für die Entdeckung der Beugung von Röntgenstrahlen beim Durchgang durch Kristalle.

1915 **William Henry Bragg** und **William Lawrence Bragg,** Großbritannien, für ihre Erforschung von Kristallstrukturen mit Röntgenstrahlen.

1916 nicht verliehen

1917 **Charles Glover Barkla,** Großbritannien, für die Entdeckung der charakteristischen Röntgenstrahlung jedes chemischen Elements.

1918 **Max Planck,** Deutsches Reich, für die Entwicklung der Quantentheorie.

1919 **Johannes Stark,** Deutsches Reich, für die Entdeckung der Aufspaltung von Spektrallinien im elektrischen Feld.

1920 **Charles Édouard Guillaume,** Frankreich, für die Entwicklung von Nickel-Stahl-Legierungen mit extrem niedrigem Wärmeausdehnungskoeffizienten (z. B. zur Herstellung des Urmeters).

1921 **Albert Einstein,** Deutsches Reich, für seine Verdienste um die theoretische Physik (Relativitätstheorie) und seine Entdeckung der Gesetze des photoelektrischen Effekts.

1922 **Niels Hendrik David Bohr,** Dänemark, für die Erforschung der Atomstruktur.

1923 **Robert Andrews Millikan,** USA, für seine Arbeiten über die elektrische Elementarladung und den photoelektrischen Effekt.

1924 **Karl Manne Siegbahn,** Schweden, für seine röntgenspektroskopischen Entdeckungen.

1925 **James Franck** und **Gustav Hertz,** Deutsches Reich, für ihre Entdeckung der Gesetze, die beim Zusammenstoß eines Elektrons mit einem Atom herrschen.

1926 **Jean-Baptist Perrin,** Frankreich, für seine Entdeckung des Sedimentationsgleichgewichts bei der Brownschen Molekularbewegung.

1927 **Arthur Holly Compton,** USA, und **Charles Thomson Wilson,** Großbritannien, für die Entdeckung des „Compton-Effekts“ bei Röntgenstrahlen bzw. für die Sichtbarmachung der puren radioaktiven Teilchen mit der „Wilsonkammer“.

1928 **Owen William Richardson,** Großbritannien, für die Erforschung der „Thermo-Ionen“ und der Gesetze der Emission von Elektronen aus glühenden Drähten.

1929 **Louis Victor de Broglie,** Frankreich, für die Entdeckung der Wellennatur der Elektronen.

1930 **Sir Chandrasekhara Venkata Raman,** Indien, für seine Arbeiten über die Diffusion des Lichts (Raman-Effekt).

1931 nicht verliehen

1932 **Werner Heisenberg,** Deutsches Reich, für die Begründung der Quantenmechanik.

1933 **Erwin Schrödinger,** Österreich, und **Paul Adrien Maurice Dirac,** Großbritannien, für die Entwicklung neuer Theorien über den Feinbau des Atoms.

1934 nicht verliehen

1935 **James Chadwick,** Großbritannien, für die Entdeckung des Neutrons.

1936 **Victor Franz Hess,** Österreich, und **Carl David Anderson,** USA, für die Entdeckung kosmischer Strahlen bzw. des Positrons.

1937 **Clinton Joseph Davisson,** USA, und **George Thomson,** Großbritannien, für ihre Experimente zur Beugung von Elektronen durch Kristalle.

1938 **Enrico Fermi,** Italien, für die Erforschung künstlich hergestellter radioaktiver Elemente.

1939 **Ernest Orlando Lawrence,** USA, für die Entwicklung des Zyklotrons, einem Elementarteilchenbeschleuniger.

1940 nicht verliehen

1941 nicht verliehen

1942 nicht verliehen

1943 **Otto Stern,** USA, für seine Entdeckung des magnetischen Moments des Protons und die Entwicklung der Molekularstrahlmethode.

1944 **Isidor Isaac Rabi,** USA, für seine Erforschung der magnetischen Eigenschaften der Atomkerne.

1945 **Wolfgang Pauli,** Österreich, für seine Arbeiten über den Schalenaufbau der Elektronenhülle des Atoms.

1946 **Percy Williams Bridgman,** USA, für seine Arbeiten auf dem Gebiet der Hochdruckphysik.

1947 **Sir Edward Victor Appleton,** Großbritannien, für seine Arbeiten über die höheren Schichten der Atmosphäre, speziell der Ionosphäre.

1948 **Patrick Maynard Stuart Blackett,** Großbritannien, für die Vervollkommnung der Nebelkammer und die damit gemachten Entdeckungen zu kosmischen Strahlen und Kernphysik.

1949 **Hideki Yukawa,** Japan, für seine Vorhersage der Existenz der Mesonen (Teilchen im Atomkern).

1950 **Cecil Frank Powell,** Großbritannien, für die Entdeckung der Pi-Mesonen.

1951 **Sir John Douglas Cockcroft,** Großbritannien, und **Ernest Walton,** Irland, für Atomkernumwandlungen mit künstlich beschleunigten Elementarteilchen.

1952 **Felix Bloch** und **Edward Mills Purcell,** USA, für ihre Messung magnetischer Kraftfelder im Atomkern.

1953 **Frits Zernicke,** Niederlande, für die Erfindung des Phasenkontrastmikroskops.

1954 **Max Born,** Großbritannien, und **Walter Bothe,** Bundesrepublik Deutschland, für Forschungen auf dem Gebiet der Quantenmechanik bzw. der Messung radioaktiver Strahlen.

1955 **Willis Eugene Lamb** und **Polykarp Kusch,** USA, für die Erforschung der Feinstruktur des Wasserstoffspektrums bzw. für die Bestimmung des magnetischen Moments des Elektrons.

1956 **William Shockley, John Bardeen** und **Walter Houser Brattain,** USA, für die Erfindung des Transistors.

1957 **Chen Ning Yang** und **Tsung Dao Lee,** USA, für die Erforschung der Gesetze der Parität (der Symmetrie bei Elementarteilchenreaktionen).

1958 **Pawel A. Tscherenkow, Ilja Frank** und **Igor Tamm,** UdSSR, für Entdeckung und Erklärung der Tscherenkow-Strahlung, die von radioaktiven Teilchen in Flüssigkeiten oder Kristallen ausgeht.

1959 **Emilio Segrè** und **Owen Chamberlain,** USA, für die Entdeckung des Antiprotons.

1960 **Donald Arthur Glaser,** USA, für die Erfindung der Blasenkammer.

1961 **Robert Hofstadter,** USA, und **Rudolf Mößbauer,** Bundesrepublik Deutschland, für die Erforschung elektrischer Schwingungen und des Schalenaufbaus beim Atomkern bzw. der Resonanzabsorption der Gammastrahlen („Mößbauer-Effekt").

1962 **Lew Dawidowitsch Landau,** UdSSR, für seine Theorien über flüssiges Helium.

1963 **Eugene Paul Wigner,** USA, **Maria Goeppert-Mayer,** USA, und **Hans Daniel Jensen,** Bundesrepublik Deutschland, für Untersuchungen am Atom und an Elementarteilchen.

1964 **Charles Hard Townes,** USA, **Nikolai G. Basow,** USA, und **Alexandre M. Prochorow,** UdSSR, für die Erfindung von Maser (Mikrowellenverstärker) und Laser.

1965 **Sin-Itiro Tomonaga,** Japan, **Julian S. Schwinger,** USA, und **Richard Phillips Feynman,** USA, für ihre Leistungen zur Weiterentwicklung der Quantenelektrodynamik, die Vorgänge in Elementarteilchen erklärt.

1966 **Alfred Kastler,** Frankreich, für die Entwicklung optischer Methoden, die für Laser wichtig sind.

1967 **Hans Albrecht Bethe,** USA, für die Entdeckung der Energieerzeugung in Sternen.

1968 **Luis Walter Alvarez,** USA, für die Erforschung von Resonanzzuständen bei Elementarteilchen.

1969 **Murray Gell-Mann,** USA, für Beiträge zur Klassifizierung der Elementarteilchen.

1970 **Hannes Alfvén,** Schweden, und **Louis Néel,** Frankreich, für Entdeckungen auf dem Gebiet der Magneto-Hydrodynamik bzw. des Antiferro- und Ferrimagnetismus.

1971 **Dennis Gábor,** Großbritannien, für die Erfindung der Holographie.

1972 **John Bardeen, Leon N. Cooper** und **John Robert Schrieffer,** USA, für ihre „BCS-Theorie" zur Erklärung der Supraleitung.

1973 **Leo Esaki,** USA, **Ivar Giaever,** USA, und **Brian David Josephson,** Großbritannien, für die Erforschung des „Tunnel-Effekts" bei Halb- und Supraleitern.

1974 **Sir Martin Ryle** und **Antony Hewish,** Großbritannien, für Verbesserungen der Radioteleskope bzw. Entdeckung der Pulsare.

1975 **Aage Bohr,** Dänemark, **Benjamin Mottelson,** Dänemark, **James Rainwater,** USA, für ein verbessertes Atommodell.

1976 **Burton Richter** und **Samuel Chao Chung Ting,** USA, für die Entdeckung eines neuen, besonders schweren Elementarteilchens, das zur Entdeckung des „Charm-Quarks" führte.

1977 **Philip Warren Anderson,** USA, **Sir Nevill Francis Mott,** Großbritannien, **John Hasbrouck Van Vleck,** USA, für theoretische Leistungen zur Elektronenstruktur in magnetischen und ungeordneten Festkörpern.

1978 **Pjotr Kapiza,** UdSSR, **Arno Allen Penzias,** USA, und **Robert W. Wilson,** USA, für Entdeckungen auf dem Gebiet der Tieftemperaturphysik bzw. der kosmischen Mikrowellen-Hintergrundstrahlung, die als Beweis für die Urknall-Weltall-Entstehungstheorie gilt.

1979 **Sheldon Lee Glashow,** USA, **Abdus Salam,** Pakistan, **Steven Weinberg,** USA, für ihre Theorie zur Vereinigung schwacher und elektromagnetischer Wechselwirkung, zweier Grundkräfte der Natur.

1980 **James Watson Cronin** und **Val Logsdan Finch,** USA, für die Entdeckung fundamentaler Symmetrieverletzungen beim Zerfall von Elementarteilchen (K-Mesonen).

1981 **Nicolaas Bloembergen,** USA, **Arthur Leonard Schawlow,** USA, **Kai Manne Siegbahn,** Schweden, für die Entwicklung der Laserspektroskopie bzw. der hochauflösenden Elektronenspektroskopie.

1982 **Kenneth G. Wilson,** USA, für seine Theorie über kritische Phänomene bei Phasenumwandlungen.

1983 **Subrahmanyan Chandrasekhar** und **William A. Fowler,** USA, für das Studium physikalischer Prozesse in Sternen bzw. bei der Entstehung der chemischen Elemente im Weltall.

1984 **Carlo Rubbia,** Italien, und **Simon van der Meer,** Niederlande, für ihre Entdeckungen neuer, wichtiger Elementarteilchen.

1985 **Klaus von Klitzing,** Bundesrepublik Deutschland, für die Entdeckung des Quanten-Hall-Effekts.

1986 **Ernst Ruska,** Bundesrepublik Deutschland, **Gerd Binnig,** Bundesrepublik Deutschland, und **Heinrich Rohrer,** Schweiz, für die Entwicklung des Elektronenmikroskops bzw. des Raster-Tunnelmikroskops, das sogar atomare Strukturen sichtbar macht.

1987 **Johannes Georg Bednorz,** Bundesrepublik Deutschland, und **Karl Alex Müller,** Schweiz, für die Entdeckung neuer, bei relativ hoher Temperatur noch supraleitender Materialien („Hochtemperatur-Supraleiter‘).

1988 **Leon Lederman,** USA, **Melvin Schwartz,** USA, **Jack Steinberger,** USA, für den Nachweis der Paar-Struktur der Leptonen durch die Entdeckung des Myon-Neutrinos.

1989 **Wolfgang Paul** und **Hans Dehmelt,** Bundesrepublik Deutschland, für die Entwicklung der „Ionen-Falle“, mit der einzelne Atome festgehalten und untersucht werden können. **Norman Ramsay,** USA, für den sog. Wasserstoff-Maser, nach dessen Prinzip sich hochpräzise Atomuhren bauen lassen.

Stoffe und ihre Formeln

Register

Physik Seite 358, Chemie Seite 364, Biologie Seite 371

Physik Seite 358, Chemie Seite 364, Biologie Seite 371

Physik

Chemie

Biologie